SCHÄFFER
POESCHEL

Manfred Becker

Systematisches Diversity Management

Konzepte und Instrumente für die Personal- und Führungspolitik

2015
Schäffer-Poeschel Verlag Stuttgart

MIX
Papier aus verantwortungsvollen Quellen
FSC® C089473

Gedruckt auf chlorfrei gebleichtem, säurefreiem und alterungsbeständigem Papier

Bibliografische Information der Deutschen Nationalbibliothek
Die Deutsche Nationalbibliothek verzeichnet diese Publikation in der Deutschen Nationalbibliografie; detaillierte bibliografische Daten sind im Internet über http://dnb.d-nb.de abrufbar.

Print ISBN 978-3-7910-3284-9 Bestell-Nr. 20029-0001
EPDF ISBN 978-37992-6722-9 Bestell-Nr. 20029-0150

www.schaeffer-poeschel.de
info@schaeffer-poeschel.de

Einbandgestaltung: Willy Löffelhardt/Jessica Joos
Foto: Shutterstock
Satz: DTP + TEXT Eva Burri, Stuttgart · www.dtp-text.de
Druck und Bindung: Beltz Bad Langensalza GmbH, 99947 Bad Langensalza

Printed in Germany
Mai 2015

Schäffer-Poeschel Verlag Stuttgart
Ein Tochterunternehmen der Haufe Gruppe

Vorwort

Es ist nicht einfach, ein Buch zum Thema Diversity Management in einer Zeit zu schreiben, die sowohl von Einfalt als auch von Vielfalt geprägt ist. Die Metapher »Vielfalt« erhebt den Anspruch, alles müsse bunt und vielfältig sein. Was noch nicht bunt und vielfältig ist, soll vielfältig und bunt werden, so die Forderung. Sachverhalte, Lebensverhältnisse, Teilhabewünsche und Entwicklungsabsichten sollen nach den Vorstellungen der Akteure wählbar sein. Hindernisse bei der Selbstverwirklichung, fehlende Möglichkeiten der Entfaltung, Ungerechtigkeiten und Diskriminierung in Gesellschaft und Wirtschaft, fehlende Teilhabe am wirtschaftlichen Erfolg, werden als Defizite hervorgehoben. Vielfalt wird propagiert, zelebriert und zertifiziert.

Die Sorge um Vielfalt und blinder Aktivismus liegen leider oft dicht beieinander. Es wird im Überschwang der Diversity-Euphorie versäumt zu prüfen, ob mehr Vielfalt die Probleme wirklich besser lösen kann als Einfalt. Es bleibt ungeprüft, ob Vielfalt und Verschiedenheit von den Akteuren wirklich gewollt sind und ob die Individuen die mit der Vielfalt zunehmende Komplexität, Dynamik und Unsicherheit tatsächlich verkraften können. Vielfalt kann überfordern. Weil in Wirtschaft und Gesellschaft, in Politik, Kultur, Religion, im Verhältnis der Geschlechter zueinander und im Zusammenleben der Generationen und Ethnien so vieles im Argen liege, sei der Aufbau leistungsfähiger Diversity-Abteilungen unerlässlich. Mit geeigneten Maßnahmen des Diversity Managements sollen mehr Gerechtigkeit und mehr Leistung erreicht werden. Das ist der Anspruch an die Vielfalt.

Andererseits beobachten wir, dass die Menschen Zweifel haben, ob sie die Verhältnisse in Wirtschaft und Staat noch verstehen. Reduzierung von Komplexität, die Rückkehr zu einfachen und durchschaubaren Verhältnissen treibt die Menschen mittlerweile auf die Straßen. Einfalt statt Vielfalt, so die Forderung nach transparenter Lebensführung in transparenten Lebensverhältnissen. Das ist die Hoffnung, die an die Einfalt geknüpft sind.

Dieses Buch knüpft an das im Jahre 2006 ebenfalls im Schäffer-Poeschel Verlag erschienenen Buch »Diversity Management – Unternehmens- und Personalpolitik der Vielfalt« inhaltlich an. Insbesondere die theoretischen und grundlegenden Kapitel dieses Buches sind nach wie vor aktuell und weiter zur Lektüre empfohlen. In diesem Buch soll der Stand des in der Zwischenzeit stark entwickelten Handlungsfeldes Diversity Management erörtert werden. Neue Kapitel sind hinzugekommen, Praxisbeispiele namhafter Unternehmen wurden aufgenommen.

Die Kapitel des Buches folgen bekannten systematischen Aspekten. Begriffe werden definiert, die normativen Grundlagen werden als Rahmenbedingungen des Diversity Managements erörtert. Diversity Management wird als wissenschaftliches Forschungsgebiet vorgestellt. Das Buch bietet Einblicke in die praktische Ausgestaltung des Diversity Managements.

Der Schwerpunkt des Buches liegt auf den Handlungsfeldern des Diversity Management. Es ist erfreulich, wie sich die Handlungsfelder Alter, Geschlecht, Migration, sexuelle Orientierung seit dem Jahre 2006 inhaltlich positiv entwickelt haben. Die Handlungsfelder werden intensiv erörtert, und es werden Lösungsvorschläge und Praxishinweise gegeben.

Das Buch verfolgt drei Ziele: ein Erkenntnisziel, ein Gestaltungsziel und ein Innovationsziel. Das **Erkenntnisziel** will sine ira et studio über den Entwicklungsstand des Diversity Managements informieren. Das **Gestaltungsziel** will Handlungsimpulse geben. Das **Innovati-**

onsziel erhebt den Anspruch, neue Aspekte des Diversity Managements in die wissenschaftliche und praktische Diskussion einzubringen. Diversity-Training, die Absicherung des Diversity Managements im Funktionszyklus und die Aspekte institutioneller Diskriminierung sind neu aufgenommene Kapitel dieses Buches.

Die Kapitel zu den Handlungsfeldern werden durch ausgewählte Praxisbeispiele der Unternehmen Allianz, AOK Hessen, Deutsche Bank, Deutsche Lufthansa, Eon und Robert Bosch bereichert. Ich danke den Unternehmen herzlich für die Bereitschaft, ihre Diversity-Konzepte in diesem Buch vorzustellen.

Das Buch ist in den Anfängen noch an meinem Lehrstuhl an der Martin-Luther-Universität Halle-Wittenberg entstanden. Bei den Vorarbeiten zu diesem Buch haben mich die Mitarbeiterinnen meines Lehrstuhls an der Martin-Luther-Universität Halle-Wittenberg Anja Beck, Andrea Herz, Mascha Kirchner und Ariane Oelsner tatkräftig unterstützt. Frau Melanie Krause hat mich bei der Anfertigung der Abbildungen unterstützt. Dass schließlich ein in Form und Inhalt »fertiges Buch« entstanden ist, verdanke ich nächtelanger aufopfernder Arbeit meiner Frau. Sie hat die Fußnoten gefunden, die ich schon verloren glaubte und hat die Literatur und das Stichwortverzeichnis zusammengestellt. Ich danke ihr und allen, die an der Entstehung diese Buches geholfen haben, ganz herzlich. Dabei darf die gute und umfangreiche Unterstützung durch das Lektorat des Schäffer-Poeschel-Verlages nicht vergessen werden. Herzlichen Dank sage ich Frau Dreiseitel für Ihre vielfältige Unterstützung und ihre große Geduld!

Es würde mich freuen, wenn das Buch eine große und bunte Leserschaft finden würde und der Inhalt des Buches das wichtige Thema Diversity Management ein kleines Stück voranbringen würde.

Mainz, im Februar 2015 Manfred Becker

Inhaltsverzeichnis

Abbildungsverzeichnis

1 Einführung

1.1 Ausgangslage für das Diversity Management

Diversity hat die Phase des Modebegriffs überstanden. Diversity-Aktivitäten sind zum Standard des Personalmanagements und der Führungsarbeit geworden. Vielfalt ist positiv konnotiert, die Fremdheit des Begriffes ist einer Euphorie gewichen. Bandenwerbung auf Sportplätzen rufen zu Vielfalt und Toleranz auf, Awards der verschiedensten Art loben die Anstrengungen der Unternehmen, sich für Vielfalt und Toleranz, für den Abbau von Vorurteilen und Diskriminierung, einzusetzen. Die Politik wird nicht müde, Konferenzen zu Aspekten der Vielfalt abzuhalten. Diversity ist zum Boomthema geworden. Diversity hat an Substanz gewonnen und sich in den Unternehmen und den öffentlichen Verwaltungen fest etabliert.

Die Ausgangslage ist bekannt: Deutschland und viele Staaten der Welt altern und schrumpfen. Die deutsche Bevölkerung sinkt auf nur noch 77,3 Mio. Menschen im Jahre 2020.[1] Die Zahl der Gestorbenen übersteigt seit dem Jahr 2003 die jährliche Zahl der Geburten. Die Fertilität stagniert bei 1,3 Kindern pro Frau, die Lebenserwartung für männliche und weibliche Neugeborene ist bei Männern von 66,5 auf 71,7 und bei Frauen von 77,3 auf 82,5 Lebensjahre gestiegen. Tendenz weiter steigend. Die Erwerbspersonenzahl verändert sich mit der Alterung und Schrumpfung ebenfalls drastisch. Im Jahr 2005 waren 42,6 Mio. Erwerbspersonen beschäftigt. Bei konstanter Erwerbsbeteiligung wird diese Zahl (Status-quo-Variante) bereits bis zum Jahr 2020 um ca. 3,1 Mio. Erwerbspersonen oder 7 Prozent zurückgehen; zwischen 2020 und 2030 könnte die Erwerbspersonenzahl bundesweit um weitere 4,5 Mio. auf dann nur noch 35 Mio. absinken. Ob Zuwanderung die Alterung und die Schrumpfung wesentlich verändern kann, hängt von der Aufnahmebereitschaft Deutschlands und der Einwanderungsbereitschaft der umworbenen Experten ab. Im ersten Jahrzehnt des 21. Jahrhunderts hielten sich die Zu- und Abwanderung mit ca. 150.000 Wanderungen in beide Richtungen die Waage. Im Jahre 2013 wurde ein positiver Wanderungssaldo von 437.000 mehr Einwanderern als Auswanderern verzeichnet.

Die Beschäftigung mit Diversity Management konzentriert sich angesichts dieser Entwicklungen auf die Vermeidung von Einfalt, auf die Erhaltung und den Ausbau von Vielfalt, damit das Leben bunt und der Wohlstand hoch bleiben. Die Unternehmen spüren die Verknappung der Talente bereits in starkem Maße. Der »War for Talents« symbolisiert als Kampfbegriff den zunehmenden Wettbewerb um kluge junge Köpfe. Eine Vielzahl von Unternehmen, Universitäten, Verwaltungen und Verbänden erarbeitet gegenwärtig Diversity-Management-Konzepte. Die Absicht ist klar. Wer sich um die Vielfalt der Talente, Befähigungen, Erfahrungen optimal kümmert, wird von der nachwachsenden Generation als attraktiver Arbeitgeber gewählt. Der Aufbau von Unternehmensmarken (Corporate Brands), Arbeitgebermarken (Employer Brands) und Funktionsbereichsmarken (Department Brands), allen voran der Aufbau einer HR-Department-Brand, sind in vollem Gange. Die Unternehmen putzen sich heraus, um den Wettbewerb um Talente zu gewinnen.

1 Vgl. Statistisches Bundesamt (2009), S. 11.

Die Bedeutungszunahme des Diversity Managements resultiert auch aus der Vielfalt der Produkte, der Offenheit der Märkte, der Individualisierung der Lebensverhältnisse, der Liberalisierung der Lebensstile und verlangt von den Unternehmen die Stärkung der Innovationskraft durch den Aufbau von Vielfalt. Vielfalt der Produkte und Dienstleistungen ist nur möglich, wenn eine entsprechende Vielfalt der Charaktere, Begabungen und Spezialisierungen, diese Vielfalt zu entwickeln und herzustellen vermag. Gleichzeitig mit der ökonomischen Vielfalt nimmt die Vielfalt internationaler Durchmischung zu. »Global hiring«, »international working teams« und die weltweite Vernetzung der Wertschöpfung sind Beleg für immer buntere Belegschaften. Vielfalt ist eine Grundanforderung der sogenannten Industrie 4.0. Die punktgenaue, individualisierte Fertigung von Waren und die wunschgemäße Bereitstellung von Dienstleistungen kann als bunte Kombination und Integration von Strukturen, Prozessen, Informationen und Beziehungen definiert werden. Ohne Vielfalt der Ressourcen ist die bunte Welt der individualisierten Wirtschaft nach dem Muster der Industrie 4.0 nicht realisierbar. Umstellungsfähigkeit, Flexibilität und Anpassung der Befähigung durch lebenslanges Lernen sind Baustoff für die Vielfalt der Industrie 4.0.

Die demografische Entwicklung bis zum Jahr 2050

- Doppelt so viele 60-Jährige wie Neugeborene.
- Bevölkerung sinkt von 82,4 Millionen (heute) auf 74 Millionen (entspricht einem Verlust der Bevölkerung des Landes Niedersachsen).
- Würde man versuchen, den Altenquotienten (Verhältnis von Rentnern zu den 20- bis 65-Jährigen) auf dem aktuellen Stand 32:100 zu halten, müsste das Rentenalter »rechnerisch« auf 75 Jahre steigen.
- Geburtendefizit von aktuell 144.000 wird auf 600.000 im Jahr 2050 steigen.
- Das Durchschnittsalter steigt von gegenwärtig 42 Jahren auf 50 Jahre.
- Die Lebenserwartungen von Frauen und Männern nehmen bis 2050 um 4,5 Jahre zu (Frauen 84,4 Jahre und Männer 81,0 Jahre)

Abb. 1-1: Die demografische Entwicklung bis zum Jahr 2050
Quelle: Statistisches Bundesamt (2006): Bevölkerung Deutschlands bis 2050: 11. koordinierte Bevölkerungsvorausberechnung. Wiesbaden.

Globalisierung und Digitalisierung bedingen und begünstigen einander. Die Globalisierung verlangt und die Digitalisierung ermöglicht es, dass an allen Orten der Welt Wissen und Können verfügbar sind. Digitale Medien transportieren Wissen und Können überall hin. Die Transportkosten dafür gehen gegen Null. Um »normales« Wissen und Können weltweit zu verbreiten, braucht keiner mehr zu reisen. Mit der weltweiten Mobilität von Wissen und Können fallen die traditionellen Schranken, die die Vermarktung von Können lokal und regional begrenzt hatten. Früher konnten viele Ideen gleichzeitig entwickelt und die daraus entstehenden Produkte auf vielen lokalen Märkten angeboten werden. Die Digitalisierung führt dazu, dass nur noch der schnellste Ideenproduzent eine Innovationsrente abschöpfen kann. Nur eine Idee wird prämiert. Nachahmer und Spätzünder haben das Nachsehen. Insofern führen Globalisierung und Digitalisierung nicht zu Vielfalt, sondern zu Einfalt. Duplizierbares Wissen und Können erzielt niedrige Marktrenten. Nur noch knappe Berufe, etwa Top-Fußballspieler, verbinden die lokale Bindung und die weltweite Vermarktung miteinander. Sie sind als Spezialisten rar und mobil. Das erhöht die Reallohnoptionen der leistungsstarken und senkt die der leistungsschwachen Anbieter von Humanvermögen.

Vielfalt darf nicht verwechselt werden mit überall verfügbar. Geistiges Eigentum erfährt gegenwärtig zu wenig Schutz. Niemand denkt sich etwas dabei, sich die Leistung eines Menschen – wo auf der Welt er auch wohnen mag – einfach anzueignen, ohne dafür zu zahlen. Wenn das so bleibt, werden die Idealisten, Erfinder und Innovatoren ihre schöpferische Arbeit bald reduzieren und weniger Erfindungen sind die Folge: Der arme Poet lässt grüßen. Für den Aufbau und die Erhaltung von Vielfalt in einer digitalisierten und globalisierten Welt sind u. a. folgende Aspekte zu beachten

- Die weltweite Verbreitung von Wissen ist nur dann möglich, wenn das Wissen duplizierbar ist.
- Das weltweit verbreitete Wissen muss vor Zugriffen unberechtigter Nutzer geschützt werden können.
- Die weltweite Verbreitung von Wissen ebnet die Voraussetzungen des Wissenserwerbs dadurch ein, dass jeder Zugriff zu den weltweit verfügbaren Datenbeständen hat.
- Die Möglichkeiten der Wissensaneignung und der daraus resultierenden Erfolgsaneignung sind zunehmend personenungebunden möglich.
- Spezialisierung lohnt sich für Experten dann, wenn das Expertenwissen und Können exklusiv von den Experten erbracht wird.
- Die Erfolgsaneignung personaler Vielfalt ist für Experten (Humanvermögenskapitalisten) verstärkt an Mobilität gebunden.
- Die Erfolgsaneignung personaler Einfalt (Humanvermögenspauperisten) kann durch Mobilität nur dann verbessert werden, wenn in der Zielregion bzw. dem Zielland Mangel an Anbietern einfacher persönlicher Dienstleistungen besteht.

1.2 Licht und Schatten der Vielfalt

Für die Menschen sind eine höhere Lebenserwartung, die Zunahme der persönlichen Freiheit, die Vergrößerung des Arbeitsangebots und die wachsenden Möglichkeiten, internationale Berufserfahrung zu sammeln und das erworbene Können überall auf der Welt vermarkten zu können, sicherlich Grund zur Freude. Berufs- und Lebensentscheidungen können wunschgemäß geplant und realisiert werden. Der Wechsel aus einer Tätigkeit in eine andere, die Neuorientierung im Berufsleben, temporäre Ausstiege und das zunehmende Bestreben, Privatleben und Beruf besser in Einklang bringen zu können, sind Aspekte der Stärkung zunehmender individualisierter Berufs- und Lebensstile.

Diese Entwicklung hat allerdings ihre Schattenseiten: Die Sozialsysteme werden durch die Alterung stark belastet, die Sorge und die Betreuung der alten Menschen verlangen enorme Anstrengungen. Lösungen sind derzeit nur ansatzweise zu erkennen. Junge Menschen müssen mit der wachsenden Vielfalt, dem Überangebot an Möglichkeiten, die ihre Entscheidungen erschweren, zurechtkommen. Die Unternehmen sind gezwungen, verstärkt in den Aufbau der Vielfalt zu investieren, damit sie wettbewerbs- und überlebensfähig bleiben. Auf der anderen Seite bewirkt der internationale Wettbewerb, dass z. B. in den südlichen Staaten der EU junge Menschen keine berufliche Perspektive haben. Viele sind gezwungen, auszuwandern.

Nachdem Alterung und Schrumpfung, Internationalisierung und Vielfalt der Beschäftigung über viele Jahre ignoriert wurden, suchen Unternehmen gegenwärtig verstärkt nach Lösungen. Unternehmen müssen sich mit dem wachsenden Mangel an Fach- und Führungsnachwuchs auseinandersetzen. Es ist zu erwarten, dass der »War for Talents«, der Kampf um die besten Köpfe, an Intensität gewinnen wird. Unternehmen sind gezwungen, die Talentreserven ihrer Belegschaft zu heben und zu entwickeln: Talentmanagement gewinnt an Bedeutung. Das Erkennen, Fördern und Nutzen der bisher noch ungenutzten Talente *aller* Beschäftigten trägt dazu bei, die Schrumpfung der Erwerbspersonenzahl abzumildern. Die Belegschaften werden daher bunter und Diversity Management gewinnt dementsprechend an Bedeutung.

1.3 Historische Wurzeln des Diversity Managements

Das Thema Diversity Management hat seinen Ursprung in der US-amerikanischen Politik der Gleichstellung aller Bevölkerungsschichten. Die Politik der »Affirmative Action« hat als »Positive Diskriminierung« stark zum Abbau von Benachteiligung und Diskriminierung von Farbigen, Frauen, Schwulen, Lesben und Migranten beigetragen. Diversity Management ist in amerikanischen Unternehmen zum Standard der Unternehmens- und Personalpolitik avanciert. In den USA praktizierten Ende der 1990er-Jahre bereits ca. 75 Prozent der großen Unternehmen Diversity Management.[2] Auch in deutschen Unternehmen gewinnt Diversity Management zunehmend an Bedeutung. Inzwischen sind 25 der DAX–30-Unternehmen »Diversity-aktiv«. Im Vergleich dazu berichteten im Jahr 2010 nur 16 der 30 DAX-Unternehmen, Diversity Management zu praktizieren. Diversity Managerinnen und Manager nehmen die neue Aufgabe wahr. Die Breite der Diversity-Aktivitäten zeigt sich z. B. in Form von Diversity Round Tables oder Diversity Councils.[3] Diversity Management hat sich etabliert und es ist anzunehmen, dass sich dieser Trend fortsetzen wird.

1.4 Treiberthemen des Diversity Managements

Gender und Gendermanagement sind nach wie vor Spitzenreiter der Diversity-Management-Aktivitäten.[4] Die gesellschaftspolitische Diskussion um die Erhöhung von *Frauen* in Führungspositionen und in Aufsichtsgremien der Wirtschaft, ist Top-Thema der öffentlichen Diversity-Diskussion. Das Thema hat Brisanz, weil die Frauenquote in den Vorstandsetagen nach wie vor zu wünschen übrig lässt. Frauen sind trotz einiger Fortschritte in den Entscheidungs- und Aufsichtsorganen unterrepräsentiert.[5] Der erhoffte Durchbruch lässt auf sich warten und der Druck auf die Erhöhung der Quote weiblicher Führungskräfte bleibt bestehen. Weitere Überzeugungsarbeit ist zu leisten, bis die geforderte Gleichstellung der Geschlechter in den Unternehmen tatsächlich verinnerlicht und in konkrete Beteiligung umgesetzt ist. Noch ist es nicht selbstverständlich, dass Frauen Karriere machen und Väter in Elternzeit gehen.

---

2 Vgl. Aretz, H.-J. (2006), S. 65.
3 Vgl. Köppel, P. (2012), S. 3 und S. 6.
4 Vgl. Becker, M./Kownatka, C. (2011).
5 Vgl. Holst, E./Schimeta, J. (2012).

Es gibt allerdings Stimmen, die von Erfolgen berichten. Vielfalt spiegele sich in den Vorständen der DAX-30-Unternehmen wider, so eine Studie aus dem Jahre 2013, die Christoph Lesch von der Unternehmensberatung Simon-Kucher & Partner, Bonn, durchgeführt hat. Anfang Juli 2013 hatten der Studie zufolge 29 Prozent der Vorstandsmitglieder der DAX-30-Unternehmen einen ausländischen Pass. Das entspricht einem Prozentpunkt mehr als in 2012. Der Vorstand von Fresenius Medical Care ist zu 75 Prozent mit Ausländern besetzt, gefolgt von Linde und SAP mit jeweils 60 Prozent.[6] Frauen sind im Vergleich zu ausländischen Führungskräften allerdings nach wie vor unterrepräsentiert. Der Frauenanteil in den DAX-30-Unternehmen ist von 2012 auf 2013 nur von 6,3 auf 7,4 Prozent gestiegen. Die Berufung von Frauen in deutsche Vorstände sei sogar rückläufig, so die Studie. Deutlich besser vertreten sind Frauen im Vorstandsressort Personal. Knapp 30 Prozent der Personalvorstände sind Frauen.[7]

Nationalität und *Alter* bilden weitere wichtige Handlungsfelder des Diversity Managements (vgl. Abbildung 1-2). Aktuelle Daten des Instituts für Arbeitsmarkt- und Berufsforschung belegen, dass sich die wirtschaftliche und soziale Lage für ältere Arbeitskräfte deutlich verbessert und der Prozess hin zu einer längeren Erwerbsdauer bereits begonnen hat. Vor allem die Altersgruppe der 50- bis 64-jährigen Beschäftigten verzeichnet einen rapiden Anstieg bei der Beschäftigung.[8] Auch die Zahl der 60- bis 65- Jährigen hat sich erhöht. Nach Angaben der Bundesagentur für Arbeit (BA) stieg der Anteil der 60- bis 65-jährigen Arbeitnehmer in sozialversicherungspflichtiger Beschäftigung im Jahre 2012 um 12,4 Prozent auf fast 1,52 Mio. Menschen. Das entspricht einer Steigerung von 2,5 Prozent innerhalb eines Jahres. Der deutliche Anstieg der älteren Beschäftigten folgt im Trend der Alterung der Erwerbspersonen und dem Bedarf an Fach- und Führungskräften. Allerdings besteht noch immer Potenzial, um die Erwerbsbeteiligung älterer Menschen zu erhöhen. Wenn die Anzahl der Menschen im Lebensalter zwischen 60 und 65 Jahren steigt, dann steigt natürlich auch die Beschäftigtenzahl, zumindest das Beschäftigtenpotenzial dieser Kohorte. Zusätzlich ist aber auch ein Umdenken in den Unternehmen zu erkennen, Vorruhestand und Frühverrentung abzubauen und die Verlängerung der Lebensarbeitszeit anzustreben.[9] Einen Rückschlag wird diese positive Entwicklung der Beschäftigung älterer Menschen durch die abschlagsfreie Rente mit 63 Jahren erleiden. Die Regelung widerspricht der Notwendigkeit und auch dem Willen vieler älterer Menschen, länger zu arbeiten. Derartige Regelungen sind zudem ein eklatantes Beispiel für die Bevorzugung der älteren gegenüber der nachwachsenden Generation. In Deutschland ist eine zweigeteilte Entwicklung zu beobachten: Mindestlohn und Einheitsgewerkschaften folgen als Beispiele dem allgemeinen Bedürfnis nach mehr Gleichheit und einer in Deutschland wachsenden Aversion gegen Ungleichheit. Reichtum genießt in Deutschland auch dann keinen guten Ruf, wenn er durch harte Arbeit zustande gekommen ist. Die Neigung von Studierenden, statt in der Wirtschaft im öffentlichen Dienst Karriere zu machen, symbolisiert diese Abneigung gegen Einkommens- und Besitzvielfalt.

Andererseits steht der Aufbau von Ungleichheit in Form von Spezialisierung ganz oben auf der Agenda. Vielfalt erzeugen und nutzen, lautet die Devise der Abgrenzung mit der Möglichkeit, als Unternehmen auf dem Weltmarkt zu bestehen und der Möglichkeit für die

6 Vgl. FAZ vom 12. Juli 2013, S. 18: Studie Diversity in deutschen Vorständen der Unternehmensberatung Simon-Kucher & Partner Bonn.

7 Vgl.: FAZ vom 12. Juli 2013, S. 18 Studie Diversity in deutschen Vorständen der Unternehmensberatung Simon-Kucher & Partner Bonn.

8 Vgl. Institut für Arbeitsmarkt- und Berufsforschung (2013).

9 Vgl. Ältere Arbeitskräfte sind immer gefragter. In: FAZ vom 9. Juli 2013, S. 9.

Spezialisten, hohe Reallohnoptionen durchzusetzen. Die zu beobachtende Tendenz spricht für die These, dass Einfalt und Vielfalt keine statischen Größen sind, sondern stets im Fluss sind. Gleichheit und Ungleichheit müssen im Lot bleiben. Zuviel Gleichheit kostet Wohlstand, zu viel Ungleichheit führt zu Verteilungskämpfen und senkt den Wohlstand ebenfalls.

Rang 2012	Handlungsfelder
1	Chancengleicheit der Geschlechter
2	Kulturelle Vielfalt, Internationales Diversity
3	Altersbezogene und alterungsbezogene Aspekte
4	Gestaltung der Unternehmenskultur
5	Talente, Fähigkeiten und Erfahrungen
6	Vereinbarkeit von Privatleben und Beruf (Work-Life-Balance)
7	Chancengleicheit für Behinderte
8	Aspekte sexueller Orientierung
9	Religiöse und weltanschauliche Vielfalt
10	Gesundheit und Resilienz
11	Behinderung
12	Familie, Kinder, Lebenspartnerschaften
13	Führung in Organisationen der Vielfalt, Vielfalt der Führung

Abb. 1-2: Aktuelle Handlungsfelder des Diversity Managements

1.5 Demografiefeste Personalarbeit

Die demografische Entwicklung zwingt die Unternehmen, Vielfalt als Wettbewerbsvorteil zu nutzen und als Ziel in ihre Strategiepapiere aufzunehmen. Die Vielfalt der Kundenbedürfnisse und der rasche Wandel des Kundengeschmacks verlangen innovative Produkte, die von flexiblen Belegschaften erzeugt werden müssen. Es ist mittlerweile bekannt, dass Diversity Management über Maßnahmen zur Förderung von Frauen und älteren Beschäftigten weit hinausgeht. Unternehmenskulturen sind auf Vielfalt auszurichten, Führung ist auf die Bedürfnisse immer bunter werdender Belegschaften in der Industrie 4.0 auszurichten. Die Praxis zeigt, dass eine an Vielfalt orientierte Unternehmenskultur noch nicht in allen Unternehmen realisiert werden konnte. Die Wertschätzung von Vielfalt muss noch stärker in den Unternehmenswerten und den konkreten Verhaltensweisen der Organisationsmitglieder zum Ausdruck kommen. Verantwortlich für eine aktive und nachhaltige Diversity-Politik ist die Geschäftsführung. Die Umsetzung liegt in den Händen der Führungskräfte. Die Instrumente des Diversity Managements muss die Personalabteilung erarbeiten. Zentrale Lösungen und dezentrale Verantwortung sind ebenso zu finden wie Mischformen der Zuordnung der strategischen und der operativen Verantwortung für das Diversity Management. Die Verantwortung für das Diversity Management sollte der Personalabteilung, dort am besten der Personalentwicklung, übertragen werden.

Diversity Management darf nicht als Legitimationsfassade und nicht als Modethema bloßer Imagepflege dienen. Diversity Management ist ein strategischer Unternehmenswert, den es an den Zielen des Unternehmens orientiert aufzubauen und zu kultivieren gilt.[10] Damit ist klar, Vielfalt ist kein Wert an sich. Der Bedarf an Vielfalt oder Einfalt ergibt sich aus den Unternehmenszielen.

1.6 Ambivalenz der Vielfalt

Es ist eine zumeist positive Konnotation des Begriffes Diversity festzustellen. Vielfalt als die deutsche Übersetzung von Diversity signalisiert interessante Buntheit von Menschen, Ideen, Produkten, Lebensstilen, Lebensphasen, Lebensformen und Lebenslagen, die das Leben reicher machen. Es geht bunt zu, die Menschen gestalten ihr Leben abwechslungsreicher als je zu vor in der Geschichte. In der bunten Welt der Vielfalt kann sich jeder so verwirklichen, wie er das gerne tun möchte. Das wird als Befreiung aus überkommenen Zwängen empfunden. Individualität wird als Unabhängigkeit, Selbstbestimmung, Autonomie zelebriert.

Individualisierung und Vielfalt haben aber auch Schattenseiten. Die neue Freiheit muss auf ihre längerfristige Wirkung hinterfragt werden. Bringt eine individualisierte Vielfalt nur Vorteile oder auch Nachteile? So wird zu fragen sein, ob eine zu weit getriebene Vielfalt Gift für die Gemeinschaft sein kann, weil die Menschen zu sehr auf die Verwirklichung ihrer partikularen egoistischen Interessen fixiert sind. Individuelle Lebensführung kann in Egoismus münden. Es ist auch zu fragen, ob die bunte Vielfalt die Menschen nicht von sich, vom Artgenossen und von ihrer Arbeit entfremdet, wie es Karl Marx als Folge des kapitalistischen Systems befürchtet hat. Wachsende Entfremdung, die Karl Marx als gravierenden Nachteil des kapitalistischen Wettbewerbssystems angeprangert hat, vereinzelt die Menschen, nicht wenige vereinsamen. Mit wachsender Alterung, sich verstärkender Landflucht und abnehmender Bindung an Ehe und Familie, verstärken sich Vereinsamung und Eintönigkeit des Lebens. Von Vielfalt und abwechslungsreichen Tagen kann bei vielen alten Menschen nicht die Rede sein. Eine neue Einfalt des Alltags mit negativen Folgen belastet viele Menschen.

Im Berufsleben ist der Trend zu Vielfalt noch ungebrochen. Berufliche Vielfalt zeigt sich in zunehmender Spezialisierung. Karl Marx würde anmerken, dass übertriebener Detailgeschicklichkeit die Entfremdung auf dem Fuße folgt. Egoistische Verfolgung partikularer Interessen entfremdet vom Artgenossen. Was andere tun, denken, wollen, steht hinter den individuellen Ansprüchen auf Lebensglück zurück. Lose gekoppelte Individualisten sind Gift für die Gemeinschaft. Partikulare Interessen können sich auch entwicklungshemmend auswirken, wenn die Spezialisten so viel Macht erreichen, dass sie im Interesse der Erhaltung ihrer Professionalität wirtschaftlichen und gesellschaftlichen Fortschritt blockieren oder ihre Macht egoistisch zur Durchsetzung, z. B. von übertriebenen Gehaltssteigerungen, einsetzen. Insofern ist festzuhalten, dass die individuelle Spezialisierung die Autonomie stärkt, aber die Zusammenarbeit und das Zusammengehörigkeitsgefühl belasten kann.

Es ist unbestritten, dass die Vielfalt der Talente und Befähigungen Voraussetzung für die Vielfalt der Nachfrage nach Gütern und Diensten darstellt. Einfalt der Produkte bringt keine Marktmacht, keine hohen Renditen, keine Existenzsicherung der Unternehmen. Weil Knapp-

10 Vgl. Becker, M./Kownatka, C. (2011).

heit das Maß für die Entlohnung ist, spezialisieren sich die Beschäftigen, ihre Reallohnoptionen steigen. Beschäftigte, Unternehmen und die Gesellschaft müssen darauf achten, dass das Optimum von Homogenität und Heterogenität erreicht wird. Der »Diversity-Bliss-Point«, das situative Optimum von Homogenität und Heterogenität, ist individuell und kollektiv zu finden. Es gilt als untere Grenze der Vielfalt die schädliche Einfalt. Als obere Grenze gilt der drohende Verlust von Zusammenhalt und Gemeinschaft durch übertriebene Spezialisierung. Vielfalt und deren Nutzung ist stets mit Macht verbunden. Sind alle gleich, dann sind auch alle gleich mächtig bzw. ohnmächtig. Neue Ideen können sich nicht durchsetzen. Eine derartige Gesellschaft würde an ihrer Einfalt zugrunde gehen. Werden Experten aufgrund der Knappheit ihrer Expertise zu mächtig, dann werden sie die Macht zur Durchsetzung ihrer egoistischen Ziele einsetzen. Experten werden gewillt sein, den Status quo der Machtverteilung zu ihren Gunsten zu konservieren. Neue Ideen und Fortschritte werden durch die Absicherung der gegebenen Funktionsmacht blockiert.

Auch wird es erforderlich sein, Diversität in normative, funktionale und moralische Diversität zu unterteilen. Das relativ richtige Maß der **funktionalen Diversität** garantiert die optimale Leistungsfähigkeit von Personen und Organisationen. **Normative Diversität** formt den Handlungsrahmen, in dem sich Vielfalt konstruktiv entwickeln kann. **Moralische Diversität** schließlich zeigt die Verantwortung, die die Menschen und Organisationen für das Gelingen einer bunten Lebenswirklichkeit übernehmen müssen. Menschen leben nicht als lediglich selbstreferentielle Individuen, sie sind in die Gemeinschaft mit anderen Menschen eingebunden. Eine bloße Zelebration der eigenen Person und die Durchsetzung der persönlichen Interessen würde die notwendige Verantwortung für andere vermissen lassen.[11]

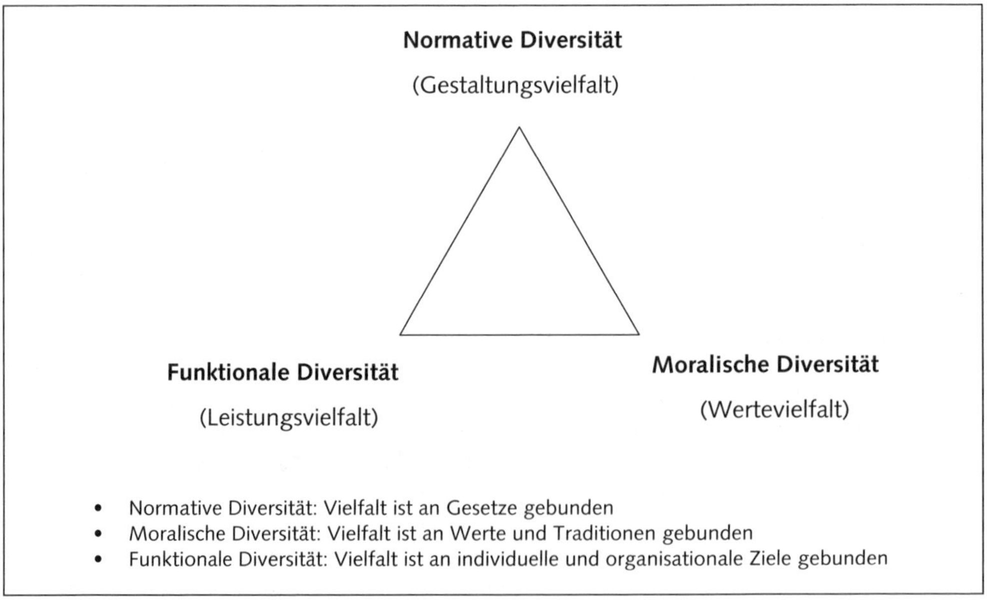

Abb. 1-3: Normative, funktionale und moralische Diversität

11 Vgl. Papst Franziskus (2013): Vergötterung des ICH

1.7 Vielfalt als Resultat postmoderner Lebensführung

Diversity-Themen haben Konjunktur und das hat auch seinen Grund in der veränderten Lebensweise der Menschen. Die Liebe zur Vielfalt ist Ergebnis des postmodernen Lebensstils. Der einzelne Mensch sieht sich und die Befriedigung seiner individuellen Bedürfnisse als die wichtigsten Ziele an. Selbstverständlich toleriert der postmoderne Mensch auch die Vielfalt anderer. Nach dem Motto »was du nicht willst, das man dir tut, das füge auch keinem anderen zu« entsteht zunehmend ein Aggregat vieler Partikularinteressen. Die Postmoderne vergrößert so die Vielfalt der Lebensentwürfe, reduziert aber gleichzeitig die gemeinschaftliche Orientierung, möglicherweise den Zusammenhalt und die Bündelung der individuellen Vielfalt für die Bewältigung der gesellschaftlichen Herausforderungen.

Vielfalt im postmodernen Sinne wäre eine relativ strukturlose Anhäufung von Charakteren, Befähigungen und Erfahrungen, von Lebensentwürfen und Lebensstilen, die nicht viel mehr miteinander verbinden würde als die Absicht, die anderen als relevante Umwelt zur Verwirklichung der eigenen Interessen einzuspannen, zu instrumentalisieren. Soziale Kontakte der postmodern vereinzelten Menschen verkümmern. Es leuchtet ein, dass es Aufgabe des Diversity Managements sein muss, die sozialen Aggregate in leistungsstarke und emotional verbundene Gemeinschaften zu transformieren. Gemeinsamkeiten und Verbindendes sind zu finden und mit Sanktionsmacht zu stärken. Gemeinsame Werte, Ziele, Interessen und die Akzeptanz allgemeingültiger Normen und Machtbeziehungen sind zu vermitteln und durchzusetzen. Gruppendynamische Prozesse sind als »Vielheit in der Einheit« so zu steuern, dass der Egoismus nicht allzu sehr ins Kraut schießt.

Vielfalt heißt gleichzeitig Ungleichheit. Wer Vielfalt fordert, akzeptiert wachsende Ungleichheit. Wenn Unternehmen Eliten fördern, dann stärken sie damit das Bewusstsein der Exklusivität dieser Eliten und sind bereit, exklusive Forderungen zu akzeptieren. Exklusivität heißt in der Sprache der Ökonomen Knappheit. Die Knappheit ist der marktwirtschaftliche Maßstab für Wert und Wertschätzung, für Einkommen und berufliche Chancen. Diversity Management schafft mit gezielten Maßnahmen Unterschiede, erzeugt gezielt Vielfalt, die zur Bewältigung der anstehenden Aufgaben benötigt wird. Vereinfacht ausgedrückt, wird mit den Maßnahmen des Diversity Managements in Humanvermögenskapitalisten (HUKA) einerseits und Humanvermögenspauperisten (HUPA) andererseits unterschieden. HUKA sind Eliten, die knappes Humanvermögen anbieten. HUPA verfügen lediglich über »Allerweltskompetenzen, die nicht knapp sind. Die in der Personalwirtschaft verbreiteten Personalportfolios drücken sinnfällig das Resultat der Segmentierung der Beschäftigten aus. Auf die Dimensionen »Leistung« und »Potenzial« bezogen, wird unterschieden in »Dead Wood«, »Solid Performer«, »Questionmarks« und »Stars«. Die HUKA sind demnach Stars, weil sie über ein großes Potenzial verfügen und hohe Leistungsbeiträge erbringen. Die HUPA sind »Dead Wood«, weil sie leistungsschwach und ohne Potenzialreserven wenig zu bieten haben. Es wird ersichtlich, dass auf der individuellen Ebene mit den Mitteln der Segmentation verstärkt auf Vielfalt gesetzt wird, dass Vielfalt erzeugt und belohnt wird. Auch zeigt die Bezeichnung »Dead wood« die unterschiedliche Wertschätzung von Einfalt und Vielfalt. Vielfalt wird gepriesen, Einfalt wird mit despektierlichen Begriffen tituliert.

Auf der institutionellen, gesellschaftlichen und politischen Ebene mehren sich Bestrebungen zum Erhalt bzw. zur Restauration von Einfalt. Mindestlöhne ignorieren die tatsächliche Knappheit des angeboten Humanvermögens und verordnen Egalität. Die beabsichtigte gesetzliche Verankerung der sog. Tarifeinheit reduziert die Vielfalt der Tariflandschaft, diskriminiert Spartengewerkschaften und zwingt sie unter das Diktat der größten Gewerkschaft in einem

Unternehmen. Das Motto »Ein Unternehmen eine Gewerkschaft« kommt einem Koalitionsverbot gleich. Die Entmachtung der kleineren Spartengewerkschaften stärkt ganz offensichtlich die Einfalt, reduziert die Vielfalt. Diese Entwicklung kann als ein Beispiel strukturell-institutioneller Diskriminierung apostrophiert werden, die man sich in einer offenen Gesellschaft auf dem Fundament des Grundgesetzes so nicht unbedingt vorgestellt hätte.

1.8 Wissenschaftliche Erkenntnisse nutzen

Diversity Management ist die Gestaltungsplattform zur Bewältigung des vielfältig gewordenen Lebens. Jede Modewelle sorgt für die zu ihr passende Ausdrucksform, braucht Gestaltungsarenen, besondere Zeremonien und Ausdrucksformen, um zu einer Bewegung zu werden. Die Bewegung, die unser vielfältiges Leben erzeugt und bestimmt, ist die Postmoderne. Diese Lebensform, dieser Zeitgeist ist durch Vielfalt, durch den Grundsatz »alles ist möglich!« gekennzeichnet. Ob und in welchem Ausmaß tatsächlich die postmoderne Lebensweise die Gegenwart bestimmt, ist durch Forschung zu ergründen.

Als Ausgangspunkt der wissenschaftlichen Beschäftigung mit dem Thema Vielfalt sind daher zunächst die normativen und die wissenschaftlichen Grundlagen des Diversity Managements zu analysieren. Aufbauend auf diesem Fundament können dann die Handlungsfelder und die praktische Ausgestaltung des Diversity Managements erörtert werden. Es ist herauszufinden, ob es grundlegende und verbindende Gestaltungselemente der Diversity-Handlungsfelder gibt. Es ist zu klären, ob es kulturspezifische Ausprägungen der Vielfalt gibt und wie Vielfalt kultur- und zeitbezogen zu erklären ist.

Die betriebswirtschaftliche Erforschung der Diversity-Handlungsfelder geht davon aus, dass »Vielfalt an sich« kein ökonomischer Wert ist. Der wirtschaftliche Wert der Vielfalt ergibt sich erst aus der Bezugsebene, aus dem Zweck, der mit dem erforderlichen Ausmaß an Vielfalt erreicht werden soll.[12] Ansatzpunkte der Erforschung des Diversity Management sind Individuum, Organisation, allen voran Unternehmen und die Gesellschaft als kulturelle, politische und soziale Einheit. Mikroökonomische und makroökonomische Aspekte des Diversity Managements sind zu erörtern, wenn es um die Bestimmung der Vielfalt bzw. Einfalt geht, die z. B. Unternehmen und Volkswirtschaften benötigen, um wettbewerbsfähig Güter und Dienstleistungen erzeugen zu können. Es ist dabei stets das doppelte Optimum der Vielfalt aus Kosten einerseits und Erträgen andererseits zu finden und zu gestalten. Dieser duale »Bliss Point«, der das jeweilige Optimum von Vielfalt und die damit verbundenen Kosten der Vielfalt angibt, verlagert das Diversity Management aus der philanthropischen Dominanz der Nachteilsbeseitigung und Nachteilsvermeidung (Managing Diversity) in den Aufgabenbereich der strategischen Unternehmungsführung mit dem Ziel optimaler Nutzung der Vielfalt (Diversity Management).

Diversity Management hat sich zu einem bedeutenden Handlungsfeld in Wirtschaft und Gesellschaft entwickelt. Die Etablierung von Diversity Managerinnen und Manager ist in vollem Gange, die Ausgestaltung der Diversity-Handlungsfelder schreitet fort und systematisches Diversity-Training schafft die erforderliche Qualifikation und Sensibilisierung für Diversity-

---

12 Vgl. Becker, A. (2006), S. 205–238, insbesondere S. 208.

Aktivitäten. Diversity-Forschung wird weltweit betrieben, die Literatur zu Diversity-Themen wächst stetig und die Diversity-Beratung hat Konjunktur.

1.9 Zur Konjunktur der Vielfalt

Wäre das Thema Diversity eine Aktie, dann würde man sich glücklich schätzen, dieses Papier in Portfolio zu haben: kontinuierlicher und nachhaltiger Wertzuwachs seit vielen Jahren. Diversity-Themen haben Konjunktur. Auf der individuellen Ebene ist der Diversity-Boom das Ergebnis des postmodernen Lebensstils, der in der Gesellschaft stark an Bedeutung gewinnt. Vielfalt entspricht der Zelebration individualisierter Lebensentwürfe. Vielfalt leben zu können, wird als Emanzipation kultiviert. Schwule und Lesben werden nicht mehr ausgegrenzt, die Integration von Migranten steht auf der Tagesordnung ganz oben. Junge Menschen leben die Vereinbarkeit von Beruf und Privatleben auf ihre Weise, ohne ein schlechtes Gewissen zu haben, wenn sie mit einer Auszeit, einer Weltreise, einer Weiterbildungsphase, den traditionellen, eher eintönigen und geregelten Berufsmodus durchbrechen. Die Generation Y hat die Illusion des Nullsummenspiels der »Work-Life-Balance« entzaubert und erkannt, dass nur eine »Life-Balance« die persönliche Zufriedenheit garantiert. Das »Sowohl-als-auch-Versprechen« der Vereinbarkeit hat übersehen, dass die Stunden eines Tages nicht vermehrbar sind. Man muss sich zwischen Beruf und Privatleben entscheiden. Aus dieser Erkenntnis wird eine neue Bewertung der Vielfalt erwachsen.

Diversity ist zum anderen deshalb ein boomendes Thema, weil die Unternehmen im transparenten und globalen Wettbewerb ihre Unterschiedlichkeit, Einmaligkeit und Einzigartigkeit stärker pflegen müssen als dies in vorwiegend nationalen oder gar regionalen Märkten erforderlich gewesen ist. Alleinstellung muss weltweit, nicht lediglich lokal oder regional erarbeitet und verteidigt werden. Neue Anstrengungen im Aufbau von »Diversity Unique selling Propositions (USP)« werden erforderlich.

Auf organisatorischer Ebene haben die Konzepte und Maßnahmen des Diversity Managements eine bisher nicht dagewesene Anerkennung der Vielfalt zur Erreichung organisationaler Ziele bewirkt. Vielfalt der Ressourcen wird als Andersartigkeit, Einzigartigkeit und Einmaligkeit von Organisationen zielbezogen gestaltet. Vielfalt geht vor Einfalt, so die organisatorische Devise der vernetzten Ökonomie 4.0. Die Entdeckung, Nutzung und Entfaltung der personalen Vielfalt der Belegschaften nimmt insofern eine Sonderstellung ein, weil die Belegschaften mit der Einzigartigkeit der Begabungen, Qualifikationen und Erfahrungen die Wettbewerbsfähigkeit und die Innovationsfähigkeit der atomisierten Unternehmen in besonderem Maße bestimmen.

Auf der dritten, gesellschaftlichen Ebene hat die Diskussion und Anerkennung von Vielfalt die Bürgerrechte und die Demokratie weltweit gestärkt. Oder anders betrachtet, hat die zunehmende Zelebration von Individualität die Forderung der Menschen nach einem selbstbestimmten, pluralistischen Leben gestärkt. »Mach Dein Ding«, lautet die weltweite Devise der Emanzipationsbewegungen. Die Volksaufstände in den maghrebinischen Staaten waren z. B. Ausdruck des Willens der Menschen, aus Einheitssystemen und Diktaturen auszubrechen und selbstgewählte Lebensentwürfe zu verwirklichen. Systeme mit ideologischer Einseitigkeit sind zuerst in Osteuropa, dann in Nordafrika durch den Willen der Menschen nach demokratischer Beteiligung beseitigt worden. Vielfalt der Möglichkeiten, verstanden als Beteiligungs-, Bildungs- und Wahlrechte, wurden in vielen Staaten möglich. Natürlich gibt es nach wie vor vielfältige Bedrängnisse der Individualität und es bleibt die Verweigerung der Menschenrechte in vielen Regionen der Welt eine Herausforderung zum Abbau und zur Vermeidung institutioneller Diskriminierung.

1.10 Die Postmoderne als Blaupause der Vielfalt

Diversity, Vielfalt, Heterogenität sind Begriffe der Postmoderne. Diversity ist geprägt vom individualistischen Paradigma. Diversity Management stärkt die individuelle Freiheit der Menschen, ihr Leben in allen Daseinsbereichen nach individuellen Wünschen zu gestalten. »Alte« Autoritäten wie Familie, Kirche, Unternehmen haben an Einfluss verloren. Kulturelle Vielfalt entsteht aus individuellen Wahlmöglichen und Wahlhandlungen. Vielfalt als Vollzug personaler Gestaltungsfreiheit folgt dem postmodernen Credo nach Individualität. Frei nach dem Motto, »jeder ist seines Glückes Schmied« kann sich jeder so entfalten, wie er es für richtig hält. Das ist die positive Seite der personalen Vielfalt, der Befreiung aus kollektiven Zwängen in der Postmoderne.

Die Mikroebene des Diversity Managements wird um die organisationale Ebene, die Mesoebene, erweitert. Die individuelle Freiheit und die daraus erwachsene Vielfalt darf nicht zu kriminellen Machenschaften führen, wie sie in der Investmentbranche beispielhaft geschehen sind. Der Investmentbanker Jérôme Kerviel hat die Société Générale um die gigantische Summe von 4,9 Milliarden Euro betrogen. Fünf Jahr Haftstrafe, 4.900.000.000 Euro Schadenersatz, lautet das Urteil für den Missbrauch der Vielfalt in diesem Falle. Individuelle Freiheit muss die Sozialpflichtigkeit des Handelns beachten. Was der Einzelne tut, muss eingebunden bleiben in den legalen Handlungsrahmen von Organisationen, Institutionen und der Gesellschaft als Einheit. Der Auftrag des Diversity Managements leitet sich aus der Notwendigkeit ab, individuelle und kollektive Ziele und Ansprüche konstruktiv und produktiv in Einklang zu bringen.

Auf gesellschaftlicher Ebene, der Makro-Ebene, sind die Prinzipien Freiheit und Gleichheit zu beachten. Ohne Freiheit kann sich Vielfalt nicht entfalten. Freiheit und Gleichheit stehen aber auch im Widerspruch, zumindest im Wettbewerb miteinander. Hohe Freiheitsgrade erlauben ein vielfältiges Leben. Zügellose Zelebration individueller Lebensentwürfe würde die Gemeinschaft gefährden und den Grundkonsens des friedlichen Zusammenlebens empfindlich stören. Vielfalt sollte im guten Sinne immer etwas Solidarisches anhaften. Frei und autonom zu sein, um die persönlichen Ziele optimal verwirklichen zu können, hat stets die Ziele der Organisation und der Gesellschaft (mit) zu beachten, denen man angehört. Umgekehrt haben in wohlverstandener Praxis der Subsidiarität die Gesellschaft und ihre Institutionen stets zu beachten, dass sie sich nicht in die Erledigung solcher Angelegenheiten einmischen, die die jeweils niedrige Ebene eigenverantwortlich und kompetent erledigen kann.

Würde man Vielfalt als individuellen oder organisationalen Luxus unabhängiger Lebensführung bezeichnen, dann stünde Vielfalt stets im Konflikt mit der Gerechtigkeit. Der »Luxus der Vielfalt« der einen, darf nicht zur »Armut und Einfalt« der anderen führen. Es ist einzusehen, dass dieses Prinzip des Ausgleichs stets der Wettstreit der Individuen und Organisationen bestimmt. Institutionelle Regelungen müssen dafür sorgen, dass ein Höchstmaß an Gerechtigkeit und Vielfalt erreicht wird.

Freiheit und Vielfalt sind stets einzubinden in die Prinzipien Leistung, Solidarität und Subsidiarität. Personen, Organisationen und die Gesellschaft sind aufgefordert, Leistung zu erzeugen, Werte zu schaffen, das Geschaffene solidarisch so zu verteilen, dass Teilhabe aller und

Anteilnahme aller bestmöglich gewährleistet werden. Die Subsidiarität stellt die Prinzipien der Leistung und der Solidarität unter die Forderungen von Anspruch und Würde. Wer auf Grund eingeschränkter Leistungsfähigkeit wenig leisten kann, darf würdevoll um Unterstützung bitten. Wer sich selbst helfen kann, darf keine Ansprüche an die Solidargemeinschaft stellen. Die Vielfalt des Lebens der Anderen ist stets in die individuelle Vielfalt des Einzelnen eingebunden.

Gleichheit als Menschenrecht gewährt jedem Menschen das universale Recht zu Verschiedenheit. Vielfalt entsteht aus der Vielfalt der Anlagen, der Talente, die die Menschen auszeichnen und die nach Verwirklichung drängen. Diversity Management hat die Aufgabe, die Verwirklichung der Anlagen zu fördern, Benachteiligung und Verweigerung von Entfaltungsmöglichkeiten zu verhindern. »Managing Diversity« ist auf Nachteilsbeseitigung und Nachteilsverhinderung angelegt. »Diversity Management« ist auf aktive Gestaltung der erforderlichen Vielfalt gerichtet, die benötigt wird, um konkrete Ziele zu erreichen.

1.11 Positive und negative Grundstimmung für Vielfalt

Für die Gegenwart kann festgehalten werden, dass »Diversity« und »Vielfalt« überwiegend positiv konnotiert sind. Mit dem Wort verbindet sich die Hoffnung auf ein freies Leben, auf Eigenständigkeit, Unabhängigkeit und individuelle Vielfalt. Die Schwierigkeiten, individuell aus der Vielfalt der Möglichkeiten die richtigen Entscheidungen und Handlungen zu wählen, werden weniger deutlich hervorgehoben. Mehr noch, die in die Vielfalt entlassenen, aus Zwängen befreiten Individuen vertrauen darauf, dass sie bei der Verwirklichung vielfältiger Möglichkeiten professionell und institutionell unterstützt werden. Das geschieht auch in vielfältiger Weise. Der Aufbau von Diversity-Agenturen ist in vollem Gange. Diversity Management wird von staatlichen Agenturen und Diversity-Beratern wahrgenommen. Die individualistische Devise »Mach dein Ding!« wird so ergänzt um den Zusatz »Wir helfen dir schon dabei!«

Die Vielfalt der Möglichkeiten kann zu Überforderungen bei denjenigen führen, die sich auf die Fülle der Möglichkeiten nicht ausreichend vorbereitet haben. Wählen kann nur derjenige, der die Alternativen kennt, diese verstanden hat, die Vor- und Nachteile abgewogen hat und die Folgen und Nebenfolgen zu bedenken weiß. Wählen kann nur derjenige, der die Alternativen kompetent bewältigen kann. Insofern setzt Vielfalt auf personaler Ebene ausreichende Reflexionsfähigkeit und das entsprechende Bildungsniveau voraus. Auf der organisationalen Ebene sind die Analyseinstrumente, die Entscheidungstechniken und die Kontrollmechanismen auszubauen, damit die Vielfalt nicht im Chaos der Beliebigkeit mündet. Das allgemeinbildende Schulwesen, die Hochschulen und Universitäten sowie die Personalentwicklung in den Unternehmen, sind auf den wachsenden Bedarf nach Beratung zur Bewältigung wachsender Vielfalt auszurichten. In den Unternehmen sind die Planungstechniken so auszubauen, dass Alternativen erhoben, beurteilt sowie entschieden und dann realisiert werden können.

Die abschließende Überarbeitung dieses Kapitel erfolgt am 7. Januar 2015. Das ist der Tag, an dem in Paris in der Redaktion der Zeitschrift »Charlie Hebdo« 12 Menschen kaltblütig umgebracht und zahlreiche weitere verletzt wurden. Die Agenturen melden an diesem Tag auch einen Anschlag auf eine Polizeistation in Sanaa, der jemenitischen Hauptstadt, bei dem 33 Menschen getötet und über 60 verletzt wurden. Einfalt im negativen Sinne, Verblendung und eine fundamentalistisch eingeengte Weltsicht dulden keine Vielfalt, nicht die religiöse und auch nicht die der Meinungs- und Pressefreiheit. Diese Anschläge sind nur Beispiele für die zunehmende fanatische Einfalt, die den Frieden in der Welt stark belastet. Die Beispiele zeigen sehr eindringlich, dass die Menschen lernen müssen, mit wachsender Vielfalt verantwortungsvoll umzugehen. Religionskriege und die Vertreibung Andersgläubiger haben gegenwärtig in in vielen Teilen der Welt ein Ausmaß angenommen, das die Verfolgungen des Mittelalters an Brutalität übertrifft. Die wachsende Intoleranz lässt bereits viele an den Vorteilen der Vielfalt zweifeln. Die Menschen gehen auf die Straßen und demonstrieren aus dumpfer Angst heraus gegen Ausländer, gegen Migration, gegen Vielfalt. Leider demonstrieren diese Menschen aus der eigenen Einfalt heraus gegen die vermeintliche Einfalt der anderen. Das ist kein guter Weg, um zu einem friedlichen Miteinander, zu einem Leben der geachteten Vielfalt zu gelangen. Auch in aufgeklärten Staaten ist noch viel Aufklärungsarbeit zu leisten, um stumpfer Einfalt eine aufgeklärte Vielfalt entgegensetzen zu können.

Gewissermaßen als Geleitwort für die Lektüre dieses Buches muss darauf hingewiesen werden, dass die Vermehrung von Vielfalt stets die Ungleichheit vergrößert. Gerade die Erfordernisse der aufkommenden Industrie 4.0 vermehren die Vielfalt der Anforderungen, verlangen die situative Vermehrung von Handlungsbefähigung und die Bereitschaft zur lebenslangen Anpassung der Befähigung an sich wandelnde Erfordernisse. Vielfalt erzeugen, Vielfalt nutzen und Vielfalt an neue Erfordernisse anpassen, verlangt ein professionelles »Management of speed«, damit Wissen, Beziehungen und technisches Methodenwissen stets anforderungs- und zeitgerecht verfügbar sind. Man kann sich die aufkommende Sehnsucht nach Einfalt leicht vorstellen, wenn man bedenkt, dass die abverlangte Anpassungsbereitschaft keine Zeit zur Muße und keine Reserven zur Reflexion einräumt.

1.12 Gliederung und Aufbau des Buches

Dieses Buch ist in sieben Kapitel unterteilt. Kapitel eins *»Einführung«* befasst sich mit der Ausgangslage des Diversity Management, der geschichtlichen sowie gesellschaftlichen, institutionellen und politischen Einordnung von Vielfalt und erläutert den Aufbau des Buches. Kapitel zwei *»Begriffe«* klärt die begrifflichen Grundlagen und die Basisziele des Diversity Managements. Im dritten Kapitel *»Normativer Rahmen«* werden die Gestaltungsmöglichkeiten und die Gestaltungsregeln des Diversity Managements behandelt. Dabei werden sowohl die politischen, gesellschaftlichen als auch die organisatorischen Rahmenbedingungen erörtert. Im vierten Kapitel *»Wissenschaftliche Grundlagen«* werden wissenschaftliche Erkenntnisse zum Themenfeld Diversity vorgestellt und diskutiert. Theorien zu Stereotypen, Gruppen, Diskriminierung, Alter, Geschlecht und Lernen, sind Schwerpunkte des wissenschaftlichen Kapitels. Zugänge, die das Thema Diversity erschließen, werden ebenfalls im vierten Kapitel behandelt. Das »Zugangsatomium« mit den Koronen »kontextorientierte Forschung«, »akteursorientierte Forschung«, »ziel- und zweckorientierte Forschung« und »methodenorientierte Forschung« beschreibt idealtypisch die Inhalte und die Beziehungen des Diversity Managements. Kapitel fünf *»Handlungsfelder«* stellt die klassischen Diversity-Handlungsfelder Alter, Gender, sexuelle Orientierung, Gesundheit & Behinderung sowie Migration & Integration vor. Kapitel sechs befasst sich mit Diversity-Training & -Professionalisierung. *»Best Practices-Beispiele«* aus sechs Unternehmen gewähren einen Einblick in die konkrete Gestaltung des Diversity Managements in der betrieblichen Praxis. Kapitel sieben *»Entwicklungstendenzen«* fasst wichtige Erkenntnisse zusammen und gibt einen Ausblick auf die Megatrends des Diversity Managements.

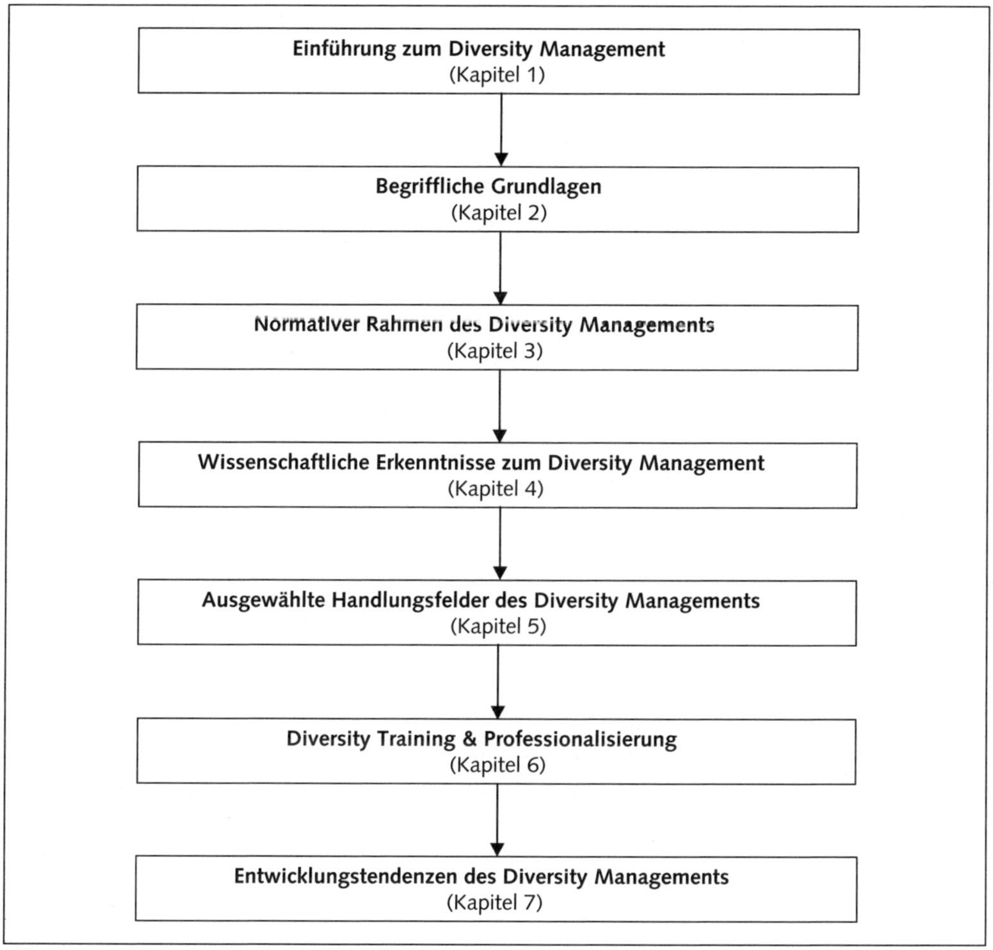

Abb. 1-4: Aufbau des Buches

2 Begriffliche Grundlagen und Ziele des Diversity Managements

2.1 Begriffliche Grundlagen

Die Beschäftigung mit Diversity Management folgt der Dynamik der gesellschaftlichen und wirtschaftlichen Entwicklung. International tätige Konzerne werden mit den Zielsetzungen und den Leitlinien des Diversity Managements amerikanischer Prägung konfrontiert und fungieren als Katalysatoren bei der Entwicklung eines europäisch geprägten Diversity Managements. Um das Wissensgebiet Diversity für Europa und insbesondere für Deutschland theoretisch und praktisch erschließen zu können, müssen die relevanten Begriffe geklärt werden. Für Diversity und Diversity Management gilt noch immer, dass sowohl wissenschaftliche Forschung und gesellschaftliche Praxis durch Uneinheitlichkeit, Vorläufigkeit und Uneindeutigkeit gekennzeichnet sind. Diversity Management ist ein junges Forschungsfeld und eine junges Praxisfeld. Für beide Bereiche besteht begrifflicher Klärungsbedarf.

Als erster Befund ist festzuhalten, dass gegenwärtig ein zweifacher Paradigmenwechsel zu beobachten ist. Zum einen ist eine veränderte Schwerpunktsetzung des Diversity Managements zu beobachten. Wurden bis in die späten 1990er-Jahre mit Diversity Management nahezu ausschließlich Programme zur Vermeidung bzw. Abbau »positiver Diskriminierung« im Rahmen der »Affirmative Action« assoziiert, die auf Assimilation und Eingliederung benachteiligter Gruppen zielten, findet inzwischen eine beachtliche Ausweitung des Diversity Managements auf die Klärung institutioneller Aspekte statt. Die Änderung der Unternehmenskultur tritt dabei ebenso in den Vordergrund wie die Veränderung der Führungsphilosophie in Unternehmen und öffentlicher Verwaltung. Die Einzigartigkeit der Individuen wird als grundlegender Wert und als Basisziel des Diversity Managements in den Unternehmensverfassungen verankert[1]. Der quantitative Fokus hat sich auf die Erforschung und Gestaltung der qualitativen Komponenten, z. B. der Gestaltung diskriminierungsfreier Arbeitsbeziehungen für heterogene Belegschaften, verschoben. Mit dieser Schwerpunktverlagerung vollzieht sich ein weiterer Paradigmenwechsel in der personalwirtschaftlichen Forschung und Praxis. Das »Defizitmodell« der Nachteilsbeseitigung und Nachteilsvermeidung wird um das aktive Element der Herausbildung strategischer Vielfalt erweitert. Homogenisierung als Strategie des Diversity Managements nach dem Motto »Niemand darf benachteiligt werden!«, wird ergänzt durch den Aufbau von Vielfalt nach dem Motto »So viel Vielfalt wie erforderlich!«.

Begriffe sind Unterscheidungsgewohnheiten, deren Aufgabe es ist, die wahrgenommene Vielfalt der realen Welt zielorientiert aufzugreifen und begriffsinhaltlich zu ordnen. Es wird definitorisch bestimmt, was inhaltlich zu einem Begriff gehören kann, gehören sollte oder gehören muss und was nicht zu einem Begriff gehören kann, gehören sollte oder gehören darf. Begriffe klären Schnittstellen und Grenzüberschreitungen, indem erkannt oder bestimmt wird, welche Elemente eines Begriffes auch Bestandteil eines oder mehrerer anderer Begriffe sein können, sein sollten oder sein müssen. Derjenige, der sein Forschungs- oder Praxisfeld nicht begrifflich ordnet, kann keine zielgenaue Erkenntnis gewinnen und auch keine konkre-

1 Vgl. Schwarz-Wölzl, M./Maad, C. (2003/2004), S. 25 f.

ten Pläne und Programme für die Praxis erarbeiten. Man kann folglich sagen, wer sein Handlungsfeld nicht abgrenzt, ist ein Nebelläufer, den Wilhelm von Oranien vorgehalten hätte, dass der Segler, der den Zielhafen nicht kennt, weder einen günstigen noch einen ungünstigen Wind für seine Seefahrt haben kann.

Diversity als Begriff bezeichnet die Verschiedenheit, Ungleichheit, Andersartigkeit und Individualität, die durch eine Vielzahl von Unterschieden zwischen Elementen eines Ganzen, z. B. der Belegschaft eines Unternehmens, entsteht.[2]

Vielfalt ist nach wie vor ein »Containerbegriff«, der sehr viele Aspekte beinhalten kann. Biologische Vielfalt, soziale Vielfalt, kulturelle Vielfalt, Vielfalt der Charaktere, Vielfalt der Talente, Vielfalt der Lebensentwürfe, Vielfalt des Denkens und Handelns. Der »Container Vielfalt« enthält viele Facetten und erlaubt viele Deutungen. Es ist daher erforderlich, den »Container Vielfalt« klein zu halten und begrifflich exakt abzugrenzen, was mit Vielfalt im Zusammenhang dieses Buches gemeint ist. Der »Container Vielfalt« wird dadurch überschaubar, weil in diesem Buch im Großen und Ganzen nur die »personale und soziale Vielfalt« und deren Aspekte behandelt werden. Bisher vernachlässigt wurde der Aspekt der Einfalt. Vielfalt schließt als relativer Begriff stets die Einfalt ein. Es ist zu klären, was Einfalt meint und es sollten in der Zukunft die Vor- und Nachteile der Einfalt stärker diskutiert werden.

Personale Vielfalt wird durch die Heterogenität der Merkmale, z. B. der Belegschaft eines Unternehmens, bestimmt. Neben sichtbaren demografischen Merkmalen wie Alter, Geschlecht, ethnische Herkunft, Religion oder Bildungsstand, stellen auch die nicht sichtbaren Merkmale wie kulturell geprägte Denk- und Werthaltungen, Erfahrungen sowie Kommunikations- und Arbeitsstile, wichtige Kriterien der Vielfalt dar. Abbildung 2-1 gibt einen Überblick über unterschiedliche Definitionskriterien von Diversity.

Voigt, B. (2001)		
Wahrnehmbare Erscheinungsformen	**Kaum wahrnehmbare Erscheinungsformen**	
	Werte	**Wissen, Fertigkeiten, Fähigkeiten**
Rasse Geschlecht Alter Nationalität	Persönlichkeit Kulturelle Werte Religion Sexuelle Orientierung Humor	Bildung Sprachen Hierarchien Fachkompetenz Sozio-ökonomischer Status

Thomas, R. R. (2001)	
Personen-immanente Diversity	**Verhaltens-immanente Diversity**
Ethnische Gruppenzugehörigkeit Alter Bildungsniveau Geschlecht Sexuelle Orientierung	Die Verhaltensweise von Menschen als Folge oder Nicht-Folge ihrer Personen-immanenten Eigenschaften

2 Vgl. Aretz, J./Hansen, K. (2003).

Deutsche Gesellschaft für Diversity Management (DGDM)	
Primärdimensionen	**Sekundärdimensionen**
Alter	Einkommen
Geschlecht	Beruflicher Werdegang
Rasse	Geografische Lage
Ethnische Herkunft	Familienstand
Körperliche Behinderung	Elternschaft
Sexuelle Orientierung	(Aus-)Bildung
Religion	

Stuber, M. (2002)		
Kern-Dimensionen (nicht beeinflussbar)	**Kür-Dimensionen (beeinflussbar)**	
Alter	Kultur	Hierarchie
Geschlecht	Sprache	Kommunikation
Ethnizität	Arbeitsweise	Elternschaft
Sexuelle Orientierung	Familienstand	Wohnort
Befähigung	(Aus-)Bildung	
Religiöse Glaubensprägung		

Loden, M./Rosener, J. (1991)			
Organisationale Dimension	**Äußere Dimensionen**	**Innere Dimensionen**	**Persönlichkeit**
Funktion/Einstufung	Geografische Lage	Alter	
Management Status	Einkommen	Geschlecht	
Gewerkschaftszugehörigkeit	Gewohnheiten	Sexuelle Orientierung	
Arbeitsort	Freizeitverhalten	Physische Fähigkeiten	
Dauer der Zugehörigkeit	Religion	Ethnizität	
Abteilung, Einheit, Gruppe	Ausbildung	Hautfarbe	
Arbeitsinhalte/-feld	Berufserfahrung		
	Auftreten		
	Elternschaft		
	Familienstand		

Abb. 2-1: Überblick über die Definitionskriterien von Diversity

Aus den unterschiedlichen Diversity-Merkmalen bzw. Diversity-Dimensionen lassen sich entsprechende Handlungsfelder ableiten, für die konkrete Maßnahmen mit dem Ziel geplant und realisiert werden, Nachteile zu vermeiden und Vorteile der Vielfalt zu generieren (vgl. Abbildung 2-2).

> Diversity Management ist die betriebswirtschaftlich und verhaltenswissenschaftlich fundierte, an den Zielen des Unternehmens und den Interessen der Mitarbeiterinnen und Mitarbeiter ausgerichtete Gestaltung von Homogenität und Heterogenität der Belegschaft.

In einer weiterführenden Definition umfasst Diversity Management die anforderungsgerechte Beschaffung, Nutzung und Veränderung betrieblicher Ressourcen wie Technologie, Organisation und eben auch Personal. Im Sinne des Human Ressource Diversity Managements soll

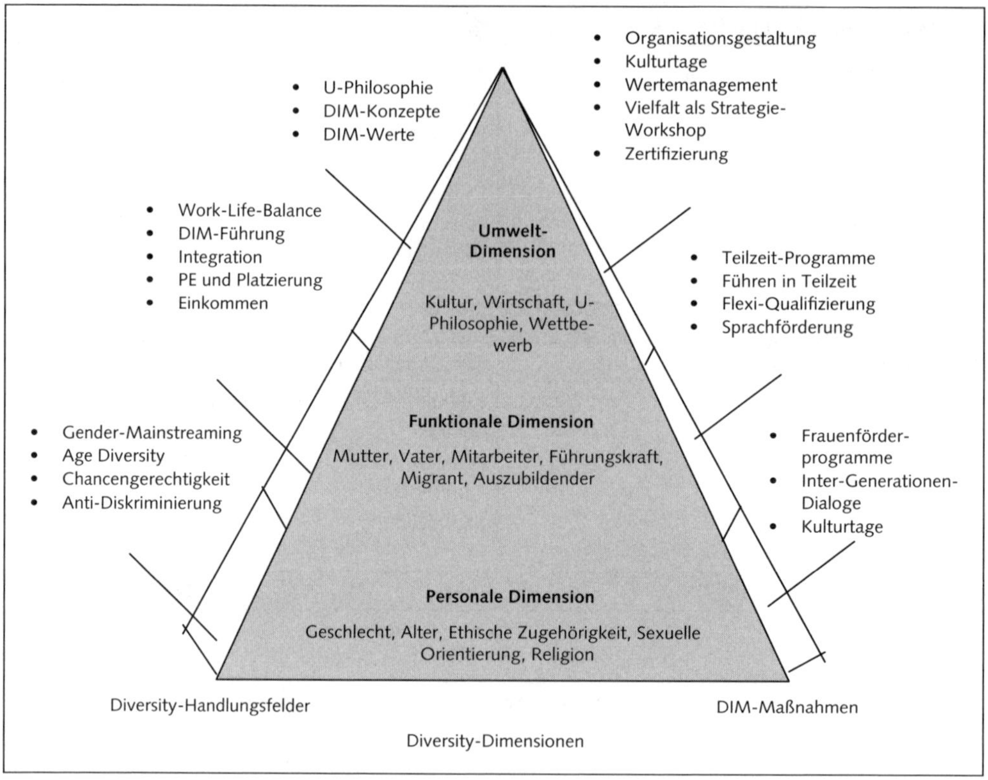

Abb. 2-2: Diversity-Dimensionen, -Handlungsfelder und -Maßnahmen

personale Vielfalt proaktiv gestaltet und genutzt werden.[3] Nach dem Motto »jedem das Seine, keinem dasselbe« sollen Arbeitsbedingungen geschaffen werden, die es allen Belegschaftsmitgliedern ermöglichen, ihre Leistungsfähigkeit und Leistungsbereitschaft optimal zu entwickeln.[4]

Managing Diversity zielt auf Vermeidung, Milderung und Beseitigung von Nachteilen, die einzelne Personen oder Personengruppen in der Regel gegenüber der dominanten Gruppe hinnehmen müssen. Beschäftigtenquoten für Behinderte gehören zu den Maßnahmen des Managing Diversity ebenso wie die Förderung von Frauen im Berufsleben. Die Maßnahmen des Managing Diversity umfassen Schutzmaßnahmen gegen ungleiche Behandlung bei gleichen Voraussetzungen und Bedingungen einerseits und gleicher Behandlung bei ungleichen Voraussetzungen und Bedingungen.

Diversity Management (DIM) betont den Nutzen der Vielfalt, z. B. die einer vielfältigen Belegschaft für den wirtschaftlichen Erfolg einer Organisation. Gefördert werden die Talente und Befähigungen, die zur Erreichung der Unternehmensziele erforderlich sind. Geschlecht, Alter, ethnische Herkunft und andere personalen Merkmale rücken in den Hintergrund. Di-

3 Vgl. Stuber, M. (2002).
4 Vgl. Krell, G. (1997).

versity Management zielt in diesem ökonomischen Verständnis auf die anforderungsgerechte Beschaffung, Nutzung und Veränderung personaler Ressourcen. Primäre Aufgabe von Topmanagement, Personalabteilung und Führungskräften ist es, die Bedingungen diskriminierungsfreier Behandlung zu schaffen (Bringschuld der Organisation). Gleichzeitig sind die Beschäftigten aufgefordert, Verantwortung für die Durchsetzung ihrer berechtigten Interessen zu übernehmen (Holschuld der Individuen). Vielfalt und Einfalt haben ihren Preis. Es ist daher Managementaufgabe, das jeweils situative Optimum der Vielfalt zu realisieren. Es kann kein Maximum, sondern lediglich ein duales Optimum aus Nutzen und Kosten der Vielfalt entstehen (vgl. Abbildung 2-3).

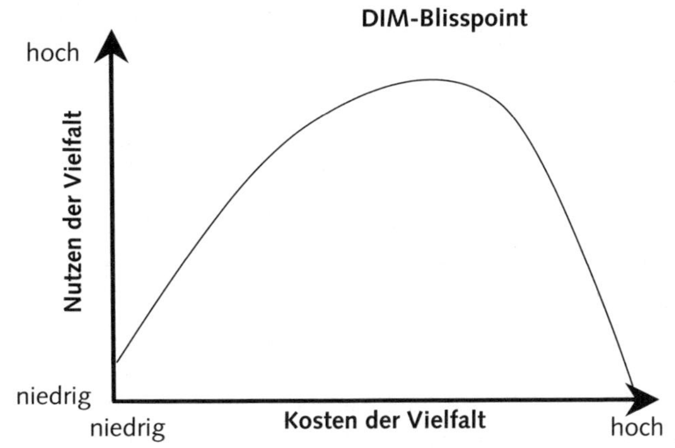

Abb. 2-3: Duales Optimum von DIM-Kosten und DIM-Nutzen

Managing Diversity und *Diversity Management* bestimmen als Fundament und als Strategie den integrativen Diversity-Ansatz, weil einerseits Diskriminierung und Ausgrenzung vermieden und andererseits die personale Vielfalt optimal gestaltet und genutzt werden können (vgl. Abbildung 2-4).

Im wissenschaftlichen Diskurs und auch in der praktischen Ausgestaltung hat sich die Unterscheidung in *Managing Diversity* einerseits und *Diversity Management* andererseits als doppelte Begrifflichkeit herausgebildet. In der Praxis werden beide Begriffe allerdings häufig synonym verwendet, obwohl der semantische Gehalt, die Ziele und Inhalte zumindest zwei Seiten einer Medaille sind.

Managing Diversity akzeptiert Unterschiede und zielt auf die Vermeidung bzw. den Ausgleich von Nachteilen für Personen und Personengruppen, die bestimmte Merkmale aufweisen. Die gegebene Vielfalt ist Ausgangspunkt der organisationalen Gestaltung des Managing Diversity. Reibungsverluste, Konflikte und Benachteiligungen sollen begrenzt und vermieden werden, um so trotz bestehender Unterschiedlichkeit eine leistungsfähige und gerechte Gestaltung des betrieblichen Miteinanders zu gewährleisten. Individualität tritt hinter die Forderungen des *common thinking* und des *common acting* zurück. Managing Diversity zielt auf Milderung bzw. Beseitigung von Nachteilen, die einzelne Personen oder Personengruppen hinnehmen müssten, wenn nicht gezielt eingegriffen würde. Die Machtverteilung und

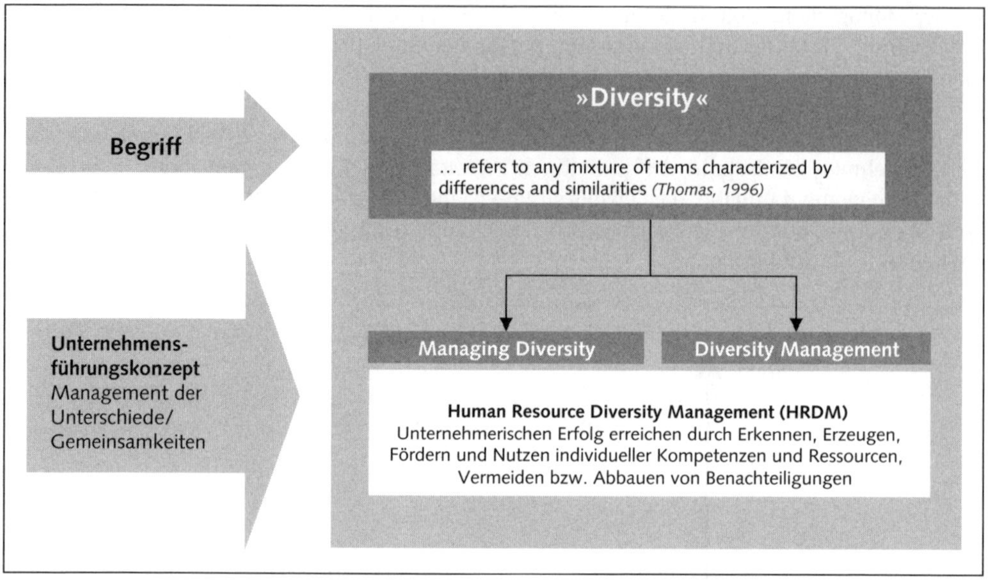

Abb. 2-4: Managing Diversity versus Diversity Management

die Sensibilität entscheiden aufgrund ihrer Andersartigkeit z. B. darüber, ob und in welchem Maße die dominanten Gruppen weniger dominante an der Gestaltung der Binnenverhältnisse von Organisationen und Institutionen teilhaben lassen. Beschäftigtenquoten für Behinderte gehören zu den passiven Schutzmaßnahmen ebenso wie die Förderung von Frauen im Berufsleben durch Quotenregelungen. Die Maßnahmen des Managing Diversity sind Fundament für das darauf aufbauende Diversity Management. Sie schaffen gewissermaßen den neutralen Punkt, in dem weder positive und negative Diskriminierung stattfindet.

Vor allem im Hinblick auf die Humanressourcen sind die Konzepte Managing Diversity und Diversity Management als integrativer Ansatz so zusammenzuführen, dass einerseits Diskriminierung und Ausgrenzung vermieden und andererseits die personale Vielfalt optimal genutzt werden können (vgl. Abbildung 2-5).

Die Konzepte *Managing Diversity* und *Diversity Management* stehen nicht gegeneinander, sondern ergänzen sich zu einem leistungsfähigen und strategischen Gesamtkonzept (vgl. Abbildung 2-6). Diversity ist – wie bereits betont – kein Selbstzweck, sondern Mittel (Unternehmensressource) zur Erreichung von Unternehmenszielen. Vielfalt muss aktiv gemanagt werden, d. h. die erforderliche Vielfalt ist zielorientiert zu planen, zu gestalten und zu evaluieren. Die Aspekte und Dimensionen der Vielfalt sind aufeinander abzustimmen und in ein ganzheitliches Gefüge zu integrieren. Gelingt es, die Vielheit in der Einheit zu gestalten, kann Diversity Management die Wettbewerbsfähigkeit und damit den wirtschaftlichen Erfolg eines Unternehmens signifikant steigern und sichern.

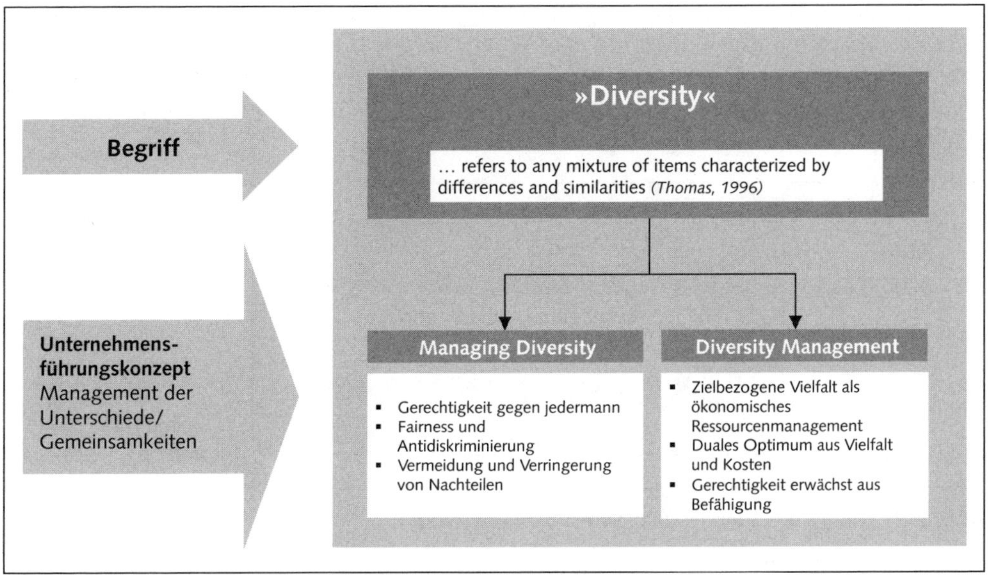

Abb. 2-5: Managing Diversity und Diversity Management

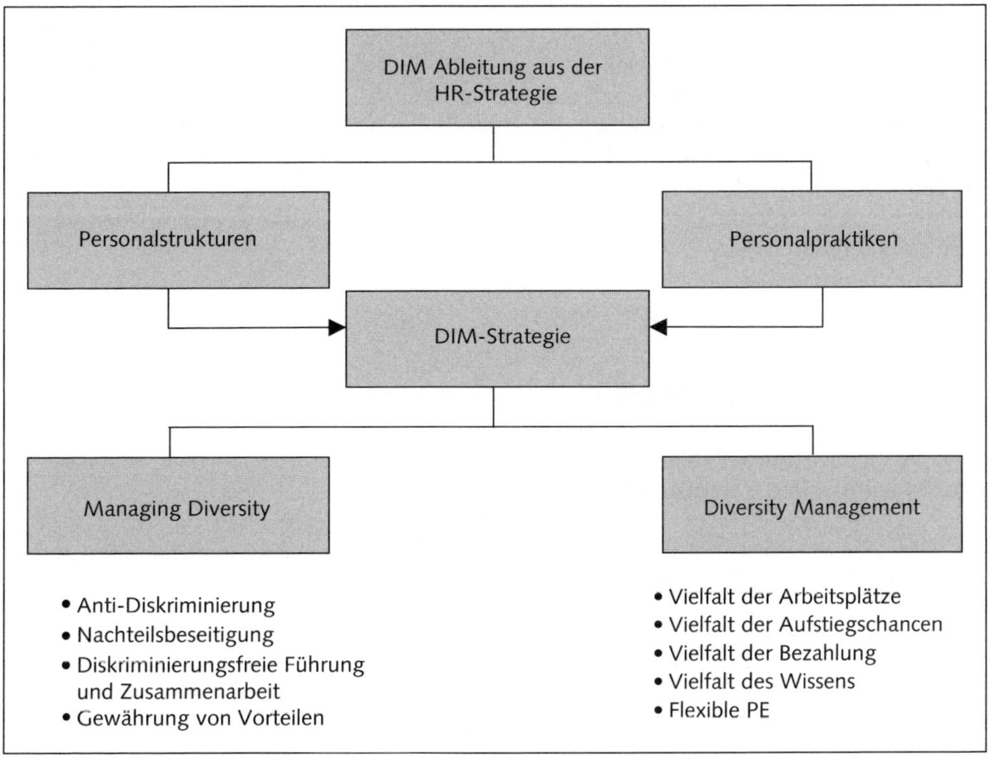

Abb. 2-6: Gesamtkonzept einer DIM-Strategie

Diversity Management und Managing Diversity gehören wie zwei Seiten einer Medaille zusammen. Man kann sagen, dass mit den Aktivitäten des Diversity Managements ein neues magisches Viereck als Fundament von Leistung und Zusammenarbeit geschaffen wird. Die drei Prinzipien der Leistung, Solidarität und Subsidiarität werden um das Prinzip der Vielfalt erweitert (vgl. Abbildung 2-7).

Abb. 2-7: Magisches Viereck des Diversity Managements

Das Leistungsprinzip verlangt nach dem Grundsatz »Tantum quantum possum«, dass sich jeder Mensch bis zur Leistungsgrenze fordert und seine Begabungen und Qualifikationen optimal nutzt. Das Solidaritätsprinzip verlangt vom Stärkeren, dass er zum Ausgleich der Nachteile der Schwächeren von den Erträgen seiner Leistung abgibt. Das Subsidiaritätsprinzip stellt die Vielfalt der Starken und Schwachen unter das Postulat, würdevoll empfangen zu dürfen, wenn man der Hilfe bedarf, und markiert die Grenze der Hilfsbereitschaft an dem Punkt, wo der Gebende selbst zum Bedürftigen werden würde. Das Prinzip der Vielfalt stärkt die Leistungsfähigkeit durch zielgenaue Planung und Nutzung von Ressourcen. Wenn mehr erwirtschaftet wird, kann auch mehr verteilt werden. Die Nachteile werden kleiner, die Bedürftigkeit schrumpft.

2.2 Ziele des Diversity Managements

Ziele beschreiben aus dem Blickwinkel der Gegenwart betrachtet Aspekte bzw. Zustände, die in der Zukunft erreicht werden sollen.

Diversity-Ziele beschreiben die Vielfalt, die in der Zukunft zur anforderungsgerechten Erledigung der Aufgaben erforderlich sind. Diversity Management zielt auf die Nutzung von Unterschieden als Erfolgsfaktor.

Unternehmen erwarten von der Erreichung der Diversity-Ziele einen wirtschaftlichen Nutzen. Ein wesentlicher ökonomischer Nutzen ist die Verbesserung des Ansehens des Unternehmens (Unternehmensimage). Weitere Vorteile sind die Stärkung der Kundenbeziehungen, eine größere Attraktivität als Arbeitgeber und die Stärkung des Ansehens in der Öffentlichkeit (*to be a good citizen*). Motivationsgewinne, Kreativitätsgewinne und die Steigerungen der Problemlösefähigkeit sind weitere Ziele des Diversity Managements. Allen voran sollen die Wettbewerbsfähigkeit und damit der Bestand des Unternehmens durch das relativ richtige Maß an Vielfalt (Kosten und Nutzen) auf Dauer gesichert werden.

Der jeweilige Zielerreichungsgrad von Diversity-Maßnahmen ist schwierig zu messen. Dennoch konnte in einer aktuellen Metaanalyse ein nachhaltig positiver Effekt des Diversity Managements auf den wirtschaftlichen Erfolg belegt werden. Sowohl die Produktivität als auch die Außenwirkung werden durch Diversity-Maßnahmen positiv beeinflusst.[5] Der Metaanalyse zufolge sind die Gewinnung qualifizierter Bewerber, höhere Loyalitätsgrade, eine verbesserte Motivation und ein gestärktes Image positive Auswirkungen des Diversity Managements. Das Arbeitsklima und die Kundenbeziehungen verbessern sich ebenfalls durch Diversity-Maßnahmen (vgl. Abbildung 2-8).

Eine andere Studie relativiert die positiven Effekte des Diversity Managements. Dohrn und Hasebrook konnten in ihrer Studie keinen eindeutigen Zusammenhang zwischen Diversity Management und Innovationserfolg nachweisen. Sie betonen, dass Diversity Management keine »eierlegende Wollmilchsau«[6] sei, sondern lediglich als ein Baustein eines wirkungsvollen Managementkonzeptes verstanden werden müsse. Zielführend ist ein organisationsspezifischer und auf die individuellen Bedürfnisse der Mitarbeiter ausgerichteter Mix geeigneter Diversity-Maßnahmen. Diversity Management ist dann erfolgreich, wenn das Unternehmen fähig ist, die erforderlichen Ressourcen kostenoptimal zu kombinieren und die Aufgaben und Tätigkeiten sinnvoll an geeignete Mitarbeiter zu delegieren.

Externe Vorteile und Verbesserungen	
Kunden und Märkte	Höhere Marktanteile Neue Marktsegmente Bessere Kundenbeziehung
Shareholder	Verbessertes Rating Höhere Attraktivität
Arbeitsmarkt	Besserer Zugang zu breiteren Marktsegmenten Verbessertes Personal-Image
Umfeld	Höheres Ansehen
Interne Vorteile und Verbesserungen	
Persönlich, individuell	Verbesserte Produktivität (quantitativ und qualitativ) Erhöhte Loyalität, Motivation
Zwischenmenschlich	Verbesserte Gruppenarbeit und Zusammenarbeit Besseres Zusammenspiel neuer Kollegen
Organisational	Höhere Offenheit gegenüber Veränderungen (M&A, OE) Effektivere Reorganisation

Abb. 2-8: Mögliche Vorteile durch Diversity
In Anlehnung an: European Diversity & Research Consulting (2012)

5 Vgl. European Diversity & Research Consulting (2012).
6 Vgl. Dohrn, S./Hasebrook, J. P. (2011), S. 60.

Vielfalt stellt keinen Wert an sich dar. Vielfalt oder Einfalt der Ressourcenausstattung, der Marktziele und der Technologiestrategien ergibt erst Sinn, wenn die Unternehmensziele formuliert sind. Diversity Management hat die an den Unternehmenszielen ausgerichtete Vielfalt, das anforderungsgerechte Maß an Homogenität und Heterogenität zu bestimmen und die Ausstattung mit Ressourcen, insbesondere mit Humanressourcen optimal zu gestalten.[7]

Handlungsebenen DIM / Zielebenen DIM	**Individuum** *Mikroebene DIM*	**Organisation** *Mesoebene DIM*	**Gesellschaft** *Makroebene DIM*
Managing Diversity	• Verbot der Diskriminierung • Aktive Maßnahmen der Nachteilsvermeidung und Nachteilsbeseitigung	• Gesetzliche und gesatzte Rahmenbedingungen unternehmerischer Vielfalt • Aktive Maßnahmen vielfaltorientierter Kultur und Struktur	• Gesetzliche und kulturelle Vorgaben einer offenen Gesellschaft • Aktive Maßnahmen zur Verwirklichung von Gleichheit der Chancen
Diversity Management	• Planung der Diversity-Ziele • Beschaffung und Nutzung der Diversity-Ressourcen → • Gestaltung der Teilnahme und Anteilnahme aus Vielfalt ←	• Individuelle Talente erkennen • Talente in vielfältige Befähigung transferieren • Vielfalt der Befähigung vermarkten	• Förderung der DIM-Forschung • Aktive Politik der Verwirklichung von Chancengerechtigkeit • Institutionelle Unterstützung des DIM • Finanzielle Unterstützung von DIM

Abb. 2-9: Handlungsebenen und Ziele des DIM

2.3 Paradigmen des Diversity Managements

Thomas und Ely (1996) beschreiben drei Paradigmen des Diversity Managements:
- Discrimination-and-Fairness-Paradigma,
- Access-and-Legitimacy-Paradigma
- Learning-and-Effectiveness-Paradigma.

Die drei Paradigmen können als Entwicklungsstufen des Diversity Managements bezeichnet werden. Als Idealtypen beschreiben die drei Phasen die jeweiligen unterschiedlichen Inhalte des Diversity Managements. An den Idealtypen kann dann der jeweils erreichte Entwicklungstand einer konkreten Organisation gespiegelt werden.

7 Vgl. Becker, A. (2006), S. 208 (20–238).

1. Discrimination-and-Fairness-Paradigma

Der Antidiskriminierungsansatz des Discrimination-and-Fairness-Paradigma hat sich aus der Bürgerrechtsbewegung und den nachfolgenden gesetzlichen Bestimmungen zur Antidiskriminierung in den 1970er-Jahren in den USA entwickelt. Ziel ist die faire und gleichberechtigte Behandlung aller Bürger, ohne Ansehen ihrer Herkunft, Hautfarbe und Bildungsstand. Ziele sind Gleichstellung (*equal opportunity*), Gleichbehandlung (*fair treatment*) und soziale Gerechtigkeit (*social justice*). Das Maß an Fairness bzw. der Erfolg von Diversity Management wird üblicherweise über die Erreichung festgeschriebener Quoten, z. B. Frauenquote oder Auszubildendenquote, bestimmt. Die Philosophie dieses Paradigmas beschreiben Thomas und Ely wie folgt: »It is not desirable for diversification of the workforce to influence the organization's work or culture. The company should operate as if every person were of the same race, gender, and nationality.«[8] Diversity Management im Discrimination-and-Fairness-Paradigma beschäftigt sich vor allem mit Vorbeugung und Vermeidung von Diskriminierung sowie der Beseitigung praktizierter Diskriminierung in Organisationen und durch Institutionen.

Der Ansatz verfolgt eine eher reaktive Strategie, den rechtlichen und moralischen Anforderungen nachzukommen. Korrekte Behandlung sichert aber noch keine angemessene Beteiligung und Teilhabe. Ein bekanntes Beispiel ist die »gläserne Decke«, die Frauen von oberen Führungsetagen fern hält, obwohl sie rechtlich den Männern absolut gleichgestellt sind. Stereotypisierung reduziert Minoritäten auf vermutete Merkmale, die mit der Realität nichts zu haben müssen. Der Zwang zur Gleichbehandlung und das Gebot des *common acting* reduzieren Motivation und Eigeninitiative. Zudem werden Machtverhältnisse verschleiert und gleichberechtigte Teilhabe verhindert.

So zeigten beispielsweise Chatman und O'Reilly, dass männliche Fachkräfte eine Tendenz in ihrem Handeln zur (Wieder-) Herstellung männlich dominierter Strukturen in den Unternehmen aufweisen.[9] Nicht Personen, sondern die institutionellen bzw. strukturellen Bedingungen führen zu Diskriminierung und Benachteiligung. So werden z. B. Teilzeitbeschäftigte strukturell benachteiligt, wenn Sitzungen am Rande ihres Zeitbudgets oder außerhalb, z. B. stets am Nachmittag, stattfinden.

2. Access-and-Legitimacy-Paradigma

Der Access-and-Legitimacy Ansatz fokussiert auf die Nutzung der Vielfalt der Belegschaft als Wettbewerbsfaktor. Unterschiede der Beschäftigten werden als wirtschaftliche Ressource erkannt, die für die Erreichung der Unternehmensziele genutzt werden sollen. Diversity Management wird als Managementansatz ökonomischen Zielen untergeordnet. Eine Idee des Ansatzes ist es, die Vielfalt der Kundengruppe in der Vielfalt der Mitarbeiter so zu spiegeln, dass sich die Kunden in ihren Bedürfnissen verstanden fühlen. Durch den zielbezogenen »Fit« von Ressourcen sollen geeignete Ideen entwickelt, die Alleinstellung gestärkt und die Wettbewerbsfähigkeit verbessert werden. Der Access-and-Legitimacy-Ansatz kann als Aufbau einer unverwechselbaren »Diversity-Produktionsfunktion« verstanden werden, deren Vorteil die Nichtimmitierbarkeit der jeweiligen Organisation ist.

8 Thomas, D. A./Ely, R. J. (1996), S. 81.
9 Chatman, J./O'Reilly, C. A. (2004).

3. Learning-and-Effectiveness-Paradigma

Das Learning-and-Effectiveness-Paradigma zielt auf die Integration des pasiven Antidiskriminierungsansatzes und des aktiven Ressourcenansatzes. Der Abbau von Benachteiligungen, die Verhinderung von Diskriminierung *und* die wirtschaftliche Nutzung von Vielfalt sind Ziele dieses Ansatzes, die als »nisus formativus« einer eigenen für Vielfalt offenen Organisationskultur bedürfen. Die Entwicklung einer Diversity-Kultur wirkt negativen Stereotypisierungen entgegen. Diversity wird als Chance begriffen, Effektivität und Lernfähigkeit von Organisationen zu steigern. Im Mittelpunkt des Diversity Managements steht das ganzheitliche organisationale Lernen.[10] Die Organisation lernt durch das Hinterfragen organisatorischer Funktionen, Strategien und Prozesse. Diversity Management benötigt Raum für Selbstreflexion, damit die Mitarbeiter Ideen in die Wertschöpfung einbringen können. Die Partizipationsmöglichkeiten der Mitarbeiter und die Wertschätzung jedes Einzelnen fördern Effektivität, Effizienz und Innovation. Diversity Management im Learning-and-Effectiveness-Paradigma bringt langfristige organisationale Veränderungen hervor. Diversity wird dabei auf der organisationalen Makro-Ebene, der gruppenbezogenen Meso-Ebene und der individuellen Mikro-Ebene gestaltet. Das Learning-and-Effectiveness-Paradigma entspricht in weiten Teilen dem der Organisationsentwicklung. Es geht um die zielbezogene, ganzheitliche und managementgeleitete Veränderung von Strukturen, Prozessen, Personen und Beziehungen. Der Learning-and-Effectiveness-Ansatz wird nach *continous improvement and innovation* im Change-Management realisiert. Kontinuierliche Verbesserung und Innovation verlangt die dauerhafte Überprüfung der Ressourcenvielfalt und deren Passung zu den sich ändernden Zielen und Anforderungen. Ein wesentlicher Kritikpunkt am Learning-and-Effectiveness-Ansatz ist seine Komplexität. Viele verschiedene Interessen sind zu berücksichtigen, Ausgleich unterschiedlicher Interessen ist herzustellen.[11] Das Diversity Management kann in dieser Phase nur erfolgreich sein, wenn es integraler Bestandteil der Unternehmungsführung ist und in allen Entscheidungen berücksichtigt wird. Kontinuierliche Überprüfung erfordert ein hohes Maß an Aufgeschlossenheit, Änderungsbereitschaft, Lernwille und Kooperationsbemühen und Durchhaltevermögen.

Erfolgreiches Diversity Management ist stets mit einem kulturellen Wandel verbunden. Dieser Wandel lässt sich mit dem Modell von Bissels et al. (2001) beschreiben, die drei Organisationsmuster unterscheiden:

Monolithische Organisation

Externe Filter wehren Minoritäten ab und konservieren Homogenität. Für die monolithische Organisation ist ein straffes Management mit intensivem Controlling, Berichterstattung und Quoten typisch. So können externe Filter zumindest formal außer Kraft gesetzt werden. Ziel des Diversity Managements in dieser Phase ist es, die Orientierung am Status quo zu brechen und z. B. Minderheiten Zugang zur Organisation und zu Hierarchiestufen zu verschaffen.

Plurale Organisation

Interne Filter verhindern, dass sich Minderheiten wirksam in die Gestaltung der Organisation einbringen können. Zwar sind Minderheiten in der Organisation repräsentiert, sie sind jedoch von informellen Netzwerken und von der Beteiligung an relevanten Entscheidungen weitgehend ausgeschlossen. Ein bekanntes Beispiel ist die »Gläserne Decke« oder der »Token-

---

10 Hansen, K./Müller, U. (2003), S. 26 f.

11 Vgl. Engel, R. (2007).

Status«. Die Betroffenen sind keiner offensichtlichen Diskriminierung ausgesetzt, sondern eher subtilen Mechanismen der Nichtberücksichtigung, z. B. verursacht durch unbewusste Diskriminierung (*unconscious biases*). Hier ist Einsicht zu erzeugen und Überzeugungsarbeit zu leisten, die einen mentalen und kulturellen Wandel zu unvoreingenommener Beteiligung aller Gruppen herbeiführt.

Multikulturelle Organisation

Synergie-Effekte der Vielfalt werden in dieser Entwicklungsstufe realisiert, weil alle Organisationsmitglieder und Statusgruppen ihre besonderen Begabungen, Charismen, ihre Qualifikation, ihre Fähigkeiten und ihre Erfahrung gleichberechtigt in die gemeinsame Arbeit einbringen können.

Cox et al. (2001) streben die Integration des Diversity Managements in die strategische Unternehmensführung an. Im Ergebnis beschreiben sie einen fünfstufigen Regelkreis der Transformation von mono-kulturellen zu einer multikulturellen Organisation. Der Regelkreis setzt sich zusammen aus den Elementen

- Führung (*leadership*),
- Messung der Diversity-Kompetenz (*research and measurement*),
- interne Lernprozesse (*education*),
- Anpassung von Rekrutierung, Vergütung, Personalentwicklung und Arbeitsgestaltung an die Anforderungen des Diversity Managements (*alignment of management systems*) und
- Erfolgskontrolle (*follow-up*).[12]

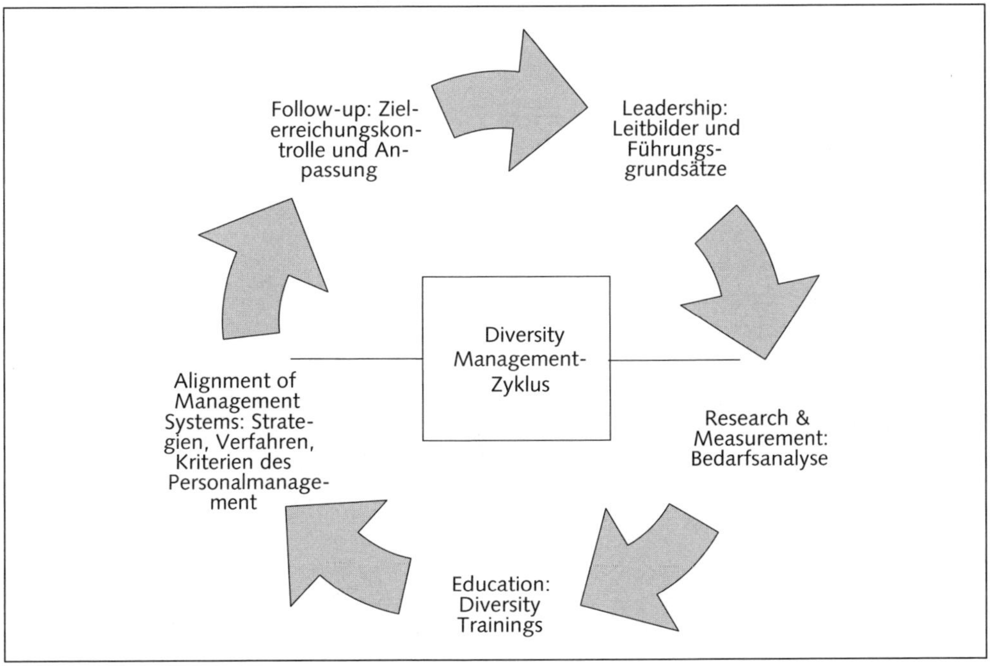

Abb. 2-10: Regelkreis-Modell nach Cox et al. (2001)

12 Vgl. Cox, T. Jr./Cox, T. H./O'Neill, P. (2001), S. 19.

Cox folgt damit einem linearen Verständnis von Diversity Management, das davon ausgeht, dass Ziele bestimmt, Maßnahmen geplant und realisiert werden sowie die Bewertung des Erfolges vorgenommen wird.

2.4 Zusammenfassung

Die Begriffe Diversity, **Managing Diversity** und **Diversity Management** können in einer engen und einer weiten Fassung definiert werden. Die enge Fassung bezieht sich auf die Vermeidung und den Abbau von Diskriminierung. Die weite Fassung baut auf der diskriminierungsfreien Anerkennung von Vielfalt als z. B. Wesenszug eines Menschen auf und stellt das Diversity Management unter die Forderung des gezielten Aufbaus von Ressourcen zur Erreichung von individuellen und organisatorischen Zielen. Beide Begriffsfassungen sind miteinander verbunden, sind sich Voraussetzung und Bedingung gleichermaßen. Ohne klare Begriffe kann kein Diversity-Konzept zielgerichtet erarbeitet werden und es können auch keine wirksamen Diversity-Maßnahmen ergriffen werden, die einerseits Diskriminierung vermeiden und andererseits die Vorteile von Einfalt und Vielfalt konkret bestimmen und anstreben.

3 Normative Grundlagen des Diversity Managements

3.1 Einordnung in die Wirtschaftsordnung, das Rechtssystem und die Unternehmungsverfassung

Diversity Management bedarf der grundlegenden normativen Verankerung in Rechtsvorschriften. In der Unternehmungsverfassung, der Unternehmungsstrategie, der Personalpolitik und der Unternehmungskultur manifestiert sich auf organisatorischer Ebene das normative Fundament des Diversity Management. Der »Geist und Stil des Hauses« entscheidet, ob, und mit welcher Intensität Diversity Management praktiziert wird. Die Verankerung des Diversity Managements begründet Rechte und Pflichten im Umgang mit Vielfalt. Die Belegschaft hat das Recht und die Pflicht, sich entsprechend der Unternehmensentwicklung zu entfalten. Aus der Diversity-Verankerung in der Unternehmungsverfassung ergeben sich die Postulate der Gleichbehandlung und der bewussten Ungleichbehandlung zur Vermeidung von Benachteiligungen. Die Unternehmen legen mit der Diversity-Strategie fest, welches Maß an Heterogenität bzw. Homogenität, an Einfalt und Vielfalt, der Ressourcen, insbesondere der Personalressourcen, benötigt werden.

3.1.1 Vermeidung institutioneller Diskriminierung

Diversity Management bedarf der Verankerung in der Wirtschaftspolitik eines Landes. Freie Berufswahl, Niederlassungsfreiheit, die Organisation des Schul- und Hochschulwesens, sind neben der Förderung konkreter Unternehmen, z. B. von Start-up-Unternehmen, wirtschaftspolitische Aktivitäten, die die Vielfalt fördern oder behindern können. Gegenwärtig werden Aspekte der institutionellen Diskriminierung diskutiert. Wenn Institutionen, z. B. Behörden, die Betreuung und Beratung nach (impliziten) Vorurteilen und Stereotypen bei gleichberechtigten Anliegen unterschiedlich gestalten, dann liegt institutionelle Benachteiligung vor. Institutionelle Diskriminierung geht davon aus, dass Vorurteile der handelnden Individuen gewissermaßen in das institutionelle Handeln inkorporiert werden. Institutionelle Diskriminierung ist Benachteiligung von Amts wegen. Chancengerechtigkeit wird z. B. gewährt oder verhindert, wenn ein Land hohe oder niedrige Hürden der Einwanderung setzt. Auch sind Zulassungsbeschränkungen für Studiengänge und Bedarfsprüfungen für Berufe rechtliche Hürden der Gleichbehandlung.

Das Rechtssystem setzt der Diskriminierung formale Schranken, bewehrt das diskriminierende Handeln mit Sanktionen und schreibt z. B. in der Aufzählung des Allgemeinen Gleichbehandlungsgesetzes (AGG) vor, welche Aspekte explizit vor Diskriminierung geschützt sind.

Das Oberverwaltungsgericht Koblenz hat mit einem Urteil vom Oktober 2012 klargestellt, dass Kontrollen wegen der Hautfarbe rechtswidrig sind.[1] Die selektive Überprüfungspraxis durch Amtspersonen wird als institutionelle Diskriminierung gewertet. Das Phänomen der

1 Vgl. Oberverwaltungsgerichts Koblenz (2012), vgl. auch: Cremer, H. (2013).

institutionellen Diskriminierung wird insbesondere unter der Bezeichnung »Racial Profiling« diskutiert.[2] Racial Profiling ist Ausdruck sozialer Segregation und Ausgangspunkt sozialer Diskriminierung. Die Unterstellung, Personen, die ein besonderes Merkmal auszeichnet, seien aufgrund dieses Merkmals per se in die Kategorie Taschendiebe, Terroristen oder Mietnomaden einzuordnen, folgt Stereotypen statt Statistiken. Selbst wenn es statistisch erwiesen wäre, dass Menschen einer bestimmten Hautfarbe oder einer bestimmten ethnischen Zugehörigkeit häufiger straffällig werden, dürfen einzelne Personen nicht grundlos in völlig anderen Situationen, z. B. bei einer Bahnfahrt, bevorzugt oder benachteiligt werden. Social Profiling zeigt sich als positive und negative Diskriminierung. Nicht die Person und das Anliegen der Person, sondern der Status der Person, die Zugehörigkeit zu einer Statusgruppe oder das Vorhandensein eines bloßen äußeren Merkmals, z. B. der Hautfarbe, entscheiden über die individuelle Behandlung, über Bevorzugung oder Benachteiligung. Racial Profiling und daraus resultierende Diskriminierung ist in allen Lebensbereichen möglich. Eine Form institutioneller Diskriminierung stellt z. B. die »kalte Progression« des geltenden Steuertarifs dar, weil mit der »systemimmanenten« Stufenbelastung erreichte Gehaltszuwächse »kalt« verstaatlicht werden.

Beispiele für Racial Profiling:

Die Lehrerin behandelt Kinder nach dem sozialen Status der Eltern entweder wohlwollend milde oder nicht wohlwollend streng.

Der Wachmann überprüft die Einkauftaschen von Kundinnen nach der Anzahl der Kinder, die die Kundin begleiten.

Der Vermieter selektiert in Frage kommende Mieter nach der Hautfarbe oder der Sprache.

Der Türsteher einer Bar gewährt den Personen Einlass, von denen er annimmt, dass sie ihr Bier friedlich trinken.

Der Personalchef bevorzugt den Bewerber oder die Bewerberin, die seinen Dialekt spricht oder aus seiner Heimat stammt.

Institutionelle Diskriminierung vollzieht sich häufig unbemerkt und unbewusst. Personen, die sie praktizieren, würden sich niemals eingestehen, dass sie diskriminieren. Unbewusste Diskriminierung (Unconscious Bias) kann nur verhindert werden, wenn das Verhalten bewusst gemacht wird. Stereotypenbildung und nachfolgende soziale Diskriminierung von Personen und Gruppen, verfolgen – wenn auch unbewusst – handfeste Interessen. Stehen z. B. zwei Personen oder Personengruppen im Wettbewerb miteinander, dann werden die Akteure jeweils versuchen, die eigenen Vorzüge hervorzuheben und die der anderen abzuwerten. Die Absicht liegt in der wertenden Verschiebung der Relationen der Bezugspersonen bzw. Bezugsgruppen zueinander. Günstig wirkt sich die Ähnlichkeit der Denk- und Handlungsmuster der beurteilenden Person oder Institution zu der zu beurteilenden Person aus. Personen, die sich mit ihrer Führungskraft gut verstehen, »weil sie ähnlich denken«, haben größere Aussichten auf gute Beurteilungen als solche, für die die Führungskraft wenig Sympathie aufbringt. Fiedler et al. haben mit der Entwicklung des LPC-Wertes (Least Preferred Coworker Score) auf die unterschiedliche Bewertungspraxis auf der Grundlage von Sympathie und Antipathie hingewiesen.[3] Auf einer bipolaren achtstufigen Skala tragen die Führungskräfte ihre Einschät-

2 »Mit ›Racial Profiling‹ wird die Methode bezeichnet, das physische Erscheinungsbild, etwa Hautfarbe oder Gesichtszüge, einer Person als Entscheidungsgrundlage für polizeiliche Maßnahmen wie Personenkontrollen, Ermittlungen und Überwachungen heranzuziehen.« Vgl. Cremer, H. (2013), Vorwort.

3 Vgl. Fiedler, F. E. (1967).

zungen ein. Von »angenehm« oder »unangenehm« bis »unaufrichtig« oder »aufrichtig« stufen die Führungskräfte ihre Mitarbeiter ein. Ein LPC-Score, der größer als 64 Punkte ist, wird als hoher LPC-Wert und damit als beziehungsintensive Führung bewertet. Die Einstufung entspricht der jeweiligen Wahrnehmung der Mitarbeiter durch die Führungskraft. Ähnlichkeiten, Vorurteile, Stereotypen und auch persönliche Erfahrungen aus der Zusammenarbeit leiten die Bewertung. Die Interpretation dieser LPC-Skala (vgl. Abbildung 3-1) erhebt, wie eine Führungskraft das von ihr am wenigsten geschätzte Teammitglied beurteilt und behandelt. Gelingt es einer Führungskraft, die von ihr am wenigsten geschätzte Person (Least Preferred Coworker) vorurteilsfrei zu bewerten, dann ist die Gefahr von Diskriminierung gering. Die Grenzen zwischen institutionellem Wettbewerb, z. B. um persönlichen Aufstieg und Anerkennung und institutioneller Diskriminierung, z. B. Nichtberücksichtigung trotz besserer Eignung, sind fließend.

LPC-Score nach Fiedler[4]

1. Pleasant	8 7 6 5 4 3 2 1	Unpleasant
2. Friendly	8 7 6 5 4 3 2 1	Unfriendly
3. Rejecting	1 2 3 4 5 6 7 8	Accepting
4. Tense	1 2 3 4 5 6 7 8	Relaxed
5. Distant	1 2 3 4 5 6 7 8	Close
6. Cold	1 2 3 4 5 6 7 8	Warm
7. Supportive	8 7 6 5 4 3 2 1	Hostile
8. Boring	1 2 3 4 5 6 7 8	Interesting
9. Quarrelsome	1 2 3 4 5 6 7 8	Harmonious
10. Gloomy	1 2 3 4 5 6 7 8	Cheerful
11. Open	8 7 6 5 4 3 2 1	Closed
12. Backbiting	1 2 3 4 5 6 7 8	Loyal
13. Untrustworthy	1 2 3 4 5 6 7 8	Trustworthy
14. Considerate	8 7 6 5 4 3 2 1	Inconsiderate
15. Nasty	1 2 3 4 5 6 7 8	Nice
16. Agreeable	8 7 6 5 4 3 2 1	Disagreeable
17. Insincere	1 2 3 4 5 6 7 8	Sincere
18. Kind	8 7 6 5 4 3 2 1	Unkind

Abb. 3-1: »The LPC Questionnaire«
Nach: Fiedler, F. E./Chemers, M. M. Copyright© 1984

»In-Group-Beziehungen« und »Out-Group-Beziehungen« bestimmen die (Vor)-Urteile der jeweiligen Akteure bei der Wahrnehmung und Beurteilung von Leistung und Wertschätzung. Mitarbeiter und Führungskräfte ordnen sich derselben Gruppe zu, weil es die Kräfte nach außen stärkt und die Konflikte nach innen reduziert. »In-Group-Orientierung« versus »Out-Group-Orientierung« zeigt sich in Organisationen insbesondere beim Kampf um Ressourcen

4 Fiedler, F. E./Chemers, M. M. (1984).

und bei der Verteilung von Renditen. Gelingt es z. B. einer Person, eine exklusive Expertenposition zu erobern, dann wird diese Person alles daran setzen, diese Position zu verteidigen und auszubauen. So wird es nicht selten zu beobachten sein, dass Experten wenig Neigung zeigen, ihr Wissen und Können mit anderen zu teilen. Würden die Experten ihr Wissen weitergeben, dann würden sie – so die strategische Absicht – die Exklusivität ihrer Expertise selbst untergraben, sie würden ihre Expertenmacht schmälern und ihre Einkommenschancen (sichtbar in hohen Reallohnoptionen) verschlechtern. Konkrete Maßnahmen zur Vermeidung institutioneller Diskriminierung verweisen auf die Organisationsentwicklung. Wertevermittlung, Teamkonzepte, Führung heterogener Teams in Veränderungsprozessen, effiziente Formen der Information und der Kommunikation, sind geeignet, institutionelle Toleranz und partnerschaftliche Leistungsgemeinschaften zu erzeugen.[5]

Man kann sagen, dass allen Wettbewerbssituationen die Tendenz der Diskriminierung innewohnt. Sowohl das Jagen der Beute – die Leistungserstellung – als auch das Verteilen der Beute – die Aufteilung der Renditen – sind ein Kampf jeder gegen jeden. Um ruinösen Wettbewerb zu vermeiden, muss der Wettbewerb durch Prinzipien gelenkt und durch Rahmenbedingungen geregelt werden. So berichten ehemalige DDR Bürger, dass der interne Wettbewerb, die Ellenbogengesellschaft, in der DDR keine große Bedeutung hatte, weil es keinen Kampf um Arbeit gegeben habe. Sinnvolle Arbeit fehlte und damit auch der Antrieb, anderen die Arbeit streitig zu machen.

Sowohl auf individueller als auch auf institutioneller Ebene sind die Einzigartigkeit, Unverwechselbarkeit, Einmaligkeit und Nachahmungsresistenz sowohl der Befähigung von Experten als auch der Organisation als Ganzes zu stärken. Diese Absicht folgt dem Prinzip der Leistungsorientierung. Die Förderung der Alleinstellung erfolgt mit der Absicht, die institutionellen und die individuellen Ziele bestmöglich zu erreichen. Aufgabe des Diversity Managements ist es aber auch, den Wettbewerb vor ruinösen Auswüchsen dadurch zu schützen, indem es gelingt, die Stärken aller als »Vielheit in der Einheit« zu bündeln und den Austausch zwischen Starken und Schwachen zu regeln. Dieser Ausgleich folgt dem Prinzip der Solidarität. Auch ist es Aufgabe des Diversity Managements, die Dynamik der Werteskalen im Auge zu behalten und Aufsteiger und Absteiger konstruktiv zu begleiten. Die Anforderungen an Leistung und Verhalten der Akteure ändern sich im Zeitablauf und mit ihnen die Bedeutung und der Wert von Befähigung und Verhalten. Damit die Schwachen bekommen, was ihnen zur Ausgestaltung eines würdigen Daseins fehlt, und die Starken nicht durch überzogene Solidarität selbst in Not geraten, begrenzt das Subsidiaritätsprinzip das Verhältnis von Geben und Nehmen.

Der Wertewandel bezeichnet die Dynamik der Wertschätzung und des Bedarfs von Tätigkeiten und damit den Austausch von Eliten im Zeitablauf. Der Soziologe Pareto hat Elite als ein dynamisches Phänomen bezeichnet, wonach Fach- und Machteliten nicht für alle Zeiten mächtig und wichtig bleiben, sondern mit der Zirkulation der Werte einem ständigen Wandel unterzogen sind. Aufstieg und Abstieg, Kommen und Gehen stärken die Innovationsfähigkeit und verhindert Machtmissbrauch. Pareto bezeichnet die Geschichte als einen »Friedhof der Eliten«. Elite zu werden, Elite zu bleiben, gelingt nur demjenigen, der sich fortgesetzt als wertvoller Mensch, als entwicklungsoffener Mitarbeiter und als engagierter Bürger in die Gestaltung von Organisationen und Institutionen einbringt. Rasten heißt rosten. Unfähige und untätige Eliten, die sich auf ihren Lorbeeren ausruhen, werden vom Olymp gestoßen.[6]

5 Vgl. Becker, M./Labucay, I. (2012), insbesondere Kapitel Diversity Management, S. 158–178.
6 Pareto, V. (1999)

3.1.2 Ausgewählte makroökonomische Rahmenbedingungen

Das magische Viereck der Wirtschaftspolitik verlangt die Beachtung von vier elementaren wirtschaftspolitischen Zielen: die Sicherung der Preisniveaustabilität, ein stetiges und angemessenen Wirtschaftswachstum, außenwirtschaftliches Gleichgewicht sowie einen hohen Beschäftigungsstand. Die Wirtschaftspolitik hat den Auftrag, diese Ziele zu verfolgen. Gelingt das, dann kann ein hoher Lebensstandard erreicht werden.

Die Strukturpolitik hat dafür zu sorgen, dass den Bürgern gleiche Lebenschancen ermöglicht werden. Zu den wesentlichen Gebieten der Strukturpolitik gehören die Förderung der freien Berufswahl, die frei Entscheidung, ein Unternehmen zu gründen und eine faire und gerechte Steuerpolitik. Zur Strukturpolitik gehört auch die Bevölkerungspolitik, die den Bürgern z. B. Anreize setzt eine Familie zu gründen.

Konkrete Aufgaben der Politik liegen gegenwärtig in der Migrations-, Renten- und Gleichstellungspolitik. Die Wirtschaftspolitik wird für die Unternehmen und die Erwerbsbevölkerung als Verteilungspolitik unmittelbar wirksam, weil entweder Chancen eröffnet werden oder verwehrt bleiben. Die Vereinbarkeit von Privatleben und Berufstätigkeit, die Einwanderungspolitik und die Rentenpolitik bestimmen das Erwerbspersonenpotenzial und die Erwerbschancen unmittelbar mit.

Auch die gesetzlichen Rahmenbedingungen wie das Tarifrecht und das GWB beeinflussen die Arbeits- und Erwerbssituation der Bevölkerung.

Migrationspolitik

Die Entwicklung der Migrations- und Integrationspolitik verändert die für die Unternehmen relevanten Arbeitsmärkte. Infolge der demografischen Entwicklung können es sich Unternehmen nicht mehr erlauben, ihren Suchradius bei der Besetzung vakanter Schlüsselpositionen auf den nationalen Arbeitsmarkt zu begrenzen. Aktuelle Studien der OECD prognostizieren, dass im Jahr 2020 bereits 40 Prozent der Hochschulabsolventen aus China und Indien kommen werden.[7] Die Green-Card- und Blue-Card-Politik der Bundesregierung nennen zwei beschäftigungspolitische Initiativen, die zur Milderung des Fachkräftemangels in der Zukunft beitragen sollen. Maßnahmen der besseren Integration bereits in Deutschland lebender Migranten und eine Willkommenskultur für Zuwanderer, würden weitere positive Signale setzen. Die europäische Einwanderungspolitik kann gegenwärtig als restriktiv bezeichnet werden. Insbesondere die strukturschwachen Südstaaten der EU sehen wenig Spielraum für eine liberale Einwanderungspolitik.[8]

Trotz bestehender Restriktionen sind bereits Reformfortschritte erkennbar. Eine wichtige Veränderung der Einwanderungsregelungen stellt die Reform des Staatsangehörigkeitsgesetzes aus dem Jahre 2000 dar. Seither gilt das Geburtsortprinzip in Verbindung mit einer Optionspflicht. Diese verlangt, dass in Deutschland geborene Kinder automatisch (auch) die deutsche Staatsbürgerschaft erhalten. Falls eine doppelte Staatsbürgerschaft angenommen wird, wird zwischen dem 18. und dem 23. Lebensjahr eine Entscheidung hinsichtlich einer der beiden Staatsbürgerschaften eingefordert.[9] Insbesondere vor dem Hintergrund des demografischen Wandels stellt diese Maßnahme einen Ansatzpunkt zur Erhöhung des Erwerbspersonenpotenzials dar.

7 Vgl. OECD (2013).
8 Vgl. Bundeszentrale für politische Bildung (2013a).
9 Vgl. Bundeszentrale für politische Bildung (2013b).

Ein weiterer Ansatzpunkt zur Erhöhung des Beschäftigungspotenzials bildet die Green Card Initiative aus den Jahren 2000 bis 2004. Sie folgt der Zielsetzung, dem Fachkräftemangel im IT-Bereich entgegenzuwirken, indem die Arbeitsaufnahme für ausländische Experten in Deutschland erleichtert wurde.[10]

Im Jahre 2005 wurde das Zuwanderungsgesetz reformiert. Obwohl die grundsätzlichen Aspekte des Aufenthaltsgesetzes aus dem Jahr 1991 übernommen wurden, stellt die Reform eine Vereinfachung der bürokratischen Verfahren dar. Maßnahmen zur Integration wurden ausgeweitet, die Teilnahme an Sprachkursen rechtlich fixiert.[11]

Die »Blaue Karte« für Personen mit hohem (mitgebrachtem) Bildungstand und der Aussicht auf ein bestimmtes jährliches Mindestgehalt, soll ebenfalls die Zuwanderung von Fachkräften erhöhen. Die »Blue Card Migranten« und deren Familienangehörige (Eheleute und minderjährige Kinder) erhalten eine befristete Aufenthalts- und Arbeitserlaubnis in Deutschland.[12]

Die Fakten sprechen trotzdem gegen die Attraktivität Deutschlands als Einwanderungsland. Von 2001 bis 2007 sank die Zuwanderung nach Deutschland trotz der zuvor geschildeten Maßnahmen ab. Seitdem ist ein kontinuierlicher Anstieg der Einwanderung festzustellen. Im Jahre 2011 sind ca. 958.000 nach Deutschland eingewandert. Die erneute Zunahme spiegelt einerseits die Bestrebungen der Verbesserung der Migrationspolitik der jüngsten Vergangenheit wieder.[13] Andererseits führt die weltweite Wirtschafts- und Finanzkrise dazu, dass Migranten aus den südeuropäischen Ländern zunehmend in Deutschland neue Beschäftigungsmöglichkeiten suchen.[14]

Neben den politischen Maßnahmen sind auch individuelle Motive für die Migration ausschlaggebend. Huang wies bereits im Jahre 1987 nach, dass hochqualifizierte ausländische Arbeitskräfte in den USA verbleiben, wenn die Rückkehr in ihr Heimatland mit einer Verschlechterung ihrer wirtschaftlichen Situation verbunden wäre.[15] Ähnlich argumentieren Hryniewicz et al., dass die Gründe der Emigration polnischer Wissenschaftlicher primär in ihrer schlechten wirtschaftlichen Situation im Heimatland zu suchen sind.[16] Auch Kouzminov hebt bereits im Jahre 1993 hervor, dass die Ursachen der Migration Hochqualifizierter auf ökonomische Faktoren zurückzuführen seien.[17]

Die neuere Studie von Mahmood und Schönmann erweitert die Betrachtung. Im Rahmen der Untersuchung wurden Beweggründe der Migration pakistanischer IT-Absolventen untersucht. Dabei zeigt sich, dass neben dem Gehalt und dem damit verbundenen Lebensstandard auch Karriereperspektiven und eine höhere Selbstständigkeit Bedeutung für die Migrationsentscheidung haben.[18]

Rentenpolitik

Das deutsche Rentensystem ist als Umlagesystem organisiert. Die Rentenbeiträge eines Jahres finanzieren die Rentenzahlungen des gleichen Jahres. Dieser Ausgleich wird mit zunehmender Alterung und Schrumpfung nicht zu halten sein. Der demografische Wandel wird zur

10 Vgl. Bundesverband Informationswirtschaft, Telekommunikation und neue Medien e. V. (2013).
11 Vgl. Bundeszentrale für politische Bildung (2013c).
12 Vgl. Bundesamt für Migration und Flüchtlinge (2013).
13 Vgl. Statistisches Bundesamt (2013a).
14 Vgl. Statistisches Bundesamt (2013b).
15 Vgl. Huang, W.C. (1987), S. 95 ff.
16 Vgl. Hryniewicz, J./Jalowiecki, B./Mync, A. (1992).
17 Vgl. Kouzminov, V. (1993).
18 Vgl. Mahmood, T./Schömann, K. (2002), S. 11.

Bedrohung des Rentensystems. Ursächlich hierfür ist, dass bereits seit den 1980er-Jahren bekannt ist, dass die Einnahmen die Ausgaben der gesetzlichen Rentenversicherung (GRV) nicht mehr decken können. Während lange Zeit gesetzliche Reformen ausblieben, sind seit 2001 deutliche staatliche Bemühungen zu erkennen, dieses Generationenproblem zu entschärfen. Die Vielfalt der Altersvorsorge sollte durch das Drei-Säulen-Modell erreicht werden. Gesetzliche Rentenversicherung als erste Säule der Grundversorgung, betriebliche Altersversorgung und private Vorsorge sollen als weitere Säulen der Alterssicherung dazukommen. Als Beispiele für Reformen seien der Riester-Faktor (2001), der Nachhaltigkeitsfaktor (2004) und die Rente mit 67 (2007) angeführt.[19]

Riester-Rente (2001)	• Einführung der staatlichen Förderung der kapitelgedeckten Altersvorsorge • Abkehr von der alleinigen Lebensstandardsicherung durch die GKV
Nachhaltigkeitsfaktor (2004)	• Jährliche Rentenanpassung durch den Rentnerquotienten an die demografische und wirtschaftliche Entwicklung • Rentnerquotient entspricht dem Verhältnis der Rentner zu den Beitragszahlern
Rente mit 67 (2007)	• Erhöhung des gesetzlichen Rentenalter schrittweise von 65 auf 67 Jahre innerhalb der Jahre 2012 bis 2029

Abb. 3-2: Reformen der Rentenpolitik.
Quelle: In Anlehnung an Müller, C./Raffelhüschen, B. (2011), S. 5f.

Als Fazit der Reformen merken Müller und Raffelhüschen an: »Trotz aller Fortschritte der letzten Jahre muss festgehalten werden, dass die vergangenen Reformschritte noch nicht ausreichen, um die GRV langfristig auf ein tragfähiges Fundament zu stellen.«[20]

Kritiker merken ferner an, dass die ausschließlich risikoorientierte Betrachtung des demografischen Wandels auf dem Verständnis beruhe, dass die Veränderungen der Bevölkerungsstruktur, trotz Reformen, ausschließlich vor dem Hintergrund der heutigen Systeme geführt wird. Insofern handelt es sich um eine »Debatte unter ceteris paribus«-Bedingungen.[21] Die Alterung der Menschen vollzieht sich unter anderen Bedingungen als in der Vergangenheit. So wird der Einzelne nicht nur älter, sondern bleibt auch eine längere Zeit gesund und damit arbeitsfähig. Dieses Faktum spiegelt sich in der Rentenpolitik nicht wider, wenn die Rückgängigmachung der Rente mit 67 Jahren gefordert wird und Rentenerhöhungen zu einem immer größeren Prozentteil steuerfinanziert werden. Auch die »Mütterrente«, die Frauen einen Punktaufschlag für Kinder gewähren, die vor dem Jahre 1992 geboren wurden, stellt einen beachtlichen Fall institutioneller Diskriminierung der nachwachsenden Generationen dar. Während die Lebenserwartungen in den vergangenen 100 Jahren um ca. 30 Jahre angestiegen sind, verbleibt das Renteneintrittsalter bei ca. 65 Jahren.[22] In Hinblick auf ein faires Miteinander von jung und alt müssen die Systeme neu justiert werden. Es ist durchaus vorstellbar, dass die Substitution von Humanvermögen durch artifizielles Vermögen auch die Frage nach

19 Vgl. Müller, C./Raffelhüschen, B. (2011), S. 1ff.
20 Müller, C./Raffelhüschen, B. (2011), S. 8.
21 Vgl. Schwentker, B./Vaupel, J. W. (2011), S. 3ff.
22 Vgl. Schwentker, B./Vaupel, J. W. (2011), S. 6ff.

einer »Maschinensteuer« neu beleben wird. Soll die junge Generation die Versorgungsleistungen der wachsenden alten Generationen schultern, sind soziale Konflikte sehr wahrscheinlich.

Modellrechnungen des Max-Plack-Instituts für demografische Forschung belegen, dass die wirtschaftliche Arbeitsleistung pro Kopf bis zum Jahr 2025 auf dem Niveau von 2005 verbleiben kann, wenn die 50- bis 60-Jährigen im Durchschnitt 30 Stunden pro Woche arbeiten (statt der heute 8 Stunden) und die 60- bis 65-Jährigen im Durchschnitt 20 Stunden pro Woche arbeiten.[23] Aktuelle Studien zeigen zugleich, dass die Leistungsmotivation bei älteren Arbeitnehmern erhalten bleibt.[24] Entsprechend werden zukünftig Teilzeitmodelle an Bedeutung gewinnen, die es älteren Mitarbeitern ermöglichen, ihre Leistungsmotive zu verwirklichen und zugleich ihre Work-Life-Balance zu bewahren.[25] Die Forschungsergebnisse belegen, dass der gerechte Ausgleich und damit eine Vermeidung von Verteilungskonflikten zwischen Jung und Alt in der Zukunft möglich sind. Eine Anpassung der Versorgungssysteme ist allerdings eine unerlässliche Voraussetzung für das Gelingen des intergenerativen Ausgleichs. Tendenziell werden die Altersrenten sinken, die Lebensarbeitszeit und die Rentenbeiträge werden steigen. Eine Umverteilung zu Lasten der nachwachsenden Generationen wird für den Zeitraum, in dem die Baby-Boomer-Generation Renten beziehen, nicht in dem bisherigen Maße möglich sein, sollen soziale Konflikte vermieden werden.

Werden entsprechende Veränderungen der Rahmenbedingungen nicht vorgenommen, wirkt sich der demografische Wandel auf die volkswirtschaftliche Situation Deutschlands negativ aus. Die Abnahme des Erwerbspersonenpotenzials führt ohne Korrekturen, z. B. an der Lebensarbeitszeit, c. p. zu sinkendem Wohlstand. Dies ist auf drei Einflussvariablen zurückzuführen: der zukünftigen Entwicklung der Produktivität, der Wachstumsrate der Erwerbsquote sowie der Wachstumsrate des Realkapitals, das pro Kopf der arbeitenden Bevölkerung aufgewendet wird. Zunächst nimmt mit dem demografischen Wandel die Erwerbsquote ab. Zudem wird häufig argumentiert, dass Ältere über eine geringere Arbeitsproduktivität verfügen, es würde somit die Produktivität parallel zur Alterung der Erwerbsbevölkerung sinken. Bevölkerungsstrukturen mit hohem Altenteil neigen zu einer Verringerung der Vermögenswerte und somit der Sparguthaben, mit denen Investitionen finanziert werden. Folgerichtig würden auch die Wachstumsraten des Realkapitals abnehmen.[26]

Den geschilderten Entwicklungen kann durch eine Erhöhung des Renteneintrittsalters und der damit verbundenen Abschwächung des Absinkens der Erwerbspersonenquote entgegengewirkt werden. Die Verstärkung der Personalentwicklung, eine zunehmende Beteiligung Älterer an der Weiterbildung, wirken sich ebenfalls positiv auf die Arbeitsproduktivität Älterer aus. Mit Hilfe kapitalgedeckter sozialer Sicherungssysteme (z. B. Rente oder Pflegeversicherung) kann zusätzliches Produktivkapital geschaffen werden, das die finanzielle Belastung der jüngeren Generationen reduziert. Dabei zeigt sich, dass das Altersvorsorgevermögen in der Regel in einem geringen Maße, auch im Vergleich zu gesetzlichen Renten, von Finanzkrisen betroffen ist.[27]

Gleichstellungspolitik

Die Gleichstellungspolitik beeinflusst die Rolle von Männern und Frauen in Wirtschaft und Gesellschaft. Bis zur Gegenwart dominiert die Förderung der Gleichstellung von Frauen. Seit

23 Vgl. Vaupel, J. W./Loichinger, E. (2006), S. 1911 ff.
24 Vgl. Becker, M./Labucay, I./Kownatka, C. (2008), S. 75 ff.
25 Vgl. Schwentker, B./Vaupel, J. W. (2011), S. 9.
26 Vgl. Börsch-Supan, A. (2011), S. 22 ff.
27 Vgl. Börsch-Supan, A. (2011), S. 24 ff.

Anfang der 1990er-Jahre wird diese Politik durch die Gleichstellung von Männern und Frauen ergänzt (Gender Mainstreaming). Die Gleichstellung der Geschlechter ist noch nicht erreicht. Während eine Unterbrechung des Erwerbsverlaufs zur Übernahme familiärer Aufgaben bei Frauen als Regelfall angesehen wird, wird dies Männern in einem geringeren Maße zugestanden, man könnte auch sagen, zugemutet. Frauen sind zudem in einem höheren Umfang als Männer in Teilzeit beschäftigt. Die Beschäftigtenquote von Frauen, so eine Erhebung aus dem Jahre 2007, ist abhängig vom Alter des jüngsten Kindes. Während Mütter mit Kindern unter drei Jahren eine durchschnittliche Wochenarbeitszeit von 6,3 Stunden aufweisen, liegt diese bei Müttern mit Kindern zwischen 15 und 17 Jahren bei 19,1 Stunden. Parallel dazu ist festzustellen, dass Männer in einem geringeren Umfang unbezahlte Arbeit leisten als Frauen. In der Altersgruppe zwischen 30 und 44 leisten Frauen in der Woche durchschnittlich 5 Stunden und 21 Minuten unbezahlte Arbeit, während Männer nur 2 Stunden und 57 Minuten unbezahlte Arbeit leisten.[28] Es wäre für die Gleichstellung sicherlich ein großer Gewinn, wenn Arbeit nicht vorrangig am Faktum der Bezahlung, sondern an deren gesellschaftlichem Wert gemessen würde. Familienarbeit ist wertvoll, auch wenn sie nicht nur nicht bezahlt wird, sondern für Mütter und Väter zusätzlich zu einer geringeren Altersversorgung führt.

Die formale Gleichstellung von Männern und Frauen ist auf nationaler, europäischer und internationaler Ebene in vollem Gange. Fortschritte sind in hohem Maße sichtbar, auch wenn z. B. orthodoxe Rabbiner in Israel nach wie vor fordern, Frauen dürften kein Auto fahren.

Bereits 1995 wurde die Aktionsplattform von Peking von 189 Staaten unterzeichnet. Die Aktionsplattform ist in 12 Bereiche unterteilt. In allen Bereichen werden Maßnahmen zur Förderung der Gleichstellung gefordert. In den Jahren 2000, 2005 und 2010 wurden die Inhalte erneut überprüft und die Notwendigkeit ihres Fortbestehens bestätigt. Darüber hinaus besteht die internationale Konvention zur Beseitigung jeder Form der Diskriminierung von Frauen (CEADW), die als Basisdokument der internationalen Gleichstellungspolitiken gilt. Deutschland hat den CEADW im Jahr 1985 ratifiziert und sich damit verpflichtet, in einem Vier-Jahresturnus über die Fortschritte der Gleichstellung zu berichten.[29]

Die deutsche Gleichstellungspolitik gründet im Vertrag über die Europäische Union, im Vertrag über die Arbeitsweise der Europäischen Union und der Charta der Grundrechte. Im Jahr 2010 hat die Europäische Kommission beschlossen, die Beschäftigungsquote der 20- bis 64-Jährigen von den damaligen 69 Prozent auf mindestens 75 Prozent zu erhöhen.[30]

Freiwillige Vereinbarungen zwischen Staat und Privatwirtschaft stärken die Gleichstellung von Frauen und Männern und fördern den Abbau von Diskriminierung. Zu nennen ist die »Vereinbarung zur Förderung der Chancengleichheit von Frauen und Männern in der Privatwirtschaft« aus dem Jahr 2001.[31] Statt gesetzlicher Sanktionen sollen die Unternehmen durch Transparenz und marktwirtschaftlichen Wettbewerb ermuntert werden, den Anteil der Frauen in Führungspositionen zu erhöhen. Hier greift die sogenannte Flexi-Quote. Börsennotierte und voll bestimmte Unternehmen sind verpflichtet, eine am Unternehmen orientierte sinnvolle Frauenquote zu erreichen. Wird die Quote nicht erreicht, folgen Sanktionen, z. B. der Ausschluss von öffentlichen Ausschreibungen.[32]

28 Vgl. Bundeszentrale für politische Bildung (2013).
29 Vgl. Erster Gleichstellungsbericht (2011), S. 32.
30 Vgl. Europäische Kommission (2010), S. 13.
31 Vgl. Alemann, A. v. (2007), S. 488.
32 Vgl. Bundesministerium für Frauen, Senioren und Jugend (2013a).

Neben der Arbeitsmarktpolitik wird die Gleichstellung von Männern und Frauen auch von der Fiskalpolitik beeinflusst. Traditionelle Vorteile von Ehegatten und Familien werden in Frage gestellt. Das Ehegattensplitting für Ehepaare ohne Kinder sei eine »positive Diskriminierung«, so die Argumentation und zementiere zudem die traditionelle Rollenaufteilung zwischen Männern und Frauen.[33]

Zugleich beeinflusst die Infrastruktur der öffentlichen Kinderbetreuung die Teilhabe von Frauen am Erwerbsleben.[34] In Deutschland wurde 2004 das Tagesbetreuungsausbaugesetz[35] verabschiedet, das Eltern einen Betreuungsplatz für Kinder unter 3 Jahren in einer Tageseinrichtung zusichert.

Zieht man das europäische Ausland als Vergleichsmaßstab heran, so zeigt sich, dass in Schweden die Vereinbarkeitssituation von Beruf und Familie deutlich besser ist als in Deutschland. Ursächlich hierfür ist die Verfolgung einer integrierten Gleichstellungspolitik, die eine Aufhebung »traditioneller Geschlechterarrangements« anstrebt. Diese beinhaltet u. a. die umfangreiche öffentliche Finanzierung von Ganztages-Kinderbetreuung oder eine spezielle Förderung von Vätern im Rahmen der Elternzeit. Auch wenn eine Gleichverteilung der Erwerbs- und Familienarbeit zwischen Männern und Frauen bislang nicht erreicht wurde, sind die Verhältnisse im Vergleich zu anderen europäischen Ländern in Deutschland deutlich verbessert worden.[36]

Die Werteverschiebung von der Familie in den Beruf ist in vollem Gange. Der Staat fördert diesen Trend ebenso wie die Unternehmen, weil es Ziel ist, die Erwerbsquote von Frauen zu erhöhen. Bei aller Euphorie bleibt zu bedenken, dass es stets freie Entscheidungen sein müssen, die z. B. Eltern treffen, wenn sie entweder sehr bald nach der Geburt eines Kindes wieder in Vollzeit arbeiten möchten oder längere Zeit für die Erziehung und Pflege des Kindes nicht arbeiten wollen. Eine »Enteignung der Familie« ist langfristig sicherlich kein guter Weg für die Werterziehung und den Aufbau von Vertrauen, Empathie und Zusammengehörigkeitsgefühl auf emotionaler Basis.

Einfalt statt Vielfalt durch Tarifeinheit

Das Bundesarbeitsgericht hat in mehreren Beschlüssen bekräftigt, dass es keinen übergeordneten Grundsatz dafür gibt, dass für verschiedene Arbeitsverhältnisse derselben Art in einem Betrieb nur einheitliche Tarifreglungen zur Anwendung kommen müssen.[37] Statt Tarifeinheit nach dem Motto »ein Unternehmen, ein Tarifvertrag«, gilt nach der Rechtsprechung des Bundesarbeitsgerichts Tarifpluralität. Vielfalt der Interessenvertretung statt Einheitsgewerkschaft, so die Rechtsprechung. Aus der Perspektive der institutionellen Diskriminierung ist dieses Urteil ein Fortschritt gegen Diskriminierung, weil Einzelinteressen und besondere Situationen

33 Vgl. Rüling, A. (2007), S. 542.
34 Vgl. Erster Gleichstellungsbericht (2011), S. 33.
35 Vgl. Bundesministerium für Frauen, Senioren und Jugend (2013c)
36 Vgl. Rüling, A. (2007), S. 543.
37 Vgl. Bundesarbeitsgericht (2010a).
Vgl. auch Bundesarbeitsgericht (2010b).- Der Zehnte Senat des Bundesarbeitsgerichts hat sich der vom Vierten Senat des Bundesarbeitsgerichts im Anfragebeschluss vom 27. Januar 2010 dargelegten Rechtsauffassung zur Tarifeinheit (vgl. Pressemitteilung Nr. 9/10) angeschlossen. Auch nach Auffassung des Zehnten Senats gelten die Rechtsnormen eines Tarifvertrags, die den Inhalt, den Abschluss und die Beendigung von Arbeitsverhältnissen ordnen, für Beschäftigte kraft Koalitionsmitgliedschaft nach § 3 Abs. 1, § 4 Abs. 1 TVG unmittelbar. Dies wird nicht dadurch ausgeschlossen, dass für den Betrieb kraft Tarifbindung des Arbeitgebers (Verbandsmitgliedschaft oder eigener Abschluss des Tarifvertrags) mehr als ein Tarifvertrag Anwendung findet, wenn für den einzelnen Arbeitnehmer jeweils nur ein Tarifvertrag gilt (sog. Tarifpluralität).

von Beschäftigtengruppen besser berücksichtigt werden können. Das Diktat der einheitlichen Tarifverträge ist gebrochen. Die Gewerkschaften Cockpit, GDL, Marburger Bund, freut das Urteil. Arbeitgeber, Gewerkschaften und die Politik suchen dagegen nach Möglichkeiten, die mit der Rechtsprechung des BAG gewährte Vielfalt zu unterlaufen oder gegebenenfalls gesetzlich zu unterbinden. Es ist die Rede von der Spaltung der Belegschaft, von erhöhtem Konfliktpotenzial, das die deutsche Wirtschaft durch die Vielfalt der zu beachtenden Interessen schädigen könnte. Das »Lockführersyndrom« hat sich in den Köpfen der Funktionäre und der Politiker fest verankert. Partikularinteressen sind als besondere Ausprägung der Koalitionsfreiheit des Grundgesetzes von den kollektiven Interessenvertretern nicht gewollt, weil die Vielfalt die Macht schmälert.

Es ist nun zu fragen, ob die Einfalt der Einheitstarifverträge oder die Vielfalt der Partikulartarifverträge mehr Gefahren institutioneller Diskriminierung bergen. Grundsätzlich gilt der Gleichheitsgrundsatz, die Entfaltungsfreiheit, das Koalitionsrecht des Grundgesetzes, verbunden mit dem Verfassungsrecht, Interessengruppen bilden zu können. Das Grundgesetz äußert sich nicht zu der Größe und der Homogenität bzw. Heterogenität der Interessengruppen. Folglich ist die Forderung nach der Tarifeinheit ein Relikt bewusst gleicher Behandlung unterschiedlicher Gruppen zum Erhalt kollektiver Macht und zur Sicherung der Interessen der jeweiligen Klientel.

Der Zwang zur Tarifeinheit wäre ein klarer Fall positiver Diskriminierung. Das Recht der freien Entfaltung und der partikularen Interessenvertretung würden mit Einheitstarifverträgen eingeschränkt. Es liegt der Sachverhalt einer institutionellen Diskriminierung vor. Folgt man dem Grundsatz der Tarifeinheit, »ein Unternehmen, ein Tarifvertrag«, dann wird eine Diskriminierung dadurch als erlaubt eingestuft, weil die Folgen der einheitlichen Tarifverträge positiver eingeschätzt werden als die partikularer Tarifverträge. Aus der Sicht der klassischen Tarifvertragsparteien, den Gewerkschaften und den Arbeitgeberverbänden, kann man die Forderung nach Einheitstarifverträgen verstehen, weil sie Mitglieder und Verbandsmacht sichern. Man kann aus der Sicht der Partikulartarifverträge einwenden, dass die Vielfalt der Diskussionsforen zur Herbeiführung von Tarifverträgen in großem Maße Kreativität, Situationsgerechtigkeit, Leistungsgerechtigkeit und Sachverständigkeit hervorbringt. Wenn in anderen Lebens- und Berufsfragen – z. B. der Vereinbarkeit von Privatleben und Beruf – Vielfalt gefordert wird, dann ist es zumindest fraglich, wenn diese Vielfalt auf der institutionellen Ebene der Tarifverträge nicht gelten soll.

In der Zukunft ist mit einer sinkenden Anzahl von Fach- und Führungskräften ohnehin eine Verlagerung der Verhandlungsmacht von den Arbeitgebern zu den Arbeitnehmern zu erwarten. Die Humanvermögenskapitalisten (HUKA) verfügen als Individuen zunehmend über Verhandlungsmacht, so dass kollektive und verbandsgebundene Verträge stark an Bedeutung verlieren werden. Für die verhandlungsschwachen Humanvermögenspauperisten (HUPA) werden die Mitgliedschaft in Gewerkschaften und der Schutz kollektiver arbeitsvertraglicher Regelungen in Tarifverträgen nach wie vor wichtig bleiben. Der Grundsatz »l'union fait la force« gilt für die HUPA, nicht für die HUKA. Wenn diese Entwicklung kommen wird, ist nicht mit Anarchie zu rechnen. Die Streikgefahr hat sich durch die Aktivitäten der Spartengewerkschaften nicht wesentlich erhöht. Während hierzulande nur fünf Streiktage pro 1000 Arbeitnehmer registriert werden, sind es in England 30, in Frankreich mehr als 100 und in Spanien sogar 164 Tage.[38]

38 Vgl. Auf die Frage, ob der Streik der Lokführer ein berechtigtes Interesse darstelle, antworteten 66 % der Befragten mit ja, 27 % stuften die Streiks als egoistisch ein, 7 % hatten dazu keine Meinung (Vgl.

Gesetz gegen Wettbewerbsbeschränkungen GWB

Das Gesetz gegen Wettbewerbsbeschränkungen (GWB) verpflichtet die Bundesnetzagentur, das Bundeskartellamt, den Bundesrechnungshof, die zuständigen Bundes- und Landeswirtschaftsministerien und der Monopolkommission geeignete Maßnahmen gegen Wettbewerbsbeschränkungen (GWB) durchzusetzen. Das GWB bestimmt im § 1:

> **§ 1 WBG Verbot wettbewerbsbeschränkender Vereinbarungen**
> Vereinbarungen zwischen Unternehmen, Beschlüsse von Unternehmensvereinigungen und aufeinander abgestimmte Verhaltensweisen, die eine Verhinderung, Einschränkung oder Verfälschung des Wettbewerbs bezwecken oder bewirken, sind verboten.

Das WBG ist folglich auf wirtschaftliche Vielfalt ausgerichtet und dient dem Schutz der Verbraucher vor wirtschaftlicher Übervorteilung. Preise für Güter und Dienstleistungen, die nicht aus der Substanz oder dem Nutzen stammen, sondern lediglich durchgesetzt werden können, weil ein Unternehmen eine marktbeherrschende Stellung erreicht hat, sind nicht gestattet. Dieses Verbot greift § 19 WBG auf:

> **§ 19 WBG Verbotenes Verhalten von marktbeherrschenden Unternehmen**
> (1) Die missbräuchliche Ausnutzung einer marktbeherrschenden Stellung durch ein oder mehrere Unternehmen ist verboten.
> (2) Ein Missbrauch liegt insbesondere vor, wenn ein marktbeherrschendes Unternehmen als Anbieter oder Nachfrager einer bestimmten Art von Waren oder gewerblichen Leistungen
>
> 1. ein anderes Unternehmen unmittelbar oder mittelbar unbillig behindert oder ohne sachlich gerechtfertigten Grund unmittelbar oder mittelbar anders behandelt als gleichartige Unternehmen;
> 2. Entgelte oder sonstige Geschäftsbedingungen fordert, die von denjenigen abweichen, die sich bei wirksamem Wettbewerb mit hoher Wahrscheinlichkeit ergeben würden; hierbei sind insbesondere die Verhaltensweisen von Unternehmen auf vergleichbaren Märkten mit wirksamem Wettbewerb zu berücksichtigen;
> 3. ungünstigere Entgelte oder sonstige Geschäftsbedingungen fordert, als sie das marktbeherrschende Unternehmen selbst auf vergleichbaren Märkten von gleichartigen Abnehmern fordert, es sei denn, dass der Unterschied sachlich gerechtfertigt ist;
> 4. sich weigert, einem anderen Unternehmen gegen angemessenes Entgelt Zugang zu den eigenen Netzen oder anderen Infrastruktureinrichtungen zu gewähren, wenn es dem anderen Unternehmen aus rechtlichen oder tatsächlichen Gründen ohne die Mitbenutzung nicht möglich ist, auf dem vor- oder nachgelagerten Markt als Wettbewerber des marktbeherrschenden Unternehmens tätig zu werden; dies gilt nicht, wenn das marktbeherrschende Unternehmen nachweist, dass die Mitbenutzung aus betriebsbedingten oder sonstigen Gründen nicht möglich oder nicht zumutbar ist;
> 5. seine Marktstellung dazu ausnutzt, andere Unternehmen dazu aufzufordern oder zu veranlassen, ihm ohne sachlich gerechtfertigten Grund Vorteile zu gewähren.

Das WBG beschreibt in insgesamt 131 Paragrafen, wie der Schutz vor Wettbewerbsbeschränkungen zu gewährleisten ist. Bei der Lektüre gewinnt man den Eindruck, dass die Wirtschaft kein prominenteres Ziel habe als die Regeln für einen fairen Wettbewerb auszuhebeln. Die Aufgaben der Monopolkommission (§ 44 WBG) sind auf das Monitoring der Unternehmenskonzentration gerichtet. In Gutachten wird die Situation der Marktkonzentration jeweils berichtet. Die Monopolkommission arbeitet unabhängig, sie ist mit Experten der Volkswirtschaftslehre und der Betriebswirtschaft zu besetzen.

Statista, das Statistik-Portal (2014).

Die Kartellbehörde ist nach § 34 WBG berechtigt, die Vorteile aus wettbewerbsbeschränkenden Unternehmenskonzentrationen abzuschöpfen. Nun ist unbestritten, dass Unternehmen nur dann Erfolg am Markt haben, wenn es ihnen gelingt, Wettbewerbsvorteile gegenüber den mit ihnen konkurrierenden Unternehmen zu realisieren. Wettbewerbsvorteile sind Quelle höherer Gewinne und Grundlage für die Erhaltung der Innovationskraft der Unternehmen. Vielfalt der Ideen, Produkte und Verfahrensweisen ist einer Volkswirtschaft mithin inhärent. Die Wettbewerbshüter haben folglich die Aufgabe, ruinöse von »normalen« Wettbewerbsbeschränkungen zu unterscheiden und zu unterbinden. Wettbewerbsvorteile aus originärem Wachstum sind daher nicht Gegenstand von Wettbewerbsbeschränkungen. Wohl aber Unternehmenszusammenschlüsse, die darauf gerichtet sind, durch Größenvorteile den Wettbewerb zu beschränken. Das WBG nennt im § 35 Grenzen für Unternehmenszusammenschlüsse: weltweit 500 Millionen Euro und im Inland greift die Zusammenschlusskontrolle, wenn bei einem geplanten Zusammenschluss ein Unternehmen mehr als 25 Millionen Euro und ein anderes Unternehmen mehr als 5 Millionen Umsatz erzielt. Im § 21 WBG werden marktbeherrschende Unternehmen verpflichtet, ihre Marktstellung nicht gegen Lieferanten und Kunden auszunutzen.

Das WBG konzentriert sich auf Unternehmen und die Erhaltung eines hohen Grades von Wettbewerb in allen Branchen der Wirtschaft. Für die Zukunft könnte es notwendig werden, dass wettbewerbsbeschränkende Aktivitäten von Experten (Humanvermögenskapitalisten HUKA) in den Verbotskanon des Gesetzes gegen Wettbewerbsbeschränkungen aufgenommen werden. Die Macht der Experten auf den einschlägigen Arbeitsmärkten steigt mit der Ökonomie 4.0 und es wird zu überlegen sein, wie diese Macht institutionell so kontrolliert werden kann, dass die Experten keine Monopolrenten aus der Vermarktung ihres Humanvermögens abschöpfen können.

Gesetzliche und vertragliche Regelungen sind allerdings stets darauf zu prüfen, ob sie (noch) geeignet sind, wirtschaftliche Vielfalt zu fördern und zu schützen, oder ob sie (schon) die Initiativen der Akteure strangulieren. Dabei müssen die Wettbewerbshüter insbesondere die Aktivitäten der Öffentlichen Hand im Blick haben, weil wirtschaftliche Aktivitäten des Staates vom Bürger finanziert werden und daher in besonderem Maße die Wettbewerbskontrolle greifen sollte.

3.1.3 Betriebswirtschaftliche Grundlagen des Diversity Managements

3.1.3.1 Diversity Management als Element der Unternehmenspolitik

Die Betriebswirtschaftslehre beschäftigt sich mit betrieblichen Entscheidungsprozessen im marktwirtschaftlichen Wettbewerb.[39] Um in einem zunehmend dynamischen, komplexen und unsicheren Marktumfeld bestehen zu können, müssen Unternehmen Wettbewerbsvorteile generieren, sichern und ausbauen. In Rahmen dieses Kapitels wird begründet, ob und in welchen Maße Diversity Management als betriebswirtschaftliche Funktion zum Aufbau und zur Erhaltung von Wettbewerbsvorteilen beiträgt. Die Treiber des Unternehmenserfolges sind insbesondere in der Industrie 4.0: Humankapital, Organisationskapital und Informationskapital und Beziehungskapital. Aufgabe des Diversity Managements ist es, das jeweils relativ

39 Vgl. Wöhe, G./Döring, U. (2010), S. 27.

richtige Maß von Vielfalt und Einfalt dieser Treiber zu bestimmen und zu gestalten. Vielfalt ist kostenintensiv und variationsreich; Einfalt ist kostengünstig, aber unflexibel.

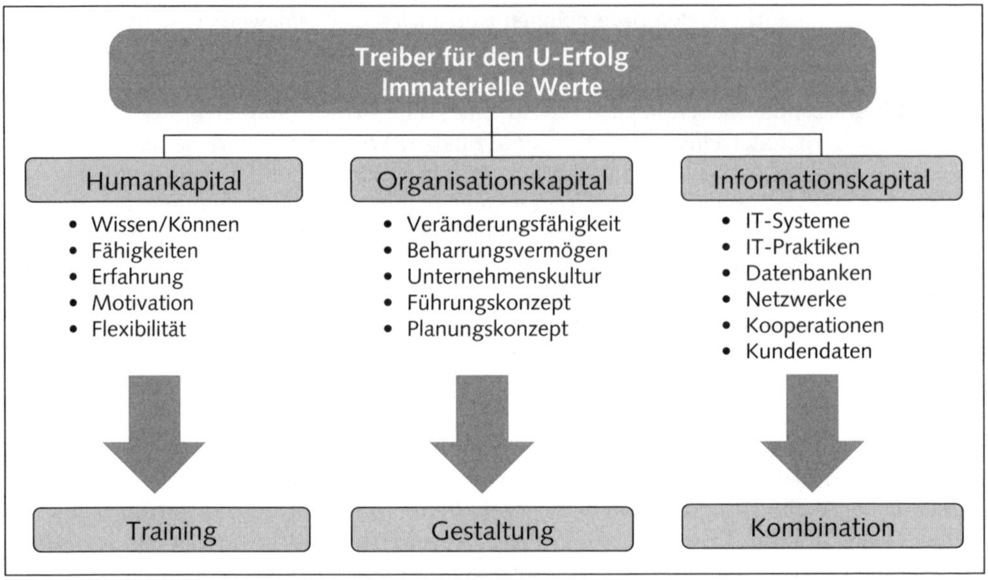

Abb. 3-3: Immaterielle Treiber des Unternehmenserfolges

Die betriebswirtschaftliche Perspektive fokussiert den ökonomischen Nutzen der Vielfalt bzw. der Einfalt von Ressourcen zum Aufbau von Wettbewerbsvorteilen und zur Optimierung der Kosten. Es ist darauf hinzuweisen, dass Vielfalt keinen ökonomischen Wert an sich darstellt.[40] Der Wert einer Ressource ergibt sich erst aus der Beurteilung des jeweiligen Beitrages der Vielfalt bzw. der Einfalt für die Erreichung betrieblicher Zwecke. Diversity Management ist ein Instrument, mit dessen Hilfe betriebliche Zielstellungen effizient erreicht und Wettbewerbsvorteile erarbeitet, ausgebaut oder erhalten werden sollen.[41] Konkret geschieht dies für die Personalressourcen, indem die Personalstruktur und die Personalpraktiken in strategischen Konzepten so gebündelt werden, dass die Unternehmensziele bestmöglich, flexibel und kostengünstig erreicht werden können. Die DIM-Strategie ist in die Basisstrategie des »Managing Diversity« und die Marktstrategie des »Diversity Management« unterteilt.

Diversity Management ist Teil der Unternehmenspolitik und mit den Unternehmenszielen auf strategischer, operativer und taktischer Ebene eng verknüpft bzw. durch Managementhandeln zu verknüpfen.[42] Bei der Gestaltung optimaler Zweck-Mittelbeziehungen der Vielfalt und der Unternehmensziele steht der konkrete betriebswirtschaftliche Kosten-Nutzen-

40 Vgl. Jans, M. (2003), S. 71; vgl. Krell, G. (2003), S. 229; vgl. Stuber, M. (2007), S. 432.
41 Vgl. Aretz, H.-J./Hansen, K. (2002), S. 49; vgl. Becker, A. (2006), S. 208.
42 Vgl. Becker, A. (2006), S. 207 ff.; vgl. Stuber, M. (2007), S. 435; vgl. auch Warmuth, G.-S. (2012), S. 222.

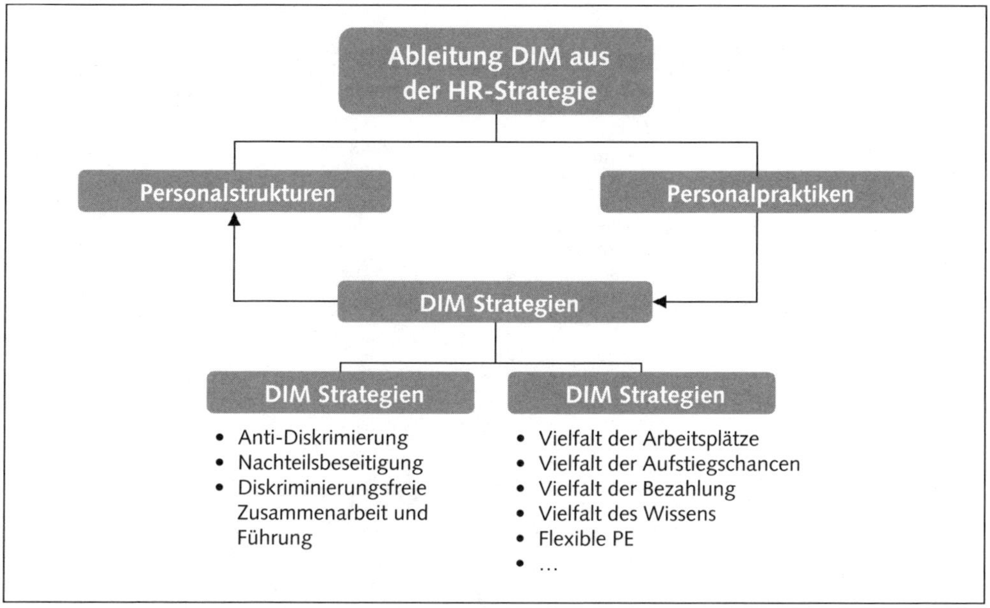

Abb. 3-4: DIM-Strategie als Element der HR-Strategie

Zusammenhang im Vordergrund der Gestaltungsaufgaben des Diversity Managements.[43] Der betriebswirtschaftliche Nutzen der Vielfalt soll optimiert, die Kosten der Vielfalt sollen auf das betriebsnotwendige reduziert werden.[44] Die Gestaltung des optimalen Verhältnisses von Einfalt und Vielfalt ist folglich für jedes Unternehmen und für jedes unternehmerische Ziel situationsgerecht zu bestimmen. Jedes Unternehmen muss die Struktur der Belegschaft und die Anzahl der Belegschaftsmitglieder jeweils an den zu erreichenden Zielen bemessen.

In der Forschung zu Effekten einer vielfältigen Belegschaft und zum Diversity Management sind im Grundsatz zwei Argumentationsstränge zu unterscheiden. Einerseits wird ausgeführt, dass sich Diversity Management vorteilhaft auf die Unternehmensleistung auswirkt; andererseits wird darauf hingewiesen, dass heterogene Gruppen die Leistung dadurch schmälern können, weil ein hoher Koordinationsaufwand erforderlich ist.[45] Abbildung 3-5 gibt Aufschluss über wesentliche Wirkungen einer heterogenen Zusammensetzung von Teams auf Gruppenprozesse und die Gruppenleistung. Es ist anzunehmen, dass diese Wirkungen auch im Kontext der Vielfalt der Belegschaft auftreten.

---

43 In enger Anlehnung an Bendl, R./Hanappi-Egger, E./Hofmann, R. (2012), S. 15; vgl. auch Stuber, M. (2007), S. 428.
44 Vgl. Cox, T.H./Blake, S. (1991), S. 52.
45 Vgl. Williams, K.Y./O'Reilly, C.A. (1998), S. 79.

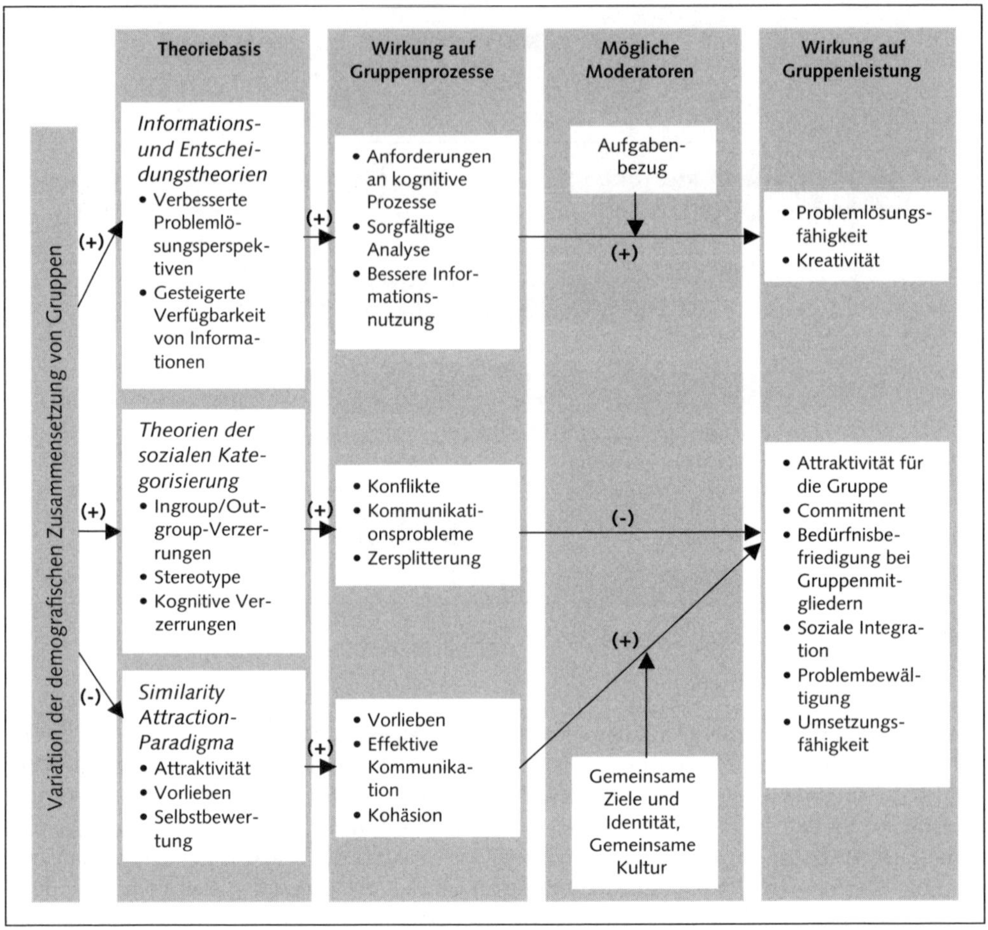

Abb. 3-5: Integratives Modell Demografie induzierter Wirkungen auf Gruppenprozesse und die Gruppenleistung
Quelle: Williams, K. Y./O'Reilly, C. A. (1998), S. 89.

Aus Abbildung 3-5 wird deutlich, dass die Heterogenität von Teams unterschiedliche Wirkungen entfalten kann. Bendl/Hanappi-Egger/Hofmann betonen, dass Diversity Management proaktiv zu gestalten sei und die personale Vielfalt in Unternehmen nicht lediglich passiv hinzunehmen sei.[46] Es liegt auf der Hand, dass der Aufbau und die Führung bunter Belegschaften höhere Kosten verursachen als das Management uniformierter Belegschaften. In der Folge wird aus diesem Grund sowohl auf die Nutzenpotenziale von Diversity Management als auch auf die Optimierung der Kosten, die Minimierung von Risiken und die Vermeidung von Nachteilen beim Management vielfältiger Belegschaften eingegangen.

46 Vgl. Bendl, R./Hanappi-Egger, E./Hofmann, R. (2012), S. 15.

3.1.3.2 Diversity Management als Quelle nachhaltiger Wettbewerbsvorteile

Als Ansatz des strategischen Managements postuliert der Resource-based View (RBV), dass die Ressourcen eines Unternehmens Quelle nachhaltiger Wettbewerbsvorteile darstellen.[47] Der Begriff »Ressource« wird im RBV sehr breit verstanden und umfasst physische Ressourcen, Organisations- und Humanressourcen, aber auch organisationale Fähigkeiten.[48] Wichtiger als die Art der Ressource ist im Verständnis des RBV, dass die Ressourcen zum Aufbau einer nachahmungsresistenten Unternehmensstrategie genutzt werden können. Kundengewinnung und Kundenbindung sollen gestärkt, die Erlöse verbessert und die Kosten sollen reduziert werden.[49] Um Quelle für nachhaltige Wettbewerbsvorteile zu sein, müssen Ressourcen vier Eigenschaften aufweisen:

- Ressourcen müssen werthaltig sein,
- Ressourcen müssen selten sein,
- Ressourcen dürfen nicht durch Imitation bedroht sein
- Ressourcen müssen nutzbar und ausschöpfbar sein.[50]

Zur Kategorisierung der Wirkung von Ressourcen auf Leistung und Wettbewerbsfähigkeit eines Unternehmens entwickelten Barney und Clark die VRIO-Matrix[51] (vgl. Abbildung 3-6).

Ist eine Ressource oder organisationale Fähigkeit... werthaltig?	selten?	aufwendig zu kopieren?	Von der Organisation verwertbar?	Wettbewerbliche Konsequenzen	Wirtschaftliche Leistungskraft
Nein	–	–	Nein	Wettbewerbs-nachteil	Unterdurch-schnittlich
Ja	Nein	–	⇕	Wettbewerbs-parität	Durchschnittlich
Ja	Ja	Nein	⇕	Temporärer Wettbewerbsvorteil	Überdurch-schnittlich
Ja	Ja	Ja	Ja	Nachhaltiger Wettbewerbsvorteil	Überdurch-schnittlich

Abb. 3-6: Die VRIO-Matrix
Quelle: In enger Anlehnung an Barney, J. B./Clark, D. N. (2009), S. 70.

Aus Abbildung 3-6 ist ersichtlich, dass Ressourcen nur beim Vorliegen aller vier Eigenschaften nachhaltige Wettbewerbsvorteile entfalten können.

In Bezug auf Humanressourcen ist festzustellen, dass diese ebenfalls Quelle von Wettbewerbsvorteilen sein können, wenn sie die genannten vier Eigenschaften aufweisen:

47 Vgl. Barney, J. B./Clark, D. N. (2007), S. 57.
48 Vgl. Barney, J. B. (1991), S. 101 f.; vgl. Barney, J. B./Clark, D. N. (2009), S. 248 ff.
49 Vgl. Barney, J. B./Clark, D. N. (2007), S. 248 ff.
50 Vgl. Barney, J. B./Clark, D. N. (2007), S. 57.
51 Der Begriff VRIO leitet sich aus der englischen Bezeichnung der Eigenschaften von Ressourcen ab: value = Werthaltigkeit, rarity = Seltenheit, imitability = Imitierbarkeit, organization = Ausschöpfung durch die Organisation. Vgl. Barney, J. B./Clark, D. N. (2007), S. 70.

- Die *Werthaltigkeit der Humanressourcen* resultiert aus Mitarbeiterleistung, Mitarbeitermotivation und Mitarbeiterzufriedenheit, die sich in hoher Kundenzufriedenheit ausdrückt.[52]
- Die *Einzigartigkeit der Humanressourcen* eines Unternehmens ergibt sich aus dem originellen Compositum der Diversität der Belegschaft und impliziert, dass die Belegschaft im Hinblick auf die zu erledigenden Aufgaben optimal konfiguriert ist. Die Einzigartigkeit ist ein dynamisches Konstrukt, dass durch bedarfsgerechte Personalentwicklung erhalten wird.[53]
- *Die Nicht-Imitierbarkeit der Humanressourcen* ergibt sich aus der jeweiligen organisationstypischen Produktionsfunktion einer Organisation. Diese erwächst aus der einzigartigen Geschichte und Kultur eines Unternehmens.[54] Wettbewerbern mag es gelingen, einzelne Mitarbeiter oder ganze Teams (Lift-outs) abzuwerben, das Kopieren der Unternehmenskultur und der historischen Besonderheiten sowie der Produktionsfunktion einer Organisation ist jedoch nicht möglich.

Einer Organisation muss es gelingen, das Potenzial der werthaltigen, seltenen und nicht imitierbaren Humanressourcen auch auszuschöpfen (*Verwertungsmöglichkeit*). Systeme, Prozesse und Instrumente zur produktiven Nutzung der Humanressourcen sind so aufzubauen und einzusetzen, dass eine optimale Nutzung erreicht wird.[55]

3.1.3.3 Vielfalt als Slack-Management

Diversity Management kann als »*Slack-Management*« aufgefasst werden. Im personalen und organisationalen Kontext bezeichnet Slack Handlungs-, Eingreif- und Umstellungsreserven, die es Personen und Organisationen erlauben, Herausforderungen situationsgerecht zu meistern. Insbesondere in turbulenten, dynamischen und unsicheren Umwelten und Märkten, erlangt der Aufbau von Slack-Ressourcen einen besonderen Stellenwert. So wird als Kernkompetenz der Industrie 4.0 hervorgehoben, dass die Fähigkeit das Tempo und die Präzision der Beschaffung, Nutzung und Veränderung von Informationen für den Erfolg der fluiden Herstellung von Gütern und Dienstleistungen seien. Fast moving connecting, acting und contracting seien entscheidend, die individuelle Vielfalt der Güter und Dienste zu erzeugen, die die atomisierten Märkte verlangen. Slack Potenziale sind gewissermaßen als »Utility Stores« vorzuhalten, um situationsgerecht relationale, physische und intellektuelle Reserven zu aktivieren.[56]

Slack
»A cushion of actual or potential resources which allow an organization to adapt successfully to internal pressures for adjustments or external pressures for change in policy, as well as to initiate changes in strategy with respect to the external environment.«[56]

Die Aktivierung von Slack kann passiv erfolgen, indem eine Person oder Organisation dem »Leidensdruck« einer neuen Situation ausgesetzt ist und zur Bewältigung der Anforderungen vorhandene, aber gegenwärtig nicht oder in anderer Verwendung genutzte Reserven mobilisiert. Slack kann auch aktiv eingesetzt werden, indem eine Person oder Organisation proaktiv

52 Vgl. Barney, J.B./Clark, D.N. (2007), S. 123 ff.
53 Vgl. Barney, J.B./Clark, D.N. (2007), S. 125 f.
54 Vgl. Barney, J.B./Clark, D.N. (2007), S. 126 f.
55 Vgl. Barney, J.B./Clark, D.N. (2007), S. 128 f.
56 Bourgeois, L. J. (1981), p. 30.

Veränderungen initiiert und zur Durchsetzung der Neuerungen latent vorhandene Kräfte aktiviert oder neue aufbaut. Gelingt diese Slack-Aktivierung, dann wird dies mit Einkommens- und Gewinnzuwächsen belohnt. Gelingt die Aktivierung nicht, sind Einkommenseinbußen und Verluste die Folge. Die Aktivierung von Slack kann natürlich nur gelingen, wenn man unterstellt, dass Organisationen und Personen über aktuell nicht genutzte Reserven verfügen. Die Reserven können sich informal bilden oder als Reserve-Vielfalt bewusst aufgebaut werden (Utility Stores).

3.1.3.4 »No Slack«, »Good Slack«, »Bad Slack«[57]

Soll ein leistungsfähiges Slack Management aufgebaut werden, muss zunächst geklärt werden, wie und wo sich Slack in welchem Umfang bildet und wie stark dieser tatsächlich wertschöpfend genutzt werden könnte. Danach ist zu klären, wie nicht vorhandene Reserven *(No Slack)*, falsch dimensionierte Reserven *(Bad Slack)* und optimale Reserveverfügbarkeit *(Good Slack)* sich auf die Beschäftigungsfähigkeit von Personen und die Wettbewerbsfähigkeit von Organisationen auswirken.

»No Slack« bezeichnet für Personen den theoretischen Grenzfall, stets nur die Befähigung verfügbar zu haben, die zur Bewältigung einer Handlungssituation erforderlich ist. In der Praxis kann sich »No Slack« gleichermaßen bei neu eingestellten Mitarbeitern und bei Personen zeigen, die eine Tätigkeit schon sehr lange ausüben. Neu eingestellten Mitarbeitern fehlt die Zeit zum Aufbau von Slack-Reserven, die über die Tagesaktualität hinaus tragen. Über längere Zeit in einer Funktion tätigen Mitarbeitern fehlt die Einsicht in die Notwendigkeit, Slack aufzubauen. Fehlende Umstellungsreserven werden dann bedrohlich, wenn äußerer Druck zu Veränderung zwingt. Nicht selten ist fehlender Slack Grund für Arbeitslosigkeit und nachlassende Wettbewerbsfähigkeit.

»Bad Slack« ist nach Art, Ausmaß und zeitlicher Verfügbarkeit falsch bemessener Handlungsvorrat. So sind zu hohe Liquidität ebenso wie nicht ausreichende finanzielle Reserven »Bad Slack«, weil die Zahlungsbereitschaft einerseits und die Erträge andererseits gefährdet werden. Nicht ausgelastete oder überlastete Produktionskapazitäten stellen ebenfalls kostenintensiven, organisationalen »Bad Slack« dar. Personaler »Bad Slack« kann als quantitativ und/oder qualitativ fehldimensionierter Umfang der personaler Befähigung bezeichnet werden.

Damit ist im Hinblick auf die personalen Ressourcen Slack Management wesentlich durch die strategische Personalplanung zu leisten. Slack muss folglich als positive und negative Reserven verstanden werden. Positive Reserven sind Ressourcenüberschüsse (»Surplus Resources«), negative Reserven sind fehlende Ressourcen (»Deficit Resources«). Null-Slack (»Adequate Resources«) ist als situationsgerechte Ressourcenausstattung für eine gegebene Tätigkeit, einen gegebenen Auftrag ohne überschüssige Reserven, zu verstehen.
Es bestehen zahlreiche Quellen für personenbezogenen »Bad Slack«. Einige seien genannt:

Beispiele für »Bad Slack«:

- Ein Mitarbeiter erhält ein Einkommen, das über seiner Grenzproduktivität liegt.
- Zielerreichungsmöglichkeiten liegen höher als die vereinbarten Ziele.
- Mitarbeiter leisten weniger als vereinbart und erzielen Einkommen ohne Gegenleistung.
- Mitarbeiter lösen aufgrund fehlender Weiterbildung Probleme suboptimal.
- Führungskräfte demotivieren mit »falscher« Führung und senken so die Leistung.

57 Vgl. Becker, M. (2008).

- Budgetzuteilung erfolgt nach Machtverhältnissen, nicht nach funktionaler Notwendigkeit.
- Snob-Effekte produzieren Fehlallokationen, z. B. wenn Assistenzen nicht nach Sachlogik, sondern nach Statushöhe eingerichtet werden.
- Maschinengröße, Raumgröße oder Vollzeit-Mitarbeiter werden über Bedarf zugeteilt, weil Ressourcen nicht teilbar sind.
- Time Lags zwischen erforderlichen und durchsetzbaren Anpassungsmaßnahmen produzieren Überkapazitäten, z. B. verzögerter Personalabbau einerseits und Personalaufbau andererseits.
- Absprachen von Mindestlöhnen führen zu Diskrepanzen zwischen Leistung und Einkommensäquivalenz.
- Die »Überbezahlung« von extern eingekauften High-Potentials erzeugt Bad Slack.
- Burnout und Boreout sind Bad Slack, weil Leistungsfähigkeit und Kreativität ohne Anpassung der Entlohnung sinken.

Ob Überkapazitäten, zu große Läger, nicht genutzte Liquidität oder Anreiz-Beitrags-Differenzen aus Arbeitsverträgen, stets handelt es sich um »Bad Slack«. Die zu empfehlende Normstrategie heißt Vermeidung bzw. Abbau der ungenutzten Reserven bzw. Beschaffung von Nutzungsmöglichkeiten zur adäquaten Auslastung der Ressourcen. »Bad Slack« entsteht auch aus Koordinationsfehlern, aus Informationsdefiziten und durch subversiv arbeitende informale Strukturen.

»Good Slack« unterstellt, dass es Reservebildung gibt, die zwingend erforderlich ist. Dazu gehören erforderliche liquide Mittel, ein Mindestmaß an Lagerhaltung und personale Überschussressourcen. Würden Personen und Organisationen keine überschüssigen Ressourcen aufbauen, wären sie im »hic et nunc« gefangen. Es würde an Kraft- und Innovationsreserven fehlen. Notwendige Anpassung würde aufgrund fehlender Befähigung unterbleiben. Wettbewerbs- und Beschäftigungsfähigkeit würden eingeschränkt bzw. unmöglich werden.

Beispiele für »Good Slack«:

- »Braintrusts« und »Thinktanks«, die ihre volle Leistungsfähigkeit in die Entwicklung von Innovationen einbringen.
- F&E-Personal, das kreative Neuerungen erarbeitet und erprobt.
- Bildungszeiten zum Aufbau diffuser, transferfähiger, redundanter und integrativer Kompetenz.
- motivierende Führungstätigkeit.
- Leerzeiten, Reflexionszeiten, kreativen Auszeiten.
- Teamgespräche, Konfliktgespräche, Orientierungsworkshops, die Quelle der Erneuerung und Reorganisation sind.
- Netzwerkarbeit und Allianzen, die als Risikomanagement und strategisches Warnsystem Veränderungsnotwendigkeiten aufzeigen.
- Umstellungsreserven, Transferbefähigung und kreatives Potential.
- Bereitschaft und Zeit zu konstruktiver Kritik mit Verbesserungsabsicht.
- Kontinuierliche Verbesserungen (KVP) in Changeprozessen.
- Vermeidung von Über- und Unterforderung.
- Aktive Beteiligung an Weiterbildungsmaßnahmen.
- Die Einrichtung von Springer-Funktionen und »stand by«-Vereinbarungen, z. B. als Rufbereitschaft, führen zu Good Slack.

Es ist festzuhalten, dass es darauf ankommt, ob Leistungsreserven überhaupt vorhanden sind, ob und wie diese genutzt werden und in welchem Tempo die Veränderung und Erneuerung von Slack-Potenzialen geschieht.

Aus verfügbarer Befähigung (Available Slack) wird genutzte Befähigung (Absorbed Slack). Slack soll vier Funktionen erfüllen (vgl. Abbildung 3-7).

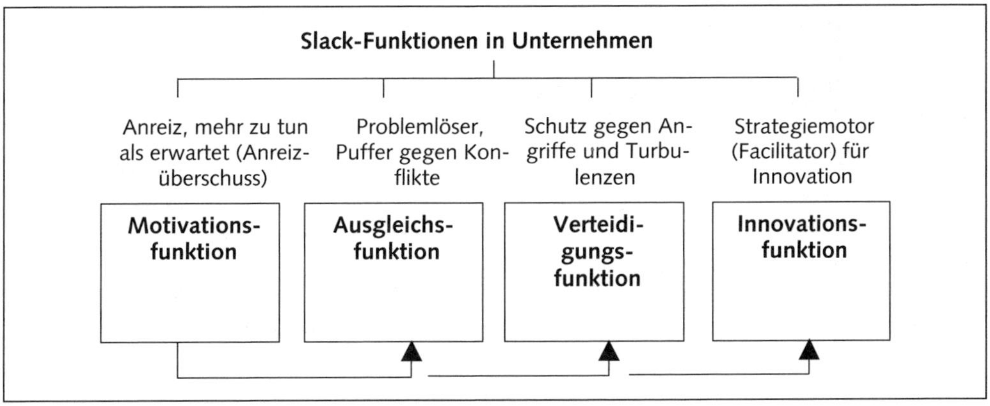

Abb. 3-7: Slack-Funktionen in Unternehmen

Slack-Ressourcen sind personale und organisationale Reserven, deren Nutzen unbestritten ist. Insbesondere in turbulenten, dynamisch sich verändernden Markt- und Unternehmensbedingungen sind der Aufbau, die Erfassung, die Nutzung und der erneute Aufbau von Slack-Ressourcen von höchster Bedeutung für die Erhaltung und Verbesserung der Wettbewerbssituation. Personen stehen in volatilen Arbeitsmärkten vor der Notwendigkeit, die persönlichen Talente, Begabungen, Handlungsreserven und Veränderungspotenziale aktiv zu nutzen. Die Beschäftigungs- und Wettbewerbsfähigkeit sind in Zukunft durch ein aktives Slack Management nachhaltig zu stärken. Von besonderer Bedeutung wird dabei sein, dass eine wachsende Zahl von Menschen dem Tempo der Veränderung ohne systematische Unterstützung kein entsprechendes Tempo der persönlichen Anpassung der aktiven und latenten Handlungsfähigkeit entgegensetzen kann. Slack Management muss als Hilfe zur Selbsthilfe ausgebaut werden.

3.1.3.5 Wettbewerbsvorteile durch kulturelle Vielfalt

Cox und Blake beschreiben sechs Argumente, die dafür sprechen, dass durch kulturelle Diversität Wettbewerbsvorteile generiert werden können. Diese Argumente sind in Abbildung 3-8 dargestellt. Während das Rekrutierungs- und Marketingargument auf die Beschaffung personaler Vielfalt gerichtet ist, ist intern der Fokus der Vielfalt auf Kosten, Kreativität, Flexibilität und betriebliche Problemlösungen gerichtet.[58]

58 Vgl. Schulz, A. (2009), S. 200.

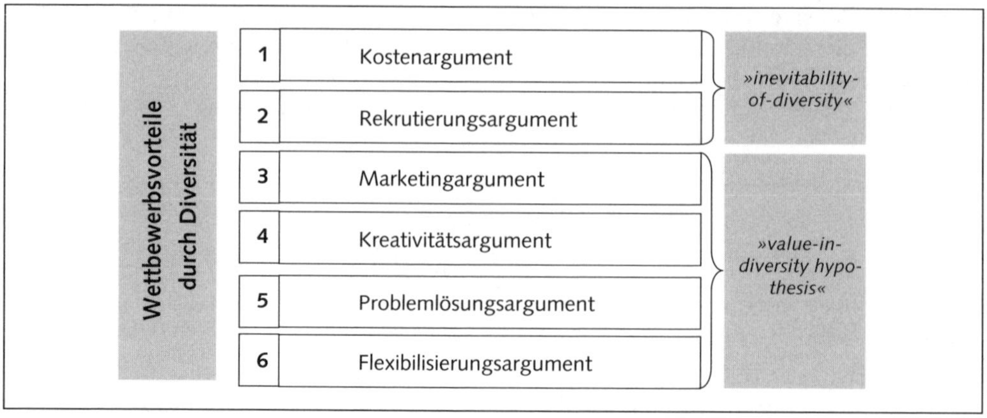

Abb. 3-8: Wettbewerbsvorteile durch Diversität
Quelle: In enger Anlehnung an Cox, T. H./Blake, S. (1991), S. 47. Vgl. auch die ausführliche Analyse dieser Wettbewerbsvorteile durch Krell, G. und Sieben, B. (2011), S. 161 ff.

Die beiden »inevitabiliy-of diversity«[59]-Argumente (Unvermeidbarkeit von Vielfalt) beziehen sich auf die unternehmerische Notwendigkeit, Erwerbspersonenpotenziale zu erschließen. Die Grundannahme hinter den »value-in-diversity hypothesis«[60] lautet, dass Diversität zur Nettowertschöpfung organisatorischer Prozesse beiträgt.[61]

Kostenargument

Personalauswahl, Personaleinsatz, Personalentwicklung und das Führungshandeln tragen zur positiven oder negativen Entwicklung von Motivation und Loyalität der Mitarbeiter bei.[62] Schulungen zum konstruktiven und zielorientierten Umgang mit Mitarbeitern senken die Fluktuation und erhöhen die Zufriedenheit. Zufriedene Mitarbeiter leisten mehr, sind an der Erweiterung ihrer Befähigung interessiert und stärken insgesamt die Produktivität. In einer Längsschnittstudie ermittelten Roberson und Park einen Zusammenhang zwischen der Diversity-Reputation eines Unternehmens und dem Kurs-Buchwert-Verhältnis.[63] Daraus schließen die Autoren, dass insbesondere Investoren am Kapitalmarkt das betriebliche Engagement im Bereich Diversity Management als Indikator für künftige Erträge und Wachstum interpretieren.[64]

Einschränkend ist anzumerken, dass sich eine konkrete Messung der tatsächlichen Kostenvorteile durch Diversity Management schwierig gestaltet und nur indirekt erfolgen kann.[65] Weiterhin ist zu berücksichtigen, dass sich der Erfolg von Diversity-Maßnahmen nur eingeschränkt mit Hilfe von kurzfristigen Finanzkennzahlen erfassen lässt, da Maßnahmen des

59 Cox, T. H./Blake, S. (1991), S. 45.
60 Cox, T. H./Blake, S. (1991), S. 46.
61 Vgl. Cox, T. H./Blake, S. (1991), S. 45 f.
62 Vgl. Cox, T. H./Blake, S. (1991), S. 46 ff.; vgl. Stuber, M. (2007), S. 430.
63 Vgl. Roberson, Q. M./Park, H. J. (2007), S. 560.
64 Vgl. Roberson, Q. M./Park, H. J. (2007), S. 562.
65 Vgl. Warmuth, G.-S. (2012), S. 229; vgl. auch Mensi-Klarbach, H. (2012), S. 301.

Diversity Managements vor allem mittel- und langfristige Wirkungen entfalten (Time Lags).[66] Zudem sind den durch Diversity Management entstehenden Kostenvorteilen die Investitionen in das Diversity Management gegenüberzustellen und eine entsprechende Kosten-Nutzen-Analyse (Business Case) durchzuführen.[67]

Bei der Implementierung und Durchführung von Maßnahmen des Diversity Managements fallen Kosten an, die in Abbildung 3-9 zusammengestellt sind.

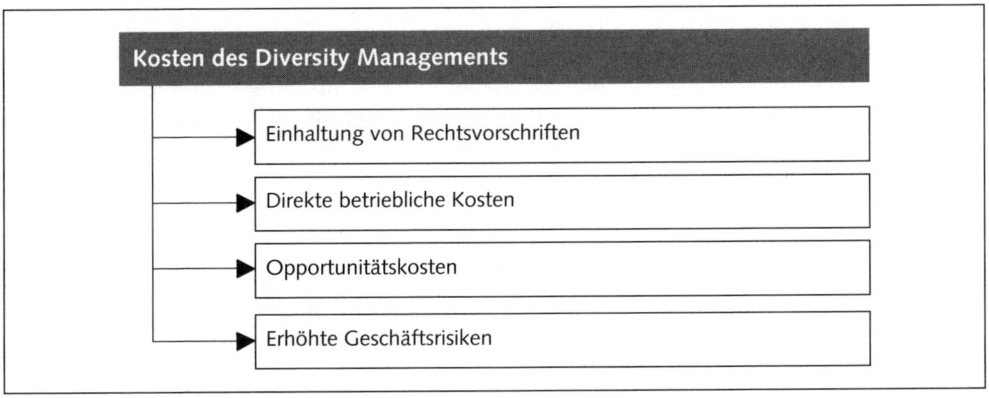

Abb. 3-9: Kosten des Diversity Managements
Quelle: In enger Anlehnung an Centre for Strategy and Evaluation Services (2003), S. 28.

Die *Einhaltung der Rechtsvorschriften zur Antidiskriminierung* verursacht Kosten im Personalbereich, insbesondere hinsichtlich der Implementierung und Pflege von Dokumentations- und Nachweissystemen, der Schulung von Personalmitarbeitern und der Konzeption Diversity-gerechter Personalstrategien.

Direkte betriebliche Kosten des Diversity Managements sind dahingehend zu unterscheiden, ob sich um einmalige oder laufende Kosten handelt und ob die Kosten kurz-, mittel- oder langfristig anfallen. Direkte betriebliche Kosten entstehen bei der Konzeption, Durchführung und Evaluation von Diversity-Trainings und der Erarbeitung von Diversity-gerechten Unternehmensleitlinien und Führungsgrundsätzen. Während es sich bei den Kosten für die Neugestaltung der Unternehmensleitlinien und Führungsgrundsätze um einmalige Kosten handelt, fallen für Diversity Trainings laufende Kosten an.

Bei *Opportunitätskosten* handelt es sich um Kosten »entgangener Gelegenheiten«[68]. Durch die Entscheidung für eine bestimmte Alternative, können Zielbeiträge anderer Alternativen nicht realisiert werden.[69] Durch Diversity Management entstehen Opportunitätskosten auf verschiedenen hierarchischen Ebenen eines Unternehmens. Das Topmanagement agiert im Rahmen des Diversity Managements als Promoter, Treiber, Steuerer und Vorbild. Zeitaufwand und Engagement des Topmanagements sind demnach als Opportunitätskosten des Di-

66 Vgl. Mensi-Klarbach, H. (2012), S. 301.
67 Vgl. Cox, T.H./Blake, S. (1991), S. 48; S. 26; vgl. Mensi-Klarbach, H. (2012), S. 300.
68 Vgl. Ewert, R./Wagenhofer, A. (2008), S. 114, im Original fett.
69 Vgl. Ewert, R./Wagenhofer, A. (2008), S. 114.

versity Managements zu berücksichtigen.[70] Personalentwicklungsmaßnahmen zur Förderung der Diversity-Befähigung und zur Entwicklung der Diversity-Potenziale auf Mitarbeiterebene lösen nicht nur direkte betriebliche Kosten aus, sondern erfordern auch Zeitopfer seitens der Mitarbeiter.

Da Diversity Management eine Veränderung der Unternehmenskultur impliziert, ist von *einer Erhöhung verschiedener Geschäftsrisiken* auszugehen. Zum einen besteht ein Leistungsrisiko, wenn Widerstände seitens der Mitarbeiter, bestehende Machtstrukturen im Unternehmen oder eine fehlende Kompetenz der Diversity-Verantwortlichen die erfolgreiche Umsetzung des Diversity Managements behindern. Reputationsrisiken steigen, wenn Diversity-Maßnahmen umgesetzt und kommuniziert, von den Mitarbeitern und Führungskräften aber nicht gelebt werden. Da Kulturveränderungen nur mittel- bis langfristig umzusetzen sind, ergeben sich finanzielle Risiken, da fortlaufend in Maßnahmen zur Sensibilisierung zur Förderung von Vielfalt erforderlich sind.

Rekrutierungsargument

Demografische Veränderungen, insbesondere ausgelöst durch stagnierende Geburtenraten und eine steigende Lebenserwartung sowie die zunehmende globale Vernetzung verändern die Struktur des Erwerbspersonenpotenzials. Das Institut für Arbeitsmarkt- und Berufsforschung prognostiziert eine drastische Schrumpfung und Alterung des Arbeitskräfteangebots.[71] Vor diesem Hintergrund wird es für Unternehmen essenziell, qualifizierte Mitarbeiter zu finden und zu binden.[72] Der Erschließung von Beschäftigungsreserven, z. B. Frauen, Migranten und Ältere, kommt dabei eine besondere Bedeutung zu. Steigerung der Arbeitgeberattraktivität durch Employer Branding wird wichtiger als in der Vergangenheit. Die Implementierung flexibler Arbeitszeitmodelle, Sprachkurse und Kulturtrainings für Mitarbeiter mit Migrationshintergrund sowie die Einführung von Altersteilzeitmodellen für ältere Mitarbeiter nehmen an Bedeutung zu.

Wirksame Kommunikation des Diversity Managements wird erforderlich.[73] Die Informationsökonomie unterstellt, dass zwischen den Akteuren auf dem Markt Informationsasymmetrien bestehen, die dazu führen, dass Entscheidungen unter Unsicherheit zu treffen sind.[74] Nachfrager treffen Kaufentscheidungen daher durch die subjektive Bewertung von Leistungsangeboten im Hinblick auf drei Eigenschaftskategorien, wobei diese komplementär wirken und für alle Kaufprozesse relevant sind:[75]

- *Sucheigenschaften* können durch Nachfrager bereits vor dem Kauf beurteilt werden, indem Informationen über die Leistung gesucht und das Leistungsangebot geprüft wird.
- *Erfahrungseigenschaften* können erst nach einem Kauf bzw. nach Gebrauch oder Verbrauch einer Leistung oder eines Produkts von einem Nachfrager bewertet werden.
- *Vertrauenseigenschaften* können weder vor noch nach einem Kauf durch den Nachfrager beurteilt werden, da dieser entweder keine Kompetenz zur Bewertung besitzt bzw. die Bewertung einen hohen Zeit- und Kostenaufwand verursachen würde.[76]

70 Vgl. Stuber, M. (2007), S. 428.
71 Vgl. Fuchs, J./Söhnlein, D./Weber, B. (2011), S. 1 ff.
72 Vgl. Becker, M. (2010), S. 30 f.
73 Vgl. Vedder, G. (2003), S. 24 f.
74 Vgl. hierzu und weiterführend Weiber, R./Adler, J. (1995), S. 47 f.
75 Vgl. Weiber, R./Adler, J. (1995), S. 60.
76 Vgl. Weiber, R./Adler, J. (1995), S. 54.

Überträgt man diese Annahmen auf Akteure auf dem Arbeitsmarkt, dann ist festzustellen, dass auch Bewerber das Leistungsangebot eines Arbeitgebers anhand der drei genannten Kategorien subjektiv bewerten. Betrachtet man das kommunizierte Diversity Management eines Unternehmens, ist zu konstatieren, dass es Anteile von Such-, Erfahrungs- und Vertrauenseigenschaften umfasst. Während bestimmte Aspekte des Diversity Managements durch proaktive Informationssuche beurteilt werden können (Sucheigenschaften), ohne für das Unternehmen tätig zu sein (z.B. Frauen- und Behindertenquote, Altersstruktur und kulturelle Beschäftigtenzusammensetzung), ist eine Beurteilung der tatsächlichen Umsetzung von Diversity-Programmen und Maßnahmen sowie die Bewertung einer Diversity-wertschätzenden Unternehmenskultur erst durch eine Tätigkeit im Unternehmen möglich (Erfahrungseigenschaften).

Marketingargument

Im Sinne einer marktorientierten Betrachtung kann durch Diversity Management der Absatz von Produkten und Dienstleistungen in mehrfacher Hinsicht gefördert werden.

Zum einen kann Diversity Management für Käufer ein Argument darstellen, Produkte und Dienstleistungen bei einem bestimmten Unternehmen zu beziehen. Dies gilt insbesondere für Käufer aus Erwerbspersonengruppen, die bisher auf dem Arbeitsmarkt wenig aktiv beworben wurden.[77] Das Wissen, dass ein Unternehmen die Diversität der eigenen Mitarbeiter wertschätzt und fördert, kann vor allem bei Konsumenten, die moralische Aspekte in ihre Kaufentscheidungen einbeziehen, eine besondere Identifikation mit dem Unternehmen auslösen, was in Absatz- und Umsatzsteigerungen und einer Verbesserung der Kundenzufriedenheit resultieren kann.[78] Auch die Markenpositionierung kann durch Diversity Management verbessert werden.[79] Eine Marktbearbeitung, die Diversity-Aspekte aufgreift und berücksichtigt, dient dem Aufbau einer einzigartigen Position in der Psyche der relevanten Zielgruppen.

Weiterhin können Unternehmen von der Heterogenität der Belegschaft profitieren, wenn sie bspw. im Kundenkontakt Mitarbeiter einsetzen, die Diversity-Merkmale mit den Kundengruppen teilen.[80] Dies schafft für die Kunden eine erhöhte Sicherheit und entlastet sie bei der Kommunikation.[81]

Im Sinne der Signaling-Theorie kann eine heterogene Besetzung des Topmanagements zudem relevanten Stakeholdern signalisieren, dass die Organisation gesellschaftliche und soziale Normen erfüllt (z.B. ausreichend Frauen in Aufsichtsräte beruft).

Kreativitätsargument

Arbeiten Teams an kreativen Aufgaben, dann wirkt die Heterogenität des Teams produktivitätssteigend. Die Teams müssen auf die kreative Zusammenarbeit vorbereitet werden. In der Praxis werden daher Diversity- oder Kulturtrainings durchgeführt.[82]

---

77 Vgl. Cox, T.H./Blake, S. (1991), S. 49.
78 Vgl. Krell, G./Sieben, B. (2011), S. 161; vgl. Stuber, M. (2007), S. 429.
79 Vgl. Stuber, M. (2007), S. 429.
80 Vgl. Cox, T.H./Blake, S. (1991), S. 49; vgl. auch Boerner, S./Keding, H./Hüttermann, H. (2012), S. 51 f.
81 Vgl. Stuber, M. (2007), S. 429.
82 Vgl. Cox, T.H./Blake, S. (1991), S. 50.

Problemlösungsargument

Der Erfahrungsschatz heterogener Teams führt nach Cox und Blake zur besseren Problemlösung und zur Verbesserung von Entscheidungen.[83] Die Autoren führen an, dass gemischte Teams qualitativ bessere Problemlösungen erarbeiten als homogene Teams.[84] Zudem verweisen sie darauf, dass bei kulturell gemischten Teams die Wahrscheinlichkeit des Eintritts von Groupthink bzw. das Auftreten von Betriebsblindheit[85] reduziert wird. Die Berücksichtigung unterschiedlicher Meinungen und Ansichten innerhalb von gemischten Teams führt weiterhin zu einer qualitativen Verbesserung von Entscheidungen, da mehr Alternativen in den Entscheidungsprozess einbezogen und kritisch diskutiert werden. Dies impliziert jedoch potentiell einen längeren Zeitbedarf für Entscheidungsprozesse.[86] Weiterhin weisen Cox/Blake einschränkend darauf hin, dass auch in gemischten Teams gemeinsame Kernwerte und Normen gelebt werden müssen, die einerseits zum kohärenten Handeln des Teams führen und andererseits Innovationen fördern.[87] Stets spielen bei der Beurteilung der Leistung heterogener Teams die Art der Aufgabe bzw. die Anforderungen eine zentrale Rolle: Handelt es sich um Routineaufgaben oder sind Aufgaben unter Zeitdruck zu erledigen, kann eine hohe Heterogenität die Aufgabenerledigung behindern. Sollen jedoch komplexe Probleme, bspw. in Form eines Projekts, bearbeitet werden, kann die Heterogenität des Arbeitsteams innovative Problemlösungen fördern.[88]

Flexibilisierungsargument

Diversity Management erhöht die organisationale Flexibilität. In einer durch Dynaxicurity[89] geprägten Zeit, ermöglicht eine diverse Belegschaft mit vielfältigen Fähigkeiten, Talenten und Stärken, eine schnellere und bessere Anpassung an die sich stetig wandelnden Markt- und Wettbewerbsbedingungen einerseits und die Bewältigung interner Veränderungsprozesse andererseits.[90] Cox und Blake führen in diesem Zusammenhang bspw. eine höhere Ambiguitätstoleranz von Frauen und eine höhere kognitive Flexibilität von zweisprachigen Personen an. Zum anderen verweisen sie auf eine höhere Anpassungsfähigkeit kulturell gemischter Organisationen.[91]

Das Verhalten der Belegschaft ist sowohl auf Kontinuität als auch auf Wandel angelegt. Kontinuität kann als Pfadorientierung, Wandel als Pfadbruch bezeichnet werden. Sollen Strukturen und Prozesse verteidigt werden, ist Homogenität der Belegschaft gefragt. Sollen Pfade verlassen werden, ist Heterogenität der Belegschaft gefordert. Diversity Management muss folglich situationsgerecht pfadstabilisierend oder pfadbrechend wirken.[92]

---

83 Vgl. Cox, T. H./Blake, S. (1991), S. 50f.
84 Vgl. weiterführend für einen Überblick über wissenschaftliche Erkenntnisse zur Diversität von Arbeitsgruppen Knippenberg, D. van/Schippers, M. C. (2007), S. 516ff.
85 Vgl. Aretz, H.-J./Hansen, K. (2002), S. 88.
86 Vgl. Aretz, H.-J./Hansen, K. (2002), S. 88.
87 Vgl. Cox, T. H./Blake, S. (1991), S. 51, vgl. auch Nienhüser, W. (1998), S. 405.
88 Vgl. Vedder, G. (2003), S. 16f.; vgl. auch Jans, M. (2003), S. 55.
89 Vgl. Becker, M./Kirchner, M. (2013), S. 2.
90 Vgl. Krell, G./Sieben, B. (2011), S. 160f.; vgl. auch Jans, M. (2003), S. 55.
91 Vgl. Cox, T. H./Blake, S. (1991), S. 51f.
92 Vgl. Aretz, H.-J./Hansen, K. (2002), S. 88.

3.1.3.6 Minimierung von Risiken und Nachteilen der Vielfalt

Diversity Management zielt nicht nur auf die produktive Nutzung von Vielfalt, sondern thematisiert auch Risiken von Diversity und versucht diese zu minimieren.[93] Bereits im Rahmen der Kostenbetrachtung wurde auf erhöhte Geschäftsrisiken durch Diversity Management hingewiesen. Darüber hinaus können weitere kontraproduktive Wirkungen aus einer mangelhaften Einführung und Umsetzung von Maßnahmen des Diversity Managements resultieren (vgl. Abbildung 3-10).[94]

Neben einer Verwässerung der Unternehmenskultur kann eine hohe Vielfalt Stereotype festigen, wenn die Diversität der Mitarbeiter im Unternehmen nicht gemanagt wird. Wird das Diversity Management unilateral gestaltet, kann dies destabilisierend auf den sozialen Zusammenhalt im Unternehmen wirken. Störungen der Kommunikation, Zielverfehlungen und Effektivitätsverluste können die Folge sein.[95] Da Menschen bei Teamarbeit lieber mit Gruppenmitgliedern arbeiten, die sind, wie sie selbst, kann eine heterogene Gruppenzusammensetzung nicht nur zu geringerer Interaktion und Kommunikation, sondern auch zu einem höheren Konfliktrisiko und zu Reibungsverlusten führen, was Zusammenhalt und Leistung von Gruppen negativ beeinflussen kann.[96] Zudem kann sich die Fluktuation mit steigender sozialer Heterogenität von Teams erhöhen.[97]

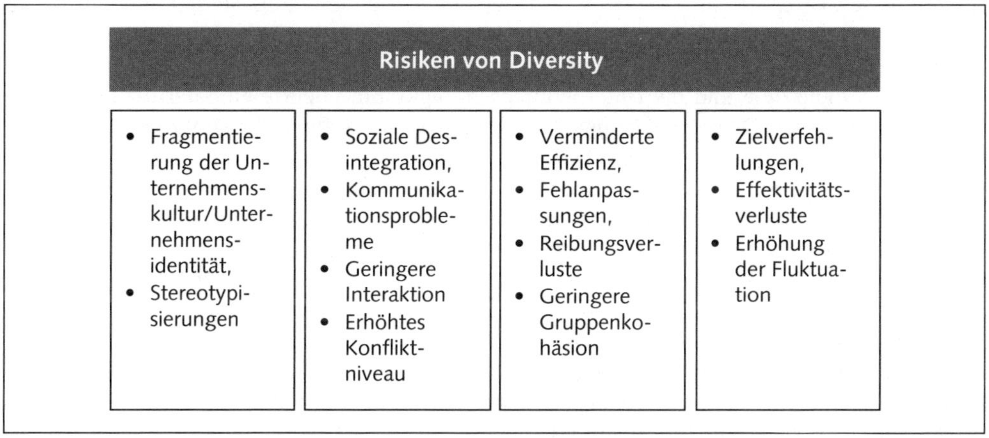

Abb. 3-10: Risiken von Diversity
Quelle: In Anlehnung an Aretz, H.-J./Hansen, K. (2002), S. 90, Jans, M. (2003), S. 55 f., vgl. Cox, T. (2005), S. 36f.

93 Vgl. Aretz, H.-J./Hansen, K. (2002), S. 89f.; vgl. auch Jans, M. (2003), S. 71 sowie Jensen-Dämmrich, K. (2011), S. 177.
94 Vgl. Aretz, H.-J./Hansen, K. (2002), S. 89.
95 Vgl. Aretz, H.-J./Hansen, K. (2002), S. 89f.; vgl. auch Hartweg, D.M.R. (2006), S. 37.
96 Vgl. Knippenberg, D. van/Schippers, M.C. (2007), S. 517f.
97 Vgl. Nienhüser, W. (1998), S. 406f.

Aretz/Hansen verweisen vor diesem Hintergrund auf die Notwendigkeit eines nachhaltigen Diversity Managements: Nur wenn Diversity Management – auch in Krisenzeiten – konsequent betrieben wird und Veränderungen auf Mitarbeiter-, Team- und Organisationsebene kontinuierlich erfasst, bewertet und entsprechende Maßnahmen abgeleitet und umgesetzt werden, können die Risiken von Diversity dauerhaft gemindert werden.[98]

Daneben gilt es, die Diversity Manager bzw. die für Diversity Management verantwortlichen Mitarbeiter der Personalabteilung bspw. im Rahmen von interaktiven Workshops für die Risiken von Diversity zu sensibilisieren. Nur wenn die Verantwortlichen die Risiken kennen und bewerten können, ist eine adäquate Berücksichtigung im Rahmen des Diversity Managements möglich. Daneben sind die Diversity-Manager durch Personalentwicklungsmaßnahmen zur erfolgreichen Planung, Umsetzung und Evaluierung des Diversity Managements zu befähigen.

3.1.3.7 Die Kosten-Nutzen-Relation von Diversity Management

Zunächst ist zu konstatieren, das Diversität »per se« oder »an sich« ökonomisch noch nicht vorteilhaft ist. Jans zeigt bspw. anhand einer Analyse von 25 Studien aus der Demografieforschung, dass organisationsdemografische Vielfalt sowohl positive als auch negative Wirkungen auf die Leistung von Organisationen und Gruppen hat.[99] Basierend auf diesen Erkenntnissen ist es Ziel des Diversity Managements, Nutzenpotenziale der Vielfalt auszuschöpfen und die Humanressourcen zur bedeutsamen Quelle von Wettbewerbsvorteilen zu entwickeln. Ausgangspunkt und Zielpunkt der Bewertung von Diversity Management sind die Unternehmensziele und die Unternehmensstrategie. Eine Beurteilung der ökonomischen Vorteilhaftigkeit von Diversity Management kann nur im Kontext der konkreten Ziele einer Organisation erfolgen. Aspekte wie Unternehmensgröße, Branche, (Arbeits-) Marktumfeld und Wettbewerbsposition gehen ebenfalls in die Bewertung ein.[100] Joshi und Roh schlussfolgern aufgrund der Ergebnisse einer Metaanalyse, dass Kontextfaktoren die Wirkung des Diversity Managements beeinflussen.[101] Schließlich ist auf die Kosten zu achten, die sowohl die Erzeugung von Vielfalt als auch die Vielfalt an sich verursachen. Abbildung 3-11 zeigt Nutzenpotenziale und Kostenwirkungen des Diversity Managements.

Unternehmen sind bemüht, die Kosten-Nutzen-Relation des Diversity Managements zu ermitteln.[102] Empirische Untersuchungen liefern bisher jedoch allenfalls inkonsistente Befunde zum Zusammenhang von Diversity Management und Unternehmenserfolg.[103] Kochan et al. weisen nur geringe direkte Effekte von Diversity auf die Unternehmensleistung nach; sie betonen die Bedeutung der Rahmenbedingungen für die Wirkung von Vielfalt auf die unternehmerische Leistung.[104] Auch scheint die Wahrnehmung des Diversity Managements durch die Mitarbeiter einen positiven Effekt auf den Unternehmenserfolg zu auszuüben.[105]

98 Vgl. Aretz, H.-J./Hansen, K. (2002), S. 89 f.
99 Vgl. Jans, M. (2003), S. 71; vgl. auch für ähnliche Befunde Williams, K. Y./O'Reilly, C. A. (1998), S. 90 ff.
100 Vgl. Centre for Strategy and Evaluation Services (2003), S. 20; vgl. auch Dass, P./Parker, B. (1999), S. 78.
101 Vgl. Joshi, A./Roh, H. (2009), S. 622.
102 Vgl. Stuber, M. (2007), S. 431 f.
103 Vgl. Boerner, S./Keding, H./Hüttermann, H. (2012), S. 37 ff.; vgl. auch Jans, M. (2003), S. 59 ff. und Joshi, A./Roh, H. (2009), S. 599.
104 Vgl. Kochan, T. et al. (2003), S. 17.
105 Bspw. zeigte sich im Rahmen einer empirischen Untersuchung von Choi/Rainey bei Angestellten amerikanischer Bundesbehörden ein positiver Zusammenhang zwischen wahrgenommenem Diver-

Nutzen von Diversity Management

- Kostenvorteile
- Produktivitätsgewinne
- Umsatzsteigerungen
- höhere betriebliche Leistungsfähigkeit
- Rekrutierungsvorteile
- Erhöhung der Arbeitgeberattraktivität bei Mitarbeitern und Bewerbern
- Verbesserung von Image und Reputation
- Zugang zu neuen Märkten, Leistungsverbesserung auf bestehenden Märkten
- Steigerung der Kundenzufriedenheit und Kundentreue
- Verbesserung der Marktposition
- Erhöhung der organisationalen Flexibilität
- Steigerung der Kreativität und Innovationsfähigkeit
- Entwicklung der Humanressourcen zur Quelle von Wettbewerbsvorteilen
- Wertsteigerung des Human- und Organisationskapitals

⟷ Unternehmensspezifische Analyse

Kosten des Diversity Management

- Einhaltung von Rechtsvorschriften
- direkte betriebliche Kosten, z. B.:
  - Rekrutierungskosten
  - Personalauswahlkosten
  - Personalentwicklungskosten
  - laufende Personalaufwendungen für Diversity Manager
  - Einrichtung eines Diversity-Teams
  - Kommunikationskosten
  - Kosten für die Umsetzung von Diversity-Maßnahmen
  - Kosten für Monitoring und Controlling
- Opportunitätskosten, z. B.:
  - Zeitaufwand des Topmanagements, der Führungskräfte und Mitarbeiter
  - Produktivitätseinbußen durch Einarbeitung, Qualifizierung, Teamarbeit
- erhöhte Geschäftsrisiken, z. B. Ausführungsrisiken, Finanzrisiken, Reputationsrisiken

Abb. 3-11: Kosten und Nutzen von Diversity Management
Quelle: Eigene Darstellung in Anlehnung an Centre for Strategy and Evaluation Services (2003), S. 20ff.

sity Management und der Unternehmensleistung. Weiterhin belegt die Studie, dass die Auswirkungen der Vielfalt in der Organisation durch Diversity Management beeinflusst werden können. Vgl. Choi, S./Rainey, H.G. (2010), S. 115f.

In einer Metaanalyse, in die 43 Studien der Team-Diversity-Forschung zwischen 1992 und 2008 eingingen, stellen Joshi und Roh fest, dass direkte Effekte von Diversity nicht konsistent in allen Studien nachgewiesen werden konnten (vgl. Abbildung 3-12).

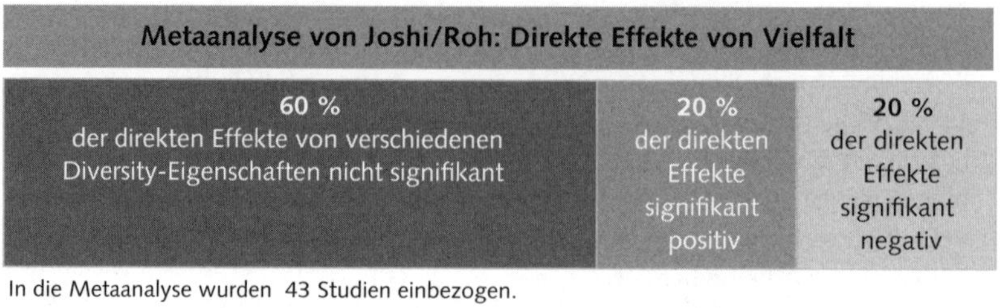

Abb. 3-12: Metaanalyse von Joshi/Roh: Direkte Effekte von Vielfalt
Quelle: Eigene Darstellung in Anlehnung an Joshi, A./Roh, H. (2009), S. 601 ff.

3.1.3.8 Diversity Management Controlling

Die Beurteilung der Effektivität und Effizienz des Diversity Managements ist Ziel des Diversity Controllings. Diversity Controlling ist dem Personalcontrolling zuzurechnen, das Teilgebiet des Unternehmenscontrollings ist (vgl. Abbildung 3-13).[106]

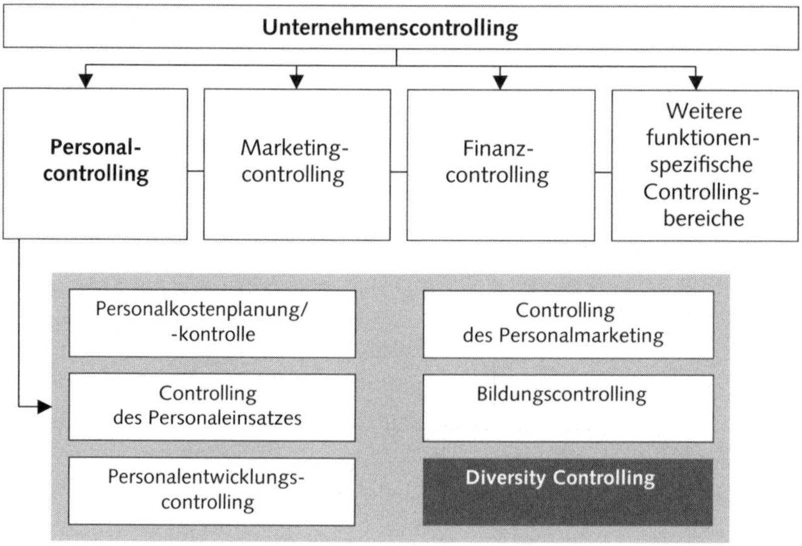

Abb. 3-13: Diversity Controlling als Teil des Personal- und Unternehmenscontrollings
Quelle: Eigene Darstellung in Anlehnung an Küpper, H.-U. (2013), S. 566 f.

106 Vgl. Küpper, H.-U. u. a. (2013), S. 566 f.

Aus Abbildung 3-13 ist abzuleiten, dass das Diversity Controlling anschlussfähig an das Personalcontrolling und an das Unternehmenscontrolling zu gestalten ist. Ebenso ist eine Verknüpfung mit den Führungssystemen des Unternehmens zu gewährleisten.[107] Analog zum Drei-Ebenen-Modell des Personalcontrollings ist das Diversity Controlling in die Dimensionen Kosten-, Effizienz- und Effektivitätscontrolling zu unterteilen (vgl. Abbildung 3-14).

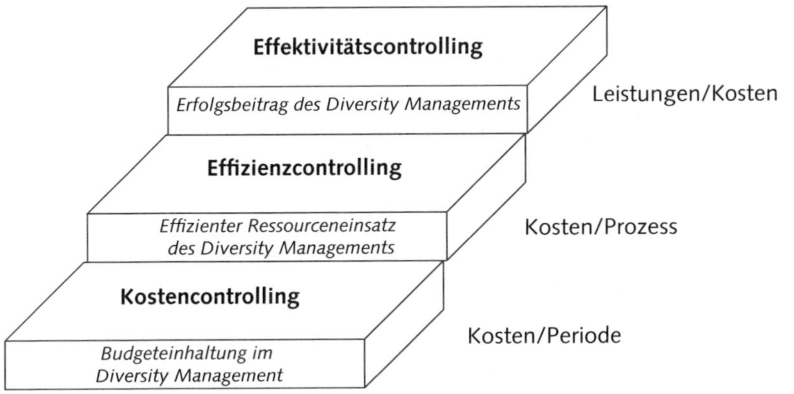

Abb. 3-14: Dimensionen des Diversity Controllings
Quelle: In Anlehnung an Wunderer, R./Jaritz, A. (2007), S. 16.

Im Rahmen des *Kostencontrollings* stehen die Planung der Kosten für die Maßnahmen des Diversity Management sowie die Kosten für das Diversity-Personal im Vordergrund. Das Verhältnisses geplanter zu realisierten Maßnahmen des Diversity Managements ist Gegenstand des Effizienzcontrollings. Während das Kosten- und Effizienzcontrolling mit direkter Messung konkrete Informationen liefert, gestaltet sich das Effektivitätscontrolling ungleich schwieriger. Hier wird der Erfolgs- bzw. Wertschöpfungsbeitrag des Diversity Managements zur Erreichung der Unternehmensziele erfasst. Weil intervenierende Variablen klare Zuordnung von Kosten und Erträgen erschweren, bleibt das Effektivitätscontrollings auf Schätzwerte beschränkt (vgl. Abbildung 3-15).[108]

Diversity Controlling kann in operatives und strategisches Controlling unterteilt werden. Operatives Diversity Controllings erfasst die konkreten Kosten einzelner Diversity-Maßnahmen. Das strategische Diversity Controlling erfasst die längerfristigen Diversity-Programme und fragt nach dem strategischen Beitrag, den diese Programme versprechen und beurteilt deren Erfolgspotenziale.

107 Vgl. Küpper, H.-U. u. a. (2013), S. 608.
108 Vgl. Wunderer, R./Jaritz, A. (2007), S. 16f.

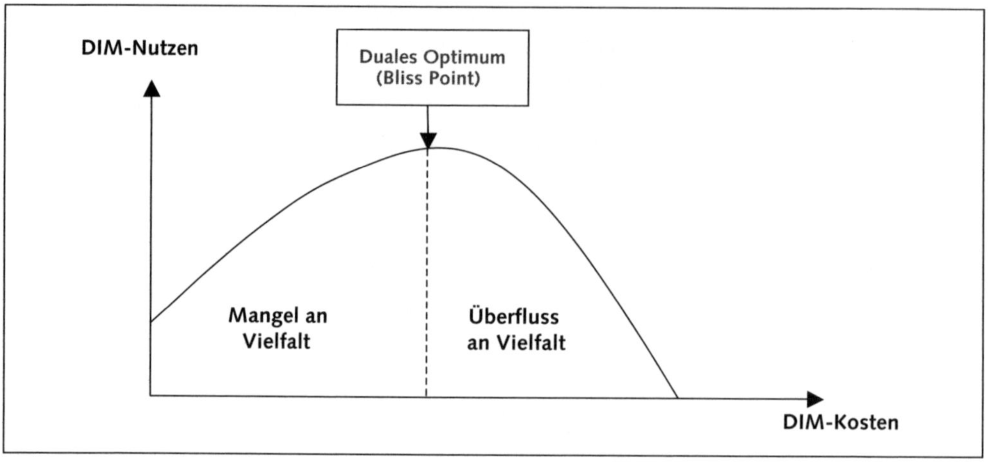

Abb. 3-15: Duales Optimum der Vielfalt

Der Controllingprozess folgt dem Funktionszyklus systematischer Planung und Realisierung (vgl. Abbildung 3-16).

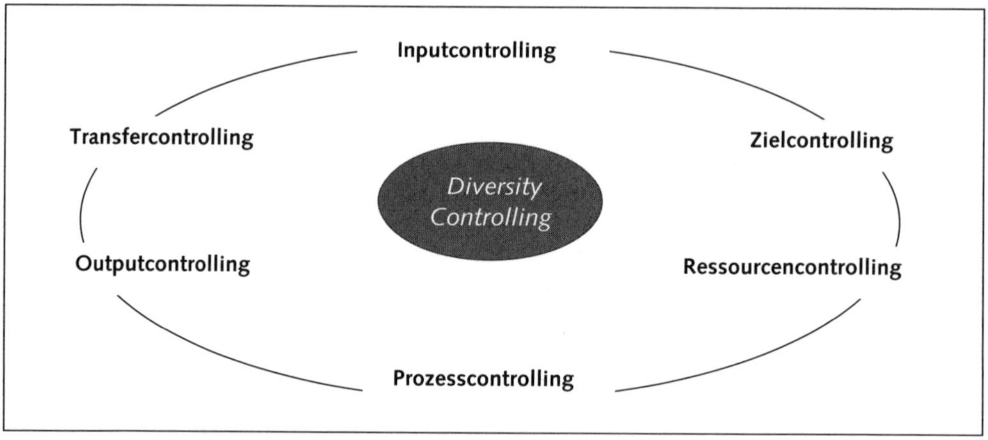

Abb. 3-16: Diversity Controlling als Funktionszyklus
Quelle: In Anlehnung an Becker, M. (2011), S. 294.

Im Rahmen des *Inputcontrollings* wird die Diversity-Struktur des Unternehmens anhand von ausgewählten Dimensionen der Vielfalt erhoben und Ursachen für Defizite im Hinblick auf die Umsetzung der verfolgten Diversity-Strategie identifiziert und analysiert. Weiterhin wird in diesem Prozessschritt geprüft, ob die festgestellten Abweichungen durch Maßnahmen des Diversity Managements behoben werden können. Eine Ergebnisdokumentation zu Inhalten, Zielen, Ressourcen und Prioritäten rundet das Inputcontrolling ab.

Das *Zielcontrolling* prüft die Passung der Diversity-Ziele zu den Unternehmenszielen. Da Diversity Management aus betriebswirtschaftlicher Perspektive zur Erreichung der Unternehmensziele beitragen soll, ist die Komplementarität von Diversity- und Unternehmenszielen zu beachten. Diese wird erreicht, wenn die Ziele des Diversity Managements deduktiv aus den Unternehmenszielen abgeleitet werden (vgl. Abbildung 3-17).

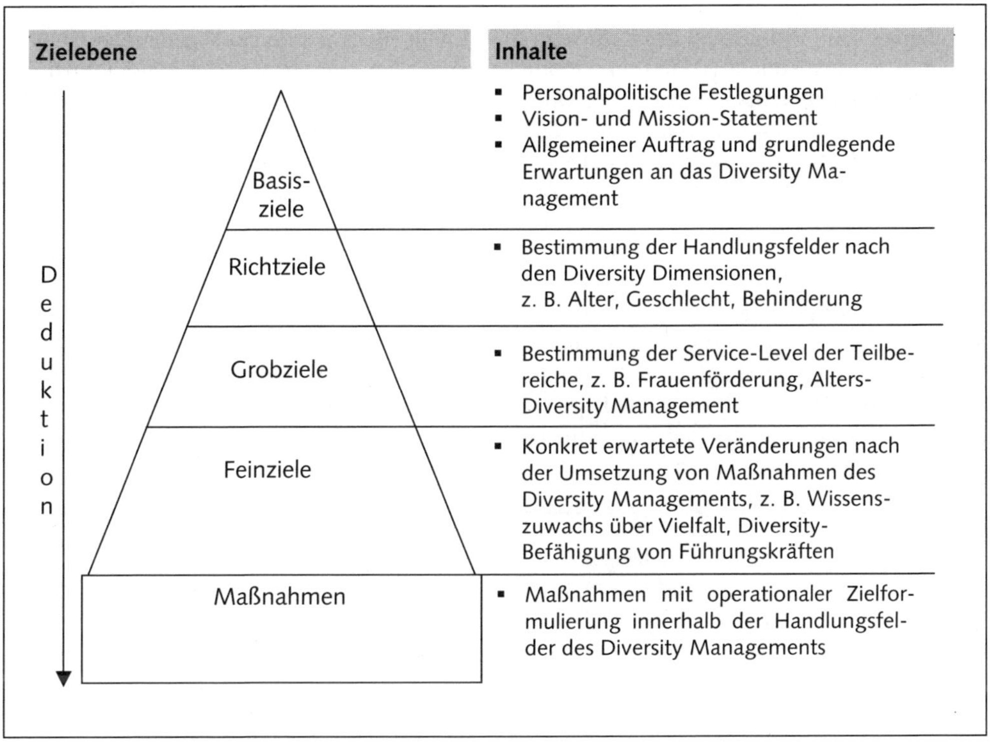

Abb. 3-17: Zielkaskade des Diversity Managements
Quelle: In Anlehnung an Becker, M. (2011), S. 120.

Im Rahmen des *Ressourcencontrollings* wird analysiert, ob die personellen, finanziellen und organisationalen Ressourcen, die für Konzeption, Umsetzung und Evaluation von Maßnahmen des Diversity Managements zur Verfügung stehen, effizient eingesetzt werden. Abweichungsanalysen und Wirtschaftlichkeitsrechnungen sind Beispiele für Instrumente des Ressourcencontrollings.

Gegenstand des *Prozesscontrollings* ist die fortlaufende Prüfung der Umsetzung von Maßnahmen des Diversity Managements im Sinne einer Verlaufskontrolle. Dabei sind individuelle, organisationale und umweltbedingte Umsetzungshindernisse und -hemmnisse zu identifizieren sowie geeignete Maßnahmen zur Gegensteuerung, bspw. Korrekturen hinsichtlich der Inhalte, Ziele oder Akteure, zu ergreifen.

Das *Outputcontrolling* prüft die Wirkung des Diversity Managements. Dazu werden geeignete Key Performance Indicators (KPI – betriebswirtschaftliche Leistungskennzahlen) erhoben und ausgewertet.

Transfercontrolling untersucht, inwieweit die Maßnahmen des Diversity Managements zu nachhaltigen Verhaltensänderungen im betrieblichen Alltag führen. Längerfristige Wirksamkeitsanalysen werden in Form von qualitativen Untersuchungen (z. B. Kulturanalysen, Mitarbeiterbefragungen) durchgeführt und beziehen sich auf die KPI.

3.1.3.8.1 Kennzahlen als Instrumente des Diversity Controllings

In Analogie zum Erfolgsmaß des Return on Investment (ROI) wurde ein sogenannter Diversity Return on Investment (DROI) entwickelt, in den Kosten und Erträge der Maßnahmen des Diversity Managements eingehen. Die Operationalisierung der Erträge erfolgt z. B. durch die aufgrund von Produktivitäts- und Qualitätsverbesserungen eingesparten Lohnkosten. Kosten entstehen durch Freistellung von Mitarbeitern sowie Planung und Durchführung der Maßnahmen des Diversity Managements.[109] In Anlehnung an das Kennzahlensystem der Balanced Scorecard (BSC) entwirft Hubbard eine Diversity Scorecard (DSC) als »balanced, carefully selected set of objectives and measures derived from an organization's strategy that link to the diversity strategy.«[110] Die Diversity Scorecard richtet die grundlegenden Perspektiven der BSC (»Financial Perspective«, »Customer Perspective« und »Learning and Growth Perspective«) auf die Anforderungen des Diversity Managements aus. Wie in der traditionellen BSC stehen diese Perspektiven in einem komplementären Verhältnis zu monetären Leistungsindikatoren. Damit werden Unternehmen in die Lage versetzt, »to track financial results while simultaneously monitoring progress in building the capabilities and acquiring the intangible assets they would need for future growth.«[111]

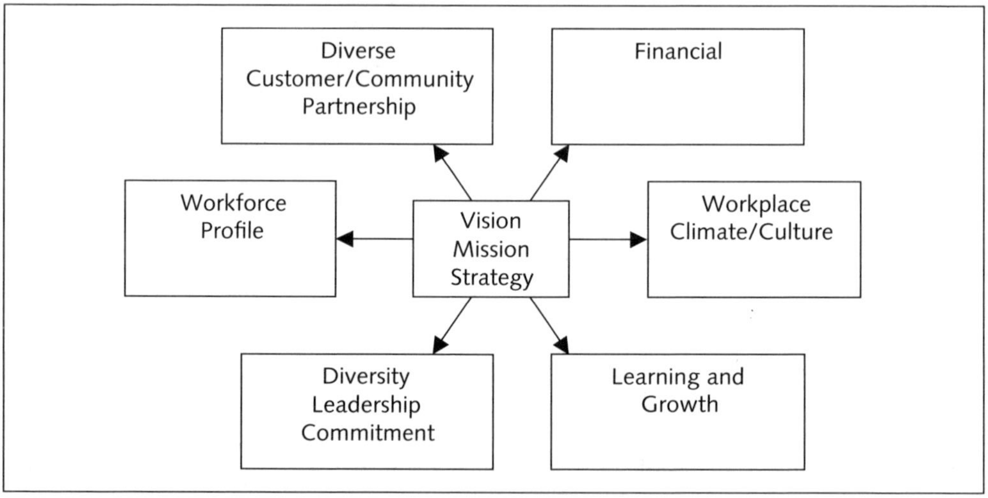

Abb. 3-18: Die Diversity Scorecard
In Anlehnung an: Hubbard, E. E. 2004, S. 133.

109 Zur Berechnung der Erträge werden neben direkt erfassbaren monetären Größen auch Einschätzungen von Managern und internen und externen Experten zur Quantifizierung der durch das Diversity Management erzielten Verbesserungen herangezogen. Vgl. Hubbard, E. E. (2004), S. 47.

110 Hubbard, E. E. (2004), S. 132 ff.

111 Kaplan, R. S./Norton, D. P. (1997), S. 75.

In Ergänzung zum Konzept der BSC wird angestrebt, die Instrumente der Personalbeschaffung, Personalauswahl und Mitarbeiterbindung zur Schaffung einer heterogenen, wettbewerbsfähigen Belegschaft nutzbar zu machen (»Workforce Profile«), um nicht oder unzureichend bearbeitete Marktsegmente zu erschließen. Mit der Erfassung des Ausmaßes an Vorurteilen und Stereotypenbildung, der Machtverteilung innerhalb von Gruppen und des Grades der Einbeziehung von Minderheiten in informale Netzwerke werden zudem erfolgskritische Eigenschaften der Unternehmenskultur bestimmt (»Workforce Climate/Culture«). Aufgabe der Führung ist die Erarbeitung und Verankerung einer Vision für zielorientiertes Diversity Management (»Diversity Leadership Commitment«) in allen Bereichen und auf allen Ebenen der Organisation.[112] Abbildung 3-19 bietet einen Überblick über Diversity-Indizes und Diversity-Kennzahlen und die verfolgten Messziele.

Messgröße	Messziel
Diversity-Indizes	
Simpson's Index of Diversity (ökologisch)	Messung der Wahrscheinlichkeit, mit der zwei zufällig ausgewählte Individuen derselben Klasse angehören
Blaus Heterogenitätsindex (ökologisch)	Messung der Gruppenheterogenität (Abundanz bei kategorialen Variablen)
Weitzman-Index (ökonomisch)	Messung der Diversität unter Berücksichtig der relativen Bedeutung von Merkmalen für die Organisation
Diversity-Kennzahlen	
Statistiken zur Beschäftigungssituation von Minoritäten: Minoritätenanteil an der Belegschaft Beförderungshäufigkeit Teilnahmehäufigkeit von Minoritäten an Maßnahmen der Personalentwicklung Mitarbeiterbindung und Fluktuation von Minoritäten	Sammlung quantitativer und qualitativer Daten zur Erfassung diskriminierender personalpolitischer Praktiken
Diversity Return on Investment $DROI(\%) = \frac{(DIM\text{-}Erträge) - (DIM\text{-}Kosten)}{DIM\text{-}Kosten}$ DIM: Diversity Management	Erfolgsmessung unter Einschluss qualitativer und quantitativer Messgrößen

Abb. 3-19: Diversity-Indizes und Diversity-Kennzahlen

Die Auswahl von Indizes zur Messung von Diversität hat in Abhängigkeit vom Erkenntnisziel und unter Einhaltung des Wirtschaftlichkeitsgebots zu erfolgen: Nachteilig wirkt sich bei ökologischen Indizes der fehlende Bezug von Merkmalen wie Alter, Geschlecht und Bildungs-

112 Hubbard, E.E. (2004), S. 132ff.

stand auf zielbezogene Größen wie Zufriedenheit und Fluktuation aus. Die Wechselwirkung zwischen Fähigkeiten und Fertigkeiten der Individuen bleibt ebenfalls unberücksichtigt. Indizes, die dagegen eine Gewichtung der relativen Bedeutsamkeit von Diversity-Merkmalen in Gruppen vornehmen (ökonomische Indizes), bilden die Interaktion von Individuen mit unterschiedlichen Merkmalen ab und berücksichtigen das Potenzial, das durch die heterogenen Ressourcen zur Generierung strategischer Renten bereitgestellt wird.[113]

Mithilfe von Kennzahlen werden im betriebswirtschaftlichen Kontext Informationen über betriebliche Sachverhalte und Zusammenhänge in komprimierter Form abgebildet.[114] Im Rahmen des Diversity Controllings liefern Kennzahlen wichtige Informationen zur Belegschaftsstruktur entsprechend den relevanten Diversity-Dimensionen sowie zur Effektivität und Effizienz des Diversity Managements. Die quantitative Beurteilung des Diversity Managements durch Kennzahlen ist jedoch durch qualitative Elemente der Erfolgskontrolle zu ergänzen, um ein vollständiges Bild zu Status und Wirkung des Diversity Managements im Unternehmen zu erhalten.

Kennzahlen zeichnen sich durch drei charakteristische Merkmale aus:[115]

- *Informationscharakter:*
  Kennzahlen sollen Informationen über relevante personalwirtschaftliche Sachverhalte liefern.
- *Quantifizierbarkeit:*
  Kennzahlen werden mithilfe metrischer Skalen erhoben und ermöglichen konkrete Aussagen zum erhobenen Sachverhalt.
- *Informationsspezifität:*
  Durch Kennzahlen werden komplexe Sachverhalte, Ereignisse, Prozesse und Strukturen vereinfacht, wodurch die Basis für Beurteilungen und Entscheidungen relevanter Akteure gelegt wird.

Hinsichtlich ihrer Art werden Kennzahlen in absolute Kennzahlen und Verhältniskennzahlen unterschieden (vgl. Abbildung 3-20). Während absolute Kennzahlen auf Wertgrößen oder Mengengrößen beruhen, werden bei Verhältniskennzahlen Größen, die untersucht werden sollen, in Beziehung zueinander gesetzt.[116] Im Rahmen des Diversity Controllings sind vor allem Verhältniszahlen, wie der Anteil von Mitarbeitern mit bestimmten Diversity-Merkmalen an der Gesamtbelegschaft, von Bedeutung.[117]

Zur Analyse von Stärken, Schwächen, Chancen und Risiken können Kennzahlen im Diversity Controlling weiterhin mittels eines Messgrößenportfolios nach der Bezugsgröße und der Zeitdimension klassifiziert werden

113 Vgl. Voigt, B.F./Wagner, D. (2005), S. 18 u. 15 ff. Beispiele für ökologische Indizes sind der häufig herangezogene Blau Index und der Shannon Index, während der Weitzman-Index zu den ökonomischen Indizes gerechnet wird. Vgl. im Einzelnen Blau, P. (1977); Shannon, C.E. (1948) und Weitzman, M.L. (2002).

114 Vgl. Wimmer, P./Neuberger, O. (1998), S. 555; vgl. Wunderer, R./Jaritz, A. (2007), S. 28.

115 Vgl. hierzu Reichmann, T. (2011), S. 24.

116 Vgl. Schulte, C. (2011), S. 4.

117 Vgl. Schulte, C. (2011), S. 17.

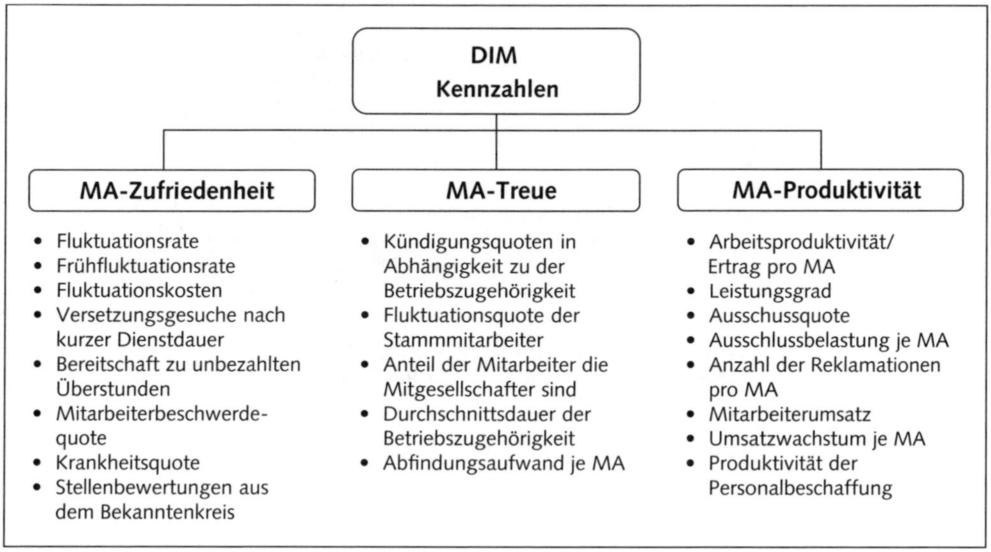

Abb. 3-20: Arten von Kennzahlen
Quelle: In enger Anlehnung an Schulte, C. (2011), S. 6 sowie Becker, M. (2008), S. 195.

Beispielhaft ist in Abbildung 3-21 ein solches Portfolio zur Analyse der Altersstruktur in einem Unternehmen dargestellt. Durch die Beschreibung des Status quo und einer Bewertung der aktuellen Altersstruktur im Vergleich zur Altersstruktur der Gesellschaft oder relevanter Wettbewerber können zunächst Stärken und Schwächen hinsichtlich der betrieblichen Altersstruktur identifiziert werden. Berücksichtigt man zusätzlich die zeitliche Dimension, lassen sich zudem Chancen und Risiken, z. B. ein drohender Mangel an Experten aufgrund zahlreicher Pensionierungen, erkennen. Die gewonnenen Informationen stellen wichtige Informations- und Entscheidungsgrundlagen für die Konzeption und Umsetzung des Age Diversity Management (ADM) dar.

Die Auswahl von Kennzahlen für das Diversity Controlling erfolgt unternehmensspezifisch auf Grundlage folgender Kriterien:[118]

- **Relevanz**: Inhaltliche Bedeutung für das Untersuchungsobjekt, Aussagefähigkeit für die zu beantwortenden Fragen
- **Effizienz**: Aufwand der Datenerhebung, Zugang zu notwendigen Daten
- **Verwertbarkeit**: Eindeutigkeit der Interpretation, Vergleichbarkeit der Daten und Ergebnisse über Zeit und Bereiche hinweg
- **Vernetzung**: Konsistenz der Messgrößen zueinander, Vernetzung der Messgrößen über eine inhaltliche Logik
- **Akzeptanz**: Klarheit und Transparenz der zugrunde liegenden Annahmen, Akzeptanz durch die Anspruchs- bzw. Zielgruppen (Stakeholder)

118 In enger Anlehnung an Wucknitz, U. D. (2009), S. 258.

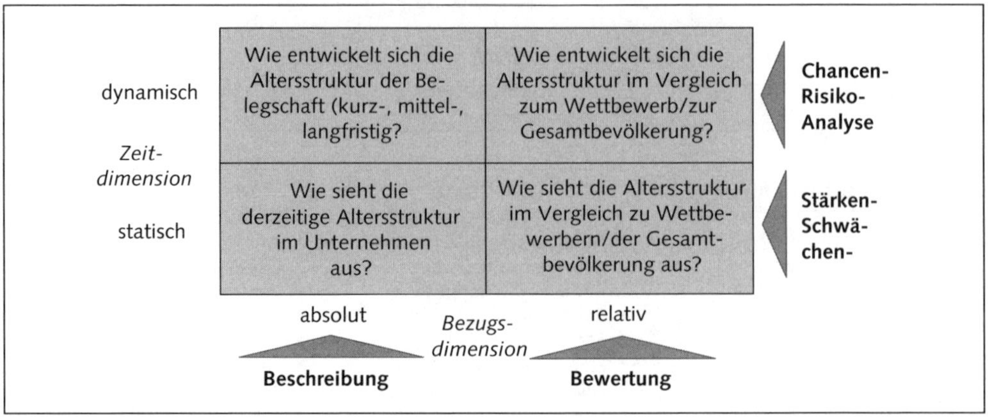

Abb. 3-21: Messgrößenportfolio zur betrieblichen Altersstrukturanalyse
Quelle: Wucknitz, U. D. (2009), S. 257.

Die in Abbildung 3-22 dargestellten Fragen geben Anhaltspunkte für die Auswahl geeigneter Kennzahlen im Rahmen des Diversity Controllings.

Checkliste zur Auswahl geeigneter Kennzahlen im Rahmen des Diversity Controllings	
Ebene	**Anhaltspunkte**
Verfügbarkeit	• Sind die für die Kennzahl benötigten Daten verfügbar? • Sind die für die Kennzahl benötigten Daten aktuell? • Sind die erforderlichen vergangenheitsbezogenen Daten für einen Vergleich im Zeitablauf verfügbar? • Ist die Verfügbarkeit unmittelbar gegeben oder sind zusätzliche Berechnungen notwendig? • Sind benötige Plandaten für Soll-Ist-Vergleiche intern verfügbar? • Sind Vergleichsdaten aus anderen Unternehmen bzw. von Verbänden für die Erstellung von Unternehmens-/Branchenvergleichen verfügbar?
Aufwand/Nutzen	• Welcher zeitliche Aufwand ist mit der Kennzahlenermittlung verbunden? • Welche Kosten sind mit der Ermittlung der Kennzahl unmittelbar verbunden? • Welche Kosten fallen für die Schaffung der Voraussetzungen für die Erhebung der Kennzahl an? • Existieren bereits Kennzahlen für das Controlling des Diversity Managements? Wenn ja, welche? • Welche Widerstände werden bei den betroffenen Akteuren hinsichtlich der Kennzahlenanwendung vermutet?

Checkliste zur Auswahl geeigneter Kennzahlen im Rahmen des Diversity Controllings	
Ebene	**Anhaltspunkte**
Eignung	• Wie gut bildet die Kennzahl den Bereich des Diversity Managements/die Situation ab? • Welche Bedeutung kommt dem Teilziel/Bereich zu, das/den die Kennzahl abbildet? • Welche Fehlerquellen existieren bei der Kennzahlenermittlung? • Inwieweit lässt die Kennzahl eine eindeutige Interpretation zu? • Haben Mitarbeiter bereits Erfahrungen mit der Kennzahl? • Existiert die Kennzahl in vergleichbaren anderen Unternehmen? Wenn ja, in welcher Form?
Zweck	• Soll die Kennzahl der Analyse oder der Steuerung des Diversity Managements dienen? • Soll die Kennzahl einzelnen Personal- bzw. Fachbereichen oder der Geschäftsführung zur Verfügung gestellt werden? • Welchem Analysezweck dient die Kennzahl (z. B. Erfolgsmessung, Leistungsbeurteilung, Strukturanalyse, Entwicklungsmonitoring, Schwachstellenanalyse)? • Ist die Verwendung der Kennzahl im Rahmen von Zeit-/Soll-Ist- oder Betriebsvergleichen vorgesehen? • Soll die Kennzahl weiter untergliedert werden (z. B. nach Fachbereichen, Diversity-Dimensionen)? • Soll die Kennzahl regelmäßig/periodisch oder fallweise/periodisch ermittelt werden? • Wir oft soll die Kennzahl erhoben werden (z. B. monatlich, quartalsweise, halbjährlich, jährlich)?
Organisation	• Welche Mitarbeiter sollen die Kennzahl erheben? • Welche Informationsquellen bilden die Grundlage für die Ermittlung der Kennzahlen? • Wer soll die Kennzahlenergebnisse auswerten? • Wem sollen die Ergebnisse zur Verfügung gestellt werden? • Wie sollen die Ergebnisse dokumentiert werden? • Wer ist für die Einhaltung der Vorgaben für die Kennzahlen verantwortlich? • In welche Statistiken/Berichten gehen die Kennzahlenergebnisse weiterhin ein?

Abb. 3-22: Checkliste zur Auswahl geeigneter Kennzahlen im Rahmen des Diversity Controllings

Zur Beurteilung der Diversity-Struktur der Belegschaft mithilfe von Kennzahlen liefert das Vier-Ebenen-Modell der Vielfalt einen geeigneten Ausgangspunkt. Es sind die vier personenbezogene Dimensionen der Vielfalt zu unterscheiden: die persönliche, die biologische, die biografische und die berufliche Dimension (vgl. Abbildung 3-23).[119]

119 Vgl. Gardenswartz, L./Rowe, A. (2003), S. 33.

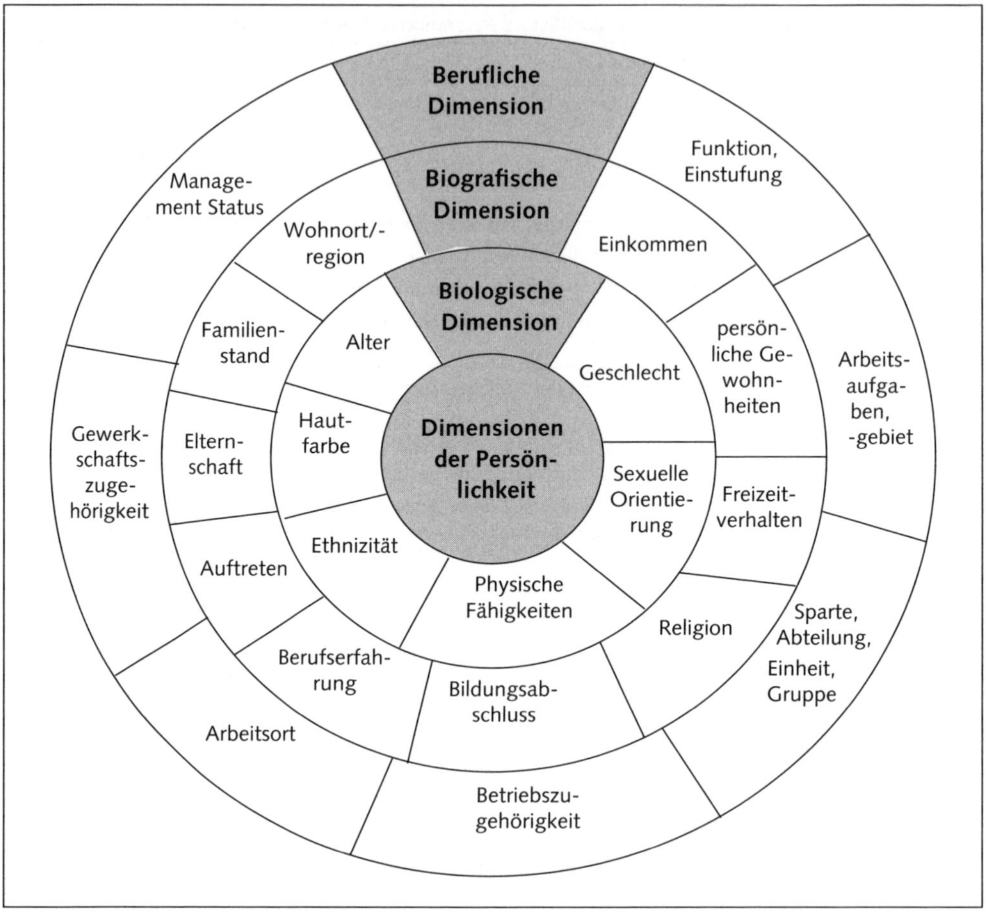

Abb. 3-23: Vier-Ebenen-Modell der Diversität
Quelle: In Anlehnung an Gardenswartz, L./Rowe, A. (2003), S. 33.

Die Diversity-Struktur der Belegschaft kann mithilfe dieses Ebenen-Modells abgebildet werden, indem für die unternehmensspezifisch bedeutsamen Merkmale der jeweiligen Dimensionen Kennzahlen erhoben bzw. geeignete Messinstrumente eingesetzt werden. Abbildung 3-24 zeigt beispielhaft Kennzahlen bzw. Messinstrumente für die unterschiedlichen Dimensionen.

Die Dimensionen der Vielfalt sind entsprechen dem Diversity-Reifegrad eines Unternehmens. Die Diversity-Struktur bildet die Grundlage des Diversity Controllings. Die Kennzahlen sind Informationsgrundlage für die quantitative und qualitative Personalplanung, die Personaleinsatzplanung, die Personalentwicklung und das Diversity Management.

Für ein leistungsfähiges Diversity Controlling sind so viel Kennzahlen wie notwendig und so wenig wie möglich zu erheben. Die Kennzahlen müssen voneinander unterschieden und im Ergebnis auf ein ganzheitliches Kennzahlensystem bezogen sein. Das entspricht der Idee

DIM-Dimensionen und Kennzahlen	
Dimensionen	**Kennzahlen**
Persönliche Dimension 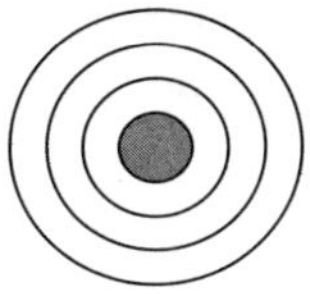	• Erfassung durch Persönlichkeitstests, z. B. – Fünf-Faktoren-Inventar NEO-FFI – Leistungsmotivationsinventar LMI – Bochumer Inventar zur berufsbezogenen Persönlichkeitsbeschreibung BIP – Freiburger Persönlichkeitsinventar FPI – 16-Persönlichkeits-Faktoren-Test
Biologische Dimension 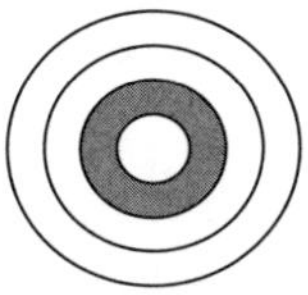	• Frauen-/Männeranteil • Durchschnittsalter der Belegschaft • Mitarbeiter je Altersgruppe • Nationalitätenstruktur • Work Ability Index je Mitarbeiter • Schwer-/Behindertenquote
Biographische Dimension 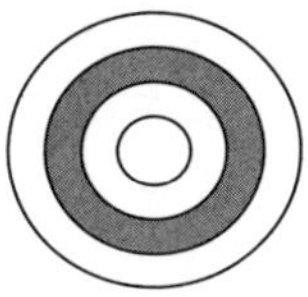	• Qualifikationsstruktur der Belegschaft • Entgelt-/Lohngruppenstruktur • Durchschnittliche Berufserfahrung je Mitarbeitergruppe • Ausbildungsquote • Akademiker-/Facharbeiterquote • Anteil der Mitarbeiter in Mutterschutz/Elternzeit
Berufliche Dimension 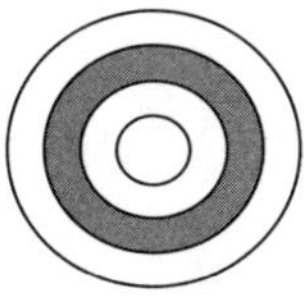	• Durchschnittliche Dauer der Betriebszugehörigkeit • Führungskräfteanteil • Mitarbeiterzahl bzw. -struktur je Sparte/Abteilung/Einheit/Gruppe • Mitarbeiter je Niederlassung/Geschäftsstelle/Werk/Betrieb • Mitarbeiter je Führungs- bzw. Hierarchieebene • Anteil der Mitarbeiter im Inland/Ausland
Organisationale Dimension 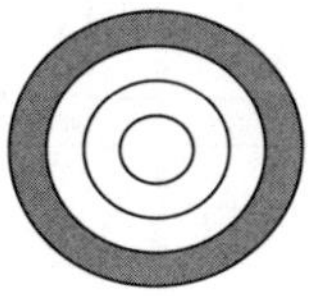	• Führungsstruktur, z. B. Führung aus der Distanz • Zentralisierungs-bzw. Dezentralisierungsgrad • Wirtschaftliche Situation des Unternehmens • Unternehmungs-, Führungsgrundsätze • Konzeptionelle Absicherung der PE • I&-K-Struktur • Entgeltkonzept • Karrieremodelle • Diverstity-Reifegrad

Abb. 3-24: DIM-Dimensionen und Kennzahlen
Quelle: Eigene Darstellung

der Balanced Scorecard.[120] Die Leistungsfähigkeit der Kennzahlen, der Ursache-Wirkungszusammenhang und die Nutzungsabsicht der Zahlen sollten geklärt sein.[121]

Die Schritte zur Entwicklung eines unternehmensspezifischen Kennzahlensystems für das Diversity Controlling sind in Abbildung 3-25 dargestellt.

Während des Konzeptions- und Implementierungsprozesses ist die Anschlussfähigkeit des DIM-Kennzahlensystems an das Personalcontrolling und das Unternehmenscontrolling zu beachten.

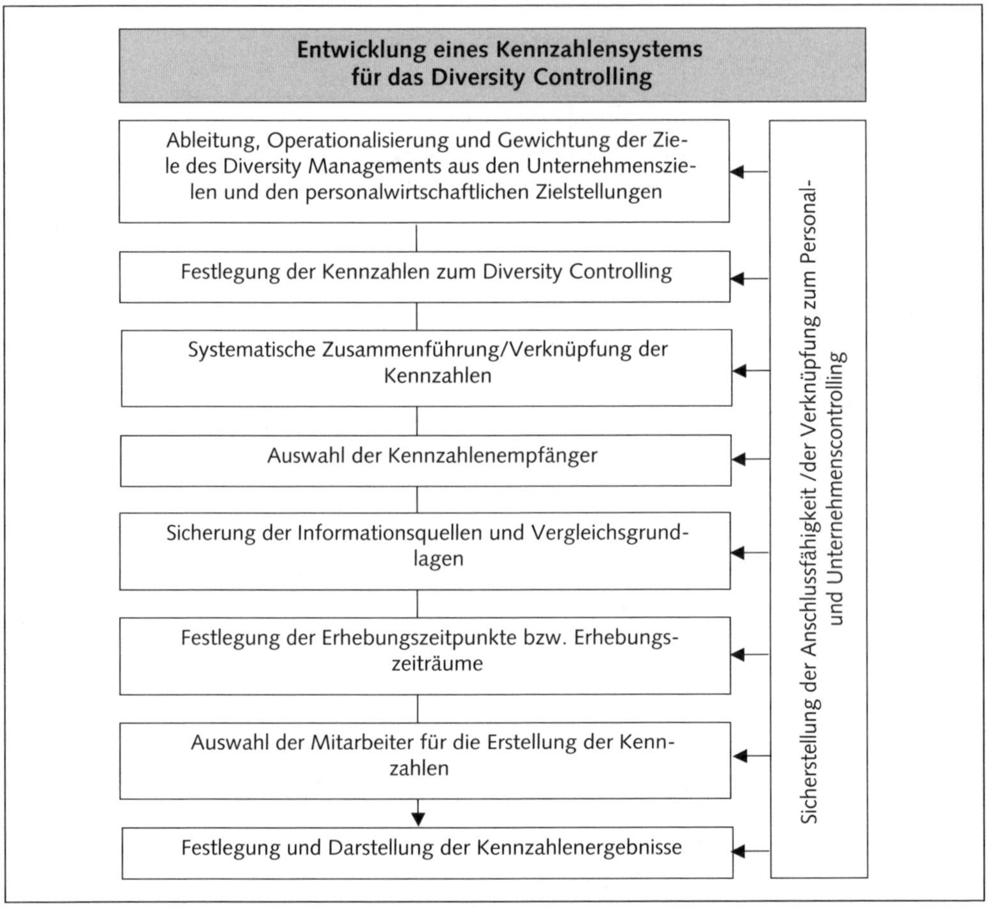

Abb. 3-25: Entwicklung eines Kennzahlensystems für das Diversity Controlling

120 Vgl. Becker, M. (2008a), S. 194.
121 Vgl. Becker, M. (2008a), S. 212.

Abschließend liefert Abbildung 3-26 einen Überblick über Indikatoren, die im Rahmen des Diversity Controllings Berücksichtigung finden können. Jedoch sind für verschiedene Unternehmen je nach relevanten Diversity-Dimensionen und in Abhängigkeit von Unternehmenszielen und Unternehmensstrategie unterschiedliche Indikatoren von Bedeutung.

Ausgewählte Indikatoren zum Diversity Controlling		
Kategorie	**Indikator**	**Beschreibung/Formel**
Umsetzung des Diversity Managements	*Engagement des Topmanagements*	• Für Diversity Management aufgewendete Zeit/Gesamtzeit • Aufklärungsarbeit, z. B. Anzahl der Nennungen in offiziellen Ansprachen, Reden • Aufnahme der angestrebten Ergebnisse in den Dienstvertrag; Art der aufgenommenen Diversity-Ziele inkl. Messmethoden • Engagement/Zahl der Manager in Diversity-Projekten/Gremien
	Diversity-Konzeption	• Bestehen und Qualität eines Diversity-Konzepts • Verknüpfung der Diversity-Konzeption mit anderen betrieblichen Plänen
	Organisatorische Maßnahmen/Strukturen	• Verknüpfung des Diversity Managements mit dem HRM, Employer Branding, der Personalentwicklungskonzeption • Umsetzungsgrad von Diversity Richtlinien • Kosten der auf Vielfalt spezialisierten Mitarbeiter/Personalkosten • Zahl der Diversity-Projekt/-Gremien/-Maßnahmen • Kosten des Diversity Controllings/Gesamtkosten bzw. Personalkosten • (Entwicklung der) Fluktuationskosten • Mitarbeiter in (außer-)betrieblichen Unterstützungsnetzwerken (z. B. Frauennetzwerke, schwul-lesbische Netzwerke, interkulturelle Netzwerke)/Gesamtzahl der Mitarbeiter • Grad der Förderung von internen/externen Unterstützungsnetzwerken/gesamtes Förderungsvolumen • Partizipationsrate von Mitarbeitern/Führungskräften/Topmanagement in Unterstützungsnetzwerken • Kosten für interne Unterstützungsnetzwerke/Gesamtkosten
	Mitarbeiternutzen	• Kosten Vielfalt bezogener Maßnahmen/Gesamtkosten • Nutzungsgrad Vielfalt bezogener Maßnahmen (z. B. Auslastungsgrad betrieblicher Kinderbetreuung)

Ausgewählte Indikatoren zum Diversity Controlling		
Kategorie	**Indikator**	**Beschreibung/Formel**
Umsetzung des Diversity Managements (Forts.)	*Anreize für das Management*	• Anteil Vielfalt bezogener Anreize für Führungskräfte/alle Anreize • Aufnahme bzw. Anteil Vielfalt bezogener Ziele in Zielvereinbarungen des Managements • Kosten der Vielfalt bezogenen Managementanreize/Gesamtkosten für Anreize
	Kommunikation/ Aufklärungsarbeit	• Positive/negative Nennungen in Beiträgen in externen Medien (z. B. TV, Print, Fachpresse, Blogs, Websites) • Platzierung von Diversity-Themen in internen Medien (Mitarbeiterzeitung, Blog, Intranet, Newsletter) • Kommunikationskosten für Diversity-Maßnahmen/Gesamtkosten
	Aus- und Weiterbildungsmaßnahmen	• Kosten für Diversity Trainings/Gesamtkosten für Bildungsmaßnahmen • Teilnahmequote an Diversity Trainings (weitere Segmentierung z. B. nach neuen/angestammten Mitarbeitern/Funktionsgruppen, Hierarchieebene usw. möglich) • Einstellungsveränderungen bei den Mitarbeitern nach Diversity Trainings • Empfundener Wert von Diversity Trainings bei Mitarbeitern (z. B. Zufriedenheit mit Inhalten, Trainer, Organisation)
	Produktivitätseinbußen	• Produktivitätseinbußen durch Vielfalt pro Mitarbeiter/Jahr • Produktivitätsentwicklung neu eingestellter Mitarbeiter • Produktivitätsveränderungen durch Diversity Trainings
Ergebnisse von Maßnahmen des Diversity Managements	*Demografische Zusammensetzung der Belegschaft*	• Anteil der Mitarbeiter je relevanter Diversity Dimension an der Gesamtbelegschaft • Anteil der Mitarbeiter je relevanter Diversity Dimension im Vergleich mit externen Benchmarks (z. B. Wettbewerber, Branche) • Anteil der Mitarbeiter je relevanter Diversity Dimension in speziellen Mitarbeitergruppen (z. B. bestimmte Funktionen, Hierarchieebenen) • Veränderung des Anteils der Mitarbeiter je relevanter Diversity Dimension im Vergleich zum Vorjahr/zu Vorperioden • Anteil der Neueinstellungen je relevanter Diversity Dimension/alle Neueinstellungen • Fluktuationsrate nach Diversity Dimension • Frühfluktuationsrate nach Diversity Dimension • Frauenquote; Anteil von Frauen im Management • (Schwer-) Behindertenquote

Ausgewählte Indikatoren zum Diversity Controlling		
Kategorie	**Indikator**	**Beschreibung/Formel**
Ergebnisse von Maßnahmen des Diversity Managements (Forts.)	*Arbeitsplatzstruktur und Arbeitsplatz-umfeld*	• Zahl der formellen internen/externen vielfaltbezogenen Beschwerden • Zahl und Entwicklung Vielfalt bezogener Streitfälle/ Verfahren • Schlichtungskosten für Vielfalt bezogene Streitfälle • Kosten für Vielfalt bezogene Streitfälle/Gesamtkosten für Streitfälle • Kosten für die Lösung von Beschwerdefällen mit Bezug zur Vielfalt • Einstellungen der Mitarbeiter zu Vielfalt bezogenen Aspekten/Problemen (z. B. aus Mitarbeiterbefragungen)
Nutzen für das Unternehmen	*Kostensenkungen*	• Fluktuation nach Diversity Dimension in Relation zum Unternehmensdurchschnitt • Ausfallzeiten (z. B durch Krankheit) nach Diversity Dimension in Relation zum Unternehmensdurchschnitt • Veränderung der direkten Rekrutierungskosten im Zeitablauf • Veränderung von Gerichtskosten im Zusammenhang mit Klagen zu Diskriminierungen • Entwicklung von Kosten im Zusammenhang mit der Beilegung von Streitfällen
	Mitarbeiterengpässe	• Entwicklung der Zahl der unbesetzten Stellen im Zeitablauf • Zahl der (internen und externen) Bewerber auf freie Stellen (absolute Zahlen und Entwicklung im Zeitablauf) • Zeitspanne bis zur Besetzung von freien Stellen (absolute Zahlen und Entwicklung im Zeitablauf)
	Zugang zu neuen Märkten	• Marktdurchdringung auf neuen Märkten (z. B. Umsatzanteil, Marktanteil, der auf spezifische Gruppen entfällt) • Entwicklung von Wiederkaufraten bei Zielgruppen auf neuen Märkten • Kundentreue auf neuen Märkten • Veränderung der Einstellungen von Zielgruppen gegenüber Unternehmen und seinen Leistungen
	Verbesserte Leistung auf bestehenden Märkten	• Veränderung der Kundenzufriedenheit bei Zielgruppen mit bestimmten Diversity Dimensionen • Entwicklung der Kundentreue im Zeitablauf • Grad der betrieblichen Leistungsfähigkeit: Produktions- und Qualitätsniveau, Ausschuss, Zykluszeit in homogenen vs. heterogenen Arbeitsteams

Ausgewählte Indikatoren zum Diversity Controlling		
Kategorie	**Indikator**	**Beschreibung/Formel**
Nutzen für das Unternehmen (Forts.)	*Talentsuche*	• Ist-Kompetenzniveau der Mitarbeiter/Soll-Kompetenzniveau • (Entwicklung der) Mitarbeiterzufriedenheit (ggf. nach bestimmten Diversity Dimensionen oder Mitarbeitergruppen) • Reputation/Image des Unternehmens als Arbeitgeber • Entwicklung der Wahrnehmung der Employer Brand durch Zielgruppen • Verbleibequoten von Mitarbeitern nach Diversity Dimensionen/bestimmten Mitarbeitergruppen • (Entwicklung der) Bewerberzahl bei Schlüsselpositionen • Vorstellungsquote
	Fähigkeit zum globalen Management	• Anteil der Personen mit bestimmten Diversity-Merkmalen im Topmanagement • Anteil der Führungskräfte mit bestimmten Diversity-Merkmalen • Anteil der Potenzialträger mit bestimmten Diversity-Merkmalen
	Innovation/ Kreativität	• Heterogenitätsgrad in Arbeitsteams • Leistungsstand von Kernteams mit unterschiedlichem Diversity-Mix • Anteil von Innovationsausgaben am Umsatz • Time to Market • Neuproduktanteil am Umsatz • Verbesserungsvorschlagsrate
	Image/Reputation bei Stakeholdern	• (Entwicklung der) Einstellungen von Stakeholdern gegenüber dem Unternehmen in Sachen Vielfalt • Mediendurchdringung hinsichtlich Diversity-Themen (z. B. Nennungen, Medienkanal, Art/Grad der Berichterstattung) • Einstellung der Kunden auf Zielmärkten gegenüber dem Unternehmen
	Kulturelle Werte	• Werteprofil der Belegschaft/angestrebtes Werteprofil des Unternehmens • Meinungen/Einstellungen der Belegschaft zu vielfaltbezogenen Themen

Abb. 3-26: Ausgewählte Indikatoren zum Diversity Controlling

3.1.3.8.2 Diversity Scorecard

Die *finanzwirtschaftliche Perspektive* erhebt Informationen zu Umsatz-, Rentabilitäts-, Gewinn-, Vermögens- und Ergebniszielen. Ziele in Bezug auf Kostensenkungen, Risikomanagement und Produktivitätsverbesserungen kommen hinzu. Es werden Kennzahlen (Key Performance Indicators – KPI) erhoben, die in besonderem Maße Auskunft über Ertragspotenziale geben.[122] Auf das Diversity Management bezogen ist zu erheben, inwieweit die optimale Vielfalt der Ressourcen, insbesondere der Personalressourcen zum Unternehmenserfolg beitragen.

Die *Kundenperspektive* bildet relevante Markt- und Kundensegmente ab, wobei Kenngrößen wie Zufriedenheit und Treue der Kunden, Marktpotenzial und Gewinnanteile in spezifischen Segmenten Zielgrößen darstellen. Die relative Position in den Marktsegmenten wird ebenfalls erhoben.

Die *interne Perspektive* untersucht die Kern- und Peripherieprozesse auf ihre Wirtschaftlichkeit und auf Verbesserungspotenziale.[123] Die Erkenntnisse aus der Gestaltung der internen Prozesse ist Ausgangspunkt für Veränderungs- und Optimierungsprojekte. Auf das Diversity Management bezogen ist zu erheben, in welchem Maße die Vielfalt zu Synergien führt, wo Vielfalt falsch dimensioniert ist (Bad Diversity Slack) und wie hoch der Koordinationsaufwand der Vielfalt ist.

Die *Lern- und Entwicklungsperspektive* fokussiert auf die Verfügbarkeit, den Einsatz und den Nutzen des Humanvermögens. Der Reifegrad der Mitarbeiter (Motivation und Qualifikation) wird erhoben. Krankenstand, Fluktuationsrate, Bewerberzahlen etc. geben Auskunft darüber, in welchem Maße es gelungen ist, Leistung und Zufriedenheit der Belegschaft zu erreichen.[124] Auf das Diversity Management bezogen ist zu erheben, in welchem Maße die Belegschaft zur Erreichung der Unternehmensziele beiträgt, wo Verbesserungsbedarf besteht und wo zu viel oder zu wenig Humanvermögen zur Verfügung steht.

Diversity Scorecards dienen als strategisches Planungsinstrument der systematischen Planung, Steuerung und Kontrolle der Diversity-Aktivitäten.[125] Bei der Diversity Scorecard handelt es sich um die Übertragung des Konzepts der Balanced Scorecard auf den Kontext des Diversity Managements.[126]

Balanced Scorecards nutzen eine ausgewogene Anzahl finanzieller, nicht finanzieller, externer und interner Messgrößen zur optimalen und anforderungsgerechten Gestaltung des Diversity Managements. Die klassische Balanced Scorecard ist in vier Perspektiven unterteilt: Die Finanzperspektive, die Kundenperspektive, die interne Perspektive und die Lern- und Entwicklungsperspektive (vgl. Abbildung 3-27). Der Finanzperspektive kommt als »Oberperspektive« eine besondere Bedeutung zu, weil die Finanzkennzahlen über den Nutzen der Diversity Aktivitäten entscheiden. Die drei anderen Perspektiven stehen in einer Zweck-Mittel-Beziehung zur Finanzperspektive und es ist mit diesen zu erheben, in welchem Maße diese zur Erreichung der Finanzziele beitragen.

Es ist darauf hinzuweisen, dass die Kennzahlen stets an Vergleichsgrößen gemessen und beurteilt werden. Betriebsvergleiche, Zeitraumvergleiche und die Erhebung sektoraler Ent-

122 Vgl. Kaplan, R.S./Norton, D.P. (1997), S. 46 ff.
123 Vgl. Kaplan, R.S./Norton, D.P. (1997), S. 24 ff.
124 Vgl. Kaplan, R.S./Norton, D.P. (1997), S. 121 ff.
125 Vgl. Rieger, C. (2006), S. 261.
126 Vgl. vertiefend zur Balanced Scorecard Kaplan, R.S./Norton, D.P. (1997).

wicklungen geben Auskunft über die relative Position, die eine Organisation in den vier Perspektiven erreicht hat.

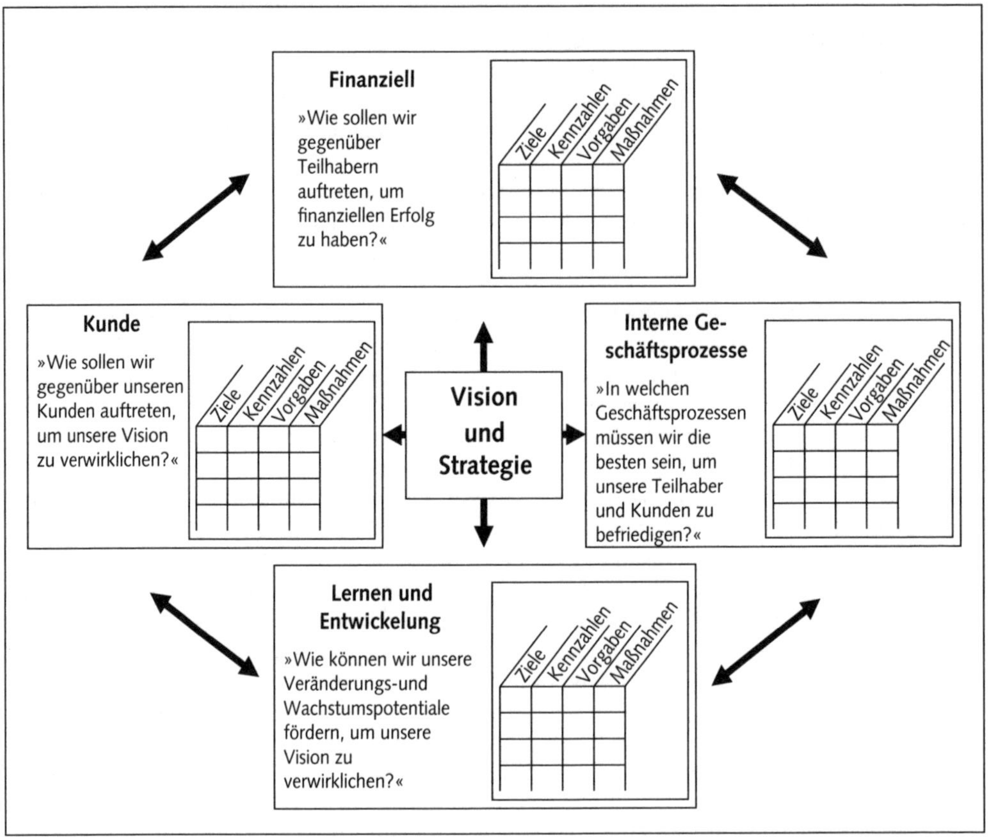

Abb. 3-27: Perspektiven der Balanced Scorecard
Quelle: Kaplan, R.S./Norton, D.P. (1997), S. 9.

Bei der Übertragung der Konzeption der Balanced Scorecard auf das Themenfeld Diversity Management werden entweder die klassischen Perspektiven nach Kaplan/Norton beibehalten oder es werden neue Perspektiven gewählt. Nach Hubbard setzt sich eine Diversity Scorecard aus den in Abbildung 3-28 dargestellten sechs Perspektiven zusammen.

Die *Diverse Customer/Community-Partnership-Perspektive* beinhaltet die Analyse der Beziehungen zu unterschiedlichen gesellschaftlichen Gruppen und Communities und erhebt gesellschaftspolitische Aspekte, wie z.B. demografische Veränderungen und deren Konsequenzen oder die Veränderung von Werten.[127] Beispielhafte Kennzahlen für diese Perspektive sind die Entwicklung des gesellschaftlichen Engagements des Unternehmens (z.B. Sponsoring von Events, Mitgliedschaft in gemeinnützigen Organisationen), die Zufriedenheit der Kunden

127 Vgl. Hubbard, E.E. (2004), S. 242ff.

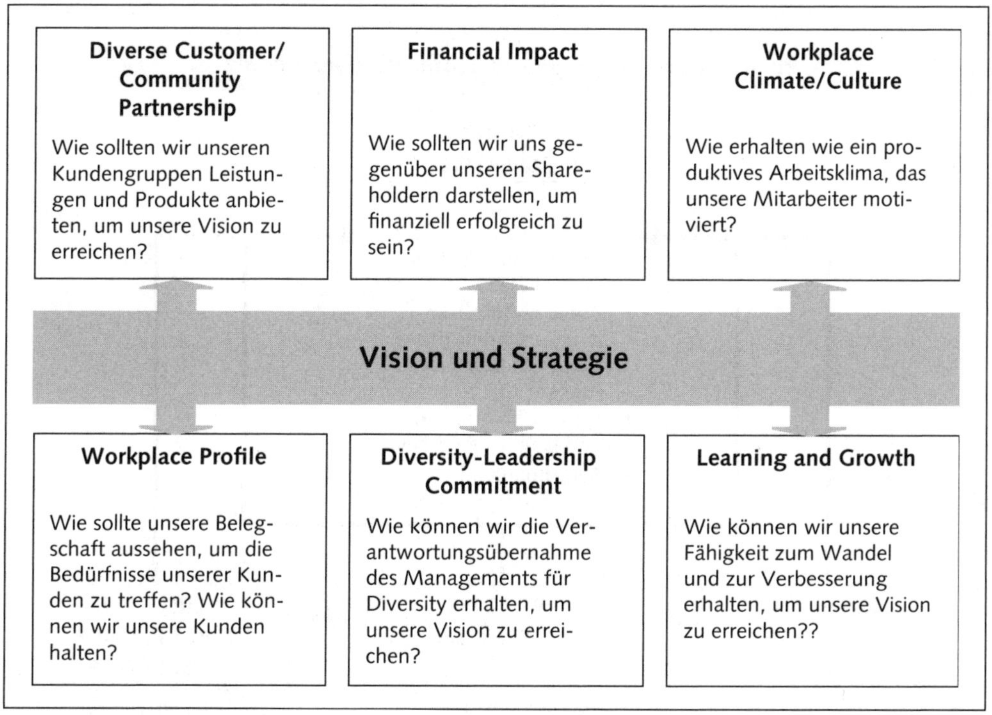

Abb. 3-28: Perspektiven der Diversity Scorecard nach Hubbard
Quelle: In enger Anlehnung an Rieger, C. (2006), S. 262, zitiert nach Hubbard, E. E. (2004), S. 133.

nach Kundengruppen und die Vielfalt der Zulieferer.[128] Die Perspektive betont die soziale Verantwortung des Unternehmens (CSR – Corporate Social Responsibility).[129]

Die *Financial-Impact-Perspektive* fokussiert die direkten oder indirekten monetären Effekte des Diversity Managements. Finanzielle Einsparungen aufgrund einer an Vielfalt orientierten Personalauswahl und einer gezielten Personalentwicklung, Kosten für Rechtsstreitigkeiten im Zusammenhang mit Antidiskriminierung und ermittelt einen »Diversity-Return on Investment«.[130]

Arbeitsplatzanalysen zur Zufriedenheit der Mitarbeiter, des Betriebsklimas und der Unternehmenskultur sind Gegenstand des Diversity Controllings aus der *Workplace Culture/ Climate-Perspektive*.[131] Mögliche Kennzahlen sind bspw. Fehlzeiten- oder Krankheitsraten, die Entwicklung des (affektiven, normativen bzw. kalkulatorischen) Commitments und der Mitarbeiterzufriedenheit sowie die Zahl der genutzten Work-Life-Balance-Maßnahmen pro Mitarbeiter.[132]

128 Vgl. Rieger, C. (2006), S. 253 f. sowie Herrmann-Pillath, C. (2009), S. 166.
129 Vgl. Schulz, A. (2009), S. 156 ff.
130 Vgl. Hubbard, E. E. (2004), S. 43 ff., 266 ff.
131 Vgl. Hubbard, E. E. (2004), S. 201 ff.
132 Vgl. Rieger, C. (2006), S. 263.

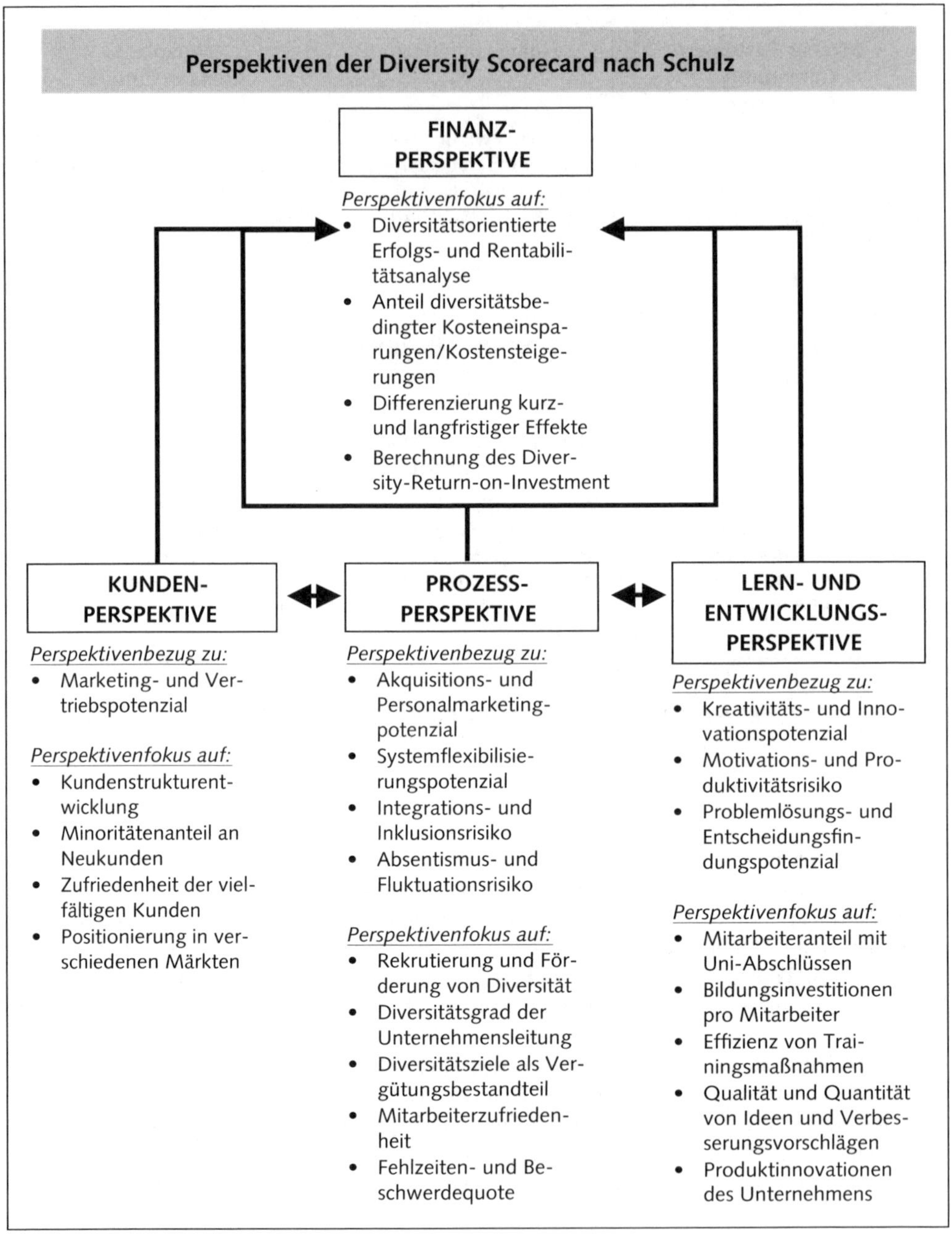

Abb. 3-29: Perspektiven der Diversity Scorecard nach Schulz
Quelle: In enger Anlehnung an Schulz, A. (2009), S. 224.

Im Rahmen der *Workplace-Profile Perspektive* wird die Belegschaft des Unternehmens nach relevanten Diversity-Dimensionen analysiert, so dass die organisationale Effizienz bei Veränderungen des Arbeitskräftepotenzials und des damit einhergehenden veränderten Einflusses der Vielfalt auf das Unternehmen erkannt werden kann. Als Kennzahlen werden Verhältniszahlen, z. B. der Frauenanteil, Fehlzeitenquoten, Altersgruppen und Nationalitäten, erhoben.[133]

Die *Diversity-Leadership Commitment Perspektive* betrachtet den Grad der Unterstützung und Förderung des Diversity Managements durch die Führungskräfte und das Topanagement. Analysiert wird inwieweit sich Führungskräfte und Management für Diversity-Maßnahmen einsetzen. Zur Operationalisierung von Kennzahlen für diese Perspektive werden bspw. der Beteiligungsgrad der Führungskräfte an der Diversity-Strategie, die Heterogenität des Vorstandes sowie die Vielfalt der Vergütung herangezogen.[134]

Die *Learning-and-Growth-Perspektive* beinhaltet die Analyse der organisatorischen Maßnahmen zur Erhaltung und Förderung des Humanvermögens. Beispiele für Kennzahlen für die Lern- und Entwicklungsperspektive sind die Teilnahmequote an Weiterbildung, der Anteil bestimmter Bildungsabschlüsse und die Anzahl von Verbesserungsvorschlägen aus der Belegschaft.[135]

Schulz orientiert sich bei der Konzeption einer Diversity Scorecard an den klassischen vier Perspektiven von Kaplan und Norton, wobei er ebenfalls die Bedeutung der Finanzperspektive hervorhebt.[136] Abbildung 3-29 zeigt die von Schulz vorgeschlagene Diversity Scorecard. Neben der exponierten Stellung der Finanzperspektive betont er das Erfordernis einer unternehmensspezifischen Gestaltung der Diversity Scorecard.

Die Diversity Scorecard muss für jede Organisation erarbeitet werden. Die Erarbeitung erfolgt in drei Phasen (Abbildung 3-30).[137]

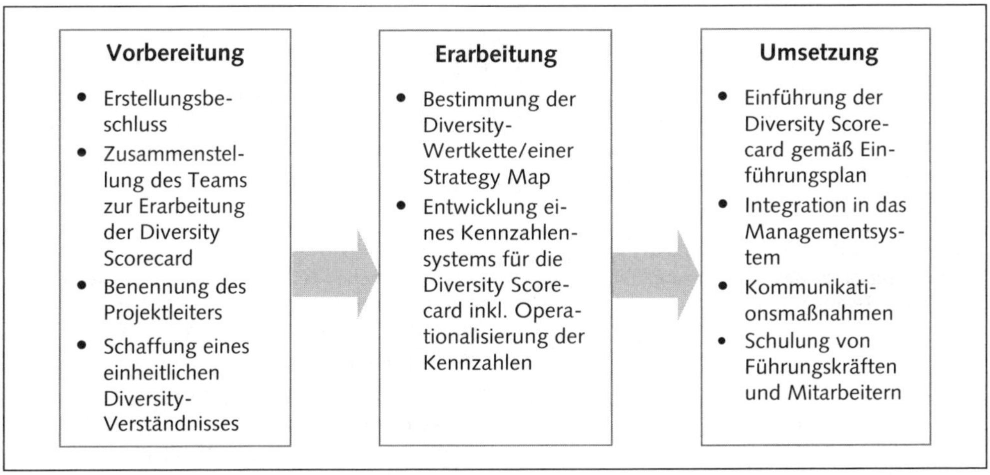

Abb. 3-30: Idealtypischer Prozess zur Erstellung einer Diversity Scorecard
Quelle: In Anlehnung an Rieger, C. (2006), S. 265.

133 Vgl. Hubbard, E. E. (2004), S. 170 ff. sowie Rieger, C. (2006), S. 262 f.
134 Vgl. Hubbard, E. E. (2004), S. 147 ff. sowie Rieger, C. (2006), S. 262.
135 Vgl. Hubbard, E. E. (2004), S. 222 ff. sowie Rieger, C. (2006), S. 263 und Herrmann-Pillath, C. (2009), S. 166.
136 Vgl. Schulz, A. (2009), S. 221.
137 Vgl. hierzu und zum Folgenden Rieger, C. (2006), S. 264 ff.

Nachdem die Entscheidung für die Erstellung einer Diversity Scorecard gefallen ist, werden in der *Vorbereitungsphase* das Projektteam und der Projektleiter benannt. Das Projektteam ist interdisziplinär und interhierarchisch so zusammenzustellen, dass der Perspektivenvielfalt der Diversity Scorecard Rechnung getragen wird. Daher sind bspw. Experten aus den Bereichen Personalmanagement, Marketing und Vertrieb, Forschung- und Entwicklung oder Controlling sowie Vertreter aus dem Topmanagement zur Demonstration von Commitment und als Multiplikator in das Projektteam zu berufen. Der Projektleiter sollte nicht nur über umfassende Erfahrungen im Management komplexer Projekte und Veränderungsprozesse verfügen, sondern auch mit Konzepten und Modellen des Diversity Managements vertraut sein. Daher kommen bspw. Diversity Manager oder HR-Experten mit Spezialisierung auf Diversity Management als Projektleiter in Betracht. Wesentliche Aufgabe in der Vorbereitungsphase ist die Schaffung eines gemeinsamen Diversity-Verständnisses, dass bei bereits bestehendem Diversity Management auf der Diversity-Strategie fußt bzw. bei der Neueinführung von Diversity Management und einer Diversity Scorecard aus der Unternehmensstrategie, aus Vision- und Mission-Statement abgeleitet wird. Hierbei können auch Ergebnisse von Mitarbeiterbefragungen zur Diversity-Wahrnehmung oder Erkenntnisse aus Klimaanalysen einbezogen werden. Wichtig ist, dass das dem Erarbeitungsprozess der Diversity Scorecard zugrundegelegte Verständnis von Vielfalt den Einstellungen und Meinungen der Belegschaft und der gelebten Unternehmenskultur entspricht.

Im Rahmen der *Erarbeitungsphase* kann eine Diversity-Wertkette erstellt werden, welche die Wirkungen von Maßnahmen des Diversity Managements auf die Leistungen des Unternehmens darstellt.[138] Damit sind auch die Ergebnisse des Diversity Managements als quantifizierbarer Mehrwert bzw. als Kosteneinsparung zu bestimmen. (vgl. Abbildung 3-36).

Diversity-Aktivität/ Prozess	Ergebnis	Wirkung	Wertzuwachs/ Kosteneinsparung
Ausweitung der Vielfalt der Rekrutierungskanäle	• Verkürzung von Besetzungszeiten • Geringere Agenturkosten	• Schnellere Besetzung von freien Stellen • Geringere Rekrutierungskosten	• Verringerte Betriebsausgaben
Verbesserung des Problemlösungsprozesses vielfältiger Teams	• Kürzere Problemlösungszeiten	• Zunahme der von unterschiedlichen Mitarbeitern in Befragungen genannten Gründe für eine langjährige Betriebszugehörigkeit	• Einsparung von Retention-Kosten verglichen mit dem gleitenden Durchschnitt der Vorjahre
Implementierung einer Nachfolgeplanung für vielfältige und heterogene Belegschaften	• Weniger kurzfristige Einstellungen von Minoritäten	• Geringere Rekrutierungskosten	• Verringerte Betriebsausgaben

Abb. 3-31: Typische Elemente einer Diversity-Wertkette
Quelle: In enger Anlehnung an Hubbard, E.E. (2004), S. 301.

138 Vgl. hierzu und zum Folgenden Rieger, C. (2006), S. 266ff. sowie Hubbard, E.E. (2004), S. 300ff.

In Anlehnung an die Wertkette von Porter werden, je nachdem welchen Wert die Vielfalt der Belegschaft dem Unternehmen liefert, alle Glieder der Kette untersucht. Die untereinander verwobenen Wertschöpfungsprozesse des Unternehmens können über Ursache-Wirkungs-Beziehungen in einer Strategy Map dargestellt werden. Diese verdeutlicht, wie Wertschöpfung entsteht und stellt, wenn auf das Diversity Management adaptiert, eine wichtige Ausgangsbasis für die Erarbeitung der Diversity Scorecard dar (vgl. für ein Beispiel Abbildung 3-32).

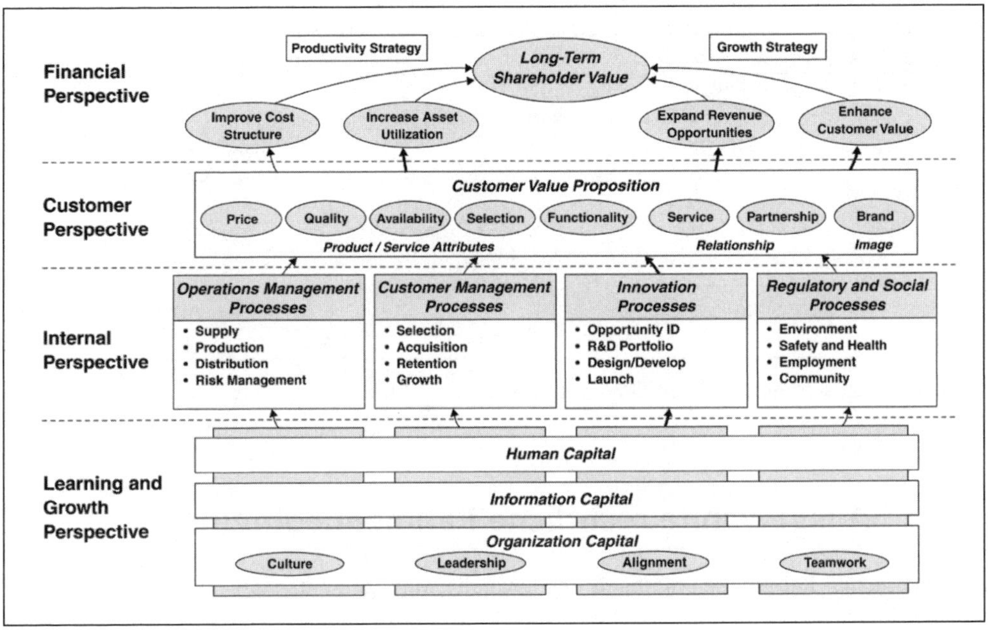

Abb. 3-32: Beispiel für eine Strategy Map
Quelle: Kaplan, R.S./Norton, D.P. (2004), S. 12.

Interviews und Befragungen liefern Informationen zu Kennzahlen, die in die Diversity Scorecard aufgenommen werden sollen. In der Erarbeitungsphase sind zudem die Perspektiven, die in die Diversity Scorecard eingehen sollen, zu bestimmen und über Ziele, Maßnahmen und Kennzahlen zu operationalisieren.

In der *Umsetzungsphase* wird die Diversity Scorecard eingeführt. Mit einem Kommunikationsplan werden Maßnahmen, Medien, Zeitpläne und die dafür anfallenden Kosten unternehmensintern publiziert. Beispielhaft sind Informationsveranstaltungen und Workshops für Mitarbeiter und Führungskräfte und die Veröffentlichung von Beiträgen in der Firmen- und Mitarbeiterzeitung, im Intranet oder der Unternehmenswebsite als Informationsträger zu nennen. Im Rahmen von Weiterbildungsmaßnahmen und Sensitivitätstrainings werden die Mitarbeiter mit der Diversity Scorecard vertraut gemacht. Ein begleitendes Controlling zur Verlaufs- und Umsetzungskontrolle komplettiert die Umsetzungsphase.

Die an der Balanced Scorecard bemängelte Konzentration auf Ergebnisse ist analog auf die Diversity Scorecard zu übertragen.[139] Dargestellt und erhoben wird, was quantifizierbar und

139 Vgl. Wunderer, R./Jaritz, A. (2007), S. 396.

konkret zurechenbar ist. Indirekte Wirkungen und langfristige Wirkungen werden meist nicht erhoben. Die Vorteile der Umsetzung einer Diversity Scorecard liegen in der klaren Kommunikation der Diversity Strategie nach innen. Durch die Integration der Diversity Scorecard in das Personal- und Unternehmenscontrolling ist die Anschlussfähigkeit an das unternehmerische Managementsystem sichergestellt. Allerdings erhöht sich mit jeder Integration die Komplexität des Berichtswesens. Letztlich werden mittels der Diversity Scorecard die Erfolgsindikatoren des Diversity Managements übersichtlich und strukturiert dargestellt, so dass die effiziente Gestaltung und Steuerung des Diversity Managements verbessert möglich wird.

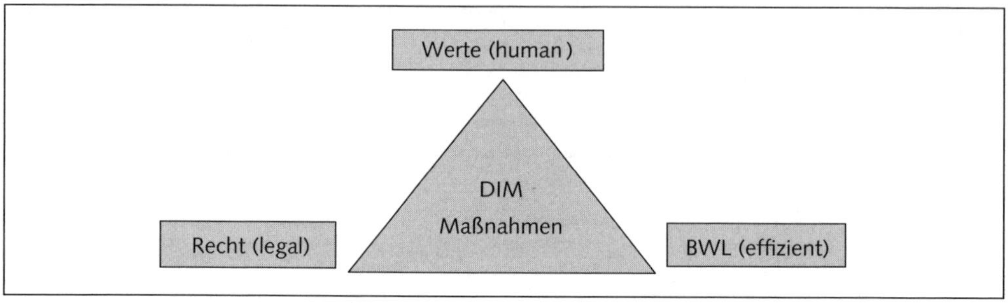

Abb. 3-33: Zusammenspiel von DIM mit Werten, Recht und BWL

3.2 Ausgewählte rechtliche Rahmenbedingungen

Die rechtlichen Rahmenbedingungen des Diversity Managements sind im Katalog der allgemeinen Menschenrechte der Vereinten Nationen, dem europäischen Recht, dem nationalen deutschen Recht, den Ländergesetzen und den rechtlichen Grundlagen des individuellen und kollektiven Arbeitsrechts verankert.

3.2.1 Allgemeiner Katalog der Menschenrechte

Es ist sicherlich kein Zufall, dass sich die Weltgemeinschaft nach den Erlebnissen von zwei Weltkriegen mit Massenvernichtung, Verletzung elementarer Menschenrechte und der millionenfachen Missachtung der Würde des Menschen, in einer Resolution der Generalversammlung der Vereinten Nationen am 10. Dezember 1948 auf einen allgemeinen Katalog der Menschenrechte verständigt hat. Die 30 Artikel schreiben nicht eine Auswahl, sondern die *Menschenrechte* fest, auf deren Einhaltung sich alle Staaten verpflichten. Die allgemeinen Menschenrechte sind in Abbildung 3-34 wiedergegeben.

Artikel 1

Resolution 217 A (III) der Generalversammlung vom 10. Dezember 1948

Allgemeine Erklärung der Menschenrechte

Alle Menschen sind frei und gleich an Würde und Rechten geboren. Sie sind mit Vernunft und Gewissen begabt und sollen einander im Geiste der Brüderlichkeit begegnen.

Artikel 2

Jeder hat Anspruch auf alle in dieser Erklärung verkündeten Rechte und Freiheiten, ohne irgendeinen Unterschied, etwa nach Rasse, Hautfarbe, Geschlecht, Sprache, Religion, politischer oder sonstiger Anschauung, nationaler oder sozialer Herkunft, Vermögen, Geburt oder sonstigem Stand.

Des weiteren darf kein Unterschied gemacht werden auf Grund der politischen, rechtlichen oder internationalen Stellung des Landes oder Gebietes, dem eine Person angehört, gleichgültig ob dieses unabhängig ist, unter Treuhandschaft steht, keine Selbstregierung besitzt oder sonst in seiner Souveränität eingeschränkt ist.

Artikel 3

Jeder hat das Recht auf Leben, Freiheit und Sicherheit der Person.

Artikel 4

Niemand darf in Sklaverei oder Leibeigenschaft gehalten werden; Sklaverei und Sklavenhandel in allen ihren Formen sind verboten.

Artikel 5

Niemand darf der Folter oder grausamer, unmenschlicher oder erniedrigender Behandlung oder Strafe unterworfen werden.

Artikel 6

Jeder hat das Recht, überall als rechtsfähig anerkannt zu werden.

Artikel 7

Alle Menschen sind vor dem Gesetz gleich und haben ohne Unterschied Anspruch auf gleichen Schutz durch das Gesetz. Alle haben Anspruch auf gleichen Schutz gegen jede Diskriminierung, die gegen diese Erklärung verstößt, und gegen jede Aufhetzung zu einer derartigen Diskriminierung.

Artikel 8

Jeder hat Anspruch auf einen wirksamen Rechtsbehelf bei den zuständigen innerstaatlichen Gerichten gegen Handlungen, durch die seine ihm nach der Verfassung oder nach dem Gesetz zustehenden Grundrechte verletzt werden.

Artikel 9

Niemand darf willkürlich festgenommen, in Haft gehalten oder des Landes verwiesen werden.

Artikel 10

Jeder hat bei der Feststellung seiner Rechte und Pflichten sowie bei einer gegen ihn erhobenen strafrechtlichen Beschuldigung in voller Gleichheit Anspruch auf ein gerechtes und öffentliches Verfahren vor einem unabhängigen und unparteiischen Gericht.

Artikel 11

1. Jeder, der einer strafbaren Handlung beschuldigt wird, hat das Recht, als unschuldig zu gelten, solange seine Schuld nicht in einem öffentlichen Verfahren, in dem er alle für seine Verteidigung notwendigen Garantien gehabt hat, gemäß dem Gesetz nachgewiesen ist.

2. Niemand darf wegen einer Handlung oder Unterlassung verurteilt werden, die zur Zeit ihrer Begehung nach innerstaatlichem oder internationalem Recht nicht strafbar war. Ebenso darf keine schwerere Strafe als die zum Zeitpunkt der Begehung der strafbaren Handlung angedrohte Strafe verhängt werden.

Artikel 12

Niemand darf willkürlichen Eingriffen in sein Privatleben, seine Familie, seine Wohnung und seinen Schriftverkehr oder Beeinträchtigungen seiner Ehre und seines Rufes ausgesetzt werden. Jeder hat Anspruch auf rechtlichen Schutz gegen solche Eingriffe oder Beeinträchtigungen.

Artikel 13

1. Jeder hat das Recht, sich innerhalb eines Staates frei zu bewegen und seinen Aufenthaltsort frei zu wählen.

2. Jeder hat das Recht, jedes Land, einschließlich seines eigenen, zu verlassen und in sein Land zurückzukehren.

Artikel 14

1. Jeder hat das Recht, in anderen Ländern vor Verfolgung Asyl zu suchen und zu genießen.

2. Dieses Recht kann nicht in Anspruch genommen werden im Falle einer Strafverfolgung, die tatsächlich auf Grund von Verbrechen nichtpolitischer Art oder auf Grund von Handlungen erfolgt, die gegen die Ziele und Grundsätze der Vereinten Nationen verstoßen.

Artikel 15

1. Jeder hat das Recht auf eine Staatsangehörigkeit.

2. Niemandem darf seine Staatsangehörigkeit willkürlich entzogen noch das Recht versagt werden, seine Staatsangehörigkeit zu wechseln.

Artikel 16

1. Heiratsfähige Männer und Frauen haben ohne jede Beschränkung auf Grund der Rasse, der Staatsangehörigkeit oder der Religion das Recht, zu heiraten und eine Familie zu gründen. Sie haben bei der Eheschließung, während der Ehe und bei deren Auflösung gleiche Rechte.

2. Eine Ehe darf nur bei freier und uneingeschränkter Willenseinigung der künftigen Ehegatten geschlossen werden.

3. Die Familie ist die natürliche Grundeinheit der Gesellschaft und hat Anspruch auf Schutz durch Gesellschaft und Staat.

Artikel 17

1. Jeder hat das Recht, sowohl allein als auch in Gemeinschaft mit anderen Eigentum innezuhaben.

2. Niemand darf willkürlich seines Eigentums beraubt werden.

Artikel 18

Jeder hat das Recht auf Gedanken-, Gewissens- und Religionsfreiheit; dieses Recht schließt die Freiheit ein, seine Religion oder seine Weltanschauung zu wechseln, sowie die Freiheit, seine Religion oder seine Weltanschauung allein oder in Gemeinschaft mit anderen, öffentlich oder privat durch Lehre, Ausübung, Gottesdienst und Kulthandlungen zu bekennen.

Artikel 19

Jeder hat das Recht auf Meinungsfreiheit und freie Meinungsäußerung; dieses Recht schließt die Freiheit ein, Meinungen ungehindert anzuhängen sowie über Medien jeder Art und ohne Rücksicht auf Grenzen Informationen und Gedankengut zu suchen, zu empfangen und zu verbreiten.

Artikel 20

1. Alle Menschen haben das Recht, sich friedlich zu versammeln und zu Vereinigungen zusammenzuschließen.

2. Niemand darf gezwungen werden, einer Vereinigung anzugehören.

Artikel 21

1. Jeder hat das Recht, an der Gestaltung der öffentlichen Angelegenheiten seines Landes unmittelbar oder durch frei gewählte Vertreter mitzuwirken.

2. Jeder hat das Recht auf gleichen Zugang zu öffentlichen Ämtern in seinem Lande.

3. Der Wille des Volkes bildet die Grundlage für die Autorität der öffentlichen Gewalt; dieser Wille muss durch regelmäßige, unverfälschte, allgemeine und gleiche Wahlen mit geheimer Stimmabgabe oder einem gleichwertigen freien Wahlverfahren zum Ausdruck kommen.

Artikel 22

Jeder hat als Mitglied der Gesellschaft das Recht auf soziale Sicherheit und Anspruch darauf, durch innerstaatliche Maßnahmen und internationale Zusammenarbeit sowie unter Berücksichtigung der Organisation und der Mittel jedes Staates in den Genuss der wirtschaftlichen, sozialen und kulturellen Rechte zu gelangen, die für seine Würde und die freie Entwicklung seiner Persönlichkeit unentbehrlich sind.

Artikel 23

1. Jeder hat das Recht auf Arbeit, auf freie Berufswahl, auf gerechte und befriedigende Arbeitsbedingungen sowie auf Schutz vor Arbeitslosigkeit.

2. Jeder, ohne Unterschied, hat das Recht auf gleichen Lohn für gleiche Arbeit.

3. Jeder, der arbeitet, hat das Recht auf gerechte und befriedigende Entlohnung, die ihm und seiner Familie eine der menschlichen Würde entsprechende Existenz sichert, gegebenenfalls ergänzt durch andere soziale Schutzmaßnahmen.

4. Jeder hat das Recht, zum Schutze seiner Interessen Gewerkschaften zu bilden und solchen beizutreten.

Artikel 24

Jeder hat das Recht auf Erholung und Freizeit und insbesondere auf eine vernünftige Begrenzung der Arbeitszeit und regelmäßigen bezahlten Urlaub.

Artikel 25

1. Jeder hat das Recht auf einen Lebensstandard, der seine und seiner Familie Gesundheit und Wohl gewährleistet, einschließlich Nahrung, Kleidung, Wohnung, ärztliche Versorgung und notwendige soziale Leistungen, sowie das Recht auf Sicherheit im Falle von Arbeitslosigkeit, Krankheit, Invalidität oder Verwitwung, im Alter sowie bei anderweitigem Verlust seiner Unterhaltsmittel durch unverschuldete Umstände.

2. Mütter und Kinder haben Anspruch auf besondere Fürsorge und Unterstützung. Alle Kinder, eheliche wie außereheliche, genießen den gleichen sozialen Schutz.

Artikel 26

1. Jeder hat das Recht auf Bildung. Die Bildung ist unentgeltlich, zum mindesten der Grundschulunterricht und die grundlegende Bildung. Der Grundschulunterricht ist obligatorisch. Fach- und Berufsschulunterricht müssen allgemein verfügbar gemacht werden, und der Hochschulunterricht muss allen gleichermaßen entsprechend ihren Fähigkeiten offenstehen.

2. Die Bildung muss auf die volle Entfaltung der menschlichen Persönlichkeit und auf die Stärkung der Achtung vor den Menschenrechten und Grundfreiheiten gerichtet sein. Sie muss zu Verständnis, Toleranz und Freundschaft zwischen allen Nationen und allen rassischen oder religiösen Gruppen beitragen und der Tätigkeit der Vereinten Nationen für die Wahrung des Friedens förderlich sein.

3. Die Eltern haben ein vorrangiges Recht, die Art der Bildung zu wählen, die ihren Kindern zuteilwerden soll.

Artikel 27

1. Jeder hat das Recht, am kulturellen Leben der Gemeinschaft frei teilzunehmen, sich an den Künsten zu erfreuen und am wissenschaftlichen Fortschritt und dessen Errungenschaften teilzuhaben.

2. Jeder hat das Recht auf Schutz der geistigen und materiellen Interessen, die ihm als Urheber von Werken der Wissenschaft, Literatur oder Kunst erwachsen.

Artikel 28

Jeder hat Anspruch auf eine soziale und internationale Ordnung, in der die in dieser Erklärung verkündeten Rechte und Freiheiten voll verwirklicht werden können.

Artikel 29

1. Jeder hat Pflichten gegenüber der Gemeinschaft, in der allein die freie und volle Entfaltung seiner Persönlichkeit möglich ist.

2. Jeder ist bei der Ausübung seiner Rechte und Freiheiten nur den Beschränkungen unterworfen, die das Gesetz ausschließlich zu dem Zweck vorsieht, die Anerkennung und Achtung der Rechte und Freiheiten anderer zu sichern und den gerechten Anforderungen der Moral, der öffentlichen Ordnung und des allgemeinen Wohles in einer demokratischen Gesellschaft zu genügen.

3. Diese Rechte und Freiheiten dürfen in keinem Fall im Widerspruch zu den Zielen und Grundsätzen der Vereinten Nationen ausgeübt werden.

Artikel 30

Keine Bestimmung dieser Erklärung darf dahin ausgelegt werden, dass sie für einen Staat, eine Gruppe oder eine Person irgendein Recht begründet, eine Tätigkeit auszuüben oder eine Handlung zu begehen, welche die Beseitigung der in dieser Erklärung verkündeten Rechte und Freiheiten zum Ziel hat.

Abb. 3-34: Allgemeine Erklärung der Menschenrechte
Quelle: Homepage United Nation Human Rights

Dieser Katalog der Allgemeinen Menschenrechte ist das Fundament aller nachgelagerten Bemühungen, Vielfalt zu gewähren, Individualität zu zelebrieren, persönliche Strebensziele zu verfolgen und beruflichen Erfolg auf der Grundlage von Bildung und freier Berufswahl zu ermöglichen. Der Katalog der Menschenrechte spiegelt die Rechte des Einzelnen stets an den Rechten anderer. Vielfalt darf nicht zu Lasten anderer brutal durchgesetzt werden. Der Kanon der Allgemeinen Menschenrechte ist als kodifiziertes Recht Grundlage und Messlatte der Verwirklichung von Vielfalt. Das formale Recht muss über die Enkulturations- und Sozialisationsinstitutionen jedem Bürger vermittelt werden. Menschenrechte müssen vermittelt und gelebt werden.

3.2.2 EU-Antidiskriminierungsgesetz

Die Europäische Union hat im Jahre 1992 mit dem Vertrag von Maastricht die Achtung der Grundrechte ausdrücklich in Artikel 6 des EU-Vertrages garantiert. Im Jahre 1993 legte die EU mit den »Kopenhagener Kriterien« die Erfüllung demokratischer, rechtsstaatlicher, menschenrechtlicher und minderheitenschutzrechtlicher Standards als Beitrittsvoraussetzungen für EU-Kandidatenstaaten fest. Mit dem Vertrag von Amsterdam aus dem Jahre 1997 wurden in Artikel 6 des EU-Vertrages die Grundwerte »Freiheit, Demokratie, Menschenrechte und Rechtsstaatlichkeit« verankert. Zugleich wurde in Artikel 7 ein Überwachungs- und Sanktionsverfahren vorgesehen, wenn ein Staat sich schwerwiegender und anhaltender Verletzungen dieser Grundwerte schuldig macht. Die EU hat das Verbot der Diskriminierung zum allgemeinen Grundsatz ihrer Arbeitsweise erhoben. Artikel 18 AEUV bestimmt: »Unbeschadet besonderer Bestimmungen ist … jede Diskriminierung aus Gründen der Staatsangehörigkeit verboten«[140] Das Diskriminierungsverbot der EU ist Maßstab für die nationalen Antidiskriminierungsgesetze. Es untersagt die Diskriminierung wegen bestimmter Merkmale. Geschlecht, Rasse, Hautfarbe, Sprache, Religion, politischer oder sonstiger Weltanschauung, nationaler oder sozialer Herkunft sowie Zugehörigkeit zu einer Minderheit, dürfen nicht Grund für eine ungleiche Behandlung sein. Das europäische Antidiskriminierungsrecht ist im Jahre 2006 mit dem Allgemeinen Gleichbehandlungsgesetz in das deutsche Recht übernommen worden. Einen guten Überblick über die internationale Entwicklungsgeschichte der Menschenrechte in ausgewählten Staaten liefert Michàlle E. Mor Barack.[141]

3.2.3 Das Allgemeine Gleichbehandlungsgesetz (AGG)[142]

3.2.3.1 Abschnitt 1: Allgemeiner Teil

§ 1 Ziel des Gesetzes

Nach dem Gesetzestext ist es das erklärte Ziel des AGG, »Benachteiligungen aus Gründen der *Rasse* oder wegen der *ethischen Herkunft*, des *Geschlechts*, der *Religion* oder *Weltanschauung*, einer *Behinderung*, des *Alters* oder *sexuellen Identität* zu verhindern oder zu beseitigen«.[143]

140 Europäische Union (2009).
141 Vgl. Mor Barak, M. E. (2005), p. 17–52.
142 Das Allgemeine Gleichbehandlungsgesetz (AGG) ist ein deutsches Bundesgesetz und seit dem 14.08.2006 in Kraft.
143 Bundesgesetzblatt 2006, Nr. 39, S. 1897.

Im Bürgerlichen Gesetzbuch (BGB) gibt es bereits seit 1980 einen arbeitsrechtlichen Schutz vor Diskriminierung aufgrund des Geschlechts. 1994 kam mit dem Beschäftigtenschutzgesetz ein Schutz vor sexueller Belästigung hinzu. Mit der Aufnahme des Schutzes und der Förderung Schwerbehinderter in den IX. Teil des Sozialgesetzbuchs wurde auch hier bereits vor 2006 ein arbeitsrechtlicher Diskriminierungsschutz geschaffen. Diskriminierung war in Deutschland also auch schon vor der Einführung des AGG gesetzlich verboten. Der bestehende Schutz wurde nun im AGG zusammengeführt und durch die Aufnahme neuer Diskriminierungsmerkmale ausgeweitet und konkretisiert. So werden beispielsweise bestimmte Handlungspflichten des Arbeitgebers und Ansprüche der Diskriminierten auf Schadensersatz bzw. Entschädigung aufgeführt.

§ 2 Anwendungsbereiche

Nach § 2 AGG sind Benachteiligungen unzulässig

- beim Zugang zu selbstständiger und unselbstständiger Erwerbstätigkeit,
- bei Beschäftigungs- und Arbeitsbedingungen, Entgelt und Entlassungsbedingungen sowie
- beim Zugang zu Berufsberatung, Berufsbildung, Berufsausbildung, Weiterbildung, Umschulung und praktischer Berufserfahrung.

Die weiteren Ziffern des § 2 AGG behandeln die zivilrechtlichen Bereiche der Bildung, der sozialen Vergünstigungen und des Zugangs zu öffentlich verfügbaren Gütern.

§ 2 Abs. 4 schließt den allgemeinen und besonderen Kündigungsschutz aus den Regelungen des AGG aus. Damit ist § 2 bereits in sich widersprüchlich, da in Abs. 1 Nr. 2 Benachteiligungen bei Entlassungsbedingungen als unzulässig erklärt wurden. Das Gesetz lässt für bestimmte Sachverhalte folglich Diskriminierung mit der Begründung zu, dass der persönliche Nachteil der Diskriminierung geringer sei als der Nutzen aus diskriminierungsfreier Behandlung.

Der Anwendungsbereich des Gesetzes erstreckt sich nach § 2 vor allem auf die Bereiche der Berufsausübung, insbesondere die Personalauswahl, die Beschäftigungsbedingungen, den Zugang zu Weiterbildung und die Mitgliedschaft in Beschäftigtenvereinigungen. In all diesen Bereichen ist eine Benachteiligung wegen der in § 1 definierten Gründe unzulässig. Es ist offensichtlich, dass das Benachteiligungsverbot des AGG nahezu alle Aspekte des Berufslebens umfasst. Darin liegt die »allgemeine« Bedeutung für die Ausgestaltung der Arbeitsverhältnisse durch den Arbeitgeber. Ausgenommen vom Geltungsbereich des AGG ist nach § 2 Abs. 4 jedoch die Kündigung durch den Arbeitgeber. Hierfür sind ausschließlich die bisherigen Bestimmungen zum Kündigungsschutz gültig. Damit soll nach dem Willen des Gesetzgebers verdeutlicht werden, dass Rechtsstreitigkeiten bei Kündigungen auch zukünftig vor allem nach dem Kündigungsschutzgesetz zu entscheiden sind. Auch diese politisch motivierte Einschränkung des Gesetzes weist auf den besonderen, nicht allgemeinen Charakter des AGG hin. Die Möglichkeit kollektiver Benachteiligung durch kollektive Absprachen in Tarifverträgen schränkt den allgemeinen Charakter des AGG ebenfalls ein.

§ 3 Begriffsbestimmungen

In § 3 AGG sind die diskriminierenden Tatbestände aufgeführt

- unmittelbare Benachteiligung (§ 3 Abs. 1),
- mittelbare Benachteiligung (§ 3 Abs. 2),
- Belästigung (§ 3 Abs. 3),

- sexuelle Belästigung (§ 3 Abs. 4) und
- Anweisung zur Benachteiligung (§ 3 Abs. 5).

Grundsätzlich sind sowohl unmittelbare als auch mittelbare Benachteiligungen unzulässig. Eine mittelbare Benachteiligung liegt vor, wenn scheinbar neutrale Vorschriften, Kriterien oder Verfahren Personen wegen eines Grundes nach § 1 AGG in besonderer Weise benachteiligen. Es kann auch eine Benachteiligung vorliegen, entstehen oder vermutet werden, wenn die unterschiedliche Behandlung aus Gründen erfolgt, die in untrennbarem Zusammenhang mit einem Merkmal des § 1 AGG steht. So ist zum Beispiel eine Benachteiligung wegen Schwangerschaft untrennbar mit dem Merkmal Geschlecht verbunden. Während die unmittelbaren Benachteiligungen in der betrieblichen Praxis relativ schnell erkannt und abgebaut werden können, gestaltet es sich sehr schwierig, die mittelbaren Benachteiligungen zu identifizieren.

Das AGG zwingt die Handelnden zur Sensibilisierung für erfolgte, beabsichtigte oder mittelbar mögliche Diskriminierung. Formal wäre das AGG überflüssig, wenn jeder in jeder Situation sein Handeln unter die Forderungen des kategorischen Imperativ stellen würde, wie ihn Immanuel Kant formuliert hat: »Handle stets so, dass die Maxime deines Willens jederzeit zugleich als Prinzip einer allgemeinen Gesetzgebung gelten könnte« (§ 7 Grundgesetz der reinen praktischen Vernunft).[144] Weil sich das Leben der Menschen jedoch nicht fehlerfrei in der gedachten objektiven Welt des kategorischen Imperativs, sondern in den Niederungen des fehlerbedrohten und unvollkommenen Daseins abspielt, sind zur Umsetzung des Gesetzes institutionelle Arrangements erforderlich.

§ 4 Unterschiedliche Behandlung wegen mehrerer Gründe

§ 4 AGG regelt die »Unterschiedliche Behandlung wegen mehrerer Gründe«. Danach ist eine ausnahmsweise erlaubte unterschiedliche Behandlung aufgrund mehrerer Gründe nach § 1 AGG nur zulässig, wenn sich die Rechtfertigung auf alle Gründe erstreckt. Die Rechtfertigungsgründe für eine erlaubte unterschiedliche Behandlung sind in den §§ 8, 9, 10 und 20 AGG näher ausgeführt. Hier sind die Voraussetzungen für eine gerechtfertigte unterschiedliche Behandlung wegen beruflicher Anforderungen (§ 8), wegen Religion oder Weltanschauung (§ 9), wegen Alters (§ 10) sowie wegen sachlicher Gründe im Zivilrechtsverkehr (§ 20) festgelegt.

§ 5 Positive Maßnahmen

§ 5 AGG lässt eine unterschiedliche Behandlung im Verständnis einer positiven Auswahl zu, um »bestehende Nachteile wegen eines in § 1 genannten Grundes« zu verhindern oder auszugleichen. Dazu können z. B. gezielte Maßnahmen zur Förderung der beruflichen Chancen von Frauen gehören oder die bevorzugte Einstellung von älteren Arbeitslosen. Auch präventive Maßnahmen sind möglich. Alle derartigen positiven Maßnahmen müssen jedoch objektiv geeignet und angemessen sein. Die Rechtspositionen der negativ Betroffenen sind sorgfältig abzuwägen. § 5 AGG rechtfertigt keinen stets und immer geltenden Vorrang der geförderten Personengruppen.[145]

Raasch und Rastetter (2009) berichten, dass 13 Prozent der 41 von ihnen befragten Unternehmen Veränderungen zugunsten benachteiligter Beschäftigtengruppen eingeführt haben,

144 Vgl. Kant, I. (1787).
145 Vgl. Wüst, H. (2006), S. 73 f.

wie z. B. Kindergartenplätze, Eltern-Kind-Zimmer, eine Erhöhung der Frauenquote oder eine Bevorzugung von Frauen und Behinderten bei gleicher Qualifikation. Dieser positive Befund wird dadurch getrübt, dass 17 Prozent der Unternehmen eine negative Einstellung gegenüber derartigen positiven Maßnahmen äußern. Die Einstellung der meisten Unternehmen spiegelt sich in den Aussagen »Nein da machen wir gar nichts« oder »Da sind wir ganz neutral« wider.[146] Das AGG verlangt zwar keine Einführung positiver Maßnahmen, es verbietet sie allerdings auch nicht. Der Blick in die Praxis zeigt, dass das AGG generell keinen Anreiz darstellt, Fördermaßnahmen über die rechtlichen Verpflichtungen hinaus einzuführen.

3.2.3.2 Abschnitt 2: Schutz der Beschäftigten vor Benachteiligung (§ 6–18 AGG)

§ 6 Persönlicher Anwendungsbereich

Im § 6 werden die Beschäftigtengruppen aufgezählt, die das AGG vor Benachteiligung schützt. Beschäftigte im Sinne des AGG sind:

- Arbeitnehmerinnen und Arbeitnehmer,
- die zu ihrer Berufsbildung Beschäftigten und
- arbeitnehmerähnliche Personen, z. B. Heimarbeiter.

Das Gesetz weitet den Kreis der Schutzbedürftigen auf *Bewerberinnen und Bewerber* aus sowie auf den Personenkreis, deren Arbeitsverhältnis beendet ist. § 6 Abs. 3 AGG schließt in bedingter Form *Selbstständige und Organmitglieder*, insbesondere Geschäftsführer und Vorstände, in die Arbeitnehmerfunktion ein, so dass diese durch das AGG zumindest in Teilbereichen ebenfalls vor Benachteiligung geschützt werden.

Diesen Gruppen der »Schutzbedürftigen« stellt das Gesetz dann in § 6 Abs. 2 AGG die *Arbeitgeber* gegenüber. Arbeitgeber sind danach alle natürlichen und juristischen Personen sowie rechtsfähige Personengesellschaften, die Personen nach § 6 Abs. 1 (Arbeitnehmer) beschäftigen. Unternehmen der Arbeitsüberlassung und Auftraggeber für Heimarbeit erfüllen die Arbeitgeberdefinition ebenfalls.

§ 7 Benachteiligungsverbot

Beschäftigte (nach § 6 AGG) dürfen in Bezug auf die in § 1 AGG genannten Gründe nicht benachteiligt werden. Der Benachteiligungsgrund, z. B. die Religionszugehörigkeit, muss dabei nicht tatsächlich vorliegen, es reicht, so ergänzt § 7 Abs. 1 2. Halbsatz AGG, wenn der Benachteiligende eine Religionszugehörigkeit »nur annimmt.« Mit dieser »angenommenen« Benachteiligung werden hypothetische Diskriminierungen untersagt. § 7 Abs. 2 AGG verweist auf die Nichtigkeit von Vereinbarungen, die durch eine Benachteiligung zustande gekommen sind. § 7 Abs. 3 AGG weist den Tatbestand der Benachteiligung als Verletzung vertraglicher Pflichten aus. Aus der Verletzung der Pflichten können nach §§ 13–15 AGG Ansprüche geltend gemacht werden.

---

146 Vgl. Raasch, S./Rastetter, D. (2009).

§§ 8–9 Zulässige unterschiedliche Behandlung

Das Gesetz lässt unterschiedliche Behandlungen wegen
- der Art der auszuübenden Tätigkeit (§ 8 AGG),
- der Bedingungen der Ausübung einer Tätigkeit und der damit verbundenen wesentlichen und entscheidenden Anforderungen (§ 8 AGG) sowie
- der Religion oder Weltanschauung (§ 9 AGG) zu.

Eine unterschiedliche Behandlung wegen der beruflichen Tätigkeit ist nach § 8 AGG nur dann erlaubt, wenn die besonderen Anforderungen, die die Tätigkeit verlangt, wesentlich und entscheidend sind. Unterschiedliche Behandlungen wegen der Religion oder Weltanschauung sind ebenfalls ausnahmsweise zulässig. § 9 AGG bestätigt das besondere Interesse von Kirchen und kirchlichen Organisationen, Mitarbeiter bevorzugen zu dürfen, die in besonderem Maße loyal zu den Zielen und Aufgaben des kirchlichen Arbeitgebers stehen. Die Bevorzugung von Bewerbern mit entsprechendem Religionsbekenntnis für den kirchlichen Dienst wird damit vom AGG bestätigt (»Kirchenklausel«). So wird es z. B. keine verbotene Diskriminierung darstellen, wenn ein Moslem nicht als Leiter eines katholischen Kindergartens eingestellt wird. In Privatbetrieben hingegen ist dem Unternehmer nicht gestattet, bei der Auswahl von Stellenbewerbern eine Auswahl aufgrund der eigenen religiösen oder weltanschaulichen Überzeugungen vorzunehmen. Vor diesem Hintergrund ist der Befund von Raasch und Rastetter umso erstaunlicher: Etwa 25 Prozent der 41 Betriebe dulden das Kopftuch als religiöses Zeichen nicht, die Hälfte der Befragten haben keine Probleme mit Kopftuch tragenden Mitarbeitern, das restliche Viertel zeigt eine differenzierte Toleranz. Hier werden Kopftücher nicht generell abgelehnt, sie sind jedoch im direkten Kundenkontakt unerwünscht. Zusammenfassend zeigen die Ergebnisse, dass etwa die Hälfte der Unternehmen Vorbehalte gegenüber dem Kopftuch hat.[147] Es sei an dieser Stelle nochmals darauf hingewiesen, dass jede Ablehnung eines Bewerbers aufgrund eines weltanschaulichen Zeichens ein Verstoß gegen das AGG bedeutet, wenn nicht eine bestimmte Religion eine nach Art der Tätigkeit gerechtfertigte berufliche Anforderung darstellt.[148] Die Ablehnung einer Bewerberin mit Kopftuch aufgrund einer Tätigkeit im Kundenkontakt würde von den Gerichten nicht akzeptiert werden. Bisher gab es hier nur wenige Konfliktfälle. Dies könnte sich jedoch ändern, wenn Hochschulabsolventen mit religiösem Hintergrund auf den Arbeitsmarkt strömen. Unternehmen sollten hier umdenken, nicht nur um Konflikte mit dem Gesetz zu vermeiden, sondern auch, um qualifizierte (und knapper werdende) Fachkräfte aufgrund persönlicher Vorurteile nicht zu verlieren.

§ 10 Zulässige unterschiedliche Behandlung wegen des Alters

Breiten Raum nimmt mit § 10 AGG die zulässige unterschiedliche Behandlung wegen des Alters ein. Es ist zu beachten, dass sich der Begriff Alter auf das Lebensalter bezieht, d. h. er schließt alle Altersgruppen ein. Altersbezogene Benachteiligung ist erlaubt, wenn »sie objektiv und angemessen und durch ein legitimes Ziel gerechtfertigt ist«. Chancen für die Jugend (Ziffer 1), gesetzliche Wartezeiten z. B. bei Beförderungen (Ziffer 2), Festlegung von Mindest- und Höchstaltersgrenzen (Ziffer 3), Vorruhestandsregelungen (Ziffer 4 und 5), altersbedingte Sozialauswahl (Ziffer 6), Kündigungsschutz für bestimmte Altersgruppen (Ziffer 7) sowie

147 Vgl. Raasch, S./Rastetter, D. (2009), S. 22–23.
148 Vgl. Horstmeier, G./Trost, A. (2006).

Sozialplangestaltung mit Altersbegrenzung (Ziffer 8) sind im § 10 AGG als mögliche legitime Gründe für eine unterschiedliche Behandlung aufgrund des Alters genannt.

Das AGG schützt in der allgemeinen Formulierung grundsätzlich alle Altersstufen. § 10 AGG hebt besondere Regelungen für junge und ältere Menschen hervor. Diese beiden Gruppen sollen entweder bevorzugt oder benachteiligt werden können, wenn besondere Bedingungen vorliegen (z. B. Absprachen der Sozialpartner bei Sozialplänen) oder wenn besondere Ziele eine Bevorzugung einer Gruppe und damit eine Benachteiligung der anderen Gruppe sinnvoll erscheinen (z. B. Verringerung von Jugendarbeitslosigkeit durch bevorzugte Einstellung junger Bewerber).

Im Jahr 2011 beschäftigten sich der Gerichtshof der Europäischen Union und die Arbeitsgerichte wieder besonders mit Fragen der Altersdiskriminierung. Im Mittelpunkt stand die diskriminierungsrechtliche Überprüfung von unterschiedlichen Altersgrenzen. Obwohl in den meisten Fällen Ältere vor Gericht ziehen (beispielsweise gegen so genannte Höchstaltersgrenzen für die Einstellung oder den Eintritt in den Ruhestand), gab es durchaus auch Klagen jüngerer Beschäftigter, etwa gegen Lebensaltersstufen bei der Vergütung oder dem Anspruch auf Urlaub, die diese schlechter stellen.[149] Altersdiskriminierung wird die Gerichte auch in Zukunft beschäftigen, weil das deutsche Arbeits-, und auch Dienstrecht eine Vielzahl von Altersgrenzen beinhaltet. Das Verbot der Altersdiskriminierung stellt die Frage auf, ob solche Grenzen weiter zu rechtfertigen sind. Das LAG Düsseldorf hat am 18. Januar 2011 entschieden, dass ein im Tarifvertrag nach Lebensalter gestaffelter Urlaub eine unmittelbare Diskriminierung jüngerer Arbeitnehmer wegen ihres Alters sein kann. Die Ungleichbehandlung ist nur dann erlaubt, wenn durch sie auf angemessene Weise ein rechtmäßiges Ziel verfolgt wird. Ob das der Fall ist, müssen die Tarifvertragsparteien anhand von Tatsachen sicherstellen. Nicht ausreichend sind bloße Behauptungen oder Vermutungen. Hierzu hat das Bundesarbeitsgericht am 20. März 2012 beispielsweise festgestellt, dass der nach Lebensalter gestaffelte Urlaubsanspruch, wie er im öffentlichen Dienst des Landes Sachsen-Anhalt bisher üblich war, gegen das Diskriminierungsverbot des AGG verstößt und nur durch eine Anpassung »nach oben« korrigiert werden kann. Die notwendige Neuregelung des § 26 TV-L erfolgt voraussichtlich in der Tarifrunde 2013. Vorab hat die Tarifgemeinschaft deutscher Länder beschlossen, für die Jahre 2011 und 2012 altersunabhängig einen Urlaub von jeweils 30 Arbeitstagen zu gewähren.[150]

§ 11 Ausschreibung von Stellen

Der Arbeitgeber wird nach § 11 zu diskriminierungsfreier Ausschreibung von Stellen verpflichtet. Es gehört jedoch nicht erst seit Inkrafttreten des AGG zur ökonomischen und praktischen Vernunft der Arbeitgeber, Ausschreibungen inhaltlich so zu gestalten, dass die passende Bewerberpopulation angesprochen und zur Bewerbung ermuntert wird.

§ 12 Maßnahmen und Pflichten des Arbeitgebers

§ 12 AGG zählt die Maßnahmen und Pflichten des Arbeitgebers zur Vermeidung bzw. Beseitigung von Benachteiligung auf und legt fest, wann die Pflichten erfüllt sind:

§ 12 Abs. 1 AGG: Maßnahmen und vorbeugende Maßnahmen zum Schutz vor Benachteiligungen sind getroffen,

§ 12 Abs. 2 AGG: Informationspflicht über Unzulässigkeit von Benachteiligung und Pflicht zur Schulung der Beschäftigten ist erfüllt,

149 Vgl. Antidiskriminierungsstelle des Bundes (2012).
150 Vgl. Becker, C. (2015).

§ 12 Abs. 3 AGG: Maßnahmen gegen Beschäftigte, wenn diese benachteiligen, sind eingeleitet,

§ 12 Abs. 4 AGG: Maßnahmen gegen Benachteiligung durch Dritte (z. B. durch Lieferant und Kunden) sind ergriffen und umgesetzt.

§ 13 Beschwerderecht

§ 13 AGG legt das Beschwerderecht der Beschäftigten (und der ihnen gleichgestellten Schutzbedürftigen des Gesetzes) fest. »Die Beschäftigten haben das Recht, sich bei den zuständigen Stellen des Betriebes, des Unternehmens oder der Dienststelle zu beschweren, wenn sie sich im Zusammenhang mit ihrem Beschäftigungsverhältnis vom Arbeitgeber, von Vorgesetzten, anderen Beschäftigten oder Dritten wegen eines in § 1 genannten Grundes benachteiligt fühlen. Die Beschwerde ist zu prüfen und das Ergebnis der oder dem Beschwerde führenden Beschäftigten mitzuteilen« (§ 13 AGG Abs. 1).

§ 14 Leistungsverweigerungsrecht

§ 14 AGG räumt denjenigen, die belästigt werden, ein Leistungsverweigerungsrecht ein. Ergreift der Arbeitgeber »keine oder offensichtlich ungeeignete Maßnahmen zur Unterbindung einer Belästigung oder sexuellen Belästigung am Arbeitsplatz, sind die betroffenen Beschäftigten berechtigt, ihre Tätigkeit ohne Verlust des Arbeitsentgeltes einzustellen, soweit dies zu ihrem Schutz erforderlich ist« (§14 AGG). Das schuldrechtliche Zurückbehaltungsrecht nach § 273 BGB wird im AGG hervorgehoben. Hier ist das Gesetz einseitig: Ein Recht auf die Einbehaltung von Entgelt bei festgestellter Diskriminierung der Führungskräfte oder des Unternehmens durch Beschäftigte sieht das Gesetz nicht vor.

§ 15 Entschädigung und Schadensersatz

§ 15 AGG begründet die Verpflichtung des Arbeitgebers, bei Verstößen gegen das Benachteiligungsverbot »den hierdurch entstehenden Schaden zu ersetzen«. § 15 Abs. 2 AGG erinnert in seiner Formulierung an den 1998 abgeschafften § 1300 BGB (Beiwohnen) oder »Kranzgeldparagraph«. Das AGG räumt das Recht auf angemessene Entschädigung des benachteiligten Beschäftigten (und der ihnen gleichgestellten Personen) in Geld ein.

Das AGG äußert sich nicht konkret zur Höhe der Entschädigungszahlungen. Die Entschädigung soll angemessen sein. Die Entschädigung »benachteiligter Bewerber« bei einer Nichteinstellung darf »drei Monatsgehälter nicht übersteigen, wenn der oder die Beschäftigte auch bei benachteiligungsfreier Auswahl nicht eingestellt worden wäre« (§ 15 Abs. 2 Satz 2 AGG). Der Anspruch in dieser Höhe kann nur entstehen und geltend gemacht werden, wenn ein Bewerber auch bei korrekter Auswahl nicht eingestellt worden wäre. Die Begrenzung der Entschädigung auf drei Monatsgehälter besteht damit nicht, wenn der Bewerber bei benachteiligungsfreier Auswahl eingestellt worden wäre. Dies wird jedoch regelmäßig schwer zu beweisen sein. Mit Ausnahme der Voraussetzungen des § 15 Abs. 2 Satz 2 ist die Höhe der Entschädigung für immaterielle Schäden, z. B. durch entstandene seelische Verletzungen, nicht begrenzt.

§ 16 Maßregelungsverbot

In § 16 AGG wird bestimmt, dass der Arbeitgeber die Beschäftigten nicht wegen der Inanspruchnahme ihrer Rechte nach dem AGG benachteiligen darf. Dies gilt auch für Personen, die als Zeugen auftreten oder die sich weigern, die Anweisung zu einer Benachteiligung auszuführen.

§§ 17–18 Vereinigungen

Die §§ 17 und 18 AGG regeln die Rechte und Pflichten der Arbeitgeber- und Arbeitnehmervereinigungen. Grundsätzlich sind diese angehalten, im Rahmen ihrer Möglichkeiten aktiv an der Gleichbehandlung mitzuwirken. In § 17 Absatz 2 wird dem Betriebsrat ein eigenständiges Klagerecht bei groben Verstößen gegen das AGG eingeräumt. Dies gilt jedoch nicht zur Durchsetzung individueller Ansprüche eines Arbeitnehmers.

3.2.3.3 Abschnitt 3: Schutz vor Benachteiligung im Zivilrechtsverkehr (§§ 19–21 AGG)

Hier wird die Unzulässigkeit bzw. Zulässigkeit unterschiedlicher Behandlung vor allem in den Bereichen Vermietung und Versicherung festgelegt. Dies soll hier jedoch nicht weiter thematisiert werden.

3.2.3.4 Abschnitt 4: Rechtschutz

§ 22 Beweislast

Die Beweislast liegt nach § 22 AGG bei der Partei, deren Verhalten eine Benachteiligung gegenüber der anderen Partei vermuten lässt. Dies ist bei Beschäftigungsverhältnissen im Sinne des AGG in der Regel der Arbeitgeber. Ein Bewerber muss z. B. nicht nachweisen, sondern nach § 22 AGG nur glaubhaft machen, dass er benachteiligt wurde. Der Arbeitgeber muss beweisen, dass sein Verhalten in Bezug auf die in § 1 genannten Gründe benachteiligungsfrei war.

Die im AGG gewählte Regelung der Beweislast bedeutet keine generelle Umkehr der Beweislast. Zuerst müssen die Indizien durch die klagende Partei dargelegt und glaubhaft gemacht werden. Die teilweise Umkehr der Beweislast ist aber dennoch nicht frei von Tücken. Arbeitgeber sollten daher darauf achten, dass ihr Verhalten keine Indizien erzeugt, die eine Benachteiligung vermuten bzw. glaubhaft erscheinen lassen. Das Gesetz eröffnet mit der vagen Forderung, der/die Benachteiligte müsse nur glaubhaft machen, dass er oder sie benachteiligt worden sei, rechtlichen Interpretationen großen Raum.

§ 23 Unterstützung durch Antidiskriminierungsverbände

In § 23 wird festgelegt, dass sich Betroffene von entsprechenden Antidiskriminierungsverbänden unterstützen und gerichtlich vertreten lassen können. Damit steht Benachteiligten im Bedarfsfall ein starker Partner zur Verfügung. Bisher wurde die Unterstützung durch solche Antidiskriminierungsverbände jedoch kaum in Anspruch genommen.

3.2.3.5 Abschnitt 5: Antidiskriminierungsstellen

§§ 25–30 Antidiskriminierungsstelle

Es ist auf die Etablierung einer Antidiskriminierungsstelle des Bundes nach § 25 und § 26 AGG und die Auflistung der Aufgaben dieser Stelle in § 27 AGG hinzuweisen. Im Wesentlichen beschränkt sich die Arbeit der Antidiskriminierungsstelle auf Informations- und Aufklärungsarbeit, auf Weiterleitung von Anfragen an andere Stellen und auf das Bemühen um Vermittlung zwischen den Beteiligten. Öffentlichkeitsarbeit, Maßnahmen zur Unterbindung von Benachteiligung (Prävention) und die Übernahme der Leitungsfunktion bei wissenschaftlichen Untersuchungen (§ 27 Abs. 3 AGG) gehören ebenfalls zu den Aufgaben der Antidiskriminierungsstelle. Die Arbeit der Antidiskriminierungsstelle wird nach § 30 AGG durch einen Beirat unterstützt.

3.2.4 Zwischenfazit: Weitreichende Schutzrechte gegen Diskriminierung

Das AGG dient der Umsetzung der europäischen Antidiskriminierungsrichtlinien in deutsches Recht. Das AGG räumt verschiedenen Personengruppen im Falle ihrer Benachteiligung zum Teil weit reichende rechtliche Möglichkeiten ein, sich vor Diskriminierung zu schützen bzw. erfolgte Benachteiligung zu beenden. Arbeitgeber sollten darauf achten, Diskriminierung zu vermeiden und bestehende ungerechtfertigte Benachteiligungen abzubauen.

3.2.5 AGG-Umsetzung in der DIM-Praxis

Mit dem AGG hat der Gesetzgeber die rechtliche Grundlage zum Schutz vor Benachteiligung geschaffen. Da sich ein großer Teil des AGG auf Beschäftigte bezieht, betreffen die Rechtswirkungen vor allem die Arbeitgeber. Arbeitgeber sollten daher die Ausgestaltung des Arbeitsverhältnisses, betriebliche Maßnahmen, Abläufe und vor allem geschäftspolitische Grundsätze auf mögliche Benachteiligungswirkungen überprüfen. Im Folgenden werden verschiedene Instrumente und Maßnahmen erörtert.

3.2.5.1 AGG-konforme Infrastruktur

3.2.5.1.1 Informationspflicht

Der Arbeitgeber ist verpflichtet, die Mitarbeiter über den Inhalt des AGG und die Unzulässigkeit von Benachteiligungen zu unterrichten. Hierfür bieten sich Schulungen und Informationsveranstaltungen an. Die Durchführung von Schulungen können externe Anbieter oder auch die Personalabteilung übernehmen. Daneben können interaktive Lernmedien (z. B. Intranet) oder die Verteilung von Faltblättern eine geeignete Form der Unterrichtung sein.

Raasch und Rastetter berichten, dass die meisten Unternehmen ihrer Informationspflicht nachkommen. Häufig genutzte Informationsmedien sind Rundschreiben, Aushänge, das Intranet oder Betriebsversammlungen. Schulungen werden oft nur für Führungskräfte und Personalverantwortliche durchgeführt. Dies ist insofern kritisch, als dass eine Enthaftung des Unternehmens nur dann eintritt, wenn die Diskriminierenden zuvor geschult worden sind. Da Diskriminierungen in allen Ebenen und Bereichen stattfinden können, ist eine Schulung aller Mitarbeiter anzuraten. Es sei darauf hingewiesen, dass immerhin 13 Prozent der befragten Unternehmen ihre Informationspflicht gänzlich vernachlässigen.[151]

151 Vgl. Raasch, S./Rastetter, D. (2009), S. 13.

3.2.5.1.2 Beschwerdestelle

In jedem Unternehmen muss mindestens eine Stelle benannt werden, an die sich betroffene Arbeitnehmer bei Problemen wenden können. Diese Anlaufstelle muss, wie auch das AGG, kommuniziert werden. Eine klare Vorgabe der Beschwerdewege beugt Konflikteskalationen vor. Zentrale Aufgabe der Beschwerdestelle ist es, die eingehenden Beschwerden auf deren Gehalt zu prüfen und zu bearbeiten. Beschwerdestellen können jedoch nur dann wirksam werden, wenn sie von den Beschäftigten als leicht erreichbar und vertrauenswürdig erlebt werden. Im optimalen Fall werden die Aufgaben der Beschwerdestelle deshalb entweder der/dem Gleichstellungsbeauftragten oder der Stabstelle »Diversity Management« übertragen. Die Praxis zeigt allerdings, dass es insbesondere Mitarbeitern in Kleinbetrieben schwer fallen dürfte, Beschwerden zu äußern. Denn in vielen Kleinbetrieben sind die Beschwerden direkt bei den Personalverantwortlichen oder gar der Geschäftsführung selbst vorzubringen, was den »Fall« sofort offiziell macht. 23 Prozent der von Raasch und Rastetter (2009) befragten Unternehmen geben sogar an, dass sie gänzlich auf eine Beschwerdestelle verzichten. KMU sollten dringend ein Bewusstsein für die Gefahr entwickeln, dass unterdrückte und fehlende Beschwerdemöglichkeiten eskalieren können.

Erfreulicherweise findet sich in den meisten (großen) Unternehmen jedoch eine Beschwerdestelle, wo Mitarbeiter Unterstützung bei Diskriminierungsproblemen erhalten. Die objektive und souveräne Handhabung von Beschwerden sowie das kluge Management von Rückmeldungen und Gesprächen wirken positiv sensibilisierend auf die Leistungspartner im Unternehmen.

3.2.5.1.3 Diskriminierungsfreie Betriebsorganisation

Die Forderung nach einer diskriminierungsfreien Betriebsorganisation und Unternehmungskultur kann als Verbot institutioneller Diskriminierung in Unternehmen und Behörden verstanden werden. Gewohnheiten, Traditionen, Karrierewege, Informationsverhalten und die Gestaltung der Arbeitsorganisation müssen auf diskriminierende Wirkung überprüft werden. In der allgemeinen Betriebsorganisation sind die im AGG genannten Benachteiligungen zu vermeiden. Es sollte ein Klima geschaffen bzw. erhalten werden, das von gegenseitiger Toleranz und Achtung geprägt ist. Der Arbeitgeber ist verpflichtet, Benachteiligungen entgegen zu wirken. Dies kann z. B. bedeuten, dass Vorgesetzte eingreifen, wenn Mitarbeiter Kollegen aus Gründen des § 1 AGG diskriminieren. Zu konkreten institutionellen Diskriminierungen gehören z. B. die Durchführung von Meetings, an denen Teilzeitkräfte nicht teilnehmen können, die Verweigerung von Führung in Teilzeit, aber auch die unterschiedliche Ausstattung von Arbeitsplätzen, ohne dass der Grund dafür in der Aufgabe oder der Bedeutung der Position liegen würde. Informationen müssen alle erreichen, die diese zur Erledigung ihrer Aufgaben und zur Gestaltung ihrer beruflichen Entwicklung benötigen. Der Zugang zur Personalentwicklung muss konkret und diskriminierungsfrei geregelt werden. Es sind Planungs-, Mess- und Bewertungsverfahren zu erarbeiten, die transparent und leistungsfähig die Arbeit der Mitarbeiter messen, bewerten und entlohnen.

Neben der Organisationskultur sollten die betrieblichen Abläufe auf mögliche Benachteiligungen überprüft werden. Auch konkrete Arbeitsbedingungen und Arbeitsaufgaben können Gegenstand unmittelbarer oder mittelbarer Diskriminierung sein. So könnte eine »verdeckte« Benachteiligung dadurch entstehen, dass eine Person eine Aufgabe ohne entsprechende Einweisung oder Schulung übernehmen soll. Auch kann z. B. eine Benachteiligung entstehen, wenn bewusst oder unbewusst Informationen nicht rechtzeitig oder nicht im erforderlichen

Umfang weitergegeben werden. In jedem Fall sollte jedoch von der Leistungsfähigkeit der Alltagsvernunft ausgegangen werden. Es ist nicht zu empfehlen, jeden Prozessschritt »justiziabel« machen zu wollen.

Insgesamt sollten Arbeitgeber alle betrieblichen Regelungen unter dem Gesichtspunkt des Benachteiligungsverbotes des AGG kritisch überprüfen und, wenn erforderlich, Änderungen vornehmen.

Beispiele für Benachteiligungen:
- Starre Arbeitszeitregelungen, für die kein sachlicher Grund besteht, könnten Mitarbeiter mit Kindern benachteiligen. Da die Kinderbetreuung in Deutschland immer noch vor allem von Frauen wahrgenommen wird, könnte hier eine mittelbare Benachteiligung vorliegen.
- Die Benachteiligung von Behinderten könnte sich z. B. ergeben, wenn ein Arbeitgeber bei Neu- oder Umbauten die Belange von Rollstuhlfahrern nicht berücksichtigt. Eine Erhöhung der Kosten ist, je nach Größe und Situation des Unternehmens, kein Argument gegen eine behindertengerechte Ausstattung.[152]

3.2.5.2 Mitwirkung des Betriebs- bzw. Personalrates

Das AGG beinhaltet keine grundsätzlichen Änderungen der Mitbestimmungsrechte des Betriebsrates. Gleichwohl bietet sich die Zusammenarbeit mit dem Betriebsrat zur Erarbeitung AGG-konformer Vereinbarungen an.

Empfehlenswert sind entsprechende Vereinbarungen zum Inhalt von Stellenausschreibungen. Hier können mit dem Betriebsrat mögliche Ausnahmetatbestände nach § 10 AGG geregelt werden. Auch Umfang und Inhalt der Informationen und Schulungen zum AGG sollten mit dem Betriebsrat abgestimmt sein. Zwar ist die Durchführung derartiger Schulungen grundsätzlich mitbestimmungsfrei, eine Mitwirkung des Betriebsrates empfiehlt sich dennoch im Interesse vertrauensvoller Zusammenarbeit. Auch das Beschwerdemanagement kann in Zusammenarbeit mit dem Betriebsrat erfolgen. Es ist jedoch weder aus der Sicht des Betriebsrates noch aus der Sicht des Unternehmens zu empfehlen, die Beschwerdestelle beim Betriebsrat einzurichten. Der Betriebsrat wäre gezwungen, Partei zu ergreifen, ohne in den meisten Fällen schon abschätzen zu können, ob die Benachteiligungsvermutung wirklich substanziell begründet ist. Für das Unternehmen würde die Abgabe der Verantwortung für das AGG an den Betriebsrat bedeuten, dass es seine Handlungsfreiheit verlieren würde.

Dem Betriebsrat steht nach § 17 Abs. 2 ein eigenes Klagerecht gegenüber dem Arbeitgeber zu. Dies gilt jedoch nur bei betriebsratsfähigen Unternehmen und bei groben Verstößen gegen das AGG. In diesen Fällen kann der Betriebsrat bei Gericht beantragen, bestimmte Maßnahmen durchzuführen, zu dulden oder zu unterlassen. Da dies jedoch nur für grobe Verstöße seitens des Arbeitgebers gilt, ist das Klagerecht in der Praxis von geringerer Bedeutung. Zudem kann der Betriebsrat keine individuellen Ansprüche eines Arbeitnehmers geltend machen, was den Anwendungsbereich derartiger Klagen deutlich einschränkt.

---

152 Vgl. Wüst, H. (2006), S. 78.

3.2.5.3 AGG-konforme Maßnahmen

3.2.5.3.1 Personalauswahl

Die Personalauswahl muss diskriminierungsfrei erfolgen. Das heißt, kein Bewerber darf aufgrund der im Gesetz genannten Gründe abgelehnt werden. Die Auswahlkriterien sind stets aus den Tätigkeits- und Anforderungsprofilen abzuleiten und genau zu dokumentieren.

Einstellungsverfahren bieten in der Praxis jedoch immer wieder Diskriminierungspotenziale. Entsprechend gab es im Bereich der Personalauswahl bisher die meisten Diskriminierungsklagen.[153]

Aus diesem Grund haben einige Unternehmen ihre Einstellungspraxis verändert. Insbesondere Stellenausschreibungen wurden kritisch gesichtet und auf Verstöße gegen das AGG überprüft. Häufig wurden Formulierungen wie »jung und dynamisch« entfernt, um Altersdiskriminierung vorzubeugen. Stellenausschreibungen sind neutral zu formulieren. Dies betrifft Kriterien wie Geschlecht und Alter, aber auch Nationalität und Rasse. Kenntnisse der deutschen Sprache dürfen nur verlangt werden, wenn diese eine bedeutsame und wesentliche Anforderung der Tätigkeit darstellen. Ein Foto darf nicht ausdrücklich angefordert werden. Daher greifen Unternehmen gern auf die Formulierung »Bitte senden Sie die üblichen Unterlagen« zurück.[154] Damit vermeidet man das problematische Anfordern eines Fotos, schließt dessen Zusendung aber auch nicht aus. Fragt ein Bewerber oder eine Bewerberin nach, ob ein Foto erforderlich ist, überlässt man ihm die Entscheidung. Damit ist das Unternehmen auf der gesetzlich sicheren Seite. Wenn keine sachlichen Gründe für die Angabe des Alters vorliegen, kann ein Bewerber sein Geburtsdatum weglassen, ohne dass ihm dies nachteilig ausgelegt werden darf. Im Bewerbungsgespräch sollten die Fragen diskriminierungsfrei gestellt werden. Fragen z. B. nach Alter, Gesundheitszustand, Schwangerschaft oder Familienplanung sind nicht zulässig. Allerdings erlaubt das Gesetz, dass ein bestimmtes Lebensalter oder Dienstalter als Einstellungsvoraussetzung genannt werden darf, wenn dies für eine Tätigkeit bedeutsam und wesentlich ist.

Eine diskriminierungsfreie Auswahl setzt leistungsfähige, reliable und valide Auswahlverfahren voraus. Empfehlenswert ist zunächst die Durchführung einer Bedarfsanalyse. Darauf aufbauend sollten Tätigkeitsschwerpunkte und Anforderungsmerkmale festgelegt, job- und aufgabenrelevante Fragen formuliert sowie strukturierte Interviewleitfäden und Übungen generiert werden. Zur Vermeidung von Stereotypenbildung und Beobachtungsfehlern sind die Beobachter zu schulen.

Die Gründe, die zur Ablehnung von Bewerbern führen, sind zu dokumentieren. Das Ablehnungsschreiben sollte neutral formuliert werden. Eine Ablehnung kann nach dem AGG nur aus sachlichen Gründen erfolgen. Keine Benachteiligung liegt vor, wenn Bewerber aufgrund tätigkeitsrelevanter Anforderungen abgelehnt werden. Auch eine Ungleichbehandlung wegen Krankheit kann dann nicht als diskriminierende Behandlung aufgefasst werden, wenn die Tätigkeit die Einstellung des Bewerbers ausschließt, z. B. Mehlallergie bei einem Bäcker. Viele Unternehmen ziehen es heute leider vor, der Ablehnung keine Begründung mehr beizufügen, um den Bewerbern keinen Klagegrund zu liefern. Viele Personalverantwortliche bedauern den Umstand, dass sie den Bewerbern und Bewerberinnen diese Lernmöglichkeit seit dem Inkrafttreten des AGG vorenthalten, sehen sich aber gezwungen, jeden Beweis für Diskriminierung auszuschalten.

---

153 Vgl. Raasch, S./Rastetter, D. (2009), S. 15.
154 Vgl. Raasch, S./Rastetter, D. (2009), S. 16.

Beispiele für Diskriminierung bei der Stellenausschreibung:

- In einer Stellenausschreibung werden fließende Deutschkenntnisse verlangt. Dies ist nur dann gerechtfertigt, wenn die Kenntnisse für die Berufsausübung zwingend erforderlich sind. Bei vielen Tätigkeiten im gewerblichen Bereich wird dies nicht der Fall sein.
- Ein Frauenhaus oder eine ähnliche Einrichtung kann eine Stellenausschreibung z. B. auf eine Sozialarbeiterin begrenzen, da das Geschlecht aus nachvollziehbaren Gründen für die zu betreuenden Frauen von entscheidender Bedeutung ist.
- Die Frage nach der Schwerbehinderung, die heute in Bewerberfragebögen noch häufig gestellt wird, sollte unterbleiben. Schon das Stellen dieser Frage könnte ein Indiz für eine Benachteiligung sein, falls ein schwerbehinderter Bewerber abgelehnt wird.

Raasch und Rastetter (2009) kommen in ihrer Untersuchung insgesamt zu dem Ergebnis, dass im Einstellungsverfahren bislang eher diejenigen Verfahrenselemente geändert wurden, bei denen ein Verstoß gegen das AGG leicht erkennbar ist, z. B. Formulierungen in Stellenausschreibungen. So schützt man sich vor Klagen. Kaum geändert wurden dagegen schwer nachprüfbare Elemente wie z. B. die Inhalte der Einstellungsinterviews oder die Kriterien der Prüfung von Bewerbungsunterlagen. Die Empfehlungen, Stellenbeschreibungen hin zu rein tätigkeitsbasierten Beschreibungen zu verändern, Auswahlkriterien transparent zu machen und alles genau zu dokumentieren, werden von den meisten Unternehmen als zu aufwendig und nicht notwendig erachtet. Vielmehr wird versucht, die bisherige Praxis beizubehalten, ohne mit dem AGG in Konflikt zu geraten.

3.2.5.3.2 Personalmarketing

Auch im Personalmarketing ist auf Diskriminierungsfreiheit zu achten. Es sollten keine Bewerbergruppen besonders intensiv oder besonders wenig angesprochen werden. Andererseits zielt das Personalmarketing auf selektive, adressatengerechte Information und Gestaltung der Personalarbeit. Würde man diese Anstrengungen negativ als Diskriminierung auslegen, dann müsste die gesamte Personalliteratur neu geschrieben und die gesamte Personalpraxis neu gestaltet werden. Setzen Unternehmen das Personalmarketing dagegen als diskriminierungsvermeidendes Diversity Management ein, dann wird das Personalmarketing stark an Bedeutung gewinnen. Arbeitgeber kommen mit einem »entpersonalisierten« Personalmarketing den Forderungen des § 12 AGG in hervorragender Weise nach. Alle Personen werden umfassend über Sachverhalte informiert und jede/r kann entscheiden, ob sie/er sich für eine Stelle geeignet erachtet und sich bewusst (nicht) bewirbt. Personalmarketing nach innen leistet z. B. im Rahmen der Karriere- und Nachfolgeplanung dieselbe hilfreiche Aufklärungsarbeit und fördert die Chancengleichheit im Unternehmen.

Beispiel für Diskriminierung im Personalmarketing:

- In den Selbstdarstellungen der Unternehmen werden häufig nur junge Menschen gezeigt. Dies könnte ein Indiz für mögliche Altersdiskriminierung sein. Potenziell geeignete Bewerber könnten abgeschreckt werden. Im Sinne einer positiven Außendarstellung sollte auf Ausgewogenheit geachtet werden.

3.2.5.3.3 Vielfalt durch Personalentwicklung

Der Zugang zu Personalentwicklungsmaßnahmen muss allen Mitarbeitern grundsätzlich offen sein. »Grundsätzlich« heißt im Verständnis einer strategisch an den Zielen und den Aufgaben des Unternehmens orientierten Personalarbeit, dass jeder die Personalentwicklung wahrnehmen kann, die für die anforderungsgerechte Erledigung seiner gegenwärtigen und zukünftigen Aufgaben erforderlich ist. »Jedem das seine, nicht allen dasselbe«, stellt die Personalentwicklung unter die Forderung einer systematischen Bedarfs- und Personenorientierung. Aus den Tätigkeiten und Anforderungen abgeleitete PE-Maßnahmen sind zu bestimmen und den betroffenen Mitarbeiterinnen und Mitarbeitern bekannt zu geben. Das AGG zielt auf die Beseitigung und Vermeidung von Benachteiligungen bestimmter Personengruppen. Das gilt auch für die Personalentwicklung. An- und Ungelernte, ältere Arbeitnehmer, Teilzeitbeschäftigte und Frauen sind in der Weiterbildung eher unterrepräsentiert. Das Unternehmen muss informieren und für die Teilnahme sensibilisieren. Falls erforderlich, muss der Arbeitgeber bisher unterrepräsentierte Personengruppen mit Sondermaßnahmen gezielt an die Weiterbildung heranführen. Weder Alter, Geschlecht, Bildungsstand oder Einkommensgruppe dürfen als Grund für den Ausschluss aus erforderlicher Personalentwicklung herangezogen werden.

Beispiele für die Benachteiligung bestimmter Personengruppen:

- Eine immer noch weit verbreitete Praxis ist es, älteren Beschäftigten mit Hinblick auf ihre noch verbleibende Arbeitszeit keine Angebote zur beruflichen Weiterbildung zu unterbreiten. Dies ist eine klare Benachteiligung aufgrund des Alters. Die Integration Älterer in Weiterbildungsmaßnahmen ist nicht nur aufgrund des AGG notwendig, sondern auch ökonomisch förderlich. Im Zuge des demografischen Wandels werden ältere Beschäftigte in Zukunft länger im Unternehmen verbleiben (wollen). Weiterhin fördert kontinuierliche Weiterbildung die Flexibilität der Mitarbeitenden auch im höheren Alter.
- Die Teilnahme an PE-Maßnahmen ist Teilzeitkräften aufgrund des Vollzeitcharakters der Maßnahmen häufig nicht oder nur erschwert möglich. Da vor allem Frauen teilzeitbeschäftigt sind, können diese mittelbar benachteiligt werden.[155]

Karriere- und Nachfolgeplanung

Bei Beförderungen darf niemand aus denen in § 1 AGG genannten Gründen benachteiligt werden. Es ist z. B. bekannt, dass der Anteil weiblicher Führungskräfte in vielen Unternehmen sehr gering ist, gerade in höheren Führungspositionen.[156] Über die Gründe dafür soll an dieser Stelle nicht diskutiert werden. Es ist zu erwarten, dass es für Arbeitgeber in Zukunft schwerer sein wird, diese mangelhafte Berücksichtigung von Frauen für Führungspositionen zu begründen. Natürlich gilt dies nicht nur für Frauen, sondern auch für andere benachteiligte Gruppen wie Ausländer und Behinderte. Der Arbeitgeber sollte die Kriterien, die zu einer Auswahlentscheidung bzw. einer Beförderung führen, dokumentieren. Diese Kriterien sollten selbstverständlich rein sach- und arbeitsplatzbezogen sein. Auch für interne Auswahlverfahren gelten die Ausführungen zur Personalauswahl entsprechend. Neben der direkten Benachteiligung im Rahmen von Beförderungen sollte auch immer die Möglichkeit einer mittelbaren Benachteiligung kritisch geprüft werden. So ist auf vielen Arbeitsplätzen auch für Führungskräfte durchaus eine Teilzeitbeschäftigung denkbar, sofern dies vom Unternehmen

155 Vgl. Ebner, H. G. (2004), S. 216 f.
156 Vgl. Domsch, M. E./Lieberum, U. B. (2004), S. 232 f.

getragen und entsprechend organisiert wird. Gleiches gilt beispielsweise für die Gestaltung behindertengerechter Arbeitsplätze.

Zur Karriere- und Nachfolgeplanung gehören auch Tätigkeiten im Ausland oder wechselnde Arbeitsorte im Inland. Studien zeigen, dass Frauen deutlich seltener und kürzer ins Ausland entsandt werden. Dabei scheint aber weniger der tatsächliche Wunsch der Frauen, als vielmehr die von den Entscheidungsträgern angenommenen Berufs- und Karrierewünsche der weiblichen Führungskräfte entscheidungsleitend zu sein.[157] Die Entscheider nehmen vereinfachend und damit diskriminierend an, Frauen wünschten keinen Wechsel ins Ausland und auch keinen Wechsel des Arbeitsortes im Inland, ohne dass die Betroffenen ihre Meinung dazu äußern können. In diesem Fall läge eine mittelbare Benachteiligung von Frauen vor. Das AGG stellt klar, dass es keine einseitige Entscheidung des Unternehmens sein darf, die unterstellt, der Mitarbeiter oder die Mitarbeiterin wolle nicht ins Ausland oder könne aufgrund ihrer/seiner familiären Situation kein Interesse an einer verantwortungsvolleren Tätigkeit haben. Ist lediglich die Passung von Tätigkeits- und Anforderungsprofil einerseits und Qualifikations- und Potenzialprofil andererseits entscheidungsleitend, dann entfallen die Diskriminierungsgründe nach § 1 AGG. Insgesamt ist aber daran zu erinnern, dass Unternehmen auch in ihrem Sinne gut beraten sind, fachlich geeignete Personen sowohl für eine Beförderung als auch für eine Versetzung ins Ausland vorzusehen.

Beurteilungspraxis

Auch die Beurteilung von Mitarbeitern durch den Vorgesetzten muss frei von Benachteiligungen sein. Die Beurteilungskriterien sind festzulegen und bekannt zu geben. Die Messverfahren sind zu wählen und ohne Unterschied der Person anzuwenden. Die Führungskräfte müssen den vorurteilsfreien Umgang mit den Beurteilungsverfahren lernen. Führungskräfte werden in speziellen Seminaren darauf vorbereitet, Fehler in Leistungs- und Verhaltensbeurteilungen zu erkennen und zu vermeiden. Im Rahmen des AGG muss kritisch hinterfragt werden, inwiefern Beurteilungen einzelne Personen oder Mitarbeitergruppen benachteiligen. Es stellen sich Fragen wie: Werden Frauen systematisch schlechter beurteilt als männliche Kollegen? Wie werden Migranten im Vergleich zu deutschen Mitarbeitern beurteilt? Gibt es Unterschiede in der Beurteilung nach Alter? Weiterhin ist zu prüfen, ob Führungskräfte für die Unterschiede verantwortlich zu machen sind, d. h. ob Führungskräfte bestimmte Personen oder Gruppen systematisch besser oder schlechter beurteilen. Benachteiligungen können auch im Beurteilungssystem angelegt sein. Kritisch zu beurteilen sind offene, nicht standardisierte Verfahren wie die freie Eindrucksschilderung. Auch die Beurteilungssprache kann zu Nachteilen führen, wenn z. B. Mitarbeiterinnen oder Mitarbeiter mit Migrationshintergrund die Codes der Beurteilungssprache nicht verstehen. Der Beurteilungsweg und die Beurteilungsergebnisse sollten dokumentiert und sachlich begründet werden. Weil Beurteilungen Grundlage der Entlohnung sind, sollten diese in besonderem Maße diskriminierungskritisch überprüft werden.

Die Benachteiligungsfreiheit gilt selbstverständlich auch für Arbeitszeugnisse. Eine Beurteilungspraxis ist dann AGG-konform, wenn sie »sine ira et studio« an den Leistungs- und Verhaltensstandards der Stelle anknüpft und fragt, was eine Person zu leisten hätte, die eine Tätigkeit anforderungsgerecht erledigen würde. Zeugnisse müssen wahr und wohlwollend sein. Gerade im Wohlwollen können Gefahren mittelbarer Diskriminierung angelegt sein. AGG-konforme Analyse- und Beurteilungsmethoden sind beispielsweise Strukturierte Mitar-

157 Vgl. Domsch, M. E./Lieberum, U. B. (2004), S. 234 ff.

beitergespräche, Zielvereinbarungen, 360-Grad-Beurteilungen und Teambeurteilungen. Standardisierte, für alle Beschäftigten gleichermaßen eingesetzte Beurteilungsverfahren sind weniger AGG-konform, weil sie aufgrund ihrer Undifferenziertheit die Gefahr einer möglichen Benachteiligung in sich bergen. Der Heterogenität der Belegschaft muss die Heterogenität der Beurteilung entsprechen. Das Strukturierte Mitarbeitergespräch (SMG) garantiert die diskriminierungsfreie individuelle Messung, Beurteilung und Steuerung von Leistung und Verhalten besser als eine standardisierte Beurteilung. Eine diskriminierungsfreie Kultur entsteht durch intensive Sensibilisierung für benachteiligungsfreien Umgang miteinander.

Beispiele für Benachteiligungen in der Beurteilungspraxis:
- Ein verbreitetes Phänomen ist es, dass Mitarbeiter höherer Hierarchiestufen systematisch besser beurteilt werden als Mitarbeiter der unteren Hierarchiestufen.[158]
- Die Beurteilungskriterien selbst können für Benachteiligungen verantwortlich sein. So könnten z. B. Mitarbeiter mit Migrationshintergrund im Teamverhalten schlechter eingeschätzt werden, weil sie aufgrund eingeschränkter Sprachkenntnisse weniger kommunizieren. Auch könnten Frauen schlechter beurteilt werden, weil hinter scheinbar objektiven Kriterien implizite Erwartungen, z. B. an Flexibilität oder »männliche« Verhaltensweisen, versteckt sind.[159]

3.2.5.3.4 Vielfalt durch Vergütung

Die wesentlichen Vereinbarungen zur Vergütung werden mit Tarifverträgen geregelt. Eine unterschiedliche Behandlung lässt das AGG ausdrücklich zu, wenn diese in Tarifverträgen vereinbart ist (Vgl. §§ 8, 10 AGG). So sind Lohn- und Gehaltssteigerungen aufgrund des Alters möglich. Die individuelle Lohn- und Gehaltsgestaltung wird mit dem AGG unter das Verbot der Benachteiligung gestellt. Eine besondere Schwierigkeit stellt dabei die Gewährung von Leistungszulagen und anderen leistungsbezogenen Vergütungsbestandteilen dar. Die Leistungskriterien müssen »objektiv« ausgewählt und gewichtet werden, damit Diskriminierung nicht bereits im System angelegt ist. Hängt die Höhe einer Zulage von der Einschätzung durch den Vorgesetzten ab, können Sympathie und Antipathie zu Diskriminierung führen. Kontinuierliche Schulungen der Vorgesetzten reduzieren die Gefahr subjektiver Bevorzugung und Benachteiligung. Eine »freihändige« Gestaltung von Lohn- und Gehaltszulagen ist nicht AGG-konform.

Beispiele für eine benachteiligungsfreie Leistungsvergütung:[160]
- Einheitliches Vergütungskonzept, d. h. gleiche Vergütungsgrundsätze für alle Mitarbeiter ohne Ausschluss bestimmter Mitarbeitergruppen.
- Transparenz des Vergütungssystems.
- Objektive Kriterien und Methoden.
- Kontinuierlicher Einsatz der Analyse- und Bewertungsverfahren.
- Gerechte Bewertungs- und Verteilungsregeln, keine Finanzierung zu Lasten einer bestimmten Gruppe (Quersubvention).
- Beurteilung nach Leistungsbedingungen wie Menge, Güte, Zeit und Kosten zur Erbringung der Leistung.

158 Man spricht hier vom sog. Hierarchieeffekt; vgl. Knebel, H. (1999), S. 68.
159 Vgl. Kühne, D./Oechsler, W. A. (2004), S. 183 ff.
160 Vgl. Tondorf, K./Jochmann-Döll, A. (2005), S. 113 ff.

Im europäischen Vergleich werden insbesondere in Deutschland Frauen immer noch beim Entgelt benachteiligt. Auf die Frage, ob die Unternehmen das AGG zum Anlass genommen haben, ihre Entgeltstrukturen auf Geschlechtsdiskriminierung hin zu überprüfen und anzupassen, verneinten 87 Prozent der Befragten aus 41 Unternehmen jedwede Veränderung.[161] Es bleibt abzuwarten, ob Frauen zukünftig gegen Entgeltbenachteiligungen klagen.

3.2.5.3.5 Diskriminierungsfreie Kündigungen

Grundsätzlich gilt: Nach §2 Abs. 1 Ziffer 2 AGG sind Benachteiligungen bei den Beschäftigungs- und Arbeitsbedingungen einschließlich Arbeitsentgelt und Entlassungsbedingungen, insbesondere in individual- und kollektivrechtlichen Vereinbarungen und Maßnahmen bei der Durchführung und Beendigung eines Beschäftigungsverhältnisses zu verhindern und bestehende Benachteiligung ist zu beseitigen. Das AGG ist auf Kündigungen anzuwenden.[162] Der Arbeitgeber ist gut beraten, auch bei Kündigungen auf Diskriminierungsfreiheit zu achten. Diskriminierende Personalpolitik schadet dem Ruf des Unternehmens. Einvernehmliche Lösungen, z.B. mit älteren Arbeitnehmern, sind der bessere Weg.[163] Die Personalpolitik von Yahoo hat Schlagzeilen gemacht, weil das Unternehmen die Belegschaft in Leistungsgruppen (Leistungsportfolios) einordnet. Das System ist offenbar sehr starr: Die Prozentsätze, nach denen die Mitarbeiter bestimmten Leistungsgruppen zugeordnet werden, sind vorgegeben. Zehn Prozent der Mitarbeiter werden in die Leistungsgruppe »Im hohen Maße überragend« eingruppiert. In Abstufungen geht es weiter nach unten: 10 Prozent müssen in die Gruppe »Versäumt gelegentlich Ziele« und die schlechtesten 5 Prozent in die Gruppe »Versäumt Ziele« eingeteilt werden. Die Gruppe der »Low Performer« wird gekündigt. Die Führungskräfte werden angehalten, gute Leistung und schlechte Leistung klar zu trennen und im »Quarterly Performance Reviews« (QPR) zu begründen. Mitarbeitern, die als »Low Performer« eingestuft werden, droht die Kündigung. Bemängelt wird an dieser »Quotenregelung« die Starrheit des Systems, die Verpflichtung der Führungskräfte, die vorgegebenen Quoten zu erreichen und die negativen Auswirkungen auf die Motivation derjenigen, die abgestuft aus dem Verfahren herauskommen.

Die Kritik mag berechtigt sein, aber es ist im Sinne der Forderung nach Vielfalt geradezu systemkonform, wenn distinkte Gruppen gebildet werden. Nur über Differenzierung entsteht Vielfalt. Wer Vielfalt haben will, muss auch mit den daraus folgenden Unterschieden leben. Ein Hindernis für die Verwirklichung von Vielfalt und die Durchsetzung persönlicher Vorteile aus personaler Vielfalt stellt der »betonharte« Kündigungsschutz in Deutschland dar. Der Kündigungsschutz führt zu der absurden Situation, dass Mitarbeiter aus dem Gefühl der Absicherung den Schluss risikoaversen »Sitzenbleibens« ziehen. Sie verzichten auf attraktive berufliche Wechsel, weil ihnen der Kündigungsschutz eine zu hohe Wechselbarriere darstellt. Diese Praxis führt zu einer tendenziell suboptimalen Allokation des Arbeitskräftepotenzials, weil viele unter ihren persönlichen Möglichkeiten in Tätigkeiten verweilen, die nicht ihrer Grenzproduktivität entsprechen. Vielfalt muss praktiziert werden. Gerade das AGG und die Forderung nach diskriminierungsfreier Behandlung bei Einstelllungen, Einsatz und Entlassungen sollte Ansporn zu karrierefördernden beruflichen Wechseln sein.

161 Vgl. Raasch, S./Rastetter, D. (2009), S. 20.
162 Vgl. Tondorf, K./Jochmann-Döll, A. (2011), S. 8.
163 Vgl. BAG Entscheidung (2008): Die Bildung von Altersgruppen bei der Sozialauswahl stellt laut BAG-Entscheidung vom 6.11.2008 (2 AZR 701/07) keine Diskriminierung gemäß dem AGG dar. Vgl. ebenda, S. 9.

Nachfolgend werden Aspekte diskriminierungsfreier Behandlung von Mitarbeiterinnen und Mitarbeitern nach den Forderungen des AGG aufgelistet.

1. Schulung von Mitarbeitern

Das AGG legt nahe (Sollvorschrift), die Mitarbeiter eines Unternehmens in geeigneter Form zum Zwecke der Verhinderung von Benachteiligungen zu schulen. Mit einer Schulung der Mitarbeiter haben die Unternehmen bereits zu einem Großteil ihre Fürsorgepflicht erfüllt. Andernfalls haften Unternehmen voll für das Verhalten ihrer Mitarbeiter.

2. Einführung eines Beschwerdemanagementsystems

Unternehmen müssen eine Anlaufstelle für mögliche Diskriminierungsopfer bestimmen.

3. Gegen Diskriminierungsfälle vorgehen

Unternehmen sollten alle disziplinarischen Register ziehen, um gegen im Arbeitsalltag auftretende Benachteiligungen so schnell wie möglich vorzugehen.

4. Vertragswerk durchleuchten

5. Personalprozesse diskriminierungsfrei gestalten

Stellenausschreibungen

Stellenausschreibungen sind hinsichtlich möglicher Diskriminierungsfallen zu überprüfen.

- Es ist auf die optische Gestaltung der Anzeige zu achten (sind z. B. nur Frauen abgebildet?)
- Formulierungen sind diskriminierungsfrei zu gestalten (z. B. ist es nicht gestattet »Zuwachs für unser junges dynamisches Team« zu suchen.)
- Es ist anzuraten, kein Lichtbild vom Bewerber anzufordern. Denn auch ein Lichtbild kann für Diskriminierungsvorwürfe herangezogen werden.

Vorstellungsgespräche

- Vorstellungsgespräche sollten nicht unter vier Augen geführt werden, um im Streitfall gegebenenfalls einen Zeugen hinzuziehen zu können.
- Es sind Fragen zu stellen, die sich auf das Anforderungsprofil beziehen.
- Es sind die persönlichen Fragen auszusparen, die in den Bereich der im AGG festgelegten Diskriminierungsmerkmale fallen.
- Gespräche sind sorgfältig zu dokumentieren.

Bewerberauswahl

- Unternehmen sollten ein qualifiziertes Anforderungsprofil zu Grunde legen.
- Die Gründe einer Ablehnung sollten genau dokumentiert werden. Jede Entscheidung sollte anhand von Fakten, die keinen Bezug zu einem der Benachteiligungsmerkmale haben, nachvollziehbar sein.

Bewerber-Absage

- In Absageschreiben ist auf die Nennung näherer Gründe für die Ablehnung, mit Ausnahme der Qualifikation, zu verzichten.

Gehaltserhöhung, Beförderung, Aus- und Weiterbildungsmaßnahmen

- Es sind diskriminierungsfreie Verfahrensweisen zu etablieren, die sich an tätigkeitsbezogenen Kriterien orientieren.
- Auch in diesen Bereichen ist auf eine sorgfältige Dokumentation zu achten.

Abb. 3-35: Maßnahmen für eine AGG-gerechte Personalarbeit
Quelle: eigene Darstellung.

3.2.6 Zusammenfassende Beurteilung des AGG

Zusammenfassend kann das AGG als eine notwendige, aber nicht hinreichende Grundlage für faire und gerechte, diskriminierungsfreie Behandlung in allen gesellschaftlichen Bereichen eingestuft werden. Ein Gesetz ist nur so gut wie dessen Beachtung in der Praxis gelingt. Gesetze gewinnen praktische Relevanz durch die Alltagsvernunft, die die Menschen im gegenseitigen Verkehr zur Geltung kommen lassen. Gleichberechtigung und Gleichstellung insbesondere benachteiligter Gruppen ist nicht nur eine formale, sondern eine soziale Verpflichtung. Austeilende Gerechtigkeit ist zudem vernünftig, weil das, was man anderen antut, so sein sollte, dass man es auch gegen sich selbst gelten lassen würde. Gerechtigkeit ist insbesondere vor dem Hintergrund alternder und schrumpfender Belegschaften auch ein Gebot wirtschaftlicher Vernunft. So sind diejenigen Unternehmen im Vorteil, die bereits ein Diversity-Management-Konzept erarbeitet und Maßnahmen gegen Diskriminierung, für fairen Interessenausgleich und solidarische Zusammenarbeit umgesetzt haben. Ein gelebtes Diversity Management verdeutlicht den Willen und den Wunsch der Unternehmen, alle Mitarbeiter in die betrieblichen Abläufe einzubeziehen, ihrer Potenziale entsprechend einzusetzen und chancengerecht zu behandeln. Alle Mitarbeitergruppen werden gezielt angesprochen, aktiv gefördert und gerecht behandelt.

3.3 Vielfalt in die Unternehmungsverfassung verankern

Die normative Verankerung des Diversity Managements in der Unternehmungsverfassung bekundet den Willen der Unternehmungsleitung, Diskriminierung zu vermeiden, Vielfalt zu gewähren und zu nutzen. Die Verankerung des Diversity Managements in der Unternehmungsverfassung begründet Rechte und Pflichten der Stakeholder. Das Unternehmen bekennt sich mit Unternehmens-, Personal- und Führungsgrundsätzen zu einem systematischen Diversity Management, erkennt die Notwendigkeit der Ressourcenzuweisung an und etabliert das Diversity Management im Funktionsgefüge des Unternehmens. Die Belegschaft erkennt die Möglichkeiten der Vielfalt attraktiver Entwicklungschancen und verpflichtet sich, ihre Motivation und Qualifikation zur Sicherung der Leistungs- und Wettbewerbsfähigkeit des Unternehmens einzusetzen. Die Organe der Mitbestimmung werden in ihren Informations-, Beratungs- und Mitbestimmungsrechten gestärkt und dazu verpflichtet, eine diskriminierungsfreie Zusammenarbeit aktiv zu fördern.

3.4 Grundstruktur eines Diversity-Konzeptes

Die Aktivitäten in den einzelnen Diversity-Handlungsfeldern sind nur dann in besonderem Maße wertschöpfend, leistungsstark und nachhaltig, wenn das Diversity Management mit einem Diversity-Konzept abgesichert ist. Das Diversity-Konzept begründet Rechte und Pflichten, klärt die Verantwortlichkeiten für das Diversity Management, formuliert die Ziele, bestimmt die Handlungsfelder und gibt Auskunft über die methodische Absicherung der Diversity-Aktivitäten. Planung, Steuerung, Monitoring und Controlling des Diversity Managements werden als Systemkomponenten im Diversity-Konzept verankert. Abbildung 3-36 zeigt die Grundstruktur eines Diversity-Konzeptes.

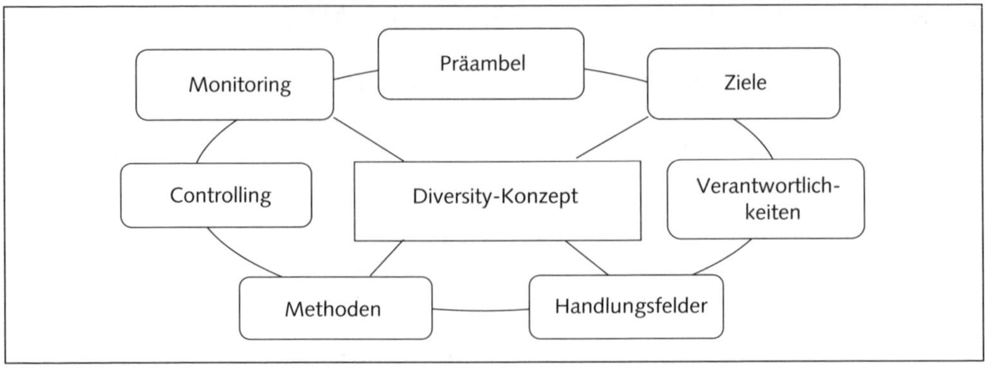

Abb. 3-36: Grundstruktur eines Diversity-Konzeptes

Die *Präambel* beschreibt in grundlegender Form die Ausrichtung des Diversity Managements, klärt Richtung und Kerninhalte des Diversity Managements. Wichtigster Teil der Präambel ist das Bekenntnis (Commitment) des Topmanagement und der Organe der Mitbestimmung – Personalrat, Betriebsrat – zu einem leistungsstarken und nachhaltigen Diversity Management. Die Präambel bekundet den gemeinsamen Willen, Diskriminierung zu vermeiden und Vielfalt als wertvolle Ressource zu nutzen. Ein Beispiel wird in Abbildung 3-37 vorgestellt.

Präambel

Das Unternehmen xy ist als international tätiger Konzern auf die Gewinnung unterschiedlicher Kunden angewiesen. Die Vielfalt unserer Leistungen muss unsere Kunden tagtäglich aufs Neue überzeugen. Die Erhaltung unserer Wettbewerbsfähigkeit wird durch die vielfältigen Leistungen, durch die Talente und Begabungen, die Erfahrung und die Bereitschaft unserer Belegschaft, hervorragende Leistung zu erbringen und Veränderungen aktiv anzunehmen, erreicht. Wir gestalten Vielfalt ganz bewusst als Wettbewerbsfaktor.

Die vielfältige Leistung unserer Belegschaft gründet in unserem Bekenntnis für eine diskriminierungsfreie Zusammenarbeit, für Toleranz und fairen Ausgleich in allen Belangen, auf allen Ebenen und in allen Bereichen.

Wir sehen es als unsere gemeinsame Aufgabe an, Diversity Management als dauerhafte Funktion in unsere unternehmerischen Aktivitäten aufzunehmen. Wir bekennen uns zur Gleichberechtigung von Frauen und Männern, wir streben einen fairen Ausgleich der Interessengruppen an und werden alles dafür tun, dass Diskriminierung von Personen und Personengruppen – aus welchem Grund diese auch geschehen mag – nicht stattfindet.

Wir sind uns darüber im Klaren, dass die erforderlichen Ressourcen für ein systematisches Diversity Management bereitgestellt werden müssen und fordern alle Führungskräfte auf, Vielfalt als integralen Bestandteil in ihr Führungshandeln aufzunehmen.

Wir streben die »Vielfalt in der Einheit« an und sind überzeugt, dass unsere Leistung und unser Erfolg das Ergebnis von Chancengerechtigkeit und Vielfalt der Talente, Begabungen und Befähigungen ist.

Ort, Datum …

Die Geschäftsführung… Der Betriebsrat …

Abb. 3-37: Präambel zum Diversity Management

Die *Ziele* bestimmen Richtung und Reichweite der Diversity-Maßnahmen. Mit den Zielen werden bereits auf konkreterem Niveau als in der Präambel die Absichten formuliert, die das Unternehmen mit der Durchführung von Diversity-Maßnahmen in den unterschiedlichen Handlungsfeldern des Diversity Managements verfolgt. Die Ziele leiten sich aus den gesellschaftlichen Zielen, den formal-rechtlichen und den gesellschaftlichen Rahmenbedingungen ab. Die externen Vorgaben werden um interne Ziele erweitert. Die unternehmerischen Ziele sind in betriebswirtschaftliche und soziale Ziele zu unterscheiden. Die Ziele des Unternehmens, der Mitarbeiter und der Mitbestimmung sind zu beachten. Die Ziele geben Auskunft über Zielharmonie, Zielkonflikte und Änderungen der Ausrichtung des Diversity Managements im Zeitablauf. Vor allem sind Ziele Vorgaben für die Maßnahmen. Weil die Ziele Richtung und Intensität des Diversity Managements vorgeben, sind die Maßnahmen so zu wählen, dass die Ziele bestmöglich erreicht werden können. Abbildung 3-38 fasst die Ziele des Diversity Managements als Baustein des Diversity-Konzeptes zusammen.

Abb. 3-38: Ziele des Diversity Managements

3.4.1 Gestaltungsgrundsätze zum Diversity Management

Die Aktivitäten des Diversity Managements sollten Gestaltungsgrundsätzen folgen, damit in allen Bereichen und auf allen Ebenen der Organisation »mit derselben Diversity-Elle gemessen wird«.

Grundsätze zum Diversity Management

- Diversity Management folgt der Unterscheidung in »Managing Diversity« und »Diversity Management.
- Managing Diversity stellt sicher, dass Diskriminierung vermieden und Chancengerechtigkeit gewährt wird
- Diversity Management stellt sicher, dass die Vielfalt der Belegschaft aus den Zielen des Unternehmens abgeleitet und wirtschaftlich gestaltet wird
- Unterschiede der Belegschaft werden wirtschaftlich genutzt und aktiv gefördert.
- Die Vielfalt der Belegschaft stärkt die Produktivität, die Arbeitszufriedenheit und die Innovationsfähigkeit des Unternehmens.
- Die »Vielheit in der Einheit« stellt sicher, dass die Unterschiede der Talente, Befähigungen und Erfahrungen zum Wohle des Unternehmens und der Mitarbeiter genutzt werden.
- Diversity Management ist ein managementgeleitetes, systematisch geplantes und methodisch abgesichertes Konzept personen- und situationsgerechter Unternehmensführung der »Vielfalt in der Einheit«.
- Diversity Management wirkt durch verstärkte Autonomie motivationsfördernd und ersetzt als personalpolitische Handlungsmaxime den Haarschneideautomaten einheitlicher Tarifpolitik, Karrierepolitik und Personalpolitik, zugunsten maßgeschneiderter Maßnahmen.
- Diversity Management wird als unternehmerische Funktion institutionalisiert und nach wirtschaftlichen Gesichtspunkten gestaltet und evaluiert.
- Die Inhalte des Diversity Managements folgen den Bedürfnissen der Belegschaft und den Entwicklungserfordernissen des Unternehmens gleichermaßen.

Abb. 3-39: Grundsätze des Diversity Managements

Die *Verantwortlichkeiten* für das Diversity Management sollten geklärt und mit institutionalisierten Rechten und Pflichten unterlegt werden. Diversity ist allen anderen Verpflichtungen voran zuerst Führungsaufgabe, die als nicht delegierbare Aufgabe im Managementdreieck verortet sein muss (Führungskräfte, Mitarbeiter, Aufgabe). In der ganz konkreten Zusammenarbeit der Führungskräfte mit ihren Mitarbeitern wird Diskriminierung vermieden und Vielfalt aufgebaut und genutzt. Diskriminierung wird gezielt verhindert. Das Topmanagement ist für die Bereitstellung der erforderlichen Ressourcen und die Institutionalisierung des Diversity Managements verantwortlich. Die Mitarbeiterinnen und Mitarbeiter, die Organe der Mitbestimmung und die Personalabteilung übernehmen im Rahmen ihrer Zuständigkeiten ebenfalls Verantwortung für die Ausgestaltung des Diversity Managements.

Die Organe der Mitbestimmung fördern die Gleichstellung aller Belegschaftsmitglieder im Rahmen ihres gesetzlichen Auftrages und schlagen Diversity-Maßnahmen vor. Gleichstellungsbeauftrage bzw. Frauenbeauftragte nehmen ihre Funktion mit dem Ziel des Interessenausgleichs und der Nachteilsvermeidung wahr. Diese Funktionen sind aus gesetzlichen Vorgaben abgeleitet.[164] Aufgabe der Personalabteilung ist es, die konzeptionelle Grundlage des Diversity Managements zu schaffen, die erforderlichen Maßnahmen zu planen, zu entwickeln und durchzuführen und fachgerechte Beratung zu Fragen der Gleichstellung und der Vielfalt zu leisten. Die Diversity-Aktivitäten sollten sinnvollerweise in die PE-Funktion integriert werden und als Teilfunktion der Personalentwicklung organisatorisch institutionalisiert werden.

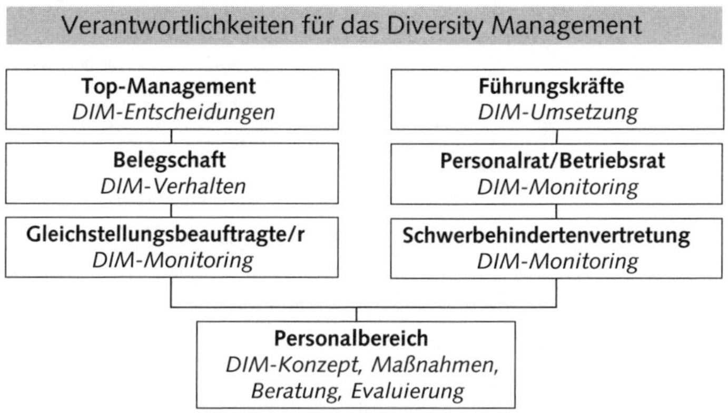

Abb. 3-40: Diversity-Verantwortliche eines Unternehmens

Die *Handlungsfelder* des Diversity Managements fassen als Themencluster die Aktivitäten so zusammen, dass Doppelungen vermieden und Schwerpunkte sinnvoll gesetzt werden können. Die Handlungsfelder werden an entsprechender Stelle beschrieben. Abbildung 3-42 gibt einen Überblick, über das Diversity-Grundkonzept.

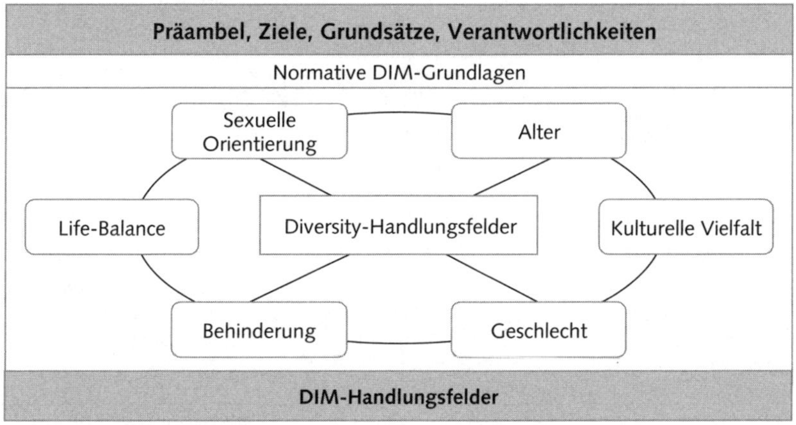

Abb. 3-41: Diversity-Handlungsfelder

164 Vgl. z. B. Das Hessische Gleichberechtigungsgesetz (HGlG) (2007).

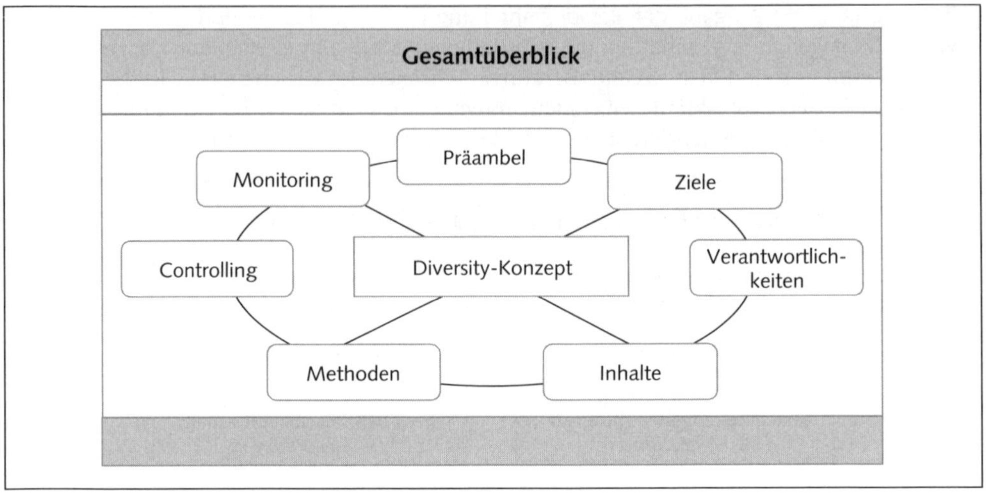

Abb. 3-42: Gesamtüberblick über das Diversity-Konzept

Voraussetzungen des Diversity Managements sichern die Akzeptanz der Diversity-Maßnahmen und informieren über die Absichten des Unternehmens. Es sind informatorische, organisatorische, personale und finanzielle Voraussetzungen zu beachten. In Abbildung 3-43 sind wichtige Voraussetzungen zusammengeführt.

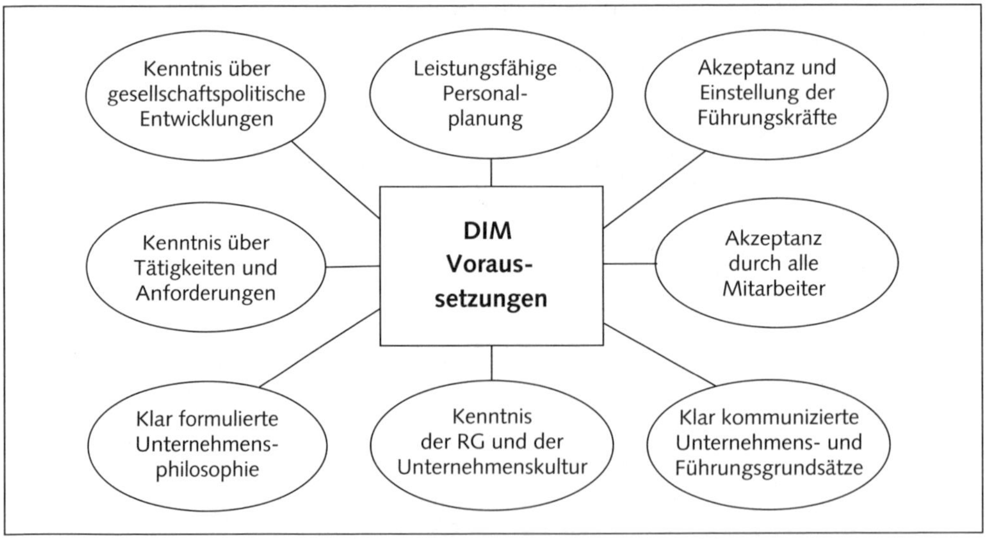

Abb. 3-43: Voraussetzungen des Diversity Managements

Auf der Kenntnis der Voraussetzungen aufbauend, können die durch die Diversity-Philosophie zu verändernden oder neu zu entscheidenden Instrumente der Unternehmensführung und der Personalarbeit gestaltet und implementiert werden. Diversity Management verändert insbesondere die Personalplanung, den Personaleinsatz und die Personalentwicklung. Die Führungsarbeit verlagert sich von der direkten Unterstützung vor Ort zur konzeptionellen Absicherung der Leistungsbeiträge der vielfältigen Gruppen.

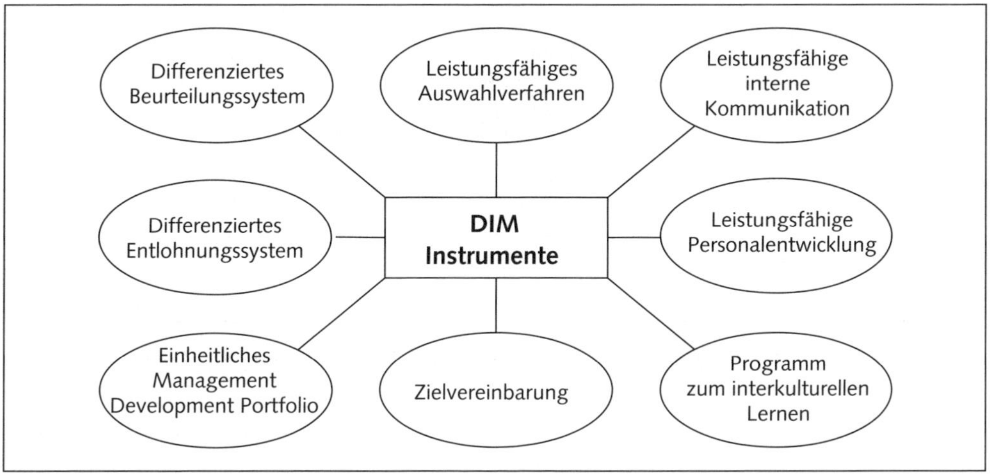

Abb. 3-44: Personalwirtschaftliche Instrumente des Diversity Managements

Die *methodische Absicherung* der Diversity-Aktivitäten erfolgt im Funktionszyklus. *Bedarfsanalysen* stellen sicher, dass Aktivitäten an ganz konkreten Problemen ansetzen, *Ziele* bestimmen für ganz konkrete Maßnahmen Richtung und Reichweite, *kreatives Gestalten* stellt die erforderlichen personellen, finanziellen und sachlichen Ressourcen zur Verfügung und knüpft die erforderlichen Beziehungen zu den jeweiligen Akteuren, die an einer Maßnahme beteiligt sind. Die *Durchführung* der Diversity-Maßnahmen kann am Arbeitsplatz und im Trainingslabor stattfinden. *Erfolgskontrolle* misst, ob eine Verhaltensänderung initiiert werden konnte. Die *Transfersicherung* schließlich erhebt die Intensität und die Nachhaltigkeit der Verhaltensänderungen am Arbeitsplatz.

Diversity Controlling erfolgt mit Kennzahlen, die Auskunft darüber geben, ob und in welchem Maße die DIM-Maßnahmen zur Erreichung der gesetzten Ziele beigetragen haben. Kennzahlen sind z. B. Frauenquote an der Gesamtbelegschaft, Relationen der Alterskohorten, Migrantenanteile, Beschwerderaten über Diskriminierung etc.

Abschließend ist die Bedeutung des Diversity-Konzeptes für den Aufbau einer Unternehmungsmarke und einer Arbeitgebermarke und der Verbesserung des Images hervorzuheben. Vielfalt leben und dies in einem Konzept verbindlich festzulegen, stärkt den Wert des Unternehmens und die Attraktivität als Arbeitgeber. In Zeiten der Knappheit von Fach- und Führungskräften ist dieser positive Aspekt besonders wichtig.

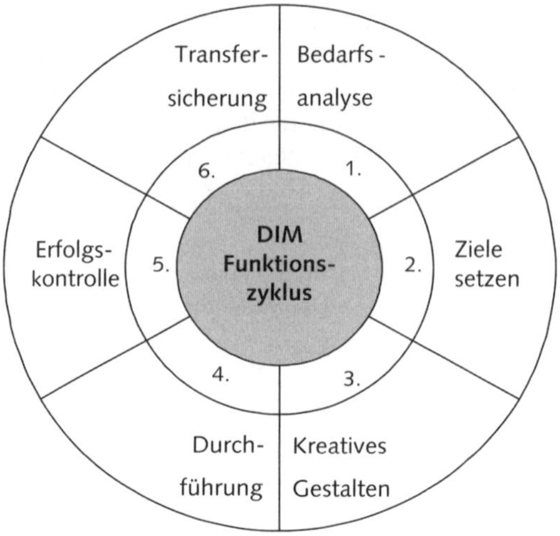

Abb. 3-45: Methodische Absicherung der Diversity-Aktivitäten im Funktionszyklus

3.4.2 Die Erarbeitung des Diversity-Management-Konzeptes

Die Erarbeitung des Diversity-Management-Konzeptes sollte durch eine Projektorganisation sichergestellt werden.

Die *Projektorganisation* setzt sich zusammen aus:
- Der Geschäftsführung als Entscheidungsinstanz – Lenkungsgruppe.
- Dem Betriebsrat als Mitbestimmungsgremium – kooptiertes Mitglied in der Lenkungsgruppe und der Projektgruppe.
- Repräsentativ ausgewählte Führungskräfte – Bedarfsträger des Diversity Managements.
- Repräsentativ ausgewählte Mitarbeiterinnen und Mitarbeiter der Funktionsbereiche – Adressaten des Diversity Managements.
- Die Personalabteilung als projektverantwortliche Instanz – Methodenspezialist und Diversity-Funktionsbereich.
- Externe Beratung als Methodenspezialisten und Benchmarking-Partner
- Consultant für Inhalte und Verfahren.

Aufgaben der Projektgruppe:
- Die *Geschäftsführung* – Lenkungsgruppe – erteilt den Auftrag zur Entwicklung eines Diversity-Management-Konzeptes, kontrolliert den Projektfortschritt und entscheidet über die Implementierung des Konzeptes.
- Der *Betriebsrat/Personalrat* begleitet das Projekt als »Verfahrenswächter« und stellt sicher, dass die Rechte und Pflichten der Belegschaft beachtet und gefördert werden.

- Die *Führungskräfte* der Funktionsbereiche begleiten das Projekt, um sicherzustellen, dass praktikable und bedarfsgerechte Maßnahmen des Diversity Managements erarbeitet und eingeführt werden.
- Die *Mitarbeiterinnen und Mitarbeiter* der Bereiche sind als Adressaten – Betroffene oder Begünstigte – einzubeziehen, damit bedürfnisgerechte Maßnahmen aus der Sicht der Belegschaft in Angriff genommen werden.
- Die Gleichstellungsbeauftragten und die Schwerbehindertenvertretung sowie die Auszubildendenvertretung beobachten, ob die Sonderrechte der genannten Gruppen beachtet werden.

Die *Arbeitsschritte* zur Erarbeitung eines Diversity-Konzeptes sind:
- Analyse der Ausgangslage und Erhebung des »Diversity Reifegrades« der Organisation
- Festlegung der Arbeitsziele, der Projektdauer, der Verantwortlichkeiten und der Meilensteine zur Bestimmung des Projektfortschritts
- Beschaffung von Informationen zur Gestaltung des Diversity Managements intern und extern
- Ableitung von Diversity-Postulaten aus der Unternehmungsverfassung, dem Misson- und Vision-Statement und der Unternehmensstrategie
- Bestimmung der Diversity-Handlungsfelder
- Erarbeitung von Handlungszielen für die Handlungsfelder
- Erarbeitung konkreter Maßnahmen für die Handlungsfelder
- Festlegung der Diversity-Verantwortlichkeiten
- Festlegung von Instrumenten zur Erfolgssicherung des Diversity Managements
- Bestimmung der Maßnahmen zur Implementierung und Vermarktung des Diversity-Managements-Konzeptes im Unternehmen.

3.5 Vielfalt der Führungskultur und der Führungsprinzipien

Grundsätzlich ist Führung als zielbezogene Einflussnahme zu verstehen. Aufgabe der Führungskraft ist es demgemäß, aus den Unternehmenszielen Teilziele abzuleiten, und die Mitarbeiter zur Zielerreichung zu motivieren bzw. sie hierbei zu unterstützen.[165] Im Hinblick auf das Diversity Management leitet sich aus der Führungskultur die normative Forderung an die Führungskräfte ab, die Vielfalt ihrer Mitarbeiterinnen und Mitarbeiter wertzuschätzen, zu fördern und zu zielfördernd zu nutzen.[166] Anders als im uniformen Paradigma der Massengesellschaft müssen Führungskräfte »bunte Teams« führen, die durch Vielfalt der Talente, Befähigungen, Erfahrungen und Aufgaben gekennzeichnet sind. Personale Führung tritt an die Stelle strukturaler Führung. Maßgeschneiderte Führung ersetzt generische Führung, transformationale Führung ersetzt transaktionale Führung.

Führung »bunter Teams« muss die Ambivalenz Heterogenisierung und Homogenierung beachten. Einerseits müssen durch Delegation von Aufgaben, Verantwortung und Kompetenz

165 Vgl. Rosenstiel, L. v. (2003), S. 4.
166 Vgl. Franken, S. (2010), S. 323.

an Experten und Expertenteams die Autonomieerwartungen dieser Mitarbeiter erfüllt werden. Spezialisten wollen in ihrem Arbeitsgebiet nach Möglichkeit frei und ohne Bevormundung arbeiten und entscheiden. Führung »an der langen Leine« ist angesagt. Gleichzeitig ist es Aufgabe der Führungskräfte, die Teilleistungen der Experten so zu koppeln, dass eine marktfähige und wettbewerbsfähige Leistung entsteht. Durch Kommunikation, Mitarbeitergespräche, Teamrunden und »Managing by walking around« gelingt die »Quadratur des Kreises« weitgehender Gewährung von Autonomie und verbindlicher Koppelung der Teilleistungen zu einem effektiven und effizienten Ganzen. Strukturale und personale Führung dienen gleichermaßen der Koordination »bunter« Teams.

3.5.1 Diversity Statements in der Unternehmungsverfassung

Die Unternehmungsverfassung (Corporate Governance) legt die Basisziele, die Grundordnung, die Werte und Normen, die ein Unternehmen als Organisation verfolgen will, fest. Die Unternehmungsverfassung fordert die Akteure auf, Entscheidungen und Handlungen stets aus dem Geist und Stil des Hauses heraus zu vollziehen. Die Unternehmungsverfassung erhält ihre Gestalt aus den Entscheidungen der Eigentümer, den Beschlüssen der Gremien, der Tradition und dem Handeln der Akteure, allen voran dem Handeln des Topmanagements. Der Gesetzgeber greift mit gesetzlichen Vorgaben insoweit ein, als er verhindern will, dass Unternehmen den guten Sitten zuwider handeln, sich grundlos bereichern und insbesondere die Stakeholder, allen voran die Mitarbeiter, ungerechtfertigt benachteiligen. Die Unternehmungsverfassung ist Grundlage der Rechte und der Pflichten der Akteure in den Entscheidungs- und Aufsichtsgremien. Die Unternehmungsverfassung ist bis zu einem gewissen Grade transparent zu gestalten, Stakeholder mit berechtigtem Informationsinteresse erhalten z. B. Auskunft darüber, wie viele Frauen in Führungspositionen sind, ob das Unternehmen sich zu diskriminierungsfreier Behandlung bekennt und ob es geeignete Maßnahmen zur Vermeidung von Diskriminierung als fundamentale Aufgabe aller Aktivitäten in die Unternehmensgrundsätze aufnimmt.

Bleicher unterscheidet die »normative«, die »strategische« und die »operative« Ebene unternehmerischer Aktivitäten. Die Unternehmungsverfassung begründet in der normativen Ebene die Macht der Organe einer Organisation und formuliert die Ziele, die dauerhaft als Basisziele erreicht werden bzw. eingehalten werden sollen. Die normativen Postulate beschreiben als Corporate Governance wie das Unternehmen organisiert, geführt und organisiert sein sollte, damit rechtskonform und kulturkonforme Aktivitäten gesichert sind. Der Deutsche Corporate Governance Kodex beruft sich auf nationale und internationale Gesetze und gibt für börsennotierte Unternehmen Standards für die Leitung und Überwachung vor.[167]

Postulate zum Corporate Governance Kodex:

- Corporate Governance ist der rechtliche und der tatsächliche Ordnungsrahmen für die Leitung und Überwachung eines Unternehmens.
- Corporate Governance ist Ausdruck der Unternehmenskultur: Regeln Wertvorstellungen, Grundsätze, Tabus und Zwänge.
- Corporate Governance dient der Beherrschung »verdünnter« Verfügungsrechte.
- Corporate Governance Kodex zielt auf Transparenz und vertrauensbildende Maßnahmen nach außen und innen.

167 Vgl. Deutscher Corporate Governance Kodex (2003).

- Corporate Governance und KonTraG dienen dem Risikomanagement und schützen Anleger und Management vor Überraschungen.[168]

3.5.1.1 Deutscher Corporate Governance Kodex

Der Kodex stellt eine wesentliche gesetzliche Vorschrift zur Leitung und Überwachung deutscher börsennotierter Gesellschaften dar, die auch international sowie national anerkannte Standards guter und verantwortungsvoller Unternehmensführung enthält. Erhöhung des Vertrauens von (internationalen) Anlegern, Kunden, Mitarbeitern und Öffentlichkeit in die Leitung und Überwachung deutscher börsennotierter Unternehmen.

Ziele:	
	Berücksichtigung der dualen Interessen von Stakeholder- und Shareholdergruppen
	Schaffen eines Ordnungsrahmens für verantwortungsbewusste Unternehmensführung
	Aktienkäufe, Lieferantenverträge und Arbeitsverträge sollen auf vertrauensvoller Basis, mit der erforderlichen Transparenz und im Interesse des Unternehmens erfolgen
Merkmale:	
	Schnellere Anpassungsmöglichkeiten an sich dynamisch ändernder Anforderungen der internationalen Finanzmärkte aufgrund der Best-Practice-Orientierung des Kodex (Kodex-Modifikationen)
	Unternehmensindividuelles Abweichen von den Kodexstandards möglich, aber Selbsterklärung der Unternehmen über den Umfang des angewendeten Kodex ist gem. § 161 AktG gesetzlich vorgeschrieben (Comply or Explain – Prinzip)
Drei Kategorien	
	Muss-Vorschriften (zwingend gesetzliche Regelungen)
	Soll-Empfehlung (inkl. gesetzes-ergänzenden Charakter, z. Z. 80 Empfehlungen)
	Sollte-/Kann Anregungen (stellen proaktive Anstöße für eine gute Unternehmensführung, zzt. 20 Anregungen)

Abb. 3-46: Ziele, Merkmale und Kategorien des CGK

3.5.1.2 Weiterentwicklung der Corporate Governance

Es lassen sich die folgenden Ansatzpunkte zur Weiterentwicklung des Corporate Governance Codex benennen:

- Stärkung der Unabhängigkeit des Aufsichtsrats (erweiterte Einsichts- und Prüfungsrechte, begrenzte Anzahl der Aufsichtsratsmandate).
- Erweiterung der zivilrechtlichen Haftung von Vorstand und Aufsichtsrat und Vereinfachung von Schadensersatzklagen gegen Organmitglieder.
- Transparenzverbesserung durch zeitnahe Information (Quartalsberichte) und Publikation der Managementvergütung und Aktienbesitz der Organmitglieder.
- Einsatz moderner IuK-Technologie bspw. bei der Durchführung der Hauptversammlung.

168 Macharzina, K./Wolf, J. (2008), S. 138 ff.

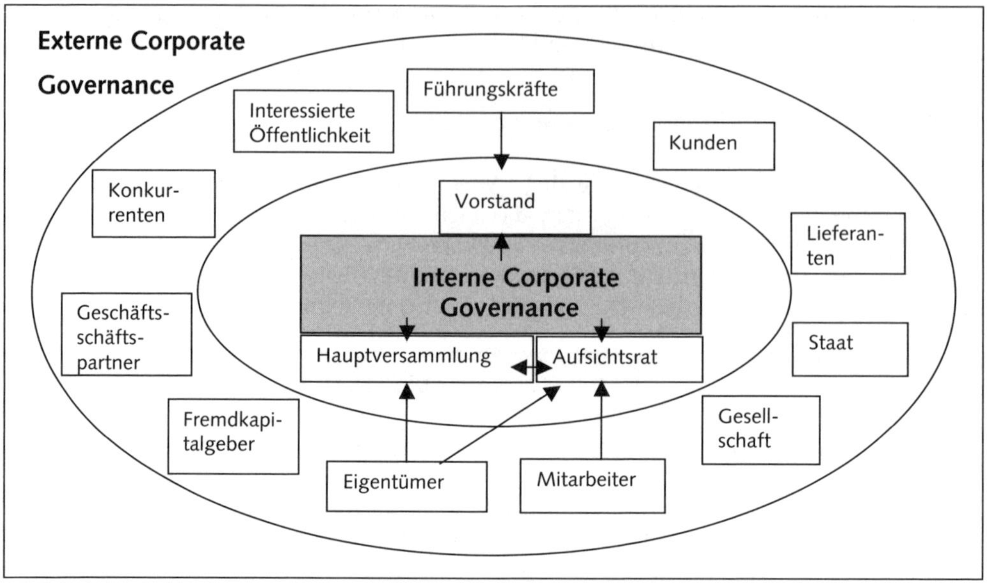

Abb. 3-47: Perspektiven des Corporate Governance am Beispiel einer AG
Quelle: Eigene Darstellung in Anlehnung an Dillerup, R./Stoi,R. (2006), S. 98.

Die Forderungen des Corporate Governance Kodex müssen ihren Niederschlag in den Unternehmensverfassungen finden und die Inhalte der Unternehmungs- und Führungsgrundsätze bestimmen. Abbildung 3-48 zeigt eine Auswahl von Diversity-Statements in den Unternehmungsverfassungen von Unternehmen.

Diversity Statements in Unternehmensgrundsätzen und Leitlinien	
Bosch	**Auszug aus dem Wertekatalog**
	Kulturelle Vielfalt Wir bekennen uns zu unserer regionalen und kulturellen Herkunft und betrachten zugleich Vielfalt als Zugewinn und als Voraussetzung für unseren weltweiten Erfolg.[169]
Henkel	**Leitlinien der Führung und Zusammenarbeit**
	Überzeugung und Motivation Die Führungskraft ist verantwortlich für die Überzeugung und Begeisterung der Mitarbeiter, für die Ziele und deren Erreichen. Sie schafft ein Klima, in dem neue Ideen kreiert, bewertet und verfolgt werden, in dem alle Mitarbeiter ihre volle Leistungsfähigkeit für die Zielerreichung einsetzen. Dabei werden die individuellen Fähigkeiten genutzt und die Verschiedenheit der Mitarbeiter ebenso geschätzt, wie die Eigenheiten der unterschiedlichen Kulturen respektiert.[170]

169 Robert Bosch GmbH (2013).
170 Henkel (2013), S. 6f.

Diversity Statements in Unternehmensgrundsätzen und Leitlinien	
E.ON	**Leitende Verhaltensweisen der Unternehmenskultur** **Vielfalt und Weiterentwicklung** Wir arbeiten in einer durch Vielfalt geprägten Welt. Diese Vielfalt wollen wir in unserem Konzern widerspiegeln und aktiv für die Erfüllung unserer Aufgaben nutzen. Unterschiedliche Perspektiven fördern die Weiterentwicklung von Unternehmen und Mitarbeitern. Wir streben Gleichwertigkeit, nicht Gleichartigkeit an. Wir investieren in unsere Mitarbeiter, indem wir ihnen mit ständiger Weiterbildung und gezielten Entwicklungsmaßnahmen helfen, ihr persönliches Potential auszuschöpfen.[171]
Deutsche Telekom	**Unternehmensleitlinien** **Integrität und Wertschätzung leben** Wir schaffen in der Deutschen Telekom Gruppe ein Klima der Wertschätzung und des gegenseitigen Vertrauens, indem wir andere in ihrer Individualität respektieren, stets offen und ehrlich handeln sowie individuelle und kulturelle Vielfalt fördern und fordern. Ob Unterschiede im Alter, Geschlecht, in der Religion, in den Fähigkeiten, der Herkunft oder sexuellen Orientierung – die Deutsche Telekom Gruppe lebt von der Vielfalt der Mitarbeiterinnen und Mitarbeiter. Diese wird auch durch verschiedene Kulturen, Sprachen oder den Familienstand geprägt.[172]
Daimler	**Richtlinie für Integeres Verhalten** **Verantwortung tragen – sozial, gesellschaftlich, global** Daimler bekennt sich zu seiner sozialen Verantwortung[...]. Dazu gehört die Verantwortung gegenüber unseren Mitarbeiterinnen und Mitarbeitern. Ihre Arbeit und Motivation sind maßgebliche Faktoren für unseren gemeinsamen Unternehmenserfolg. Ihnen ist deshalb von allen Führungskräften bei Daimler Achtung und Wertschätzung entgegenzubringen, ungeachtet ihrer Aufgabe oder Stellung im Unternehmen, ihres Geschlechts, ihrer Religion, ihrer Hautfarbe oder ihrer Herkunft. Denn Jede und Jeder verdient Respekt. Und Vielfalt bereichert. Sie verbessert durch ein größeres Spektrum von Ideen, Sichtweisen und Fähigkeiten die Qualität unternehmerischer Entscheidungen und trägt zu einem besseren gegenseitigen Verständnis für die Belange anderer bei.[173]
Mondeléz (ehemals Kraft)	**Auszug aus den Unternehmensgrundsätzen** **Unser Manifest: Dafür stehen wir.** Eine Welt voller Unterschiede. Verschiedene Lebensweisen. Verschiedene Ansichten. Verschiedene Geschmäcker. Doch eigentlich sind wir alle gleich. Wo immer wir hingehen, wen immer wir treffen: Wir alle suchen Freude und Spaß am Leben.[174]

171 E.ON (2013).
172 Deutsche Telekom (2013).
173 Daimler (2013).
174 Mondeléz International (2013).

Diversity Statements in Unternehmensgrundsätzen und Leitlinien	
	Werte und Überzeugungen
Deutsche Bank	**Partnerschaft** Wir setzen auf gemischte Teams, um bessere Ideen und ausgewogenere Entscheidungen zu erreichen. Wir stellen gemeinsame Ziele über Bereichsdenken. Die Grundlagen dafür sind Zusammenarbeit, Respekt und Vertrauen über alle Bereiche hinweg. **Wir sind: offen für Neues** Zu unserem Verständnis von Leistung gehört es, Neuem gegenüber aufgeschlossen zu sein. Wir stellen Herkömmliches in Frage. Die Veränderungen, die die Globalisierung mit sich bringt, gehen wir offensiv an. Vielfalt ist unsere Stärke. Wir begreifen Innovation als gesellschaftliche Ressource und schaffen so Mehrwert für alle, die mit uns arbeiten. **Diversity »Vielfalt« ist typisch Deutsche Bank** »Wir wollen die global führende, kundenorientierte Universalbank werden. Eine grundlegende Voraussetzung dafür ist Vielfalt.« (Jürgen Fitschen und Anshu Jain – Co-Vorsitzende des Vorstands)[175]

Abb. 3-48: Verankerung von Diversity in ausgewählten Unternehmensgrundsätzen und Leitlinien[175]

3.5.2 Strukturale und personale Führung der Vielfalt

Strukturale Führung arbeitet mit allgemeinen und verbindlichen Vorgaben. Verhaltensstandards, Arbeitszeiten, Beurteilungsverfahren, Entlohnung und Beförderungsrichtlinien koordinieren das Verhalten der Akteure. Die Darstellung der Verantwortlichkeiten in Organigrammen, die Festlegung von Aufgaben und Anforderungen in Stellenbeschreibungen sind Instrumente strukturaler Führung.[176] Der Vorteil strukturaler Führung liegt in ihrer Allgemeinverbindlichkeit, ihrer Dauerhaftigkeit und in der Kostengünstigkeit. Strukturale Führung entlastet die Führungskräfte und gibt ihnen Raum und Zeit, sich um spezifische Belange einzelner Mitarbeiter zu kümmern.

Personale Führung vollzieht sich als unmittelbarer Kontakt zwischen Führungskraft und Mitarbeitern. Aufgabe der Führungskraft ist es, Ziele zu verdeutlichen, Aufgaben zu koordinieren, Mitarbeiter zu motivieren, Zusammenarbeit zu fördern und zu erhalten, Ergebnisse zu kontrollieren, Leistung und Verhalten zu beurteilen, Mitarbeiter auszuwählen, Förderungsfähigkeit zu erkennen sowie PE-Maßnahmen einzuleiten.[177] Personale Führung ist insbesondere in heterogenen Teams angesagt. Die Vielfalt der Charaktere, Begabungen, Befähigungen, die Unterschiedlichkeit der Aufträge und der Arbeitsweisen, verlangen den unmittelbaren Dialog von Führungskraft und Mitarbeiter. Das Erfordernis hoher personaler Führung reduziert die Leitungsspanne, weil konkret mit jedem Mitarbeiter Ziele vereinbart werden, Aufgaben besprochen, Ergebnisse beurteilt und Entwicklungswege besprochen werden müssen.

Einige Aspekte strukturaler Führung werden nachfolgend beschrieben.

175 Deutsche Bank (2013).
176 Vgl. Rosenstiel, L. v. (2003), S. 4.
177 Vgl. Becker, M. (2013a), S. 338.

Abb. 3-49: Strukturale und personale Führung

Aspekte strukturaler Führung

Arbeitsorganisation – Die Ausgestaltung der Arbeitsorganisation kann die Nutzung der Vielfalt fördern. Im Hinblick auf die Teamarbeit gilt es, die Teamzusammensetzung so zu gestalten, dass die erwünschte und benötige Vielfalt in den Arbeitsteams entsteht. Netzwerke verbinden die Arbeitsteams, sorgen für den erforderlichen Informationsaustausch und die Koppelung der Teilleistungen. Arbeitszeitmodelle können flexibel gestaltet werden, so dass sowohl die persönlichen Belange der Mitarbeiter als auch die Notwendigkeit »atmender« Arbeitsgestaltung berücksichtigt werden.

Führungsleitlinien – Führungsleitlinien regeln gewissermaßen als normative Geländerstangen das Führungsverhalten. Der »erwünschte« Führungsstil, die vorgegebenen Führungsinstrumente, die Führungsphilosophie, kurz »der Geist und Stil des Hauses« werden für das Führungshandeln normgebend. Führungsleitlinien dienen der Gleichbehandlung aller Mitarbeitergruppen und wirken Diskriminierung entgegen. Respekt, Fairness, Offenheit, Chancengleichheit und Gerechtigkeit sind Werte, die in den Führungsleitlinien ihren Niederschlag erhalten. Führungsleitlinien entlasten die Führungskräfte und vergrößern die Leitungsspanne.

Anreizsysteme – Ein Anreizsystem umfasst »die Summe aller im Wirkungsverbund bewusst gestalteten und aufeinander abgestimmten Stimuli (Arbeitsbedingungen i. w. S.), die bestimmte Verhaltensweisen (durch positive Anreize, Belohnungen) auslösen bzw. verstärken, die Wahrscheinlichkeit des Auftretens unerwünschter Verhaltensweisen dagegen mindern (durch negative Anreize, Sanktionen) sowie die damit verbundene Administration.«[178] Anreize sollen die Mitarbeiter veranlassen, die ihnen übertragenen Aufgaben nach Menge, Güte, Zeit und Kosten optimal zu erfüllen. Sie tun dies mit der Aussicht auf extrinsische und intrinsische Belohnung. Grundsätzlich kann zwischen materiellen Anreizen, z. B. Festgehalt, Sozialleistungen, Nebenleistung, variablen Entgelt und Erfolgsbeteiligungen sowie immateriellen Anreizen, z. B. attraktive Aufgaben, herausfordernde Projekte, Teilnahme an Weiterbildung und Verbesserung des Ansehens im Unternehmen unterschieden werden. Diese Anreize erfüllen eine ordnende, integrierende und differenzierende Funktion,[179] und begründen wichtige Aufgaben des »Managing Diversity«:

- **Motivations- und Anreizfunktion:** Die Mitarbeiter werden motiviert Vielfalt als Chance zu verstehen.
- **Steuerungsfunktion:** Die Anreize beeinflussen die Mitarbeiter dahingehen, dass sie sich Diversity-gerecht verhalten.
- **Informationsfunktion:** Das Anreizsystem signalisiert die Bedeutung des Diversity Managements im Unternehmen.
- **Kooperationsfunktion**: Das Anreizsystem fördert die Arbeit in heterogen zusammengesetzten Teams.
- **Selektionsfunktion:** Das Anreizsystem fördert die Einstellung und Bindung von Mitarbeitern, die das Diversity Management wertschätzen.
- **Veränderungsfunktion:** Das Anreizsystem stärkt die Institutionalisierung des Diversity Managements im Unternehmen.

Personalentwicklungskonzepte – Personalentwicklungskonzepte legen die Ziele, Inhalte, Verfahren, Instrumente, Verantwortlichkeiten der PE fest. Mit dem PE-Konzept werden Rechte und Pflichten begründet, die eingefordert und erfüllt werden müssen. Teilnahmeregelungen, Berechtigungen nach dem Abschluss einer PE-Maßnahme, die Verantwortung der Führungskräfte für eine systematische PE, die Verpflichtung der Belegschaft, sich weiterzubilden, nennen normierende Aspekte von PE-Konzepten.

Gleichbehandlung als Person, unterschiedliche Behandlung als Leistungserbringer, nennen die duale Zielsetzung der strukturalen Führung.

Unabhängig von persönlichen Merkmalen wie Geschlecht, Alter, Herkunft oder sexueller Orientierung, geht es darum, einen zieloptimalen Einsatz der Belegschaft zu organisieren. Eine Studie von Kets de Vries und Mead hat bereits 1992 nachgewiesen, dass der Umgang mit unterschiedlichen Mitarbeitergruppen für den Erfolg im internationalen Führungskontext entscheidend ist.[180] Vielfalt senkt die Gefahr der Nachahmung und stärkt die Einzigartigkeit der Leistung einer Organisation.

Ungleichbehandlung im Interesse optimaler Zielerreichung und Vermeidung von Diskriminierung beschreibt die hohe Kunst der *personalen* Führung.

178 Berthel, J./Becker, F. G. (2010), S. 536 f.
179 Vgl. Berthel, J./Becker, F. G. (2010), S. 538 ff.
180 Vgl. Kets de Vries, M./Mead, C. (1992), S. 187 ff.

3.5.3 Führungsstile und Vielfalt – Implizite Führungstheorien

Führungskräfte nutzen immer ein implizites Bild vom Menschen, wenn sie führen. Implizite Führungstheorien sind den kognitiven Führungskonzepten zuzuordnen. Sie betonen die Bedeutung der Kognitionen und Verarbeitungsprozesse der Mitarbeiter für den Erfolg der Führungskraft.[181] Im Führungshandeln geht es darum, dass die Mitarbeiter die Ziele erkennen, die Aufgaben anerkennen, die Leistung, die erwartet wird, erbringen und sich für ihre Arbeit und das Unternehmen verantwortlich fühlen. Das Verhalten und das Handeln der Führer und der Geführten müssen sich aus denselben Grundannahmen, Überzeugungen und Erwartungen speisen. In monokulturellen Organisationen ist die Herbeiführung dieser Grundüberzeugungen leichter zu erreichen als in diversen Organisationen. Es ist Führungsaufgabe, die Grundüberzeugungen der Mitarbeiter zu analysieren, sich der eigenen bewusst zu werden und die Grundüberzeugungen aneinander anzunähern.

Implizite Bilder sind oft durch Vorurteile und Stereotypen vorgeprägt. Es ist Aufgabe des Managing Diversity, Vorurteile durch Urteile, Stereotypen durch Analysen zu ersetzen. Führungskräfte müssen in der Lage sein, eigene Stereotypen zu erkennen und kritisch zu reflektieren.[182]

3.5.3.1 Leader-Member-Exchange

Die Leader-Member-Exchange Theorie, die auch als dyadische Führungstheorie bezeichnet wird, unterstellt, dass Führungskräfte ihr Verhalten an ihre Mitarbeiter anpassen. Die Führungskraft strebt danach, mit jedem Mitarbeiter ein partnerschaftliches Verhältnis aufzubauen und die unterschiedlichen individuellen Bedürfnisse des Einzelnen zu berücksichtigen.[183] Ein solches Verhalten kann als Diversity-gerecht verstanden werden. Sowohl die LMX-Theorie als auch das Diversity Management betonen die Unterschiedlichkeit der Bedürfnisse, Wünsche, Erfahrungen und Kenntnisse der einzelnen Mitarbeiter.

Die Beziehung zwischen Vorgesetzten und dem Geführten entsteht in drei Phasen. Die erste Phase (»Stranger Phase«) beginnt mit dem Beginn der Zusammenarbeit. Die Interessen und Strebensziele sind den Parteien noch weitgehend fremd. Lediglich aus Auswahlverfahren sind Informationen verfügbar. In der gegenseitigen Wahrnehmung dominieren äußerliche Merkmale. Es kann in dieser Phase zur Überbetonung einzelner Merkmale einer Person, z. B. Geschlecht, Alter, Herkunft oder sexuelle Orientierung kommen.

Die Annäherungs- und Kennenlernphase (»Acquaintance Phase«) dient dem Aufbau der Beziehung und der Verbesserung der Informationen. Schritt für Schritt gelingt es besser, die Interessen und Ziele zu verstehen und das Verhalten an den gegenseitigen Erwartungen auszurichten.

Die dritte Phase (»Mature Partnership Phase«) ist durch Routine der vertrauensvollen und wertschätzenden Beziehung gekennzeichnet.[184] Man weiß, was man aneinander hat, was erwartet und was erfüllt werden kann.

---

181 Vgl. Awamleh, R. A./Gardner W. L. (1999).
182 Vgl. Chang, S./Thorenau, M. P. (2004), S. 57 ff.
183 Vgl. Graen, G. B./Uhl-Bien, M. (1995).
184 Vgl. Graen, G. B./Uhl-Bien, M. (1991).

3.5.3.2 Transaktionale und transformationale Führung

Die Gegenüberstellung transaktionaler und transformationaler Führung hat gegenwärtig Konjunktur. *Die transaktionale Führung* folgt dem Prinzip »do ut des«, »ich gebe, damit du gibst«. Die Führungskraft steht als Vertreter des Unternehmens mit dem Geführten in einer vertraglichen Leistungspartnerschaft. Der Geführte erbringt eine bestimmte Leistung, im Gegenzug erhält er eine materielle oder immaterielle Belohnung.[185] Es ist Aufgabe der Führungskraft im Verständnis der austeilenden Gerechtigkeit dafür zu sorgen, dass Gleiches mit Gleichem vergolten wird und Ungleiches ungleich behandelt wird. Aufgabe der Führungskraft ist es auch, auf die Einhaltung der vereinbarten Spielregeln zu achten und z. B. dafür Sorge zu tragen, dass die puritanischen Tugenden wie Pünktlichkeit, Ehrlichkeit, Fleiß etc. eingehalten werden.

Die *transformationale Führung* verlangt selbstverständlich auch Leistung. Zu der formal vertraglichen Absprache treten emotionale gemeinschaftliche Aspekte hinzu. Eigenverantwortung, Lernbereitschaft, Loyalität, Teamgeist und Innovationsfreude bestimmen das partnerschaftliche Verhältnis der transformalen Führung.[186] Unterschiedliche Mitarbeiter, »bunte« Belegschaften treten füreinander ein, bilden eine leistungsstarke und emotional verbundene Organisationsfamilie. Die Führungskraft mutiert im Konzept der transformationalen Führung zum »Facilitator«, zum Agenten, der sein Team nach außen vertritt, für Ressourcen, Chancen und Einkommen kämpft. Eine neue Partnerschaft entsteht, in der die Führungskraft »primus inter pares«. Die transformationale Führung würde es auch gestatten, dass Teams ihre Führer auf Zeit wählen.

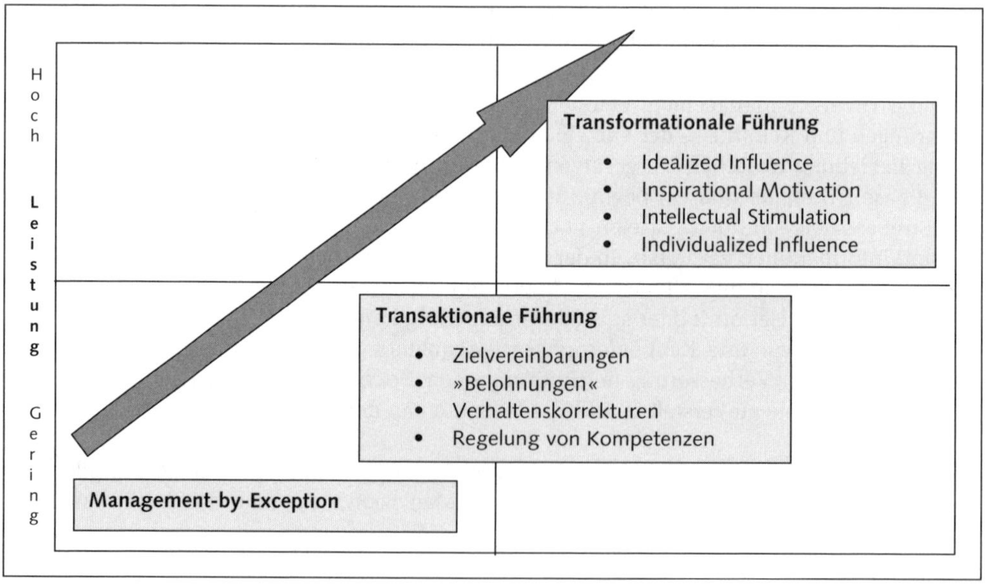

Abb. 3-50: Transformationale Führung nach Bass, B. M./Avolio, B. (1995)

185 Vgl. Burns, J. M. (1978).
186 Vgl. Kirchler, E. (2005); vgl. Muchinsky, P. M. (1996).

Die vier I transformationaler Führung	
Facette	**Inhalt**
Idealized Influence/ Charismatic Leadership	• Vorbildwirkung der Führungskraft • Verhaltensweisen der Führungskraft werden nachgeahmt
Inspirational Motivation	• Motivation der Mitarbeiter durch überzeugende und begeisternde Visionen • Formulierung von Zukunftsplänen
Intellectual Stimulation	• Anregung der Mitarbeiter zu eigenständigem kreativen Denken und Handeln • Ermutigung zur Infragestellung alter Praktiken und Lösungen
Individualized Influence	• Individuelle Berücksichtigung und aktive Förderung einzelner Mitarbeiter • Erkennen unterschiedlicher Bedürfnisse/Fähigkeiten

Abb. 3-51: Bestandteile transformationaler Führung

3.5.4 Die Führungskraft als Manager personaler Vielfalt

Eigenschaften und Handlungsweisen bestimmen die Führungsbefähigung. Die Eigenschaftstheorien postulieren, dass angeborene Begabung das spätere Verhalten bestimmt. Begabung habe man oder man habe sie nicht. Ohne Führungsbegabung wird es sicherlich schwierig, Zugang zu den Aufgaben einer Führungskraft zu finden.[187] Die verhaltenstheoretischen Konzepte betonen die Aufgabenerledigung einer Führungskraft. Führung kann man lernen, so die Formel der verhaltenstheoretischen Ansätze. Allerdings wird auch dieses Konzept als ergänzungsbedürftig eingestuft. Begabte Menschen können sicherlich Führungstechniken erlernen, hinzukommen muss allerdings die Erfahrung in konkreten Führungssituationen. Die Befähigung einer Führungskraft zeigt Abbildung 3-52.

$$\mathbf{FBf = x * FB + y * FL + z * FE}$$

Abb. 3-52: Führungsbefähigungsgleichung

Forschungsergebnisse verweisen auf die Bedeutung der Beziehungen[188] zwischen Führungskraft und Mitarbeiter.[189] Das zugrunde liegende Menschenbild – Philanthrop oder Misanthrop – bestimmen Intensität und Qualität der Beziehungen.[190] Vielfalt der Belegschaften und vertrauensvolle Beziehungen sind als emotionales Commitment von Mitarbeitern in Einklang zu bringen.[191]

187 Vgl. Rosenstiel, L. v. (2003), S. 5.
188 Vgl. Black, J. S./Gregersen, H. B. (1999), S. 52 ff.; vgl. auch Aditja, R. N./House, R. J. (2002), S. 215 ff.
189 Vgl. Clark, B. D./Matze, M. G. (1999), S. 127 ff.
190 Vgl. Manning, T. S. (2001)
191 Vgl. Gregersen, H. B./Morrison, A. J./Black, J. S. (1998), S. 21 ff.

Abbildung 3-53 gibt einen Überblick über bedeutsam erachtete Aspekte der Führungsbefähigung.[192]

• Fähigkeit zum aktiven, nicht verurteilenden Zuhören
• Wille die eigenen Vorstellungen über das Diversity Management zu verändern
• Kooperationsfähigkeit
• Konfliktfähigkeit
• Veränderungsbereitschaft und -fähigkeit
• Sensibilität, z. B. hinsichtlich der Verwendung bestimmter Begriffe
• Fähigkeit, Diversity-Problemfelder und hieraus resultierende Spannungen zu erkennen
• Fähigkeit zur interkulturellem Team-Building durch die Vermittlung von Respekt und Anerkennung
• Offenheit, von anderen zu Lernen
• Fähigkeit, heterogene Mitarbeiter zu fördern
• Fähigkeit, angemessene Rückmeldung zu geben

Abb. 3-53: Relevante Kompetenzen Diversity-gerechten Führungsverhaltens
Quelle: Eigene Darstellung in Anlehnung an Lockwood, N. R. (2005).

Vielfalt kann bereichern, aber auch Ängste hervorrufen. Daher sind Führungskräfte für den Umgang mit Vielfalt zu sensibilisieren und es sind Techniken zu trainieren, wie Vielfalt gewährt, gestaltet und konstruktiv genutzt werden kann. Köppel nennt als Ursachen mangelhafter Führung heterogener Teams fehlende Identifikation, Abschottung, generelle Abwehrhaltung, Streben nach Exklusivität und Desinteresse.[193]

Fehlende Identifikation	Aushängeschild, Verletzung des Leistungsprinzips, Mangelnder Nutzen, Umsetzungsprobleme, Autonomie, Beliebigkeit, Kostendruck, Einschränkung des Handlungsspielraums, Statusverlust, Karrierebeeinträchtigung
Abschottung	Fehlender innerer Handlungsdruck, Angst vor »Anderen«, Mangelnde Zuständigkeit, Reibungsverluste, Ignoranz, Komfortzone
Generelle Abwehrhaltung	Abwehrhaltung, Taktik, externe Rahmenbedingungen
Exklusivität	Kränkung, Konformitätsdruck, Sicherheitsbedürfnis, Bedürfnis nach Ähnlichkeit, Karrierebeeinträchtigung, Ignoranz, Einschränkung des Handlungsspielraums
Desinteresse	Prioritätenkonflikt, fehlender externer Handlungsdruck, mangelnde Betroffenheit, Skepsis, Beliebigkeit

Abb. 3-54: Widerstände der Führungskräfte zur Führung heterogener Teams
Quelle: Eigene Darstellung in Anlehnung an Köppel, P. (2013), S. 18.

192 Vgl. Lockwood, N. R. (2005).
193 Vgl. Köppel, P. (2013), S. 18.

3.6 Diversity-Standardisierung durch Auditierung und Zertifizierung

3.6.1 Vom Wiegen wird die Sau nicht fett

Man kann ohne Übertreibung behaupten, dass sich weltweit, aber auch ganz besonders in Deutschland, eine beachtliche Zertifizierungsindustrie etabliert hat. Der Glaube an Zertifikate, Prüfberichte, Auditierungen, Auszeichnungen ist ungebrochen groß, Tendenz steigend. Man kann sagen: »Würden die Deutschen nur halb so viel an Gott glauben, wie an Audits und Auditoren, dann wären die Kirchen brechend voll!« Gewiss, »vom Wiegen wird die Sau nicht fett«, aber die Zertifizierungsagenturen, die Wiegemeister also, scheinen gute Geschäfte mit der Sehnsucht der Unternehmen nach externer Beurteilung zu machen. Es ist zu fragen, woher der tiefe Glaube an Zertifikate rührt? Warum verlangen die Unternehmen nach Bestätigung, nach Gütesiegeln, nach Awards, nach Lob für ihre Diversityarbeit?

Positive Testate sind Ausdruck ethisch korrekten Verhaltens. Zertifizierungen sollen die Einhaltung bestimmter Standards besiegeln, sollen den Nachweis erbringen, dass die versprochene Qualität, die Reinheit der verwendeten Produkte eingehalten wurde, dass die Erzeugung der Produkte ohne Kinderarbeit usw. vollzogen wurde. Die Zertifikate sollen die Unternehmen als familienfreundliche Organisation ausweisen, es soll belegt werden, dass keine Diskriminierung stattfindet. Die Bestätigung der Entsprechung, der Konformität, setzt Standards voraus, die als Messlatte an das Handeln der zu zertifizierenden Organisation angelegt wird. Die Zertifizierungen sind als freiwillige Übung und als zwingende Vorschrift möglich. Die verpflichtende amtliche Zulassung von Medikamenten und Automobilen, Flugzeugen und Riesenrädern leuchtet ein. Ziel der Auditierung dieser Produkte und deren Funktionsweise ist der Schutz der Allgemeinheit vor möglichen Schäden. Im internationalen Warenaustausch werden Zertifizierungen auch als verdeckte Handelsschranken zur Abwehr von Importprodukten eingesetzt. Wenn ein deutsches Unternehmen als Zugangsvoraussetzung zu einem Exportmarkt eine mehrere hundert Seiten umfassende Gebrauchsanweisung für Bügeleisen in der jeweiligen Landessprache nachweisen muss, dann kann diese Auditierungspraxis Wettbewerber davon abhalten, in einen Markt eindringen zu wollen. Die Auditierung wirkt als quasi Importverbot.

Abbildung 3-55 gibt einen Überblick über Zertifizierungen im EU-Bereich.

Zertifizierungen im EU Bereich	Beispiele für Zertifikate
Nachweis von *Ausbildungsstandards* oder *besonders ausgearbeiteten Fachnormen* bei Personenzertifizierungen	EN ISO/IEC 17024 (»Konformitätsbewertung – Allgemeine Anforderungen an Stellen, die Personen zertifizieren«)
International anerkannter Nachweis der *persönlichen Befähigung*	Als PMP (Project Management Professional) durch das PMI (Project Management Institute) IPMA-Zertifikate Level D-A für Projektmanager
Zertifizierung eines *Managementsystems*	Nach ISO 9001, ISO 14001
Zertifizierung von *Produkten oder Dienstleistungen*	EN 45011 bzw. der ISO/IEC Guide 65
Zertifizierung der *Informationssicherheit*	BS 7799 oder ISO/IEC 27001

Zertifizierungen im EU Bereich	**Beispiele für Zertifikate**
Zertifizierung zum *Nachweis der Einhaltung von Umwelt- und Sozialstandards*	Zertifizierung von nachhaltig erzeugtem Holz (FSC) oder von Fair-Trade- Produkten aus Entwicklungsländern, die bessere Konditionen für die dortigen Produzenten garantieren
Zertifizierung zum *Nachweis der Einhaltung von Anforderungen an den Arbeits- und Umweltschutz*	OHSAS bzw. ISO 14001 oder EMAS-Verordnung_ (Beispiele: SCC oder OHRIS)
Zertifizierung zum Nachweis von *Arbeitsbedingungen*	gemäß SA8000 und ähnlichen Regelwerken (Beispiele: Sedex und BSCI)
Zertifizierung in der *Software-Industrie (Computersicherheit)* • Zertifizierung der *Mitarbeiter* zur Dokumentation von Fähigkeiten, Qualifikation und Kompetenz • Zertifizierung von *Softwareprodukten* in Hinblick auf Funktionalität und Qualität • Zertifizierung der *IT-Umgebung* (IT-Grundschutz)	Besonders wichtig sind hier der amerikanische TCSEC- und der Europäische ITSEC-Standard sowie im Hinblick auf die internationale Anerkennung die Common Criteria (CC). In Deutschland erfolgt die Zertifizierung durch das BSI. Im Bereich Linux und freie Software ist ein wichtiges zertifizierendes Institut das kanadische LPI.
Zertifizierung von *Altersvorsorgeprodukten*	z. B. Riesterrente
Zertifizierung von *Energiemanagementsystemen*	DIN EN ISO 50001
Nachhaltigkeitszertifizierung von *Biomasse und Biokraftstoffen*	gemäß ISO 50001

Abb. 3-55: Überblick über Zertifizierungen auf EU-Ebene
Quelle: Eigene Darstellung in Anlehnung an Wikipedia

Der Inhalt und der Prozess der Zertifizierungen werden entweder als Dienstleistungen freier Akkreditierungsagenturen angeboten oder sind als rechtliche Vorgaben, z. B. in EU-Verordnungen und nationalen Vorschriften, kodifiziert. Proprietäre Auditierungen liegen in der Hoheit des jeweiligen Anbieters bzw. in der institutionellen Macht der staatlichen Stelle bzw. des Gesetzgebers. Die Macht des Anbieters bzw. der staatlichen Stelle ist bei vorgeschriebenen Auditierungen sehr groß. Am Markt agierende Agenturen müssen sich ihren Status im Wettbewerb erarbeiten. Ein Blick ins Internet zeigt das außerordentlich große Angebot der Zertifizierungsindustrie auf nationaler, europäischer und internationaler Ebene.

Der European Diversity Award 2013 hat 14 Preisträger ausgezeichnet: »for celebrating excellence and achievement in diversity and inclusion«.[194] Preise für »Frauenförderung, Gesundheitsmanagement, Vertrauensarbeit im Marketing, Stärkung der Arbeitsfähigkeit u. a. werden ebenfalls verliehen. Die Botschaft ist klar: »The European Diversity Awards recognise the efforts of people and organisations who are building a society across Europe which embraces all citizens – irrespective of race, gender, physical or psychological abilities, sexual orientation, age, or religious belief. The awards provide an important opportunity to highlight some of the excellent

194 Vgl. European Diversity Award (2013).

work that people and organisations are doing to make a lasting difference.«[195] Herausragende Bemühungen um Gleichbehandlung aller Menschen ohne Unterschiede der Rasse, des Geschlechts, der sexuellen Orientierung und der persönlichen Fähigkeiten werden ausgezeichnet. Die Auszeichnungen sollen loben, sollen ermuntern und zur Nachahmung auffordern.

Schaut man nach Amerika, dann findet man eine reiche Tradition von Aktivitäten, die Diversity-Best-Practice-Awards verleihen. Das »National Diversity Council« vergibt Diversity Auszeichnungen. Die Darstellung der Aufgaben liest sich wie folgt:

»We are the National Voice for Diversity. The National Diversity Council is the first non-profit organization to bring together the private, public and non-profit sectors to discuss the many dimensions and benefits of a multicultural environment. The success of the Texas Diversity Council (established in 2004) served as a catalyst for the National Diversity Council, launched in the fall of 2008. The National Diversity Council is a forerunner of community based, national organizations that champion diversity and inclusion across the country. It is currently made up of state and regional councils, the National Women's Council, the Council for Corporate Responsibility, and the Healthcare Diversity Council.«[196]

Eine Suborganisation des Diversity Council sieht es als Kernaufgabe an, Personen und Organisationen auszuzeichnen, die sich in besonderem Maße um die Belange des Diversity Managements verdient gemacht haben.

Das Mission- und Vision-Statement des Diversity Council:

Mission

Diversity Awards's mission is to distinguish individuals, organizations and businesses, which advance diversity, exemplify leadership and demonstrate corporate responsibility in their respective professions and communities.

Vision

Diversity Awards will highlight and showcase men and women who embody the characteristics of the awards bestowed upon them while serving as a platform to connect people and promote networking across the nation.

Das »National Diversity Council« vergibt unter der Regie des »National Diversity Awards« folgende Auszeichnungen: »Corporate Responsibility«, Leadership Award«, »Most powerful & influential Women«, »Diversity FIRST Award«, »Multicultural Leadership Award« »Glass ceiling Award«, »Diversity FIRST Top 40 Companies«. Schaut man sich z. B. die Zielsetzung des »DiversityFIRST Awards an, dann wird deutlich, dass die Absicht in der Hervorhebung exzellenter Beispiele und damit – unausgesprochen – die Ermunterung an Restanten besteht, nun auch mehr in Gleichbehandlung, Antidiskriminierung und den Aufbau von Vielfalt zu investieren.

»The purpose of this award program is to recognize individuals, community groups, non-profit organizations, and business establishments within the legal, academic, corporate, and/or health community that have demonstrated outstanding achievements and sustained commitment to the pursuit of cultural diversity and inclusion in the community and workplace.

The award was created to recognize and commend organizations and individuals for their support of diversity and inclusion in the workplace, in turn transforming our diverse community into a truly inclusive environment where individuals are valued for their talent and able to reach their full potential.«

Abb. 3-56: Mission und Vision des Diversity Council

195 Vgl. European Diversity Award (2013).
196 Vgl. www.nationaldiversitycouncil.org.

Die Botschaft des Award erfasst das Managing Diversity ebenso wie das Diversity Management, wenn es darum geht, die Potenziale der Menschen voll zur Wirkung zu bringen und die Inklusion unabhängig von personalen Merkmalen voranzutreiben. Die Awards sind in Abbildung 3-57 näher beschrieben.

Name des Awards	Inhaltliche Schwerpunkte
Corporate Responsibility Award	Der *Corporate Responsibility Award* zeichnet jährlich Unternehmen aus, die sich für sozialpolitische oder ökologische Themen in besonderem Maße engagieren. Unternehmen, die ihre Führungsgrundsätze und Leitlinien ganzheitlich nach innen und nach außen konsequent leben (Orientierung an den Stakeholdern) und mit nachhaltigen Projekten und verantwortlichem Handeln einen Beitrag zur Gesellschaft leisten (to be a good citizen).
Leadership Award	Der *Leadership Award* wird an Geschäftsführer und Führungskräfte verliehen und zeichnet deren Führungsstil aus. Die Auszeichnung ehrt folgende Aktivitäten bzw. Attribute: • Positiver Einfluss auf das Unternehmen und die Belegschaft, z. B. als bereichs- und unternehmensübergreifende Zusammenarbeit • Kontinuierliche Weiterentwicklung und Förderung von Mitarbeitern sowie der eigenen Führungsbefähigung • Herausragendes integeres und ethisch beispielhaftes Führungsverhalten
Most powerful& influential Women Award	Der *Most powerful & influential Woman Award* ehrt das Engagement von Frauen in Führungspositionen. Durchsetzungsvermögen und erreichte Erfolge sowie der Einsatz für andere Frauen, die in die Fußstapfen der Prämierten treten sollen, werden hervorgehoben und ausgezeichnet.
Diversity First Award	Der *Diversity First Award* zeichnet Einzelpersonen, Gruppen, Non-Profit-Organisationen und Unternehmen aus, die herausragende und nachhaltige Leistungen für die kulturelle Vielfalt und die Integration in die Gesellschaft und das Arbeitsleben erbracht haben. Auf *individueller Ebene* werden folgende Aktivitäten ausgezeichnet: • Engagement für Fragen der Vielfalt und den Schutz der Bürger- und Menschenrechte • Entwicklung innovativer und zeitgemäßer Maßnahmen zur Bekämpfung von Diskriminierung • Aktive Förderung der Kommunikation und Zusammenarbeit »bunter« Gruppen • Engagement für und Beteiligung an Veranstaltungen zu den Themen Respekt, Akzeptanz, Kooperation oder Toleranz Auf *kollektiver Ebene* werden ausgezeichnet: • Die Entwicklung und Implementierung von Projekten zur Förderung der Vielfalt der Belegschaften • Beispielhafte Führung und strategische Entscheidungen, die Diskriminierungen vermeiden und abbauen • Gestaltung einer Personalpolitik der Vielfalt

Name des Awards	Inhaltliche Schwerpunkte
Multicultural Leadership Award	Der *Multicultural Leadership Award* richtet sich an Personen mit unterschiedlicher nationaler Herkunft und Kultur, die die Prinzipien der Vielfalt und der Führung »bunter« Teams in ihrer Arbeit verkörpern und eine Verbesserung der Zusammenarbeit im eigenen Verantwortungsbereich und in der Gesellschaft konsequent anstreben.
Glass Ceiling Award	Der *Glass Ceiling Award* ehrt die Leistung und den Werdegang von Frauen und Minderheiten, die die unsichtbare, scheinbar undurchdringbare »Glasdecke« durchbrochen haben, und den Aufstieg in die Vorstandsetagen geschafft haben.
Diversity FIRST Top 40 Companies Award	Der Aufwand von Unternehmen im Hinblick auf Diversity-Maßnahmen wird im *Diversity FIRST Top 40* Ranking quantitativ und qualitativ bewertet. Für Unternehmen ist eine Platzierung Bestätigung ihrer Anstrengungen und gleichzeitig Motivation für neue Initiativen, um zukünftig eine verbesserte Position im Diversity Ranking zu erreichen bzw. eine gute Platzierung zu sichern.

Abb. 3-57: Auszeichnungen des »National Diversity Councils«

Die Wirkung von Auszeichnungen steht im Zusammenhang mit Lob und Tadel als Instrumente der Verhaltensänderung. Awards wirken als soziale Bestätigung für die Leistung einer Organisation oder einer Person. Lob und Anerkennung durch Auszeichnungen wirken in zweifacher Weise leistungsstimulierend. Zum einen wird derjenige gelobt und positiv hervorgehoben, der eine bestimmte, in der Regel herausragende Diversity-Leistung, erbracht hat. Zum anderen wirkt die öffentliche Anerkennung leistungsstimulierend auf andere Personen oder Organisationen. Die Auszeichnung des einen soll als nachahmungswürdiges Beispiel auf andere wirken. Das Lob kann auch in die gegenteilige Richtung wirken, indem der Ausgezeichnete nach der Auszeichnung die Anstrengungen verringert, weil ihm ja bereits exzellente Diversity-Praxis attestiert wurde. Zudem beruhen die Meldungen für Auszeichnungen häufig auf der Auskunft, der Selbstanzeige, der zu bewertenden Person oder Organisation. Bewertet wird lediglich ein Ausschnitt der Diversity-Aktivitäten. Einzelne Maßnahmen aus einem Diversity-Handlungsfeld werden positiv hervorgehoben und es bleibt offen, ob und in welcher Qualität andere Handlungsfelder des Diversity Managements gestaltet werden. Die Vielfalt der ausgelobten Auszeichnungen ist auch ein Indiz für ein noch junges Handlungsfeld des Personalmanagements. Mit der öffentlichen Auslobung von Preisen und Auszeichnungen soll Diversity Management bekanntgemacht und vermarktet werden. Es bleibt zu prüfen, inwieweit die Auszeichnungen Fassaden-Blendwerk sind und inwieweit die Auszeichnungen Tiefenwirkung in die Unternehmenspolitik, die Gestaltung der Arbeitsplätze und der Arbeitsprozesse, das Führungssystem und die Personalpolitik zeigen.

3.6.2 Einfalt oder Vielfalt als Ziel des Diversity Managements

Es ist zu fragen, ob standardisierte Verfahren, Auditierungen, Auszeichnungen etc. der Forderung nach Vielfalt entgegenkommen oder ob diese Standardisierungen Vielfalt eher behindern. Die Situation ist gegenwärtig wie folgt: Diversity Management zielt – so die Definitionen – auf die Herausbildung von Unterschieden zur Herbeiführung von Vorteilen. Wettbewerbsvorteile,

Innovationsvorsprung, exzellente Positionierung auf Märkten, allen voran auf den relevanten Arbeitsmärkten, sollen durch Diversity Management erreicht werden. Diese Erfolge sollen auf dem Fundament des Managing Diversity erreichbar werden, indem niemand diskriminiert, niemand wegen seiner Person, Herkunft etc. benachteiligt oder herabgesetzt wird. Diversity Management zielt auf Vielfalt; Managing Diversity auf Einfalt! Ist das gewollt?

Dazu ein Beispiel. Die Entwicklung in Wirtschaft und Gesellschaft zeigt gegenwärtig starke Tendenzen der Standardisierung. Die Pluralität der Bildungspolitik der Bundesländer soll z. B. durch ein bundeseinheitliches Abitur standardisiert werden. Nationale und europäische Qualifikationsrahmen normieren die Bildung nach Qualifikationsstufen. Pisa-Studien ermitteln Schülerdefizite und setzen Standards dafür, was exzellent, mittelmäßige und schlechte Schülerleistungen sind bzw. exzellente sein sollen. Die Menschen haben sich an Normung gewöhnt und sind sehr zufrieden, dass DIN A 4 Papier in jeden Drucker passt. Warum also keine Normierung von Studiengängen, warum keine Normierung der Managergehälter, warum kein Standard für »best practice of diversity«?

Auf der Homepage des Bundesministeriums für Bildung und Forschung liest man zum **Deutschen Qualifikationsrahmen (DQR)**:

»Mit dem Deutschen Qualifikationsrahmen für lebenslanges Lernen wird erstmals ein umfassendes, bildungsbereichsübergreifendes Profil der in Deutschland erworbenen Kompetenzen vorgelegt. Als nationale Umsetzung des Europäischen Qualifikationsrahmens für lebenslanges Lernen soll er die Besonderheiten des deutschen Bildungssystems berücksichtigen und zur angemessenen Bewertung und Vergleichbarkeit deutscher Qualifikationen in Europa beitragen.«

Abb. 3-58: Deutscher Qualifikationsrahmen (DQR)

Genormte Waren, Dienstleistungen, Befähigungen, passen nicht nur in jeden Drucker, sondern auch in jeden Kopf. Nicht die bunte Vielfalt, sondern die Vorteile der Einfalt leuchten den Bürgern ein. Standardisierungen sind auch in anderen Bereichen beliebt. Bürgerrente, einheitliche Mitgliedschaft in der Krankenkasse und der Rentenversicherung, Mindestlohn und Deckelung der Managergehälter sind Ausblühungen der deutschen Sehnsucht nach Standards, nach Gleichheit, nach Gerechtigkeit.

Zertifizierung und Auditierung, Akkreditierung und Leistungschecks folgen der Parole, wonach der Prophet im eigenen Hause nichts wert sei. Man habe Verbesserungen nur erreicht, weil der externe Auditor die Mängel in sein Schwarzbuch geschrieben habe. Wenn der Auditor dem Management die Leviten lese, so die Argumentation, dann werde keine Karriere beschädigt, weil der Auditor nicht Mitarbeiter des Unternehmens sei. Das kann man so sehen, man kann aber auch die Beauftragung eines externen Kontrolleurs als Armutszeichen werten. Wenn das Management und die Führungskräfte in ihrer tagtäglichen Arbeit Schwachstellen nicht bemerken, wenn den Mitarbeitern die Kraft und/oder der Mut fehlt, Missstände anzuprangern, dann werden sie auch keine Kraft und keinen Mut haben, die durch den Auditor erkannten Mängel abzustellen.

Der Wert der ins Kraut schießenden Audits liegt im Gesetz der großen Zahl. »Man müsse zertifiziert sein, weil alle sich zertifizieren lassen, ändern würde es nicht viel«, so das oft zu hörende Argument für die Zertifizierungen. Hinzu kommt sicherlich, dass die Zertifizierungsagenturen in guter Verpackung, z. B. als Stiftung, auftreten. So gelingt es, den Eindruck zu erwecken, mit den Stiftungs-Auditoren kämen ganz besonders gute und wohlmeinende Altruisten in die Unternehmen. Dieser Glaube an »selbstlose Wohltäter« verkauft sich gut. Weil das so ist, werden Auditierungen zur Dauereinrichtung ausgebaut. Re-Zertifizierungen stellen die Testate unter die Drohung der Versagung des erneuerten Zertifikats, machen folglich den Kunden auf Dauer gefügig. Diese Drohkulisse füllt das Konto der Auditierungsagentur. Sicherer als die Wiederkehr der Schwalben im Frühjahr ist folglich die Treue der Auditierungsagentur. In der Zwischenzeit arbeitet das Weiterbildungsinstitut der Auditierungsagentur, sorgfältig abgetrennt als GmbH, die vom Auditor erkannten und dokumentierten Mängel aus der Auditierung ab. Ein Schelm, wer dabei Böses denkt.

Stimmen gegen den Zeritfizierungswahn regen sich. Ein sachliches Argument gegen die Zertifierungspraxis liegt in der Zeitpunktbezogenheit der Auditierungen. Mängel, die zum Zeitpunkt einer Auditierung festgestellt (oder dem Auditor aufgetischt) werden, bieten lediglich eine Momentaufnahme. Was ist mit den Problemen, die morgen entstehen, wenn der Auditor das Nachbarunternehmen nach Mängeln befragt? Der wohl größte Mangel der Auditierungen liegt in der kafkaesken Aufbereitung der Unterlagen, dem Bluff, mit dem die Auditoren zufriedengestellt werden. Es wird gezeigt, was man zeigen will, die Auditierung wird nach Bekanntwerden des Auditierungstermins – wie ein Schwiegermutterbesuch – sorgsam vorbereitet. Es entstehen so zwei Realitäten: Die für die Auditierungszwecke »erdachten« Probleme und die reale Wirklichkeit in Organisationen, die von der singulären Störung durch das Auditierungsverfahren weitgehend unberührt bleibt. Die Auditierungspraxis könnte man mit Stadtrenovierungen in der DDR vergleichen, die vorgenommen wurden, wenn sich Erich Honecker zum Besuch angemeldet hatte. Die Wände der vorbestimmten Straßen, durch die der Gast geleitet wurde, wurden bis zur Sichthöhe getüncht. Die Tristesse der maroden Straßenzüge blieb dem hohen Gast auf diese Weise verborgen.

Das nachfolgende Beispiel der Agentur »Audit Beruf und Familie« offenbart ein weiteres Problem der Auditierung. In der Internet-Selbstbeschreibung wird darauf hingewiesen, dass das »Audit berufundfamilie« (zusammengschrieben, weil beides wohl untrennbar zusammengedacht werden soll) die Unternehmen bei der Verwirklichung einer familienfreundlichen Personalpolitik unterstützt, die sich rechnet.

Leider unterbleibt die Überprüfung der Milchmädchenrechnung, die klar sagt, dass der Arbeitstag acht Stunden hat, die private Zeit 16 Stunden. Eine Vereinbarkeit ohne Verschiebung von Zeitanteilen ist dem Versuch vergleichbar, eine zu kurze Bettdecke optimal zu nutzen. Zieht der müde Mensch die Decke nach oben, werden die Füße kalt, deckt er die Füße zu, friert er am Oberkörper. Die Vereinbarkeit von Beruf und Privatleben bleibt hinter der vielfältigen positiven Rhetorikfassade und den schmeichelnden Awards für die konkret betroffenen Menschen und Unternehmen eine Wahl zwischen Skylla und Charybdis.[197]

Audit Beruf und Familie

»Das audit berufundfamilie unterstützt Unternehmen, eine familienbewusste Personalpolitik nachhaltig umzusetzen. Es ist das strategische Managementinstrument zur besseren Vereinbarkeit von Beruf und Familie.

Empfohlen von allen Spitzenverbänden der deutschen Wirtschaft, ermittelt das ›audit berufundfamilie‹ Potenziale und bietet spezifische Lösungen für Unternehmen an, die sich rechnen.«[197]

Abb. 3-59: Auditierung »Beruf und Familie«

197 Vgl. Beruf und Familie (2013).

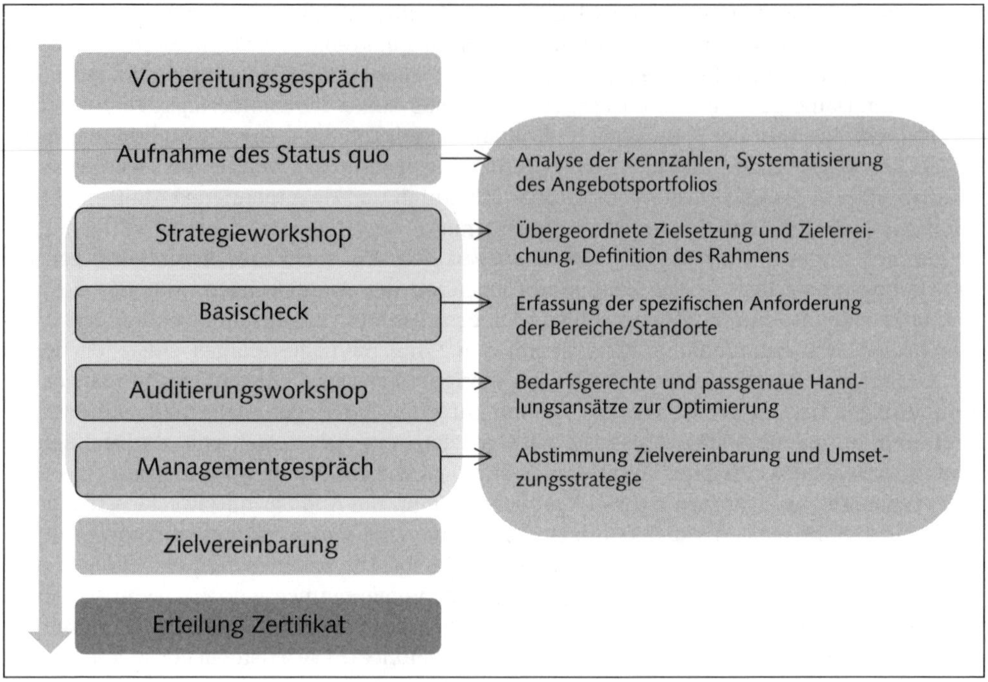

Abb. 3-60: Prozess des Auditierungsverfahrens »beruf und familie«

3.6.3 Beispiele aus der Auditierungspraxis

3.6.3.1 Personalmanagement Award – Auditierung des Bundesverbandes der Personalmanager[198]

Der Bundesverband der Personalmanager (BPM) hat die Ausschreibung für den Personalmanagement Award 2012 wie folgt eröffnet: Gesucht und ausgezeichnet werden nachhaltige und zukunftsweisende Arbeiten aus dem Bereich Diversity Management. Unternehmen und Personalverantwortliche mit Projekten und Initiativen, die Lösungen in den Arbeitsfeldern Chancengleichheit, Geschlechtergerechtigkeit und Integration bieten, können sich bewerben.

Die Jury, bestehend aus Vertretern der Wirtschaft, Wissenschaft, Politik und Medien, prämiert jeweils eine Arbeit aus den Kategorien »Großunternehmen«, »kleine und mittelständische Unternehmen« sowie »Organisationen und Verbände«.

3.6.3.2 CHE Consult – Diversity für Hochschulen[199]

Hochschulen sind nach ihrem Selbstverständnis seit jeher an Vielfalt, nicht an Monokultur interessiert. Das gilt bezogen auf die Herkunft, Sprache, Prägung und Interessenslagen der Hochschulangehörigen. Heterogenität ist bereichernd, produktiv und spannend. Hochschulen

198 Bundesverband der Personalmanager (2013).
199 CHE Consult (2013).

haben darüber hinaus die gesellschaftspolitische Aufgabe Minderheiten zu fördern und Benachteiligung zu überwinden.

Doch Überzeugung und Interesse reichen nicht aus. Die gesuchte und gewünschte Heterogenität muss in vielerlei Hinsicht möglichst systematisch und zielorientiert bearbeitet werden: bei der Internationalisierung und der Gleichstellungsarbeit, im Studierendenmarketing und in der Nachwuchsförderung genauso wie im Personalmanagement. Hochschulen müssen neue und heterogene Zielgruppen adäquat ansprechen und der Unterschiedlichkeit ihrer potenziellen oder derzeitigen Hochschulangehörigen gerecht werden. Das ist in der Regel mit ganz konkreten Handlungsfeldern und Aufgaben verbunden (z.B. Teilzeitstudium, Vereinbarkeit von Studium bzw. Beruf und Familie, Dual Career Services u.a.m.).

Ernsthaft und umfassend betrieben wird die Inklusion und Integration verschiedener Zielgruppen zu einer zentralen strategischen Aufgabe in Studium und Lehre sowie im Personalmanagement. Diversity Management ist ein Handlungsansatz, um mit diesen Aufgaben vernünftig umzugehen. Ein solcher Ansatz zielt nicht nur darauf ab, Unterschiede abzufedern und Chancengleichheit zu gewähren, sondern auch darauf, andere Sichtweisen, neue Ideen und bessere Lösungen zu finden.

3.6.3.3 Vielfalt gestalten – Diversity Audit an Hochschulen[200]

Das Diversity-Audit ist ein Ergebnis des 2010 ausgeschriebenen Programm »Ungleich besser! Verschiedenheit als Chance«. Ziel war es, Hochschulen dabei zu unterstützen, sich dieser Herausforderung zu stellen und sich in Planung und Entwicklung, Lehre und Prüfung, Beratung und Betreuung, Organisation und Kommunikation endlich vom Mythos des »Normalstudierenden« zu verabschieden. Sie zu ermutigen, nicht länger am Leitbild einer möglichst homogenen Studierendenschaft festzuhalten, sondern Differenz(en) anzuerkennen und wertzuschätzen, die darin liegenden Ressourcen und Potenziale zu nutzen – ohne die Schwierigkeiten zu beschönigen, die sich aus dem Umgang mit Vielfalt auch ergeben. 58 Hochschulen haben sich im Rahmen dieses Programms um die Teilnahme am Benchmarking-Club beworben.

Das Auditierungsverfahren »Vielfalt gestalten« will Hochschulen ermutigen, die damit verbundenen Herausforderungen anzunehmen, und Wege aufzeigen, wie im Einklang mit dem jeweiligen Hochschulprofil eine diversitätsorientierte Hochschulkultur geschaffen werden kann. »Vielfalt gestalten« begleitet und berät die Hochschulen dabei, Strategien, Strukturen, Angebote, Instrumente und Maßnahmen für diverse Studierendengruppen zu entwickeln und diese Gruppen in den Hochschulalltag zu inkludieren und zum Studienerfolg zu führen.

Kernelemente des Auditierungsverfahrens:
- Handlungsfelder
- Ablauf und Verfahren: Initiierung, Bildung von Steuerungsgruppe und Lenkungskreis, Selbstreport, Bewerbung zum Auditierungsverfahren
- Diversity-Check
- Auditierung: Interner Auditierungsprozess, Diversity-Forum
- Zertifikat
- Diversity-Club
- Re-Auditierung

200 Stifterverband für die Deutsche Wirtschaft (2013).

Beispiele guter Praxis:
- Fachhochschule Brandenburg: Diversity-Prozesse sind nicht planbar
- Universität Bremen: Kultureller Wandel braucht Zeit
- Technische Universität Dortmund:
  Wir müssen die Sprache der anderen verstehen
- Folkwang Universität der Künste, Essen: Diversität muss sichtbar bleiben
- Westfälische Hochschule in Gelsenkirchen:
  Wir müssen uns auf die Studierenden zubewegen
- Evangelische Hochschule Ludwigsburg:
  Wir sensibilisieren unsere Studierenden für Vielfalt
- Carl von Ossietzky Universität Oldenburg:
  Es geht um ein gutes Lernklima, nicht um Disziplin
- Universität Osnabrück: Diversity und E-Learning passen gut zusammen

3.6.3.4 Deutscher Diversity Preis[201]

Der **Deutsche Diversity Preis** prämiert herausragende Leistungen auf diesem Gebiet, hebt Erfolge hervor, zeichnet Akteure aus und ermutigt andere zur Nachahmung. Ausgezeichnet werden Arbeitgeber, Einzelpersonen und innovative Projekte, die Diversity und Diversity Management zielgerichtet und erfolgreich nutzen und sich für eine Arbeitskultur der Vielfalt in Deutschland einsetzen.

Die Preisträger des Deutschen Diversity Preises:

Vielfältigster Arbeitgeber Deutschlands 2013
– Großunternehmen –
Preisträger: SAP AG
Auszeichnung Exzellent: Deutsche Telekom AG und Hewlett-Packard GmbH
– Kleine und Mittlere Unternehmen –
Preisträger: Urbanara GmbH

Bestes Diversity Image 2013
Preisträger: Robert Bosch GmbH
Unter den Top 3: Google Germany GmbH und Deutsche Telekom AG

Innovativste Diversity Projekte 2013
Preisträger: LANXESS Deutschland GmbH mit »Senior Traineeprogramm« und Universität Duisburg-Essen & Universität Regensburg mit »ProSALAMANDER«

Diversity Persönlichkeit des Jahres 2013
Preisträger: Daniel Barenboim

Weitere Auszeichnungen zum Thema Diversity sind:
- Charta der Vielfalt[202]
- Diversity Works[203]: eher Workshop und Trainingscharakter

201 Deutscher Diversity Preis (2013).
202 Vgl. Charta der Vielfalt (2011).
203 Vgl. Diversity Works (2013).

3.7 Zusammenfassung

Die normativen Grundlagen des Diversity Managements geben den Aktivitäten in den Diversity-Handlungsfeldern Ordnung, Struktur, Legitimation und Transparenz. Rechte und Pflichten werden begründet und die Ressourcenbasis wird gesichert. Die normativen Grundlagen festigen das Commitment für Diversity-Aktivitäten auf allen Ebenen und in allen Bereichen eines Unternehmens. Die Verankerung in der Unternehmungsverfassung kann als Beleg guter Unternehmungsführung nach innen und nach außen vermarktet werden. Die Diversity-Aktivitäten sind stets in den Rahmen der Wirtschaftsordnung einzubetten und es ist betriebswirtschaftlich darauf zu achten, dass Einfalt und Vielfalt stets aus den Unternehmenszielen und der Unternehmensstrategie abgeleitet werden. Vielfalt an sich ist kein ökonomischer Wert, allerdings ethische Verantwortung.

3.8 Diversity-Praxis: Reifegradbestimmung Diversity Management[204]

3.8.1 Hintergrund und Ziele

Diversity bezeichnet die Verschiedenheit, Ungleichheit, Andersartigkeit und Individualität, die durch eine Vielzahl von Unterschieden zwischen Menschen entsteht.[205] Gelingt es den Unternehmen, die Vielheit als Einheit zu gestalten, kann Diversity die Wettbewerbsfähigkeit und damit den wirtschaftlichen Erfolg des Unternehmens nachhaltig steigern.

Vielfalt ist als natürliche und ursprüngliche Unterschiedlichkeit ein natürliches und menschliches Phänomen. Artenvielfalt, kulturelle Vielfalt, intellektuelle Vielfalt und die Vielfalt der Rassen sind weitgehend gegebene Phänomene. Vielfalt entwickelt sich, sie ist zunehmend oder abnehmend. Diese »Vielfalt an sich« ist nicht Ziel des Diversity Managements. In Unternehmen und Behörden geht es darum, die für die Erbringung der jeweiligen Leistung erforderliche Vielfalt an Ressourcen zu schaffen. Wie viele und in welcher Unterschiedlichkeit ausgestattete Produktionsanlagen, Vertriebs- und Beschaffungswege werden benötigt? Woher kommen die Finanzmittel? Wie homogen bzw. heterogen ist das Kapitalportfolio zu gestalten? In diesem Kapitel wird die Frage gestellt, wie die Vielfalt einer Organisation als Ist-Analyse erhoben werden kann.

Zur Erhebung des Diversity-Reifegrades wurde ein idealtypisches Diversity-Reifegrad-Konzept entwickelt. Drei Diversity-Reifegrade bzw. DIM-Generationen werden als Entwicklungsstadien unterschieden und über jeweils 12 Merkmale operationalisiert. Die Merkmale wurden aus Literaturanalysen und Praxiskonzepten gewonnen. In einem weiteren Konkretisierungsschritt wurden für jedes Merkmal jeweils drei Merkmalsausprägungen definiert und in Fragen mit jeweils drei Antwortvorgaben transformiert. Auf diese Weise entstand ein triadisches Differenzierungsinstrument zur Bestimmung des Diversity-Reifegrades (Reifegradkonstrukte des Diversity Managements):

204 Der Fragebogen wurde erarbeitet von Manfred Becker und Andrea Herz, Halle 2012.
205 Vgl. Aretz, H.-J./Hansen, K. (2003), S. 192.

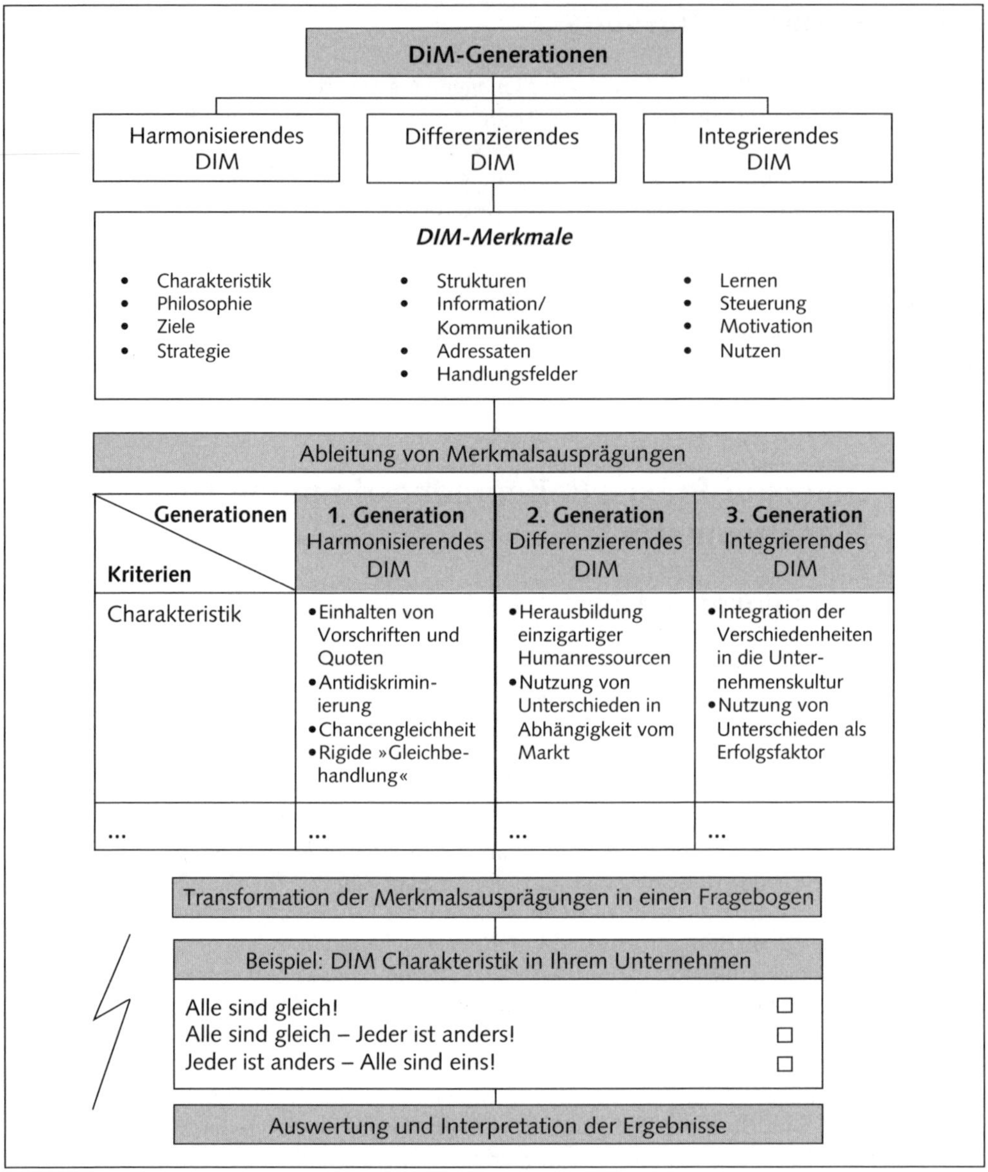

Abb. 3-61: Reifegradanalyse Diversity Management

- Harmonisierendes Diversity Management (1. DIM-Generation)
- Differenzierendes Diversity Management (2. DIM-Generation)
- Integrierendes Diversity Management (3. DIM-Generation)

Unternehmen benötigen eine reifegradspezifische Ausstattung der Vielfalt. Jedes Unternehmen muss das für die angestrebten Unternehmensziele richtige Maß an Homogenität und Heterogenität bestimmen und aufbauen. Dazu ist zunächst der Reifegrad der Unternehmensführung zu analysieren. Der Bestimmung des Reifegrades der Unternehmensführung folgt dann die Bestimmung des optimalen Diversity-Grades. Das Reifegradkonzept der Unternehmensführung ist in drei Idealtypen der Unternehmensentwicklung unterteilt:

- Traditionale Unternehmen (1. Generation der Unternehmensführung)
- Transitionale Unternehmen (2. Generation der Unternehmensführung)
- Transformierte Unternehmen (3. Generation der Unternehmensführung)

Diversity Management ist so anschlussfähig an die Unternehmensführung zu gestalten, dass der gewählte Grad an Diversität die Erreichung der Unternehmensziele optimal unterstützt. Insofern ist das Diversity Management Instrument bzw. Mittel zur Erreichung der Ziele der Unternehmensführung.

Die Erhebung des Reifegrades der Unternehmensführung und des Diversity-Reifegrades erfolgt jeweils mit einem Fragebogen.[206] Nachfolgend werden die drei Generationen des Diversity Managements, deren Merkmale und die entsprechenden Merkmalsausprägungen erläutert (vgl. Abbildung 3-61).

3.8.2 Kriterienbezogene Beschreibung der drei Generationen des Diversity Managements

Diversity Management in den drei Generationen schafft eine jeweils situative Ausprägung von erlaubter und nicht erlaubter Homogenität und Heterogenität der Belegschaft. Zur Bestimmung des optimalen Grades an Diversity muss der zu erwartende Nutzen eines Diversity Managements den Kosten gegenübergestellt werden.

3.8.2.1 Erste Generation des Diversity Managements

Bezug zur Unternehmensführung
In der ersten Generation der Unternehmensführung agieren Unternehmen in Verkäufermärkten, die Unternehmensumwelt wird als stabil wahrgenommen. Es bestehen die Unternehmen am Markt, die effizient handeln. Im Vordergrund steht daher die kostengünstige Herstellung von Produkten und Dienstleistungen. Ziel ist es, geringere Kosten als die Konkurrenz zu erreichen und damit den Ertrag zu optimieren. Klare Strukturen mit horizontaler und vertikaler Arbeitsteilung dominieren.

Harmonisierendes Diversity Management in der ersten Generation folgt der *Philosophie*, dass Mitarbeiter eine homogene, leicht substituierbare Ressource darstellen. Denn aufgrund der Existenz von Verkäufermärkten ist die Vielfalt von Charakteren, Begabungen und Qualifikationen kein entscheidender Faktor für die Leistungsfähigkeit des Unternehmens. Eine Dif-

206 Der Fragebogen zur Erfassung des Reifegrades der Unternehmensführung hat sich bereits in der praktischen Anwendung bewährt. Informationen über www.eoipso-beratung.de

ferenzierungsstrategie ist überflüssig, daher existiert Diversity nur zu dem Grad, wie diese natürlich und zufällig entsteht. *Strategien* im proaktiven Sinne sind noch nicht ausformuliert. Die *Motivation* für personale Vielfalt liegt für Personen und Organisationen darin, »nicht anzuecken« bzw. dem Mainstream zu entsprechen. Heterogenität wird toleriert, eine bewusste Schaffung und Steuerung von Vielfalt erfolgt jedoch nicht. Die Schaffung und Steuerung von Diversity würde Kosten verursachen, die die eigene Marktrente absenken würden. So erhöhen Einstellungs-, Steuerungs- und Kontrollverfahren heterogener Gruppen die Transaktionskosten und leisten keinen Effizienzbeitrag. Entsprechend wird Diversity lediglich aus einer normativen Verpflichtung heraus ex post »repariert«, um Vorschriften und Beschäftigungsquoten zu erfüllen, Konflikten vorzubeugen, Diskriminierung zu vermeiden und Chancengleichheit herzustellen *(Charakteristik)*. Diversity-Aktivitäten beschränken sich auf die Umsetzung von Gesetzen (z. B. AGG) und Richtlinien mit dem *Ziel*, Nachteile von Personen oder Personengruppen zu vermeiden und bestehende Nachteile zu beheben. *Adressaten* des Diversity Managements sind somit Personen und Personengruppen, deren Benachteiligung es zu beheben oder zu verhindern gilt. *Handlungsfelder* sind z. B. Alter, Geschlecht, Herkunft oder sexuelle Orientierung. Die *Steuerung* der Diversity-Aktivitäten erfolgt ex post als Messung der Zufriedenheit nach Abschluss der Maßnahmen.

Diversity Management soll sicherstellen, dass die *Strukturen* die Erreichung der Unternehmensziele optimal unterstützen. Die Gestaltung personaler Vielfalt in der ersten Generation ist Aufgabe der Personalabteilung. Es gibt keine eigenständige Organisationseinheit für das Diversity Management. *Informations- und Kommunikationsprozesse* verbinden die Akteure des Diversity Managements untereinander und sind Voraussetzung effizienter Gestaltung des Diversity Managements. In der ersten Generation informieren die »zuständigen Stellen« (z. B. Management und Betriebsrat) im Rahmen ihrer Befugnisse zu Fragen der Vielfalt.

Der Umgang mit Diversity ist eine personale und organisationale Befähigung, die gelernt werden muss. *Lernen* erfolgt in der ersten Generation des Diversity Managements überwiegend als reaktives Anpassungslernen. Wenn der Umgang mit Vielfalt zu Problemen und Konflikten führt, dann werden die Betroffenen informiert und geschult, damit sie ihr Verhalten an die vorgegebenen Standards anpassen (»know-that«). Eine Veränderung grundsätzlicher Normen und Werte erfolgt jedoch nicht.

Der *Nutzen* des Diversity Managements in der ersten Generation liegt in der Vermeidung von Streitfällen und Konflikten und damit in der Sicherstellung einer stabilen, reibungslosen Leistungserbringung. Effektivität als Lösung anstehender Probleme steht im Vordergrund.

Fazit:
Die erste Generation DIM steht unter dem Motto »Managing Diversity«, das aus einer normativen Pflicht heraus praktiziert wird. Das reaktive Diversity Management wird dann ineffektiv, wenn sich die Marktverhältnisse vom Verkäufer- zum Käufermarkt verändern und die Unternehmen zur Schaffung und Gestaltung von Diversity gezwungen werden.

3.8.2.2 Zweite Generation des Diversity Managements

Bezug zur Unternehmensführung
Die zunehmende Kostenorientierung in der zweiten Generation der Unternehmensführung ist das Ergebnis sich wandelnder Märkte. Unternehmen agieren nun auf Käufermärkten. Die Marktorientierung gewinnt an Bedeutung, die Umwelt wird dynamischer. Die zunehmende Dynamik zwingt zu Flexibilität und Reaktionsfähigkeit. Hierzu bedarf es einer einzigartigen Mitarbeiterstruktur. Differenzierungsstrategien stehen im Vordergrund der Unternehmensführung.

Differenzierendes Diversity Management in der zweiten Generation zielt auf die Herausbildung einzigartiger Humanressourcen. Die Nutzung der Unterschiede der Charaktere, Begabungen, Qualifikationen und Erfahrungen steht im Mittelpunkt des differenzierenden und zielorientierten Diversity Managements *(Charakteristik)*. In der Literatur herrscht Einigkeit darüber, dass vielfältig zusammengesetzte Belegschaften dann einen größeren Markterfolg erzielen, wenn die Produktdifferenzierung, die Orientierung am Kundennutzen und die Beherrschung komplexer Verfahren und Abläufe zu meistern sind.

In der zweiten Generation des Diversity Managements entwickeln und praktizieren die Unternehmen Sensibilität für die Vielfalt der Belegschaft. Die unterschiedlichen Fähigkeiten der Mitarbeiter sind Grundlage der flexiblen Anpassung an sich verändernde interne und externe Bedingungen *(Philosophie)*. Die Vielfalt der Belegschaft spiegelt den Bedarf an unterschiedlichen Begabungen, Qualifikationen und Erfahrungen der Funktionsbereiche wider, die benötigt werden, um anstehende Aufgaben anforderungsgerecht zu erledigen *(Strategie)*.

Die Finanzorientierung des Managements in der zweiten Generation der Unternehmensführung beeinflusst auch die Ziele des Diversity Managements. *Ziele* der Vielfalt sind die Sicherung der berechtigten Interessen von Mitarbeitern und Mitarbeitergruppen und die Optimierung der Kosten funktionaler Vielfalt der Belegschaft. Die *Adressaten* des Diversity Managements sind speziell ausgewählte Personen bzw. Personengruppen, deren personale Vielfalt gezielt aufgebaut und genutzt wird, um die sich verändernden Anforderungen zu erfüllen.

Vielfalt selbst und der Umgang mit Vielfalt müssen erlernt werden. Systematische Diversity-Trainings (*Lernen*) stellen sicher, dass der optimale Umgang mit Vielfalt und die funktionale Nutzung von Vielfalt gewährleistet sind (»know-how«).

Flexible *Strukturen* stellen sicher, dass die Aufbauorganisation den Einsatz der Vielfalt der Talente optimal unterstützt.

Diversity-Aktivitäten in der zweiten Generation befassen sich insbesondere mit der Förderung von Schlüsselpersonen und Schlüsselgruppen. *Handlungsfelder* sind z. B. die Vereinbarkeit von Familie und Beruf, aktive Frauenförderung, Integration von Migranten und Gesundheitsförderung. Mitarbeiter werden schnell und umfassend über entsprechende Programme informiert, z. B. in Form von Mitarbeiterversammlungen, Informationsbroschüren oder Newslettern *(Information)*. Erhöhte Autonomie, Verantwortung und Entscheidungsbeteiligung kennzeichnen die *Kommunikation* in der zweiten Generation.

Die gezielte *Steuerung* der Diversity-Aktivitäten in der zweiten Generation des Diversity Managements ersetzt den Zufall durch System. Maßnahmen werden auf der Grundlage von Bedarfsanalysen systematisch geplant, realisiert und evaluiert. DIM-Controlling findet vor, während und nach den Maßnahmen statt (z. B. Diversity Audits, Gleichstellungscontrolling).

Die *Motivation* zur aktiven Förderung der Vielfalt liegt auf der Seite der Mitarbeiter in der Entlohnung und im beruflichen Weiterkommen. Auf Unternehmensseite liegt die Motivation in der Verbesserung der Wettbewerbsfähigkeit der Organisation. Denn durch die Widerspiegelung der internen und externen Anforderungen in der Vielfalt der Belegschaft werden Kundenorientierung und Marktzugang verbessert, Leistungsbereitschaft und Leistungsfähigkeit der Mitarbeiter erhöht, Fehlzeiten und Fluktuationen verringert und Karrieren ermöglicht (*Nutzen*).

Fazit:
Die zweite Generation zielt auf eine geplante Bewältigung der Veränderungen. Heterogenität wird in Abhängigkeit vom Markt gefördert. Denn nur in der Entwicklung einer motivierten und Vielfalt nutzenden Belegschaft wird es den Unternehmen gelingen, sich rechtzeitig auf ändernde Umweltbedingungen einstellen zu können.

3.8.2.3 Dritte Generation des Diversity Managements

Bezug zur Unternehmensführung
Dynamik, Komplexität und Unsicherheit nehmen in der dritten Generation der Unternehmensführung zu. Kosten-, Qualitäts- und Innovationsdruck werden durch die Integration von Funktionen und Professionen in flexiblen Teams abgefangen. Umstellungsfähigkeit in Form von Leistungs- und Verhaltensreserven (Good Slack) sichern ein hohes Aktionstempo der Veränderung. Das differenzierende Diversity Management der zweiten Generation wird in der dritten Generation durch ein integratives Gestalten der Vielfalt abgelöst.

Nachhaltiger Unternehmenserfolg hängt maßgeblich davon ab, inwieweit es gelingt, die Verschiedenheit der Mitarbeiter als Kultur zu leben und als Einheit auf die Unternehmensstrategie auszurichten. Im Blickpunkt des Diversity Managements der dritten Generation steht die Integration der Verschiedenheiten in die Unternehmenskultur, ohne dabei Unterschiede einzuebnen *(Charakteristik)*. Diversity Management der dritten Generation ist mehr als nur Zielgruppenförderung. Personale und organisationale Vielfalt ist Anliegen neugieriger, weltoffener Personen und Personengruppen zur Verbesserung des Erlebnisreichtums *(Motivation)*. Vielfalt wird von allen Organisationsmitgliedern wertgeschätzt, gelebt und situativ optimal genutzt *(Philosophie)*. *Adressaten* des Diversity Managements sind »Organisationsfamilien«, die sich um die Ausgestaltung und den Umgang mit Vielfalt als Team eigenverantwortlich kümmern. Die Menschen, ihre Potenziale, ihre Charaktere, ihre Leistung und ihre Erfahrung stehen im Mittelpunkt gemeinsamer Bemühungen, die Veränderungs- und Innovationsfähigkeit der Organisation unter Berücksichtigung individueller Wünsche, Interessen und Ansprüche von Gruppen zu erhalten und anforderungsgerecht zu gestalten *(Ziele)*.

Humanreserven gewährleisten die geforderte latente Veränderungsfähigkeit. Während in der transitionalen Unternehmensführung das strenge Finanzmanagement keine Vorräte von Ressourcen vorsieht, streben Unternehmen in der dritten Generation nach einer Absicherung durch die Bildung von Kreativitäts- und Innovationspuffern *(Strategie)*. In der dritten Phase wird proaktiv in die Gestaltung der Vielfalt eingegriffen, um der Diskontinuität der Umwelt begegnen zu können.

Die Gestaltung der Vielfalt ist Aufgabe der Führungskraft und des Funktionsbereichs Diversity Management *(Struktur)*. In allen Unternehmensbereichen ist ein weites Bewusstsein für Vielfalt etabliert. Die Verschiedenheit der Mitarbeiter wird als Kultur entwickelt und gelebt. Wie wichtig dieser Punkt ist, verdeutlicht z. B. die Tatsache, dass einer recht unübersichtlichen Vielzahl an Aktivitäten zur Frauenförderung eine recht übersichtliche Anzahl an Frauen in Führungspositionen gegenübersteht. Die Ursachen für den niedrigen Frauenanteil in Führungspositionen sind scheinbar tief in der Unternehmenskultur verankert und können nicht allein mit punktuellen Maßnahmen gelöst werden. Ebenso verhält es sich mit der in der zweiten Generation begonnenen Gesundheitsförderung. Gesundheitskurse sind zwar gut gemeint, packen das Problem aber nicht an der Wurzel. Ein Gesundheitsmanagement muss systematisch die Gesundheitskompetenz aller Beschäftigten nachhaltig aufbauen und gesundheitsgerechte Arbeitsbedingungen fördern. Das Bewusstsein und der Lebensstil der Mitarbeiter sind zu verändern, Gesundheit muss Teil der Unternehmenskultur sein.

Diversity Management der dritten Generation ist Kulturarbeit. Diversity Quality Management, Diversity-Zirkel, Mitarbeiternetzwerke und Kreativ-Workshops sind mögliche *Handlungsfelder*. Damit ist Diversity Management Bestandteil einer Dialog- und Diskussionskultur, die von Teams, Projektgruppen und Organisationsfamilien getragen wird *(Information/Kommunikation)*. Diversity-Maßnahmen werden dabei auf Basis systematischer Problemanalysen als Teamarbeit von Mitarbeiter, Führungskraft und Diversity-Manager geplant, realisiert und evaluiert. Integriertes Diversity Controlling stellt sicher, dass die zielbezogene Navigation der Maßnahmenrealisierung gewährleistet ist *(Steuerung)*.

Diversity Management wird fortlaufend reflektiert. Der Wandel der Anforderungen, veränderte Verhaltensstandards und organisationale Veränderungen werden im Team und im Integrationsverbund von *Lernen* und Arbeiten (z. B. Projektteams, Netzwerke) realisiert (»knowing-in-action«).

Netzwerke sind ein elementarer Bestandteil des Diversity Managements in der dritten Generation. Sie tragen die Kultur der Vielfalt in die Breite. Sie bieten Raum für gemeinsame Interessen und Werte, für die Bündelung von Informationen und den Austausch von Wissen und Erfahrungen. Netzwerke bilden somit eine Quelle von kreativen Ideen und Verbesserungspotenzialen, sie stellen ein Übungsfeld (z. B. für die Präsentation eigener Leistungen) und ein Lernfeld (schauen, wie es die anderen machen) bereit.

Durch aktives Networking und autonome Teamarbeit gestalten Mitarbeiter das Unternehmen eigenverantwortlich mit. Dies stärkt die Bindung an das Unternehmen, es wird ein motivierendes Arbeitsumfeld geschaffen und das Unternehmen positioniert sich als attraktiver Arbeitgeber. Der *Nutzen* des Diversity Managements zeigt sich schließlich in der Anpassungsfähigkeit der Individuen, Gruppen und des Unternehmens als Ganzes an sich verändernde Leistungsbedingungen.

Fazit:
Diversity Management gewinnt weiter an Bedeutung. In der dritten Generation bleibt die Ausrichtung der Ressourcen zwar Ziel der Unternehmensführung, der Strategiefokus wird jedoch um das Streben nach Puffern bzw. ruhenden Potentialen ergänzt. Die Ressource Diversity ist intern herzustellen, als Erweiterung wird zusätzlich auf Netzwerke zurückgegriffen. Die gezielte Förderung von Heterogenität soll Flexibilität und Innovationsfähigkeit gewährleisten.

3.8.3 Zusammenfassende Darstellung der Diversity-Generationen

Entwicklungsphase / Kriterien	Generationen des Diversity Managements		
	1. Generation **Harmonisierendes DIM**	**2. Generation** **Differenzierendes DIM**	**3. Generation** **Integrierendes DIM**
Charakteristik	• Einhalten von Vorschriften und Beschäftigungsquoten • Antidiskriminierung • Chancengleichheit • Rigide »Gleichbehandlung« aller Mitarbeiter	• Herausbildung einzigartiger Humanressourcen • Nutzung unterschiedlicher Charaktere, Begabungen, Qualifikationen und Erfahrungen in Abhängigkeit vom Markt	• Integration der Verschiedenheiten in die Unternehmenskultur • Nutzung von Unterschieden als Erfolgsfaktor
Philosophie	• Mitarbeiter als homogene, leicht substituierbare Ressource • Vielfalt ist nicht entscheidend für die Leistungsfähigkeit des Unternehmens	• Sensibilität für die Vielfalt der Belegschaft sichert die flexible Anpassung an sich verändernde interne und externe Bedingungen	• Wertschätzung der Vielfalt • Vielfalt wird als Kultur gelebt

Entwicklungsphase / Kriterien	Generationen des Diversity Managements		
	1. Generation Harmonisierendes DIM	2. Generation Differenzierendes DIM	3. Generation Integrierendes DIM
Ziele	Vermeidung/Behebung von Nachteilen Reibungslose Leistungserstellung	Berücksichtigung der Interessen und Bedürfnisse der Belegschaft Kostenoptimale Implementierung einer funktionsfähigen Vielfalt	Veränderungs- und Innovationsfähigkeit Berücksichtigung individueller Wünsche, Interessen und Ansprüche von Gruppen
Strategie	Keine bewusste Schaffung von Vielfalt Diversity als normative Pflicht Reaktiver Reparaturbetrieb Managing Diversity	Sicherung der Flexibilität und Reaktionsfähigkeit durch marktorientierte Gestaltung der Vielfalt Widerspiegelung der internen und externen Anforderungen in der Vielfalt der Belegschaft	Gezielte, proaktive Förderung von Heterogenität Bildung von Kreativitäts- und Innovationspuffern Etablierung eines weiten Bewusstseins für Vielfalt in allen Unternehmensbereichen
Strukturen	Keine eigenständige Organisationseinheit für DIM Gestaltung personaler Vielfalt ist Aufgabe der Personalabteilung	DIM ist als eigenständige Organisationseinheit institutionalisiert	DIM ist Aufgabe der Führungskraft und des Funktionsbereichs DIM
Information/ Kommunikation	Zuständige Stellen (z. B. Management, BR) informieren zu Fragen der Vielfalt	Umfassende Information der Organisationsmitglieder zu Diversity-Themen, z. B. Mitarbeiterversammlungen, Informationsbroschüren	interne und externe Kommunikation von DIM DIM als Bestandteil einer Dialog- und Diskussionskultur
Adressaten	Benachteiligte Personen/ Personengruppen	Personen/Personengruppen, deren personale Vielfalt die Erreichung der Unternehmensziele unterstützt	Organisationsfamilien, die sich eigenverantwortlich um die Gestaltung der Vielfalt kümmern
Handlungsfelder	Erfüllung gesetzlicher Vorschriften zur Vermeidung von Benachteiligungen, z. B. Alter, Geschlecht, Herkunft, Sexuelle Orientierung	Gezielte Förderung von Schlüsselpersonen/Schlüsselgruppen, z. B. über aktive Frauenförderung, Gesundheitsförderung, Vereinbarkeitsprogramme	DIM ist Kulturarbeit, z. B. Diversity Quality Management, Mitarbeiternetzwerke, Kreativ-Workshops, Teamentwicklung, internationale Projekte Ganzheitliche OE

Entwicklungsphase / Kriterien	Generationen des Diversity Managements		
	1. Generation Harmonisierendes DIM	2. Generation Differenzierendes DIM	3. Generation Integrierendes DIM
Lernen	Reaktives Anpassungslernen Bei Problemen im Umgang mit Vielfalt werden Betroffene informiert und geschult Keine Veränderung grundsätzlicher Normen und Werte	Systematische Diversity-Trainings sichern die funktionale Nutzung von Vielfalt Aktive Beobachtung des Marktes führt zu einer Reflexion und Anpassung bestehender Normen und Werte	Selbstorganisiertes Lernen in Form von Teamarbeit und Netzwerken Aktive Reflexion des DIM Realisierung organisationaler Veränderungen im Integrationsverbund von Lernen und Arbeiten
Steuerung	Ex-post-Kontrolle der Diversity-Maßnahmen als Zufriedenheitsmessung	Systematische Planung, Realisierung und Evaluation von Maßnahmen auf der Grundlage von Bedarfsanalysen DIM-Controlling vor, während und nach den Maßnahmen (z. B. Diversity-Audits)	Planung, Realisierung und Evaluation von Maßnahmen auf Basis systematischer Problemanalysen und in Kooperation von Mitarbeiter, Führungskraft, Diversity-Manager Integriertes Diversity Controlling
Motivation	Personen und Organisationen streben nach Vielfalt, um dem Mainstream zu entsprechen	Persönlich: Entlohnung, berufliches Weiterkommen Organisation: Verbesserung der Wettbewerbsfähigkeit	Vielfalt ist Anliegen weltoffener Personen/ Personengruppen zur Verbesserung des Erlebnisreichtums
Nutzen	Vermeidung von Streitfällen und Konflikten Sicherstellung einer stabilen, effektiven Leistungserbringung	Kundenorientierung und Marktzugang Leistungsbereitschaft und -fähigkeit Verringerung von Fehlzeiten und Fluktuationen	Organisationale Bindung Hohe Arbeitgeberattraktivität Anpassungsfähigkeit der Individuen, Gruppen und des Unternehmens an sich verändernde Leistungsbedingungen

Abb. 3-62: Ausprägung der Merkmale des Diversity Managements in den drei Generationen[207]

207 Diversity-Fragebogen und der Auswertungsbogen können beim Autor angefordert werden.

3.8.4 Fragebogen zur Reifegradbestimmung Diversity Management (DIM)

Fragebogen zur Reifegradbestimmung

Diversity Management (DIM)

Inwieweit charakterisieren die nachfolgenden Aussagen das Diversity Management in Ihrem Unternehmen?

Frage 1

DIM-Charakteristik

Die Diversity-Charakteristik zeichnet ein ganzheitliches Bild von den Diversity-Aktivitäten einer Organisation. Die Diversity-Charakteristik zeigt, ob Diversity Management reaktiv, proaktiv oder integrativ gestaltet wird.

☐ A »**Alle sind gleich!**« Antidiskriminierung ist das konstituierende Merkmal des Diversity Managements. Nachteile sollen vermieden und Chancengleichheit sichergestellt werden.

☐ B »**Alle sind gleich – Jeder ist anders!**« Die Nutzung der Unterschiede der Charaktere, Begabungen, Qualifikationen und Erfahrungen steht im Mittelpunkt des funktionsbezogenen und zielorientierten Diversity Managements.

☐ C »**Jeder ist anders – Alle sind eins!**« Im Mittelpunkt des Diversity Managements steht die Integration der Verschiedenheiten in die Unternehmenskultur, ohne dabei Unterschiede einzuebnen.

Bringen Sie die Aussagen bitte in eine Rangfolge. Tragen Sie jeden Wert (1, 2, 3) nur einmal ein.

Die Werte bedeuten:

3 – eher zutreffend

2 – teilweise zutreffend

1 – weniger zutreffend.

Frage 2

DIM-Philosophie

In der DIM-Philosophie drücken sich grundlegende Werte und Normen des Unternehmens zum Umgang mit Vielfalt aus. Die Leistungsfähigkeit eines Unternehmens hängt wesentlich davon ab, welche DIM-Philosophie im Unternehmen gelebt wird.

Inwieweit treffen die nachfolgenden Aussagen für Ihr Unternehmen zu?

☐ A Mitarbeiter werden als **homogene, bei Bedarf austauschbare Personalressource** betrachtet. Die Vielfalt von Charakteren, Begabungen und Qualifikationen ist kein entscheidender Faktor für die Leistungsfähigkeit unseres Unternehmens.

☐ B **Vielfalt** wird von allen Organisationsmitgliedern **wertgeschätzt, gelebt und situativ optimal genutzt**. Die Menschen, ihre Potenziale, ihre Charaktere, ihre Leistung und ihre Erfahrung stehen im Mittelpunkt gemeinsamer Bemühungen, die Innovationsfähigkeit der Organisation zu erhalten und anforderungsgerecht zu steigern.

☐ C **Sensibilität für die Vielfalt der Belegschaft** wird dann entwickelt, wenn die unterschiedlichen Fähigkeiten der Mitarbeiter zur flexiblen Anpassung an sich verändernde interne und externe Bedingungen benötigt werden.

Bringen Sie die Aussagen bitte in eine Rangfolge. Tragen Sie jeden Wert (1, 2, 3) nur einmal ein. Die Werte bedeuten:

3 – eher zutreffend

2 – teilweise zutreffend

1 – weniger zutreffend.

Frage 3

DIM-Ziele

Ein Ziel beschreibt die Zukunft als Gegenwart! Ziele von Diversity Management beschreiben die Vielfalt, die als Er- gebnisse bestimmter Diversity-Aktivitäten in der Zukunft erreicht werden soll.

Welche Ziele verfolgt Diversity Management konkret in Ihrem Unternehmen?

☐ A Die Gestaltung der Vielfalt zielt auf die **Sicherung der berechtigten Interessen von Mitarbeitern und Mitarbeitergruppen** bei gleichzeitiger Optimierung der Kosten funktionaler Vielfalt.

☐ B Diversity Management zielt auf **Veränderungs- und Innovationsfähigkeit** der Belegschaft bei gleichzeitiger Beachtung individueller Wünsche und Interessen sowie der Ansprüche von Gruppen.

☐ C Ziel der Diversity-Aktivitäten ist es vor allem, **Nachteile** von Personen oder Personengruppen zu **vermeiden** und bestehende Nachteile zu beheben, um eine stabile, reibungslose Leistungserbringung sicherzustellen.

Bringen Sie die Aussagen bitte in eine Rangfolge. Tragen Sie jeden Wert (1, 2, 3) nur einmal ein. Die Werte bedeuten:

3 – eher zutreffend

2 – teilweise zutreffend

1 – weniger zutreffend.

Frage 4

DIM-Strategie

Die Diversity-Strategie legt fest, wie die DIM-Ziele mittel- oder langfristig erreicht werden sollen. Unterschiedliche Strategien führen zu unterschiedlicher Vielfalt in Organisationen.

Inwieweit treffen die Aussagen zu der von Ihrem Unternehmen verfolgten Diversity-Strategie zu?

☐ A Die Vielfalt der Belegschaft spiegelt den **Bedarf an unterschiedlichen Begabungen, Qualifikationen und Erfahrungen** der Funktionsbereiche wider, der benötigt wird, um anstehende Aufgaben anforderungsgerecht zu erledigen.

☐ B Vielfalt wird nicht bewusst geschaffen, sondern lediglich **reaktiv** aus einer **normativen Verpflichtung** heraus akzeptiert. Die Anerkennung interner Regeln, Vorgaben und Quoten sichert ein für alle verbindliches Maß an Vielfalt.

☐ C Im Unternehmen ist ein **weites Bewusstsein** für Vielfalt etabliert. Vielfalt wird **proaktiv** durch den Aufbau von **Humanreserven** gefördert, die sicherstellen, dass Kreativitäts- und Innovationspuffer Dynamik, Komplexität und Unsicherheit der Anforderungen professionell abfedern.

Bringen Sie die Aussagen bitte in eine Rangfolge. Tragen Sie jeden Wert (1, 2, 3) nur einmal ein. Die Werte bedeuten:

3 – eher zutreffend

2 – teilweise zutreffend

1 – weniger zutreffend.

Die Fragen 5–12 und der Auswertungsbogen sind nicht abgedruckt. Der Fragebogen, der Textbaustein zum Fragebogen und der Auswertungsbogen können vom Autor bezogen werden.

4 Wissenschaftliche Grundlagen des Diversity Managements

Wenn man vom Stand der Wissenschaft zur Erklärung der Vielfalt ausgeht, dann ist Diversity Management ein junges Forschungsgebiet. Aktivitäten der Antidiskriminierung, der Nutzung personaler Vielfalt, die Idee der Kernkompetenzen und die besondere Beachtung der Ressourcenausstattung sind ebenso neue Forschungsfelder wie die Ausdifferenzierung des Wettbewerbs auf internationaler Ebene mit der Besonderheit der Erklärung und Nutzung komparativer Wettbewerbsvorteile durch Vielfalt. Folgt man der betriebswirtschaftlichen Forschung, dann ist Vielfalt ein seit Langem wichtiges Forschungsfeld. Die betriebswirtschaftliche Forschung beschäftigt sich seit ihrer Entstehung am Ende des 19. Jahrhunderts mit der Optimierung einzigartiger Produktionsfunktionen als Grundlage der unternehmerischen Wettbewerbsfähigkeit. Die verhaltenswissenschaftliche Forschung zur Ausdifferenzierung von Gesellschaften und Organisationen kann ebenfalls auf eine lange Forschungstradition zu Themen der Vielfalt zurückschauen. Daniel Bell hat bereits in den 1970er-Jahren des vergangenen Jahrhunderts auf die nachindustrielle pluralistische Gesellschaft hingewiesen.[1] Daniel Bell weist der postindustriellen Gesellschaft die folgenden Attribute zu: Bedeutungszunahme von Wissen, intellektueller Berufe, des Dienstleistungssektors und der technischen Gestaltungsintelligenz. Die Vielfalt des Wissens, der Berufe und Tätigkeiten, der Ausbildungswege, der Vermarktungschancen und der Nutzungsmöglichkeiten spezialisierter Befähigung wächst. Der Zunahme der praktischen Bedeutung der Vielfalt folgt eine Zunahme der wirtschaftswissenschaftlichen und der verhaltenswissenschaftlichen Diversity-Forschung.

Gertraude Krell und Barbara Sieben betonen die beiden unterschiedlichen Charakteristika »des aus den USA stammenden Konzepts Diversity Management (DIM): »Es geht über die Gleichstellung von Frauen und Männern hinaus, und mit seiner Umsetzung wird nicht nur die Chancengleichheit, sondern auch das Erzielen von Wettbewerbsvorteilen angestrebt.«[2] Damit sind die beiden Stoßrichtungen der Diversity-Forschung bestimmt. Zum einen ist zu erforschen, welche betrieblichen, gesellschaftlichen, kulturellen und politischen Aspekte Diskriminierung entstehen lassen und welche Gleichstellung und Gleichbehandlung fördern. Es ist zu erforschen, wie Chancengerechtigkeit trotz personaler Unterschiedlichkeit erreicht werden kann. Dieser Forschungsstrang beschäftigt sich mit den Aspekten des »Managing Diversity«. Die Forschung zum Teilgebiet »Managing Diversity« zielt auf Erkenntnisse zur Vermeidung von Nachteilen und Diskriminierung.

Zum anderen ist zu erforschen, wie personale Vielfalt einerseits und personale Einfalt andererseits ökonomisch genutzt werden können. Anwendungsorientiert ist zu untersuchen, welche Vielfalt bzw. Einfalt zu welcher Effektivität und Effizienz führt bzw. führen kann. Dieser Forschungsstrang beschäftigt sich mit den Aspekten des »Diversity Management« und den Variablen, die rationale Entscheidungen für Einfalt oder Vielfalt bestimmen (sollten). Beim Diversity Management wird die Grenze zur normativen Forschung sichtbar. Diversity Management verfolgt personale und organisationale Ziele. Die Forschung startet mit Werturteilen und mündet in Werturteile. Um diese Grenze der Parteilichkeit und der Beliebigkeit nicht zu

1 Vgl. Bell, D. (1975).
2 Krell, G./Sieben, B. (2011), S. 156.

überschreiten, schlagen Krell und Sieben vor, »Diversity als Konstrukt«[3] zu erforschen. Diese Abstraktion der Forschungsfrage hätte den Vorteil, so die Autorinnen, die definitorische Vielfalt der Bedeutungsinhalte von Diversity ein Stück weit einzudämmen und das gemeinsame Verständnis intersubjektiv zu erweitern. Will man zu halbwegs vergleichbaren Forschungsresultaten gelangen, muss man sich diesem Abstraktionsvorschlag anschließen.

In einem Konferenzbericht hat Stefan Göschl die Ausweitung des Phänomens Diversity zusammengestellt.[4] Yvonne Benschop befasst sich in ihrem Beitrag zu dieser Konferenz mit der Ausweitung und der Bedeutungszunahme des Diversity Managements. Sie referiert die Vielfalt der Diversity-Zugänge, die in der Literatur zu finden sind:

- Social and functional diversity (Schneider/Nothcraft 1999)
- Deep-level and surface-level diversity (Garcia-Prieto et al. 2003)
- Equality and unequality diversity (Karreman and Alverson 2009)
- Happy diversity and powerful diversity (Benschop 2011)[5].

Benschop belegt mit zwei Praxisbeispielen den Einfluss mikropolitischer Einflussnahme (Machtgebrauch) beim Einsatz von Diversity-Programmen. Sie betont die Ausweitung des Phänomens Diversity: »Indeed, diversity has become an umbrella notion since its first appearance on the scholary stage. The single term ›diversity‹ is now being used for a wide variety of differences between people at work, whereas originally, studies about workplace diversity dealt primarily with issues of gender, race and class.«[6]

Der Autor dieses Buchs folgt dem erweiterten Inhalt von Diversity Management und damit der Zweiteilung in »Managing Diversity« einerseits und »Diversity Management« andererseits.

4.1 State of the Art des Diversity Managements

Die Beschäftigung mit dem wissenschaftlichen Themengebiet Diversity Management folgt der Bedeutungszunahme in der betrieblichen Praxis. Die Diversity-Praxis prägt Zielsetzung, Leitlinien, Handlungsfelder und Aktivitäten des Diversity Managements. Es ist typisch für junge Forschungsfelder, dass die normative Kraft des Faktischen zunächst die Programme bestimmt. Die Unternehmen wirken als Katalysatoren des Austausches zwischen den Kulturen, der Wissenschaft und der Praxis. Die Entwicklung eines europäisch geprägten Diversity Managements, das der unterschiedlichen Genese der Managementsysteme und der Organisationskulturen in Europa Rechnung trägt, folgt nach wie vor stark der Entwicklung in den USA, zeigt aber bereits erste Emanzipationserfolge. Als Mainstream folgt der wissenschaftliche Erkenntnisstand zum Diversity Management der langen Tradition der amerikanischen Diversity-Forschung. Die Geschichte der Emanzipation aller Bevölkerungsschichten, die Abschaffung der Rassentrennung und die Überwindung ethnischer Benachteiligungen, haben die Forschung in den USA stark geprägt. Die Forschungslinien sind allerdings auch in den USA nach wie vor vielfältig und uneinheitlich. Diversity Management, die Erforschung der Vielfalt, ist ein junges, stark aus der Praxis heraus getriebenes, Forschungsfeld.

3 Krell, G./Sieben, B. (2011), S. 156.
4 Vgl. Göschl, S. (2011).
5 Vgl. Benschop, Y. In: Göschl, S. (2011), S. 15–28.
6 Vgl. Göschl, S. (2011), S. 15.

Als erster Befund ist festzuhalten, dass ein doppelter Paradigmenwechsel des Diversity Managements stattfindet. Zum einen ist eine veränderte Schwerpunktsetzung des Diversity Managements zu beobachten. Wurden bis in die späten 1990er-Jahre des vergangenen Jahrhunderts mit Diversity nahezu ausschließlich Programme der »positiven Diskriminierung« und der »Affirmative Action« assoziiert, die auf Assimilation und Eingliederung benachteiligter Gruppen zielten, so findet inzwischen eine zunehmende Ausweitung der Zielsetzung auf die Veränderung der Unternehmenskultur statt. Diversity Management ist Element des Change Management. Wertschätzung der Vielfalt und Respekt vor der Einzigartigkeit jedes Individuums, werden mehr und mehr durch Aktivitäten des Managing Diversity ergänzt. Das betriebswirtschaftlich ausgerichtete Diversity Management, Vielfalt als konstitutives Element komplexer, dynamischer und unsicherer Unternehmenspolitik zu begreifen und zu gestalten, wird zunehmend in den Verfassungen und den Strategien der Unternehmen verankert und in die Unternehmensstrategie integriert. Mit dieser Schwerpunktverlagerung vollzieht sich auch ein Paradigmenwechsel in der personalwirtschaftlichen Forschung zum Themengebiet Diversity. Das »Defizitmodell«, das auf Nachteilsvermeidung, Nachteilsverringerung und Nachteilsausgleich angelegt ist, wird durch eine aktive Politik der Nutzung personaler Vielfalt abgelöst. Die Homogenisierungsstrategie wird um die Strategie der ökonomischen Nutzung von Vielfalt erweitert.

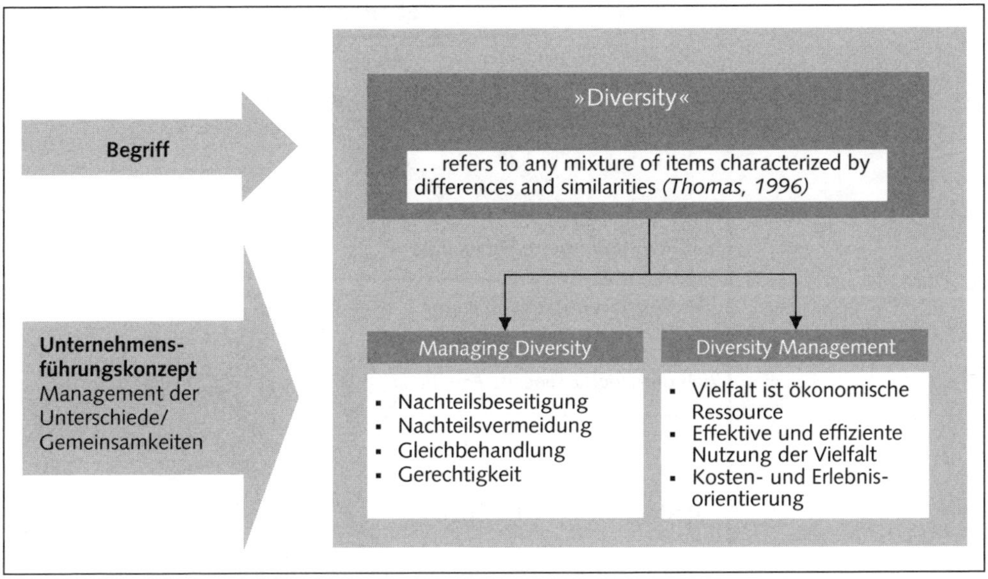

Abb. 4-1: Managing Diversity und Diversity Management

4.2 Forschungsebenen, Forschungszugänge und Adressatenbezug im Drei-Ebenen-Modell des Diversity Managements

Zur Erfassung des State of the Art des Diversity Managements in Theorie und Praxis ist ein mehrdimensionales Vorgehen sinnvoll. Diversity-Forschung sollte als Drei-Ebenen-Modell angelegt werden und die Forschungsebenen, die Forschungszugänge und die handelnden Akteure auf jeder Ebene erfassen. Die Forschungsaktivitäten können als theoriebildende Grundlagenforschung und als empirische Forschung angelegt sein (*Forschungsebenen*). Diversity-Forschung muss bei den Adressaten ansetzen und deren Ziele, Erwartungen, Voraussetzungen und Potenziale erforschen. Die Adressaten sind nach Individuen, Gruppen und Organisationen zu unterteilen (*Adressatenbezug*). Mit der kontextorientierten, der akteursorientierten, der ziel- und zweckorientierten, der inhaltsorientierten und der methodenorientierten Forschung sind die wichtigsten theoretischen und empirisch-praktischen Zugänge zum Diversity Management (*Forschungszugänge*) erfasst. Der Forschungsstand zum Diversity Management wird im Folgenden anhand dieses Drei-Ebenen-Modells referiert (vgl. Abbildung 4-2).

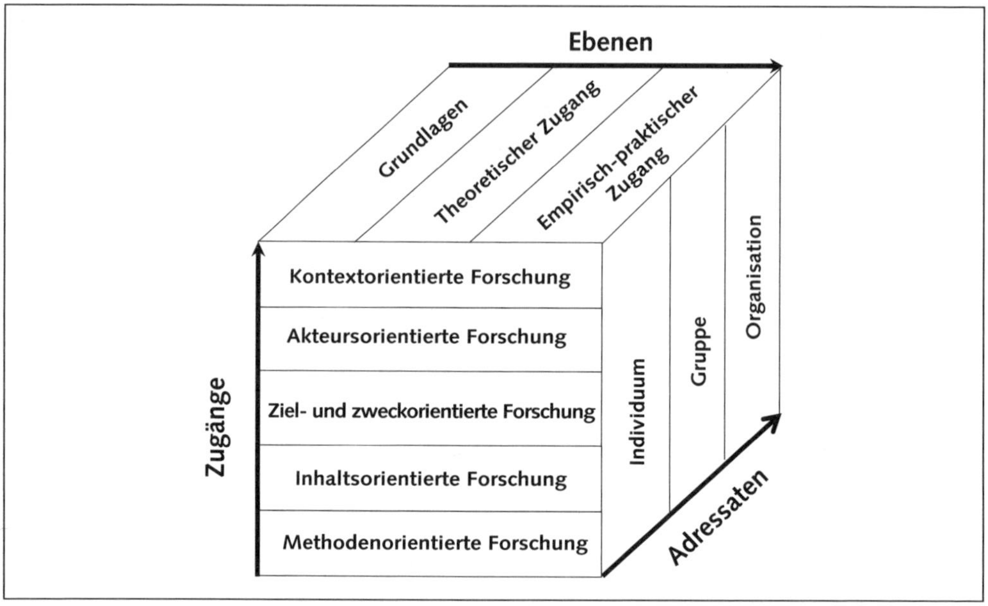

Abb. 4-2: Drei-Ebenen-Modell der Diversity-Management-Forschung

4.2.1 Grundlagen des Diversity Managements

Vor der Beschäftigung mit Inhalt, Theorien, dem Forschungsstand und den Forschungsmethoden, soll klargestellt werden, dass sich die Ausführungen im Wesentlichen auf die Vielfalt der Ressource Mitarbeiter beziehen. Andere Ressourcen wie Finanzen, Sachmittel, Beziehungen, werden am Rande behandelt, stehen aber nicht im Fokus der Diskussion in diesem Abschnitt.

Der Begriff »Diversity« wird meist mit den Begriffen Diversität, Heterogenität, Vielheit oder Verschiedenartigkeit assoziiert. In leicht positiver Konnotation dominiert die Gleichsetzung mit dem Begriff der Vielfalt. Die Begriffe Diversity und Vielfalt weisen auch eine Nähe zum Begriff Komplexität auf. Komplexität bezeichnet die Vielheit und die Verschiedenheit der Elemente, die ein Ganzes ausmachen. Es ist zwischen der Binnen- und der Außenkomplexität zu unterscheiden. Ein System ist folglich dann komplex, wenn es sich durch viele und verschiedene Elemente auszeichnet. Diese Begriffsfassung kommt der Vielfalt nahe. Ein System ist dann einfach, wenn es sich durch wenige und nicht verschiedene Elemente auszeichnet. Diese Definition kommt der Einfalt nahe. Ein Unternehmen ist z. B. dann komplex, wenn es viele verschiedene Zulieferer und Kunden hat, viele verschiedene Produkte und Produktvarianten herstellt und wenn es viele und verschiedene Berufe und Charaktere als Mitarbeiter beschäftigt. Steigt die Komplexität der internen und externen Einflussfaktoren, ändern sich auch die Anforderungen an Belegschaft und Management. Soll die Komplexität eines Systems verändert werden (vergrößert oder verkleinert werden), dann ist das Aufgabe des Komplexitätsmanagement. Vielfalt wird reduziert oder erweitert. Auch die Veränderung der personalen Vielfalt ist dem Verständnis nach Komplexitätsmanagement. Die personale Komplexität soll vergrößert werden (Vielfalt) oder verkleinert werden (Einfalt). Auch das Phänomen der Gleichzeitigkeit von Vielfalt und Einfalt ist in der Praxis zu beobachten. So sind Mitarbeiter aufgefordert, eine Aufgabe nach den gesetzten Standards auszuführen. Das entspricht einfältiger Praxis. Gleichzeitig sind die Mitarbeiter zur kontinuierlichen Verbesserung ihrer Arbeitsleistung aufgefordert. Das entspricht der Ausweitung von Vielfalt.

= betriebswirtschaftlich und verhaltenswissenschaftlich fundierte, an den Zielen des Unternehmens und den Interessen der Mitarbeiterinnen und Mitarbeiter ausgerichtete Gestaltung von Homogenität und Heterogenität der Belegschaft (Diversity).

Abb. 4-3: Umfang und Inhalt der Diversity-Management-Forschung

Die Begriffe und der semantische Gehalt von Diversity/Vielfalt sind bunt, vielschichtig und facettenreich. Die aktuelle Diskussion um den Gegenstandsbereich Diversity bewegt sich zwischen den Polen der Gleichstellungspolitik einerseits und einer proaktiven Wettbewerbsorientierung andererseits. Clutterbuck verdeutlicht: »At one extreme, diversity can be seen as a means of overcoming injustice – righting wrongs – and at the other as a means of enhancing individual and group contribution to the organization's goals.«[7] Die Begriffsfassungen von Diversity unterscheiden sich hinsichtlich des Ausmaßes der Inklusion unterscheidender Merkmale, z. B. der Mitarbeiter, die aufgrund ihrer Auswirkung auf die Arbeitsbeziehungen forschungsrelevant werden. Am weitesten geht Hayles, wenn er unter Diversity jegliche Unterschiede fasst, durch die sich Menschen in Organisationen auszeichnen.[8] Differenzierter formulieren Thomas und Ely: »Diversity should be understood as the varied perspectives and approaches to work that members of different identity groups bring.«[9] Die Auffassungen variieren insbesondere in Bezug auf den Grad, zu dem neben sichtbaren demografischen Merkmalen der Vielfalt wie Alter, Geschlecht, ethnische Herkunft, Religion und Bildungsstand (»*Surface-level Diversity*«) auch nicht sichtbare Merkmale wie kulturelle Werthaltungen und Erfahrungen (»*Deep-level Diversity*«) von Interesse sind.[10] Während sichtbare Attribute eine Bedeutung für die Gruppenkomposition besitzen, kann die Qualität und die Verteilung von unsichtbaren Unterschieden, vermittelt über die Arbeitsleistung von Gruppen, unmittelbare Leistungs- und Ergebnisrelevanz für Unternehmen entfalten.[11]

Nicht alle Definitionen schließen sozio-ökonomische Unterschiede wie Statusunterschiede und die Zugehörigkeit zu einer bestimmten Hierarchieebene ein. Der Machtaspekt wird unterschiedlich stark berücksichtigt.[12] Diversität, die aus der Ausübung funktionaler, personaler oder positionsbezogener Macht resultiert, kann einerseits als konstruierte, andererseits als akzeptierte Ungleichheit definiert werden. Ungleichheit, die auf Macht aufbaut, zeigt sich in der ungleichen Verteilung von Beteiligungs-, Entscheidungs-, und Gestaltungsrechten von Personen und Personengruppen. Diversität aus Machtunterschieden ist ein konstitutives Gestaltungselement von Organisationen. Organisationen sind folglich stets mehr oder weniger vielfältig. Die Machtbefugnisse sind unterschiedlich konzentriert verteilt. Mit der Machtausübung tritt neben die personale und soziale Differenzierung eine erzwungene Unterschiedlichkeit der Organisationsmitglieder. Personenbezogene Aspekte (»*Workforce Diversity*«) werden neben verhaltensbezogenen Aspekten wie Denkhaltung, Kommunikationsstil, Arbeitsstil und Lernverhalten (»*Behavioural Diversity*«) zum Gegenstand der wissenschaftlichen Erforschung von Diversity. Seltener werden intra- und interorganisatorische Interaktionsbeziehungen unterschiedlicher Hierarchieebenen, Geschäftseinheiten, Mutter- und Tochterunternehmen und in strategischen Allianzen (»*Structural Diversity*«) sowie die Einbettung in ein heterogenes gesellschaftliches und wettbewerbliches Umfeld (»*Business and Global Diversity*«) unter dem Aspekt der Diversity wissenschaftlich analysiert.[13] Die erfolgskritische Rolle der Informationsverteilung innerhalb von Managementteams und ihr Einfluss auf den Strategieprozess spiegeln sich in der »*Informational Diversity*« wider, die als Aggregat der unterschiedlichen Bildungsniveaus und Erfahrungen und den unterschiedlichen Zugang zu Informationen, beschreiben. Dieser Aspekt wird mit Bezug auf die unterschiedlichen Erfahrungen, die Führungskräfte in

7 Clutterbuck, D. (2002), S. 55.
8 Hayles, V. R. (1996), S. 105, zit. n. Wagner, D./Sepehri, P. (2000), S. 458.
9 Vgl. Thomas, D. A./Ely, R. J. (1996), S. 80. Die akteursorientierte Forschung hat u. a. die Eingrenzung der Diversity Management-Zielgruppe und die Identifikation individueller Beiträge zur Diversität der Organisation zum Gegenstand, vgl. hierzu das Mehrebenenmodell des folgenden Abschnitts.
10 Diese Unterscheidung wurde ursprünglich durch Harrison, D./Price, K./Bell, M. P. (1998) in Gruppenexperimenten zur Kohäsion heterogener Gruppen getroffen. Vgl. auch die Übersicht zu Diversity-Begriffen bei Wagner, D./Sepehri, P. (2000), S. 457.
11 Agars, M. D./Kottke, J. L. (2004), S. 73.
12 Hays-Thomas, R. (2004), S. 9.
13 Hubbard, E. E. (2004), S. 8.

unterschiedlichen funktionalen Bereichen des Unternehmens sammeln, auch als »*Functional Diversity*« bezeichnet.[14] Die große Bandbreite möglicher Forschungszugänge wird deutlich. Diversity ist ein auf individueller Ebene, auf der Gruppenebene und auf Ebene der Gesamtorganisation wirksames Handlungs- und Forschungsfeld.

Eine Begriffsfassung, die über eine rein summarische Erfassung relevanter Unterschiede von Mitarbeitern und Organisationseinheiten hinausgeht, bietet Hays-Thomas, die mit der Auswirkung der Diversität auf die Arbeitsbeziehungen zugleich die Begründung für die unternehmerische Relevanz von Diversity liefert. Sie fasst »Diversity« als »differences among people that are likely to affect their acceptance, work performance, satisfaction, or progress in an organization« auf.[15] Mit dieser Definition wird die konstruierte, die institutionalisierte, die artifizielle Unterschiedlichkeit hervorgehoben. Unterschied entsteht aus Über- und Unterordnung und zeigt sich in Positionen und hierarchischen Ebenen

Diversität als zu gestaltende Vielheit ist zunächst nicht mehr als das Rohmaterial, das durch Diversity Management zweckbestimmt zu formen ist. Die Differenziertheit von Diversität hängt vom Zusammenspiel einer Vielzahl von Faktoren ab:

»...whether diversity has a positive or negative impact on performance may depend on several aspects of an organization's strategy, culture, and human resource (HR) practices.«[16]

Ein einzigartiges Maß an Diversity entsteht aus dem synergetischen Zusammenspiel dieser Basisfaktoren. Die Erzeugung, der Aufbau von Diversität als unternehmerische Aufgabe hat sich an den Zielen der Organisation zu orientieren. Diversity ist keine wertfreie Kategorie und auch kein Wert an sich, sondern gewinnt, wie das Konstrukt der strategischen Wettbewerbsposition, wie Effektivität und Effizienz, erst durch das In-Beziehung-Setzen zu einer Bezugsgröße an Aussagekraft.[17] Die Unternehmens- und Personalpolitik gestaltet den Kontext der Vielfalt, in dem sich die Diversität der Belegschaft als Ressource entfalten kann. Der Wert der Diversität wird wesentlich durch die Perspektive bestimmt, die die Organisation bezüglich der Veränderbarkeit von leistungsrelevanten Merkmalen ihrer Mitglieder einnimmt. Eine strikt an Performanz ausgerichtete Orientierung übersieht die Möglichkeit, Lerneffekte zu realisieren:

»A performance orientation results in an entity view, where people's abilities are seen as finite, fixed entities. Thus, an ability like intelligence is seen as an immutable characteristic of a person like his or her height or eye color. On the other hand, a learning orientation results in an incremental view, where people's abilities are seen as malleable and changeable.«[18]

Nach diesem Verständnis sind Homogenität und Heterogenität Ziel des Diversity Managements. Präzisionsarbeit, repetitive Arbeit und gesetzlich vorgegebene Verfahrensweisen bei der Erfüllung von Aufgaben verbieten kreative Vielfalt. Ziel ist identische Wiederholung. Das entspricht sinnvoller Einfalt. Andererseits gibt es Aufgaben, die kreative Vielfalt, innovatives Probieren und Erkunden erfordern. Vielfalt ist gefragt, sowohl auf der Input-Seite der Ressourcen als auch auf der Outputseite der Produkte. Das entspricht sinnvoller Vielfalt.

---

14 Jarzabkowski, P./Searle, R.H. (2004), S. 402.
15 Hays-Thomas, R. (2004), S. 12.
16 Kochan, T. et al. (2003), S. 6.
17 Vgl. Becker, A. (2006), S. 235.
18 Roberson, L. (2003), S. 247.

4.2.2 Diversity Management – Gestaltung der Vielheit in der Einheit

Diversity Management, die Gestaltung der Vielheit, verlangt nach Cox »planning and implementing organizational systems and practices to manage people so that the potential advantages of diversity are maximized while its potential disadvantages are minimized.«[19] Eine treibende Kraft für Diversity Management stellt die wachsende Individualisierung der Gesellschaft dar. Diese wurzelt in der mit der Blütezeit des Bürgertums einhergehenden Aufwertung des Individuums:

> *»Das abstrakte Individuum...wird, allein schon durch die neue gesellschaftliche Frontenbildung, auch zum Träger einer neuen Glücksforderung. Nicht mehr als Vertreter[...]sondern als je einzelnes Individuum soll es nun die Besorgung seines Daseins, die Erfüllung seiner Bedürfnisse selbst in die Hand nehmen, unmittelbar zu seiner »Bestimmung«, seinen Zwecken und Zielen stehen, ohne die sozialen, kirchlichen und politischen Vermittlungen des Feudalismus.«*[20]

In einem empirischen Forschungsprojekt konnte die Individualisierung als Element postmoderner Lebensweise nachgewiesen werden. Untersucht wurden die Elemente Individualisierung, Temporalisierung, Fragmentierung und Ästhetisierung.[21] Menschen ziehen sich zunehmend aus gemeinschaftlichen Berufs- und Lebensbezügen zurück (*Individualisierung*). Lebensverhältnisse vervielfachen sich (*Temporalisierung*), Lebensentwürfe zersplittern (*Fragmentierung*). Menschen suchen zunehmend nach lustvollen Erlebnissen, jedoch unter Vermeidung von Belastendem (*Ästhetisierung*). Die Studie fragt danach, ob und in welchem Ausmaß die postmodernen Phänomene der Individualisierung, Fragmentierung, Temporalisierung und Ästhetisierung in der Gesellschaft spürbar sind und welche Folgen für die Lebens- und Unternehmenswelt der Menschen daraus folgen. Die Ergebnisse zeigen, dass die Facetten der Individualisierung durchweg hoch ausgeprägt sind, gefolgt von Temporalisierung, Ästhetisierung und Fragmentierung. Individualisierung wird insgesamt als positiv erlebt. Fragmentierung und Temporalisierung werden als negativ wahrgenommen. Die zunehmende Ästhetisierung bleibt ohne wesentlichen Effekt auf das Arbeitsleben. Weiterhin wurde nachgewiesen, dass personalwirtschaftliche Maßnahmen wie Diversity Management, systematische Personalentwicklung, transformationale Führung, angemessene Arbeitsbedingungen und ein mittleres Maß an Flexibilität der Beschäftigungsverhältnisse die positiven Effekte von Individualisierung stärken und die negativen Effekte von Fragmentierung und Temporalisierung abmildern. Aus den Erkenntnissen der Studie ist Unternehmen dringend zu empfehlen, die Phänomene der Postmoderne aufzugreifen und personalwirtschaftliche Instrumente zu entwickeln, die geeignet sind, die veränderte Lebenswelt so zu gestalten, dass die Mitarbeiter ihren Lebensstil praktizieren können und trotzdem motiviert und engagiert arbeiten (Abbildung 4-4).

Wenn die Individualisierung voranschreitet, dann erhöht das die personale Vielfalt. *Individualisierung* bezeichnet den Prozess der zunehmenden Reflexion und Umsetzung von Individualität. *Individuum* bezeichnet das Unteilbare und Einmalige in raum-zeitlicher und qualitativer Hinsicht (Werte, Eigenschaften, Fähigkeiten, Einstellungen).[22] *Individualität* drückt das Bewusstsein des Individuums von seiner Besonderheit aus und erfasst das Bedürfnis, diese

19 Cox, T. (1993), S. 11.
20 Marcuse, H. (1937), S. 61.
21 Vgl. Becker, M./Beck, A. (2014).
22 Häcker, H./Stapf, K. (1998), S. 347.

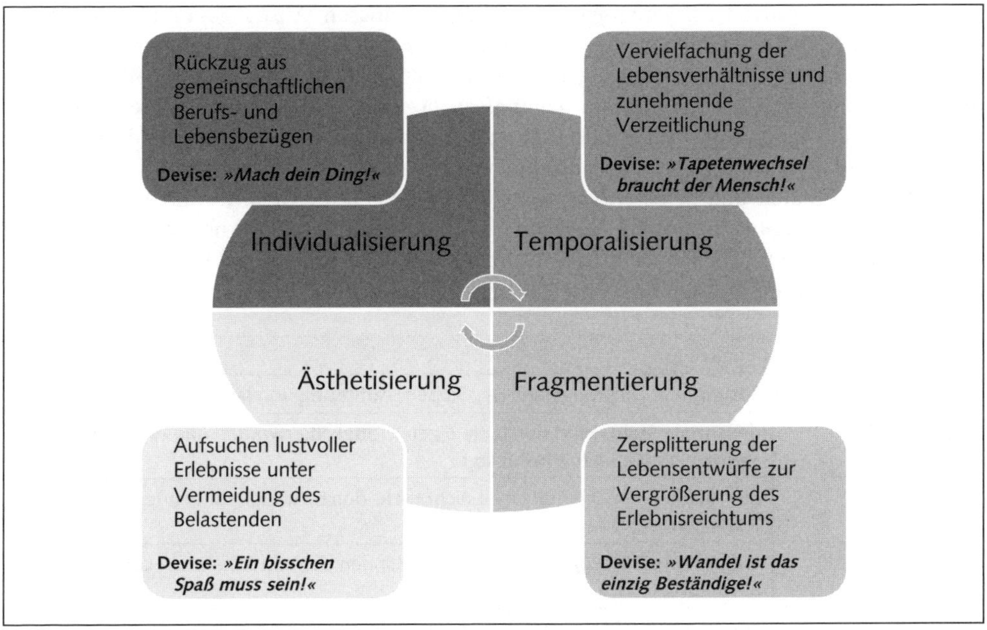

Abb. 4-4: Die Quadriga der Postmoderne

Einzigartigkeit auch zum Ausdruck zu bringen, zu leben.[23] Im Prozess der Individualisierung nimmt sich der Mensch zunehmend als einzigartig und einmalig wahr. Individualisierung bedeutet, den Anspruch des Individuums auf autonomes Denken und Handeln zu akzeptieren. Die Individualisierung der Lebens- und Arbeitsbedingungen resultiert aus den gesellschaftlichen und wirtschaftlichen Möglichkeiten der Neuzeit. Individuen legen Wert darauf, die Gestaltung ihrer Lebensumstände und Arbeitsbedingungen selbst zu bestimmen.[24] Multioptionalität führt zu einem tieferen Bewusstsein und ermöglicht Individualität. Individuen reflektieren die eigenen Wünsche und Ziele. Die Sättigung der Grundbedürfnisse und das gestiegene Bildungsniveau, die technologischen Entwicklungen und die schwindende Angst vor äußerer Bedrohung, stärken das Streben nach Selbstbestimmung, Selbstverwirklichung, Autonomie und Authentizität, ohne dass die Person ein unkalkulierbares Existenzrisiko eingehen müsste. Wer sich auf Individualität zurückzieht, verliert damit zwar die gemeinschaftliche Geborgenheit, ist aber nicht auf sich allein gestellt. Nur die Verbindung zu anderen Menschen verändert sich von gemeinschaftlich emotionalen Bezügen zu Vertragsbeziehungen. Was das Individuum als Ergänzung seiner Individualität von anderen benötigt, besorgt es sich über Verträge. Traditionelle Instanzen der Religion, der Vernunft und der sozialen Konvention sowie Bindungen an Dinge, Orte und Menschen werden als Lebensprinzipien mit schwindendem Wert empfunden. Individualisierung wirft den Menschen nicht im strengen Sinne auf sich selbst zurück, sondern verschafft ihm die Vorzüge der Emanzipation, ohne auf die

23 Vgl. Abels, H. (2010), S. 44.
24 Vgl. Matjan, G. (1998).

Annehmlichkeiten sozialer Ergänzungen verzichten zu müssen. Ausgangs- und Zielpunkt des Handelns sind die individuellen Interessen. Das Selbst wird zum zentralen Bezugspunkt.[25] Schützend wird die Hand über das eigene, das selbstgewollte und das individuell zelebrierte private Glück gelegt. Das Individuum gewinnt an Freiheit und Autonomie (Freisetzungsdimension), zahlt jedoch den Preis des Verlustes emotionaler und sozialer Bindungen, von Sicherheit und Solidarität (Entzauberungsdimension).[26] Individualisierung und Vielfalt schaffen nicht nur Freiheit und Selbstentfaltung, sondern bergen die Gefahr von Gleichgültigkeit und Nivellierung, Langeweile und Frustration in sich.[27] Individualisierung wird als Prozess der Loslösung verstanden. Dieser Prozess schließt familiale, soziale, ökonomische, geografische, kulturelle und moralische Aspekte ein (vgl. Abbildung 4-5).

Dimensionen der Individualisierung	
familial	Lösung von Ursprungsfamilien, Sippen, Auflösung von langen Generationsketten
sozial	der soziale Status wird durch die eigene Tätigkeit erworben und nicht durch die Familienzugehörigkeit festgelegt
ökonomisch	die Tätigkeit von Menschen ist nicht mehr durch Gruppierungen (z. B. Zünfte) festgelegt
geografisch	Individuen sind geografisch mobil und binden sich nicht mehr ein Leben lang an einen Ort
kulturell	Loslösung von Meinungsbildung und Weltanschauung
moralisch	Individuen fühlen sich nicht mehr verpflichtet, für bestimmte Personen oder Gruppen, Leistungen zu erbringen

Abb. 4-5: Dimensionen der Individualisierung
In Anlehnung an: Hornberger, S., (2006), S. 11.

Die »Quadriga postmoderner Lebensweise« wirkt sich auch auf das Verhalten der Belegschaften aus. Individualisierung verlangt maßgeschneiderte Konzepte der Betreuung und Beratung von Mitarbeitern. Die Fragmentierung reduziert das Commitment. Bindearbeit muss geleistet werden. Temporalisierung wird als Präsentismus negativ erlebt, die Vereinbartkeit von Privatleben und Beruf steht noch aus (vgl. Abbildung 4-6). Die Ergebnisse der Studie zur Quadriga postmoderner Lebensweise bestätigen die Zunahme der Individualisierung, der Temporalisierung, Fragmentierung und Ästhetisierung.

Es ist folglich für die Ausgestaltung des Diversity Managements wesentlich, zu wissen, ob der Entwurf des aufgeklärten Staatsbürgers, des eigenverantwortlichen Mitarbeiters, des emanzipierten Individuums die Realität ist, von der das Diversity Management seinen Ausgang nehmen muss. Wenn das unabhängige Individuum Realität ist, dann verändert sich *Diversity Management* zu *Managing Diversity*. Folgen wir Herbert Marcuse, so besteht eine Differenz zwischen der abstrakten Gleichheit einerseits und der faktischen Ungleichheit andererseits. Die abstrakte Gleichheit, die für das Bürgertum in seiner Auflehnung gegen den Feudalismus genügte, »um wirkliche individuelle Freiheit und wirkliches individuelles Glück

25 Vgl. Lyotard, L.-F. (1994), S. 53 f.
26 Vgl. Beck, U. (1986), S. 206 ff.
27 Vgl. Becker, M./Beck, A. (2014), S. 19–23.

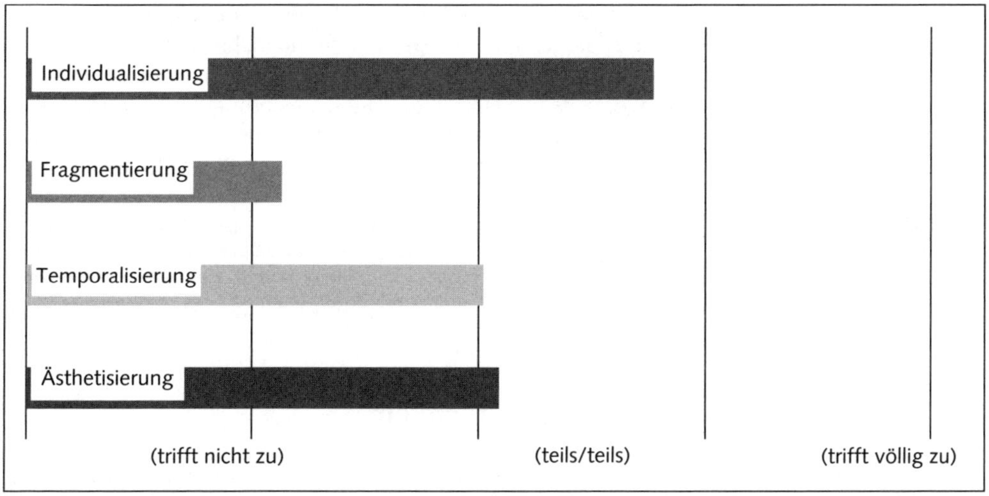

Abb. 4-6: Ergebnisse zur Quadriga der Postmodernen

erscheinen zu lassen: es verfügte bereits über die materiellen Bedingungen, die solche Befriedigung verschaffen konnten«[28], diese Möglichkeiten der Emanzipation gelten nicht für das Proletariat und auch nicht für die entrechteten Kleinbauern am Beginn der Moderne. Für das entrechtete bäuerliche und städtische Proletariat konnte »die abstrakte Gleichheit nur als wirkliche Gleichheit einen Sinn haben.«[29] Diese Gleichheit der Stände, Berufe und Positionen ist niemals endgültig gerecht geregelt, sondern dauerhafter Auftrag des Managing Diversity.

Ohne die faktische Verbesserung der Zugangschancen von Minoritäten zu Arbeitsmarkt und Bildung, ohne die Möglichkeit der persönlichen Entfaltung der individuellen Talente, bleibt Diversity Management folgenloses Lippenbekenntnis. Es sind intensive Bemühungen zum Aufbau von Alleinstellungsmerkmalen durch Diversity Management zu beobachten. Unternehmen haben ebenso wie Anbieter von Arbeitskraft dann Aussicht auf hohe Renditen, wenn es ihnen gelingt, ihre Leistung gewissermaßen als Unikate zu formen und zu vermarkten. Damit zelebrieren Personen und Unternehmen Individualität und Einzigartigkeit, die Gewinn bringen.

Andererseits folgen Unternehmen dem ökonomischen Primat des »Common acting«. Sie produzieren Egalität und nutzen die Vorteile generischer Lösungen. Die Glättung teurer Spezialanfertigungen bringt Kostenvorteile. Die Industrie 4.0 kann als Optimierung des Verhältnisses von Vielfalt und Einfalt bei der Fertigung und Vermarktung von Gütern und Dienstleistungen apostrophiert werden. Die Kombination aus neuen Elementen und hergebrachten optimiert die technischen und die wirtschaftlichen Aktivitäten. Mithin ist die Praxis der Diversität stets durch die Optimierung von Homogenität und Heterogenität gekennzeichnet. Diversity Management bezeichnet die Kunst der situativen Optimierung heterogener und homogener Elemente zur Erreichung gesetzter Ziele. Dieses Optimum kann als Diversity Blisspoint bezeichnet werden.

---

28 Marcuse, H. (1937), S. 62.
29 Marcuse, H. (1937), S. 62.

Human Resources Diversity Management (HRDM) hat »die Bereitstellung einer von der Unternehmensaufgabe abgeleiteten passgenauen Belegschaft zu möglichst geringen Kosten«[30] zum Ziel. Neben der Ressourcenorientierung ist damit die Notwendigkeit eines ziel- und kostenabgestimmten Diversity Managements angesprochen. Die Realisierung des unternehmensbezogen optimalen Mischungsverhältnisses zwischen Generalisten und Spezialisten, unterschiedlichen Professionen und Erfahrungshintergründen, ist Gegenstand des HRDM.

Vielfalt bzw. Diversität soll im Folgenden definiert werden als Maß der Unterschiedlichkeit oder Gleichheit von Personen, gemessen an personalen, biografischen und funktionalen Merkmalen. Vielfalt schließt die Einfalt ein, ist als Toleranzgebot eine »elementare conditio humana« und als Ressource Quelle von Leistungsfähigkeit und Wettbewerbsfähigkeit von Personen und Organisationen.

4.2.3 Nutzen der doppelten Inhaltlichkeit

Im wissenschaftlichen Diskurs hat sich mit *Managing Diversity* einerseits und *Diversity Management* andererseits eine doppelte Begrifflichkeit des Forschungsgebietes Diversity herausgebildet. Rechtfertigen lässt sich diese Dopplung nur, wenn es sich hierbei um mehr als eine intellektuelle Übung handelt, und wenn sie mit einem Zugewinn an Inhaltlichkeit verbunden ist. Dem »Celebrating Diversity« als Leitspruch zahlreicher Diversity-Initiativen ist ein Widerspruch inhärent, dessen sich die Organisatoren dieser Programme meist nicht bewusst sind. *Managing Diversity* nimmt die vorhandene Diversität zum Ausgangspunkt der organisatorischen Gestaltung. Ziel ist das Erkennen von Problemen und die Begrenzung von Reibungsverlusten, die aus der Vielfalt entstehen können. Vielfalt heißt Verschiedenheit, Verschiedenheit heißt unterschiedliche Auffassungen, Ideen, Werte und Ziele miteinander in Einklang bringen

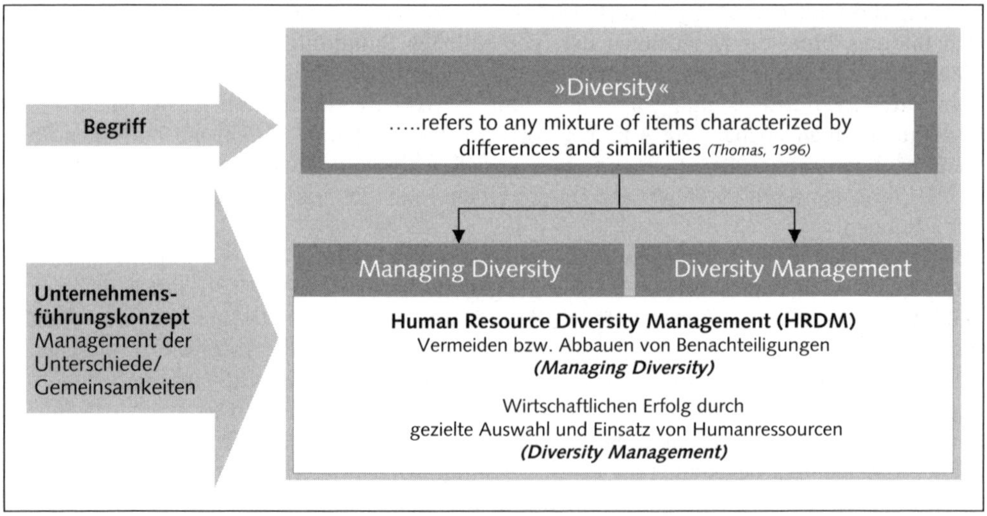

Abb. 4-7: Begriff und Konzept HR Diversity Management

30 Becker, M./Labucay, I./Kownatka, C. (2008), S. 32.

Die Integration von Managing Diversity und Diversity Management als Integriertes Strategisches Human Resources Diversity Management

- ✓ Unterteilung in Handlungsfelder, Ziele, Ressourcen und Maßnahmen
- ✓ Entwicklung in Analogie zur Human Resources Scorecard
- ✓ Handlungsfelder sind unternehmensbezogen nach den jeweils gegebenen Prioritäten zu bestimmen
- ✓ Typische Handlungsfelder des Diversity Management sind: Arbeitsorganisationen, Personalplanung, Personalentwicklung, demografische Entwicklung, Migration und Integration, Sensibilisierung und Vermarktung.

Erfolg und Akzeptanz des Diversity Managements durch die präventiven oder nachteilsbeseitigenden Maßnahmen zur Herstellung der Chancengerechtigkeit.

Diskriminierung wird bedeutungslos, da Chancengerechtigkeit an der Kompetenz festgemacht wird.

Abb. 4-8: Strategisches Human Resources Diversity Management (SHRDM)

zu müssen. Es soll bei aller Unterschiedlichkeit größtmögliche Einheit des organisationalen Handelns erzielt, d. h. Individualität gewährt, aber dann doch auf gemeinsame Ziele verpflichtet werden. »Common Acting« und »Common Thinking« aller Organisationsmitglieder wird als Vielheit in der Einheit verlangt. Mit *Diversity Management* wird eine marktbezogene Diversität mit dem Ziel angestrebt, Wettbewerbsvorteile zu generieren. Vielfalt ist nicht nur akzeptiert, sondern Quelle der erforderlichen Flexibilität, Kreativität und Innovationsfähigkeit. Beide Sichtweisen zusammen repräsentieren genau genommen die Quadratur des Kreises: die Gleichzeitigkeit von Gleichheit und Ungleichheit. Mittlerweile ist diese Dualität erkannt und akzeptiert: »The conceptualization of unity through diversity, or unity permeating difference, is becoming more acceptable today as part of some of the changes which have given rise to information age, undermining the cultural integration of the nation-state.«[31]

Managing Diversity, mit dem Ziel des Abbaus und der Vermeidung von Benachteiligungen, und *Diversity Management,* mit dem Ziel der Nutzung von Andersartigkeit, sind die beiden Säulen der Diversity-Forschung. Den folgenden Ausführungen liegt diese doppelte Sichtweise des Managing Diversity und des Diversity Managements zugrunde. Diese doppelte wissenschaftliche Ausrichtung setzt sich mehr und mehr in der Literatur durch. Ein Beispiel aus der US-amerikanischen Diversity-Forschung bestätigt den Trend: »The focus on diversity in global business today is quite different from civil rights legislation and from affirmative action programs. It is no longer only matter of righting past wrongs or trying to achieve equality of opportunity by addressing underrepresentation of specific groups.«[32] Mit der Unterscheidung von Managing Diversity und Diversity Management ist der Inhalt der Diversity-Forschung bestimmt.

31 Korac-Kakabadse, N./Kouzmin, A./Korac-Kakabadse, A. (2003), S. 373.
32 Mor Barak, M. (2005), S. 13.

4.3 Diversity Management: Forschungsstand und Forschungsdefizite

Wissenschaft unterscheidet sich nicht grundsätzlich von anderen zielorientierten Tätigkeiten. Forschung muss produktiv sein. Forschung ist auf die Vermehrung von Wissen ausgerichtet. Die unterschiedlichen Forschungsziele sind:

1. Die Gewinnung von Wissen über Gegenstände, Gedanken, Beziehungen und Bedingungen von Auszügen der realen Welt *(= deskriptives Wissenschaftsziel)*; es wird speziell für das Forschungsgebiet Diversiy erhoben, wie sich das Gebiet in der Praxis darstellt. Die Beschreibung der Diversity-Realität sagt nur, ob, in welchem Umfange und mit welcher Zielsetzung Diversity in Organisationen vorkommt.
2. Die Gewinnung von Hypothesen und Theorien, die konkrete Aspekte der realen Welt als Forschungsanliegen diebestimmte vermutete Zusammenhänge als Forschungsanliegen thematisieren *(= erklärendes Wissenschaftsziel)*; die erklärende Forschung stellt die Diversity-Realität unter die Forderung des »wenn ... dann« und erforscht Zusammenhänge, Abhängigkeiten, komplementäre Ursache-Wirkungsbeziehungen.
3. Die Gewinnung von leistungsfähigen Prinzipien, Regeln und Verfahren zur Bearbeitung wissenschaftlicher Fragestellungen unter der Bedingung intersubjektiver Nachprüfbarkeit *(= wissenschaftstheoretisches Ziel)*; dieses Forschungsziel verlangt, dass die Forschung stets offenlegt, welche Methoden, Verfahren, Auswertungsprozeduren und Deutungsmuster die jeweilige Behandlung einer Forschungsfrage beachtet. Die wissenschaftstheoretische Fundierung verhindert theorielose Empirie.
4. Die Gewinnung von Korrespondenzregeln, um grundlegende wissenschaftliche Erkenntnis auf bestimmte Realitätsausschnitte oder Einzelfälle beziehen zu können *(= praktisches Wissenschaftsziel)*; wenn wissenschaftliche Erkenntnis gewonnen werden konnte, dann sollten die Erkenntnisse auf die konkrete Realität angewendet werden. Weil die Forschungsrealität aber eine andere ist als die Lebensrealität, ist anzugeben, welche Veränderungen, Anpassungen und Vereinfachungen eine wissenschaftliche Erkenntnis bei ihrer Anwendung in einer spezifischen Realität erfahren hat (Korrespondenzregeln). Der Vielfalt der praktischen Realität entspricht die Einfalt der wissenschaftlichen Realität.
5. Die Sammlung, Ordnung und Aufbereitung von Erkenntnissen, z. B. in Publikationen, mit dem Ziel, Wissenschaft für sachkundige Nutzer verfügbar zu machen *(= Transparenzziel der Wissenschaft)*; weil Wissenschaft öffentlich erfolgt, kann sich die Praxis der wissenschaftlichen Erkenntnisse bedienen, um dadurch eine bessere Realität erzeugen zu können.
6. Die Etablierung von Kritikmöglichkeiten gewonnener wissenschaftlicher Erkenntnis mit dem Ziel der möglichen Widerlegung und damit Weiterentwicklung, z. B. durch induktive oder deduktive Theorieerweiterung *(= Falsifikationsziel der Wissenschaft)*; Forscher thematisieren Aspekte aus der Diversity-Realität nach ihren persönlichen Forschungsambitionen. Damit die Forschungsansätze, die Forschungsmethoden, die Forschungsresultate und deren Anwendung überprüft werden können, sollten wissenschaftliche Erkenntnisse publiziert werden.

4.3.1 Historische Diversity-Forschung

Wissenschaft kann man historisch und systematisch betreiben. Für das Forschungsfeld Diversity Management kann folglich einerseits aufgearbeitet werden, wie sich das Themengebiet im Laufe der Zeit entwickelt und verändert hat. Die historische Forschung erfasst nicht die tatsächliche Fülle der Irrungen und Wirrungen der Entwicklung des Diversity Managements, sondern erfolgt als selektives Erinnern, als subjektives Erkennen, Festhalten und Bewahren von Ausschnitten und Schwerpunkten der Entwicklung. Historische Forschung zeichnet einen roten Faden der Diversity-Entwicklung nach. Der Forscher erhebt und »erzählt« als forschendes Subjekt jeweils nur einen Ausschnitt der tatsächlichen geschichtlichen Entwicklung. Aus der historischen Forschung erhält man »Highlights«, erfährt aber nicht die historische Wirklichkeit selbst. Im Verständnis narrativer Forschung erschließt die historische Forschung Sinnoasen, nicht aber die Geschichte des Forschungsfeldes als Ganzes.

Der Nutzen historischer Forschung entsteht aus der In-Beziehung-Setzung der Entwicklung eines Forschungsfeldes, hier des Diversity Managements, zu zeitgleichen Erscheinungen in anderen Forschungsfeldern. Wenn die 68er-Bewegung als Emanzipationszeit dargestellt wird, dann kann man z. B. fragen, ob diese Zeit maßgeblich auf die Emanzipation von Frauen gewirkt hat. Historische Gegebenheiten in einem Feld können ursächlich dafür sein, dass in anderen Feldern ähnliche Entwicklungen oder aber gerade gegenläufige Entwicklungen stattgefunden haben. Für das Diversity Management ist z. B. die historische Entwicklung der »Affirmative Action« in den USA ein interessantes Feld zur Erforschung der historischen Wurzeln des Diversity Managements. Der Vergleich der Entwicklungslinien unterschiedlicher Forschungsfelder erfolgt als interdisziplinäre oder als Verbundforschung.

Die historische Forschung erkennt an, dass die Forschung stets subjektiv und selektiv Aspekte aus der Geschichte hervorhebt, diese analysiert und aufbereitet. Historisch Bedeutendes einer Generation wird zum historischen Ballast der nachfolgenden und wird dann nicht erforscht. Historisch Bedeutendes kann aber auch als Fundus der Erkenntnis, als ideale Lösung für die Gegenwart, bedeutsam sein und in das Leben der Menschen hineinwirken. Historische Forschung schließt an Vergangenes bewusst an oder grenzt sich von der Vergangeheit bewusst ab. Wie die aktuelle Wirklichkeit, so ist auch die historische Aufbereitung stets Konstruktion. Die Geschichte ist der Denkraum, in den der Wissenschaftler aus subjektiver, nicht teilnehmender Perspektive forschend eindringt. Historische Forschung setzt Faktenmosaike so zusammen, dass sich der Sinn entweder aus der erforschten Zeit oder aus der Zusammenschau der Vergangenheit und der Gegenwart erschließt.

Für die Erforschung der Geschichte des Diversity Managements sind die Aspekte der institutionellen Entwicklung in Wirtschaft und Gesellschaft, die Herrschaftsverhältnisse und die damit verbundenen Differenzierungen und Segmentierungen von Bedeutung. Es ist zu fragen, wie viel Vielfalt in den jeweiligen geschichtlichen Epochen gewährt wurde, ob und in welcher Form Diskriminierung geduldet oder aktiv unterstützt wurde und wie es gelingen konnte bzw. gelingen kann, Emanzipation, Toleranz und Pluralität durchzusetzen.

4.3.2 Systematische Diversity-Forschung

Historische und systematische Forschung sind keine Gegensätze, schließen einander nicht aus, sondern stehen als zwei Forschungszugänge gleichberechtigt nebeneinander. Forschung ist dann systematisch, wenn sie planmäßig, transparent und zielorientiert erfolgt. Nicht die

Ansichten des Forschers, nicht die Interessen möglicher Auftraggeber der Forschung, nicht die Hervorhebung oder das Weglassen von Fragen und Erkenntnissen, zeichnet systematische Forschung aus. Systematische Forschung wählt aus dem Erfahrungsobjekt »Vielfalt« einen ganz konkreten Aspekt aus, der erforscht werden soll. Das erfolgt nach Albert im »Basisbereich« der Forschung. Dort werden nach Vorlieben, folglich wertend, Forschungsfragen formuliert und Ziele der Forschung festgelegt, die mit der Forschungsarbeit erreicht werden sollen. Im »Objektbereich«, dem werturteilsfreien Kernbereich der Forschungsarbeit, wird objektiv, d.h. ohne subjektive Leidenschaft, erhoben, was erhoben werden kann. Es werden z.B. im Rahmen einer Befragung allen Befragten exakt dieselben Fragen gestellt, und es wird ausgewertet, was die Erhebung erbracht hat. Im »Aussagenbereich« erfolgt die zielbezogene Darstellung und die praktische Auswertung der Forschungsergebnisse. Es wird verglichen und bewertet, es werden Möglichkeiten der Anwendung der Forschungsresultate erörtert.[33] Diese dreigliedrige Forschungsprogrammatik, Basis-, Objekt- und Aussagenbereich unterscheidet klar, wo Wertungen und Werturteile erlaubt sind und wo werturteilsfrei »sine ira et studio« gearbeitet werden muss. Der Basisbereich erfasst Fragestellung, Forschungsbedingungen, Forschungsanliegen und Forschungshintergrund. Der Objektbereich erforscht den ausgewählten Sachverhalt. Was nicht thematisiert wurde, kann nicht erforscht werden und dazu können im Aussagenbereich keine Aussagen gemacht werden. Der Aussagenbereich ist werturteilsfrei (Fakten), wertend (Empfehlungen), spekulativ (Prognosen).

Für jede Forschung sind die Methoden der Erkenntnisgewinnung, der Aufbereitung der Forschungsergebnisse und die Art und Weise der Publikation festzulegen. Geisteswissenschaftliche und naturwissenschaftliche Methoden sind zu unterscheiden. Der jeweilige Forschungsgegenstand und das Forschungsziel bestimmen die Forschungsmethoden.

Als Hermeneutik untersucht die Wissenschaft die Konzepte, Maßnahmen, Stellungnahmen, Methoden und Medien des Diversity Managements auf ähnliche und identische Elemente. Die Exegese des Aufgefundenen zeigt Unterschiede, Gemeinsamkeiten, Prinzipien und Strukturen des Diversity Managements auf, wenn es diese gibt. Die Hermeneutik beschafft sich die relevanten Basisinformationen durch empirische Studien, durch Analyse von Texten, Konzepten, Praktiken. Schritt für Schritt werden Sachverhalte untersucht, dokumentiert, verglichen und interpretiert. Ziel der Einzelfallanalysen ist es, Muster zu erkennen und Typen herauszuarbeiten (Theoriebildung). Allerdings hat dies unter der strengen Forderung der fortwährenden Falsifikation zu erfolgen. Nicht letzte Wahrheiten, sondern die Möglichkeit zu erfahren, was hinter den Dingen steckt, ist Ziel wissenschaftlicher Forschung. Die Forschungsarbeit schließt Respekt vor der Praxis ein, die selbst nicht strengen wissenschaftlichen Regeln folgen muss, aber ebenfalls eigenen praktischen Regeln der Problemlösung folgt. Frei nach dem Motto »die beste Praxis ist eine gute Theorie« profitieren Wissenschaft und Praxis insofern voneinander, als die Wissenschaft nicht im Elfenbeinturm forschen kann, sondern der Praxis als Ausgangspunkt und Zielpunkt ihrer Forschungsarbeit bedarf. Die Praxis ist gut beraten, wissenschaftliche Erkenntnisse aufzunehmen und zur verbesserten Gestaltung der Praxis zu nutzen. Nicht der gesunde Menschenverstand, sondern die mühsam und systematisch gewonnene wissenschaftliche Erkenntnis bringt praktischen Fortschritt. Werturteile und Wertungen, der gesunde Menschenverstand, sind nicht geeignet, allgemeingültige Erkenntnisse zu gewinnen.

Naturwissenschaftlich orientierte Forschungsmethoden sind z.B. Beobachtung, Befragung und Experiment. Die Methoden und die Gründe für die Auswahl einer Forschungsmethode

33 Vgl. Albert, M. (1971), S. 55.

sind so zu erklären, dass ein sachverständiger Dritter nachvollziehen kann, mit welchem Werkzeug der Forscher zu den veröffentlichten Ergebnissen gelangt ist.

4.3.3 Affirmative Action als Theoriefundament des Managing Diversity

Historisches Fundament der Diversity-Entwicklung ist die Affirmative Action, die in den USA die segmentierte Gesellschaft aufgebrochen hat. Mor Barack ordnet der »Affirmative Action« zwei grundlegende Ziele zu:

»Affirmative or positive action policies have two goals:

a) **Righting past wrongs** – compensating groups that have been disadvantaged in the past with better opportunities in the present;
b) **Achieving social goals** of increasing the representation of traditionally disadvantaged groups in more lucrative jobs as well as management and leadership positions.«[34]

Affirmative Action soll Nachteile beheben, die sich für ganz bestimmte Gruppen in geringer Bildungsbeteiligung, schlecht bezahlten und weniger interessanten Jobs ebenso zeigen wie in fehlender Integration, geringem Einfluss und nicht gebotenen Aufstiegsmöglichkeiten.[35] Das Kalkül der Affirmative Action ist in der doppelten Absicht begründet, Benachteiligungen zu beseitigen, Gerechtigkeit zu praktizieren und Integration bisher weitgehend ausgeschlossener Personen und Gruppen in die Gesellschaft und in den Arbeitsmarkt zu fördern. »The rationale behind these policies is that they redress past discrimination by giving preference in hiring and promotion to members of groups that have been discriminated against in the past.«[36] Aufbauend auf der Politik der Antidiskriminierung sind Unternehmen daran interessiert, das Beschäftigtenpotenzial besser auszuschöpfen. »Employers would lose their competitive advantage if they do not utilize the wide range of skills and talents offered by women, members of minority groups, older adults, sexual minorities, and people with disabilities.«[37] Sobald ein Forschungsfeld die Aussicht auf ökonomischen Nutzen verspricht, ist eine intensivere Forschung zu beobachten.

4.3.4 Theoriestränge zum Diversity Management

Theoriestränge zur Erklärung der Entstehung und der Behebung von Diskriminierung durch affirmative Politik reichen von der Neoklassik bis zum Equal-Opportunity-Ansatz. Die Neoklassik betont die Kosten der Diskriminierung, die in Kauf zu nehmen sind, wenn Diskriminierung stattfindet und weist auf die negativen ökonomischen Folgen fortgesetzter Diskriminierung hin, die sich z. B. in der Abschwächung der Wettbewerbsfähigkeit zeigen. Unternehmen, die diskriminieren, absorbieren Kräfte für die Regulierung der Folgen fortgesetzter Diskriminierung und verzichten auf die Nutzung der Potenziale der Vielfalt, die in den Ressourcen stecken. Weil Diskriminierung den wirtschaftlichen Erfolg schmälert, dürften eigentlich gar

34 Mor Barack, M. (2005), S. 57.
35 Mor Barack, M. (2005), S. 57f.
36 Mor Barack, M. (2005), S. 57.
37 Mor Barack, M. (2005), S. 58.

keine staatlichen Schutzmaßnahmen gegen Diskriminierung erforderlich sein, weil die Vernunft und das Interesse der Unternehmen am Erfolg die erforderliche Motivation zu antidiskriminierendem Verhalten beflügeln würde. »Strictly following this logic, there is no need for any policies that encourage employers to give equal opportunities to all because it is in their own economic best interest.«[38] Allerdings bleibt zu bedenken, dass die Neoklassik auf die Leistungsfähigkeit der Marktkräfte setzt. Benachteiligung derjenigen, die die Anforderungen des Marktes nicht erfüllen können, ist daher ebenso Kalkül der Neoklassik wie die Ausnutzung der eigenen Stärken. Die Neoklassik birgt folglich latentes Diskriminierungspotenzial in ihrem Denkgebäude.

Die der Neoklassik entgegengesetzte Denkrichtung, der »Equal Opportunity«-Ansatz, sieht Gründe der Diskriminierung vor allem in institutionellen Arrangements und in kulturellen Faktoren. Drei Hindernisse, so Mor Barack unter Berufung auf McDonald & Potton[39], behindern Chancengerechtigkeit und faire Behandlung:

- *Stereotypenbildung*: »stereotyping, which excludes them from lucrative and desirable jobs«;
- *Vorurteile*: »exclusion from positions of authority, which perpetuates their image of being uncapable of doing certain jobs«;
- *Fehlende Vorbilder*: »lack of role models and mentors within their groups who are in positions of power and influence and who can assist them in obtaining and retaining desirable jobs.«[40]

Der Equal-Opportunity-Ansatz geht von der Möglichkeit der (simplen) Umkehrung der Verhältnisse und Politiken aus und setzt darauf, dass die Aspekte, die zur Diskriminierung geführt haben, auch ursächlich sind für den Abbau von Diskriminierung. Maßnahmen hätten mit umgekehrten Vorzeichen zu erfolgen, dann würde Diskriminierung in Chancengerechtigkeit umgewandelt. »Equal opportunities theorists believe that the forces that have originally led to discrimination will also work to preserve it.«[41] Allerdings bleibt zu bedenken, dass der Equal-Opportunity-Ansatz im Austausch negativer in positive Diskriminierung lediglich die bestehende Diskriminierung auf andere Personen und Gruppen verlagert. Ein möglicher Fall derartiger Nachteilsverlagerung stellt die Frauenquote dar.[42] Folglich birgt auch dieser Ansatz die latente Gefahr in sich, die eine Diskriminierung durch eine andere zu ersetzen.

»Unter affirmativer Kultur sei jene der bürgerlichen Epoche angehörige Kultur verstanden, welche im Laufe ihrer eigenen Entwicklung dazu geführt hat, die geistig-seelische Welt als ein selbständiges Wertreich von der Zivilisation abzulösen und über sie zu erhöhen. Ihr entscheidender Zug ist die Behauptung einer allgemein verpflichtenden, unbedingt zu bejahenden, ewig besseren, wertvolleren Welt, welche von der tatsächlichen Welt des alltäglichen Daseinskampfes wesentlich verschieden ist, die aber jedes Individuum ›von innen her‹, ohne jene Tatsächlichkeit zu verändern, für sich realisieren kann.« [43]

Die affirmative Kultur-Idee zeigt deutlich den Widerspruch, zumindest den doppeldeutigen Charakter der Vielfalt auf. Einerseits soll der Mensch seine Kräfte frei entfalten können. Ge-

38 Mor Barack, M. (2005), S. 58.
39 Vgl. McDonald, F./Potton, M. (1997), S. 293–306.
40 Mor Barack, M. (2005), S. 58f.
41 Mor Barack, M. (2005), S. 59.
42 Vgl. Mor Barack,M. (2005), S. 59, insbesondere die Zusammenstellung affirmativer Maßnahmen in ausgewählten Ländern: Table 3.1: Affirmative Action Legislation worldwide (select Countries).
43 Marcuse, H. (1965), S. 56–101, hier: S. 63.

schieht dies, dann entsteht Differenzierung und Vielfalt. Die Entfaltungsfreiheit wird aber gehemmt durch die restriktiven Bedingungen der geordneten und Einordnung verlangenden realen Welt des Zusammenlebens. Der äußere Takt, die formalen Vorgaben, reduzieren die tatsächlichen Möglichkeiten der freien Entfaltung. Statt Freiheit entsteht nur ein Gefühl von Freiheit. Die Janusköpfigkeit der Vielfalt zeigt sich »als Einzelner in der Gemeinschaft« einerseits und als »Einer in der Gesellschaft«, in der jeder gegen jeden seine Ziele zu verwirklichen sucht. Herbert Marcuse stellt dazu fest: »Die bürgerliche Gesellschaft hat die Individuen befreit, aber als Personen, die sich selbst in Zucht halten sollten.«[44] Das Dauerhafte des Eingebundenseins des Einzelnen in eine Wertegemeinschaft und das Momenthafte des beruflichen Kampfes, des Erfolges und der Niederlagen, bestimmen das Leben des aufgeklärten Menschen in der Neuzeit. Vielfalt fordern, heißt Eigenverantwortung übernehmen; Individualität praktizieren, heißt Nähe und Verbundenheit verlieren; Einzigartigkeit aufzubauen, verlangt Disziplin, persönliche Ziele durchzusetzen, bedeutet Kampf. Das Ideal der Freiheit verheißt einen großen Gestaltungsfreiraum. Die Tatsache, dass auch andere diese Freiheit nutzen werden, schränkt die tatsächlichen Möglichkeiten der Vielfalt des Einzelnen ein. Die Freiheit des einen ist durch die Freiheit der anderen begrenzt. Herbert Marcuse unterteilt die Möglichkeiten, die die Kultur bietet, und Möglichkeiten, die die Zivilisation bietet. Die Kultur spricht die Seele, das Ästhetische, an, die Zivilisation die Vernunft, das Profane. Spielt man diese beiden Sphären gegeneinander aus, dann bedeutet z. B. die größere Vielfalt der zivilisatorischen Möglichkeiten eine Verarmung des ästhetischen Empfindens. Zügeln die Menschen ihre konsumtiven Wünsche, dann gewinnen sie Zeit und Muße für das Wahre und Schöne. Nun kann die Erkenntnis aus der Geschichte sein, dass es nicht um ein entweder oder, sondern um ein sowohl als auch des Erlebens und des Erwerbens gehen muss. Kultur und Zivilisation müssen nicht als Gegensätze erlebt werden. In diesem Verständnis wird in diesem Buch vorgeschlagen, Erwerbs- und die Erlebnisgemeinschaften so auf- und auszubauen, dass Arbeit wieder ein ästhetischer, sozialer und kultureller Genuss wird und gleichzeitig Basis für den Erwerb bleibt. Die affirmative Gesellschaft unterteilt das Leben gewissermaßen in zwei Sinnprovinzen, die des realen und praktischen Lebens einerseits und die der idealen Lebensvorstellung andererseits. Die Erwerbs- und Erlebnisgemeinschaften versöhnen das Profane und das Profunde, die Kultur und die Zivilisation (wieder) miteinander.

4.3.5 Zur theoretisch philosophischen Fundierung der Diversity-Forschung

Die Wissenschaften haben der Praxis zu dienen. »Die Lehre, dass alle menschliche Erkenntnis ihrem Sinn nach auf die Praxis bezogen sei, gehörte schon zum Kernbestand der antiken Philosophie.«[45] Wissen ist auf hoher abstrakter Ebene zweckfreie Erkenntnis, auf der Ebene konkreter Handlungen dagegen »Bescheidwissen«[46], wie die Dinge des praktischen Lebens bestmöglich zu gestalten sind. Der Gedanke der menschlichen Vielfalt kann im Verständnis der affirmativen Kultur als abstraktes Ideal, als ideale Beziehung und Erfüllung der Wünsche, gedacht werden. Alle Menschen sind formal gleich und real anders. Das ist die ideale Seite der Vielfalt. Als reale Pluralität kann Vielfalt als Anderssein und als Anders-Werden verstanden

44 Marcuse, H. (1965), S. 77.
45 Marcuse, H. (1980), S. 54. Vgl. auch: Marcuse, H. (1965), S. 56–101.
46 Marcuse, H. (1980), S. 54.

werden, weil jeder Mensch seinen eigenen individuellen Lebensentwurf plant und realisiert. In der Ideengeschichte zeigt sich seit der Antike die abstrakte Gleichheit als Ideal, als kategorischer Imperativ der Freiheit, Toleranz und Individualität. In der konkreten Geschichte zeigt sich die reale Vielfalt als Ungleichheit. Reiche und Arme, Mächtige und Ohnmächtige, Kluge und Dumme, Tolerante und Intolerante, ringen um die jeweils individuelle Möglichkeit ihr Leben bestmöglich einzurichten. Die Vielfalt ist Ergebnis der Möglichkeiten, Verfügungsmacht über die Mittel zur Erreichung eines angenehmen Lebens zu erlangen. Zeit für das Wahre, Schöne und Gute im Verständnis der affirmativen Kultur hat derjenige, der sich auf irgend eine Art und Weise die materielle Unabhängigkeit geschaffen hat, das Leben nicht mit der bloßen Reproduktion der Existenz zu verbringen. Diese differenzierte und differenzierende affirmative Sicht auf die unterschiedlichen Lebenschancen der Menschen ist für die linken Denker von Marx bis Marcuse typisch. Freiheit muss erkämpft werden, Vielfalt muss erzwungen werden, die gesellschaftlichen Verhältnisse müssen revolutionär beseitigt werden, damit der »normale« Mensch wieder frei sein Leben einrichten kann. Eine »solche Welt (kann) nicht durch dieses oder jenes gemacht werden, sondern nur durch ihren Untergang«[47] herbeigeführt werden, so die Argumentation. Folgt man dieser Denktradition der Entfremdung durch die realen Verhältnisse und deren Beseitigung durch Revolution, dann ist die Erreichung von Vielfalt, Individualität, Freiheit und Toleranz an den revolutionären Umsturz gebunden. Eine Evolution zum Guten, Schönen, Wahren ist nicht zu erwarten. Die Forderung nach Individualität hat eine lange philosophische Tradition. Herbert Marcuse beruft sich auf Johann Gottfried Herder, der verlangt, dass alle menschlichen Gesetze und Regierungsformen nur den einen Zweck haben sollten, »dass jeder, unbefehdet von anderen, seine Kräfte üben und einen schöneren, freieren Genuss des Lebens sich erwerben könnte.«[48] Der philosophische Gedanke der personalen Vielfalt gründet in der Idee freier und vernünftiger Menschen in einer Gemeinschaft, »in der jeder dieselbe Möglichkeit zur Entfaltung seiner Kräfte hat.«[49] Das Ideal der individualistischen Gesellschaft ist die freie Selbstbestimmung des Menschen, mit allen Vor- und Nachteilen. »Niemand nimmt dem einzelnen die Last seines Daseins ab, aber niemand schreibt ihm auch sein Dürfen und sein Tun vor.«[50] Die Diversity-Forschung hat die Aufgabe, die Basisannahmen der Theorien zu analysieren, den historischen Prozess der Rahmenbedingungen und der realen Praxis von Vielfalt und Einfalt zu ermitteln und Veränderungen im Zeitablauf nachzuzeichnen. Es ist nicht Aufgabe der Wissenschaft zu bestimmen, welches Maß an Vielfalt sein sollte. Das ist Aufgabe der Politik auf allen gesellschaftlichen Ebenen.

4.3.6 Diversity-Forschung in Deutschland

Der Forschungsstand zu Aspekten des Diversity Managements stellt sich in Deutschland als Folge der Orientierung an der amerikanischen Forschungstradition als eklektisch, mit wenig eigener Schwerpunktsetzung, dar.[51] Die gegenwärtige Ausweitung des Forschungsgebietes Diversity bezieht den unternehmerischen Erfolg in die wissenschaftliche Fragestellung ein.

47 Marcuse, H. (1980), S. 63.
48 Herder, J.G. 1971 S. 208; zitiert nach Marcuse, H., (1980)., S. 65, FN 2
49 Marcuse, H. (1980), S. 65.
50 Marcuse, H. (1980), S. 66
51 Als Ausnahmen mit eigener theoretischer Fundierung oder Konzeptualisierung sind die Ansätze von Krell, G. (1998); Aretz, H.-J./Hansen, K. (2002); Wagner, D./Sepehri, P. (2000) und Dietz, J./Petersen, L.-E./(2005) zu nennen.

Die zunehmende Konzentration auf die ökonomische Dimension auch in der anglo-amerikanischen Forschung lässt die Frage offen, auf welchem Wege die als wertvoll erkannte Diversität der Belegschaft gezielt geschaffen werden kann. Forschungsbedarf besteht hinsichtlich der Analyse der Voraussetzungen und Rahmenbedingungen für den Aufbau von Diversity Management. Hier bietet die Forschung zu interkultureller Kompetenz, d. h. Kompetenz im Umgang mit kultureller Vielfalt, einen ersten Ansatzpunkt, wobei der Schwerpunkt auf die Bewusstmachung von Stereotypen und die Entwicklung eines Führungsstils zu legen ist, der Ambiguitätstoleranz stärkt und Unsicherheit zu reduzieren vermag.[52]

Forschungsansätze mit eher therapeutischem Charakter, die aktuelle Probleme wie z. B. das Auseinanderklaffen von Anforderungen und Leistungsfähigkeit Älterer zu lösen versuchen, bleiben notwendig defizitär. Ein Erfolg versprechender Ansatz wäre es, das bisher noch weitgehend »jugendzentrierte« Personalmanagement unter Berücksichtigung der Erkenntnisse zur Leistungs- und Lernfähigkeit älterer Arbeitnehmer zu einem strategisch ausgerichteten, inklusiven Personalmanagement weiterzuentwickeln. Aufgabe des Persalmanagements und nicht der Wissenschaft ist es dann z. B. altersangepasste Beschäftigungsformen, leistungsfähige Formen des Wissenstransfers, Gleichstellung der Geschlechter, Chancengerechtigkeit in altersgemischten Gruppen herbeizuführen und entsprechende Maßnahmen der Personalentwicklung einzuleiten.[53] Es zeigen z. B. Forschungsergebnisse, dass eine simple Mischung älterer und jüngerer Mitarbeiter weder sinnvoll noch gewollt ist.[54] Indirekt wird die Variable Alter über den Grad der physischen und mentalen Leistungsfähigkeit in die Forschung zum Diversity Management eingeschlossen, wenn es in einer weit ausgreifenden Definition des MIT heißt:

»Diversity includes all differences that comprise the human experience and make up, i. e. race, gender, culture, ethnicity, physical and mental capacity, size, sexual orientation, religion, education, economic status.«[55]

Diversityforschung darf nicht als »catch-all«-Variable danach streben, alle Unterschiede von Gruppen, z. B. die der Belegschaft eines Unternehmens, zu erfassen. Forschung untersucht nach und nach Einzelaspekte und fügt die Erkenntnisse dann zu einer Gesamtschau zusammen. Die fokussierte Betrachtung einzelner Diversitätsmerkmale richtet sich nach dem Forschungsprogramm des Wissenschaftlers, der Aktualität des Problems und evt. auch nach der Relevanz für die Gestaltung des Diversity Management in einer Organisation. An die Stelle eines summarischen Verständnisses von Diversity ist eine ziel- und aufgabenbezogene Ausrichtung der Forschung zu setzen.

Eine positive Konnotation des Begriffs Diversity ist eine notwendige, aber keine hinreichende Voraussetzung für erfolgreiches Diversity Management. Diversität ist nicht per se als gut anzusehen. Vielmehr ist Homogenität für die Erstellung standardisierter Leistungen ökonomisch sinnvoll und beizubehalten, während die mit der Schaffung von Heterogenität verbundenen Kosten nur unter der Bedingung gerechtfertigt sind, dass Wettbewerbsdynamik und interne Dynamik der Tätigkeiten eine Erhöhung der Diversität

52 Sackmann, S./Bissels, S./Bissels, T. (2002), 51 f.

53 Die Gegenüberstellung der unmittelbar anfallenden, bekannten Aufwendungen (z. B. zur Nachqualifizierung Älterer) und der unsicheren zukünftigen Erträge (Kosteneinsparung durch geringeren Rekrutierungsaufwand und reduzierte Fluktuation bzw. höhere Leistungsqualität) lässt Unternehmen bisher überwiegend den operativ-therapeutischen Ansatz wählen. Vgl. Eckardstein, D. v. (2004), S. 132 ff.

54 Vgl. Becker, M./Kownatka, C./Labucay, I. (2008): Optimistisch altern . Insbesondere S. 85 ff.

55 Caines, R. (2003), S. 256 f.

erfordern.[56] Grundsätzlich ist für das noch recht junge Forschungsgebiet Diversity eine Phase intensiver Ziel- und Inhaltsklärung zu fordern. Dies setzt interdisziplinäre Forschungsarbeit, die Sammlung vorhandener Erkenntnisse und einen Forscherdialog voraus, in dem »sine ira et studio« die Erkenntnisinteressen, die Forschungsziele, geeignete Forschungsmethoden und auch die Grenzen der Diversity-Forschung thematisiert werden.

4.4 Wissenschaftliche Zugänge zum Diversity Management

4.4.1 Gruppentheoretische Zugänge

Vielfalt zeigt sich in der Relation von Aspekten, die bei einer Person oder bei Personengruppen mehr und bei anderen weniger stark ausgeprägt sind. Vielfalt von Gruppen und Vielfalt in Gruppen wird meist ein positiver Effekt zugeschrieben. Vielfalt von Gruppen und Vielfalt in Gruppen bietet die Möglichkeit, unterschiedliche Sichtweisen und *neue Perspektiven* kennenzulernen und in die Lösung anstehender Probleme einzubringen. Arbeiten und Lernen in heterogenen Gruppen dient der Weiterentwicklung von Organisationen, stärkt den Erfahrungsaustausch und das soziale Lernen. Darüber hinaus können in interaktiver Gruppenarbeit durch die Beobachtung »der anderen« gewisse Fertigkeiten erlernt, eigene Fehler erkannt und korrigiert werden.[57] Wenn unterschiedliche Talente und Erfahrungen in Gruppen zusammenkommen, können Aufgaben nach der jeweiligen Befähigung vergeben werden. Stärken werden gestärkt, Schwächen werden abgebaut.

Vielfalt der Gruppen und Vielfalt in Gruppen muss konstruktiv gelenkt und geführt werden. Vielfalt stellt sich nicht in der ideal gewünschten Art und Weise automatisch ein. Soziale Balance entsteht nicht von selbst, sondern ist als Aufgabe des Diversity Managements zu institutionalisieren.

Die *Theorie der sozialen Vergleichsprozesse* und die *Theorie der sozialen Identität* bieten Erklärungsansätze für die Erzeugung und Erhaltung akzeptabler Leistung und Zusammenarbeit.

4.4.1.1 Theorie der sozialen Vergleichsprozesse von Festinger (1954)

Menschen richten ihr Leben an den Reaktionen der relevanten Umwelt aus. Personen wollen anerkannt sein, sie wollen nicht außerhalb und nicht am Rande des »Common Acting« stehen. Die Theorie der sozialen Vergleichsprozesse greift dieses menschliche Bedürfnis auf und beschreibt, unter welchen Bedingungen soziale Vergleiche stattfinden, mit welchen Personen sich Individuen insbesondere vergleichen und welche Wirkung die Reflexion auf das nachfolgende Verhalten hat.

Die Theorie der sozialen Vergleichsprozesse geht auf Lion Festinger zurück.[58] Festinger geht davon aus, dass Individuen das Bedürfnis haben, eigene Meinungen und Fähigkeiten

56 Vgl. Becker, A. (2006), S. 234f.
57 Vgl. Brodbeck, F.C./Greitemeyer, T. (2000); vgl. Wegge, J. (2004), S. 54–55.
58 Vgl. Festinger, L. (1954), S. 117–140.

mit allgemeingültigen Standards zu vergleichen und zu bewerten. Die allgemeinen Standards werden von der relevanten Umwelt, also z. B. von Unternehmen, gesetzt. Der Vergleich und die nachfolgende Bewertung hilft dem einzelnen, anforderungsgerecht zu handeln und Reaktionen in sozialen Interaktionen richtig einzuschätzen und das eigene Verhalten bei Bedarf anzupassen. Dazu vergleicht sich das Individuum mit anderen Personen.

Der Vergleich mit anderen Personen hat drei Funktionen:

- Durch den Vergleich mit ähnlichen und relevanten Personen gewinnen Individuen eine realistische Einschätzung der eigenen Person *(lateraler Vergleich)*.
- Zum Schutz oder zur Verbesserung des eigenen Selbstwertgefühls vergleichen sich Menschen mit denjenigen, die ihnen im interessierenden Merkmal unterlegen sind *(abwärts gerichteter Vergleich)*.
- Wer wissen will, welche Möglichkeiten er hat, welche Verbesserungen und persönlichen Erfolge möglich sind, vergleicht sich mit Menschen, die im interessierenden Merkmal überlegen sind *(aufwärts gerichteter Vergleich)*.

Der aufwärtsgerichtete Vergleich kann bei Misserfolgen zudem das Selbstwertgefühl schützen. Setzt man sich unerreichbare Ziele, kann ein Misserfolg erklärt werden, ohne dass das eigene Unvermögen herangezogen werden muss. Ziel sozialer Vergleiche ist also eine möglichst exakte Bewertung und Verbesserung der eigenen Fähigkeiten und Fertigkeiten. Festinger betont, dass Personen sich umso stärker vergleichen, desto unsicherer sie sind.

Bei der Beurteilung eigener Fähigkeiten und Fertigkeiten werden nach Festinger *objektive Kriterien* gegenüber *sozialen Kriterien* bevorzugt. Dabei wird eine korrekte Einschätzung der Umgebung (Person und Situation) sowie der eigenen Fähigkeiten, Fertigkeiten und Meinungen angestrebt, um Fehleinschätzungen und negative Folgen zu vermeiden. Wenn keine objektiven Vergleichsmöglichkeiten gegeben sind, kann ein Zuwachs an Sicherheit nur durch einen Vergleich mit anderen Personen entstehen. Soziale Vergleiche finden also dann statt, wenn ein objektiver Maßstab fehlt. Dazu vergleichen sich Individuen mit Personen, die ihnen ähnlich sind bzw. die auf relevanten Dimensionen (z. B. Alter, Geschlecht) ähnlich sind (*Ähnlichkeitshypothese*). Weil es keinen exakten objektiven Nachweis dafür gibt, dass die gleichberechtigte Besetzung von Frauen und Männern in Führungspositionen besser oder schlechter wäre, greift die Politik auf den direkten Vergleich der gegenwärtigen Besetzung zurück und fordert aus dem Vergleich der Relationen von Männern und Frauen, dass Frauen der gleichberechtigte Zugang mit affirmativen Maßnahmen ermöglicht werden muss. Das Individuum handelt dabei wie ein Wissenschaftler in einem Experiment: Durch Konstanthalten der Rahmenbedingungen (relevante Dimensionen sind ähnlich), lässt sich die Variation in der abhängigen Variable (Leistung) auf unterschiedliche Ausprägungen des zugrunde gelegten Konstrukts (Fähigkeit) zurückführen. Allerdings: Um »ähnliche« Personen identifizieren zu können, muss eine Person bereits einen sozialen Vergleich vorgenommen haben.

Beispiel: Eine Abteilung bekommt einen neuen Vorgesetzten. Ein Mitarbeiter erhält eine »nur befriedigende« Leistungsbeurteilung. Da er den Vorgesetzten noch nicht so gut kennt und nicht weiß, ob dieser eher gute oder eher schlechte Beurteilungen gibt, wird sich der Mitarbeiter mit seinen (ähnlichen) Kollegen vergleichen und so herauszufinden versuchen, ob seine Beurteilung in der Norm des Vorgesetzten liegt. Die Grundzüge der Theorie der sozialen Vergleiche sind in Abbildung 4-9 dargestellt.

Die Annahme, dass objektive Kriterien grundsätzlich den sozialen vorgezogen werden, ist jedoch umstritten. Miller (1977) konnte in einem Experiment zeigen, dass soziale Kriterien gegenüber objektiven Kriterien bevorzugt werden, je attraktiver und wichtiger die Gruppen-

Grundlagen und Erkenntnisse der Theorie der sozialen Vergleiche

- Personen nutzen zur Ausrichtung ihres Verhaltens soziale Vergleiche
- Personen bevorzugen objektive Kriterien für ihre sozialen Vergleiche
- Fehlen ausreichende Vergleichsmöglichkeiten steigt die Unsicherheit der Akteure im Handlungsvollzug
- Personen bevorzugen Personen und Personengruppen für Vergleiche, die ihnen wichtig sind oder zu denen sie aufschauen oder herabblicken können
- Das Bedürfnis nach sozialen Vergleichen wächst mit der Personenorientierung und sinkt mit der Aufgabenorientierung, die Personen in Organisationen erfahren

Voraussetzung sozialer Vergleichsprozesse sind solide Kenntnisse der realen Umwelt des Handelnden und der Handlung und die Fähigkeit, die eigenen Stärken, Schwächen und Ziele realistisch einschätzen zu können.

Abb. 4-9: Grundlagen und Erkenntnisse der Theorie sozialer Vergleiche
nach: Festinger (1954).

mitgliedschaft für ein Individuum ist und je stärker das Individuum personenbezogen statt aufgabenorientiert handelt. Die Präferenz für soziale Kriterien wird ebenfalls durch Ergebnisse zum **Konformitätsdruck** in Gruppen bestätigt. So zeigte Asch, dass der Einfluss von Urteilen anderer Personen auf das eigene Urteilsverhalten bei der Beurteilung objektiv messbarer Größen (z.B. Art und Schwierigkeit einer Aufgabe) eine wichtige Rolle spielt: Wenn andere Personen vor Abgabe der eigenen Beurteilung falsche Vorbewertungen machten, folgten die Versuchspersonen auch in ihren Handlungen diesen falschen Einschätzungen.[59] Die abweichende Meinung anderer löst also soziale Vergleichsprozesse aus, die die Urteilsbildung auch dann beeinflussen, wenn objektive Kriterien vorhanden sind. Bei zunehmender Diskrepanz zwischen objektivem und sozialem Kriterium steigt die Wahrscheinlichkeit, sich dem Konformitätsdruck zu beugen. Maximaler Konformitätsdruck entsteht, wenn die Gruppe die Macht besitzt, Sanktionen zu verhängen und wenn diese Sanktionen von der betreffenden Person als negativ bewertet werden. Die Wahrscheinlichkeit einer negativen Bewertung von Sanktionen steigt mit der Attraktivität der Gruppe. Diese wird wiederum größer, wenn keine Alternativgruppen zur Verfügung stehen, die das Bedürfnis nach positiver Distinktheit in ähnlicher Weise befriedigen können, wie die aktuelle Vergleichsgruppe.

Der Konformitätsdruck ist deshalb wirksam, weil Menschen motiviert sind, *Meinungsdiskrepanzen* mit anderen Menschen zu *reduzieren*. Diese Motivation entspringt dem Bedürfnis, Belohnungen zu erhalten und Bestrafungen zu vermeiden und ist umso stärker, je attraktiver die Gruppe ist. Folglich passen Individuen entweder ihre eigene Meinung an (Konformitätsdruck, v.a. wenn sie in der Minderheit sind) oder sie versuchen, ihr Gegenüber von ihrer Position zu überzeugen (v.a. wenn sie die Mehrheitsposition vertreten). Die Bereitschaft, andere zur Veränderung ihrer Position zu bewegen, steigt mit der subjektiv wahrgenommenen Erfolgschance und der subjektiv wahrgenommenen Sicherheit der eigenen Person. Forschungsergebnisse zeigen, dass Personen sich besonders dann durchzusetzen versuchen,

59 Vgl. Asch, S.E. (1951).

wenn mindestens eine weitere Person dieselbe Meinung vertritt.[60] Zudem wächst das Bedürfnis, andere von der eigenen Meinung zu überzeugen, wenn man durch eine Meinungsänderung sein Selbstkonzept in Gefahr sieht. Dagegen sinkt die Bereitschaft zur Behauptung der eigenen Person bei hoher Attraktivität der eigenen Gruppe und wenn die Gruppe in der Lage ist, negative Sanktionen zu verhängen.

Sind diese beiden Strategien (Anpassung der eigenen oder Veränderung der Position des anderen) erfolglos, wird das Vergleichsobjekt abgewertet (z. B. Abwertung der Rasse), eine Vergleichsdimension umgedeutet (z. B. »Black is beautiful«) oder eine neue Vergleichsdimension (z. B. »Er kann zwar besser rechnen als ich, dafür habe ich bessere rhetorische Fähigkeiten«) bzw. gar ein neues Vergleichsobjekt gesucht.

Können auch durch diese Strategien bestehende Meinungsdiskrepanzen nicht reduziert werden, bleibt dem Individuum nur noch die Möglichkeit, die Gruppe zu verlassen. Diese Möglichkeit wird besonders attraktiv, wenn eine äquivalente Alternativgruppe zur Verfügung steht. Auch die Gruppe kann sich umgekehrt dafür entscheiden, ein Mitglied auszuschließen, wenn dessen Position die soziale Identität der Gruppe bedroht.

Die Theorie des sozialen Vergleichs bietet Anhaltspunkte dafür, wie weit die Heterogenität der Mitglieder in einer Gruppe gedehnt werden kann, ohne die Konflikte über Gebühr zu vergrößern. Extreme Spezialisierung führt z. B. dazu, dass dem Experten die relevante peer group verloren geht, an der sie ihr Verhalten und ihr Handeln orientieren kann. Man kann folglich aus der Theorie der sozialen Vergleiche ableiten, dass es eine soziale Akzeptanzgrenze der Heterogenität gibt. Die Grenzen sind durch den »Aufstiegsblickwinkel« und den »Abstiegsblickwinkel« der vergleichenden Person markiert. Die Orientierung an Aufstiegsidealen forciert die Heterogenität ebenso wie das Vermeidungsideal, das sich aus dem Blick nach unten ergibt. Gegenwärtig kann diese Erkenntnis an der Diskussion um die Frauenquote nachverfolgt werden. Männer neigen zur Verhinderung von Frauenquoten, die den Frauenanteil in Führungspositionen erhöhen, weil sie nicht (relativ zu den Frauen) absteigen möchten. Frauen neigen zur Durchsetzung der Frauenquote, weil sie (relativ zu den Männern) aufsteigen möchten.

4.4.1.2 Theorie der sozialen Identität

Die Theorie der sozialen Identität von Tajfel und Turner (1986) beschreibt psychologische Prozesse, die am Zustandekommen von (Inter)-Gruppenprozessen beteiligt sind. Während Festinger Vergleichsprozesse auf der Individualebene beschreibt, thematisiert die Theorie der sozialen Identität Vergleichsprozesse auf Gruppenebene.

In Anlehnung an Festinger (1954) nehmen Tajfel und Turner (1986) ebenfalls an, dass Individuen nach einer positiven sozialen Identität streben. Die *soziale Identität* setzt sich aus der Mitgliedschaft in unterschiedlichen sozialen Gruppen und aus der Bewertung dieser Mitgliedschaft für die Erreichung der personalen Identität zusammen. Die Bewertung der Gruppenmitgliedschaft ergibt sich aus dem Vergleich dieser Gruppe mit anderen relevanten Gruppen, denen eine Person angehört, angehören möchte oder eben nicht angehören möchte. Eine positive soziale Identität entsteht, wenn sich beim Vergleich der eigenen Gruppe mit einer relevanten anderen Gruppe die eigene Gruppe (ingroup) positiv von der anderen Gruppe (outgroup) abhebt. Dazu werden Dimensionen gesucht, in denen sich die Gruppen vonein-

60 Vgl. Stasson, M. F./Bradshow, S. D. (1995); vgl. Tindale, R. S. (1993).

ander unterscheiden. Eine Person ist gewissermaßen stolz und zufrieden, der »attraktiveren« Gruppe anzugehören.

Grundlage dieser Annahmen sind die »Minimal-Group«-Experimente aus den 1970er-Jahren: Dabei wurden Schüler, die sich untereinander gut kannten, zunächst in zwei willkürliche Gruppen eingeteilt. Dann wurden die Schüler gebeten, bestimmte Geldbeträge unter zwei anderen Personen aufzuteilen. Wer genau diese Personen waren, war den Schülern nicht bekannt. Sie wussten nur, dass eine der beiden Personen der eigenen Gruppe angehörte, während die andere Person der fremden Gruppe zugeordnet war. Zu diesem Zeitpunkt gab es keine soziale Interaktion zwischen den Gruppen, die Schüler haben keines der Mitglieder der eigenen oder fremden Gruppe bewusst als solches vorher kennengelernt. Die Gruppe existierte also nur kognitiv im Kopf der Schüler. Daher bezeichnen Tajfel und Turner (1986) diese als *minimale Gruppe*. Es zeigte sich deutlich, dass Personen der eigenen (an sich irrelevanten) Gruppe bevorzugt wurden (*Ingroup-Bias*). Noch erstaunlicher war: Die Schüler wählten unter verschiedenen Alternativen der Geldaufteilung nicht diejenige, die der eigenen Gruppe den höchstmöglichen Geldbetrag verschafft hätte. Stattdessen entschieden sich die Schüler für eine Alternative, die einen möglichst großen Unterschied zwischen den Geldbeträgen gewährleistete. Durch die Maximierung des Unterschieds wurde eine positive soziale Identität hergestellt. Heterogenität verstärkt die Heterogenität, kann aus diesem Experiment gefolgert werden. Es ist folglich Aufgabe des Diversity Managements, die Dynamik der Inklusion-Exklusion-Segregation aufmerksam im Auge zu behalten und mit gruppendynamischen Maßnahmen Kohäsion und Verständnis zu stabilisieren.

Grenzen der Suche nach Gruppenunterschieden
Tajfel und Turner (1986)

- Individuen müssen ihre Gruppenmitgliedschaft internalisiert haben. Es ist nicht ausreichend, wenn sie einer Gruppe einfach zugeordnet werden. Unterscheiden kann man nur, was man kennt.
- Die Gruppenmitgliedschaft muss für die Situation bedeutsam sein. Unterschiede, die Personen und Gruppen nicht betreffen, sind irrelevant.
- Angehörige einer Gruppe vergleichen sich nur mit Gruppen, die als relevante Outgroup wahrgenommen werden. Die Gehälter der Kollegen und Kolleginnen sind interessant, nicht die einer fremden Gruppe.
- Fällt der Vergleich der Ingroup mit einer relevanten Outgroup negativ aus, versuchen Individuen die eigene Gruppe zu verlassen und einer anderen (statushöheren) Gruppe beizutreten. Stiftet die Gruppe keine Identität und keinen Nutzen, verliert sie an Attraktivität.
- Individuen können auch versuchen, die Vergleichsdimension zu wechseln oder die Interpretation der Attribute zu ändern. Eine weitere Möglichkeit ist, nicht die Vergleichsdimension, sondern die Vergleichsgruppe zu wechseln. Die Möglichkeiten sind folglich: Love ist, leave it, change it!
- Schließlich können die Gruppen auch in einen sozialen Wettbewerb treten: Es wird die direkte Konfrontation mit der Outgroup gesucht, um danach den Status der beiden Gruppen neu zu bewerten. Gesunder Wettbewerb belebt bekanntlich das Geschäft und stärkt die eigene Haltung.
- Ein positiver Nebeneffekt ist das »Social Labouring«. Dieser Effekt beschreibt eine Zunahme der individuellen Leistung, die sich aus einer hohen Identifikation mit der eigenen Gruppe und der Motivation, die Leistung der Outgroup zu übertreffen, ergibt. Die Animal Farm lehrt, dass die soziale Motivation auch missbraucht werden kann.

Abb. 4-10: Einschränkungen der Vielfalt von Gruppen

Die Theorie der sozialen Identität verweist die Aktivitäten des Diversity Managements sehr deutlich in den Zusammenhang der Organisationsentwicklung. Gemeinsame Ziele, Face- to-face-Kontakte, Regeln der Zusammenarbeit, Führung und die Befriedigung sowohl der Gruppeninteressen als auch der individuellen Interessen, sind strukturbildende Voraussetzungen funktionierender Gruppen.

4.4.2 Integratives Konzept sozialer Vergleichsprozesse

Nach Tajfel (1978/79) variieren soziale Situationen auf einem Kontinuum von interpersonellem und intergruppalem Verhalten. Interpersonelles Verhalten beschreibt eine Interaktion zwischen mindestens zwei Individuen, die ausschließlich durch die Beziehung und die Charakteristika der Individuen geprägt ist. Ein Beispiel ist das Verhältnis zwischen Mitarbeiter und Führungskraft. Das andere Ende des Kontinuums beschreibt das Verhalten von Mitgliedern einer Gruppe gegenüber den Mitgliedern einer anderen Gruppe. Die Interaktion wird dabei ausschließlich durch die Gruppenzugehörigkeit der Beteiligten (z. B. Rasse, Geschlecht) bestimmt. Folglich sind personale und institutionale Beziehungen zu unterscheiden.

Zentral ist allen Konzepten sozialer Vergleichsprozesse, dass Menschen nach einem positiven Selbstwert streben. Menschen sind soziale Wesen, die ihren Persönlichkeitswert aus den Rückmeldungen der relevanten Umwelt entwickeln. Dazu vergleichen sie sich mit anderen Menschen. Diese Vergleichsprozesse finden auf der Grundlage von Selbstkategorisierungen statt. Individuen und Gruppen kategorisieren sich anhand von Merkmalen (z. B. Alter, Geschlecht, Rasse) auf unterschiedlichen Abstraktionsebenen. Ist die eigene Gruppe bzw. die eigene Person dann im Vergleich zu einer anderen Gruppe bzw. einer anderen Person in relevanten Merkmalen überlegen, fördert dies das Selbstwertgefühl des Individuums. Daher ist zu erwarten, dass Menschen stets bemüht sind, günstige Vergleiche zwischen der eigenen Gruppe bzw. der eigenen Person und bedeutsamen Fremdgruppen bzw. Individuen anzustellen. Dabei werden Mitglieder der eigenen Gruppe im Vergleich zu Mitgliedern einer anderen Gruppe häufig positiver wahrgenommen. Aus diesem Grund sucht man auch eher das Gespräch mit den Mitgliedern der eigenen Gruppe, der Wunsch nach einer konvergenten Kommunikation wird gestärkt.[61] Studien zeigen darüber hinaus, dass die Kommunikation innerhalb der Ingroup intensiver ist und dass Menschen den Argumenten von Mitgliedern der eigenen Gruppe mehr Aufmerksamkeit schenken.[62]

Welche Personen jeweils zur Ingroup oder Outgroup gehören, ist von der aktuellen Selbstkategorisierung abhängig. In jedem Fall wird das Verhalten der Person bei aktivierter Gruppenkategorisierung durch die Regeln der Gruppe bestimmt. Die kognitiven, affektiven Prozesse (z. B. Polarisierung, Präferenz bestimmter Ziele) und die konativen Effekte (z. B. Benachteiligung der Outgroup, Unterschiede in der Kommunikation) können die Arbeit in und zwischen den Gruppen einerseits erheblich stören, andererseits bilden sie die Grundlage für Motivationsgewinne, Leistungssteigerungen und Zusammenhalt. Individuen, die sich mit der Gruppe identifizieren, werden für die eigene Gruppe mehr Anstrengung zeigen als nur lose verbundene Arbeitsaggregate.[63] Dies ist insbesondere dann der Fall, wenn sich die eigene Gruppe in einem Wettbewerb mit anderen Gruppen befindet und die Leistung damit den Sta-

61 Vgl. Wegge, J. (2004).
62 Vgl. Haslam, S. A. (2001).
63 Vgl. Wegge, J. (2004).

tus der Ingroup sichert.[64] Es ist anzunehmen, dass dieses Phänomen des »Social Labouring« auch in größeren Gruppen in Erscheinung treten kann, deren Mitglieder sich nicht persönlich kennen (z. B. Mitglieder derselben Führungsebene eines großen Unternehmens).[65]

Im Verständnis der Theorie der begrenzten Rationalität kann das Suchverhalten der Individuen und Gruppen nicht unbegrenzt erfolgen. Die Suche ad infinitum brächte zwar Sicherheit, würde die Akteure aber vom Handeln abhalten. Die Suchkosten sind stets mit dem Erfolg bzw. den Erfolgswahrscheinlichkeiten der Suche abzugleichen. Begrenzte Informationen, das Vorenthalten von Informationen durch die Umwelt, Fehlinterpretationen und Fehlurteile sind nicht gänzlich zu vermeiden. Die Neigung der Akteure, ihre Aktionen in bekanntem Terrain zu konzentrieren, verringern die Suchkosten, erhöhen die Erfolgswahrscheinlichkeit und stärken das Selbstwertgefühl aus erreichter Kongruenz des eigenen Verhaltens mit den Erwartungen der Umwelt. Diffuse Vielfalt wird durch empirisch begründete Vielfalt ersetzt.

4.4.3 Konflikt, Konformität und Kohäsion

Heterogene Gruppen und in Merkmalen unterschiedliche Personen zeichnen sich dadurch aus, dass die Gruppen und Personen ihre Unterschiedlichkeit zur Verbesserung ihrer Chancen nutzen möchten. Alleinstellung ist eine legitime Strategie, Knappheit zu erzeugen und nutzbar zu machen. Dem Diversity Management kommt einerseits die Aufgabe zu, diese Vielfalt zu erzeugen sowie den Wettbewerb der personalen und institutionalen Vielfalt zu fördern, und andererseits die mit der Heterogenität verbundene Gefahr von Konflikten und überbordendem Wettbewerb zu verhindern.

Konflikte entstehen, wenn sich ein Individuum oder eine Gruppe durch die Handlungen anderer ungerechtfertigt negativ behandelt fühlt oder wenn eigene Interessen, Ziele und Handlungen an den Interessen anderer scheitern.

Menschen sind nach Festinger motiviert, Meinungsdiskrepanzen bzw. Konflikte zu reduzieren. Die Verständigung kann durch Dialog, aber auch durch Konformitätsdruck erfolgen. *Konformitätsdruck* bewirkt, dass Individuen ihre Meinungen anpassen, um »nicht negativ aufzufallen«. Der Konformitätsdruck lastet insbesondere auf Minderheiten, die der dominanten Gruppe folgen sollen. Auch die Abwertung der »Anderen«, die Herabsetzung von Anliegen, Interessen, Handlungen folgt als (dysfunktionale) Strategie der Absicht, zu gewinnen. Aufgabe des DIM ist es, eine offene Kommunikationskultur zu schaffen, die die Meinung jedes Einzelnen wünscht und wertschätzt. Mitarbeiter sind zu eigenständiger Problemlösung und kritischem Hinterfragen von Gewohnheiten zu ermuntern. Transformationale Führung eröffnet den Freiraum zur Beteiligung und zur Integration aller in eine anstehende Problemlösung. Kreativ-Workshops oder Diversity-Zirkel bieten sinnvolle Möglichkeiten, um unterschiedliche Perspektiven, Interessen, Ansichten artikulieren zu können und zu einem Ausgleich der Interessen zu gelangen.

Konflikte können durchaus leistungsfördernd sein (z. B. Social Labouring). Insbesondere »kognitive Konflikte« (z. B. unterschiedliche Auffassungen zur Aufgabenbearbeitung), bei denen die Aufgabe im Vordergrund steht, ermöglichen eine Leistungsverbesserung, weil eine intensive Diskussion der Standpunkte zu einem abgesicherten Resultat führt.[66] Leistungs-

64 Vgl. Worchel, S./Rothgerber, H./Day, E. A./Hart, D./Butemeyer, J. (1998). Vgl. Van Dick, R. (2003).
65 Vgl. Wegge, J. (2004).
66 Vgl. De Dreu, C. K. W./Van de Vliert, E. (1997).

einbußen entstehen nach de Dreu und Van de Vliert (1997) dagegen häufig bei »affektiven Konflikten«, die die Identität sowie die Werte und Normen von Personen in Frage stellen. Im Mittelpunkt steht dort nicht die Sache bzw. die Aufgabe, sondern die Person. Affektive Konflikte erzeugen eher kontraproduktive Verhaltensweisen. Unterschiede werden ausgeblendet, konstruktive Beiträge bleiben aus Antipathie unbeachtet.

Motivationsgewinne und konstruktive Konfliktbewältigung entstehen, wenn sich die Mitglieder einer Organisation als Gemeinschaft mit der verbindenden Metapher des »Wir« kategorisieren und sich als emotionale Leistungsgemeinschaft sehen, in der alle füreinander arbeiten und voneinander profitieren. Diversity Management hat die Aufgabe, die Selbstkategorisierung und die Identifikation mit dem Unternehmen oder der Arbeitsgruppe (Ingroup) zu unterstützen.

Kohäsion führt zu gemeinschaftlichem Empfinden und Handeln, birgt aber auch die Gefahr der Überidentifikation und der Polarisierung in sich. Dieses Phänomen beschreibt die Tendenz von homogenen Gruppen, extreme Entscheidungen zu treffen. Entweder die Gruppe entscheidet solidarisch extrem risikoavers oder extrem risikofreudig. Gruppendenken[67] überschätzt die Leistungsfähigkeit, verzichtet auf Informationen und beruft sich auf die Stärke der Gruppe anstatt auf die Stärke der Argumente. Wegge (2004) weist darauf hin, dass ein Tandem aus schlechter Entscheidungsqualität und der Überschätzung des eigenen Selbstwerts dann zu finden ist, wenn das Ansehen der Gruppe von außen bedroht, die Kohäsion groß und die Gefahrenabwehr im Vordergrund steht.[68] Starres Gruppendenken kann durch Mediation und Moderation aufgebrochen werden.

4.5 Forschungsdefizite und Gestaltungsdefizite von Diversity-Theorien

Praxis und Theorie der Vielfalt sind im Fluss. In vielen Organisationen der Wirtschaft und der Verwaltung steckt Diversity Management noch in den Kinderschuhen. Die Wissenschaft von der Vielfalt ist ebenfalls noch durch Vorläufigkeit, der Suche nach Richtung und Inhalt bestimmt. Forschungsdefizite prägen die Wissenschaft der Vielfalt auf allen Analyseebenen.

Die Mehrheit der auf der Ebene des *Individuums* ansetzenden empirischen Studien vergleicht die Auswirkung unterschiedlicher Ursachen von Diversität. Alter, Geschlecht, ethnische Abstammung sind als Beispiele zu nennen. Es wird in den Studien untersucht, welche Auswirkungen die Variablen der Vielfalt (unabhängige Variablen) auf die abhängigen Variablen wie Leistung, Arbeitszufriedenheit, Mobilität, Flexibilität von Mitarbeitern haben. Auch der Vergleich von Beförderungshäufigkeit und Leistungsbeurteilungen benachteiligter Gruppen mit denjenigen dominierender Gruppen wird erforscht. Generalisierende, vom Individuum abstrahierende, Aussagen sind mit Vorsicht zu interpretieren, weil sich die Aspekte der Vielfalt unterschiedlich auswirken. So macht es einen Unterschied, ob eine junge oder eine ältere Person zur dominanten oder zu einer Randgruppe gehört, ob eine Person – unabhängig in welchem Lebensalter – kontinuierlich an Weiterbildung teilnimmt oder eher bildungsabs-

67 Vgl. Janis, I. L. (1982).
68 Vgl. Wegge, J. (2004), S. 80.

tinent das tut, was sie immer schon getan hat.[69] Es ist zudem eine beträchtliche Variation in der Stärke des Zusammenhangs zwischen Diversität und Leistung von Gruppen zu konstatieren.[70]

Auf der individuellen Ebene zielen die Maßnahmen der Herbeiführung eines jeweils typischen Leistungsangebots von Personen auf die doppelte Zielsetzung der Erhaltung der Beschäftigungsfähigkeit und der Beschäftigungswilligkeit (Employability) einerseits und der Komplettierungsfähigkeit des angebotenen Humanvermögens zur Herausbildung einer einzigartigen Unternehmensleistung (Beschäftigungsmöglichkeit, Wettbewerbsfähigkeit) andererseits. Die Beschäftigungsfähigkeit orientiert sich an Potenzial, Bildung und Erfahrung. Die Beschäftigungswilligkeit ist abhängig von der Motivation einer Person, eine Aufgabe zu übernehmen. Die Beschäftigungsmöglichkeiten ergeben sich aus dem Angebot der Unternehmen an die Anbieter von Humankapital. In der Praxis sind Unternehmen und Mitarbeiter aufgefordert, Abgleiche zwischen Angebot und Nachfrage vorzunehmen. Umstellungsbefähigung (mental, methodisch, fachlich) als »Reserve-Diversität« oder »Slack Potenzial« bezeichnet, ist in dynamischen Unternehmen, insbesondere der der Industrie 4.0 sicherzustellen. Die Unternehmen müssen über den aktuellen leistungsorientierten Bedarf an Befähigung hinaus die quantitative und qualitative Entwicklung des Angebots von Humanressourcen auf den relevanten Arbeitsmärkten und die Veränderungen der Anforderungen auf den relevanten Absatzmärkten analysieren. Die Passung zwischen dem Angebot von Humanressourcen und den sich verändernden Anforderungen zur Sicherung der zukünftigen Unternehmensleistung ist Aufgabe des strategischen Diversity Managements.

Die von Ely und Thomas 2001[71] und von Kochan et al. 2003[72] auf *Gruppenebene* durchgeführten Untersuchungen der Wirkungsbeziehung zwischen Vielfalt und unternehmerischem Erfolg konnten keine unmittelbaren Zusammenhänge des Erfolges mit dem Grad der realisierten Vielfalt nachweisen. Dieser Befund deckt sich mit dem Forschungsstand zur Leistung heterogen zusammengesetzter Gruppen. Wie die Forschung belegt, ist die simple Gleichung, wonach heterogene Teams hohe und homogene Teams niedrige Leistungen erbringen, nicht aufrechtzuerhalten. Viel Vielfalt = viel Leistung, das klingt plausibel, ist aber empirisch nicht bestätigt.[73] Die Mehrzahl der Studien zur Leistung heterogener Gruppen wurden als »Black-Box«-Studien durchgeführt, intervenierende Variablen, die zwischen dem Grad der Vielfalt und der Höhe der Leistung wirksam werden, bleiben unbeachtet. Das Fehlen eineindeutiger Wirkungszusammenhänge legt nahe, weitere empirische Forschung zur Klärung des Verhältnisses zwischen sogenannten »First Level Outcomes« (Veränderung von Fluktuationsraten, Produktivität, Problemlösequalität, Gruppenkohäsion) und »Second Level Outcomes« (Gewinn, Marktanteil, Effektivität) durchzuführen).[74] Auf der Gruppenebene sind insbesondere »altersdiverse« Teams, Kern- und Peripherie-Arrangements der Beschäftigung und Netzwerke fester und freier Leistungserbringer hinsichtlich ihrer Leistungsbeiträge, der Gestaltungsvor-

69 Vgl. Becker, M. (2008),insbesondere S. 77ff., Auswertung der Forschungsergebnisse.

70 Vgl. Dick, P. (2003), S. 137.

71 Vgl. die Studie von Ely, R.J./Thomas, D.A.(2001) auf der Basis heterogener Geschäftseinheiten.

72 Vgl. die Untersuchung von Kochan, T. et al. (2003) auf Basis von bezüglich Rasse und Geschlecht heterogenen Gruppen.

73 Unter kognitivem Leistungsverhalten (»Cognitive Task Performance«) werden Entscheidungsfindung, Planung, Kreativität und Problemlösung gefasst. Es wurden positive wie negative Zusammenhänge zwischen Diversity und kognitivem Leistungsverhalten festgestellt. Vgl. für einen Überblick über Feldstudien zum Leistungsverhalten heterogener Pelled, L.H./Eisenhardt, K.M./Xin, K.R. (1999).

74 Vgl. Cox, T. (1993).

aussetzungen und der zu erwartenden Kosten der Beschäftigung heterogener Belegschaften zu untersuchen. Wenn die Belegschaften bunter werden, dann muss auch die Forschung breiter aufgestellt werden, die die unterschiedlichen Beschäftigungsarrangements untersucht. Was bisher weitgehend nicht erforscht wurde, ist die Einfalt. Es wäre daher für die Zukunft sehr zu wünschen, wenn nicht ausschließlich die Vielfalt und deren Auswirkungen auf Ergebnisse untersucht würden, sondern auch die Begrenzung von Vielfalt. Einfalt ist als reduzierte Komplexität, verlangsamte Dynamik, weniger Risiko der Handlungen und der Handlungsbedingungen aufzufassen. Einfalt senkt die Kosten, verbessert Transparenz und Akzeptanz und konzentriert die Kooperation auf solide Partnerschaften. Die ungeprüfte Forderung nach mehr Vielfalt muss ergänzt werden um die Forschungs- und Gestaltungsfrage, wie weniger Vielfalt erreicht werden kann und welche Bedingungen dafür zu schaffen sind.

Auf der Ebene der *Gesamtorganisation* besteht insbesondere Forschungsbedarf hinsichtlich der Zusammenarbeit von Organisationseinheiten bei unterschiedlicher Intensität der Vielfalt.[75] Es ist zu erforschen, wie sich die Zusammenarbeit, das Konfliktpotenzial, die Produktivität z. B. durch Instrumente wie Job Rotation, Projektlaufbahnen und »Cross-Pollination«[76] verändern. Steigt das Konfliktpotenzial mit der Erhöhung der Vielfalt, sinkt die Produktivität bei wachsender Vielfalt, werden die Kooperationen unpräziser, wenn die Anzahl der beteiligten Partner erhöht wird. Die Erkenntnis, dass das Potenzial heterogener Gruppen nicht mit der Summe aller Einzelpotenziale gleichzusetzen ist, sondern dass sich ein eigener Wert der Vielfalt in Gruppen und durch Gruppen ergibt, sollte die Diversityforschung beflügeln. Insbesondere die Etablierung von Netzwerken ist auf Effektivität und Effizienz zu untersuchen und es ist zu fragen, ob die grundsätzliche Potenzialität, die die Mitgliedschaft in einem Netzwerk ermöglicht, eine Erweiterung oder eine Verringerung der Vielfalt darstellt. Auch ist zu untersuchen, ob die Beiträge, die der einzelne in ein Netzwerk einbringt, die Wettbewerbsfähigkeit und Einzigartigkeit aller vergrößert oder die einzelner Netzwerkpartner untergräbt.

4.6 Forschungszugänge zum Diversity Management

Forschung ist stets Stückwerk, weil die komplexe Realität als solche für die Forschung nicht erfassbar ist. Diese Einschränkung gilt insbesondere für das junge Forschungsfeld Diversity Management. Diversity-Forschung hat als »Stückwerktechnologie« in systematischem Nacheinander zu unterschiedlichen Forschungsfeldern Forschungsfragen zu stellen und Erkenntnisse systematisch zu erarbeiten. Es ist auch für das Forschungsfeld Diversity erforderlich, Schritt für Schritt zu forschen. Damit das Forschungsfeld nicht atomisiert wird, sollten die gewonnenen Erkenntnisse zu einem Verbundkonzept zusammengefügt werden. Das Forschungsatomium der Diversity-Forschung (Abbildung 4-11) dient der thematischen Untergliederung der Diversity-Forschung in sinnvolle Teilgebiete und zielt als Verbundkonzept darauf ab, die Erkenntnisse in eine Gesamtperspektive des Diversity Managements zusammenzuführen.

75 Vgl. Dietz, J./Petersen, L.-E. (2005), S. 228.

76 Unter Cross-Pollination wird in Analogie zum biologischen Begriff der »Fremdbestäubung« der Wechsel zwischen unterschiedlichen, Funktionen, Divisionen und Aufgabenbereichen verstanden, wodurch eine Heterogenisierung des Informationsstands und des Erfahrungshintergrunds vor allem für Arbeitsgruppen erzielt werden soll. Jarzabkowski, P./Searle, R. H. (2004), S. 402 f.

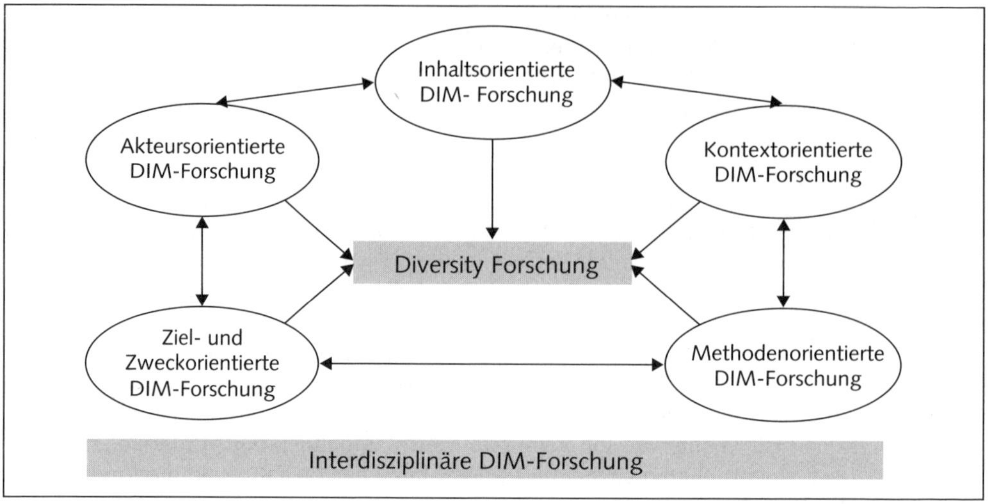

Abb. 4-11: Forschungszugänge zu Diversity

Es ist empfehlenswert, für die theoretische und die praktische Diversity-Arbeit dasselbe Verbundkonzept zu wählen, weil auf diese Weise die Korrespondenzleistungen aus der Theorie in die Praxis und aus der Praxis in die Theorie erleichtert und die gegenseitige Bereicherung verbessert werden. Nachfolgend werden die DIM-Forschungszugänge

- Diversity-Kontext,
- Diversity-Inhalte,
- Diversity-Ziele,
- Diversity-Akteure und
- Diversity-Methoden

näher erörtert.

4.6.1 Kontextorientierte Forschung

4.6.1.1 Interner und externer Kontext

Kontextorientierte Forschung untersucht die internen und externen Rahmenbedingungen des Diversity Managements. Externe Kontextfaktoren, das Rechts- und Wirtschaftssystem, die Beziehungen zu externen Anspruchsgruppen sowie die Unternehmungsverfassung, die Geschichte des Unternehmens, die Unternehmungskultur und die internen Führungs- und Leistungsbeziehungen, bestimmen das Ausmaß der aufzunehmenden und der zu gestaltenden externen und internen Heterogenität. Die Kontextfaktoren wirken als Treiber oder als Hemmnisse des Diversity Managements.

Der jeweilige Kontext, in dem Einfalt oder Vielfalt sich entfaltet, bestimmt die Ressourcen, die normativen Vorgaben, nimmt Bezug zur Tradition und ist maßgebend für die Richtung und die Intensität der Ziele, die eine Organisation oder Person anstrebt. Traditionale Unternehmen benötigen Einfalt, transitionale wachsende Vielfalt und transformierte Organisationen sichern ihre Existenz durch die jeweilige situative Ausgestaltung erforderlicher Vielfalt und Einfalt.

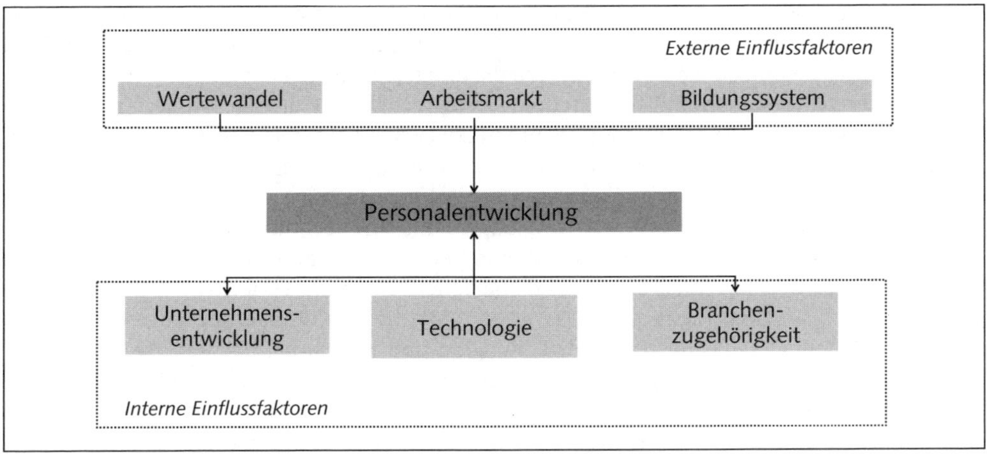

Abb. 4-12: Kontextorientierte Forschung

Thesen zur kontextorientierten Forschung

1. Der durch den gesellschaftlichen Wertewandel bewirkte Trend zur Selbständigkeit macht eine Einbindung insbesondere auch der »alternativ Engagierten« erforderlich.
2. Die Segmentierung in externer und interner Arbeitsmarkt erfordert eine Differenzierung in den Leistungen des Diversity Managements.
3. Unternehmen in unterschiedlichen Generationen der Unternehmensführung benötigen ein entsprechend »angepasstes« Diversity Management.

Abb. 4-13: Thesen zur kontextorientierten Forschung

Auch in diesem Bereich der Kontextforschung sind Unzulänglichkeiten zu beklagen. Bereits im Jahr 1998 lagen bei der amerikanischen Equal Employment Opportunity Commission (EEOC) über 52 000 Fälle vor, in denen Mitarbeiter ihre Arbeitgeber wegen Rassen- oder Geschlechts-Diskriminierung verklagten. Auch Klagen von Angehörigen der weißen Mehrheit, sie würden am Arbeitsplatz durch Minoritäten in ihren Rechten verletzt, wurden registriert.[77] Die Gründe der nach wie vor großen Benachteiligung müssten besser erforscht werden.

Das Bekenntnis zu Diversity als »Employer Brand« und zur Erzielung von »Good Will« gegenüber Kunden und Investoren, kann als Treiber der Gleichbehandlung, des fairen Umgangs gewertet werden. Die steigende Zahl von Unternehmen, die ihre »Mission Statements« mit Stellungnahmen zum Diversity Management anreichern, belegt den Trend interner Beachtung von Diversity-Standards in der Unternehmensverfassung und den strategischen Statements.[78] Ein wachsender Markt an Fonds konzentriert Mittel auf sozial engagierte und Diversity Manage-

77 Die astronomische Höhen erreichenden Streitsummen sind auf die sogenannte »Generalprävention« zurückzuführen, die darauf abzielt, Unternehmen durch Erhöhung des Prozessrisikos ex ante von diskriminierenden Praktiken abzuschrecken. Vgl. Steppan, R. (1999), S. 29.

78 Singh, V./Point, S. (2004).

ment praktizierende Unternehmen. Amerikanische Rating-Agenturen berücksichtigen Maßnahmen des Diversity Managements bei ihren Anlageempfehlungen.[79] »Firmen wie Ford, Shell oder die Lufthansa nutzen die Erkenntnis, um die unterschiedlichen Zielgruppen in ihrer Kundschaft besser zu verstehen und ihre Produkte entsprechend anzupassen. Amerikanische Ratingagenturen beachten Diversity Management inzwischen bei ihren Anlageempfehlungen.«[80] Die Rahmenbedingungen zielen auf Abbau von Diskriminierung und versprechen zudem wirtschaftliche Vorteile durch diversity-korrekte Unternehmensführung.

Ein wesentlicher Treiber des Diversity Managements sind rechtliche Vorgaben. In den USA haben sich Diversity Management Standards in den 1960er-Jahren des 20. Jahrhunderts als Folge schärferer Gesetzgebung auf lokaler und föderaler Ebene vermehrt durchgesetzt. Beschränkten sich im Civil Rights Act (CRA) von 1964 die Diskriminierungstatbestände noch auf die Merkmale Geschlecht, Nationaliät, Religion und Hautfarbe, hat sich die Gruppe der »Protected Classes« mit dem Age Discrimination in Employment Act (ADEA) aus dem Jahre 1967 und dem Americans with Disabilities Act (ADA) aus dem Jahr 1990 ausgeweitet und schließt Arbeitnehmer mit körperlicher oder geistiger Behinderung und ältere Arbeitnehmer in den Rechtsschutz ein. Der Schwerpunkt des ADEA gegen Altersdiskriminierung liegt auf dem Schutz älterer Arbeitnehmer gegen diskriminierende Behandlung in den Bereichen Einstellung, Bezahlung, Weiterbildung, Entlassung und Ruhestand.[81] Altersdiskriminierung soll mit dem Ziel entgegengewirkt werden, »to dispel the myth that human beings undergo a step change in terms of their labour-force participation, physiological condition and mental agility as they progress from their second to their third age.«[82]

Die gesetzlichen Grundlagen des Diversity Managements haben in Deutschland Verfassungsrang und sind als Gleichheitsgrundsatz in Art. 3 des Grundgesetzes und im Arbeitsrecht als Verbot der geschlechtsbezogenen Diskriminierung (§§611a und 612 Abs. 3 BGB) verankert. Ziel ist die Verhinderung diskriminierender personalpolitischer Praktiken aufgrund von Unterschieden in Nationalität, Religion oder Geschlecht.

4.6.1.2 Idealtypische und realtypische Kontextmodelle

Die inzwischen als klassisch zu bezeichnende Diversity-Management-Typologie von Thomas und Ely ist als idealtypisches Kontextmodell einzustufen. Die Kontextorientierung wird mit zielorientierter Forschung verbunden und identifiziert drei wesentliche Stoßrichtungen des Diversity Managements. Der Idealtyp von Thomas und Ely lenkt gleichzeitig den Blick auf die Wirkung des jeweiligen Arrangements auf das Verhalten der Individuen: »how context might shape people's thoughts, feelings, and behaviours[...]and how these, in turn, might influence the role of cultural diversity in the work group's functioning.«[83] Empirisch induktiv ermittelte

79 Macharzina, K./Wolf, J. (2005), S. 788; Steppan, R. (1999), S. 32.

80 Leitl, M. (2003), S. 20f.

81 Vgl. Hays-Thomas, R. (2004), S.17ff. Hays-Thomas weist darauf hin, dass nach Auffassung der Gesetzgeber die Ursache der Altersdiskriminierung in Vorurteilen von Arbeitgebern über das Ausmaß der Leistungsfähigkeit älterer Arbeitnehmer zu sehen ist. Hierin ist jedoch auch eine Schutzbehauptung zu sehen, die durch Arbeitgeber verwendet wird, um die eigentlichen Gründe für vorzeitige Ruhestandsregelungen, wie z.B. die Einsparung der höheren Lohnkosten älterer Arbeitnehmer, nicht offen zu legen.

82 Tempest, S./Barnatt, C./Coupland, C. (2002), S. 478,

83 Vgl. Ely, R.J./Thomas, D.A. (2001), S. 237. Dieser Ansatz und die darauf aufbauende Forschungsrichtung werden wegen der Betrachtung des Arbeitsumfeldes als moderierender Variabler hier der kontextorientierten Forschung zugeordnet.

Formen des Diversity Managements werden zu drei Paradigmen verdichtet: dem *»discrimination-and-fairness paradigm«*, dem *»access-and-legitimacy paradigm«* und dem *»learning-and-effectiveness paradigm«*.[84]

»discrimination-and-fairness paradigm«

Unter dem Paradigma der »discrimination-and-fairness« wird ein Zielbündel, bestehend aus Gleichstellung (equal opportunity), Gleichbehandlung (fair treatment) und sozialer Gerechtigkeit (social justice) verwirklicht. Ausgangspunkt sind rechtliche Vorgaben zur Gleichbehandlung von Minoritäten bei Rekrutierung, Entlohnung und Förderung. Ein Gradmesser der Zielerreichung besteht z. B. in der Erfüllung von Beschäftigtenquoten. Die zugrunde liegende Werthaltung der Gleichheit und Gleichbehandlung postuliert: »It is not desirable for diversification of the workforce to influence the organization's work or culture. The company should operate as if every person were of the same race, gender, and nationality.«[85]

Die gewissermaßen fundamentale Forderung der Gleichheit und Gleichbehandlung hat den Vorteil der Benachteiligungsvermeidung. Es sind aber auch Nachteile zu bedenken. Mit der Nivellierung bestehender Unterschiede wird Mitarbeitern die Möglichkeit genommen, bzw. der Blick dafür verstellt, ihre Individualität wirksam in Leistung und Zusammenarbeit einzubringen. Auch entfällt die Bewusstmachung von Vielfalt als Mittel zur Erhöhung der Identifikation mit der Organisation[86]. Der Zwang zur Gleichbehandlung und das Gebot des »Common Acting« können Passivität fördern. Motivation und Eigenaktivität zur Verbesserung der persönlichen Situation werden möglicherweise eingeschränkt. Gleichheit und Gleichbehandlung sind im fundamentalen humanen Verständnis wichtige Aspekte des Managing Diversity, aber noch kein ausreichender Ansatz für ein erfolgreiches Diversity Management.

»access-and-legitimacy paradigm«

Die Entwicklungsstufe des »access-and-legitimacy«-Paradigmas erkennt die Vielfalt der Belegschaft als Wettbewerbsfaktor. Der Aufbau von Qualifikation und Motivation in der Belegschaft als Entsprechung der Erwartungen der Kundengruppen (z. B. der »key account manager«) sollen Wettbewerbsvorteile schaffen. Zu beachten ist, dass »access-and legitimacy leaders are too quick to push staff with niche capabilities into differentiated pigeonholes without trying to understand what those capabilities really are and how they could be integrated into the company's mainstream work.«[87] Werden Leistungsträger in extrem funktionalistischer Absicht auf ihre minoritätenspezifischen funktionalen Fähigkeiten reduziert, dann schrumpft Diversity Management als »Insellösung« mit längerfristigen Nachteilen für Unternehmen und Mitarbeiter. Einseitige Funktionalität verhindert Durchlässigkeit, Kreativität und Wachstum

---

84 Ely und Thomas nennen drei Voraussetzungen, die erfüllt sein müssen, um eine der drei Paradigmen als in einer Arbeitsgruppe vorherrschend identifizieren zu können: (1) Eine Mehrheit der Gruppenmitglieder teilt diese Sichtweise und ist in der Lage, sie zu artikulieren, eingeschlossen jedoch nicht beschränkt auf Inhaber von Leitungspositionen. (2) Die Zugehörigkeit zu einer Gruppe mit gemeinsamer kultureller Identität (z. B. bzgl. Rasse, Geschlecht, sozialer Klasse) hat keinen systematischen Einfluss auf diese Sichtweise und (3) bestehende abweichende Positionen beschränken sich auf Gruppenmitglieder mit geringem Einfluss in der Gruppe. Ely, R. J./Thomas D. A. (2001), S. 270, Anmerkung 4.

85 Thomas D. A./Ely, R. J. (1996), S. 81.

86 Thomas D. A./Ely, R. J. (1996), S. 82.

87 Thomas D. A./Ely, R. J. (1996), S. 83.

der Organisationsmitglieder und der Organisation als Ganzes.[88] Die kurzfristigen Vorteile extremer Passgenauigkeit von Belegschaft und Kundschaft verwandeln sich in langfristige Nachteile nachlassender Flexibilität und Kreativität.

»learning-and-effectiveness paradigm«

Eine wesentliche inhaltliche Erweiterung erfährt Diversity Management im Learning-and-Effectiveness-Paradigma. Durch die Nutzung der in der Vielfalt der Belegschaft gründenden Potenziale lernen die Organisation und die Organisationsmitglieder gleichermaßen. Durch Hinterfragung organisatorischer Funktionen, Strategien, Prozesse und Verfahrensweisen (Aufgaben- und Prozesskritik), durch die Gewährung von Freiheitsgraden und der besonderen Wertschätzung von Kreativität entwickelt sich die Organisation entlang der sich wandelnden Anforderungen.[89] Stärker als beim Diskriminierung-und-Fairness-Paradigma und dem Marktzugangs-und-Legitimitäts-Paradigma setzt das Lern-und-Effektivitäts-Paradigma auf organisationales Lernen und Change Management. Diversity Management im Learning-and-Dffectiveness-Paradigma ist der Organisationsentwicklung sehr verwandt. Auch ist die Hebung der Talente zentrales Anliegen lernender Organisationen. Die Mitarbeiter und die Organisation werden als entwicklungsfähig und als entwicklungsinteressiert angesehen. Als Organisationsentwicklung verstanden, verlangt das Learning-and-Effectiveness-Paradigma die kontinuierliche Überprüfung der Strukturen, Prozesse, Beziehungen und Personen im Hinblick auf deren Passung zu den externen Anforderungen.

	Fairness & Diskriminierung	**Marktzutritt**	**Lernen & Effektivität**
Annahme	Vielfalt verursacht Probleme	Vielfalt führt zu Marketing-Vorteilen	Vielfalt führt zu nachhaltigen Wettbewerbsvorteilen
Vision	Faire Behandlung aller MA, keine Diskriminierung	»Optimales Ausmaß an Vielfältigkeit«	Multikultur, Pluralismus, offene Unternehmenskultur
Ziel	Gleichbehandlung, Gleichstellung von Minderheiten	Zugang zu diversen Märkten und diversen Kunden	Ganzheitliches organisationales Lernen
Umsetzung	Quotenregelungen	Vielfalt spezifizieren und marktorientiert einsetzen	Vielfalt respektieren, motivieren, integrieren
Ökonom. Ansatz	Ökonom. Aspekte spielen eine geringe Rolle	Markorientierte Betrachtungsweise, Fokussierung auf Absatzmarkt	Ressourcenorientierte Betrachtungsweise
Wirkung	»Political Correctness«, jedoch keine Öffnung für neue Denk- und Handlungsweisen	Funktionalisierung von Minderheiten durch Kundengruppensegmentierung	Einbringen der individuellen Persönlichkeit mit sozialen u. kulturellen Bezügen möglich

Abb. 4-14: Diversity-Ansätze nach Thomas/Ely 1996
Quelle: Hansen, K. (2006), S. 339–343.

88 Thomas, D. A./Mack, D. A./Montagliani, A. (2004), S. 33.
89 Thomas, D. A./Ely, R. J. (1996), S. 80.

Im Gegensatz zum deskriptiven Ordnungsprinzip des Diversity Managements von Thomas und Ely vertritt Cox[90] eine dezidiert präskriptive Orientierung des Diversity Managements. Maßnahmen des Diversity Managements werden konsequent aus den strategischen Zielen der Organisation abgeleitet. Ziel des Ansatzes ist eine offene Organisation, die ihre Ressourcen zur Verwirklichung der wechselnden Anforderungen konsequent einsetzt[91]. Das prozessual orientierte Modell von Cox et al.[92] verbindet das Diversity Management mit der strategischen Unternehmensführung. Cox schlägt einen fünfstufigen Regelkreis der Transformation von einer monotonen zu einer multikulturellen Organisation vor. Die Elemente Führung (»Leadership«), Messung der Diversity-Kompetenz (»Research and Measurement«), Initiative interner Lernprozesse (»Education«), Kalibrierung der Rekrutierung, Vergütung, Personalentwicklung und Arbeitsgestaltung entlang der Anforderungen (»Alignment of Management Systems«) und Erfolgskontrolle (»Follow-up«) bestimmen den Algorithmus der Transformation.[93] Der Regelkreis der Transformation ist in Abbildung 4-15 dargestellt.

Treiber und Bremser von Veränderungen sind zu identifizieren und zielorientiert zu managen.[94] Cox sieht die Aufgabe des Diversity Managements darin, eine multikulturelle Organisation[95] aufzubauen, die in ihrer jeweiligen Ausrichtung, Struktur und Funktionalität an den Markterfordernissen ausgerichtet ist.[96] Im Hinblick auf die strategischen Ziele kann es daher stark und schwach ausgeprägte multikulturelle Organisationen geben. Cox nennt sechs Dimensionen, die als Treiber oder Bremser der »multikulturellen Organisation« wirken:[97]

- Acculturation als Angleichung und Anpassung an eine »fremde« Kultur;
- Structural Integration als Erwerb von Rechten und Pflichten in Wirt-schaft und Gesellschaft; Mitgliedschaft in formalen Gruppen, z. B. Gewerkschaften
- Informal Integration als Zugang zu gesellschaftlichen Gruppen, netzwerken auf der Grundlage freier Eintritts- und Aufnahmentscheidungen
- Cultural Bias, beurteilt nach den kulturimmanenten Anforderungen und Standards ohne Rücksichtnahme auf die Andersartigkeit der zu beurteilenden Person
- Organizational Identification als Voraussetzung der Anerkennung und Integration in eine gegebene formale organisationale Struktur mit spezifischen Anforderungen an Leistung und Verhalten
- Intergroup Orientation als Inklusion/Exklusion, Empfinden und Handeln zur Bestimmung der organisationalen Grenzen und der Zugehörigkeit
- Conflict als Strategie der Auseinandersetzung mit Rollen, Aufgaben und Status der Akteure in und zwischen Gruppen

Die Aufgabe des Diversity Managements ist es, diese Faktoren jeweils für eine reale Organisation zu untersuchen und den jeweiligen Diversity-Reifegrad zu analysieren. Aufbauend auf dem Reifegrad sind dann entsprechende Maßnahmen einzuleiten. Entsprechende Maßnah-

90 Cox, T. (1991).
91 Vgl. Sackmann, S./Bissels, S./Bissels, T. (2002), S. 50.
92 Vgl. Cox, T. Jr./Cox, T. H./O'Neill, P. (2001).
93 Vgl. Cox, T. Jr./Cox, T. H./O'Neill, P. (2001), S. 19.
94 Vgl. zu einem Überblick über Forschungsdefizite zum Zusammenhang zwischen Diversity und Unternehmenskultur Dick, P. (2003), S. 140 ff.
95 Vgl. Cox, T. (1993), S. 229.
96 Vgl. Cox, T. (1991), S. 34 ff. (S. 34–47).
97 Vgl. Cox, T. (1991), S. 34.

men sind im Transformationsmodell nach Cox, T. Jr./Cox, T. H./O'Neill, P. in Abbildung 4-15 dargestellt. Das Modell von Cox ist als Realtyp des Diversity Managements konzipiert.

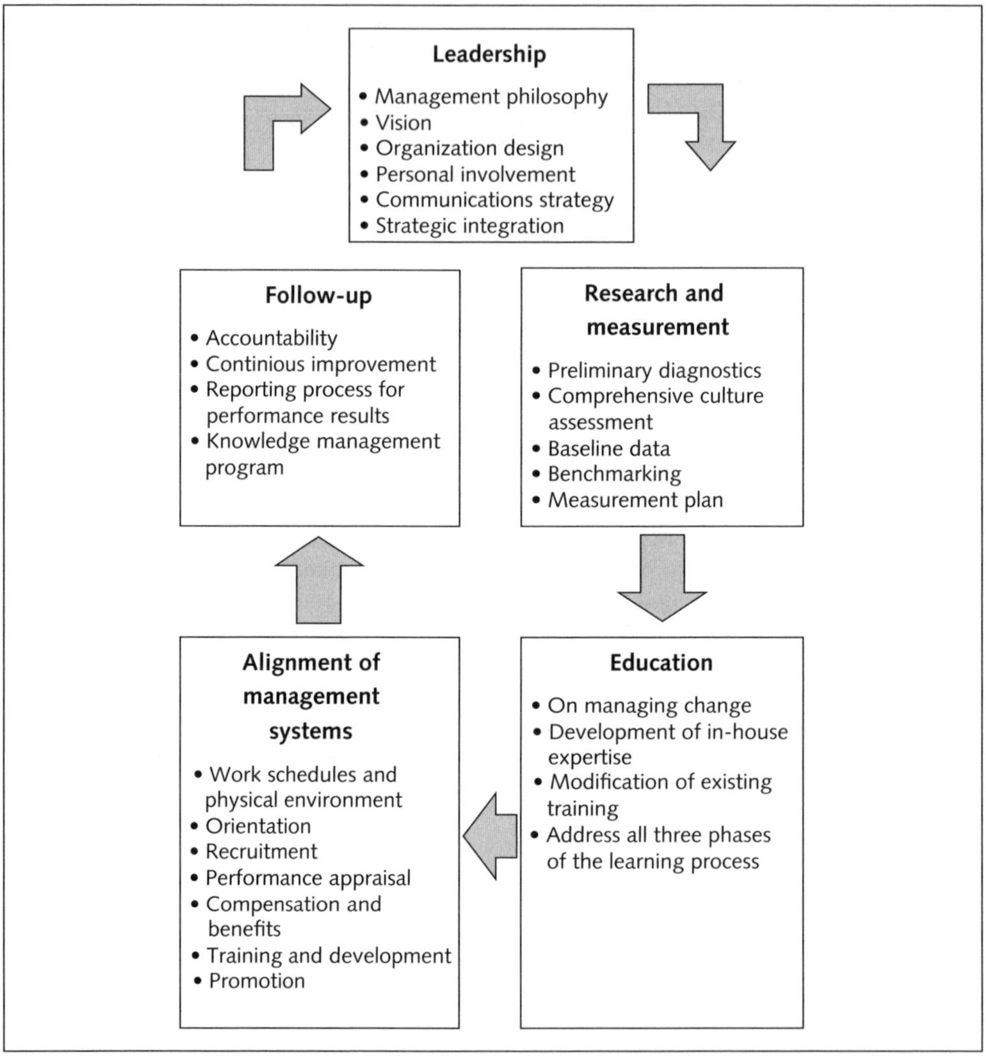

Abb. 4-15: Transformationsmodell (Regelkreis) zu einer multikulturellen Organisation
Quelle: Cox, T. Jr./Cox, T. H./O'Neill, P. (2001), S. 19.

Kontextorientierte Forschung unterscheidet in abhängige Variablen, unabhängige Variablen und intervenierende Variablen. Abhängige Variablen beschreiben das Zielsystem, das mit geeigneten Diversity-Maßnahmen beeinflußt werden soll. Die unabhängigen Variablen beschreiben die Maßnahmen, die konkret eingesetzt werden, um die (strategischen) Ziele zu erreichen. Diese Maßnahmen entsprechen den Aktivitäten in den Handlungsfeldern des Diversity Managements. Die intervenierenden Variablen sind Wirkfaktoren, die sich der direkten Beobachtung und der zielorientierten Beeinflussung entziehen bzw. in einem konkreten Zusammenhang nicht thematisiert werden, aber sowohl auf das Zielsystem (abhängige Variablen) als auch auf das Maßnahmensystem (unabhängige Variablen) einwirken. Intervenierende Variablen der Vielfalt sind durch mittelbare Gestaltungsarbeit, z. B. durch Kulturarbeit, zu beeinflussen.

Wurde Ende der 1990er-Jahre die Forschung zum Einfluss der Gruppenzusammensetzung auf die Gruppenleistung noch als defizitär bezeichnet,[98] so hat inzwischen die Berücksichtigung einer Vielzahl intervenierender Variablen zu einer »Aufhellung« der »Black Box« geführt.

Ely/Thomas (2001) konzeptualisieren den Zusammenhang zwischen Diversität und der Arbeitsleistung von Gruppen mithilfe der Qualität der Intergruppenbeziehungen (»quality of intergroup relations«) und weiterer intervenierender Variablen, die sie als »intermediate group outcomes« zusammenfassen. Der Modellzusammenhang ist Abbildung 4-16 zu entnehmen.

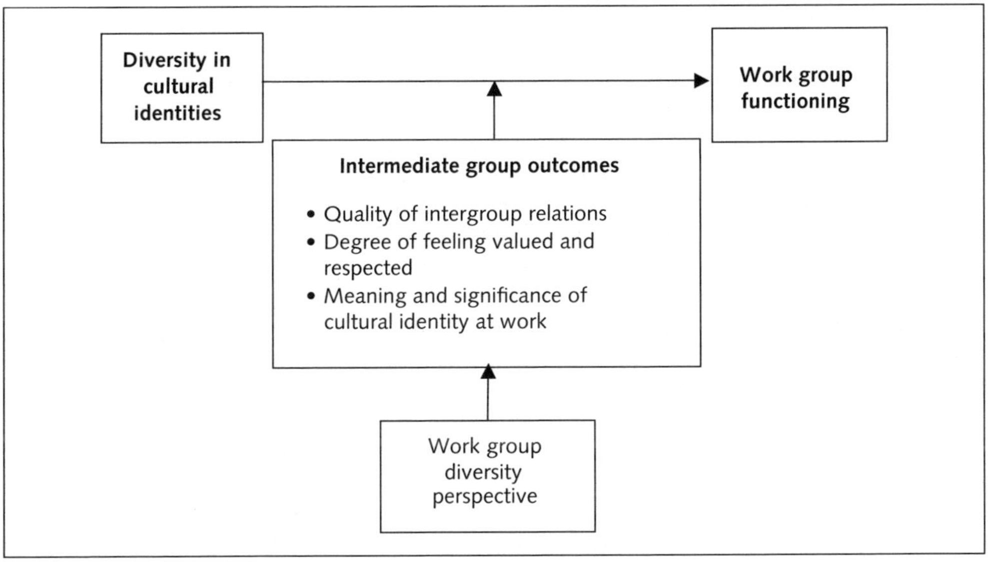

Abb. 4-16: Intervenierende Variable zwischen Diversität und Gruppenleistung.
Quelle: Ely/Thomas (2001), S. 236.

Die Betonung liegt auf Diversity als sozialem Konstrukt (»work group diversity perspective«), als Ergebnis einer Bedeutungszuschreibung, die von Individuen gegenüber unterschiedlichen kulturellen Identitäten vorgenommen wird. Der organisatorische Kontext fungiert als »Enabler« für Maßnahmen des Diversity Managements. Die individuelle Wahrnehmung der Wertschätzung der personalen Unterschiede durch die Gruppe (»degree of feeling valued and respected«) und die Relevanz der kulturellen Identität im Arbeitsfeld (»meaning and significance of cultural identity at work«), haben als intervenierende Variable entscheidenden Einfluss

98 Pelled, L. H./Eisenhardt, K. M./Xin, K. R. (1999), S. 1.

auf die Lernfähigkeit und Effektivität der Gruppe und damit auf die Gruppenleistung (»work group functioning«).[99]

Der in Studien zum Diversity Management thematisierte Zusammenhang zwischen heterogenen Gruppen und den Strukturvariablen Kommunikation und Konfliktneigung erbrachte sowohl negative als auch positive Effekte. Negativ wirken sich in heterogenen Gruppen verstärkte Konflikte durch geringere Kohäsion und geringere Kommunikationsdichte aus. Positive Wirkungen wurden in geringerer Binnenorientierung und »Group-Think-Anfälligkeit«[100] festgestellt.

Knight et al. zeigen mittels statistischer Modelltests, dass Modelle, in denen intervenierende Variablen zwischen Diversity und qualitativen Erfolgsgrößen wie strategischer Übereinstimmung (»Strategic Consensus«) berücksichtigt werden, die Realität besser abbilden, als Modelle, die unmittelbare Erfolgswirkungen von Diversity zu messen versuchen. Insbesondere weisen die Tests nach, dass intervenierende Gruppenprozesse, wie das Ausmaß interpersoneller Konflikte (»Interpersonal Conflict«) und das Streben nach Übereinkunft (»Agreement Seeking«), einen signifikanten Einfluss auf das Ausmaß der Übereinstimmung der strategischen Zielstellungen innerhalb von Gruppen des oberen Managements haben. Ein Anwendungsbeispiel sind Strategiezirkel, die durch Vielfalt der Abteilungszugehörigkeit und/oder Hierarchieebene und durch strategische Langfristentscheidungen gekennzeichnet sind. Heterogen zusammengesetzte Gruppen, z. B. Topmanagement und Führungsnachwuchskräfte in einem Team, können eine höhere Innovationsfähigkeit erzielen, weil sie mehr kreative Unähnlichkeit aufweisen.[101] Im Umkehrschluss heißt das, dass Routinetätigkeiten in Gruppen nicht besser sondern weniger effizient erledigt werden. Folglich sind die Aufgaben (Anteil kreativer und neuer Elemente) und der Reifegrad des Mitarbeiters (hoch qualifiziert und motiviert) entscheidend für die Produktivität von Gruppen.

Gegenüber altersgemischten Gruppen sind reine »Youngster-Teams« häufig durch »hohe interne Stresswerte gekennzeichnet. Die höheren Stresswerte ergeben sich auch dem Konkurrenzdruck und den daraus folgenden Machtkämpfen. Jeder will und/oder muss sich noch profilieren, was häufig auf Kosten des Teamerfolges geht.«[102] Für die Variable Lebensalter ließ sich kein signifikanter Einfluss der Vielfalt auf die strategische Konformität der Führungskräfte feststellen, jedoch wurde ein positiver Zusammenhang zwischen der Beschäftigungsdauer (»employment tenure diversity«) und der strategischen Übereinstimmung ermittelt.[103] Eine Erweiterung des Konstruktes »Alter« um den Begriff des »Job-Alters« lässt differenzierte Forschungsergebnisse über die Zusammenarbeit in Gruppen erwarten, die durch die Heterogenität ihrer Mitglieder nicht nur in Bezug auf das Lebensalter, sondern auch hinsichtlich der Erfahrung in unterschiedlichen Tätigkeitsbereichen geprägt sind.

Kontextorientierte Forschung erklärt Diversity Management vor dem Hintergrund eines vielschichtigen gesellschaftlichen bzw. unternehmerischen Umfeldes. Bestandskritische Umweltanforderungen an Organisationen sind zu analysieren. Zur zielorientierten Ausgestaltung der Di-

---

99 Ely, R.J./Thomas, D.A. (2001), S. 236f. u. 266.

100 Durch »group think« geprägte Gruppen weisen eine stereotypenhafte Sicht auf Außenstehende, deren Ziele der Gruppe entgegenstehen, und sind durch hohen sozialen Druck geprägt, der Mitglieder dazu veranlasst, ihre Loyalität durch Übernahme der Stereotype unter Beweis zu stellen. Janis, I.L./Mann, L. (1977), S. 130.

101 Vgl. Ladwig, D.H. (2003), S. 453.

102 Ladwig, D.H. (2003), S. 450.

103 Die Variable Lebensalter (»Age Diversity«) wurde über den Variationskoeffizienten des Alters der Gruppenmitglieder und die Dauer der Beschäftigung (»employment tenure diversity«) über den Variationskoeffizienten der Beschäftigungsdauer in der gegenwärtigen Organisation erfasst. Knight, D. et al. (1999), S. 450 und 452.

versität sind die »Bremser« und »Treiber« der Organisation zu identifizieren. Der interne Kontext als Gesamtheit der strukturellen und personellen Gegebenheiten kann die Effizienz verbessern, aber auch verschlechtern. Die konkrete Arbeitssituation ist für Vielfalt und Einfalt entscheidend.

4.6.2 Akteursorientierte Forschung

4.6.2.1 Zielgruppenorientierung des Diversity Managements

Akteursorientierte Forschung analysiert die Zielgruppen des Diversity Managements. Individuen, Gruppen, Organisationen und die Beziehungen zwischen den Akteuren und den Organisationen werden mit dem Ziel erforscht, Gestaltungshinweise für eine diskriminierungsfreie und eine leistungsstarke Vielfalt zu gewinnen. Konkret sollen Erkenntnisse zu personalen, sozialen und organisationalen Aspekten der Vielfalt erforscht werden.

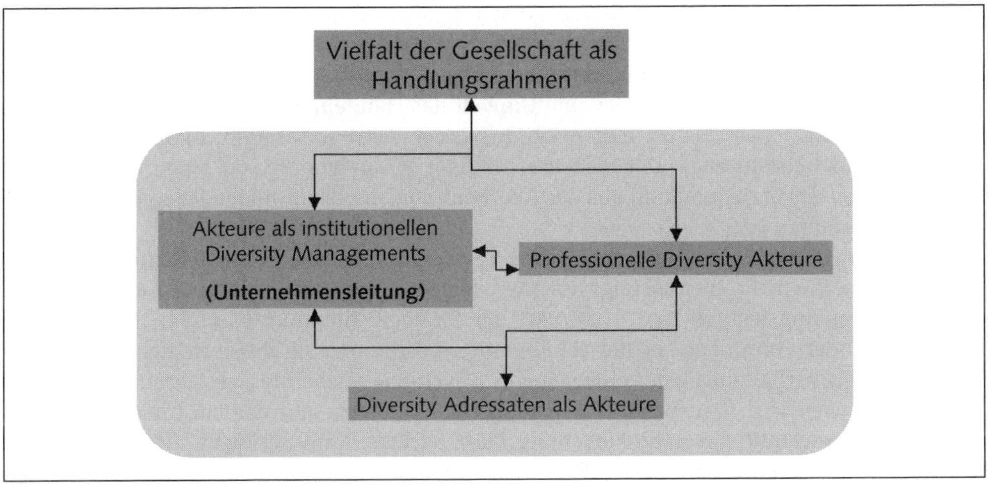

Abb. 4-17: Akteursorientierte Diversity-Forschung

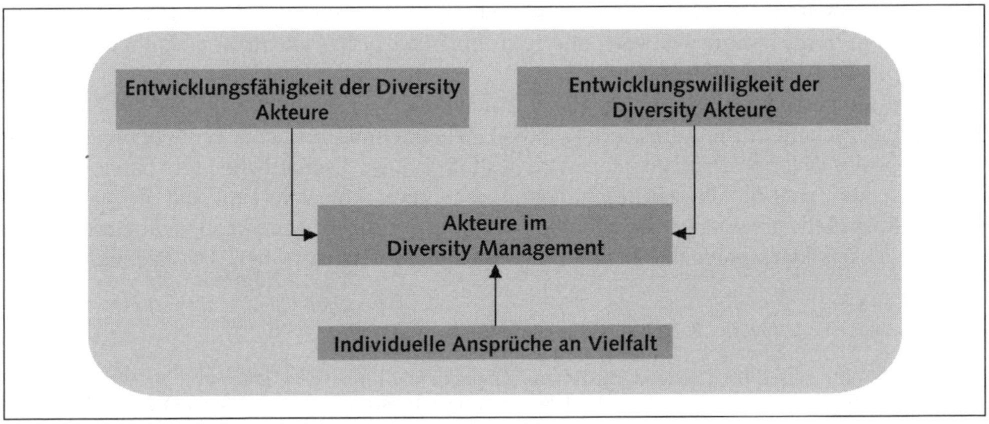

Abb. 4-18: Akteursorientierte Forschung – Akteur »Mitarbeiter«

Die Akteursperspektive erfasst die sichtbaren Diversity-Merkmale und die nicht sichtbaren Aspekte personaler Vielfalt. Verdeckte Diversität – »Hidden Diversity« – die sich z. B. in unterschiedlichen Denk- und Herangehensweisen zeigt, wirkt als »mitgebrachte Unterschiedlichkeit« auf Leistung und Zusammenarbeit, auf Wohlbefinden, Zufriedenheit und Strebensziele der Akteure. Die akteursorientierte Diversity-Forschung will die verdeckten Handlungsmuster sichtbar und erklärbar machen, indem z. B. erforscht wird, welche verborgenen Wünsche, Ziele, Befürchtungen und Erfahrungen das Handeln Einzelner oder das von Gruppen leiten. Es ist zu klären, ob und wie Stereotypen, Vorurteile, Toleranz, Sympathie und Antipathie den Umgang der Menschen bestimmen. Weil individuelle und organisationale Vielfalt wesentlich sozial konstruiert sind, müssen die verinnerlichten Werte und Normen – soweit möglich und soweit erforderlich – sichtbar gemacht werden. Gelingt die Erhebung der unbewussten Ansichten und Absichten zu Vielfalt, dann können Maßnahmen aktiv an der Veränderung von Einstellungen, der Behebung von Vorurteilen und der Vermeidung von Fehlinterpretationen relevanter Informationen ansetzen. Die »blinden Flecke« des Handelns werden sichtbar.

Im Abschnitt zur kontextorientierten Forschung wurde hervorgehoben, dass Ideologien und Politiken den Umgang mit Vielfalt in den Köpfen der Akteure bestimmen. Deshalb ist es auch Aufgabe der akteursorientierten Forschung herauszuarbeiten, in welchem Maße die Beeinflussung durch die jeweils relevante Umwelt das Handeln als sozial vermittelte Einstellungen bestimmt. Es ist z. B. zu fragen, ob und inwieweit Sozialisation, Bildung und Erfahrung das Handeln bestimmen. Der Maßstab, mit dem wir andere messen, stammt aus unserer Erfahrung, aus der Erziehung und aus der Anerkennung, die die jeweilige Person im Umgang mit Vielfalt erfahren hat.

Individuen unterscheiden sich z. B. hinsichtlich ihrer Extrovertiertheit (extrovertiert/introvertiert), in ihrem Problemlösungsverhalten (sensing/intuitive), in ihrem Entscheidungsverhalten (thinking/feeling) und in der Art der Strategie (iterative/planned). Die Faktoren sind miteinander verbunden. In der Kombination bestimmen sie das jeweilige individuelle Leistungs- und Verhaltensmuster einer Person. Psychometrische Messverfahren legen Beziehungen zwischen verhaltensbezogenen Diversity-Merkmalen und der Leistung in Gruppen offen. Die angewandte Diversity-Forschung klärt, welche Anforderungen eine Person z. B. in einer multikulturellen Gruppe erfüllen muss, um angenommen zu werden.[104] Verhaltenserwartungen sind Vorgaben, die die Akteure zunächst akzeptieren müssen Von ihrer Macht hängt es dann ab, inwieweit das individuelle Wollen zum Standard von Gruppen avanciert. »Many workers are interested in understanding their place in the organization, and this fit can be defined in terms of how well each one contributes his or her talents in meaningful ways to the organization's competency pool.«[105]

Aktuell untersucht die akteursorientierte Forschung das Leistungsverhalten der älter werdenden Belegschaften. Die Adressierung älterer Arbeitnehmer als noch wenig berücksichtigte Zielgruppe des Diversity Managements wird deshalb zur gesellschaftlichen und ökonomischen Notwendigkeit, weil die älteren Beschäftigten zunehmen, länger fit sind und als wachsende Gruppe Ansprüche generieren, die alten Menschen in der Vergangenheit so nicht zugestanden wurden.[106] Das Marktpotenzial älterer Konsumenten ist zu erforschen. Die Besonderheiten,

---

104 Jarzabkowski, P./Searle, R. H. (2004), S. 405.

105 Dubois, D. D./Rothwell, W. J. (2004), S. 196.

106 Ein Maß für dieses Ungleichgewicht ist das »dependency ratio«, das, gemessen als Verhältnis der über 65-Jährigen zur Gruppe der 20–64-Jährigen, gegenwärtig in den G 7-Staaten 20–30 % beträgt und Projektionen zufolge im Jahr 2030 Größenordnungen zwischen 35–50 % erreichen wird. Organisation for economic co-operation and development (OECD) (2005), 2.

Präferenzen, Fähigkeiten und Motivationslagen der Älteren und der Jüngeren sind entlang des demografischen Wandels mit dem Ziel zu untersuchen, die sich verändernden Erwartungen, Werte, Verhaltensstandards und Beteiligungswünsche zu ermitteln und in gesellschaftliches Handeln umzusetzen.[107] Forschungsansätze aus dem Marketing raten zu einer Modifikation der Kategorien »aktiv« und »inaktiv« ebenso wie zur Entwicklung »altersspezifischer« Produkte. Ein »individual grey profiling«, das durch unterschiedliche Positionen Älterer in ihrer Rolle als Konsumenten und als Arbeitnehmer auf den Dimensionen »Arbeitsmarktteilnahme«, »physische Fähigkeiten« und »mentale Gesundheit« gekennzeichnet ist, soll die stereotype, für die Marktbearbeitung und Mitarbeiterbindung älterer Arbeitnehmer zu grobmaschige Segmentierung, überwinden.[108] Ziel der akteursorientierten Forschung darf nicht die Exklusion, z. B. in der Form des »Nicht-Dürfens« sein, sondern es ist im Verständnis der Inklusion zu erforschen, welche Kompetenzen die Akteure einbringen, was sie motiviert und welche Anreize sie veranlassen, sich aktiv um Teilhabe zu bemühen.

4.6.2.2 Akteursorientierte Forschungsebenen

Die Akteure des Diversity Managements sind in aktive und passive Akteure und in Akteure auf individueller, gruppenbezogener und organisationaler Ebene zu unterscheiden. Aktive Akteure des Diversity Managements sind die Führungskräfte und die Diversity Manager. Vielfalt zu gestalten ist und bleibt Hauptverantwortung der Führungskräfte. Sie verantworten Leistung und Zusammenarbeit und wissen am besten, welche Vielfalt für welche Zwecke benötigt wird. Die Führungskräfte sind auch für die Gewährleistung einer diskriminierungsfreien Behandlung ihrer Mitarbeiterinnen und Mitarbeiter verantwortlich. Die Diversity Manager, die in der Regel organisatorisch in die Personalabteilung eingegliedert sind, verantworten die konzeptionelle Absicherung und die Erarbeitung der Diversity-Maßnahmen in den jeweiligen Handlungsfeldern. Die Diversity Manager fungieren zusätzlich als Beratungs- und Beschwerdestelle.

4.6.2.2.1 Individuelle Ebene

Auf das Individuum fokussierte Forschung untersucht die Auswirkung von Maßnahmen des Diversity Managements auf die Wahrnehmung von Unterschieden in der Belegschaft und auf die individuelle Bereitschaft zur Pflege eines mit Fairness, Gleichheit und Empathie zu vereinbarenden Führungsstils. Durch Maßnahmen des Diversity Managements konnte eine qualitative Aufwertung des Diskurses über Minoritäten erzielt und die Mitarbeiterbindung von Minoritätengruppen verbessert werden. Führungskräfte, die sich Maßnahmen des Diversity Managements unterziehen, wirkten diskriminierendem Verhalten aktiver entgegen als Führungskräfte, denen die Vorteile der Vielfalt nicht vermittelt wurden.[109] Diversity Training hat vor allem die Führungskräfte in die Strukturen, Prozesse, die Vorteile und die Führungsaufgabe Diversity Management einzuweisen. Studien zur Auswirkung von Diversity-Maßnahmen auf die Arbeitszufriedenheit weisen die positve Wirkung von Diversity-Trainings nach.

107 Thomas, K.M./Mack, D.A./Montagliani, A. (2004), S. 43.
108 Tempest, S./Barnatt, C./Coupland, C. (2002), S. 482.
109 Agars, M.D./Kottke, J.L. (2004), S. 71 ff.

Mitarbeiterbeteiligung und Maßnahmen des Diversity Managements verstärken einander, so der Befund.[110]

Der Bildungstand ist ein entscheidender Faktor für Toleranz und diskriminierungsfreien Umgang miteinander. Erfolgt die Auswahl von Führungskräften z. B. unter Beachtung der Variablen Begabung, Lernen und Erfahrung, dann können Führungskräfte ausgewählt werden, deren »gemessene« Führungsbefähigung erwarten lässt, dass sie die im Hinblick auf Diversity Management mit der Zielposition verbundenen Anforderungen erfüllen werden.[111] Bildung weitet den Horizont und das Verständnis für Andersartigkeit. Bildung nimmt die Furcht vor neuen und fordernden Situationen.

4.6.2.2.2 Gruppenebene

Diversity-Forschung auf der Gruppenebene betont die Beziehungen und deren Vielfalt bzw. Einfalt. Gruppenprozesse (»Team Orientation«) werden als intervenierende Variable zwischen der Vielfalt/Diversität und den Ergebnissen/Resultaten unterschiedlicher Vielfalt untersucht.[112] Vielfalt wird auf quantitative Erfolgsmaße (z. B. erhöhte Effizienz durch reduzierte Kosten oder erhöhte Effektivität durch Verbesserung der Entscheidungsqualität) und qualitative Erfolgsmaße (z. B. Konsens über die Unternehmensstrategie) bezogen. Überwiegend experimentelle Längsschnittstudien zeigen die Wirkung von Diversity als Variable der Gruppenkomposition auf bestimmten Ergebnisvariablen auf. Ein Mangel dieser Studien ist die unzureichende Beachtung der Dauer der Zusammenarbeit.[113] Das Leistungsverhalten in und von Gruppen wird durch das Ausmaß an Konflikten bestimmt, die zur Angleichung von Vielfalt bzw. der Akzeptanz und aktiven Nutzung von Vielfalt auftreten. Hohes Konfliktpotenzial wurde z. B. zwischen Angehörigen von Gruppen festgestellt, die sich bezüglich unveränderbarer Merkmale (Geschlecht) oder zeitlich determinierter Eigenschaften (Alter) stark unterscheiden. Im Gegenzug wurde ein höheres Identifikationspotenzial identifiziert, wenn sich das unterscheidende Merkmal aktiv beeinflussen lässt (z. B. funktionale Diversität als Ergebnis der Erfahrung in unterschiedlichen Unternehmensbereichen).[114] Mit zunehmender Dauer der Zusammenarbeit werden Gruppenkonflikte nivelliert: »Apparently, after working together for a period of time, group members of different backgrounds either develop a shared understanding of tasks or learn to anticipate and deflect opposition to their ideas.«[115]

In der Startphase der Zusammenarbeit zeichnen sich heterogene Gruppen durch geringere Kommunikationsfähigkeit und Kommunikationsbereitschaft und Homogenitätsstreben aus. Homogenitätsansprüche offenbaren sich als »Selbstzensur« gegen abweichende Meinungen und führen dazu, dass Effektivitätsgewinne suboptimal bleiben.[116] Mit steigender Dauer der Zusammenarbeit entsteht Routine, Koordinationsanstrengungen werden geringer, die Effizienz steigt. Die Routine ist solange zu dulden, bis der erreichte »Bliss Point« der Vielfalt nicht

---

110 Heterogenität wurde als eine Steigerung des Minoritätenanteils unter den Beschäftigten erfasst. Die erhaltenen Befunde sind zu relativieren angesichts des weitgehenden Verzichts auf Längsschnittsstudien, die fehlende Berücksichtigung des internen Kontextes für Diversity-Maßnahmen und die Verwendung von »self-report«-Messungen für Effekte der Maßnahmen auf der individuellen Ebene. Dick, P. (2003), S. 138 und 144.

111 Becker, M. (2013), S. 343–346.

112 Marks, M. A./Mathieu, J. E./Taccaro, S. J. (2001), zit. n. Mohammed, S./Angell, L. C. (2004), S. 1021

113 Agars, M. D./Kottke, J. L. (2004), S. 74

114 Pelled, L. H./Eisenhardt, K. M./Xin, K. R. (1999), S. 5.

115 Pelled, L. H./Eisenhardt K. M./Xin, K. R., S. 22.

116 Stumpf, S./Thomas, H. (1999), S. 39

mehr optimal zu den sich verändernden Aufgaben passt. Aufgabe der akteursorientierten Forschung ist die Beobachtung der emergenten Veränderungen in Gruppen und Organisationen sowie die Beobachtung der Anforderungen im Zeitablauf. Entstehung, Reife und Routinephasen sind auf ihre Bedingungen zu untersuchen und daraus entsprechende Schlüsse zu ziehen.

4.6.2.2.3 Organisatorische Ebene

Diversity-Forschung auf organisationaler Ebene fragt nach der Gestaltung und der Wirkung unterschiedlicher Vielfalt einer Organisation. Man kann auch sagen, es wird untersucht, wie viel Vielfalt eine Organisation braucht und verträgt. Das gestaltungsorientierte Interesse zielt auf das doppelte Optimum von funktionaler Vielfalt einerseits und den Kosten der Vielfalt andererseits. Kennzahlen zu unterschiedlicher Vielfalt belegen das anzustrebende bzw. das erreichte Maß an Heterogenität und dem damit erreichten Nutzen. Als eine kennzahlenorientierte Studie kann die Untersuchung von Bellinger und Hillman angeführt werden, die zu dem Ergebnis kommt, dass Unternehmen des Standard and Poor's 500-Index eine umso bessere Performance erzielten, je heterogener die Besetzung des Vorstandes war. Dieser Befund kann mit einem besseren Informationszugang der Leitungsebene zu den heterogenen Gruppen erklärt werden. Je besser das Management die Kunden und die Belegschaft versteht, desto besser werden die Entscheidungen ausfallen.[117]

Die Rückführung des ökonomischen Erfolges auf die demografische Struktur des Unternehmens bleibt ein riskantes Unterfangen, der Nachweis von Kausalität und Evidenz ist hier schwierig zu erbringen. Phasenmodelle dagegen bieten fallstudiengestützte heuristische Prinzipien, zum Teil auch theoretisch fundierte Gestaltungsempfehlungen, zur systematischen Implementierung des Diversity Managements.[118]

Auf der Organisationsebene wird es in Zukunft ganz wesentlich darauf ankommen, wie es gelingt, Wissen und Können an den schrumpfenden Nachwuchs weiterzugeben. Gelingt die Weitergabe von Wissen und Erfahrung nicht, schrumpft c. p. die unverwechselbare Vielfalt der jeweiligen Organisation. Unternehmen verlieren Wissen, werden ärmer und büßen ihre Leistungsfähigkeit ein.

Die Ebene des Individuums, der Gruppe und der Organisation wird ergänzt durch interorganisationale Beziehungen. Netzwerke, Kooperationen, Produktions- und Arbeitsgemeinschaften, Forschungsverbünde und Entwicklungspartnerschaften erweitern die Vielfalt. Die interorganisationale Zusammenarbeit hat dort ihre Grenze, wo die Originalität der organisationalen Vielfalt in eine allgemeine Beliebigkeit mündet. Vielfalt ist ein wichtiger Erfolgsfaktor, der aufgebaut und geschützt werden muss. Das gilt für die Vielfalt der Ressourcen und die Vielfalt der Produkte.

4.6.3 Ziel- und zweckorientierte Forschung

Strategisches und operationales Zielsystem des Diversity Managements

Ziel- und zweckorientierte Forschung fragt nach dem Ergebnis, nach dem Nutzen, der sich aus unterschiedlichen Arrangements der Vielfalt ergibt. Es steht die Devise im Vordergrund, wonach Vielfalt und Einfalt keinen Zweck an sich darstellen. Vielfalt und Einfalt müssen

117 Vgl. Bellinger, L./Hillman, A.J. (2000)
118 Allen, R.S./Montgomery, K.A. (2001)

zweckgerichtet aufgebaut werden. Erfolgt der Aufbau von Einfalt/Vielfalt zwecklos, dann können auch keine schlüssigen Resultate erhoben werden. Ob und in welchem Maße das gewählte Maß an Vielfalt wirksam wird, kann nicht geklärt werden, wenn der Maßstab fehlt, an dem die Resultate gemessen werden.

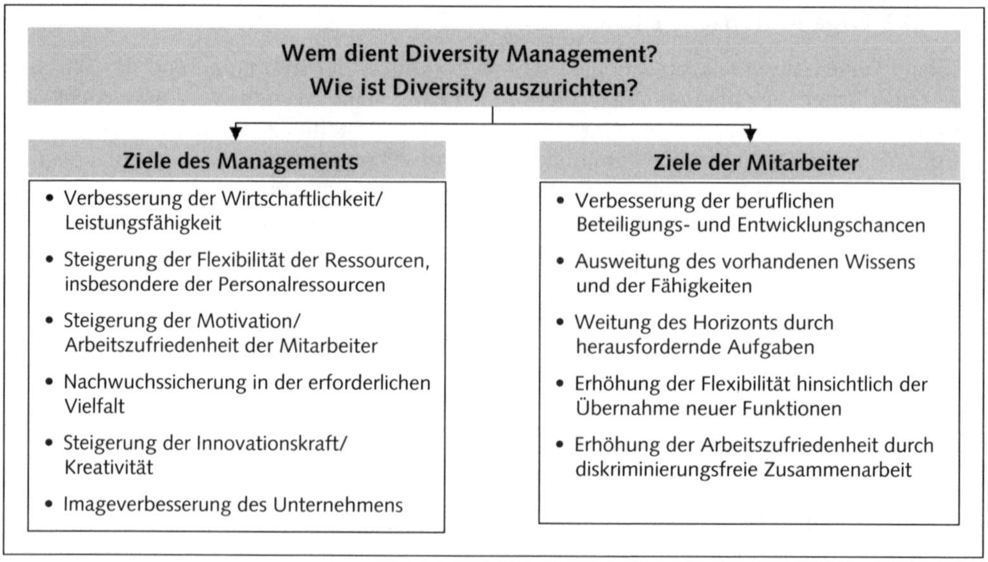

Abb. 4-19: Ziel- und zweckorientierte Diversity-Forschung

Es sind strategische und operationale Diversity-Ziele zu unterscheiden. Die strategische Zielsetzung strebt ein jeweils situativ richtiges Maß an Vielfalt an, das sicherstellt, dass die Organisation sich an die Veränderung der Umwelterfordernisse optimal anpassen kann. Das strategische Ziel personaler Vielfalt strebt aus individueller Sicht ein Portfolio von Leistungsfähigkeit an, das ein optimales Einkommen ermöglicht. Diversity Management zielt in der operationalen Ausrichtung auf erhöhte Problemlösefähigkeit heterogener Gruppen. Diversity Management wird kaskadenförmig von strategischen über taktische zu operativen Zielen operationalisiert.

1. Ziele nach Inhaltsbereichen

1.1 Ökonomische Ziele/Zwecke

- **Marketingziel**:

  Segmentierung der Belegschaft in Übereinstimmung mit der Segmentierung der Absatzmärkte (»matching«), Erschließung des Kaufkraftpotenzials von Minoritäten und Nutzung des Reputationseffekts bei Kunden und Lieferanten (»good will«).

- **Personalmarketingziel**:

  Optimale Nutzung der vorhandenen Diversität der Belegschaft und gezielter Aufbau von Diversität durch heterogene Rekrutierung (»employer brand«).

- **Kostenziel**:

  Kostenreduktion durch Fehlzeiten- und Fluktuationsverringerung aufgrund erhöhter Mitarbeitermotivation und -zufriedenheit, durch verbesserte interne und externe Kommunikation und verbessertes Konfliktmanagement (»cost reduction«).

1.2 Soziale Ziele/Zwecke

- Unterbindung von Diskriminierung am Arbeitsplatz
- Erhöhung der Mitarbeiterbindung

2. Ziele nach der Reichweite

2.1 Operative Ziele

- Erhöhung der Problemlösequalität
- Erhöhung der Ressourcenflexibilität

2.2 Strategische Ziele

- Erzielung und Sicherung von Wettbewerbsvorteilen durch Aufbau und Nutzung eines schwierig imitierbaren, heterogenen Humankapitals

3. Ziele nach Adressatenbezug

3.1 Individuelle Ziele

- Ausschöpfung des individuellen Leistungspotenzials, Karriereziele

3.2 Gruppenbezogene Ziele

- Ausschöpfung des gruppenbezogenen Problemlösefähigkeits-, Kreativitäts- und Innovationspotenzials, Lernpartnerschaften
- Produktivitätssteigerung durch interpersonale Kompetenzbündelung

3.3 Organisationsziele

- Erhöhung der Systemflexibilität durch kürzere Reaktionszeiten bei Umweltveränderungen
- Aufbau und Erhalt der Wettbewerbsfähigkeit
- Sozialer Friede zwischen Individuen und Gruppen
- Gesunder Wettbewerb der Individuen und Gruppen untereinander

Abb. 4-20: Kaskadenförmige Zielplanung des Diversity Management
In Anlehnung an: Kochan, T. et al. 2003, 5; Hays-Thomas, R. 2004, 29; Macharzina, K./Wolf, J. 2005, 789f.; Krell, G. 1998, 26.

4.6.4 Methodenorientierte Forschung

4.6.4.1 Methodische Absicherung im Funktionszyklus

Dilettanten und Wissenschaftler unterscheidet nur die Methode. Der Dilettant hofft auf den glücklichen Zufall, der Wissenschaftler arbeitet systematisch, wissenschaftlich fundiert und methodengestützt Schritt für Schritt auf das gesteckte Ziel hin. Die methodenorientierte Forschung fragt nach der Gestaltung, dem Prozess des Diversity Managements.

Wenn man geneigt ist, den theoretischen Erkenntnisstand zum Diversity Management als insofern fortgeschritten zu bezeichnen, als es bereits Erklärungsmodelle zu Voraussetzungen, Bedingungen, Zielsystemen und Inhaltskombinationen gibt, so muss für die Verfügbarkeit von Messverfahren zur Erfassung der Wirkung von Vielfalt noch weitgehend Fehlanzeige gemeldet werden. Die Messinstrumente halten mit der rasanten Entwicklung der Handlungsfelder des Diversity Managements nicht Schritt: »...despite the astonishing number of products and services – ranging from the worthy to the banal – one item is in very short supply: hard metrics for measuring performance results or the return on diversity spending«.[119] Effiziente Verfahren der Planung, Realisierung und der Messung der Effektivität und der Effizienz von Diversity-Aktivitäten sind aufzubauen.

Die methodenorientierte Forschung zielt auf die messtechnische Erfassung der vorhandenen Vielfalt und untersucht in einem weiteren Schritt, welche Vielfalt in der Zukunft benötigt wird und mit welchen Instrumenten und Verfahren das jeweils erwünschte Maß an Heterogenität analysiert werden kann. Es geht darum, wie die für das Diversity Management benötigten Daten erhoben, analysiert und anwendungsgerecht aufbereitet werden können. Zur Methodenforschung gehört auch die Untersuchung geeigneter Formen der Zusammenarbeit und der Führung homogener und heterogener Teams. Es sind Planungs-, Steuerungs- und Evaluierungsinstrumente für das Diversity Management zu gestalten und Instrumente der

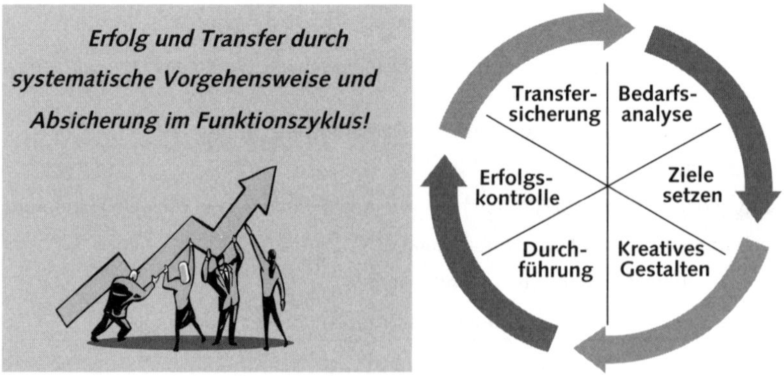

Abb. 4-21: Funktionszyklus der Personalentwicklung

119 Hansen, K. (2003).

Information und Kommunikation, der Konfliktlösung und des Kreativitätsmanagements zu erforschen.

Die methodische Absicherung des Diversity Managements kann entlang der Phasen des Funktionszyklus erfolgen (vgl. Abbildung 4-21).

Systematische Bedarfsanalysen auf strategischer, operativer, individueller und organisatorischer Ebene leitet die systematische Planung des Diversity Managements ein. Tätigkeits-, Anforderungs- und Ursachenanalysen klären, »wo der Schuh drückt«, welche Art und welcher Umfang an Vielfalt erforderlich ist.

Die *Ziele des Diversity Managements* bestimmen die Reichweite der Diversity-Aktivitäten und formulieren in operationalisierter Weise, welche Resultate mit der PE insgesamt und mit einzelnen PE-Maßnahmen erreicht werden sollen. Diversity-Ziele werden deduktiv aus der Unternehmensplanung abgeleitet und aus der Analyse der Wünsche nach Vielfalt bzw. Einfalt der Belegschaft gewonnen. Konkrete Maßnahmenziele legen fest, welche Vielfalt konkret erreicht werden soll.

Kreatives Gestalten sichert die personellen, finanziellen und organisatorischen Voraussetzungen zur Ausgestaltung der Diversity-Aktivitäten. Geklärt werden für konkrete Adressaten das Ausmaß und die Art der Diversity-Aktivitäten.

Die Durchführung realisiert die Planung in konkretem Handeln und ergänzt diese durch die Beachtung situativer Erfordernisse der Erweiterung, Veränderung und Reduzierung des geplanten Umfangs der Diversity-Maßnahmen.

Die Erfolgskontrolle ermittelt, ob die erforderliche und geplante Vielfalt erreicht worden ist. Kosten-Nutzen-Analysen evaluieren Diversity-Maßnahmen auf ihre Kosten-Nutzen-Relation.

Die Transfersicherung klärt, inwieweit es gelingt, die aufgebaute Vielfalt auch in die tägliche Arbeit zu übertragen. Transfergespräche, Transferübungen, Transferüberprüfungen stellen den konkreten Ertrag im Vollzug der Arbeit fest. Die Transfersicherung schließt den Funktionszyklus systematischer Diversity-Aktivitäten ab.

4.6.4.2 Diversity Controlling

Diversity Controlling nutzt die traditionellen Instrumente des Human Resources Management wie Statistiken zu Rekrutierung, Beförderung, Mitarbeiterbindung und Fluktuation von Mitarbeiterinnen und Mitarbeitern. »Diversity Audits« überprüfen Fortschritte bei der Vermeidung von Diskriminierung und dem Aufbau der erforderlichen funktionalen Vielfalt.

Methodenorientierung schafft die Voraussetzung für eine systematische Kontrolle der Maßnahmen des Diversity Managements und generiert Impulse für die Weiterentwicklung der Unternehmensführung: »Eventually diversity-oriented metrics will provide data and information that may indeed influence the direction of business strategy.«[120] Methodenorientierte Forschung darf jedoch nicht zu einem sozio-technischen Reduktionismus verführen. Diversity-Controlling muss in den Kontext der Bedarfsanalyse, der Zielformulierung, der Maßnahmengestaltung und Maßnahmendurchführung eingebettet sein und es ist sicherzustellen, dass die geschaffene Diversität sich in der beabsichtigten Art und Weise in der Organisation verfestigt, dass geänderte Verhaltensweisen im Umgang mit Diversität nicht lediglich affirmativ-pflichtgemäß, sondern nachhaltig verankert werden.

120 Wheeler, M. (2003), S. 63.

4.6.5 Inhaltsorientierte Forschung

Inhaltsorientierte Forschung klärt für die Handlungsfelder des Diversity Managements, welche Voraussetzungen, Bedingungen, Zusammenhänge, Folgen und Nebenfolgen zu erwarten sind, wenn bestimmte inhaltliche Konstellationen gewählt und gestaltet werden. Personenbezogene Handlungsfelder (ethnische Herkunft, Geschlecht, Alter, Begabung, Bildungsabschluss, Erfahrung, Charakter), organisatorische Handlungsfelder (Arbeitsorganisation, Führungssystem, Toleranz, Offenheit der Entwicklungswege) und gesellschaftliche Handlungsfelder (Rechtssystem, Wirtschaftssystem, Technik, Kultur) werden untersucht. Die personenbezogenen, organisatorischen und gesellschaftlichen Handlungsfelder bestimmen die Handlungsarenen, in denen sich Menschen ihrer besonderen Begabung, ihrer individuellen Ziele und ihrer unterschiedlichen Herangehensweise entsprechend entfalten können.

Verhaltensbezogene Diversity-Forschung untersucht, »wie Menschen in bestimmten Situationen reagieren als Folge [...]ihrer Personen-immanenten Eigenschaften.«[121] Relativ dauerhafte, z. T. auch stereotype Verhaltensweisen sind von situationsbezogenen flexiblen Verhaltensweisen zu unterscheiden.

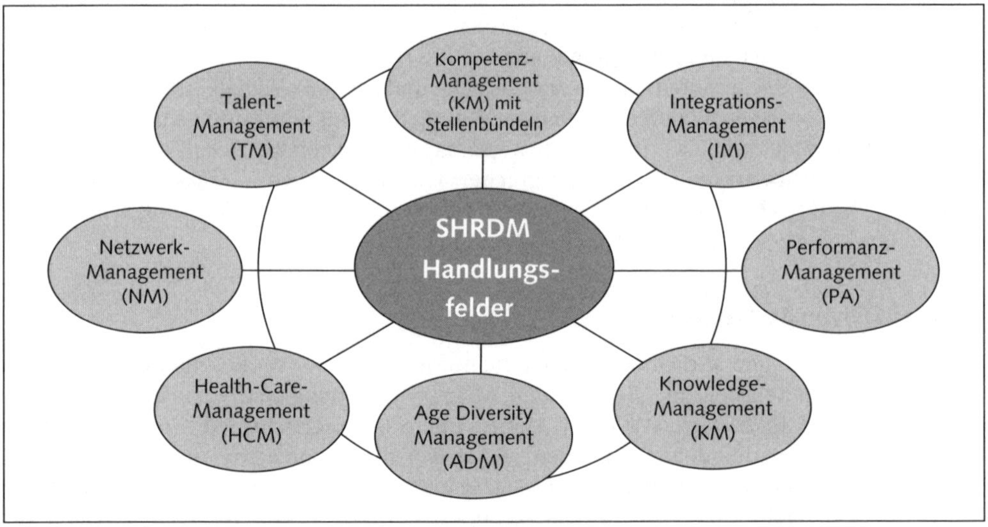

Abb. 4-22: Handlungsfelder des Diversity Managements

Inhaltsorientierte Diversity-Forschung mündet in die konkrete handlungsorientierte Praxis. Handlungsoptionen werden auf ihre Kosten und ihren Nutzen überprüft und im Sinne einer optimalen Zielerreichung die Handlung gewählt, die das Ziel bestmöglich erreicht bei gleichzeitig möglichst geringen Kosten. Diversity Management beinhaltet das Erkennen, Verstehen

121 Thomas, R.R. (2001), S. 40

und Wertschätzen von Diversität, um die Nutzeneffekte durch effektives Management der Diversität zu erschließen.[122]

Die inhaltsorientierte Diversity-Forschung hat ihren Ursprung in der Erforschung der Voraussetzungen, Bedingungen, Formen und Auswirkungen der Diskriminierung. Affirmative Diversity-Aktivitäten als »korrektes Handeln« dominierten diese frühe Forschungsperiode. Seit einiger Zeit ist die Erforschung der betriebswirtschaftlichen Wirkungsforschung der Vielfalt hinzugekommen. Inhalt der Forschung ist der Aufbau, die Stabilisierung, die Weiterentwicklung und die Erneuerung von Potenzialen der Vielfalt zur Sicherung der Wettbewerbsfähigkeit. Es ist im Hinblick auf die formulierten Ziele zu fragen, wie ein jeweils situatives Optimum an Vielfalt erreicht werden kann (organisatorischer Diversity Bliss-Point). Die Ausweitung der Diversity-Forschung auf ökonomische Fragen hat – so darf behauptet werden – die Diversity-Forschung und die Diversity-Praxis entscheidend belebt und das junge Forschungsfeld Vielfalt gestärkt.

Zwei weitere neue Forschungsgebiete zeichnen sich ab. »Makro-Diversity« und »Employee-Diversity«. Beim Makro-Diversity stellt sich die Erkenntnisfrage, wie es im globalen Wettbewerb Nationen und global agierenden Unternehmen gelingen kann, die jeweils lokale Bindung und die globalen Aktivitäten kosten- und leistungsoptimal zu gestalten. »Employee-Diversity« ist mit der Verknappung der Fach- und Führungskräfte im demografischen Wandel entstanden und führt zu der spannenden Forschungsfrage, wie es Anbietern von Arbeit (Humanvermögenskapitalisten: HUKA) gelingen kann, ihre Arbeitskraft bestmöglich zu vermarkten. Der Aufbau von Employee-Brands wird durch das Wachstum atypischer Beschäftigungsverhältnisse zusätzlich befördert. Die personenbezogene Markenforschung hat auch zu klären, wie die verhandlungsschwachen Anbieter von Befähigung (die Humanvermögenspauperisten: HUPA) in dynamischen Arbeitsmärkten bestehen können.

4.7 DIVERSITY-PRAXIS: Allianz Gruppe

Veronica Schilling

Die Allianz Gruppe ist ein global agierendes Unternehmen, das Versicherungs- und Finanzdienstleistungen für rund 78 Millionen Kunden anbietet. Im Mittelpunkt der unternehmerischen Aktivitäten stehen die Menschen (»People Business«). Deshalb wird die Vielfalt der rund 144.000 Mitarbeiter weltweit nicht nur toleriert, sondern als Gewinn gewertet. Mitarbeiter sollen Teil der Gemeinschaft sein, unabhängig von ihren Fähigkeiten, Einstellungen oder Einschränkungen. Denn die Unterschiede in Bezug auf Erfahrungen, Fähigkeiten und Persönlichkeiten tragen dazu bei, die Unternehmensziele der Allianz Gruppe zu erreichen. Vielfältige Denk- und Handlungsansätze und individuelle Backgrounds helfen, die unterschiedlichen Bedürfnisse der Kunden weltweit zu verstehen und innovative Lösungsansätze zu entwickeln.

Der Aufbau und die Erhaltung einer vielfältigen Belegschaft ist bereits seit vielen Jahren ein wichtiges unternehmerisches Ziel, das durch zahlreiche Initiativen unterstützt wird. Konkrete Ziele, wie jenes für Frauen in Führungspositionen, forcieren die Anstrengungen auf diesem Gebiet.

Die nachfolgende Abbildung nennt zentrale Gründe für die Etablierung des Diversity Managements in der Allianz Gruppe.

122 Cox, T. (1993).

- Eine vielfältige Belegschaft trägt zu besseren Unternehmensergebnissen, Kundenbindung und Mitarbeitermotivation bei.
- Vielfalt stärkt die Innovationsfähigkeit und die Kreativität in allen Bereichen und auf allen Ebenen des Unternehmens. So öffnet beispielsweise die Diversität der Vorstandsmitglieder den Blick für globale Problemstellungen und stärkt das Verständnis für die Kulturen der Länder, in denen die Allianz Gruppe tätig ist.
- Um den Anforderungen von unterschiedlichen Kundengruppen gerecht zu werden, müssen Mitarbeiter deren Bedürfnisse und Erwartungen verstehen. Gemischte Teams können das besser. Talentierte Mitarbeiter haben vielfältige Backgrounds. Diversity Management ermöglicht uns den Zugang zu einem größeren Talente-Pool.
- Diversity leben, stärkt das Vertrauen der unterschiedlichen Interessensgruppen wie Kunden und Mitarbeiter.

Abb. 4-23: Gründe für die Umsetzung des Diversity Managements bei der Allianz Gruppe

Diversity-Management-Maßnahmen der Allianz Gruppe

Um das Engagement für Diversität unternehmensweit zu stärken, etablierte die Allianz Gruppe nachfolgende Maßnahmen:

- Einsatz eines »Global Diversity Council« (2007): Unter der Leitung eines Allianz SE Vorstandsmitglieds findet ein Monitoring der Pläne zu Diversity- und Inklusion sowie deren Implementierung in den einzelnen Unternehmenseinheiten der Allianz Gruppe statt. Der global verantwortliche Leiter für Diversity (»Head of Group Diversity«) unterstützt die Koordination der einzelnen Programme und sichert die Orientierung der Maßnahmen an den Zielen der Allianz Gruppe.
- Implementierung und Durchführung eines konzernweiten Monitorings: Alle Allianz Gesellschaften sind verpflichtet, Diversity-Pläne vorzulegen, die nachgehalten werden.
- Einführung von globalen Diversity-Prinzipien und Richtlinien (2007)
- Einführung eines »Code of Conduct« (2006), der alle Formen von Diskriminierung untersagt.
- In den Führungsleitlinien »Leadership Values« (2003) wird der Wert der Vielfalt im Unternehmen betont.
- Etablierung von Diversity Richtlinien (2004): Sie legen fest, dass die Entwicklung der Mitarbeiter an die individuelle Leistung zu knüpfen ist.

Eines der konkreten Ziele, das die Allianz Gruppe seit dem Jahr 2008 verfolgt, ist es bis 2015 einen Frauenanteil von 30 Prozent in den weltweiten Talentpools zu erreichen. Für das mittlere Management wurde dieser Anteil bereits im Jahr 2012 erreicht. Die Allianz Gruppe hat darüber hinaus eine freiwillige Selbstverpflichtung der DAX 30 Unternehmen in Deutschland unterzeichnet. Bis Ende 2015 will die Allianz einen Anteil von 30 Prozent Frauen bei den Führungskräften haben.

Das Diversity Management ist integraler Bestandteil der gesamten HR Prozesskette der Allianz Gruppe. So müssen in allen Entwicklungsprogrammen für höhere Führungspositionen (Senior Leadership Programs) 30 Prozent Frauen vertreten sein. In die sogenannten Shortlists für Führungspositionen müssen Frauen ebenfalls aufgenommen werden. Des Weiteren ist die Förderung der Vielfalt in das Kompetenzmodell für Führungskräfte integriert worden. Mit der jährlichen Mitarbeiterbefragung (»Allianz Employee Survey«) wird die Förderung der Vielfalt und Inklusion gemessen. Die Allianz Gruppe bietet ihren Mitarbeitern zahlreiche Diversity Awareness Lernprogramme an, die in das bestehende Lern- und Entwicklungsprogramm der Gruppe integriert sind. Eines davon ist das Training »Dialogue in the Dark« im unternehmenseigenen »Allianz Dialogue Training Center« in München.

Diversity-Handlungsfelder der Allianz Gruppe

Die Allianz hat eine Vielzahl von Initiativen umgesetzt, die sich auf die Dimensionen Geschlecht, Ethnie, Alter, Religion, sexuelle Orientierung, Behinderung, Bildungsstand und Nationalität beziehen.

Im Folgenden werden jeweils einige Beispiele genannt.

Diversity übergreifend

Diversity Days – Die Mitarbeiter von Allianz Life in Amerika konnten einen Tag frei nehmen, an dem sie ihrem persönlichen Engagement in Sachen Vielfalt nachgehen. Auch die Mitarbeiter der Allianz in Italien feierten mit fast 400 Mitarbeitern Vielfalt als Event. Hierzu wurden an unterschiedlichen Orten Präsentationen zum Thema Diversity gegeben und Konzepte und Instrumente vorgestellt.

Diversity Training – Das globale Diversity Office der Allianz SE informiert in einem Mitarbeiter-Portal darüber, wie man als Mitarbeiter von der Vielfalt im Unternehmen profitieren kann. Diversity-Manager aus unterschiedlichen lokalen Allianz Gesellschaften unterstützten zudem die Entwicklung individueller Diversity Programme vor Ort. Sie sollen über Vielfalt informieren und zeigen, wie Diversity gefördert werden kann und wie die eigene berufliche Entwicklung unterstützt werden kann.

Frauen in Führungspositionen

Ein Handlungsfeld des Diversity Managements der Allianz Gruppe ist die Förderung von Frauen in Führungspositionen. Im Rahmen des »Allianz Sponsorship for Diverse Leadership Program« fördern Top-Führungskräfte talentierte, weibliche Mitarbeiter. Um die Rahmenbedingungen für weibliche Führungskräfte zu verbessern, startete die Allianz SE das Programm »Go Flexible« als Pilotprojekt. Dieses ermöglicht die Übernahme von Führungsaufgaben in Teilzeit, die Realisierung von Sabbatical-Zeiten sowie die Arbeit im virtuellen Office. Ein »Familienservice«, Wiedereingliederungsprogramme nach Elternzeiten, flexible Arbeitszeiten und Kinderbetreuung durch betriebsnahe Kinderkrippen (»Blaue Zwerge«) sollen mehr Flexibilität und eine Verbesserung der Vereinbarkeit von Privatleben und Beruf ermöglichen.

Regelmäßig veranstaltet das Unternehmen das Event »Allianz Women in Dialogue« und tourte mit einer Ausstellung »Frauen in der Gesellschaft – Frauen in der Allianz« durch die verschiedenen Allianz Gesellschaften. Für Frauen in Schlüsselrollen hat die Allianz Mentoring-Programme entwickelt. Dort, wo es die lokalen Gesetze zulassen, müssen alle »Candidate Shortlists« mindestens eine Frau enthalten.

Behinderung

Zur Unterstützung der Integration von Mitarbeitern mit einer Behinderung verfolgt die Allianz Gruppe einen globalen und einen lokalen Ansatz. Eine Vielzahl von Initiativen wurde umgesetzt:

Im Jahr 2010 hat der Vorstand der Allianz SE Standards in Bezug auf Barrierefreiheit für Gebäude, Arbeitsplätze und Webseiten eingeführt. Darüber hinaus investierte die Allianz in lokale und globale Weiterbildungs- und sogenannte »Awareness«-Programme bspw. »Dialogue in the Dark« oder »Disability Week and Sign Language«. Das unternehmenseigene »Dialogue Training Center« in München bietet Trainings im Dunkeln und in der Stille. Zusätzlich berät und unterstützt es Allianz Gesellschaften bei Fragen zur Integration von Menschen mit Behinderungen. Einige Allianz Gesellschaften (Allianz Mondial in Brasilien und Allianz Italien) setzen sogar gezielt auf Mitarbeiter mit Behinderung. In ihren Kundenservice-Centern arbeiten überwiegend Mitarbeiter mit Sehbehinderung. Mit dem Engagement bei den Paralympics will die Allianz ein Bewusstsein für den Behindertensport und Menschen mit Behinderung schaffen.

Nationalität

Bereits im Jahr 1999 beschloss der Vorstand der Allianz SE, Englisch als offizielle Unternehmenssprache einzuführen. Durch eine gemeinsame Sprache sollte die Kommunikation sowie der Austausch von Wissen und Mitarbeitern in der mittlerweile globalen Gruppe erheblich erleichtert werden. In der Unternehmenszentrale in München arbeiten bereits 26 Prozent nicht-deutsche Mitarbeiter aus 61 Nationen. Neuen Mitarbeitern stellt das Unternehmen einen sogenannten »Buddy« an die Seite, damit er oder sie sich möglichst schnell in der Allianz zu Recht findet. Sprachen-Stammtische in der Mittagspause helfen vor allem Mitarbeitern unterschiedlicher Kulturen sich untereinander auszutauschen und ein Zugehörigkeitsgefühl zu entwickeln.

Sexuelle Orientierung

Die Allianz unterstützt ein aufgeschlossenes Arbeitsumfeld, das Mitarbeiterinnen und Mitarbeiter mit unterschiedlicher sexueller Identität gleichberechtigt anerkennt und behandelt. So möchte die Allianz mit dem »AllDive employee network« eine offene Unternehmenskultur fördern, die Vielfalt wertschätzt und ein Arbeitsumfeld ohne Diskriminierung schafft. Lesben, Schwule, Bisexuelle und Transsexuelle (LGBT) tragen unterschiedslos zur erfolgreichen Realisierung der Geschäftsziele der Allianz Gruppe bei.

Akteure des Diversity Managements

Die Hauptverantwortung für das Monitoring und die Einhaltung der Pläne des Diversity Managements trägt der Global Diversity Council unter der aktuellen Leitung von Werner Zedelius, Vorstandsmitglied Allianz SE. Der »Group Head of Diversity« koordiniert die einzelnen Programme und gleicht sie mit den Allianz Zielen ab. Das »Global Diversity Office« informiert über das Thema Diversity, und die lokalen Diversity Manager unterstützen die lokalen Allianz Gesellschaften bei der Konzeption und Umsetzung von Programmen.

Erfolgskontrolle des Diversity Managements

Um die Erreichung der Ziele des Diversity Managements zu sichern, findet eine kontinuierliche Evaluation der Maßnahmen statt. Bereits im Jahr 2008 wurde festgelegt, dass der Anteil der Frauen im gruppenweiten Talentpool im Jahr 2015 30 Prozent betragen soll. Für das mittlere Management wurde das Ziel bereits im Jahr 2012 erreicht. Für den Pool der Bereichsleiter wird das Ziel voraussichtlich im Jahr 2013 und für die oberste Führungsebene im Jahr 2015 erreicht werden.

Im Rahmen der Selbstverpflichtung der DAX 30 Unternehmen hat sich die Allianz das Ziel gesetzt, bis Ende 2015 einen Frauenanteil in Führungspositionen von 30 Prozent zu erreichen. In Deutschland wurde im Jahr 2011 ein Anteil 25,6 Prozent und im Jahr 2012 ein Anteil von 26,7 Prozent verwirklicht.

Ausblick

Unbewusste Vorurteile können Entscheidungen beeinflussen – ob bei der Auswahl von Talenten oder der Besetzung von vakanten Positionen. Nur mit diesem Wissen können wir nachhaltige Veränderungen bewirken. Denn um eine Kultur der Vielfalt zu etablieren, muss vor allem eine Veränderung in den Köpfen entstehen. Deshalb hat die Allianz angefangen, Führungskräfte in der Allianz SE, Allianz France und UK für das Thema »Unbewusste Vorurteile« zu sensibilisieren.

Die abschließende Abbildung 4-24 gibt einen Überblick der Themenschwerpunkte des Diversity Managements bei der Allianz Gruppe.

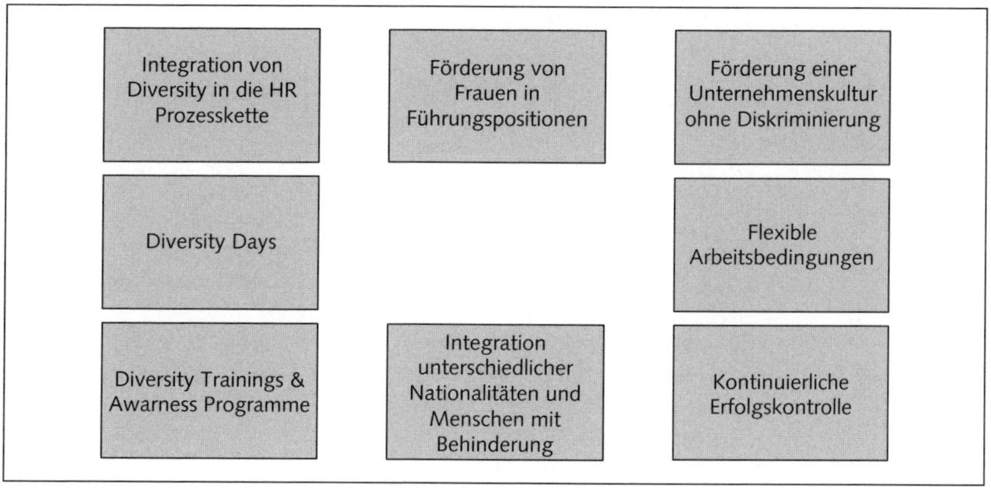

Abb. 4-24: Themenschwerpunkte des Diversity-Konzepts bei der Allianz Gruppe

5 Ausgewählte Handlungsfelder des Diversity Managements

Zum inneren Zusammenhang der Handlungsfelder

Die Handlungsfelder des Diversity Management sind zu unterteilen in Aktivitäten des *Managing Diversity* einerseits und des *Diversity Managements* andererseits. Managing Diversity ist auf die Vermeidung von Nachteilen und den Abbau bestehender Nachteile gerichtet, die Personen aufgrund personaler Merkmale erleiden (können). Diskriminierung aufgrund von Alter, Geschlecht, Behinderung, sexueller Orientierung und religiöser Zugehörigkeit, nennen Handlungsfelder des Managing Diversity.

In der Praxis zielt Diversity Management auf die Herbeiführung, die Erhaltung und die Veränderung der jeweils situativ richtigen Vielfalt zur Erreichung konkreter Ziele. Vielfalt der Kunden ist z. B. erwünscht, weil die Abhängigkeit des Unternehmens von einzelnen Kunden durch vielfältige Kundenbeziehungen sinkt. Mehrere Zulieferer sind erwünscht, weil damit z. B. die Verhandlungsbasis und die Auswahlmöglichkeiten der Lieferanten nach Qualität und Zuverlässigkeit verbessert werden. Im Zentrum des Diversity Managements – und auch im Zentrum dieses Buches – steht die personale Vielfalt bzw. Einfalt, die eine Organisation, ein Unternehmen oder eine Behörde zur bestmöglichen Erreichung der Organisationsziele benötigt. Auch diese Schwerpunktsetzung kann als gewollte Einseitigkeit verstanden werden. Es ist aber darauf hinzuweisen, dass die Betriebswirtschaftslehre die strategischen Entscheidungsfelder der Ressourcenvielfalt schon seit ihrer Gründung als Kern ihres Auftrages versteht. Optimale Finanzierung, Optimierung der Produktionsverfahren, der Absatzwege, der Beschaffung und wirtschaftlicher Einsatz von Roh-, Hilfs- und Betriebsstoffen sowie der optimale Personaleinsatz, sind Standards der Betriebswirtschaftslehre. Stets geht es um das Auffinden des Optimums aus Kosten und Nutzen, Erträgen und Aufwendungen. Schon die von Erich Gutenberg vorgestellten Produktionsfunktionen sind Beleg dafür, dass die BWL sich der Optimierung von Einfalt und Vielfalt im Interesse des wirtschaftlichen Erfolges mit Nachdruck annimmt. Einfalt und Vielfalt, jeweils als wirtschaftlicher Umgang mit Ressourcen, Produkten, Produktion, Vertrieb und Finanzierung verstanden, ist kein neues Handlungsfeld der Wirtschaftswissenschaften.

Der Erörterung der Diversity-Handlungsfelder haftet immer eine gewisse Einseitigkeit an, weil die Diskussion gewissermaßen »ceteris paribus« als Fokussierung auf ein Handlungsfeld erfolgt. Es muss bei aller Notwendigkeit des gedanklichen Nacheinanders bei der Erörterung der Diversity-Handlungsfelder darauf hingewiesen werden, dass die Handlungsfelder miteinander verbunden sind, sich gegenseitig ergänzen, behindern und bedingen können. Auch ist zu beachten, dass die praktische Gestaltung der Handlungsfelder strategischen, taktischen, unternehmerischen und persönlichen Zielen unterliegt. Damit ist die konkrete Ausgestaltung der Handlungsfelder stets für jede Organisation dem Diversity-Reifegrad der Organisation entsprechend vorzunehmen. Die Handlungsfelder des Diversity Management sind miteinander verwoben. Eine ältere Person ist immer auch Mann oder Frau, ein Mitarbeiter zeichnet sich stets auch als religiöser, ästhetischer oder politischer Mensch aus. Die Handlungsfelder des Diversity Management sind verwoben mit der Unternehmungsführung, dem Personalmanagement und der internen und externen Kommunikation einer Organisation. Weil Vielfalt als betriebswirtschaftliche Kategorie in der konkreten Ausprägung stets aus den Unternehmenszielen und den Zielen der Mitarbeiterinnen und Mitarbeiter abzuleiten ist, gibt es in der Praxis nicht eine beste Lösung für das Verhältnis von Einfalt und Vielfalt. Vielfalt ist immer neu und immer ganz spezifisch für eine Organisation zu bestimmen und aufzubauen. Vielfalt folgt dem jeweils gegebenen bzw. angestrebten Maß an Komplexität, Dynamik und Unsicherheit, das eine ganz konkrete Organisation zu bewältigen hat.

An dieser Stelle können die Handlungsfelder – auf der Grundlage der wissenschaftlichen Ausführungen – nur in ihren jeweiligen Grundmustern beschrieben werden. Abwandlungen in der konkreten Praxis sind stets vorzunehmen, damit jede Organisation das jeweils relativ richtige Verhältnis von Homogenität und Heterogenität erreicht. In der Praxis wird es dabei immer um ein doppeltes Optimum – einen »dualen Bliss Point« – aus erwünschter bzw. erforderlicher Vielfalt und den dafür zu akzeptierenden Kosten gehen.

Diversity Management gewinnt als unternehmerischer Funktionsbereich zur optimalen Gestaltung der Vielfalt der Belegschaft, der Arbeitsbedingungen, der Aufteilung des Erfolges zwischen Kapitalgebern und Arbeitnehmern deshalb an Bedeutung, weil die Ressourcen, allen voran das Humanvermögen, zum Engpassfaktor des Erfolges geworden sind. So verwundert es nicht, dass die Handlungsfelder Alter und Geschlecht mit Priorität behandelt werden, weil sie in besonderem Maße auf die wachsende Knappheit des Erwerbspersonenpotenzials abstellen.

Bei der Erörterung der Handlungsfelder bilden Diversity Management und Managing Diversity insofern stets eine Schnittmenge, als es erforderlich ist, die Vielfalt zur Erreichung wirtschaftlicher bzw. persönlicher Ziele immer auf einer diskriminierungsfreien Grundlage aufzubauen. Wenn die Hygienefaktoren einer diskriminierungsfreien Zusammenarbeit nicht gegeben sind, dann lässt sich auf diesem brüchigen Fundament kein leistungsfähiges Diversity Management aufbauen.

Vielfalt ist stets gesellschaftlich bedingt und vermittelt. Gesellschaftlich bedingt ist das Maß der Vielfalt z. B. durch die Berufswahl, die demografische Entwicklung, das Bildungswesen und die wirtschaftliche sowie technologische Reife der Volkswirtschaft. Auch bestimmen der Umfang der Kooperation und der Arbeitsteilung das Maß an Vielfalt, das benötigt wird und das unter den gegebenen Umständen möglich ist.

Die Handlungsfelder können in klassische und in neue Handlungsfelder unterschieden werden. Die klassischen Handlungsfelder beschäftigen sich mit der Vermeidung von Nachteilen, der Bekämpfung von Diskriminierung und dem Aufbau eines guten Ansehens von Unternehmen durch faire Behandlung aller Beschäftigtengruppen. Die klassischen Handlungsfelder sind als »Managing Diversity« zusammengefasst. Diese Handlungsfelder sind wenig umstritten, in vielen Staaten rechtlich abgesichert und integraler Bestandteil einer humanorientierten Unternehmens- und Personalpolitik.

Die neuen Handlungsfelder konzentrieren sich auf die Hervorbringung von Vielfalt bzw. Einfalt zur Erreichung konkreter ökonomischer Ziele. Vielfalt als Quelle von Kreativität, Innovationsfähigkeit, Wettbewerbsfähigkeit, ist in der Summe Grundlage der Bestandssicherung wirtschaftlich ausgerichteter Organisationen. Die neuen Handlungsfelder sind stärker umstritten, weil sie als Instrumente zur Verbesserung der funktionalen Ergiebigkeit der Ressourcen, insbesondere der Humanressourcen, kritisch gesehen werden. Vielfalt dient Zwecken und es liegt nahe, dass die jeweiligen Zwecke kritisch diskutiert werden. Die neuen Handlungsfelder schließen neben der Wettbewerbsfähigkeit auch die Beschäftigungsfähigkeit der Menschen ein. Die gut ausgebildeten »Arbeit-Geber« (Spezialisten, Führungskräfte, Eliten), bauen ihre unverwechselbaren markt- und wettbewerbsfähige Befähigungen auf. Die Knappheit der Befähigungs-Portfolios bestimmt den Preis der angebotenen Arbeitsfähigkeit. Aus der Sicht der

Arbeitskraft anbietenden Humanvermögenskapitalisten – HUKA – (exklusive Qualifikation, Erfahrung, Potenzial) ist es Ziel, das Humanvermögen möglichst teuer zu vermarkten. Ziel der Unternehmen ist es, nach Möglichkeit nur den tatsächlichen Knappheitsgrad der angebotenen Humanressourcen zu entlohnen. Der Aufbau der erforderlichen Vielfalt der Humanressourcen gewinnt mit der Verknappung des Arbeitsangebots stark an Bedeutung.

Ein drittes Handlungsfeld dringt gegenwärtig in den Vordergrund. Es ist das Gebiet der institutionellen Diskriminierung. Strukturen, Prozesse und Praktiken öffentlicher und privater Institutionen sollen darauf untersucht werden, ob und inwieweit latente oder virulente Diskriminierung in den institutionellen Arrangements angelegt ist. Das Handlungsfeld der institutionellen Diskriminierung ist von der Sache her nicht neu, allerdings in Forschung und Praxis noch weitgehend unbearbeitet. Erhebliche Schwierigkeiten des empirischen Zugangs zu diesem Handlungsfeld sind sicherlich ein wesentlicher Grund für die bisherige Nichtbeachtung dieses Aufgabenfeldes.

Nachfolgend werden die Handlungsfelder Alter & Lebensphasen, Behinderung & Gesundheit, Geschlecht & Familie, Migration & Integration, Religion & Weltanschauung sowie sexuelle Orientierung näher beschrieben.

5.1 Handlungsfeld Alter und Lebensphasen

5.1.1 Ausgangslage

Der demografische Wandel ist Tatsache. Für Unternehmen ist der Umgang mit alternden und schrumpfenden Belegschaften Herausforderung und Aufgabe zugleich. Der internationale Vergleich zeigt, dass Alterung und Schrumpfung für Europa, Amerika und Asien gleichermaßen gelten. Insbesondere Japan altert schnell, China folgt aufgrund der Ein-Kind-Politik ebenfalls mit rasantem Tempo. Deutschland muss auf die schrumpfende Erwerbsbevölkerung reagieren.[1] Die Bewältigung des demografischen Wandels darf sich nicht einseitig auf die ältere Bevölkerung und auf die älteren Arbeitnehmer konzentrieren. Es sind alle Altersgruppen in die Analyse und die Gestaltung geeigneter Maßnahmen zur Bewältigung des demografischen Wandels einzubeziehen. Die Statistik zur Erwerbsbevölkerung zeigt, dass in Deutschland nur wenige Reserven an qualifizierten Arbeitskräften vorhanden sind. Vor allem die Zahl der 19- bis 24-Jährigen wird bis zum Jahre 2025 kontinuierlich schrumpfen. Diese Altersgruppe wird sich im Osten Deutschlands in den kommenden fünf Jahren nahezu halbieren. Die größten Verlierer unter den Bundesländern in der Gruppe der 19- bis 24-Jährigen sind Sachsen-Anhalt und Mecklenburg-Vorpommern mit einem Minus von jeweils 48 Prozent (vgl. Abbildung 5-1). Im Zuge des demografischen Wandels verändert sich die Struktur des Erwerbspersonenpotenzials sehr stark.

Alter, Alterung, Altersdiskriminierung, Altersstereotypen, Altersvorurteile sind Begriffe, die gegenwärtig Konjunktur haben. Obwohl »Alter« als Begriff alle Lebensphasen erfasst, konzentriert sich die Diskussion auf die älteren Menschen und deren Zunahme in der Zukunft. Die Altersforschung untersucht, ob und in welchem Maße ältere Menschen leistungsfähig bleiben, ob sich mit zunehmendem Alter Defizite der Leistungsfähigkeit bemerkbar machen.[2]

1 Vgl. OECD (2007).
2 Vgl. Becker, M./Labucay, I./Kownatka, C. (2008).

Es wird untersucht, ob ältere Menschen andere Lebensweisen bevorzugen als jüngere Menschen und es wird untersucht, wie die Gesellschaft mit der stark zunehmenden Gruppe älterer Menschen umgehen wird.

Am anderen Ende beanspruchen die Jugendlichen ohne Schulabschluss und ohne berufliche Perspektive immer mehr Aufmerksamkeit, weil die Verknappung des Erwerbspersonenpotenzials es als dringend geraten erscheinen lässt, diese Gruppe junger Menschen besser als in der Vergangenheit in das Erwerbsleben einzugliedern.

In der Wissenschaft ist unbestritten, dass die subjektive Erfahrung von Alter und die subjektive Einstellung zum Alter sozial vermittelt sind. Gesellschaftliche und familiäre Traditionen bestimmen zu einem erheblichen Teil das Altersbild der Menschen in Wirtschaft und Gesellschaft[3].

Eine Betrachtung nur der späteren Lebensphase, die als »Alter« bezeichnet wird, greift zu kurz. Das Handlungsfeld Alter muss die gesamte Lebensspanne ausleuchten und alle Altersgruppen in die Analyse der Phänomene Alter und Altern einbeziehen. Lebensphasenkonzepte sind allerdings nur ein eingeschränkter Ansatz zur Erfassung der auf das Alter wirkenden Variablen. In der Wissenschaft ist unstrittig, dass die Variable Alter nur ein Prädiktor zur Erklärung menschlichen Verhaltens ist. Daher muss das eindimensionale Konzept des Alters und des Alterns in ein mehrdimensionales Konzept überführt werden. Das mehrdimensionale Konzept erfasst neben dem biologischen oder kalendarischen Alter (Lebensphasen) auch die Variablen Lebensstil, Lebensform und Lebenslage. Mit dieser Ausweitung wird die eingeschränkte und oft defizitär eingefärbte Sicht auf das Alter in einen ganzheitlichen positiven Zusammenhang der Lebensführung gestellt.

Die Dynamik der Alterung und das Tempo der Schrumpfung sind seit Langem Thema der Demografen und der Politiker. Für die Politik sind die Daten der Alterung und Schrumpfung Anknüpfungspunkte für eine gezielte Strukturpolitik, die z. B. der zunehmenden Entvölkerung von Landstrichen entweder entgegenwirken soll oder diese ganz entschieden zu fördern beabsichtigt. Für die ländlichen Gebiete wird die Entwicklungsperspektive dreigeteilt ausfallen: Es wird zwischen den Varianten »entwickeln«, »halten« und »preisgeben« entschieden werden müssen. Diese Entscheidungen werden erforderlich, weil eine alternde Gesellschaft nicht mehr alle Infrastrukturleistungen anbieten und finanzieren kann.

Abbildung 5-1 verdeutlicht, dass die Gesellschaft sich auf Alterung und Schrumpfung einstellen muss. Wichtige Fragen werden dabei sein, ob und wie der gegenwärtige Wohlstand bei einer deutlichen Überzahl der älteren Menschen und einer drastischen Zunahme pflegebedürftiger alter Menschen zu halten sein wird. Es wird auch zu fragen sein, wie die jüngeren und älteren Menschen miteinander umgehen und wie junge und alte sich in ihrer Alterskohorte vertragen werden. Wie kann der soziale Ausgleich zwischen Jung und Alt gelingen? Wie können Rechte und Pflichten neu verteilt werden? Wie kann verhindert werden, dass z. B. die Mehrheit der Älteren die Jüngeren bei Wahlen zu ihren Gunsten überstimmt? Welche Auswirkungen könnte wachsender Egoismus der Altersgruppen auf die Demokratie und den inneren Frieden haben? In der Presse taucht bereits der Begriff des *Altersrassismus* auf (Süddeutsche Zeitung).[4] Opfer von Vorurteilen können sowohl ältere als auch jüngere Menschen sein. Je nach Zugehörigkeit zur Jugend oder zum Alter, werden der jeweils anderen Gruppe diskriminierendes Denken und Handeln unterstellt. Ein Artikel in der Süddeutschen Zeitung betont, dass ältere Menschen immer häufiger »Objekt« diskriminierender Äußerungen sind. So z. B.

3 Vgl. Becker C. (2015).
4 Vgl. Süddeutsche Zeitung (2009), S. 1.

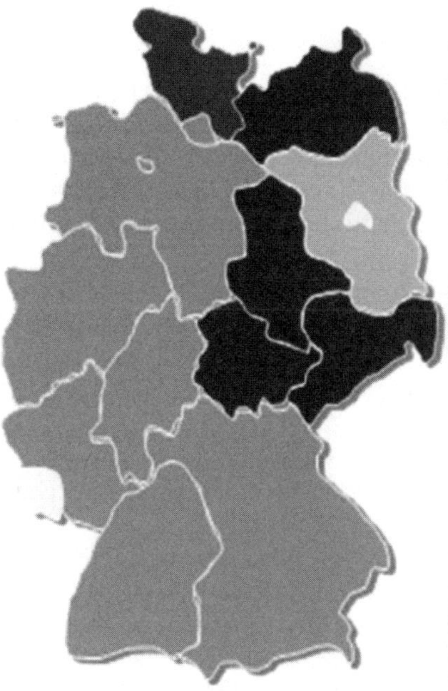

Altersgruppe (Jahre)	19–24	25–44	45–64
Schleswig-Holstein	-8	-17	+13
Niedersachsen	-13	-17	+10
Hamburg	-14	-5	+17
Hessen	-14	-16	+6
Baden-Württemberg	-14	-12	+14
Bayern	-14	-11	+14
Nordrhein-Westfalen	-17	-14	+7
Bremen	-18	-5	+5
Rheinland-Pfalz	-19	-13	+8
Saarland	-26	-20	-6
Berlin	-27	-11	+7
Brandenburg	-39	-30	+3
Sachsen	-42	-25	-9
Thüringen	-46	-33	-12
Sachsen-Anhalt	-48	-34	-16
Mecklenburg-Vorpommern	-48	-32	-9

Abb. 5-1: Arbeitskräfte – Entwicklung von 2006 bis 2025
Quelle: Bertelsmann Stiftung (2006).

in der diskriminierenden Äußerung, »dass über kurz oder lang auf einen Leistungsträger zwei Gebissträger kommen.«[5] Reduziert der demografische Wandel den sozialen Zusammenhalt zwischen den Generationen? Eine aktuelle Studie zu öffentlichen Transferleistungen zeigt, dass die Solidarität zwischen den Generationen in Deutschland brüchiger wird. Eine Befragung von etwa 14.000 Menschen zur deutschen Renten- und Familienpolitik verdeutlicht, dass älteren Menschen häufig das Verständnis für die Bedürfnisse und Interessen jüngerer Menschen fehlt.[6] Beispielsweise sinkt die Zustimmung zu flexiblen Arbeitszeiten für Erwerbstätige zwischen dem 20. und dem 65. Lebensjahr um beinahe 50 Prozent. Je älter die Menschen sind, umso weniger befürworten sie, dass öffentliche Gelder an Familien und Kinder fließen und umso eher stimmen sie Änderungen im Rentensystem zulasten jüngerer Menschen zu. Die Wissenschaft steht in der Pflicht, diese Entwicklung zu analysieren und die Wahrnehmung, die Einstellungen und das Verhalten altersdiverser Bevölkerungs- und Belegschaftsgruppen systematisch aufzugreifen. Das Ziel von Forschung und Wissenschaft besteht vorrangig in der Erarbeitung von Gestaltungshinweisen für ein diskriminierungsfreies Miteinander aller Altersgruppen. Die Verantwortlichen in Wirtschaft und Politik sind herausgefordert, politische Rahmenbedingungen für einen fairen Ausgleich der Interessen der Altersgruppen zu schaffen.

5 Süddeutsche Zeitung (2009), S. 1
6 Vgl. Wilkoszewski, H. (2007).

5.1.2 Stand der Forschung zu Alter und Alterung

5.1.2.1 Ausgewählte Alterstheorien

Theorien über das Alter und das Altern sind Teil der gerontologischen Wissenschaft. »Gerontologie beschäftigt sich mit der Beschreibung, Erklärung und Modifikation von körperlichen, psychischen, sozialen, historischen und kulturellen Aspekten des Alterns und des Alters, einschließlich der Analyse der Institutionen, die entweder ›sine ira et studio‹ alle Alterskohorten gerecht und diskriminierungsfrei behandeln oder durch institutionelles Handeln Diskriminierung fördern bzw. nicht ausreichend bekämpfen.«[7]

Alterstheorien beschreiben das Phänomen Alter aus unterschiedlichen Blickwinkeln heraus. *Biologische Theorieansätze* befassen sich vor allem mit den physiologischen Faktoren und beschreiben Alter als einen irreversiblen, mit dem älter werden sich vollziehenden Prozess. Das Altern beginnt dann, wenn die Entwicklung des menschlichen Organismus vollständig abgeschlossen ist.

Psychologische Theorieansätze beschreiben den Prozess des Alterns aus der Perspektive des Erlebens und Verhaltens und beziehen sich dabei auf Aspekte wie Wahrnehmung, Gedächtnis und Motivation sowie deren mögliche Veränderung im Lebenslauf.

Sozialpsychologische Theorien des Alterns befassen sich vor allem mit den unterschiedlichen sozialen und gesellschaftlichen Bedingungen, die den Alterungsprozess maßgeblich beeinflussen. Mit Blick auf das Diversity Management kommt den sozialwissenschaftlichen und psychologischen Theorien eine besondere Bedeutung zu, weil sie auf Gemeinsamkeiten und Unterschiede aufmerksam machen können und so Vielfalt bzw. Einfalt in den Phasen des Alterns aufzeigen können. Aus diesem Grunde werden sozialwissenschaftliche und die psychologische Theorieansätze nachfolgend näher betrachtet.

5.1.2.2 Sozialpsychologische Alterstheorien

Die Disengagement-Theorie

Die Disengagement-Theorie basiert auf der von Cumming und Henry 1961 durchgeführten Kansas City Studie. Die Forscher charakterisieren den Alterungsprozess als einen sozialen und psychologischen Prozess der Abnahme von Aktivitäten, der mit zunehmendem Alter einsetzt. Rückzug aus dem sozialen Leben wird als Folge des Alterns genannt.[8] Dieses Bedürfnis nach Rückzug wird älteren Menschen generell zugeschrieben, ohne weitere Faktoren, z. B. die unterschiedliche Konstitution der Persönlichkeit, zu berücksichtigen.[9] Die Disengagement-Theorie folgt dem Defizitmodell abnehmender Leistungsfähigkeit, sinkendem Engagement und nachlassender Neugierde mit zunehmendem Alter.

Empirische Studien von Marsden, McPherson/Smith-Lovin/Brashears sowie Schnittker belegen, dass die Interaktionen und die Anzahl der Interaktionspartner mit dem Alter tatsächlich geringer werden und die sozialen Netzwerke kleiner werden.[10] Während die Quantität sozialer Beziehungen mit steigendem Alter abnimmt, steigt dagegen deren Qualität. So weisen Friederickson und Carstensen nach, dass die sozialen Beziehungen mit zunehmendem Alter

7 Vgl. Baltes, P. B./Baltes, M. M. (1992), S. 8.
8 Vgl. Cumming, E./Henry, W. E. (1961), S. 213.
9 Vgl. Cumming, E./Henry, W. E. (1961), S. 14 ff.
10 Vgl. Marsden, P. V. (1987), S. 122 ff.; vgl. auch McPherson, M./Smith-Lovin, L./Brashears, M. E. (2006), S. 353 ff.; vgl. auch Schnittker, J. (2007), S. 676 ff.

emotional enger werden.[11] Die Studie von Schnittker weist auch nach, dass Beziehungen im Alter zunehmend der sozialen Unterstützung dienen.[12] Man kann daraus folgern, dass sozial-kommunikative Aktivitäten mit dem Alter zunehmen, weil sie von älteren Menschen mehr gewünscht werden.

Die Disengagement-Theorie wurde insbesondere wegen der Einseitigkeit ihrer Postulate kritisiert. Zudem zeigt sich, dass der Wunsch nach Rückzug nicht ausschließlich vom Lebensalter, sondern vom individuellen Wohlbefinden und vom individuellen Gesundheitszustand stark mitbestimmt wird.[13] Die Intensität der Aktivitäten wird in jeder Lebensphase durch die grundlegende Lebensform, die Lebenslage und den Lebensstil bestimmt.

Die Aktivitätstheorie

Die Aktivitätstheorie (Engagementtheorie) folgt der Annahme, dass ein positiver Zusammenhang zwischen der Aufrechterhaltung sozialer Beziehungen, dem Grad des Aktivseins und der Zufriedenheit Älterer besteht.[14] Der individuelle Alterungsprozess ist individuell davon abhängig, in wieweit im Alter Möglichkeiten der Teilhabe und der Mitwirkung erhalten bleiben bzw. geboten werden. Das Gefühl »noch gebraucht zu werden«, fördert die Aktivitätsbereitschaft und damit die soziale Teilhabe älterer Menschen.[15] Die Eingliederung Älterer in familiäre, außerfamiliäre private und berufliche Netzwerke stärkt das Zusammengehörigkeits- und Selbstwertgefühl.[16] Engagement hält jung, fehlendes Engagement beschleunigt den Alterungsprozess. Für Wirtschaft und Verwaltung kann daraus der Schluss gezogen werden, dass die starren Altersgrenzen aufgehoben werden sollten und von einem individuell gewollten und von der Konstitution abhängigen flexiblen und freiwilligen Ausstieg aus dem Berufsleben abgelöst werden sollten.

Eine Studie von Lemon, Bengston und Peterson belegt die Aussagen der Engagementheorie. Von besonderer Bedeutung erweist sich danach der informelle Kontakt zu Freunden. Einen geringeren Einfluss auf die Zufriedenheit älterer Menschen haben dagegen formelle Kontakte.[17] Die Studie von Choi und Dinse liefert anschlussfähige Ergebnisse für den amerikanischen Raum. Das nicht aktive Altern senkt die Zufriedenheit der älter werdenden Menschen, verschlechtert die Lebensqualität und beschleunigt so den Alterungsprozess älterer Menschen.[18] Aktivitäten sollten von den älter werdenden Menschen selbst gewählt werden können. Freizeit, Sport, Arbeit, Ehrenamt stehen gleichwertig nebeneinander. [19] Das Engagement sollte von der sozialen Umgebung der älteren Menschen unterstützt werden.

---

11 Vgl. Fredrickson, B. L./Carstensen, L. (1990), S. 335 ff.
12 Vgl. Schnittker, J. (2007), S. 678 ff.
13 Vgl. Maddox, G. L. (1964), S. 80 ff.
14 Vgl. Lemon, B. W./Bengston, V. L./Peterson, J. A. (1972), S. 511 ff.
15 Vgl. Martin, M./Kliegel, M. (2008), S. 58.
16 Vgl. Wellman, B./Wortley, S. (1990), S. 558 ff. sowie Friori, K. L./Antonucci, T. C./Cortina, K. S. (2006), S. 25 ff.
17 Vgl. Lemon, B. W./Bengston, V. L./Peterson, J. A. (1972), S. 511 ff. sowie S. 517 ff.
18 Vgl. Choi, N./Dinse, J. (1998), S. 161 ff.
19 Vgl. Rupprecht, R. (2008), S. 20.

Die Kontinuitätstheorie

Die Kontinuitätstheorie, die auf Atchley zurückgeht, betont, dass der Alterungsprozess erfolgreich verläuft, wenn eine Kontinuität der äußeren und inneren Bedingungen gegeben ist. Die äußerliche Kontinuität bezieht sich auf die physische und soziale Umwelt, während die innerliche Kontinuität die Persönlichkeit, die Werte und die Fähigkeiten erfasst. Problematisch wird diese sinnvolle Forderung nach Kontinuität, wenn Kontinuität mit Unveränderlichkeit gleichgesetzt wird. Autoren betonen die negative Auswirkung gravierender Veränderungen im Alter, weil daraus Kompetenzängste und Verlustängste erwachsen können.[20] Kleiber, Hutchinson und Williamson konnten in einer Studie nachweisen, dass Kontinuität älteren Menschen die Verarbeitung negativer Ereignisse, z. B. die Bewältigung einer Krankheit oder den Verlust eines Partners, erleichtert. Einen alten Baum verpflanzt man nicht, sagt der Volksmund. Daraus ergibt sich das Streben nach Kontinuität, das als Coping-Strategie von älteren Menschen zur bestmöglichen Bemeisterung ihrer Lebenslage eingesetzt wird.[21] Der Auszug aus der eigenen Wohnung, der abrupte Abbruch der Kontakte zum Arbeitgeber und zu den Kollegen, die fehlende Einbindung in die Familie, wirken als Beschleuniger des Alterns. Solange wie möglich »in den eigenen vier Wänden zu bleiben«, ist daher ein verständlicher Wunsch älterer Menschen.

Die Interaktionstheorie

Vertreter der Interaktionstheorie sehen den Alterungsprozess als Ergebnis sozialer Konstruktion. Die Zuschreibung von Erwartungen und Vorstellungen prägt die Lebensweise in den Lebensphasen, so die Annahmen der Interaktionstheorie. Man könnte sagen, »sag mir, mit wem du umgehst und womit du dich beschäftigst und ich sage dir, wie alt du bist!« Die soziale Konstruktion des eigenen Alters erwächst aus Vergleichen mit Menschen desselben Alters und löst eine Angleichung der Vorstellung darüber aus, welche Lebensereignisse in der eigenen Altersgruppe (noch oder schon) von Bedeutung sind. Alter wird gewissermaßen im sozialen Austausch erworben. Auch interkulturelle und historische Vergleiche deuten darauf hin, dass das Alter keineswegs als «Naturtatsache» zu sehen ist, sondern sozial konstruiert wird. Alter ist stets eine sozial vermittelte Kategorie.[22] Göckejan betont, dass das Alter »nicht als Wirklichkeit (...), sondern als Idee, als Deutungsmuster, als soziale Praktiken, nicht als biologische Entität« existiert.[23] Die Konstruktion des Alters erfolgt nach Schroeter auf vier Ebenen:

- **Symbolische Ebene:** allgemeine Alterssemantiken, Altersdefinitionen, symbolische Altersordnungen bestimmen, wer alt ist.
- **Interaktive Ebene**: Doing Age, soziale Performanz, korporale Präsentation und Inszenierung, interaktive Interpretationen bestimmen das Empfinden von Alter und Alterung.
- **Materiell-somatische Ebene**: Soziosomatik in Altersdifferenzen, Formierung der Körper, Körperpolitik und Körperstrategien, das körperliche Wohlbefinden bestimmt das Empfinden des Lebensalters.
- **Leiblich-affektive Ebene:** Altern als gespürte Realität, Spüren des Leibes, subjektiv empfundenes Alter, Alterung als Prozess der Veränderung von Können und Wollen.«[24]

20 Vgl. Schelling, H. R. (2005), S. 51.
21 Vgl. Kleiber, D. A./Hutchinson, S. L./Williams, R. (2002), S. 219 ff.
22 Vgl. Schroeter, K. R./Künemund, H. (2010), S. 393.
23 Göckejan, G. (2000), S. 15.
24 Schroeter, K. R./Künemund, H. (2010), S. 393 f.

Altersphasen, Altersgrenzen und Erwartungen an die Menschen in den jeweiligen Lebensphasen sind stets sozial konstruiert, verändern sich im Zeitablauf und können vom kalendarischen Alter abweichen. Insbesondere in traditionalen, hierarchisch organisierten Gesellschaften, deren Kontinuität vom Erinnern der Älteren und Alten abhängt, ist das hohe Alter deshalb hoch angesehen, weil die Alten den kollektiven Wissensbestand sichern und weitergeben. Im sozialen Umgang miteinander sollten ältere Menschen daher Gesprächsinhalte zu Krankheit, Defiziten, Verlusten und Ängsten eher meiden und dafür Sorge tragen, dass neue Eindrücke und positive Erlebnisse die Begegnungen und die Gesprächsinhalte bestimmen.

Um es am Beispiel zu sagen: Wenn es in Altenheimen strikt verboten ist, Alkohol zu trinken, dann fehlt die Kontinuität des guten Glases Rotwein. Wenn in Altenheimen Seniorenliebe nicht gerne gesehen wird, dann bleiben die jung erhaltenen emotionalen neuen Erlebnisse aus. Wenn Seniorinnen und Senioren »nicht mehr raus kommen«, dann fehlt ihnen der Gesprächsstoff über die Veränderungen in ihrem Wohnort. Wenn Seniorinnen und Senioren wenig oder gar keinen Besuch von Freunden und Angehörigen bekommen, dann reißt der Faden zum Leben ab.

Zusammenfassend ist festzuhalten, dass die sozialpsychologischen Theorienansätze den Lebensstil eines Individuums als Spiegelbild der Verhältnisse betrachten. Wie man altert, wie Altern angesehen ist, was man im Alter tut und was man im Alter nicht mehr tun sollte, was von älter werdenden Menschen erwartet und nicht mehr erwartet wird, das wird über gesellschaftliche Konstruktion entschieden. Die Fülle der im Alter verbleibenden Erlebnisse hängt vom Altersbild, von den finanziellen Mitteln und von der Stärke der Familienbande ab. Man muss nicht Prophet sein, um zu vermuten, dass es um ältere Menschen immer einsamer wird, weil die vielen zerbrochen Ehen und Familien, die fehlenden Kinder und Enkel kein gutes Fundament für ein reiches Leben im Alter sein werden.

5.1.2.3 Psychologische Alterstheorien

Defizitmodell des Alterns

Das Defizitmodell des Alterns ist eines der bekanntesten und das am meisten kritisierte Erklärungsmodell des Alterns und des Alters. Dem Konzept wohnt die Alltagslogik inne, wonach das Leben endlich ist, die Kräfte nachlassen und sich das Interesse an der Welt mit dem Alter verändert und vermindert. Als Vertreter des Defizitmodells gelten Wechsler, Lehmann und Botwinick.[25] Zentrale Annahme des Modells ist, dass sich der physiologische, psychische und kognitive Zustand der Menschen mit zunehmendem Alter verschlechtert. Dieser Prozess sei genetisch bedingt und irreversibel. Grundlage dieser Annahme bildeten Querschnittuntersuchungen hinsichtlich der geistigen Leistungsfähigkeit, welche u. a. auf dem Army-Alpha-Test von Yerks und dem Wechsler-Intelligenztest beruhten.[26] Weitere Untersuchungen weisen den Abbau der Sinnesfähigkeiten, der Aktivität, der Spontanität und der Einstellungsfähigkeit auf Neues nach und prägten damit ein zunehmend defizitäres Bild des Alterns und des Alters.[27]

Dagegen wies Brühler bereits 1933 darauf hin, dass Menschen sich lebenslang entwickeln.[28] Sie konzipierte die Entwicklung des menschlichen Lebens als Kurve, die bis zur

25 Vgl. Keuchel (1983), S. 37.
26 Vgl. Yerkes, R.M. (1980), S. 813 ff.
27 Vgl. Thomae, H./Lehr, U., S. 52.
28 Vgl. Brühler, C. (1933). Charlotte Brühler gilt als eine der Begründerinnen der Entwicklungspsychologie und der Gerontopsychologie.

Defizitäres Altersbild
• Erfasst die defizitorientierte Wahrnehmung von alten Menschen: alt, langsam, schwach, begleitet von sozialem Rückzug.
• Negatives Altersbild ist historisch geprägt. Alter wird »als Müh und Plag« apostrophiert
• Alter konzentriert sich in hohem auf körperliche Aspekte
• Erfahrung wird gering geschätzt, Potenziale älterer nicht erhoben und nicht genutzt

Abb. 5-2: Negative Altersbilder

Lebensmitte ansteigt und danach wieder abfällt (Lebensbaumkonzept). Das Defizit-Modell symbolisiert gewissermaßen einen Parabelflug durchs Leben.

Die orthodoxe Ausprägung des Defizitmodells des Alters bzw. des Alterns gilt in der Gerontologie als überholt. Die Wissenschaft geht davon aus, dass die Leistungsfähigkeit der Menschen – bei entsprechender Lebensführung – bis ins achte Jahrzehnt erhalten bleibt. Auch ist darauf hinzuweisen, dass die Anforderungen an den arbeitenden Menschen in Industrieländern wenig körperlich belastend sind und die geistigen Anforderungen dazu dienen, die Leistungsfähigkeit zu erhalten, den Erfahrungsschatz zu vergrößern und so die Leistungsfähigkeit und Lebenstüchtigkeit bis ins hohe Alter zu erhalten. Ob die Defizite der psychischen, physischen und intellektuellen Leistungsfähigkeit früh oder spät im Lebensalter einsetzen, hängt vom Lebensstil in den »fetten Jahren« ab. Wenn Weiterbildung, gesunde Ernährung, sportliche Aktivitäten und intensive Sozialkontakte gepflegt werden, dann machen sich die Defizite wesentlich später bemerkbar als es der Fall ist, wenn das Leben körperlich, sozial und geistig asketisch verläuft. Eine wesentliche Erkenntnis der gerontologischen Forschung besteht darin, dass mit der Alterung Veränderungsprozesse ablaufen und dass sowohl körperliche als auch psychische, soziale und kulturelle Besonderheiten beachtet werden müssen.[29] Die Abnahme der geistigen und körperlichen Leistungsfähigkeit und der Rückgang der Neugierde sind grundsätzlich nicht zu leugnen. Wie schnell und wie intensiv die Abnahme erfolgt, hängt wieder entscheidend vom Lebensstil, der Lebensform und der Lebenslage ab.

Das Defizitbild des Alters orientiert sich an biologischen Alterungsprozessen und ruft Assoziationen mit Eigenschaften wie Hilfsbedürftigkeit, Vergesslichkeit, Einsamkeit, Krankheit, Verbitterung und Starrköpfigkeit hervor. Vor allem Menschen ab einem Alter von 70 Jahren sind von Generalisierungen dieser Art betroffen. Im Kontrast zu den destruktiven Theorieansätzen kristallisiert sich zunehmend das neue Bild der Alten und des Alterns heraus.[30] Forschungsergebnisse der Gerontologie zur Leistungsfähigkeit und Handlungskompetenz älterer Menschen verstärken dieses positive Altersbild. Negative Altersbilder vermuten einen zunehmenden Egoismus bei älteren Menschen und es wird antizipiert, dass das »Methusalem-Komplott«[31] der vielen Alten die nachwachsenden Generationen majorisieren könnte. Ein extremer Vorschlag soll das verdeutlichen. So könnte es aufgrund der wachsenden Überzahl der älteren Menschen erforderlich werden, ein Kohortenwahlrecht einzuführen, das allen Altersgruppen dieselbe Stimmenzahl zuerkennt, unabhängig von der zahlenmäßigen Größe der jeweiligen Kohorten. Auch könnte es erforderlich werden, das Vermögen Älterer stärker in die

29 Vgl. Stock-Homburg, R. (2010), S. 725.
30 Vgl. Wilkening, K. (1999), S. 3.
31 Der Begriff stammt von Frank Schirrmacher; vgl. Schirrmacher, F. (2004).

Pflege alter und greiser Menschen einzubeziehen. »Pflegeleistung vor Erbschaft« und »gleiche Wahlbeteiligung aller Altersgruppen« nennen beispielhaft, wie sich die Einstellung und die Fürsorge der Alterskohorten zueinander verändern könnten.

Abb. 5-3: Renten und Rentner in Deutschland: eine Karikatur?
Quelle: Greser & Lenz.

Zwei-Komponenten-Modell (S-O-K-Modell)

Das Zwei-Komponenten-Modell der Intelligenz trägt der Erkenntnis Rechnung, dass sich die Entwicklung eines Menschen über den gesamten Lebenslauf erstreckt. Hinsichtlich der Entwicklung kognitiver Fähigkeiten weist Baltes auf die Wirkung vieler Faktoren auf den Alterungsprozess hin (Multidimensionalität und Multidirektionalität).[32] So wird in Anlehnung an das Konzept der fluiden und kristallinen Intelligenz von Cattell/Horn angenommen, dass die fluide Intelligenz bis zum frühen Erwachsenenalter zunimmt und erst ab dem mittleren Lebensalter wieder sinkt. Dagegen nimmt die kristalline Intelligenz auch im späteren Erwachse-

32 Vgl. Baltes, P. (1990), S. 2 ff.

nenalter noch zu, so die Annahmen des Konzeptes.[33] Längsschnittuntersuchungen bestätigen diese Entwicklung der Intelligenz. Zentrale Relevanz haben die Ergebnisse der Seattle-Studien von Schaie sowie der Bonner Gerontologischen Längsschnittstudie (BOLSA).[34] Die entscheidenden mentalen Fähigkeiten bleiben demnach bis zum 80. Lebensjahr aufrechterhalten und nehmen erst im hohen Lebensalter ab. Die Entwicklung der geistigen Fähigkeiten wird dabei von deren Inanspruchnahme maßgeblich beeinflusst.[35] Zugleich zeigt sich anhand von empirischen Ergebnissen, dass die fluide Intelligenz früher und deutlicher von einer Abnahme betroffen ist als die kristalline Intelligenz.[36] Laut BOLSA-Studie lassen sich erst ab dem 75. Lebensjahr Einschränkungen der fluiden Intelligenz feststellen.[37] Anschlussfähig hierzu sind die Ergebnisse der Seattle Längsschnittstudie, die nachweisen konnte, dass die kognitiven Fähigkeiten bis zum Alter der regulären Pensionierung einen stabilen Verlauf nehmen.[38] Einfach ausgedrückt, bleiben erworbene Gewohnheiten bis ins hohe Alter erhalten. Wer in jungen Jahren kein Buch liest, wird im Alter damit nicht beginnen. Wer in jungen Jahren nur wenige soziale Kontakte gepflegt hat, wird im Alter keine neuen Kontakte mehr aufbauen.

Innovatives Altersbild
• Orientiert sich an Kompetenzen und Fähigkeiten älterer Menschen.
• Es werden keine Einschränkungen und Begrenztheiten fokussiert, sondern die Möglichkeiten und Potenziale des Alters geschätzt und gefördert.
• Mit diesem Wandel geht ein neues, aktives und innovatives Bild vom Alter einher.

Abb. 5-4: Positive Altersbilder

Eine stärkere Verknüpfung der Multidimensionalität und der Multidirektionalität kognitiver Fähigkeiten wird im Zwei-Komponenten-Modells der Selektion und der Kompensation deutlich. Laut Baltes vollzieht sich im Alter eine »selektive und kompensatorische Optimierung«. Der Prozess der Selektion umfasst die Spezialisierung eines Menschen auf Wissensbereiche, die er bereits im Verlauf seines Lebens aufgebaut hatte. Im Anschluss erfolgt deren Optimierung, so dass die individuelle Lebensqualität steigt und die Leistungsfähigkeit erhalten bleibt. Des Weiteren ist mit zunehmenden Alter der Prozess der Kompensation bedeutsam. Der Prozess der Kompensation von Fähigkeiten setzt ein, wenn ältere Menschen eine subjektive Einschränkung ihrer kognitiven Fähigkeiten bemerken. So unterstellt das Modell eine verminderte Leistung der fluiden Intelligenz (Mechanik der Intelligenz), welche durch die Weiterentwicklung und den Erhalt der kristallinen Intelligenz (Pragmatik der Intelligenz) zum Teil ausgeglichen werden kann.[39] Als Fazit ist festzuhalten, dass ältere Menschen durchaus ihr Leben so aktiv gestalten können, dass bis ins höhere Alter Selbstbestimmung und Teilhabe am gesellschaftlichen Leben möglich bleiben. Eigeninitiative ist dafür ebenso Voraussetzung wie die Offenheit der Gesellschaft, ältere Menschen ohne Vorbehalte im aktiven Leben zu

33 Vgl. Baltes, P. (1990), S. 4 ff.
34 Vgl. Lehr, U./Thomae, H. (1987).
35 Vgl. Lehr, U. (2003), S. 76.
36 Vgl. Amelang, M./Bartussek, D. (2001), S. 202 f.
37 Vgl. Rott, C. (1993).
38 Vgl. Schaie, K. W. (2005), S. 112 ff.
39 Vgl. Baltes, P. (1990), S. 9 ff.

akzeptieren.[40] Konkret zeigt sich die Selektion darin, dass Aktivitäten, die über alle Lebensphasen keinen Spaß gemacht haben oder die einer Person immer schon schwergefallen sind, im Alter bewusst nicht mehr praktiziert werden. Wenn eine Person nicht gerne singt, wird sie die Gesangsgruppe im Altenheim meiden. Wenn jemand nicht gut gerne kocht, dann wird diese Seniorin keinem Kochzirkel beitreten. Kompensation nachlassender Kräfte und geistiger Merkfähigkeit kann durch Tricks dergestalt erfolgen, dass Wege besser kalkuliert, Tragevorgänge vermieden und nachlassende Merkfähigkeit durch Merkzettel kompensiert werden.

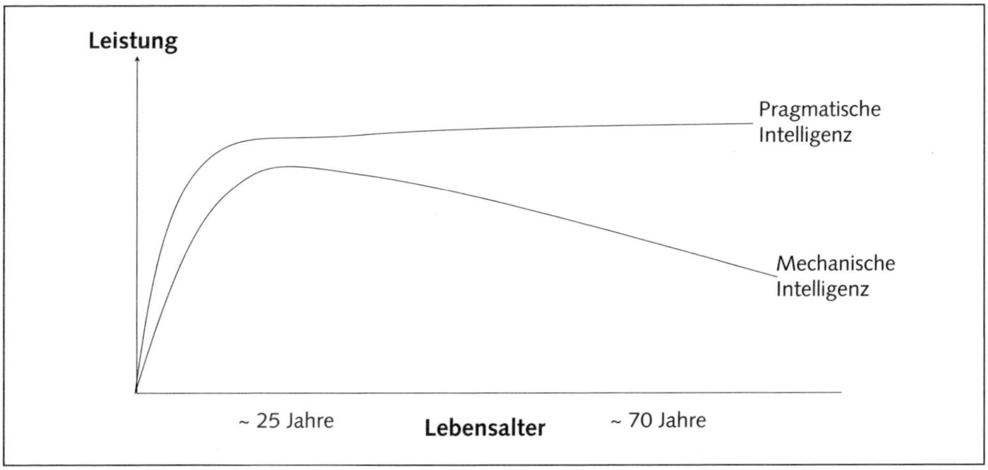

Abb. 5-5: Zwei-Komponenten-Modell der Intelligenz – Entwicklung von Mechanik und Pragmatik in Abhängigkeit vom Lebensalter einer Person
Quelle: Baltes, P. (1990), S. 5.

Alle Erkenntnisse der Altersforschung belegen die Bedeutung der Persönlichkeit, die Wirkung der persönlichen Lebenslage und die Erfahrungen aus allen Lebensphasen sowie die Wirkung der individuellen Lebensführung auf Intensität und Tempo des Alterungsprozesses. Die nachfolgende Abbildung fasst die Theoriestränge und deren zentrale Aussagen zu Alterung und Alter zusammen.

40 Baltes, P. (1990), S. 10.

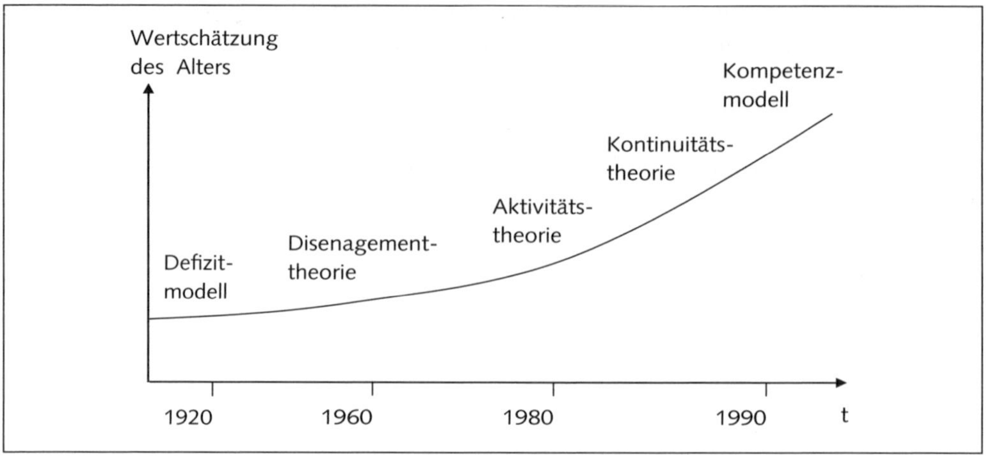

Alterstheorie	Vertreter	Zentrale Aussage
Defizitmodell	Yerkes (1921)	Beschreibung des Alterns als ein kontinuierlicher Abbauprozess psychischer und physischer Fähigkeiten
Disengagementtheorie	Cumming & Henrey (1961)	Beschreibung des Alters als Rückzug aus der Gesellschaft
Aktivitätstheorie	Marsden (1987)	Beschreibung des Alters als Phase neuer Aktivitäten
Kontinuitätstheorie	Atchley (1989)	Beschreibung des Alters als Fortsetzung der bisherigen Lebensweise
Kompetenzmodell	Baltes (1990)	Beschreibung des Alters als Prozess der Spezialisierung, Selektion und Kompensation kognitiver Fähigkeiten

Abb. 5-6: Zentrale Alterstheorien im Überblick
Quelle: Eigene Darstellung

5.1.3 Stereotypen, Vorurteile und Altersdiskriminierung

»Die verschiedenen Altersstufen der Menschen halten einander für verschiedene Rassen. Alte haben gewöhnlich vergessen, dass sie jung gewesen sind, oder sie vergessen, dass sie alt sind, und Junge begreifen nie, dass sie alt werden können.«

(Kurt Tucholsky)

Altersstereotype, Altersvorurteile und Altersdiskriminierung werden mit wachsender Intensität erforscht. In der englischsprachigen Literatur hat sich bereits eine beachtliche Forschungslandschaft zum Umgang mit älteren Menschen etabliert. Tatsache ist, dass negative Einschätzungen und Einstellungen konkrete Auswirkungen auf die Zusammenarbeit, den sozialen Frieden und das Konfliktpotenzial der Alterskohorten untereinander haben. Bereits vor mehr als 30 Jahren wurde nachgewiesen, dass ältere Arbeitskräfte aufgrund negativer

Altersstereotype weniger häufig für Beförderungen oder Qualifizierungen in Betracht gezogen wurden.[41]

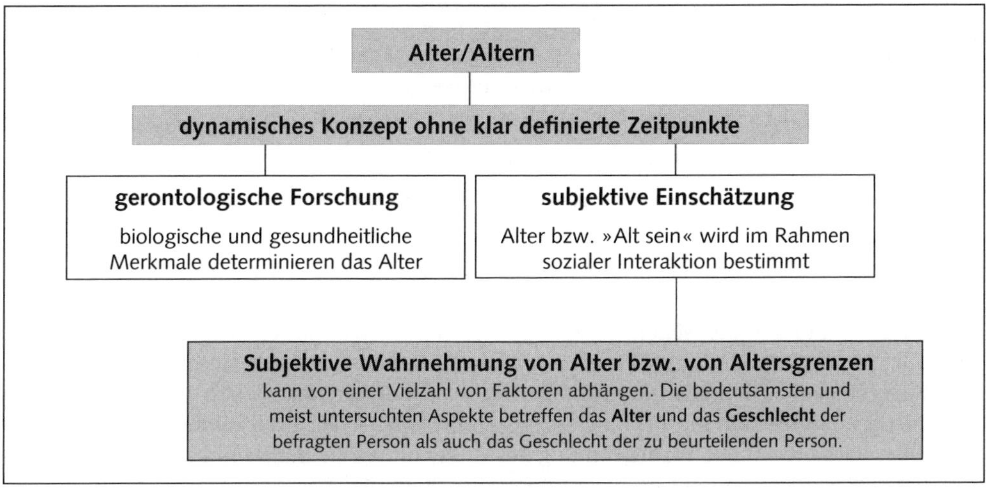

Abb. 5-7: Alter und Altern als dynamisches Konzept

Auch aktuell richtet sich die Personalpolitik häufig an Stereotypen aus. Eine Befragung in den 100 größten deutschen Unternehmen bestätigt, dass Erkenntnisse zur Zusammenarbeit in altersheterogenen Belegschaften dringend benötigt werden.[42] Sie bestätigt aber auch, dass erst wenige Maßnahmen zur produktiven Gestaltung des demografischen Wandels eingeleitet werden. So erwarten 68 Prozent der befragten Personalvorstände, dass durch die Alterung der Belegschaften Probleme auftreten werden, die eine Veränderung der bisherigen Personalarbeit erfordern. Als Folge des stereotypen Bildes von älteren Beschäftigten, planten trotz des erkannten Problemdrucks aber nur 8 Prozent der befragten Unternehmen Maßnahmen zur Erhöhung der Beschäftigungsquote älterer Menschen.[43] In den Köpfen sind nach wie vor bzw. mehr denn je Vorurteile über das Alter und die damit verbundene Zunahme von Defiziten vorhanden. Es heißt, Ältere seien generell weniger innovativ, weniger leistungsfähig und weniger belastbar als jüngere Personen. So sehen Neubach et al., nach einer Sichtung einschlägiger Studien, die negativen Befunde zu alternden Belegschaften in der Überzahl.[44] Eine Studie belegt den signifikant positiven Zusammenhang zwischen dem Grad der Altersheterogenität und der Qualität der Arbeitsleistung und bestätigt, dass die These von generell abnehmenden Leistungs- und Entwicklungsmöglichkeiten älterer Menschen nicht haltbar ist.[45] Stereotypen, die primär durch die Defizithypothese des Alterns begründet werden, führen zu altersdiskri-

41 Vgl. Rosen, B./Jerdee, T. H. (1976).
42 Vgl. Becker, F. G./Bobrichtchev, R./Henseler, N. (2006).
43 Vgl. Becker, F. G./Bobrichtchev, R./Henseler, N. (2006).
44 Vgl. Neubach, B./Roth, C./Wegge, J./Schmidt, K.-H. (2006), S. 39.
45 Vgl. Neubach, B./Roth, C./Wegge, J./Schmidt, K.-H. (2006), S. 39.

minierendem Verhalten. In der Praxis bestätigt sich, dass noch immer altersdiskriminierende Vorgehensweisen vorherrschen.[46]

Definition Altersbilder – Bilder des Alterns
• Die Gesamtheit der Vorstellungen, Konstruktionen und Einstellungen über das Alter (Zustand des Altseins), vom Altern (Prozess des Älterwerdens) oder von älteren Menschen (als soziale Gruppe).
• Altersbilder, Bilder des Alterns sind historisch, kulturell, wirtschaftlich und sozial geprägt
• Altersbilder können positiv oder negativ geprägt sein
• Altersbilder werden in individuelle und gesellschaftliche Altersbilder unterschieden

Abb. 5-8: Inhalte von Altersbildern

Begegnen wir anderen Menschen, so kategorisieren wir sie unmittelbar und innerhalb weniger Millisekunden auf drei grundlegende soziale Dimensionen: Alter, Geschlecht und ethnische Zugehörigkeit. Die initiale Kategorisierung ist ein automatischer Prozess und hat einen wesentlichen Einfluss auf die Art und Weise, wie wir Menschen wahrnehmen und uns ihnen gegenüber verhalten.[47] Die Wahrnehmung des Alters unterscheidet sich in zwei wesentlichen Punkten von den Kategorien Geschlecht und Ethnizität:

- Der Alterungsprozess transformiert jeden zwangsläufig von der Gruppe der Jungen zur Gruppe der Alten, vorausgesetzt er/sie lebt lange genug, um alt zu werden. Die Art und Weise, wie wir ältere Menschen wahrnehmen, deutet darauf hin, wie wir unsere eigene Zukunft wahrnehmen.
- Offene Vorurteile, basierend auf Geschlecht oder Ethnizität, gelten als unakzeptabel und werden stark sozial sanktioniert; abwertende Bemerkungen über ältere Menschen werden hingegen kaum sanktioniert und scheinen weitgehend sozial toleriert.[48]

Die Unterschiede werden demnach vor allem im Forschungsfeld der Vorurteile deutlich. Während zu den Formen, Ursachen und Auswirkungen von Sexismus und Rassismus eine breite Forschungslandschaft entstanden ist, weiß man über Altersvorurteile vergleichsweise wenig. Palmore postuliert: »I believe it [Ageism] is the third great ism in our society, after racism and sexism.«[49]

Bedeutung von Altersbildern
• Der Zustand »alt« ist aufgrund der Stereotypisierung mehr oder weniger automatisch mit bestimmten Eigenschaften verknüpft
• Diese Eigenschaften werden einem Menschen alleine auf Grund seines Alters zugeschrieben
• Negative Altersstereotypen können zu altersdiskriminierendem Verhalten führen: älteren Menschen werden u. a. bestimmte Ansprüche nicht zugestanden, bestimmte Aufgaben vorenthalten
Die geringe Erwerbsbeteiligung der über 55-Jährigen in Deutschland kann z. B. auch als Ausdruck einer solchen Haltung verstanden werden

Abb. 5-9: Bedeutung von Altersbildern

46 Vgl. Krings, F./Kluge, A. (2008).
47 Vgl. Fiske, S. T./Neuberg, S. L. (1990).
48 Krings, F./Kluge, A. (2008), S. 131.
49 Palmore, E. (2001), S. 572.

5.1.3.1 Wer ist alt?

Stellt man die allgemeine Frage »Wer ist alt?«, dann ergibt sich ein recht heterogenes Antwortbild. Kinder und Jugendliche tendieren dazu, jeden als alt zu bezeichnen, der älter ist als sie selbst. Im Rahmen personalpolitischer Entscheidungen gelten Arbeitskräfte ab einem Alter von 40 Jahren oftmals schon als alt. Und selbst 75-jährige Menschen tun sich schwer damit, sich selbst als alt zu bezeichnen.

Individuelles Altersbild
• Entsteht durch biografische Prägungen eines Individuums im Laufe des Lebens einer Person
• Grundlage sind Überzeugungen und Erfahrungen mit alten und alternden Menschen
• Das individuelle Altersbild bestimmt die individuellen Entscheidungen und Handlungen
• Das individuelle Altersbild wirkt persönlichkeitsbildend

Abb. 5-10: Individuelle Altersbilder

Aus sozialwissenschaftlicher Perspektive ist Altern bzw. Alterung ein dynamisches Konzept ohne klar definierte Zeitpunkte, Einschnitte oder Zäsuren. Es werden lediglich Übergänge beschrieben. In diesem Zusammenhang wird das Alter eines Menschen meist über biologische und gesundheitliche Merkmale determiniert. Andererseits sind jedoch die Definitionen durch Individuen und Gruppen im Rahmen der sozialen Interaktion und Kommunikation maßgebliche Determinanten des Alters. In Bezug auf konkrete Altersgrenzen und Altersdefinitionen besteht Uneinigkeit. So legt die Weltgesundheitsorganisation (WHO) den Altersbeginn auf 65 Jahre fest. Staatliche und bürokratische Alterskategorisierungen beschreiben 55- bis 70-Jährige als ältere und differenzieren dann weiter in alte, betagte und hochbetagte Menschen. Entwicklungspsychologische Ansätze hingegen teilen das gesamte individuelle Lebensalter in mehrere Phasen ein. Abbildung 5-11 zeigt eine Auswahl verschiedener Altersklassifikationen.

Bundesaltenplan	Bezeichnet über 60-Jährige als ältere Menschen.
Bürokratische Alterskategorisierungen	Differenzieren ältere, alte, betagte und hochbetagte Menschen. • ältere Menschen sind 55 bis 70 Jahre alt • alte Menschen sind 70 bis 75 Jahre alt • betagte Menschen sind älter als 75 Jahre • hochbetagte Menschen sind älter als 80 Jahre
Levinson	Legt drei Lebensphasen mit zwei Übergängen fest. • das jüngste Erwachsenenalter reicht von 17 bis 40 Jahre • der Übergang umfasst einen Zeitraum von 40 bis 45 Jahren • das mittlere Erwachsenenalter reicht von 45 bis 60 Jahre • der Übergang umfasst einen Zeitraum von 60 bis 65 Jahre • das höhere Erwachsenenalter beginnt ab 65 Jahren

Cockerham	• Schlägt insgesamt fünf Lebensphasen vor • das frühe Erwachsenenalter reicht von 17 bis 25 Jahre • das jüngere Erwachsenenalter reicht von 25 bis 40 Jahre • das mittlere Erwachsenenalter reicht von 40 bis 55 Jahre • das höhere Erwachsenenalter reicht von 55 bis 75 Jahre • das Alter, bzw. altes Alter beginnt ab 75 Jahren

Abb. 5-11: Verschiedene Alterskategorisierungen und Altersklassifikationen
Quelle: Malwitz-Schütte, M. (2006), S. 4f.

Grundsätzlich werden in der deutschsprachigen wissenschaftlichen Literatur ältere Erwachsene als die Gruppe von Menschen beschrieben, deren Lebenssituation vor allem durch den Übergang vom Erwerbsleben in den Ruhestand gekennzeichnet ist.[50] Bittet man (jüngere) Menschen Altersgrenzen zu definieren, so kommen sie meist zu einem relativ einheitlichen Ergebnis:

- Junge Menschen sind zwischen 18 und 35 Jahre alt.
- Menschen mittleren Alters sind zwischen 35 und 65 Jahre alt.
- Alte Menschen sind zwischen 65 und 80 Jahre alt.[51]

Wer ist denn nun alt und wer ist jung? Die gerontologische Forschung erhebt den Anspruch das Lebensalter und entsprechende Altersgrenzen möglichst objektiv zu schildern. Jedoch gestaltet sich die Skizzierung eines wissenschaftlichen Altersbildes als äußerst schwierig. Denn es gibt nicht das Altersbild. Es gibt viele verschiedene Bilder vom Alter, die voneinander abhängig sind und sich wechselseitig beeinflussen können. Daher muss der Begriff Altersbilder zunächst in ein Fremdbild und in ein Selbstbild des Alters unterschieden werden.

Das *Fremdbild* des Alters umfasst die generalisierten Vorstellungen und Einstellungen über ältere Menschen, welche über Medien und Literatur vermittelt werden. Jedoch auch diese bewusst vermittelten Bilder können sich voneinander unterscheiden. So orientiert sich das Defizitbild des Alters an biologischen Alterungsprozessen und ruft Assoziationen mit Eigenschaften wie Hilfsbedürftigkeit, Vergesslichkeit, Einsamkeit, Krankheit, Verbitterung und Starrköpfigkeit hervor. Forschungsergebnisse der Gerontologie zur Leistungsfähigkeit und Handlungskompetenz älterer Menschen verstärken dieses Bild immens.

Das *Selbstbild* des Alters erwächst aus der subjektiven Einschätzung des eigenen Alters und geht der interessanten Frage nach, wie sich ältere bzw. alte Menschen selbst sehen. Wir wissen, dass eine einheitliche Definition von Altersgrenzen nicht existiert. Lediglich 23 Prozent der 70- bis 75-Jährigen und 6 Prozent der 60- bis 65-Jährigen bezeichnen sich selbst als alt.[52] Daher gestaltet es sich schwierig, eine bestimmte Altersgruppe nach ihrem Selbstbild zu fragen. Aus einer empirischen Studie aus dem Jahr 1996 geht hervor, dass die subjektive De-

50 Vgl. Malwitz-Schütte, M. (2006), S. 4.
51 Vgl. Krings, F./Kluge, A. (2008), S. 133.
52 Krings, F./Kluge, A. (2008), S. 4.

Gesellschaftliche Altersbilder
• Gesellschaftliche Altersbilder sind Muster, Blaupausen der institutionellen Sicht und Behandlung von Alter.
• Die gesellschaftlichen Altersbilder bestimmen die Arbeitswelt, das Gesundheitswesen, die Bildung und die Gerontologie.
• Gesellschaftliche Altersbilder sind teilweise historisch gewachsen (Traditionelle Sicht des Alters) und formal konstruiert (rechtliche Kodifizierung des Alters).
• Gesellschaftliche Altersbilder wirken als ganzheitliche Muster prägend auf den Umgang mit dem Alter (z. B. Altersstereotypen).
• Ein verbreiteter Altersstereotyp folgt z. B. der Defizitannahme des Alterungsprozesses, wonach das Älterwerden zwangsläufig mit gesundheitlichen Einbußen verbunden ist.

Abb. 5-12: Gesellschaftliche Altersbilder

finition von Altersgrenzen vom Alter der Befragten abhängig ist.[53] Die Ergebnisse resultieren aus einer Befragung von etwa 450 Personen in Frankreich. Es wurden junge Menschen, im Alter von 20 bis 24 Jahren, und ältere Menschen, im Alter von 65 bis 74 Jahren, befragt. Für die jungen Menschen endete das Jungsein wesentlich früher als für die Älteren. Und auch das Alter begann für die jungen Befragten deutlich eher als für die Älteren (vgl. Abbildung 5-13). Der subjektive Abstand zwischen dem Ende der Jugend und dem Beginn des Alters betrug generell etwa 20 Jahre. Demnach gibt es eine Vielzahl von Lebensjahren, in denen es einem Menschen freisteht, welcher Altersgruppe er sich zugehörig fühlt. Ein weiteres interessantes Ergebnis, neben der altersabhängigen Definition von Altersgrenzen, betreffen die Geschlechtseffekte. So gaben ältere weibliche Befragte an, dass die Jugend für Frauen deutlich später endete als für Männer und legten den Beginn des Alters etwas höher fest.

	Junge Befragte		Ältere Befragte	
	Männer	Frauen	Männer	Frauen
Ein Mann ist jung bis zum Alter von ... Jahren	41	42	52	53
Eine Frau ist jung bis zum Alter von ... Jahren	39	41	50	55
Ein Mann ist alt ab einem Alter von ... Jahren	62	63	67	70
Eine Frau ist alt ab einem Alter von ... Jahren	61	62	66	71

Abb. 5-13: Zur Definition der Altersgrenzen
Quelle: Roux, P./Gobet, P./Clémence, A./Höpflinger, F. (1996), S. 11.

53 Vgl. Roux, P./Gobet, P./Clémence, A./Höpflinger, F. (1996), S. 10f.

Diese Ergebnisse machen deutlich, dass der Age-Bias von verschiedenen Faktoren beeinflusst werden kann. Krings/Kluge führen diese Effekte auf den Einfluss von Moderatorvariablen zurück. Solche Moderatoren können beispielsweise das Alter des Befragten bzw. das Alter der zu beurteilenden Person oder aber die verfügbaren Informationen betreffen. Das heißt, je mehr Informationen über die zu beurteilenden Personen vorhanden sind, desto geringer fallen die Unterschiede zwischen den Bewertungen von älteren und jüngeren Menschen aus.[54] Kluge gibt einen Überblick über Faktoren, die den Age-Bias beeinflussen können (Abbildung 5-14).

eigenes Alter	Jüngere schätzen Ältere negativer ein als Ältere die Älteren.	Bird/Fischer1986) Kirchner/Dunnette (1954)
Geschlecht der befragten Person	Frauen sind gegenüber Älteren negativer eingestellt als Männer, da Frauen das Alter und das Altern eher fürchten und deshalb negativer urteilen.	Kluge (2004) Snyder (1993)
Geschlecht der zu beurteilenden Person	Männer werden bis zu einem Alter von 75 Jahren als leitungsfähiger und selbstständiger eingeschätzt als Frauen.	Crew (1984) O'Connell/Rotter (1979)
Stellung der befragten Person	Vorgesetzte jeden Alters schätzen ältere Arbeitskräfte als weniger leistungsfähig ein	Bird/Fischer (1986) Kirchner/Dunnette (1954) McEvoy/Cascio (1989) Waldmann/Avolio (1986)

Abb. 5-14: Einflussfaktoren auf den Age-Bias
Quelle: Kluge, A. (2006), S. 5.

Der alltägliche Umgang mit dem Phänomen Alter zeigt eine Dominanz von subjektiven, erwünschten und befürchteten Aspekten der Alterung. Menschen beurteilen das eigene Alter tendenziell günstiger als das der anderen Menschen. Es gilt der bekannte Grundsatz: Alt werden wollen alle, alt sein dagegen niemand!

Die wissenschaftliche Analyse zeigt, dass die archaische Unantastbarkeit – die Quasi-Heiligkeit des Alters – medial vermittelten Vorurteilen gewichen ist. Wenn das Phänomen Alter amorphe Züge aufweist, die Würde des Alters erodiert, die Gruppe der alten Menschen stark wächst, die der Jungen stark schrumpft, kann vermutet werden, dass das Gleichgewicht der Vorurteile, der gegenseitigen Achtung, Wertschätzung, Duldung und Bereicherung ins Wanken gerät. Normal verteilte Gesellschaften schaffen den intergenerativen Ausgleich als countervailing power gleichstarker Gruppen. Diese Normalsituation weicht in naher Zukunft stark asymmetrisch verteilter Stärke zugunsten der alten Menschen. Ein neuer Gesellschaftsaufbau muss verkraftet werden. Junge Menschen sehen tagtäglich ein Übermaß an alten Gesichtern. Alte Menschen sehen tagtäglich nur noch wenige junge Gesichter. Die Lebenspraxis wird neu zu erfinden sein. Die Lebensbedingungen und die Wahrnehmung der neuen Lebenspraxis sind neu zu erlernen – sie müssen wissenschaftlich auf ihre Zumutungen, Chancen, Risiken und Konflikte untersucht werden. Ohne wissenschaftlich gesicherte Erkenntnisse kann die Generationengemeinschaft zum Pulverfass werden.

54 Vgl. Krings, F./Kluge, A. (2008), S. 132.

Die Begriffe *Stereotyp, Vorurteil* und *Diskriminierung* sind semantisch voneinander zu trennen. Vorurteile und Stereotype sind eine Teilklasse sozialer Einstellungen. Einstellungen stellen eine wichtige Verbindung zur sozialen Umgebung und zu anderen Personen dar und helfen dem Individuum, sich in einer komplexen Umwelt zu orientieren. Sie sind Ausdruck zentraler Wertvorstellungen und bedeutsam zur Bestätigung des Selbstkonzeptes.

Der Begriff *Einstellung* wurde erstmals 1918 von Thomas/Znaniecki geprägt, die das gesamte Gebiet der Sozialpsychologie als das wissenschaftliche Studium von Einstellungen definierten.[55] Allport legt dem Begriff Einstellung kognitive und physiologische Ursprünge zugrunde und definiert: »An attitude is a mental and neural state of readiness, organized through experience, exerting a directive or dynamic influence upon individual's response to all objects and situations with which it is related.«[56] Eagly/Chaiken definieren Einstellung als »a psychological tendency that is expressed by evaluating a particular entity with some degree of favor or disfavor.«[57] Dem Forschungsreport in den nächsten Kapiteln soll folgende Arbeitsdefinition zugrunde gelegt werden:

Einstellungen sind kognitive Repräsentationen, die die individuellen Bewertungen über bestimmte Personen, Gruppen, Handlungen oder Ideen subsumieren.[58]

Gängige Definitionen von Einstellungen fokussieren die Bewertung von Menschen, Objekten und Ideen auf verschiedenen psychologisch relevanten Ebenen. Einstellungen werden häufig als dreidimensionales Konzept verstanden.[59] Demnach werden zur Bewertung eines Einstellungsobjektes kognitive, affektive und behaviorale Informationen verarbeitet (vgl. Abbildung 5-15). Eine Einstellung umfasst demnach das Wissen über ein bestimmtes Einstellungsobjekt, dessen emotionale Bewertung und die Verhaltensabsicht. Folglich bestimmen

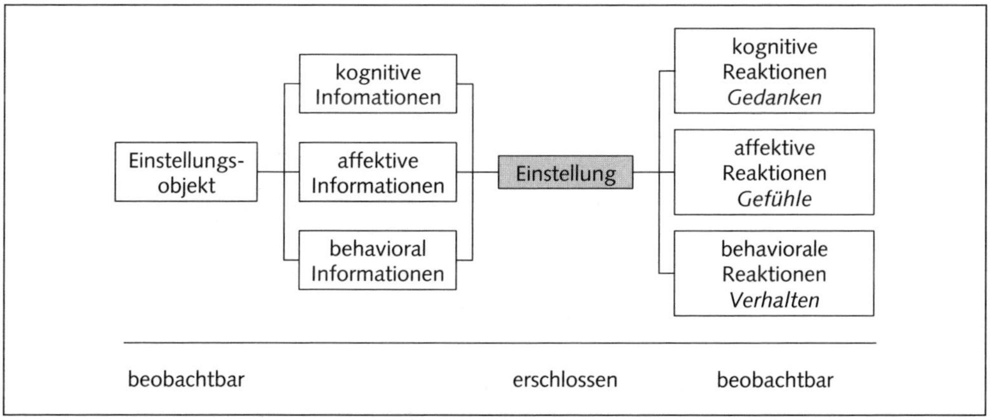

Abb. 5-15: Dreikomponentenmodell der Einstellung
Quelle: Vgl. z. B. Zanna, M. P./Rempel, J. K. (1988), Eagly, A./Chaiken, S. (1993).

55 Vgl. Thomas, W. I./Znaniecki, F. (1918).
56 Allport, G. W. (1935), S. 810.
57 Eagly, A. H./Chaiken, S. (1993).
58 Vgl. Smith, E. R./Mackie, D. M. (2000), S. 247.
59 Vgl. Rosenberg, M. J./Hovland, C. I. (1960).

Informationen über vergangene, gegenwärtige und zukünftige Interaktionen die Bereitschaft ein Verhalten ausführen zu wollen oder nicht. Es handelt sich also um ein dauerhaftes System von drei Komponenten, die auf ein bestimmtes Objekt ausgerichtet sind und sich durch entsprechende Reaktionen ausdrücken.

Einige Forscher betrachten Einstellungen als ein eindimensionales Konstrukt. So verstehen Fishbein/Ajzen eine Einstellung als affektive Größe, die das andauernde positive oder negative Gefühl gegenüber dem zu beurteilenden Objekt oder Subjekt umfasst.[60] Es werden auch kognitive Informationen akzentuiert, aber erst der Affekt, der durch dieses Wissen ausgelöst wird, gilt als Einstellung. Inwieweit die Reduktion auf die affektive Komponente oder aber ein dreidimensionales Konzept vorzuziehen ist, kann gegenwärtig nicht hinreichend geklärt werden.

Entsprechend dem *Dreikomponentenmodell* der Einstellung können Stereotype als kognitive Komponente, Vorurteile als affektive Komponente und Diskriminierung als behaviorale Komponente einer sozialen Einstellung betrachtet werden. Jedes Individuum hat Stereotype über soziale Gruppen. Kategorisierung ist dabei ein grundlegender kognitiver Mechanismus. Das heißt jedoch nicht zwangsläufig, dass man auch Vorurteile gegenüber dieser sozialen Gruppe hat. Vorurteile beinhalten sowohl positive als auch negative Gefühle gegenüber bestimmten Personen bzw. Personengruppen. Stereotype sind demgegenüber wertfrei und ohne emotionale Komponente. Vorurteile und Stereotype können sich in dem Verhalten widerspiegeln und Ausdruck von Diskriminierung sein.

Abbildung 5-16 verdeutlicht in einem Beispiel die Abgrenzung der Begriffe *Stereotyp*, *Vorurteil* und *Diskriminierung*.

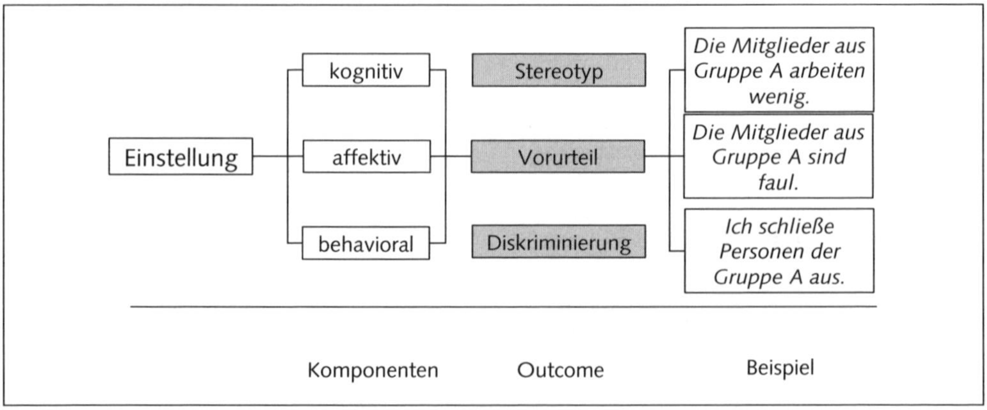

Abb. 5-16: Abgrenzung Stereotyp, Vorurteil und Diskriminierung
Quelle: Vgl. z. B. Zanna, M. P./Rempel, J. K. (1988); Eagly, A./Chaiken, S. (1993).

Während die deutschsprachige Forschung Altersstereotype, Altersvorurteile und Altersdiskriminierung bisher nur wenig wissenschaftlich behandelt hat, wird dieser Forschungsbereich in der angloamerikanischen Literatur schon seit Jahrzehnten thematisiert. In der englischsprachigen Literatur werden diese Konzepte unter dem Begriff *Ageism* diskutiert. Ageism meint

60 Vgl. Fishbein, M./Ajzen, I. (1975).

dabei »the differential association of negative traits with the aged«[61] – obwohl dies eine Definition im engeren Sinne darstellt, da hier Vorurteile gegenüber älteren Menschen aufgrund ihres Lebensalters zentralisiert werden. Eine Definition von Ageism im weiten Sinne umfasst die Diskriminierung aller Altersklassen aufgrund eines implizierten Alterungsprozesses.

Während Altersstereotype eine Verallgemeinerung von Eigenschaften der Gruppe der älteren Menschen beschreiben, sind Altersvorurteile spezifische Einstellungen gegenüber älteren Menschen, die jedoch alle Teil des Altersstereotyps sind. Altersdiskriminierung drückt sich in der Handlungsweise und im Verhalten gegenüber älteren Menschen aus.

5.1.3.2 Altersstereotype

Für den Begriff Stereotyp gibt es keine generell akzeptierte Definition. Im sozialwissenschaftlichen Kontext werden Stereotype als kognitive Vorstellung über eine soziale Gruppe, der bestimmte Charaktereigenschaften und Merkmale zugeschrieben werden, betrachtet.[62] Stereotype entstehen, wenn zwischen verschiedenen sozialen Gruppen anhand bestimmter physischer oder sozialer Erkennungsmerkmale Unterschiede gemacht werden. Eine solchermaßen charakterisierte Unterscheidung ist mit der Zuschreibung bestimmter gruppenspezifischer Attribute verbunden und bildet die Grundlage für die Entstehung stereotyper Überzeugungen.[63] Personen werden häufig nicht als Individuen, mit individuellen und besonderen Eigenschaften ausgestattete Menschen, sondern als Vertreter bestimmter sozialer Gruppen wahrgenommen (Kategorisierung). Durch die Bildung von Kategorien wird die soziale Realität in abstrakter und gleichzeitig vereinfachter Form widergespiegelt.[64]

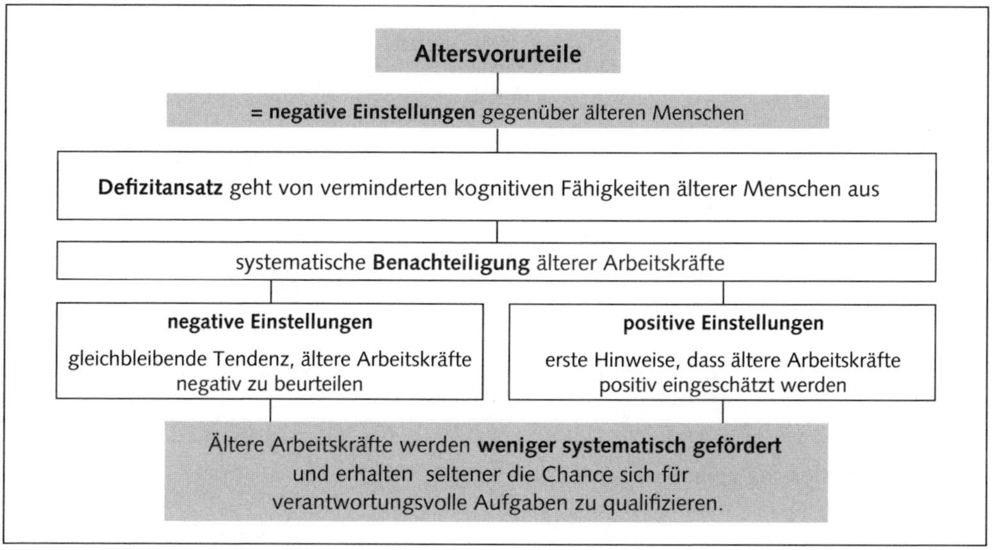

Abb. 5-17: Positive und negative Altersvorurteile

61 Perdue, C.W./Gurtman, M.B. (1990), S. 199.
62 Vgl. Smith, E.R./Mackie, D.M. (2000), S. 156.
63 Vgl. Tajfel, H. (1969);vgl. Shiffrin, R.M./Schneider, W. (1977).
64 Vgl. Allport, G. (1954).

Es existieren verschiedene Ansätze zur Erklärung der Entstehung von Stereotypen (vgl. Abbildung 5-18). Der kognitive Ansatz hebt die begrenzte menschliche Fähigkeit zur Informationsverarbeitung hervor. Aus funktionalistischer Perspektive helfen Stereotype beim Umgang mit der Begrenztheit des menschlichen kognitiven Systems. Sie dienen der Reduktion hoher Umweltkomplexität.[65] Kategorisierungen bieten den Wahrnehmenden eine Reihe zu erwartender Eigenschaften und Verhaltensweisen der einzuschätzenden Person. Aus der Sicht der Theorie der sozialen Rollen sind Stereotype mit bestimmten Rollenerwartungen verknüpft. Eigenschaften, die wir mit verschiedenen sozialen Rollen verbinden, werden aufgrund des Korrespondenz-Bias auf persönliche Eigenschaften der Gruppenmitglieder zurückgeführt, Stereotype entstehen. Der psychodynamische Ansatz sieht die Ursache für die Entstehung von Stereotypen in frühkindlichen Identitätsbildungsproblemen und früher innerpsychischer Konflikte. Menschen, die zu Stereotypisierung neigen, verdrängen die aus Konflikten resultierenden Abneigungen und übertragen diese auf Außengruppen. Hier kann auch die Sündenbocktheorie (scapegoat theory) zur Erklärung herangezogen werden. Die eigene Unzufriedenheit wird auf eine unbeliebte scheinbar machtlose Fremdgruppe übertragen und somit verschoben. Aus Sicht der Theorie der sozialen Identität (gruppentheoretischer Ansatz) resultieren Stereotype aus dem Bedürfnis der Favorisierung der eigenen Gruppe gegenüber einer anderen. Die Abwertung der Fremdgruppe durch Stereotypisierung schafft ein positives Selbstbild. Aus lerntheoretischer Perspektive werden Stereotype durch Eltern, Freunde, Peers und Medien übermittelt und sind somit erlernt. Auch der Glaube an eine gerechte Welt (»belief in a just world«) trägt zur Entstehung von Stereotypen bei. Dieser beinhaltet die Überzeugung, dass alle Personen das bekommen, was ihnen zusteht (z. B. arme Leute sind faul, homosexuelle Männer mit Aids haben keinen moralischen Anstand).

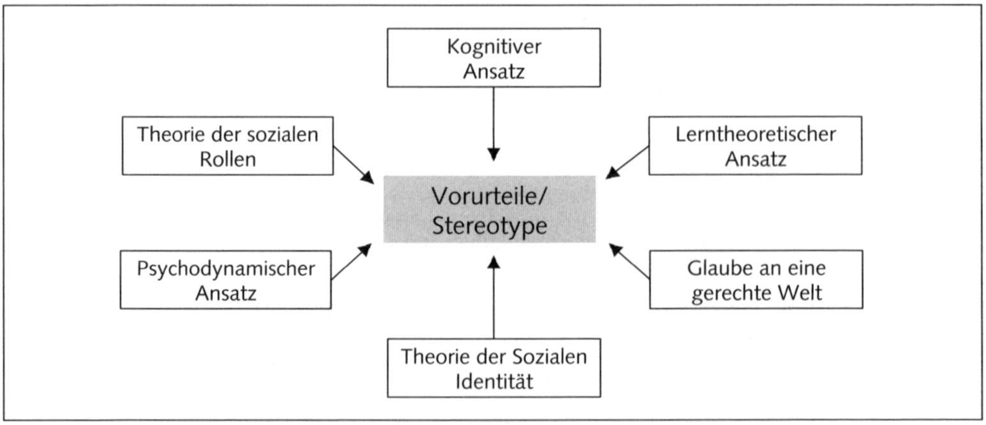

Abb. 5-18: Entstehung von Stereotypen

Altersstereotype können in diesem Sinne als vereinfachende und verallgemeinernde Vorstellungen über die Eigenschaften der Gruppe älterer Menschen betrachtet werden und sind demnach nicht per se negativ oder positiv – vielmehr beinhalten sie sowohl negative als auch positive Elemente.

65 Vgl. Snyder, M./Miene, P. (1994).

Das Stereotype-Content-Modell postuliert, dass die Inhalte von Stereotypen durch die strukturellen Beziehungen zwischen Personengruppen determiniert werden und sich dabei auf zwei kritische Dimensionen beziehen, durch welche der Inhalt von Stereotypen auf zwei fundamentalen Wahrnehmungsdimensionen vorhergesagt werden kann (vgl. Abbildung 5-19).[66] Der wahrgenommene sozioökonomische Status einer Gruppe bestimmt die Einordnung dieser Gruppe auf der Kompetenzdimension. Die wahrgenommene Interdependenz zwischen Gruppen bestimmt dagegen die Einordnung dieser Gruppe auf der Wärmedimension.

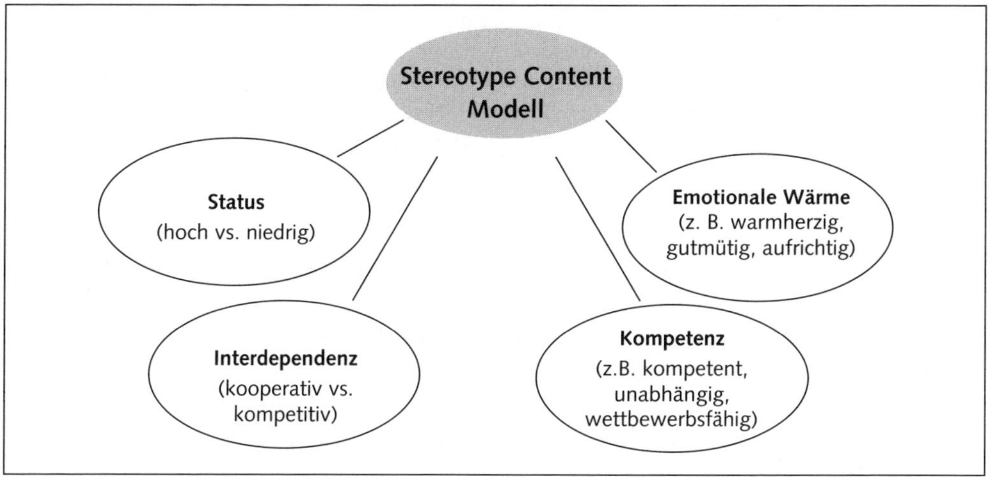

Abb. 5-19: Wahrnehmungsdimensionen des Stereotype-Content-Modells

Durch die Kombination der Dimensionen können vier inhaltlich unterschiedliche Arten von Stereotypen generiert werden – zwei ambivalente und zwei nicht ambivalente Arten (vgl. Abbildung 5-20).

Ambivalenz / Wahrnehmung	nicht ambivalent	nicht ambivalent	ambivalent	ambivalent
Status und Interdependenz	hoch kooperativ	niedrig kompetitiv	niedrig kooperativ	hoch kompetitiv
Wärme und Kompetenz	warm kompetent	nicht warm inkompetent	warm inkompetent	nicht warm kompetent

Abb. 5-20: Arten von Stereotypen durch Kombination der Dimensionen

Kooperative Gruppen mit hohem Status werden sowohl als warm als auch als kompetent wahrgenommen. Sie werden durch Merkmale wie Bewunderung und Verbundenheit stereotypisiert. Kooperative Gruppen mit niedrigem Status, werden als warm aber als inkompetent

66 Vgl. Fiske, S. T./Cuddy, A. J./Glick, P./Xu, J. (2002).

wahrgenommen. Personen, die dieser Gruppe angehören, werden gemocht, aber hinsichtlich ihrer Fähigkeiten nicht respektiert. Kompetitive Gruppen mit niedrigem Status, gelten weder als warm noch als kompetent. Stereotype Eigenschaften, die diesen Gruppen zugeschrieben werden, sind Verachtung, Ekel, Ärger, Feindseligkeit und Respektlosigkeit. Kompetitive Gruppen mit hohem Status werden als kompetent aber mit mangelnder Wärme eingeschätzt. Obwohl diese Gruppen respektiert werden, werden sie nicht gemocht. Ihnen werden Attribute wie Kälte, Arroganz und Verachtung zugeschrieben.[67]

Ambivalente Stereotype führen häufig zu diskriminierendem Verhalten. Die stereotypisierte Gruppe erfährt auf jeweils einer Wahrnehmungsdimension Geringschätzung und auf der jeweils anderen Akzeptanz. Durch die Akzeptanz von bestimmten Eigenschaften wird diskriminierendes Verhalten legitimiert. Gerade ältere Menschen werden, gemäß des Stereotype Content-Modells, häufig zum Ziel paternalistischer Vorurteile. Sie erfahren Akzeptanz für ihre Wärme, aber Geringschätzung für ihre mangelnden Fähigkeiten. Diese Vorurteile schlagen sich auch im Umgang mit älteren Menschen nieder, zum Beispiel bei der Ablehnung älterer Stellenbewerber.[68]

Umgang mit Altersstereotypen
• Die genannten negativen Stereotyper der Altersbilder müssen revidiert werden, da der demografische Wandel in der Öffentlichkeit oft ausschließlich mit negativen Attributen belegt werden.
• Dabei wird heute nicht immer bedacht, dass ein Aspekt des demografischen Wandels – die deutlich zunehmende Lebenserwartung – dem Individuum viele neue Perspektiven eröffnet.
• Vor allem in Unternehmen ist die Personalarbeit gefragt, die Chancen, die sich durch ältere Mitarbeiter ergeben, zu nutzen.

Abb. 5-21: Umgang mit Altersstereotypen

Nicht alle älteren Menschen werden gleichermaßen stereotypisiert. Verschiedene Alters-Substereotype können spezifische negative und positive Elemente enthalten und demnach auch spezifische Reaktionen nach sich ziehen. Drei Alters-Substereotype wurden mehrfach repliziert:

- Der Großmutter-Typ ist hilfreich, gütig und altmodisch.
- Der Staatsmann-Typ ist intelligent und intolerant.
- Der Rentner-Typ ist einsam, altmodisch und schwach.

Der globale Stereotyp warm und inkompetent trifft also nicht immer zu. Die Einstellungen gegenüber den Subtypen können variieren.

Für das Zusammenleben in der altendominierten Zukunft wird es wesentlich darauf ankommen, ob junge Menschen den Älteren gegenüber ein generöses oder ein ambitiöses Verhalten zeigen. Generös gegenüber den alten Menschen wird die kleine Gruppe der jungen Menschen vermutlich nur dann sein, wenn die Älteren in der Lage sind, für sich selbst zu sorgen - einfach ausgedrückt: wenn die Rente reicht! Ambitiös werden junge Menschen gegenüber den Alten sein, wenn diese beispielsweise die Einlösung der Generationsverträge verlangen, menschenwürdig alimentiert zu werden!

67 Vgl. Durante, F./Volpato, C./Fiske, S.T. (2009).
68 Vgl. Krings, F./Kluge, A. (2008), S. 132f.

5.1.3.3 Altersvorurteile

Eine klassische Begriffsbestimmung von Allport, definiert Vorurteile generell als eine ablehnende Haltung gegenüber einer Person, die zu einer bestimmten Gruppe gehört und der Überzeugung, dass diese Person die gleichen negativen Eigenschaften besitzt, die man dieser Gruppe zuschreibt.[69] Neuere sozialwissenschaftliche Definitionen betonen jedoch, dass Vorurteile sowohl negative als auch positive Elemente enthalten können: »A positive or negative evaluation of a social group and its members.«[70]

Forschungsinhalte	relevante Variablen
Wahrnehmung	• Erfassung subjektiver Altersgrenzen in Abhängigkeit von Lebensalter und Geschlecht
Altersstereotype	• Erfassung genereller Altersstereotype
Altersvorurteile	• Erfassung der Einstellungen von Älteren gegenüber älteren Arbeitskräften, Älteren gegenüber jüngeren Arbeitskräften, Jüngeren gegenüber jüngeren Arbeitskräften und Jüngeren gegenüber älteren Arbeitskräften
altersdiskriminierendes Verhalten	• Erfassung der Verhaltensabsicht als valider Prädiktor für tatsächliches Verhalten: d. h. Verhaltensabsicht von Älteren gegenüber älteren Arbeitskräften, Älteren gegenüber jüngeren Arbeitskräften, Jüngeren gegenüber jüngeren Arbeitskräften und Jüngeren gegenüber älteren Arbeitskräften

Abb. 5-22: Forschung zu Wahrnehmung, Vorurteilen, Verhalten

Vorurteile sind nicht immer bewusst, das heißt sie können auch automatisch bzw. implizit ablaufen. Implizite Vorurteile sind Gefühle oder Einstellungen gegenüber einer bestimmten Gruppe von Menschen, die ohne bewusstes Erleben, unabhängig von Absichten und außerhalb der Kontrolle einer Person operieren. Demgegenüber stehen explizite Vorurteile, die bewusste Gedanken, Gefühle und Überzeugungen umfassen. Implizite und explizite Vorurteile müssen nicht zwingend übereinstimmen. Neuere Forschungsansätze untersuchen implizite Vorurteile im Bereich Rassismus, Sexismus oder Ageism. Die meisten Ansätze fassen Vorurteile als spezielle Variante von Einstellungen auf. Demnach werden Altersvorurteile folgendermaßen konkretisiert: Altersvorurteile sind negative Einstellungen gegenüber der Gruppe der älteren Menschen und beinhalten die differentielle Assoziation von negativen Eigenschaften mit älteren Menschen.[71]

69 Vgl. Allport, G. (1954).
70 Smith, E. R./Mackie, D. M. (2000), S. 156.
71 Vgl. Krings, F./Kluge, A. (2008), S. 131.

5.1.3.4 Einstellung und Verhalten

Der Zusammenhang zwischen Einstellung und Verhalten ist mehrfach diskutiert worden. Entsprechende empirische Untersuchungen thematisieren die fehlende Konsistenz zwischen verbal berichteten Einstellungen und beobachtbarem Verhalten. Dies gilt inzwischen als belegt und kann verschiedene Ursachen haben. Divergenzen zwischen Einstellung und Verhalten können häufig methodisch begründet werden. Während das beobachtete Verhalten sehr spezifisch ist, beziehen sich die erhobenen Einstellungen oftmals auf sehr globale Objekte. Außerdem können Stärke, Verfügbarkeit und Bedeutung von Einstellungen sowie Personenmerkmale oder die Erfahrung mit einem bestimmten Einstellungsobjekt die Konsistenz zwischen Einstellung und Verhalten beeinflussen. Oftmals sind Einstellungen immer dann unzureichende Prädiktoren des Verhaltens, wenn starke situative Zwänge individuelles Verhalten determinieren und eine Situation soziale Normen vorgibt, unter denen einstellungsrelevantes Verhalten ausgeführt werden muss.[72]

Ein Ansatz, der in diesem Zusammenhang die meisten Forschungsaktivitäten ausgelöst hat, bezieht sich auf die Theorie des überlegten Handelns von Fishbein/Ajzen und deren Folgetheorie, der Theorie des geplanten Verhaltens (vgl. Abbildung 5-23).[73] Dieser Ansatz befasst sich mit dem Einfluss von Einstellungen, subjektiven Normen und wahrgenommener Handlungskontrolle auf die Verhaltensintention und das Verhalten selbst. Die Intention einer Person ist dabei die Verhaltensdeterminante, also der unmittelbare Bestimmungsfaktor dafür, ob ein Verhalten ausgeführt wird oder nicht. Die Verhaltensintention wird durch drei Faktoren, die sich wechselseitig beeinflussen können, bestimmt:

- Einstellung zum Verhalten
- subjektive Normen
- wahrgenommene Verhaltenskontrolle.

Die Einstellung zu einer bestimmten Verhaltensweise ist dabei eine Funktion der Erwartung, dass dieses Verhalten zu einer Konsequenz führt und des Wertes, der diesen Konsequenzen beigemessen wird. Die Einstellungskomponente wird dabei nicht abstrakt, sondern als Einstellung zur Handlung berücksichtigt. Die subjektive Norm bezieht sich auf den wahrgenommenen sozialen Druck, ein bestimmtes Verhalten auszuführen oder zu unterlassen. Hier sind vor allem normative Überzeugungen, das heißt die Erwartungen von Bezugspersonen und die Motivation sich entsprechend zu verhalten, relevant. Demnach führt eine Person ein Verhalten aus, wenn sie dieses Verhalten als positiv bewertet (Einstellung) und, wenn sie glaubt, dass für sie bedeutsame Personen die Ausführung des Verhaltens positiv bewerten (subjektive Normen). Sind keine relevanten Bezugspersonen vorhanden, dann wird die Einstellungskomponente stärker gewichtet. Besteht eine starke Eingebundenheit in eine soziale Gruppe, so können subjektive Normen entscheidende Verhaltensdeterminanten sein. Wahrgenommene Verhaltenskontrolle umfasst die erwartete Mühelosigkeit bei der Ausführung des Verhaltens, das heißt ob der nötige Handlungsspielraum verfügbar ist. Kontrollerwartungen sind niedrig, wenn Konsequenzen erwartet werden, die mit dem Verhalten in Konflikt stehen. Wahrgenommene Verhaltenskontrolle ist zudem ein Indikator der tatsächlichen Kontrolle, welche das Verhalten direkt beeinflusst.

---

72 Vgl. Bohner, G./Stahlberg, D./Frey, D. (1999), S. 373.

73 Vgl. zu Nachfolgendem Ajzen, I. (1991); vgl. Ajzen, I./Madden, T.J. (1986); vgl. Fishbein, M./Ajzen, I. (1975).

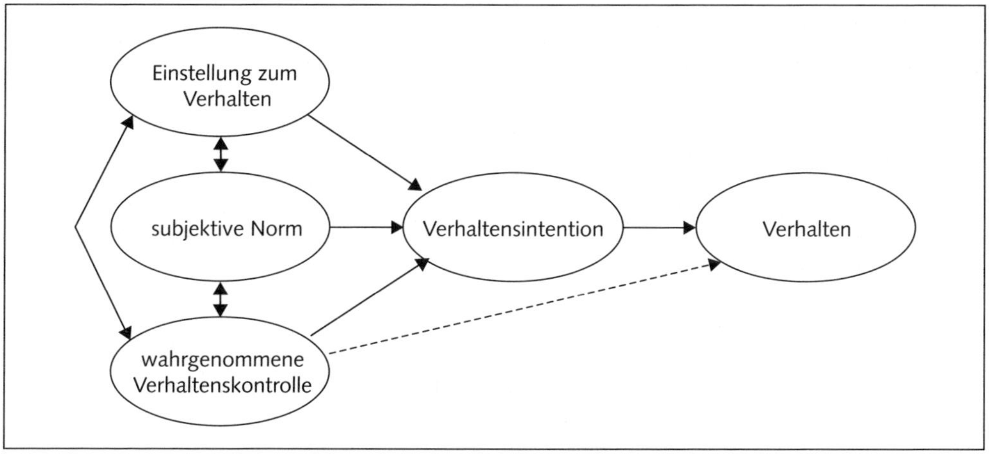

Abb. 5-23: Theorie des geplanten Verhaltens
Quelle: Ajzen, I. (1991).

5.1.3.5 Altersdiskriminierung

Altersvorurteile als negative Einstellungen gegenüber der Gruppe von älteren Menschen, betonen vor allem kognitive Aspekte, also die Assoziation von negativen Eigenschaften mit älteren Menschen. Einstellungen können jedoch handlungsleitend werden und konkrete Auswirkungen auf das Verhalten haben.

Die Einstellungen gegenüber älteren Mitarbeitern und Mitarbeiterinnen waren Anfang der 1990er-Jahre von einem Defizitansatz stark geprägt. Ältere Arbeitnehmer wurden zu einer Gruppe mit besonderem Förderbedarf erklärt, für die besondere Qualifizierungsbemühungen erforderlich seien. Diese These wurde vor allem durch eine relativ hohe Arbeitslosigkeit älterer Menschen und deren häufig erfolglose Anstrengungen bei der Rückkehr in den Arbeitsmarkt untermauert. Ein Fakt, der noch immer Bestand hat.[74]

Allerdings zielte die Sichtweise auf die Pflegebedürftigkeit, nicht aber auf die Bildungsbedürftigkeit der Senioren. Die These von der Bedürftigkeit korreliert mit der Annahme der geringen Leistungsfähigkeit älterer Menschen. In konjunkturell angespannten Zeiten mit hoher Arbeitslosigkeit kommt das Argument der Altersgebrechlichkeit gerade recht und dient der Frühverrentung und der Nichtgewährung von Weiterbildung. Die Rückkehr nach einer Phase der Arbeitslosigkeit wurde als nicht ertragreiche Investition in ältere Menschen erschwert und verhindert.[75] Die Einschätzung des eigenen persönlichen Alters kann mit der Stigmatisierung übereinstimmen, insbesondere dann, wenn ältere Mitarbeiter das Trommelfeuer der Aufforderung zu Frühverrentung und Ausstieg über eine Phase der Arbeitslosigkeit längere Zeit haben über sich ergehen lassen müssen.

---

74 Vgl. Schapfel-Kaiser, F. (2005), S. 1.
75 Vgl. Schapfel-Kaiser, F. (2005), S. 1.

Personalarbeit gegen Altersdiskriminierung
• Das moderne Personalmanagement muss entgegen der unzutreffenden Vorurteile gegen das alt sein wirksam werden.
• Wenn ältere Mitarbeiter aufgrund der Vorurteile nicht ausreichend motiviert werden, oder als nicht leistungsfähig eingeschätzt werden, dann könnte sich tatsächlich eine verminderte Produktivität ergeben – genau als Resultat des Vorurteils (selbsterfüllende Prophezeiung).
• Außerdem werden tatsächlich vorhandene Potenziale verschenkt.

Abb. 5-24: Personalarbeit gegen Altersdiskriminierung

In einer Studie von Koller/Gruber kristallisieren sich eine Reihe von Punkten und Problemen heraus, die Ursache für mangelnde Beschäftigungschancen älterer Arbeitskräfte sein können. Beschäftigungshemmnisse resultieren demnach insbesondere aus folgenden Erwägungen und Einschätzungen der Personalverantwortlichen:

- Die Leistungsfähigkeit älterer Arbeitskräfte wird vor allem für körperlich und nervlich belastende Tätigkeiten als unzureichend eingeschätzt.
- Aus einer dauerhaften Arbeitslosigkeit älterer Arbeitskräfte resultieren Leistungs- und Anpassungsdefizite.
- Es sind nicht ausreichend Stellen zur Nutzung des den älteren Arbeitskräften zugeschriebenen besonderen Leistungsprofils verfügbar. Dies betrifft vor allem die höhere Qualifikation, das Verantwortungsbewusstsein und die soziale Kompetenz älterer Arbeitskräfte.
- Die Amortisation von Einarbeitungskosten erfordert eine Mindestbeschäftigungsdauer.
- Gehaltsstufe und Sozialklauseln schränken die betrieblichen Handlungsmöglichkeiten ein.[76]

Die Tendenz, ältere Arbeitnehmer als weniger anpassungs- und entwicklungsfähig sowie als weniger produktiv einzuschätzen, ist gleichbleibend. Die Auswirkungen von Altersstereotypen und Altersvorurteilen spiegeln sich vor allem in der systematischen Benachteiligung älterer Arbeitskräfte wider. Hier sind vor allem Selektionsentscheide in Bezug auf Einstellung, Beförderung, Förderung und Weiterbildung zu nennen. Selektionsentscheide sind häufig das Ergebnis von Wahrnehmungsprozessen seitens der auswählenden Person und werden durch Altersvorurteile maßgeblich beeinflusst. Es gibt jedoch erste Hinweise, dass sich die Einstellungen gegenüber älteren Arbeitnehmern verbessern.[77]

5.1.3.6 Jung und Alt neu definieren

Stellt man die allgemeine Frage wer ist alt, dann ergibt sich ein recht heterogenes Antwortbild. Kinder und Jugendliche tendieren dazu, jeden als alt zu bezeichnen, der älter ist als sie selbst. Im Berufsleben gelten Arbeitskräfte ab einem Alter von 40 Jahren schon als alt. 75-jährige Menschen tun sich schwer damit, sich selbst als alt zu bezeichnen. Eine Faustregel sagt, alt ist eine Person, die 15 Jahre älter ist als man selbst.

76 Koller, B./Gruber, H. (2001), S. 502 f.
77 Vgl. Kluge, A./Krings, F. (2008a), S. 61.

Wie ältere Menschen gesehen werden, bestimmt deren Chancen der Teilhabe am gesellschaftlichen und beruflichen Leben. Ältere Politiker werden positiv gesehen, ältere Führungskräfte als erfahren eingestuft, ältere Beschäftigte dagegen häufig als weniger leistungsfähig diskriminiert. In einer Studie von Koller/Gruber kristallisieren sich eine Reihe von Aspekten heraus, die Ursache für schlechte Beschäftigungschancen älterer Arbeitskräfte sein können. Beschäftigungshemmnisse resultieren demnach insbesondere aus folgenden Erwägungen und Einschätzungen der Personalverantwortlichen:

Motivationale Schemata
• Ältere Arbeitnehmer sind bestrebt, ihre soziale, physische und ökonomische Sicherheit aufrecht zu erhalten. • Jüngere Arbeitnehmer zeigen eher Motive der Macht und Autorität. • Jüngere Arbeitnehmer streben nach Aufrechterhaltung ihrer sozialen Kontakte. • Jüngere und ältere Arbeitnehmer streben in gleichem Maße nach Leistung und Selbstverwirklichung.
Konfliktverhalten
• Jüngere Arbeitnehmer weichen Konflikten mit Kollegen oder Bekannten eher aus. • Es besteht kein Zusammenhang zwischen dem Jobalter und dem Umgang mit Konflikten.
Problemlösefähigkeit
• Ältere Arbeitnehmer verfügen insgesamt über geringere Fähigkeiten zur Lösung von Problemen. • Diese Leistungsunterschiede lassen sich ebenfalls auf der Gruppenebene für homogen alte Arbeitsgruppen nachweisen. • Altersdiverse Gruppen unterscheiden sich nicht in der Wahl der Denkkategorien, d. h. alle Gruppen bevorzugen gleichermaßen divergentes Denken, wenn dies erforderlich ist.
Kreativität
• Jüngere Arbeitnehmer sind deutlich kreativer als ältere Arbeitnehmer. • Junge Arbeitsgruppen sind deutlich kreativer als alte und altersgemischte Arbeitsgruppen. • Altersgemischte Arbeitsgruppen sind deutlich kreativer als alte Arbeitsgruppen.

Abb. 5-25: Veränderungen ausgewählter Variablen mit dem Lebensalter

Die Forschungsergebnisse bestätigen allerdings auch in Teilen die altersstereotypen Annahmen und Vorurteile. Allerdings zeigen die Ergebnisse auch, dass sich die kognitive Leistungsfähigkeit mit dem Lebensalter verbessern kann. Es ist darauf hinzuweisen, dass die mit dem Lebensalter stabil bleibenden, sich positiv oder negativ verändernden Aspekte personaler Befähigung ganz wesentlich von der Lebensführung in den »fetten Jahren« abhängen. Fordern sich Personen über die gesamte Lebensspanne, nehmen sie an Weiterbildung teil und streben sie nach höherwertigen Tätigkeiten, sind sie bereit, Risiken anzunehmen und zu bestehen, dann sind die Einbußen der Leistungsfähigkeit auch mit zunehmendem Lebensalter gering. Fehlen Aktivität, Weiterbildung, Tätigkeitswechsel, dann sind Einbußen nicht zu vermeiden. Das Motto »Wer rastet, der rostet«, fasst die Wirkung der Lebensweise treffend zusammen.

Erkenntnisse, die nicht optimistisch stimmen
• Altersstereotype Annahmen bestätigen sich teilweise:
• Handlungskompetenz verschlechtert sich tendenziell
• Problemlösefähigkeit nimmt ab
• Gedächtnis verschlechtert sich
• Kreativität nimmt ab
Erkenntnisse, die optimistisch stimmen
• Wichtige kognitive Aspekte verbessern sich tendenziell mit dem Alter:
• Strategisches Denken wird solider
• Problembezogenes Denken, Konflikt- und Stressbewältigung leisten Ältere sehr gut
• Divergentes Denken bleibt im Alter erhalten
• Leistungsmotivation ist bei Jung und Alt unverändert gegeben

Abb. 5-26: Positive und negative Erkenntnisse zum Altern

Personalentwicklung und Diversity Management kommt die wichtige Aufgabe zu, durch Bildung und Förderung, durch gezielten Arbeitsplatzwechsel, durch Aufgabenbereicherung und Risikozumutung defizitäre Entwicklungen zu vermeiden. Die Anstrengungen müssen die gesamte Lebensphase umfassen und systematisch und kontinuierlich erfolgen.

Personalarbeit gegen Altersdiskriminierung
• Demografie Demografiebezogene Handlungsoptionen können folgende sein:
• Unternehmen für eine demografieorientierte Personalentwicklung **sensibilisieren!**
• Analyse von Personalbestand, Personalpolitik und Personalmaßnahmen auf ihre Demografietauglichkeit => besteht **Handlungsbedarf** im jeweiligen Unternehmen?
• Unterstützung von Personalfunktionen, wie Personalgewinnung und Personaleinsatz: **zielgerichtete Rekrutierungsmaßnahmen** können Altersstrukturen erweitern => z. B. können erfahrene Mitarbeiter einstellt werden, um die Ausbildung von Nachwuchskräften zu übernehmen.
• Gestaltung eines fairen Betriebsklimas: **altersgemischte Teams** arbeiten effektiver durch die Mischung unterschiedlicher Sichtweisen, außerdem kann das Lernen wechselseitig stattfinden (»alt trifft auf neu und umgekehrt«).
• Zur Unterstützung einer altersgemischten Unternehmenskultur können regelmäßig Workshops angeboten werden, die jede Altersgruppe einbinden und deren Interessen vertreten und fördern.
• **Weiterqualifizierung** der Mitarbeiter muss unabhängig vom Alter angeboten werden, so bleiben die Kompetenzen aller Mitarbeiter stets erhalten.
• Programme für **Gesundheitsförderung,** speziell auch für ältere Mitarbeiter anbieten.

Abb. 5-27: Demografiebezogene Handlungsoptionen

5.1.4 Diversity Management in Lebensphasen, Lebensstilen, Lebensformen und Lebenslagen

In der bisherigen Diversity-Forschung und der Diversity-Praxis dominierten Einseitigkeit, Singularität und Einfalt die Programme. Lebensphasenkonzepte suggerieren, dass die Fokussierung auf die eindimensionale Forschungs- und Gestaltungsansätze das Leben im Allgemeinen und das Berufslebens im Besonderen hinreichend genau erklären könnten. Distinkte Phasen werden unterschieden. Säugling, Kind, Jugendlicher, Erwachsener, Greis, sind Lebensphasen, die als voneinander abgegrenzte Etappen auftreten, analysiert und gestaltet werden müssen. Für jede Phase werden spezielle Diversity-Maßnahmen vorgeschlagen. Die Phasenmodelle werden mit Symbolkraft ausgestattet. Der Eintritt in eine Lebensphase wird entweder als gleitender Übergang vollzogen oder mit festgelegten Initiationsriten zelebriert. Die feierliche Immatrikulation am Beginn des Studiums und die Pensionierung am Ende des Berufslebens nennen beispielhaft Fixpunkte, die in Lebensphasen einführen oder Lebensphasen beenden. In den besonderen Lebensphasen zielen die Aktivitäten mit unterschiedlicher Intensität auf unterschiedliche Aspekte der Lebensführung. Sozialisation und Enkulturalisation bewirken die Eingliederung in die Gesellschaft. Die Bewältigung der Schulzeit ist Voraussetzung für den Einstieg in Ausbildung und Beruf. Familiengründung, finanzielle Absicherung und schließlich die Aussicht, einen wohlverdienten, relativ gesunden und sorgenfreien Lebensabend genießen zu können, bestimmen die Aktivitäten in den distinkten Phasen des Lebens.

5.1.4.1 Lebensphasenkonzepte

Das Konzept der *Lebensphasen* wird in der Literatur auch auf die berufliche Entwicklung angewendet. Es wird argumentiert, dass Einstieg, Aufstieg, Umstieg und Ausstieg distinkte Phasen der Berufstätigkeit seien, die es zu durchlaufen gelte und die den Menschen in der jeweiligen Phase unterschiedliche Rechte und Pflichten zuweisen würden. Die Lebensphasen werden nach dem Geschlecht unterschieden.[78] Geregelte Dauer der Berufsausbildung, in Unternehmen festgesetzte Wartezeiten bis zur ersten Beförderung in eine Führungsposition, die Statuszuschreibung Einsteiger, Experte und Top-Experte signalisieren distinkte Phasen, die es zu durchlaufen gilt. Das Phasenkonzept beruflicher Entwicklung ist sicherlich gut geeignet, die normale Kontinuität der beruflichen Entwicklung zu illustrieren. Die Kontinuität und Zwangsläufigkeit, die das Phasenkonzept suggeriert, entspricht allerdings nicht mehr der dynamischen Realität des Berufslebens. Brüche, Zufälle, äußere Einflüsse, Wechsel der persönlichen Ziele und die Volatilität der Jobangebote, transformieren das Geordnete der beruflichen Phasen in eine teilweise chaotische Vielfalt der Möglichkeiten und der Realisierungen. Promotionen im Rentenalter, sehr junge Führungskräfte, die Teams mit älteren Mitarbeitern führen, Top-Experten, die bereits beim Einstieg eine hohe funktionale Autorität genießen, nennen Beispiele der Abweichung vom »normalen« Lebensphasenkonzept der eher statischen Berufswelt der Vergangenheit.

78 Vgl. Statistisches Bundesamt (2010): Frauen und Männer in verschiedenen Lebensphasen, Wiesbaden 2010. In der Broschüre werden folgende Lebensphasen unterschieden: Die Jahre der Entwicklung: Kinder und junge Erwachsene bis 26 Jahre; Die Lebensmitte: Frauen und Männer im Alter von 27 bis 59 Jahren; Ältere Menschen: Frauen und Männer ab 60 Jahre. Die Lebensphasen werden mit Daten zu Lebensformen und Lebenslagen angereichert. Insofern ist diese Zusammenschau ein weiterer Beleg für die Unzulänglichkeit der Lebensphasenkonzepte.

Der Vergleich von Alter und Jugend sollte die Unterschiede verdeutlichen. In der Jugend dominiert der Wunsch nach Exploration und Veränderung. Im Alter dominiert der Wunsch nach Konstanz und Routine. Das beschreibt das überkommene Ordnungsmuster der begrenzten Erwartungen und Möglichkeiten des industriellen Paradigmas. Diese ordnende Trennung in »junge Wünsche« und »reife Erwartungen« ist amorph geworden. Wünsche sind altersunabhängiger geworden und die Dynamik der Veränderungen macht es erforderlich, die Erwartungen an die beruflichen und gesellschaftlichen Entwicklungen anzupassen.

Ältere Menschen wollen im Ruhestand in ihrer gewohnten Umgebung leben und sich im gewohnten Sozialgefüge wohlfühlen. Gestört wird dieser Wunsch nach Kontinuität durch gesellschaftliche Veränderungen, z.B. die Erosion der Großfamilie. Die Mobilitätsanforderungen trennen Eltern und Kinder, so dass eine Betreuung unmöglich wird. Der Umzug aus dem eigenen Haus oder der eigenen Wohnung zunächst in eine Wohnung mit Betreuung werden unumgänglich. Die zweite Störung führt die alten Menschen in das Altersheim, viele in einem dritten Umzug in ein Pflegeheim. Zunehmende Unruhe, Veränderungen, Dynamik der eigentlich ruhigen Jahre sind zu verkraften. Konflikte mit der Umwelt, den Familienangehörigen, Unzufriedenheit und Frustration sind Folge der erzwungenen Flexibilität und Mobilität im Alter. Bei der Jugend ist es genau umgekehrt.

Die Jugend empfindet im Prozess des Erwachsenwerdens Routinezwänge und Drosselung der eigentlich gewünschten Veränderungen. Neugierde, Entdeckerfreude werden durch die Erziehungs- und Sozialisationsinstanzen in die Schemata des Erwünschten gepresst. Die Jugend will die Welt entdecken, ist zu dauernden Veränderungen bereit. Aber die Erwachsenen begrenzen den Tatendrang und die Neugierde mit Sanktionen. Aus der Veränderungssehnsucht und den begrenzten Möglichkeiten erwachsen ebenfalls Konflikte der Heranwachsenden mit den Erwachsenen. Trotz und Auflehnung, Schulabbruch und schließlich der Umzug in die eigene Wohnung, sind Stationen der Emanzipation.

Soll das Phänomen Alter in seiner ganzen Spannweite betrachtet werden, dann ist der enge Fokus auf den späten Lebensabschnitt zugunsten einer lebenslangen Betrachtung aufzugeben. Auch ist die unzureichende Berücksichtigung nur einer Variablen – z.B. die Fokussierung auf die Lebensphasen[79] – als eindimensionale Betrachtung abzulehnen. Lebensphasenkonzepte suggerieren die Aufteilung des Lebens und des Berufslebens in distinkte Phasen. Die stationäre Gesellschaft hat sich in eine offene, postindustrielle, damit individualistische Lebenswirklichkeit weiterentwickelt. Eindimensionale Konzepte zur Erklärung von Alter, Lebensführung, institutioneller Inklusion und Exklusion sowie der Beschreibung und Erklärung der Vielfalt der Lebensmöglichkeiten liefern keine befriedigenden Antworten auf die Gestaltung der Lebenswirklichkeit der Menschen. Im Gegenteil: Sie suggerieren eine Kontinuität und Statik, die es so in der postmodernen individualisierten, temporalisierten, fragmentierten und ästhetisierten Gesellschaft nicht mehr gibt.

So zielt eine an den distinkten Lebensphasen orientierte Personalpolitik und ein an Berufsphasen orientiertes Diversity Management auf die passgenaue Förderung der Entwicklung der Menschen in den jeweiligen Lebensphasen. Unterstellt wird dabei, dass sich die Erwartungen und die Bedürfnisse mit dem Lebensalter und der für die Phase dominanten Lebensführung verändern und einen jeweils eigenen Lebensstil prägen. Davon kann aber in einer offenen Gesellschaft und einer pluralistischen Arbeitswelt nicht ausgegangen werden. Fehlinvestitionen wären die wahrscheinliche Folge, wenn Unternehmen ihre Personalarbeit primär auf derartige eindimensionale Konzepte der Lebensphasenorientierung aufbauen würden. Vielfalt würde

79 Vgl. z.B. Rump, J. (2012).

nicht gefördert, sondern behindert. Ein Phasenmodell mit distinkten Stationen, vergleichbar der Schnitzeljagd beim Kindergeburtstag, hat Graf vorgelegt[80]

Der berufliche Lebenszyklus von Graf unterscheidet die Phasen Einführung, Wachstum, Reife und Sättigung. Dieser Karrierezyklus, der an den Produktlebenszyklus – wie ihn das Marketing verwendet – angelehnt ist, unterstellt eine lineare, klar strukturierte ungebrochene Berufsbiografie. Brüche, Umorientierung, veränderte Lebensentwürfe bleiben unbeachtet. Die rasante Zunahme atypischer Beschäftigungsverhältnisse, erzwungene Brüche in der Erwerbsbiografie durch Erziehungs-, Pflege- und Bildungszeiten, fragmentieren und temporalisieren die Erwerbsbiografien und müssen bei der Lebens- und Berufsbiografie mitgedacht werden. In der Zeitspanne zwischen 30 und 40 befinden sich junge, gut ausgebildete Menschen in der »Rush Hour ihres Lebens«.[81] Berufseinstieg, erste Karriereschritte, Familiengründung, Geburt der Kinder und nach Möglichkeit noch ein Auslandsaufenthalt, sind zu bewältigen. Zusätzlich soll diese Phase Spaß machen, man will das Leben ein wenig genießen. Eine bunte Vielfalt von Realisierungen des beruflichen und privaten Lebens ist charakteristisch für diese inhaltsdichte Lebensphase. Gewissermaßen »per aspera ad astra« wächst Schritt für Schritt das Lebenswerk, so die Suggestion der Lebensphasenkonzepte.

Ein Phasenmodell bietet in der dynamischen und volatilen Lebenswirklichkeit allenfalls noch einen Orientierungspunkt, von dem aus die kurzzyklische, temporalisierte und fragmentierte Lebenspraxis beobachtet werden kann. Die Lebens- und Erwerbsbiografien nehmen mehr und mehr individualisierte und entgrenzte Muster an:

- Karrieren werden begonnen, korrigiert, abgebrochen und neue Herausforderungen werden angenommen.
- Die Lebenserwartungen steigen, beruflichen Ziele werden vorgezogen oder in eine spätere Lebensphase verschoben, weil man mehr Zeit zur Verfügung hat.
- Die Notwendigkeit zur Koordination vielfältiger Anforderungen bewirken geplante und ungeplante Brüche in der Karriere, der Verwirklichung persönlicher Lebensentwürfe. Sabbatzeiten für Kindererziehung, Pflege von Angehörigen und persönliche Weiterbildung fragmentieren die Biografien.
- Temopralisierung, Individualisierung und Fragmentierung der Lebensläufe vermehren die Vielfalt der beruflichen und privaten Lebensführung, verringern allerdings die Orientierung und wandeln Sicherheit in Unsicherheit um.

Zusätzlich suggerieren Phasenmodelle, dass jede Erwerbsphase distinkte Anforderungen zuzuordnen seien und als Folge daraus z. B. »lebensphasentypische« PE-Maßnahmen abzuleiten wären. Das kann im Einzelfall so sein, hängt aber von der individuellen Lebensführung ab. Die starre Phaseneinteilung widerspricht wissenschaftlichen Erkenntnissen, wonach nicht primär das kalendarische Lebensalter, sondern das individuelle Lern- und Arbeitsverhalten, das biologische Lebensalter in allen Erwerbsphasen ursächlich dafür ist, welche Lebensführung erwünscht und möglich ist,welche PE-Maßnahmen erforderlich sind und somit nachgefragt werden.[82] Folgt man trotz dieser Relativierung dem Phasenkonzept, dann lassen sich grundsätzliche Empfehlungen zur Unterstützung der Mitarbeiter in den jeweiligen Lebensphasen geben:

80 Vgl. Graf, A. (2002), S. 273.
81 Der Begriff wurde geprägt von dem Soziologen Hans Bertram, vgl. Frankfurter Allgemeine Sonntagszeitung vom 23. September 2012, S. 34: Zwischen 30 und 40 muss alles passieren.
82 Vgl. Becker, M./Labucay I./Kownatka, C. (2008), S. 14 ff. und S. 65 ff.

In der *Einführungsphase* sollte die Integration des Mitarbeiters durch den Einsatz von Einführungsprogrammen und Trainee-Programmen unterstützt werden. Zudem sollten bereits in dieser Lebensphase präventive verhaltens- und verhältnisbezogene Maßnahmen des Gesundheitsmanagements ansetzen.

Verhaltensbezogene Interventionen des Gesundheitsmanagements beziehen sich auf die Konstitution des jeweiligen Mitarbeiters und umfassen beispielsweise Stresstrainings und Rückenschulungen. Sie bewirken, dass krankheitsbedingte Fehlzeiten verhindert und reduziert werden und die Leistungsfähigkeit des Mitarbeiters erhalten bleibt. Verhältnisbezogene Maßnahmen des Gesundheitsmanagements setzen dagegen an den betrieblichen Rahmenbedingungen an. Durch die Gestaltung von Arbeitsaufgaben, Arbeitszeit und die Arbeitsplatz werden entlastende Arbeitsbedingungen geschaffen, die nicht krank machen.[83] Zu den verhältnisbezogenen Maßnahmen gehören mehr und mehr auch Maßnahmen gegen Boreout. »Ausgelangweilt sein« ist ebenso krankmachend wie »Ausgebrand sein«. Denn laut einer Studie der Universität Stuttgart-Hohenheim fühlt sich gegenwärtig jeder fünfte Mitarbeiter mit Hochschulabschluss oder Berufsausbildung auf seiner jetzigen Position unterfordert.[84]

In der *Wachstumsphase* gewinnen gezielte Maßnahmen der individuellen Karriereförderung an Bedeutung. Ein aktives Diversity Management unterstützt die Mitarbeiter bei der individuellen Gestaltung der Work-Life-Balance in dieser Intensivphase des Erwerbslebens (bspw. Annahme von privater Post, unternehmenseigene Wäscherei, ...). Die Gleichstellung der Geschlechter unterstützt Frauen entweder ohne Unterbrechung beschäftigt zu bleiben oder nach einer kurzen Babyphase wieder in das Berufsleben zurückzukehren.

In der *Reifephase* haben sich die Beschäftigen im Berufsleben etabliert. Sie sind bereit, Neues auszuprobieren und neue Herausforderungen anzunehmen. Job Rotation Programme ratsam Beratungs- und Mentoring-Programme unterstützen die Mitarbeiter bei der Bewältigung neuer Herausforderungen.

Die abschließende Phase des beruflichen Lebenszyklus bildet die *Sättigungsphase*. Auf- und Umstiege sind bewältigt, Maßnahmen der Absicherung des Erreichten dominieren. Gesundheitsmanagement gewinnt an Bedeutung. Trotzdem ist vor einer Stigmatisierung älterer Mitarbeiter als nicht leistungsfähig zu warnen.

Empirische Forschungsergebnisse bestätigen, dass ältere und jüngere Arbeitnehmer im gleichen Maße nach Leistung und Selbstverwirklichung streben. Ältere kommen mit Stress und Konflikten besser zurecht als jüngere. In den Bereichen Problemlösungsfähigkeit und Kreativität sind die jüngeren den älteren deutlich überlegen.[85] Outplacement und interne Versetzung auf weniger fordernde Arbeitsplätze sind keine geeigneten Maßnahmen, um Unterschiede zwischen Jung und Alt auszugleichen. Die Teilnahme Älterer an der Weiterbildung ist zu fördern. Weiterbildungsmaßnahmen sind allenfalls für einen Zeitraum der Anpassung alternsgerecht zu gestalten.[86] Es sollte wieder normal werden, älteren Mitarbeitern Karriereperspektiven zu eröffnen. Diese Karriereoptionen können Karrieren auf Zeit, sogenannte zweite Karrieren als Seniorberater oder Engagements in Fach- und Projektkarrieren sein.

83 Vgl. Ulrich, E. (2005), S. 529.
84 Vgl. Rukwid, R. (2012).
85 Vgl. Becker, M./Labucay, I./Kownatka, C. (2008), S. 77 ff.
86 Vgl. Becker, M./Kirchner, M./Labucay, I. (2010), S. 37.

Berufsphasen	Berufsrollen	Diversity Aufgaben	
Phase der beruflichen Orientierung, des Einstiegs in Starttätigkeiten **Einführungs- und Orientierungsphase**	Starter	Diskriminierungsfreie Auswahl, Einführung, Beratung und Betreuung	Fortlaufende systematische Entwicklungsberatung zur Berücksichtigung individueller Bedürfnisse und Ziele
	Junior	Feedback zu Stärken und Entwicklungsbedarf	
Phase der Orientierung, der Bewährung und des Aufstiegs **Entwicklungs- und Wachstumsphase**	Experte Führungskraft	Job Rotation, Job Enlargement, individuelle Weiterbildung, Führungskräfteentwicklung, Stellvertretung, erste Führungserfahrung	
Phase der Neu- und Umorientierung **Phase der Horizonterweiterung**	Berufswechsler, Neustarter	Weiterbildung, Flexibilisierung der Arbeitszeit, Perspektivenerweiterung durch Job Rotation, Bewältigung von Familienphasen	
Phase der Phase der Behauptung und der Reduzierung **Konsolidierungs- und Ausstiegsphase**	Top-Experte Mittle und obere Führungskraft	Gesundheitschecks, Flexibilisierung der Arbeitszeit, Anpassung der Arbeitsaufgaben an veränderte Kompetenzen, Übernahme von Senior-Berater-Tätigkeiten	

Abb. 5-28: Lebensphasenorientiertes Diversity Management in der Personalentwicklung
Quelle: Eigene Darstellung in Anlehnung an Graf, A. (2002), S. 276f.

Lebensphasenorientiertes Diversity Management zielt auf die passgenaue Förderung der Entwicklung der Menschen in den jeweiligen Lebensphasen. Unterstellt wird dabei, dass sich die Erwartungen und die Bedürfnisse mit dem Lebensalter und der für die Phase dominanten Lebensführung verändern und einen jeweils eigenen Lebensstil prägen. Das trifft insoweit zu, wie die Pläne, die Erwartungen, die Möglichkeiten in den jeweiligen Lebensphasen tatsächlich wechseln. Es trifft aber genauso zu, dass viele Pläne, Erwartungen, Möglichkeiten über die gesamte Lebensspanne relativ unverändert erhalten bleiben. Der Lebensstil wechselt nicht und die dominante Lebensform wirkt ohnehin persönlichkeitsbildend und bleibt über die gesamte Lebensspanne weitgehend konstant. Das Denk-Konstrukt der Lebensphasenorientierung liefert sicherlich wichtige Impulse für das Diversity Management, muss aber durch weitere Erklärungsvariablen ergänzt werden, damit Einseitigkeit und Fehlurteile vermieden werden.

5.1.4.2 Lebensstile

Der *Lebensstil* beschreibt die spezifische Form der Ausgestaltung der Lebensführung in den Lebensbereichen, allen voran im Beruf und im Privatleben. Der Lebensstil offenbart sich auf der persönlichen Ebene in der Form des Umgangs mit sich selbst und mit der Bezugnahme zur sozialen, kulturellen und materiellen Umwelt. Auf organisatorischer Ebene zeigt sich der Lebensstil im Geist und Stil des Hauses, in der Art und Weise, wie Unternehmen mit ihren Geschäftspartnern, Beschäftigten und mit der materiellen und kulturellen Umwelt umgehen (Unternehmenskultur). Eine eineindeutige Zuordnung oder Koppelung von Lebensphase und

Lebensstil ist in einer offenen Gesellschaft mit postmoderner Lebenshaltung weder möglich noch wünschenswert.

Lebensstil, verstanden als die individuell konkret praktizierte Lebensform, weist Personen und Institutionen eine in Form und Inhalt unterschiedliche Realisierung ihrer Lebenswirklichkeit zu. Der Lebensstil wird von Begabung und Erziehung, den Werten und Normen, den Strukturen und Vorgaben bestimmt. Das ist der Handlungsrahmen, in dem sich der individuelle Lebensstil kultivieren kann. Lebensformen und Lebensstile sind in Idealtypen (Erklärungsmodelle) und in Realtypen (Lebensmodelle) zu unterscheiden. Die enorme Vermehrung der realtypischen Lebensstile kann als Entgrenzung der Lebenswirklichkeit bezeichnet werden.

Persönliche Gewohnheiten, der individuelle Lebensstil, die Verhaltensmuster und die sozialen Praktiken sind nur bedingt an das biologische Alter gekoppelt. Das Lebensalter ist für die Erklärung der Lebensstile nur ein Prädiktor, zudem aber immer weniger, ein verlässlicher.

Lebensstile sind mehr und mehr individualisiert, vom Lebensalter abgekoppelt. Lebensstile orientieren sich in stärkerem Maße an sozialen Milieus. Junge und Alte wandern gemeinsam, sind in derselben Bürgerinitiative aktiv, in Kultkneipen mischen sich die Altersgruppen. Die Präferenzen, nicht unbedingt das Lebensalter, verbindet die Menschen. Die sozialen und die idealen Gemeinsamkeiten drücken den Lebensstil aus und verstärken in gemeinschaftlicher Lebensgestaltung das positive Lebensgefühl.

Die Vielfalt der Lebensweisen ergibt sich aus den Facetten der Lebensstile. Ein Mensch kann sein Leben mehr nach Machtgesichtspunkten, nach ökonomischen Strebenszielen, nach sozialen Bezügen oder nach ästhetischen Ansprüchen (Lebensformen) ausrichten. Aus dieser Schwerpunktsetzung erwächst Vielfalt, entstehen Unterschiede in der Lebensgestaltung. So ist z. B. die Berufswahl Ausdruck der persönlichen Schwerpunktsetzung für einen bestimmten Beruf. Ein Beruf wird gewählt, andere werden als nicht erwünscht verworfen. Bordieu[87] unterteilt die Faktoren, die einen Lebensstil konkret bestimmen, nach Kapitalformen. Danach wird der Lebensstil bestimmt durch

- **Das ökonomische Kapital**. Es bestimmt mit Einkommen und Vermögen, welchen Lebensstil sich eine Person leisten kann.
- **Das kulturelle Kapital**. Es bestimmt mit dem erreichten Bildungsstand, der Fähigkeit zum ästhetischen Genuss den Grad des Erlebens des persönlichen Lebensstils.
- **Das soziale Kapital**. Es bestimmt mit der Vielzahl und der Intensität der Beziehungen und Netzwerke das gemeinsame Erleben des Lebensstils und verbindet so den Lebensstil mit den Lebensformen.

Der Lebensstil prägt als relativ dauerhaftes Verhaltensmuster die jeweils individuelle einzigartige und unverwechselbare Lebensweise von Menschen und Institutionen.

Max Weber unterteilt die Lebensführung nach der Klasse, der jemand angehört und der Klassenlage, die die soziale Durchlässigkeit beschreibt: »Klassenlage und Klasse bezeichnet an sich nur die Tatbestände gleicher (oder ähnlicher) typischer Interessenlagen, in denen der Einzelne sich ebenso wie zahlreiche andere befindet«.[88] Max Weber unterscheidet in drei Klassen:

- **Besitzklasse:** Privilegierung stammt aus der Monopolstellung bei der Akkumulation von Vermögen (materiell als Sach- und Geldvermögen, ideell als Bildung)

87 Vgl. Bourdieu, P. (1992), S. 59ff.
88 Vgl. Weber, M. (1980), S. 177.

- **Erwerbsklasse:** Privilegierung stammt aus ungleich verteilter Leitungsmacht, Lobbyismus und der Verfügung über knappe Ressourcen (Bildung, Patente, Einfluss, formal zugestandene Macht)
- **Soziale Klasse:** Privilegierung stammt aus der Zugehörigkeit zu sozialen Gruppen (Arbeiter, Kleinbürger, besitzlose Intelligenz, Experten)[89]

Nach Weber entsteht die jeweilige »Ständische Lage« aus der sozialen Anerkennung bzw. Nichtanerkennung der Sonderstellung, die eine bestimmte gesellschaftliche Gruppe erfährt. Begründet wird die Möglichkeit der Anerkennung durch eine positive Lebensführung, durch den erreichten formalen Bildungsstand und die Abstammung der Standesmitglieder. Die jeweiligen Lebensgewohnheiten, der Lebensstil, erwächst, so Max Weber, aus den Sitten und Gebräuchen, die dem Einzelnen mit dem Anspruch auf Beachtung entgegentreten und dem persönlichen Habitus (Lebensführung, Beruf, politischer und traditioneller Einfluss). Nach Pierre Bordieu ist der Habitus »das vereinigende Prinzip, das den verschiedenen Handlungen des Individuums ihre Kohärenz, ihre Systemkraft und ihren Zusammenhang gibt«.[90]

Georg Simmel betont die Bedeutung des Geldes für die Ausprägung des konkreten Lebensstils. »Gerade die allgemeine Art, wie das Leben sich abspielt, der Rahmen, den die soziale Kultur den Impulsen des Individuums darbietet, wird durch Fragen wie diese umschrieben: ob der einzelne sein Innenleben in der Nähe oder in Fremdheit zu der objektiven Kulturbewegung seiner Zeit weiß, ob er diese als eine überlegene, von der er gleichsam nur den Saum des Gewandes berühren kann, empfindet, oder seinen personalen Wert allem verdinglichten Geiste überlegen; ob innerhalb seines eigenen Geisteslebens die objektiven, historisch gegebenen Elemente eine Macht eigener Gesetzmäßigkeit sind, so dass diese und der eigentliche Kern seiner Persönlichkeit sich wie unabhängig voneinander entwickeln, oder ob die Seele sozusagen Herr im eigenen Hause ist oder wenigstens zwischen ihrem innersten Leben und dem, was sie als impersonale Inhalte in dasselbe aufnehmen muss eine Harmonie in Bezug auf Höhe, Sinn und Rhythmus herstellt.«[91] Kann der einzelne seinen Lebensstil relativ frei selbst bestimmen oder ist die Art und Weise der Lebensführung in hohem Maße gesellschaftlich vorgegeben und reglementiert? Das entscheidet sich aus dem »Habitus«, dem Bild, dem Idealtypen, den eine Gesellschaft als objektiver Anspruch an die unterschiedlichen Gruppen stellt. In statischen Gesellschaften sind die Vorgaben rigider als in einer offenen pluralistischen Gesellschaft.

Die Klassen sind gegenwärtig in enorme Bewegung geraten. War in der vorindustriellen Gesellschaft der Besitz von Grund und Boden die bedeutende Quelle von Wohlstand und Ansehen, so war es in der Industriegesellschaft die Verfügungsgewalt über Kapital, das in Maschinen, Anlagen, Fabriken investiert wurde. In der postmodernen Gesellschaft treten Bildung und Beziehungen als Quelle von Wohlstand und Ansehen in den Vordergrund. Bildung löst die Bedeutung von Grundbesitz und stehendem Kapital als Quelle sozialer Anerkennung und hierarchischem Status ab. Es sind die Humanvermögenskapitalisten (HUKA), die mit ihrem knappen Humanvermögen die neue Elite bilden und Rechte und Annehmlichkeiten erstreiten. Zahlenmäßig ist die Gruppe der HUKA klein. Größer wird die Zahl der Humanvermögenspauperisten (HUPA), die von den Ideen und Produkten der HUKA leben. Es verfällt in der postmodernen Phase der Macht der funktionalen Eliten eine immer größere Anzahl von Menschen

89 Vgl. Weber, M. (1980), S. 178–179.
90 Vgl. Bordieu, P. (1981), S. 170.
91 Vgl. Simmel, G. (1989), S. 649 f.

in die Abhängigkeit von Strukturen, Technologien, Beziehungen, die sie weder geschaffen haben noch hinreichend verstehen. Eine neue Einfalt der Massen steht gegen die Vielfalt der kleinen Eliten.[92] Wenige steigen im Ansehen auf zu einer neuen Klasse der Facheliten. Sie verfügen über das Schlüsselwissen zur Produktion von Massenwaren, die die »tumbe« Mehrheit kauft. Die Mehrheit verfällt in die Einfalt der Egalität der Lebensgewohnheiten und der »Lebensmittel«. Einheitliche Software, einheitliche Handy-Kommunikation, einheitliche Sprache, uniformierte Kleidung und standardisierte Urlaube, nennen Beispiele der kollektiven Einfalt. Ein Ausweg aus der Egalisierung der Mehrheit ist in einer neuen Bildungsbeflissenheit zu sehen. Wenn Bildung wieder zum Flow-Erleben, zum persönlichen Glücksgefühl wird, die Welt ein wenig mehr zu erkennen und zu begreifen, dann ist Hoffnung, dass der Einfalt Einhalt geboten werden kann.

Gegenwärtig versuchen die Ansätze zur Klassifikation sozialer Milieus eine integrative Sicht auf Lebensstil, Lebenslage, Lebensphase und Lebensform. »Begrifflich und empirisch wird davon ausgegangen, dass soziale Milieus Menschen in ähnlicher Lebenslage und mit ähnlichen Wertvorstellungen, Lebensauffassungen und Lebensweisen zusammenfassen.«[93] Milieus fassen in gestalttheoretischer Weise die Teilkonzepte Lebensstil, Lebenslage, Lebensphase und Lebensform zu einer abgrenzbaren Einheit der Lebensführung zusammen.

Die Pluralisierung der Lebensstile, Lebensphasen und Lebensformen ist maßgebend für die Ausprägung von Vielfalt. Allerdings ist darauf hinzuweisen, dass die wachsende Vielfalt postmoderner ICH-Entwürfe bereits wieder überlagert wird von dem Bemühen, integrationsorientierte SINN-Oasen zu generieren. Der Boom mehrdimensional angelegter Milieustudien kann als Anzeichen dafür gesehen werden, dass die postmodern gewollte und realisierte Vielfalt zu Einseitigkeit in den Denk- und Handlungsmustern geführt hat, die nicht glücklich macht. Vielfalt hat sich im Vollzug des Lebens vielfach in Einfalt verwandelt. Die post-post-moderne Suche nach Ganzheitlichkeit, Sinn und Gemeinschaft hat bereits eingesetzt.

5.1.4.3 Lebensformen

Zur Erklärung von Lebensformen ist es sinnvoll, zwischen Idealtypen und Realtypen zu unterscheiden. Als Idealtypen werden Lebensformen auf hohem Abstraktionsniveau formuliert. Sie dienen der Erklärung der möglichen Schwerpunktsetzung menschlicher Lebensführung und sind geeignet »als Schemata oder Normalstrukturen an die Erscheinungen der historischen und gesellschaftlichen Wirklichkeit angelegt«[94] zu werden. Insofern ähneln Lebensformen dem Habitus. Die idealtypischen Lebensformen dienen als Muster, als Maßstab, an denen die reale Praxis gemessen werden kann, sie dienen als Schablonen der Orientierung und der Reflexion des praktizierten Lebensstils. Auf individueller Ebene sind es mögliche Schwerpunkte, die eine Person ihrem Leben geben kann. Auf organisatorischer Ebene sind die Lebensformen als »patterns of culture« Folienvorlagen für die Gestaltung der Unternehmungskultur.

Das Konzept der *Lebensformen* geht auf Eduard Spranger zurück.[95] Spranger unterscheidet sechs Lebensformen als Idealtypen der »geistigen Individualität«. Es sind:

---

92 Daraus den Schluss ziehen zu wollen, die Einheit der Tarifverträge wieder gesetzlich festschreiben zu wollen, ist weder demokratisch noch wird diese Idee der Egalisierung der Machtverhältnisse wirklich funktionieren, weil sich die Macht der Funktionseliten schon längst von der Tarifebene über die Betriebsebene auf die Individualebene verlagert hat.

93 Tippel, R./Hippel, A. von (2005), S. 34.

94 Spranger, E. (1924), S. 106.

95 Vgl. Spranger, E. (1924), S. 109–248.

- der theoretische Mensch
- der ökonomische Mensch
- der ästhetische Mensch
- der soziale Mensch
- der Machtmensch
- der religiöse Mensch.

Im Vergleich der eigenen Lebensführung mit den Idealtypen des theoretischen, ökonomischen, ästhetischen, sozialen, machtorientierten und religiösen Menschen erfährt der Mensch, ob sein Verhalten im Bereich der normativen Vorgaben liegt, wo er abweicht und wie er Übereinstimmung und Abweichung empfindet.

Der *wissenschaftliche* Mensch strebt nach Erkenntnis, der *ästhetische* nach Kunstgenuss, der *religiöse* nach transzendentaler Vergewisserung, der *ökonomische* nach Besitz, der *Machtmensch* nach Einfluss und Herrschaft. Die Vielfalt, verstanden als Aufschluss der Kultur, die ein Mensch in seinem Leben erreicht, hängt von der Art, der Dauer und der Intensität der Begegnung mit den Anforderungen und Inhalten der Wertgebiete (Lebensformen) ab. Das individuelle Sinngefüge, der gebildete Aufschluss der Lebensformen, entsteht aus der lernenden Konfrontation mit den ästhetischen, religiösen, wirtschaftlichen, kulturellen und politischen Gegebenheiten. Die individuelle Einstellung des Menschen zur Welt, seine dominante grundsätzliche Lebensform, entfaltet sich stets aus dem Zusammenspiel der verinnerlichten Lebensformen insgesamt. Der Mensch lebt die Lebensformen insgesamt, konzentriert sein Leben aber auf eine Lebensform. Dazu Eduard Spranger: »In jedem geistigen Augenaufschlag sind alle denkbaren Grundeinstellungen (Lebensformen) enthalten, nur in verschiedener Stärke vorwaltend oder auch zurücktretend. In jedem geistigen Akte waltet die Totalität des Geistes«.[96] Georg Kerschensteiner wendet die Erkenntnisse Sprangers auf Bildung und Erziehung an und weist auf die vorsichtige Hinführung der Menschen auf ihre besondere Begabung und Neigung hin. Ehe die sinnvolle Begrenzung, die Einfalt im Sinne professioneller Beruflichkeit angestrebt werden sollte, muss herausgefunden werden, wohin der einzelne strebt. »Ehe wir planmäßig die Individualität zu ihrem höheren Sein emporführen können, müssen wir wissen, in welcher Richtung sie überhaupt geführt werden kann. Um aber das erfahren zu können, müssen die ersten Bildungsmöglichkeiten so vielseitig, wie es die Verhältnisse erlauben, geboten werden.«[97] Die pädagogische Devise ist klar, der Weg muss von der Allgemeinbildung zur Berufsbildung, von der Vielfalt zur Einfalt führen. Kerschensteiner führt Goethes Wilhelm Meister als Beleg dafür an, dass der Mensch nicht in der Oberflächlichkeit stecken bleiben darf: »Eines wissen und ausüben gibt höhere Bildung als Halbheit im Hundertfältigen.«[98] Vielfalt als Spezialisierung gedacht, ist Beschränkung, und in der Beschränkung Bereicherung. Dazu noch einmal Goethe in Wilhelm Meisters Wanderjahre: »Allem Leben, allem Tun, aller Kunst muss das Handwerk vorausgehen, welches nur in der Beschränkung erworben wird.«[99] Der Mensch ist ein Leben lang in der Entwicklung. Menschen wollen sich entfalten, sie streben nach Verwirklichung ihrer Anlagen. Für jeden Menschen ist es eine wichtige Voraussetzung eines gelungenen Lebens, herauszufinden, wo seine Neigung, wo seine Stärken, wo seine Schwächen liegen. Das individuelle Lebenskon-

96 Spranger, E. (1924), S. 35.
97 Kerschensteiner, G. (1926), S. 41.
98 Goethe, J.W. (1932), S. 109.
99 Goethe, J.W. (1932), S. 109.

zept folgt den Vorgaben, den Idealen, den Lebensformen, die eine Gesellschaft als Arenen der Selbstverwirklichung offeriert. Weil sich Motive und Möglichkeiten verändern, ist es zur Erfassung vielfältiger Lebensweisen dann auch sinnvoll und erforderlich, die Lebensphasen und den Lebensstil mit in die Betrachtung einzubeziehen.

5.1.4.4 Lebenslagen

Lebenslagen beschreiben die besondere Situation, in der eine Person oder Institution sich in Relation zu anderen Personen, Personengruppen und zu anderen Zeiten situativ befindet. Eine Familie kann kinderreich, arm, gerade in einen Stadtteil zugezogen sein. Ein Mitarbeiter kann sich in einer aufwärts-, seitwärts- oder abwärtsgerichteten beruflichen Situation befinden. Personen, so sagt man, haben gerade einen guten Lauf, bei anderen läuft gerade alles schief. Problematische Lebenslagen resultieren z. B. aus dem wechselnden Gesundheitszustand. Man fühlt sich wohl, angespannt, ausgebrannt, depressiv. Eine Erbschaft kann die finanzielle Situation ebenso plötzlich verändern wie ein Lotteriegewinn. Beruflich befinden sich z. B. Führungskräfte in der sogenannten »Sandwichlage«, wenn sie als Führungskräfte des mittleren Managements Leistungsanforderungen des oberen Managements akzeptieren müssen und von den Mitarbeiterinnen und Mitarbeitern der Arbeitsebene Entlastungsforderungen ausgesetzt sind. Die soziale Lage beschreibt, in wieweit Personen integriert sind, als ältere Menschen vereinsamt oder als Migranten geduldet, willkommen oder sehr willkommen sind im Gastland. Die Lebenslage entscheidet das Aktivitätsmaß einer Person. Krankheit z. B. senkt das Maß der aktiven Beteiligung, ein hoher Bildungsstand fördert die berufliche Aktivität und bietet die Aussicht auf eine gute finanzielle Zukunft.

Die Lebenslagen von Frauen und Männern unterscheiden sich nach wie vor, wie die Studie des Wissenschaftszentrum Berlin zeigt: »Die Lebenssituationen der Frauen und Männer unterscheiden sich stärker. Gegenüber 2007 arbeiten heute noch mehr Frauen als Männer in Teilzeit und unterbrechen ihre Erwerbstätigkeit für Kinder. Zwar wollen auch viele in Vollzeit erwerbstätige Männer ihre vertragliche Arbeitszeit reduzieren, doch setzen sie diesen Vorsatz nicht um. Ebenso lehnt nur noch ein Drittel der Männer ab, Elternzeit zu nehmen. Der Rest akzeptiert sie, allerdings nur auf niedrigem Niveau. Nicht nur die Erwerbsarbeit, auch die Hausarbeit ist ungleich verteilt. Entgegen Befunden aus anderen Studien finden wir auch bei kinderlosen und in Vollzeit erwerbstätigen Paaren, dass die Hausarbeit hauptsächlich von Frauen erledigt wird.«[100]

Es ist Aufgabe des Diversity Management, die Lebenslagen insoweit positiv auszugleichen, wie es nicht im schuldhaften Verhalten einer Person liegt, in eine schwierige Lebenslage geraten zu sein. Andererseits verlangt das Konzept der sozialen Durchlässigkeit einer Gesellschaft und der Unternehmen, dass es Chancen zur Verbesserung der Lebenslagen gibt. Diese führen in der Regel über den produktiven Umweg von Weiterbildung, Mobilität und Flexibilität.

Die soziologische Erforschung der Lebenslagen hat mit der Industriellen Revolution begonnen. Karl Marx befasst sich in seinem Buch »Das Kapital« umfassend mit der Lage der Arbeiterschaft in der englischen Industrie. In besonderem Maße beachtenswert sind seine Berichte zur Lage der Kinder in der beginnenden Industrialisierung. Marx berichtet aus dem Report der »Children's Employment Commission«:[101]

100 Allmendinger, J./Haarbrücker, J. (2012), S. 49.
101 Marx, K. (1984), S. 385.

»Trotz der Gesetzgebung werden immer noch mindestens 2000 Jungen in Großbritannien als lebendige Schornsteinfegermaschinen (obgleich Maschinen zu ihrem Einsatz existieren) von ihren eigenen Eltern verkauft.«[102] Die Verwahrlosung und die Sterblichkeitsrate der Kinder in England sind verheerend[103], der Wert der Arbeit und der Wert der Arbeiter sind gering, die Moral der Menschen ist erschütternd. Dazu noch einmal Karl Marx unter Bezugnahme auf den »Sixth Report« des »Board of Health«: »Verheiratete Weiber, die in Banden mit Mädchen und Jungen zusammenarbeiten, werden dem Pächter von einem Manne, welcher der ›Gangmeister‹ heißt und die Banden im Ganzen mietet, für eine bestimmte Summe zur Verfügung gestellt. Diese Banden wandern oft viele Meilen von ihren Dörfern weg, man trifft sie Morgens und Abends auf den Landstraßen, die Weiber bekleidet mit kurzen Unterröcken und entsprechenden Stiefeln und manchmal Hosen, sehr kräftig und gesund vom Ansehen, aber verdorben durch gewohnheitsmäßige Liederlichkeit und rücksichtslos gegen die Folgen, welche ihre Vorliebe für diese tätige und unabhängige Lebensart auf ihre Sprösslinge wälzt, die zu Haus verkümmern.«[104]

Die Lebenslagen des Industrieproletariats haben sich erst mit der Etablierung der Gewerkschaften als Gegenmacht zu den Industriebaronen verbessert. Soziale Absicherung durch die Sozialgesetzgebung am Ende des 19. Jahrhunderts hat die Folgen der Wechselfälle des Lebens durch Renten-, Kranken- und schließlich Arbeitslosenversicherung deutlich abgefedert.

In der Gegenwart und für das Diversity Management von großer Bedeutung sind die Vereinbarkeit von Beruf und Privatleben als besondere Lebenslage von Männern und insbesondere von Frauen. Auch wird es zu untersuchen sein, inwieweit die Dynamisierung der Arbeitswelt auf die Erwerbsbevölkerung belastend und krankmachend wirkt. Die Entgrenzung der Lebensbereiche erhöht die zu bewältigende Komplexität. Die personale Fähigkeit, mit unsicheren, rasch wechselnden und vielfältigen Situationen zu Recht zu kommen, nimmt zu. Coaching, systematische Entwicklungs- und Lebensberatung, können zu mehr Stabilität in der Bewältigung der rasch wechselnden Lebenslagen beitragen.

5.1.5 Konzepte zur Entgrenzung der Lebensbereiche

Entgrenzung ist zu verstehen als »Grenzen öffnen«, »Grenzen verschieben«, »Grenzen aufheben. Die Vielfalt der postmodernen Entwicklung gründet in dem Faktum der Entgrenzung. Grenzen werden aufgehoben, durchlässiger, Grenzverschiebungen werden provoziert, mit Nachdruck verfolgt, sie vollziehen sich unbemerkt oder unbeachtet. Grenzverschiebungen in den Lebensbereichen folgen dem Grundsatz »panta rhei«, verlangen Sensibilität für Tempo, Gehalt und Richtung der Veränderungen. Grenzverschiebungen erweitern oder verkleinern den Handlungsspielraum, entwickeln sich als Vielfalt oder Einfalt. Die Menschen müssen die Befähigung zum Umgang mit der Entgrenzung und der Dynamik in den Lebensbereichen erwerben. Sie müssen den erweiterten Handlungsspielraum nutzen können oder mit eingeschränktem Handlungsspielrau, z. B. im Alter, umzugehen lernen.

102 Marx, K. (1984), S. 385, unter Bezugnahme auf den Bericht der Children´s Commission, V. Report, London 1866, p. XXII, S. 137.
103 Vgl. Marx, K. (1984), S. 386.
104 Marx, K. (1984), S. 387.

Grenzen zu verschieben, den Horizont zu erweitern, ist Prinzip der Enkulturation und Sozialisation und gründet im Explorationstrieb des Menschen. Neugierde und Weltoffenheit führten über bestehende Grenzen hinaus in neue Lebensbereiche, Lebenslagen und Lebenswirklichkeiten. Entgrenzung ist Erweiterung, Erweiterung ist Vielfalt, Vielfalt ist Komplexität. Werden Grenzen verändert, hinausgeschoben, aufgehoben, dann vermehren bzw. verändern sich Komplexität, Dynamik und Unsicherheit. Entgrenzung birgt stets Chancen der Bereicherung und Gefahren der Überforderung in sich. Typisch für die Arbeitswelt ist die mit dem Internet mögliche Dauerpräsenz der Mitarbeiterinnen und Mitarbeiter am Arbeitsplatz. Präsentismus kann als negative Ausprägung der zeitlichen Entgrenzung von Privatleben und Berufsleben verstanden werden. Die Entgrenzung folgt dem Dreiklang von vertrauten Zonen, Transferzonen und neuen Explorationszonen. Nimmt ein junger Mensch nach dem Abitur ein Studium auf, dann verlässt er den vertrauten Bereich der Familie und der Schule. Die vielen Studienabbrecher belegen, dass der Übergang (Transferzone) vielen nicht gelingt. Sie kommen mit den Studienbedingungen, den Inhalten, der Atmosphäre nicht zu Recht (Explorationszone). Es ist die besondere Fähigkeit gefragt, wie ein Weberschiffchen zwischen den vertrauten Zonen und den Explorationszonen wechseln zu können. Routine und Innovation im Arbeitsleben, Wechsel zwischen Privatleben und Berufsleben, Anpassung an veränderte Lebenslagen, z. B. Familiengründung bei gleichzeitigem Verbleib im Erwerbsleben, sind zu bewältigen. Diese Fähigkeit zur Exploration und zur Kontemplation, die Bewältigung wachsender und wechselnder Anforderungen in den Lebensbereichen wird als Resilienzfähigkeit bezeichnet. Resilienz beschreibt die Fähigkeit eines Menschen, wechselnde Anforderungen auszuhalten und auszugleichen. So ist die Fähigkeit erforderlich, abzuschalten und dem Drang zum Präsentismus zu widerstehen. Schwierig wird die Anpassung, wenn Scheinlösungen bzw. die Quadratur des Kreises gefordert werden. Das ist der Fall bei der Forderung nach Vereinbarkeit von Beruf und Familie. Die Zeitmaße sind fix. Der Tag hat nur 24 Stunden, die auf Berufsleben, Familienleben, Freizeit und persönliche Zeit, z. B. Schlaf, verwendet werden können. Bei all den vielen gutgemeinten Ratschlägen der »Vereinbarungsratgeber«, ist die gelungene Vereinbarkeit von Beruf und Privatleben nur mit Zeitopfern auf der einen oder der anderen Seite erreichbar. Die Folgen sind evident: Entweder das Privatleben oder das Berufsleben kommt zu kurz. Weil das Berufsleben in starkem Maße individualisiert wird, tragen auch die arbeitenden Menschen in stärkerem Maße die Verantwortung für die Bewältigung der entgrenzten Bereiche. Man muss selbst sehen, wie es mit drei Kindern gelingen kann, erwerbstätig zu bleiben.

Die Verkleinerung von Lebensbereichen hingegen kann als Einengung, als Einfalt, wirksam werden. Standardisierung der Lebensbereiche, Bevormundung durch Institutionen, die eingeschränkten Wahlmöglichkeiten z. B. durch standardisierte EDV-Programme, die Einschränkung der Handlungsmöglichkeiten von Seniorinnen und Senioren, fördern Egalität und Einfalt. Die Einfalt kann als Erleichterung, aber auch als Bevormundung empfunden werden.

Entgrenzung betrifft zeitliche, räumliche, emotionale, kulturelle und intellektuelle Erweiterungen. Im Bereich der Führung wird die Entgrenzung der Beziehungen in physische, psychische und intellektuelle Distanz unterschieden (Abbildung 5-29). Es ist Aufgabe der Führungskräfte, die zunehmende Distanz mit geeigneten Führungsinstrumenten zu bewältigen.

Unternehmen stellen sich nicht mehr als geschlossene Einheiten dar, die physisch an einem Ort ihr Gewerbe betreiben. Unternehmen sind an unterschiedlichen Orten tätig, verkaufen in alle Welt. Die Aktivitäten sind räumlich entgrenzt. Virtuelle Teams, die weltweit verteilt arbeiten, kooperieren über Landes-, Kultur- und Systemgrenzen hinweg.

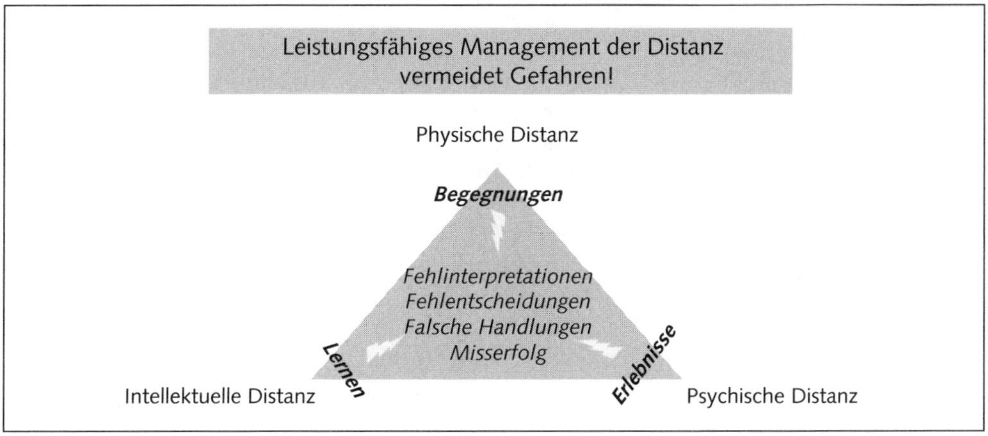

Abb. 5-29: Leistungsfähiges Distanzmanagement

Die Distanz zwischen Führungskräften und den Mitarbeitern geografisch, kulturell oder psychisch sein.[105] Distanz weist nebst physischer Entfernung auch Unterschiede in demografischen Variablen (Alter, Geschlecht, Herkunft, etc.) auf und zeigt sich in der emotionalen Qualität der Beziehung von Führenden und Geführten.

Eichenberg unterteilt die Distanz zwischen Mitarbeitern und der Führungskraft in drei Dimensionen: räumliche, kulturelle und beziehungsorientierte Distanz.

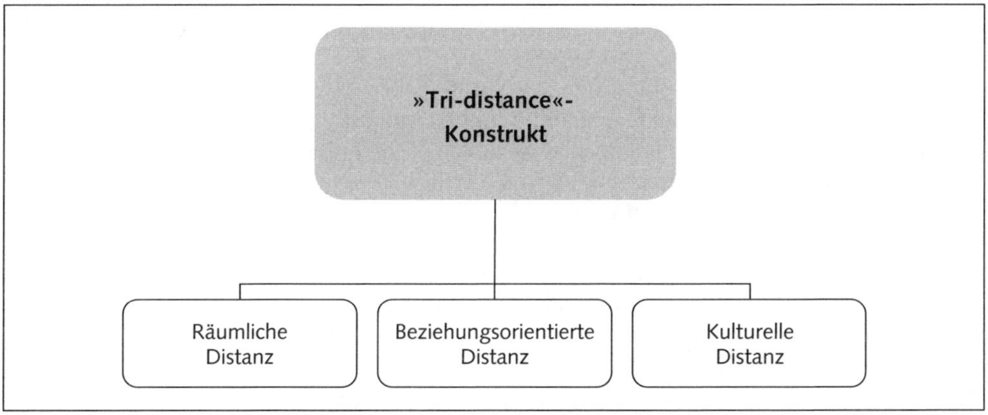

Abb. 5-30: Drei Dimensionen des Distanzbegriffs nach Eichenberg
Quelle: Eichenberg, T. (2007), S. 72.

105 Vgl. Kerr, S./Jermier, J. M. (1978), S. 378 ff.; vgl. Napier, B. J./Ferris, G. R. (1993), S. 327.

Die *räumliche Distanz*, verstanden als Entfernung, schließt die zeitliche Komponente der Distanz ein. Zeit ist dann von Bedeutung, wenn Teams z. B. über Zeitzonen hinweg zusammenarbeiten. Raum und Zeit sind deshalb zusammenzudenken, weil in vielen Fällen nicht die räumliche Distanz zu überwinden ist, sondern die zeitliche Verfügbarkeit und das Tempo der medialen Verknüpfung der Partner für eine gelingende Zusammenarbeit entscheidend sind. Die *beziehungsorientierte Distanz* bezieht sich auf das persönliche Verhältnis zwischen Führungsperson und Geführtem, wobei die grundsätzliche Qualität der sozialen Beziehung im Rahmen der Führungsdyade[106] vordergründig ist. Die kulturellen Denkunterschiede, Traditionen, Gewohnheiten, werden mit der *kulturellen Distanz* erfasst. Kulturelle Unterschiede sind auch als einzigartige Unternehmungskulturen für die Zusammenarbeit bedeutsam.

Bezogen auf die Teilnehmerschaft an Weiterbildungsmaßnahmen unterscheiden Tippel und von Hippel[107] drei Entgrenzungsaspekte:

- Der Aspekt der Lebenslagen als vertikale Entgrenzung
- Der Aspekt der Lebensphasen als zeitliche Entgrenzung
- Der Aspekt der Lebensstile als horizontale Entgrenzung.

Die drei Teilaspekte folgen der Individualisierung und Pluralisierung der Lebensläufe in der Postmoderne. Entgrenzung heißt, bisherige Schranken überwinden, den bisherigen Handlungsrahmen vergrößern, traditionelle Handlungsfixierungen aufheben. Entgrenzung kann Bereicherung des Lebens, aber auch Überforderung aus nicht bewältigter Vermehrung des Handlungsangebotes hinsichtlich Zeitpunkt, Inhalt, Umfang und Bedeutung nach sich ziehen.

Die *vertikale Entgrenzung* überschreitet die überkommene Zuschreibung z. B. von Rechten und Pflichten, Erwartungen und Leistungen. Was dem Alter vorbehalten war, darf nun auch die Jugend, was Frauen als Rechte und Pflichten zugeschrieben wurde, gilt nun für beide Geschlechter. Was bisher als Berufstätigkeit einem Meister vorbehalten war, darf nun jeder anbieten. Wurde früher die Entlohnung nach Anciennität gewährt, so folgt die Entlohnung gegenwärtig dem Motto »jetzt und ohne Wartezeit!« Altersstufen sind aus den Gehaltstabellen gestrichen worden, Bewerbungen werden ohne Angabe des Alters, des Geschlechts und ohne Lichtbild geschrieben.

Die *zeitliche Entgrenzung* pluralisiert die traditionellen Lebensphasen. Späte Geburt des ersten Kindes, frühe Übernahme von Führungsverantwortung, langer Verbleib in »Hotel Mama«. Alles ist möglich, nichts hat seine feste Zeit. Temporalisierung, Entstandardisierung, Pluralisierung und Individualisierung sind neben der Ästhetisierung Kennzeichen des entgrenzten Lebens in der Postmoderne.

Im Arbeitsleben vervielfachen sich die Zeitmaße ebenfalls. Dauerarbeitsverhältnisse, Beschäftigung auf Zeit, Werkverträge als »at will contracting«, Arbeitspausen für Weiterbildung, Familienaufgaben, Weltreisen, entgrenzen die Arbeitszeit. Die Entscheidung über die Ausgestaltung der Arbeitszeit wird individualisiert und mit der wachsenden Macht der Experten in alternden und schrumpfenden Organisationen von den Unternehmen und öffentlichen Verwaltungen an die Humanvermögenskapitalisten (HUKA) abgegeben. Die HUKA (Arbeitskraftunternehmer) entscheiden autonom das von ihnen individuell gewünschte Zeitmaß und die Zeitdauer. Die Arbeitszeit und die privat genutzte Zeit erodieren entlang der wachsenden

---

106 Führungsdyade meint den Interaktionsprozess, der zwischen einem Vorgesetzten und seinem unterstellten Mitarbeiter stattfindet. Als Mitarbeiter einer Führungskraft gilt in der vorliegenden Arbeit auch eine vom Distance Leader geführte Führungskraft.

107 Vgl. Tippel, R./Hippel, A. von (2005), S. 33–35.

Autonomie der HUKA. Die Zeitplanung folgt dem Paradigma der Subjektorientierung, statt der traditionellen Objektorientierung industrieller Zeitplanung. Zeitmaße werden von den Akteuren gewählt, Vorgaben werden nicht mehr akzeptiert. Der Vielfalt der Arbeitszeitkonzepte folgt organisationswissenschaftlich die Gestaltung der Arbeit nach dem Grundsatz »ad personam«. Die Zuordnung von Arbeitsinhalten, Arbeitsumfang, Zeitpensen wird subjektiv von den Erfordernissen, Bedürfnissen und Erwartungen der Arbeitsnehmer her gedacht und realisiert, statt »ad rem« von den zu erledigenden Aufgaben her gedacht und realisiert zu werden. Man kann sagen, dass mit der Re-Subjektivierung der Zeitverwendung die quantitative Zeitplanung wieder stärker durch das qualitative Zeiterleben abgelöst wird. »Time-Service« als Anwesenheitskultur in der Vergangenheit eine wichtige puritanische Tugend und ein striktes Organisationsprinzip der Unternehmen, wird abgelöst von der Ergebnisorientierung. Es werden Aufträge erteilt, die Art und Weise der Erledigung, der Ort der Ausführung, die Zeitdauer und der Zeitpunkt der Erledigung entscheidet der HUKA.

Für die Ausgestaltung von Diversity-Maßnahmen wird das Phänomen der Entgrenzung in vielfacher Hinsicht bedeutsam.

1. Vielfalt entsteht durch die Ausweitung der Bildung. Der Horizont wird erweitert, mehr Welt wird erschlossen und erfahren. Die Personalentwicklung muss diese Horizonterweiterung über die gesamte Phase der Erwerbsbiographie leisten.
2. Die Rollen der Menschen vermehren sich, Frauen und Männer teilen sich die Hausarbeit, die Erwerbsarbeit und die Erziehungsarbeit. Die Einübung in die Rollenvielfalt und die Bewältigung der vielfältigen Anforderungen müssen stärker als in der Vergangenheit von den Menschen selbst geleistet werden. Institutionelle Unterstützung wird mit den Maßnahmen der Vereinbarkeit von Beruf und Familie geleistet.
3. Die distinkten Lebensphasen, Lebensstile und Lebenslagen verwischen. Der Lebensentwurf, nicht das Lebensalter, ist für die Ausgestaltung von Beruf und Privatleben maßgebend. Eine Fixierung des Diversity Management auf die älteren Mitarbeiter greift daher zu kurz.
4. Die Entgrenzung führt zur Erodierung der Berufs- und Unternehmensbindung. Mobilität, Flexibilität, fluide Formen der Beschäftigung sind durch geeignete Maßnahmen des Diversity Management so abzufedern, dass aus der Entgrenzung keine Desorientierung entsteht.
5. Kooperationen und Netzwerke sprengen die Organisationsgrenzen der Unternehmen. Es ist zu klären, welche Kooperationen sinnvoll, ökonomisch ertragreich und welche schädlich sind. Wenn die strenge Trennung der Unternehmen voneinander und die Trennung zwischen Markt und Organisation als Prinzip entgrenzt werden, dann ist ein leistungsfähiges »sowohl-als-auch« der Beziehungen zu finden.
6. Die Zuordnung zu und der Verbleib in Schichten und Milieus wird abgelöst durch die »offene Gesellschaft«. Rasche Aufstiege und Abstiege, Umstiege und Neustarts, sind zu bewältigen.
7. Mit der Globalisierung erweitert sich der kulturelle Horizont der Menschen. Kulturen mischen sich, Lebensweisen gleichen sich an, Wertvorstellungen werden allgemein. Diese Entwicklung ist als Begrenzung, als Einfalt, sowohl Verarmung als auch Bereicherung. Es sind die Vor- und Nachteile klar herauszuarbeiten.
8. Die Dominanz der egalisierenden Institutionen, Techniken und Verfahrensstandards begrenzt das Leben. Alle nutzen dieselbe Software, alle kommunizieren in der standardisierten Form der Textvorschläge der Internetprovider. Das ist eher Verarmung als Bereicherung. Das Gesetz der großen Zahl der weltweiten Handy-Nutzung täuscht Vielfalt vor, die in Wirklichkeit Glättung des Verhaltens, folglich Einfalt nach sich zieht.

9. Die Spezialisierung in Studium und Beruf ist einerseits als Vermehrung der Vielfalt zu sehen. Jeder tut das, was er am besten kann, führt zu guten Lösungen. Spezialisierung ist aber stets auch Stärkung der Einseitigkeit. Umstiege und Aufstiege werden erschwert. Den HUKA bringt die Spezialisierung Vorteile, weil ihre angebotene Leistung knapper wird. Die Reallohnoptionen, aber auch das Beschäftigungsrisiko wachsen mit der Spezialisierung.
10. Den Vorteilen der Entgrenzung stehen die wachsenden Kosten der Koordination und der Integration der Vielfalt gegenüber. Die nachlassende Kohäsion der neuen Subjektorientierung schwächt die Bindungen und die Innovationsfähigkeit von Organisationen.
11. Jede Entgrenzung steigert die Anforderungen an die Selbstregulierungskompetenz der Akteure. Überforderung, Unsicherheit aus Dynamik und Komplexität sind zu vermeiden.
12. Die Bankenkrise, die Abhörskandale, die Rigidität von Meinungsmonopolen und die Vermarktung individueller Daten, verweisen auf eine institutionelle Entgrenzung, die die Grundrechte auf ein selbstbestimmtes Leben verletzen.
13. Die Entgrenzung führt zu Überschneidungen von Lebensbereichen, die zunächst als persönliche Befreiung aus Zwängen gefeiert wird, die sich aber längerfristig als belastend erweisen können. Präsentismus als Dauerverfügbarkeit belastet z. B. das Privatleben, weil die Konzentration aus Trennung aufgehoben wird.
14. Arbeitsrechtlich bewirkt die Entgrenzung der Beschäftigungsverhältnisse eine Verschiebung vom Arbeitsrecht und vom Betriebsverfassungsrecht zum Vertragsrecht des BGB. Werkverträge und Werklieferungsverträge betonen die Herbeiführung eines vertraglich vereinbarten Ergebnisses. Die persönliche Leistungspflicht, die Zusammenarbeit, das Gemeinschaftliche treten in den Hintergrund.

Die Entgrenzung lässt sich in mehrdimensionalen Konzepten darstellen:

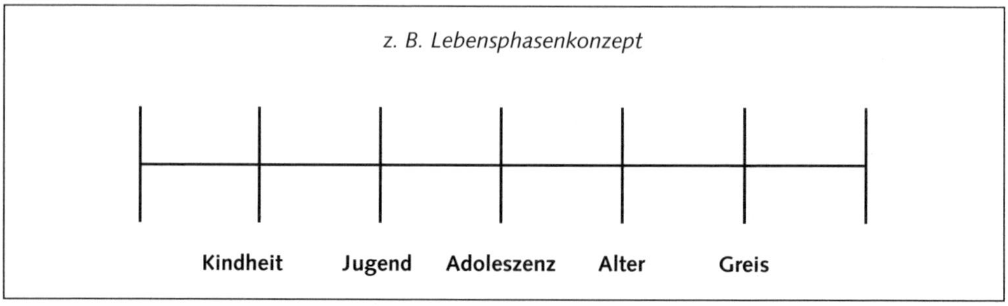

Abb. 5-31: Eindimensionales Konzept der Entgrenzung

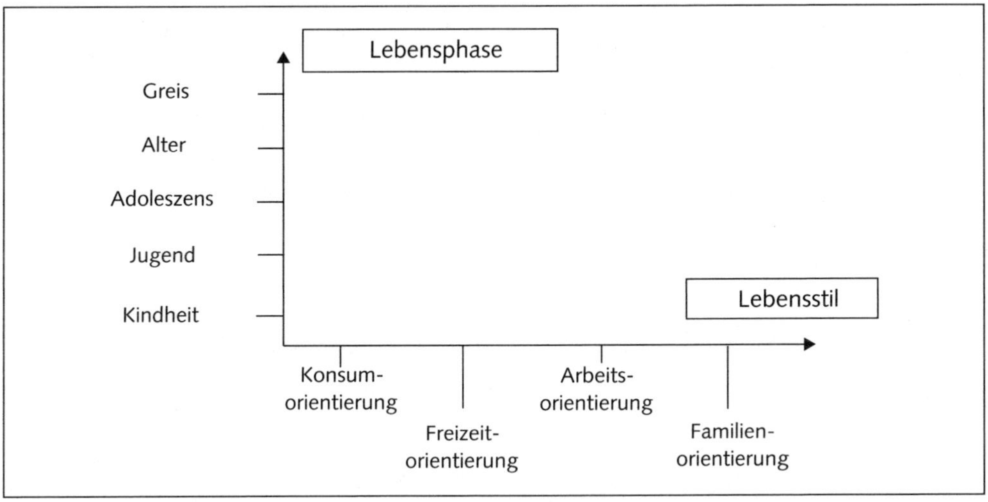

Abb. 5-32: Zweidimensionales Konzept der Entgrenzung

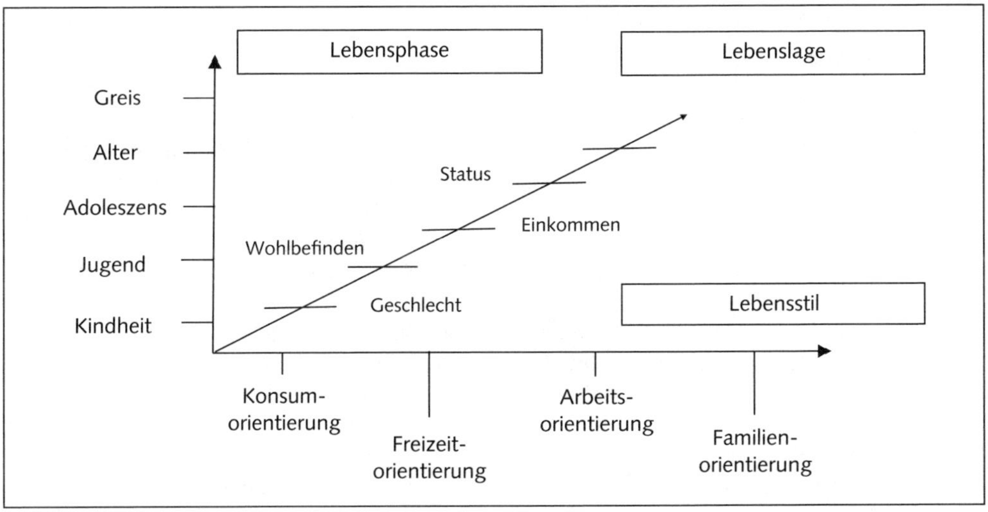

Abb. 5-33: Dreidimensionales Konzept der Entgrenzung

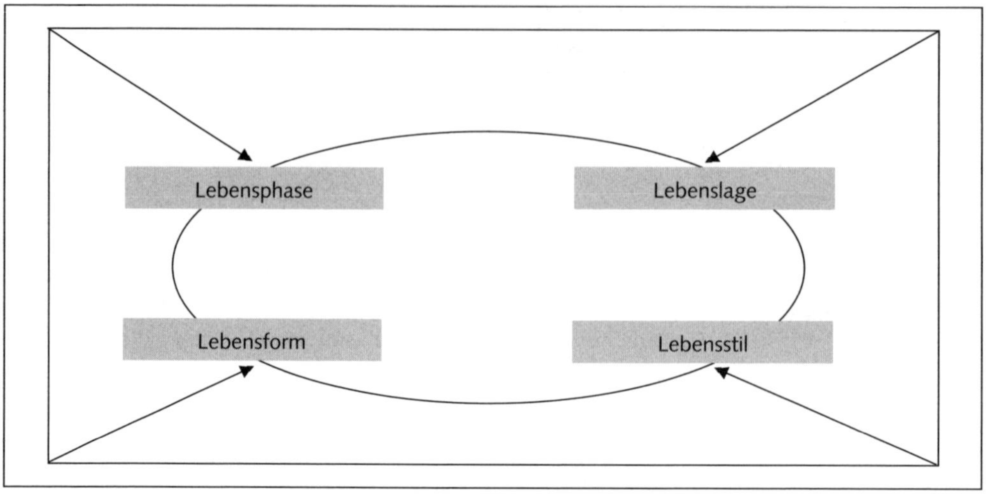

Abb. 5-34: Vierdimensionales Konzept der Entgrenzung

5.1.6 Age Diversity Management – ein empirisches Forschungsprojekt

5.1.6.1 Optimistisch altern

Gesicherte empirische Befunde zur Zusammenarbeit von jüngeren und älteren Menschen fehlen in der deutschsprachigen Forschungslandschaft weitgehend. Ziel des Projektes[108] zum Age Diversity Management war die Erarbeitung signifikanter Erkenntnisse zu ausgewählten und bisher wenig erforschten Verhaltensvariablen. Der Arbeitsschwerpunkt konzentrierte sich einerseits auf die Überprüfung der tatsächlichen Veränderung der Leistungsfähigkeit mit zunehmendem Lebensalter und andererseits auf Aspekte zur Zusammenarbeit älterer und jüngerer Beschäftigter. Da eine umfassende Handlungskompetenz als primärer Faktor gilt, um die zunehmende Komplexität der beruflichen Umwelt zu begreifen und diese ziel- und selbstbewusst zu gestalten, wurden verschiedene Facetten der Handlungskompetenz empirisch beleuchtet. Handlungskompetenz teilt sich in vier Kompetenzbereiche. Die Fachkompetenz beschreibt die Gesamtheit aller erforderlichen Fähigkeiten. Unter Methodenkompetenz wird die Fähigkeit verstanden, erworbene Qualifikationen im Arbeitsprozess zielorientiert einzusetzen, sich die notwendigen Informationen zu beschaffen und die Handlungsfolgen richtig einzuschätzen. Soziale Kompetenz ist die Fähigkeit mit Vorgesetzten, Mitarbeitern und Kunden ein gutes zwischenmenschliches Verhältnis aufzubauen und aufrecht zu erhalten. Personale Kompetenz beschreibt den Umgang mit sich selbst als reflexiv organisierte Handlung. Die Kompetenzbereiche beinhalten verschiedene Qualifikationen und Eigenschaften. Der Inhalt unterscheidet sich je nach Beruf, Kultur und Gesellschaft, nach wirtschaftlichen Voraussetzungen und persönlichen Belangen. Für jeden Kompetenzbereich wurden Fähigkeiten bzw. Eigenschaften ausgewählt, die für eine umfassende Handlungskompetenz als besonders

108 Vgl. Becker, M./Labucay, I./Kownatka, C. (2008).

wichtig eingestuft werden. Es wurden folgende Aspekte empirisch untersucht: Stressbewältigung und motivationale Schemata als personale Kompetenz, Verhalten in Konfliktsituation als soziale Kompetenz und Problemlösefähigkeit und Kreativität als Methodenkompetenz (vgl. Abbildung 5-35). Neben individuellen Differenzen zwischen jüngeren und älteren Beschäftigten wurden gruppenspezifische Unterschiede zwischen jungen, alten und altersgemischten Arbeitsteams ermittelt. Die empirischen Befunde zur Lernfähigkeit und zur Erfahrung gelten als genügend gesichert und stellen wichtige Kriterien zur Erklärung von Leistungsveränderungen mit zunehmendem Lebensalter dar. Diese Merkmale waren daher nicht Teil der Empirie, wurden aber in theoretische Überlegungen einbezogen, um so die Aufnahmen dieser Kriterien in die Gestaltungsvorschläge für die Personalarbeit zu ermöglichen.

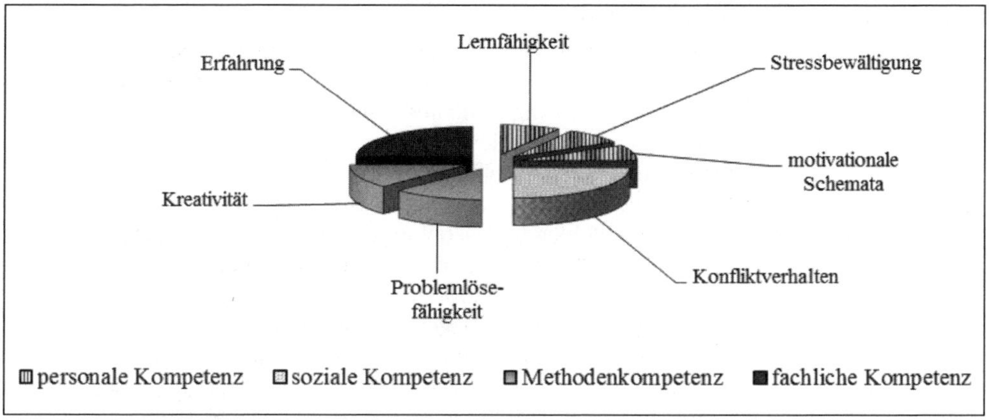

Abb. 5-35: Kriterien für das Forschungsprojekt Age Diversity Management

Die Forschungsergebnisse zur beruflichen Handlungskompetenz älterer und jüngerer Menschen und zur Leistung und Zusammenarbeit in altersgemischten Arbeitsgruppen lassen keine endgültigen, verallgemeinerbaren Aussagen zu, dennoch zeichnen sich partiell Ergebnisse ab, die den allgemeinen Defizitmodellen des Alters entsprechen. Ältere Beschäftigte zeigen geringere Fähigkeiten in den Bereichen Kreativität, Gedächtnis und Probleme lösen, das heißt: Ältere verfügten insgesamt über geringere Fähigkeiten zur Lösung von Problemen, erbrachten geringere Gedächtnisleistungen und waren weniger kreativ als Jüngere. Die Leistungsunterschiede waren auch auf der Gruppenebene für homogen alte Arbeitsteams nachweisbar. Dennoch sind ältere Menschen nicht grundsätzlich leistungsgemindert, sondern viel eher leistungsgewandelt.[109] Leistungen werden generell unabhängig vom Alter erbracht, aber Lern- und Wahrnehmungsprozesse verändern sich mit zunehmendem Lebensalter. Zahlreiche empirische Untersuchungen belegen, dass eine Vielzahl von Faktoren die Lern- und Leistungsfähigkeit im Alter beeinflussen können. Ältere Menschen benötigen häufiger eine Gedächtnisstütze als Jüngere, sie lernen langsamer, erzielen eher einen Übungsgewinn bei vermehrter Aufgabenwiederholung, sind während eines Lernprozesses störanfälliger und lernen in realen Situationen besser als bei sinnlosen Aufgabenstellungen.[110] Die Motivation

109 Vgl. Becker, G./Bobrichtchev, R./Henseler, N. (2006), S. 73.
110 Vgl. Lehr, U. (2003).

älterer Menschen speist sich auch der Nähe zur Praxis. Seit mehr als 30 Jahren bestätigt sich wieder und wieder, dass ältere Beschäftigte negative kognitive Veränderungen durch Erfahrung kompensieren können. In der Praxis werden Arbeitsleistungen unabhängig vom Alter erbracht und sind bei Älteren manchmal sogar besser als bei Jüngeren.[111] Die Forschungsergebnisse zeigen, dass ältere und jüngere Menschen über eine äquivalente Leistungsmotivation verfügen. Die Lernmotivation ist mit dem Alter nachweislich sogar stark erhöht, das heißt ältere Menschen wollen lernen und sie können lernen. Darüber hinaus zeigten sich altersspezifische Unterschiede in der Bewältigung von Stresssituationen: ältere Menschen verfügen über kognitive Copingstrategien, überlegten sich verschiedene Handlungsmöglichkeiten und planen Stressbewältigung strategisch. Einer der bedeutsamsten Forschungsbefunde stellt die Wahl der Denkkategorien dar. Ältere Menschen lösen neue Probleme nicht mit hergebrachten Denkschemata, sondern verfügen über ausgeprägte Fähigkeiten zum situativen und flexiblen Denken. Bisherige Denk- und Handlungsmuster werden zugunsten neuer Muster aufgegeben, wenn es die Handlungssituation erfordert. Diese Tatsache ist insbesondere in dynamischen Organisationen unabdingbare Voraussetzung für dauerhaften Erfolg. Wenn sich die Probleme in dynamischen Organisationen rasch verändern, passen die Mitarbeiter unabhängig vom Lebensalter, ihre Denkmodelle den neuen Problemen an. Eine Erkenntnis, die für die Zusammensetzung von Gruppen im Zuge des demografischen Wandels insofern beruhigend ist, als nicht befürchtet werden muss, dass fehlende Umstellungsbefähigung Älterer die Lösung neu auftretender Probleme verhindern und so die Leistungsfähigkeit von Organisationen drastisch senken würde. Vor allem im Rahmen einer erfolgsorientierten Personalentwicklung gilt es die Forschungserkenntnisse zum Age Diversity Management zu beachten und in betrieblichen Trainingsmaßnahmen umzusetzen. Training für ältere Menschen sollte nicht gleich dem Training für Jüngere sein. Für jede Altersgruppe müssen optimale Lernbedingungen geschaffen werden.[112] Dies schließt unter anderem die Bildung möglichst homogener Altersgruppen ein, wobei das Fach- und Expertenwissen durch stetige Austauschprozesse zwischen jüngeren und älteren Menschen wechselseitig gefördert und forciert werden muss.

5.1.6.2 Wahrnehmung Altersstereotype und Altersvorurteile

Alterung und Schrumpfung führen zu einer Ungleichverteilung der Alterskohorten. Die Älteren nehmen stark zu. Der Nachwuchs schrumpft bis zum Jahre 2050 auf die Hälfte der Jahresscheiben dieses Jahrzehnts. Angesichts dieser Entwicklung ist eine Frage von zentraler Bedeutung: Wie werden sich die gegenseitige Wahrnehmung der Gruppen und die Wahrnehmung der sich ändernden Mitglieder der Gruppen untereinander verändern? Diesem Erkenntnisinteresse folgt das Gestaltungsinteresse aus der Sicht der Personalwirtschaft: Was kann getan werden, damit die gegenseitigen Wahrnehmungen nicht zu sozialen Problemen führen?

Das Forschungsprojekt zielt auf valide Erkenntnisse zur subjektiven Wahrnehmung des Lebensalters, zu den Einstellungen und zu den (altersdiskriminierenden) Verhaltensweisen gegenüber älteren Arbeitnehmern und Arbeitnehmerinnen. Die Analyse korrespondierender Forschungsergebnisse zeigt: Alterung und Schrumpfung können zu Veränderungen von Wahrnehmung, Einstellungen und Verhalten führen. Folgende Annahmen über wichtige Zusammenhänge liegen den Untersuchungen zugrunde:

111 Vgl. Ilmarinen, J. (2007).
112 Ladwig, D. H./Boie, S./Kutscher, M. (2006).

Hypothese 1	Es besteht ein Zusammenhang zwischen dem eigenen Lebensalter und der Wahrnehmung von Alter. Dieser Effekt kann auch gezeigt werden, wenn das Geschlecht in die Analyse einbezogen wird.
Hypothese 2	Es besteht ein Zusammenhang zwischen dem eigenen Lebensalter und den Einstellungen gegenüber Älteren. Dieser Effekt kann auch gezeigt werden, wenn das Geschlecht in die Analyse einbezogen wird.
Hypothese 3	Es besteht ein Zusammenhang zwischen dem eigenen Lebensalter und altersdiskriminierendem Verhalten. Dieser Effekt kann auch gezeigt werden, wenn das Geschlecht in die Analyse eingezogen wird.
Hypothese 4	Es besteht ein Zusammenhang zwischen der Einstellung und dem Verhalten. Dieser Zusammenhang wird durch das Alter moderiert.

Abb. 5-36: Forschungshypothesen zum Phänomen Wahrnehmung

Empirische Studien zur Validität von Verhaltensmessungen durch Vignetten zeigen, dass die Einflussfaktoren auf das tatsächliche Verhalten und das geäußerte Verhalten dieselbe Tendenz aufweisen. Für die Operationalisierung des (alters-)diskriminierenden Verhaltens wurden zwei Dimensionen – Alter und Geschlecht – mit jeweils zwei Ausprägungen variiert. Den Probanden wurden zwei fiktive Situationen aus dem Arbeitsleben beschrieben. Im Zusammenhang mit der jeweiligen Situation wurden schließlich jeweils vier Personen vorgestellt – eine junge Frau, ein junger Mann, eine alte Frau und ein alter Mann. Die Teilnehmer wurden gebeten, hinsichtlich der beruflichen Eignung der vorgestellten Personen eine Rangfolge festzulegen.

Vignettenstudie

Jedem Probanden werden fiktive, aber sehr detailliert beschriebene Situationen vorgelegt. Die Teilnehmer stellen sich beispielsweise vor, sie seien Chef bzw. Chefin der Personalabteilung eines großen Unternehmens und müssen über die Auswahl eines Bewerbers entscheiden. Es werden vier Lebensläufe präsentiert, welche grundsätzlich die gleichen Informationen enthalten und lediglich in den Dimensionen Alter und Geschlecht variieren, d. h. der Lebenslauf …

- … einer jungen Frau
- … eines jungen Mannes
- … einer älteren Frau
- … eines älteren Mannes.

Im Anschluss legen die Probanden eine Rangfolge über die Eignung der Bewerber fest und begründen ihre Auswahl kurz in ein bis zwei Stichpunkten.

Abb. 5-37: Operationalisierung der Verhaltensabsicht

Zur Untersuchung der Wahrnehmung von Lebensalter und den Einstellungen gegenüber jüngeren und älteren Menschen sowie der Tendenz zu sozial erwünschten Antworttendenzen wurde ein quantitativer Fragebogen eingesetzt.

Ergebnisse

Im Rahmen der Untersuchung lag der Schwerpunkt auf drei Aspekten: Wahrnehmung von Alter, Einstellung gegenüber dem Alter sowie Verhalten gegenüber Älteren. Als Ergebnisse lassen sich zusammenfassend festhalten:

- Die Wahrnehmung von Alter verändert sich mit zunehmendem Lebensalter.
- Das Lebensalter hat keinen Einfluss auf die Einstellungen gegenüber Älteren.
- Das Lebensalter hat keinen Einfluss auf altersdiskriminierende Verhaltensweisen.
- Die Wahrnehmung von Lebensalter hängt vom jeweiligen Kontext ab.
- Fragt man nach dem Lebensalter von Menschen im Allgemeinen, so endet die Jugend mit etwa 39 Jahren und beginnt das Alter mit etwa 63 Jahren.
- Ändert man den Kontext und fragt nach dem Alter von Mitarbeitern und Mitarbeiterinnen, so endet die Jugend deutlich früher mit bereits 37 Jahren und beginnt das Alter deutlich eher mit etwa 57 Jahren.
- Darüber hinaus zeigt sich ein eindeutiger Zusammenhang zwischen der Wahrnehmung von Alter mit dem Alter der befragten Personen, unabhängig von deren Geschlecht.
- Das Lebensalter der Untersuchungspersonen ist ein entscheidender Bestimmungsgrund zur Vorhersage der Wahrnehmung von Alter. Menschen, die jünger als 50 Jahre sind, legen den Altersbeginn auf 61 bzw. 56 Jahre fest. Für ältere Menschen hingegen beginnt das Alter erst mit 67 bzw. 60 Jahren.
- Im Kontext des Berufslebens konnte die Anzahl der zu führenden Mitarbeiter als entscheidender Bestimmungsgrund für die Wahrnehmung von Alter ermittelt werden. Demnach ist der Altersbeginn umso später festgelegt, je größer die Anzahl derjenigen Mitarbeiter ist,

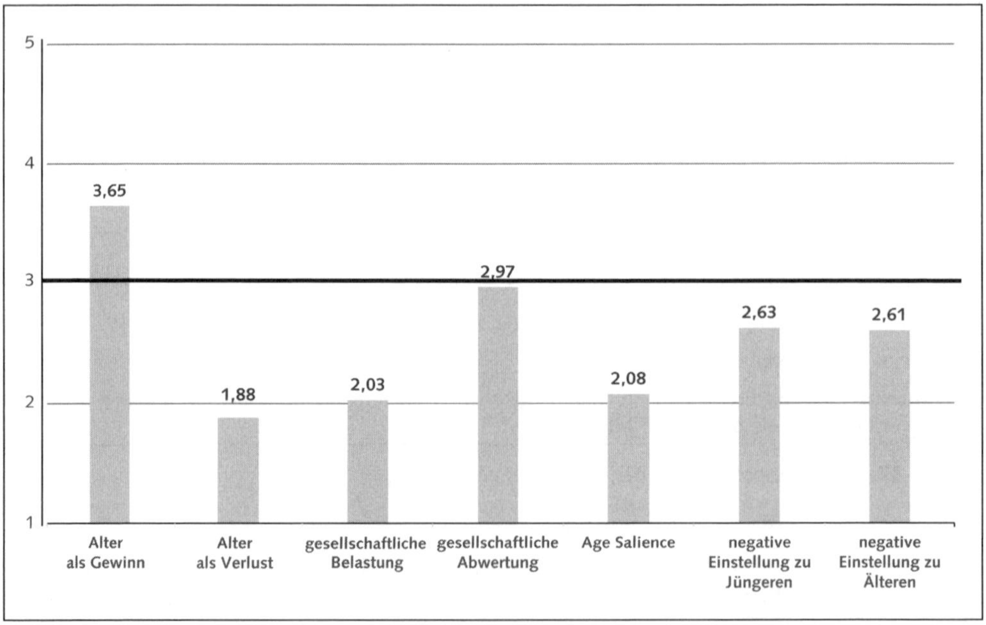

Abb. 5-38: Mittelwerte der Skalen zu Altersstereotypen und Einstellungen.
Lesehilfe: Die Skalen reichen von 1 bis 5. Dabei bedeutet ein hoher Wert eine starke Ausprägung des Merkmals. Die Beschriftung der waagerechten Achse gibt die Merkmale an.

über die Weisungsbefugnis besteht. Dies lässt sich damit begründen, dass Zusammenhänge zwischen der Weisungsberechtigung, der Position und dem Alter bestehen. Demnach haben ältere Menschen durch ihre längere Erwerbstätigkeit häufig eine höhere Position inne und sind somit für mehrere Mitarbeiter verantwortlich.

Die Ergebnisse zu dem Aspekt »Einstellung gegenüber dem Alter« zeigen, dass stereotype Bilder und Einstellungen zum Alter vorwiegend positiv sind. Alter wird demnach als Gewinn und als Chance wahrgenommen.

Verlust, Belastungen und Abwertung, die mit zunehmendem Lebensalter einhergehen können, werden eher abgelehnt.

Darüber hinaus zeigt sich ein deutlicher Zusammenhang zwischen den Einstellungen gegenüber Jüngeren und gegenüber Älteren. Positive Einstellungen gegenüber jüngeren hängen demnach deutlich mit den positiven Einstellungen gegenüber älteren Menschen zusammen. Es bestehen hier keine Unterschiede, die auf das Alter oder das Geschlecht zurückzuführen sind. Das Anciennitätsprinzip ist nach wie vor fest in der Wahrnehmung der Menschen verhaftet.

Handlungsoptionen

Fragt man nach Handlungsoptionen, die aus diesen Ergebnissen folgen können, dann lassen sich die folgenden formulieren:

- Alter ist bewusst zu machen in Gesellschaft und Unternehmen.
- Die simple Aussage, Alte und Jüngere in altersgemischten Teams zusammenarbeiten zu lassen, greift zu kurz.
- Es ist beruhigend, dass Alter durchweg positiv gesehen wird: Das erleichtert den flexiblen Umgang mit Altersgrenzen im Arbeitsleben. Ältere suchen Sicherheit – das ist als Anforderungskriterium in den Unternehmen zu beachten.
- Alter und Geschlecht korrelieren nicht miteinander, so dass aus der Alterung kein zusätzliches Genderproblem zu erwarten ist.

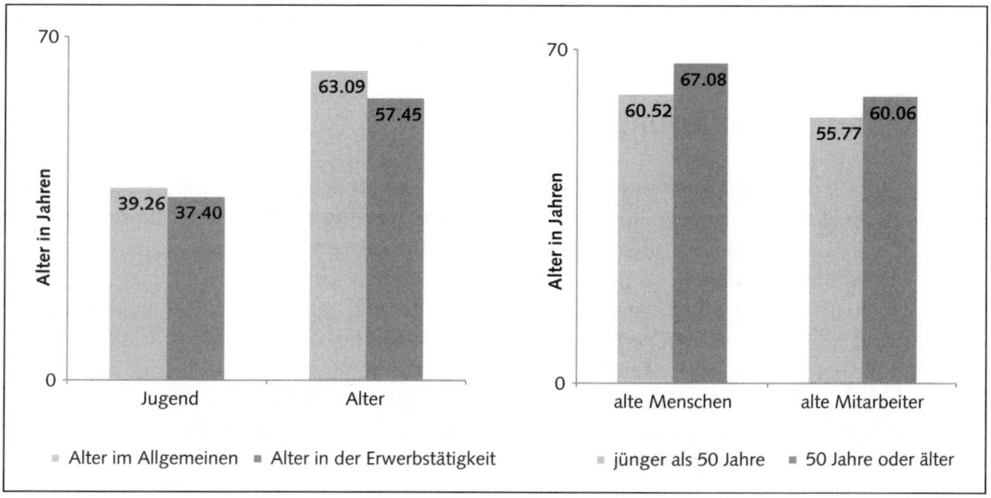

Abb. 5-39: Wahrnehmung von Lebensalter

Auf der x-Achse der linken Abbildung in 5–39 ist dargestellt, bis zu welchem Alter Personen als »jung« bzw. »alt« eingestuft werden. Die y-Achse stellt die Angaben des Alters in Jahren dar. Die beiden Balken zeigen Unterschiede in der Bewertung des Alters dahingehend auf, dass »Alter im Allgemeinen« und »Alter in der Erwerbstätigkeit« unterschiedlich wahrgenommen werden. In der rechten Abbildung in 5–37 wird das Alter ebenfalls auf der y-Achse dargestellt. Auf der x-Achse wird zwischen der Alterseinschätzung für alle Menschen und für Mitarbeiter im Unternehmen unterschieden. Die Befragten waren entweder jünger oder älter als 50 Jahre.

Wahrnehmung von Lebensalter hängt von dem jeweiligen Kontext ab (linke Seite der Grafik in Abb. 5–39). Fragt man nach dem Lebensalter von Menschen im Allgemeinen, so endet die Jugend mit etwa 39 Jahren und beginnt das Alter mit etwa 63 Jahren. Ändert man den Kontext und fragt nach dem Alter von Mitarbeitern und Mitarbeiterinnen, so endet die Jugend deutlich früher mit bereits 37 Jahren und beginnt das Alter deutlich eher mit etwa 57 Jahren. Darüber hinaus zeigt sich ein eindeutiger Zusammenhang zwischen der Wahrnehmung von Alter mit dem Alter der befragten Personen, unabhängig von deren Geschlecht (rechte Seite der Grafik). Das Lebensalter der Probanden ist ein entscheidender Prädiktor zur Vorhersage der Wahrnehmung von Alter. Menschen, die jünger als 50 Jahre sind legen den Altersbeginn auf 61 bzw. 56 Jahre fest. Für ältere Menschen hingegen beginnt das Alter erst mit 67 bzw. 60 Jahren. Im Kontext des Berufslebens konnte die Anzahl der zu führenden Mitarbeiter als entscheidender Prädiktor für die Wahrnehmung von Alter ermittelt werden. Demnach ist der Altersbeginn umso später festgelegt, je größer die Anzahl der Mitarbeiter ist, über die Weisungsbefugnis besteht. Dies lässt sich zum einen damit begründen, dass korrelative Zusammenhänge zwischen der Weisungsberechtigung, der Position und dem Alter bestehen. Demnach haben ältere Menschen durch ihre längere Erwerbstätigkeit häufig eine höhere Position inne und sind somit für mehrere Mitarbeiter verantwortlich.

Für die gesellschaftliche Entwicklung, das Zusammenleben der Generationen und die Erhaltung der Produktivität in alternden und schrumpfenden Organisationen sind die Ergebnisse insofern beruhigend, als es nicht zu erwarten ist, dass die ungleiche Verteilung der Alterskohorten, also viele alte und wenige junge Menschen, zu großen Konflikten führen wird. Diese Annahme ist allerdings an die Verfügbarkeit von ausreichend Einkommen in allen Alterskohorten und eine zufriedenstellende Teilhabe am gesellschaftlichen Leben gebunden.

5.1.7 Zusammenfassung

Der Traum von der ewigen Jugend bleibt ein Traum. Die Menschen altern, ob sie das wollen oder nicht. Egal, ob es ihnen gelingt, ihr Aussehen länger jung zu halten, ob sie sich mit der Tatsache des Alterns abfinden oder mit ihrem Lebensstil dagegen rebellieren: Alter und Altern sind unumstößliche Fakten.

Das Diversity Management hat die Aufgabe, den Prozess des Alters zu analysieren (Forschung) und Maßnahmen zur Verbesserung der Lebenslagen der Menschen in allen Altersstufen zu verbessern (Praxis). Man kann sagen, dass die geistigen Fähigkeiten im Alter dann langsamer abnehmen, wenn die Menschen in allen Lebensphasen ein geistig und körperlich aktives Leben geführt haben und sie sich bis ins hohe Alter Aufgaben stellen, die sie herausfordern und die sie zufrieden stellen.

Die Zahl der 100-jährigen Senioren und Seniorinnen ist in der Zeit von 2003 bis 2013 von 2.016 auf 17.000 gestiegen. Die längere Lebenserwartung wird das Thema Alter in der Zukunft ganz oben auf die Agenda des Diversity Managements setzen. Es wird zu klären sein, wie ein würdevolles Alter für alle Einkommensschichten gewährleistet werden kann. Es wird zu klären sein, wie sich das Alter für diejenigen gestalten wird, die unverheiratet, kinderlos, geschieden, mehrere Male umgezogen sind. Soziale Bindungen werden fehlen und es ist zu erwarten, dass Einsamkeit und fehlende Anregungen für ein erfülltes Leben im hohen Alter zunehmen werden. Die Gerätebetreuung, die Roboterisierung der Altenpflege wird zunehmen und auch eine Hilfe in der Pflege alter Menschen bringen. Vorlese-, Streichel- und Erinnerungsautomaten ersetzen nicht die menschliche Begegnung. Daher wird es in der Zukunft sicherlich zu erwägen sein, ob ältere Menschen ihren Lebensabend nicht in Ländern verbringen, die klimatisch günstig, von den Kosten akzeptabel und durch die Verfügbarkeit von Pflegepersonal besser geeignet sind als ein Verbleib im Inland. Leider kann man sich futuristisch gedacht ausmalen, wie die Angebote der aufnehmenden Länder nach Einkommensklassen gestaltet werden könnten. »Reiche Länder ohne Alte« und »Arme Länder ohne Alte« werden unterschieden werden. Die Versorgung wird sich am Einkommen der Senioren ausrichten. Es mag unmenschlich klingen, aber viele Seniorinnen und Senioren werden in der Heimat und im Gastland einsam sein, weil Kinder und Enkel fehlen.

Ein ebenfalls bedeutendes Thema wird die Selbstbestimmung am Ende des Lebens sein. Mit der Zunahme der älteren, alten und hochbetagten Menschen wächst die Frage nach dem Wunsch, das Leben beenden zu wollen, wachsen. Sterbehilfe und der Freitod sind gegenwärtig Themen, die aufgrund der unsäglichen Erfahrung mit der Euthanasie im Nationalsozialismus in Deutschland nur sehr zögerlich diskutiert werden. Gibt man die Stichworte »Euthanasie und Sterbehilfe« in der Suchmaschine Google ein, werden knapp 100.000 Eintragungen angeboten. Aktive Sterbehilfe, passiver Verzicht auf medizinische Hilfe, die Diskussion um die strafrechtliche Bewehrung der Unterstützung eines Menschen, seinem Leben ein Ende zu setzen, nehmen an Intensität zu. Ärzte und Politiker versuchen, einen engen Rahmen der Möglichkeiten zu setzen. Theologen halten dagegen, dass bereits der kleinste Spielraum das Recht des Menschen überschreite, über sein Lebensende zu entscheiden. Demnach kann es keinen moralischen Unterschied geben zwischen der Entscheidung zum Freitod im gesunden Zustand und z. B. einem Lebensalter von 35 Jahren und dem Willen, sein Leben nach 101 gelebten Jahren beenden zu wollen. Es ist eine intensive Diskussion dieses Themas in der Zukunft zu erwarten. Die Argumentationsbreite liegt zwischen der axiomatischen Position wonach »der Mensch sich das Leben nicht selbst gegeben habe und daher auch kein Recht habe, es sich selbst zu nehmen« bis hin zu der Position, wonach das Selbstbestimmungsrecht des Menschen auch die Entscheidung über das freiwillige, bewusst entschiedene Ende des eigenen Lebens einschließe. In vielen Fällen wird es ganz schwierig werden, die paternalistische Übernahme der Verantwortung, mindestens aber die aktive oder passive Beteiligung und/oder Unterstützung der Selbsttötung zu legalisieren und moralisch erträglich für die beteiligten Dritten zu gestalten. Die Schlüsselfrage im Umgang mit der letzten Lebensphase wird der Wert menschlichen Lebens bleiben, den die Angehörigen (wen es solche gibt), die Ärzte und Pfleger der Fortsetzung des Lebens eines Menschen beimessen. Kaum erträglich ist die Vorstellung einer »Sterbehilfeindustrie«, die aus der Beendigung menschlichen Lebens eine Geschäftsidee macht.

- Bundeszentrale für politische Bildung, Altersbilder im Wandel: http://www.bpb.de/apuz/153117/altersbilder-im-wandel?p=all
- Sechster Bericht zur Lage der älteren Generation in der Bundesrepublik Deutschland: http://www.bmfsfj.de/RedaktionBMFSFJ/Pressestelle/Pdf-Anlagen/sechster-altenbericht,property=pdf,bereich=bmfsfj,sprache=de,rwb=true.pdf
- Bundesministerium für Familie, Senioren, Frauen und Jugend http://www.bmfsfj.de/BMFSFJ/aeltere-menschen,did=164568.html
- Zur Bedeutung von Altersstereotypen http://www.bpb.de/apuz/28642/zur-bedeutung-von-altersstereotypen?p=all
- Altersstereotypen im Beruf http://www.haufe.de/personal/hr-management/altersstereotype-vorurteile-zu-aelteren-mitarbeitern-oft-falsch_80_178970.html
- Bundesagentur für Arbeit, »Erfolg kennt kein Alter« http://www.arbeitgeber.de/www/arbeitgeber.nsf/res/909F74B7FEAFF0D1C1257AD900599810/$file/Leitfaden-Erfolg-kennt-kein-Alter.pdf

Abb. 5-40: Referenzen

5.2 Handlungsfeld Behinderung und Gesundheit

Behinderung wird bislang als Handlungsfeld des betrieblichen Diversity Managements vernachlässigt.[113] Dies gilt auch für Menschen, die aufgrund chronischer Erkrankungen als »leistungsgewandelt«, d. h. als weniger leistungsfähig, eingestuft werden. Die demografische Entwicklung mit einer erheblichen Schrumpfung der Erwerbsbevölkerung kann sich für Behinderte positiv auswirken, denn ihre Integration in das Berufsleben kann die Knappheit abmildern. Damit steigen die Chancen auf Selbstverwirklichung behinderter Menschen. Zunächst ist zu klären, was unter Behinderung zu verstehen ist. Nicht hilfreich für eine Arbeitsdefinition, aber richtig, ist die Aussage, irgendwie sei jeder Mensch behindert. Wir verfügen über Talente, aber auch über gänzlich unterentwickelte Anlagen. Nicht jeder ist musikalisch und daher für eine Karriere in der Musikbranche geeignet. Die Gesellschaft würde diese Behinderung allerdings nicht als Behinderung einstufen. Folglich definieren Kulturen und Gesellschaften das, was als Behinderung gilt, teilweise willkürlich. Andererseits sind Behinderungen objektiv gegeben, unabhängig von Kultur und Gesellschaft.

Behinderungen sind entweder angeboren oder Folge persönlicher Schicksale. Behinderungen werden durch Krankheit, Unfälle, Alter erworben. Die Alterung der Gesellschaft legt die Vermutung nahe, dass der Anteil der Behinderten, deren Behinderung eine Folge einer Krankheit ist, in der Zukunft steigen wird.[114] Gegenwärtig sind in Deutschland 176.000 Menschen mit Behinderungen ohne Arbeitsplatz, obwohl 55 Prozent über eine betriebliche oder schulische Ausbildung und 4 Prozent über einen akademischen Abschluss verfügen.[115] Entsprechend weist auch eine Studie des Instituts der Deutschen Wirtschaft Köln nach, dass nur 47 Prozent der behinderten Frauen und nur 56 Prozent der behinderten Männer im Alter

113 Vgl. Legnick-Hall, M. L./Gaunt, P. M./Kulkarni, M. (2008), S. 258.
114 Vgl. Bundesagentur für Arbeit (2013), S. 3.
115 Vgl. Bundesagentur für Arbeit (2013), S. 8.

zwischen 16 und 64 Jahren erwerbstätig sind. Zieht man Erwerbstätigkeit aller Männer und Frauen als Vergleich heran, so liegt die Beschäftigtenquote bei 74 Prozent bzw. 85 Prozent.[116] Eine stärkere Integration von Menschen mit Behinderungen ist aufgrund des steigenden Fachkräftemangels zu erwarten. Das ist eine gute Botschaft für Behinderte. Die zu erwartende wachsende Erwerbsquote der Behinderten hat für die Unternehmen den zusätzlichen Vorteil, dass ihre personale Vielfalt wächst und z. B. zur Erschließung neuer Kundensegmente genutzt werden kann.[117] Die soziale Verantwortung der Unternehmen für Behinderte steigt und die Einhaltung rechtlicher Vorschriften wird zusätzlich stärker beachtet werden. Die Aktivitäten des Diversity Managements sind mit zunehmender Beschäftigung von Behinderten zu forcieren.

Als weiteres Handlungsfeld des Diversity Managements sind kranke Mitarbeiterinnen und Mitarbeiter und insbesondere chronisch erkrankte Mitarbeiter stärker zu beachten. Das betriebliche Gesundheitsmanagement wird sich zu einem wichtigen Diversity-Handlungsfeld entwickeln, damit Krankheiten verhindert, geheilt, chronische Leiden gelindert und so die Vereinbarkeit von Arbeit und Krankheit besser gelingen kann.

5.2.1 Geschichtliche Aspekte der Behinderung

Behinderung wurde in den Hochkulturen des antiken Griechenland, im Römischen Reich und den Stämmen der Germanen als Mangel, als Defizit angesehen.[118] Die mittelalterliche Ständegesellschaft unterschied ebenfalls in Gesunde und Kranke, in Starke und Schwache. Gesundheit galt als gutes, Behinderung als böses Zeichen Gottes.

Behinderte wurden für fragwürdige Zwecke missbraucht. »Natürliche« und »künstliche« Narren belustigten das Volk. Zu den »natürlichen Narren« gehörten Kleinwüchsige, siamesische Zwillinge und geistig behinderte Menschen. Wie bei den germanischen Stämmen, im antiken Griechenland und im römischen Reich, wurden auch im Mittelalter behinderte Kinder vielfach getötet. Erwachsene Behinderte standen am Rande oder außerhalb der Gesellschaft und waren auf Almosen und Betteln angewiesen. Auffällig Behinderte wurden als Attraktion im Zirkus und auf Marktplätzen zur Schau gestellt. Ein berühmter Behinderter der Weltliteratur ist der Glöckner Quasimodo, die Hauptfigur in Victor Hugos Werk »Notre Dame de Paris«.

Andererseits hob der Aberglaube Behinderte aber auch in den Bereich der Gotterwählten, die in besonderer Weise verehrt wurden. Behinderte zu unterstützen, galt als Werk der Nächstenliebe. Wohltäter erwarteten aus ihren guten Taten Vorteile, insbesondere die Aufnahme ins Jenseits.

Mit der beginnenden Neuzeit, als Folge der Aufklärung und wachsendem Wohlstand wurde die Bildsamkeit des Menschen, der »homo educandus«, entdeckt und es wurde gefragt, ob und inwieweit Behinderte bildungsfähig seien. Schulen und Werkschulen entstanden. Allerdings waren Behinderte noch nicht in den aufkommenden Unterrichtsbetrieb einbezogen. Erst der Beginn der Sonderschulpädagogik am Ende des 18. Jahrhunderts führte zur Gründung von besonderen Bildungsanstalten. Großen Anteil an der Entwicklung der Sonderpädagogik

116 Vgl. Institut der Deutschen Wirtschaft Köln (2013), S. 8.
117 Vgl. Loo, R. (2004), S. 2211.
118 Vgl. als Überblick Bork, N. (Diplomarbeit) (2003).

hatte die italienische Ärztin und Pädagogin Maria Montessori.[119] Sie hat sich in besonderem Maße der Bildung und Erziehung behinderter und verwahrloster Kinder angenommen.

Die Wissenschaft hat sich ebenfalls sehr früh mit Behinderung befasst. Das 1859 veröffentlichte Buch von Charles Darwin »Über die Entstehung der Arten durch natürliche Zuchtwahl oder die Erhaltung der begünstigten Rassen im Kampf ums Dasein« hatte schwerwiegende Folgen für behinderte Menschen. Behinderten wurde aufgrund der Auslesetheorie das Lebensrecht aberkannt. Charles Darwin hielt das für richtig, da der Bau von Zufluchtshäusern für Behinderte eine Bedrohung für die normalen Bürger darstellen würde, so die Argumentation. Die Befürchtungen begründete Darwin mit der Annahme, dass Behinderte ihre Einschränkungen vererben würden. Im Jahre 1904 wurde die Gesellschaft für Rassenhygiene gegründet. Sie bereitete den Boden für die Verbrechen des Dritten Reichs. Die Rassenideologie der Nationalsozialisten hat Behinderte als lebensunwertes Leben eingestuft. Der »Vernichtung lebensunwerten Lebens«, durch Euthanasie, Sterbehilfe und Zwangssterilisation fielen 70.000 Behinderte zum Opfer.

Johann Heinrich Pestalozzi setzte sich für behinderte Kinder ein und erreichte, dass etwa um 1800 die erste Schule für Behinderte, vorzugsweise für Blinde und Gehörlose, erbaut wurde sowie ein Institut für Geisteskranke errichtet wurde. Ab etwa 1773/74 nahm Pestalozzi Kinder auf seinem Landgut auf. Sie lernten dort spinnen, weben und den »kleinen Landbau«. Pestalozzis Idee, dass sich die Behinderten mit ihrer Arbeit selbst ernähren könnten, scheiterte allerdings. Im Jahre 1779 musste er die Anstalt schließen.

Gründung der ersten Schule für Taubstumme

- 1770 in Paris durch Charles Michel Abbé DE L'EPÉE und
- 1777 in Leipzig durch Samuel HEINICKE

Einrichtung der ersten Schule für Blinde

- 1784 in Paris durch Valentin HAÜY und
- 1804 in Wien durch Wilhelm KLEIN

Abb. 5-41: Historische Entwicklung der Sonderpädagogik

Der Umgang mit Behinderten und der Umgang Behinderter mit Nichtbehinderten ist auch in der Gegenwart nicht frei von Unsicherheiten, Vorurteilen und Grenzziehungen. In der Pädagogik wird gegenwärtig das Konzept der Inklusion mit Nachdruck propagiert. Kein Unterschied zwischen Behinderten und Nichtbehinderten, sondern individuelle Förderung nach konkretem Bedarf, heißt die Devise. Gegner der gemeinsamen Unterrichtung Behinderter und Nichtbehinderter wenden ein, dass diese Gleichmacherei niemandem helfe, weder den Behinderten noch den Nichtbehinderten.

119 Vgl. Montessori, M. (1994), S. 200f.

5.2.2 Wachsender Wohlstand und Behinderung

Die Bedeutung von Behinderung, verstanden als personales Unvermögen, uneingeschränkt am gesellschaftlichen Leben angemessen teilnehmen zu können, wandelt sich mit den Wertvorstellungen, dem gesellschaftlichen Wohlstand und den technischen, sozialen und pädagogischen Fortschritten. Mehr Teilhabe von Behinderten setzt personale, materielle und ideelle Ressourcen voraus.

In agrarischen Gesellschaften, in denen schwere körperliche Arbeit die Norm war und körperliche Fitness, Beweglichkeit und Kraft die Lebensgrundlage sicherte, waren die Möglich-

Kulturspezifische Aspekte der Behinderung

- Die Wahrnehmung von Behinderung ist kulturell bedingt.
- Die Umgang mit Behinderten und die Qualität der Beziehung hängen von der kulturellen Wahrnehmung von Behinderung ab!
- Der Umgang mit Behinderung ist kulturell bedingt und wird erlernt.
- Die kulturellen Werte ordnen und bestimmen, was im Umgang mit Behinderung angemessen erscheint und was als kultureller Tabubruch negativ sanktioniert wird.
- Urteilsverzerrungen, z. B. die Dominanz sozialer Stereotypen, erhalten die Ordnung sozialer Systeme und so auch das Verhältnis von Behinderten und Nichtbehinderten.
- Gruppen definieren sich, die eigene Gruppe und andere Gruppen immer aus dem sozialen Kontext heraus; Behinderte erkennen, welchen Status sie in einer Gesellschaft haben, die Nichtbehinderten wissen, wie sie Behinderte auf- und annehmen sollten.
- Kulturvergleiche zeigen Gemeinsamkeiten (es wird stets definiert, wer behindert ist) und Unterschiede (Behinderung wird erst bedeutsam, wenn das Sozialgefüge gestört wird) im Umgang mit z. B. Behinderung.
- Kulturelle Gegebenheiten können dem Umgang mit Behinderten sowohl erleichtern als auch erschweren, weil Inklusion und Exklusion kulturabhängig früher oder später erfolgen.
- Für Behinderte ist es (objektiv) nicht unwesentlich, in welcher Kultur sie leben; in archaischen Kulturen sind Behinderte stärker integriert, in modernen Kulturen besser versorgt.
- Was Behinderung heißt, ist sozial definiert und die Maßnahmen der Linderung von Behinderungen richten sich danach, was die dominanten Gruppen der Gesellschaft bzw. Kultur als Behinderung akzeptiert.
- Der universalistische Ansatz der Erklärung des Zusammenhangs von Kultur und Behinderung geht davon aus, dass kulturübergreifende Gesetzmäßigkeiten der Beurteilung und der Behandlung Behinderter bestehen.
- Der relativistische Ansatz geht davon aus, dass Behinderung kulturell etikettiert und unterschiedlich akzeptiert und alimentiert wird.
- Behinderungen, die jeden treffen können, werden als »normaler« angesehen als Behinderungen, von denen man bisher »nur« gehört hat.
- In archaisch geschlossenen Gesellschaften hat die Behinderung die Berufswahl bestimmt. Sitzende Berufe kommen eher für mobilitätsbehinderte in Frage, kooperative Berufe eher für geistig Behinderte (z. B. Hirten).
- Behinderung wird für eine konkrete Gesellschaft erst dann relevant, wenn der Behinderte das Zusammenleben nachhaltig stört, z. B. Feuer legt.

Abb. 5-42: Kulturspezifische Aspekte der Behinderung

keiten der Integration und Inklusion Behinderter in die Arbeit und die Gesellschaft begrenzt. Andererseits war es selbstverständlich, dass jeder nach seinen Möglichkeiten an der Arbeit beteiligt wurde. Die Familiengemeinschaften unterschieden zwar nach Nützlichkeit, aber Behinderte wurden ihren Möglichkeiten entsprechend in die Arbeit integriert. In der Industriegesellschaft hat Leistung erste Priorität. Der Tüchtige, der Erfolgreiche, der Starke wird als Leitbild des Fortschritts gepriesen.

Das Ideal des Wettbewerbs sorgte in der Frühzeit der Industrialisierung dafür, dass Menschen mit Behinderung am Rande der Arbeitswelt blieben. Die Fortschritte der Industrialisierung, Rationalisierung und Technisierung haben den Menschen mit Behinderungen andererseits aber auch insofern geholfen, als es möglich wurde, mehr finanzielle Mittel für ihre Bildung und Beteiligung aufzubringen. Die verstärkte gesellschaftliche Fürsorge hat den Vorteil mit sich gebracht, dass die Behindertenfürsorge staatlich institutionalisiert und damit zu einem Teil aus der direkten Verantwortung der Familien ausgegliedert wurde. Das persönliche Schicksal der Behinderung und die familiäre Sorge um behinderte Familienangehörige wurden zur sozialen Aufgabe der Gesellschaft. Die Stigmatisierung Behinderter ist einer fortschreitenden Integration gewichen. Die Dienstleistungsgesellschaft der Gegenwart bietet körperlich Behinderten neue Chancen. Computerarbeitsplätze, Arbeiten mit vielfacher technischer Unterstützung eröffnen Arbeitsplätze für Behinderte, von denen sie vorher ausgeschlossen waren. Blinde, Gehörlose und bewegungsbehinderte Menschen sind nun in der Lage, Arbeiten mit technischer Unterstützung ohne Unterschied zu Nichtbehinderten zu erledigen.

5.2.3 Begriffsklärung

Zur inhaltlichen Erfassung des Begriffs Behinderung ist es erforderlich, zwischen behindert sein und behindert werden zu unterscheiden. Zum einen kann jemand **behindert sein.** Dieser Zustand wird durch »jemand *ist* behindert« umschrieben. Man kann aber auch **behindert werden.** Dieser Vorgang wird durch »jemand *wird* behindert« beschrieben. Beide Aspekte verhindern die Teilhabe am gesellschaftlichen und beruflichen Leben, wenn geeignete Maßnahmen der Linderung der Behinderung nicht ergriffen werden. Beide Aspekte der Behinderung sind zentrale Anliegen des Diversity Managements und des Managing Diversity. Es ist Aufgabe des Managing Diversity, in den Unternehmen dafür zu sorgen, dass Menschen mit Behinderung keine Diskriminierung erfahren und dass sie nicht an der Teilhabe im Beruf gehindert werden. Diversity Management zielt darauf ab, Behinderte zielbezogen dort einzusetzen, wo ihre Talente am besten genutzt werden können und wo sie persönliche Zufriedenheit erlangen.

Es ist Aufgabe der Gesellschaft, dafür Sorge zu tragen, dass behinderte Menschen Anteil am gesellschaftlichen und beruflichen Leben haben. In Unternehmen und Verwaltungen ist es Aufgabe des Diversity Managements, Menschen mit Behinderung nach ihren Fähigkeiten und Begabungen in den Arbeitsprozess zu integrieren. Managing Diversity sorgt z. B. mit der Einrichtung behindertengerechter Arbeitsplätze dafür, dass Behinderte Arbeitsaufgaben übernehmen können. Diversity Management kommt dann die Aufgabe zu, Behinderte entsprechend ihrer Begabung, ihrer Ausbildung und ihrer beruflichen Wünsche in den Arbeitsprozess zu integrieren. Behinderte erhalten durch Diversity Management die Möglichkeit, ihren Lebensunterhalt ganz oder teilweise durch eigene Berufstätigkeit zu verdienen.

Behinderungen lassen sich nach folgenden Kategorien unterteilen:

- körperliche Behinderung,
- Sinnesbehinderung (Blindheit, Gehörlosigkeit, Schwerhörigkeit, Taubblindheit, Geruchlosigkeit)
- Sprachbehinderung
- psychische (seelische) Behinderung
- Lernbehinderung
- geistige Behinderung.

Erworbene und angeborene Behinderung:

- **Erworbene Behinderungen**
  - durch perinatale (während der Geburt) entstandene Schäden
  - durch Krankheiten
  - durch körperliche Schädigungen, zum Beispiel Gewalteinwirkung, Unfall, Kriegsverletzung
  - durch Alterungsprozesse
- **Angeborene Behinderungen**
  - durch Vererbung bzw. chromosomal bedingt
  - durch pränatale (vor der Geburt entstandene) Schädigungen.

Behinderung kann als Behinderung in einer Kategorie oder kombiniert auftreten, z. B. geistige und körperliche Behinderung eines Menschen. Ausgehend von einem emanzipatorischen Wissenschaftsverständnis, dem hier nicht umfassend gefolgt wird, erhält Behinderung ihren Stellenwert aus dem »Reifegrad« der sozialen, politischen und kulturellen Entwicklung einer Gesellschaft. Behinderung wird aus emanzipatorischer Perspektive als kulturelles Phänomen hierarchischer Zuordnung von »behindert« und »nicht behindert« konstruiert. Aus politischer Perspektive wird im Verständnis der emanzipatorischen Forschung gefragt, wie der konkrete Umgang mit Behinderten und Nichtbehinderten erfolgt, was für Behinderte getan wird, wie die Institutionen mit Behinderung umgehen und wie der Umgang jeweils sanktioniert ist.

Aus der sozialen Perspektive wird gefragt, wie der konkrete Umgang mit Behinderten und Kranken in einer Gesellschaft sich gestaltet. Dominieren Separierung, Integration, Inklusion?

Die Behinderungsforschung (Disability Studies) muss klären, wie der Reifegrad des Umgangs mit Behinderten sich darstellt, und es ist auszuloten, wie die Relation des Umgangs mit Behinderten, der Umgang Behinderter untereinander und der Umgang der Nichtbehinderten in einer Gesellschaft aussieht.

5.2.4 Krankheit versus Behinderung

Behinderung ist von Krankheit zu unterscheiden. Die Abgrenzung der beiden Begriffe ist deshalb schwierig, weil chronische Krankheiten vergleichbare Einschränkungen mit sich bringen wie Behinderungen. Krankheit ist eine temporäre Beeinträchtigung, bei der, nach dem jeweiligen Stand der medizinischen Kunst, Hoffnung auf Heilung besteht. Das ist bei Behinderungen nicht möglich. Krankheiten treten auf, nehmen u. U. einen krisenhaften Verlauf und werden dann durch die Widerstandskraft des Körpers und die kurierenden Eingriffe der Medizin wieder überwunden.[120] Behinderungen sind dauerhaft und können nur gelindert werden.

5.2.4.1 Klassifikation von Krankheit und Behinderung

Chronische Krankheiten ähneln deshalb der Behinderung, weil sehr oft keine vollständige Heilung, sondern lediglich eine Linderung der Beeinträchtigung erreicht wird. Krankheiten, die länger als sechs Monate dauern, werden als chronische Krankheiten eingestuft.[121] Am Zeitraum von sechs Monaten orientiert sich auch das Gesetz zur Gleichstellung behinderter Menschen (BGG). Die Klassifikation von Krankheit und Behinderung, z. B. in Tabellen, mutet technisch und wenig human an. Trotzdem ist es erforderlich, Standards zu setzen, damit nicht Willkür Leichtbehinderte den Schwerbehinderten gleichstellt.

Nachfolgend soll zunächst ein Überblick ausgewählter Krankheitsdefinitionen im deutschsprachigen Raum gegeben werden, um abschließend zu einer sinnvollen Abgrenzung von Krankheit und Behinderung zu gelangen.

Psychrembel (1994)	»Störung der Lebensvorgänge in Organen oder im gesamten Organismus mit der Folge von subjektiv empfundenen beziehungsweise objektiv feststellbaren körperlichen, geistigen beziehungsweise seelischen Veränderungen«
Gesundheits-Brockhaus	»Krankheit ist definiert als Störung des körperlichen, seelischen und sozialen Wohlbefindens. Bei der Abgrenzung der Krankheit von Gesundheit ist eine bestimmte, aus einer Vielzahl von Beobachtungen mithilfe statistischer Methoden gewonnene Schwankungsbreite zu berücksichtigen, innerhalb derer der Betroffene noch als gesund angesehen wird. Bei der Beschreibung einer Krankheit muss zwischen ihren Ursachen (Krankheitsursache) und ihren sichtbaren Anzeichen (Symptomen) unterschieden werden. [...]«
Bundesgerichtshof (1958)	»Krankheit ist jede Störung der normalen Beschaffenheit oder der normalen Tätigkeit des Körpers, die geheilt, d. h. beseitigt oder gelindert werden kann.«

Abb. 5-43: Ausgewählte Krankheitsdefinitionen

Anhand der Definitionen wird deutlich, dass Krankheit als temporäre Störung des Gesundheitszustandes eingestuft wird. Dagegen ist eine Behinderung als eine grundsätzliche, meist dauerhafte Einschränkung des Gesundheitszustandes zu verstehen.

»Krank ist nicht gleich krank«, ließe sich sagen, weil das Empfinden von Schmerzen und Einschränkungen subjektiv unterschiedlich empfunden und gesellschaftlich unterschiedlich festgesetzt werden.[122]

Es sind Kriterien zu finden, die eine objektive Einstufung des Behinderungs- oder Krankheitsgrades möglich machen. Die WHO bemüht sich bereits seit dem Jahr 1946 um eine den Kriterien entsprechend geleitete Definition für Krankheit und Behinderung. Gegenwärtig ist die zehnte Fassung der »Classification of Diseases (ICD–10)« in Überarbeitung. Ausgehend von der Kritik von Behindertenverbänden in den 1960er- und 1970er-Jahren, Krankheiten und Behinderungen seien nicht gleichzusetzen, wurden zudem die »International Classification of

120 Vgl. Franzkowiak, P. (2003), S. 139.
121 Vgl. Franzkowiak, P. (2003), S. 140.
122 Vgl. Amann, G./Wipplinger, R. (1998), S. 154; vgl. auch Faltermaier, T. (2005), S. 31.

Impairments, Disabilities and Handicaps (ICIDH)« entwickelt. Im Jahr 2001 wurde die Klassifikation durch die »International Classification of Functioning, Disability and Health (ICF)« ersetzt und in das Sozialgesetzbuch IX und das Behindertengleichstellungsgesetz integriert. Diese Klassifikation berücksichtigt in einem stärkeren Maße den Einfluss der Umwelt auf die Einstufung als »behindert«. Demzufolge verweist die Kategorisierung bereits auf die Problematik des »behindert werden«. Das weite Konzept der ICF beinhaltet neben körperlichen, individuellen und gesellschaftliche Aspekten von Behinderung das private Umfeld und die persönlichen Lebenserfahrungen sowie die für einen Menschen spezifischen Barrieren und erforderlichen Unterstützungsmaßnahmen. Abbildung 5-44 fasst die zentralen Unterschiede der Merkmale gemäß ICIDH und ICF zusammen.[123] Mithilfe der Kriterien werden Einstufungen des Gesundheitszustandes auf intersubjektiv nachprüfbarem Niveau möglich.

ICIDH	ICF
Keine Entsprechungen	Funktionsfähigkeit
Schädigung (impairments) + Fähigkeitsstörungen (disabilities) + Beeinträchtigungen (handicaps)	Behinderung (disability)
Schädigungen	Schädigungen (impairments) • Körperstruktur (structure) • Körperfunktion (function)
Keine Entsprechungen	Aktivitäten (activities)
Keine Entsprechungen	Teilhabe (participation)
Beeinträchtigungen	Beeinträchtigungen der Teilhabe (participation restrictions)
Keine Entsprechungen	Kontextfaktoren (contextual factors) • Umweltbezogene Faktoren (environment factors) • Personenbezogene Faktoren (personal factors)

Abb. 5-44: Unterschiede der Klassifikationen der ICIDH und der ICF
Quelle: In Anlehnung an MDK (2013).

Die Klassifikationen zeigen, dass eine Abgrenzung insbesondere zwischen chronischen Krankheiten und Behinderungen mit Schwierigkeiten verbunden ist. Die gesetzliche Definition von Behinderung betont, dass diese die Teilhabe am gesellschaftlichen Leben einschränkt. Zieht man zum Vergleich schwer Erkrankte, z. B. Krebspatienten heran, so ist davon auszugehen, dass auch deren Teilhabe am gesellschaftlichen Leben erheblichen Einschränkungen unterliegt, sodass dieses Abgrenzungskriterium sich als unzureichend erweist.

123 Vgl. IMEW (2013). Vgl. Zu den Klassifikationen der WHO vgl. auch WHO (2013).

5.2.4.2 Behinderung und Krankheit in der betrieblichen Praxis

Für die betriebliche Praxis sind chronische Erkrankungen von Bedeutung, weil Mitarbeiter mit chronischen Erkrankungen eine Gleichstellung mit Behinderten beantragen können, sodass für sie dieselben rechtlichen Rahmenbedingungen gelten, wie für Mitarbeiter mit Behinderungen. Krankheiten können zudem in einem Zusammenhang zur ausgeübten beruflichen Tätigkeit stehen. So ist davon auszugehen, dass bestimmte Berufe spezifische Krankheitsrisiken bergen, die zu sog. Berufskrankheiten führen können. Diese Risiken nehmen Einfluss auf den Verlauf, die Schwere, die Häufigkeit und die Dauer des Eintretens von Krankheiten. Einen zusammenfassenden Überblick von Gesundheitsstörungen als Folge der Arbeitssituation gibt die Abbildung 5-45.[124]

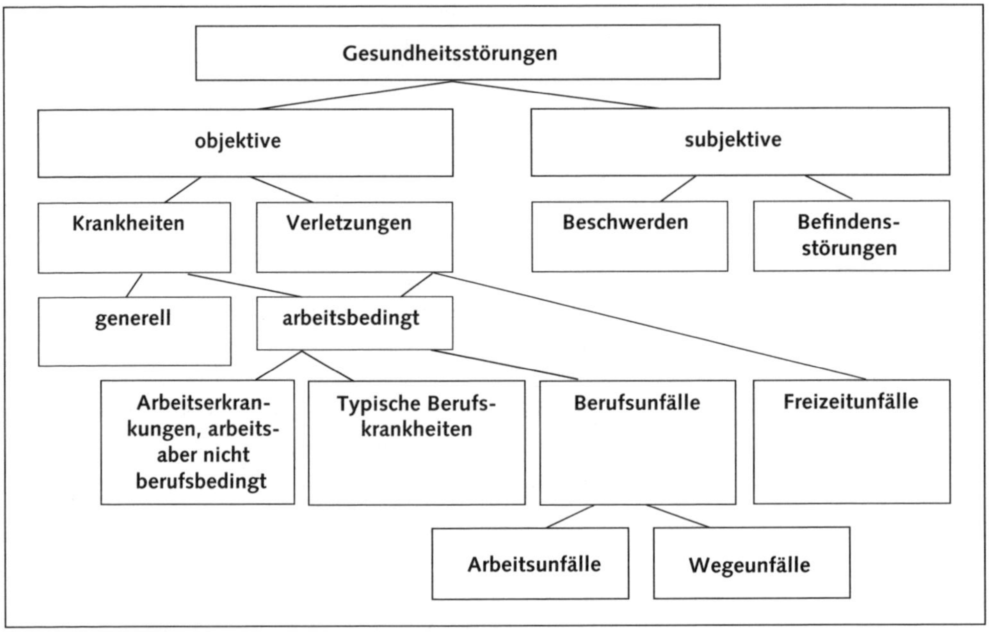

Abb. 5-45: Übersicht von Gesundheitsstörungen in Folge der Arbeitssituation
Quelle: Böhnke,. E. (2006), S. 19.

Infolge des demografischen Wandels wird die Gruppe leistungsgewandelter Mitarbeiter zunehmend als Zielgruppe betrieblicher Gesundheitspolitik erkannt. Ursächlich hierfür ist, dass es sich bei diesen überwiegend um ältere Mitarbeiter handelt und gesundheitliche Beeinträchtigungen mit höherem Alter kumulativ auftreten. Charakteristisch für leistungsgewandelte Mitarbeiter ist eine »nicht nur vorübergehende Beeinträchtigung der Gesundheit und Leistungsfähigkeit der Person«[125] in Folge von Unfällen oder Erkrankungen (z. B. Muskel-Skelett, Herz-Kreislauf-Erkrankungen, Amputationen, Krebsleiden, psychische Störungen etc.), sondern eine für längere Zeit oder dauerhaft bestehende Einschränkung.

124 Vgl. Böhnke, E. (2006), S. 18.
125 Vgl. Rudow, B. (2011), S. 299.

Anhand einer Einstufung des Grades der Behinderung in Zehner-Schritten von 20 bis 100 Punkten, kann der Grad der Leistungs- und Funktionsbeeinträchtigung erfasst werden. Zusammenfassend gibt Abbildung 5-46 einen Überblick die Bedingungen, die erfüllt sein müssen, um als leistungsgewandelt eingestuft werden zu können.[126]

Voraussetzungen der Einstufung als »leistungsgewandelter Mitarbeiter«
• Die körperliche oder psychische Erkrankung/Einschränkung ist irreversibel.
• Die Leistungs- und Einsatzeinschränkung ist vom Werksarzt attestiert.
• Der Mitarbeiter kann die Tätigkeit an seinem Arbeitsplatz zeitweise oder auf Dauer nicht mehr wertschöpfend ausüben.
• Die Tätigkeit am Arbeitsplatz einschließlich der körperlichen und/oder psychischen Belastungen trägt nicht zum Erhalt oder zur Stabilisierung der Gesundheit des Mitarbeiters bei.
• Der Mitarbeiter weist Potenziale (körperlich und/oder geistige Fähigkeiten, Berufserfahrungen, Qualifikationen) für die Übernahme anderer Arbeitstätigkeiten im Unternehmen auf.

Abb. 5-46: Voraussetzungen der Einstufung als »leistungsgewandelter Mitarbeiter«
Quelle: In Anlehnung an Rudow, B. (2011), S. 301.

5.2.5 Behindert sein

Behindert sein ist hinsichtlich des formalen und materialen Gehalts des Begriffes zu klären. Behindert sein wird im §2 Absatz 1 Sozialgesetzbuch IX[127] formal wie folgt definiert:

> »Menschen sind behindert, wenn ihre körperliche Funktion, geistige Fähigkeit oder seelische Gesundheit mit hoher Wahrscheinlichkeit länger als sechs Monate von dem für das Lebensalter typischen Zustand abweicht und daher ihre Teilhabe am Leben der Gesellschaft beeinträchtigt ist.«

Körperliche, geistige und seelische Behinderung werden folglich unterschieden und damit als Behinderung anerkannt.

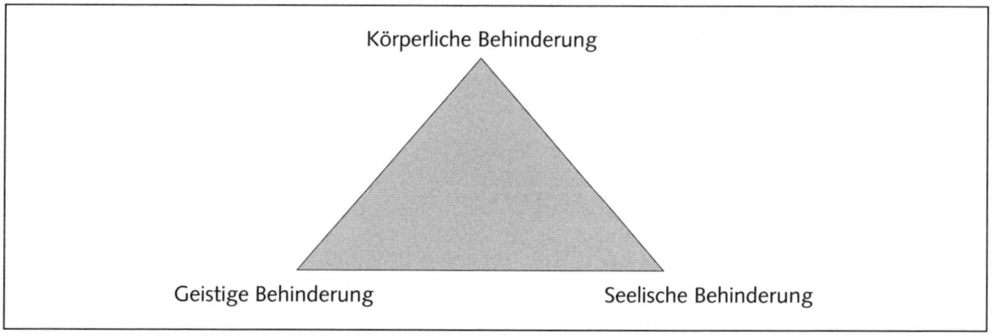

Abb. 5-47: Arten von Behinderung

126 Vgl. Rudow, B. (2011), S. 298 ff.
127 Das in § 81 Abs. 2 SGB IX in der bis 17. August 2006 geltenden Fassung enthaltene Diskriminierungsverbot schützt nur schwerbehinderte Beschäftigte mit einem Grad der Behinderung von wenigstens 50 (§§ 2 Abs. 2, 68 Abs. 1 SGB IX) sowie Gleichgestellte (§§ 2 Abs. 3, 68 Abs. 1 SGB IX).

Körperlich behinderte Menschen sind in der Mobilität und/oder der Funktionalität eingeschränkt. Die körperliche Behinderung kann angeboren sein oder Folge einer Krankheit oder eines Unfalles sein. Körperliche Behinderungen können mit Schmerzen verbunden sein. Körperliche Behinderungen können auch Folge des Alters sein. Stets sind körperlich behinderte Menschen darauf angewiesen, dass ihre Behinderung nach Möglichkeit durch geeignete Maßnahmen so ausgeglichen wird, dass sie am gesellschaftlichen und beruflichen Leben bestmöglich teilnehmen können.

§ 1

Bundessozialhilfegesetz (BSHG)

– Körperlich wesentlich behinderte Menschen –

Durch körperliche Gebrechen wesentlich in ihrer Teilhabefähigkeit eingeschränkt im Sinne des § 53 Abs. 1 Satz 1 des Zwölften Buches Sozialgesetzbuch sind

1. Personen, deren Bewegungsfähigkeit durch eine Beeinträchtigung des Stütz- oder Bewegungssystems in erheblichem Umfange eingeschränkt ist,
2. Personen mit erheblichen Spaltbildungen des Gesichts oder des Rumpfes oder mit abstoßend wirkenden Entstellungen vor allem des Gesichts,
3. Personen, deren körperliches Leistungsvermögen infolge Erkrankung, Schädigung oder Fehlfunktion eines inneren Organs oder der Haut in erheblichem Umfange eingeschränkt ist,
4. Blinden oder solchen Sehbehinderten, bei denen mit Gläserkorrektion ohne besondere optische Hilfsmittel
   a) auf dem besseren Auge oder beidäugig im Nahbereich bei einem Abstand von mindestens 30 cm oder im Fernbereich eine Sehschärfe von nicht mehr als 0,3 besteht

   oder

   b) durch Buchstabe a nicht erfasste Störungen der Sehfunktion von entsprechendem Schweregrad vorliegen,
5. Personen, die gehörlos sind oder denen eine sprachliche Verständigung über das Gehör nur mit Hörhilfen möglich ist,
6. Personen, die nicht sprechen können, Seelentauben und Hörstummen, Personen mit erheblichen Stimmstörungen sowie Personen, die stark stammeln, stark stottern oder deren Sprache stark unartikuliert ist.

Abb. 5-48: Bundessozialhilfegesetz (BSHG) §1

5.2.5.1 Körperliche Behinderung

Körperliche Behinderung ist eine dauerhafte Beeinträchtigung der physischen Funktionen eines Menschen. Die körperliche Behinderung kann angeboren sein oder durch Krankheit und Unfall entstanden sein. Körperliche Behinderungen führen in einem unterschiedlichen Grade zur Einschränkung der körperlichen Aktivitäten. Der Grad der körperlichen Behinderung bemisst sich als Abweichung von »normaler« körperlicher Fähigkeit. Die körperliche Behinderung kann finanzielle, personelle und sachliche Unterstützung erforderlich machen. Ziel der Unterstützung ist es, den Behinderten ein nach den gegebenen Möglichkeiten normales Leben zu ermöglichen. Körperlich Behinderte sollen nach ihren Möglichkeiten am gesellschaftlichen und beruflichen Leben teilnehmen können. Die Aktivitäten des Managing Diversity zielen darauf, soziale, mentale und physische Barrieren abzubauen. Als formaler Schutz und als Anspruchsgrundlage gegenüber der Gesellschaft kann ein Behinderter ab einem bestimmten Behinderungsgrad einen Schwerbehindertenausweis beantragen. Dieser Ausweis berechtigt den Behinderten, Unterstützung in Anspruch zu nehmen. Behindertenparkplätze, reservierte Plätze für Behinderte in Zügen, Bussen, öffentlichen Einrichtungen nennen Beispiele der Bevorzugung aufgrund der Behinderung.

Die körperliche Behinderung kann die Aufnahme einer Tätigkeit ausschließen oder aber für eine Tätigkeit unerheblich sein. So kann ein querschnittsgelähmter Mensch sicherlich nicht Briefträger werden, wohl aber im Postamt Briefe sortieren. In technisch hochentwickelten Gesellschaften konnten viele Tätigkeiten für körperlich Behinderte erschlossen werden. Geräte zur Stärkung der Sinnesorgane, akustische Schreibcomputer und Roboterunterstützung an Arbeitsplätzen, sind Beispiele für eine technische Unterstützung zur Kompensation körperlicher Behinderung. Die vielfältigen Möglichkeiten des Behindertensports belegen eindrucksvoll die fortgeschrittene Integration körperlich Behinderter in die Gesellschaft.

Diversity Management kommt die Aufgabe zu, Gesunde und Behinderte zusammenzuführen, Vorurteile und falsch verstandenes Mitleid abzubauen und einen unverkrampften Umgang miteinander zu pflegen. Das betriebliche Diversity Management muss Arbeitsplätze für Behinderte erschließen und Vorgesetzte und Kollegen auf die Zusammenarbeit behinderter und nicht behinderter Kolleginnen und Kollegen vorbereiten.

5.2.5.2 Geistige Behinderung

Geistige Behinderung schränkt die kognitiven Fähigkeiten eines Menschen ein. Sie kann angeboren und erworben sein. Angeborene geistige Behinderung beruht auf genetischen Defekten, die entweder erblich bedingt sind, aber auch durch spontane Mutationen hervorgerufen werden. Geistige Behinderung wird nach dem Grad der Behinderung von Lernbehinderung bis zu schwerer Behinderung unterteilt. Eine bekannte Form geistiger Behinderung ist das Down-Syndrom.[128] Die Welt muss wahrgenommen, verstanden und als persönlich gesteuerte Wahlhandlung gelebt werden. Geistig behinderte Menschen verfügen nicht oder nur in eingeschränktem Maße über die intellektuelle Fähigkeit, die für sie relevante Welt zu erfassen, zu verstehen und zu gestalten. Damit ist die Teilhabe am gesellschaftlichen und beruflichen Leben für geistig behinderte Menschen eingeschränkt. Lernen, Erinnern, Problemlösen und Beurteilen sind eingeschränkt. Wenn es sich um Entwicklungsstörungen handelt, dann kann die Behinderung durch geeignete heilpädagogische Maßnahmen gelindert werden. Geistige Behinderung wird diagnostiziert bei einem Intelligenzquotienten von ca. 70 und einer deutlichen Beeinträchtigung der Kommunikation, der persönlichen Pflege, der Fähigkeit allein zu leben und der Lernfähigkeit. Mit Skalenwerten können die Beeinträchtigungen z. B. der Kommunikationsfähigkeit, der Lernfähigkeit, der Sprache und des Sozialverhaltens bestimmt werden. Geistige Behinderung reduziert das reproduzierende Handeln und erschwert damit den Aufbau von Routinen. Die Betreuung geistig behinderter Menschen muss dauerhaft erfolgen.

---

128 Das Down-Syndrom stellt eine genetische Störung dar, welche dadurch verursacht wird, dass das Kind über ein zusätzliches Chromosom verfügt (47 statt 46). Generalisierend wird angenommen, dass Kinder mit Down-Syndrom sich verlangsamt entwickeln. Vgl. East, V./Evans, L. (2009), S. 13.

§2 **Bundessozialhilfegesetz (BSHG)** – Geistig wesentlich behinderte Menschen –
Geistig wesentlich behindert im Sinne des §53 Abs. 1 Satz 1 des Zwölften Buches Sozialgesetzbuch sind Personen, die infolge einer Schwäche ihrer geistigen Kräfte in erheblichem Umfange in ihrer Fähigkeit zur Teilhabe am Leben in der Gesellschaft eingeschränkt sind.

Abb. 5-49: Bundessozialhilfegesetz (BSHG) §2

5.2.5.3 Seelische Behinderung

Seelische Behinderung versperrt Menschen den normalen Umgang mit sich selbst und den Mitmenschen. Seelische Behinderung kann in vorübergehender und dauerhafter Form auftreten. Diagnose und Therapie sind schwierig. Anhaltspunkte für eine seelische Störung bzw. Behinderung sind Abweichungen vom Normverhalten. Die seelische Störung wird an den Schwierigkeiten bzw. dem Versagen einer Person festgemacht, mit der relevanten Umwelt nicht den Regeln und nicht den Erwartungen entsprechend umgehen zu können. Der Begriff Auffälligkeit bezeichnet die Abweichung. Seelische Störungen können temporär infolge von Trennung und Trauerbewältigung auftreten, sie können aber auch habituell dauerhafte Beeinträchtigungen darstellen. Seelische Störungen können aus eigener Kraft einer Person bewältigt werden, durch professionelle Unterstützung gemeistert werden oder dauerhaft nicht heilbar sein. Resilienz, verstanden als die Fähigkeit und Stabilität einer Person, nach erlebten seelischen Störungen wieder in den normalen Handlungsmodus zurückkehren zu können, wird insbesondere durch positive Erlebnisse und durch Erfolge bei der Bewältigung persönlicher Krisen gefördert. Labilität, als Unsicherheit im Umgang mit sich selbst und den Mitmenschen verstanden, schwächt die Überwindung seelischer Störungen.

In der betrieblichen Praxis sind insbesondere die Phänomene Burnout, Boreout und Depression wichtige seelische Krankheiten, die durch Maßnahmen der Führung und des Managing Diversity verhindert, gemildert und behoben werden können.

Burnout ist als Prozess der Überforderung, abnehmender Erfolge, verstärkter Selbstzweifel, des Rückzugs aus sozialen Beziehungen und dem Auftreten von Krankheiten zu verstehen. Ausgelöst wird Burnout durch fortgesetzte deutliche Überforderung. Flow-Erleben, verstanden als das Glücksgefühl, etwas geleistet zu haben, bleibt aus, das persönliche Wohlbefinden sinkt, die Selbstheilungskräfte und die Resilienzfähigkeit schwinden. Es ist Aufgabe der Führungskräfte, Burnout entgegenzuwirken. Als Prävention ist zu empfehlen, Mitarbeiterinnen und Mitarbeiter längerfristig an der persönlichen oberen durchschnittlichen Dauerleistungskurve zu fordern. Längerfristige Überforderung ist zu vermeiden. Führung des Miteinanders und der Begegnung sind Voraussetzung dafür zu erkennen, ob eine Person unterfordert, an der oberen Dauerleistungskurve gefordert oder überfordert ist.

Boreout entsteht am anderen Ende der Leistungsforderung als Empfinden der Langeweile, der Wirkungslosigkeit und der persönlichen Wertlosigkeit als Folge fortgesetzter Unterforderung. Die Folgen sind dieselben wie bei Überforderung, die zu Burnout führt. Leistungsminderung und schließlich seelische Krankheiten wie Depression, sind die Folge fortgesetzter Unterforderung. Die Führungskräfte haben die Pflicht, Mitarbeitern ausreichend und anspruchsvolle Aufgaben zu übertragen, sie entsprechend ihres Potenzials an anspruchsvollere Aufgaben und höhere Verantwortung heranzuführen. Schonung ist kein Schutz vor Boreout, sondern die Übertragung von Aufgaben an der oberen durchschnittlichen Dauerleistungskurve verhindert Minderwertigkeitsgefühle und Boreout.

Depressionen sind als tiefergehende, wiederkehrende oder dauerhafte Einschränkung des seelischen Wohlbefindens zu verstehen. Zukunftsängste, Versagensängste, Wahrnehmungseinschränkungen, Flucht vor Problemen und der realen Welt, sind Merkmale der Depression. Suizid steht nicht selten am Ende der Leidenszeit depressiver Menschen. Die Ursachen einer Depression sind medizinisch zu klären. Es kann jedoch vermutet werden, dass die Dynamik der Veränderung der Lebensverhältnisse viele überfordert. Orientierung geht verloren, Ordnung wird brüchig bis man schließlich nicht mehr weiter weiß. Führungskräfte und Kollegen und Kolleginnen sind aufgefordert, schwache Signale der Überforderung, der Unterforderung, nachlassender Freude an der Arbeit und insbesondere beginnenden Rückzug aus sozialen Bezügen wahrzunehmen und Unterstützung anzubieten. Das Diversity-Awareness-Training vermittelt als formale Maßnahme das Bewusstsein für die Mitmenschen, stärkt die Kenntnisse, Veränderungen wahrzunehmen, befähigt zu Dialog, Diagnose und richtet den Blick auf die jeweilige Situation aus der Perspektive der anderen. Gehören Diversity-Awareness-Themen zum gelebten Alltag, dann entfaltet sich eine gegenseitige Verantwortung, die alle trägt. Diversity-Dialog-Kulturen in »Erwerbs- und Erlebnisgemeinschaften« sind der geeignete Nährboden, um Burnout, Boreout und Depressionen zu verhindern bzw. abzumildern.

5.2.5.4 Praktische Relevanz

Führungsarbeit, Arbeitsgestaltung, Zeitmanagement und insbesondere die Beachtung persönlicher Leistungsgrenzen, nennen Beispiele, Burnout und Boreout zu verhindern bzw. leichte Formen der Abweichung vom normalen Zufriedenheitsempfinden aufzufangen. Depression ist eine schwere Krankheit, die in jedem Falle medizinisch behandelt werden muss.

§ 3

Bundessozialhilfegesetz (BSHG)

– Seelisch wesentlich behinderte Menschen –

Seelische Störungen, die eine wesentliche Einschränkung der Teilhabefähigkeit im Sinne des § 53 Abs. 1 Satz 1 des Zwölften Buches Sozialgesetzbuch zur Folge haben können, sind

1. körperlich nicht begründbare Psychosen,
2. seelische Störungen als Folge von Krankheiten oder Verletzungen des Gehirns, von Anfallsleiden oder von anderen Krankheiten oder körperlichen Beeinträchtigungen,
3. Suchtkrankheiten,
4. Neurosen und Persönlichkeitsstörungen.

Abb. 5-50: Bundessozialhilfegesetz (BSHG) §3

Es ist Aufgabe des Managing Diversity, die Nichtbehinderten dafür zu sensibilisieren, Behinderte als »bis auf die Behinderung« normale Menschen wahrzunehmen und einen unverkrampften Umgang mit den Behinderten zu pflegen. Behinderte, insbesondere körperlich Behinderte, wollen nicht grundsätzlich als defizitär wahrgenommen werden. Was Behinderte erwarten, ist der solidarische und der subsidiäre Umgang miteinander. Solidarität verlangt, Behinderte als Mitglieder der Gruppe, der Gesellschaft zu akzeptieren. Subsidiarität verlangt als Würdeprinzip, dass jeder Behinderte im Rahmen der gesellschaftlichen Möglichkeiten und in Relation zu seiner Behinderung die Unterstützung der Solidargemeinschaft fordern kann, die er benötigt, ohne dadurch seine Würde zu verlieren.

5.2.6 Behindert werden

Behindert werden beschreibt als Passivum den Umstand, dass eine gesunde, eine kranke oder eine behinderte Person davon abgehalten wird, ihr Leben nach eigenen Vorstellungen, Wünschen und Zielen zu verwirklichen. Behindert werden führt zu einer temporären oder dauerhaften Herabsetzung der Lebensqualität durch externe Einflüsse. Die Einschränkung der gesellschaftlichen, wirtschaftlichen, kulturellen Teilhabe kann Behinderte treffen, kann aber auch aus normalen Menschen Behinderte machen. Wenn Kindern der Besuch weiterführender Schulen versagt wird, wenn das Einkommen von Familien nicht ausreicht, einen Kino- oder Theaterbesuch zu finanzieren, dann sind diese Familien sozial behindert. Wenn eine Familie das Geld für den Schulausflug nicht aufbringt, dann sind die Tochter, der Sohn, ansonsten ganz normale Kinder, sozial behindert und nicht selten sozial ausgegrenzt. Man kann folglich behindert sein, ohne dass es gravierende negative Folgen hat, man kann nicht behindert sein und trotzdem vom gesellschaftlichen Leben ausgeschlossen werden (vgl. Abbildung 5-51).

Behindert sein		Behindert werden
nicht behindert sein	und	nicht behindert werden
nicht behindert sein	und	behindert werden
behindert sein	und	nicht behindert werden
behindert sein	und	behindert werden

Abb. 5-51: Matrix »Behindert sein«, »Behindert werden«

5.2.7 Wissenschaftliche Erkenntnisse zur Benachteiligung von Behinderten

Die Wissenschaft fragt zunächst »sine ira et studio« wie Gesellschaft und Unternehmen mit kranken und behinderten Menschen umgehen. Aus den Erkenntnissen können dann Gestaltungsmaßnahmen abgeleitet werden, die die Situation der Behinderten und Kranken verbessern, wenn dies erforderlich und möglich ist. Menschen mit Behinderungen können im Beruf aufgrund unterschiedlicher Ursachen diskriminiert werden. Eine Studie des Interagency Committee on Handicapped Employees (ICHE) verweist auf folgende Problemfelder:

- Gleichgültigkeit gegenüber Behinderten seitens Kollegen und Vorgesetzen
- Bevormundung in Angelegenheiten, die die Kranken und Behinderten eigenständig und eigenverantwortlich selbst erledigen könnten
- Aus Angst vor Menschen mit Behinderungen Kontakte meiden oder übertrieben hilfreich wirken
- Angst vor Störungen des Betriebsablaufs durch Behinderte und Kranke, evtl. die Angst, Einkommen durch Rücksichtnahme einzubüßen

- Handeln auf der Grundlage von Stereotypen und Vorurteilen, das auf falschen oder fehlenden Informationen aufbaut.[129]

Stereotypen schreiben behinderten Menschen, so die Ergebnisse der Studie von Stone und Collela, eine geringere soziale Kompetenz, fehlende emotionale Urteilsfähigkeit sowie geringere Attraktivität zu.[130] In einer Studie von Bruyère et al. geben 23 Prozent der befragten Unternehmen an, dass Vorurteile und Stereotypen Barrieren für die Beschäftigung behinderter Menschen darstellen.[131] Die Stereotypen der Kollegen und Führungskräfte können zu selbsterfüllenden Prophezeiungen werden, weil Wahrnehmungsverzerrungen und Mutmaßungen zur Behandlung von Behinderten führt, die diese zwingt, sich so zu verhalten, wie es die Vorurteile verlangen. Behinderte nehmen dann z. B. nicht an Personalentwicklungsmaßnahmen (z. B. Mentoring-Programmen) teil, wenn sie als lernbehindert abgestempelt werden. Zur Messung dieser Vorbehalte lässt sich beispielsweise die »Interaction with Disabled Persons Scale« (IDPS) anwenden. Abbildung 5-52 enthält Beispielitems der Skala.[132]

Einstellungen zu Behinderten »Interaction with Disabled Persons Scale« IDPS
• I feel unsure because I don't know how to behave.
• I feel uncomfortable and find it hard to relax.
• I cannot help staring at them.
• I tend to make contacts only brief and finish them as quickly as possible.
• I am afraid to look the person straight into the face.

Abb. 5-52: Beispiel-Items der IDPS – Einstellungsmessung gegenüber Behinderten
Quelle: Icano, T./Tracy, J./Keating, J./Brown, T. (2009), S. 1497.

Aus den Ergebnissen einer Metaanalyse von Ren et al. ist zu erkennen, dass ein negativer Zusammenhang zwischen geringen Leistungserwartungen an den Behinderten und der Wahrscheinlichkeit besteht, dass der Behinderte in eine Position eingestellt bzw. versetzt wird. Allerdings zeigt sich, dass Vorstellungen und Vorurteile über Mitarbeiter mit Behinderungen revidiert werden, wenn Erfahrungen aus der Zusammenarbeit mit Behinderten vorliegen.[133] Zudem weisen Studien nach, dass Arbeitnehmer mit einer Behinderung im Rahmen von Leistungsbeurteilungen mehrheitlich als »durchschnittlich« oder »überdurchschnittlich«, keineswegs aber als »unterdurchschnittlich« eingestuft werden.[134] Loo bestätigt anhand der Messskala »Attitudes Towards Employing Persons With Disabilities Scale« (ATEPD), dass die Befragten die Produktivität behinderter und nicht behinderter Mitarbeiter als gleich einstufen. Darüber hinaus konnte eine positive Einstellung der Befragten gegenüber der Zusammenar-

129 Vgl, ICHE zit. n. Pati, G. C./Bailey, E. K. (1995), S. 63 f.
130 Vgl. Stone, D. L./Collela, A. (1996). S. 352 ff.
131 Vgl. Bruyère, S. M./Erickson, W. A./VanLooy, S. (2004), S. 28 ff.
132 Vgl. Icano, T./Tracy, J./Keating, J./Brown, T. (2009), S. 1490 ff.
133 Vgl. Ren, L. R./Paetzold, R. L./Collela, A. (2008), S. 191.
134 Vgl. Stein, M. A. (2000), S. 314 ff.; vgl. auch Lee, B. A./Newman, K. A. (1995), S. 209 ff.

beit mit Kollegen und Führungskräften mit einer Behinderung aufgezeigt werden.[135] Die Forschungsergebnisse sind allerdings nicht eindeutig. Das lässt den Schluss zu, dass die jeweilige Unternehmenskultur darüber entscheidet, wie der Umgang mit Behinderten und Kranken ist.

Studien weisen eine stärkere Benachteiligung von Mitarbeitern mit *multiplen Stigmata* nach. Braddock und Bachelder belegen bereits 1994, dass das Auftreten mehrerer Kriterien der Vielfalt (z. B. Geschlecht, Alter, Migrationshintergrund) zu einer stärkeren Diskriminierung Behinderter und Kranker führt als bei Mitarbeitern, die nur behindert sind, ansonsten aber der dominanten Gruppe entsprechen.[136] Ein behinderter Manager oder eine behinderter Universitätsprofessor werden laufen weniger Gefahr, diskriminiert zu werden als ein Hartz-IV-Empfänger mit Migrationshintergrund. Zola bestätigt z. B. eine größere Benachteiligung älterer Menschen mit Behinderungen.[137] Die Ergebnisse einer Studie von Pfeiffer zeigen denselben Effekt für Frauen mit Behinderung. Gegenläufig hierzu sind die Ergebnisse von Ren et al. Diese weisen nach, dass behinderte Männer in einem größeren Maße diskriminiert werden als behinderte Frauen. Als ursächlich hierfür führen die Autoren an, dass Männer traditionell als »starkes Geschlecht« angesehen werden, wodurch das Vorliegen einer Behinderung bei ihnen von Gesunden als größerer Mangel wahrgenommen und bewertet wird als dies bei behinderten Frauen der Fall ist.[138]

Es ist in den meisten Fällen davon auszugehen, dass Behinderung – wenn nicht mehrfach bedingt – doch zu mehrfachen Auswirkungen führt. Wenn ein Mitarbeiter in einem Unternehmen sozial ausgegrenzt wird (Mobbing), dann wird er zunächst die Gründe dafür bei Kollegen und Führungskräften suchen. Der Vorgang der Externalisierung wird bei fortgesetzter Ausgrenzung (soziale Behinderung) zu Selbstzweifeln führen. Die ausgegrenzte Person sieht sich mehr und mehr als Problem der sozialen Behinderung. Der Rückzug ins Private verstärkt dann die Argumentation der Kolleginnen und Kollegen, dass der Mitarbeiter selbst, nicht aber sein eigenes Verhalten, die soziale Ausgrenzung hervorruft. Die negative Spirale der persönlichen Zuschreibung sozialer Ausgrenzung nimmt ihren Lauf und mündet nicht selten in nachlassender Kreativität, seelischer Belastung und Depression.

Auf die Bedeutung der Einstellung zur eigenen Behinderung und der daraus resultierenden Verhaltensweisen verweist auch das Phänomen des »Self-Limiting Behavior«. *Selbst-limitierendes Verhalten* kann infolge einer zu großen Fürsorge von Eltern und Lehrern schon in der Kindheit auftreten.[139] Falls die eigene Kindheit durch geringe Herausforderungen und keine ehrliches Feedback geprägt war, kann hieraus eine erlernte Hilfslosigkeit resultieren, die dazu führt, dass der Zusammenhang zwischen eigenen Anstrengungen und deren Ergebnissen nicht realistisch eingeschätzt werden kann. Im Arbeitsleben wählen die Betreffenden dann keine herausfordernden Aufgaben und nehmen in einem geringeren Umfang an Personalentwicklungs- und Karriereprogrammen teil.[140] Dieses Überbehütetsein kann auch Behinderte in ihrer möglichen Aktivität lähmen.

Ferner können organisatorische Faktoren dazu führen, dass ein Mitarbeiter in seiner Tätigkeit und seiner Entwicklung behindert wird. Falls in einer Organisation ein sehr geringer Anteil an Menschen mit Behinderung beschäftigt ist, haben diese einen sogenannten »*Token-Status*«, d. h. die Mitarbeiter werden als ein bestimmter Typ wahrgenommen und müssen sich

135 Vgl. Loo, R. (2002), S. 288.
136 Vgl. Braddock, D./Bachelder, L. (1994).
137 Vgl. Zola, I. K. (1988), S. 365 ff.
138 Vgl. Ren, L. R./Paetzold, R. L./Colella, A. (2008), S. 200.
139 Vgl. Kraus, J. (2013).
140 Vgl. Jones, G. E. (1997), S. 60.

stärker beweisen als die Mitarbeiter, die der dominanten Gruppe angehören. Ferner besteht die Gefahr, dass »Token Individuen« aus informellen Netzwerken ausgeschlossen werden. Zusätzlich besteht die Gefahr, dass Behinderte einen »*Outgroup-Status*« zugewiesen bekommen. Führungskräfte neigen dazu, intensiveren Kontakt zu Mitarbeitern zu pflegen, denen sie besonderes Potenzial zuschreiben und die ihnen ähnlich sind. Die Karrieremöglichkeiten von Individuen mit einem Outgroup-Status sind daher tendenziell in ihren Entfaltungsmöglichkeiten eingeschränkt.

Im Hinblick auf die Teilnahme an Mentoring-Programmen sind ähnliche Effekte zu beobachten, da auch Mentoren solche Mentees bevorzugen, die ihnen ähnlich sind. Zudem kann die Möglichkeit zur Teilnahme an informellen Treffen (z.B. Betriebssport) für Behinderte erschwert sein. Behinderten fehlen auch *passende Rollenmodelle*, die sie als Vorbild ihrer eigenen Entwicklung ansehen können. Feedback zu Leistung, Verhalten und Entwicklungsmöglichkeiten erhalten Behinderte dann in einem geringeren Maße, wenn davon ausgegangen wird, dass sie eine geringere emotionale Verarbeitungskapazität und eine geringere soziale Kompetenz aufweisen als Nichtbehinderte.[141] So zeigen Bolick und Nesterloh, dass Führungskräfte sich davor scheuen, Mitarbeiter mit Behinderungen offen zu kritisieren und Kollegen Konfrontationen mit Behinderten stärker meiden als mit nicht behinderten Kollegen.[142] Anschlussfähig hierzu sind die Ergebnisse von Gelfand et al., die generell ein reduziertes kritisches Feedback gegenüber Minderheiten nachweisen konnten.[143]

In Organisationen können Vorbehalte hinsichtlich der Beschäftigung von Menschen mit Behinderungen dahingehend bestehen, dass Veränderungen der Arbeitsplätze und der Arbeitsbedingungen erforderlich werden, die Kosten verursachen und den Organisationsaufwand erhöhen.[144] Zudem besteht das Vorurteil, Behinderte würden höhere Gesundheitskosten verursachen. Die Annahme, Kunden könnten Bedenken gegenüber behinderten Mitarbeitern haben, wird in der Literatur als weiteres Beschäftigungshemmnis genannt.[145]

Stone und Collela sehen sechs Merkmale, die die Akzeptanz von Behinderten bestimmen.[146] Diese Merkmale werden in Abbildung 5-53 zusammengefasst.

- Grad der physischen Unattraktivität, der mit der Behinderung verbunden ist
- Grad der Zuschreibung der Verantwortung für die Behinderung an die Behinderten (bspw. bei Drogenabhängigen)
- Grad der Irreversibilität und des Dauer der Behinderung
- Grad der Offensichtlichkeit der Behinderung für Andere
- Grad mit dem die Behinderung die Kommunikation und soziale Interaktion beeinflusst
- Grad des Risikos, die der Umgang mit Behinderten für andere darstellt

Abb. 5-53: Einflussfaktoren der Akzeptanz von Mitarbeitern mit Behinderungen
Quelle: In Anlehnung an Stone, D.L./Collela, A. (1996), S. 352ff.

141 Vgl. Jones, G.E. (1997), S. 64ff.
142 Vgl. Bolick, C./Nesterloh, S. (1988) zit. n. Jones, G.E. (1997), S. 67.
143 Vgl. Gelfand, M.J./Nishii, L.H./Raver, J.L./Schneider, B. (2007), S. 19.
144 Vgl. Gilbride, D./Stensud, R./Ehlers, C./Evans, E./Peterson, C. (2000), S. 17ff.; vgl. auch Roessler, R./Sumner, G. (1997), S. 29ff.; vgl. auch Moore, T.J./Crimando, W. (1995), S. 232ff.
145 Vgl. Lengnick-Hall, M.L./Gaunt, P.M./Kulkarni, M. (2008), S. 255.
146 Vgl. Stone, D.L./Collela, A. (1996), S. 352ff.

Die Führungskräfte sind herausgefordert, als Beispiel gebende Vorbilder den Umgang mit Behinderten zu normalisieren, Vorurteile abzubauen, Stereotypen aufzubrechen und die Vorzüge der Zusammenarbeit mit Behinderten herauszustellen. Behinderte wollen nicht als Sonderklasse behandelt werden: »I'm not disabled I'm differently abled«, meint, ja ich bin behindert, aber das ist kein Grund für Diskriminierung, weil Behinderte über viele Talente verfügen, die sie in die Gesellschaft und die Berufstätigkeit einbringen möchten.

5.2.8 Rechtliche Aspekte der Behinderung

5.2.8.1 Behinderung als Verfassungsnorm

In modernen Gesellschaften hat das Diskriminierungsverbot Verfassungsrang. In der nachgelagerten Gesetzgebung sind die formalen Voraussetzungen dafür geschaffen, dass Behinderte nicht benachteiligt werden (dürfen).

Das Grundgesetz bestimmt in Artikel 3:

(1) Alle Menschen sind vor dem Gesetz gleich.

(2) Männer und Frauen sind gleichberechtigt. Der Staat fördert die tatsächliche Durchsetzung der Gleichberechtigung von Frauen und Männern und wirkt auf die Beseitigung bestehender Nachteile hin.

(3) Niemand darf wegen seines Geschlechtes, seiner Abstammung, seiner Rasse, seiner Sprache, seiner Heimat und Herkunft, seines Glaubens, seiner religiösen oder politischen Anschauungen benachteiligt oder bevorzugt werden. Niemand darf wegen seiner Behinderung benachteiligt werden.

Abb. 5-54: Grundgesetz Artikel 3

5.2.8.2 Behinderung nach dem Sozialgesetzbuch

Das Sozialgesetzbuch (SGB IX) führt im § 1 und § 2 zur Behinderung aus:

§ 1 SGB IX

– Selbstbestimmung und Teilhabe am Leben in der Gesellschaft –

Behinderte oder von Behinderung bedrohte Menschen erhalten Leistungen nach diesem Buch und den für die Rehabilitationsträger geltenden Leistungsgesetzen, um ihre Selbstbestimmung und gleichberechtigte Teilhabe am Leben in der Gesellschaft zu fördern, Benachteiligungen zu vermeiden oder ihnen entgegenzuwirken. Dabei wird den besonderen Bedürfnissen behinderter und von Behinderung bedrohter Frauen und Kinder Rechnung getragen.

§ 2 SGB IX
Behinderung

(1) Menschen sind behindert, wenn ihre körperliche Funktion, geistige Fähigkeit oder seelische Gesundheit mit hoher Wahrscheinlichkeit länger als sechs Monate von dem für das Lebensalter typischen Zustand abweichen und daher ihre Teilhabe am Leben in der Gesellschaft beeinträchtigt ist. Sie sind von Behinderung bedroht, wenn die Beeinträchtigung zu erwarten ist.

(2) Menschen sind im Sinne des Teils 2 schwerbehindert, wenn bei ihnen ein Grad der Behinderung von wenigstens 50 vorliegt und sie ihren Wohnsitz, ihren gewöhnlichen Aufenthalt oder ihre Beschäftigung auf einem Arbeitsplatz im Sinne des § 73 rechtmäßig im Geltungsbereich dieses Gesetzbuches haben.

(3) Schwerbehinderten Menschen gleichgestellt werden sollen behinderte Menschen mit einem Grad der Behinderung von weniger als 50, aber wenigstens 30, bei denen die übrigen Voraussetzungen des Absatzes 2 vorliegen, wenn sie infolge ihrer Behinderung ohne die Gleichstellung einen geeigneten Arbeitsplatz im Sinne des § 73 nicht erlangen oder nicht behalten können (gleichgestellte behinderte Menschen).

Abb. 5-55: SGB IX § 1 und § 2

Das Sozialgesetzbuch stellt in § 1 Behinderten Leistungen der Solidargemeinschaft in Aussicht, die den Behinderten die Teilhabe am gesellschaftlichen und beruflichen Leben ermöglichen.

Behinderung wird von Vorstellungen über das Normale, von Normvorstellungen, geprägt. Wie die Normvorstellung und die Normen auszusehen haben und was in einer Gesellschaft als behindert gilt, hängt von Tradition und formalem Recht, von Gesetzen und von den praktizierten Norm- und Wertevorstellungen ab. Aber auch der gesellschaftliche Reichtum bestimmt den Umgang mit Behinderten. Wenn eine Gesellschaft es sich leisten kann, werden Behinderte mehr Unterstützung erhalten als dies in armen Gesellschaften der Fall ist. Andererseits sind Behinderte in armen Gesellschaften stärker in die Arbeit eingebunden.

Die Absicherung der Rechte von Behinderten sorgt auf der einen Seite für Schutz, Förderung und Hilfe und bewirkt bzw. erzwingt Teilhabe und Integration in Gesellschaft und Wirtschaft. Auf der anderen Seite wird mit dem formal-rechtlichen Schutz der Behinderten das Besondere hervorgehoben. Stigmatisierung, Diskriminierung, Ausgrenzung könnten argumentativ aus der Hervorhebung der Andersartigkeit gespeist werden.

Es sind stets mentale und reale Barrieren, die Behinderte davon abhalten, ihre Lebensentwürfe, Berufsziele und Kulturteilhabe so weit wie es ihnen möglich wäre zu verwirklichen. Der österreichische Caritasverband bringt diesen Zusammenhang in den kurzen Slogan: »Behindert ist, wer behindert wird.« Das AGG verlangt, dass niemand aufgrund seiner Behinderung benachteiligt werden darf.

§ 84 Absatz 2 des SGB IX hat zur Folge, dass die betrieblichen Akteure, insbesondere die Arbeitsmediziner, dazu aufgefordert sind, Menschen mit Behinderung in die betrieblichen Abläufe einzugliedern. Hierzu sind Ursachenanalysen durchzuführen und entsprechende Unterstützungsmöglichkeiten entsprechend des Grades der Behinderung auszugestalten.[147]

Das Schwerbehindertengesetz ist seit 2001 Teil des SGB IX. Das Schwerbehindertengesetz räumt Behinderten ein formales Recht der Beschäftigung ein. Menschen definieren sich in hohem Maße über ihre berufliche Tätigkeit und leiten ihr Selbstwertgefühl aus dem gewährten Maß der Beteiligung am Arbeitsleben ab. Diesen Anspruch haben Behinderte deshalb in erhöhtem Maße im Vergleich zu Nichtbehinderten, weil ihre Behinderung den Ausgleich z. B. in sportlichen Aktivitäten nicht in dem Maße ermöglicht, wie dies bei Nichtbehinderten der Fall ist. Grundsätzlich schreibt das Schwerbehindertengesetz im § 5 privaten und öffentlichen Arbeitgebern mit mindestens 20 Arbeitsplätzen eine anteilige Beschäftigungspflicht Behinderter vor. Die Behindertenquote ist auf mindestens 5 Prozent der gesamten Arbeitsplätze festgesetzt.

147 Vgl. Mehrhoff, F./Schian, H.-M. (2009), S. 25.

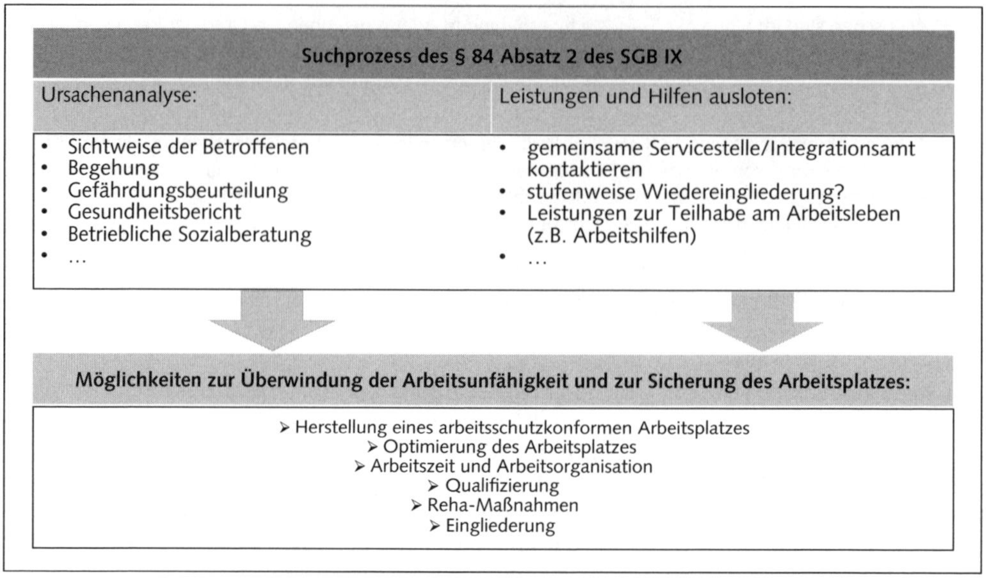

Abb. 5-56: Suchprozesse des § 84 Absatz 2 des SGB IX
Quelle: Mehrhoff, F./Schian, H.-M. (2009), S. 25.

Unternehmen können von der Pflicht der Beschäftigung Behinderter »freikaufen«. Im § 11 Schwerbehindertengesetz sind eine Vielzahl von Ausgleichsabgaben bei Nichterfüllung der gesetzlich vorgesehenen Schwerbehindertenquote aufgeführt.

§ 3

Schwerbehindertengesetz

Behinderung

(1) Behinderung im Sinne dieses Gesetzes ist die Auswirkung einer nicht nur vorübergehenden Funktionsbeeinträchtigung, die auf einem regelwidrigen körperlichen, geistigen oder seelischen Zustand beruht. Regelwidrig ist der Zustand, der von dem für das Lebensalter typischen abweicht. Als nicht nur vorübergehend gilt ein Zeitraum von mehr als 6 Monaten. Bei mehreren sich gegenseitig beeinflussenden Funktionsbeeinträchtigungen ist deren Gesamtauswirkung maßgeblich.

(2) Die Auswirkung der Funktionsbeeinträchtigung ist als Grad der Behinderung (GdB), nach Zehnergraden abgestuft, von 20 bis 100 festzustellen.

(3) Für den Grad der Behinderung gelten die im Rahmen des § 30 Abs. 1 des Bundesversorgungsgesetzes festgelegten Maßstäbe entsprechend.

§ 5

Schwerbehindertengesetz

Umfang der Beschäftigungspflicht

(1) Private Arbeitgeber und Arbeitgeber der öffentlichen Hand (Arbeitgeber), die über mindestens 20 Arbeitsplätze im Sinne des § 7 Abs. 1 verfügen, haben auf wenigstens 5 vom Hundert der Arbeitsplätze Schwerbehinderte zu beschäftigen. Dabei sind schwerbehinderte Frauen besonders zu berücksichtigen.

§ 6

Schwerbehindertengesetz

Beschäftigung besonderer Gruppen Schwerbehinderter

(1) Arbeitgeber haben im Rahmen der Erfüllung der Beschäftigungspflicht in angemessenem Umfang zu beschäftigen

1. Schwerbehinderte, die nach Art oder Schwere ihrer Behinderung im Arbeits- und Berufsleben besonders betroffen sind, insbesondere solche,

a) die zur Ausübung der Beschäftigung wegen ihrer Behinderung nicht nur vorübergehend einer besonderen Hilfskraft bedürfen oder

b) deren Beschäftigung infolge ihrer Behinderung nicht nur vorübergehend mit außergewöhnlichen Aufwendungen für den Arbeitgeber verbunden ist oder

c) die infolge ihrer Behinderung nicht nur vorübergehend offensichtlich nur eine wesentlich verminderte Arbeitsleistung erbringen können oder

d) bei denen ein Grad der Behinderung von wenigstens 50 allein infolge geistiger oder seelischer Behinderung oder eines Anfallsleidens vorliegt oder

e) die wegen Art oder Schwere der Behinderung keine abgeschlossene Berufsbildung im Sinne des Berufsbildungsgesetzes haben, 2. Schwerbehinderte, die das 50. Lebensjahr vollendet haben.

(2) Arbeitgeber, die über Stellen zur beruflichen Bildung, insbesondere für Auszubildende, verfügen, haben im Rahmen der Erfüllung der Beschäftigungspflicht einen angemessenen Anteil dieser Stellen mit Schwerbehinderten zu besetzen.

Abb. 5-57: Schwerbehindertengesetz § 3, 5 und 6

5.2.8.3 Behinderung nach dem AGG

Behinderte sind im AGG ausdrücklich als zu schützender Personenkreis aufgeführt. Der Inhalt des Begriffes Behinderung ist im AGG und im Sozialgesetzbuch IX gleich. Nach dem Behindertengleichstellungsgesetz sind Menschen behindert, »wenn ihre körperliche Funktion, geistige Fähigkeit oder seelische Gesundheit mit hoher Wahrscheinlichkeit länger als sechs Monate von dem für das Lebensalter typischen Zustand abweichen und daher ihre Teilhabe am Leben in der Gesellschaft beeinträchtigt ist.«

Das Allgemeine Gleichbehandlungsgesetz (2006)

§ 1 AGG

– Ziel des Gesetzes –

»Ziel des Gesetzes ist, Benachteiligungen aus Gründen der Rasse oder wegen der ethnischen Herkunft, des Geschlechts, der Religion oder Weltanschauung, **einer Behinderung**, des Alters oder der sexuellen Identität zu verhindern oder zu beseitigen.«

Abb. 5-58: AGG § 1 Ziel des Gesetzes

Das AGG unterteilt das Diskriminierungsverbot in unmittelbare und in mittelbare Diskriminierung. Eine unmittelbare Diskriminierung liegt vor, wenn eine Person in einer gegebenen Situation eine schlechtere Behandlung erfährt als eine andere Person. Unmittelbare Diskriminierung kann durch Handeln und durch Unterlassen geschehen. Wird eine behinderte Person anders behandelt als eine nicht behinderte Person in einer bestimmten Situation behandelt wird oder behandelt werden würde, dann liegt der Tatbestand der Diskriminierung vor. Eine mittelbare Diskriminierung einer behinderten Person liegt z. B. dann vor, wenn Termine so eng gesetzt werden, dass eine bewegungsbehinderte Person nicht rechtzeitig am Ort der Besprechung sein kann oder sein könnte.

Nach dem AGG dürfen Behinderte in keiner Form belästigt werden. Die Würde der Behinderten ist ebenso wenig antastbar wie die der Nichtbehinderten. Institutionen, allen voran Unternehmen, müssen geeignete Maßnahmen zur Vermeidung und Beseitigung von Diskriminierung ergreifen. §7 AGG nimmt konkret Bezug auf das Verbot der Diskriminierung in der Arbeitswelt. Weder bei der Begründung, der Ausführung noch bei der Beendigung eines Arbeitsverhältnisses dürfen behinderte Mitarbeiter mittelbar oder unmittelbar benachteiligt werden. Dieses Diskriminierungsverbot schließt Bewerber in vollem Umfange ein. Ausnahmen zum Diskriminierungsverbot sind in §8 AGG aufgeführt. Von der Art und der Schwierigkeit der Aufgaben ausgehend, ist Ungleichbehandlung dann gestattet, wenn Personen z. B. durch die Aufgabe überfordert werden oder überfordert würden, wenn ihnen diese Aufgabe übertragen würde. §20 AGG erlaubt eine unterschiedliche Behandlung dann, wenn dafür ein sachlicher Grund vorliegt. Dazu gehören die Vermeidung von Gefahren und die Verhütung von Schäden. Willkür ist auch in diesen Fällen ausgeschlossen.

Ein schwieriger Sachverhalt möglicher Diskriminierung wird in §22 AGG unter Verbot gestellt. Es sind Ansprüche einer diskriminierten Person an den Schädiger, die sich nicht auf Vermögensschäden beziehen.[148]

Das Allgemeine Gleichbehandlungsgesetz (2006)

§2 AGG

– Anwendungsbereich –

Benachteiligungen aus einem in §1 genannten Grund sind nach Maßgabe dieses Gesetzes unzulässig in Bezug auf:

1. die Bedingungen, einschließlich Auswahlkriterien und Einstellungsbedingungen, für den Zugang zu unselbstständiger und selbstständiger Erwerbstätigkeit, unabhängig von Tätigkeitsfeld und beruflicher Position, sowie für den beruflichen Aufstieg,
2. die Beschäftigungs- und Arbeitsbedingungen einschließlich Arbeitsentgelt und Entlassungsbedingungen, insbesondere in individual- und kollektivrechtlichen Vereinbarungen und Maßnahmen bei der Durchführung und Beendigung eines Beschäftigungsverhältnisses sowie beim beruflichen Aufstieg,
3. den Zugang zu allen Formen und allen Ebenen der Berufsberatung, der Berufsbildung einschließlich der Berufsausbildung, der beruflichen Weiterbildung und der Umschulung sowie der praktischen Berufserfahrung,
4. die Mitgliedschaft und Mitwirkung in einer Beschäftigten- oder Arbeitgebervereinigung oder einer Vereinigung, deren Mitglieder einer bestimmten Berufsgruppe angehören, einschließlich der Inanspruchnahme der Leistungen solcher Vereinigungen,
5. den Sozialschutz, einschließlich der sozialen Sicherheit und der Gesundheitsdienste,
6. die sozialen Vergünstigungen,
7. die Bildung,
8. den Zugang zu und die Versorgung mit Gütern und Dienstleistungen, die der Öffentlichkeit zur Verfügung stehen, einschließlich von Wohnraum.

Abb. 5-59: AGG §2 Anwendungsbereich

148 Vgl. zum AGG Becker, M. (2007).

5.2.8.4 Weitere Gesetze zur Behinderung

Neben den bereits aufgeführten Gesetzen existieren weitere, die Auswirkungen auf die Beschäftigung von Mitarbeitern mit einer Behinderung haben. So sieht beispielsweise die Bauordnung bestimmte Vorgaben zu barrierefreiem Bauen vor, die bei der Planung von Gebäuden und Produktionsanalagen zu berücksichtigen sind. Eine Auswahl der relevanten Texte fasst Abbildung 5-60 zusammen.

Weitere Gesetze zur Behinderung

- Das **Gesetz zur Gleichstellung behinderter Menschen** enthält verschiedene Verpflichtungen zur Gleichstellung und Barrierefreiheit.
- Die **Bauordnung** enthält grundlegende Vorgaben für **barrierefreies Bauen** (vgl. § 39 LBO BW).
- **Landesgleichstellungsgesetze**
- Die **Barrierefreie-Informationstechnik-Verordnung** (BITV) macht Vorgaben für behindertengerechte IT-Systeme, beispielsweise **barrierefreies Internet**.
- **SGB IX**: **Rehabilitation** und **Teilhabe** behinderter Menschen. Erster Teil Regelungen für behinderte Menschen, zweiter Teil **Schwerbehindertenrecht**
- **SGB XI**: **Pflegeversicherung**
- **SGB XII**: hier regeln im 6. Kapitel die **§ 53 bis 60** die Eingliederungshilfe für Menschen die im Sinne von **§ 2 Abs. 1 Satz 1** des **SGB IX** als behindert gelten.
- **Kraftfahrzeughilfe-Verordnung**: Regelt die Bezuschussung von Pkw für Behinderte
- **Bundeswahlgesetz**: § 13 regelt den Ausschluss vom **Wahlrecht**
»Behinderung« als Eigenschaft von Menschen, die als Begründung für eine Benachteiligung

Abb. 5-60: Ergänzende Gesetze zu Behinderungen

Bleibt zu erwähnen, dass eine unterschiedliche Entlohnung für Behinderte dann nicht gerechtfertigt ist, wenn die Behinderung keine Auswirkungen auf die Arbeitsleistung hat. Kann ein Behinderter aufgrund seiner Behinderung weniger leisten, führt das zu einer Absenkung des Arbeitsentgelts oder zu einer Ausgleichszahlung für außergewöhnliche Belastungen im Sinne eines Minderleistungsausgleichs. Ebenfalls ist auf die besonderen Urlaubsregeln hinzuweisen. In der Regel sind die besonderen Aspekte der Entlohnung von Behinderten über die gesetzlichen Grundlagen hinaus in Tarifverträgen geregelt. Eine Kompensation möglicher Minderleistung erhalten die Unternehmen durch den Wegfall der Ausgleichsabgabe, wenn sie Behinderte beschäftigen. Darüber hinaus gelten die Regelungen ohne Ausnahme auch für Behinderte. Bei gravierenden Änderungen des Arbeitsplatzes, bei Umsetzungen etc. gelten die Bestimmungen des Arbeitsrechts, z. B. die Änderungskündigung bei nachhaltiger Minderleistung eines (behinderten) Beschäftigten.

5.2.9 Behinderung und Gesundheit als Diversity-Auftrag

Die Frage, ob bzw. inwieweit Behinderung und gesundheitliche Einschränkungen diskriminierend wirken, ist Gegenstand des Managing Diversity. Dabei ist zu fragen, ob Behinderung – ähnlich wie die Kategorie Alter – primär aus der Perspektive der Defizittheorie gestaltet wird. Ob Behinderung oder Krankheit lediglich als Einschränkung der Arbeitsfähigkeit oder als Ausschlusskriterium für eine Beschäftigung gesehen werden, kann erst dann beurteilt werden, wenn alle möglichen und zumutbaren Anstrengungen zur Ermöglichung der Beschäftigung ausgeschöpft sind. Die Arbeitsbedingungen (Ort, Zeit, Zeitdauer, Technik, Arbeitsplatzgestaltung) sind für eine behindertengerechte Beschäftigung so auszugestalten (Managing Diversity), dass die Aufgabe zu der behinderten Person und ihren Fähigkeiten passt. Die Ausgestaltung der Arbeit »ad Personam« ist dann Aufgabe des Diversity Managements.

5.2.10 Behinderung und Gesundheit als Handlungsfelder des Diversity Managements

Das betriebliche Gesundheitsmanagement und das Disability Management sind anschlussfähig an das Diversity Management zu gestalten. Beide Handlungsfelder zielen auf Beschäftigungsförderung und Diskriminierungsvermeidung. Beide Handlungsfelder stärken die Vielfalt der Belegschaft, indem Mitarbeiter mit Leistungseinschränkungen in das Arbeitsleben integriert werden bzw. im Arbeitsleben gehalten werden. Die persönliche Beschäftigungsfähigkeit wird gestärkt. Gelingt das, dann wachsen auch die Beschäftigungsmöglichkeiten für Behinderte und Kranke.

Betriebliches Gesundheitsmanagement und Disability Management unterscheiden sich hinsichtlich der Zielgruppen. Während sich das Gesundheitsmanagement an alle Mitarbeiter richtet, fokussiert das Disability Management Mitarbeiter, die erkrankt oder behindert sind. Das Gesundheitsmanagement umfasst »gezielt eingesetzte Aktivitäten im Unternehmen, die zur langfristigen psychischen und physischen Gesundheit von Führungskräften und Mitarbeitern beitragen.«[149] Das Disability Management, im deutschen Behinderungsmanagement genannt, zielt auf die Klärung der Ursachen längerfristiger Krankheit. Seit dem 1.Mai 2004 sind Unternehmen nach §84 SGB IX verpflichtet, für Mitarbeiter, die länger als sechs Wochen arbeitsunfähig sind, ein betriebliches Eingliederungsmanagement anzubieten. Wiederherstellung der Leistungsfähigkeit ist das Ziel des Disability Managements. Es wird in aller Regel als Kooperationsaufgabe vom betriebsärztlichen Dienst, dem Diversity-Beauftragten, der Schwerbehindertenvertretung, dem Personalmanagement, den Führungskräften und den betroffenen Mitarbeitern realisiert. Das Disability Management zielt auf Vermeidung von Nachteilen und kann als Strategie des Managing Diversity verstanden werden. Das Gesundheitsmanagement wirkt integrativ und berücksichtigt in einem stärkeren Maße präventive Maßnahmen, um die Potenziale aller Mitarbeiter zu erhalten. Es folgt der Strategie des Diversity Managements.

149 Stock-Homburg, R. (2010), S. 820.

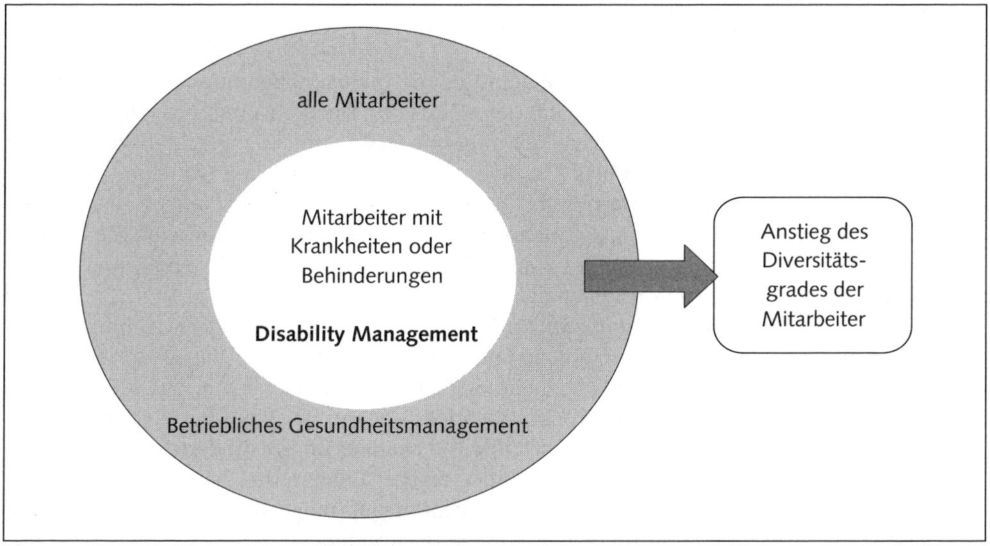

Abb. 5-61: Wirkung von Disability Management und Gesundheitsmanagement auf die Diversität der Mitarbeiter.

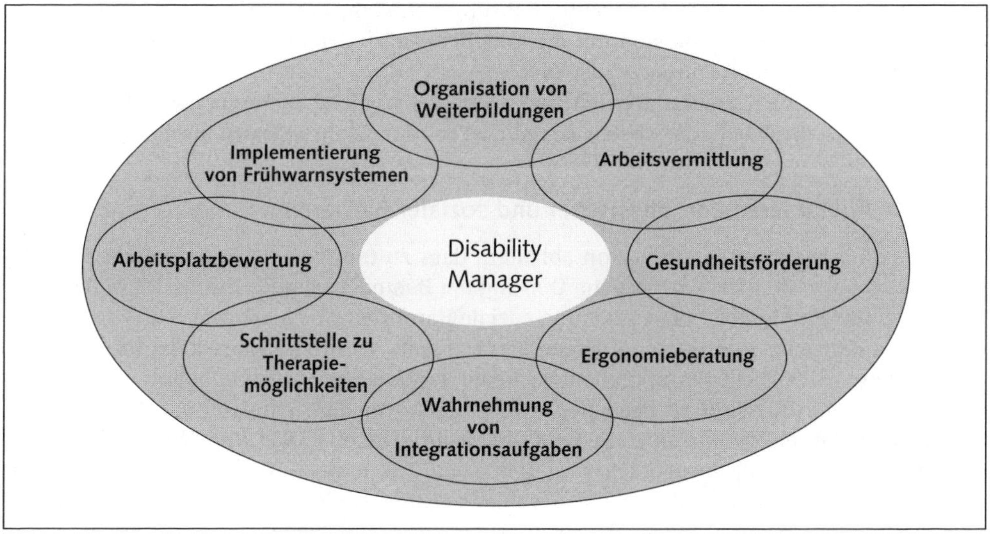

Abb. 5-62: Aufgaben des Disability Managers
Quelle: Fortbildungsakademie der Wirtschaft gGmbH, Hamburg Internet.

5.2.11 Managing Diversity Behinderter

Gerade im Bereich der Bemühungen um Integration und Inklusion Behinderter in Gesellschaft und Wirtschaftsleben zeigt sich die Dualität des »Managing Diversity« und des »Diversity Management« sehr deutlich. Managing Diversity trägt mit Maßnahmen der Nachteilsvermeidung und der Nachteilsbeseitigung dazu bei, dass Behinderte am Arbeitsleben teilnehmen können. Wenn ein körperlich Behinderter barrierefrei zu seinem Computerarbeitsplatz gelangen kann, dann unterscheidet ihn am Arbeitsplatz nichts mehr von einem nichtbehinderten Mitarbeiter. Wenn ein Mitarbeiter nach längerer Krankheit wieder systematisch in die Arbeit und die Arbeitsgruppe integriert wird, dann steigen Leistung und Zufriedenheit.

Beseitigung von Mobilitätshemmnissen, Unterstützung der Sinnesorgane, technische Unterstützung für das Handling von Geräten und Maschinen, ergonomisch angepasstes Mobiliar, behindertengerechtes Zeitmanagement, Spracherkennungssysteme, auf die jeweilige Behinderung angepasste Formen der Kommunikation, nennen Beispiele der Optimierung der Arbeitsumgebung für eine verbesserte Beschäftigung Kranker und Behinderter.

Die Erledigung von Aufgaben im Home Office erspart Behinderten beschwerliche Wegezeiten. Arbeiten in reduzierter Vollzeit, berücksichtigt das möglicherweise eingeschränkte Zeitvolumen, das Behinderte für die Arbeit aufwenden können.

Darüber hinaus ist die Veränderung der bestehenden Unternehmenspolitik eine Maßnahme des Managing Diversity. Zu nennen sind insbesondere die Implementierung einer Antidiskriminierungspolitik und entsprechender Richtlinien im Unternehmen. Für die Umsetzung der Richtlinien sollten entsprechende Indikatoren ermittelt werden. Leistungsbeurteilungen, Vergütungssysteme, Arbeitszeitkonzepte, Führungsleitlinien, Personalentwicklungskonzepte und Kommunikationssysteme sind auf die Tauglichkeit zu prüfen, heterogene Gruppen mit heterogenen Ansprüchen zufriedenzustellen.

Netzwerke können genutzt werden, um eine bestmögliche Betreuung von Behinderten und Kranken zu erreichen, die Kosten zu reduzieren und Erfahrungsaustausch zu pflegen.[150]

5.2.11.1 Abbau mentaler, physischer und sozialer Barrieren

Barrieren sind Hindernisse, die davon abhalten, dass zu tun, was man tun will oder das zu tun, was zu tun wäre. Drei Barrieren im Umgang mit Behinderten und chronisch Kranken sind zu unterscheiden: Mentale, physische und soziale Barrieren.

Mentale Barrieren sind gedachte Hindernisse, die als Vorurteile, stereotype Zuschreibungen und bewusstes Nicht-Wahrnehmen der Realität, Menschen davon abhalten, Behinderten und Kranken vorurteilsfrei zu begegnen. Der Einfluss von Einstellungen auf das Verhalten gegenüber Mitarbeitern mit einer Behinderung wurde bereits 1989 von Wilgosh und Mueller untersucht. Die beiden Forscher wiesen einen Zusammenhang zwischen einer positiven Einstellung gegenüber Menschen mit einer geistigen Behinderung und deren positiver Berücksichtigung bei der Personalauswahl sowie den entgegengesetzten Zusammenhang nach.[151] Stereotypen führen gemäß der Studie von Stone und Collela dazu, dass Mitarbeiter mit Behinderungen eine geringere Akzeptanz im Arbeitsteam erfahren, weniger oft befördert werden, in einem geringeren Maße herausfordernde Aufgaben übertragen bekommen, selte-

150 Vgl. Pati, G. C./Bailey, E. K. (1997), S. 62 f.
151 Vgl. Wilgosh, L./Mueller, H. (1989), S. 43 ff.

ner Führungskraft und Mentor werden sowie seltener an Personalentwicklungsmaßnahmen teilnehmen können.[152] Mentale Barrieren führen als intellektuelle Blockaden dazu, dass sich die Menschen nicht verstehen. Sie sind entweder unterschiedlich gebildet oder ihre Erfahrungen sind so unterschiedlich, dass z. B. Behinderte und Nichtbehinderte eine »unterschiedliche Sprache sprechen« und die jeweilige Realität sehr unterschiedlich interpretieren.

Physischen Barrieren verhindern als bauliche Hindernisse, als physische Distanz, dass Behinderte dorthin gelangen, wohin sie gelangen möchten oder gelangen müssen. Weite Wege zum Arbeitsplatz sind für Behinderte oft ein unüberwindliches Hindernis, eine Arbeit aufzunehmen. Wenn körperlich Behinderte keinen Führerschein haben, dann sind sie auf den öffentlichen Personennahverkehr angewiesen. In ländlichen Gebieten bedeutet das nicht selten ein Ausschlusskriterium für Behinderte, am Arbeitsleben teilnehmen zu können. Führen aus der Distanz und Home-Office-Konzepte sind Maßnahmen zur Erleichterung der Integration von Behinderten in das Arbeitsleben.

Soziale Barrieren sind Toleranzsperren, die es Behinderten bewusst oder unbewusst verwehren, in bestimmte soziale Zirkel aufgenommen zu werden. Fremdenhass ist ein drastisches Beispiel für soziale Ausgrenzung.

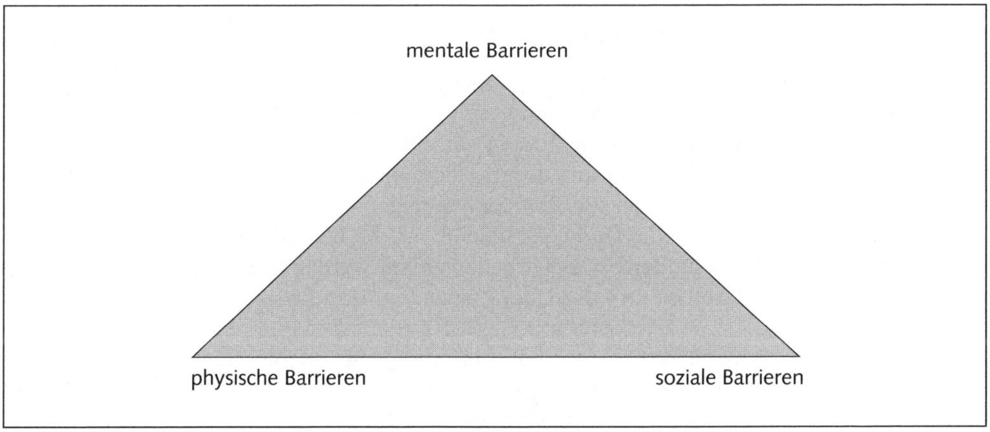

Abb. 5-63: Physische, mentale und soziale Barrieren

Um Barrieren abzubauen, sind geeignete Diversity-Maßnahmen einzusetzen. Folgende Maßnahmen können helfen, Barrieren im Kopf, in der Umgebung und im Umgang abzubauen.

1. Maßnahmen zum Abbau mentaler Barrieren

- Offensives Bekenntnis der Unternehmensleitung zur Gleichstellung Behinderter und Nichtbehinderter
- Durchführung von Dialogveranstaltungen zur vorurteilsfreien Begegnung aller Beschäftigten
- Einstellung von Behinderten

152 Vgl. Stone, D. L./Collela, A. (1996), S. 352 ff.

- Einweisung und Schulung der Führungskräfte zur Sensibilisierung für den Umgang mit Behinderten
- Abbau der Helfermentalität und Aufbau von Empowerment für Behinderte

2. **Maßnahmen zum Abbau physischer Barrieren**
   - Barrierefreier Zugang zum Arbeitsplatz, den Sozialräumen sowie betrieblichen Veranstaltungen (Unternehmensfeiern etc.)
   - Optimierung der technischen Ausstattung der Arbeitsplätze (Drucker, die Texte in Braille Schrift drucken; Sprach-Sythesizer, die getippte Wörter »sprechen« etc.)[153]
   - Optimierung der Zeitmaße für Dienstreisen, Meetings Pausen
3. **Maßnahmen zum Abbau sozialer Barrieren**
   - Übertragung von Führungsaufgaben an Behinderte
   - Wahl Behinderter in die Betriebs- und Personalratsgremien
   - Ernennung von Behinderten zu Key Account Managern
   - Gemeinsame Freizeitgestaltung
   - Buddy-Konzepte (behinderte und nicht behinderte Mitarbeiter arbeiten gleichzeitig an einer Aufgabe)[154]

5.2.11.2 Einführung von Behindertenquoten

Verpflichtende Behindertenquoten reservieren einen bestimmten Anteil an der Belegschaft für Behinderte. Unternehmen sind rechtlich verpflichtet, 20 Prozent Menschen mit Behinderung zu beschäftigen. Das Positive an Quoten sind feste Bezugspunkte der Gleichstellung, auf die sich Menschen mit Behinderung berufen können. Das Negative an Quotenvorgaben ist die positive Diskriminierung, die aus dem Zwang folgen kann. Weil Behinderte ohne Quote keine Chancen hätten, tritt die Quote schützend vor die Behinderten. Der äußere Zwang kann dazu führen, dass Behinderte doppelt benachteiligt werden. Einerseits, weil sie behindert sind, andererseits, weil sie mit der Quote bevorzugt und dadurch positiv diskriminiert werden.

Die Einführung von Behindertenquoten darf in ihrer positiven Wirkung auf die Gleichstellung Behinderter daher nicht überschätzt werden. Als normativ-verpflichtender Mindeststandard sind Quoten zu begrüßen. Allerdings verfestigen Quotenregelungen die Wahrnehmung der Andersartigkeit und der Bedürftigkeit von Behinderten bei den Gesunden. Mit der Einführung von Quoten wird die Ungleichheit gewissermaßen amtlich bestätigt. Andererseits kann eine individualisierte Gesellschaft nicht darauf vertrauen, dass Behinderte ohne institutionellen Druck die ihnen gebührende Wertschätzung und Teilhabe am Arbeitsleben immer in vollem Umfange erlangen.

Eine besondere Form der Behinderung erfahren Hochbegabte, weil sie mit ihrer besonderen Begabung, mit ihren Interessen, ihrem Lerntempo und ihrer kritischen Einstellung zur »banalen Sicht der Normalen« andersartig, für manche behindert erscheinen. Sie fallen aus dem Rahmen des Normalen und werden häufig weder verstanden noch ausreichend gefördert. Im Verständnis der Förderung von Vielfalt ist es auch Aufgabe des Diversity Managements, Hochbegabten die besondere Aufmerksamkeit zukommen zu lassen, die aus Hochbegabten Hochbefähigte macht. Individuell und gesellschaftlich führt Begabtenförderung zu persönli-

153 Vgl. Pati, G. C./Bailey, E. K. (1997), S. 56.
154 Vgl. Jones, G. E. (1997), S. 69 f.

cher Entfaltung, zur Verwirklichung optimaler Lebenschancen und steigert den gesellschaftlichen Nutzen durch eine verbesserte Allokation des Humanvermögens.

Im Handlungsfeld Behinderung wirken institutionelle Barrieren deshalb diskriminierend, weil sie nicht offen kommuniziert werden, weil Hindernisse nicht sichtbar sind und weil sich Betroffene nicht dagegen wehren können. Was will ein behinderter Bewerber tun, wenn ein Personalmitarbeiter oder die einstellende Führungskraft nach dem Eingang der Bewerbung »gewissermaßen als Anpassung der Anforderungskriterien« die Chancen auf Einstellung verändert. An diesem Beispiel wird für die große Palette der »indirekten« institutionellen Diskriminierung sichtbar, dass es auf das Bewusstsein, die Erfahrung und das Engagement der Privilegierten ankommt. Verbote, Quoten und Strafzahlungen sind nur so weit wirksam, wie die Sanktionen reichen.

5.2.11.3 Disability Management Behinderter

Der aus Kanada stammende Ansatz des Disability Managements erfährt in der Praxis zunehmende Bedeutung. Eine Vorreiterrolle bei der Umsetzung des Disability Managements nimmt in Deutschland der Automobilhersteller Ford ein. Der »Code of practice on managing disability in the workplace« der ILO kann dabei als Grundlage des betrieblichen Disability Managements verstanden werden. Die nachfolgende Abbildung 5-64 fasst die zentralen Inhalte des Codes zusammen.[155]

- Gewährleistung der Chancengleichheit am Arbeitsplatz von Menschen mit Behinderungen
- Verbesserung der Beschäftigungsperspektiven von Menschen mit Behinderungen durch Erleichterung des Zugangs zu Beschäftigung, der Wiedereingliederung, des Erhalts des Arbeitsplatzes und des beruflichen Aufstiegs
- Förderung eines sicheren, zugänglichen und gesunden Arbeitsplatzes
- Minimierung der mit der Beschäftigung von Behinderten verbundenen Kosten für das Unternehmen
- Maximierung der Wertschöpfung von Arbeitnehmern mit einer Behinderung

Abb. 5-64: Zentrale Inhalte des »Code of practice on managing disability in the workplace«
Quelle: Schian, H.-M./Schmidt, C. (2007), S. 11.

Das Disability Management folgt zudem der Zielstellung, krankheitsbedingte Fehlzeiten und damit Kosten zu reduzieren. Leistungseingeschränkte Mitarbeiter werden bei der (Re)Integration in das Unternehmen unterstützt.[156]

Insbesondere nach Phasen akuter Erkrankungen sind Maßnahmen des betrieblichen Eingliederungsmanagements (BEM) zu ergreifen. Gesetzlich sind Unternehmen nach SGB IX §84 dazu verpflichtet, Mitarbeiter, die in einem Zeitraum von 12 Monaten länger als 6 Wochen krankheitsbedingt abwesend gewesen sind, mit Wiedereingliederungsmaßnahmen die Eingliederung in die Arbeit und die Arbeitsgruppe zu erleichtern. Die gesetzlichen Bestimmungen gelten sowohl für schwerbehinderte als auch für nicht behinderte kranke Mitarbeiter. Weil Erkrankung stets einen individuellen Verlauf nimmt, ist die Mitwirkung des Mitarbeiters

155 Vgl. Schian, H.-M./Schmidt, C. (2007), S. 11.
156 Vgl. Oberenderer, P./Da-Cruz, P./Schwegel, P. (2012), S. 246f.

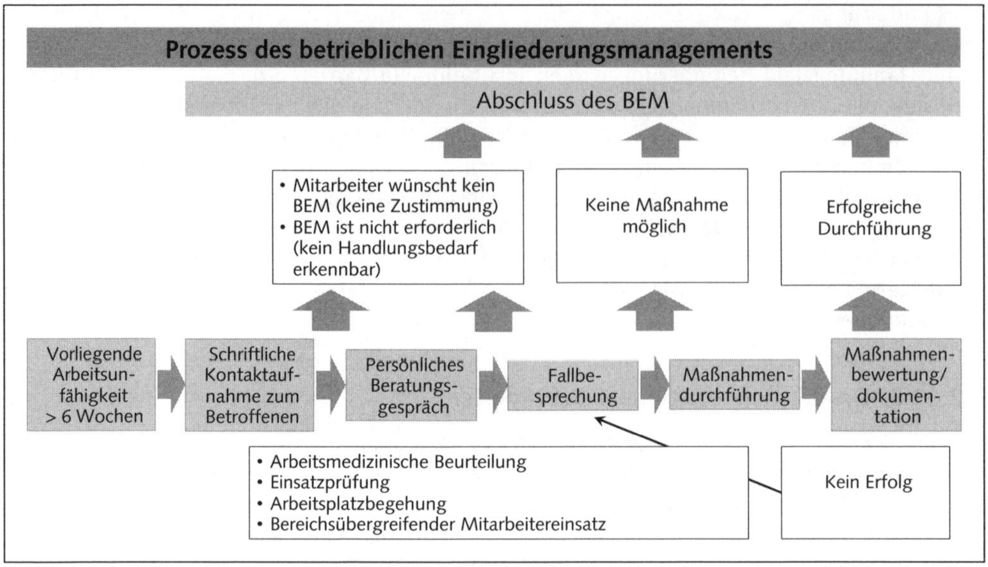

Abb. 5-65: Prozess des betrieblichen Eingliederungsmanagements
Quelle: Brandenburg, U./Nieder, P. (2009), S. 36.

Maximen des Disability-Managements

1. Dialog mit den betroffenen Akteuren:
   - offene Kommunikation mit den Mitarbeitern über die Veränderungen der Leistungsfähigkeit und Möglichkeiten zur Mitarbeit
   - Einbindung der Schwerbehindertenvertretung und des Betriebsrats
2. Assessmentorientierung:
   - Ableitung der Maßnahmen aus der Durchführung von Analyse-Verfahren, z. B. IMBA-Verfahren, MELBA-Verfahren
   - Abgleich von Fähigkeits- und Anforderungsprofilen
3. Dokumentation und Evaluation:
   - Nachweis der Effizienz und Effektivität
   - Erzielung von Akzeptanz
4. Abteilungs- und bereichsübergreifende Kooperation mit den betroffenen Akteuren:
   - Absprache von Projekten des Arbeitseinsatzes mit verantwortlichen Produktionsmanagern und Meistern, Gesundheitsdienst sowie Arbeitnehmervertretung
5. Vernetzung mit externen Akteuren:
   - Aufbau von Netzwerken zu Rehakliniken, Integrationsämtern etc.

Abb. 5-66: Maximen des Disability Managements
Quelle: In Anlehnung an Schian, H.-M./Schmidt, C. (2007), S. 14.

zentrale Voraussetzung einer erfolgreichen Wiedereingliederung. Um individuelle Lösungen zu finden, sollten persönliche Beratungsgespräche und Fallbesprechungen den individuellen Eingliederungsbedarf klären. Aus den Erkenntnissen sind Maßnahmen abzuleiten, die geeignet sind, die Eingliederung zu beschleunigen (Kostenaspekt) und die Aufnahme in das Team sicherzustellen (Sozialaspekt). Die Maßnahmen sind zu dokumentieren und zu evaluieren. Abbildung 5-65 gibt einen Überblick über das betriebliche Eingliederungsmanagement.[157] Grundsätzlich sind bei der Durchführung des Disability Managements, die in Abbildung 5-66 aufgeführten Maximen zu beachten.

Das betriebliche Eingliederungsmanagement folgt den Maximen des Managing Diversity. Benachteiligungen, die durch den Zustand einer akuten Erkrankung entstanden sind, sollen beseitigt werden. Langfristige Erhaltung der Beschäftigungsfähigkeit ist Ziel der Maßnahmen des Disability Managements.

Mitarbeiter, die nach der Wiedereingliederung weiterhin als leistungsgewandelt eingestuft werden, können weiter beschäftigt werden, wenn entsprechend gestufte Modelle der Integration praktiziert werden, die verhindern, dass Überforderung und als Folge eine erneute Krankheit drohen. Es existieren vier verschiedene Modelle zur Integration leistungsgewandelter Mitarbeiter.

Mit dem *Integrationsmodell* werden die leistungsgewandelten Mitarbeiter in den »normalen Arbeitsprozess« zurückgeführt. Zwei Varianten sind möglich. Entweder *Umsetzung* des Mitarbeiters an einen seiner verminderten oder veränderten Leistungsfähigkeit entsprechenden Arbeitsplatz oder stufenweise *Wiedereingliederung* in die bisherige Tätigkeit.

Vor der Umsetzung sollte die Leistungsfähigkeit und die Wünsche des Mitarbeiters erhoben werden. Diese Erhebung kann mit Hilfe von Profilvergleichsverfahren, (z. B. IMBA)[158] oder mit Merkmalsprofilen zur Eingliederung Leistungsgewandelter und Behinderter in die Arbeit (MELBA) erfolgen. Ziel der Analysen ist die Passung von Person und Position.

Die *stufenweise Wiedereingliederung* ist dann zu wählen, wenn Reha- und Kur-Aufenthalte Hoffnung auf eine Wiederherstellung der Leistungsfähigkeit des Mitarbeiters erlauben. Die Wiedereingliederung sollte in der Art erfolgen, dass sowohl Arbeitszeit als auch Arbeitsbelastung schrittweise gesteigert werden, statt von Beginn an das ursprüngliche Leistungsniveau des Mitarbeiters vorauszusetzen.

Ein zweites Modell der betrieblichen Integration ist das *Separationsmodell*. Dieses sieht die Schaffung oder Auswahl gesonderter Arbeitsbereiche vor, die den Leistungswandel des jeweiligen Mitarbeiters berücksichtigen. In Großunternehmen der Industrie waren derartige Separierungsabteilungen unter der Bezeichnung »Genesendenabteilung« bekannt. Der Nachteil abgetrennter Abteilungen für Rekonvaleszenten nährt natürlich die Gefahr der Stigmatisierung.

Darüber hinaus kann der Einsatz eines *Flexibilisierungsmodells* sinnvoll sein, das leistungsgewandelten Mitarbeitern Tätigkeitsbereiche und Schichtenmodelle zuweist, die sich vom gängigen Arbeitsprozess unterscheiden. So werden Behinderte z. B. der Produktionsbereiche nicht mehr in »Nachtschicht« eingesetzt.

Abschließend ist auf das *Insourcing/Outsourcing-Modell* zu verweisen. Bestimmte Tätigkeiten werden an externe Unternehmen vergeben oder ein eigenständiges Unternehmen für Behinderte gegründet. Beispielsweise wurden im Rahmen des Projekts »Work2Work« bei VW bestimmte Dienstleistungen (z. B. Hofreinigung, Gärtnerei) wieder in das Unternehmen in-

157 Vgl. Brandenburg, U./Nieder, P. (2009), S. 34 ff.
158 Vgl. zu näheren Informationen S. 305.

tegriert, um Arbeitsplätze für leistungsgewandelte Mitarbeiter zu schaffen.[159] Die Vergabe von Aufträgen z. B. an Behindertenwerkstätten kann als sinnvolles Outsourcing bezeichnet werden.

5.2.12 Diversity Management behinderter Mitarbeiter

Diversity Management setzt dort an, wo es darum geht, Behinderte entsprechend ihrer Begabung, Ausbildung und Erfahrung in das Arbeitsleben zu integrieren. Wie bei jedem Menschen erwächst das Persönlichkeitswertgefühl aus eigenverantwortlicher, selbstbestimmter Teilhabe am Berufsleben. Behinderte verdienen ihren Lebensunterhalt selbst, sind anerkannt, integriert, sie werden als gleichberechtigte Kolleginnen und Kollegen wahrgenommen. Auch Loo fordert einen Einstellungswandel gegenüber Mitarbeitern mit Behinderung, der für Unternehmen mit dem Vorteil verbunden sei, z. B. die Diversität der Kunden besser zu spiegeln.[160]

Diversity Management zielt darauf ab, keine Unterschiede zwischen Behinderten und Nichtbehinderten, zwischen Kranken und Gesunden, zu machen. Unter der Voraussetzung akzeptabler Arbeitsbedingungen (Managing Diversity) greifen dieselben Maßnahmen des Diversity Managements für Behinderte, chronisch Kranke und Gesunde. Karrieremöglichkeiten, Mitarbeit in Projekten, Teilnahme an Weiterbildung, die Übernahme von Führungsaufgaben, stehen dann gleichermaßen Behinderten und Nichtbehinderten offen.

5.2.12.1 Sensibilisierungstraining

Managing Diversity soll die positive Einstellung der Mitarbeiter und Führungskräfte zu Behinderten stärken. Diversity-Trainings können die Einstellung von Führungskräften gegenüber Mitarbeitern mit Behinderungen verändern. Perry und Apostal zeigten bereits 1986 auf, dass Sensibilisierungstrainings eine positive Einstellungsveränderung der Führungskräfte bewirken.[161] Stone et al. konnten eine positive Wirkung auf die Einstellung der Führungskraft feststellen, wenn Führungskräfte in Rollenspielen die Rolle des Behinderten aktiv kennenlernen.[162] Gängige Inhalte von Wahrnehmungs- und Sensibilisierungstrainings sollten zusätzlich spezifische Informationen über Behinderungen, Stereotypen und Vorurteile kommunizieren und damit zum Abbau von Vorbehalten und Vorurteilen beitragen.[163]

5.2.12.2 Etablierung einer Unternehmenskultur der Integration und Förderung

Eine Unternehmenskultur der Wertschätzung und Förderung aller Mitarbeiter unterstützt die Integration von Behinderten und Leistungsgewandelten. Positive Werte, Vielfalt achtende Normen und Artefakte wirken als Bestandteile der Unternehmenskultur auf die Verhaltensweisen der Führungskräfte und Mitarbeiter. Krankheit kann jeden treffen, Behinderung ist nicht aus dem Verhalten der Behinderten entstanden. Folglich sollten Gesunde vorurteilsfrei erkennen, dass Arbeit sozialpflichtig und eine Kultur stets subsidiär organisiert sein muss.

159 Vgl. Rudow, B. (2011), S. 304 ff.
160 Vgl. Loo, R. (2004), S. 2211 ff.
161 Vgl. Perry, D. C./Apostal, R. A. (1986), S. 35 ff.
162 Vgl. Stone, E. F./Stone, D. L./Dipboye, R. L. (1992), S. 385 ff.
163 Vgl. Jones, G. E. (1997), S. 62.

Ohne den Ausgleich zwischen Starken und Schwachen kann keine Organisation überleben. Hilfe denen geben, die der Hilfe bedürfen, ist Pflicht; Hilfe als Behinderter anzunehmen, ist kein Almosen, sondern würdevolles Nehmen. Abbildung 5-26 gibt einen Überblick der Stellhebel einer integrationsförderlichen Unternehmenskultur.

1. Unternehmensvision	Langzeitorientierung und Produktführerschaft	»Die Einstellung des Behinderten erfolgt nicht zur kurzfristigen Einhaltung von Quotenregelungen. Stattdessen wird eine nachhaltige Förderung verfolgt.«
2. Operative Basis	National und International	»Die Diversität und Blickwinkel von Menschen mit unterschiedlichen Behinderungen werden anerkannt und deren Bedürfnisse berücksichtigt.«
3. Führungsstruktur	Flexibel, Dezentralisiert, offene Kommunikation, Wandlungsfähig	»Behinderte werden integriert, ihre Meinung wird wertgeschätzt und sie treffen in ihrem Verantwortungsbereich eigene Entscheidungen.«
4. Einstellung der Führungskräfte	Mitarbeiterorientiert, Empathie, Vermeidung von Unsicherheiten der Arbeitsplätze, Erhöhung der Teilhabe	»Die Führungskräfte versuchen Barrieren für die Behinderten zu reduzieren. Dabei stellen sie die individuellen Fähigkeiten statt der Einschränkungen in den Vordergrund.«
5. Entscheidungsverhalten der Führungskräfte	Situativer Führungsstil, Partizipation ermöglichen, Autonomie und Entwicklung durch unterstützende Super-vision fördern	»Respekt und Akzeptanz der Team-Mitglieder mit Behinderungen. Wertschätzung deren Leistung und Kreativität.«
6. Kontrollstrategien	Leistungsbeurteilung, MBO	»Es werden klare Ziele gesetzt und die Ergebnisse anerkannt, statt die Behinderung in den Vordergrund zu stellen.«
7. Technologieorientierung	Verbesserung der Arbeitsplätze durch unterstützende Technologien	»Die Behinderten erhalten die Möglichkeit, ihre Aufgaben durch die Nutzung unterstützender Technologie zu erfüllen.«
8. Fürsorgliche Rolle des HRM	Führungskräfte als Coachs und Mentoren betonen die Bedeutung individueller Entwicklungsprogramme	»Eine individuelle Förderung eröffnet den Behinderten Karrieremöglichkeiten gemäß ihrer Talente.«
9. Berücksichtigung sozialer Verantwortung in der Unternehmensstrategie	Interaktiv und proaktiv statt inaktiv, Beteiligung an Netzwerken, Erhöhung der Sichtbarkeit der Maßnahmen intern und extern	»Die Positionierung als Unternehmen, das seiner sozialen Verantwortung gerecht wird, stärkt das Commitment der Beschäftigten und die Anerkennung der Stakeholder.«
10. Allgemeinen organisationale Umgangsformen	Wertschätzendes Klima, Gesundheitsmanagement mit Disabilitymanagement als integrativem Bestandteil	»Unterstützung und Wertschätzung aller Mitarbeiter erzeugt ein loyales und produktives Arbeitsklima.«

Abb. 5-67: Zentrale Merkmale eine Unternehmenskultur, die behinderte Mitarbeiter integriert und fördert
Quelle: Pati, G. C./Bailey, E. K. (1996), S. 61.

5.2.12.3 Frühe Förderung Behinderter

Die Förderung von Behinderten muss bereits im Kindesalter beginnen. Das Verständnis für Behinderung ist in der Familie, Kindergärten, Schulen, Betrieben und Behörden zu fördern. Gegenwärtig wird heftig darüber gestritten, ob eine separate Förderung oder eine inklusive Förderung von behinderten und nicht behinderten Kindern der bessere Weg sei. Chancengerechtigkeit als Basisziel des Managing Diversity verlangt von Schule und Betrieb, allen Schülern und Auszubildenden die optimale Förderung, Bildung und Ausbildung zukommen zu lassen. Über dieses Ziel besteht weitgehend Einigkeit, die Wege und Verfahren der Zielerreichung sind dagegen Gegenstand bildungs- und integrationspolitischer Auseinandersetzungen.

Heterogenen Arbeitsteams vergleichbar, wird Inklusion als Förderform für behinderte und nicht behinderte Schüler gefordert. Inklusion als pädagogisches Konzept sieht vor, dass Behinderte und Nichtbehinderte gemeinsam unterrichtet werden. Binnendifferenzierung und individuelle Förderung sollen dafür sorgen, dass jeder Schüler seiner persönlichen Begabung entsprechend optimal gefördert und gefordert wird. Ob diese Gleichbehandlung zu empfehlen ist, wird sich erst zeigen, wenn sie erfolgreich sind. Bisher bestätigen Forschungsergebnisse den Erfolg der Inklusion nicht uneingeschränkt.[164] »Vielmehr gilt: Die integrative Beschulung ist nicht humaner, demokratischer und effektiver«[165] als eine getrennte Unterrichtung von Behinderten und Nichtbehinderten.

Der Grad der Behinderung nimmt Einfluss auf die Ziele, die sich junge Menschen setzen. Laut Saunders et al. verweist die bestehende Literatur überwiegend darauf, dass junge Menschen mit Behinderung dazu neigen, sich vergleichsweise niedrige Ziele zu setzen.[166] Eltern und Lehrer tendieren ferner dazu, Jugendlichen physisch und psychisch weniger anspruchsvolle Ausbildungswege zu empfehlen.[167] Die geringere Selbstverantwortung bringt es mit sich, dass Karriereentscheidungen behinderter Jugendlicher deutlich langsamer getroffen werden.[168] Fehlende Anerkennung senken das Selbstwertgefühl behinderter Jugendlicher zusätzlich,[169] selbst-limitierendes Verhalten bei der Berufswahl ist die Folge.[170]

Die beschriebenen Einflüsse können den Übergang von der Schule ins Arbeitsleben erschweren. So nehmen behinderte Jugendliche mit größerer Wahrscheinlichkeit Stellen an, die unterhalb ihrer Fähigkeiten liegen[171] und nehmen weniger oft an Personalentwicklung teil.[172]

Feldman empfiehlt die nachfolgenden Handlungsansätze:

- Trainings für Auswahlgespräche (Bewerbungstrainings, Entwicklung von »Impression Management« Fähigkeiten)
- Unternehmenspraktika während der Schulzeit (zur beruflichen Orientierung und zum Nachweis der »Employability«)

---

164 Vgl. Kraus, J. (2013), S. 7.
165 Vgl. Kraus, J. (2013).
166 Vgl. Saunders, J. L./Leahy, M. J./Frank, K. A. (2000), S. 142 ff.
167 Vgl. Frank, K./Karst, R./Boles, C. (1989), S. 3 ff.
168 Vgl. Shahbasarian, M. (2001), S. 275 ff.
169 Vgl. Lustig, D. C./Strauser, D. R. (2003), S. 98 ff.; vgl. auch Dipelou, A./Reardon, R./Sampson, J./Burkhead, J. (2002), S. 81 ff.
170 Vgl. Heilman, M. E. (1983), S. 269 ff.
171 Vgl. Feldman, D. C. (2004), S. 253.
172 Vgl. Feldman, D. C. (2004), S. 254.

- Informationsveranstaltungen über die Rechte von Behinderten am Arbeitsplatz.
- Beratung und Unterstützung bei Karriereentscheidungen.
- Training eines konstruktiven Umgangs mit Stereotypen und Vorurteilen.[173]

Für Behinderte und Nichtbehinderte muss gelten: »tantum quantum possum«, jeder leistet seinen körperlichen und geistigen Fähigkeiten entsprechend so viel wie er leisten kann. Der Grad der Behinderung bestimmt die Möglichkeiten, am Arbeits- und Gesellschaftsleben teilzunehmen. Bei allen Bemühungen bleiben in vielen Fällen sicherlich Einschränkungen, die Behinderte akzeptieren müssen. Um eine für jeden Behinderten optimale Teilhabe ermöglichen zu können, muss jeder Einzelfall untersucht und maßgeschneiderte Lösungen gefunden werden.

Es ist sowohl fair als auch realistisch, Behinderung nicht mit wohlfeilen Absichtserklärungen zu Inklusion und Integration abzuspeisen. Es sind die ganz konkreten Maßnahmen der Beseitigung mentaler, physischer und sozialer Barrieren, die Behinderten helfen. Auch ist zu vermeiden, dass mit überzogener Gleichheits- und Gleichstellungsrhetorik das Erfordernis der besonderen Fürsorge für Behinderte in einen Wettbewerb der Behinderten mit den Nichtbehinderten umschlägt.

Die soziale Behinderung ist nicht in geistigen und/oder körperlichen Handicaps der Behinderten begründet, sondern aus der Nichtgewährung möglicher Teilhabe in Gesellschaft und Beruf. Die soziale Behinderung entsteht sowohl auf der Seite der Behinderten als auch auf der Seite der Nichtbehinderten. Behinderte meiden öffentliche Räume, sie verzichten auf Teilhabe, weil sie niemandem zu Last fallen wollen. Nichtbehinderte vergessen Behinderte in der schnelllebigen Zeit. Guter Wille ist vorhanden, nicht aber die Zeit für die angemessene Beteiligung Behinderter. Soziale Behinderung entsteht aus fortgesetzter Nichterfüllung sozialer Bedürfnisse. Soziale Behinderung führt zur Verfestigung sozialer Behinderung, weil das Bewusstsein auf beiden Seiten die Ausgrenzung zementiert.

5.2.12.4 Soziale Behinderung der »Lost Generation«

Eine soziale Ausgrenzung erfährt z. B. seit Jahren die sogenannte »Lost Generation«. Die verlorene Generation Jugendlicher, die nach dem gewöhnlichen Sprachgebrauch »aus sozial schwierigen Familien mit gebrochenen Bildungsbiografien« stammen, ist aus dem Arbeitsleben ausgegrenzt. »They are poor because they are poor!« meint, dass diese Jugendlichen in einem ausweglosen Teufelskreis der sozialen Ausgrenzung steckenbleiben. Weil sie keinen Schulabschluss haben, bekommen sie keinen Ausbildungsplatz. Weil sie keinen Ausbildungsplatz bekommen, bleibt der Weg in die Arbeitswelt verschlossen. Die verlorene Generation wird gewissermaßen stigmatisierend beschrieben als »männlich, mäßige Bildung, Migrationshintergrund, Metropolregion«. Die soziale Ausgrenzung dieser Gruppe wird auf der Seite der Ausgegrenzten durch fehlende Vorbilder, eine wachsende Distanz zur sozialen Ordnung stabilisiert, geht einher mit zunehmender Bildungsabstinenz und dem Aufbau von Parallelwelten mit eigenen Regeln, Hierarchien und Erfolgsmöglichkeiten.

Dauert die soziale Isolation über längere Zeit an, dann wird die Eingliederung in die »normale« Gesellschaft schwierig. Hartz-Vier-Dynastien entstehen, deren Mitglieder sich in der Parallelwelt eingerichtet haben. Gerade für junge Männer wird die Orientierung auf dem Wege

173 Vgl. Feldman, D.C. (2004), S. 269.

in ein selbstverantwortetes, leistungsorientiertes und zufriedenstellendes Berufsleben durch fehlende männliche Vorbilder erschwert. Kindergärtnerin, Grundschullehrerin, Therapeutin, Schulpsychologin, Beraterin der Bundesagentur für Arbeit und schließlich Bewährungshelferin sind Bezugspersonen der eigentlich auf Männlichkeit fixierten Jugendlichen. Ablehnung ist hier programmiert, insbesondere dann, wenn die jungen Männer aus Familien mit Migrationshintergrund und einer männlich dominierten Familienhierarchie stammen.

5.2.12.5 Potenzialorientierte Förderung und Karriereplanung

Die Förderung von Mitarbeitern mit einer Behinderung sollte nicht nur das Ziel des Ausgleichs bestehender Nachteile anstreben. Es ist zu fordern, alle Mitarbeiter gemäß ihrer Potenziale zu fördern. Mit dem Leitsatz »Taking the dis out of disability«[174] plädiert auch Gröschl für die stärkere Berücksichtigung der spezifischer Fähigkeiten, statt der Behandlung aus dem Sonderstatus der Behinderung heraus.

Lustig und Strauser konnten in einer Studie mit 132 Teilnehmern *drei Karrieretypen* ermitteln.

Karrieretyp dysfunktionaler Orientierung:
- Karriereentscheidungen fallen den Befragten schwer
- Sie sind besorgt und ängstlich bzgl. ihrer Karriereentscheidungen
- Die Fähigkeit zur Einschätzung der eigenen Karrieremöglichkeiten und zum Abgleich mit verlangten Werten und Einstellungen fehlt
- Die Integration fällt aufgrund der Unsicherheit schwer

Karrieretyp konfligierender Orientierung:
- Abgleich der eigenen Karriereerwartungen und der an sie gerichteten Erwartungen fällt den Betroffenen schwer
- Hinweise und Informationen aus der Umwelt können nicht richtig eingeschätzt werden und führen zu Entscheidungskonflikten

Karrieretyp produktiver Orientierung:
- Zielführende Überlegungen hinsichtlich der eigenen Karriereentscheidungen dominieren
- Flexibilität der Ziele und der Beurteilung von Karrieremöglichkeiten ist gegeben
- Monitoring getroffenen Entscheidung mit der Fähigkeit zu Anpassungen wird praktiziert
- Der Abgleich der eigenen Vorstellungen mit den Gegebenheiten wird realistisch vorgenommen.[175]

Spezifische Trainings können sinnvoll sein, um Mitarbeitern mit einer Behinderung oder Leistungseinschränkung Informationen bereitzustellen, die sie für eine realistische Berufs- und Lebensplanung benötigen.

Eine unzureichende Förderung von Menschen mit Behinderung führt dazu, dass Unternehmen wertvolle Potenziale nicht nutzen. Kundenfelder können bspw. nicht erschlossen oder spezifische Aufgabenstellungen gelöst werden.[176]

Gelungene Beispiele gibt es allerdings auch. Eine Sparkasse machte Furore, weil sie einen blinden Kundenberater als Ansprechpartner blinder Bankkunden erfolgreich eingesetzt hat.

174 Gröschl, S. (2007), S. 672.
175 Vgl. Lustig, D.C./Strauser, D.R. (2003), S. 105.
176 Vgl. Kulkarni, M./Valk, R. (2010), S. 137 ff.

Ein Blinder erreiche bei Blinden eher Vertrauen als ein anderer Kundenberater, so die Begründung.

Das deutsche Unternehmen Auticon beschäftigt ausschließlich Asperger-Autisten. Das Unternehmen ist auf die Prüfung von Software spezialisiert und setzt Autisten nicht vordergründig aus sozialen, sondern aus betriebswirtschaftlichen Gründen ein.

Gegenwärtig ist in der Presse zu lesen, dass die SAP AG weltweit hunderte Autisten einstellen wolle. SAP begründet die Förderung von Autisten damit, dass man Menschen suche, die andere Potenziale aufweisen. Die Beschäftigung von Autisten ist in besonderem Maße an die besondere Gestaltung des Arbeitsplatzes und die besondere Behandlung der Autisten durch ihre Umwelt gebunden. Weil Autismus als angeborene und nicht heilbare Behinderung der Wahrnehmungsfähigkeit und der Informationsverarbeitungskapazität dazu führt, dass Autisten große Defizite in der sozialen Kommunikation und der Wahrnehmung der Arbeitsumgebung haben, sind sowohl die Arbeitsräume ablenkungsarm als auch die Kommunikation emotionslos zu gestalten. Damit die stereotypen Verhaltensweisen der Autisten produktiv genutzt werden können (Inselbegabung), müssen sich Führungskräfte und Kollegen auf die Autisten einstellen.

Merkmale von Autismus
• Isolation von der Umwelt
• Veränderungsangst
• Sprachstörungen
• Stereotypes Verhalten
• Wahrnehmungsstörungen
• Interlektuelle Leistungsinseln
• Störungen des Sozialverhaltens

Abb. 5-68: Merkmale von Autismus
Quelle: Walter, S. (2008), S. 13 f.

Weil Autismus die Entwicklung der Persönlichkeit und die Sozialkontakte erheblich beeinträchtigt, sind geregelte Arbeitsabläufe, wenig Unterbrechungen, keine Überraschungen und keine Störungen sowie wenig Geräusche wichtige Voraussetzungen der Integration von Autisten in das Arbeitsleben. Weil Autisten nicht fähig sind, implizite Kommunikation konstruktiv zu verarbeiten, müssen die Vorgesetzten Kenntnis und Verständnis für das abweichende Verhalten und Empfinden aufbringen.

5.2.12.6 Betriebliches Gesundheitsmanagement

»Mens sana in corpore sano« sagt, dass ein gesunder Geist in einem gesunden Körper wohnt. Menschen, die sich körperlich wohlfühlen, sind kreativ und leistungsstark. Aus der individuellen Sicht der Beschäftigten dient das betriebliche Gesundheitsmanagement folglich dazu, das persönliche Wohlbefinden zu fördern. Aus betrieblicher Sicht dient das Gesundheitsmanagement der Erhaltung und Steigerung der Leistungsfähigkeit der Beschäftigten. Bei der Gestaltung des betrieblichen Gesundheitsmanagements ist zu klären, welche Reichweite das Gesundheitsmanagement haben sollte. Für die Erhaltung und Wiedererlangung der Gesundheit ist vor allem jeder Einzelne verantwortlich. Paternalistische Eingriffe in die Lebensweise der Menschen haben das Recht auf Selbstbestimmung zu achten.

In der Personalpraxis haben das Betriebliche Gesundheitsmanagement und das Diversity Management an Bedeutung gewonnen. Inwieweit die beiden Managementsysteme sinnvoll integriert werden können, wird im nachfolgenden Abschnitt aufgezeigt. Engelen fasst den Grundgedanken der Integration für den TUI Konzern wie folgt zusammen: »Gesundheit beginnt dort, wo man sich wohlfühlt. Insofern ist es naheliegend, dass wir den Vielfaltsgedanken in unser Gesundheitsmanagement einbeziehen.«[177]

Beide Managementsysteme folgen dem Ziel, die Leistung und die Entwicklung der Mitarbeiter zu fördern. Leistungsfähigkeit und Leistungsbereitschaft sollen stabilisiert und – wenn erforderlich – erhöht werden. Krankheitsbedingte Fehlzeiten und krank machender Präsentismus sollen vermieden werden. Das Gesundheitsmanagement schafft gesundheitsfördernde Arbeitsbedingungen, das Diversity Management konzentriert sich auf die Integration aller Beschäftigtengruppen in das Unternehmen.

Zur Förderung der Gesundheit der Mitarbeiter haben sich in der Praxis bereits Instrumente etabliert, die dazu dienen die Leistungspotenziale der Mitarbeiter zu verbessern und dadurch die Qualität und die Produktivität zu steigern. Abbildung 5-28 gibt einen Überblick über die Instrumente. Eine nähere Betrachtung der aufgezeigten Instrumente verdeutlicht, dass es sich mehrheitlich um Instrumente der Organisationsentwicklung handelt. Gleiches gilt auch für eine Vielzahl von Instrumenten des Diversity Managements. Ob mit dem Gesundheitsmanagement und dem Diversity Management eine Renaissance der Organisationsentwicklung verbunden ist, bleibt abzuwarten.

Standardinstrumente des Betrieblichen Gesundheitsmanagements
• Aufnahme von Gesundheit in die Postulate des Unternehmensleitbildes
• Durchführung regelmäßiger Mitarbeiterbefragungen zur Erhebung des Zufriedenheitsgrades der Belegschaft
• Erhebung und Dokumentation von Entwicklungen in Fehlzeitenanalysen, Betrieblichen Gesundheitsberichten und Expertenbefragungen
• Durchführung von Sondererhebungen, z. B. Altersstrukturanalysen, zur Erfassung außergewöhnlicher Veränderungen
• Durchführung von Gesundheitszirkeln, Fokusgruppen, Workshops, Erfahrungsgruppen und Netzwerkveranstaltungen zur Bewusstseinsstärkung für Vielfalt und Gesundheit.
• Aufnahme der Aspekt Vielfalt und Gesundheit in die regelmäßigen Mitarbeitergespräche
• Kampagnen und Projekte zur Förderung des Gesundheitsbewusstseins und zur Stärkung der Bereitschaft, an Gesundheit fördernden Maßnahmen teilzunehmen
• Integration der Aspekt Gesundheit und Vielfalt in das Führungskräftetraining

Abb. 5-69: Standardinstrumente des Betrieblichen Gesundheitsmanagements
Quelle: In Anlehnung an Altgeld, T. (2011), S. 50.

177 Vgl. Engelen, P. (2013), S. 2.

Die Integration der Handlungsfelder Gesundheit und Vielfalt steht noch am Anfang. Zu nennen sind Ansätze des interkulturellen Gesundheitsmanagements,[178] und der Einsatz von interkulturellen Gesundheitslotsen. [179] In der Praxis werden bereits vereinzelt Integrationsprojekte realisiert, so z. B bei BMW.[180] Beispielhaft wird in Abbildung 5-70 die Implementierung des interkulturellen Betrieblichen Gesundheitsmanagements aufgezeigt. Es zeigt sich, dass die Handlungsfelder Behinderung, Gesundheit sowie Nationalität Gemeinsamkeiten aufweisen.

	Thema	**Teilnehmer aus dem Unternehmen**	**Dauer**
Vorgespräche	Planung des Projektes	Unternehmensvertreter	
Baustein 1	Beratung der Verantwortlichen des BGM zu interkulturellen Fragen	Verantwortliche des BGM, ggf. Vertreter von Beschäftigten mit Migrationshintergrund	0,5 Tage
	ggf. Erstellung des firmenspezifischen Gesundheitswegweisers		
Baustein 2	Gemeinsame Auftaktveranstaltung für die Lotsenschulung sowie die Führungskräfteschulungen	Verantwortliche des BGM, Mitarbeiter für die Lotsenschulung, Führungskräfte	0,5 Tage
	Schulung »Interkulturell kompetent gesund führen«	Führungskräfte	3 Tage
	Schulung der Interkulturellen Betrieblichen Gesundheitslotsen	Ausgewählte Beschäftigte mit und ohne Migrationshintergrund	5–6 Tage
	Gemeinsame Zwischenbilanz der beteiligten Mitarbeiter und Führungs-kräfte sowie der BGM-Verantwortlichen	Verantwortliche des BGM, geschulte Führungskräfte und Gesundheitslotsen	0,5 Tage
Baustein 3	Rückkoppelung der Ergebnisse ab den Steuerkreis des Betrieblichen Gesundheitsmanagements	Verantwortliche des BGM, Vertreter der geschulten Führungskräfte und Gesundheitslotsen	0,5 Tage
	Abstimmung und Umsetzung weiterer Maßnahmen zum Interkulturellen Betrieblichen Gesundheitsmanagement	Verantwortliche des BGM	

Abb. 5-70: Ablauf der Implementierung des Interkulturellen Betrieblichen Gesundheitsmanagements
Quelle: Initiative Gesundheit & Arbeit (2013), S. 8.

178 Vgl. zum interkulturellen betrieblichen Gesundheitsmanagement auch Initiative Gesundheit & Arbeit (2013).
179 Vgl. Altgeld, T. (2011), S. 47 ff.
180 Vgl. Initiative Gesundheit & Arbeit (2013), S. 1 ff.

5.2.13 Praxisbeispiele und Praxisprojekte

5.2.13.1 Supported Employment zur Reintegration von Menschen mit psychischen Krankheiten

Während die Anzahl der psychischen Erkrankungen in der Schweiz, wie auch in den anderen OECD-Staaten stetig zugenommen hat, treten weiterhin Probleme bei der Integration der Betreffenden in den ersten Arbeitsmarkt auf. Dies ist für die psychisch Erkrankten mit gravierenden negativen Konsequenzen verbunden. Die Exklusion aus dem Arbeitsmarkt hat neben negativen wirtschaftlichen Effekten, bedingt durch den Einkommensverlust, negative Effekte auf die Pflege von Kontakten, das Statusgefühl und damit auch auf das psychische Wohlbefinden.[181] So arbeiten die Betroffenen in den überwiegenden Fällen statt in Unternehmen der freien Wirtschaft in »geschützten Werkstätten«.

Diese Probleme basieren darauf, dass eine Vielzahl der Wiedereingliederungsprogramme originär für die Verläufe somatischer Erkrankungen konzeptioniert wurde. Jedoch zeigen psychische Erkrankungen andere, stärker schwankende Verläufe auf. Die in der Praxis bislang gängigen Stufenmodelle, die von einer stetigen Verbesserung des Leistungszustandes ausgehen, scheitern daher an der »Stabilität der Instabilität« der Krankheitsbilder. Das aus den USA-stammende Modell des »Supported Employments« stellt eine Abkehr von diesen Handlungsweisen dar und wird in der Schweiz bereits erfolgreich umgesetzt. So werden im Rahmen des Berner »Job Coach Projektes« psychisch Erkrankte zeitlich befristet vom Job Coach Projekt eingestellt, arbeiten jedoch unmittelbar in einer Firma in der freien Wirtschaft. In einem ersten Schritt wird hierzu in einem Zeitraum von vier Wochen die Eignung des Kandidaten durch das hierfür errichtete Zentrum »FirSTep« geklärt. Ist die Möglichkeit zur Wiedereingliederung bestätigt worden, werden entsprechend der Potenziale und Fähigkeiten des Einzelnen geeignete Positionen in Unternehmen identifiziert. Die Wiedereingliederung wird durch den Job Coach, der i. d. R. 12 Teilnehmer betreut, im Rahmen von regelmäßigen Gesprächen begleitet. Da sowohl die Kosten als auch der administrative Aufwand durch das Projekt getragen werden, ist der Zuspruch seitens der Unternehmen bislang positiv. Nach aktuellen Angaben konnten nach einer 6-monatigen Einarbeitung 67 Prozent der Teilnehmer in das Unternehmen integriert werden und erhielten einen Arbeitsvertrag.[182] Eine umfassende Studie zur Eignung des Ansatzes bestätigt die vorangegangenen Ausführungen. So konnten Rössler und Bärtsch nach weisen, dass in sechs europäischen Zentren in den Jahren 2003 bis 2005 bei den Teilnehmern[183] der Maßnahmen Integrationserfolge erzielt werden konnten. Der Modellversuch konnte zeigen, dass durch das Projekt 55 Prozent der Teilnehmer in den ersten Arbeitsmarkt integriert werden konnten. Zieht man zum Vergleich ein traditionelles Projekt heran, waren es hier nur durchschnittlich 28 Prozent der Teilnehmer.[184]

181 Vgl. Hoffmann, H. (2013), S. 95.

182 Vgl. Hoffmann, H./Jäckel, D. (2007), S. 9 ff.; vgl. zu einem ähnlichen Projekt auch Rössler, W./Bärtsch, B. (2013), S. 1 ff.

183 Die Teilnehmer der Maßnahmen waren 18 bis 65 Jahre alt und von psychotischen Erkrankungen betroffen, die eine Beschäftigung auf dem Arbeitsmarkt funktional beeinträchtigte. vgl. auch Rössler, W./Bärtsch, B. (2013), S. 2.

184 Vgl. Rössler, W./Bärtsch, B. (2013), S. 1 ff.

»Erst platzieren, dann trainieren«: Das Konzept des Supported Employment
Das Konzept des Supported Employment bedingte in den USA einen Paradigmawechsel, der in den folgenden Prinzipien zum Ausdruck kommt: • Grundsätzlich gilt: »erst platzieren, dann trainieren« anstatt wie bislang »erst trainieren, dann platzieren« • die behinderten Arbeitnehmer arbeiten mindestens zu 50 Prozent unter Wettbewerbsbedingungen des allgemeinen Arbeitsmarktes • sie erhalten dafür zumindest den gesetzlich vorgeschriebenen Mindestlohn • der Arbeitsort ist in einem Betrieb des allgemeinen Arbeitsmarktes, in welchem der Mehrheit der Arbeitnehmer nicht behindert ist • das Arbeitsverhältnis ist zeitlich nicht befristet und • die behinderten Arbeitnehmer und ihre direkten Vorgesetzten werden zeitlich unbefristet durch einen Job Coach begleitet
Die zentralen Aufgaben eines Job Coachs sind: • Akquisition geeigneter Arbeitsplätze, wobei die Anstellung des Behinderten nach privatwirtschaftlichen Grundsätzen erfolgt und nicht als Akt der Wohlfahrt • Erarbeitung und Durchführung eines behindertenspezifischen Plans in Zusammenarbeit mit dem Betrieb, der behinderten Person und ihrem unmittelbaren Umfeld: – Gewährleistung einer kontinuierlichen Evaluation und von regelmäßigen Feedback – vermittelnder »Übersetzertätigkeit« zwischen allen Beteiligten – Vermittlung situativ angepasster Informationen zu psychischen Krankheiten – Gezielte Beratung zur Anpassung von Arbeitsplatz und -bedingungen – Förderung durch situationsgerechtes Setzen und Überprüfen von Zielen – Krisenintervention und Entscheidungshilfen • im Sinne des Case Managements Heranziehung sonstiger Betreuungssysteme, sofern diese noch nicht involviert sind, mit dem Ziel, dem Behinderten den Arbeitsplatz dauerhaft zu sichern

Abb. 5-71: Projektinhalte des »Supported Employments«
Quelle: In Anlehnung an Hoffmann, H./Jäckel, D. (2007), S. 10 und Rüst, T./Debrunner, A. (2004), S. 5.

5.2.13.2 Unternehmensprojekte bei Ford und Novartis Pharma AG

Der Automobilkonzern Ford hat bereits im Jahr 2001 ein Gesamtkonzept zur Förderung »leistungsgewandelter« Mitarbeiter implementiert. Neben Mitarbeitern mit einer angeborenen Behinderung oder Krankheit, umfasst die Zielgruppe auch Mitarbeiter mit erworbenen Behinderungen oder Krankheiten (bspw. infolge eines Unfalls). Zugleich richtet sich das Konzept sowohl an psychisch als auch an physisch beeinträchtigte Mitarbeiter. Im Fokus des Ansatzes von Ford stehen die individuellen Potenziale und Fähigkeiten der Mitarbeiter und nicht deren Einschränkungen.[185] Somit folgt das Unternehmen dem Zielgruppenverständnis von Jahn:

185 Vgl. Adenauer, S. (2004), S. 2f.

»Leistungsgewandelte Mitarbeiter sind Mitarbeiter mit Einsatzeinschränkungen, die zeitweise oder auf Dauer für bestimmte Anforderungen/Belastungen des Arbeitsplatzes nicht geeignet sind, jedoch am passenden Arbeitsplatz die volle Leistung erbringen können.«[186]

Im Rahmen des Projektes FILM (Förderung der Integration leistungsgewandelter Mitarbeiter) wurden im Zuge der Umstrukturierung der bisherigen Fertigungsanlagen eine bessere Integration insbesondere der älteren Produktionsmitarbeiter angestrebt, die körperliche Beeinträchtigungen aufwiesen und dadurch bestimmte Produktionsschritte nicht mehr ausführen konnten. Darüber hinaus sollte die Arbeitsplatzgestaltung so erfolgen, dass zukünftig der Entstehung von Krankheiten und Behinderungen durch ein betriebliches Gesundheitsmanagement entgegengewirkt wird. Das Projekt ist integraler Bestandteil des Ford Diversity Management. Zur Planung und Umsetzung des Projektes wurde ein interdisziplinäres Integrationsteam gebildet, dem der Betriebsrat, die Unternehmensführung, die Schwerbehindertenvertretung sowie Experten aus den Bereichen Arbeitsmedizin, Ergonomie, Sicherheit, Planung, Controlling und Produktion angehören.

Die Analyse der Ausgangsbedingungen fußt auf dem Verfahren IMBA (Integration von Menschen mit Behinderungen in die Arbeitswelt), das ein softwaregestütztes Profilvergleichsverfahren ist. In einem ersten Schritt werden die Arbeitsplatzanforderungen und die Fähigkeiten des Mitarbeiters anhand einheitlicher Kriterien erhoben und verglichen. Dabei werden den in Abbildung 5-72 dargestellten 9 Hauptmerkmale weitere Untermerkmale zugewiesen, sodass insgesamt 70 Einzelmerkmale zur Klassifikation herangezogen werden.

Fähigkeiten		Arbeitsplatzanforderungen
→	Körperhaltung	←
→	Körperfortbewegung	←
→	Körperteilbewegung	←
→	Informationsverarbeitung	←
→	Komplexe Eigenschaften	←
→	Umgebungseinflüsse	←
→	Arbeitssicherheit	←
→	Arbeitsorganisation	←
→	Schlüsselqualifikationen	←

Abb. 5-72: IMBA-Methode: Hauptkriterien
Quelle: Adenauer, S. (2004), 10.

In einem zweiten Schritt werden geeignete Konzepte und Instrumente zur Prävention und Rehabilitation erarbeitet. Die Daten werden hierzu individuell und vertraulich durch Arbeitsmediziner analysiert. Neben einer umfassenden Auswertung der Daten (Diagnosen, Krankheitsaufenthalte, ärztliche Atteste) finden 50-minütige Untersuchungen statt. Hieraus lassen sich individuelle Fähigkeitsprofile der Mitarbeiter generieren. Ferner wird eine umfassende Analyse der Arbeitsanforderungen durchgeführt, die zu einer Umstrukturierung der Arbeits-

186 Jahn, H.-P. (2001) zit. n. Adenauer, S. (2004), S. 3.

organisation und -struktur führen kann. Neben Prozessbeschreibungen werden u. a. Studien zur Ergonomie und Gefährdungsanalysen durchgeführt.[187]

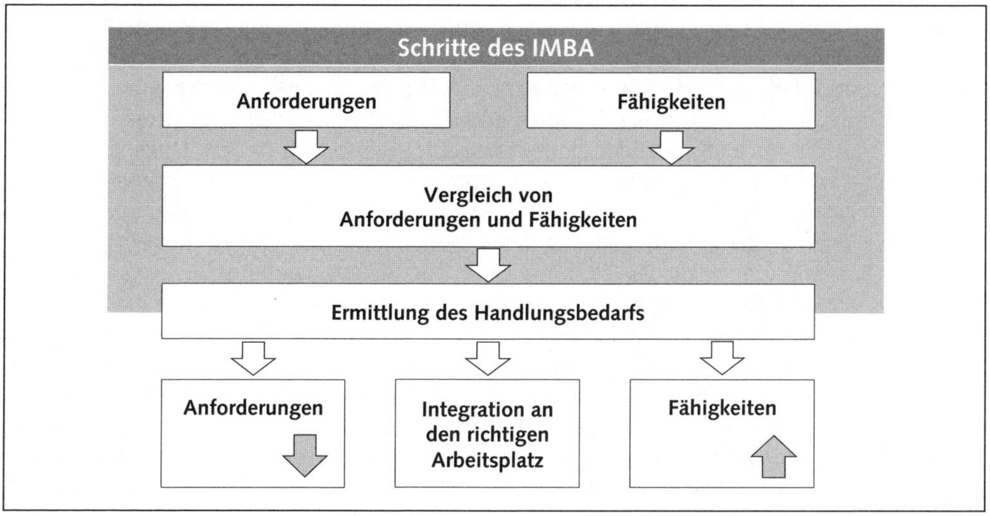

Abb. 5-73: Schritte der IMBA-Methode
Quelle: Adenauer, S. (2004), 9.

Mit dem Projekt nimmt Ford nicht nur soziale Verantwortung für seine Mitarbeiter wahr, sondern konnte auch wirtschaftliche Vorteile erzielen. So war durch eine Senkung der Fehlzeitentage eine Einsparung von ca. 6 Millionen Euro möglich. Auch konnten Einsparungen durch die Vermeidung von Neueinstellung in Höhe von jährlich ca. 9 Millionen US-Dollar erzielt werden. Darüber hinaus berichtet das Unternehmen von positiven Auswirkungen auf die Produktivität, Arbeitszufriedenheit, Kommunikation und Zusammenarbeit sowie das Betriebsklima.

Mit dem Projekt konnte Ford den Einsatz von Schonarbeitsplätzen und Frühverrentungsmaßnahmen verhindern. An die Stelle reaktiver und kurativer Maßnahmen ist der Einsatz der Mitarbeiter in wertschöpfenden Tätigkeiten getreten. Nach Beendigung des Projekts wurde durch die Gründung einer eigenständigen Disability-Management-Abteilung die Förderung leistungsgewandelter Mitarbeiter zum festen Bestandteil der Ford Diversity-Politik.[188]

Ein ähnliches Vorgehen wie der Ford Konzern wählte die Novartis Pharma AG zur Integration der an Multiple Sklerose erkrankten Mitarbeiter am Standort Basel. Die Analyse der Fähigkeiten und Anforderung wurde auch hier anhand der IMBA-Methodik durchgeführt. Im Fokus stand jedoch – anders als beim FILM-Projekt – nicht die Versetzung der Mitarbeiter, sondern eine Anpassung der bestehenden Arbeitsplätze an die Bedürfnisse der behinderten Mitarbeiter. Anpassungen wurden beispielsweise in Form von Teleworking, Teilzeitarbeit und einer Reduktion besonders belastender Teiltätigkeiten vorgenommen.[189]

187 Vgl. Adenauer, S. (2004), S. 6 ff.
188 Vgl. Adenauer, S. (2004), S. 14 f.
189 Vgl. Glatz, A. (2012).

5.2.14 Vielfalt durch Integration und Inklusion?

Inklusion taucht als Schlagwort gegenwärtig verstärkt auf. Die Befürworter berufen sich auf die Grundgesetzforderung, wonach Benachteiligung, unabhängig aus welchem Grund, der verfassungsmäßigen Teilhabe aller Menschen am gesellschaftlichen Leben und den Möglichkeiten der persönlichen Entwicklung widerspricht. Die Befürworter verweisen auch darauf, dass Inklusion die Differenzierung der Integration aufhebe, in der es zwei Gruppen, die Integrierten und die zu Integrierenden gäbe. Diese Differenzierung fördere Ungleichheit, Benachteiligung und Diskriminierung. Zudem müsse man von der stärkeren Gruppe der schon Integrierten ausgehen und diese übe vielfach Zwang auf die zu Integrierenden aus, sich der Lebensweise, den Wertvorstellungen und den Gegebenheiten der Binnendifferenzierung anzupassen. Assimilation, so die These, führe nicht zur Vielfalt, sondern zur Einfalt. Die Diskussion um die Dualität von Integration und Inklusion beherrscht insbesondere die Sonderpädagogik und die Schulpolitik. Dabei deutet der überkommene Begriff der »Sonder«-pädagogik auf Differenzierung hin. Nach Begabung, nach körperlichen, geistigen und seelischen Möglichkeiten werden Menschen im Verständnis der Sonderpädagogik gefördert. Inklusion neigt dazu, die Trennung nach Begabung und Behinderung aufzuheben. Pragmatiker sehen in der Verlagerung der Diskussion von der Integration zur Inklusion lediglich einen Etikettenwechsel, der spätestens in der pädagogischen und gesellschaftlichen Praxis darin münde, dass nach personen- und gruppenbezogenen Integrationsanstrengungen differenziert wird.

Integration achtet die Unterschiede, geht von den gegebenen Bedingungen und personalen Voraussetzungen aus und fördert in jeweils passgenauer Differenzierung die Möglichkeiten optimaler Teilhabe am gesellschaftlichen und beruflichen Leben.

Das Konzept der Inklusion zeigt in der Praxis Schwächen: Inklusion überfordert die zu Integrierenden – insbesondere dann, wenn es sich um Behinderte handelt – und unterstellt den aufnehmenden Gruppen eine moralische, karitative und pädagogische Reife, die sicherlich in vielen Fällen nicht gegeben ist. Auch ist zweifelhaft, ob die institutionellen Voraussetzungen der Inklusion mit nachfolgender Binnendifferenzierung personell, finanziell und organisatorisch gegeben sind. Die gesinnungsethische Forderung nach Inklusion ist zweifelsfrei lobenswert, die verantwortungsethische Gestaltungspraxis muss in jedem Einzelfall auf ihre Voraussetzungen, die Realisierung und die Resultate überprüft werden. Bei der Beurteilung ist das Gesamtergebnis wesentlich, wonach der Gesamtnutzen durch Inklusion höher sein muss als der Teilnutzen einer (Teil)-Gruppe.

Annäherung an den Begriff Inklusion:

- Inklusion kann verstanden werden als unterschiedslose Teilhabe von behinderten und nicht behinderten Menschen, von Frauen und Männern, Inländern und Migranten, Alten und Jungen, Lesben und Schwulen an den gesellschaftlichen und beruflichen Gestaltungsmöglichkeiten
- Inklusion verzichtet auf die Hervorhebung jeder Form von Andersartigkeit, dem Fehlen von Eigenschaften und der besonderen Art der Leistungsfähigkeit von Menschen in sozialen Bezügen
- Teilgebiete der Gesellschaft, auf die die Inklusionsbemühungen im Besonderen zielen, sind:
  - Uneingeschränkter Zugang zu Bildung und Ausbildung
  - Teilhabe am Arbeitsleben
  - Politische, kulturelle und wirtschaftliche Partizipation
  - Barrierefreiheit im physischen und intellektuellen Verständnis

- Selbstbestimmtes Wohnen und selbstbestimmte Mobilität
- Vorurteilsfreie und partnerschaftliche Kooperation in sozialen Bezügen.

Die Forderungen nach Inklusion zielen auf den Zustand der Gleichheit ohne Unterschiede. Der Vielfalt der Gesellschaft entspricht dieses Inklusionsverständnis nur bis zur Ebene des »Managing Diversity«. Inklusion wäre danach dann erreicht, wenn es für niemanden Barrieren gäbe, die mit primären Eigenschaften der Menschen begründet werden könnten. Inklusion im Verständnis des »Diversity Management« ist nicht auf unbedingte Inklusion gerichtet. Managing Diversity zielt auf Vielfalt, die gegeben oder geschaffen werden muss, um differenzierten Nutzen zu erreichen. Diversity Management folgt der bewussten und gesellschaftlich anerkannten Differenzierung, die Vielfalt der Berufe, der Tätigkeiten, der Lebensweisen und der Wertvorstellungen hervorbringt.

Inklusion kann zudem nicht total gedacht und erreicht werden. Inklusion muss sich immer auf Teilsysteme der Gesellschaft beziehen. Inklusion ist für Familien dabei selbstverständlicher als Inklusion in berufliche Tätigkeiten. Inklusion bezieht sich auf Milieu-Inklusion, wonach diejenigen, die zu einem Milieu gehören oder in ein Milieu aufgenommen werden wollen, nicht diskriminiert werden dürfen.

Zur Unterscheidung von Integration und Inklusion wird vielfach auf ein Stufenmodell Bezug genommen. Das Stufenmodell wurde zuerst von Bürli (1997) entwickelt, im Weiteren dann von Sander (2004; 2008) und Hinz (2004) systematisch aufgenommen und hat in der Literatur eine beachtliche Verbreitung gefunden. Es werden vier »Entwicklungsphasen der Sonderpädagogik« unterschieden: Exklusion, Separation, Integration und Inklusion.[190]

In der Phase der *Exklusion* werden Menschen aufgrund eines Merkmals, z. B. Behinderung, von der Teilhabe an einem Teilsystem, z. B. dem Bildungs- und Erziehungssystem, ausgeschlossen. Der Ausschluss ist gesellschaftlich akzeptiert und wird mit dem Merkmal begründet, das die Teilhabe unmöglich mache.

In der Phase der *Segregation* werden Menschen mit bestimmten Merkmalen Sonderbereiche, z. B. Sonderschulen, zugewiesen, die ihnen, so die Begründung, in besonderer Weise individuelle Förderung gewähren können. Der Phase der Segregation liegt z. B. im Erziehungswesen die »Zwei-Schulen-Theorie« zugrunde, »Regelschulen« für »normale« Kinder und »Sonderschulen« für »behinderte« Kinder.

In der Phase der *Integration* öffnen sich gesellschaftliche Bereiche für Menschen mit und ohne besondere Merkmale. Behinderte und Nichtbehinderte lernen z. B. in einer Gruppe, arbeiten z. B. in einem Team unter Beachtung der unterschiedlichen Begabung, Leistungsfähigkeit und Ausdauer. In der Pädagogik wird die »Zwei-Schulen-Theorie« von der »Zwei-Gruppen-Theorie« abgelöst, die die Unterschiedlichkeit annimmt und z. B. in Form der Binnendifferenzierung darauf achtet, dass alle teilhaben, keiner überfordert und übervorteilt wird. Integration steht dabei unter einem doppelten Vorbehalt, dem Ressourcenvorbehalt und Professionsvorbehalt. Integration verlangt höhere finanzielle, personelle und zeitliche Ressourcen als die Spezialisierung der Segregationsphase.

In der Phase der *Inklusion* leben, lernen und arbeiten Menschen mit unterschiedlichen Merkmalen ohne Beachtung und Bewertung der Unterschiede zusammen. Vielfalt ist normal, jeder ist anders, alle sind gleich. Die Inklusion glättet Benachteiligung, wehrt Diskriminierung ab und stärkt das Selbstwertgefühl. Allerdings kann Inklusion zur versteckten Über- und Un-

190 Wocken, H. (2009), S. 11ff.; vgl. auch: Hinz, A. (2007), S. 81–98; zitiert nach Wocken, H., a. a. O., S. 11.

terforderungen führen, weil z. B. Lern- und Arbeitstempi nach einem »gleichmachenden« mittleren Niveau gewählt werden. Inklusion wohnt ohne Zweifel eine emanzipatorische Grundstimmung inne, die leicht in ideologische Dogmatik münden kann.

Inklusion und Integration sind zu trennen, weil Inklusion primär auf das homogentitätstheoretische Paradigma und Integration auf das differenz-theoretische Paradigma ausgerichtet ist. Inklusion zielt – nach Auffassung der Befürworter – auf Vergemeinschaftung. Inklusion verneint das Denken in »nützlichen« und hierarchischen Kategorien, und fordert eine Grundhaltung, wonach Unterschiede von behindert-sein und nicht behindert-sein zumindest argumentativ aufgegeben, wenn auch nicht aufgehoben sind. Integration zielt – so die Befürworter (und Gegner) – auf Vergesellschaftung von Unterschieden zur Herbeiführung bestimmter (Nutzen)-Ziele. Die Gegner dieser Denkrichtung sehen in der Integration lediglich die Verdinglichung und Ausbeutung von Minoritäten und Andersartigkeit.

Wie Integration, so ist auch der Inhalt der Inklusion nicht ausschließlich auf die Dimension der Behinderung zu begrenzen. Integration als selbstverständliche Teilhabe muss für Männer und Frauen, für Migranten und Migrantinnen, für junge und alte Menschen gelten. Inklusion darf nicht an der sexuellen Orientierung oder der religiösen Bindung scheitern. Ein wesentlicher Aspekt gelingender Integration – als der realistischere und bescheidenere Anspruch – und gelingender Inklusion – als der ambitioniertere und anspruchsvollere Ansatz – zeigt sich in der Berufsausbildung. Dieser Aspekt soll näher beleuchtet werden.

5.2.15 Integration und Inklusion durch Modularisierung der Berufsausbildung

Die Berufsausbildung im Dualen System ist in Deutschland gesetzlich geregelt. Ausgebildet wird ausschließlich in anerkannten Ausbildungsberufen, deren Dauer, Inhalte, Ziele, Abläufe und Lernorte abschließend geregelt sind.

Diese normativen Vorgaben werden durch verfestigte institutionelle Zuständigkeiten der zuständigen Stellen (Kammern), der berufsbildenden Schulen, der Sozialpartner und der Ausbildungsbetriebe regelkonform exekutiert. Man kann daher getrost von einem pfadabhängigen System der Dualen Berufsausbildung sprechen, das sich am »normalen« Auszubildenden orientiert. Dieser normale Auszubildende hat einen Abschluss des allgemeinbildenden Schulsystems, ist ausbildungsreif und ausbildungswillig. Er zeigt in den Auswahlverfahren, dass sein Potenzial mit akzeptabler Wahrscheinlichkeit ausreicht, die Berufsausbildung erfolgreich abzuschließen.

Die Realität der Berufsausbildung hält diesem Anspruch nicht stand. Nach wie vor brechen zwischen 25 und 30 Prozent der Auszubildenden ihre Berufsausbildung ohne Abschluss ab. Eine beachtliche Anzahl Jugendlicher schafft den Eintritt in die Berufsausbildung nicht.

Die wenig erfreuliche Realität stellt die Verantwortlichen der Berufsausbildung vor die Frage umfassender Reformen, damit die Berufsausbildung zu einer erfolgreichen Phase der Integration in das Berufsleben werden kann. Ein Ansatz, der seit einiger Zeit diskutiert wird, ist die Modularisierung der Berufsausbildung.[191]

Die Modularisierung öffnet die kompakte Berufsausbildung durch das Angebot von Ausbildungsmodulen. Diese Modularisierung trägt der unterschiedlichen Reife der Auszubildenden

191 Vgl. Becker, M. (2013), S. 277–287, insbesondere S. 279–282.

ebenso Rechnung wie der unterschiedlichen Ausbildungseignung der Unternehmen. Im Sinne des Diversity Managements wird die Einfalt der Dualen Ausbildung in eine Vielfalt der Möglichkeiten ausgeweitet, die effizienter und vor allem chancengerechter jedem den passenden Anspruch an Ausbildungsleistungen offeriert, den er zu erfüllen nach der jeweils aktuellen Verfassung in der Lage ist.

Da das BBiG kein bestimmtes Strukturmodell festlegt, das die zeitliche und sachliche Gliederung der Vermittlung beruflicher Fähigkeiten, Fertigkeiten und Kenntnisse regelt, sind z. B. Ausbildungsberufe mit Spezialisierung in Fachrichtungen, Ausbildungsberufe mit Spezialisierung in Schwerpunkten sowie Ausbildungsberufe mit Modulen bzw. Bausteingliederung eine mögliche »neue« Organisationsform der dualen Berufsausbildung. Es wurde erkannt, dass Reformbedarf für die duale BA besteht und somit die Mindful Deviation ausgelöst.[192] Ein Vorschlag der Bundesvereinigung der Deutschen Arbeitgeberverbände (BDA) lautet: »Moderne Strukturen und Wege in der Berufsausbildung«. Er zielt darauf ab, die Berufsausbildung in Ausbildungsbausteine aufzugliedern. Unter Ausbildungsbausteinen versteht man »bundesweit standardisierte, arbeitsmarktbezogene und beschäftigungsbefähigende Kompetenzeinheiten innerhalb der gesetzlich geregelten Ausbildungsordnung.«[193] Jeder Ausbildungsbaustein übermittelt einen Teil der beruflichen Handlungsfähigkeit. Die Bausteine führen wie bei einem Ansparprogramm, am Ende der Berufsausbildung zum Abschluss. Die Berufe können sich flexibel dem Wandel anpassen.

Eine integrationsfördernde Alternative stellt die Attestausbildung dar, die seit dem Jahre 2002 in der Schweiz für überwiegend praktisch begabte Jugendliche und Erwachsene angeboten wird. Es werden für die Auszubildenden verschiedene Stütz- und Förderkurse angeboten sowie die Möglichkeit der Verlängerung der beruflichen Grundbildung auf drei oder vier Jahre. Auch eine berufsorientierte Weiterbildung kann im Anschluss an die zweijährige Grundbildung folgen.[194] Leistungsschwächere Jugendliche werden durch die Verkürzung der Ausbildung auf 2 Jahre sowie durch spezielle Fördermaßnahmen in die Berufsausbildung integriert. Des Weiteren hat das Bundesamt für Berufsbildung und Technologie (BBT) die Förderung des »Case Managements« (CM) in der Berufsbildung für die Kantone festgelegt. Unter Case Management versteht man im Bereich der BA ein strukturiertes Verfahren, welches entsprechende Maßnahmen für Jugendliche festlegt, deren Integration in die Berufswelt extrem gefährdet ist. Ziel des CM ist es, das Ausscheiden der Jugendlichen aus dem Bildungssystem zu verhindern. Es soll dafür sorgen, dass die Jugendlichen ihren ersten nachobligatorischen Abschluss erhalten. Dabei wird versucht, die gefährdeten Jugendlichen bereits in der Schulzeit zu identifizieren, aber auch in der Lehre wird auf schulische und soziale Probleme geachtet. Das CM bietet Hilfe zur Selbsthilfe bei der Berufswahl, aber auch bei der Suche nach einem Arbeitsplatz.[195] Die meist genutzte Maßnahme des CM ist die *fachkundige individuelle Begleitung (FIB)*. Hierbei handelt es sich um ein Förderangebot, bei dem kompetente Personen den Lern- und Entwicklungsprozess von leistungsschwächeren Personen unterstützen. Dies kann von Berufsfachschulen, Arbeitsämtern usw. geleistet werden.[196] Die Attestlehre wirkt der sozialen Spaltung entgegen. Jugendliche mit Migrationshintergrund werden besser in die Berufsausbildung integriert.

---

192 Vorschläge zur Modularisierung der BA in: vgl. Forschungsinstitut Betriebliche Bildung (f-bb) gGmbH (2008), S. 131–192.
193 Bundesvereinigung der Deutschen Arbeitgeberverbände (2007), S. 3.
194 Vgl. Bundesamt für Berufsbildung und Technologie BBT (2005), S. 3.
195 Vgl. Bundesamt für Berufsbildung und Technologie BBT (2005), S. 1.
196 Vgl. Bundesamt für Berufsbildung und Technologie BBT (2005), S. 13.

Die Integration in die Berufsausbildung und in die Arbeitswelt wird zunehmend ergänzt durch die Erfordernisse der Re-Integration nach freiwilligen und erzwungenen Tätigkeitsunterbrechungen. Zeiten der Arbeitslosigkeit, Erziehungszeiten, Pflegezeiten, Zeiten längerer Weiterbildung und Einsätze im Ausland bedürfen gezielter Maßnahmen der Reintegration in die Arbeitswelt. Krankheitsbedingte Abwesenheiten kommen hinzu und bedürfen ebenfalls gezielter Reintegrationsmaßnahmen.

5.2.16 Fazit und Ausblick

Die Ausführungen sollten verdeutlichen, dass Maßnahmen des Managing Diversity und des Diversity Managements sinnvoll eingesetzt werden müssen, um eine Integration behinderter und leistungsgewandelter Mitarbeiter im Unternehmen zu erreichen. Behinderung und Nichtbehinderung werden dann stark relativiert, wenn nicht das primäre Merkmal der Behinderung, sondern die Analyse der Stärken im Vordergrund der Betrachtung steht. Einen abschießenden Überblick gibt Abbildung 5-74. Behinderung als Handlungsfeld steht selbstverständlich immer im Zusammenhang mit den anderen Handlungsfeldern des Diversity Managements. So kann gefragt werden, ob es behinderte Migranten schwerer haben, einen Arbeitsplatz zu finden. Es kann der Zusammenhang von Behinderung und Alter »in additiver Weise« betrachtet werden und es ist dauerhaft zu klären, wie sich die gesellschaftliche Einstellung zu Behinderung verändert. Behinderte Menschen werden in der Zukunft, so darf vermutet werden, aufgrund von Alterung und Schrumpfung der Bevölkerung bessere Chancen auf Anerkennung und Teilhabe haben als in der Vergangenheit.

Salutogenese und Resilienz sind Schlagworte, deren Gehalt sich mit den Gründen der Gesunderhaltung beschäftigen. Salutogenese fokussiert Gründe der Erhaltung von Gesundheit und der Entstehung von Krankheit. Es ist Aufgabe der Führungskräfte und der Verantwortlichen des Diversity Managements auf die Gesunderhaltung der Belegschaft zu achten. Längere Lebensarbeitszeit, vielfach wechselnde Anforderungen, Bewegungsmangel und eine Überfülle an Nahrungsangeboten, die der Gesunderhaltung nicht unbedingt dienlich sind, verlangen dauerhafte Aufklärung über Gesunderhaltung und Abwehr von Krankheiten durch gesundheitsbewusste Lebensführung. Resilienz zielt als Aktivität auf den Aufbau von Bewusstseins- und Verhaltensreserven, die in besonders schwierigen Situationen aktiviert werden, um Überforderung und nachfolgende Krankheit zu verhindern. Gerade der nachwachsenden Generation fehlt das Erleben von Kriegen, Tod, Armut, Fehlschlägen in Beruf und Privatleben. Die Reserven für den Ernstfall des Scheiterns, der Wechselfälle des Lebens, werden nicht aufgebaut, weil das Erleben schwieriger Situationen fehlt. Der »May be Generationen« postmoderner Beliebigkeit und Flüchtigkeit wird das Durchhaltevermögen fehlen. Nun kann man für die Zukunft gewiss nicht wünschen, dass schwierige Situationen die Menschen zum Aufbau von Resilienz erziehen sollten. Aber es wird notwendig werden, die Leistungs- und Verantwortungsgrenzen nach oben zu erweitern. Aufgabe der Führungskräfte sollte es sein, die Mitarbeiter stets an der oberen durchschnittlichen Leistungskurve zu fordern. Oder einfacher ausgedrückt: »Fordern und Fordern« sind (wieder) zusammen zu denken und zu praktizieren.

Diversity Awareness Training fasst als Begriff die Aktivitäten des Diversity Managements im Handlungsfeld Behinderung und Gesundheit insofern sehr gut zusammen, als es vorwiegend vom Aufbau eines kognitiven und emotionalen Bewusstseins abhängt, wie Behinderte und Kranke in Wirtschaft und Gesellschaft gesehen, geschätzt, gefordert und gefördert werden. Awareness Training muss beide Seiten einschließen, die Behinderten und die Nicht-

Maßnahmen des Managing Diversity	Maßnahmen des Diversity Managements
• Abbau physischer, psychischer und sozialer Barrieren • Einführung von Behindertenquoten • Disability Management • Betriebliches Eingliederungsmanagement (BEM)	• Sensibilisierungstrainings • Unternehmenskultur der Integration und Förderung • Frühe Förderung behinderter Mitarbeiter (insbes. in der Ausbildung) • Potenzialorientierte Förderung und Karriereplanung • Betriebliches Gesundheitsmanagement (BGM)

Abb. 5-74: Maßnahmen des Managing Diversity und des Diversity Managements zur Förderung behinderter und leistungsgewandelter Mitarbeiter

behinderten. Die Nichtbehinderten müssen verstehen und lernen, wie ein unverkrampfter Umgang mit Behinderten und Kranken gelingen kann. Behinderte müssen ihre Behinderung verstehen und lernen, sich als Behinderte in Gesellschaft und Wirtschaft einzubringen.

5.2.17 DIVERSITY-PRAXIS: AOK – die Gesundheitskasse in Hessen

Sonja Lambert

Von singulären Diversity-Maßnahmen zum Diversity-Konzept

Die AOK Hessen blickt auf eine sehr lange Diversity-Tradition zurück. Erste Aktivitäten wurden im Jahre 2002 eingeleitet. Die Stabsstelle »Chancengleichheit und Diversity Management« wurde ebenfalls im Jahre 2002 in der Hauptabteilung Personal- und Ressourcenmanagement eingerichtet. Im Jahre 2008 wurde die AOK Hessen bereits als Endrundenteilnehmer beim bundesweiten Unternehmenswettbewerb »Erfolgsfaktor Familie« in der Kategorie Innovation ausgezeichnet. Das Diversity Management ist strategisch ausgerichtet und wird von der Unternehmensführung aktiv unterstützt. Bezogen auf den Diversity-Aspekt der Vereinbarkeit von Beruf, Familie und Privatleben versteht die AOK Hessen weit mehr als die familienbewusste Gestaltung der Arbeitsorganisation und -abläufe. Mitarbeiterinnen und Mitarbeiter mit Familienaufgaben sollen ihre unterschiedlichen Kompetenzen und Erfahrungen optimal zum Nutzen der Kunden einbringen können. Darin sieht das Unternehmen einen Wettbewerbsvorteil. Lebensphasenorientierte Serviceleistungen sind daher als Ergebnis der verschiedenen Diversity-Teilkonzepte mittlerweile zum Standard geworden.

Die Diversity-Strategie leitet sich aus umfangreichen Daten- und Trendanalysen ab, die die Personalstruktur, die Veränderungen der gesellschaftlichen Rahmenbedingungen und die Unternehmensentwicklung aufgreifen. Ausgehend von der Unternehmensstrategie wurden Diversity-Teilkonzepte entwickelt (siehe Abbildung 5-75). Eine beachtliche Anzahl an Maßnahmen der persönlichen Unterstützung steht der Belegschaft zur Verfügung. Diese werden intensiv genutzt. Wichtige Maßnahmen des Diversity Managements insgesamt werden nachfolgend vorgestellt.

Die Diversity-Aktivitäten der AOK Hessen beinhalten unter anderem lebensphasenorientierte Serviceleistungen. Zum Verständnis der Genese des Angebots für Beschäftigte der AOK Hessen werden die Ausgangslage und einzelne grundlegende Teilkonzepte des Diversity Managements beschrieben.

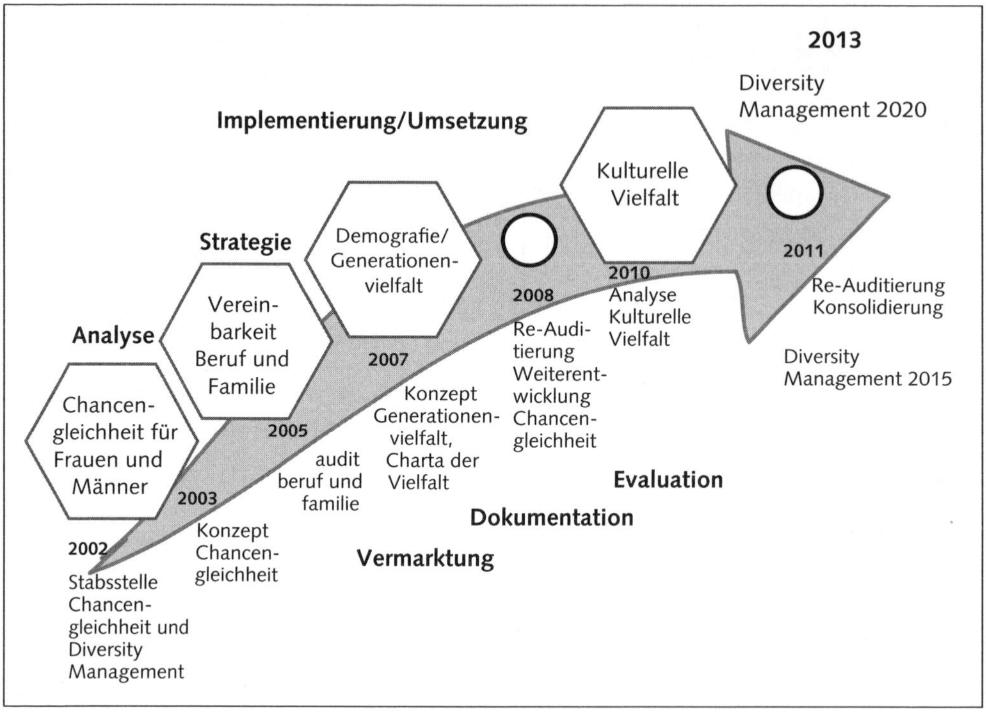

Abb. 5-75: Zeitstrahl Diversity Management

Diversity Management der AOK Hessen

Die AOK Hessen beschäftigt insgesamt 3644 Mitarbeiterinnen und Mitarbeiter an 56 Standorten im Bundesland Hessen. Mehr als zwei Drittel der Beschäftigten sind Frauen (69,4 Prozent). Das Durchschnittsalter der Belegschaft liegt gegenwärtig bei 46,47 Jahren.[197] Aufgrund der speziellen Qualifikationserfordernisse wird der Nachwuchs überwiegend in der eigenen Berufsausbildung im Ausbildungsberuf »Sozialversicherungsfachwirt« ausgebildet. Aufbauend auf der Berufsausbildung bietet die AOK Hessen in Kooperation mit der Technischen Hochschule Mittelhessen in Gießen ein Bachelor- und Masterstudium an.

Chancengleichheit für Frauen und Männer

Diversity Management-Aktivitäten wurden in der AOK Hessen im Jahre 2003 mit dem Teilkonzept *Chancengleichheit für Frauen und Männer* gestartet. Ausgangspunkt war die Erkenntnis, dass sich Frauen und Männer hinsichtlich Ausbildung und Erfahrung nicht wesentlich unterscheiden, Frauen in Führungspositionen der AOK Hessen allerdings deutlich unterrepräsentiert sind. Der Anteil männlicher Auszubildender war rückläufig, sodass die Gefahr bestand, dass männliche Auszubildende »Exotenstatus« erlangen. Der Anteil männlicher Auszubildender betrug im Jahre 2000 nur noch 19 Prozent.

Das Teilprojekt »Chancengerechtigkeit für Frauen und Männer« zielt mit Erfolg darauf ab, die AOK Hessen für Männer und Frauen als attraktiver Arbeitgeber zu präsentieren, die Potenziale von

197 AOK – Die Gesundheitskasse in Hessen 2012/2013, S. 10.

Frauen und Männern sollen aktiv genutzt und beiden Geschlechtern gleiche Aufstiegschancen geboten werden. Konkrete Ziele dienen als Grundlage der Erfolgsmessung der Diversity-Aktivitäten.

Generationenvielfalt bei der AOK Hessen

Ein weiteres Diversity-Teilkonzept »*Generationenvielfalt bei der AOK Hessen*« zielt auf die Bewältigung des demografischen Wandels. Zentrales Anliegen dieses Diversity-Teilkonzeptes ist die Verbesserung der Arbeitgeberattraktivität für alle Altersgruppen der Belegschaft. Bewerberinnen und Bewerber, Beschäftigte und Auszubildende sollen sich als Arbeitnehmerinnen und Arbeitnehmer der AOK Hessen wohlfühlen. Zufriedenheit mit den Arbeitsbedingungen und den Arbeitsinhalten soll unabhängig vom Alter für alle Beschäftigtengruppen erreicht werden. Ein leistungsfähiges Personalprognosemodell dient als Analyseinstrument, konkrete Rekrutierungsziele bestimmen die personalwirtschaftlichen Aktivitäten. Die Maßnahmen in diesem Diversity-Handlungsfeld greifen Unterschiede hinsichtlich Wissen und Erfahrung auf und verbinden sie nutzenbringend für das Unternehmen. Entsprechend wurde eine systematische demografiegerechte Wissens- und Erfahrungssicherung, lebensbegleitendes Lernen sowie ein Betriebliches Gesundheitsmanagement eingeführt. Die Vereinbarkeit von Beruf und Pflege ist im Rahmen dieses Teilkonzepts entstanden.

Kulturelle Vielfalt

Die *kulturelle Vielfalt* der Kunden spiegelt sich in der kulturellen Vielfalt der Mitarbeiter der AOK Hessen wider. Analysen zur Sprachenvielfalt im Unternehmen wurden durchgeführt und Maßnahmen zur Weiterentwicklung der interkulturellen Kompetenz sind in konkreter Planung.

Flexible Arbeitsorganisation

Allen Teilkonzepten des Diversity Managements liegt eine *flexible Arbeitsorganisation* zugrunde, die bei der AOK Hessen durch eine hohe Flexibilität der Lage, der Dauer und des Umfangs der Arbeitszeit gekennzeichnet ist. Der Teilzeitanteil der Beschäftigten liegt bei 36,7 Prozent.[198] Darüber hinaus ermöglicht die AOK Hessen ihren Mitarbeitern und Mitarbeiterinnen das Arbeiten an flexiblen Arbeitsorten sowie die Führung in reduzierter Vollzeit. Die Vielfalt arbeitsorganisatorischer Lösungen rückt zunehmend in den Vordergrund, sodass die *organisationale Vielfalt* inzwischen ein eigenständiges Teilkonzept des Diversity Managements darstellt.

Vereinbarkeit von Beruf, Familie und Privatleben

Mit der Erstauditierung im Rahmen des Audit *berufundfamilie* im Jahre 2005 wurde ein umfassendes Maßnahmenpaket mit acht Handlungsfeldern zur Verbesserung der *Vereinbarkeit von Beruf, Familie und Privatleben* verabschiedet. Unter anderem entwickelte sich das Audit-Handlungsfeld »*Service für Familien*«, weit über das bis dato vorhandene Angebot eines Kinderbetreuungs-Service hinaus.

Lebensphasenorientierte Serviceleistungen für Beruf, Familie und Privatleben

Mit der Entwicklung des »Diversity-Konzepts 2015« wurden die bestehenden Serviceangebote aus den einzelnen Diversity-Teilkonzepten für Beschäftigte in einem *lebensphasenorientierten Gesamtkonzept* gebündelt (siehe Abbildung 6-2). Die auf familiäre Belange fokussierten Serviceleistungen wurden auf das Privatleben insgesamt ausgeweitet.

---

198 AOK – Die Gesundheitskasse in Hessen 2012/2013, S. 10.

Koordiniert und gesteuert werden alle Maßnahmen und Angebote von der Servicestelle Beruf, Familie und Privatleben, die innerhalb der Hauptabteilung Personal- und Ressourcenmanagement bei der Stabsstelle Diversity Management angesiedelt ist.

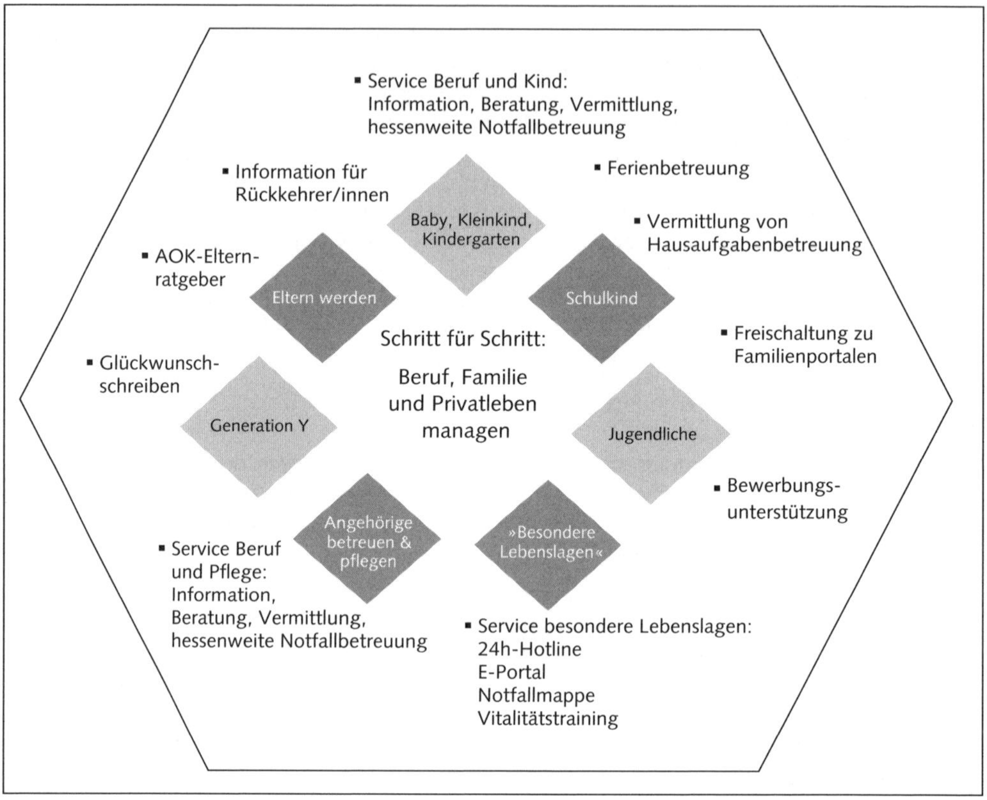

Abb. 5-76: Lebensphasenorientierte Serviceleistungen

Mitarbeiterinnen und Mitarbeiter können sich mit ihren Anliegen und Fragen direkt an die Servicestelle wenden. Der Servicestelle obliegt die Evaluation und Weiterentwicklung der Angebote sowie die Information und Kommunikation zu den einzelnen Maßnahmen im Unternehmen.

Eltern werden

Wenn Mitarbeiterinnen und Mitarbeiter Eltern werden, steht ihnen ein systematisches Unterstützungsangebot zur Verfügung.

»Fit für Beruf und Familie«, das Elternzeitprogramm der AOK Hessen startete im September 2004. Hauptelement ist die koordinierte Begleitung der Mitarbeiterin oder des Mitarbeiters vor, während und nach der Elternzeit durch die direkte Führungskraft. Planungs- und Kontaktgespräche sichern den Kontakt zwischen Eltern und ihrem Arbeitsplatz. Der Wiedereinstieg nach der Familienphase wird durch diese Maßnahmen erleichtert.

Ein umfassendes Kontakthalteprogramm wird ergänzt durch Orientierungsworkshops für Beschäftigte in Elternzeit, die durch den Personalbereich angeboten und regelmäßig durchgeführt werden.

Zusätzlich berät die Stabsstelle Diversity Management bei Schwangerschaft, Elternzeit und beim Wiedereinstieg nach einer Eltern- oder Pflegepause. Auf Wunsch stehen gezielte Weiterbildungsangebote bereit. Nach der Rückkehr wird der individuelle Bedarf an Information, Einarbeitung und Integration konkretisiert und entsprechende individuelle Einführungsmaßnahmen werden realisiert.

Ein Glückwunschreiben und eine Aufmerksamkeit zur Geburt erinnern die Eltern daran, dass die AOK Hessen sich mit ihnen über den Nachwuchs freut. Der AOK-Elternratgeber, überreicht durch die Servicestelle, begleitet die wichtige Lebensphase vom »Eltern werden« zum »Eltern sein«.

Service Beruf und Kind

Seit dem Jahre 2004 unterstützt der Service »Beruf und Kind« die Mitarbeiterinnen und Mitarbeiter bei der Suche nach Kinderbetreuungsmöglichkeiten und bietet eine hessenweite Notfallbetreuung an.

Die Serviceleistung »Beruf und Kind« umfasst Basisangebote wie die allgemeine Beratung, aber auch individuelle maßgeschneiderte Serviceleistungen sowie die kostenfreie Nutzung kurzfristiger Kita-Plätze an großen Standorten. Die besondere Herausforderung liegt darin, ein Angebot zu schaffen, das in allen Standorten der AOK Hessen umgesetzt werden kann. Ein Teil der Leistungen wird durch die Servicestelle erbracht. Fester Bestandteil des Services ist eine Erstberatung, der sich die Erarbeitung individueller Lösungen, zu denen auch die konkrete Vermittlung eines Kita-Platzes oder einer Tagesmutter gehört, anschließt. Diese Angebote werden von externen Kooperationspartnern bereitgestellt. Außerdem informiert die Servicestelle regelmäßig über regionale und überregionale Angebote zur Ferienbetreuung. Der Service Beruf und Kind hat sich inzwischen etabliert und weist seit vielen Jahren stabile Nutzungsquoten auf. Im Jahr 2011 wurde das Angebot um die Möglichkeit zur Vermittlung einer Hausaufgabenbetreuung erweitert. Der Zugang zu Informationsportalen rund um das Thema Kind wurde für alle Beschäftigten ermöglicht. Das Angebot hat sich inhaltlich und im Umfang gut entwickelt. In Nordhessen konnten inzwischen Belegplätze in einem Notfallkindergärten reserviert werden, lokale Ferienbetreuung wird mit einem Kooperationskonzept sichergestellt.

Bei älteren Kindern verliert die Kinderbetreuung an Bedeutung, Erziehungs und Bildungsaufgaben gewinnen an Bedeutung. Die AOK Hessen unterstützt die Beschäftigten beim Übergang in die Berufsausbildung und beim Berufseinstieg. Materialien für Bewerbungstrainings können abgerufen werden. Die Nachfrage nach dieser Unterstützungsleistung ist sehr hoch.

Unterstützung in besonderen Lebenslagen

Vereinbarkeit von Beruf, Familie und Privatleben bedarf insbesondere in den »Wechselfällen des Lebens« der aktiven Unterstützung durch das Unternehmen. Seit dem Jahre 2013 bietet die Servicestelle ein Internetportal und eine 24 Stunden-Telefonhotline zur Beratung in besonderen Lebenslagen an. Mitarbeiterinnen und Mitarbeiter können sich an 365 Tagen im Jahr rund um die Uhr auf die professionelle Unterstützung durch einen erfahrenen Kooperationspartner verlassen. Fragen zu den Themenbereichen Partnerschaft und Erziehung, Konflikte am Arbeitsplatz, Krisen, Stressprävention und psychische Gesundheit werden von Fachexperten beantwortet. Experten für Familienrecht und Spezialisten zur Einkommens- und Budgetberatung können ebenfalls vermittelt werden.

Das flankierende Internetportal bietet den Mitarbeiterinnen und Mitarbeitern einen unkomplizierten Zugang zu Informationen rund um die Themen Beruf, Familie und Privatleben. Downloads und weitere Links runden das Angebot ab. Der Zugang zu diesem Portal erfolgt über das unternehmensinterne Intranet.

Neben dem anonymen Angebot der Beratung in besonderen Lebenslagen berät die Servicestelle Beruf, Familie und Privatleben persönlich, wenn dies von Beschäftigten gewünscht wird.

In Ergänzung zum Betrieblichen Gesundheitsmanagement wird ein bedarfsbezogenes Inhouse-Vitalitätstraining durchgeführt, das speziell die Schnittstelle Beruf und Privatleben adressiert. Es vermittelt den Beschäftigten Strategien und Methoden, um die Anforderungen der unterschiedlichen Lebenslagen und die Anforderungen in den Lebensbereichen erfolgreich zu bewältigen.

Wer aktiv im Leben steht, möchte sich meist nicht mit dem Gedanken beschäftigen, dass man durch Krankheit oder Unfall nicht mehr in der Lage sein könnte, die persönlichen Angelegenheiten selbst zu erledigen. Oft verbringen Angehörige dann viel Zeit damit, persönliche Unterlagen zu suchen. Auch die persönliche Situation ist ungeklärt. Die Servicestelle Vereinbarkeit Beruf, Familie und Privatleben bietet mit einer Notfallmappe Unterstützung an. Mitarbeiterinnen und Mitarbeiter können die Notfallmappe anfordern und ihre persönlichen und medizinischen Daten, Vollmachten, Patientenverfügungen, Versicherungen, Finanzen und den Organspende-Ausweis in die Mappe aufnehmen. Die Notfallmappe wurde bereits von zwei Drittel der Beschäftigten abgerufen und hat damit den hohen Bekanntheitsgrad der Angebote der Servicestelle insgesamt gefördert.

Service Beruf und Pflege

In alternden Belegschaften müssen immer mehr aktiv Beschäftigte Betreuungs- und Pflegeaufgaben im familiären Umfeld organisieren und auch persönlich leisten.

Mit dem Demografiekonzept »Generationenvielfalt« wurde der » Service Beruf und Pflege« eingerichtet. Flexible Arbeitszeitmodelle, reduzierte Vollzeit für Führungskräfte, das Arbeiten an flexiblen Arbeitsorten und die gesetzlichen und betrieblichen Möglichkeiten der Beurlaubung sind wichtige Rahmenbedingungen zur Vereinbarkeit von Beruf und Pflege. Das Leistungsangebot des »Service Beruf und Pflege« bietet ergänzend weitere Bausteine an (siehe Abbildung 5-77). Im Zusammenspiel mit den Arbeitszeitlösungen können Beschäftigte damit bezogen auf ihre individuelle Situation gezielt unterstützt werden.

Leistungen	Inhalte
Information	• Informations- und Adressmaterialien • AOK-Pflege-Navigator
Beratung	• Individuelle Lösungsvorschläge • Entscheidungshilfe
Vermittlung	• Haushaltsnahe Dienstleistungen • Pflegedienst, Tagespflege, Heimunterbringung
Schulung	• Kompetenztraining für Mitarbeiterinnen und Mitarbeiter mit Pflegeaufgaben
Netzwerk	• Erfahrungsaustausch für pflegende Mitarbeiterinnen und Mitarbeiter

Abb. 5-77: Unterstützungsleistungen für die Vereinbarkeit von Beruf und Pflege

Die Schulung »Kompetenztraining für pflegende Beschäftigte« wird in Kooperation mit 24 Arbeitgebern im Bundesland Hessen angeboten, sodass eine flächendeckende, kostengünstige Umsetzung realisiert werden konnte. Die Kooperationspartner können Belegplätze für ihre Mitarbeiterinnen und Mitarbeiter für fünf verschiedene Module buchen.

Die Kooperationsunternehmen und deren Mitarbeiterinnen und Mitarbeiter wählen je nach Bedarf der Beschäftigten, ob sie alle Module besuchen oder nur einzelne Veranstaltungen. Die Teilnahme ist für die Beschäftigten kostenfrei. Als Vorteil hat sich erwiesen, dass die Pflegenden sich mit Mitarbeiterinnen und Mitarbeitern, die sich in einer ähnlichen Situation befinden, austauschen können.

Information und Kommunikation

Die Bekanntheit der Serviceangebote bei den Beschäftigten ist die Voraussetzung für den Erfolg der Diversity-Aktivitäten. Die Erfahrung der AOK Hessen zeigt, dass Informationen zu Serviceleistungen, die nicht unmittelbar den aktuellen Bedarf betreffen, ausgeblendet werden. Pflegeunterstützung wird ebenfalls nachgefragt, wenn ein Angehöriger betreuungs- oder pflegebedürftig wird. Die Serviceangebote müssen so kommuniziert werden, dass sie im Bedarfsfall präsent sind. Die Informations- und Kommunikationswege sind so zu gestalten, dass unterschiedliche Zugänge vorhanden und die individuellen Präferenzen in der jeweiligen Situation genutzt werden können. Wer unvermittelt in eine schwierige Lebenslage gerät, will nicht »Broschüren studieren«, sondern erwartet schnelle Hilfe und einen direkten Zugang zu relevanten problemlösenden Informationen.

Für das Diversity Management wird ein jährlich ein Kommunikationsplan erstellt, der die geplanten Diversity-Aktivitäten und die entsprechenden Informationsveranstaltungen und Informationsangebote aufzeigt. Informationen werden durch klassische Medien wie Mitarbeiterzeitschrift, Flyer, Intranet etc., aber auch durch persönliche Informationen der Stabsstelle Diversity Management bereitgestellt. Das Lebenslagencoaching wurde mit einer persönlichen Scheckkarte, die alle relevanten Informationen enthält, allen Beschäftigten brieflich zugestellt.

Zur wirksamen Umsetzung der Diversity-Maßnahmen ist die frühzeitige Einbindung der Führungskräfte eine entscheidende Erfolgsvoraussetzung. Zum einen sind sie selbst Nutzer der Maßnahmen, zum anderen machen Führungskräfte Mitarbeiterinnen und Mitarbeiter auf die Unterstützungsangebote aufmerksam. Gelingt die Unterstützung der Mitarbeiterinnen und Mitarbeiter, dann entlastet diese Unterstützung die Führungskräfte. Neue Führungskräfte werden im Rahmen der Führungskräftequalifikation über die Aktivitäten des Diversity Managements informiert. Erfahrene Führungskräfte werden über die vorhandenen Kommunikationskaskaden und die diversen Führungsgremien über die Maßnahmen informiert. Der Prozess beginnt Top-down mit der Vorstellung im Management Board der AOK Hessen. Selbstverständlich wird die Mitarbeitervertretung sowohl über neue Angebote als auch über die gesamte Entwicklung der Thematik informiert.

Positive Erfahrungen mit Diversity Management

Die Unterstützung der Mitarbeiterinnen und Mitarbeiter in allen Lebensphasen hat sich bei der AOK Hessen als richtige Strategie erwiesen. Diversity Management gilt als Zukunftsthema, das entscheidend dazu beiträgt, die Kompetenz und die Leistungsfähigkeit der Belegschaft zu erhalten und Voraussetzungen dafür zu schaffen, dass alle Beschäftigten ihre Potenziale in die Arbeit der AOK Hesseneinbringen können.

Das Unternehmen sieht sich als verantwortlich handelnder Arbeitgeber in der Pflicht, Mitarbeiterinnen und Mitarbeiter in schwierigen Lebenssituationen zur Seite zu stehen. Vorteilhaft für die AOK Hessen ist, dass man durch die frühzeitige Beschäftigung und den kontinuierlichen Ausbau des Diversity Managements das Serviceangebot bedarfsgerecht auf- und ausbauen konnte. Strategische Überlegungen und konkrete Analysen verhindern eine »Nice-to-have«-Philosophie und realitätsferne Aktivitäten »vom grünen Tisch«. Kommunikation ist eine Daueraufgabe, daher ist eine gute Kommunikationsplanung für den Erfolg der Diversity-Aktivitäten unabdingbar. Es sind Make-or-Buy-Entscheidungen zu treffen. Im Vordergrund stehen Fragen, welche eigenen Kompetenzen genutzt werden können und wo professionelle Unterstützung durch Kooperationspartner erforderlich und sinnvoll ist. Neue Wege wurden mit dem Kooperationskonzept »Beruf und Pflege« beschritten. Gemeinsam mit Kooperationsunternehmen wurden familienunterstützende Serviceleistungen realisiert.

Die AOK Hessen unterstützt insbesondere dann neue Aktivitäten des Diversity Managements, wenn der betriebswirtschaftliche Erfolg erkennbar ist. Für die dargestellten Serviceleistungen kann der wirtschaftliche Nutzen bejaht werden. Investitionen in Diversity Management lohnen sich für die AOK Hessen und die Belegschaft gleichermaßen.

Unbestritten ist in diesem Zusammenhang die positive Wahrnehmung der Diversity-Aktivitäten durch die Mitarbeiterinnen und Mitarbeiter. Eine gutes Betriebsklima und gute Leistungen der Mitarbeiter resultieren daraus, dass familiäre und private Anliegen entsprechende Unterstützung erhalten.

Jedes Unternehmen muss das Diversity Management maßgeschneidert gestalten. Diversity Management von der Stange ist nicht zielführend. Auf Vorhandenem aufzubauen, Erfahrungen zu sammeln und die Angebote bedarfsgerecht Schritt-für-Schritt weiterzuentwickeln, empfiehlt sich für jeden Arbeitgeber. Wir sind überzeugt davon, dass die maßgeschneiderte Ausgestaltung der Diversity-Handlungsfelder der AOK Hessen gelungen ist.

Ausblick

Alle Maßnahmen des Diversity Managements müssen von den Beschäftigten akzeptiert werden, bedarfsgerecht gestaltet werden und in ihrer Wirkung evaluiert werden. Um gezielt Maßnahmen für alle Beschäftigtengruppen anbieten zu können, untersucht die AOK Hessen unter dem Arbeitstitel »*Generation Y*« bezogen auf die Unterstützungsleistungen, welche speziellen Bedarfe Mitarbeiterinnen und Mitarbeiter vor der Familiengründungsphase haben. Gezielte Maßnahmen stärken die »Arbeitgeberattraktivität« im demografischen Wandel. Das Diversity-Management-Gesamtkonzept wird aktuell mit Zielrichtung Diversity Management 2020 weiterentwickelt. Die Förderung der Diversity-Kompetenz und der Diversity-Kultur werden dabei ein wesentlicher Schwerpunkt sein, wobei die Heterogenität der Lebensentwürfe und ihre Konsequenzen für Instrumente und Maßnahmen eine wichtige Rolle spielt.

5.3 Handlungsfeld Geschlecht und Familie

5.3.1 Gleichbehandlung und Gender Mainstreaming

Elfriede Schießleder, Vorsitzende des Bayerischen Landesverbandes des Katholischen Frauenbundes (KDFB), zeichnet in einem Beitrag zur Entwicklung der Christlichen Soziallehre,[199] den mühevollen Prozess der Frauenbewegung nach. Hier eine Auswahl der Stationen auf dem Wege der Emanzipation der Frauen:

- Gründung des Deutschen Lehrerinnenverbandes 1876
- Inkrafttreten des Bürgerlichen Gesetzbuches (BGB) mit Entscheidungsrecht des Ehemanns in allen Familien und Ehefragen 1900
- Gründung des Katholischen Frauenbundes 1903
- Recht auf ein Universitätsstudium im Freistaat Bayern 1906
- Aktives und passives Wahlrecht für Frauen 1919
- Gleichberechtigung von Männern und Frauen – Grundgesetz 1949
- Erlass des Mutterschutzgesetzes 1952
- Zölibat für Lehrerinnen wird abgeschafft 1958
- Gesetz über die Gleichberechtigung von Mann und Frau auf dem Gebiet des BGB 1958
- Erstes Gesetz zur Reform des Ehe- und Familienrechts, Einführung der Partnerschaft – statt des Paternalitätsprinzips, Regelung des Unterhaltsanspruchs bei Scheidungen

199 Vgl. Schießleder, E. (2013), S. 96f.

- Zweites Gleichberechtigungsgesetz mit den Schwerpunkten Vereinbarkeit von Familie und Beruf, Benachteiligungsverbot, Schutz vor sexueller Belästigung, Einführung der Mitbestimmung der Betriebsräte zu Fragen der Frauenförderung und der Vereinbarkeit von Familie und Beruf 1994
- Job-AQTIV-Gesetz zur verbesserten Teilhabe am Arbeitsleben für Frauen 2002
- Das Allgemeine Gleichbehandlungsgesetz tritt in Kraft 2006

Die Beteiligung der Frauen am Erwerbsleben vollzog sich zunächst unter Beibehaltung der traditionellen Denk- und Rollenmuster, wonach die Beschäftigung von Frauen als Ergänzung der Männerarbeit, als willkommener Zuverdienst der Familien, gesehen wurde. Schreibkraft, Kindergärtnerin, Krankenschwester (es gibt die Bezeichnung »Krankenbruder« gar nicht), Hauswirtschaftlerin, Haushälterin, nennen »Pionierberufe«, die Frauen den Zutritt ins Arbeitsleben ermöglichten.

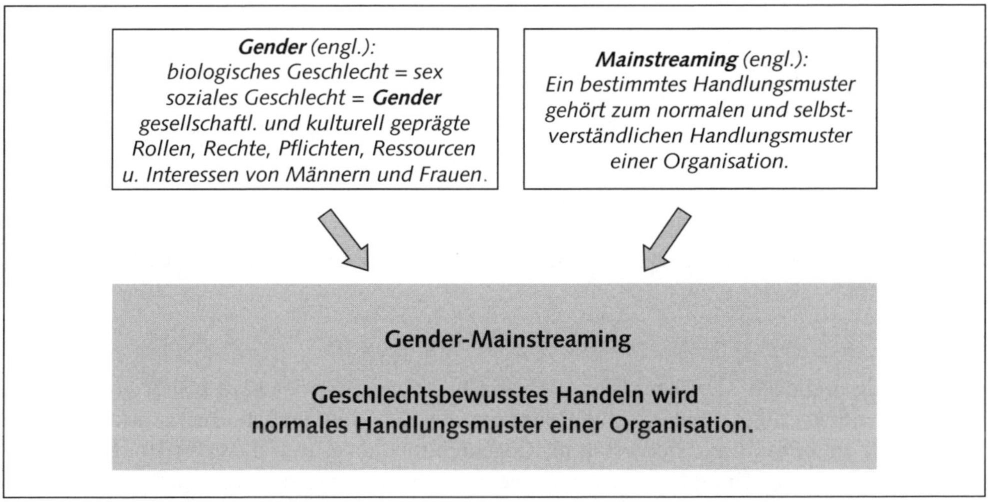

Abb. 5-78: Gender Mainstreaming: Soziales Geschlecht und Handlungsmuster

Die Erwerbsarbeit der Frauen wird als ergänzendes, nicht selten als erzwungenes Element der Daseinsversorge gesehen. Verbunden mit dem defizitären Gefühl, als Frau und Mutter arbeiten zu müssen oder sich als Gattin die Arbeit zumuten zu müssen, weil der Ernährer der Familien nicht genug verdient, starten die Frauen in die Berufstätigkeit.[200] Die Frau hütet nicht mehr Haus und Hof, mit zunehmender Erwerbstätigkeit ist sie außer Haus, ohne die Verantwortung für Haushalt, Familie und Erziehung wirklich fair als Familienarbeit mit den Männern teilen zu können. »Rabenmütter« war die in der BRD häufig zu hörende Zuschreibung für berufstätige Mütter. Dabei wurde diesen Rabenmüttern mangelndes Pflichtbewusstsein für die Pflege und die Erziehung der Kinder unterstellt. Mütter, die ihre Kinder in Krippen, Kindergärten, Horten und Ganztagsschulen versorgen lassen, seien verantwortungslos, so lautete der latente Vorwurf an berufstätige Mütter. Frankreich und auch die DDR haben bzw. hatten mit der ver-

200 Vgl. Schießleder, E. (2013), S. 96f.

stärkten öffentlichen Erzhiehung der Kinder kein Problem. In der Diktatur der DDR natürlich aus andereen Gründen als in Frankreich, das in der pädagogischen Betreung von Kleinkindern eine lange Tradition und eine allgemeine Akzeptanz der professionellen Betreuung ausweist.

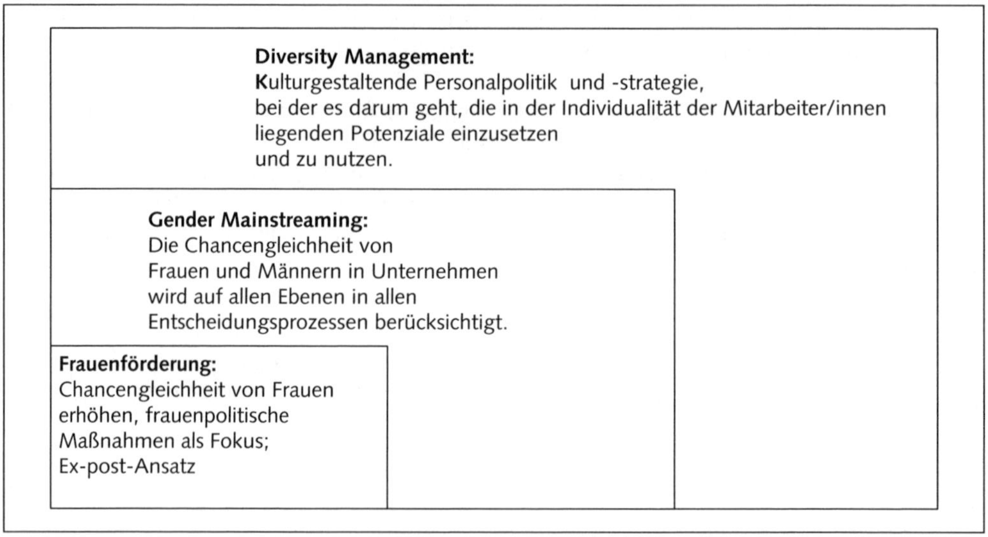

Abb. 5-79: Einordnung der Begriffe Frauenförderung, Gender Mainstreaming und Diversity Management

Gegenwärtig dreht die Argumentation. War die Berufstätigkeit der Frau bisher im gewissen Sinne ein »notwendiges Übel«, Familie dagegen der Kern der Frauenarbeit, so kehren sich Bewusstsein und Praxis nun dergestalt ins Gegenteil um, als es nun die Erwerbsarbeit ist, die durch die Familienarbeit ergänzt evtl. für eine gewisse Zeit unterbrochen wird. Die Erwerbsarbeit hat Priorität, die Familienarbeit wird zum »notwendigen Übel«.

Für die Frauenbewegung und ihr Streben nach Gleichberechtigung und gleicher Teilhabe am gesellschaftlichen Leben, kann man für die Gegenwart feststellen, dass große Erfolge erzielt wurden. Und trotzdem muss man die Kantsche Frage: »Leben wir in einem aufgeklärten Zeitalter?« so beantworten, wie es Kant am Ende des 18. Jahrhunderts formulierte: »Nein, aber wohl in einem Zeitalter der Aufklärung«![201] Auf die Emanzipation der Frauen übertragen heißt das: Wir leben noch nicht in einem endgültig aufgeklärten Verhältnis der Geschlechter zueinander, aber wir leben in einem Zeitalter der Aufklärung, in dem Vorurteile, Stereotypen und Missverständnisse zum Geschlechterverhältnis sukzessive abgebaut werden.

201 Schießleder, E. (2013), S. 59.

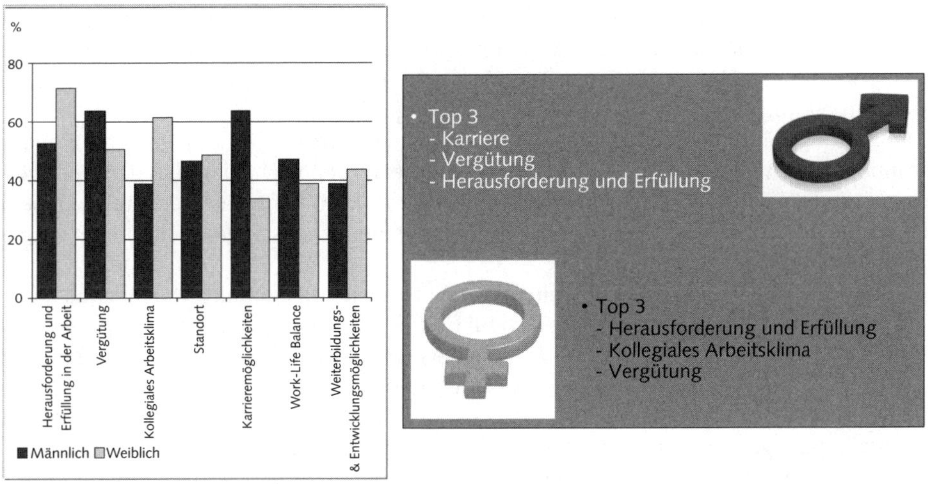

www.personalwirtschaft.de/media/Personalwirtschaft_neu_161209/Startseite/Downloads-zum-Heft/0910/Kienbaum_GenerationY_2009_2010.pdf

Abb. 5-80: Top 7 Attraktivitätsfaktoren nach Geschlecht

5.3.2 Entwicklung des Gleichstellungsrechts

Männer und Frauen sind in den Verfassungen aufgeklärter Nationen formal gleichgestellt. Das Grundgesetz bestimmt in Artikel 3, Abschnitt 2, als generelle Gleichheitsformel:

Männer und Frauen sind gleichberechtigt. Der Staat fördert die tatsächliche Durchsetzung der Gleichberechtigung von Frauen und Männern und wirkt auf die Beseitigung bestehender Nachteile hin.

Das Grundgesetz anerkennt die volle Gleichberechtigung von Frauen und Männern. Formal sind Frauen und Männer in allen Belangen des öffentlichen Lebens, der Teilhabe an Ämtern, Positionen, Bildungswegen etc. gleichgestellt. Das Grundgesetz weist darüber hinaus dem Staat die Aufgabe zu, die tatsächliche Gleichberechtigung in der Praxis zu fördern und verlangt, bestehende Nachteile abzubauen. Der Verfassungsauftrag der Nachteilsbeseitigung lässt erkennen, dass der Verfassungstext von der Möglichkeit tatsächlicher und möglicher Benachteiligungen, von Diskriminierung im Alltag als Möglichkeit und Wirklichkeit ausgeht. Und in der Tat zeigt ein Blick in die Lebenswirklichkeit von Frauen und Männern, dass es erhebliche Ungleichheit der Geschlechter gibt.

Die Mikroökonomie hat eine lange Tradition im Forschungsfeld »Familie«. Insbesondere die Arbeiten des 2014 verstorbenen Nobelpreisträgers Garry S. Becker zur ökonomischen Bedeutung und Erklärung von Familie und Partnerschaft haben die Forschung beflügelt.[202] Familien erarbeiten als Lebensgemeinschaft von Eltern und Kindern Güter und erbringen Dienstleistungen, deren Nutzen sowohl für das Zustandekommen als auch für die Aufrechterhaltung von Partnerschaften wichtig sind. Die Güter, die in einer emotionalen Partnerschaft

202 Vgl. Becker, G. S. (1974), pp. 11–26.

»produziert« werden, sind allen voran die Kinder. Aber auch Zuneigung, gegenseitige Fürsorge und die Arbeitsteilung in Partnerschaft und Familie sind als ökonomischer Nutzen der Partnerschaft zu verstehen. Die klassische Arbeitsteilung wies Frauen die Sorge und Fürsorge der Familie in besonderem Maße zu. Die klassische Rolle des männlichen Partners war die Erwerbsarbeit und damit die finanzielle Absicherung der Familie.[203]

Um leistungsfähige Partnerschaften begründen und entwickeln zu können, sind Wahl- und Investitionsentscheidungen zu treffen. Mit der Partnerwahl entscheidet man darüber, welche Ressourcen der jeweilige Partner besitzen sollte, damit Wohlbefinden, Vertrauen, Liebe und Wohlstand »produziert« werden können. Trifft das in der gegenseitigen Beurteilung zu, dann kann eine Partnerschaft entstehen.

Becker sieht den situations- und zielbezogenen Nutzen von »Einfalt« und »Vielfalt«, indem er betont, dass die gemeinschaftliche Produktion der Familiengüter gut gelingt, wenn die Talente und Eigenschaften der Partner ähnlich ausgeprägt sind. Intelligenz, Alter, Erziehungshintergrund, soziale Herkunft und religiöse Orientierung nennen solche Aspekte der Ähnlichkeit, die zu besseren Ergebnissen der Partnerschaft führen. Das leuchtet unmittelbar ein, weil der Verständigungsaufwand geringer sein dürfte, wenn man sich »auf gleicher Wellenlänge befindet« und daher problemlos familiäre, partnerschaftliche und wirtschaftliche Entscheidungen treffen kann. Die These von der funktionierenden Einfalt folgt dem Sprichwort »Gleich und Gleich gesellt sich gern«.

Dem Nutzen der Einfalt stehen die ökonomischen Vorteile der Vielfalt gegenüber. Werden die Familienaufgaben partnerschaftlich und arbeitsteilig wahrgenommen, dann ist der Nutzen für die Partnerschaft bzw. die Familie dann höher, wenn jeder die Aufgaben wahrnimmt, die ihm bzw. ihr besser von der Hand gehen. Spezialisierungsgewinne können so in der Partnerschaft realisiert werden. Man könnte hinzufügen, dass mit zunehmender Dauer der Partnerschaft und der perfektionierten Routine der partnerschaftlichen Arbeitsteilung auch die Abhängigkeit von den gegenseitigen Ergänzungsleistungen wächst und die Bindung in der Partnerschaft c. p. aus der gegenseitigen Nutzenproduktion und der Erwartung an die Fortsetzung der »dienenden Ergänzung« fester wird.

Die Scheidungsrate widerspricht dieser »Abhängigkeits-, bzw. Ergänzungsthese« allerdings. Der zugenommene Wohlstand, die Abnahme der Bedeutung der Hausarbeit, invers gesetzte Anreize, die eine Berufstätigkeit als höherwertig einstufen als Hausarbeit und Familienarbeit sowie die zunehmende Individualisierung mindern den »Klebeeffekt« der familiären Arbeitsteilung erheblich. Partner sind weniger abhängig voneinander als dies z. B. in der traditionellen Erwerbsgemeinschaft der Fall gewesen ist.

In Großstädten mit hohem Anteil gut ausgebildeter und gut verdienender Singles etabliert sich eine Dienstleistungsindustrie, die die Familienarbeit durch Marktlösungen wesentlich ergänzt. Im Vergleich zur ständischen vorindustriellen Gesellschaft ist die moderne Familien- und Erwerbsarbeit stark fragmentiert. Die Bewirtschaftung eines Hofes als Familienunternehmen fordert eine engere und dauerhaftere Bindung der Familienmitglieder als die von der Familie getrennte Erwerbsarbeit der industriellen Gesellschaft. Die gestiegene Unabhängigkeit senkt den Nutzen von Partnerschaften und den Nutzen von Kindern gleichermaßen.

Die fragmentierte Arbeitswelt und die reduzierte Familienarbeit kann von Singles, von Geschiedenen, von Paaren und von Familienmitgliedern gleichermaßen professionell übernommen werden. Die Familienarbeit kann auch fremdvergeben werden. Für Familien sind die

203 Vgl. Steinmann, G. (2007), S. 37–61.

Opportunitätskosten moderner Partnerschaften allerdings stark gestiegen. Wenn das Ehegattensplitting fallen sollte, steigen die Opportunitätskosten der Familie weiter.

Insofern haben die Industrialisierung und noch mehr die Postmoderne mit ihren zentralen Aspekten der Individualisierung, Temporalisierung, Fragmentierung und Ästhetisierung nicht nur die Befürchtungen z. B. von Thomas Malthus widerlegt, der von der hemmungslosen Vermehrung der Menschen aus der Anziehungskraft der Geschlechter spricht. Der Nutzen von Partnerschaft und Familie, der sich vormals in einer Abhängigkeit basierend auf emotionaler Bindung gründete, hat sich verwandelt in Beziehungen aus Kosten-Nutzen-Kalkül.

5.3.3 Naisbitts Megatrend »Frauen in der Führungsetage«

John Naisbitt hat in seinem Buch »Megatrends 2000«[204], das im Jahre 1990 erschienen ist, zehn Megatrends für den Eintritt in das neue Millennium beschrieben. Neben Megatrends wie »das Ende des Wohlfahrtstaats«, »Vormarsch des marktwirtschaftlichen Sozialismus«, der Triumpf der Individuen«, hat er auch den Megatrend »Frauen erobern die Führungsetage« beschrieben.

Naisbitt verbindet den Siegeszug der Frauen in der Wirtschaft mit der Notwendigkeit eines neuen Führungsstils. »Unternehmen, wie wir sie üblicherweise kennen, wurden für Männer geschaffen. Nach dem Zweiten Weltkrieg vertauschten die amerikanischen Soldaten ihre Uniformen mit Krawatten und grauen Flanellanzügen, während das bürokratische, ja autoritär-militärische Modell aus dem 19. Jahrhundert die bestens bekannte Grundlage lieferte, nach der die ehemaligen Kämpfer ihre Unternehmen organisierten.«[205]

Naisbitt prophezeit, dass diese männliche Sozialisation in der Zukunft kein wirtschaftlicher Vorteil mehr sein werde. Im Gegenteil, Frauen hätten Männern gegenüber Vorteile, weil sie die überkommenden, autoritären Verhaltensweisen nicht erst ablegen müssten, um Menschen erfolgreich führen zu können.[206] Frauen seien, so die These, auf dem Vormarsch, weil sie die Anforderungen an die individualisierten Ansprüche besser erfüllen könnten.

Im Verständnis eines fairen Ausgleichs der Geschlechter prognostizierte Naisbitt für die neunziger Jahre des letzten Jahrhunderts, dass sich allgemein die Überzeugung durchsetzen würde, dass Frauen und Männer für leitende wirtschaftliche Positionen gleichermaßen befähigt seien. Wenn das so ist, und daran kann ja kein ernsthafter Zweifel bestehen, dann ist zu fragen, ob Frauenförderung als Handlungsfeld des Diversity Managements lediglich eine vorübergehende Erscheinung darstellt. Naisbitt macht Mut, dass der Clash der Geschlechter ausbleiben könnte.

»Abgesehen von einem Management, das noch nach militärischem Vorbild organisiert ist, sind Männer und Frauen gleichermaßen fähig, in anderen Engagement und Leitungsbereitschaft zu wirken.«[207]

204 Naisbitt, J./Aburdene, P. (1990), S. 278.
205 Naisbitt, J./Aburdene, P. (1990), S. 278.
206 Naisbitt, J./Aburdene, P. (1990).
207 Naisbitt, J./Aburdene, P. (1990), S. 281.

Schließlich begründet Naisbitt, warum Frauen die Führung der Unternehmen übernehmen werden:

- Frauen arbeiten bereits in allen Angestelltenberufen – sie sind der Macht damit schon sehr nahe!
- Frauen profitieren vom schnellen Wandel – zementierte Regeln sind Vergangenheit!
- Frauen beweisen als selbstständige Unternehmerinnen, dass sie führen können – der Erfolg reißt die Mauern der Vorurteile ein!
- Frauen sind den jungen gut ausgebildeten Nachwuchskräften ähnlicher als Männer – Werte verbinden mehr als Macht!
- Frauen profitieren vom Aufbau der Infrastruktur, die Beruf und Privatleben in Einklang bringen – Kinder sind kein Karrierekiller!

Naisbitt wird prosaisch, wenn er die Zukunft der berufstätigen Frauen aus der Perspektive des Jahres 1990 fast rosarot beschreibt: »Die Frauen und die Informationsgesellschaft, in der Köpfchen über Muskeln geht, sind ein Bund, der im Himmel geschlossen worden ist.«[208] Naisbitt beendet das Kapitel zum Megatrend Frauen äußert optimistisch:

»In den ersten Jahrzehnten des dritten Jahrtausends werden wir und unsere Kinder auf die zweite Hälfte des 20. Jahrhunderts zurückblicken und feststellen, wie merkwürdig doch die Zeiten waren, in denen Frauen von den oberen Führungsetagen in Wirtschaft und Politik ausgeschlossen waren.«[209]

Wir leben in der Zeit, deren Zustand Naisbitt vorausschauend beschrieben hat. Es ist nachfolgend zu prüfen, ob und wie weit seine Vorschau in der Gegenwart bereits Realität geworden ist.

5.3.4 Aktueller Stand der Geschlechterdiskussion

Das Handlungsfeld Geschlecht ist Top-Thema der Feuilletons der Zeitungen und Thema der parteipolitischen Auseinandersetzung. Die Lese- und Diskussionsfreude zur Gleichstellung, Gleichberechtigung und Frauenförderung ist ungebrochen groß. Dem Thema Geschlechterentwicklung schreibt die Politik erhebliches Potential zu. Die Themenfelder Frauenerwerbsquote, Frauenemanzipation, Anteil von Frauen und Männern in Führungspositionen, in Kontrollgremien, Beiräten, haben ungebrochen Konjunktur und sind Stichworte auch im betrieblichen Diversity Management.

Unter dem Label Gender Mainstreaming verfolgt die Politik das Ziel, »bei allen gesellschaftlichen Vorhaben die unterschiedlichen Lebenssituationen und Interessen von Frauen und Männern von vornherein und regelmäßig zu berücksichtigen, da es keine geschlechtsneutrale Wirklichkeit gibt«[210]. So das Statement des Familienministeriums in einer Broschüre. Frauen und Männer sind in der gesellschaftlichen Realität mit unterschiedlichen Anforderungen, Rollenmustern, Erwartungen konfrontiert. Die Ziele von Männern und Frauen können sich unterscheiden oder richtungsgleich sein. Die Startbedingungen, die Rollenerwartungen und die Teilhabe am gesellschaftlichen Leben und im Beschäftigungssystem können für die Geschlechter gleich oder verschieden sein. Die reale Situation kann diskriminierungsfrei oder diskriminierend sein.

208 Naisbitt, J./Aburdene, P. (1990), S. 304. f.
209 Naisbitt, J./Aburdene, P. (1990), S. 306.
210 Vgl. Bundesministerium für Familie, Jugend, Senioren (2014).

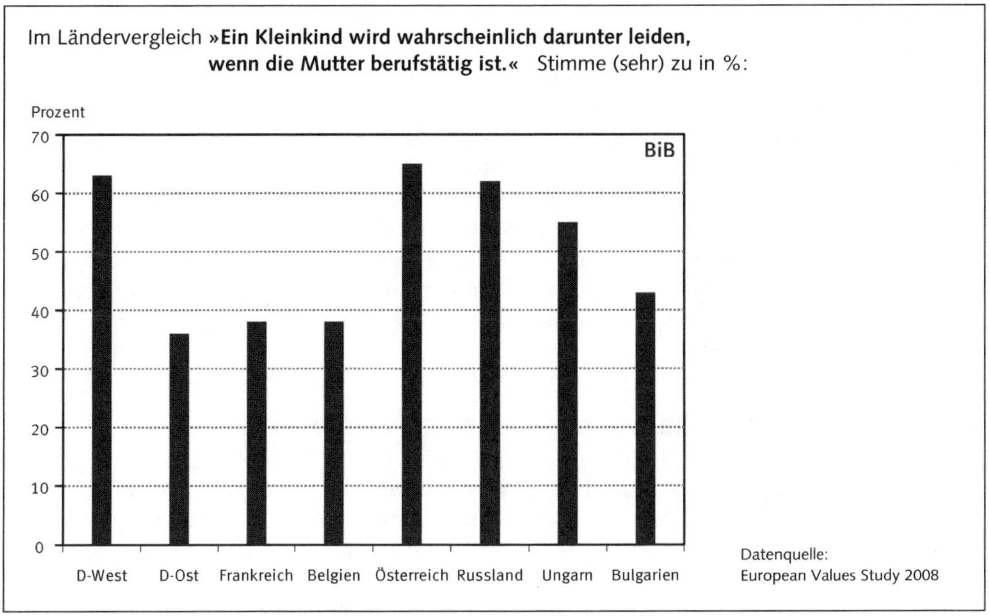

Abb. 5-81: Werte und Rollenbilder
Quelle: Bundesinstitut für Bevölkerungsforschung (Hrsg.) 12/2012: (Keine) Lust auf Kinder?, S. 43, Abb. 22 www.bib-demografie.de.

Ob es ein Anzeichen der Verbesserung der Lebensverhältnisse der Geschlechter und des Zusammenlebens der Geschlechter ist, wenn sich die Politik als paternalistischer Mediator einschaltet, darf bezweifelt werden. Die Geschlechterfrage wird durch die politischen Eingriffe unbestritten zu einem fest verankerten (Kampf-)Thema. Das Familienministerium führt zum Stichwort Gender Mainstreaming als politischer Auftrag aus, dass »bei allen Vorhaben die unterschiedlichen Interessen und Bedürfnisse von Frauen und Männern zu analysieren und ihre Entscheidungen so zu gestalten (sind), dass sie zur Förderung einer tatsächlichen Gleichstellung der Geschlechter beitragen«[211]. Eine Abwägung, ob es möglicherweise andere Interessen zu bedenken gäbe, verbietet sich bei der Geschlechterfrage. Diese Frage ist vermintes Kampfgebiet. Die Geschosse der Politik sind Frauenquoten, Vereinbarkeit, Chancengerechtigkeit.

Auch wenn es gesetzlicher Auftrag der Politik ist, die Gleichstellung von Männern und Frauen gleichermaßen zu fördern, so ist gegenwärtig doch ein deutliches Übergewicht der Frauenförderung festzustellen. Diese »konstruktive Einseitigkeit« des Gender Mainstreaming wird mit der nach wie vor großen Benachteiligung von Frauen in Politik, Wirtschaft und Gesellschaft begründet. Erst wenn die Chancen von Männern und Frauen in Wirtschaft und Gesellschaft tatsächlich angeglichen bzw. gleich seien, könne die Förderung von Männern und Frauen mit gleicher Intensität erfolgen. Statistiken und Entlohnungstabellen signalisierten allerdings nach wie vor Nachholbedarf bei der Gleichstellung von Frauen in Wirtschaft und Gesellschaft.

211 Vgl. Bundesministerium für Familie, Jugend, Senioren (2005).

Parallel zu der politischen Priorität der Frauenförderung hat sich eine beachtliche Beratungsindustrie etabliert, die sich der Frauenförderung – nicht zuletzt aus ökonomischer Zielsetzung heraus – bemächtigt. Gender Mainstreaming ist zum Geschäftsmodell in der deutschen »betreuten Gesellschaft« geworden. Was Frauen aus eigener Kraft (gegen den Widerstand der Männer) nicht gelingen kann, das bewirken Ratgeber und Coach. Bei aller positiven Intention der unterstützenden Politik und der Beratungsindustrie, kann die mit ihrer Hilfe gebotene paternalistische Stärkung nur eine vorübergehende Unterstützung der Emanzipationsbestrebungen der Frauen sein. Wenn Frauen der dauerhaften Unterstützung bedürfen, um sich in allen Bereichen und auf allen Ebenen gesellschaftlicher Funktionen zu behaupten, dann würde diese dauerhafte paternalistische Unterstützung die Ungleichheit von Frauen und Männern eher zementieren als abbauen.

5.3.5 Geschlechterkampf oder friedliche Ergänzung?

Die Psychologie unterscheidet Frauen und Männer nach der dominanten Ausrichtung der weiblichen und männlichen Persönlichkeit. Frauen wird Expressivität, Männern Instrumentalität zugeschrieben. Frauen, so die plakative Klassifikation, sind daran interessiert, eine Sache gut zu machen, sich mit Menschen und mit Aufgaben auseinanderzusetzen. Männer, so die Annahme, widmen sich Aufgaben nicht primär aus dem Interesse an Personen oder der Sache selbst. Männer sehen die Übernahme von Aufgaben, Funktionen und Positionen – so die Zuschreibung – als Mittel zur Erreichung persönlicher Strebensziele. Wenn die subjektive Einschätzung der Instrumentalität einer Funktionsübernahme für ihre Karriere vorteilhaft erscheint, dann wird diese Funktion von Männern auch gewählt. Männer fragen nicht primär, ob sie einer Aufgabe wahrscheinlich auch gewachsen sein werden. Sie fragen nach der »Beute«, die man mit der Übernahme einer Aufgabe machen kann. Frauen, so das Klischee,

Häufig noch die klassische Rollenteilung:

- ***Männer*** tragen Verantwortung für den Unterhalt der Familie
- ***Männer*** engagieren sich im Beruf
- ***Männer*** verdienen mehr
- ***Männer*** gestalten Unternehmen
- ...

- **Frauen** tragen Verantwortung für die Erziehung der Kinder
- **Frauen** arbeiten häufiger Teilzeit
- **Frauen** verdienen weniger
- **Frauen** sind seltener auf Führungspositionen vertreten
- ...

Abb. 5-82: Frauen und Männer im Arbeitsleben – die Realität!? (Foto: Shutterstock.com).

trauen sich erst an eine Aufgabe heran, wenn die subjektive Überprüfung ihrer Befähigung ihnen ausreichend Gewähr dafür gibt, dass sie der Aufgabe wahrscheinlich auch gewachsen sein werden. Ob man mit einer Funktionsübernahme oder der Erledigung einer übertragenen Aufgabe auch einen wichtigen Karriereschritt machen kann, sei für Frauen zweitrangig, so die plakative Zuschreibung. Es leuchtet ein, dass derartige Zuschreibungen, Stereotypenbildung und Verfestigung von Vorurteilen die Angleichung der Lebensverhältnisse der Geschlechter nicht sonderlich fördert.

5.3.6 Die Wirkung tief verwurzelte Rollenbilder

Die Rolle von Mann und Frau ist durch die gesamte Menschheitsgeschichte Gegenstand der Mythologie. In der griechischen Mythologie wird der Amazonen-Mythos gepflegt. Der Amazonen-Mythos kultiviert die Stärken und die Schwächen der Frauen. Leidensfähigkeit, Durchhaltevermögen, aber auch Kampfeskraft, Mut und Siegeswillen, werden ebenso gepriesen wie Emotionalität, Sinnlichkeit und Rücksichtnahme, Rache, Intrigantentum und Hass. Positive und negative Zuschreibungen bestimmen die Amazonenliteratur.

In Heinrich von Kleists Trauerspiel Penthesilea[212] wird der Kampf der Amazonen gegen die Griechen, die gesellschaftlichen Verwicklungen und die persönliche Tragik des Nichtverstehens zwischen Achilles und Penthesilea beschrieben. Das Unverständnis der Geschlechter bringt beiden, Achilles und Penthesilea, den Tod. Beide wollen nicht was geschieht, sind aber in ihrer Geschlechterrolle gefangen.

Achilles kämpft, um Penthesilea zu gewinnen und vernichtet sie. Penthesilea liebt Achilles, will ihn als Gatten gewinnen und endet im Tod. Achilles will Penthesilea als Königin mit nach Griechenland nehmen. Penthesilea möchte Achilles als Gatten, nicht als König, in das Reich der Amazonen führen. Beide Absichten misslingen und enden in der Tragödie. Kampf, Missverständnisse und die Forderungen des jeweils eigenen Geschlechts, lassen die Geschlechterbeziehung zum Trauerspiel werden. Frauen zu verstehen, ist, war und bleibt für Männer schwierig. Im schon erwähnten Trauerspiel Penthesilea von H. v. Kleist fragt Antilochus, König der Griechen, Diomedes, einen anderen König der Griechen: »Und niemand kann, was sie will, ergründen?« Diomedes antwortet: »Kein Mensch, das eben ist´s: wohin wir spähend auch des Gedankens Senkblei fallen lassen«[213]. Das jeweils andere Geschlecht bleibt – in der Literatur und nicht selten auch im Leben – unverstanden, das Wesen des jeweils anderen Geschlechts unergründbar. Und gerade darin liegt der Reiz, die Anziehungskraft, die nicht endende Sehnsucht des Mannes nach der Frau und der Frau nach dem Manne, ließe sich schlussfolgern! Kampf und Zuneigung, Nähe und Distanz, Liebe und Hass, bestimmen die Literatur zum Verhältnis der Geschlechter durch die Jahrhunderte.

---

212 Vgl. Kleist, H. v. (o. J.), S. 299–404.
213 Kleist, H. v. (o. J.) S. 305.

5.3.7 Historische Entwicklung der Geschlechterbeziehung

Die Emanzipation der Frau aus der traditionellen Rolle als Ehefrau und Mutter, beginnt für die breite Masse der Frauen in Europa mit der Aufklärung. In seinem 1784 veröffentlichten Traktat »Beantwortung der Frage: Was ist Aufklärung?« definiert Kant Aufklärung wie folgt:

»Aufklärung ist der Ausgang des Menschen aus seiner selbst verschuldeten Unmündigkeit. Unmündigkeit ist das Unvermögen, sich seines Verstandes ohne Leitung eines anderen zu bedienen.«[214] Selbstverschuldet ist die Unmündigkeit, wenn die Ursache nicht »am Mangel des Verstandes, sondern der Entschließung des Mutes liegt, sich seiner ohne Leitung eines andern zu bedienen.«[215] Unwille, Faulheit und Feigheit, nennt Kant als Gründe für die mangelnde Bereitschaft, über sich, seine Lage, seine Wünsche und Ziele nachzudenken und die eigenen Angelegenheiten eigenverantwortlich selbst zu regeln.

Seit der Aufklärung sind die Menschen – beide Geschlechter – aufgefordert und herausgefordert, ihre Angelegenheiten nicht gottgegeben oder als Diktat anderer hinzunehmen, sondern selbst zu entscheiden, selbst zu handeln und Verantwortung für sich selbst zu übernehmen. Kant ermuntert dazu und macht Mut: »Sapere aude! Habe Mut dich deines eigenen Verstandes zu bedienen!«[216] Das Horazsche Sapere aude ist, so Kant, der »Wahlspruch der Aufklärung«[217]. Die Kantsche Aufforderung ist die Tür zum Ausgang aus der selbstverschuldeten Unmündigkeit. Kant bescheinigt für seine Zeit den Frauen keinen außerordentlichen Willen, die Unmündigkeit zu überwinden. »Dass der bei Weitem größte Teil der Menschen (darunter das ganze schöne Geschlecht) den Schritt zur Mündigkeit, außer dem dass er beschwerlich ist, auch für sehr gefährlich halte: dafür sorgen schon neue Vormünder, die die Oberaufsicht über sie gütigst auf sich genommen haben.«[218] Paternalistische Bevormundung der Frauen ist mithin keine neue Erfindung der Politiker und Berater der Gegenwart. Kant sieht die Frauen aus den Verhältnissen seiner Zeit heraus notwendigerweise als unselbständig und an den Willen des Ehemannes gebunden. Man mag einwenden, dass Kant sicherlich ein ganz großer Philosoph, aber als Junggeselle nicht unbedingt ein intimer Frauenkenner gewesen sein mag. Mit der Stellung der Frau als wenig emanzipierte »Ergänzung des Mannes, nach dem Willen des Mannes«, hat er die unbefriedigende Rolle der Frauen in seiner Zeit trotzdem zutreffend beschrieben.

Die Aufforderung, sich aus den Zwängen der überkommenen absolutistischen gesellschaftlichen Ordnung, aus der Bevormundung durch Kirche und staatliche Obrigkeit zu befreien, hat die Erziehung verändert (Jean-Jaques Rousseau), die Politik erneuert (Francois Marie Voltaire) und die Wirtschaft liberalisiert (Adam Smith). Zunächst stehen die Männer im Vordergrund der Überwindung der absolutistischen Ordnung. Die Wissenschaften bedienen sich nach der Erkenntnis des heliozentrischen Weltbildes (Galileo Galilei) der empirischen Forschung. Die Naturwissenschaften entdecken die Elektrizität und vervielfachen die wirtschaftliche Potenz. Wie Max Weber später sagen wird, leistet die empirische und experimentelle Wissenschaft die Entzauberung der Welt, wie sie bis zur Aufklärung gewesen ist dadurch, dass Verstand und Vernunft an die Stelle von Glauben und Aberglauben treten.

214 Kant, I. (1982), S. 53.
215 Kant, I. (1982), S. 53.
216 Kant, I. (1982), S. 53.
217 Kant, I. (1982), S. 53.
218 Kant, I. (1982), S. 53.

Die Industrialisierung beginnt allerdings mit einer Verelendung der entwurzelten Menschen. Karl Marx berichtet über die Zustände im frühkapitalistischen England. Insbesondere Frauen verwahrlosen und vernachlässigen ihre Kinder.[219] Karl Marx äußert sich auch zur »erschreckenden Einfalt«, die in den Fabriken der frühkapitalistischen Ära in England herrscht. »Die technologische Unterordnung des Arbeiters unter den gleichförmigen Gang des Arbeitsmittels und die eigentümliche Zusammensetzung des Arbeitskörpers aus Individuen beider Geschlechter und aller Altersklassen schafft eine kasernenmäßige Disciplin, die sich zum vollständigen Fabrikregime ausbildet und die schon früher erwähnte Arbeit der Oberaufsicht, damit zugleich die Theilung der Arbeiter in Handarbeiter und Arbeitsaufseher, gemeine Industriesoldaten und Industrieofficiere, völlig entwickelt.«[220] Die Erfordernisse des Industriesystems bestimmen absolut die Freiheitsgrade, die Vielfalt der Personen, der Bildung und der Freiheit der Menschen. Den aus der Bevormundung entlassenen Menschen und insbesondere den neuen Eliten der kapitalistischen Industrieunternehmen fehlte das moralische Rüstzeug, den eigenen Verstand zum eigenen Wohle und zur Wohlfahrt aller einzusetzen. Aufklärung, Emanzipation und Eigenverantwortung mögen für diejenigen zynisch geklungen haben, die als moderne Industriesklaven keine Gelegenheit zur Entfaltung und keine Chancen zur Bildung hatten. Die Talente blieben unausgebildet, der Verstand konnte wenig gebraucht werden. Emanzipation der Frauen war nicht in Sicht.

Neue Regelsysteme, politische Parteien und eine ordnende und Grenzen setzende Wirtschaftsverfassung mussten sich erst entwickeln, bevor die Menschen in den Demokratien Europas Freiheit und Ordnung miteinander in Einklang bringen konnten. Der neue Souverän, das Volk, musste sich erst entfalten und seine Rechte mit der Errichtung geeigneter Institutionen durchsetzen. In den wirtschaftsphilosophischen Schriften von Adam Smith[221] treten die menschliche Leistung, die Vielfalt der Talente, in den Vordergrund ökonomischer Rationalität. Wenn jeder für sich selbst sorgt, seinen Verstand nutzt, wenn dem Eigennutz und der individuellen Entwicklung Raum gegeben wird, dann wächst der Wohlstand aller, so das liberale Credo von Adam Smith. Der Staat sichert das Privateigentum und schafft mit dem Bildungswesen die Grundlage für eine erfolgreiche Lebensführung, für Wohlstand und Vielfalt. Adam Smith setzt auf die Kreativität der Menschen und auf die Vielfalt ihrer Ideen. Vielfalt und Leistungsstärke erwachsen aus dem freien Spiel der Kräfte, aus den individuellen Zielen und der Freiheit gewährenden, staatlich gesicherten liberalen Wirtschaftsverfassung. Im Sinne der Aufklärung stellt Adam Smith die Berechtigung des unternehmerischen Gewinns und die Beteiligung der arbeitenden Menschen am Erfolg des Unternehmens auf eine Stufe.

Die Ablösung des absolutistischen Systems durch demokratische und wirtschaftsliberale Strukturen war zunächst vor allem Männersache. Bis zur Gegenwart kämpfen Frauen für die Gleichstellung in Gesellschaft und Beruf und für Gleichberechtigung bei der Teilhabe am gesellschaftlichen, kulturellen, politischen und wirtschaftlichen Leben.

---

219 Marx, K. (1984), S. 230–231.
220 Marx, K. (1984), S. 415.
221 Smith, A. (1776).

5.3.8 Fakten und wissenschaftliche Erkenntnisse zur Gleichstellung von Frauen und Männern

Während der Frauenanteil unter den Studienanfängern etwa gleich groß ist wie der Männeranteil, sind Frauen in Führungspositionen nach wie vor unterrepräsentiert. Frauen sind dabei umso eher unterrepräsentiert, je größer die Organisation und je höher die betrachtete Hierarchieebene ist.[222] Liegt der Anteil der Frauen auf der ersten Führungsebene kleiner Unternehmen immerhin bei etwa 25 Prozent, beträgt der Frauenanteil in großen Unternehmen nur 9 Prozent.[223] Diese Unterrepräsentation von Frauen betrifft beinahe alle Wirtschaftsbereiche. Selbst in Bereichen mit einem hohen Frauenanteil, z. B. im öffentlichen Dienst, bleibt die Quote der Frauen in Führungspositionen vergleichsweise niedrig. Das Phänomen, dass Frauen trotz formal gleichwertiger Qualifikation und Erfahrung der Aufstieg in Führungspositionen häufig verwehrt bleibt, wird als *Glass-Ceiling-Effekt* bezeichnet.[224] Beim Aufstieg stoßen Frauen nach wie vor an Barrieren aus Vorurteilen und stereotypen Rollenzuweisungen.

Zwar bewegt sich etwas in den Führungsetagen deutscher Unternehmen. Aber ein Durchbruch lässt sich noch nicht erkennen. So erhöhte sich der Frauenanteil im Zeitraum von 2004 bis 2008 in der ersten Führungsetage von 24 Prozent lediglich auf 25 Prozent und in der zweiten Führungsebene von 33 Prozent auf 35 Prozent. Großunternehmen bewegen sich auf einem deutlich niedrigeren Niveau. Hier stieg der Frauenanteil von 6 Prozent auf 9 Prozent in der ersten und von 12 Prozent auf 18 Prozent in der zweiten Führungsebene.[225] Die Daten sprechen demnach nicht für eine Trendwende hinsichtlich der Karrierechancen von Frauen. Aufwärtsbewegungen sind eher mühsam und auf niedrigem Niveau angesiedelt.

Eine Studie untersuchte bei 316 befragten Managern wichtige Merkmale, die als Voraussetzung für Führungserfolg gelten.[226] Die Ergebnisse zeigen, dass Erfolg stärker von der Durchsetzungsfähigkeit abhängig ist als von Teamorientierung. Personen höherer Führungsetagen sind demnach beharrlich, effizient, analytisch, rigide und detailversessen, nicht aber flexibel, teamorientiert oder empathisch. Anders formuliert lässt sich festhalten: Die Führungsspitze erreichen Personen mit Eigenschaften, die eher Männern zugeschrieben werden. Daraus ergibt sich folgende Frage: Kommen Manager mit derartigen Eigenschaften weit nach oben, weil sie ein Unternehmen tatsächlich erfolgreicher machen? Die Antwortet lautet »nein«. Studien zeigen, dass geschlechtsheterogene Führungsgremien meist erfolgreicher sind als geschlechterhomogene Gruppen. Für den Führungserfolg sind sowohl männliche (z. B. Dominanz, Selbstsicherheit, Zielstrebigkeit) als auch weibliche Führungseigenschaften (z. B. Interaktionsfähigkeit, Teamorientierung, Sachbezug) entscheidend.[227] Unternehmen, in denen Frauen Spitzenpositionen einnehmen, weisen ein besseres Image[228] und größere Gewinne auf als Unternehmen, die keine Frauen in höheren Hierarchieebenen beschäftigen.[229] So zeigt sich bei einem Vergleich von 231 Unternehmen, dass Firmen mit mehr als drei weiblichen Führungskräften sowohl in organisatorischen als auch finanziellen Aspekten überlegen sind. Die Unterstellung eines kausalen Zusammenhangs ist hier zwar vage, dennoch intuitiv plau-

222 Vgl. Brader, D./Lewerenz, J. (2006).
223 Vgl. Kohaut, S./Möller, I. (2010).
224 Vgl. Powell, G. N./Butterfield, D. A./Parent, J. D. (2002).
225 Vgl. Kohaut, S./Möller, I. (2010).
226 Vgl. Kaplan, S. N./Klebanov, M. M./Sorensen, M. (2008).
227 Vgl. House, R. J./Hanges, P. J./Ruiz-Quintanilla, S. A. et al. (1999).
228 Vgl. Desvaux, G./Devillard-Hoellinger, S./Baumgarten, P. (2007), S. 11.
229 Vgl. Kotiranta, A./Kovalainen, A./Rouvinen, P. (2007).

sibel. Immerhin bestätigen Vorstandsvorsitzende, dass sich durch Frauen im Vorstand das Arbeitsklima zum Positiven verändere.[230] Eine Studie von Woolley und et al. zeigt zudem, dass die kollektive Intelligenz und die Leistungsfähigkeit von Arbeitsgruppen durch einen hohen Anteil an Frauen bedeutsam gesteigert werden kann.[231] Probanden im Alter von 18 bis 60 Jahren absolvierten standardisierte Intelligenztests und wurden anschließend per Randomisierung unterschiedlichen Gruppen zugeteilt. Diese Gruppen wurden später aufgefordert, unterschiedliche komplexe Aufgaben und Probleme zu lösen. Je nach Gruppenleistung wurden Punkte vergeben. Je höher dabei der Frauenanteil ausfiel, desto besser war die Gruppenleistung, so das Ergebnis der Studie. Diese Erkenntnis lässt sich auch auf Führungsteams übertragen. Umgekehrt zeigen Unternehmen, die von Männern geführt werden, nicht notwendigerweise mangelhaften Erfolg und fehlende Anerkennung bei Kunden und Lieferanten.

Plausibel ist die Wirkung der Vielfalt, die mit der Zusammenarbeit von Männern und Frauen entsteht. Mehr und andere Ideen und Lösungsvorschläge kommen zustande. Die Resultate sind nachhaltiger, wenn sie auf vielfältigem Nachdenken erarbeitet werden. Allerdings wird mit den Untersuchungsergebnissen auch die Andersartigkeit bestätigt. Frauen und Männer denken und handeln auf der Grundlage von Persönlichkeit, Erziehung, Erwartungsmustern und eigenen Zielsetzungen unterschiedlich.

Der Ungleichverteilung männlicher und weiblicher Führungskräfte steht der hohe Anteil gut qualifizierter Frauen gegenüber. Vor dem Hintergrund knapper werdender Fach- und Führungskräfte wird die Sicherung des erforderlichen Fach- und Führungsnachwuchses wahrscheinlich die Emanzipation der Frauen mehr fördern als es »militanter« Feminismus vermag. Der Druck auf die Unternehmen wächst: Junge Frauen mit Führungspotential und dem Willen, eine Führungsposition übernehmen zu wollen, müssen gefördert werden, um die wirtschaftliche Leistungsfähigkeit nachhaltig zu sichern.

Man kann die Emanzipation der Frauen auch als Instrumentalisierung apostrophieren und argumentieren, dass mit der Erhöhung der Beschäftigungsquote von Frauen die Fremdbestimmung und die Eingliederung der Frauen in die Funktionszusammenhänge von Wirtschaft und Verwaltung wachsen. Es sind mit der Eingliederung in das Arbeitsleben und der gleichberechtigten Aufnahme der Frauen in die Führungs- und Kontrollgremien der Wirtschaft Vorteile und Nachteile verbunden. Emanzipation hat ihren Nutzen und ihren Preis.

Nachwievor bedarf es keiner weiteren Forschung, um zu erkennen, dass Männer und Frauen anders sind, dass sie sich gegenseitig anziehen und die persönliche Andersartigkeit dafür sorgt, dass sich eine konkrete Frau zu einem konkreten Mann hingezogen fühlt. Diese Vielfalt des Geschmacks sorgt für ein hohes Versorgungsmaß an Partnern und ist Grundlage der Erhaltung des Menschengeschlechts. Solange Männer und Frauen milieuorientiert und domänenbezogen ihren jeweiligen zugewiesenen Lebensbereich hatten, war es sicherlich reizvoll, separate Geschlechterforschung zu betreiben. Nette Zuschreibungen halten bis in die Gegenwart überkommene Unterschiede von Männern und Frauen im Gedächtnis: Frauen können besser Schuhe kaufen als Männer, Männer dagegen besser einparken als Frauen. Derartige »Nettigkeiten« waren so lange akzeptiert, wie Frauen in den Bänken der linken Kirchenhälfte saßen und Männer in den Bänken auf der rechten Seite. Wenn Männer und Frauen in Politik, Kultur, im Arbeitsleben gleichberechtigt miteinander leben und arbeiten, dann ist eine gründlichere Analyse der Unterschiede und der Gemeinsamkeiten angesagt.

230 Vgl. Desvaux, G./Devillard-Hoellinger, S./Baumgarten, P. (2007), S. 12.
231 Vgl. Woolley, A. W./Chabris, C. F./Pentland, A./Hashmi, N./Malone, T. W. (2010).

Die Geschlechterforschung hat die Aufgabe, Erkenntnisse zum Wesen von Frauen und Männern zu beschaffen. Es sind die Rollen von Frauen und Männern in Familie, Gesellschaft und Wirtschaft zu erforschen. Der Zugang zur Genderforschung kann historisch und systematisch erfolgen. Das Forschungsinteresse kann grundlegend und praktisch sein. Die Forschungsmethoden können empirisch, experimentell und hermeneutisch sein. Die Forschung kann themenspezifisch oder generalistisch ausgereichtet sein. Interdisziplinäre Ansätze und fachspezifische Ansätze der Frauen- und Genderforschung sind zu unterscheiden. Es ist dabei wichtig zu erkennen, ob die Forschung funktionalistische Interessen z. B. dergestalt verfolgt, herauszufinden, wie es gelingen kann, Männer und Frauen nach Möglichkeit konfliktarm zu leistungsfähigen Teams zusammenzuführen.

Der gegenwärtige Schwerpunkt empirischer Forschung konzentriert sich auf die Frauenforschung. Nachfolgend sollen Aspekte der Frauenforschung mit dem Ziel vorgestellt werden, eine gesicherte Basis für ein nach den Geschlechtern getrenntes oder gemeinsames Diversity Management zu finden.

5.3.8.1 Erkenntnisse der Frauenforschung

Die grundlegende wissenschaftliche Frage lautet: Liegt die Ungleichverteilung der Teilhabe von Frauen am gesellschaftlichen, politischen, kulturellen und wirtschaftlichen Leben an den *gegebenen* oder den *zugeschriebenen* Unterschieden zwischen Männern und Frauen? Bezieht man die Frage eingeschränkt z. B. auf die mangelhafte Repräsentanz von Frauen in Führungs- und Kontrollgremien, werden bereits Probleme der Abgrenzung und Zuordnung sichtbar, da jeder Versuch, die Eigenschaften weiblicher Führungskräfte objektiv zu erheben, durch subjektive Wahrnehmungen und Stereotype verzerrt sein können. Die Untersuchung der Gründe kann aus der Perspektive der Gleichstellung, der Gleichbehandlung oder der Persönlichkeit erfolgen. Es ist nicht Aufgabe dieses Buches, eigenständige wissenschaftliche Erkenntnisse zur Frauenforschung zu erarbeiten. Es sollen aus vorliegenden Forschungsergebnissen Erkenntnisse gewonnen werden, die zu einem besseren Verständnis und einer gleichberechtigteren Beteiligung der Geschlechter am öffentlichen Leben beitragen und die zeigen, dass das Verhältnis von Männern und Frauen »kein hoffnungsloser Fall« ist.

5.3.8.2 Frauen in Führungspositionen

Bereits vorliegende empirische Studien belegen, dass weibliche Führungskräfte keineswegs schlechter beurteilt werden als männliche. Eine Untersuchung von McKinsey & Company zeigt, dass weibliche Führungskräfte eher als männliche in der Lage sind, Erwartungen zu definieren und Belohnungen anzubieten.[232] Frauen werden auch bezüglich der Fähigkeit zur Inspiration, zur partnerschaftlichen Entscheidungsfindung und zur individuellen Personalentwicklung besser eingeschätzt als ihre männlichen Kollegen, was besonders in Krisenzeiten als erfolgskritisch wahrgenommen wird. Lediglich hinsichtlich des Kontrollierens und Korrigierens bzw. des autonomen Entscheidens, werden Männern bessere Fähigkeiten attestiert als Frauen. Eine Untersuchung von Bischoff, in der 369 Führungskräfte befragt wurden, unterstützt diese Ergebnisse.[233] 84 Prozent der Männer und 59 Prozent der Frauen geben an, dass Frauen »genauso gut« führen können wie Männer. 18 Prozent der Frauen sind sogar der Meinung, dass sie

232 Vgl. McKinsey & Company (2010), S. 15.
233 Vgl. Bischoff, S. (2010), S. 19.

besser führen können. Um die Frage nach den Ursachen der Ungleichverteilung von Männern und Frauen in Führungspositionen aufzugreifen: die Gründe liegen anscheinend nicht an den *gegebenen* Unterschieden zwischen männlichen und weiblichen Führungskräften.

Wenn Unterschiede und Gemeinsamkeiten von Frauen und Männern untersucht werden sollen, dann empfiehlt sich ein Forschungsansatz, der bei der Person ansetzt. Im Folgenden werden daher psychologische Ansätze zur Erklärung der Unterrepräsentation von Frauen in Führungspositionen vorgestellt. Dabei werden Mechanismen betrachtet, die das Erleben und Verhalten von Frauen und Männern in sozialen Interaktionsprozessen fokussieren. Erklärungsansätze beleuchten dabei sowohl außerhalb der Person als auch in der Person liegende Ursachen. Außerhalb der Person liegende Ursachen sind beispielsweise verzerrte soziale Kognitionen über Frauen, die z. B. zu Unterschieden in der Karriereförderung von Frauen und Männern führen. In der Person liegende Erklärungsansätze sind z. B. Theorien des »Stereotype Threat«, die »Theorie der inkongruenten Rollenerwartungen« und Erklärungsansätze zu Zielkonflikten in sozialen Situationen.

5.3.8.2.1 Ursachen im sozialen Kontext

Soziale Kognitionen umfassen Stereotype, Schemata, Vorurteile und implizite Annahmen über Frauen, die dazu führen können, dass Frauen benachteiligt werden. Beispiele sind Zuschreibungen an Frauen, die eine geringere Leistungsfähigkeit und eine höhere Fluktuations- und Fehlzeitenrate aufgrund familiärer Belastung unterstellen. Demgegenüber stehen Untersuchungsergebnisse, die Frauen zwar insgesamt häufigere Unterbrechungen in ihrer Arbeitsbiografie bescheinigen, jedoch keine Geschlechtsunterschiede für hochqualifizierte Führungspersonen aufzeigen.[234] Darüber hinaus wird Frauen eine höhere Risikoaversion als Männern zugeschrieben.[235] Vor dem Hintergrund, dass im Topmanagement eine hohe Risikobereitschaft erwartet wird, ist auch diese Eigenschaftszuschreibung eine mögliche Ursache für die Unterrepräsentation von Frauen in Spitzenpositionen.

Bourdieu hat sich mit der Ursache und Entstehung sozialer Konstruktionen auseinander gesetzt.[236] Unter dem »Konzept des Habitus« fasst Bourdieu alle Charakteristika zusammen, die einen Menschen ausmachen. Hierzu zählen das äußere Erscheinungsbild, Verhaltensweisen und das Auftreten einer Person sowie die Gesamtheit ihrer Kognitionen, Moral- und Wertvorstellungen. Nach Bourdieu wird der Habitus auch durch die Geschlechtszugehörigkeit geprägt. In Abhängigkeit von dieser Gruppenzugehörigkeit bilden die Menschen automatisch und unbewusst gruppenstereotype Dispositionen und Verhaltensanlagen aus und verinnerlichen diese im Laufe ihrer Sozialisation. Aufgrund der intensiven Inkorporation ist der Habitus besonders resistent gegenüber äußeren Einflüssen bzw. alternativen Möglichkeiten der Lebensgestaltung. Der Habitus wird z. B. durch geschlechtertypisches Verhalten kontinuierlich reproduziert und folglich langfristig erhalten und gefestigt.[237] Bourdieus Fazit: Bei den Charakteristika eines Menschen handelt es sich nicht um natürliche, d. h. genetisch bedingte, individuelle oder gruppenspezifische Dispositionen, sondern um Denkkonstrukte, um einen sozial konstruierten, mithin erworbenen Habitus. Der Habitus führt gewissermaßen zur Pfadabhängigkeit des Verhaltens und begünstigt oder behindert die Entfaltungsmöglichkeiten einer Person. Das Handeln wird routiniert, vorhersagbar, aber auch sicherer. Der Habi-

234 Vgl. Littmann-Wernli, S./Schubert, R. (2001); vgl. Osterloh, M./Littmann-Wernli, S. (2000).
235 Vgl. Townsend, B. (1996).
236 Vgl. Bourdieu, P. (2005).
237 Vgl. Treibel, A. (2004), S. 226 ff.

tus weist in Selbstreflexion und Fremdwahrnehmung eine Person als jemanden aus, der eine eineindeutige Gesamterscheinung darstellt. Der Habitus (habere = haben) erwächst aus den Grundveranlagungen und den erworbenen Verhaltensmodi. Der Habitus verfestigt das eigene Rollenverständnis und die Erwartungen an das Verhalten der relevanten Umwelt. Habituell verfestigte Denk- und Handlungsstrukturen sind nur langfristig veränderbar. Bourdieu zufolge kann nur ein aktiver Eingriff in die sozial konstruierten, vermeintlich objektiven Strukturen, habituelle Muster aufbrechen und nachhaltig verändern. [238] Gewohnheiten werden erst preisgegeben, wenn es nicht mehr anders geht, wenn bisherige Verhaltensstandards nicht mehr erfolgreich praktiziert werden können. Konflikte, Erfolglosigkeit und der Verlust von Sozialkontakten können Anlässe dafür sein, hergebrachte Denk- und Handlungsmuster aufzugeben und durch neue zu ersetzen.

Die Aufrechterhaltung sozialer Konstruktionen kann auch mithilfe des *Pygmalion-Effekts*[239] erklärt werden. Dieser bezeichnet eine Art der sich selbsterfüllenden Prophezeiung, bei der die Erfolgs- oder Misserfolgserwartungen an eine Person die Einstellung zu der Person bestimmen. Wenn Personalverantwortliche oder Vorgesetzte eine habituelle negative Einstellung z. B. gegenüber Frauen haben, kann das dazu führen, dass sie Frauen weniger unterstützen und fördern als Männer. Die fehlende Unterstützung vergrößert die Wahrscheinlichkeit des Misserfolges. Ist eine Frau dann tatsächlich nicht erfolgreich, bestätigt sich z. B. die Misserfolgserwartung der Führungskraft.[240] Eng verbunden mit dem Pygmalion-Effekt sind *Attributionsfehler*: Erfolge von Frauen werden eher dem Glück oder Zufall zugeschrieben (situationale Attribution), wohingegen Misserfolge den Eigenschaften und Fähigkeiten der Frauen angelastet werden (personale Attribution). Männer rechnen sich Erfolge dagegen selbst zu und versuchen, Misserfolge als Unzulänglichkeiten der relevanten Umwelt zuzuschreiben. Diese Sich-selbst-erfüllende-Prophezeiung wird durch den sogenannten Kleber-Effekt zusätzlich verstärkt. Dieser besagt z. B., dass Mitarbeiter, die längere Zeit nicht befördert worden sind, oft unterschätzt und negativer beurteilt werden. Ursache und Wirkung werden vermischt. »They are poor because they are poor« unterstellt als Ursache-Wirkungs-Zusammenhang, dass Persönlichkeitsdefizite und nicht Umwelteinflüsse für einen Misserfolg verantwortlich seien. Die Auswirkungen sind in der Praxis der Geschlechterbeziehung dieselben: Entsprechend unwahrscheinlicher wird es, dass Frauen positiv beurteilt werden.

Das »*Think Manager/Think Male-Stereotyp*« beschreibt das Phänomen, dass Führungskräften eher männliche (dominant, selbstsicher, durchsetzungsfähig etc.) als weibliche Eigenschaften (angepasst, fürsorglich, unterstützend, kooperativ etc.) im Sinne von Geschlechtsstereotypen zugeschrieben werden.[241] Demnach werden weibliche Führungskräfte bei der Besetzung von Führungspositionen deshalb eher vernachlässigt, weil sie dem männlichen Stereotyp weniger entsprechen. Frauen werden aus der Perspektive und den Vorlieben der Männer und nicht neutral aus der Perspektive der Eignung für eine Position beurteilt. »Old boys Networks« stehen als sogenannter »blinder Fleck« für die eingeschränkte Sichtweise der Männer auf das Geschlechterverhältnis.

In diesem Zusammenhang weisen Eagly und Karau darauf hin, dass die weibliche Geschlechtsrolle und die weibliche Führungsrolle inkongruent seien.[242] Diese unterstellte Ge-

238 Vgl. Treibel, A. (2004); Bourdieu, P. (2005), 72 f.
239 Vgl. Rosenthal, R./Jacobson, L. (1968).
240 Vgl. Dvir, T./Eden, D./Lang, M. (1995).
241 Vgl. Schein, V. E. (1973, 2001); vgl. Sczesny, S. (2003).
242 Vgl. Eagly, A. H./Karau, S. J. (2002).

schlechtsrolleninkongruenz führe zum einen dazu, dass Frauen weniger Führungsbefähigung zugeschrieben würde: Sozial anerkanntes weibliches Rollenverhalten und Führungsverhalten sind weniger akzeptiert als männliches Rollenverhalten und Führungsverhalten. Zum anderen würde weibliches Führungsverhalten deshalb negativer bewertet als männliches, weil weibliche Rollenerwartungen in Führungsfunktionen nicht erfüllt würden. Dieses Dilemma führe in jedem Fall zu negativen Bewertungen und kritischem Feedback: Entweder weil die Erwartungen an eine Führungsrolle nicht erfüllt oder die Erwartungen an die Frauenrolle enttäuscht werden.[243] Schaut man sich die Grundsätze der transaktionalen Führung an, dann kann man der These der Geschlechterinkongruenz evtl. noch folgen, weil Anweisung und Ausführung, Befehl und Gehorsam nicht zum Rollenverständnis von Frauen und Müttern passen mögen. Unterstellt man dagegen die Grundannahmen der transformationalen Führung, dann wendet sich die Geschlechterrolle der Frau in ihrer Rolle als Führungskraft in das positive Gegenteil. Soziale Orientierung und Einfühlungsvermögen werden zu wichtigen Erfolgsfaktoren der Führung. Diese Eigenschaften werden eher Frauen als Männern zugeschrieben.

Nach dem Ansatz von Kanter kann auch der strukturelle Aufbau einer Organisation den Frauen die Ausübung von Führungsaufgaben erschweren.[244] Angesichts der niedrigen Repräsentanz von Frauen im Topmanagement stellen weibliche Führungskräfte eine Ausnahme bzw. Minderheit dar. Dieser so genannte »Token-Status« aktiviert geschlechtsstereotype Erwartungen, d. h. die Frau wird in dieser Situation femininer wahrgenommen als in Gruppen mit einer ausgeglichenen Geschlechterzusammensetzung. Der herausgehobene Status vergrößert die Sichtbarkeit der Frau. Sie wird genau beobachtet, jeder Fehler wird wahrgenommen und als Verallgemeinerung dem weiblichen Geschlecht insgesamt zugeschrieben. Entsprechend erschweren auch vorrangig männlich dominierte Netzwerke Frauen den Zugang zu Führungsetagen. Diese Benachteiligung gehört in den Bereich der institutionellen Diskriminierung. Die Organisation und ihre Regeln sind männlich dominiert und benachteiligen Frauen, wenn sie im Aufstieg diesen Regeln folgen sollen.

Es wird deutlich, dass soziale Kognitionen dazu führen können, dass Frauen bei der Besetzung von Führungspositionen weniger berücksichtigt werden als Männer. Diskriminierung entsteht aus selektiver Wahrnehmung und aus überkommenen Denkmustern. Dieses Selektionsphänomen wird als statistische Diskriminierung bezeichnet, bei der ein Mitglied einer Gruppe deshalb benachteiligt wird, weil sein Verhalten an den Durchschnittserwartungen der Gruppe gemessen wird, zu der er oder sie als Frau oder Mann gehören. Eine Studie der Akademie für Führungskräfte der Wirtschaft & EMWD zeigt, dass etwa 70 Prozent der befragten weiblichen Führungskräfte Vorbehalte und Abwehrmechanismen der Männer dahingehend wahrnehmen, dass sie von Männern in ihrer Leistungsfähigkeit unterschätzt werden.[245] Die Annahme, nicht der Beweis der Unzulänglichkeit, ist Grundlage der Diskriminierung.

Aufgabe des Diversity Managements ist es vor allem, Führungskräfte, Männer und Frauen, dafür zu sensibilisieren, ihre Denk- und Handlungsmuster zu hinterfragen, ihre Entscheidungen auf Fakten zu stützen und Vorurteilen vorzubeugen. Diversity-Training kann als Einstieg in pfadbrechendes Denken genutzt werden, Diversity Coaching sollte in Einzelfällen hinzutreten.

243 Vgl. Deal, J. J./Stevenson, M. A. (1998); vgl. Eagly, A. H./Makhijani, M. G./Klonsky, B. G. (1992); vgl. Heilman, M. E./Wallen, A. S./Fuchs, D./Tamkin, M. M. (2004).
244 Vgl. Kanter (1977).
245 Vgl. Akademie für Führungskräfte der Wirtschaft & EWMD (2004).

5.3.8.2.2 Ursachen in der Person

Neben den Ursachen, die im sozialen Umfeld Diskriminierung verursachen, können auch Prozesse und Mechanismen, die in der Person zu suchen sind, Ungerechtigkeit und Diskriminierung hervorrufen. So können soziale Kognitionen dazu führen, dass die Selbstwahrnehmung und das Selbstkonzept negativ beeinflusst werden. Wenn andere nicht an die Leistungsfähigkeit einer Person glauben, dann wird auch die Person selbst bald Zweifel an der eigenen Leistungsfähigkeit entwickeln. Die Forschungen zur stereotypen Bedrohung weisen darauf hin, dass Frauen aus Angst, bestehende Vorurteile über ihre Minderqualifizierung zu bestätigen, oder aus der Befürchtung heraus, geschlechtsbedingt weniger leisten zu können, schlechtere Arbeitsergebnisse erzielen als Männer.[246] Weil man ihnen etwas nicht zutraut, trauen sie sich es selbst auch nicht zu. Im Gegensatz dazu kann dieser Prozess für Männer, die weniger unter stereotyper Bedrohung stehen, im Sinne einer sich selbst erfüllenden Prophezeiung förderlich sein. Weil andere es einen Mann zutrauen, traut er es sich selbst auch zu. So verzichten Frauen nach wie vor darauf, Führung in Teilzeit wahrzunehmen, weil sie sich die anforderungsgerechte Führung einer Gruppe in Teilzeit nicht zutrauen bzw. weil sie glauben, dass gute Führung in Teilzeit nicht zu leisten sei. Auch kehren viele Frauen nach der Baby- oder Pflegepause häufig nur auf Teilzeitstellen in das Beschäftigungssystem zurück. Die Annahme, dass mit Teilzeit Familie und Beruf besser zu vereinbaren sei, ist im Bewusstsein von Frauen fester verankert als bei Männern.

Die Karrierewege von Frauen werden von diesen Zielkonflikten bestimmt. So müssen sich Frauen häufig zwischen Kind und Karriere entscheiden.[247] Dabei sind Frauen in ihrer Lebensplanung sowohl familien- als auch berufsorientiert, sie müssen jedoch nicht zuletzt aufgrund gesellschaftspolitischer Rahmenbedingungen eine Entscheidung für Kind *oder* Karriere treffen. Dieser Zielkonflikt beeinflusst das Engagement für beide Lebensbereiche und kann dazu führen, dass Frauen weniger in ihre berufliche Entwicklung investieren als Männer, die diesen Konflikt weniger spüren.[248] Frauen, die sich sowohl für Familie als auch für Karriere entschie-

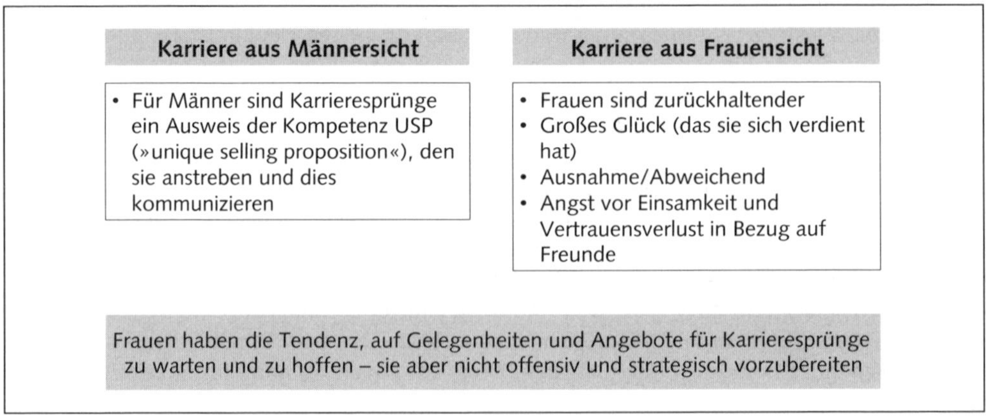

Abb. 5-83: Was macht Führung attraktiv?

246 Vgl. Spencer, S.J./Steele, C.M./Quinn, D.M. (1999).
247 Vgl. Abele, A.E. (2005).
248 Vgl. Abele, A.E. (2005); vgl. Blickle, G./Boujataoui, M. (2005).

den haben, stehen häufig vor dem Konflikt der Vereinbarkeit beider Interessenbereiche. Der Konflikt wird beispielsweise durch bestehende defizitäre Möglichkeiten der Kinderbetreuung verstärkt. Das von Frauen wahrgenommene erhöhte Konfliktpotential wirkt sich auf die Entscheidungen der Frauen, keine Führungsposition anzunehmen, aus.[249] Frauen fühlen sich zwischen »Streben« und »Vermeiden« hin und her gerissen. Eine solche Ambivalenz kann ebenfalls die Führungsmotivation schmälern.[250]

5.3.9 Diversity Management zur Förderung von Frauen

Welcher Auftrag kommt dem Diversity Management im Handlungsfeld »Geschlechter« zu? Wohin weist die gegenwärtige Emanzipation der Frauen? Welche Reaktionen sind von den Männern auf das Emanzipationsstreben der Frauen zu erwarten? Unterstellt man mit dem Emanzipationsbedürfnis der Frauen, dass Frauen den Männern gegenwärtig noch in vielen Fällen hierarchieuntergeordnet sind, dann wäre es Aufgabe des Managing Diversity, diese Vorrangstellung der Männer zu brechen. Auftrag des Diversity Managements wäre es, Frauen in besonderem Maße durch Personalentwicklung, Beratung und systematische Unterstützung beim Aufbau der femininen »Countervailing power« zu stärken.

Unterstellt man dagegen für die Emanzipation die Assimilationsthese, wonach sich die Geschlechter aufgrund der aufgeklärten und liberalen gesellschaftlichen Lebensbedingungen einander angleichen, dann ist es Aufgabe des Diversity Managements, diesen Prozess der Annäherung der Lebensverhältnisse zu beschleunigen. Männer nehmen Rollenmuster der Frauen und Frauen Rollenmuster der Männer an. Entwickeln sich die Geschlechter aufeinander zu, dann werden Männer und Frauen androgyne Wesen, indem Frauen stärken ergebnisorientiert und Männer stärker sozialorientiert denken und handeln. Nähern sich das weibliche Yin und das männliche Yang so aneinander an, dann schwinden die Gründe, gegeneinander zu kämpfen. Androgyne Geschlechterentwicklung würde die Unterschiede von Männern und Frauen glätten, statt Heterogenität würde Homogenität die Entwicklung der Geschlechter und das Verhältnis der Geschlechter zueinander bestimmen. Das mag verführerisch klingen, hat aber auch seinen Preis. Vielfalt ginge verloren, der Reiz des jeweils anderen Geschlechts, der aus der Andersartigkeit von Männern und Frauen erwächst, würde abnehmen. Tendenzen sind sicherlich noch kein Beleg für die vollständige Assimilation von Frauen und Männern.

Aufgabe des Diversity Managements kann es nicht sein, die gesellschaftliche Richtung der Geschlechterbeziehung grundlegend (vor)zubestimmen. Diversity Management hat primär keinen normativen und keinen affirmativen Auftrag. Erst wenn die Ziele der Geschlechterbeziehung und der Geschlechterentwicklung im gesellschaftlichen Diskurs erkannt und anerkannt sind, tritt Diversity Management als Mittel zur besseren Erreichung der Geschlechterziele auf den Plan. Insofern steht Diversity Management im Dienst der vorher bestimmten bzw. ausgehandelten Ziele personaler und sozialer Vielfalt.

249 Vgl. Abele, A. E./Hoff, E./Hohner, H.-U. (2003).
250 Vgl. Elprana, G./Gatzka, M./Stiehl, S./Felfe, J. (2011).

5.3.10 Frauenbild und Vereinbarkeit von Familie und Beruf

Es ist bisher ungeklärt, ob es bei dem Bemühen um Vereinbarkeit von Beruf und Familie letzen Endes doch »nur« um die Entscheidung für die Karriere oder die Familie geht. Vereinbarkeit würde quantitativ die Quadratur des Kreises bedeuten. Familienarbeit und Erwerbstätigkeit wären in der verfügbaren Zeit unterzubringen. Das ist aber eine Milchmädchenrechnung. Man kann entweder berufstätig sein oder man steht für die Belange der Familie zur Verfügung. Zeit kann nicht doppelt verwendet werden. Vereinbarkeit im inversen Verständnis von Berufstätigkeit und Familienarbeit kann folglich nur meinen, dass Familienarbeit aus den Familien ausgelagert und öffentlichen Institutionen übertragen wird. Vereinbarkeit klingt gut, verlangt aber eine Entscheidung entweder für die Familie oder die Berufstätigkeit. Die Vereinbarkeit von Familien und Beruf ist kein Perpetuum Mobile, kein Zustand, den man nur wollen muss und schon funktioniert das!

In der Diskussion um die Vereinbarkeit von Privatleben und Beruf ist zudem zwischen Rhetorik und Realität zu unterscheiden. Politische Rhetorik und vielfältige Ankündigungen von Maßnahmen zur besseren zeitlichen Vereinbarkeit von Familie und Beruf folgen in der Realität nur selten geeignete Maßnahmen. Ein Beispiel ist die Zusage an Eltern, für Kinder ab dem dritten Lebensjahr einen Betreuungsplatz in einer Kindertagesstätte bereitzustellen. Das Angebot hinkt hinter der politischen Zusage her.

In der Frankfurter Allgemeinen Sonntagszeitung wird auf die Unvereinbarkeit im praktischen Leben hingewiesen. Unter dem Titel »Die Vereinbarkeitslüge«[251] beleuchtet Julia Schaaf die Unterhaltungsliteratur zur Vereinbarkeit von Beruf und Familie. Die Titel enthalten Beispiele wie »Wahnsinn« und »irrwitzig« oder heißen gleich » Multitasking«.

Vereinbarkeit sei der irreführende Begriff für die Suggestion, Karriere und Kinder ohne Abstriche und ohne schlechtes Gewissen gleichzeitig leisten zu können. Begriffe bestimmen das Bewusstsein und leiten das Handeln. Wenn die Begriffe falsch sind, dann stehen am Ende auch misslungene Vereinbarkeit und verpasstes Familienglück, eine steckengebliebene Karriere und nicht selten das Auseinanderbrechen der Familien.

Deutet man die Entwicklungen, so kann man zu dem Schluss kommen, dass die Familie eine Lebensform in Liquidation ist. Der paternalistische Staat übernimmt mehr und mehr Familienfunktionen. Das Ende der Übernahme familiärer Aufgaben durch den Staat ist insofern offen, weil die Finanzierung fortschreitender Übernahmen der Familienfunktion von den Steuereinnahmen abhängig ist. Es könnte sein, dass sich der Staat in seinem Bemühen die Familie zu ersetzen, finanziell übernimmt. Das Ende ist aber auch deshalb offen, weil nicht erwiesen ist, dass die Aufgaben in staatlichen Einrichtungen besser gelingen als in der Familie. Eine Renaissance der Familie ist nicht ausgeschlossen. Die Familienrenaissance könnte durch die verstärkte Sehnsucht nach profundem Lebensglück statt profaner Berufstätigkeit ausgelöst werden.

Ein Ausweg aus der schwierigen Situation des »entweder oder« familiärer Sorge um das Wohlergehen des Nachwuchses wäre eine Neudefinition der Familie. Gemeint ist die Ausweitung des Familienbegriffs auf Großeltern, Urgroßeltern, Geschwister und erwachsene Kinder und Geschwister. Würde die Familie (wieder) als emotionaler Großverbund, als Clan begriffen, dann wären Familien(er)leben und berufliches Weiterkommen leichter miteinander in Einklang zu bringen. Mobilitätsverzicht, gradueller Einkommensverzicht, Verzicht auf Karriereschritte und auf Konsumgewohnheiten, würden die Leistungsfähigkeit der »neuen« Familie

251 Schaaf, J. (2013), S. 45.

ebenso stärken wie das Gefühl z. B. der Großeltern, gebraucht zu werden. Dem partiellen Verzicht auf beruflichen Erfolg stünde das profunde Glück des intensiven sozialen Erlebens gegenüber. Kinder würden in der Familie gemeinsam erzogen, das gemeinsame Werteband wäre Fundament der Erziehung. Ledige Geschwister und kinderlose Verwandte könnten in die Familienarbeit eingebunden werden. Singles erfahren auf diese Weise familiäre Bindung, genießen das Gebrauchtwerden über ihre berufliche Funktionalität hinaus. Mehrere Schultern tragen größere Lasten, geteilte Freude würde auf diese Weise zur doppelten Freude.

5.3.11 Zwischenfazit

Zusammenfassend ist festzuhalten, dass implizite Annahmen über Frauen (z. B. höhere Risikoaversität, geringe Leistungsfähigkeit, familienbedingte Absentismus- und Fluktuationsraten) Unsicherheiten, Ambivalenzen, Stereotypenbildung und Vorurteile fördern können. Frauen stehen unter einer latenten stereotypen Bedrohung, die dazu führen kann, dass sie im Sinne einer sich selbst erfüllenden Prophezeiung tatsächlich schlechtere Arbeitsergebnisse erzielen als Männer. Frauen verhalten sich so, wie es die dominante Gruppe der Männer im Wirtschaftsleben von ihnen erwarten. Zurückhaltung bei der Übernahme von Führungsverantwortung ist ein Resultat der selbst auferlegten und/oder zugeschriebenen Persönlichkeitsstruktur.

Die im sozialen Umfeld und in der Person von Frauen liegenden Ursachen können dazu führen, dass Frauen eine geringere Ausprägung der Führungsmotivation zeigen, obwohl eine höhere Bereitschaft zur Übernahme einer Führungsposition grundsätzlich vorhanden ist. Sie werden durch ungünstige Rahmenbedingungen (z. B. fehlende KITA-Plätze, männlich dominierte Netzwerke), soziale Kognitionen, ambivalente Motive etc. verunsichert und in ihrer Führungsmotivation beeinträchtigt. Diesen Effekt der Zurückhaltung belegen auch aktuelle Forschungsergebnisse. Danach wollen Frauen führen, sie haben jedoch mehr Bedenken und Vorbehalte als Männer. Frauen fragen im Vorfeld der Übernahme von Führungsverantwortung intensiver, ob sie der Verantwortung und den Anforderungen wahrscheinlich auch gerecht werden können.

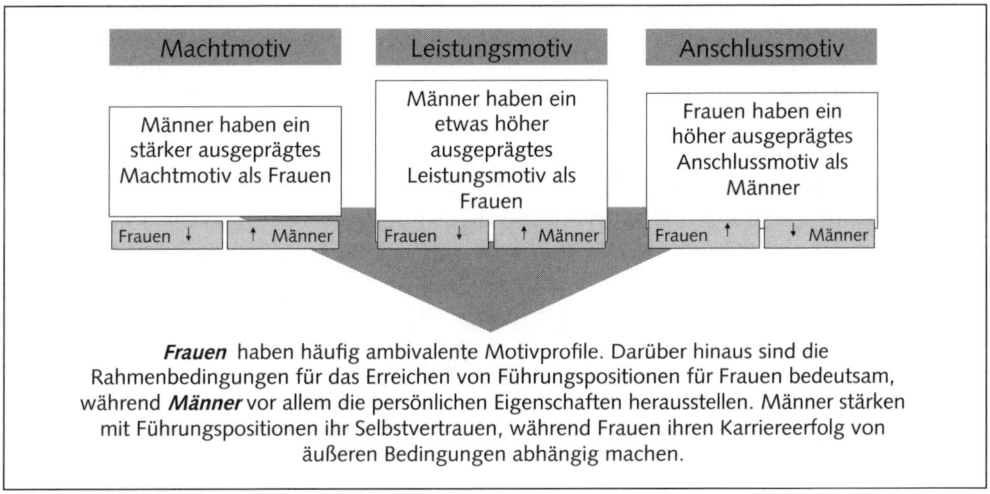

Abb. 5-84: Motive zur Führung

5.3.12 Zur Unterrepräsentation von Frauen in Führungspositionen

Bei der Suche nach Ursachen und Erklärungen der Unterrepräsentation von Frauen in den Führungsetagen sind personale, organisatorische und strategische Aspekte zu beachten. Frauen, so die Zuschreibung, denken und handeln tätigkeitsorientiert. Als Führungskraft geht es aber darum, Aufgaben durch motivierte Mitarbeiterinnen und Mitarbeiter erledigen zu lassen. Führungskräfte müssen Aufgaben, Verantwortung und Kompetenzen delegieren. Es mag sein, dass die Freude an der Führung bei Frauen darunter leidet, dass sie beobachten, dass Aufgaben, die dringend der Erledigung bedürfen, von den Mitarbeitern nicht mit der von der weiblichen Führungskraft gewünschten Priorität in Angriff genommen werden. Legt die weibliche Führungskraft dann selbst Hand an die Erledigung der Aufgaben, bleibt ihr weniger Zeit, Aufgaben und deren Delegation zu planen.

Organisatorische Gründe legen es Frauen ebenfalls nahe, keine Führungsposition zu übernehmen. Die Zeitsouveränität nimmt ab, wenn es darum geht, die Belange der Organisation, die Erfordernisse der Mitarbeiterinnen und Mitarbeiter zeitnah zu regeln. Weil das traditionelle Familienmodell Frauen nach wie vor primär die Organisation der familiären Angelegenheiten zuweist, können Mütter die Betreuung der Kinder wesentlich termintreuer bestimmen, wenn sie als Sachbearbeiterin ihre Arbeitsabläufe und Anfang und Ende der täglichen Arbeitszeit weitgehend selbst planen können. Strategische Überlegungen betreffen z. B. die Planung der Karriere von Ehepartnern. So kann es gerade in der »Rush Hour des Lebens« für Paare notwendig sein, eine berufliche Karriere mit Nachdruck zu verfolgen. Nicht notwendigerweise, aber nach wie vor entscheiden sich viele Paare zunächst für die Karriere des Mannes. Ein weiterer Grund liegt in der schlichten Wahrheit, dass die Vereinbarkeit von Privatleben und einem vollen beruflichen Engagement nicht möglich ist. Vereinbarkeit bei unterstellter verfügbarer Zeit, kann es nur geben, wenn Zeitkontingente entweder aus dem Privaten ins Berufliche oder umgekehrt verschoben werden. Vereinbarkeit ohne Zugeständnisse an einer Stelle gibt es nicht.[252] Das Leben verlaufe in Phasen, darauf sollten die Unternehmen Rücksicht nehmen, um daraus zu gewinnen.

Diversity Management kommt die Aufgabe zu, Frauen zur Übernahme von Führungspositionen zu ermuntern, die Rahmenbedingungen der Vereinbarkeit von Familie und Beruf sind so zu ändern, dass Zeitkontingente flexibel für den Beruf oder für das Privatleben genutzt werden können. Das politische Pseudo-Mantra von der Vereinbarkeit bleibt ohne Zeitsubstanz frustrierende Rhetorik. Geeignete Bildungsmaßnahmen zur Stärkung der Persönlichkeit, zur ausdrücklichen Bewerbung um Führungspositionen und zur Vermittlung von Führungswissen sind Frauen und Männern gleichermaßen anzubieten. Es kann empfehlenswert sein, so lange separate Veranstaltungen für Frauen anzubieten, bis die Bereitschaft erreicht und Können erworben sind, sich gleichberechtigt im Beruf entfalten zu können. Die getrennte Vorbereitung von Frauen und Männern auf die Übernahme von Führungspositionen muss aber in ein unternehmenseinheitliches Curriculum der Führungskräfteentwicklung münden. Das ist erforderlich, um die erneute Vorurteile und stereotypen Zuweisungen der Geschlechter gegeneinander zu vermeiden.

Führungsmotivation umfasst die Bereitschaft, Führungsaufgaben und Führungsverantwortung zu übernehmen, sich anzustrengen und Hindernisse zu überwinden.[253] Führungsmotivation ist einer der bedeutsamsten Persönlichkeitsmerkmale für eine erfolgreiche Karriere und

252 Vgl. Garsoffky, S./Sembach, B. (2014).
253 Vgl. Chan, C. Y./Drasgow, F. (2001).

den Aufstieg in Führungspositionen.[254] Entsprechend zeigen beispielsweise Tokar/Fischer/Subich Zusammenhänge zwischen Führungsmotivation und der Übernahme von Führungsaufgaben bei Frauen.[255] Wollen (Motivation), Können (Qualifikation) und Dürfen (Ordination) sind als Einheit einer systematischen Vorbereitung auf die Übernahme von Führungsverantwortung zu beachten.

Bisherige Befunde bescheinigen Frauen eine geringere Führungsmotivation als Männern. Diese Ergebnisse basieren jedoch auf Testverfahren, die nicht geschlechtsspezifisch entwickelt wurden, sondern männliches Führungsverhalten abbilden.[256] So bedienen Skalen wie »Competitive Games« oder »Assertive Role« eher männliche Stereotype.[257] Demzufolge ist die Inhaltsvalidität fraglich.[258] Es könnte sein, dass die Empirie nach wie vor auf dem Frauenauge weniger gut sieht. Darüber hinaus wird Führungsmotivation oft nur unspezifisch erfasst. Es wird lediglich nach Machtmotivation und Führungsambitionen gefragt, die die konkreten Inhalte des Führungshandelns nicht abfragen.[259] Geschlechtsunterschiede in der Führungsmotivation beruhen daher möglicherweise eher auf methodischen Defiziten der Operationalisierung der führungsrelevanten Variablen als auf geschlechtertypischen Voraussetzungen und Ambitionen.

Ein Test von Felfe, der auf einem spezifischen, mehrdimensionalen Konzept zur Führungsmotivation basiert, versucht diese Nachteile der Operationalisierung zu überwinden. Das Motiv, eine Führungsposition zu erreichen, wird konkret erfasst, die Antworten beziehen sich folglich auf konkrete Entscheidungen und nicht auf eher unverbindliche Abfragen der persönlichen Orientierung.[260] Ziel dieses Analyseinstruments ist eine valide Diagnose der Führungsmotivation als Voraussetzung nachfolgender Interventionen zur Förderung der Führungsmotivation und Führungsbefähigung. Der Test, dessen statistische Güte bereits an einer Validierungsstichprobe aus 1742 Personen belegt wurde, soll führungsmotivierte Frauen identifizieren, die bisher durch die die gegebenen Umstände in ihrem Führungswunsch gehemmt werden. Dies wird über die Mehrdimensionalität der Führungsmotivation erhoben. So umfasst Führungsmotivation die Bausteine Führungsmotiv (affektiv, kalkulatorisch, normativ), Basismotive (Machtmotiv, Leistungsmotiv, Anschlussmotiv) und Interessenfelder. Konkrete Befürchtungen und Hindernisse werden im Motivationsprofil sichtbar. Zudem misst der Test die Variablen gendersensitiv. Dies bedeutet, dass geschlechtsneutrale Item-Aussagen formuliert werden und weibliches Führungsverhalten (z.B. Teamfähigkeit, Kommunikationsfähigkeit) integriert wird, so dass weder Männer noch Frauen bei der Beantwortung der Fragen bevorzugt oder benachteiligt werden.

Strunk/Steyrer berichten in diesem Zusammenhang, dass Frauen für die Übernahme von Führungsverantwortung eine hohe Führungsmotivation aufweisen müssen, während bei Männern bereits eine leicht überdurchschnittliche Führungsmotivation genügt, um in Führungspositionen aufzusteigen.[261] Diese Beobachtung leuchtet unmittelbar ein, wenn man von größeren Schwierigkeiten ausgeht, die Frauen auf dem Wege zur Führung und bei der Ausübung von Führung zu meistern haben. Demnach scheint bei Frauen eine sehr hohe Ausprägung in

---

254 Vgl. Strunk, G./Steyrer, J. (2005).
255 Vgl. Tokar, D.M./Fischer, A.R./Subich, L.M. (1998).
256 Vgl. Schein, V.E. (1973, 2001); vgl. Sczesny, S. (2003).
257 Vgl. Miner, J.B. (1978), S. 284.
258 Vgl. Chan, C.Y./Drasgow, F. (2001); vgl. Hossiep, R./Paschen, M. (1998).
259 Vgl. Hossiep, R./Paschen, M. (1998); vgl. Chan, C.Y./Drasgow, F. (2001).
260 Nach der Zielsetzungstheorie ist die Motivation, ein bestimmtes Ziel zu erreichen umso höher, je konkreter und herausfordernder dieses formuliert wird. Vgl. dazu Locke, E.A./Latham, G.P. (1990).
261 Vgl. Strunk, G./Steyrer, J. (2005).

der Führungsmotivation notwendig zu sein, um ähnlich erfolgreich zu sein wie Männer. In einer unternehmensinternen Studie wurde festgestellt, dass Frauen Führung grundsätzlich als für sie attraktiv einschätzen, aber nicht in Führungspositionen drängen. Bei Männern verhält es sich dieser unternehmensinternen Studie folgend genau umgekehrt. Männer geben an, dass sie Führung nicht sonderlich attraktiv finden, Führungspositionen aber anstreben. Ähnliche Ergebnisse können Elprana et al. berichten: In einer bundesweit angelegten Interviewstudie mit Führungsexperten und Personalverantwortlichen wurde die Rolle der Führungsmotivation für das Erreichen von Führungspositionen untersucht.[262] Hierbei zeigt sich ein interessanter Geschlechtsunterschied: Während die Mehrheit der Frauen das Erreichen von Führungspositionen auf Rahmenbedingungen zurückführt, geben die meisten Männer eher persönliche Eigenschaften an, wenn sie nach Bedingungsfaktoren für den Aufstieg in Führungspositionen gefragt werden. Wie eine Studie des Forsa-Instituts zeigt, erschweren in den Augen der weiblichen Führungskräfte folgende Barrieren den Aufstieg in die Chefetage:[263]

- die Dominanz männlicher Netzwerke (70 Prozent)
- die Sorge der Vorgesetzten vor familienbedingten Auszeiten und eingeschränkter Verfügbarkeit von Frauen (63 Prozent)
- die ausgeprägte Ellenbogenmentalität männlicher Kollegen (54 Prozent)
- die Vorbehalte der Geschäftsleitungen oder Inhaber gegen Frauen in Top-Führungspositionen (33 Prozent).

Die Befunde deuten darauf hin, dass Männer stärker auf ihre eigenen Fähigkeiten vertrauen, während Frauen ihren Karriereerfolg eher äußeren Bedingungen zuschreiben (externale Erfolgsattribution) und dadurch auch stärker von diesen beeinflusst werden. Dies dürfte auch ein Grund dafür sein, dass Frauen ihre eigene Karriere weniger aktiv vorantreiben als Männer.

Bei Erfolgsatttributionen sind innere und äußere Ursachen maßgeblich. Personen führen Erfolge und Misserfolge auf sich selbst, auf ihre Fähigkeiten und Leistungen oder auf äußere Umstände zurück. Für die Karriereorientierung von Frauen ist zudem beachtenswert, ob es sich bei Entscheidungen für oder gegen eine Karriere um eine über längere Zeit stabil bleibende Grundsatzentscheidung oder um eine aus der jeweiligen familiären Situation heraus getroffene Entscheidung handelt.

über die Zeit ...	**Innere Ursachen**	**Äußere Ursachen**
... stabil	z. B. Fähigkeiten	z. B. gesellschaftliche Situation
...instabil	z. B. Anstrengung	z. B. Glück

Abb. 5-85: Ursachen und Dauerhaftigkeit von Attributionen

Es ist anzunehmen, dass Frauen eher dauerhaft ihren beruflichen Erfolg auf ihre Fähigkeiten und ihre Anstrengungen zurückführen. Ebenso ist anzunehmen, dass Männer Erfolge im Beruf sich selbst und Misserfolge den Umständen zuschreiben werden.

Entsprechend gibt die Hälfte der von Elprana et al. Befragten an, dass Frauen eine höhere Führungsmotivation benötigen als Männer, um Führungspositionen zu erreichen. Hinzu kommt, dass die Zuschreibung von geringerer weiblicher Führungsmotivation auch dazu

262 Vgl. Elprana, G./Gatzka, M./Stiehl, S./Felfe, J. (2011).
263 Vgl. Kahlen, R. (2007).

beiträgt, dass weniger in den Aufstieg und die Weiterbildung der Frauen investiert wird.[264] Insofern scheint es einen großen Pool von Frauen mit Führungspotential zu geben, die vor den organisationalen Hindernissen zurückschrecken.

Hier muss Diversity Management ansetzen, Befürchtungen abbauen, Motivation stärken und Führungsbefähigung bei Frauen aufbauen. Greifen Personalentwicklung und Diversity Management nicht ein, dann entwickeln sich die Karrieren von Frauen und Männern unterschiedlich. So zeigt eine Langzeitstudie, in der die Karrierewege weiblicher und männlicher High Potentials über einen Zeitraum von 12 Jahren beobachtet wurden, dass nach Ablauf des Beobachtungszeitraumes 34 Prozent der Frauen nicht aufgestiegen waren. Im Vergleich dazu sind nur 6 Prozent der Männer ohne Karriere geblieben. Als Gründe werden Benachteiligungen von Frauen bei Beförderungen angegeben.[265] Es ist darauf hinzuweisen, dass gerade der Aufstieg in den »starken Jahren« Frauen dadurch benachteiligt, weil diese Zeit zwischen Mitte Zwanzig und Mitte Dreißig mit der Familienphase zusammenfällt.

5.3.13 Knappheit stärkt Frauen – Aufgaben der Personalentwicklung

Die aufkommende Knappheit an Fach- und Führungskräften stärkt die Frauen in ihrem Karrierebemühen. Viele Führungspositionen und Expertenfunktionen werden insbesondere mit dem Ausscheiden der Baby-Boomer-Generation neu besetzt. Exzellent qualifizierte und motivierte Frauen sind im demografischen Wandel für Wirtschaft und öffentliche Verwaltung willkommen. Aufgabe der Personalentwicklung und des Diversity Managements ist es, Frauen zu

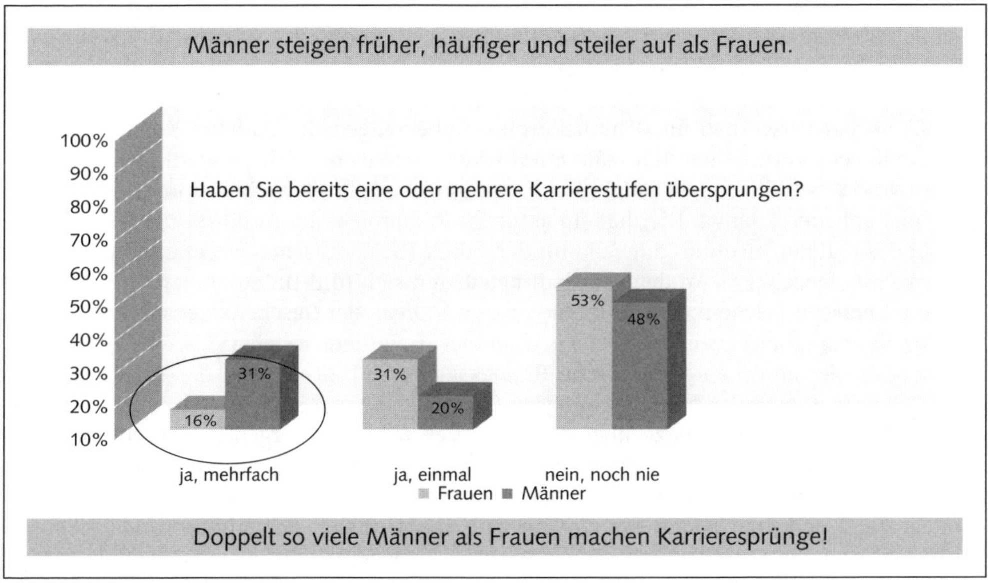

Abb. 5-86: Frauen in Führungspositionen
Quelle: Sinus Sociovision, Barrieren und Brücken (2010), S. 29.

264 Vgl. Osterloh, M./Littmann-Wernli, S. (2002), S. 263.
265 Vgl. Domsch, M. (2005), S. 220f.

gewinnen, sie in Fach- und Führungspositionen zu begleiten und durch gezielte Maßnahmen eine bessere Vereinbarkeit von Beruf und Privatleben sicherzustellen. Doppelbelastungen können durch die Gewährung von Zeitsouveränität und Flexi-Modellen der Beschäftigung abgemildert werden. Der Personalentwicklung kommt die Aufgabe zu, Frauen gleichberechtigt an den Maßnahmen der Bildung und Förderung zu beteiligen.

5.3.14 Auswahl von Führungs(nachwuchs)kräften

Die Auswahl von Führungsnachwuchskräften und von Führungskräften ist grundsätzlich geschlechterneutral zu organisieren. Fallstudien, Übungen und Fragen in Interviews sind diskriminierungsfrei zu gestalten. Die konsequente Ausrichtung der Auswahlverfahren an den Tätigkeiten und Anforderungen der zu besetzenden Stelle reduziert einseitige Bevorzugung und Benachteiligung. Stehen die Aufgaben und die daraus abzuleitenden persönlichen und fachlichen Anforderungen vor dem Beginn des Auswahlverfahrens fest, dann sind derartige Verfahren gegen Manipulation gefestigt.

5.3.14.1 Vorauswahlverfahren als Online-Verfahren

Vorauswahlverfahren werden insbesondere von großen Unternehmen immer häufiger als Online-Verfahren durchgeführt. Die Anonymität der Verfahren hat Vor- und Nachteile. So fehlt aufgrund der Anonymität die Möglichkeit, auf persönliche Besonderheiten einzugehen. Nimmt eine Bewerberin die anonyme Hürde der Vorauswahl, dann kann sie in einem persönlichen Gespräch überzeugend darlegen, dass Befürchtungen, sie könne sich z. B. als Mutter von zwei Kindern nicht in vollem Umfange im Beruf engagieren, grundlos sind, weil die Versorgung der Kinder bestens gelöst ist. Im Gegenteil kann es sein, dass Bewerberinnen durch ihre Managementfähigkeiten, erworben im »Familienprojekt« überzeugen. Im direkten Kontakt kann es besser gelingen, Vorurteile durch reale Eindrücke zu ersetzen.[266] Gegenwärtig wird erprobt, ob anonyme Bewerbungen die Gefahr von Diskriminierung im Bewerbungsprozess nicht entscheidend abbauen können. Hier hat ein aktuelles Pilotprojekt der Antidiskriminierungsstelle des Bundes und des Institutes zur Zukunft der Arbeit (IZA) Aufsehen erregt und interessante Tendenzen aufgezeigt.[267] An dem Testlauf beteiligten sich fünf Unternehmen, die Deutsche Post, die Deutsche Telekom, der Kosmetikkonzern L'Oréal, der Geschenkdienstleister Mydays und der Konsumgüterhersteller Procter & Gamble. Außerdem testeten das Bundesfamilienministerium, die nordrhein-westfälische Bundesagentur für Arbeit und die Verwaltung der Stadt Celle das anonymisierte Bewerbungsverfahren. Insgesamt sollten so rund 225 Arbeits-, Ausbildungs- und Studienplätze über anonyme Bewerbungen vergeben werden. In einem Zeitraum von zwölf Monaten wurden insgesamt 8550 Bewerbungen anonymisiert eingesehen. Das heißt: Name, Geschlecht, Nationalität und Geburtsort, Behinderung, Geburtsdatum, Familienstand und Foto waren der Organisation in der ersten Bewerbungsrunde nicht bekannt. Erst nach der Entscheidung, ob ein Bewerber zu einem persönlichen Gespräch geladen wird, wurden diese Angaben einsehbar. Es konnte gezeigt werden, dass sich die Chancen für Frauen besonders dann verbesserten, wenn sich die ausgeschriebene Stelle an Personen mit

---

266 Vgl. Krell, G. (2011), S. 412; vgl. Kay (2007), S. 95.
267 Vgl. Römer, J. (2012).

Berufserfahrung richtete. Aber auch jüngere Frauen haben bei dem anonymisierten Verfahren Vorteile, weil sie z. B. wegen eines möglichen Kinderwunsches nicht »verdeckt« benachteiligt werden können. Auch Bewerber mit Migrationshintergrund profitieren laut der Studie von anonymisierten Bewerbungsverfahren. Die Studie liefert erste Hinweise auf eine diskriminierungsfreie Vorauswahl von Bewerbern.

5.3.14.2 Einführung einer Frauenquote

Für oder gegen die Einführung von Frauenquoten zu sein, führt zu demselben Ergebnis: Man macht sich Feinde. Objektiv betrachtet, stellen Quotenregelungen stets »künstliche« Eingriffe in Verhältnisse dar, die sich ohne Quote wahrscheinlich nicht in die gewünschte Richtung entwickelt hätten. Quoten stellen einen Eingriff in die Entscheidungsfreiheit von Menschen und Institutionen dar. Quoten führen stets zu Gewinnern und Verlierern. Eingriffe in das Selbstbestimmungsrecht sind daher stets problematisch und nur gerechtfertigt, wenn

1. die Akteure ihre Angelegenheit selbst nicht zufriedenstellend zu lösen vermögen, wenn es folglich Frauen ohne Quotenregelung nicht gelingen würde, angemessen am gesellschaftlichen und beruflichen Leben teilzunehmen,
2. aus der bisherigen Praxis, z. B. der Besetzung von Stellen, ungerechtfertigte Nachteile und Vorurteile resultieren, wenn z. B. stets Männer die besser dotierten und Frauen die schlechter dotierten Stellen bekämen,
3. die Betroffenen mit dem gegebenen Zustand ihrer Teilhabe am gesellschaftlichen Leben unzufrieden sind, wenn Frauen, die sich z. B. für die Familie entscheiden, ausnahmslos unglücklich wären,
4. Erkenntnisse vorliegen, die nachweisen, dass eine Beibehaltung des Status die Wohlfahrt insgesamt merklich schmälern würde, wenn folglich die fortgesetzte geringere Beschäftigungsquote von Frauen das Volkseinkommen und das Wohlbefinden der Bevölkerung senken würde.

Stark umstritten ist die Einführung einer Frauenquote mit dem Ziel, die strukturelle Diskriminierung von Frauen zu beheben. Eine gesetzliche Frauenquote würde – so die Argumentation – als (vorübergehende) positive Diskriminierung Gleichheit und Chancengerechtigkeit zwischen den Geschlechtern vorübergehend herstellen. Mit Zwang lasse sich aber auch Dauer die strukturelle Diskriminierung nicht beseitigen. Es stellt sich die Frage, ob die Verfolgung des paradoxen Prinzips *Gleichheit durch Ungleichheit* die tatsächliche Ungleichheit verringert oder ob *Gleichheit für alle* der bessere Weg sein kann? Vor dem Hintergrund der demografischen Entwicklung erscheint die Idee einer gesetzlichen Regelung zur Gleichstellung von Frauen und Männern in Gesellschaft, Politik und Wirtschaft zunächst einleuchtend und im Hinblick auf die Sicherung des Fach- und Führungsnachwuchses in alternden und schrumpfenden Gesellschaften als gebotene Strategie.

Empirische Studien zeigen, dass der Unternehmenserfolg und der Grad der Geschlechtervielfalt in der Geschäftsführung signifikant positiv korrelieren. So kommen Erhardt et al., die 112 amerikanische Unternehmen untersucht haben, zu dem Ergebnis, dass eine hohe Geschlechter-Diversität in Führungsgremien einen positiven Einfluss auf die Unternehmensleistung ausübt.[268] Carter und Kollegen belegen anhand der Daten von 797 amerikanischen

268 Vgl. Erhardt, L. N./Werbel, J. D./Shrader, C. B. (2003).

Unternehmen, dass mit der Anzahl der Frauen in der Führungsspitze der Marktwert sowie die Eigenkapitalrendite des Unternehmens steigen.[269] Smith et al. können diese Zusammenhänge anhand dänischer Daten bestätigen.[270] Auch nach Isolation unterschiedlicher Kontrollvariablen belegen die Autoren, dass ein höherer Anteil von Frauen einen positiven Einfluss auf den Unternehmenserfolg ausübt. Ryan und Haslam weisen zudem positive Effekte der Geschlechtervielfalt auf das Unternehmensimage nach.[271] So zeigt sich, dass der Aktienkurs steigt, wenn in einer allgemeinen Wirtschaftskrise eine Frau in einem Unternehmen zur Geschäftsführerin aufsteigt. Die positive Wirkung weiblicher Führungskräfte auf Image und Gewinn könnte mithin als Argument »Pro-Frauen-Quote« gelten.

Die Einführung einer Frauenquote wäre zudem sinnvoll, um dem künftigen demografiebedingten Fach- und Führungskräftemangel entgegen zu wirken. Die Quote könnte Frauen dabei unterstützen, die »gläserne Decke« zu durchstoßen, offensiv in die Führungsetage aufzusteigen und folglich mit ihrem Potential den schrumpfenden Talentpool zu füllen. Ein positives Beispiel für die erfolgreiche Einführung einer Frauenquote ist Norwegen. Durch das im Jahr 2003 eingeführte Quotengesetz ist es gelungen, einen bedeutsamen Wandel in der Zusammensetzung der Unternehmensleitungen herbeizuführen. Ende der 1990er-Jahre lag der Anteil von Frauen in Führungspositionen bei schätzungsweise zwei bis vier Prozent. Nach Einführung der Quote stieg der Frauenanteil auf 9 Prozent an. 2005 wurden 12 Prozent registriert, 2006 waren 18 Prozent, 2007 25 Prozent, 2008 36 Prozent und schließlich 2009 40 Prozent erreicht.[272] Die wirtschaftlichen Auswirkungen der Frauenquote wurden allerdings noch nicht untersucht. Aus Studien geht jedoch hervor, dass positive Effekte auf den Unternehmenserfolg wahrscheinlich sind. An dieser Stelle kann man festhalten, dass die Quote anscheinend die Symptome der »Chancenungleichheit« lindern kann. Ob auch die vorherrschenden impliziten Annahmen über Frauen (z. B. unterstellte höhere Risikoaversität, geringe Leistungsfähigkeit, familienbedingte Absentismus- und Fluktuationsraten), bereits mit einer höheren Frauenquote in der Geschäftsführung und in Aufsichtsgremien erreicht wird, ist noch zu klären.

Die Wirkungskette der Entstehung von geschlechterbezogenen Sichtweisen muss unterbrochen und dem oben beschriebenen traditionellen Habitus, den Frauen und Männer sich gegenseitig zuschreiben, aktiv entgegengewirkt werden. »Das alltagsweltliche Differenzwissen, das also, was die Gesellschaftsmitglieder über den Unterschied der Geschlechter und die soziale Bedeutung der Geschlechterdifferenz, über die Geschlechterordnung und das Verhältnis der Geschlechter wissen, ist [...] den Strukturen der Geschlechterverhältnisse und großen Teilen der sozialen Praxis ein ganzes Stück vorausgeeilt.«[273] Wetterer bezeichnet dieses Phänomen als »Rhetorische Modernisierung«. Demnach beruht unser Alltagswissen auf dem Gleichheitsprinzip, das tatsächliche soziale Handeln weicht davon jedoch ab. Traditionelle Rollenbilder und alte Werte sind so internalisiert, dass diese nicht hinterfragt, sondern als selbstverständlich und natürlich angesehen werden und unbewusst das Verhalten beeinflussen. Eine gesetzlich vorgegeben Frauenquote würde zu einem Handeln zwingen, dass diesen verinnerlichten Strukturen widerspricht. Die internalisierten Denkweisen würden sich sicherlich mit diesem von außen oktroyierten Akt der Quotenregelung nicht automatisch ändern. Das führt dazu, dass Frauen zwar mit der Einführung einer Frauenquote die »gläserne Decke« durchbrechen,

269 Vgl. Carter, D. A./Simkins, B. J./Simpson, W. G. (2003).
270 Vgl. Smith, N./Smith, V./Verner, M. (2006).
271 Vgl. Ryan, M. K./Haslam, S. A. (2005).
272 Vgl. Storvik, A./Teigen, M. (2010).
273 Wetterer, A. (2003), S. 289.

dann aber wieder mit männlichen Denkweisen und Stereotypen konfrontiert würden. Die Diskriminierung würde sich ohne Änderung der grundlegenden Denk- und Handlungsmuster lediglich auf eine höhere Ebene verlagern. »Attitudes change slowly, and woman will be subjected to sex stereotypes for a long time to come«.[274] Es sind daher einige Bedenken gegen die Einführung gesetzlicher verpflichtender Frauenquote zu beachten.

Quotenregelungen sind »artifizielle Bemühungen der Gleichstellung«. Quotenregelungen als oktroyierte Norm regen die Phantasie an, wie die nicht gewollte Quote hinausgezögert, verwässert, bekämpft, verhindert werden kann. Mit einer Frauenquote werden Widerstände aufgebaut, die ohne die Einführung einer Quote nicht oder nicht in der dann einsetzenden Schärfe aufgetreten wären. Quoten verschaffen Frauen Vorteile, Rechte, Einkommens- und Karrierechancen, die als Nullsummenspiel den Männern abgetrotzt werden müssen. Quoten sind folglich Regelungen des Gesetzgebers zulasten der Hälfte der Bevölkerung. Gerade »starke Frauen« lehnen eine gesetzliche Frauenquote als Aufstieg aus dem Gnadenakt der Männer ab, weil sie sich zutrauen, Karriere und Aufstieg auch ohne die positive Ghettoisierung in einer Frauenquote zu erreichen. Allzu schnelle Einführung von Frauenquote stößt zudem sicherlich an qualitative Grenzen. Es vermehren sich die Frauen nicht schlagartig, die gestern noch eine Karriere gemieden haben nur deshalb, weil ihr Aufstieg nun durch eine Quote geschützt ist, dafür bereit stehen. Auch bei einer Quote bleibt die verstärkte Bereitschaft der Frauen, in Führungspositionen aufzusteigen an die Schaffung günstiger Voraussetzungen gebunden, die z. B. die Vereinbarkeit von Familie und Beruf erlauben.

Eine Erklärung, warum sich in der aktuellen Diskussion erfolgreiche Frauen gegen eine Frauenquote für Aufsichtsräte und Vorstände aussprechen ist, dass die Einführung einer Frauenquote nachträglich ihre persönliche Leistung, sich durchgeboxt zu haben, relativieren würde. Natürlich weisen Frauen auf die Schaffung einer die Vielfalt der Charaktere, Begabungen, Befähigungen und Erfahrungen fördernde Unternehmenskultur hin. Eine gesetzliche Quote führt aber dann nicht zum Erfolg, wenn sie eine diskriminierungsfreie Unternehmenskultur quasi per Dekret zu erzwingen versucht. Damit Frauen Führungspositionen erreichen und dauerhaft anerkannt agieren können, bedarf es zuallererst einer Unternehmenskultur, die jede Form der Vielfalt akzeptiert und einbezieht. Verbote und gesetzliche Gebote sollten als ultima ratio die Gleichstellung von Frauen und Männern erzwingen. Der bessere Weg ist die Vermittlung von Einsicht in die Nachteile, die mit jeder Form von Diskriminierung verbunden sind. Selektive Wahrnehmung und adaptives Handeln nach Bekanntem und Fremdem, wird nicht aus den Köpfen verschwinden, wenn eine Quote dieses z. B. für die Auswahl von Bewerbern und Bewerberinnen verlangen würde. Menschen nehmen subjektiv und selektiv wahr. Die Vereinfachung reduziert Komplexität, verringert Unsicherheit und entlastet durch Routine. Ähnliche Lebensläufe, dasselbe Geschlecht, dieselbe Sprache, gemeinsame Hobbys leiten das Handeln nach Sympathie und Antipathie. Diese im Unterbewusstsein wirkenden Vorgänge der Bevorzugung und der Diskriminierung werden nicht durch formale Akte einer Quotenregelung zu beheben sein. Die Frauenquote wurde am 6. März 2015 vom Deutschen Bundestag beschlossen. Ab 2016 müssen in börsennotierten und mitbestimmungspflichtigen Unternehmen 30 % Frauen im Vorstand und im Aufsichtsrat vertreten sein.

Sinnvoller als die verpflichtende Einführung von Frauenquoten wären Reformen, die die gesellschaftliche Komplexität berücksichtigen, die helfen, die Geschlechterrollen zu analysieren, zu verstehen, wenn erforderlich aufzulösen und in ein Denken der Vielfalt umzulenken. Neben dem Faktum, dass eine gesetzlich vorgeschriebene Frauenquote wahrscheinlich

274 Morrison, A./White, R./Van Velsor, E. (1987), S. 158.

kein gesellschaftliches Umdenken bewirken kann, würde die Einführung einer Quote viele zusätzliche Probleme mit sich bringen. Dies betrifft zunächst die Frauen, die bereits in der Führungsspitze angelangt sind. Sie könnten die Quote als eine Art Entwürdigung ihrer harten Aufstiegsarbeit betrachten. Karriereaspirantinnen befürchten darüber hinaus, dass ihr Erfolg ausschließlich auf die Quote statt auf ihre Befähigung zurückgeführt wird. Es existiert sozusagen die Angst, als »Quotenfrau« stigmatisiert zu werden. Darüber hinaus besteht die Gefahr, dass mit der Einführung einer Frauenquote auch die Einführung einer Migrations-, Schwulen- oder Lesben-, Altersquote etc. provoziert wird. Man kann sich die Starrheit der umfassend quotierten Gesellschaft vorstellen. Sie würde die gesellschaftliche Durchlässigkeit reduzieren, Stagnation auf breiter Front wäre die Folge. Weiterhin besteht das Risiko, dass durch die eingeschränkte Wahlfreiheit bei Einstellungsverfahren die »Bestenauswahl« behindert oder verhindert wird. Weiterhin problematisch ist die Durchsetzung einer Frauenquote in typischen Männerberufen, wie der Automobilbranche, da hier die Zahl der angestellten Frauen ohnehin unterdurchschnittlich ist. Und ganz grundsätzlich ist der Reiz des Unterschiedes der Geschlechter ein hohes Gut, das erhalten bleiben muss.

Alles in allem ist es sicherlich notwendig, eingefahrene Strukturen und traditionelle Rollenbilder aufzulösen, unbegründete Diskriminierung zu beseitigen und verstärkt organisationale Anreize zu schaffen, die die Teilhabe von Frauen und Männern gleichermaßen fördern. Quotenregelungen sind dabei stets Notlösungen.

5.3.15 Diversity Management zur Förderung von Männern

Diversity Management ist gegenwärtig auf dem männlichen Auge blind. Weder in der Fachliteratur, noch in der politischen Diskussion und auch nicht in der betrieblichen Personalpolitik stehen Männer und deren Anliegen im Fokus des Diversity Managements. Allenfalls die Erörterung der Einstellung und der Umgang mit Schwulen greift das männliche Geschlecht als Thema des Diversity Managements auf. Dabei gibt es durchaus Aspekte, die der dringenden Behandlung bedürfen.

- Ausschließlich weibliche Vorbilder für Jungen in Kindergärten, Grundschule und der Hortbetreuung reduzieren die Möglichkeit für Kinder und Jugendliche, sich ein realistisches Bild von Männern zu machen.
- Nachlassende Leistungen von Jungen in Schule und Ausbildung drängen die Frage auf, warum sich Jungen stärker dem schulischen Wettbewerb entziehen.
- Fehlende Berufsreife, fehlende Schulabschlüsse bei männlichen Jugendlichen führen dazu, dass aus den Problemen junger Männer nahtlos Probleme erwachsener Männer werden.
- Der Wandel in der Rollenwahrnehmung, der Verteilung der Geschlechteraufgaben und der Karriereorientierung von jungen Männern führt dazu, dass Rollenunsicherheit, fehlende Selbstreflexion und daraus resultierende Verweigerung, z. B. der Familienarbeit, auftre-ten.
- Das Erfordernis der Bewältigung der wachsenden Konkurrenz durch Frauen beim beruflichen Aufstieg wird von jungen Männern immer weniger gewollt und auch immer weniger gemeistert, so dass in der Zukunft Männer für Führungspositionen fehlen werden.
- Die Befähigung der Männer, Teams mit starken Frauen führen zu müssen, schreckt viele junge Männer zusätzlich davor ab, sich für eine Führungskarriere zu interessieren.
- Bewältigung der Brüche in der privaten Lebensführung durch zunehmende Scheidungen verlangt von heranwachsenden Männern die Übernahme von Verantwortung, die sie nicht gelernt haben.

- Die notwendige Bewältigung der Vereinbarkeit von Beruf, Familie, Mobilität, Flexibilität und die Dominanz des Berufes führen zu einer Marginalisierung des Privaten, sodass junge Männer Beziehungen eher meiden als suchen.
- Die Aufgaben einer erfolgreichen und emphatischen Führung sind von Männern neu zu lernen, weil die Vielfalt und die Individualisierung einen neuen integrativen Führungsstil verlangen, den sie nicht gelernt haben.

Wenn ein Mann über die Notwendigkeit schreibt, Männer stärker in den Fokus des Diversity Managements zu nehmen, dann wird leicht Voreingenommenheit unterstellt. Richtig ist, dass z. B. eine gesetzlich festgelegte Frauenquote – wie kann es auch anders sein – zulasten der beruflichen Chancen von Männern durchgesetzt wurde. Andererseits ist es ebenso richtig, dass die Benachteiligung der jungen Männer, z. B. Wehrdienst leisten zu müssen, durch die Aussetzung der Wehrpflicht aufgehoben wurde. Eine vorurteilsfreie Analyse zeigt, dass junge Männer stärker gefordert werden müssten, wenn sie entweder aus eigener Kraft keinen Schulabschluss oder keine Berufsausbildung erreichen, weil sie dann häufiger arbeitslos sind als junge Frauen.

5.3.16 Arbeitsbedingungen und Unternehmenskultur

Führungsaufgaben werden von Frauen nicht grundsätzlich abgelehnt. Im Gegenteil: Werden Bedingungen geschaffen, die es Frauen erleichtern, Führungsverantwortung zu übernehmen, dann sind sie eher bereit als Männer, Führungsaufgaben zu übernehmen.[275] Es ist somit eine lern- und entwicklungsförderliche Arbeitsumgebung zu schaffen. Die Führungsmotivation von Frauen wird gestärkt durch:

- Abbau von organisatorischen Barrieren, die die Entscheidung für eine Führungslaufbahn behindern, z. B. durch die Möglichkeit, Führen in Teilzeit und reduzierter Vollzeit wahrnehmen zu können
- Verstärkung der entscheidungsorientierten Unterstützung, z. B. durch systematische Entwicklungsberatung SEB
- Verbesserung der Wertschätzung, die »Karrierefrauen« entgegengebracht wird, z. B. dadurch, dass Führungskräfte Patenschaften in Mentoring-Programmen für Frauen übernehmen.
- Stärkung des Selbstbewusstseins durch weibliche Vorbilder, die z. B. in Informationsveranstaltungen Frauen ermuntern, sich für eine Karriere zu entscheiden.
- Die Schaffung von Arbeitsbedingungen, die geeignet sind, Zielkonflikte zwischen der Familienverantwortung und der Karriereanforderungen zu meistern, z. B. dadurch, dass Betriebskindergärten eingerichtet werden.
- Schaffung einer diskriminierungsfreien und den Aufstieg beider Geschlechter gleichermaßen fördernden Unternehmenskultur, indem z. B. das Bekenntnis zur Förderung von Frauen als Statement in die Unternehmensgrundsätze aufgenommen wird.

Elprana und Kollegen nennen Interessenfelder, die zu fördern sind, um Führung für Frauen attraktiv zu machen.[276]

275 Vgl. Elprana, G./Gatzka, M./Stiehl, S./Felfe, J. (2011).
276 Vgl. Elprana, G./Gatzka, M./Stiehl, S./Felfe, J. (2011).

Unternehmen müssen ihre Arbeitsbedingungen dahingehend ändern, dass es für Frauen einfacher wird, den Spagat zwischen Haushalt, Kinder und Beruf zu meistern. Unternehmen müssen sich in Bezug auf Frauenförderung klar positionieren. Ziele und Maßnahmen der Förderung von Frauen sollten in den Unternehmensleitlinien verankert werden. Frauen sollte die Möglichkeit zur Erprobung ihrer Führungsbefähigung z. B. in Form der Stellvertretung, Projektleitung und der Führung auf Zeit geboten werden. Frauen sollten direkt auf die Möglichkeit eines Karriereschrittes angesprochen werden. Die Notwendigkeit der direkten Ansprache wird durch Befunde unterstützt, die zeigen, dass Männer im Durchschnitt häufiger informelle Führungsrollen einnehmen als Frauen.[277] Zudem ist eine gemischt geschlechtliche Zusammenarbeit in der Unternehmensführung anzustreben, damit es besser gelingt, einem gemeinsamen Führungs-Habitus aufzubauen.

5.3.16.1 Förderung und Entwicklung der Führungsbefähigung von Frauen durch Personalentwicklung

Führung ist eine lehrbare und eine erlernbare Tätigkeit. Frauen und Männer erlangen Führungsbefähigung, indem sie ihre Begabung klären, entsprechende PE-Maßnahmen wahrnehmen und sich in Führung erproben.

Die Personalentwicklung fördert mit Bildung, Förderung und Organisationsentwicklung die Führungsbefähigung. Um erfolgreich führen zu können, sind die Führungsphilosophie des Unternehmens, die Führungsgrundsätze und die Grundsätze der Führung und Zusammenarbeit zu beachten. Jedes Unternehmen kultiviert eine eigenständige Führungsphilosophie, verlangt ein einheitliches Führungshandeln und bereitet z. B. durch verpflichtende Seminare auf die Führungstätigkeiten vor. Für einen Übergangszeitraum kann es sinnvoll sein, Frauen getrennt oder zusätzlich zu den Standardmaßnahmen auf die Übernahme von Führungsaufgaben vorzubereiten.

5.3.16.1.1 Coaching

Ein frauenspezifisches Coaching bietet den angehenden weiblichen Führungskräften die Möglichkeit, die eigenen Stärken und Ressourcen zu erkennen und zu aktivieren. Ziel des Coachings ist es, eigenverantwortliches Handeln im beruflichen Kontext zu fördern, die Selbstreflexionsfähigkeit zu erhöhen und folglich die Führungskompetenz der Mitarbeiterinnen zu steigern. Zudem soll das Coaching Frauen dabei zu unterstützen, neben Berufsalltag und Familie die eigenen Ziele kontinuierlich zu verwirklichen. Blinde Flecken sollen erhellt und neue Wege erschlossen werden. Auch dem Problem, dass es für Frauen im eigenen Unternehmen häufig nur wenige weibliche Vorbilder gibt, an denen sie sich orientieren können, wird durch ein personenzentriertes Coaching wirksam begegnet. Dieses ist in der Lage, die fehlenden weiblichen Vorbilder durch professionelle BegleiterInnen zumindest zu einem Teil auszugleichen. Coaching-Maßnahmen geben Verhaltenshinweise zur professionellen Übernahme von Führungsverantwortung. Frauennetzwerke ergänzen die Maßnahmen des Coaching. Die spezielle Form des personenzentrierten Coachings gründet – so Rogers[278] – in der Annahme, dass jeder Mensch seine Fähigkeiten bestmöglich einsetzen möchte, um seine Bedürfnisse befriedigen zu können. Rogers geht davon aus, dass der Mensch ein natürliches Bedürfnis

---

277 Vgl. Elprana, G./Gatzka, M./Stiehl, S./Felfe, J. (2011), S. 14.
278 Vgl. Rogers, C. R. (1977).

zur Weiterentwicklung und zur Entfaltung seiner Fähigkeiten hat. Er spricht von der »Aktualisierungstendenz«, die das Verhalten des Menschen konstruktiv steuert. Der Theorie von Rogers folgend, zielt das personenzentrierte Coaching vor allem als »Hilfe zur Selbsthilfe« auf den Aufbau von Selbstregulierungskompetenz. Der personenzentrierte Ansatz eignet sich im Besonderen dafür, Menschen in schwierigen und komplexen beruflichen Phasen zu befähigen, ihre Ressourcen zu mobilisieren und eigenständige Lösungen zu erarbeiten.[279] Durch das Coaching gelingt es, persönliche Blockaden aufzulösen, persönliches Wachstum und Führungsverantwortung zu fördern, die Selbst- und Fremdwahrnehmung ins Gleichgewicht zu bringen und die Kommunikation zu verbessern. Zur besseren Wahrnehmung des jeweils anderen Geschlechts kann ein Cross-Coaching hilfreich sein. Frauen coachen Männern und Männer coachen Frauen. Das Cross-Coaching kann das Verständnis der Geschlechter verbessern. Allerdings sollte nicht der Eindruck erweckt werden, als begegneten sich Männer und Frauen in der Gegenwart zum ersten Mal.

Zur Überprüfung der Wirksamkeit frauenspezifischer Coachings evaluierten Hauer, Piroth und Wilkins[280] ein Coaching-Programm, an dem 233 Frauen im Alter von 23 bis 56 Jahren teilgenommen haben. Inhalte des Coachings waren: Unterstützung der beruflichen und persönlichen Entwicklung, die Erarbeitung von Wegen und Strategien zur beruflichen Weiterentwicklung, die Erprobung individueller Trainingsprozesse und die Vorbereitung auf Führungspositionen. Das Gruppencoaching förderte zusätzlich den Aufbau eines Netzwerkes. Die Evaluierung der Maßnahme ergab, dass ca. die Hälfte der Teilnehmerinnen sich beruflich und/oder persönlich verändern konnte. 46 Prozent der Teilnehmerinnen erreichten berufliche Veränderungen bereits während der Programmlaufzeit. 33 Teilnehmerinnen übernahmen Führungsaufgaben und 27 Frauen zeigten ein signifikant stärkeres Selbstbewusstsein als vor der Maßnahme. Diese positiven Veränderungen waren auch im Unternehmen spürbar. So berichteten betriebliche Gesprächspartner, dass die teilnehmenden Mitarbeiterinnen eine stärkere Leistungsfähigkeit zeigten und in erweitertem Maße einsetzbar waren. Frauen präferieren Frauen spezifische Weiterbildung, so eine weitere Erkenntnis der Evaluation.[281]

5.3.16.1.2 Networking

Netzwerke verbinden Menschen miteinander. Netzwerke sind als Möglichkeit zu verstehen, sich im Bedarfsfalle an Netzwerkpartner wenden zu können. Ein Netzwerk besteht aus Knoten und Kanten. Knoten sind die Netzwerkpartner, z. B. die Frauen eines Unternehmens, die sich in einem Frauennetzwerk zusammengeschlossen haben. Die Kanten verbinden die Netzwerkakteure miteinander. Die Kanten werden durch Netzwerkkontakte, Netzwerkveranstaltungen und Netzwerkvertrauen gebildet. Netzwerke verbinden entweder homogene Interessengruppen oder nehmen unterschiedliche Netzwerkpartner auf. Homogene Netzwerke stärken die Netzwerkpartner im Bemühen ihre Interessen wahrzunehmen. Heterogene Netzwerke vergrößern das Potenzial des Netzwerkes, auf das die Netzwerkpartner zurückgreifen können. Mentoring-Konzepte sind Netzwerke, die z. B. Frauen mit dem Ziel verbinden, sich bestmöglich auf Führungspositionen vorzubereiten. Darüber hinaus dienen Netzwerke dem Erfahrungsaustausch. Es ist zwischen inneren und äußeren Netzwerken zu unterscheiden.

279 Vgl. Steinhage, R. (2006), S. 3.
280 Vgl. Hauer, A./Piroth, M./Wilkens, S. (2007).
281 Vgl. Akademie für Führungskräfte der Wirtschaft & EWMD (2004), S. 5.

»Innere« Netzwerke entstehen, wenn Unternehmen z. B. Führungsnachwuchsgruppen bilden. Ziel dieser internen Netzwerke ist die Verbesserung der Kommunikation und der Zusammenarbeit.

»Äußere« Netzwerke entstehen, wenn sich Interessengruppen bilden, deren Mitglieder aus unterschiedlichen Bereichen und Unternehmen kommen. Ein regionales Netzwerk »Diversity Management« wäre ein äußeres Netzwerk, das vor allem dem Erfahrungsaustauch dient.

Die Wirksamkeit von Mentoring-Programmen konnte bereits mehrfach empirisch nachgewiesen werden. So fassen Dolff et al. die Literatur zur Wirkung von Mentoring-Programmen zusammen. Danach bewirkt Mentoring insbesondere:[282]

- Einen verbesserten Erfahrungsaustausch
- Direktere und bessere Kommunikation
- Verbreiterung der Kontakte
- Beschleunigung der persönlichen und beruflichen Entwicklung.

Hofman-Lun und Kollegen wiesen in ihrer Evaluationsstudie nach, dass der Einsatz von Mentoring-Maßnahmen einen positiven Einfluss auf Identifikation, Arbeitsmotivation, Arbeitseffizienz und Kommunikationskultur ausübt.[283]

Studien belegen auch eine positive Wirkung von Mentoring-Programmen auf das organisationale Commitment,[284] die Arbeitszufriedenheit[285] und die Reduzierung der Fluktuation[286]. Mentoring dient als Katalysator innovativer Gedanken und Verhaltensweisen.[287]

Hansman[288] stellt für frauenspezifische Mentoring-Programme fest, dass Männer einen einflussreichen Mentor leichter finden als Frauen (Cox, 1993; Hansman/Garofolo, 1995; Hite, 1998).[289] In diesem Zusammenhang zeigen Elprana et. al, dass Frauen, die weibliche Karrierevorbilder hatten, ihre eigene Führungsmotivation höher einschätzen und mehr Führungserfahrungen sammeln konnten als Frauen ohne weibliche Vorbilder. Hatten weibliche Führungskräfte männliche Vorbilder oder Mentoren, berichteten sie über weniger Führungserfahrungen.[290] Dies lässt die Annahme zu: Wo Frauen führen und unterstützen, wachsen Frauen nach.

5.3.16.1.3 Community of Practice

Communities of Practice (CoP) sind praxisbezogene Gemeinschaften von Personen, die freiwillig, informell miteinander verbunden sind und ähnliche Aufgaben wahrnehmen. Die Mitglieder von Communities of Practice verfolgen gemeinsame Interessen und tauschen Erfahrungen aus. Im Mittelpunkt steht der fachliche Austausch. Kommunikation und Interaktion können direkt face-to-face oder medial gestützt erfolgen. Comunities of Practice können projektbezogen temporär oder längerfristig etabliert werden. Intensive Kommunikation und gemeinsame Interessen fördern die Entstehung eines identitätsstiftenden Beziehungs- und Netzwerkge-

282 Vgl. Dolff, M./Hansen, K. (2002).
283 Vgl. Hofman-Lun, I./Schönfeld, S./Tschirner, N. (1998).
284 Vgl. Dirsmith, M. W./Covaleski, M. A. (1985); Fagenson, E. A. (1988).
285 Vgl. Baugh, S. G./Lankau, M. J./Scandura, T. A. (1996); Koberg, C. S./Boss, R. W./Chappell, D./Ringer, R. C. (1994).
286 Vgl. Scandura, T. A./Viator, R. (1994).
287 Vgl. Zey, M. G. (1984).
288 Vgl. Hansman, C. A. (1998).
289 Vgl. Cox, T. H. (1993); Hansman, C./Garofolo, P. (1995); Hite, L. (1998).
290 Vgl. Elprana, G./Gatzka, M./Stiehl, S./Felfe, J. (2011).

flechts. Communities of Practice sind durch einen Lebenszyklus gekennzeichnet, der von der typischen Entstehungsgeschichte bis zur Auflösung reicht.[291] Es kann z. B. für Frauen ertragreich sein, feminine Communities of Practice zu gründen, weil sie in diesen Gemeinschaften ihre Interessen durchsetzen können.

Männer und Frauen bilden jeweils originäre Communities of Practice. Die grundlegende Kategorisierung bestimmt die Sozialisation der Geschlechter, ihre Handlungen und die Beziehungen zum anderen Geschlecht. Wenn nun feminine CoP vermehrt etabliert werden, dann kann man fragen, ob diese »single-sex-groups« die Annäherung oder die Polarisierung der Geschlechter fördern? Die Intra-Gruppen-Beziehungen in z. B. weiblichen CoP und die Kohäsion der Gruppenmitglieder in homogen weiblichen oder männlichen CoP werden durch die single-sex-groups gestärkt. Intra-Gruppen-Konflikte nehmen ab, weil man dieselbe Sprache spricht, dieselben Erwartungen hegt und sich grundsätzlich besser versteht. Weil die reale Welt der Wirtschaft kein Schonraum für die nach Geschlechtern getrennte Entfaltung darstellt, können separate COP nur vorübergehend und zusätzlich zu den »normalen« Formen der Begegnung sinnvoll sein. Die reale Welt ist männlich und weiblich geprägt, mit unterschiedlicher Dominanz der jeweils stärkeren Gruppe. Starke feministische CoP erschweren die Gender-Kooperation, weil Verhaltensmodifikationen im Umgang mit dem anderen Geschlecht weniger flexibel vorgenommen werden. Das CoP-Floating sollte daher als besondere Diversitybefähigung gefördert werden.

Die Zugehörigkeit zu Gruppen und sozialen Netzwerken entscheidet in medial vermittelten Gesellschaften immer stärker über Chancen und Barrieren, über Macht und Einfluss. Beim beruflichen Aufstieg ist Unterstützung durch Kollegen, aber vor allem durch einflussreiche Vorgesetzte von Bedeutung. Netzwerke folgen der Volksweisheit, dass es weniger darauf ankomme, was man kann, sondern von größerer Bedeutung sei, wen man kenne.

5.3.16.2 Work-Life-Balance

Der Hintergrund für die hohe Bedeutung von Work-Life-Balance-Programmen im Rahmen von Frauenförderung ist das immer noch vorherrschende Rollenmodell, das den Mann als Ernährer der Familie und die Frau als fürsorgliche Ehe- und Hausfrau einstuft. Das traditionelle Rollenmodell weist dem Mann die Ernährerfunktion zu. Die Frau bleibt zu Hause, erledigt Hausarbeit, erzieht die Kinder und hält dem Mann den Rücken frei. Dieses Rollenmodell der konsekutiven Rolle der Frau neben dem Hauptverdiener Ehemann ist brüchig geworden. Frauen streben zunehmend nach Bildung und beruflicher Beteiligung und gesellschaftlicher Emanzipation. Laut statistischem Bundesamt waren im Jahr 2009 65,1 Prozent der Frauen erwerbstätig, nur knapp 10 Prozent unter dem Prozentsatz der Männer, Tendenz steigend.[292] Die Zahl der Paare, bei denen sowohl der Mann als auch die Frau eine Karriere anstreben, steigt.[293] Die Personalpolitik muss sich der neuen Realität stellen. Schon in den 1970er-Jahren konstatierte Schelsky: »Unser Berufssystem ist nicht familienkonform und umgekehrt unsere Familien- und Haushaltsstruktur ist nicht berufskonform; die an der Wurzel der industriellen Gesellschaft liegende Trennung von Dienst- und Privatleben wird hier zum strukturellen

291 Vgl. Henschel, A. (2001), S. 78.
292 Vgl. Statistisches Bundesamt (Hrsg.) (2010).
293 Vgl. Wiese, B. (2005).

Widerspruch.«[294] Frauen und Männer sind dabei, das Verhältnis der Geschlechter und die Verteilung der Aufgaben neu zu ordnen. Dabei sind Schwierigkeiten zu beseitigen.

Individuelle und organisationale Unvereinbarkeit von Beruf und Familie

Studien zu Auswirkungen der Unvereinbarkeit von Beruf und Familie auf *individueller Ebene* zeigen, dass Doppel- und Mehrfachbelastungen, Rollenkonflikte und Zeitnöte Ausdruck eines gestörten Gleichgewichts sind und sich negativ auf die Zufriedenheit sowie die psychische und physische Gesundheit der Frauen, aber auch der Männer auswirken.[295] Eine Erklärung liefert das Effort-Recovery-Modell.[296] Demzufolge spielt Erholung eine bedeutende Rolle im Belastungs-Beanspruchungs-Prozess. Fehlen Gelegenheiten zur Erholung bzw. zum Pausieren von der Erwerbsarbeit, kann sich das psychophysische System nicht ausreichend in ausreichendem Maße regenerieren. Chronische Erschöpfung und nicht selten Krankheit sind die Folgen.

Studien auf *organisationaler Ebene* zeigen, dass die Vereinbarkeit von Beruf und Privatleben einen hohen Einfluss auf den Unternehmenserfolg ausübt. Konflikte zwischen den beiden dominanten Lebensbereichen Privatleben und Beruf gelten nach empirischen Untersuchungen als ein prominenter Indikator für organisationale Ineffizienz.[297] Lockwood weist negative Effekte mangelnder Work-Life-Balance auf die Produktivität der Mitarbeiterinnen und Mitarbeiter nach[298], gefolgt von vermehrten Fehlzeiten, einem geringeren affektiven organisationalen Commitment, einer hohen Fluktuation mit dem Aufwand der Wiederbesetzung der offenen Stellen und einem eher schlechten Unternehmensimage[299].

Präsentismus

Eng verwandt mit der Work-Life-Balance-Problematik ist das Phänomen des *Präsentismus*. Die hohen und ständig wechselnden Anforderungen an Frauen und Männer, sowohl im Arbeits- als auch im Privatleben hohe Belastungen zu meistern, setzen den postmodernen Mitarbeiter ebenso wie seine Kollegin unter Druck. Den Anschluss zu verlieren, nicht alles zu schaffen, nicht mehr auf dem Laufenden zu sein, sind Ängste, die aus der Beschleunigung resultieren und zu deren Reduktion Omnipräsenz (*Präsentismus*) eine naheliegende Antwort zu sein scheint. Doch es lauern Gefahren. Das Gefühl stetig präsent zu sein bzw. trotz Krankheit am Arbeitsplatz zu erscheinen zu müssen, wirkt sich belastend aus, führt u. U. zu Leistungsabfall und Burnout. Ein Teufelskreis tut sich auf. Nicht erfüllte Leistungserwartungen münden in ein gesteigertes Gefühl der Anwesenheitspflicht. Der Zwang zur allgegenwärtigen Anwesenheit wächst weiter. Am Arbeitsplatz stören unerledigte private Angelegenheiten die Konzentration. In der Freizeit stört die Erinnerung an liegengebliebene oder nicht optimal erledigte Arbeit die Erholung. *Präsentismus* bezeichnet ein Phänomen, das als Burnin bezeichnet werden kann. Burnin beschreibt ursprünglich einen Vorgang, bei dem ein Bildschirm durch statische Bilder oder Überbelastung ein stets sichtbares Muster anzeigt, es wird sozusagen auf dem inneren Bildschirm eingebrannt. Diese Abnutzungserscheinung ist je nach Persönlichkeitstyp

---

294 Schelsky, H. (1972), S. 34.
295 Vgl. Hämmig, O./Bauer, G. (2004); Frone, M. R./Russell, M./Cooper, L. (1997).
296 Vgl. Meijman, T. F./Mulder, G. (1998).
297 Vgl. BMFSFJ (Hrsg.) (2004).
298 Vgl. Lockwood, N. R. (2003), S. 4.
299 Vgl. Allen, T. D. (2001); Thompson, C. A./Beauvais, L. L./Lyness, K. S. (1999); Prognos AG (Hrsg.) (2005).

eine irreversible Belastung. Dieses Phänomen lässt sich auf die dauerpräsente Mitarbeiterin oder den dauerpräsenten Mitarbeiter übertragen. Die berufliche und private Überbelastung durch dauerhaften Termindruck sowie die daraus resultierende zwanghafte gedankliche oder tatsächliche Anwesenheit hinterlassen Spuren. Je nach physischer und psychischer Konstitution sind diese »eingebrannten Muster« durch Erholung ausgleichbar oder führen zu Anspannung, Leistungsabfall und Krankheit.

Resilienz, verstanden als die personale Kraft, Belastungen abbauen zu können, kann als innere Kraft zur Regeneration davor schützen, dass Belastungen zu psychischen Störungen, physischer Überlastung, Burnout und Depression führen. Belastungswechsel, Pausen, Urlaub, Verzicht auf Erreichbarkeit und eine Führung, die die Mitarbeiter nur bis zur oberen durchschnittlichen Dauerleistungsgrenze fordert, sind Schutzmaßnahmen vor Überforderung und Krankheit.

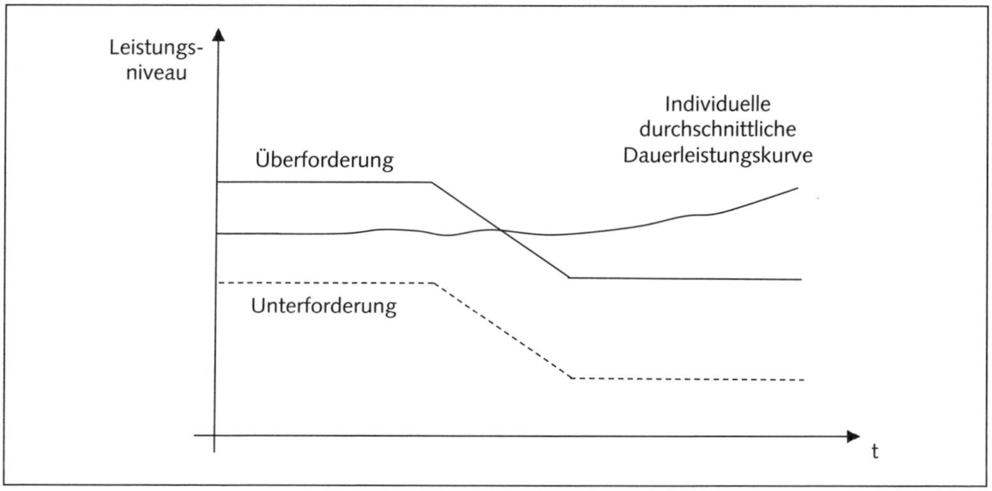

Abb. 5-87: Negative Wirkung der Über- und Unterforderung

Werden Mitarbeiterinnen und Mitarbeiter an ihrer persönlichen durchschnittlichen Dauerleistungskurve gefordert, dann wechseln Anspannung und Entspannung in gesundem Verhältnis. Werden die Mitarbeiterinnen und Mitarbeiter längerfristig überfordert, dann wächst die Belastung, die Entspannung bleibt aus, Burnout und Krankheit sind mögliche Folgen. Werden Beschäftigte längerfristig unterfordert, dann entsteht Langeweile, das Gefühl nicht gebraucht zu werden, Unzufriedenheit, Boreout und Krankheit sind mögliche Folgen. Führungskräfte und natürlich jeder Beschäftigte selbst, sind gefordert, die obere durchschnittliche Dauerleistungskurve zu finden und zu praktizieren. Maßnahmen der Personalentwicklung, der persönlichen Lebensführung und ein intaktes Betriebsklima, wirken als stabilisierende Faktoren der Resilienz.

Rollenkonflikte und Entgrenzung

Ein unausgewogenes Verhältnis von Aktion und Kontemplation belastet auch das Privatleben, führt zu Konflikten und steigert die Belastung zusätzlich. Ob eine unausgewogene Work-Life-Balance zwangsläufig zu Rollenkonflikten führt, hängt dabei stark davon ab, wie hoch das Ausmaß der erlebten Kontrolle bzw. die wahrgenommenen eigenen Entscheidungs- und Handlungskompetenzen eingeschätzt werden. Empirische Studien zeigen, dass Mitarbeiter, die über ein höheres Maß an Handlungskontrolle verfügen, weniger Work-Life-Balance-Konflikte, eine geringere Fluktuationsabsicht und weniger Symptome von Depressionen berichten als Mitarbeiter, die ihre Handlungskontrolle als gering einschätzen.[300] Das ist unmittelbar einzusehen, können doch Beschäftigte mit einem hohen Autonomiegrad in höheren Maße selbst entscheiden, wann sie eine Pause benötigen, wie sie sich die Arbeit einteilen und so für einen persönlich akzeptablen Wechsel von Belastungen sorgen.

Auch die Fähigkeit zum Rollenwechsel hat Einfluss darauf, wie Individuen ein bestehendes und wahrgenommenes Missverhältnis zwischen Berufs- und Privatleben tolerieren können. Laut Boundary-Theorie[301] unterscheiden sich Personen in der Fähigkeit, klare Grenzen zwischen Berufs- und Privatleben zu ziehen. Empirische Studien zeigen, dass eine zu große Verschmelzung bzw. die Entgrenzung beider Lebensbereiche eher zu Unzufriedenheit und Überforderung führt.[302] Berufliche Anforderungen, die auf Entgrenzung und arbeitszentrierte Lebensgestaltung hinauslaufen, können konträr zu anderen Lebenszielen stehen und damit zu personalen Konflikten führen.[303]

Hoff und Kollegen weisen empirisch nach, dass insbesondere Frauen die Lebensbereiche Beruf und Familie häufiger als Männer miteinander in Einklang bringen müssen, während Männer Privatleben und Berufsleben stärker voneinander trennen und dem Beruf die höhere Priorität einräumen. So werden bei Männern Zielkonflikte von vornherein verringert bzw. vermieden, da die beruflichen und privaten Handlungsstränge nebeneinander herlaufen, ohne sich gegenseitig in stärkerem Maße zu behindern. Frauen agieren stärker zwischen der Skylla und der Karyptis privater und beruflicher Anforderungen. Gelingt es Frauen nicht, das so entstandene übergeordnete Ziel der Integration beruflicher und privater Ziele rechtzeitig, klar und realisierbar zu formulieren, folgen Unzufriedenheit, Versagensängste und nicht selten die Entscheidung gegen ein größeres berufliches Engagement. In diesem Zusammenhang zeigt Hoff et al., dass Frauen in Bezug auf ihre Situation signifikant häufiger Ambivalenzen, d. h. Zufriedenheit und Unzufriedenheit zugleich, äußern, während Männer zum Großteil ausschließlich über persönliche Zufriedenheit berichten. Die Unzufriedenheit der Frauen resultiert laut Befragung aus der mangelnden Übereinstimmung zwischen persönlich realisierter und angestrebter egalitärer Arbeitsteilung im privaten Bereich. So geben nur 5 Prozent der Frauen, jedoch 63,4 Prozent der Männer an, dass die Arbeitsteilung innerhalb ihrer Paarbeziehung zu eigenen Gunsten gestaltet ist.

Wenn die Arbeitswelt nach dem Muster vollzeitbeschäftigt, verfügbar, nicht durch andere Aufgaben gestört, definiert ist, dann haben Teilzeitkräfte und Arbeitskräfte mit familiärer Belastung in der Kindererziehung und/oder der Pflege von Angehörigen größere Anforderungen der Work-Life-Balance zu meistern. Gelingt die Balance, dann kann der Wechsel von Berufs-

300 Vgl. Kossek, E. E./Lautsch, B. A./Eaton, S. C. (2006).
301 Vgl. Ashforth, B. E./Kreiner, G. E./Fugate, M. (2000); Clark, S. C. (2000).
302 Vgl. Vedder, G./Haunschildt, A. (2011).
303 Vgl. Hoff, E.-H./Grote, St./Dettmer, S./Hohner, H.-U./Olos, L. (2005).

arbeit und Familienarbeit Quelle des Wohlbefindens sein, weil der physische und der mentale Abstand zum jeweils anderen Lebensbereich die Resilienz fördert.

Wiese et al. weisen empirisch nach, dass Frauen stärker von Konflikten zwischen Beruf und Familie betroffen sind als Männer.[304] Dem gilt es vorzubeugen bzw. entgegenzuwirken. Kossek und Ozeki zeigen in ihrer Metaanalyse, dass die Größe der Konflikte zwischen Arbeit und Familie einen positiven Einfluss auf Fluktuationsintentionen und Absentismus hat.[305] Mitarbeiterinnen, bei denen ein Konflikt zwischen Privat- und Berufsleben existiert, bleiben der Arbeit eher fern. Zudem weisen Schnelle, Brandstätter-Morawitz und Moser nach, dass das Erleben familiär-beruflicher Zielkonflikte eine geringere Arbeitszufriedenheit mit sich bringt.[306] Sie zeigten auch, dass das Ausmaß sozialer Unterstützung durch die Unternehmen und das Erleben von Zielkonflikten in einem negativen Zusammenhang stehen. Das bedeutet, dass ein familienfreundlicher Arbeitgeber bzw. Vorgesetzter zu einem geringerem Konflikterleben sowie erhöhter Arbeitszufriedenheit auf Seiten des Mitarbeiters beitragen kann, weil das Konfliktpotenzial und der Balance-Druck sinken.

Individuelle und strukturelle Work-Life-Balance-Maßnahmen

Um die Doppelbelastung der Mitarbeiterinnen zu mindern, Präsentismus zu vermeiden, die wahrgenommene Kontrolle zu erhöhen und die Führungsmotivation zu stärken, ist der Einsatz von Work-Life-Balance-Maßnahmen sinnvoll. So weisen beispielsweise White et al. nach, dass durch gezielte Work-Life-Balance-Maßnahmen, Stress, der aus dem Konflikt von Arbeits- und Familienrollen resultiert, reduziert werden kann.[307] Zusätzlich verringern sich, so die Erhebung, die sogenannten Spill-over-Effekte, d. h. es werden durch den Einsatz von Work-Life-Balance-Maßnahmen weniger Probleme aus dem Privatleben ins Berufsleben übertragen. Hierbei lassen sich zwei Herangehensweisen unterscheiden. Das Unternehmen kann zum einen die *individuelle* Befähigung der Frauen verbessern und zum anderen die *strukturellen bzw. organisationalen* Bedingungen optimieren.[308]

Individuelle Work-Life-Balance-Maßnahmen fokussieren die individuellen Bedürfnisse der Mitarbeiterinnen und versuchen über die Vermittlung von Selbstmanagement-Befähigung, eine bessere Vereinbarkeit zwischen beruflichen und privaten Anforderungen zu schaffen. Strukturelle Maßnahmen setzen an den Arbeitsbedingungen an. Flexible Arbeitszeitsysteme und frei wählbare Arbeitsorte sowie gezielte betriebliche Betreuungsangebote sind als wirksame strukturelle Verbesserungen zu nennen. Die Gewährung von Handlungsspielräumen ist ein wichtiger Erfolgsfaktor, um Karriere und Privatleben miteinander zu vereinbaren.[309] Die Betonung von Ergebnissen statt der Anwesenheit (time service) entlasten zusätzlich. Wenn Menge und Güte der Arbeitsleistung und nicht die Anwesenheitszeit die Beurteilung der Mitarbeiter und Mitarbeiterinnen bestimmen, dann entsteht nutzbarer Spielraum zur besseren Vereinbarkeit von Beruf und Privatleben. Eine hohe Flexibilität von Arbeitsort und Arbeitszeit ist Ziel von Work-Life-Balance-Maßnahmen. Service-Angebote wie Haushaltshilfe und Kinderbetreuung, betriebliche Kindertagesstätten und überbetriebliche Kooperationen bei der Betreuung von Mitarbeiterkindern verbessern die Work-Life-Balance. Die Bereitschaft von

304 Vgl. Wiese, B. S./Freund, A. M./Baltes, P. B. (2000).
305 Vgl. Kossek, E. E./Ozeki, C. (1999).
306 Vgl. Schnelle, J./Brandstätter-Morawitz, V./Moser, B. (2009).
307 Vgl. White, M./Hill, S./McGovern, P./Mills, C./Smeaton, D. (2003).
308 Vgl. Bessing, N./Walther, K. M. (2011), S. 500.
309 Vgl. Walther, K./Lukoschat, H. (2008).

Frauen, Führungspositionen zu übernehmen, steigt mit der gelungenen Balance zwischen Privatleben und Beruf.[310]

Im Folgenden sollen konkrete Work-Life-Balance-Ansätze vorgestellt werden, die entweder individuelle Gesichtspunkte, wie Stressmanagement-Interventionen, und strukturelle Aspekte, wie die Förderung des beruflichen Wiedereinstiegs und Führen in Teilzeit, beschreiben.

Stressmanagement-Maßnahmen speziell für Frauen als individuelle Maßnahme

Für Frauen spielt die Vereinbarkeit von Familie und Beruf eine zentrale Rolle. Wie oben bereits erwähnt, sind Frauen häufiger als Männer Zielkonflikten ausgesetzt. Sie müssen sich zwischen Kind und Karriere entscheiden.[311] Wenn Frauen sich sowohl für die Familie als auch für die Karriere entscheiden, stehen sie oft vor dem Konflikt der Vereinbarkeit beider Interessenbereiche. Das entstehende Konfliktpotential kann zu psychischen und physischen Belastungen führen und beeinträchtigt letztlich das Engagement für beide Lebensbereiche.[312] Hinzu kommt, dass Frauen auch stärker als Männer soziale Funktionen übernehmen und die eigenen Belange häufiger zum Wohle anderer zurückstellen. Entsprechend klagen Frauen häufiger über gesundheitliche und stressbezogene Beschwerden[313], Tendenz steigend. Die Zukunft konfrontiert Frauen mit deutlich ansteigenden Anforderungen und Beanspruchungen. Der Einsatz frauenspezifischer Stressmanagement-Maßnahmen liegt nicht nur in den wachsenden Anforderungen an die Frauen begründet, sondern auch darin, dass sich Frauen und Männer hinsichtlich ihres Gesundheitsbewusstseins, ihres Gesundheitsverhaltens sowie in ihrer Stressbewältigung unterscheiden. So sind Frauen z. B. häufiger unzufrieden mit ihrer Gesundheit als Männer.[314] Frauen, die im Job Stress erleben, leiden auch öfter als Männer an psychosomatischen Störungen, wie Funktionsstörungen oder Schmerzen des Bewegungsapparates. Dabei leiden Frauen meist häufiger unter chronischen Schmerzen und sie haben generell ein höheres Schmerzempfinden als ihre männlichen Zeitgenossen. Schmerzen bei Frauen sind häufig wiederkehrend und dauern länger an als bei Männern.

In der Literatur herrscht große Einigkeit darüber, dass Stressmanagement-Interventionen wirksam sind. Das belegt unter anderem eine Metaanalyse von Bamberg und Busch aus dem Jahr 2006.[315] Die Autoren fassen die Ergebnisse von 26 Publikationen über stress- und gesundheitsbezogene Interventionen in der Arbeitswelt zusammen. Die Analyse der Daten zeigt, dass Stressmanagement-Maßnahmen generell wirksam sind, jedoch zum Teil von der Intensität und Zielgruppenspezifität abhängen. Entsprechend wird unter anderem empfohlen, Maßnahmen zur Stressreduktion an die Zielgruppe anzupassen, denn viele Frauen präferieren Weiterbildungsmöglichkeiten, die speziell auf Frauen zugeschnitten sind.[316]

Das frauenspezifische Stressmanagement-Programm »Stress Less« wurde in den USA von einem Team aus Psychologen und Sporttherapeuten entwickelt, um das Stresserleben von arbeitenden Frauen zu reduzieren.[317] Das Programm umfasst einen Zeitraum von 12 Wochen

310 Vgl. Desvaux, G./Devillard, S./Sancier-Sultan, S. (2010), S. 16f.; Casper, W.J./Buffardi, L.C. (2004).
311 Vgl. Abele, A.E. (2005).
312 Vgl. Abele, A.E. (2005); vgl. Blickle, G./Boujataoui, M. (2005).
313 Vgl. Singer, M.L./Anglin, T.M./Song, L.Y./Lunghofer, L. (1995).
314 Vgl. Bundesministeriums für Familie, Senioren, Frauen und Jugend (2005)
315 Vgl. Bamberg, E./Busch, C. (2006).
316 Vgl. Akademie für Führungskräfte der Wirtschaft & EWMD (2004), S. 5.
317 Vgl. Werneburg, B.L./Herman, L.L./Preston, H.R./Rausch, S.M./Warren, B.A./Olsen, K.D./Clark, M.M. (2011).

bei einer Stunde wöchentlich. »Stress Less« zielt auf das Training verschiedener Verhaltensstrategien wie Selbstreflexion, Entspannung, Zeitmanagement und Problemlösung. Jede Trainingseinheit bietet zudem Raum für Diskussionen über bestehende Stressoren innerhalb der Teilnehmergruppe. Einen besonderen Diskussionspunkt stellt dabei die gesellschaftliche Rolle der Frau und wie sich diese auf das alltägliche Leben auswirkt dar. Es wird auch besprochen, wie die vorgestellten Techniken in den Alltag umgesetzt werden können. Jede Trainingseinheit schließt mit einer Entspannungsübung ab, die durch einen Sporttherapeuten geleitet wird. Am Anfang jeder neuen Trainingseinheit steht die Wiederholung des Gelernten. Es wird besprochen, welche Techniken bereits angewandt wurden und ob sie sich im Alltag bewährt haben. Zudem werden den Frauen zwischen den Trainingseinheiten Erinnerungsmails zur Motivation und Auffrischung der gelernten Stressbewältigungstechniken gesendet. Werneburg et al. überprüften die Wirksamkeit dieses Trainings. Dazu ließen sie 138 arbeitende Frauen am »Stress Less«-Programm teilnehmen. Es wurde untersucht, wie sich das Training auf das allgemeine Stressempfinden, den Gesundheitszustand und die Lebensqualität der Mitarbeiter auswirkt. Die Untersuchung beinhaltete drei Messzeitpunkte: Programmstart (T1), Programmende (T2) und einen Monat nach Programmende (T3). Die Analysen bringen signifikante Unterschiede zwischen den einzelnen Messzeitpunkten hervor. So verbessert sich das allgemeine Stressempfinden (T1 = 4,2; T2 = $5{,}6^{***}$; T3 = $5{,}9^{***}$), der Gesundheitszustand (T1 = 6,9; T2 = $7{,}5^{***}$; T3 = $7{,}6^{***}$) und die Lebensqualität (T1 = 6,4; T2 = $7{,}4^{***}$; T3 = $7{,}8^{***}$). Die Ergebnisse belegen, dass die Anwendung von frauenspezifischen Stressmanagement-Interventionen wie »Stress Less« ein wirksames Mittel sind, um Stress und Stressfolgen zu reduzieren und die Arbeitsfähigkeit der Mitarbeiterinnen zu erhalten.

Wiegand und Kollegen überprüften die Wirksamkeit eines eigens entwickelten internetbasierten Anti-Stress-Coachings für Frauen.[318] Hintergrund für die Entwicklung eines internetbasierten Trainings bildete die Erkenntnis, dass sich Frauen häufig scheuen, aktiv Hilfe aufzusuchen und neue Wege einzuschlagen. Die Hilfe durch ein internetbasiertes Training ist laut Aussage der Autoren leichter annehmbar. 562 Frauen nahmen an der Intervention teil. Diese wurden in Experimental- und Kontrollgruppe eingeteilt. Die Auswertung der Daten ergab, dass die Teilnehmerinnen der Experimentalgruppe signifikant seltener negative Stressauswirkungen berichteten und selbstbewusster mit Stressoren umgingen als die Teilnehmerinnen aus der Kontrollgruppe. Auch diese Untersuchung impliziert die große Bedeutung frauenspezifischer Stressmanagement-Trainings zum Erhalt der beruflichen Motivation und Leistungsfähigkeit der Mitarbeiterinnen.

318 Vgl. Giuseffi, D.L./Bedrosian, R.C./Schwartz, S.M./Wildenhaus, K.J./Wang, C./Yu, A./Wiegand, B. (2011).

5.3.16.3 Praxisbeispiel: Förderung des beruflichen Wiedereinstiegs

Im Folgenden soll ein Beispielprogramm zur Förderung des beruflichen Wiedereinstiegs als strukturelle Maßnahme vorgestellt werden.

Aktionsprogramm Perspektive Wiedereinstieg vom Bundesministerium für Familie, Senioren, Frauen und Jugend und der Agentur für Arbeit

Das Aktionsprogramm »Perspektive Wiedereinstieg« soll die Frauen unterstützen, die nach einer mehrjährigen Familienphase wieder in das Erwerbsleben zurückkehren wollen. Das Programm basiert auf zentralen Erkenntnissen aus Wissenschaft und Forschung: Danach ist der berufliche Wiedereinstieg ein individueller Orientierungs-prozess, der sich über mehrere Jahre hinziehen kann. Die tatkräftige Unterstützung durch den Ehe-/Partner und die eigene Familie ist wichtig, wenn der Wiedereinstieg gelingen soll. Zudem zeigt sich häufig, dass die Erwartungen der Arbeitgeber und die der Frauen, die den Wiedereinstieg wagen, nicht automatisch zueinander passen. Deshalb ist das Aktionsprogramm darauf ausgerichtet

- Frauen nach mehrjährigen Berufsunterbrechungen beim Wiedereinstieg in den Beruf zu unterstützen,
- Unternehmen und Betriebe anzusprechen, damit sie diese Frauen als Arbeitnehmerinnen einstellen,
- durch lokale Netzwerke die Rahmenbedingungen für den Wiedereinstieg zu verbessern.

Beschäftigungspolitisches Modellprogramm

Das mit EU-Mitteln gestützte Modellprogramm dient der Entwicklung und Erprobung von praxisorientierten und effektiven Formen des beruflichen Wiedereinstiegs. Es fördert die Kooperation aller in diesem Feld tätigen Akteurinnen, Akteure und Institutionen und wird exemplarisch an zunächst 17 Standorten in ganz Deutschland angewandt.

Internetportal mit Lotsenfunktion

Als Wegweiser wird das Portal www.perspektive-wiedereinstieg.de interessierte Frauen durch die vielfältigen Beratungs- und Unterstützungsangebote von Bund, Ländern und Kommunen »lotsen«. Hier werden die häufigsten Fragen zum Wiedereinstieg beantwortet und Unterstützung für die verschiedenen Phasen des Wiedereinstiegsprozesses angeboten. Neben entsprechenden Informationen gibt es konkrete Hinweise auf Beratungsmöglichkeiten vor Ort beziehungsweise in der Region.

Service vor Ort

Städte und Kommunen, Verbände, Vereine und Initiativen, die den beruflichen Wiedereinstieg von Frauen nach mehrjähriger Erwerbsunterbrechung erleichtern und fördern, werden unterstützt. Infobörsen für Frauen vermitteln in der jeweiligen Region alles Wissenswerte zu diesem Thema. Auch die Mehrgenerationenhäuser, die vielerorts bestehenden Bündnisse für Familien und Projektträger des ESF-Programms »Lokales Kapital für Soziale Zwecke« (LOS) sind Kooperationspartner des Aktionsprogramms Perspektive Wiedereinstieg.

5.3.16.4 Führen in Teilzeit als strukturelle Maßnahme

Auch das Thema Führen in Teilzeit gewinnt im Rahmen struktureller Förderungsmaßnahmen und vor dem Hintergrund des drohenden Fach- und Führungskräftemangels an Bedeutung. Unabhängig vom Führungskontext liegt eine Teilzeitbeschäftigung nach Gaugler/Gille/Herwig vor, wenn »zwischen Arbeitgeber und Arbeitnehmer freiwillig ein unbefristetes Arbeitsverhältnis besteht, das unter sonst gleichen Bedingungen eine kürzere als die betriebliche bzw. tarifliche Arbeitszeit vorsieht.«[319] Führen in Teilzeit kann zum einen eine Reduktion der Tagesarbeitszeit in Verbindung mit Gleitzeit (Reduktion der täglichen Arbeitszeit um einen gewissen Prozentsatz) als auch eine reduzierte Wochenarbeitszeit (volle Arbeitszeit an ausgewählten Wochentagen) sowie Monatsarbeitszeit (volle Arbeitszeit an ausgewählten Wochen) umfassen. Denkbar ist in diesem Zusammenhang auch eine Kombination mit Modellen des Job-Sharing. Hier teilen sich zwei oder mehrere Führungskräfte eine Arbeitsstelle. Dabei können die Partner Dauer und Länge sowie Flexibilität ihrer individuellen Arbeitszeiten selbst festlegen. Anders als bei einer Teilzeitbeschäftigung eines Mitarbeiters ohne Führungsaufgabe, existiert bei Führungskräften der informelle Anspruch, mindestens ebenso lange anwesend zu sein, wie ihre Mitarbeiter. Hintergrund hierfür ist die Führungskräften zugeschriebene Kontroll- und Steuerungsaufgabe sowie die Vorbildwirkung. So ist die Unternehmensleitung häufig von einem tayloristischen Menschenbild geprägt, das den Mitarbeitern Misstrauen in Bezug auf Engagement und Arbeitsleistung entgegenbringt und somit einen hohen Bedarf an Kontrolle und Steuerung unterstellt. Die physische Abwesenheit der Führungskraft erscheint vor diesem Hintergrund als wenig zielführend und wird folglich nur schwer toleriert. Eine Voraussetzung für die Akzeptanz von Teilzeit-Führungsmodellen ist die Herstellung eines Problembewusstseins für die Notwendigkeit neuer Arbeitszeitmodelle sowie eine Neubewertung von Vollzeitnorm und Überstunden. Dazu ist die Unterstützung durch das obere Management und die Vermittlung einer entsprechenden Unternehmenskultur zielführend. Es darf nicht sein, dass Anwesenheitszeiten und Überstunden als Maßeinheiten für Karrierebereitschaft und Leistungsfähigkeit betrachtet werden.

- motivationale Barrieren beseitigen
- lern- und entwicklungsförderliche Arbeitsumgebung schaffen weibliche Vorbilder
- Möglichkeiten zur Erlangung erster Führungsaufgaben
- **Mentoring**-Programme
- **Karriere-Netzwerke**
- Maßnahmen zur **Vereinbarkeit von Beruf und Familie** durch flexible Arbeitszeitsysteme, betriebliche Betreuungsangebote, Führen in Teilzeit, Job Sharing, Telearbeit
- Etablierung einer »weiblichen« **Unternehmenskultur** durch Abbau traditioneller Rollenbilder, Einführung Frauenquote, Stigmatrainings
- Förderung des beruflichen **Wiedereinstiegs** durch Coaching und Kurse
- Förderung der Entwicklung von **Führungskompetenz** durch Training und Coaching
- Positionierung als attraktiver Arbeitgeber für Frauen (**Employer Branding**)

Abb. 5-88: Personalwirtschaftliche Maßnahmen zur Frauenförderung (Fotos: Shutterstock.com).

319 Vgl. Gaugler, E./Gille, G./Herwig, P. (1981), S. 16.

Abb. 5-89: Erfolgsfaktoren von Frauen in Führungspositionen
Quelle: Wippermann, C. (2010), S. 39.

Da es für die Gestaltung der Teilzeitführung keine Standardlösung gibt, muss für jede Mitarbeiterin das individuell passende Modell gemeinsam mit dem Arbeitsteam entwickelt werden. Dieses kann am besten beurteilen, inwieweit ein solches Modell im Hinblick auf die Delegierbarkeit von Aufgaben und die Notwendigkeit der Erreichbarkeit der Führungskraft tragfähig ist. Wesentlich für den Erfolg dieses Führungskonzeptes sind außerdem die Festlegung einer Stellvertretung sowie die Entwicklung von unterstützenden Maßnahmen wie die Verbesserung der Information, Kommunikation, Qualifikation und der Sensibilisierung.

Kohn und Breisig bestätigten mittels einer Fallstudie die möglichen positiven Effekte von Teilzeitführung.[320] Demnach zeigen Teilzeitführungskräfte eine überproportionale Leistungsbereitschaft. Aus Sicht des Unternehmens ist die Leistung der Teilzeitarbeitnehmerinnen bezogen auf eine Zeiteinheit höher als bei Vollzeitarbeitnehmerinnen. Außerdem gelingt Teilzeitführungskräften eine bessere Anpassung an Arbeitsspitzen. Bei hohem Arbeitsanfall ist eine größere Flexibilität der Teilzeitarbeitnehmerinnen zu beobachten. Diese drückt sich in der höheren Bereitschaft aus, Überstunden zu leisten. Ein weiterer positiver Effekt von Teilzeitführung liegt in der stärkeren organisationalen Bindung hochqualifizierter Mitarbeiterinnen. Nennenswerte Nachteile werden aus Unternehmenssicht nicht benannt. Selbst das oft erwähnte Problem der zusätzlichen Verwaltungskosten für teilzeitbesetzte Stellen fällt laut Befragung nicht ins Gewicht. Die Unternehmen geben aber einschränkend an, dass im Bereich der Führungskräfte, die mit kontinuierlichen Führungsaufgaben betraut sind, die intensive Kundenkontakte pflegen müssen oder die in der Produktion arbeiten, Teilzeitarbeitsmodelle nicht oder nur schwer realisierbar sind. Hier wäre eine ständige Präsenz der Führungskraft er-

320 Vgl. Kohn, S./Breisig, T. (1999).

forderlich. Entsprechend eignet sich das Modell der Führung in Teilzeit bzw. des Job-Sharings insbesondere für ergebnisbezogene Arbeitsplätze wie die Leitung eines Projekts.

Die individuellen und organisationalen Chancen und Risiken des Modells »Führen in Teilzeit« sind zusammenfassend in Abbildung 5-90 dargestellt.

Chancen von Führung in Teilzeit	
Für das Unternehmen	**Für die Führungskraft**
• Steigerung der organisationalen Bindung und Identifikation von gut ausgebildeten Fach- und Führungskräften • Steigerung des Unternehmensimages und Attraktivität als Arbeitgeber (Employer Branding) • Reduktion von Überlastung, Burnout, krankheitsbedingten Fehlzeiten und Fluktuation • Steigerung von Arbeitszufriedenheit, Motivation, Innovativität und Leistung • Effizienzsteigerung des gesamten Arbeitsteams	• Bessere Vereinbarkeit von Beruf und Familie • Chance auf ganzheitliche Lebenskarriere • Reduktion von Belastungen und Burnout • Erwerb von Schlüsselqualifikationen • Bessere Identifikation mit dem Unternehmen • Höhere Arbeits- und Lebenszufriedenheit
Risiken von Führen in Teilzeit	
Für das Unternehmen	**Für die Führungskraft**
• Mangelnde Information und Kommunikation • Ungeklärte Zuständigkeiten • Schlechtere Arbeitsqualität • Mangelnde Wirtschaftlichkeit durch zu hohe Kosten • Reduktion der Kunden- bzw. Mitarbeiterzufriedenheit, da Anspruch auf ständige Erreichbarkeit nicht gestellt werden kann • Aufwendigere Personalverwaltung	• Es besteht die Gefahr, dass aus Goodwill mehr Arbeit geleistet wird als durch das Unternehmen vergütet wird • Zementierung der traditionellen Rollenverteilung • Ggf. Macht und Statusverluste • Möglicher Karrierestillstand bzw. -rückschritt • Schlechtere Bezahlung • Mangelnde Autorität

Abb. 5-90: Chancen und Risiken von Führen in Teilzeit

5.3.16.5 Systematische Entwicklungsberatung

Sowohl individuelle als auch strukturelle Maßnahmen zur Frauenförderung allein stoßen schnell an ihre Grenzen, wenn einerseits die Bearbeitung individueller Bedürfnisse als Privatsache abgetan und deren Erfüllung von der Organisation nur unzureichend unterstützt wird[321] und andererseits strukturelle Veränderungen nicht auf die individuellen Bedürfnisse abgestimmt sind. An dieser Stelle ist der Einsatz einer systematischen Entwicklungsberatung (SEB) denkbar. Die systematische Entwicklungsberatung kombiniert den individuellen mit dem organisationalen Ansatz und legitimiert gleichzeitig die Bearbeitung individueller Be-

321 Vgl. Bessing, N./Walther, K.M. (2011), S. 501.

dürfnisse seitens der Organisation. Die systematische Entwicklungsberatung ist ein methodisch teilstandardisiertes Personalentwicklungsinstrument zur zielgerichteten und geplanten Analyse, Beratung und Unterstützung von Personen zur Verbesserung der konkreten Handlungsbefähigung unter Berücksichtigung der persönlichen Voraussetzungen und Ziele sowie realistisch gegebener und zu erwartende Entwicklungsmöglichkeiten. Dieses Instrument ist frauenspezifisch anwendbar, um deren Vereinbarkeit von Beruf und Familie zu fördern. Die systematische Entwicklungsberatung kann hier als eine durch die Organisation längerfristig vereinbarte Unterstützung der persönlichen und/oder beruflichen Entfaltung von Frauen verstanden werden. Mit der Absicht, die Stärken von Mitarbeiterinnen zu fördern und weniger deren Defizite auszugleichen, verfolgt die systematische Entwicklungsberatung (SEB) drei übergeordnete Ziele:

- Personale Stärken werden systematisch und prozessgeleitet durch eine systematische Entwicklungsberatung gefördert und entwickelt. Die Vermeidung von Nachteilen und die Strukturgestaltung sind die passive Seite der systematischen Entwicklungsberatung.
- Die proaktive systematische Entwicklungsberatung analysiert die personellen und organisatorischen Voraussetzungen, die Ziele, den Zielerreichungsprozess und die aktive Unterstützung, die der optimalen persönlichen und beruflichen Entwicklung dienen.
- Systematische Entwicklungsberatung unterstützt die Vereinbarkeit von Beruf und Privatleben.
- Im Ergebnis strebt die SEB einen positiven Erlebniszustand an, der aus der Bedürfnis- und Erwartungserfüllung sowohl im privaten als auch beruflichen Bereich ergibt.

Um unzumutbare Belastungen und Stress von Frauen zu vermeiden und die berufliche Entwicklung der Mitarbeiterinnen voranzutreiben, müssen berufliche und private Ziele in Einklang gebracht werden. Unternehmen können Beschäftigten bei der Vereinbarung vielfältiger beruflicher und privater Verpflichtungen unterstützen. Denn die Leistungsfähigkeit wird vor allem dann beeinträchtigt, wenn die Vereinbarung der Lebensbereiche zu Rollenkonflikten führt. Die systematische Entwicklungsberatung als ein neues integratives Instrument der Personalentwicklung, kann Mitarbeiterinnen bei Entwicklungs- und Veränderungswünschen unterstützen. Die Formulierung und Priorisierung persönlicher Ziele und die Abwägung der Möglichkeiten zum Erreichen dieser Ziele stellt die Basis eines individuellen Entwicklungsentwurfes dar. Arbeitnehmerinnen sollen in ihrer Selbstbestimmung gestärkt werden und erhalten Orientierungshilfen in Entwicklungsprozessen. »Im Zuge der gesellschaftlichen Entwicklung hin zu mehr Eigenverantwortung wird der Mitarbeiter zunehmend auch von sich aus Entwicklungsunterstützung von Seiten des Vorgesetzten fordern und begrüßen.«[322] Die systematische Entwicklungsberatung eröffnet Unternehmen die Möglichkeit, Personalentwicklung personengerecht und bedarfsorientiert anzubieten, die Belange der Mitarbeiterinnen zu berücksichtigen und diesen die Möglichkeit zu geben, sich optimal zu entwickeln. Die methodische Absicherung der systematischen Entwicklungsberatung im Funktionszyklus ist Voraussetzung zur Erreichung und Überprüfung von Effektivität und Effizienz, zur Schaffung von Akzeptanz und zur Sicherung der erforderlichen Ressourcen. Die Analyse des Entwicklungsbedarfs umfasst die Adressatenanalyse und die konkrete Entwicklungsanalyse der einzelnen Adressatinnen. Die Adressatenanalyse ist in Form eines Gruppenseminars angelegt, welches das Ziel verfolgt persönliche Kompetenzen zu erkennen, zu entwickeln und zu nutzen. Im Rahmen des Gruppenseminars erkennt eine Teilnehmerin ihren Wunsch und

322 Haberleitner, E. (2007), S. 24.

ihr Potenzial zur weiteren Entwicklung. In diesem Zusammenhang erfolgt die Initiierung der SEB durch eine einzelne Mitarbeiterin, die den Wunsch nach Beratung und Entwicklung hat. Die individuelle Entwicklungsanalyse erfolgt ausschließlich zwischen dem Entwicklungsberater und der Mitarbeiterin. Die Bestimmung von Entwicklungszielen knüpft direkt an die Bedarfs- und Entwicklungsanalyse an. Als Zielplanung legt dieser Schritt die Reichweite und den Horizont der SEB fest und bezieht sich vor allem auf die Bestimmung beruflicher und persönlicher Ziele sowie auf die Vereinbarkeit beider Aspekte. In dieser Phase findet ein (vertrauliches) Gespräch zwischen dem Entwicklungsberater und der Entwicklungsklientin statt. Die kreative Planung geeigneter Entwicklungsmaßnahmen erfolgt in Zusammenarbeit mit der jeweiligen Führungskraft. In diesem Schritt wird die zeitliche und sachliche Infrastruktur der SEB festgelegt. Als Interessenplanung – es müssen sowohl die Interessen der Mitarbeiterin und die betrieblichen Interessen beachtet werden – bestimmt diese Phase die betrieblichen und die persönlichen Absichten, die mit der SEB erreicht werden sollen. Es wird festgelegt, wann, wo und durch wen die Maßnahmen der SEB durchgeführt werden sollen. Die Realisierung der Entwicklungsmaßnahmen erfolgt intern, extern, on-the-job, near-the-job, off-the-job und in Mischformen. Die konkreten Ziele und betrieblichen Möglichkeiten und Beschränkungen bestimmen dabei die Durchführung und die Dauer der Maßnahmen. Durch ein *Planungsinstrument* sind Ziele und Teilziele visualisiert und stehen der Entwicklungsklientin dauerhaft zur Verfügung. Die Kontrolle des Entwicklungserfolges ist diesem Zusammenhang kein Abschluss einer Personalentwicklungsmaßnahme, sondern ständiger Begleiter der SEB. Wichtigstes Merkmal ist die sukzessive Abnahme der Kontrolle, da das übergeordnete Ziel der SEB Selbstregulierung heißt. Die Transfersicherung erfolgt im Arbeitsfeld und stellt fest, ob Ziele dauerhaft erreicht wurden. Insgesamt stell die SEB durch die Betrachtung privater Aspekte ein adäquates Mittel dar zur Förderung jeder Mitarbeiterin als ganze Person. Empirische Studien zeigen, dass das Verständnis von organisationaler Seite für die privaten Belange und für die berufsunabhängigen Verpflichtungen der Mitarbeiterinnen den stärksten positiven Einfluss auf die Work-Life-Balance der Beschäftigten ausübt. Dieser Einfluss geht weit über den einer finanziellen Unterstützung oder Sachleistung hinaus.[323]

5.3.16.6 Empirische Forschung zur Work-Life-Balance

Galinsky/Bond haben 1057 amerikanische Unternehmen befragt.[324] Sie wiesen nach, dass Work-Life-Balance-Maßnahmen wie Kinderbetreuungsmöglichkeiten, Teilzeit, Job-Sharing, Heimarbeit und Karriereprogramme zu einer signifikant höheren Arbeitszufriedenheit, organisationalen Bindung, Motivation und Leistung sowie geringerem Stresserleben führen. Auch Rothausen et al. belegen an einer Untersuchung von 615 Mitarbeitern zweier Unternehmen, dass Arbeitnehmer, die unternehmenseigene Kinderbetreuungseinrichtungen nutzen, eine stärkere Bindung an das Unternehmen verspüren und sich von diesem stärker unterstützt fühlen.[325] Entgegen der Erwartung konnten die Autoren keinen bedeutsamen Zusammenhang zwischen der Nutzung von Kinderbetreuungsmöglichkeiten und der globalen Arbeitszufriedenheit sowie dem generellen Umsatz des Unternehmens nachweisen. Forsyth/Polzer-Debru-

323 Vgl. Allen, T.D. (2001); Holtzman, M./Glass, J. (1999); Thompson, C.A./Beauvais, L.L./Lyness, K.S. (1999).
324 Vgl. Galinsky, E./Bond, J.T. (1998).
325 Vgl. Rothausen, T.J./Gonzales, J.A./Clarke, N.E./O'Dell, L.L. (1998).

yne befragten 1187 Mitarbeiter aus 25 Unternehmen Neuseelands.[326] Auch sie konnten zeigen, dass organisationale Work-Life-Balance-Maßnahmen einen starken positiven Effekt auf die Arbeitszufriedenheit sowie die affektive Bindung der Mitarbeiter an ihre Organisation ausüben. In einer Metaanalyse von Baltes et al., die 39 Studien zur Wirksamkeit von Work-Life-Balance-Maßnahmen umfasst, konnten positive Effekte einer komprimierten Arbeitswoche und Flextime-Programmen auf die Produktivität, Absentismus sowie die Zufriedenheit mit den Arbeitsbedingungen nachgewiesen werden.[327] Nach Forst/Hoehner kann bei 59,4 Prozent der befragten Unternehmen eine Motivationssteigerung der Mitarbeiterinnen erreicht werden.[328] Haar und Spell weisen in ihrer E-Mail-Befragung nach, dass ein bezahlter Elternurlaub, Kinderbetreuung, Teilzeitarbeit sowie Möglichkeiten zur Unterbrechung der Arbeit eine signifikant höhere Bindung, Einsatzbereitschaft und Zufriedenheit mit dem Job bewirken.[329] Beblo und Ortlieb analysierten die Daten von 18.832 Beschäftigten.[330] Sie konnten belegen, dass flexible Arbeitszeitmodelle zu einer gesteigerten Zufriedenheit und Leistungsfähigkeit der Mitarbeiter sowie einer Reduktion der krankheitsbedingten Fehlzeiten um 4 Prozent führen. Auch Perry-Smith/Blum, Comfort et al., Woodland et al., Dilger/König sowie Konrad/Mangel können in ihren empirischen Studien einen positiven Einfluss von Work-Life-Balance-Maßnahmen auf verschiedene organisationale Performance-Maße wie Fehlerwahrscheinlichkeit, Absatz, Gewinnwachstum, Markterfolg sowie Produktivität belegen.[331] Die Prognos AG konnte im Jahr 2003 nachweisen, dass der Einsatz von Beratungsangeboten für Eltern, Kontakthalte- und Wiedereinstellungsprogramme für Beschäftigte in Elternzeit sowie das Einräumen von flexiblen Arbeitszeiten und Telearbeit Einsparungspotenziale (durch reduzierte Wiederbeschaffungs- und Fluktuationskosten) von 9.500 Euro pro Monat in der unteren Einkommensklasse, 23.000 Euro pro Monat in der mittleren Gehaltsklasse und 43.200 Euro pro Monat in der oberen Gehaltsklasse ermöglicht.[332] Work-Life-Balance-Maßnahmen bewirken zudem, dass sich Frauen nach der Elternzeit schneller ins Berufsleben reintegrieren. Anstatt nach 28 Monaten in familien*un*freundlichen Unternehmen, sind Frauen in familienfreundlichen Unternehmen bereit, nach durchschnittlich 19 Monaten in den Beruf zurückzukehren, so das Ergebnis einer Befragung von Dilger et al.[333] Eaton, Gray, Kreis/Bödeker und Evans konnten in ihren umfangreichen Studien sogar aufzeigen, dass durch den Einsatz von Work-Life-Balance-Maßnahmen Rekrutierung erleichtert werden kann bzw. Rekrutierungskosten eingespart werden können.[334] Eine Metaanalyse von Ilmarinen, Tempel und Giesert zur Wirksamkeit von betrieblicher Gesundheitsförderung beweist, dass der Einsatz von Work-Life-Maßnahmen zu einer längeren Erhaltung der Gesundheit und Arbeitsfähigkeit der Mitarbeiterinnen führt.[335] Laut Befragung sind nachhaltige Erfolge vor allem dann gegeben, wenn die Maßnahmen gleichermaßen auf die vier Handlungsfelder Arbeitsinhalt, Arbeitsumgebung, Arbeitsorganisation und professionelle Kompetenz des Arbeitnehmers beziehen. Helmenstein et al. kommen nach

326 Vgl. Forsyth, S./Polzer-Debruyne, A. (2007).
327 Vgl. Baltes, B./Briggs, T.E./Huff, J.W./Wright, J.A./Neuman, G.A. (1999).
328 Vgl. Forst, M./Hoehner, M.A.W. (2003).
329 Vgl. Haar, J.M./Spell, C.S. (2004).
330 Vgl. Beblo, M./Ortlieb, R. (2005).
331 Vgl. Perry-Smith, J.E./Blum, T.C. (2000); Comfort, D./Johnson, K./Wallace, D. (2003); Woodland, S./Simmonds, N./Thorby, M./Fitzgerald, R./McGee, A. (2003); Dilger, A./König, H. (2007); Konrad, A.M./Mangel, R. (2000).
332 Vgl. Prognos AG (Hrsg.) (2003).
333 Vgl. Dilger, A./Gerlach, I./Schneider, H. (2006).
334 Vgl. Eaton, S. (2001); Gray, H. (2001); Kreis, J./Bödeker, W. (2003); Evans, J.M. (2001).
335 Vgl. Ilmarinen, J./Tempel, J./Giesert, M. (2002).

der Analyse verschiedener Unternehmensstatistiken zu dem Schluss, dass durch betriebliche Gesundheitsprogramme zwischen 361,4 und 1.204,6 Mio. Euro eingespart werden könnten, wenn alle Beschäftigten an Work-Life-Balance-Programmen teilnehmen würden.[336] Drew und Kollegen sowie Forst/Hoehner konnten zudem zeigen, dass der Einsatz von Teilzeitarbeit sowie Telearbeit das Unternehmensimage signifikant verbessert.[337] Arthur und Cook weisen in diesem Zusammenhang nach, dass sich durch die Bekanntgabe der Entscheidung für familienbewusste Maßnahmen der Börsenwert um 32 Prozent steigerte.[338] De Greef und van den Broek können in ihrer Metaanalyse, die 27 Fallstudien umfasst, eine durch betriebliche Gesundheitsförderung verbesserte Produkt- und Dienstleistungsqualität nachweisen.[339] Bonitz/Eberle/Lück zeigten einen positiven Effekt von Work-Life-Balance-Maßnahmen und betrieblichen Gesundheitsmanagement auf die Kundenzufriedenheit.[340] Bloom/Kretschmer/van Reenen (2006) konnten demgegenüber keinen direkten Zusammenhang zwischen Work-Life-Balance-Maßnahmen auf der einen Seite und globalem Wettbewerb sowie Produktivität auf der anderen Seite nachweisen.[341] Sie befragten 732 Unternehmen verschiedener Länder aus dem produzierenden Sektor. Insgesamt herrscht jedoch Einigkeit darüber, dass der Einsatz von Work-Life-Balance-Maßnahmen einen bedeutsamen positiven Einfluss auf eine Vielzahl von unternehmensbezogenen Outcomevariablen ausübt. Dieser positive Einfluss scheint unabhängig von Größe und Zusammensetzung der Stichprobe, den eingesetzten Messmethoden und den jeweils untersuchten Maßnahmen zu sein.

5.3.16.7 Resilienztraining

Resilienztraining stärkt die Widerstandskraft gegen Überforderung und die Kraft, Ambiguität zu meistern. Resilienztraining zielt auf eine bessere Selbstkenntnis. Wer gegen die Wechselfälle des Lebens gewappnet sein will, der muss sich selbst gut kennen. Dazu gehört die Selbst(er)kenntnis, ob neue Situationen grundsätzlich eine Bedrohung oder eine willkommene Herausforderung darstellen. Eine Selbstanalyse kann zum Beispiel zeigen, dass Routine mehr gewünscht ist als Abwechslung. Macht eine Person Jahr für Jahr Urlaub an demselben Ort, in demselben Hotel, nach Möglichkeit in demselben Zimmer, dann kann das ein Indiz für den Wunsch nach einem überraschungsfreien Leben sein. Wechselt eine Person den Arbeitgeber auch dann nicht, wenn ein höheres Einkommen zu erzielen wäre, mit der Begründung, man kenne die Stadt, die Mentalität der Menschen nicht und jeder Wechsel sei ein Risiko, dann ist auch das ein Indiz dafür, dass Kontinuität höher im Kurs steht als Abwechslung. Resilienztrainings sollten die Analysefähigkeit stärken. Es sollte stets herausgefunden werden, ob die überfordernde Situation zu vermeiden wäre, was die betroffene Person selbst tun kann, um Belastungen zu vermeiden und es sollte geklärt sein, wann Unterstützung beansprucht werden darf. Der blinde Fleck sollte verkleinert werden, die Emotionalität positiv gestärkt und Optimismus nach dem Motto, »das schaffe ich ganz gewiss!« ausgebaut werden. Versagensängste können vermieden werden, wenn die Aufgabe sorgfältig analysiert wird. Wie ist der Schwierigkeitsgrad, wie der Zeitbedarf, ist die Aufgabe neu oder bekannt, sind wichtige Analysefragen. Wichtig ist es für ein gutes Arbeitsgefühl, dass man mit sich selbst realisti-

---

336 Vgl. Helmenstein, C./Hofmacher, M./Kleinssner, A./Riedel, M./Röhrling, G./Schnabl, A. (2004).
337 Vgl. Drew, E./Humphreys, P. C./Murphy, C. (2003); Forst, M./Hoehner, M. A. W. (2003).
338 Vgl. Arthur, M. M./Cook, A. (2004).
339 Vgl. Greef, M. de/Broek, K. van den (2004).
340 Vgl. Bonitz, D./Eberle, G./Lück, P. (2007).
341 Vgl. Bloom, N./Kretschmer, T./Van Reenen, J. (2006).

sche »Verträge« schließt. Diese Forderung betrifft insbesondere die Vereinbarung von Zielen. Leider entstehen Zeitdruck, Überforderung und Leistungsabfall häufig aus unrealistischen Zielen. Der Arbeitsumfang wird nicht geklärt, die Mittel nicht besprochen, die verfügbare Zeit nicht vereinbart. Zielvereinbarungen führen daher häufig zur Überstrapazierung der Resilienz. Konflikte, Stress, Burnout sind mögliche Folgen. Ein wichtiger Aspekt von Resilienztrainings sollte die Stärkung der Einsicht sein, die Toyota-Frage des fünfmaligen »Warum?« stellen zu dürfen. Bevor ein Mitarbeiter eine Aufgabe annimmt, sollte geklärt sein, »Warum gerade ich?«, »Was verlangt die Aufgabe?«, »Wer wird mich unterstützen?«, »Welche Mittel stehen zur Verfügung?«, »Wird die Zeit reichen?«. Bleiben Fragen unbeantwortet, dann sollten die »Warum-Fragen« dem Vorgesetzten gestellt werden und mit ihm der Auftrag eineindeutig formuliert werden.

Resilienztrainings sollten auch die Arbeitsumgebung und die private Situation einbeziehen, denn das Betriebsklima und die familiäre Situation stärken oder schwächen die Resilienz. Resilienz entsteht, um es zusammenzufassen, aus der Fähigkeit, Dinge zu tun, die man beeinflussen kann, Dinge hinzunehmen, die man nicht beeinflussen kann und schließlich in der Weisheit, die beiden Dinge stets gut unterscheiden zu können.

Resilienz sollte nicht als passiver Schutz gegen Bedrohungen aufgefasst werden. Die Aufgaben sind komplex, sie verändern sich dynamisch und was auf die arbeitenden Menschen zukommt, bleibt unsicher. Daher sollte das Resilienztraining als aktives Wachstumstraining aufgefasst werden, das die Menschen befähigt, schlecht definierte Situationen kompetent zu meistern. Es ist »good slack« aufzubauen. Good Slack ist aufzufassen als Reservebildung, Vorhalten von Talenten, die erforderlich werden könnten, um neue und veränderte Aufgaben

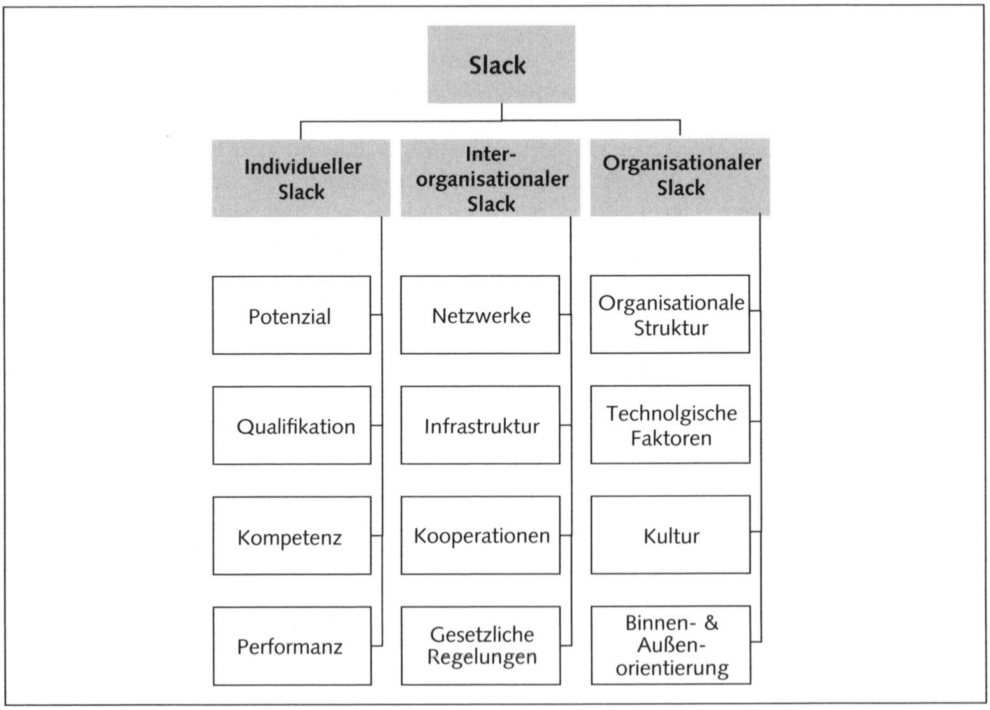

Abb. 5-91: Arten des Slack

kompetent wahrnehmen zu können. Die personalen Umstellungs- und Innovationsreserven stärken die Resilienz, weil der Handelnde in neuen Situationen auf Befähigungen zurückgreifen kann, die er für die Aufgabenerledigung benötigt und die ihm Handlungssicherheit geben. Good Slack ist in dynamischen Unternehmen auch auf organisatorischer Ebene erforderlich und kann als Flexibilitätsreserve verstanden werden, die ein Unternehmen benötigt und einsetzt, um die Dynamik der Märkte und Kundenanforderungen, mithin die Vielfalt der unternehmerischen Herausforderungen zu meistern (vgl. Abb. 5-91).

5.3.17 Zusammenfassung

Männer und Frauen sind verschieden, aufeinander verwiesen und ohne Unterschied in der personalen Würde. Traditionen und traditionelle Formen der Arbeitsteilung, aber auch unterschiedliche Interessen, biologische Unterschiede und soziale Rollen bestimmen die Ergänzungsgemeinschaft von Männern und Frauen. Es ist ohne Zweifel angesagt, die Gleichstellung von Männern und Frauen dort voranzutreiben, wo grundlos Unterschiede zu Nachteilen der Frauen führen. Es ist aber auch stets daran zu denken, dass Männer und Frauen ihre Lebensform, ihre Lebensentwürfe eigenverantwortlich bestimmen können. Paternalistische Unterstützung – von wem auch immer – darf dem Subsidiaritätsprinzip folgend erst dann einsetzen, wenn der Mann, die Frau ihre Angelegenheiten nicht mehr aus eigener Kraft und aus eigenem Entschluss regeln können.

5.3.18 DIVERSITY-PRAXIS: Lufthansa Group

Monika Rühl

Best Practice Lufthansa Group

Mit einer Vielzahl von Diversity-Maßnahmen verfolgt die Deutsche Lufthansa Group das Ziel, ihre Unternehmenskultur der Vielfalt zu stärken. Als globales Luftfahrtunternehmen ist die Lufthansa durch die Vielfalt der Kundengruppen geprägt. Vielfalt wird als Chance wahrgenommen, die vielfältigen Kundenerwartungen optimal zu erfüllen und dadurch weltweit neue Kunden zu gewinnen. Handlungsfelder des Lufthansa Diversity Management sind

- Gleichstellung und Förderung der Geschlechter,
- Offenheit für Nationalitäten, Kulturen und globales Engagement,
- Wertschätzung aller Altersgruppen,
- sexuelle Orientierung,
- Integration von Menschen mit Behinderungen.

Die Lufthansa Group verfolgt ein ganzheitliches Diversity-Konzept zur Gewinnung, Erkennung und Nutzung personaler Vielfalt der Mitarbeiterinnen und Mitarbeiter. Kreativität und Innovation sollen gestärkt werden. Das Diversity Management ist integraler Bestandteil der strategiegeleiteten, proaktiven Personalpolitik und fußt auf allgemein anerkannten Grundsätzen einer Personalpolitik der Vielfalt (vgl. Abb. 5-92).

Die Diversity-Aufgaben sind in der Abteilung »Diversity Management« zusammengefasst, die organisatorisch in das zentrale Personalmanagement eingegliedert ist.

Grundsätze des Diversity Managements der Lufthansa Group
• Sensibilität der Führungskräfte und der Mitarbeitervertretungen für Diversity-Themen
• Proaktive Personalpolitik der Vielfalt ist Politik des Unternehmens
• Diversity wird als integraler Bestandteil der Unternehmensstrategie verstanden und gelebt
• Hervorhebung der Vielfalt von Beschäftigten (Sichtbarkeit von Menschen, die über besondere Potenziale verfügen) betont den »bunten« Charakter der Belegschaft
• Die Beschäftigten auf allen Ebenen und in allen Bereichen sind in die Diversity-Philosophie und die Diversity einzubeziehen

Abb. 5-92: Grundsätze des Diversity Managements der Lufthansa Group

Die zentralen Handlungsfelder des Diversity Managements der Lufthansa Group werden nachfolgend kurz vorgestellt.

Frauenförderung

Die Frauenförderung der Lufthansa Group verfolgt das Ziel, den Anteil an Frauen in Führungspositionen von gegenwärtig 15,5 Prozent in Deutschland (und 13,6 Prozent weltweit) bis zum Jahr 2020 auf einen Anteil von 20 Prozent zu erhöhen. Z. B. wurde ein Trainingsprogramm für Frauen, die eine Führungsposition anstreben, als Fördermaßnahme etabliert (»GoAhead«). Potenzialkandidatinnen werden zu Themen wie Netzwerkkompetenz, Selbstmanagement und Karriereplanung geschult. Spezielle bereichsbezogene Programme ergänzen die Frauenförderung unter Beachtung der lokalen und arbeitsbezogenen Besonderheiten.

Mentoring

Bereits seit dem Jahre 1998 organisiert die Lufthansa Cross-Mentoring-Programme. Das Konzept bietet jungen weiblichen Nachwuchs- und Führungskräften ein spezielles Förderprogramm zur Erweiterung des Horizonts durch Einblicke in fremde Organisationen (Lernen in fremden Welten). Mentoren aus anderen Unternehmen und anderen Branchen beraten und fördern die Lufthansa Nachwuchskräfte. An dem Programm beteiligen sich bspw. Axel Springer, Commerzbank, Deutsche Bank, Fraport, Hewlett-Packard, Merck oder Sanofi.

Vereinbarkeit Privatleben und Beruf

Um die Vereinbarkeit von Beruf und Familie zu sichern, bietet die Lufthansa Group Frauen und Männern flexible Arbeitszeitmodelle an. Als Beispiel sei auf das Programm FlexCareers verwiesen, das sich an Führungskräfte mit familiären Verpflichtungen richtet und die Vereinbarkeit von Familie und Beruf betont. Aber auch ein umfängliches Angebot an Betreuungsinfrastruktur hilft bei der Vereinbarkeit.

Führung in Teilzeit

Die Wahrnehmung von Führungspositionen in Teilzeit ermöglicht es qualifizierten Nachwuchskräften, Führungspositionen und Privatleben besser miteinander zu vereinbaren. So geben 48 Prozent der Frauen an, Führung in Teilzeit als Beschäftigungsform zu begrüßen. Väter und Mütter werden bei der Übernahme von Familienaufgaben unterstützt. Hierzu finden Informationsveranstaltungen (bspw. Vorträge und Informationsrunden) statt.

Interkulturelle Teams

Als Global Player ist die Beschäftigung von interkulturellen Teams ein Erfolgsfaktor für die Erreichung der Unternehmensziele der Lufthansa Group. Gegenseitiges Verständnis und gegenseitiger Respekt werden durch Diversity-Aktivitäten gefördert. Um Informationen über unterschiedliche Kulturen, Sitten, Gebräuche und Religionen der Mitarbeiterinnen und Mitarbeiter aus unterschiedlichen Herkunftsländern zu vermitteln, wurde eine Vielzahl von Veranstaltungen durchgeführt. »Awareness-Tage«, »Kultur-Dialoge« und »Vielfalt@Work«, nennen interkulturelle Veranstaltungen zur Stärkung der Fähigkeit, in kulturell gemischten Teams erfolgreich arbeiten zu können. Die Entwicklung interkultureller Kompetenz wird durch individuelle Personalentwicklungsmaßnahmen gefördert. Entsendungen in andere Länder sind integraler Bestandteil der Lufthansa Traineeprogramme. Die Laufbahnentwicklung bei der Lufthansa Group ist durch Expatriation, Impatriation und Drittlandentsendungen geprägt. Die Einblicke in unterschiedliche Kulturen fördern die interkulturelle Zusammenarbeit, erhöhen Transparenz und Freude an der Vielfalt und das vorurteilsfreie Miteinander.

Alterung und Schrumpfung

Mit dem demografischen Wandel ist eine zunehmende Reifung und Schrumpfung der Belegschaft verbunden. Im Rahmen eines Generationenmanagements ist es Ziel der Lufthansa Group, das gegenseitige Verständnis der Generationen zu stärken. So regen Standortbestimmungen Mitarbeiter und Mitarbeiterinnen ab dem 40. Lebensjahr an, ihre berufliche Entwicklung zu reflektieren und gemeinsam mit der Personalentwicklungsabteilung individuelle Maßnahmen der Karriereentwicklung in der 2. Lebenshälfte zu besprechen. Grundsätzlich sind alle Personalentwicklungs-Programme altersneutral.

Menschen mit Behinderung

Ein weiterer Ansatzpunkt des Diversity Managements ist die Inklusion von Menschen mit Behinderung. Neben behindertengerechten Arbeitsplätzen finden gezielte Informationsveranstaltungen statt. So dient bspw. der Inklusionstag »Top im Job – trotz Handicap« dem Abbau von Vorurteilen. Bereiche, die sich für die Integration Behinderter mit besonderem Engagement einsetzen, werden mit einem internen Inklusionspreis ausgezeichnet.

Sexuelle Orientierung

Diversity Management der Lufthansa Group schützt die sexuelle Identität der Belegschaft. Standesamtlich eingetragene homosexuelle Lebenspartnerschaften sind heterosexuellen Ehepaaren weitestgehend gleichgestellt.

Aufbau der Betreuungsinfrastruktur

Die Betreuungsinfrastruktur wurde erweitert. Neben Angeboten der Kinderbetreuung werden die Beschäftigten im Bedarfsfalle aktiv bei der Pflege von Angehörigen unterstützt. Die Beschaffung von Haushaltshilfen und Pflegepersonal kann in Kooperation mit Partnerunternehmen erfolgen. Die Ferienbetreuung »Luftikusse« ist beliebt und führte zu einer Vereinsgründung, um familiäre Belange noch besser durch Mitarbeiter-Engagement zu begleiten.

Evaluierung der Diversity-Aktivitäten

Eine fortlaufende Evaluierung der Maßnahmen anhand von Kennzahlen, z. B.

- »Anteil von Frauen in Führungspositionen«,
- »Anteil weiblicher Vorgesetzter mit Personalverantwortung«
- »Anteil der Frauen im Cockpit«

stellt sicher, dass die Diversity-Maßnahmen effektiv und effizient sind.

Zusammenfassung und Ausblick

Zusammenfassend ist festzuhalten, dass es Anliegen des Lufthansa Diversity Management ist, strategiegeleitete und zielgruppengerechte Maßnahmen so durchzuführen, dass Vielfalt als Kreativitäts- und Innovationspotenzial genutzt und Nachteile bzw. Benachteiligung von Personen und Personengruppen vermieden und bestehende abgebaut werden. Diversity Management wird betriebswirtschaftlich von der Erkenntnis getragen, die Heterogenität der Mitarbeiter an der Heterogenität der Kunden zu spiegeln und dadurch Wettbewerbsvorteile zu erreichen. Abbildung 5-93 zeigt zusammenfassend die Handlungsfelder des Diversity Managements der Lufthansa Group.

Abb. 5-93: Bausteine des Diversity Managements der Lufthansa Group

5.4 Handlungsfeld Migration und Integration

5.4.1 Pro und Contra

Die Redaktion *Beruf und Chance* der FAZ hat die Leser nach dem Unwort des Jahres 2013 befragt. Das Wort Migrationshintergrund hat die meisten Stimmen bekommen. Das Wort transportiert Botschaften wie »anders sein«, »fremd und unbekannt« und auch »nicht zugehörig«. Die negative Konnotation folgt der menschlichen Urangst vor Neuem, Unbekanntem, Fremden. Migranten werden als Bedrohung, nicht als Bereicherung wahrgenommen. Die Beschränkung der Freizügigkeit, des Aufenthaltes, der Möglichkeiten der Arbeitsaufnahme für Migranten werden mit der Notwendigkeit des Schutzes der Inländer begründet. Schranken seien erforderlich, damit die Bevölkerung des eigenen Landes in Brot und Arbeit bleibe, so die Argumentation. Die unterschiedlichen Beschränkungen wirken als Wohlstandsschranken, die reiche Länder aufbauen, um den eigenen Wohlstand vor der Inanspruchnahme durch Zuwanderer zu schützen. Schranken der Freizügigkeit wirken als kulturelle Barrieren, die vor Überfremdung schützen sollen. Der Wohlstand, die Traditionen, das überkommene Wertesystem würden durch ein Übermaß an Zuwanderung bedroht. Die Angst vor Überfremdung entsteht aus einem Vorurteil, ohne die wirkliche zahlenmäßige Relation der Zuwanderer zu den Inländern wirklich zu kennen. Angst zählt nicht. Fremde Menschen und Kulturen üben dann eine Faszination aus, wenn man sie in ihrem Heimatland, z. B. auf Urlaubsreisen, erleben kann. Menschen mit anderer Hautfarbe, Sprache, Kleidung, Sitten und Gebräuchen, sind willkommene Motive für die Urlaubskamera. Die Perspektive und die Einstellung ändern sich, wenn diese faszinierenden Menschen an der Grenze stehen und um Aufnahme bitten. Dann fürchten diese Länder Instabilität, Einwanderung in die Sozialsysteme und schließlich die Gefährdung des inneren Friedens, Absenkung des Wohlstandsniveaus und Begrenzung der Bürgerfreiheit zur Destabilisierung der inneren Ordnung.

Die Perspektive ändert sich wieder, wenn erkannt wird, dass Zuwanderer, sei es auf Zeit oder auf Dauer, dem aufnehmenden Land Vorteile bringen. So sind die Witze über Polen in Deutschland in dem Moment verstummt, als die alternde Gesellschaft erkannt hat, dass die Pflegekräfte aus Polen wertvolle persönliche Dienstleistungen, z. B. in der häuslichen Pflege älterer und gebrechlicher Menschen, übernehmen. Es mag bedauerlich sein, aber Zuwanderung wird nach dem Nutzen beurteilt, den die zuwandernden Menschen dem aufnehmenden Land zu bringen versprechen. Dieser Nutzen kann sowohl dem Auswanderungsland und als auch dem Aufnahmeland zugutekommen. Sind z. B. Migranten gut ausgebildet und finden keine adäquate Beschäftigung in ihrem Heimatland, dann entlasten sie mit ihrer Auswanderung die Sozialsysteme des Heimatlandes. Im Gastland können die Zuwanderer ihre Befähigung einsetzen. Sie verdienen ihren Unterhalt ohne Unterstützung, zahlen Steuern und Sozialabgaben. Es entsteht eine Win-win-Situation für das Heimatland, das Gastland und die Migranten. »Brain drain« ist aber dann für das Auswanderungsland schädlich, wenn Menschen mit dringend benötigten Fähigkeiten auswandern.

In den Gastländern wird auch die sogenannte Kettenzuwanderung kritisch gesehen. Fachkräfte nimmt man gerne auf, dass diese aber mit ihren Familien einwandern möchten, ist weniger erwünscht. Auch ist es von zweifelhaftem Wert, wenn klare institutionelle Regelungen der Zuwanderung dazu führen, dass die Migranten in Parallelgesellschaften, in Migranten-Ghettos einwandern. Fehlender Spracherwerb und fehlendes Verständnis für die Gastkultur führen dazu, dass der Migrationsstatus an die nachfolgenden Generationen vererbt wird.

Dass die Handlungsfelder des Diversity Managements miteinander verbunden sind und sich gegenseitig beeinflussen, wird nirgendwo deutlicher als in der Beziehung von Migration und Alterung. Zum einen ermuntert eine alternde und schrumpfende Gesellschaft zur Einwanderung. Zuwanderung ist erwünscht, weil die Migranten gebraucht werden. Andererseits schotten sich alternde Gesellschaften in besonderem Maße gegen alles Fremde ab. Paradebeispiel dafür ist Japan, das trotz extremer Alterung und Schrumpfung nicht auf Zuwanderung setzt, sondern versucht, mit Anreizen die Fertilitätsrate anzukurbeln. Sinkt die Inlandsbevölkerung, dann treten die Migranten deutlicher hervor, die Ablehnung der Zuwanderung wird durch diese »optische Täuschung« verstärkt.

5.4.2 Wachsender Austausch weltweit

Der Austausch von Gedanken, Waren und Werthaltungen wächst weltweit. Auch die Migrationsströme nehmen zu. Neue Identitäts- und Identifizierungsformen entstehen, die die Arbeitswelt maßgeblich verändern. Die Migrationsbewegungen beeinflussen die Tradition und die Kultur der Zielländer und der Ursprungsländer der Migranten gleichermaßen. Die Bevölkerung wird bunter, die personale Vielfalt steigt in den Zielländern. In den Ursprungsländern der Migranten fehlen die Auswanderer, die Bevölkerung wird ärmer.

Die Attraktivität eines Landes als Zuwanderungsland bemisst sich als Saldo der Abwanderungen und Zuwanderungen. Zuwanderung, so die aktuelle Diskussion in Deutschland, sei dringend geboten, um den drohenden Fachkräftemangel abzumildern. Länder, deren staatliche Institutionen und Unternehmen attraktive Rahmenbedingungen schaffen, werden sich im Wettbewerb um Fachkräfte positiv positionieren können,[342] so die oft zu hörende These.

Insbesondere vor dem Hintergrund zunehmender Engpässe auf dem Arbeitsmarkt, bspw. im IT-, Ingenieurs- und Pflegebereich, sind Unternehmen bestrebt, ausländische Fachkräfte zu gewinnen und zu binden. Die Einstellung von Mitarbeitern mit einem Migrationshintergrund folgt nach wie vor unterschiedlichen Strategien. Anwerbung auf Zeit, Aufnahme in Dauerbeschäftigung, Integration mit intensiver Einweisung und Schulung, Anwerbung mit Familien und eine unterschiedliche Wertschätzung, bestimmen die Szene der Migration in Deutschland. So ist nach einer Studie von Ortlieb und Sieben[343] kritisch anzumerken, dass nur 8 Prozent der befragten Unternehmen Migranten als wirkliche Bereicherung ansehen. Dieser Befund überrascht vor dem Hintergrund des bereits erreichten Standes der Internationalisierung der Arbeitsmärkte.

Eine Studie an der Freien Universität Berlin belegt fortgesetzte Diskriminierung von Bewerbern mit Migrationshintergrund. Im Rahmen der Erhebung wurden 140 Kurzbewerbungen an 35 Unternehmen mit dem Ziel versandt zu ermitteln, ob bei gleichen Qualifikationsmerkmalen eine Diskriminierung ausländischer und weiblicher Bewerber erfolge. Die Ergebnisse verdeutlichen, dass sowohl Bewerber mit Migrationshintergrund als auch Frauen deutlich schlechtere Chancen in Vorauswahlprozessen haben.[344] Schwule und Lesben, die sich im Bewerbungsschreiben outen, haben nach einer Harvard Studie zufolge geringere Jobchancen.[345]

Die Behandlung von Migranten folgt noch zu sehr dem Defizitmodell mit den stereotypen Zuschreibungen: »Migranten können nicht!«, »Migranten wollen nicht!« »Migranten haben nicht!« Der eindimensionale Blick auf den Migrationshintergrund könne – so die Befürworter – durch anonyme Bewerbungen beseitigt werden. Anonyme Bewerbungen sollen Migranten und Migrantinnen vor Vorurteilen und stereotypen Zuschreibungen schützen. Das Weglassen personenbezogener Informationen lenke den Blick auf die Befähigung und die Passung der Bewerber auf die Stelle. Unternehmensvertreter halten dagegen, dass die deutsche Wirtschaft die personale Bereicherung durch Migranten längst erkannt habe und daher anonyme Bewerbungen eher ein Rückschritt als ein Fortschritt in der diskriminierungsfreien Behandlung von Bewerbern bedeuten würde. Statt der schützenden Anonymität (Managing Diversity) sei es für beide Seiten vorteilhafter und zeitsparender, die Tätigkeiten und Anforderungen in den Vordergrund zu stellen und mit systematischen und fairen Auswahlverfahren die geeigneten Kandidaten zu finden, unabhängig von Herkunft und Hintergrund.

Allerdings sollte erwähnt werden, dass es nach wie vor Vorbehalte gegenüber Migranten gibt. Die Schweiz hat sich in einer Volksabstimmung für die Begrenzung des Zuzuges von Ausländern entschieden. Es ist auch in Deutschland zwischen dem »opportunen« Bekenntnis, man habe nichts gegen Migranten und der tatsächlichen Einstellung zu Ausländern, Migranten und Freizügigkeit zu unterscheiden. Freizügigkeit wird in Deutschland – so eine Allensbach-Studie – von der Hälfte der Bevölkerung positiv bewertet (49 Prozent). Dieser Wert hat sich allerdings nach dem Inkrafttreten der Freizügigkeit für Rumänen und Bulgaren mit dem Jahresbeginn 2014 deutlich verschlechtert. Nur noch 26 Prozent sind für Freizügigkeit.[346]

342 Vgl. Dakwart, A./David, A./Hamburg, I./Pöltl, A. (2010), S. 2.
343 Vgl. Ortlieb, R./Sieben, B. (2008), S. 70–93.
344 Vgl. Akman, S. (2005), S. 72 ff.
345 Vgl. Beblo, M./Gather, C./Janke, M./Maier, M./Mertens, A. (Hrsg.) (2011).
346 Vgl. Köcher, R. (2014).

Deutschland ist de facto ein Einwanderungsland mit hohen Raten der Zuwanderung. Erfreulich ist der Bewusstseinswandel, wonach die Einschätzung, Deutschland leide unter einer zu großen Zuwanderung, von 28 Prozent im Jahre 2010 auf 18 Prozent im Jahre 2014 gesunken ist. Der Blick auf die Zuwanderer verändert sich von der Einschätzung dieser als lästige Mitbewerber um Stellen auf dem Arbeitsmarkt hin zum Nutzen, den die Zuwanderer Wirtschaft und Gesellschaft bringen. Auch die Beurteilung des Zusammenlebens von Deutschen und Migranten hat sich positiv verändert. Wie die Allensbach-Studie ergab, sehen 43 Prozent das Zusammenleben positiv, 39 Prozent sind skeptisch und 5 Prozent finden das Zusammenleben gar nicht gut gelungen.

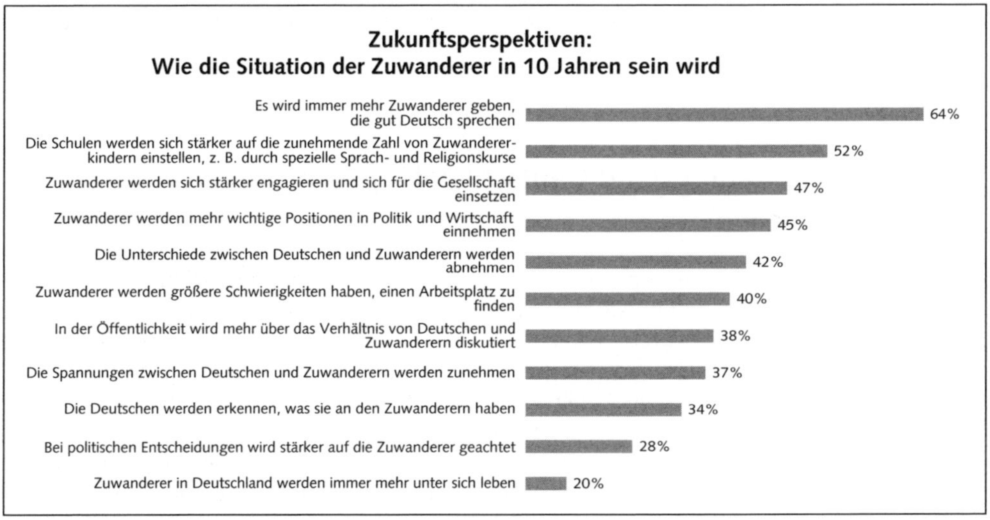

Abb. 5-94: Status quo der Integrationsbemühungen in Deutschland – Zukunftsperspektiven
Quelle: Vgl. Köcher, R. (2014), S. 8.

Empirische Erhebungen zeigen auf, dass die Potenziale von Mitarbeitern mit Migrationshintergrund erkannt werden. Eine Befragung von 500 Unternehmen, verdeutlicht für den Berliner Raum die Bedeutung von Beschäftigten mit Migrationshintergrund aus Sicht der Unternehmen. So werden die Sprachkenntnisse sowie Landes- und Kulturkenntnisse der Mitarbeiter mit Migrationshintergrund positiv eingestuft. Auch leiten sich hieraus, so die Mehrheit der Befragten, bessere Beziehungen zu Kunden und Interessengruppen ab. Zusätzlich gilt eine interkulturelle Belegschaft als Zeichen einer internationalen Ausrichtung des Unternehmens.[347]

Die Ausgangslage zeigt, dass trotz vieler Erfolge Diversity Management nach wie vor geeignete Maßnahmen der Integration von Migranten leisten muss.

Die Migration der Gegenwart kann nicht verglichen werden mit den Auswanderungswellen nach Nord- und Südamerika im 18. Und 19. Jahrhundert. Die Auswanderer aus Europa konnten ohne Bruch mit der Kultur ihres Herkunftslandes in der neuen Welt Fuß fassen. Sie wanderten in die Landwirtschaft, in das Handwerk und in Dienstleistungsberufe aus, die le-

347 Vgl. Ortlieb, R./Sieben, B. (2010), S. 124.

diglich eine Kopie der Berufe in der Heimat darstellten. Der Rhythmus der Landwirtschaft, die Fertigkeiten des Handwerkers, die Pflege von Kranken und der Handel mit Waren konnten bruchlos fortgesetzt werden. Tätigkeiten in der Selbstverwaltung, bei der Polizei und beim Militär waren von europäischen Standards geprägt. Die Einwanderung in Gebiete derselben Landsmannschaften reduzierte das Sprachproblem ebenfalls erheblich.

Die Einwanderung nach Deutschland und in die EU verlangt dagegen eine zweite Sozialisation für diejenigen, die nicht aus Staaten Kerneuropas einwandern. Die Kultur, die Sprache, die Berufe sind neu zu erlernen. Die liberale Verpflichtung offener Gesellschaften wird von vielen Migranten als Wert- und Orientierungsvakuum empfunden. Insofern ist es nicht verwunderlich, wenn Ökonomen die Kosten der Aufnahme, der Integration und der beruflichen Befähigung hoch ansetzen. Die »zweite Sozialisation« wird auch dadurch erschwert, weil es zum natürlichen Verhalten der Menschen gehört, verinnerlichte Werte, Lebensformen und Lebensstile beibehalten zu wollen.

5.4.3 Einwanderungsland Deutschland – geschichtlicher Hintergrund

Die Bevölkerungsstruktur Deutschlands ist geprägt von Zuwanderungsströmen, die in den 1950er-Jahren einsetzten. Bereits Mitte der 1950er-Jahre wurde in Deutschland erstmals von einem Fachkräftemangel berichtet. Engpässe auf dem Arbeitsmarkt resultierten aus dem Wirtschaftswunder, das dazu führte, dass das inländische Arbeitskräftepotenzial nicht mehr ausreichte, um die Nachfrage auf dem Arbeitsmarkt zu decken. Ein erster Anwerbevertrag wurde daher 1955 mit Italien vereinbart. In den nachfolgenden Jahren wurden ähnliche Verträge mit den Ländern Griechenland, Türkei, Marokko, Tunesien sowie Jugoslawien geschlossen. Zunächst war vorgesehen, dass die ausländischen Arbeitskräfte nur vorrübergehend als »Gastarbeiter« in Deutschland beschäftigt waren. Primär wanderten ledige junge Männer zwischen 20 und 40 Jahren nach Deutschland ein, die Arbeitsstellen übernahmen, die keine oder eine geringe Qualifikation erforderten.

Ein Ende nahm diese erste Migrationswelle mit dem Eintritt der Ölkrise im Jahr 1973. Die in Deutschland lebenden 2,6 Mio. beschäftigten Migranten standen damit vor der Entscheidung langfristig in Deutschland zu bleiben oder Deutschland zu verlassen. Insbesondere für Migranten, die nicht aus den EG-Staaten kamen, war eine erneute Rückkehr nach Deutschland

Historische Entwicklung	
1950	erster Gastarbeiter-Anwerbervertrag mit Italien
1960	mit Griechenland und Spanien
1961	mit der Türkei
1963	mit Marokko
1964	mit Portugal
1986	mit Jugoslawien
1973	Stopp der Gastarbeiter-Anwerberverträge, Grund: Ölkrise
Späte 1980er bis 1990er Jahre	Einwanderungswelle der Spätaussiedler aus Osteuropa

Abb. 5-95: Historische Entwicklung der Integrationsbemühungen in Deutschland

ausgeschlossen. Infolge der beschriebenen Entwicklung blieb die Mehrheit der Migranten in Deutschland, da ebenfalls die Möglichkeit bestand, dass Familienangehörige nachzogen.

Ebenfalls von Bedeutung für die quantitative Struktur der Migranten in Deutschland ist die Einwanderung von (Spät)Aussiedlern. In der Regel handelt es sich hierbei um Migranten aus der ehemaligen Sowjetunion und anderen osteuropäischen Staaten, die gemäß Grundgesetz die deutsche Volkszugehörigkeit haben. Der überwiegende Teil der Vorfahren der als »Russlanddeutsche« bezeichneten Migranten verließ Deutschland im 18. und 19. Jahrhundert. Nach dem Zweiten Weltkrieg war diese Gruppe häufigen Diskriminierungen in ihren neuen Heimatländern ausgesetzt. Diese bestanden bspw. in Form von Umsiedlungen, Deportationen und Verfolgungen.

Schließlich wurde ihnen eine Rückkehr nach Deutschland ermöglicht. In den Jahren 1950–1987 wanderten 1,4 Mio. Aussiedler nach Deutschland ein. Ab dem Jahr 1987 nahm die Zahl stetig zu und erreichte im Jahr 1990 mit 400.000 zugewanderten Personen den Höchststand. Ausgehend von diesen Entwicklungen änderten sich die rechtlichen Rahmenbedingungen. Insbesondere wurden für die Einwanderung nach Deutschland entsprechende Sprachkenntnisse vorausgesetzt. Ferner legte der Gesetzesgeber ein jährliches Kontingent an Zuwanderungen fest. Die berufliche Integration der Aussiedler wurde dadurch erschwert, dass sie häufig in ihrem Ursprungsland »manuelle Berufe, Dienstleistungsberufe oder Agrarberufe« ausgeübt hatten. Ferner wurden berufliche Abschlüsse in Deutschland häufig nicht anerkannt, sodass eine Entwertung beruflicher Qualifikationen mit der Rückkehr nach Deutschland verbunden war.[348] Diese Nichtanerkennung stellt eine besondere Form der institutionellen Diskriminierung dar.

5.4.4 Klärung relevanter Begriffe

Während im öffentlichen Diskurs zur besseren betrieblichen Integration von zugewanderten Arbeitnehmern die Begriffe Ausländer, Migrant, Zuwanderer, Personen mit Migrationshintergrund oder ethnischem Hintergrund undifferenziert verwandt werden, fokussiert die Forschung das Konstrukt Menschen mit Migrationshintergrund.[349]

Der Begriff *Migration* findet seinen Ursprung dabei in dem lateinischen Wort »migrare« (wandern) und umfasst alle unfreiwilligen oder freiwilligen Wanderungsbewegungen von Menschen. Der Begriff schließt sowohl Binnenwanderungen innerhalb eines Landes als auch Wanderungen über Staatsgrenzen hinweg ein.

Zu berücksichtigen ist, dass das Kriterium der »nichtdeutschen Staatsangehörigkeit« sich nicht als ausreichend erweist, um eine Abgrenzung der betrachteten Zielgruppe vorzunehmen. Vielmehr verweist bereits die Definition des Statistischen Bundesamtes darauf, dass Menschen mit Migrationshintergrund »alle nach 1949 auf das heutige Gebiet der Bundesrepublik Zugewanderten, sowie alle in Deutschland geborenen Ausländer und alle in Deutschland als Deutsche Geborenen zumindest mit einem zugewanderten oder als Ausländer in Deutschland geborenen Elternteil« umfasse.[350] Insofern ist nur feststellbar, ob ein Mensch einen Migrationshintergrund hat, wenn umfassende Informationen zum Individuum sowie dessen Familie vorliegen.

348 Vgl. Beicht, U. (2011), S. 3.
349 Vgl. Settelmeyer, A./Erbe, J. (2010), S. 5.
350 Bundesamt für Migration und Flüchtlinge (2011), S. 215.

Der Mikrozensus untergliedert die Bevölkerungsstruktur anhand einer Vielzahl von Variablen, so wird auch der Migrationshintergrund erfasst (vgl. Abbildung 5-96).

Migration <lat.> Wanderung

Migrant <lat.> Aus- oder Einwanderer

Migranten Eine heterogene Gruppe, die sich zusammensetzt aus:

- Ausländern = Personen ohne deutsche Staatsangehörigkeit
- Eingebürgerte deutsche Staatsangehörige
- Spätaussiedler und jüdische Zuwanderer
- Deutsche aus Migrantenfamilien = Kinder aus multikulturellen Beziehungen, mind. Ein Elternteil ist nicht deutsch

Abb. 5-96: Begriffsabgrenzung Migration, Integration, Vielfalt (Foto: Shutterstock.com)

Der Begriff *Integration* entstammt dem lateinischen und bezeichnet die »Wiederherstellung eines Ganzen«. Mit dem Begriff ist eine positive Konnotation verbunden, die impliziert, dass die Menschen mit Migrationshintergrund Teil der Gesellschaft werden.[351]

Das Bestreben der Integration von Mitarbeitern in Unternehmen fokussiert sowohl den sozial-integrierenden als auch den formal-qualifizierenden Aspekt der Integration. Die Mitarbeiter mit Migrationshintergrund sollen in das sozio-kulturelle Gefüge des Unternehmens eingeführt werden und es soll gelingen, sie produktiv in den Wertschöpfungsprozess zu integrieren. Esser folgend sind dabei vier Formen der Integration voneinander abzugrenzen:

- Kulturation,
- Platzierung,
- Interaktion und
- Identifikation.

Kulturation umfasst den Lernprozess, der dazu beiträgt, dass Individuen die kognitiven Fähigkeiten erlangen, die ihnen die Teilhabe am gesellschaftlichen und betrieblichen Leben ermöglichen. *Platzierung* bezeichnet die Position bzw. die Positionenfolge, die Migranten in sozialen Beziehungen zugewiesen wird. Platzierung erfolgt als strukturelle Integration in das Hierarchie- und Beziehungsgefüge von Organisationen. *Interaktion* bezeichnet die Wahrnehmung der Möglichkeiten in sozialen Beziehungen zu wirken und an sozialen Netzwerken teilzuhaben. Durch interagieren entsteht Teilhabe. *Identifikation*, zeigt, inwieweit sich Migranten der neuen Kultur zugehörig und verpflichtet fühlen.[352]

351 Vgl. Demokratiezentrum Wien (2013), S. 3.
352 Vgl. Esser (2001).

Gliederung der Bevölkerungsgruppen im Mikrozensus
1 Deutsche ohne Migrationshintergrund
2 Personen mit Migrationshintergrund im weiteren Sinn insgesamt
2.1 darunter: Migrationshintergrund nicht durchgehend bestimmbar
2.2 Personen mit Migrationshintergrund im engeren Sinn insgesamt *nach Staatsangehörigkeit einschließlich ›ohne Angabe‹, nach Alter oder Aufenthaltsdauer*
2.2.1 Personen mit eigener Migrationserfahrung (Zugewanderte) insgesamt *nach Staatsangehörigkeit einschließlich ›ohne Angabe‹, nach Alter oder Aufenthaltsdauer*
2.2.1.1 Ausländer *nach Staatsangehörigkeit, nach Alter oder Aufenthaltsdauer*
2.2.1.2 Deutsche *nach Staatsangehörigkeit einschließlich ›ohne Angabe‹, nach Alter oder Aufenthaltsdauer*
2.2.1.2.1 ohne Einbürgerung *nach Alter oder Aufenthaltsdauer*
2.2.1.2.2 Eingebürgerte *nach Staatsangehörigkeit, nach Alter oder Aufenthaltsdauer*
2.2.2 Personen ohne eigene Migrationserfahrung (nicht Zugewanderte) insgesamt nach Staatsangehörigkeit einschließlich ›ohne Angabe‹, nach Alter oder Aufenthaltsdauer
2.2.2.1 Ausländer (2. und 3. Generation) *nach Staatsangehörigkeit, nach Alter oder Aufenthaltsdauer*
2.2.2.2 Deutsche *nach Staatsangehörigkeit einschließlich ›ohne Angabe‹, nach Alter oder Aufenthaltsdauer*
2.2.2.2.1 Eingebürgerte *nach Staatsangehörigkeit, nach Alter oder Aufenthaltsdauer*
2.2.2.2.2 Deutsche mit mindestens einem zugewanderten oder als Ausländer in Deutschland geborenen Elternteil
2.2.2.2.2.1 mit beidseitigem Migrationshintergrund
2.2.2.2.2.2 mit einseitigem Migrationshintergrund

Abb. 5-97: Gliederung des Mikrozensus
Quelle: Statistisches Bundesamt (2007) zit. n. Settelmeyer, A./Erbe, J. (2010), S. 5.

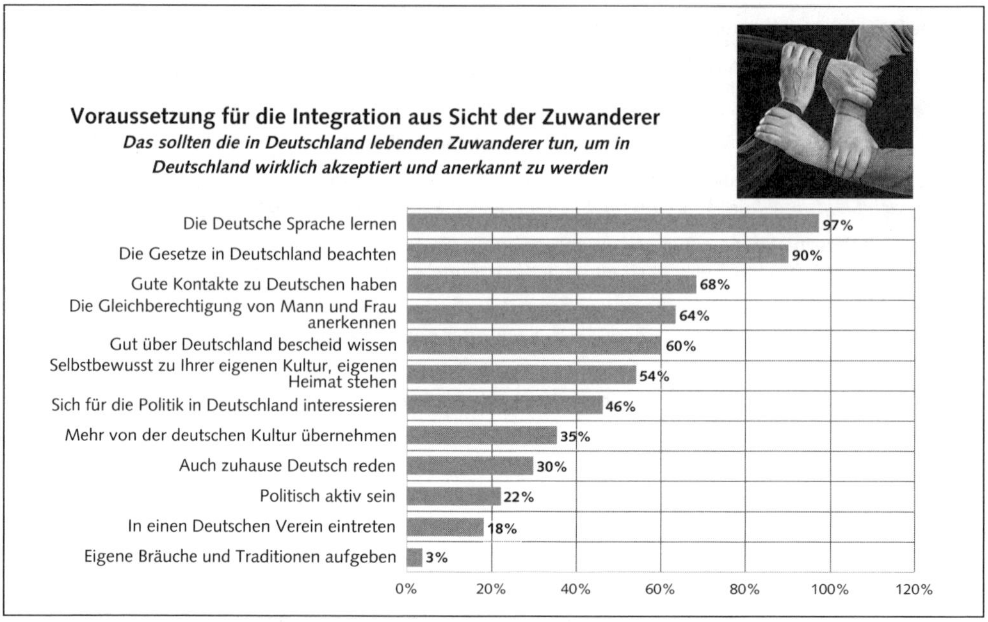

Abb. 5-98: Voraussetzung für die Integration aus Sicht der Zuwanderer
Quelle: Allensbach Archiv IFD Umfrage 5252 (Foto: Shutterstock.com).

Ansatzpunkt	Handlungsempfehlung
Kulturation	Einführungsprogramme, Kulturtrainings
Platzierung	Job Rotation, Internationale Traineeprogramme
Interaktion	Mentoring, Tandem-Partner, Netzwerktreffen
Identifikation	Stärkung der gegenseitigen Toleranz, Akzeptanz und Offenheit

Abb. 5-99: Ansatzpunkte der Gestaltung von Integrationsmaßnahmen

5.4.5 Migrationsbewegungen – theoretischer Hintergrund

Zur Erklärung der Migrationsbewegungen haben sich in der Wissenschaft Mikro-, Meso- und Makro-Theorieansätze etabliert. Mikrotheorien erklären das Wanderungsverhalten aus der individuellen Perspektive einzelner Personen. Meso-Theorien untersuchen die Bedeutung von Gruppenentscheidungen für oder gegen Wanderungen. Makro-Theorien schließlich fokussieren die kulturellen, wirtschaftlichen und religiösen Bedingungen, die zur Wanderungsentscheidung führen.

Makroökonomische Ansätze fragen auf »Aggregatebene«, warum es z. B. zur Abwanderung aus einem Land und zur Einwanderung in einem anderen Land kommt. Es leuchtet ein, dass die wirtschaftliche Situation, die politischen Verhältnisse, die Lage der inneren Sicherheit, die Möglichkeit der Religionsausübung und klimatische Bedingungen bzw. Veränderungen für Migrationsentscheidungen ausschlaggebend sein können. Die Variablen der Migrationsentscheidungen können monokausal sein, sind aber in der Regel multikausale Entscheidungskalküle. Eine einheitliche Theorie der Migration hat sich bisher noch nicht herausgebildet. Länderstrukturvergleiche, wie z.B. Wohlstandsindizes, die rasche Verbreitung von Informationen weltweit oder die Transportmöglichkeiten sind z.B. strukturelle Voraussetzungen für Wanderungsentscheidungen zwischen Staaten und Kontinenten.

Die Ursprungsvertreter der Theorien stellen die Bedeutung der Distanz zwischen zwei Ländern für die Migration heraus. So ist gemäß der frühen »Gravitationsmodelle« aus den 1940er- und 1950er-Jahren davon auszugehen, dass die räumliche Distanz zwischen dem Herkunfts- und Zielort den stärksten Einfluss auf Wanderungsströme hat. Schlüssig ist, dass dieser Ansatz zu einer Vernachlässigung entscheidender Einflussfaktoren führt. Bereits in den 1960er- und 1970er-Jahren wurde deshalb eine Erweiterung der Perspektive um die Differenz des regionalen Lohnniveaus vorgenommen. Die zentrale Annahme lautet, dass die Höhe des Lohnniveaus eine Zuwanderung in ein Land auslöst, wenn sie oberhalb des Lohniveaus des Herkunftslandes liegt. Ökonomische Faktoren erhalten somit in neueren Modellen eine starke Bedeutung.[353] Als einer der bedeutsamsten Vertreter dieser Ansätze gilt Lowry, der in seinem *makroökonomischen Mehrfaktoren-Modell* neben dem Lohnniveau auch die Arbeitslosenquote, die Distanz zwischen den Ländern sowie die Anzahl der Personen, die im nichtlandwirtschaftlichen Sektor beschäftigt sind, berücksichtigt. All diese Faktoren nehmen Einfluss auf die quantitative Ausrichtung der Migrationsströme.[354] Als aktuelles Beispiel einer ökonomisch bedingten Migrationswelle sei auf die seit 2010 zunehmende Migration von Griechen nach Nordeuropa und Australien verwiesen, die von der Finanzkrise in Griechenland ausgelöst wurde und eine Abwanderung hochqualifizierter junger Arbeitnehmer bewirkt hat.[355]

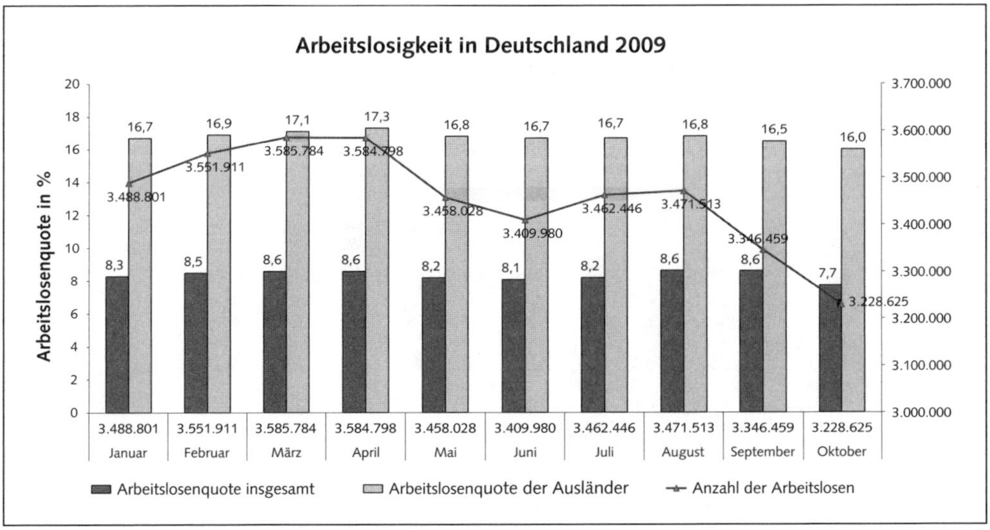

Abb. 5-100: Arbeitslosigkeit in Deutschland 2009
Quelle: Statistisches Bundesamt.

353 Vgl. Kröhnert, S. (2012)..
354 Vgl. Lowry, I. (1966).
355 Vgl. Heinrich-Böll-Stiftung (2012), S. 5.

Meso-theoretische Ansätze beziehen sich auf Gruppenentscheidungen und untersuchen, inwieweit Wanderungen von Gruppendruck bzw. dem Wunsch, im Clanverband zu verbleiben, beeinflusst werden. Die Möglichkeit des Nachzugs von Familienangehörigen stärkt die Entscheidung der Auswanderung, die Aussicht auf langjährige Trennung von Familienangehörigen schwächt die Auswanderungsbereitschaft.

Neuere Ansätze der Migrationstheorie stellen eine Abkehr makroökonomischer Betrachtungen dar. Sie beschreiben Migration als eine Entscheidung auf individueller Ebene. Der Erklärungsschwerpunkt der Mikro-Theorien liegt auf dem »*Push-and-Pull-Paradigma*«, das berücksichtigt, warum bspw. ein Individuum A von einer Region in eine andere Region abwandert, während ein anderes Individuum B entgegengesetzt auswandert. Lee[356] stellt vier Wirkungsfaktoren auf Wanderungsbewegungen heraus:

1. Faktoren in Verbindung mit dem Herkunftsgebiet
2. Faktoren in Verbindung mit dem Zielgebiet
3. intervenierende Hindernisse
4. individuelle Faktoren.

Zentraler Wirkmechanismus der beiden zuerst genannten Faktoren ist das »Push-Pull-Prinzip«. Statt nur auf ökonomische Wirkgrößen wie Lohnunterschiede und die Arbeitslosenquote zu verweisen, integriert Lee weitere strukturelle Merkmale wie das Klima und das Schulsystem in sein Modell. Auf der dritten Ebene der Wirkfaktoren werden ferner Hindernisse angeführt, die eine Zuwanderung negativ beeinflussen (z. B. Einwanderungsgesetze). Neben der beschriebenen Ausweitung des Modells von Lowry[357] um strukturelle Merkmale stellt die Integration individueller Faktoren einen entscheidenden Fortschritt des Lee-Modells dar. Als

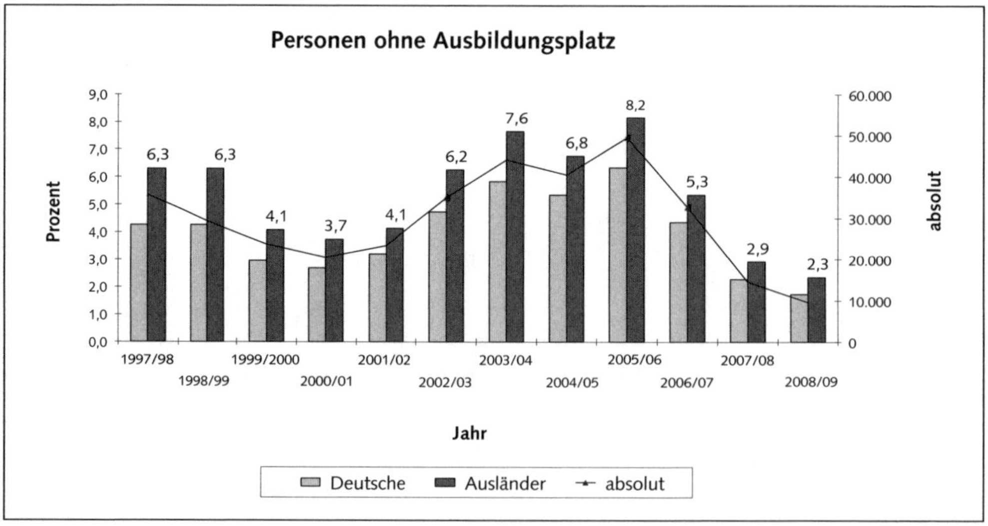

Abb. 5-101: Personen ohne Ausbildungsplatz
Quelle: DGB (2012), S. 3.

356 Lee, E. S. (1972).
357 Lowry, I. (1966).

individuelle Faktoren werden beispielsweise das Geschlecht, das Alter, der Bildungsstand, der Beruf und die Nationalität als Einflussfaktoren der Wanderungsentscheidung diskutiert. Denn die Faktoren werden subjektiv und selektiv wahrgenommen und in die Entscheidungen einbezogen. Schlüssig ist, dass junge Familien im Rahmen ihrer Migrationsentscheidung beispielsweise das Schulsystem als bedeutsamer Faktor in ihre Entscheidung einbeziehen, während ältere Menschen die Qualität des Gesundheitswesens höher bewerten dürften. Die endgültige Entscheidung, ob eine Auswanderung erfolgt, wird dann über die singulären Faktoren hinaus ganzheitlich entschieden werden.[358]

Der Ansatz von Sjaasted ist als Humankapitalmodell zu verstehen, das die Wanderung des Individuums als dessen eigene Investition in sein Humankapital charakterisiert. Die Auswanderung führt aus individueller Sicht sowohl zu Kosten als auch zu Erträgen, die wiederum monetär oder nicht monetär bewertet werden können. Während es sich bei den finanziellen Aufwendungen bspw. um Umzugskosten handelt, liegen die nicht monetären Aufwendungen bspw. in dem Verlust sozialer Kontakte und den Aufwendungen für den beruflichen und gesellschaftlichen Wiedereinstieg im Zielland.[359] Die Erträge der Migration werden ebenfalls in monetäre und nicht monetäre Erträge unterschieden. Als nicht monetäre Erträge sind verbesserte Lebensbedingungen (Klima, Landschaft etc.) anzusehen. Dagegen handelt es sich bei verbesserten Einkommenschancen um klassische monetäre Erträge, die aus der Migration resultieren. Anders als die zuvor beschriebenen Modelle merkt Sjaasted an, dass sich die beschriebenen Verbesserungen nicht unmittelbar, sondern erst im Zeitverlauf einstellen.[360] Zu denken ist hier an Aufstiegschancen, die für den Einzelnen erst durch die Verbesserung der

Rechtsgrundlagen

- Richtlinie 2004/83/EG - Mindestnormen für die Anerkennung und den Status von Drittstaatsangehörigen oder Staatenlosen
- Verwaltungsgerichtsordnung
- Bundesvertriebenengesetz
- Grundgesetz
- Verordnung über das Verfahren und die Zulassung von im Inland lebenden Ausländern zur Ausübung einer Beschäftigung
- Verwaltungsverfahrensgesetz
- Verordnung über die Zulassung von neueinreisenden Ausländern zur Ausübung einer Beschäftigung
- Asylverfahrensgesetz
- Bundeshaushaltsordnung
- Aufenthaltsverordnung
- Freizügigkeitsgesetz
- Zuwanderungsgesetz
- Staatsangehörigkeitsgesetz
- Integrationskursverordnung
- Genfer Flüchtlingskonvention
- Informationsfreiheitsgesetz
- Informationsgebührenverordnung
- Verordnung zur Durchführung des Gesetzes über das Ausländerzentralregister
- Aufenthaltsgesetz
- AZR-Gesetz

Abb. 5-102: Migrationsbezogene Rechtsgrundlagen
Quelle: Vgl. http://www.integration-in-deutschland.de/cln_110/nn_284316/DE/Service/Rechtsgrundlagen/rechtsgrundlagen-mehr1-node.html?_nnn=true, 02.11.2009.

358 Vgl. Lee, E.S. (1972) zit. n. Kalter, F. (2000), S. 452 ff.
359 Vgl. Sjaastad, L.A. (1962), S. 83 ff.
360 Vgl. Sjaastad, L.A. (1962), S. 85 ff.

Sprachkenntnisse nach einem längeren Aufenthalt im Einwanderungsland möglich werden. Die Dauer des Verbleibs im Einwanderungsland korreliert mit den Aufwendungen und Erträgen der Wanderung.

Die Reflexion der Wanderungsursachen, der Entscheidungsprozesse, der strukturellen und ökonomischen Bedingungen ist sowohl für die Migranten als auch für die Auswanderungs- und die Einwanderungsländer von Bedeutung. Nur wenn solide und belastbare Informationen vorliegen, sind Fehlentscheidungen in der Migrationspolitik, Frustration bei den Migranten und Ablehnung von Seiten der Zielländer zu vermeiden.

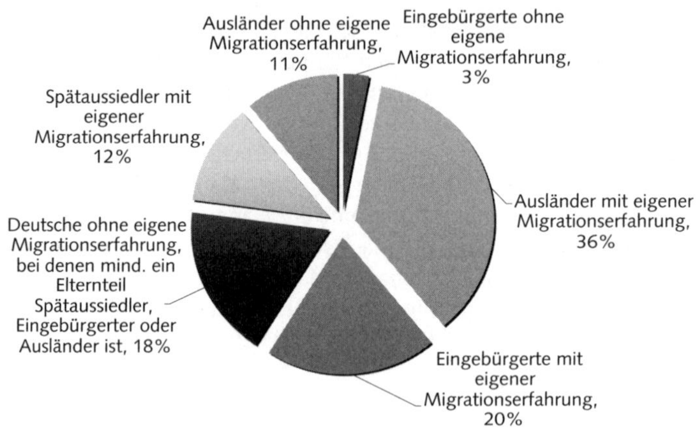

Abb. 5-103: Migrationserfahrung der deutschen Bevölkerung in Gruppen
Quelle: Statistisches Bundesamt (2014).

5.4.6 Frühzeitige Förderung von Auszubildenden mit Migrationshintergrund

5.4.6.1 Hemmnisse für Jugendliche mit Migrationshintergrund

Vergleicht man die Ausbildungsbeteiligungsquoten ausländischer und deutscher Jugendlicher, ist festzustellen, dass die Beteiligung der Jugendlichen mit Migrationshintergrund an der Berufsausbildung nur die Hälfte der Beteiligung der Jugendlichen ohne Migrationshintergrund umfasst.[361] Zugleich belegen Studien des Bundesinstituts für Berufsbildung (BIBB) jedoch, dass Arbeitskräfte mit Migrationshintergrund ein wertvolles Potenzial für Unternehmen sowohl bei inlandsgerichteten Tätigkeiten (z. B. Arzthelferin) als auch bei auslandsgerichteten Tätigkeiten (z. B. Speditions- und Außenhandelskaufleute) darstellen. Dennoch bestehen bislang Probleme hinsichtlich der Integration dieser Zielgruppe in den Ausbildungsmarkt.[362] Dabei ist zu beachten, dass die Gruppe selbst durch eine hohe Vielfalt geprägt ist. Unterschiede zwischen den Einzelnen liegen insbesondere in ihrer ethnischen Herkunft, der Aufenthalts-

361 Vgl. Diehl, C./Friedrich, M./Hall, A. (2009), S. 49.
362 Vgl. Granato, M. (2012). S. 87.

dauer in Deutschland und dem rechtlichen Status begründet. Ohne Zweifel beeinflussen die beschriebenen Unterschiede die Möglichkeiten zur Teilhabe am Ausbildungs- und Berufsleben. So kann nicht davon ausgegangen werden, dass junge Migranten und Migrantinnen, die erst seit kurzer Zeit in Deutschland sind und als Quereinsteiger mit geringen Sprachkenntnissen am Schulsystem Teil haben, die gleichen Voraussetzungen haben wie junge Migranten und Migrantinnen, die sich bereits seit ihrer Kindheit in Deutschland befinden und integriert sind.[363]

Ansatzpunkte zur Förderung der Integration allg.
• Maßnahmen zur Stärkung des Selbstbewusstseins
• Aktiver Lobbyismus
• Aufklärung über kulturelle Vielfalt – sich der Unterschiede bewusst werden
• Änderung der Einwanderungsgesetzte
• Beseitigung behördlicher Barrieren – Anerkennung ausländischer Bildungsnachweise, Senkung der Jahreseinkommensgrenze, usw.
• Legalisierung illegaler Einwanderer
• Maßnahmen zur Meinungsbildung in der Öffentlichkeit

Abb. 5-104: Allgemeine Ansatzpunkte zur Förderung der Integration

Ansatzpunkte zur Förderung der Integration in Unternehmen
• Zusammenarbeit mit Unternehmen – bspw. Integrationsleistungen als Geschäftserfolg ausweisen
• Effektive Kommunikation – innerbetrieblich und extern
• Einführung einer großen Weltsprache als Arbeitssprache
• Aktive Vermittlungsbemühungen – gezielter Abgleich von Qualifikationen und Jobanforderungen mangelnde Passgenauigkeit – Behebung durch zielgenaue Bildungsmaßnahmen
• Abbau formaler Qualifikationsanforderungen

Abb. 5-105: Ansatzpunkte zur Förderung der Integration in Unternehmen

Der Bildungsweg junger Migranten weist jedoch grundsätzlich *frühzeitige Bildungshemmnisse* auf, die einer späteren Integration in das Berufsleben entgegenstehen. Demgemäß wirkt sich der sozioökonomische Status negativ auf die Möglichkeiten der kognitiven Entwicklung des Einzelnen aus. So ist festzustellen, dass Kinder mit Migrationshintergrund zu einem geringeren Anteil den Kindergarten besuchen. Infolgedessen treten häufig Schwierigkeiten bei der Schuleignungsuntersuchung auf, die sich auch nachteilhaft auf die anschließende Grundschulzeit auswirken. Schlüssigerweise wird hierdurch der Wechsel in die weiterführenden Schulen erschwert.

363 Vgl. Beicht, U. (2011), S. 1 f.

Zugleich zeigt sich eine gegenläufige Entwicklung für die Kinder mit Migrationshintergrund, die gute Schulnoten aufweisen: diese Kinder besuchen mit einer höheren Wahrscheinlichkeit später das Gymnasium als Kinder mit den gleichen Schulnoten ohne Migrationshintergrund. Beicht spricht hier von einer besonders »hohe Bildungsaspiration« der Migranten-Eltern, die zu einer verstärkten Förderung der Kinder führt. Nichtsdestotrotz liegen die Schulleistungen häufig unterhalb derer von Kindern ohne Migrationshintergrund, sodass ein Besuch des Gymnasiums erschwert wird.[364] Die schlechtere schulische Bildung hat für den Einzelnen unmittelbare Auswirkungen auf den späteren Erwerbsverlauf, da sie die Integration in den Arbeitsmarkt erschwert.

Grundbedingungen für erfolgreiche betriebliche Integrationsstrategie
1. Einbeziehung Gesamtbelegschaft: PE muss Qualifikation und Förderung von allen Beschäftigten im Blick haben; Entwicklung geeigneter Instrumente, die interkulturelle Kompetenzen und Potentiale erkennbar machen 2. Leitbild muss Vielfalt und Unterschiedlichkeit positiv hervorheben und innerbetrieblich sowie nach außen kommuniziert werden 3. Entwicklung von innerbetrieblichen Antidiskriminierungsrichtlinien sowie öffentliches Engagement gegen Ausländerfeindlichkeit 4. Integrationspolitik der qualifizierten Aus- und Weiterbildung: Erhöhung Ausbildungsbeteiligung von Jugendlichen mit Migrationshintergrund
Unternehmensleitung sollte von Anfang an mit einbezogen werden, um die Bedeutung des Themas herauszustellen (Top-down Ansatz).

Abb. 5-106: Grundbedingungen für erfolgreiche betriebliche Integrationsstrategie

Neben den beschriebenen individuellen Voraussetzungen, d. h. dem »Können« der Jugendlichen mit Migrationshintergrund (in Form der Grundbildung, Sprachkenntnisse etc.) ist deren »Wollen« für die Wahl eines Ausbildungsplatzes und damit die Teilhabe am Berufsleben bedeutsam. Diehl et al. haben aufgezeigt, dass unterschiedliche *Präferenzen bei der Wahl eines Ausbildungsberufes* seitens Jugendlicher mit und ohne Migrationshintergrund bestehen. Sie verweisen auf Ausführungen von Jonsson et al. gemäß derer die Bildung von Berufswahlentscheidungen von der beruflichen Tätigkeit der Eltern entscheidend geprägt wird. Im Hinblick auf Jugendliche mit Migrationshintergrund stellen die Autoren fest, dass männliche Angehörige primär in der Produktion beschäftigt sind, während weibliche Angehörige primär familiäre Aufgaben übernehmen. Hieraus folgt, dass sich männliche Jugendliche i. d. R. als Handwerker oder Kraftfahrzeugmechaniker ausbilden lassen, dagegen bevorzugen weibliche Jugendliche klassische frauengeprägte Ausbildungsberufe (z. B. Arzthelferin). Ein Vergleich der Präferenzen deutscher Jugendlicher verdeutlicht, dass diese Tätigkeiten im Dienstleistungssektor als Ausbildungsberufe bevorzugen.[365]

Zuletzt besteht die Gefahr einer Diskriminierung der Jugendlichen mit Migrationshintergrund seitens der Arbeitgeber. So können Stereotype dazu führen, dass die Gruppe bei der

364 Vgl. Beicht, U. (2011), S. 4.
365 Vgl. Diehl, C./Friedrich, M./Hall, A. (2009), S. 51.

Vergabe von Ausbildungsplätzen benachteiligt wird. Falsche Annahmen können beispielsweise über die Produktivität oder Leistungsbereitschaft der betreffenden Jugendlichen bestehen.

Fehlender Zugang zu sozialen Netzwerken kann ein weiterer Grund sein für erschwerte Möglichkeiten, einen Ausbildungsplatz zu bekommen. Denn für Jugendliche mit einem geringen sozialen Status erweisen sich die familiären Netzwerke bei der Suche nach einer Ausbildungsstelle als vorteilhaft. Gerade bei Jugendlichen mit Migrationshintergrund sind diese Netzwerke jedoch häufig eingeschränkt, da sie familienzentriert sind. Als Folge sinken die Möglichkeiten von informellen Initiativbewerbungen.[366]

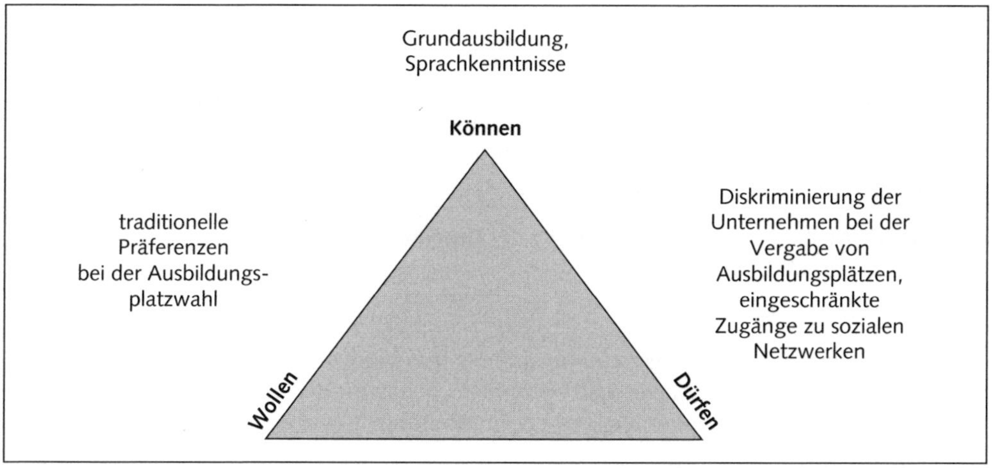

Abb. 5-107: Hemmnisse von Jugendlichen mit Migrationshintergrund hinsichtlich der Berufsausbildung

Aus den beschriebenen Hemmnissen der Berufsausbildung von Jugendlichen mit Migrationshintergrund werden nachfolgenden Handlungsimplikationen abgeleitet.

5.4.6.2 Ansatzpunkte der Integration von Jugendlichen mit Migrationshintergrund in den Ausbildungsmarkt

In einem ersten Schritt ist die *Grundbildung* der Zielgruppe zu verbessern. Dies gilt insbesondere für die Jugendlichen, die in einem höheren Kindesalter nach Deutschland ausgewandert sind, sowie für die jungen Erwachsenen, die nicht über die für eine vollqualifizierte Berufsausbildung benötigte Schulbildung verfügen. Hier erscheint es sinnvoll, differenzierte Förderangebote für kleine Lerngruppen anzubieten, innerhalb derer die fehlenden Sprach- und Schulkenntnisse vermittelt werden. Grundvoraussetzung ist dabei der Einsatz eines mehrsprachigen Lehrpersonals und die Anerkennung der bereits erworbenen Fähigkeiten in der Berufsausbildung. Zudem sollten die Kurse zu fachlichen Bildung durch Kurse zur betrieblichen Bildung sowie die Teilnahme an Betriebspraktika ergänzt werden. Zentrale Maßnahmen

366 Vgl. Diehl, C./Friedrich, M./Hall, A. (2009), S. 52.

zur Verbesserung der Grundausbildung werden in der nachfolgenden Abbildung überblicksartig zusammengefasst.

Maßnahmen zur Verbesserung der Grundausbildung
• Einsatz migrationssensibler Verfahren zur Feststellung und Weiterentwicklung der Befähigung
• Durchführung von Potenzialanalysen
• Erarbeitung eines individuellen mittelfristig angelegten Bildungsplans mit einzelnen Schritten für die Realisierung des Qualifizierungsziels
• Entwicklung/ Vertiefung von Bewerbungsstrategien
• Stärkung der Befähigung im Übergangsmanagement
• Förderung der Wahrnehmung und Weiterentwicklung interkultureller Befähigung, Begleitung durch einen Integrationslotsen/»Paten« möglichst mit Vorbildfunktion durch den gesamten Qualifizierungsprozess bis zur stabilen ausbildungsadäquaten Einmündung in den Beruf
• Erweiterung des Spektrums der Ausbildungsberufe und möglicher Ausbildungswege

Abb. 5-108: Maßnahmen zur Verbesserung der Grundausbildung
Quelle: Granato, M. (2007).

Ein weiterer Ansatzpunkt der besseren Integration besteht in der Erleichterung des *Übergangs zwischen dem Schul- und dem Berufsleben*, indem bereits in der Schule eine intensive zielgruppengerechte Berufsorientierung, Bewerbungstrainings sowie eine Begleitung schulischer Betriebspraktika stattfinden.

Darüber hinaus muss die Sensibilität der Personalverantwortlichen erhöht werden, um zu vermeiden, dass antizipierte Risiken und bestehende Stereotype die Wahrscheinlichkeit reduzieren, dass junge Menschen mit Migrationshintergrund einen Ausbildungsplatz erhalten.[367] Inwieweit die Initiativen zu anonymen Bewerbungen hier einen Ansatzpunkt bieten, ist anlässlich des persönlichen Kennenlernens in der Phase der Hauptauswahl der Bewerbung, kritisch zu hinterfragen.

Ferner sind die gegenwärtigen Förderinstrumente innerhalb der dualen Ausbildung für Jugendliche mit Migrationshintergrund, die über einen qualifizierten Schulabschluss verfügen, i. d. R. ungeeignet. Für diese Zielgruppe ist es daher erforderlich, *individuelle Förderprogramme* zu entwickeln. Darüber hinaus ist festzustellen, dass Jugendliche mit Migrationshintergrund nicht nur zu Beginn, sondern auch im Verlauf der Ausbildung mit höheren Hürden konfrontiert sind. Die *Sicherung des Ausbildungserfolges durch eine kontinuierliche Evaluation* der Ausbildungsprogramme nimmt daher Einfluss auf den individuellen Erfolg der Ausbildung.[368]

367 Vgl. Granato, M. (2007).
368 Vgl. Granato, M. (2007).

5.4.7 Integrationsmanagement

5.4.7.1 Rechtliche Rahmenbedingungen

Die Einstellung ausländischer Mitarbeiter ist nur unter Berücksichtigung relevanter rechtlicher Rahmenbedingungen möglich. Entscheidend hierbei ist neben der Staatsbürgerschaft, der aktuelle Wohnsitz sowie die Art der zukünftigen Tätigkeit in Deutschland. Einstellende Unternehmen müssen somit bei der Rekrutierung ausländischer Fachkräfte die Trias relevanter Voraussetzungen gemäß Abbildung 5-16 beachten.

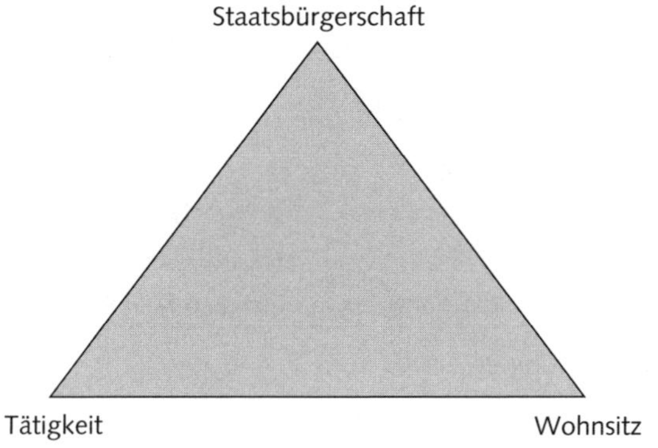

Abb. 5-109: Trias rechtlicher Rahmenbedingungen

Hinsichtlich der *Staatsbürgerschaft* ist zunächst festzuhalten, dass alle Staatsangehörigen der *EU-Mitgliedsstaaten* sowie Island, Liechtenstein, Norwegen und der Schweiz eine allgemeine Freizügigkeit in der EU genießen. Demnach sind sie dazu berechtigt, im vollen Umfang eine Arbeitstätigkeit in Deutschland auszuüben. Bislang gelten diesbezüglich jedoch noch Ausnahmeregelungen für bulgarische, rumänische und kroatische Staatsangehörige.[369]

Auch Staatsangehörige aus *Drittstaaten* können eine Tätigkeit in Deutschland ausüben, wenn sie bestimmte Voraussetzungen erfüllen. Aufgrund des Fachkräftemangels wird insbesondere die Zuwanderung von Akademikern gefördert. Bedingung der Zuwanderung ist, dass der Betreffende sowohl einen Arbeitsplatz als auch ein bestimmtes Mindestgehalt aufweisen kann. Ist dies der Fall, erhält derjenige die Blaue Karte EU und damit eine Aufenthaltsberechtigung. Ferner gelten Sonderregelungen für Personen, die ein Hochschulstudium in Deutschland absolviert haben. Sie können im Anschluss an das Studium einen Aufenthaltstitel von der zuständigen Ausländerbehörde erhalten, ohne weitere Bedingungen zu erfüllen. In dem Fall, dass nach Abschluss des Studiums nicht unmittelbar ein Arbeitsplatz angetreten werden kann, unterstützt die Ausländerbehörde die Suche nach einer Arbeitsstelle durch eine Aufenthaltserlaubnis, die 18 Monate gültig ist. [370]

Neben der Integration von Akademikern wird auch die Zuwanderung von Fachkräften ohne akademischen Abschluss unterstützt. Dies gilt zum einen für Personen, die einen deut-

369 Vgl. Bundesministerium für Arbeit und Soziales (2013).
370 Vgl. Bundesministerium für Arbeit und Soziales (2013).

schen Berufsausbildungsabschluss erlangt haben und eine qualifizierte Tätigkeit innerhalb eines Jahres aufnehmen können. Sie erhalten einen entsprechenden Aufenthaltstitel. Zum anderen können Ausbildungsabsolventen, die ihren Abschluss nicht in einem EU Staat erlangt haben, unter der Erfüllung bestimmter Bedingungen einen Arbeitsplatz in Deutschland annehmen. Voraussetzung hierfür ist, dass der Betreffende einen Arbeitsplatz nachweisen kann, über eine qualifizierte Ausbildung verfügt und in einem Engpassberuf tätig sein wird, der auf einer *Positivliste der Bundesagentur für Arbeit* aufgeführt wird. Für alle Ausbildungsberufe, die nicht auf der Positivliste gelistet sind, besteht keine Möglichkeit der Zuwanderung.[371]

Ausnahmeregelungen für Bewerber aus Drittstaaten:
Falls eines der nachfolgenden Merkmale zu trifft, ist die Einstellung von Mitarbeitern aus Nicht-EU-Staaten möglich.
• Berufsschulabsolventen deutscher Auslandsschulen
• Teilnehmer studienintegrierter Praktika,
• Studenten während der Semesterferien von maximal 3 Monaten,
• Akademiker mit »Blauer EU-Karte«
• Ausgebildete Fachkräfte, die eine Beschäftigung in einem Beruf der Positivliste ausüben

Abb. 5-110: Ausnahmeregelungen

Die Entscheidungshoheit bzgl. der Arbeitsmigrationspolitik liegt in Deutschland auf der Bundesebene, so dass bundesweit das gleiche Zuwanderungsrecht gültig ist. Jedoch wird das Recht auf regionaler und lokaler Ebene umgesetzt. Aufgabe der deutschen Auslandsvertretung, die dem Auswärtigen Amt unterstellt ist, ist es zu ermitteln, ob die zur Migration relevanten Voraussetzungen durch den Antragssteller erfüllt sind. Sind alle Voraussetzung erfüllt, wird ein Visum erteilt. Hierdurch erhält der Zuwanderer zugleich eine Beschäftigungserlaubnis. Darüber hinaus ist es Aufgabe der deutschen Auslandsvertretung die relevanten Anträge und Daten an die zuständige Ausländerbehörde zu überreichen. Der Behörde obliegt nach Prüfung der Anträge die Erteilung der Aufenthaltstitel sowie deren Verlängerung. Ferner unterstützen sechs zentrale Auslands- und Fachvermittlungen der Bundesagentur für Arbeit (ZAV) alle administrativen Aufgaben der Arbeitsmigration.[372] Insbesondere prüfen sie die Anträge auf Beschäftigung gemäß der bestehenden Rechtsvorschriften und fördern den »Matching- bzw. Ausgleichsprozess zwischen Arbeitsangebot und Arbeitsnachfrage.«[373]

5.4.7.2 Bewerbungsverfahren für Arbeitsmigranten

Das Bewerbungsverfahren für einen im Ausland lebenden migrationswilligen Arbeitnehmer sieht wie folgt aus: Zu Beginn des Verfahrens ist es Aufgabe des deutschen Arbeitgebers, dem Bewerber die Zusage für einen konkreten Arbeitsplatz zu erteilen. Im Anschluss reicht der ausländische Bewerber bei der zuständigen deutschen Auslandsvertretung einen Antrag auf ein Visum ein. Neben der Einrichtung des standardisierten Visumsantragsformulars sowie

371 Vgl. Bundesministerium für Arbeit und Soziales (2013).
372 Vgl. OECD (2013), S. 92.f.
373 OECD (2013), S. 92.

weiterer Dokumente (Arbeitsvertrag, Nachweis über erforderliche Qualifikationen etc.) ist die Entrichtung einer einheitlichen Visumsgebühr erforderlich. Aufgabe der Auslandsvertretung ist es zu prüfen, ob der Antrag vollständig und plausibel ist. Falls alle Voraussetzungen erfüllt sind, wird der Antrag an das Bundesverwaltungsamt weitergeleitet. Das Bundesverwaltungsamt bestimmt anhand des angegebenen künftigen Wohnortes die zuständige Ausländerbehörde und übermittelt die erforderlichen Unterlagen. Aufgabe der Ausländerbehörde ist es, eine Entscheidung über die Annahme des Antrages zu treffen. Für den Arbeitgeber besteht die Möglichkeit, dass Verfahren zu verkürzen, wenn er die Unterlagen unmittelbar bei der ZAV einreicht, die dann bereits mit einer Prüfung beginnt und nicht auf die Einreichung der Ausländerbehörde warten muss. Darüber hinaus kann der Arbeitgeber die Stelle im Vorhinein bereits bei der Bundesagentur für Arbeit melden.

Nach der Zustimmung zur Zulassung des Antrags durch die Bundesagentur für Arbeit wird der Antrag durch die Ausländerbehörde an eine der Stellen der ZAV weiter gereicht. Der ZAV obliegt dann die Aufgabe der Prüfung der für den Arbeitsplatz empfohlenen Zulassungen sowie der Vertragsbedingungen (z. B. Gehalt, Konditionen). In diesem Verfahrensschritt hat die ZAV das Recht, den Arbeitgeber um die Einreichung relevanter Steuerdaten zu bitten. Insbesondere darf die ZAV Informationen über die wirtschaftliche Situationen des Unternehmens anfordern, um zu ermitteln, ob die zugesagte Entlohnung gezahlt werden kann. Ferner muss die ZAV anhand der durch die Ausländerbehörde übermittelten Informationen feststellen, ob die Zulassungsvoraussetzungen erfüllt sind und ob eine Vorrangprüfung durchzuführen ist. Im letzteren Fall werden die Informationen an die örtliche Bundesagentur für Arbeit weitergeleitet, die ermittelt, inwieweit eine Besetzung durch einen inländischen Kandidaten möglich erscheint. Eine unmittelbare Ablehnung des Antrags wird vorgenommen, wenn ausreichend inländische Fachkräfte auf dem Arbeitsmarkt verfügbar sind. Die örtliche Arbeitsagentur übermittelt ihre Entscheidung an die ZAV, welche die Informationen der Ausländerbehörde übergibt.

Die Ausländerbehörde leitet das Ergebnis an die Auslandsvertretung weiter. Deren Aufgabe ist es, im Fall einer positiven Beantwortung das erforderliche Visum zu erstellen. Unmittelbar nach der Zuwanderung nach Deutschland besteht für den ausländischen Bewerber die Möglichkeit der Aufnahme der Arbeitstätigkeit, er ist dann dazu verpflichtet, sich binnen 90 Tagen bei der zuständigen Ausländerbehörde zu melden und eine Gebühr einzuzahlen.[374]

Trotz der Komplexität des beschriebenen Verfahrens zeichnet sich Deutschland im internationalen Vergleich durch eine relativ schnelle Bearbeitungsdauer der gestellten Anträge aus. Insbesondere bei spezifischen Tätigkeiten, die keiner Vorrangprüfung bedürfen, kann die Erteilung der Arbeitsmarktzulassung bereits innerhalb eines Monats erfolgen. Wird jedoch eine Vorrangprüfung erforderlich, so liegt die Bearbeitungsdauer der Anträge oberhalb des OECD-Durchschnitts.[375] Die mit dem Verfahren verbundenen bürokratischen Hürden können hochqualifizierten Zuwanderungsinteressierten als zu aufwendig erscheinen und sie zur Migration in andere Länder veranlassen, was einen Wettbewerbsnachteil Deutschlands um ausgebildete Fachkräfte darstellt.

Allerdings sind die Antragsgebühren in Deutschland im internationalen Vergleich als niedrig einzustufen. Die Gebühren orientieren sich an der Art der auszuübenden Tätigkeit und

374 Vgl. OECD (2013), S. 93 ff.
375 Vgl. OECD (2013), S. 99.

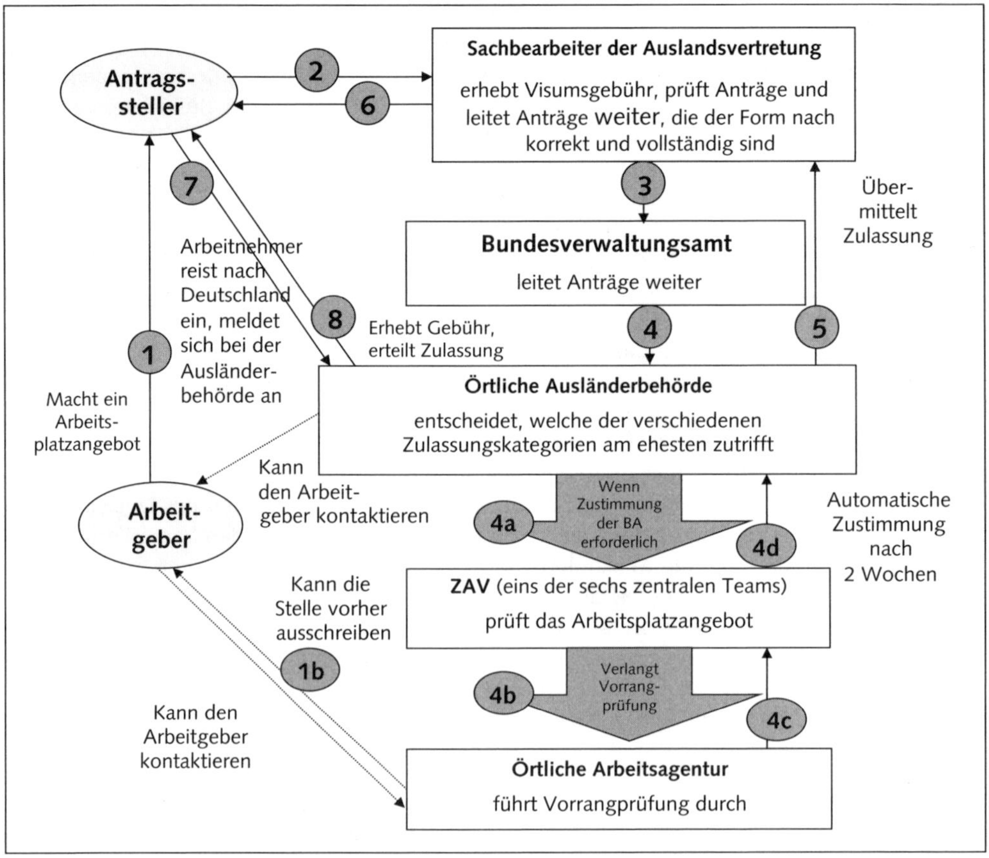

Abb. 5-111: Ablauf der Antragsstellung für im Ausland lebende Bewerber
Quelle: OECD (2013), S. 94.

werden in § 44 AufenthV geregelt. So belaufen sich die Gebühren einer Niederlassungserlaubnis für Hochqualifizierte auf 250 €, für Selbstständige auf 200 € und für alle anderen Fälle auf 135 €.[376]

Abschließend ist festzuhalten, dass die Freizügigkeit innerhalb der EU dazu führt, dass Ausländer aus den EU-Mitgliedsstaaten ohne die Erfüllung weiterer Voraussetzungen eingestellt werden können. Im Hinblick auf die Drittstaaten-Angehörigen sollten Unternehmen Maßnahmen ergreifen, um hochqualifizierten Arbeitskräften die Zuwanderung zu erleichtern. Anhand der rechtlichen Rahmenbedingungen fasst die nachfolgende Tabelle zentrale Aspekte zusammen.

376 Vgl. § 44 AufenthV. (2004).

Handlungsempfehlungen zur Erleichterung der Zuwanderung:

- Unterstützung des Visumsantrags durch einen Ansprechpartner im Unternehmen, der Fragen beantwortet und Informationen weiterleitet
- Informationsaustausch mit den im Unternehmen arbeitenden ausländischen Mitarbeitern zum Visumsantrag
- Verkürzung der Antragsdauer durch die Berücksichtigung der Abläufe und die Weiterleitung der notwendigen Informationen an die verantwortlichen staatlichen Institutionen
- Übernahme der Gebühren zur Beantragung des Visumsformulars

Abb. 5-112: Handlungsempfehlungen für Unternehmen zur Unterstützung hochqualifizierter Migranten aus Drittstaaten.

5.4.7.3 Gewinnung ausländischer Fachkräfte

Unternehmen sollten insbesondere im Hinblick auf Engpasspositionen, die durch das inländische Arbeitsangebot nicht besetzt werden können, gezielte Maßnahmen zur Gewinnung ausländischer Experten ergreifen.

Dynamische Zuwanderungsentwicklung, aber: krisenbedingt und wenig nachhaltig

- Saldo der Zuwanderung nach Deutschland ist zwischen 2010 und 2012 um mehr als das Zweieinhalbfache von 150.000 auf 390.000 gestiegen
- Aber: 65 Prozent der Zuwanderer kommen aus den neuen EU-Mitgliedsstaaten Osteuropas und den »Krisenländern« Südeuropas → Dauerhaftigkeit der Zuwanderung ist fraglich

Resümee einer Studie der Bertelsmann-Stiftung:

- Schaffung neuer Migrationspotenziale durch Anwerbung von Drittstaatsangehörigen ist erforderlich
- Voraussetzung einer dauerhaften Zuwanderung ist die Gestaltung einer Willkommenskultur

60% der neu zugewanderten Drittstaatsangehörigen verlassen Deutschland wieder innerhalb von 3 Jahren

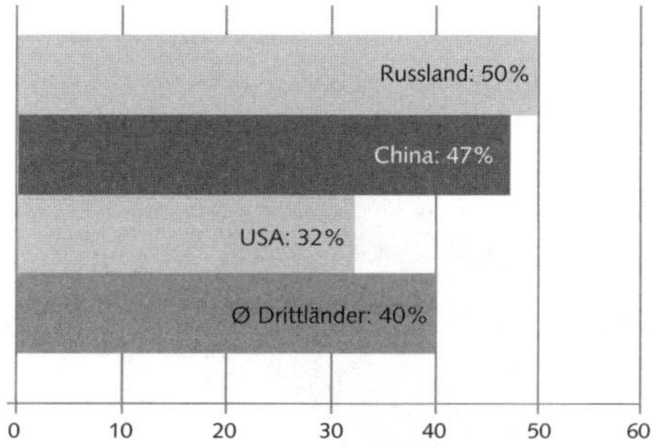

Anteil von Arbeitsmigrant/-innen, die 2009 aus einem Land außerhalb des Freizügigkeitsraums einreisten und sich Ende Juni 2012 noch in Deutschland aufhielten (OECD-Angaben)

Abb. 5-113: Weitere Zuwanderung als Strategie gegen Fachkräftemangel

Bereits im Rahmen der Positionierung als Employer of Choice am Arbeitsmarkt müssen Unternehmen darauf achten, dass ihre Sprach- und Bildwahl eine wertschätzende Haltung gegenüber in- und ausländischen Bewerbern betont. Die Employer Brand muss diversitygerecht ausgestaltet werden. Vor dem Hintergrund der Bedeutungszunahme des Internets und des Web 2.0 sowie der weltweiten Zugriffsmöglichkeiten sind die Karrierebereiche der Unternehmenshomepage so zu gestalten, dass die internationale Ausrichtung des Unternehmens betont wird. Entsprechend sollten alle Texte zusätzlich in englischer Sprache zugänglich sein, so dass sie für alle Bewerber verständlich sind. Ferner besteht die Möglichkeit, Stellenausschreibungen in weiteren relevanten Sprachen zu publizieren. Zusätzlich ist bei der Auswahl der Testimonials, d.h. der Mitarbeiter, die das Unternehmen nach außen hin vertreten, auf deren Unterschiedlichkeit zu achten. Bildwelten, die eine Monokultur des Unternehmens nach außen kommunizieren, wirken auf Bewerber abschreckend und reduzieren die Vielfalt der Bewerbungen.

Ein gezieltes Beziehungsmanagement durch den Aufbau langfristiger Partnerschaften und Netzwerke empfiehlt sich bei Engpasspositionen, deren Bedarf nicht auf dem inländischen Arbeitsmarkt zu decken ist. So besteht die Möglichkeit eines gezielten Aufbaus von Kontakten mit ausländischen Hochschulen, die über qualifizierte Absolventen verfügen. Gemeinsame Projekte, Praxisseminare und Betriebspraktika unterstützen hier eine frühzeitige Integration ausländischer Akademiker. Im Zuge dessen sollten Informationen zu Förderprogrammen wie dem Erasmus-Praktikum und dem Leonardo-Programm bereitgestellt werden, um Studierenden und Absolventen Möglichkeiten der finanziellen Förderung ihrer Auslandspraktika aufzuzeigen. Ferner ist die Teilnahme an Absolventenmessen in bestimmten Zielregionen dazu geeignet, persönliche Kontakte aufzubauen. Geeignete Absolventen sollten in das Talent Relationship Programm des Unternehmens aufgenommen werden.

Um die Aufnahme einer langfristigen Tätigkeit zu erleichtern, sollten die bestehenden Praktikanten-Programme um Integrationsbausteine für ausländische Praktikanten ergänzt werden. Zu nennen sind hier praktikumsbegleitende Sprachkurse, Netzwerk-Abende mit allen Praktikanten, einen individuellen Ansprechpartner, der ggf. ebenfalls einen Migrationshintergrund hat sowie die Veranstaltung gemeinsamer Freizeitaktivitäten.

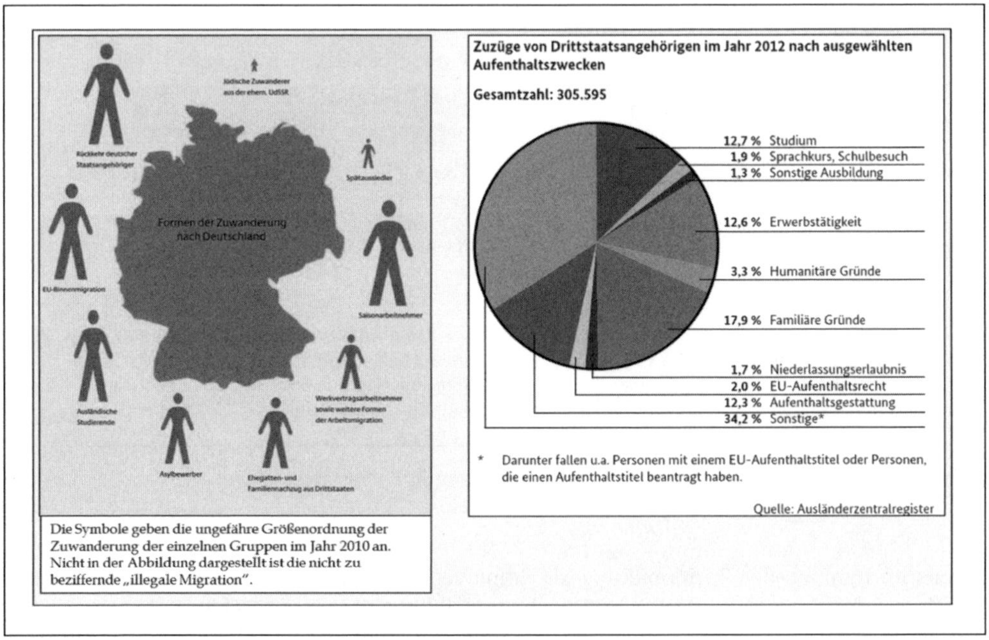

Abb. 5-114: Aktuelle Formen der Zuwanderung
Quelle: Bundesministerium des Innern (2013), S. 39. BAMF (Hg.): Das Bundesamt in Zahlen 2012. BAMF (Hg.): Das Bundesamt in Zahlen (2013), S. 75.

Neben Studierenden und Absolventen sind ausgebildete ausländische Fachkräfte gezielt anzusprechen. Als staatlicher Ansprechpartner fungiert die Zentrale Auslands- und Fachvermittlung der Arbeitsagentur (ZAV) mit Sitz in Bonn. Unternehmen erhalten von der ZAV Informationen, welche Berufe gegenwärtig auf der Positivliste stehen und daher mit einer Arbeitserlaubnis von Arbeitnehmern aus Drittstaaten verbunden sind. Die Positivliste basiert dabei auf der aktuellen Fachkräfteengpassanalyse, die aufzeigt, in welchen Bereichen ein Fachkräftemangel besteht.[377]

5.4.7.4 Betreuung ausländischer Fachkräfte

Der Phase der Gewinnung ausländischer Fachkräfte schließt sich die Phase an, in der sie betreut werden müssen. Bereits vor der Aufnahme der Tätigkeit in Deutschland sollte das Unternehmen unterstützende Maßnahmen ergreifen, um den neuen Arbeitnehmern die Eingewöhnungsphase in Deutschland zu erleichtern. Zentral sind dabei Informationen zu den notwendigen Behördengängen und zu Verfahren der Anerkennung der ausländischen Qualifikationen. Der Dialog mit den staatlichen Institutionen, insbesondere den zuständigen Verwaltungen, wird verbessert, wenn im Unternehmen die Stelle eines Integrationsmanagers geschaffen wird. Dieser steht in einer kontinuierlichen Kommunikation mit den zuständigen Behörden, so dass die Verfahren in einem angemessenen Zeitraum abgeschlossen werden können. Auch die Unterstützung der Familienangehörigen bei der Suche nach einem Arbeitsverhältnis verbessert die Integration der Fachkraft. Daher sind Angehörige bei der Suche nach geeigneten Stellenangeboten sowie bei der Erstellung der Bewerbungsunterlagen zu unterstützten. Darüber hinaus kann das Unternehmen dem neuen Mitarbeiter Informationen über geeignete Kindergärten und Schulen bereitstellen. Vor dem Hintergrund des Mangels an Kindergartenplätzen sollte das Unternehmen langfristig ein Betreuungskontingent an Kindergartenplätzen zur Verfügung stellen.

Die örtliche Distanz der Zuwanderer begrenzt deren Möglichkeiten der Wohnungssuche. Eine Unterstützung des neuen Mitarbeiters ist durch die Bereitstellung möblierter, befristeter Wohnungen oder Kontakte zu Maklern möglich.[378]

Willkommenskultur und Integrationsmaßnahmen
• Förderung einer von Aufgeschlossenheit und Wertschätzung gegenüber personeller Vielfalt geprägten Organisationskultur
• Möglichkeiten des Erwerbs bzw. der Verbesserung (berufsbezogener) Deutschkenntnisse
• Erstellung und Umsetzung eines Einarbeitungsplans
• Alltagspraktische Unterstützungsangebote (Begrüßungspaket mit relevanten Informationen für den Alltag, freie Zeit für Hilfe bei Verwaltungsformalitäten, Unterstützung bei Wohnungssuche, Umzug und Familienangelegenheiten etc.)
• Einsetzung von MentorInnen
• Tandems zwischen zugewanderten und erfahrenen Mitarbeiter-Innen zum informellen Informations- und Erfahrungsaustausch

Abb. 5-115: Erfolgsfaktoren für eine erfolgreiche Auslandsrekrutierung

377 Vgl. ZAV (2013).
378 Vgl. Bundesministerium für Wirtschaft und Technologie (2013), S. 2f.

5.4.7.5 Förderung ausländischer Fachkräfte

5.4.7.5.1 Cross-Cultural-Mentoring

Das Ziel von Cross-Cultural-Mentoring-Programmen für ausländische Fachkräfte liegt neben der Unterstützung der Integration am Arbeitsplatz in der persönlichen Weiterentwicklung. Die Aufnahme der neuen Tätigkeit stellt den ausländischen Mitarbeiter nicht nur vor die Herausforderung des Kennenlernens neuer Betriebs- und Aufgabenabläufe, sondern ist auch mit dem Verlust der Heimatkultur und der bestehenden sozialen Kontakte verbunden. Um den Mitarbeiter in dieser Ausnahmesituation zu unterstützten, umfassen die Aufgaben des Mentors weitreichendere Funktionen als beim traditionellen Mentoring.

Die Funktion des Mentors übernimmt dabei ein Mitarbeiter ohne Migrationshintergrund, die Rolle des Mentees hat der neue Mitarbeiter mit Migrationshintergrund inne. Cross-Cultural-Mentoring bildet für den Mentor und den Mentee eine Win-Win-Situation. Die Mentees mit Migrationshintergrund erhalten eine Einführung in die kulturellen Gebräuche, Standards und Verhaltensweisen des neuen Heimatlandes. Ferner unterstützt der Mentor den Mentee beim Knüpfen neuer sozialer Kontakte. Die Mentoren verbessern durch die Teilnahme an dem Programm ihre interkulturelle Kompetenz. Der Kontakt zu ausländischen Kunden und Lieferanten wird durch die Reflexion der eigenen kulturellen Werte erleichtert. Ist das kulturelle Verständnis des Mentors verbessert, so stellt dies eine gute Vorbereitung für spätere Auslandseinsätze dar.

Funktionen des Mentors innerhalb der Integration ausländischer Fachkräfte
• Hilfe beim systematischen Knüpfen von privaten und beruflichen Kontakten (Networking) (z. B. Vorstellungsrunden, Verweise auf Sportvereine, kulturelle Veranstaltungen etc.)
• Vermittlung informaler Strukturen
• Personenbezogene Weitergabe von Wissen und Erfahrungen
• Integration in die Landeskultur, Unternehmenskultur und das Aufgabengebiet
• Vermittlung von Normen und Werten der Landeskultur
• Vermittlung von Normen und Werten der Unternehmenskultur
• Vermittlung sozial erwünschter Formen des beruflichen Miteinanders
• Unterstützung der beruflichen Entwicklung

Abb. 5-116: Funktionen des Mentors innerhalb der Integration ausländischer Fachkräfte

Der *Cross-Cultural-Mentoring-Prozess* untergliedert sich in 4 Phasen (vgl. Abbildung 5-117).

Den Ausgangspunkt bildet die *Auswahlphase,* innerhalb derer das Matching der Mentoren und Mentees stattfindet. Die Auswahl fachlich und persönlich geeigneter Mentoren ist eine der entscheidenden Variablen für den Erfolg des Mentoringprozesses. Der Mentor sollte über Empathie, Ambiguitätstoleranz, Perspektivenflexibilität, Offenheit und Fähigkeiten zur Selbstreflexion verfügen. Darüber hinaus ist eine inhaltsreiche Kommunikation innerhalb der späteren Vereinbarungs- und Arbeitsphase zwischen Mentor und Mentee nur möglich, wenn der Mentor über fließende Englischkenntnisse und im Idealfall über Kenntnisse der Muttersprache des Mentees verfügt.

Die *Vereinbarungsphase* dient dazu, dass der Mentor und Mentee festlegen, welche Ziele, Regeln, Inhalte und zeitliche Termine mit der Mentoring-Beziehung verfolgt werden. Dabei gilt es kulturelle Unterschiede, bspw. hinsichtlich des Zeit- und Terminverständnisses, bewusst zu berücksichtigen.

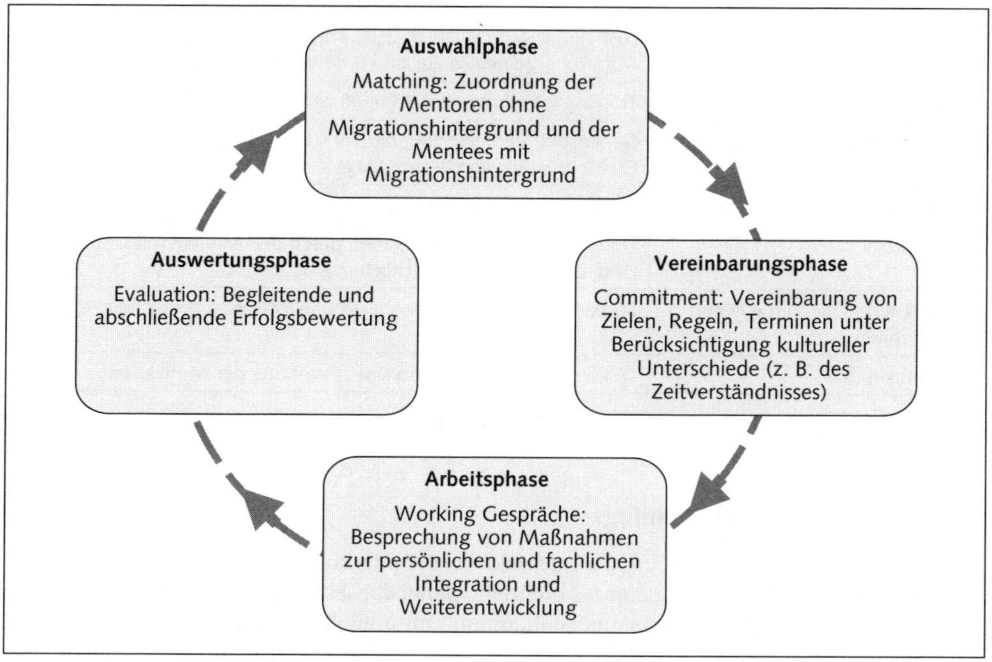

Abb. 5-117: Cross-Cultural-Mentoring-Prozess

Die anschließende *Arbeitsphase* kennzeichnet sich durch regelmäßige Treffen der Mentoren und Mentees, die dazu dienen integrations- und entwicklungsrelevante Themenfelder zu besprechen. Die Treffen sind dabei sowohl durch den Mentor als auch den Mentee vorzubereiten und die Ergebnisse schriftlich zu fixieren. Die nachfolgende Abbildung 5-118 fast geeignete Instrumente des Cross-Cultural-Mentorings überblicksartig zusammen.

Den Abschluss des Mentoring bildet die *Auswertungsphase* in Form eines Abschlussgesprächs zwischen dem Mentoren und dem Mentee. Bestehende Defizite des Mentoring-Prozesses sollten dabei an die Personalentwicklungsabteilung und den Diversity-Beauftragten zurückgemeldet werden, um diese in zukünftigen Cross-Cultural-Mentoring Prozessen berücksichtigen zu können.[379]

379 Zu generellen Ausführungen zum Mentoring vgl. Becker, M. (2013), S. 667 ff.

Methode	Funktion
Eignungsdiagnostische Instrumente: strukturierte und teilstrukturierte Interviews, Analyse der Qualifikationen	Entwicklung eines Kompetenzprofils unter Berücksichtigung der Unterschiede der Bildungssysteme verschiedener Länder (Schule, Ausbildung, Hochschule, Weiterbildung) zur Verbesserung des Matchings von Mentor und Mentee
Strukturierte und teilstrukturierte Gespräche	Festlegung gemeinsamer Ziele, Prozess- und Ergebnis-Feedback, Abklärung gemeinsamer und unterschiedlicher Werte
Seminare und Workshops	Training interkultureller Kompetenzen
Tandem-Sprachkurse	Gegenseite Verbesserung der Sprachkenntnisse (insbesondere der Fachtermini für den Berufsalltag)
Netzwerktreffen	Förderung der sozialen Integration
Projektarbeit	Übernahme gezielter Aufgaben durch den Mentee mit Unterstützung des Mentors zur fachlichen Einarbeitung
Kurzpräsentationen im eigenen Unternehmen	Förderung der Sprachkenntnisse und Präsentationstechniken
Erfolgstagebuch	Dokumentation der Ergebnisse, Erhöhung der Motivation

Abb. 5-118: Methoden im Cross-Cultural-Mentoring

5.4.7.5.2 Interkulturelle Trainings

Interkulturelle Trainings zielen auf die Entwicklung der interkulturellen Kompetenz. Das Konzept der interkulturellen Kompetenz beschreibt dabei die Fähigkeit, Menschen mit einem anderen kulturellen Hintergrund zu verstehen und kulturelle Besonderheiten bei den eigenen Handlungen zu berücksichtigen, indem aus der Wahrnehmung kultureller Unterschiede, Anpassungen der eigenen Handlungen abgeleitet werden. Ausgehend von diesem Verständnis definiert Heusinger von Waldegge interkulturelle Kompetenz wie folgt:[380]

> »Interkulturelle Kompetenz wird als ein Spektrum von Wissen, Fähigkeiten und Fertigkeiten dargestellt, die die interkulturell kompetente Person dazu befähigen, in interkulturellen Überschneidungssituationen (wenn das Eigene und das Fremde in eine wechselseitige Beziehung miteinander treten) in einer effektiven und angemessenen Weise zu handeln.«[381]

Die Forschung zur interkulturellen Kompetenz fußt mehrheitlich auf vier unterschiedlichen Forschungszugängen: der lerntheoretischen, persönlichkeitsorientierten, kommunikationstheoretischen und kulturantrophologischen Perspektive.[381]

Aus *lerntheoretischer Sicht* wird angenommen, dass die Entwicklung der interkulturellen Kompetenz auf den Erfahrungen aufbaut, die eine Person durch Auslandsaufenthalte gewonnen hat. So merkt Gröschke an: »Die Auseinandersetzung mit der eigenen Identität und kulturellen Herkunft sowie das Erleben (vielleicht auch das Verstehen) eines anderen (konfliktären) kulturellen Kontextes können dazu führen, eine ethnozentrische Perspektive auf die Welt

380 Heusinger von Waldegge, S. (2013), S. 76.
381 Vgl. Gröschke, D. (2009), S. 144 ff.

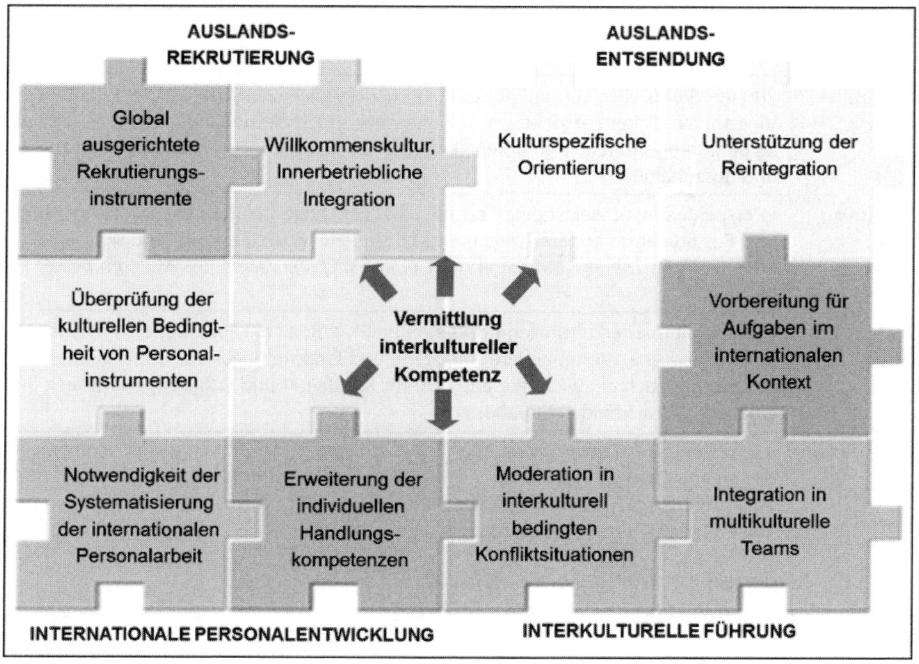

Abb. 5-119: Handlungsfelder des interkulturellen Personalmanagements

hin zu einem ethnorelativistischen Blick zu ändern.«[382] Im Gegensatz zur zuvor beschriebenen entwicklungsorientierten Sicht verweisen Vertreter der persönlichkeitsorientierten Ansätze darauf, dass interkulturelle Kompetenz das »Konglomerat« verschiedener Persönlichkeitseigenschaften darstelle. Zu nennen ist hier bspw. Empathie, Toleranz, Optimismus, Offenheit oder Selbstbewusstsein.[383] Die nachfolgende Tabelle gibt einen weiteren Einblick der bedeutsamen Eigenschaften.

Ferner verweisen *kommunikationstheoretische Forschungen* im interkulturellen Kontext auf die Bedeutung der Verständigung für die Entwicklung des gegenseitigen Verständnisses. Neben der verbalen ist die nonverbale Kommunikation für den Kommunikationsprozess von entscheidender Bedeutung. Beide Kommunikationsformen werden durch den kulturellen Hintergrund geprägt, d.h. die Gestik eines Menschen ist stets vor dem Hintergrund seiner Nationalität zu bewerten.[384]

382 Gröschke, D. (2009), S. 145.
383 Vgl. Gröschke, D. (2009), S. 145.
384 Vgl. Gröschke, D. (2009), S. 145.

Empathie	»Empathie ist die Fähigkeit, sich in die Gedanken, Gefühle und Bedürfnisse eines anderen Menschen einzufühlen und so deren Verhalten und Handlungen nachvollziehen zu können.«
Ambiguitätstoleranz	»Im interkulturellen Lernen gibt es kein »richtig« oder »falsch«, sondern immer eine Vielzahl möglicher Perspektiven, in denen sich kulturelle und individuelle Muster überlappen. Interkulturelle Kompetenz bedeutet auch, solche Ambiguitäten zu akzeptieren und auszuhalten.«
Perspektivenwechsel	»Perspektivenwechsel ist eine Technik bzw. Fähigkeit, bei der man sich in die Rolle und Position eines anderen hineinversetzt und versucht, die Welt (und sich selber) aus dessen Sicht zu sehen und damit das Denken und Verstehen des Anderen besser zu begreifen.«
Offenheit	»Offenheit in interkulturellen Kontexten heißt, z.B. zu akzeptieren, dass Menschen unterschiedliche Werte, andere Maßstäbe und Empfindungen haben. Offenheit ist gleichzeitig auch ein wichtiger Baustein für Kreativität und Erfindungsvermögen im Umgang kulturfremden Situationen.«
Selbstreflexion	»Selbstreflexion ist eine grundlegend menschliche Fähigkeit sich weiter zu entwickeln, das eigene Denken und Handeln situationsbezogen zu hinterfragen, auf den Prüfstein zu stellen, ein realistisches Selbstbild mit Stärken und Schwächen zu analysieren und auch alternative Handlungsoptionen zu durchdenken.«

Abb. 5-120: Merkmale interkultureller Kompetenz
Quelle: Heusinger von Waldegge, S. (2013), S. 76f.

PE für international tätige Mitarbeiter/innen und Führungskräfte
• Konzepte und Maßnahmen, die die persönlichen Merkmale in Richtung internationaler und interkultureller Kompetenzen sowie Denk- und Handlungsmuster erweitern (z.B. Vorbereitung auf einen Auslandseinsatz, Verbesserung der Zusammenarbeit von internationalen Teams)
Spezifische Instrumente der internationalen PE (u.a.):
• Cross-Cultural-Training
• Besuch von internationalen Managementschulen
• Internationales Job-Rotation
• Mitarbeit in internationalen Projekten
• Potentialanalyse unter Berücksichtigung interkultureller Aspekte

Abb. 5-121: Personalentwicklung im interkulturellen Kontext

Abschließend betont die *kulturanthropologische Sicht* die Bedeutung des Wissens über verschiedene Kulturen sowie der hieraus resultierenden Verhaltensunterschiede. Kennt man die Kulturunterschiede, so versteht man das Verhalten Anderer besser und die eigenen Reaktionen werden hierauf angepasst.[385]

Aussagen zur interkulturellen Kompetenz sollten sich gemäß der vorangegangenen Ausführungen nicht nur auf das Individuum beziehen, sondern die Bedeutung der Interaktion in Grup-

385 Vgl. Gröschke, D. (2009), S. 146.

pen einbeziehen. Demgemäß setzt sich die interkulturelle Kompetenz aus affektiven, kognitiven und verhaltensbezogenen Merkmalen zusammen. Während sich die affektive Dimension mit Einstellungen und Werten befasst, umschließt die kognitive Dimension das Wissen eines Individuums, das für eine interkulturelle Zusammenarbeit relevant ist. Die verhaltensbezogene Dimension beinhaltet ergänzend die Fähigkeiten zu interkulturell angemessenem Handeln.[386]

Schlüsselkomponenten interkultureller Kompetenz		
Affektive Dimension	**Kognitive Dimension**	**Verhaltensbezogene Dimension**
• Empathie • Aufgeschlossenheit • Flexibilität • Rollendistanz • wertfreie Einstellung • Ambiguitätstoleranz • Frustrationstoleranz • Polyzentrismus	• Kenntnis der politischem sozialen, wirtschaftlichen Managementsysteme • Kenntnis der Kulturdimensionen • Fremdsprachenkenntnisse • Selbstkenntnis	• Fähigkeit, kognitive Kenntnisse anzuwenden • Kommunikations- fähigkeit • Fähigkeit, Sprachkenntnisse in die Praxis umzusetzen • Fähigkeit zur Metakommunikation • flexibles Verhalten • Selbstdisziplin

Abb. 5-122: Schlüsselkomponenten interkultureller Kompetenz
Quelle: Barmeyer, C./Davoine, E./Güsewall, A. (2008), S. 7.

Um interkulturelle Kompetenz zu erwerben, lassen sich die auf die verschiedenen Schlüsseldimensionen zugeschnittenen didaktischen Methoden anwenden (s. Abbildung 5-123).

• Kulturübergreifende und kulturspezifische Methoden • Angebote für alle MitarbeiterInnen oder für spezifische Gruppen und Personen	
Didaktisch	
Kognitive Methoden	**Ziel:** Wissensvermittlung (Sprache, landeskundliche Informationen, besondere Verhaltensweisen, Traditionen, Lebensstile) **Methoden:** Filme, Vorträge, schriftliche Unterlagen
Affektive Trainings-methoden	**Ziel:** Aufbau einer Beziehung zu (spezifischen) anderen Kulturen; ggf. Umbewertung negativer Zuschreibungen mit dem Ziel, eine Einstellungsänderung zu bewirken **Methoden:** Fallstudien, Rollenspiele, Simulationen, Kulturassimilator, Kommunikations-übungen
Verhaltens-orientierte Trainings-methoden	**Ziel:** Selbsterfahrung in gruppendynamischen Prozessen, Sammlung interkultureller Lernerfahrungen, Erfahrung und Bewältigung von Stresssituationen im interkulturellen Kontext **Methoden:** Senitivitätstraining, Simulationstraining, Felderfahrungen

Abb. 5-123: Vermittlungsmethoden interkultureller Kompetenz

386 Vgl. Barmeyer, C./Davoine, E./Güsewall, A. (2008), S. 7.

Interkulturelle Kompetenz ermöglicht es, mit den Unterschieden der eigenen und der fremden Kultur effektiv umzugehen. Die Entwicklung der interkulturellen Kompetenz wird durch die Durchführung von Trainings unterstützt. Nach Gudykunst, Guzley und Hammer lassen sich vier Formen von Trainings unterscheiden:

Kulturbezogene Trainings:
Diese Trainings dienen der Vermittlung von Wissen über die Bedeutung von gemeinsamen und unterschiedlichen kulturellen Werten. Im Vordergrund steht dabei die Sensibilisierung der Teilnehmer durch die Verbesserung der Informationen über landesspezifische Verhaltensweisen, Sitten, Traditionen etc. Hierzu werden bspw. der Culture-general Assimilator (Lernprogramm mit interkulturellen Situationsbeschreibungen sowie kulturadäquaten Informationen),[387] Vorträge und Diskussionen sowie Videos eingesetzt.

Ethnozentrismus	Poylzentrismus	Geozentrismus
Werte und Prinzipien der Muttergesellschaft maßgeblich für die Tochtergesellschaften	Tochtergesellschaften entwickeln und leben ihre Werte und Prinzipien eigenständig	Neue, gemeinsame Werte und Prinzipien von Mutter- und Tochtergesellschaften werden durch Zusammenwirken integriert
Einheitliche Führungskultur mit denselben Methoden und Instrumenten wird von Zentrale vorgegeben	Jede Tochtergesellschaft hat eigene Führungskultur mit eigenen Methoden und Instrumenten	Durch Best Practices entwickelt sich eine neue gemeinsame Führungskultur mit von allen akzeptierten Methoden und Instrumenten
Besetzung von Schlüsselpositionen im Auslang durch MitarbeiterInnen aus dem Land der Muttergesellschaft	Besetzung von Schlüsselpositionen im Ausland durch einheimische MitarbeiterInnen	Besetzung von Schlüsselpositionen im Ausland durch die kompetentesten MitarbeiterInnen
OE ist ein den Tochtergesellschaften auferlegter Top-down-Prozess	OE dezentral und unabhängig in den jeweiligen Tochtergesellschaften	OE koordiniert im Austausch zwischen Mutter- und Tochtergesellschaften

Abb. 5-124: Umgang von Organisationen mit kultureller Vielfalt

Kulturspezifische Trainings:
Dagegen fokussieren informationsorientierte kulturspezifische Trainings die kulturellen Besonderheiten (Landeskunde, kulturelle Unterschiede) eines bestimmten Landes. Hieraus leiten sich Empfehlungen zu Verhaltensweisen ab (Arbeitsverhalten, soziale Normen). Neben den bereits genannten Methoden eignet sich der Einsatz von Fallstudien dazu, konkrete Informationen über einzelne Länder zu vermitteln.

387 Vgl. Thomas, A./Hagemann, K./Stumpf, S. (2003), S. 237–272.

Erfahrungsaustausch:
Diese interaktive Trainingsform dient nicht primär der Vermittlung von Wissen, sondern dem Training von Verhaltensweisen sowie der Veränderung von Einstellungen. Geeignete Instrumente stellen Rollenspiele und Kultursimulationsspiele dar.

Die erfahrungsorientierten kulturspezifischen Trainings unterscheiden sich von den zuvor geschilderten Trainings nur durch die Fokussierung eines bestimmten Landes.[388] Daher erscheinen sie nur geeignet, wenn das Unternehmen primär Neueinstellungen aus bestimmten Regionen vornimmt bzw. Mitarbeiter in bestimmte Regionen entsendet.

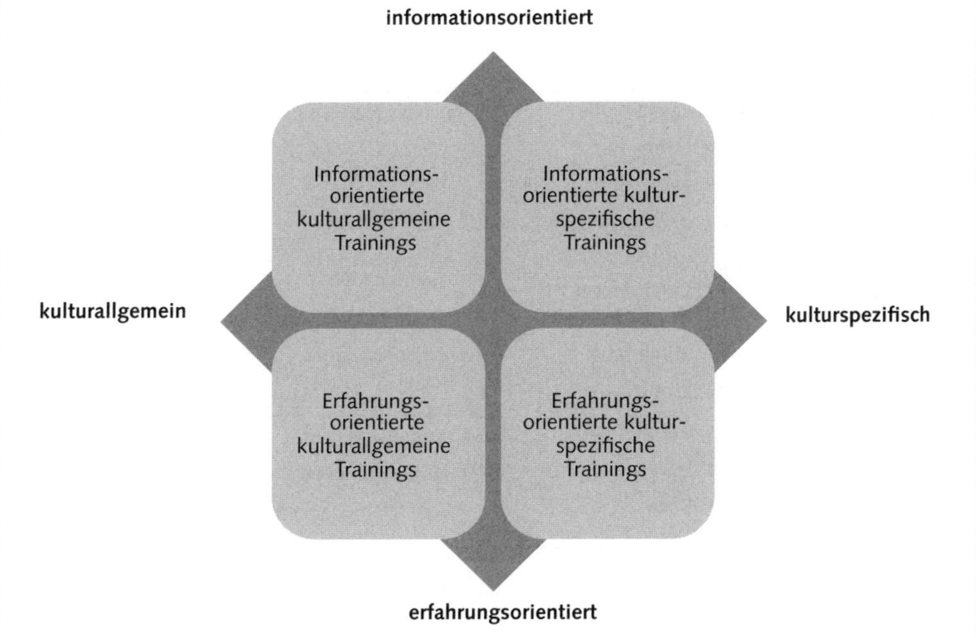

Abb. 5-125: Formen interkulturellen Trainings
Quelle: In Anlehnung an Thomas, A./Hagemann, K./Stumpf, S. (2003), S. 249 nach Gudykunst/Hammer (1983).

Abschließend wird aufgezeigt, inwieweit in der Praxis Programme zur Entwicklung der interkulturellen Kompetenz eingesetzt werden.

Als Beispiel wird das interkulturelle Training des Dax 30-Unternehmens Bosch vorgestellt. Das Unternehmen kennzeichnet sich dadurch, dass trotz des Stammsitzes in Stuttgart eine Vielzahl der Mitarbeiter im Ausland beschäftigt sind. Hieraus resultiert das Erfordernis einer interkulturellen Zusammenarbeit bspw. im Rahmen virtueller Teams oder in Form von Auslandsentsendungen. Um die Mitarbeiter hierbei zu unterstützten, basieren Maßnahmen der

388 Vgl. Thomas, A./Hagemann, K./Stumpf, S. (2003), S. 248 ff.

Integration bei Bosch auf zwei Säulen. Die erste Säule bilden Maßnahmen der Weiterbildung. Zentrale Inhalte sind neben Trainings zur interkulturellen Kompetenz, Teamtrainings und spezifische Programme für Expatriates.

Die zweite Säule beinhaltet die Vernetzung, den Austausch und die Erweiterung des Wissens einzelner Mitarbeiter im Rahmen eines konzernweiten Wissensmanagements. Auch hiermit wird das Ziel verfolgt die interkulturellen Kompetenzen der Mitarbeiter weiterzuentwickeln.

Von Bedeutung ist dabei, dass die Maßnahmen der beiden Säulen sich nicht ausschließlich auf die Zielgruppe der Führungskräfte und High Potentials richten, sondern von einem weiten Zielgruppenverständnis ausgegangen wird, das auch die unteren Hierarchieebenen einbezieht.[389]

• Beziehungen • Enge persönliche Beziehungen • Kommunikationsfähigkeit • Fähigkeit, emotionale Bindungen einzugehen • Inspiration und Motivation anderer • Konfliktmanagement • Verhandlungsfähigkeit • Fähigkeit zur Verantwortungsübertragung • Ethische Sensibilität • Gesellschaftliche und kulturelle Fähigkeiten	• Eigenschaften • Neugierde • Bestimmtheit • Kontinuierliches Lernen • Verantwortungsbewusstsein • Integrität • Mut • Commitment • Härte • Reife • Persönliche Bildung	**Business Expertise** • Kenntnisse des globalen Geschäfts • Kenntnisse der globalen Organisation • Geschäftssinn • Organisationssinn • Ergebnisorientierung	**Organisationsexpertise** • Teambildung • Gemeinschaftsbildung • Organisationale Netzwerke • Bildung von Lernsystemen • Operationale Codes • Globale Netzwerke • Starke Kundenorientierung
		• Kognitionen • Global Mindset • Agilität im Denken • Improvisation • Erkennen von Mustern • Kognitive Komplexität • Kosmopolitisch • Management von Unsicherheit • Lokale vs. globale Paradoxe • Verhaltensflexibilität	• Visionen • Artikulation realistischer Strategien und Visionen • Vorstellungskraft • Unternehmergeist • Katalysator für kulturellen/strategischen Wandel • Inspiration

Abb. 5-126: Konzept des »Global Leadership«
Quelle: Festing, M.(2013).

389 Vgl. Barmeyer, C./Davoine, E./Güsewall, A. (2008), S. 8ff.

Weiterbildungsmaßnahmen zur Entwicklung interkultureller Kompetenz	Wissensmanagement zur Entwicklung interkultureller Kompetenz
• Trainings zur Entwicklung allgemeiner interkultureller Kompetenzen (wie Sprachkompetenz, kulturelle Sensibilität oder auch Ambiguitätstoleranz) • Trainings zur Arbeit in (virtuellen) multikulturellen Teams • Training für Expatriates	• Länderberichte, Kulturprofile in deutscher und englischer Sprache (mit kulturellen wie praktischen Informationen über die Zielländer) • Pool ehemaliger Expatriates, die als Länderreferenten in Workshops referieren • Intranet-Forum (»News Net«) mit Länderinformationen • Treffen zum Austausch zwischen Rückkehrern aus bestimmten Ländern (wie Japan und China) am Hauptsitz • Feedbacks nach der Rückkehr an Mentoren oder HR-Manager, die die Expatriates während ihrer lokalen Integrationsphase begleitet haben

Abb. 5-127: Maßnahmen zur Entwicklung interkultureller Kompetenz bei der Bosch-Gruppe. Quelle: Barmeyer, C./Davoine, E./Güsewall, A. (2008), S. 8.

5.4.8 Institutionelle Diskriminierung von Migranten

Kein anderes Handlungsfeld des Diversity Managements ist mehr durch institutionelle Diskriminierung gefährdet wie das Handlungsfeld Migration und Integration. Die Europäische Union versucht die Migrantenströme aus Afrika und dem mittleren Osten einzudämmen. Bootsflüchtlinge vor der italienischen Insel Lampedusa, Menschentrauben, die an den Grenzzäunen der spanischen Exklaven Ceuta und Mellia rütteln und in die Europäische Union einwandern wollen, Migranten-Zeltdörfer im Hafen von Calais, geben täglich Zeugnis vom wachsenden Einwanderungsdruck auf Europa. Die Flüchtlingsströme wachsen beständig an. Die abwehrenden europäischen Staaten scheinen ohne Idee und Konzept, wie sie den Ansturm menschlich bewältigen sollen. Die direkte Diskriminierung zeigt sich in der Abschottung und der Zurückweisung z. B. in Italien gestrandeter Bootsflüchtlinge.

Direkte Diskriminierung zeigt sich in Deutschland in der Verweigerung von Aufenthaltsgenehmigungen, Arbeitserlaubnis, Freizügigkeit und der indirekten und verdeckten Diskriminierung bei der Wohnungssuche. Die alltägliche Behandlung der Migranten ist geprägt von Diskriminierung. Unterbringung in lagerähnlichen Unterkünften, drohende Abschiebung und langwierige Verfahren beim Familiennachzug erschweren ihre Integration.

5.4.9 Ausblick

Integration braucht die Begegnung mit den Werten, Routinen, der Kultur und der Gesellschaft, in die sich jemand integrieren soll bzw. in die eine Person sich integrieren will. Integration braucht auf der Seite der Migranten eine Idee dazu, in welchem Land und mit welcher Intensität man dort leben und arbeiten möchte. Eine übergeordnete Idee kann für Migranten z. B. sein: »Meinen Kindern soll es besser gehen, dafür tue ich das!« Oder »ich will frei sein, will mich entfalten können, will keine Repressalien mehr erdulden!« Einwanderungsländer und

Migranten und Migrantinnen aufnehmende Unternehmen müssen ebenfalls eine schlüssige Vorstellung als Ziel- und Orientierungspunkt und als Orientierungsrahmen der Integrationsbemühungen offerieren. Die Motivation der Unternehmen sollte nicht in engem Sinne auf die Sicherung der Fach- und Führungskräfte gerichtet sein. Es gilt nach wie vor die Erkenntnis, die schon bei der Anwerbung der ersten Gastarbeiter in den sechziger Jahren des vorigen Jahrhunderts gegolten hat: »Man hat Arbeitskräfte gesucht und es sind Menschen gekommen!« Auswanderung bedeutet stets einen großen Verlust an Heimat, Orientierung, Tradition, Lebenspraxis und Beziehungen. Diesen Verlust verkraften Migranten und Migrantinnen dann viel besser, wenn sie in einem Land mit einer ernst gemeinten Willkommenskultur Aufnahme finden, wenn sie wissen, was sie erwarten dürfen und was von ihnen erwartet wird.

Internierungslager am Beginn des Aufenthalts im Gast- oder Zielland sind keine gute Idee für eine gelingende Integration. Integration kann nur gelingen, wenn das aufnehmende Land und die aufnehmenden Unternehmen im Verständnis einer affirmativen Kultur und Gesellschaft handlungsleitende Vorgaben, Muster und Routinen vorgeben und diese auch einleuchtend erklären. Wie soll es einem Migranten gelingen, die affirmativen Forderungen der »Leitkultur« zu erkennen und zu verinnerlichen, wenn eine systematische erklärende und begleitende Integrationshilfe fehlt? Die Rezeption der Kultur und der gesellschaftlichen und politischen Regeln eines Landes bedürfen auf der einen Seite der integrationswilligen Person, die sich integrieren will. Auf der anderen Seite bedarf es der Integrationshelfer, die die Regeln und die Kultur erklären und auf Verbindlichkeit der Übernahme der Regeln und Gesetze achten. Natürlich ist mit Blick auf den affirmativen, fordernden, egalisierenden Charakter der kulturellen Vorgaben darauf zu achten, dass keine plumpe Gleichmacherei die Integration bestimmt. Es sind kulturelle, soziale, ökonomische und weltanschauliche Rahmenbedingungen zu setzen und deren Einhaltung bzw. deren Annahme durch die Migranten als Mindeststandard der Integration zu fordern. Es muss Raum bleiben, mitgebrachte, als wertvoll erachtete und verinnerlichte Werte als personales humanes Fundament weiter zu pflegen. Eine Entwurzelungsstrategie ist nicht geeignet, die Einsicht in »Land und Leute« zu fördern.

In liberalen, individualistisch geprägten Gesellschaften wird die Integration erschwert, weil verbindliche generalisierende Standards fehlen bzw. nicht ausreichend vermittelt werden. Der einzelne Migrant muss seine Integration selbst leisten, er muss sich relevante Informationen beschaffen, Vorgefundenes beurteilen und den Sinn hinter den Routinen und Gestaltungsprämissen des Zusammenlebens erkennen. Vorurteile und Fehlinterpretationen sind bei dieser Praxis der informationsarmen Integration eher die Regel als die Ausnahme. Diese auf den Migranten verschobene Integrationsleistung frönt einer individualistischen Freiheit und einem Maß an Selbstbestimmung, das für Inländer gut, gewollt und selbstverständlich ist. Für Kultur-Fremde wirkt diese Praxis des Alleinlassens solange belastend und inhuman, bis sie die Sprache des Landes so gut beherrschen und sich informieren können. Systematische Sprachförderung muss daher höchste Priorität besitzen.

Es ist ebenso darauf zu achten, dass keine Parallelgesellschaften entstehen. Parallelgesellschaften leben nach mitgebrachten oder selbstgemachten Regeln des Zusammenlebens. Parallelgesellschaften meiden die Begegnung mit der »Leitkultur« ebenso wie die Unterordnung z. B. unter das Rechtssystem des Integrationslandes. Auch hier wäre es kein guter Weg, wenn in falsch verstandener »Political Correctness« auf die Einforderung der Unterordnung unter die kollektiven Regelsysteme verzichtet würde. So ist zu beobachten, dass insbesondere die zweite und dritte Generation der Eingewanderten größere Schwierigkeiten mit den offiziellen Systemen haben als die Einwanderer-Generation selbst, die (noch) Orientierung aus den mitgebrachten Wertefundamenten hatte. Weil der nachfolgenden Generation nicht in ausreichendem Maße abverlangt wurde, sich zu integrieren, fehlt diesen Menschen mit Migrationshintergrund beides: die Kultur der Eltern und Großeltern und die Kultur des Landes, in dem sie geboren wurden. Aufsehen erregt hat z. B. der Brief der Polizistin Tanja Kambouri an die nordrhein-westfälische Landesregierung, in dem sie sich darüber beklagt, als Frau, als Polizistin und als Person mit Migrationshintergrund von Menschen mit Migrationshintergrund nicht akzeptiert zu werden. Nachsicht mit Personen, die die Ordnung und die Ordnungshüter nicht akzeptieren, so ihr Urteil, sei keine gute Voraussetzung für gelingende Integration.

Integration kann andererseits nur gelingen, wenn institutionelle Diskriminierung vermieden wird. Auswahlverfahren und Beförderungssysteme müssen ohne »blinden Fleck« auf die Auswahl der geeigneten Kandidaten und Kandidatinnen gerichtet sein. Wäre das schon sichergestellt, hätte es den AGG nicht bedurft.

Gerade mit Blick auf die demografische Entwicklung und die Notwendigkeit, z. B. ausländische Pflegekräfte nach Deutschland zu holen, kommt den Senioren und Seniorinnen eine besondere Rolle zu. Sie sind es, die als »Kunden« der ausländischen Pflegekräfte das Bild des Gastlandes nachhaltig prägen. Behandeln die Seniorinnen und Senioren die ausländischen Pflegekräfte würdevoll, dann wird es leichter werden, dringend erforderliche Unterstützung durch ausländische Pflegekräfte zu bekommen. Pflegekräfte aus dem Ausland, die möglicherweise auch in Deutschland bleiben möchten, müssen ihrerseits die alten Menschen verstehen, weil es wahrscheinlich sein wird, dass die älteren Menschen ihre Routinen, ihre Denk- und Handlungsweisen nicht mehr grundlegend verändern werden. In abgeschwächter Form gilt diese Argumentation natürlich auch für die alternden Belegschaften in den Unternehmen und öffentlichen Verwaltungen. Auch hier spielt die Sprache eine wichtige Rolle für die Verständigung und das gegenseitige Verständnis.

Nordrhein-Westfalen gilt als das Bundesland mit der höchsten Anzahl von Menschen mit Migrationshintergrund. Abbildung 5-128 zeigt das Verhältnis von Schülern »mit Zuwanderungsgeschichte« und »ohne Zuwanderungsgeschichte« für das Jahr 2010/2011. Die Zahlen sind geeignet, die Integrationsbemühungen zu intensivieren, sie sind aber nicht geeignet, Angst vor Überfremdung zu schüren. Integration gedeiht durch Teilhabe. Wer Arbeit findet, wer einen Laden eröffnet, wer eine Wohnungseinrichtung und eine Wohnung kauft, wer seine Kinder in öffentliche Schulen schickt, muss als integrationswillig apostrophiert werden und hat Anspruch auf Unterstützung auf dem Wege, die eigenen Angelegenheiten bald wieder eigenverantwortlich selbst regeln zu können. Überfremdungsängste drücken nicht selten die persönliche Ungewissheit, Unentschiedenheit, Verantwortungsscheu aus. Da kommt eine externe Zuschreibung auf Migranten und Migrantinnen gerade recht, um Entlastung von den eigenen Ängsten zu erreichen.

Am Schluss dieses Kapitels muss ein kurzer Blick auf die aktuelle Situation in der Welt stehen. Die Welt ist voller Kriege, Millionen Menschen sind auf der Flucht. Kinder verlieren ihre Eltern, werden verschickt und nicht selten verkauft. Heimatlosigkeit prägt das Bild der Gegenwart. In vielen Regionen der Welt sind Fremdenhass, religiöser Fanatismus und blinder Hass schreckliche Realität. Es mutet im Angesicht der Drangsale der Menschen in den Kriegsgebieten, den katastrophalen Verhältnissen in den zahllosen Flüchtlingslagern der Welt geradezu ungehörig an, wenn man Seiten zu den »kleinen Problemen der Integration« von Migrantinnen und Migranten in Deutschland schreibt. Es sind große Anstrengungen erforderlich, um die Toleranz weltweit zu verbessern und den Hass weltweit zu bekämpfen.

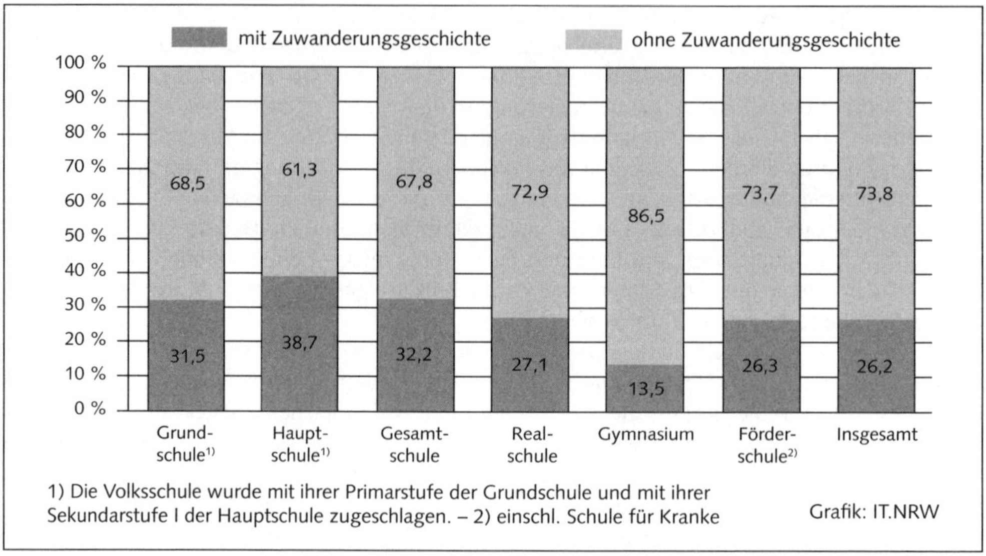

Abb. 5-128: Anteile der Schüler/-innen mit und ohne Zuwanderungsgeschichte 2010/11 nach Schulform
Quelle: IT.NRW.

5.4.10 Praxis der Integration von Migrantinnen und Migranten

Migrantinnen und Migranten sind sowohl als Neulinge in einem Land als auch als Neulinge in einem Unternehmen Einsteiger, deren Situation zu deutschen Einsteigern dadurch unterschieden ist, dass sie in der Regel noch sprachliche Defizite haben und auch kulturelle Gewohnheiten nicht kennen. Ansonsten ist der Prozess der Eingliederung analog der Einführung neuer Mitarbeiterinnen und Mitarbeiter zu gestalten. Die Maßnahmen der Integration müssen systematisch erfolgen. Die Einweisung in die neuen Aufgaben, die Verhaltensstandards, das Zeit- und Qualitätsmanagement, die neue Arbeitsumgebung und in die Kultur des Unternehmens stehen im Vordergrund der Integrationsarbeit. »Eingestellt und vergessen« wird durch systematische Einführungsschritte ersetzt. Die Einführung ist mehr als bloße Einarbeitung. Die Maßnahmen der Integration sind in sozial-integrierende und in funktional-qualifizierende Maßnahmen zu unterteilen.

5.4.10.1 Ziele systematischer Integration

Ziel der Integrationsmaßnahmen ist das schnelle Erreichen der Leistungs- und Qualitätsstandards (funktional-qualifizierende Absicht) und das Zurechtkommen mit den sozialen Standards und Vorgaben (sozial-integrierende Absicht). Die »Neuen« sollen in die Kultur eingeführt werden, es soll sichergestellt werden, dass sie ein realistisches Bild der Aufgaben, der Arbeitsumgebung, der Führung und Zusammenarbeit und der Gestaltungsmöglichkeiten erhalten. Zusammenhänge sollen erkannt und Zusammenarbeit aufgebaut werden.

5.4.10.2 Inhalte systematischer Einführung

Die Integration orientiert sich an den Tätigkeiten und Anforderungen, an den Qualitätsstandards der aufnehmenden Organisation. Kernmodule der Integration sind:

- Die Erarbeitung eines Integrationskonzeptes mit klaren Zeiten-Maßnahmen-Verantwortlichkeiten
- Die Durchführung von Integrationsgesprächen als begleitendes reflektierendes Element der Integration
- Die Bestimmung von Integrationsschwerpunkten nach zeitlichen, örtlichen und inhaltlichen Zielen
- Die gezielte Durchführung formaler fachlicher, sozialer und sprachlicher PE-Maßnahmen
- Das Angebot von Betriebserkundungen, Stadtführungen, Ämterbesuchen
- Die Durchführung von Sicherheitsbelehrungen
- Die Organisation formeller kollegialer Begegnungen
- Die Benennung eines Integrationspaten, wenn möglich eine Person, die aus derselben Herkunftskultur stammt
- Die Teilnahme an kulturellen Veranstaltungen.

5.4.10.3 Verantwortliche für den betrieblichen Integrationsprozess

Der Vorgesetzte

Der direkte Vorgesetzte ist hauptverantwortlich sowohl für die sozial-integrierenden als auch für die funktional-qualifizierenden Aufgaben der Integration. Die direkte Führungskraft erläutert die Aufgaben, die Organisation, führt die Einführungsgespräche, unterstützt bei konkreten Anliegen und vermittelt professionelle weitergehende Unterstützung bei Bedarf.

Der Integrationspate

Paten betreuen die »Neuen« am Arbeitsplatz, weisen sie in die Aufgaben, die Prozesse, die Beziehungen und die Örtlichkeiten ein. Paten sollten erfahrene Kolleginnen oder Kollegen sein, die über interkulturelle Erfahrungen verfügen, Freude an der Begleitung von Migranten haben und die eine pädagogische Grundbegabung mitbringen.

Vertrauensvolle Zusammenarbeit und Offenheit für mitgebrachte und neue Denkweisen, sind wichtige Voraussetzungen für eine gelingende Einführung.

5.4.10.4 Der erste Arbeitstag

Der erste Arbeitstag ist oft entscheidend für die Integration. Sensibilität im Umgang mit dem »Neuen«, die für den Migranten stets eine Art der Bedrohung darstellt, ist oberstes Gebot des ersten Arbeitstages. Die »Wirf-ins-kalte-Wasser-Strategie« ist nicht anzuraten. Gespräche, Informationen, Zeit zur Reflexion, sollen den ersten Arbeitstag bestimmen. Ein »Blitzlicht« am Ende des ersten Tages sollte selbstverständlich sein.

5.4.10.5 Einführung am Arbeitsplatz

Die funktional-qualifizierende Einführung am Arbeitsplatz kann mit der Vier-Stufen-Methode erfolgen, weil diese Methode handlungsintensiv und weniger sprachintensiv in die Aufgabenerledigung einführt. Die vier Stufen der Einführung sind:
- Vorbereiten der zu erledigenden Aufgabe,
- Vormachen der Arbeitsschritte,
- Nachmachen der Arbeitsschritte durch den Lernenden,
- Üben der erlernten Arbeitsschritte zur Bemeisterung des Vorgangs.

Planmäßiges Vorgehen führt den Mitarbeiter Schritt für Schritt in die neue Aufgabe ein. Rückfragen nach dem Selbermachen stärken das Selbstbewusstsein und verhindern, dass sich fehlerhaftes Arbeiten festsetzt. Motto der Einarbeitung sollte die Erkenntnis sein, dass »noch kein Meister vom Himmel gefallen ist!«

Als Hilfsmittel der Einarbeitung dienen Schaubilder, Lernhilfen, Arbeitsanweisungen und vor allem »gelungene« Muster.

5.4.10.6 Integrationsseminare und Events

Der Prozess der Eingliederung, der »familiarization process« muss sowohl den Verstand als auch das Herz ansprechen, muss Event-Charakter haben. Dazu gehören z. B.:
- Stadtbesichtigung,
- Werksbesichtigung,
- Kontaktgespräche mit vor- und nachgelagerten Abteilungen,
- Kamingespräch mit der Geschäftsführung,
- Kontaktgespräch mit dem Betriebs-/Personalrat,
- Geplante Theaterbesuche, Behördengänge und
- Die Einladung der Migrantenfamilien zu Betriebsfeiern oder Sportveranstaltungen

5.4.10.7 Dauer der Integrationsphase

Die Dauer der Integration ist grundsätzlich individuell zu gestalten, begleitet von Maßnahmen, die für alle neuen Mitarbeiterinnen und Mitarbeiter angeboten werden. Ein systematisches Abschlussgespräch ist auf jeden Fall durchzuführen und weitere Beratung ist anzubieten. Auch ist es wichtig, auf die Unterstützung der Personalabteilung, des Betriebs- oder Personalrates und externer Stellen, z. B. Ausländerbehörde, Kirchen und Gewerkschaften, hinzuweisen.

Zum Abschluss der formellen Integration sind klare Entscheidungen zu treffen hinsichtlich
- Einsatzort,
- Arbeitsaufgabe,
- formelle Zuordnung und Unterstellung,
- das Einkommen,
- die ersten Entwicklungswege und
- weiterer PE-Maßnahmen.

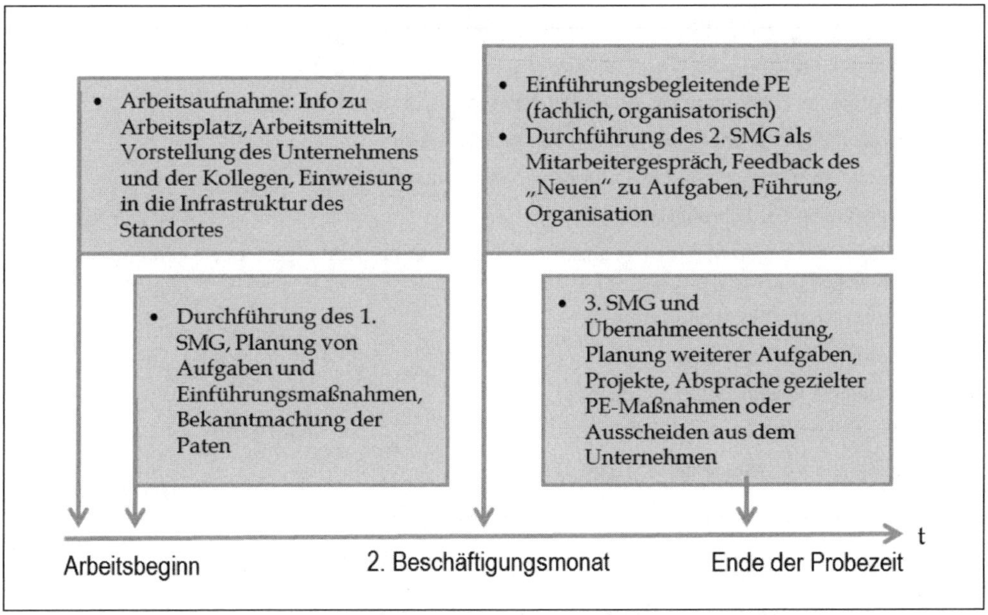

Abb. 5-129: Integration von Migranten und Migrantinnen (SMG = Systematisches Mitarbeitergespräch)

Zeit-Maßnahmen-Plan systematischer Integration
• Einführungs- und Orientierungsgespräche festlegen
• Beauftragung des Paten
• Kennenlernen der Betreuungspersonen aus der Personalabteilung
• Terminierung Feedbackgespräche und Abschlussgespräch
• Klärung der Ziele der Integration
• Festlegen der Dauer der formellen Integration und der Abfolge der Integrationsabschnitte
• Geeignete Information der Kolleginnen und Kollegen und der Betreur vor Ort
• Absprache der Aufgabenschwerpunkte während der Integrationsphase
• Festlegung begleitender formeller Qualifizierungsmaßnahmen
• Vereinbarung zu Beurteilungszeitpunkten, Beurteilungskriterien und beurteilenden Personen (Unterschriften)

Abb. 5-130: Zeit-Maßnahmen-Plan systematischer Integration

Inhalte eines Einführungs- und Orientierungsgesprächs
• Begrüßung: Ermutigung des neuen Mitarbeiters, Fragen zu stellen
• Organisatorische Einordnung des Arbeitsbereiches in das Unternehmen
• Organisatorische Einordnung der Stelle in den Arbeitsbereich
• Aufgaben, Anforderungen und Erwartungen an den neuen Mitarbeiter
• Selbstverständnis der Führungskraft
• Erwartungen des neuen Mitarbeiters an seine Aufgaben, Verantwortungen, an die Führungskraft, an die Kollegen
• Besprechungen des Einarbeitungsplanes
• Erläuterung des Patensystems
• Erläuterung der Feedback-Gespräche
• Arbeitszeit-, Urlaubsregelungen usw.
• Rundgang und Vorstellung der Kollegen

Abb. 5-131: Inhalte eines Einführungs- und Orientierungsgesprächs

5.4.11 Praxisbeispiel: Betriebliche Integration ausländischer Pflegekräfte

Zur Integration in konkreten Zielländern angeworbener Pflegekräfte hat die GIZ gemeinsam mit der eo ipso personal- und organisationsberatung gmbh einen Integrationsworkshop entwickelt, der die aufnehmenden Führungskräfte befähigen soll, die Integration der ausländischen Pflegekräfte professionell zu gestalten. Das Konzept wird nachfolgend im Überblick dargestellt.

Ziele des Integrationsworkshops
• Die Arbeitgeber – Führungskräfte und Kollegen – sind nach dem Workshop in der Lage, die persönlichen Anliegen, Sorgen, Ziele und kulturellen Gewohnheiten der Pflegekräfte mit Migrationshintergrund zu verstehen.
• Die Arbeitgeber verstehen, wie sie die Pflegekräfte optimal einsetzen und sicherstellen, dass diese eine hohe Pflegequalität erbringen.
• Die Arbeitgeber erkennen, wie sie die Bleibebereitschaft und die Integrationsbereitschaft der Pflegekräfte aktiv stärken können.
• Die Pflegekräfte verstehen, wie sie sich in die Pflegeorganisation bestmöglich integrieren können, ohne dabei die eigene Identität preisgeben zu müssen.
• Die Arbeitgeber erkennen, welche konkreten Maßnahmen speziell für ihr Haus geeginet sind, die neuen Pflegekräfte konfliktarm in den Arbeitsablauf und den Umgang mit Kollegen und Patienten einzugliedern.

Abb. 5-132: Ziele des Integrationsworkshops

Inhalte des Integrationsworkshops
• Informationen zu der Pflegeeinrichtung, den Klientelgruppen, der Arbeitsorganisation und den Arbeitsprozessen
• Informationen zum Diversity-Reifegrad der Pflegeeinrichtung Dialog zu den Erfahrungen der ersten Arbeitsphase aus der Sicht der Migranten und des Unternehmens
• Brainstorming zu geeigneten Maßnahmen zur schnellen und zufriedenstellenden Integration der »Neuen«
• Maßnahmenpriorisierung und Festlegung der Realisierungszeitpunkt
• Festlegung von Verantwortlichkeiten, z. B. Patenkonzept für die »Neuen«
• Festlegung der Evaluierungsschritte der Maßnahmen

Abb. 5-133: Inhalte des Integrationsworkshops

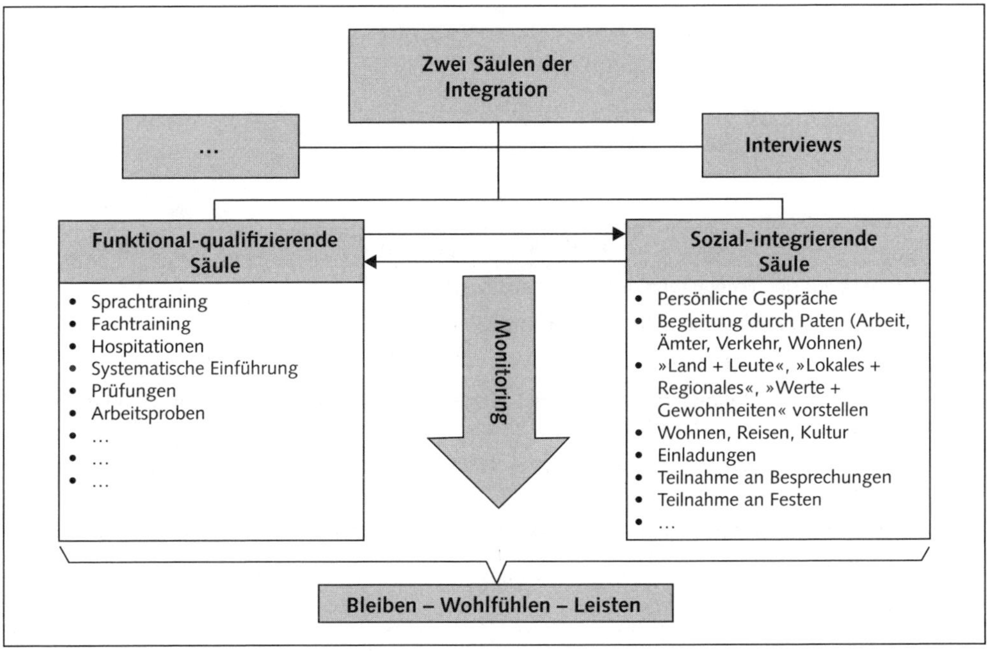

Abb. 5-134: Zwei Säulen der Integration

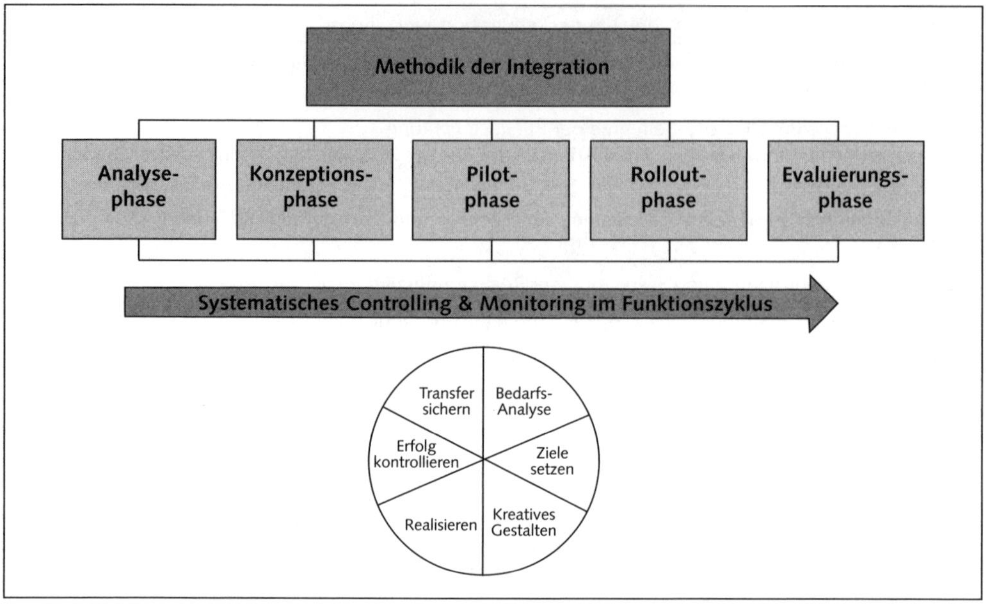

Abb. 5-135: Methodik der Integration

Methodisches Vorgehen
• Trainerinput aus den Erhebungen und den Interviews
• Diskussion der Ergebnisse mit hoher Teilnehmerorientierung
• Dokumentation von Ergebnissen
• Strikte Beachtung der besonderen Situation der »Neuen« und Offenheit für situative Änderungen aus Anregungen aus der Workshop-Gruppe
• Klare umsetzungsorientierte Beschlussfassung und Einforderung von Verbindlichkeit und Kooperationsbereitschaft
• Konsequente Ausrichtung des Workshops am Funktionszyklus systematischer Personalentwicklung (FZ)

Abb. 5-136: Methodisches Vorgehen

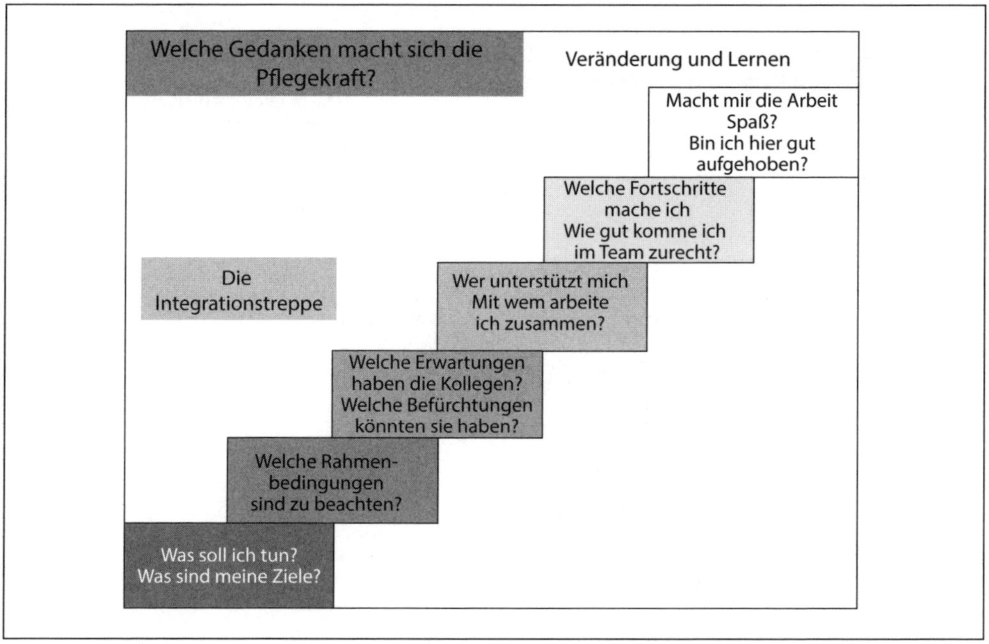

Abb. 5-137: Integrationstreppe – Pflegekraft

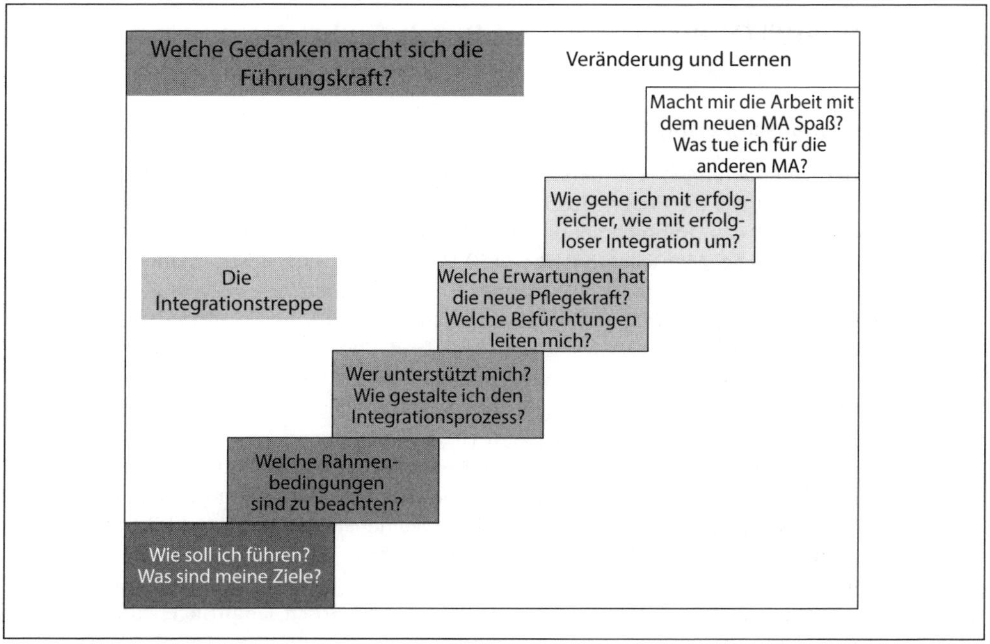

Abb. 5-138: Integrationstreppe – Führungskraft

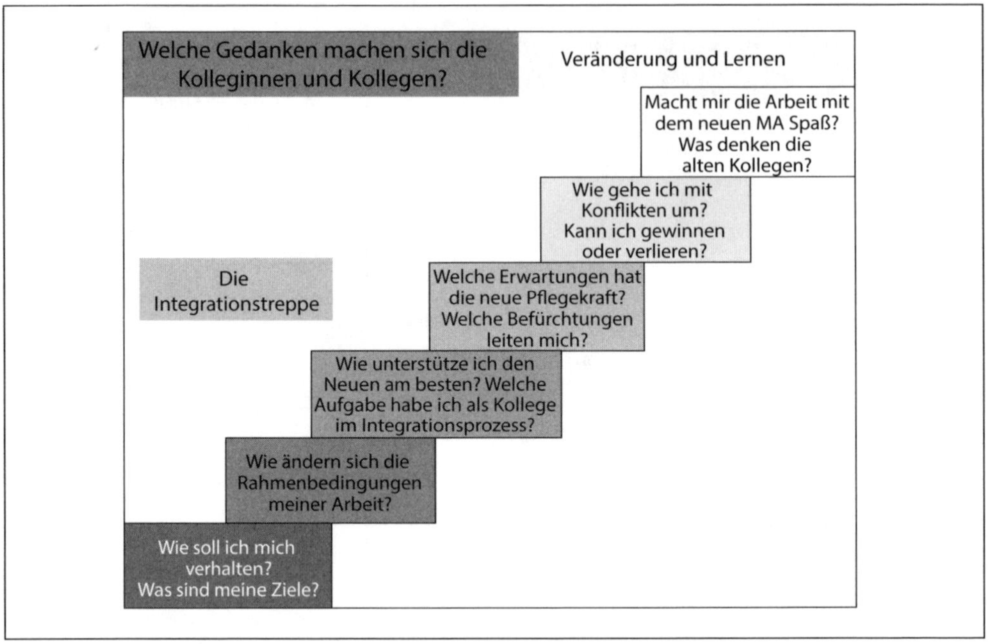

Abb. 5-139: Integrationstreppe – Kolleginnen/Kollegen

5.4.12 DIVERSITY-PRAXIS: Robert Bosch GmbH

Madeleine Foerster, Annkathrin Kienle, Dana Behrens

Diversity aus der Bosch-Perspektive

Gesellschaftliche Veränderungen wie die Globalisierung und der demografische Wandel betreffen auch Unternehmen wie die *Robert Bosch GmbH (Bosch)*. Bosch expandierte 1898 erstmals ins Ausland. Inzwischen ist das Unternehmen in 150 Ländern an über 350 Standorten tätig. Allein in Deutschland arbeiten dabei Menschen mit über 110 Nationalitäten für Bosch. Mancherorts treffen vier Generationen aufeinander – Frauen wie Männer auf allen Ebenen.

Bosch betrachtet die gegenwärtigen gesellschaftlichen Umbrüche als Herausforderungen für die eigene Unternehmenspolitik. So sollen Mitarbeiter im Wandel begleitet und ein Umdenken gegenüber eingefahrenen Rollenbildern gefördert werden. Zudem gilt es, Strukturen und Prozesse zu überprüfen und anzupassen, um den Anforderungen an Bosch als modernen Arbeitgeber gerecht zu werden. Daher beschäftigt sich Bosch intensiv mit dem Thema Diversity.

Im Folgenden wird zunächst das Verständnis von Diversity bei Bosch erläutert. Anschließend geht es um die Diversity-Strategie des Unternehmens sowie deren Erfolgsfaktoren und Schwerpunkte. Zudem wird die 2011 ins Leben gerufene Diversity Initiative näher beschrieben und auf die Diversity Dimensionen und Maßnahmen des Unternehmens eingegangen.

Diversity steht bei Bosch stellvertretend für die Wertschätzung von vielfältigen Denkweisen, Erfahrungen, Perspektiven und Lebensentwürfen. Vielfalt sichert Bosch langfristigen unternehmerischen Erfolg. Mit Hilfe eines positiven Diversity Klimas soll einerseits der Wettbewerb um die besten Mitarbeiter, andererseits der Wettbewerb um die besten Produkte und Dienstleistungen gewonnen werden. Denn die gelebte Unternehmensphilosophie »*Bosch, Technik fürs Leben*« bezieht sich nicht lediglich auf eine einzelne, sondern auf eine Vielfalt von Lösungen.

Gründung einer eigenen Diversity-Initiative

Als eines der ersten Unternehmen unterzeichnete Bosch im Dezember 2007 die deutsche »*Charta der Vielfalt*« und verpflichtete sich damit offiziell, Vielfalt anzuerkennen und wertzuschätzen. 2011 folgte die Gründung der unternehmenseigenen **Diversity-Initiative »Vielfalt ist unser Vorteil«**. Im Rahmen der Initiative arbeitet Bosch am Mindset seiner Mitarbeiter und fördert deren Verständnis von Vielfalt. Zahlreiche Positivbeispiele (s. auch Abbildung 5-140) werden aufgezeigt, um das Potenzial von Vielfalt erlebbar zu machen. Zudem bemüht sich Bosch, vielfältige Mitarbeiter für das Unternehmen zu gewinnen, diese zu binden und gezielt zu fördern.

Bosch Mitarbeiter als Diversity Role Models und Botschafter	
	**Katharina Dravits** Produktmanagerin Common Rail Systeme in Stuttgart-Feuerbach, Deutschland Als einzige weibliche Führungskraft im Arbeitsalltag allein unter Männern: Für Katharina Dravits nichts Neues. Die Frau mit dem technischen Know-how hat zahlreiche Stationen in der Prüfstandsplanung und in der Forschung bei Bosch durchlaufen. Sie war bereits Teilprojekt-, Team- und Gruppenleiterin in der Serienentwicklung von Diesel Systems.
	**Wei Jiaqi** Vorarbeiter im Fertigungsmanagement in Suzhou, China Mit nur 24 Jahren ist Wie Jiaqi bereits Vorarbeiter im Fertigungsmanagement bei Bosch China. Er arbeitet täglich mit Kollegen aus unterschiedlichen Ländern zusammen und schätzt die Vielfalt der Arbeitskulturen sehr, da seine Erfahrung zeigt, dass unterschiedliche Ansichten und Hintergründe zu besseren Ergebnissen führen. Er wurde zum »Ausgezeichneten Teamleiter« ernannt.

Abb. 5-140: Role Models, welche die Vielfalt der Bosch Mitarbeiter exemplarisch verkörpern

Die übergeordnete Diversity-Strategie von Bosch

Diversity Management wird bei Bosch als Initiierung und Steuerung eines Veränderungsprozesses begriffen. Veränderungsprozesse benötigen Zeit, verlaufen in Phasen und gehen mit vielfältigen Herausforderungen einher. Daher wurde eine Diversity-Strategie entwickelt, die aus aufeinander aufbauenden Elementen besteht, Schritt für Schritt implementiert werden kann und die sich anhand von Teilzielen messen lässt. Diese werden in Abbildung 5-141 näher erläutert.

Diversity-Strategie von Bosch
1. **Bewusstsein schaffen:** Durch die Ausarbeitung und Bekanntmachung eines »Bosch Business Case«, der anhand konkreter Beispiele darlegt, inwiefern Bosch von Vielfalt profitiert, wird ein Bewusstsein für Diversity bei den Mitarbeitern und Führungskräften geschaffen.
2. **Fördern und unterstützen:** Es werden Ziele und Messgrößen erarbeitet, die Mitarbeitern und Führungskräften als Anhaltspunkte im Umgang mit Diversity dienen. Neue Trainings lehren, wie positiv mit Vielfalt umgegangen werden kann. Zudem sorgen die Mitarbeiternetzwerke bei Bosch für ein positives Diversity-Klima, indem sie Mitarbeiter vernetzen und das Finden von Boschlern mit ähnlichen oder gleichen Interessen und Bedürfnissen erleichtern.
3. **Wirksam einsetzen:** Gemischte Teams werden anhand von Diversity-Kriterien zusammengestellt. Auf diese Weise maximiert Bosch die Innovationskraft seiner Teams.
4. **Profitieren:** Bosch nutzt seine Vielfalt, um neue Produkte, Märkte und Kundengruppen zu erschließen und sich als attraktiver Arbeitgeber zu positionieren.

Abb. 5-141: Schritte und Teilziele der Diversity-Strategie bei Bosch

Erfahrungswerte und Schwerpunkte im Bereich Diversity Management

Bosch beschäftigt sich seit mehreren Jahren intensiv mit dem Thema Diversity. Auf diese Weise hat das Unternehmen Erfahrungswerte sammeln können. Es hat sich gezeigt, dass verschiedene Erfolgsfaktoren das Gelingen von Veränderungsprozessen im Diversity-Bereich begünstigen. Zu den Erfolgsfaktoren zählen:

- eine feste Verankerung von Diversity Management im Unternehmen,
- klare Vorgaben zum Umgang mit Vielfalt, die von den einzelnen Geschäftsbereichen, Regionen und Standorten jedoch an die lokalen Eigenheiten angepasst werden können,
- interne Kommunikation, die zum Umdenken anregt, und
- Weiterbildungsmöglichkeiten im Bereich Diversity Management für Mitarbeiter und Führungskräfte.

Durch die Berücksichtigung dieser Kriterien stärkt Bosch die Wirkung seiner Diversity-Initiative.

Verankerung von Diversity Management im Unternehmen

Das Thema Vielfalt ist in den Unternehmenswerten und der -strategie von Bosch fest verankert. Es gehört zu den »Top 10« der strategischen Themen bei Bosch. Dies ermöglicht eine langfristige Planung. Diversity ist fester Bestandteil der Agenden aller jährlichen Managementmeetings und Betriebsversammlungen. Mindestens vier Mal im Jahr wird es von der Geschäftsführung diskutiert und bei der Wirtschaftsplanung berücksichtigt.

Alle Geschäftsbereiche und Regionen haben aus der zentralen Botschaft lokale Diversity-Schwerpunkte abgeleitet und diese wiederum in ihren Strategien verankert. Zur operativen Zusammenarbeit hat Bosch ein weltweites Diversity-Koordinatoren Netzwerk aufgebaut. An über 200 Boschstandorten gibt es inzwischen Ansprechpartner für das Thema Diversity.

Klare, adaptierbare Diversity-Vorgaben

Basis der Diversity-Initiative ist ein Baukastensystem, das in Pflichtmodule, die alle Standorte umsetzen, sowie optionale Möglichkeiten, die zusätzlich ausgewählt werden können und Raum für eigene standortortspezifische Ideen schaffen, gegliedert ist. Dies ermöglichte den lokalen Diversity-Koordinatoren explizit auf regionale Eigenheiten einzugehen und an aktuelle Themen am jeweiligen Standort anzuknüpfen.

Zum Umdenken anregende interne Kommunikation

Das Thema Vielfalt wird von allen internen Print- und Onlinemedien bei Bosch aufgegriffen, wie z. B. von der Mitarbeiter Zeitung **»Bosch Zünder«**. Parallel hierzu wurden **»eigene« Diversity-Medien** geschaffen und eine gezielte Regelkommunikation zu diesem Thema aufgebaut. Bei Bosch gibt es nunmehr einen internen **Diversity-Newsletter** sowie eigene **Diversity-Webseiten**. Auch extern informiert Bosch Interessierte auf Veranstaltungen und Messen über die unternehmenseigene Vielfalt und den gewählten Diversity-Management-Ansatz.

Primäres Ziel der Kommunikation ist es, alle Mitarbeiter in ihrem täglichen Arbeitsablauf mit dem Thema Vielfalt in Berührung zu bringen und dabei explizit neue Wege und neue Medien auszuprobieren. Abbildung 5-142 zeigt zwei Plakate, die bei Bosch genutzt wurden, um Mitarbeiter für das Thema Diversity zu sensibilisieren.

Abb. 5-142: Zwei Plakate, die Bestandteil der internen Kommunikationsinitiative von Bosch zum Thema Vielfalt sind

Weiterbildungsangebot zum Thema Diversity

Im Rahmen der Diversity-Initiative wurden zahlreiche, zielgruppenspezifische Seminare konzipiert und etabliert, die Vielfalt zum Gegenstand haben. Das resultierende Qualifizierungsportfolio ist umfangreich und adressiert alle Mitarbeitergruppen und Unternehmensbereiche bei Bosch. Da Führungskräfte und Personaler Multiplikatoren des Diversity-Gedankens sind, richten sich viele der angebotenen Seminare an diese beiden Zielgruppen. Unlängst ist die Führung diverser Teams zu einem integralen Bestandteil der Seminare geworden, die der Führungskräfteentwicklung bei Bosch dienen.

Die Diversity-Dimensionen und Maßnahmen von Bosch

Diversity Management ist der Weg hin zu einer offenen, toleranten und wertschätzenden Unternehmenskultur. Bosch hat dazu zunächst im Rahmen einer Zielgruppenanalyse die für das Unternehmen bedeutenden Stellhebel identifiziert und vier Schwerpunkte für seine Diversity-Initiative definiert: Geschlecht, Generation, Internationalität und Arbeitskultur. Diese Schwerpunkte bilden die Diversity-Dimensionen von Bosch. Abbildung 5-143 erläutert die Dimensionen näher.

Diversity-Dimensionen bei Bosch	
	**Gender** Bosch fördert gemischte Teams auf allen Ebenen. Das Unternehmen betrachtet geschlechtergemischte Teams als erfolgreicher, da diese das Potential unterschiedlicher Blickwinkel und Lösungsstrategien nutzen.
	**Generationen** Bosch arbeitet Generationen-übergreifend von der Generation Y bis zu den Baby Boomern. Dabei werden die unterschiedlichen Bedürfnisse der Mitarbeiter berücksichtigt und die Führungsinstrumente entsprechend angepasst.
	**Internationalität** Menschen aus unterschiedlichen Kulturen arbeiten an rund 350 Standorten in über 150 Ländern gemeinsam für Bosch. Diese Vielfalt wird genutzt, um mit internationalen Kunden, Partnern und Lieferanten erfolgreich zusammenzuarbeiten.
	**Kultur** Die Förderung einer Arbeitskultur, in der Mitarbeiter authentisch sein dürfen, wird forciert. Eine mutige und offene Führungskultur, die Querdenker und Vielfalt unterstützt, soll im Unternehmen etabliert und kontinuierlich weiterentwickelt werden.

Abb. 5-143: Übersicht der Diversity-Dimensionen bei Bosch

Die Bosch Diversity-Initiative verfolgt einen ganzheitlichen Ansatz und behandelt alle vier Dimensionen von Vielfalt. Zu jeder Dimension wurden Maßnahmen entwickelt und umgesetzt. So fördert Bosch Frauen im Rahmen des »Business Women Program«, sorgt für Mentoring zwischen Alt und Jung, ermöglicht interkulturellen Austausch durch Entsendungen und etabliert eine flexible, familienfreundliche Arbeitskultur mittels neuer Leitlinien. Auf diese Weise werden Mitarbeiter wie Führungskräfte angeregt, im Alltag und in Trainings neue Erfahrungen sammeln und Veränderungen selbst zu erleben. Abbildung 5-144 gibt einen Überblick über exemplarische Diversity-Maßnahmen von Bosch.

Diversity-Maßnahmen	
Gender	• Recruiting-Events zur Gewinnung von Frauen • Frauenförderung mittels Mentoring und dem »Business Women's Program« • Schaffung von Rahmenbedingungen, die es Frauen (wie Männern) ermöglichen, in Fach- und Führungspositionen flexibel zu arbeiten • Berücksichtigung von familiären Aufgaben (z. B. Kinderbetreuung und Pflege) bei der Förderung von Mitarbeitern • Beteiligung an Girls' Day und Girls Campus, die Mädchen für technische Berufe begeistern sollen • Aufbau von Kinderbetreuungsplätzen und Zusammenarbeit mit Dienstleistern wie famplus in diesem Bereich • Zielsetzung bis 2020 einen Frauenanteil von 20Prozent an den Führungskräften zu erreichen
Generationen	• Zusammenarbeit mit dem Bosch Management Support (BMS), einer von pensionierten Bosch-Senior-Experten betriebenen Beratungsgesellschaft • »Reversed Mentoring« Programme, in deren Rahmen junge ältere Mitarbeiter schulen • Lebensphasenorientierte Personalpolitik • Unterstützung bei der Pflege von Angehörigen
Internationalität	• Interkulturelle Trainings & Sprachkurse • Jährlich über 2.000 Entsendungen von Mitarbeitern • Anwendung von innovativen Austauschmodelle wie Job-Rotation und Tandem-Partnerschaften für den interkulturellen Austausch • Förderung von lokalen Führungskräften an den Standorten außerhalb Deutschlands
Kultur	• Förderung einer ergebnisorientierten Arbeitskultur mittels Erprobung von flexiblen Arbeitszeitmodellen, die sich nach den individuellen Bedürfnissen des einzelnen Mitarbeiter richten • Etablierung von Leitlinien für eine flexible und familienfreundliche Arbeitskultur • Aufbau von Betreuungsangeboten und Ferienbetreuungen für eine bessere Vereinbarkeit von Beruf und Privatleben • Gezieltes Einwirken auf Mindset und vorherrschende Führungskultur zum Aufbau einer Vertrauenskultur • Diversity-Trainings für Personaler und Führungskräfte z. B. zum Umgang mit Stereotypen

Abb. 5-144: Diversity-Maßnahmen nach Dimensionen bei Bosch

Zusammenfassend bietet Bosch ein vielfältiges Diversity Management Konzept. Im Vordergrund steht neben den Dimensionen des Alters, des Geschlechts und der Nationalität vor allem der Aspekt des Kulturwandels. Abbildung 5-145 vermittelt einen Überblick über das Diversity Management und die diesbezüglich zentralen Themen bei Bosch.

Abb. 5-145: Themenschwerpunkte des Diversity-Management-Konzepts bei Bosch

5.5 Handlungsfeld religiöse und weltanschauliche Vielfalt

Für die Erörterung des Handlungsfeldes »religiöse und weltanschauliche Vielfalt«, muss einleitend stehen, was Max Weber an den Anfang seiner Religionssoziologie gestellt hat:

»Eine Definition dessen, was Religion ›ist‹, kann unmöglich an der Spitze, sondern könnte allenfalls am Schluss einer Erörterung«[390] stehen. Für die nachfolgenden Ausführungen gilt, dass nicht das Wesen der Religion im Zentrum der Erörterung steht, sondern Fragen nach den Bedingungen, Voraussetzungen und Praktiken der religiösen und weltanschaulichen Vielfalt. Die Ausführungen konzentrieren sich daher auf die »diesseitige« Gestaltung religiösen Handelns. Die »jenseitige« Orientierung transzendentaler Exegese steht nicht im Fokus der Ausführungen zu diesem Handlungsfeld. Dazu noch einmal Max Weber: »Religiös oder magisch motiviertes Handeln ist, in seinem urwüchsigen Bestande diesseits ausgerichtet. Auf das es dir wohlergehe und du lange lebest auf Erden«.[391]

Religion ist als glaubende Bezugnahme des Menschen zu einem Gott oder zu mehreren Göttern zu verstehen. »Religio« ist mit Gott oder Götterwelt zu übersetzen. »Religiare« im Verständnis von Binden meint die glaubende Bindung des Menschen an Gott. Die erste Bezugnahme von Diversity und Religion liegt in der Vielfalt der Gottesbezüge. Es gibt nicht eine einzige Religion, sondern viele, es gibt nicht ein Gottesbild, sondern viele. Religion bzw. Religionen sind die institutionellen Manifestationen, mit deren Unterstützung der Mensch seine Jenseitsbezogenheit im konkreten Glauben ausüben kann. Religionen und Religionsgemeinschaften wirken als Mediatoren zwischen dem Glaubensbedürfnis der Menschen und der Glaubenslehre. Das Leben der Menschen ist endlich, der Wille ewig zu leben, speist die Sehnsucht der Menschen auf die Erfüllung der Hoffnung auf ein ewiges Leben, auf ein Leben

390 Weber, M. (1980), S. 245.
391 Weber, M. (1980), S. 245.

nach dem Tode. Der Glaube an die Unsterblichkeit entlastet den Menschen, bietet ihm Zuversicht, trotz seiner Unvollkommenheit, Endlichkeit und Fehlerhaftigkeit nicht verloren zu sein. Religionen bieten den Menschen die Zuversicht, dass sie keine Laune der Natur, keine Episode der Geschichte sind, die bald vergessen ist. Max Weber sieht in religiösem Handeln »ein mindestens relativ rationales Handeln«[392], weil es für das praktische Denken und Handeln Kräfte mobilisiert. Religionen sind über das an sie gebundene Handeln für die Gestaltung des individuellen und des sozialen Lebens bedeutsam, weil sie den Menschen entlastende »gute Ziele« aufzeigen, die Nächstenliebe hervorheben und mit Sanktionsdrohungen wie Sünde, Hölle, Himmel Verhaltensweisen einfordern, die als kategorische religiöse Imperative den Kampf jeder gegen jeden zivilisieren und kultivieren. Vielfalt der religiösen Lebensweisen erwächst aus dem religiösen Leben des Einzelnen und aus der religiösen Toleranz gegenüber dem religiösen Leben der anderen.

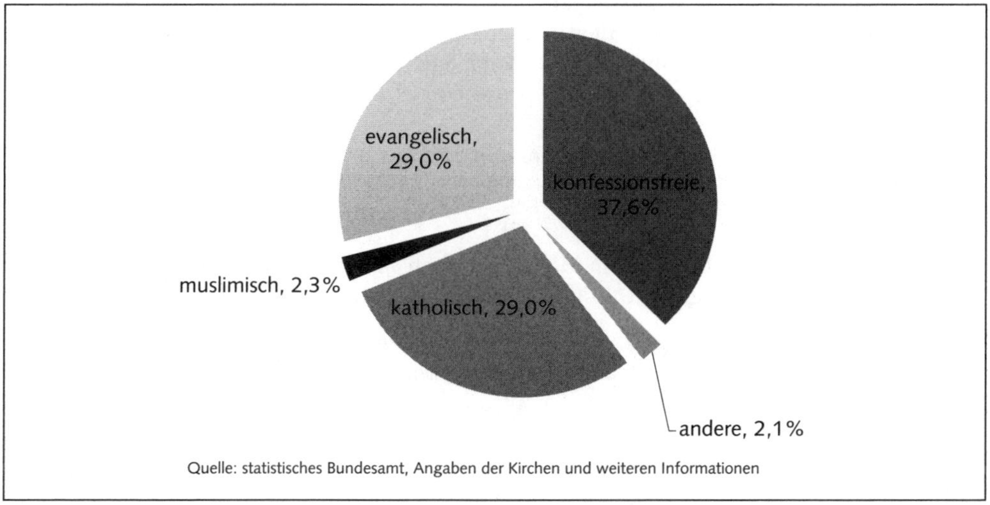

Abb. 5-146: Religionszugehörigkeit in Deutschland – Hochrechnung 2011
Quelle: Forschungsgruppe Weltanschauungen in Deutschland: Religionszugehörigkeit, Deutschland, Bevölkerung 1970–2011, Fassung vom 29.03.2012.

392 Weber, M. (1980), S. 245.

5.5.1 Der Schutz der Religion und der Weltanschauung

Die Glaubensausübung und die Vielfalt der Religionen gründen im unverfügbaren Recht jedes Menschen, sich zu einem Glauben zu bekennen und seinen Glauben frei und ohne Beschränkung zu praktizieren. Bekenntnisfreiheit ist verbrieftes Recht des Grundgesetzes. Artikel 4 GG bestimmt:

(1) Die Freiheit des Glaubens, des Gewissens und die Freiheit des religiösen und weltanschaulichen Bekenntnisses sind unverletzlich.
(2) Die ungestörte Religionsausübung wird gewährleistet.
(3) Niemand darf gegen sein Gewissen zum Kriegsdienst mit der Waffe gezwungen werden. Das Nähere regelt ein Bundesgesetz.

In Deutschland gibt es keine Staatsreligion, niemand wird gezwungen, eine bestimmte Religion zu wählen (passive Religionsfreiheit). Jeder kann sich frei für eine Religionsgemeinschaft entscheiden (aktive Religionsfreiheit). Niemand darf wegen seines Glaubens benachteiligt werden. AGG § 1 bestimmt:

Ziel des Gesetzes ist, Benachteiligungen aus Gründen der Rasse oder wegen der ethnischen Herkunft, des Geschlechts, der Religion oder Weltanschauung, einer Behinderung, des Alters oder der sexuellen Identität zu verhindern oder zu beseitigen.

Die Religionsfreiheit erlaubt es jedem Menschen, nach seiner Facon seelig zu werden, so die Devise Friedrich II von Preußen. Und für die Vielfalt bedeutsam fügt er hinzu:

»Alle Religionen seindt gleich und guht, wan nuhr die Leute, so sie profesieren, erliche Leute seindt, und wen Türken und Heiden kähmen und wolten das Land popligeren, so wollen wier sie Mosqueen und Kirchen bauen«.

Bei der Erörterung des Handlungsfeldes »Religiöse und weltanschauliche Vielfalt« muss man aufpassen, dass man nicht in den Modus des Predigers gerät. Es ist nicht Aufgabe des Diversity Managements, religiöse Bindungen, weltanschauliche Ausrichtungen und Praktiken zu bewerten. Es ist lediglich Aufgabe des Diversity Managements dafür zu sorgen, dass die Ausübung der Religion ungestört vorgenommen werden kann und dass Diskriminierung unterbleibt.

5.5.2 Historische Aspekte religiöser Einfalt und Vielfalt

Die Religionsausübung des Einzelnen ist eingebunden in die Religionsgesetze und rituellen Vorgaben der jeweiligen Religion, der ein Mensch angehört. Die Religionen verbindet der normative Anspruch, den richtigen Weg zum Heil zu zeigen. Religionen beanspruchen, Glaubenswahrheiten zu verkünden und verlangen die Beachtung der jeweiligen Religionsgesetze.[393]

Die Aufklärung hat in Europa eine scharfe Zäsur im Hinblick auf die Bewertung des dogmatischen Unfehlbarkeitsanspruches religiöser Gebote und Gesetze bewirkt. Das Horaz´sche

393 Vgl. Weber, M. (1980), Kapitel 5 Religionssoziologie, § 7. Stände, Klassen, Religion. Weber gibt einen umfassenden Einblick in die Entwicklungsgeschichte der Religion(en).

»sapere aude« (wage es, Deinen Verstand zu nutzen), kann als der Beginn der religiösen Vielfalt in Europa bezeichnet werden. Die Aufklärung setzt auf Vernunft und entzaubert so die bedingungslose Anerkennung religiöser Vorgaben. Fortan soll der Mensch glauben, was ihm mit dem Verstand an Glauben möglich ist. Die Aufklärung weist auf die Fähigkeit des Menschen hin, erkennen und beurteilen zu können und damit auch wählen zu dürfen. Der glaubende Mensch setzt sich nicht länger gehorsam in Bezug zu den normativen Geboten und Verboten der christlichen Religion, sondern reflektiert sein Verhalten und das der Mitmenschen und ordnet beides in seinen Glauben ein.

Europa war bis zur Zäsur der Reformation ein weitgehend römisch-katholisch christlicher Kontinent. Die Reformation führte nach 1517 mit dem Augsburger und dem Westfälischen Frieden zur Auflösung der christlichen Einheit Europas. In der Folge herrschte der Grundsatz »cuius regio eius religio«, wonach der jeweilige Landesfürst den Glauben seiner Untertanen bestimmen konnte. Wer sich dieser feudalen Zuordnung im persönlichen Glauben nicht unterordnen konnte, hatte das Recht der Auswanderung in ein Reichsgebiet, das seinem Glauben entsprach (*Ius emigrandi* in § 24 des Augsburger Religionsfriedens aus dem Jahre 1555). Wie schwierig die Liberalisierung von Religion und Weltanschauung sich in der Nachreformationszeit gestaltete, zeigt der Dreißigjährige Krieg (1618–1648), der als Religionskrieg bezeichnet werden kann. Im Namen der jeweiligen Religion bekämpften sich Katholiken und Protestanten und leiteten aus dem Missionsgedanken und der jeweiligen guten Absicht der Kombattanten territoriale Ansprüche ab, die dann mit Waffengewalt durchgesetzt wurden. Die reformierte Kurpfalz auf der Seite der Protestanten und das Königreich Bayern auf der katholischen Seite haben sich als Speerspitze der Durchsetzung der jeweiligen religiösen Ansprüche besonders profiliert. Der Dreißigjährige Krieg belegt die von Max Weber hervorgehobene rationale diesseitsbezogene Seite der Religion als Mittel zur Durchsetzung von Machtansprüchen im Namen der Religion.

Die Aufklärung wurde begleitet von einer intensiven religionskritischen Debatte. Sie hat die Religion entmythologisiert. Später bezeichnete Karl Marx Religion als Ideologie und Rechtfertigung inhumaner gesellschaftlicher und politischer Verhältnisse. Die Fiktion der Vertröstung auf ein besseres Jenseits sollte die Mühseligen und Beladenen im Diesseits entlasten und beruhigen. Karl Marx beschreibt das Elend des Industrieproletariats und stellt fest: »Das religiöse Elend ist in einem Ausdruck des wirklichen Elendes und in einem die Protestation gegen das wirtschaftliche Elend. Die Religion ist der Seufzer der bedrängten Kreatur, das Gemüth einer herzlosen Welt, wie sie der Geist geistloser Zustände ist. Sie ist das Opium des Volks.«[394] Friedrich Nietzsche sieht die Religion aus der Perspektive des Atheisten. Religion bewirke, dass die Mächtigen ungestört machen könnten, was ihnen gefällt.

In Begleitung der Entdeckungen und Erfindungen, der Erklärung von Naturgesetzen durch die Wissenschaften, wurde die Aufmerksamkeit der Menschen vom Jenseits auf das Diesseits gelenkt. Die Religion wird zum Widerpart der Persönlichkeit. Es entbrannte die bis zur Gegenwart andauernde Frage, ob der Mensch sich den religiösen Vorgaben zu unterwerfen habe, oder ob die Religionen so zu gestalten seien, dass sie dem individuellen Bedürfnis nach Glauben entsprächen.

394 Marx, K. (1844).

5.5.3 Religiöse Vielfalt in der Postmoderne

Gegenwärtig zeigt sich eine duale Entwicklung. Einerseits ist eine insbesondere im christlichen Bereich starke Säkularisierung zu beobachten. Die Religion und die Glaubenspraxis treten hinter andere Agenturen der Befriedigung menschlicher Bedürfnisse zurück. Statt in die Kirche gehen die Menschen in das Fitnessstudio oder ins Fußballstadion. Die profanen Kultstätten kompensieren die vormals religiöse Lebensweise der Menschen.

Das Lebensgefühl der Postmoderne gründet im methodologischen Individualismus. Das Subjekt macht sich die Religion selbst. Die Institution Kirche bestimmt nicht länger allgemein, was Religion, was Glaube und gläubiges Leben ausmachen. Die Kirchen ähneln als postmoderne Institutionen Aggregaten, die aus autonomen Individuen und nicht als Glaubensgemeinschaft zusammengefügt sind. Das Subjekt ist in religiösen Fragen die letzte und entscheidende Instanz, die über Religion und Weltanschauung, über Glauben und Nichtglauben entscheidet. Die Last »des rechten Glaubens« wird privatisiert, die Vielfalt des religiösen und weltanschaulichen Lebens nimmt stark zu.

Es wäre eine spannende Frage, die hier nicht beantwortet werden kann, ob die gesellschaftliche Vielfalt die Individualisierung und Privatisierung des religiösen und weltanschaulichen Lebens bewirkt, hervorgebracht hat oder ob die religiöse Säkularisierung und Privatisierung dem postmodernen Leben in allen Lebensbereichen erst den erforderlichen Dispens erteilt haben? Die Antwort auf diese Frage ist deshalb bedeutsam, weil im ersten Falle eine freiwillige religiöse Säkularisierung stattgefunden hätte bzw. stattfindet. Im umgekehrten Falle könnte es sein, dass eine durch den gesellschaftlichen Wandel erzwungene Säkularisierung und Privatisierung von Religion und Weltanschauung bei den Menschen ein Mangelempfinden hinterlässt bzw. erzeugt, das aus religiöser Entwurzelung entsteht. Die Säkularisierung und Privatisierung von Religion und Weltanschauung würde im letzten Falle als Belastung und als Risiko empfunden, als Ausgrenzung aus religiösen Gewissheiten erlebt.

Das Recht auf freie Religionsausübung mutiert in der postmodernen Gesellschaft zur religiösen Eigenvorsorge. Die Verschiebung der Glaubensfragen aus der Institution Kirche auf die Person schwächt die religiöse Gemeinschaft, in der für alle dieselben Glaubensfundamente gelten. Die Privatisierung der Weltanschauung fügt in die postmoderne Multioptionsgesellschaft ein weiteres Puzzlestück ein, das in die persönliche Verantwortung verlagert wird. Wenn nun auch in religiösen und weltanschaulichen Fragen »jeder seines eigenen religiösen Glückes eigener Schmied ist«, dann vervielfachen sich die moralischen Standards und Praktiken, sie werden zu einer unüberschaubaren Fülle individueller Exegese, was »gut«, was »richtig« ist. Wie die Wespenbrut voneinander getrennt und voneinander nichts wissend, heranwächst, so wächst die Fülle separater bzw. separatistischer Glaubenspraxis. Die Fülle der »individualisierten Religionen« kann Gleichgültigkeit und Konflikte befördern, schwächt Gemeinschaft.

Gerade in alternden Gesellschaften kann die Individualisierung der religions- und weltanschaulichen Fundamente Brüderlichkeit, Mitmenschlichkeit und Fürsorge verhindern. Die säkularisierte Postmoderne ist primär ein guter Lebensentwurf für die Starken, Gesunden, Gebildeten und Erfolgreichen. Für die Mühseligen und Beladenen führt die Säkularisierung eher zu Einsamkeit, Ausgrenzung und nachlassender Fürsorge.

Andererseits ist insbesondere in islamischen Ländern eine starke fundamentalistische Strömung zu spüren, die den Glauben wieder in das Zentrum des menschlichen Lebens stellt und mit Geboten und Verboten die Lebensweise religiös dominiert. In vielen Regionen der Welt kommt es zum »Clash der Religionen«. Christenmorde im Sudan, Ägypten, der Türkei und vielen weiteren Ländern Afrikas belegen, dass es weithin an Toleranz fehlt. Israelische Religionsschüler werden ermordet, Sunniten und Schiiten ermorden sich im Irak gegenseitig. Isis-Kämpfer kreuzigen Gefangene. Die Liste der Religionskriege und der religiös motivierten Konflikte ließe sich beliebig erweitern. Religiöse Intoleranz, missionarischer Eifer und die vermeintliche Gewissheit, die Wahrheit und das Recht auf seiner Seite zu haben, motiviert die Menschen bis zum Äußersten, wenn sie sich um des Glaubens willen selbst töten und dabei andere mit in den Tod reißen.

5.5.3.1 Säkularisierung und Radikalisierung

Die Welt steht mit der Globalisierung allen Menschen offen. Was sich noch nicht in diesem Maße geöffnet hat, sind die Herzen der Menschen für die Einsicht, dass wir alle Kinder Gottes sind.

Die Gegenwart ist gekennzeichnet von der fortschreitenden Säkularisierung Europas. Gleichzeitig wandern insbesondere Muslime nach Kerneuropa ein, die noch fest in ihrem islamischen Glauben verankert sind. Die fundamentalistische Treue der Muslime und die Glaubensferne der Europäer führen – befördert durch die Säkularisierung zu einer verstärkten Diskriminierung aus religiösen Gründen. Wer selbst kein belastbares religiöses Fundament hat, gerät leicht in die Gefahr, anderen Menschen die Ernsthaftigkeit ihres Glaubens abzusprechen, die religiösen Praktiken zu verspotten und die religiöse Überzeugung als rückständig zu diffamieren und lächerlich zu machen. Wäre man selbst gläubig, würde man den Glauben der anderen akzeptieren, tolerieren, ja sogar verteidigen, weil damit auch die eigene freie Religionsausübung geschützt würde.

In den neuen Bundesländern sind fast zwei Drittel der Bevölkerung konfessionslos. In Deutschland gehen nach einer Allensbach Umfrage von konfessionell gebundenen Bürgern nur noch etwas mehr als ein Drittel »ab und zu« in die Kirche. Auch der Glaube an Grundaussagen der Kirchen ist gesunken. An die Auferstehung der Toten glauben nur noch 30 Prozent. Die Kirchen erleben die Zerreißprobe zwischen der Einheit der Glaubensgrundsätze und der Vielfalt der Glaubenspraxis. Das Gewissen des Einzelnen lenkt die Menschen als moralische Instanz, nicht die Botschaften von der Kanzel. Wenn das Gewissen an Bedeutung gewinnt, dann treten persönliche Glaubensfragen in den Vordergrund. Glauben oder Nichtglauben, Muss von jedem Menschen selbst verantwortet und entschieden werden. Diese moralische Verantwortung für sich selbst kann kompetent nur übernehmen, wer fundamentale Glaubensgrundsätze kennt. Diese Glaubensbeflissenheit schwindet und die Verantwortung für ein moralisches, religiöses Leben muss von jedem Menschen gewissermaßen in Eigenarbeit gefertigt werden. Weil Glaubensinhalte nicht verfügbar sind, verlagert sich das religiöse Leben auf Form, Gestalt und Anlässe. »Darf beschnitten werden?« wird gefragt, nicht aber »Welche Glaubensfundamente zeichnet das Judentum aus?« »Dürfen Frauen im öffentlichen Raum Kopftücher tragen?« wird gefragt, nicht aber »Ist der Islam eine gewaltfreie Religion?« Es wird darüber gestritten, ob Kreuze in Schulen und Amtsstuben aufgehängt werden dürfen, nicht aber die Frage des Paulus diskutiert, wie man einen gnädigen Gott findet. Es treibt die Nation um, wie teuer ein Bischofssitz sein darf, nicht aber die Frage, wie die Vielfalt der Religionen in einer offenen Gesellschaft friedlich miteinander gelebt werden kann, ohne Unterschiede zu leugnen und Probleme zu vertuschen. Der Kampf um Form und Gestalt kann die Inhaltsarmut, die Einfalt religiöser Lebenspraxis, nicht überdecken. Der Anschein, dass Individualisierung und Privatisierung des Glaubens nur Vorteile bringen, trügt, weil der Einzelne oft nicht in der Lage ist, aus sich heraus ein für ihn wertvolles religiöses Leben zu führen.

5.5.3.2 Postmoderne religiöse Beliebigkeit

Die Religion und die christlichen Kirchen sind im postmodernen Zeitalter angekommen. Die Religiosität folgt der Quadriga postmoderner Lebensführung. Individualisierung macht den Glauben zur Privatsache. Jeder glaubt, was er für richtig hält. Temporalisierung reduziert die Glaubenspraxis auf ganz wenige Lebenssituationen. Taufe, Kommunion, Konfirmation, Firmung, Eheschließung und Beerdigung sind Zeitpunkte religiöser Aktivitäten. Fragmentierung bewirkt, dass sich der aufgeklärte postmoderne Mensch sein persönliches Glaubensmenü selbst zusammenstellt. An ein Leben nach dem Tode glaubt der postmoderne Mensch nicht. In die Kirche geht er gelegentlich, frei nach der Devise, »man kann ja nicht wissen!« Sakramente als fundamentale Glaubenssubstanz lehnt er dagegen als unverständliche aus der Zeit gefallene Relikte ab. Sie sind aus dem Glaubensfundus des postmodernen Gläubigen ausgemustert. Die institutionelle Bindung wird mit der Begründung abgelehnt, man brauche keine Kirche, um gläubig zu sein. Die Austritte aus den Kirchen wären sicherlich noch höher, würden sich die Menschen nicht nach der sogenannten Rückfalloption für den Verbleib entscheiden. Weil man schließlich nicht sicher sein kann, ob einen die Zeiten das Beten nicht doch wieder lehren, bleibt man als Kartei-Christ Mitglied der Kirche. Schließlich wird die verbliebene Glaubenspraxis nach dem ästhetischen Genussversprechen ausgerichtet: Die Christmette im verschneiten Urlaubsort wird als Event gerne gewählt, die Karfreitagsliturgie bietet keinen Kick, Teilnahme ausgeschlossen.

Es gibt wohl keine andere gesellschaftliche Institution, die von der Postmoderne derart beeinträchtigt wird, wie die christlichen Kirchen. Die Individualisierung der Lebensbereiche, die »Entzauberung« kirchlicher Institutionen und religiöser Riten und Gebräuche durch das II. Vatikanische Konzil, die gestiegene materielle Unabhängigkeit der Menschen in der Wohlstandsgesellschaft, das übergroße Angebot emotionaler »Kick-Veranstaltungen« verdrängen den Glauben. Nicht Religion als Opium, sondern das Opium selbst, drängt die Kirche in die Defensive. Skandale und Personalmangel höhlen die Stärke der Kirchen von innen heraus aus.

Für die Bewältigung der Vielfalt in den Lebensbereichen der Menschen fallen die Kirchen als moralische Instanz, als helfende, ratende und ermunternde Instanz zunehmend aus. Säkularisierung und Ichbezogenheit treten an gegen den Glauben in der Gemeinschaft. Die Kirchen sind mit sich selbst beschäftigt und darum bemüht, die innerkirchliche Vielfalt und die wachsenden Zentrifugalkräfte im Griff zu behalten. Die Verweltlichung der Kirchen versetzt sie in den Wettbewerb mit Agenturen des Vergnügens, die diese Aufgabe besser leisten können als die Kirchen. Fußballvereine, Karnevalsvereine und Cluburlaube bieten eine größere Aussicht auf ästhetischen Genuss. Gottesferne und die Entfremdung vom Mitmenschen gehen Hand in Hand. Der religiöse Mensch gerät mit seinen Anliegen auf den Marktplatz der Vergnügen und auf den Rummelplatz der profanen kirchlichen Hipp-Hopp-Angebote. Salbung für die Seele in den Wechselfällen des Lebens sind Kirchgang und Gemeindeleben nicht mehr.

Die Postmoderne wirft den Menschen auf sich selbst zurück. Er ist emanzipiert und bastelt sich seinen Glauben nach persönlichem Gutdünken. Wie in der Fabrik 4.0 jeder seinen Sportschuh individuell fertigen lassen kann, so vervielfacht sich die religiöse Praxis in die religiöse Beliebigkeit der Postmoderne. Die individualisierte Religionsausübung entbehrt des Gemeinschaftserlebens. Gemeinsam vor Gott zu treten und im gemeinsamen Gebet den Glauben zu bekennen fehlt für die Mehrheit der Bevölkerung. Stärkung, Trost, Hoffnung und Geborgenheit werden in der individualisierten Kirche kaum noch erfahren. Das Bedürfnis nach Gemeinschaft wird stattdessen im Gesang der Vereinshymne, einheitlicher Vereinskleidung und dem festen Glauben an den Verein befriedigt. In profaner Weise kompensiert der Fanclub das menschliche Bedürfnis nach Gemeinschaft und Geborgenheit. Der Mensch ist von seinem Wesen her ein gläubiger kein ungläubiger Mensch. Daher werden Glaube und Religion ihn auch in der Zukunft begleiten.

5.5.4 Religiöse Vielfalt durch Diversity Management

Diversity Management hat die Aufgabe, das religiöse Erleben des Einzelnen so zu schützen, dass es »barrierefrei« gelebt und erlebt werden kann. Diversity Management hat Barrieren der Intoleranz zu beseitigen und einsichtig zu erklären, warum es möglich ist, unterschiedlichen Religionen anzugehören und trotzdem friedlich zusammenzuarbeiten. Ganz pragmatisch gilt es, die freie Religionsausübung im öffentlichen Raum so weit zu dulden und zu unterstützen, wie diese nicht die Bedürfnisse anderer stört. Die multi-kulturelle Gesellschaft gebietet es in besonderem Maße, auf die freie Religionsausübung zu achten. Religionen begegnen sich, wenn sie sich durch Heirat vermischen. Dann können Konflikte entstehen, die Erziehung der Kinder ist zu klären und es ist zu entscheiden, in wessen Kirche man geht.

Im Verständnis einer religionssoziologischen Ausrichtung des Diversity Managements sind die Wertfundamente der Religionen zu analysieren, die Bindekraft und die Orientierungsstärke der religiösen Wertefundamente für die individuelle und die soziale Lebenspraxis herauszuarbeiten. Es sind Konfliktpotenziale zu analysieren und es ist insgesamt die gegenseitige Verträglichkeit von Religion und Gesellschaft zu prüfen.

Ganz profane Aufgabe des Diversity Managements in der globalisierten Welt ist es, die Entsendung von Expatriats in Länder mit anderer Kultur und Religion sorgfältig vorzubereiten. Auch ist es Aufgabe des Diversity Managements, die Aufnahme von Migranten so zu gestalten, dass die Religionsfreiheit gewahrt und die Religionsausübung gewährleistet ist. Die größten Probleme der Ein- und Auswanderung sind die Kultur, die Religion und die Sprache. Verständnis erwächst aus Verstehen, Intoleranz erwächst aus Unkenntnis.

Religiös zu leben, ist nach Eduard Spranger eine vitale Lebensform. Im Glauben manifestiert sich die religiöse Werteverwirklichung. Der Glaube ist Ausdruck einer festen Persönlichkeit, bekennendes Glauben gibt Zeugnis wertorientierten Lebens. »Glauben, was denn

Konkrete Maßnahmen im Handlungsfeld »Religiöse und weltanschauliche Vielfalt

- Stärkung von Religions-, Ethik- und weltanschaulichem Unterricht in den allgemeinbildenden Schulen
- Einführung in moralische, religiöse und weltanschauliche Aspekte von Wirtschaft, Beruf und Gesellschaft
- Aufklärung über die Religionen, die Gemeinsamkeiten, Unterschiede, Reifegrade
- Hervorheben der Ergänzungsbedürftigkeit des menschlichen Lebens durch Hoffnung stiftende Religion
- Einführung aller Mitarbeiterinnnen und Mitarbeiter in die religiöse Multi-Kulti-Belegschaft der Unternehmen und Behörden
- Kampf gegen religöse Stereotypen, Vorurteile und Diskriminierung »aus Unwissenheit«
- Sonderveranstaltungen zur Exegese z. B. von Bibeln und Koran zu Wirtschaftsfragen, moralischen Standards und Dogmen
- Schaffung von Zeit und Raum für religöse Feiern, Praktiken, Kasualitäten

Abb. 5-147: Konkrete Maßnahmen im Handlungsfeld »Religiöse und weltanschauliche Vielfalt«

sonst!« könnte man den Menschen in der säkularisierten Welt zurufen, damit sie wieder aus der Hoffnung des Glaubens und der gegenseitigen Achtung der Gläubigen zu sich und zum Mitmenschen finden.

5.5.5 Zusammenfassung

Der Glaube ist Privatsache und wird letztlich immer von jedem Menschen konkret entschieden. Die religiöse Freiheit ist seit der Aufklärung unantastbares Menschenrecht. Das gilt für das Christentum und weite Teile Europas und Amerikas. Die persönliche Glaubensfreiheit wird zur sozialen Angelegenheit erweitert, wenn es um den Glauben der anderen geht. Wenn man Glaubensfreiheit verlangt, muss man diese auch gewähren. Radikale Kräfte, insbesondere im Islam, müssen von diesem Toleranzgebot noch überzeugt werden.

Glauben folgt zusätzlich zu den religiösen Überzeugungen des Einzelnen den Glaubenssätzen und Geboten der Religion, der eine Person angehört. Für Religionsgemeinschaften ist zu fordern, dass diese innerorganisatorische Toleranz gewährleisten und auf Indoktrination und Einschüchterung verzichten.

Weil das Leben der Menschen durch die soziale, mediale, funktionale und internationale Komplexität stark in Anspruch genommen wird, braucht es eine kontemplative Mitte, ein Zentrum der geistigen und seelischen Ruhe. Wenn der Glaube den Menschen diese Sinnmitte, dieses Kraftzentrum bietet, dann erfüllt die Religion eine dauerhafte und wichtige Ausgleichsfunktion zwischen Mensch, Welt und den letzten Fragen. Der Glaube wird zum Gegenmittel gegen Beschleunigung, Orientierungslosigkeit und Einsamkeit. Der Glaube stärkt die Bewältigung der Kontingenz des menschlichen Daseins. Das Gefühl der Ohnmacht in einem dauerhaften Präsentismus gefangen zu sein, weicht der Hoffnung, dass es lohnt zu leben und leben zu lassen.

5.5.6 DIVERSITY-PRAXIS: E.ON AG

Fabienne Ruopp

Chancengleichheit und Förderung der Vielfalt

Die *E.ON AG* ist eines der weltweit größten privaten Strom- und Gasunternehmen mit allein 28 Standorten in Deutschland. In vielen Ländern Europas sowie in Russland und Nordamerika erwirtschaftete *E.ON* mit über 72.000 Mitarbeiter- im Jahr 2012 einen Umsatz von rund 132 Milliarden Euro. Hinzu kommen gemeinsam mit Partnern geführte Geschäfte in Brasilien und in der Türkei. *E.ON* ist in den Bereichen regenerative, konventionelle und dezentrale Stromerzeugung, Erdgasförderung, Strom- und Gashandel, Netze und Vertrieb tätig. Der *E.ON*-Konzern wird von der Konzernleitung in Düsseldorf geführt. Das Unternehmen ist in Ländergesellschaften untergliedert. Der Konzern befindet sich in einer Phase der Transformation zu einem global operierenden spezialisierten Anbieter von Energielösungen.

Die Einzigartigkeit der Menschen wird als Chance verstanden und ist integraler Bestandteil der Unternehmenskultur. *E.ON* sieht sich als starker Arbeitgeber, der Führungskräften und Mitarbeitern attraktive Chancen bietet. Strategisches Diversity-Ziel der *E.ON AG* ist es, die Vielfalt der Mitarbeiter und Mitarbeiterinnen zu nutzen, um unternehmerische Aufgaben zu erfüllen. Integrität, Offenheit und Respekt vor anderen Menschen, unabhängig von ihrem Alter, ihrem Geschlecht, ihrer sexuellen Orientierung, ihrer ethnisch-kulturellen Prägung, ihrer Behinderung oder Befähigung und ihrem Glauben, wurden bereits 2006 als Verhaltensgrundsätze in die konzernweite *Leitlinie zur Chancen-*

gleichheit und Förderung der Vielfalt aufgenommen. Die Leitlinie schafft die Grundlage für diskriminierungsfreies Handeln in allen Bereichen und auf allen Ebenen und verpflichtet alle Beschäftigten, Chancengleichheit zu schaffen und jede Form von Benachteiligung zu unterbinden.

Mitglied der Charta der Vielfalt

Im Jahr 2008 unterzeichnete *E.ON* die »Charta der Vielfalt« und bekräftigt damit öffentlich die Wertschätzung der Vielfalt der Belegschaft. *E.ON* gehört zu einem Unternehmensnetzwerk von mehr als 1.500 Mitgliedern, das sich dazu bekannt hat, Vielfalt sowie Toleranz, Fairness und Wertschätzung bei der Verfolgung der Unternehmensziele zu berücksichtigen. Ende 2010 hat *E.ON* mit zwölf weiteren Unternehmen den *Verein Charta der Vielfalt e. V.* gegründet, der die Gestaltung gemeinsamer Diversity-Aktivitäten organisiert.

Vorurteilsfreie Zusammenarbeit wird bei *E.ON* durch eine tolerante Arbeitsumgebung, Leistungsorientierung und Chancengleichheit gefördert. Jeder kann seine individuellen Kenntnisse, Fähigkeiten und Erfahrungen in die gemeinsame Arbeit einbringen. Chancengleichheit wird dabei als ein grundlegender Bestandteil der Unternehmenskultur betrachtet.

Im Rahmen des Diversity Managements konzentriert sich *E.ON* auf die Handlungsfelder »Gender«, »Internationalität« und »Alter«. Nachfolgend werden zentrale Maßnahmen dieser Handlungsfelder näher erläutert.

Diversity-Maßnahmen bei E.ON
• Förderung von Frauen in technischen Berufen und zur Übernahme von Führungspositionen
• Stärkung der Vereinbarkeit von Familie und Beruf für alle Beschäftigten
• Aufbau unternehmensinterner Netzwerke zum Erfahrungsaustauch und zur Verbesserung der Zusammenarbeit
• Aktive Förderung von Menschen mit Behinderungen

Abb. 5-148: Maßnahmen gemäß der Handlungsfelder bei *E.ON*

Frauenförderung

Die Förderung von Frauen ist einer der zentralen Aspekte der konzernweit verankerten Diversity-Strategie von *E.ON*. Im Vordergrund des Diversity Managements steht nicht die separate Erhöhung des Frauenanteils. Vielfalt soll im gesamten Konzern unter Einbeziehung aller Beschäftigtengruppen gestärkt werden.

Frauen in technischen Berufen: Junge Frauen sind bereits in der Berufsausbildung in technischen und gewerblichen Berufen unterrepräsentiert. Schlüssig ist, dass sich die Berufswahl auf den höheren Hierarchieebenen fortsetzt und zu einem Mangel an weiblichen Führungskräften in technischen Bereichen führt. Aus diesem Grund ist es das Ziel von *E.ON*, weibliche Nachwuchskräfte bereits bei der Wahl technischer Berufe sowie im Verlauf der Ausbildung zu fördern. Mit aktivem Engagement in bundesweiten Initiativen und einer gezielten Ansprache direkt an Schulen, Fachhochschulen und Universitäten will *E.ON* Frauen für MINT-Berufe begeistern.

Frauen in Führungspositionen: Die Steigerung des Frauenanteils auf allen Management-Ebenen ist ebenfalls erklärtes Ziel bei *E.ON*. Seit dem Jahre 2007 ist der Frauenanteil in Führungspositionen stetig gestiegen. Eine Fortsetzung dieses Trends wird durch die DAX 30 Initiative gefördert. Diese freiwillige Selbstverpflichtung der DAX 30 Unternehmen ist eine europaweit einmalige Initiative, die für die Mitgliedsunternehmen eine stärkere Förderung der Frauen festlegt, jedoch Spielräume zur Anpassung der einzelnen Maßnahmen an die spezifischen und individuellen Rahmenbedingungen der einzelnen Unternehmen zulässt.

Grundsätzlich bekennen sich die Unternehmen zu den folgenden Zielen und Maßnahmen:

- Erhöhung des Anteils von Frauen in Führungspositionen durch die Gewährleistung von Chancengleichheit sowie die Vereinbarkeit von Beruf und Familie
- Erarbeitung einer freiwilligen Selbstverpflichtung mit realistischen, unternehmensspezifischen und messbaren Zielen zur Steigerung des Frauenanteils in Führungsfunktionen
- Verfassung eines gemeinsamen jährlichen Fortschrittsberichts
- Verpflichtung in den kommenden Jahren, die neu gegründete Arbeitsgruppe fortzuführen und die Zielerreichung durch einen Erfahrungsaustausch von Best-Practice-Ansätzen zu sichern

Als unternehmensspezifisches Ziel strebt *E.ON* bis 2015 eine konzernweite Verdopplung des Anteils der Frauen in Führungspositionen an. Bis Ende 2016 soll der Anteil von Frauen in Managementpositionen bei der *E.ON* Deutschland bereits 14 Prozent betragen.

Im Rahmen der gemeinsamen DAX–30-Erklärung berichtet *E.ON* jährlich im Geschäftsbericht und im Bericht zur Corporate Responsibility über die Entwicklung der Zielerreichung. Zusätzlich werden die Ziele regelmäßig in halbjährlichen Abständen überprüft und im Vorstand besprochen. Die Förderung von Frauen ist integraler Bestandteil von Unternehmensentscheidungen. Um die Ziele der DAX–30-Initiative zu erreichen, wurden zudem unterstützende Maßnahmen definiert, die sowohl zentral als auch dezentral an den einzelnen Standorten der *E.ON* AG und in den einzelnen Geschäftsbereichen umgesetzt werden.

Zentrale und dezentrale Maßnahmen zur Frauenförderung
• Einführung einer **Besetzungsrichtlinie** 2011 (Placement Policy)
– Berücksichtigung von mindestens einem Mann und einer Frau in der finalen Stellenbesetzungsauswahl
• Definition von Zielen für den Frauenanteil in den **internen Talent Pools** und für das **E.ON Graduate Programm**
• **Mentoring Programme** für Mitglieder der Talent Pools für Männer und Frauen
• Bewusstseinsschärfung durch **Diversity – Trainings** für Führungskräfte und Potenziale
• Maßnahmen für Schülerinnen und Studentinnen
– Girls Day
– Kooperationen mit dem Verein Deutscher Ingenieure (VDI) und dem
– Hochschulkarrierezentrum der TU Berlin (»femtech«)
• Nachfolgeplanung
• Flexible Arbeitszeitmodelle
• Kinderbetreuungsplätze

Abb. 5-149: Maßnahmen im Zuge der DAX-30-Erklärung

Vereinbarkeit von Familie und Beruf

E.ON unterstützt die Vereinbarkeit von Beruf und Privatleben und ist u. a. durch das Audit Beruf und Familie zertifiziert worden. Eine familiengerechte Arbeitswelt wird als gesamtgesellschaftliche Aufgabe verstanden, der sich *E.ON* im Interesse der Vereinbarkeit von Berufstätigkeit und familiären

Verpflichtungen der Mitarbeiterinnen und Mitarbeiter widmet. Der Konzern schafft Rahmenbedingungen, die es den Beschäftigten ermöglichen, sich gleichzeitig im Beruf und im Privatleben zu engagieren. Dies gilt für beide Geschlechter und ist hierarchieübergreifend angelegt. »*Work-Life-Balance*« ist bei *E.ON* ein zentraler Bestandteil nachhaltiger Personalpolitik.

Initiativen wie flexible Arbeitszeitmodelle, Home Office oder Telearbeitsplätze, Sabbaticals und die Erleichterung des Wiedereinstiegs nach längerer Abwesenheit, ermöglichen es, den Herausforderungen im Beruf und im Privaten gleichermaßen gerecht zu werden. Darüber hinaus bietet der Konzern Unterstützung bei der Kinderbetreuung und der Pflege von Angehörigen an. Regelmäßig Gespräche mit externen Experten bieten dabei gute Gelegenheiten, die Erfahrungen und Erkenntnisse der eigenen Diversity-Strategie zu vertiefen und zu verbessern. Abbildung 5-150 fasst die Maßnahmen zur Vereinbarkeit von Familie und Beruf zusammen.

Maßnahmen zur Vereinbarkeit von Familie und Beruf	
Elternzeit	• Patenprogramm • Rückkehrer-Seminare • Verlängerung der Elternzeit • Regelmäßige Elternzeitler-Treffen
Kinderbetreuung	• Kooperation mit Kindertagesstätten • Eltern/Kind-Zimmer • Kooperation mit externen Dienstleistern (Vermittlung von Tagesmüttern; Back-up Plätze) • Angebote zur Ferienbetreuung; Familienurlaube • Inter- und nationale Austauschprogramme für Kinder • Elternkurse
Pflege/Elder Care	• Patenprogramm, Erfahrungskreise, interne Beratungsstellen • Informationsabende »Home- und Eldercare« • Kostenlose Beratung zu stationärer und ambulanter Pflege • Kostenlose Vermittlung von Pflegediensten
Arbeitszeit	• Teilzeit, Vertrauensarbeitszeit, Zeitkonten • Telearbeit • Jobsharing • Freistellung

Abb. 5-150: Maßnahmen zur Vereinbarkeit von Familie und Beruf bei *E.ON*

Gemischte Teams

Eine explizite Thematisierung der Zusammenarbeit von Frauen und Männern im Arbeitsalltag findet bei *E.ON* nicht statt. Die Zusammenarbeit in gemischten Teams wird unter der Prämisse »wir erreichen mehr, wenn wir zusammenarbeiten« als selbstverständlich angesehen. Grundlage hierfür ist eine offene und wertschätzende Unternehmenskultur, in der die Mitarbeiter ihre individuellen Potenziale und Fähigkeiten unabhängig von ihrem Geschlecht einbringen können. Dennoch wird vor dem Hintergrund des Fachkräftemangels als Folge des demografischen Wandels eine gezielte Gewinnung und Förderung qualifizierter Frauen in technischen Bereichen angestrebt. Hierzu werden Frauen in Talent-Pools und individuell auf allen Karrierestufen unterstützt, um einen Anstieg des Frauenanteils in Führungspositionen und Aufsichtsgremien zu erreichen.

Unternehmensinterne Netzwerke

Netzwerke für Beschäftigte mit gleichen Interessen verbessern die Zusammenarbeit, die Kreativität und geben den Beschäftigten die Möglichkeit, ihre Interessen auszutauschen. Bereits im Jahre 2007 wurden zwei Netzwerke zur Förderung von Frauen gegründet. Während das Netzwerk »IngE« (Ingenieurinnen bei *E.ON*) eine Förderung von Frauen in Ingenieurs- und technischen Berufen anstrebt, findet durch »FinE« (Frauen in der Energiewirtschaft) eine generelle Unterstützung von weiblichen (Nachwuchs-)Führungskräften für diesen Sektor statt. Darüber hinaus existieren weitere interne Netzwerke bei *E.ON*, z.B. das LesbianGayBiTranssexual Netzwerk, das »Black-Asian Minority Ethnic Network«, oder die »Dyslexia Community« für Mitarbeiter mit einer Lese-Rechtsschreibschwäche.

Mitarbeiter mit Behinderungen

Chancengleichheit muss für Mitarbeiter mit gesundheitlichen Einschränkungen oder einer Behinderung gewährleistet sein. Unter dem Motto »Behinderung darf nicht behindern« ist die Integration von Menschen mit Behinderung daher ein personalpolitisches Anliegen bei *E.ON*.

Die Interessen der Arbeitnehmer mit einer Behinderung werden durch die lokalen Schwerbehindertenvertretungen sowie die Konzernschwerbehindertenvertretung wahrgenommen. Die Eingliederung schwerbehinderter Menschen wird aktiv gefördert. Die Bearbeitung notwendiger Anträge, die Anpassung der Arbeitsplätze und die Nutzung von Hilfsmitteln sowie die Durchführung präventiver Maßnahmen gehören zu den Maßnahmen für Behinderte.

Um die Verantwortung gegenüber behinderten Menschen zu betonen, wurde mit der Konzernschwerbehindertenvertretung eine **Integrationsvereinbarung** geschlossen. Sie schafft für alle deutschen Gesellschaften des Konzerns einen gemeinsamen Rahmen, um die betriebliche Integration und Vorsorge zu stärken und ersetzt einzelne Integrationsvereinbarungen der *E.ON*-Gesellschaften. Zen-

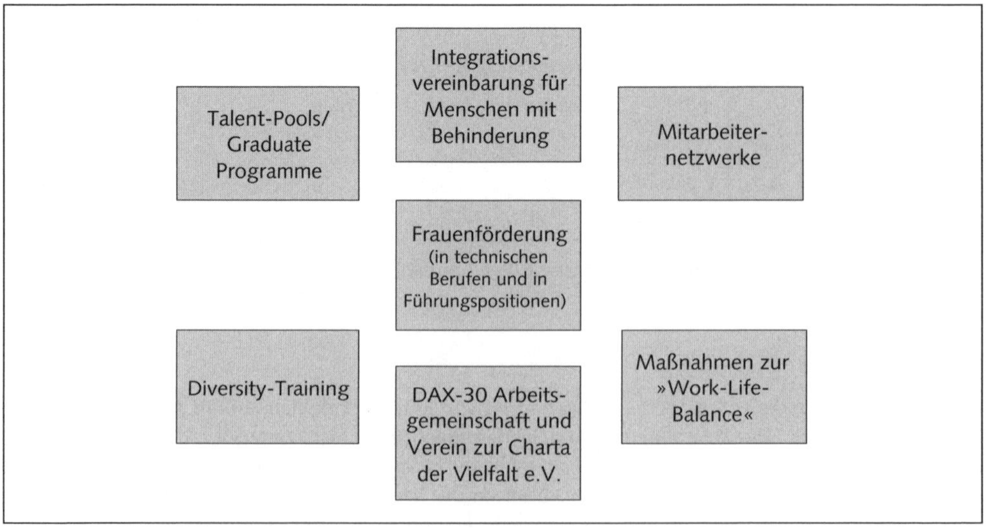

Abb. 5-151: Diversity-Themenschwerpunkte bei E.ON Deutschland

traler Bestandteil der Integrationsvereinbarung ist die Förderung der Einstellung von Menschen mit Behinderungen sowie die Schaffung barrierefreier Arbeitsstätten und Sozialeinrichtungen, wie z. B. Kantinen oder Aufenthaltsräume.

Zusammenfassung und Ausblick

Das Thema Vielfalt wird in jeder Einheit der *E.ON* Deutschland AG durch unterschiedliche Programme und Initiativen umgesetzt. Hierzu gehören ebenfalls unsere Maßnahmen für die Vereinbarkeit von Beruf und Familie sowie unsere präventiven Gesundheitsangebote. Einen besonderen Schwerpunkt legen wir derzeit auf die Förderung von Frauen in Führungspositionen.

5.6 Handlungsfeld sexuelle Orientierung

5.6.1 Ausgangslage

Das Handlungsfeld »sexuelle Orientierung« weist in der öffentlichen Debatte ein breites Spektrum der Diskussion auf. In Kalifornien dürfen transsexuelle Schüler künftig frei entscheiden, ob sie die Mädchen- oder Jungentoilette benutzen. Auch können sie entscheiden, ob sie einem weiblichen oder männlichen Sportteam beitreten wollen.[395] In Russland haben Schwule dagegen Angst verhaftet zu werden. Das dortige Gesetz gegen »Positive Homosexuelle Propaganda« stellt positive Aussagen zur Homosexualität im Beisein von Jugendlichen unter Strafe.[396]. In vielen europäischen Staaten ist die Homo-Ehe mittlerweile legalisiert. Schwule und Lesben können staatlich und kirchlich bestätigte Lebenspartnerschaften eingehen und – noch in engen Grenzen – Kinder adoptieren. Die wirtschaftliche Gleichstellung eingetragener gleichgeschlechtlicher Lebenspartnerschaften schreitet fort.[397]

Das Ehegattensplitting ist durch die Entscheidung des Bundesverfassungsgerichts auf schwule und lesbische Paare ausgedehnt worden.[398] Unternehmen werben damit, schwule Paare zu beschäftigen.[399] Schwule sind Pioniere der Mode. Schwule und Lesben in Politik und Wirtschaft outen sich. Die Gesellschaft kommt mit der »neuen Offenheit« zurecht.

Das Handlungsfeld »sexuelle Orientierung« scheint ein Selbstläufer zu sein, zumindest in der öffentlichen und der veröffentlichten Meinung. Bedenkt man, dass schwule Jugendliche auf Schulhöfen nach wie vor gehänselt werden, dann könnte man vermuten, dass die Äußerungen der Eltern zu Schwulen und Lesben im privaten Bereich nicht ganz der veröffentlichten Meinung entsprechen. Auch scheint es nach wie vor schwierig zu sein, sich als schwuler Fußballspieler zu outen. Die Homophobie gegen Schwule und Lesben, insbesondere in männlichen Sportarten wie Fußball, scheint nach wie vor groß zu sein. Wer sich outet, tritt aus der

395 Vgl. Gesetzesvorlage 1266 des Gouverneurs von Kalifornien, (Assembly Bill No. 1266)
396 Vgl. »Nicht traditionelle sexuelle Beziehungen« werden nach dem Gesetz mit hohen Geldstrafen belegt. Vgl. Zeit Online (2013).
397 Das Gesetz über Eingetragene Lebenspartnerschaft (LPartG), ist seit dem 1. August 2001 in Kraft
398 Vgl. Bundesverfassungsgericht (2013): Az.: 2 BvR 909/06: Homosexuelle in eingetragenen Lebenspartnerschaften müssen auch vom Ehegattensplitting profitieren können. Das hat das Bundesverfassungsgericht entschieden. Die Ungleichbehandlung von Ehen und eingetragenen Lebenspartnerschaften sei verfassungswidrig.
399 GM wirbt mit dem Slogen »Mom, Dad, I'm electric«; VW zeigt ein schwules Paar als nette Nachbarn.

Gemeinschaft der starken Männer aus, ein schwuler Kicker in einer Hetero-Mannschaft würde das Image der Mannschaft und des Vereins ruinieren. Für viele bleibt also nur die Lösung, sich nicht zu outen.

Die Gewerkschaften pflegen einen offenen Umgang mit Homosexualität und Transsexualität. Die Gewerkschaft Verdi unterstützt Lesben und Schwule durch Arbeitskreise und Informationsveranstaltungen.[400] In den Unternehmen herrscht ein entspannter, liberaler Umgang mit Schwulen und Lesben. Die Commerzbank z. B. unterstützt den diskriminierungsfreien Umgang, gleichgültig, ob homosexuell oder heterosexuell: »Das Netzwerk Arco fördert eine partnerschaftliche Zusammenarbeit aller Menschen in der Bank – unabhängig von ihrer sexuellen Identität: Rund 330 Kolleginnen und Kollegen sind bei Arco organisiert. Damit ist Arco Deutschlands größtes betriebliches Netzwerk für homo-, bi- und transsexuelle Mitarbeiterinnen und Mitarbeiter«.[401] Die Fordwerke haben die sexuelle Orientierung in ihrem Diversity Konzept fest verankert und zeigen ihr Engagement für Schwule und Lesben auch in der Öffentlichkeit. Die Teilnahme am Christopher Street Day in Köln gehört zu diesen Aktivitäten. »Das Unternehmen will damit seine Akzeptanz und Wertschätzung für Mitarbeiter und Kunden mit homo- oder bisexueller Orientierung ausdrücken. Denn in der Arbeitswelt offen zu seiner sexuellen Identität zu stehen, ist noch immer kein leichtes Unterfangen. Zu groß ist die Angst vor abfälligen Bemerkungen oder gar einem Ende der Karriere«.[402] Die formalen Voraussetzungen für einen fairen und diskriminierungsfreien Umgang mit der sexuellen Orientierung sind auf der Gesetzesebene und in den Unternehmensverfassungen gegeben. Die Praxis ist auf gutem Weg.

Die aktuelle Diskussion des Handlungsfeldes »sexuelle Orientierung« ist zweigeteilt in positiv belegte Aspekte und in negative Aspekte. Die positiven Aspekte betreffen die Liberalisierung der gesellschaftlichen Bewertung sexueller Vielfalt und die rechtliche Behandlung sexueller Vielfalt. Die negativen Schlagzeilen zu diesem Handlungsfeld betreffen die Aufdeckung und Aufarbeitung von sexuellem Missbrauch in Schulen, Kirchen, Vereinen und Familien. Im betrieblichen Kontext ist das Thema Sexualität ebenfalls zweigeteilt. Einerseits sind sexuelle Belästigung, sexistische Äußerungen und die bewusste und unbewusste Benachteiligung z. B. von Schwulen und Lesben Negativ-Aspekte, die das Managing Diversity mit dem Ziel der diskriminierungsfreien Behandlung aller Beschäftigten, unabhängig von ihrer sexuellen Orientierung verhindern und ahnden muss. Die positive Seite zeigt sich in den Unternehmen darin, dass es Aufklärung über Sexualität, sexuelle Diskriminierung und sexuelle Belästigung gibt und es mehr und mehr gar kein Problem mehr ist, wenn sich Schwule und Lesben outen.

Andersartigkeit kann nur in Relation zur Normalität verstanden werden. Was »normal« ist, das bestimmt in der Regel die jeweils mächtige bzw. größte Gruppe. Geschieht dies in diskriminierender Weise, dann schreitet der Gesetzgeber ein und schützt die Minderheit vor der Mehrheit. Der Schutz von Minderheiten ist dann politisch das Ergebnis gesellschaftlicher Diskussionen und mündet in Anerkennung der Andersartigkeit als der Normalität gleichgestellte Art und Weise zu leben. Wenn Heterosexualität als »normal« betrachtet wird, dann wird bzw. Homosexualität als Abweichung von der Norm eingestuft. Diese Zuschreibung der Andersartigkeit und Abweichung als Mangel funktionierte so lange, wie der Abweichungsgrund, z. B. die sexuelle Orientierung, nur aus der Perspektive des (meist mächtigen) Beobachters

400 Vgl. Verdi Bundesarbeitskreis Lesben, Schwule, Bisexuelle, Transgender und Intersexuelle Quelle ver.di Internetrecherche

401 Commerzbank ARCO, GLBT-Mitarbeiternetzwerk der Commerzbank. Internetrecherche

402 Ford Werke: Diversity. Vielfalt als Stärke. Internetrecherche

betrachtet und beurteilt wurde. Fragt man Homosexuelle, ob sie ihre sexuelle Orientierung als »normal« bezeichnen, wandelt sich der Fokus von der Objektperspektive zur Subjektperspektive. Homosexuelle werden ihre sexuelle Veranlagung selbstverständlich als normal einstufen.

Diskriminierung entsteht, wenn Menschen als Objekte und nicht als Subjekte betrachtet werden. Urteile werden durch Vorurteile und Stereotypen ersetzt. Der Beobachter legt als Maßstab zur Beurteilung der Veranlagung und Lebensweise anderer seine eigene Veranlagung und seine Lebensweise zugrunde. Diese Prospektion mündet in der Feststellung von Defiziten und der Zuschreibung von Makeln. Schwule sind z. B. aus der Perspektive heterosexueller Personen deshalb »anders«, weil sie von ihrer Lebensweise abweichen.

Vedder[403] hat Formen der Diskriminierung auf bestimmte Diversity-Dimensionen bezogen. Er unterscheidet ebenfalls die Beobachter-Perspektive (dominante Gruppe) und die Beobachteten-Perspektive (dominierte Gruppe) und ordnet jeweils Formen der Diskriminierung zu (vgl. Abbildung 5-152).

Diversity-Dimension	Dominante Gruppe	Dominierte Gruppe(n)	Formen der Diskriminierung
Geschlecht	Männer	Frauen, Transgender-Personen	Sexismus
Ethnizität, Rasse, Hautfarbe, Nationalität	»Inländer mit weißer Hautfarbe«	Angehörige anderer Ethnien, Hautfarben oder Nationalitäten	Rassismus, Ethnozentrismus, Nationalismus, Xenophobie
Alter	Erwachsene mittleren Alters	Junge + ältere Erwachsene	Altersdiskriminierung
Religion	In Deutschland: Christen	Anhänger anderer Religionen + Freikirchen; Atheisten	Religiöse Diskriminierung, Antisemitismus
Sexuelle Orientierung	Heterosexuelle	Schwule, Lesben, Bisexuelle	Heterosexismus, Homophobie
Behinderung, Körperliche Unversehrtheit	Menschen ohne Einschränkungen/ Behinderungen	Menschen mit Einschränkungen/ Behinderungen	Diskriminierung von Behinderten

Abb. 5-152: Formen der sozialen Diskriminierung in Organisationen

5.6.2 Klärung relevanter Begriffe

Sexualität ist Ausdruck der Person. Sexualität ist Aktivierung persönlicher Veranlagung. Sexualität umfasst nach gängiger Meinung das biologische Geschlecht (Männer und Frauen), dass soziale Geschlecht (Gender) und das psychische Geschlecht (Neigung, Empfindung). Die sexuelle Orientierung beschreibt die »Fokusgruppe«, auf die sich die sexuelle Neigung einer Person richtet. Die sexuelle Orientierung kann auf das eigene Geschlecht (Homosexualität), auf das andere Geschlecht (Heterosexualität) und auf beide Geschlechter (Bi-Sexualität) gerichtet sein. Sexualität betrifft folglich die Neigung, das Empfinden, die sexuelle Praxis und

403 Vgl. Vedder, G. (2006), S. 12.

die Bewertung der sexuellen Praxis und des Empfinden im sozialen und rechtlichen Kontext. In Literatur und Praxis hat sich das Handlungsfeld »sexuelle Orientierung« unter der Buchstabenfolge *LSBT* (Lesbisch, Gay, Bi-Sexuell und Transsexuell/Transgender) etabliert. Zur Diversity-Dimension der sexuellen Identität zählen auch »Transgender«-Personen, die sich mit ihren biologischen Geschlechtsmerkmalen nicht oder nur unvollständig identifizieren können. Zur »Transgender«-Gruppe gehören auch Menschen, die sich mit der Geschlechtsrolle, die ihnen bei Geburt anhand der Geschlechtsmerkmale zugeschrieben wurde, gar nicht oder nur in unzureichender Weise charakterisieren lassen wollen. Repräsentativen Studien zufolge beträgt der Anteil von Lesben und Schwulen an der Gesamtbevölkerung etwa 7 Prozent.

Das *Geschlecht* zeichnet einen Menschen neben Herkunft, Alter, Religion, ethnischer Abstammung, Weltanschauung als einzigartige und einmalige Persönlichkeit aus. Das Geschlecht prägt die Identität zunächst als Mann und Frau. Die sexuelle Identität wird in der sexuellen Orientierung sichtbar. Die Sexualität zählt zu den elementaren Aspekten menschlichen Lebens. Ohne sexuelle Aktivität wäre der Fortbestand der Menschen nicht möglich. Sexualität ist allerdings nicht auf diese primäre Funktionalität begrenzt. Sexualität, in der körperlichen Aktivität als Sex apostrophiert, hat darüber hinaus eine emotionale, eine seelische Komponente. Sexualität drückt sich als Lebensgefühl, als Möglichkeit aus, persönliche Neigungen bewusst zu leben, nicht lediglich animalisch zu vollziehen. Sexualität weist zudem ebenso elementar auf die soziale Natur des Menschen hin. Sexuelle Praxis ist auf Partnerschaft ausgelegt, sie gewinnt Wert, Bedeutung und Würde in der Gegenseitigkeit. Sexualität ist eine elementare »conditio humana«.

Die *sexuelle Orientierung* erfasst die Vielfalt der sexuellen Ausrichtungen. Die sexuelle Orientierung ist ein Handlungsfeld des Diversity Management, das darauf zielt, dass niemand wegen seiner sexuellen Orientierung diskriminiert wird. Das Geschlecht eines Menschen trägt maßgeblich zur Ausbildung der personalen Identität bei. Der Begriff »sexuelle Identität« bezeichnet das elementare Selbstverständnis der geschlechtlichen Wesenhaftigkeit des Menschen. Grundlegend dabei ist, wie ein Mensch sich selbst wahrnimmt und von anderen wahrgenommen und bewertet wird.

5.6.3 Formelle Gleichstellung der sexuellen Orientierung

Das Selbstbestimmungsrecht des Grundgesetzes (Artikel 2 GG) garantiert allen Bürgern die freie Entfaltung ihrer Persönlichkeit. Aber wie schon das Zitat Friedrich des Großen zur liberalen Handhabung der Religionsfreiheit zeigt, wonach »Die Religionen Müsen alle Tolleriret werden und Mus der Fiscal nuhr das Auge darauf haben, das keine der anderen abtrug Tuhe, den hier mus ein jeder nach seiner Fasson Selich werden.« So sind bei aller Libertinage in jeder Gesellschaft offene und verdeckte Tabus gegenüber der freien Entfaltung von Minderheiten zu beachten. Und der Zusatz »wenn sie meine Gesetze achten« definiert die Grenze.

Gegenwärtig wird in Deutschland, in Europa und in den USA die Debatte um die Ausweitung der Vielfalt partnerschaftlicher Beziehungen sehr heftig diskutiert. Homo-Ehe, steuerliche Gleichstellung, Adoptionsrecht für homosexuelle Paare, stehen auf der Tagesordnung der politischen Diskussion ganz oben. Sobald die Rechte Dritter, z. B. der zu adoptierenden Kinder durch homosexuelle Paare, tangiert werden, wird die Diskussion um die Gleichstellung und die Selbstbestimmung homosexueller Menschen schwierig. Die Liberalisierung der »Homo-Ehe«, des »gemeinschaftlichen Adoptionsrechtes gleichgeschlechtlicher Paare« gewinnt gegenwärtig in Europa normative Gestalt.

Das AGG verlangt als Ziel des Gesetzes im § 1, dass niemand wegen seiner sexuellen Identität benachteiligt werden darf. Folglich sind alle Anstrengungen des Managing Diversity darauf zu richten, dass die – in der Regel für die Ausführung einer bestimmten Tätigkeit unerhebliche sexuelle Orientierung – kein Anlass für Diskriminierung sein darf. Der generelle Schutz der sexuellen Orientierung vor Diskriminierung bezieht sich allerdings nicht auf Pädophilie, nicht auf Geschlechtsverkehr unter Verwandten ersten und zweiten Grades sowie nicht auf sexuelle Praktiken, die Gewaltanwendung und abartige sexuelle Praktiken im sexuellen Verkehr vornehmen oder erzwingen.

Sexuelle Orientierung ist ein Handlungsfeld des Diversity Management, das in besonderem Maße im Bereich des Managing Diversity angesiedelt ist. Nimmt man an, was nach wie vor nicht unbestritten ist, dass die sexuelle Orientierung in der Veranlagung begründet ist, dann können Aktivitäten des Managing Diversity verhindern, dass homosexuell veranlagte Menschen als von der Norm abweichend diskriminiert werden. Macht man sich den erweiterten Standpunkt zu Eigen, dass sowohl die genetische Disposition als auch die kulturelle und soziale Umgebung Homosexualität erklären, was auch nicht unbestritten ist, dann bleibt es bei der Dominanz des Managing Diversity. Es geht folglich in diesem Handlungsfeld primär darum, dass Menschen ihre sexuelle Orientierung aus dem Grundsatz des selbstbestimmten Lebens heraus leben können, ohne ausgegrenzt zu werden. Die Grenzen der sexuellen Selbstbestimmung sind formell dort gesetzt, wo das Selbstbestimmungsrecht anderer bedroht ist, z. B. durch sexuelle Belästigung, und wo es erforderlich ist, Personen in besonderem Maße zu schützen, z. B. Kinder und Jugendliche.

5.6.4 Wissenschaftliche Befunde

Wissenschaftliche Befunde, z. B. über die Auswirkungen auf die Entwicklung von Kindern, die in gleichgeschlechtlichen Beziehungen aufwachsen, fehlen bisher noch weitgehend. Der Psychologe Ulrich Klocke hat bei Befragungen von Sechstklässlern in Berlin herausgefunden, dass bei zwölf Jahre alten Schülern die Schimpfworte »Schwul« und »Lesbe« bei zwei Dritteln (schwul) und 40 Prozent (Lesbe) zum Standardvokabular gehören.[404]

Die statistische Erfassung der Schwulen und Lesben weist ebenfalls noch erhebliche Lücken auf, weil sich sicherlich noch viele nicht outen, schwul oder lesbisch zu sein. Der Mikrozensus erfasst für das Jahr 2010 insgesamt 67000 gleichgeschlechtliche Lebensgemeinschaften. Homosexualität ist aus dem Strafgesetzbuch herausgenommen worden und in der Realität von Politik, Wirtschaft und – bedingt – im Sport angekommen.[405] Die gesetzlich festgelegt und öffentlich dargestellte Realität der Nichtdiskriminierung ist – so scheint es – allerdings in vielen Staaten weiter fortgeschritten als die tatsächliche Akzeptanz bei der breiten Bevölkerung. Proteste in Frankreich gegen die Homo-Ehe spalten die Gesellschaft. Die vorgelebten Werte sind heterosexuell und konservativ.

Wenn es um Homosexualität geht, erzeugen Medien gern das Bild einer bunten, tolerierten, akzeptierten und integrierten Gruppe. Infolge der Entkriminalisierung von Homo-

404 Vgl. Klocke, U. (2013).

405 Der Paragraph 175 des deutschen Strafgesetzbuchs (§ 175 StGB-Deutschland) existierte vom 15. Mai 1871 bis zum 10. März 1994. Er stellte sexuelle Handlungen zwischen Personen männlichen Geschlechts unter Strafe. Insgesamt wurden etwa 140.000 Männer nach den verschiedenen Fassungen des Paragraphen 175 verurteilt.

sexualität durch die Streichung des § 175 des Strafgesetzbuches und die Einführung des Lebenspartnerschaftsgesetzes sind die formell-rechtlichen Hürden der Gleichstellung homosexueller Menschen geschaffen worden. Die Gleichstellung Homosexueller in der konkreten Lebenswirklichkeit, insbesondere im beruflichen Kontext, bedarf allerdings noch erheblicher Anstrengungen des Managing Diversity, damit der rechtlichen auch eine mentale und reale Gleichbehandlung folgt.

Die erste umfassende Erhebung von Knoll et al. aus dem Jahr 1997 zur sexuellen Orientierung am Arbeitsplatz brachte hervor, dass knapp ein Drittel aller Schwulen und Lesben ihre Neigungen komplett verschweigen. 38 Prozent haben sich nur engen Arbeitskollegen anvertraut. 81 Prozent der Befragten gaben an, im Arbeitsleben schon mindestens einmal wegen ihrer sexuellen Orientierung diskriminiert worden zu sein.[406] Frohn befragte im Jahr 2007 insgesamt 2230 homosexuelle Mitarbeiter. Die Auswertung der Daten belegt, dass auch nach weitreichenden rechtlichen und gesellschaftlichen Veränderungen der vergangenen 10 Jahre, keine bedeutsame Senkung der Toleranzgrenze erreicht werden konnte. Nach wie vor geben ca. 80 ProzentProzent der homosexuellen Mitarbeiter an, am Arbeitsplatz diskriminiert zu werden. Mehr als die Hälfte der Befragten ziehen es weiterhin vor, ihre sexuelle Neigung zu verschweigen bzw. ausschließlich engen Kollegen anzuvertrauen.[407] Frohn wies folgende Prävalenzraten für bestimmte Ereignisse am Arbeitsplatz im Zusammenhang mit der sexuellen Orientierung von Mitarbeitern nach.[408]

- Unangenehmes Interesse am Privatleben: 35 Prozent (Lesben), 34 Prozent (Schwule)
- Kontaktabbrüche/Soziale Ausgrenzung/Isolation: 33 Prozent (Lesben), 28 Prozent (Schwule)
- Imitieren/Lächerlich machen: 43 Prozent (Lesben), 45 Prozent (Schwule)
- Beschimpfungen/Beleidigungen: 24 Prozent (Lesben), 23 Prozent (Schwule)
- Körperliche Gewalt/Aggression: je 8 Prozent

5.6.5 Strukturelle Diskriminierung

Vom Januar 1872 bis zum Juni 1994 existierte der § 175 des deutschen Strafgesetzbuches, welcher sexuelle Handlungen zwischen Personen männlichen Geschlechts unter Strafe stellte. Im Jahr 2001 trat das Gesetz über die eingetragene Lebenspartnerschaft in Deutschland in Kraft. 2006 wurde schließlich das AGG eingeführt, das Diskriminierung wegen der sexuellen Orientierung ausdrücklich untersagt. Trotz der zunehmenden gesellschaftlichen Akzeptanz und der gelockerten rechtlichen Bestimmungen, unterliegen Homosexuelle nach wie vor starker Stereotypisierung und Diskriminierung. Dies umfasst Handlungen wie Ausgrenzung, Benachteiligung, Beleidigung, Bedrohung, verbale und physische Gewalt sowie eine Ungleichbehandlung bei Beschäftigungs- und Arbeitsbedingungen. Einer Studie von Steffens und Wagner zufolge gibt mehr als jede vierte Lesbe und mehr als jeder zweite Schwule an, Beleidigungen und Ausgrenzungen am Arbeitsplatz und im Alltag ausgesetzt zu sein.[409]

Hinsichtlich der Häufigkeit der Diskriminierungen besteht jedoch eine hohe Variabilität. So diskriminieren Jüngere seltener als Ältere, Frauen weniger als Männer, Großstädter sind

406 Vgl. Knoll, C./Erdinger, M./Reisbeck, G. (1997).
407 Vgl. Frohn, D. (2007).
408 Vgl. Frohn, D. (2007).
409 Vgl. Steffens, M. C./Wagner, C. (2009).

toleranter als auf dem Land lebende Personen und Menschen mit hohem sozio-ökonomischen Status sind vorurteilsfreier als Personen mit niedrigem Status.[410]

Die sich fortsetzende Individualisierung der Gesellschaft entschärft die Diskriminierungsgefahr. Wenn jeder nur noch »sein Ding macht«, direkte Kontakte abnehmen, dann nimmt auch das Interesse an der sexuellen Orientierung der Mitmenschen ab. Es ist bei allen erreichten Fortschritten der Toleranz zwischen profaner und profunder Toleranz zu unterscheiden. *Profane Toleranz* gegenüber Schwulen und Lesben zeigt sich in Tarnaussagen wie »Man kennt das ja gar nicht!« »Ich bin (Gott sei Dank) ja nicht betroffen, kann mich dazu nicht äußern!« Profane Toleranz meint die Zustimmung zur Homosexualität als Entsprechung des Zeitgeistes, der den Menschen suggeriert, dass es mittlerweile korrekt sei, wenn man sich zumindest mit abfälligen Bemerkungen gegenüber andersartiger sexueller Orientierung zurückhält. *Profunde Toleranz* sieht die Formen und Veranlagungen sexueller Orientierung als normal an. Die sexuelle Orientierung ist ein Faktum der Vielfalt, das nicht weiter zu besonderer Bewertung Anlass gibt.

5.6.6 Ursachen sexueller Diskriminierung

In Anlehnung an die Theorie der sozialen Identität und der Selbstkategorisierungstheorie postuliert das Eigengruppenprojektionsmodell nach Mummenday und Wenzel, dass unterschiedliche soziale Gruppen auf der Basis einer gemeinsamen übergeordneten Kategorie beurteilt werden.[411] So werden heterosexuelle Männer und Schwule mit dem Prototyp »Mann« verglichen. Individuen neigen dazu, die Merkmale der eigenen Gruppe auf diese Oberkategorie zu projizieren. Folglich kommt es zu Differenzen zwischen der Kategorie »Mann« und der Kategorie »Schwule«. Heterosexuelle Männer betrachten Schwule als untypische Männer. Hohe Differenzen gehen mit negativen Einstellungen einher und führen schließlich zu Diskriminierungen gegenüber der »Fremdkategorie«.[412] Die Selbsteinschätzungen und die Zuordnung anderer Menschen in Kategorien ist Grundlage der Bevorzugung ähnlicher Typen und der Diskriminierung abweichender Typen.

5.6.7 Konsequenzen der Diskriminierung homosexueller Mitarbeiter

Drohende und praktizierte Diskriminierung homosexueller Mitarbeiterinnen und Mitarbeiter muss nah AGG von den Unternehmen und den Führungskräften bekämpft bzw. verhindert werden. Maas identifizierte mit Hilfe von Interviews schwuler Führungskräfte Strategien zum Umgang mit der eigenen Homosexualität. Diese erstrecken sich von der Vortäuschung einer heterosexuellen Lebensweise über die Vermeidung privater Themen am Arbeitsplatz bis hin zu einer völligen Offenlegung des Privatlebens.[413] Welche Strategie zu wählen ist, hängt wesentlich von der Kultur des Unternehmens ab. Es besteht gar kein Zweifel daran, dass die Branche, die Unternehmensgröße, die Tradition und auch die relevante Umgebung der Unter-

410 Vgl. Steffens, M. C./Wagner, C. (2004).
411 Vgl. Mummenday, A./Wenzel, M. (1999).
412 Vgl. Jonas, K. J./Reese, G./Steffens, M. (2007).
413 Vgl. Maas, J. (1999).

nehmen wie Kunden und Zulieferer eine wichtige Rolle im Umgang mit sexueller Orientierung spielen.

Insgesamt können vier Identitäts-Management-Strategien unterschieden werden, deren sich Homosexuelle bedienen können.

1. **Aktives Vortäuschen**
   Diese Strategie beinhaltet das aktive *Vortäuschen* heterosexueller Einstellungen und Verhaltensweisen. Homosexuelle wollen hier den Eindruck vermitteln, heterosexuell zu sein, um keine Angriffsfläche für mögliche Diskriminierungen zu bieten.

2. **Aktives Verbergen**
   Die zweite Strategie umfasst das *Verbergen* der Homosexualität. Selbstbeschränkte Informationsweitergabe, Schweigen und bewusstes Ablenken von kritischen Themen zur Sexualität werden als Verschleierungsstrategie eingesetzt. Kollegen und Vorgesetzten sollen keine »Verdacht schöpfen« hinsichtlich einer möglichen Homosexualität. Sowohl die Strategie des Vortäuschens als auch die Strategie des Verbergens binden Ressourcen der strategischen Planung, des Verbergens und des zur Schau stellens nicht authentischer Verhaltensweisen.

3. **Implizit Out**
   Die Strategie *Implizit Out* beschreibt eine gewisse Aufrichtigkeit im Umgang mit der eigenen sexuellen Orientierung. Eigene Neigungen werden nicht verschwiegen, aber auch nicht explizit nach außen dargestellt. Entsprechend ist es möglich, in »Notsituationen« auf die Strategien Verbergen oder Vortäuschen auszuweichen.

4. **Explizit Out**
   Demgegenüber umfasst die Strategie *Explizit Out* eine explizite Selbstidentifikation als schwul oder lesbisch gegenüber Kollegen und Vorgesetzten.[414] Gerade diese aktive Strategie im Umgang mit der sexuellen Orientierung bedarf der gründlichen Analyse der Unternehmenskultur.

Der Großteil der Beschäftigten setzt multiple iterative Strategien ein. Je nach Unternehmenskultur, Branche des Unternehmens sowie bisheriger Erfahrungen mit Diskriminierungen, wird situativ entschieden, welche Strategie im Umgang mit der Homosexualität gewählt wird.[415] Eine Befragung von Köllen an 278 homosexuellen Mitarbeiterinnen und Mitarbeitern brachte hervor, dass ein völlig offener Umgang mit Homosexualität in deutschen Unternehmen noch nicht erreicht ist.[416] Die Strategie *Implizit Out* erreichte lediglich einen Durchschnittswert von 2,4, wobei »1« für »trifft nicht zu« und »4« für »trifft vollkommen zu« steht. Demnach scheint ein nicht unerheblicher Teil der Homosexuellen nicht offen über ihre sexuelle Orientierung zu kommunizieren. In Befragungen wird deutlich,[417] dass insbesondere das eigene Informationsmanagement, also das »Wem erzähle ich was«, eine energieaufwändige Herausforderung darstellt und eine entsprechend hohe Belastung für die homosexuellen Mitarbeiter mit sich

414 Vgl. Anderson, M. Z./Croteau, J. M. et al. (2001).
415 Vgl. Losert, A. (2010).
416 Vgl. Köllen, T. (2008).
417 Vgl. Maas, J. (1999); Losert, A. (2004); Frohn, D. (2007).

bringt. Die ständige Selbstüberwachung der eigenen Kommunikation kostet Kraft und Ressourcen, die eigentlich für die Bewältigung der täglichen Beanspruchungen am Arbeitsplatz benötigt werden. Entsprechend weisen Frohn sowie Schneeberger et al. eine höhere psychosomatische Belastung und folglich mehr gesundheitliche Beschwerden sowie eine höhere Rate innerlicher Kündigung bei homosexuellen Mitarbeitern nach.[418] Mak, Poon, Pun und Cheung wiesen in ihrer Meta-Analyse nach, dass die Angst vor Diskriminierung, Diskriminierungserfahrungen sowie negativen Einstellungen zur eigenen Sexualität am Arbeitsplatz bedeutsame negative Effekte auf die Gesundheit homosexuell orientierter Mitarbeitern haben ($r = -.28$).[419] Dies äußert sich nachweislich in depressiven Symptomen[420], psychischen und physischen Beeinträchtigungen[421] sowie Suizidalität[422]. Mehr als zwei Drittel homosexueller Männer, die bereits mit Diskriminierungen konfrontiert waren, geben an, regelmäßig unter Suizidgedanken zu leiden. Im Vergleich dazu fiel die Häufigkeit suizidaler Gedanken unter nicht diskriminierten Homosexuellen mit knapp 30 Prozent signifikant niedriger aus.[423] Befragte, die am Arbeitsplatz offener mit ihrer sexuellen Orientierung umgehen können, weisen schließlich weniger psychische Beschwerden auf und sind gesünder.[424] Darüber hinaus führt die Strategie des Verbergens bzw. Vortäuschens auch zu einer Aufrechterhaltung von negativen Einstellungen gegenüber Homosexualität.[425] Es ist folglich eine wichtige Aufgabe des Diversity Managements, die Doppelbelastung aus der sexuellen Orientierung und der Bewältigung der Arbeitsaufgaben abzubauen.

5.6.8 Maßnahmen zum Handlungsfeld sexuelle Orientierung

»Sexuelle Orientierung« ist nach wie vor eine wenig bearbeitete Diversity-Dimension. Diversity Management bezieht sich fast immer auf die Förderung von Frauen, die Integration von Migranten oder auf die Betrachtung der Belange älterer Mitarbeiter. Homosexualität wird erst seit wenigen Jahren intensiver beleuchtet.[426] Entsprechend werden nur wenige Maßnahmen umgesetzt.

Managing Diversity zielt auf Nachteilsbeseitigung und Nachteilsvermeidung. Wenn die heterosexuellen Kollegen und Kolleginnen Vorbehalte gegenüber Homosexuellen haben, dann sind diese gezielt abzubauen. Geeignete Maßnahmen sind:

- »Anti-Homophobie-Training« zum angemessenen und konstruktiven Umgang mit homosexuellen Mitarbeiterinnen und Mitarbeitern am Arbeitsplatz
- Informationskampagnen, Aufklärungsbroschüren und Workshops unter Beteiligung homosexueller Trainer und Mitarbeiter
- Führungskräftesensibilisierung für den vorurteilsfreien Umgang mit Homosexuellen
- Öffentliche Teilnahme z. B. an Veranstaltungen homosexueller Gruppen

418 Vgl. Frohn, D. (2007); Schneeberger, A./Rauchfleisch, U./Battegay, R. (2002).
419 Vgl. Mak, W. W. S./Poon, C. Y. M./Pun, L. Y. K./Cheung, S. F. (2007).
420 Vgl. Zakalik, R. A./Wei, M. (2006).
421 Vgl. Lewis, R. J./Derlega, V. J./Griffin, J. L./Krowinski, A. C. (2003).
422 Vgl. Meyer, I. H. (1995); Plöderl, M./Tremblay, P./Fartacek, R. (2007).
423 Vgl. De Graaf, R./Sandfort, T. G./ten Have, M. (2006).
424 Vgl. Meyer, I. H. (2007); Stuber, M. (2004); Badura, B./Greiner, W./Rixgens, P. et al. (2008).
425 Vgl. Herek, G. M./Chopp, R./Strohl, D. (2007); Meyer, I. H. (2007); Pachankis, J. E. (2007).
426 Vgl. Köllen, T. (2010).

- Die Aufnahme der Thematik »sexuelle Orientierung« in den Inhaltskanon der Berufsausbildung, der Einführung neuer Mitarbeiterinnen und Mitarbeiter und in das Curriculum der Führungskräfteentwicklung
- Sexuelle Orientierung ist auch in die »geeignete Information« der Belegschaft zum AGG aufzunehmen
- Aufklärung über das Beschwerderecht, die AGG-Beschwerdestelle und
- die Zusicherung der Vertraulichkeit
- Schulung der Mitarbeiterinnen und Mitarbeiter der Personalabteilung

Anzuraten sind Maßnahmen auf allgemeinem Niveau. Generelle Informationen zum Verhalten, zu den Rechten und Pflichten homosexueller und heterosexueller Mitarbeiterinnen und Mitarbeiter sind geeignet, ohne konkrete Bezugnahme zu Einzelfällen, das Bewusstsein für Toleranz zu stärken. »Do not blame anyone« folgt dem Grundsatz, anderen nicht zuzumuten, was man selbst nicht erfahren will.

Köllen gibt in seiner Studie einen Überblick über die Verbreitung konkreter Diversity Maßnahmen zur sexuellen Orientierung.[427] Er weist darauf hin, dass Diversity Maßnahmen für Homosexuelle bisher nur in sehr geringem Maße umgesetzt werden. Zwei Drittel der 638 befragten Mitarbeiter sagen, dass Homosexualität immer noch ein Tabuthema darstellt, über das nicht offen kommuniziert wird. Spezielle Programme, z. B. Mentoringprogramme und Netzwerke für Lesben und Schwule, sind bedingt geeignete Maßnahmen, weil besondere Maßnahmen das Besondere der Zielgruppen betonen und so die gutgemeinte Maßnahme in der Verstärkung der Stigmatisierung des Besonderen ausarten kann.

Ziel muss es sein, durch *Managing Diversity* Nachteile zu vermeiden, Diskriminierung abzubauen und leistungshemmende Konflikte zu vermeiden. Managing Diversity bezweckt, die Homo- und Heterosexualität als gleichwertige Formen menschlicher Sexualität anzuerkennen und zu respektieren. Damit ist der Appell verbunden, dass unterschiedliche Lebensformen im beruflichen Alltag ihr Existenzrecht haben und gleich behandelt werden müssen.

Die Anpassung von Sozialleistungen für Lebenspartner/innen, beispielsweise durch die Geltendmachung gesetzlicher Rentenansprüche bzw. Mitversicherungsansprüche bei betrieblichen Zusatzleistungen zur Krankenkassenversicherung sowie die Gleichbehandlung und Wertschätzung gleichgeschlechtlicher Paare durch respektierende Formulierungen, beispielsweise bei Einladungen zu Unternehmensfeierlichkeiten, sind ein erster Schritt zur Vermeidung von Benachteiligung und tragen zur Akzeptanz homosexueller Mitarbeiterinnen und Mitarbeiter bei. Dieses Verständnis von Homosexualität soll Angst beseitigen, Frustration vermeiden, Integration vorantreiben und Selbstverständlichkeit erzeugen. Diskriminierungsfreie Zusammenarbeit schafft die Basis für die Toleranz und Nutzung der Vorteile aus der Vielfalt.

In den Unternehmensleitlinien der Deutschen Lufthansa AG wird beispielsweise darauf verwiesen, dass homosexuelle Mitarbeiterinnen und Mitarbeiter den gleichen Respekt und die gleiche Wertschätzung genießen wie alle anderen Mitarbeiter. Wenn zur Vermeidung der Diskriminierung homosexueller Mitarbeiterinnen und Mitarbeiter solche Selbstverständlichkeiten nach wie vor betont werden müssen, dann zeigt dies, wie wenig selbstverständlich sie sind. Die Deutsche Lufthansa AG geht auch bei den Firmenleistungen über das Lebenspartnerschaftsgesetz hinaus, indem alle vor dem Standesamt eingetragenen homosexuellen Lebenspartnerschaften vom Unternehmen dieselben bezahlten und unbezahlten Freistellungen erhalten wie heterosexuelle Ehepaare. Unternehmensinterne Beratungsstellen, deren Mitar-

---

427 Vgl. Köllen, T. (2008).

beiter/innen für die spezifischen Situationen der Ungleichbehandlung und Diskriminierung ausgebildet sind, bilden einen weiteren Ansatz zur Gleichstellung homosexueller Mitarbeiterinnen und Mitarbeiter.[428]

Diversity Management geht über die »bloße« Gleichstellung von Minderheiten hinaus. Ziel ist es, durch Heterogenität die organisationale Innovationskraft zu erhöhen und folglich einen wirtschaftlichen Vorteil zu erzielen. IBM ist beispielsweise davon überzeugt, dass Mitarbeiter, die sich frei zu ihrer sexuellen Orientierung und Identität bekennen können, zufriedener, selbstbewusster und auch leistungsfähiger sind. Dies zeigt auch eine Studie von Day und Schoenrade.[429] Es wurden 1013 Mitarbeiter amerikanischer Unternehmen zum Zusammenhang von Homosexualität und Arbeitseinstellungen befragt. Die Auswertung der Daten ergab, dass die Offenheit im Umgang mit Homosexualität am Arbeitsplatz sowie die Unterstützung durch die Führungskraft zu einer höheren organisationalen Bindung, zu gesteigerter Arbeitszufriedenheit und zu einer Reduzierung der Konflikte zwischen Privat- und Arbeitsleben bei homosexuellen Mitarbeitern führen. Die Akzeptanz und Förderung von Vielfalt hat demnach verschiedene positive Auswirkungen auf die Einstellungen und schließlich Verhaltensweisen der Belegschaft.

Im Fokus eines tragfähigen *Diversity Managements* steht die Verdichtung der Berührungspunkte zwischen unterschiedlich sexuell orientierten Mitarbeitern, um einen größeren Raum für Bewusstsein, Akzeptanz, Toleranz und Nutzung der Kreativität zu schaffen.

Vor allem Führungskräfte tragen eine große Verantwortung für die Verbreitung und Umsetzung der Maßnahmen gegen sexuelle Diskriminierung und sie sind verantwortlich für die Integration aller Teammitglieder in die Arbeitsgruppe. So demonstriert beispielsweise die offizielle Förderung von Netzwerken nicht-heterosexueller Art (Ressource-Groups) einen offenen Umgang mit und die Akzeptanz von Homosexualität. So können Netzwerke wie bei Ford und IBM, in denen sich Menschen gleicher sexueller Orientierung zusammentun, sich gegenseitig unterstützen und als Sprachrohr zum Diversity Manager und als eine Plattform zur Herstellung von Normalität fungieren. Homosexuelle Mitarbeiter der Commerzbank AG engagieren sich beispielsweise im Mitarbeiternetzwerk *ARCO*, dem bundesweit größten firmeninternen Schwulen- und Lesbennetzwerk. Dieses Netzwerk ist intern mit eigenen Intranetseiten sowie zahlreichen Aktionen präsent und auch extern bspw. im Rahmen des Christopher Street Days sichtbar. Ähnliche Erfolge durch Mitarbeiternetzwerke sind auch E.ON gelungen. Ein homosexueller Mann kann ein Bild seines Partners auf dem Schreibtisch stehen haben und offen aus der Partnerschaft berichten, ohne fragende Blicke oder merkwürdige Kommentare gegenwärtigen zu müssen. Die Commerzbank AG organisiert beispielsweise für noch nicht geoutete Angestellte Workshops. Ähnliche Programme gibt es bei der Deutschen Post, der Deutschen Bank, der Telekom und bei SAP.

Im Sinne der Kontakt-Hypothese könnte darüber hinaus eine Vermehrung der Berührungspunkte zu homosexuellen Mitarbeitern mehr Toleranz bewirken. So weisen Steffens und Wagner nach, dass einer der wichtigsten Prädiktoren für eine vorurteilsfreie Einstellung das persönliche Kennen homosexueller Personen darstellt.[430] Werden homosexuelle Kolleginnen und Kollegen vorurteilsfrei akzeptiert, geachtet und nur nach ihrer Leistung und ihrem Willen zur Zusammenarbeit beurteilt, dann steigt die Produktivität der Gruppe insgesamt.

428 Vgl. den Beitrag von Monika Rühl in diesem Buch, S. 369–372.
429 Vgl. Day, N. E./Schoenrade, P. (2000).
430 Vgl. Steffens, M. C./Wagner, C. (2009).

Gerlach und Reisbeck schlagen ein sogenanntes »Anti-Homophobie-Training« vor.[431] Ziel dieses Trainings ist die Befähigung insbesondere von Fach- und Führungskräften zum angemessenen und konstruktiven Umgang mit homosexuellen Mitarbeitern am Arbeitsplatz. Es werden beispielsweise Theaterelemente genutzt, um die berufliche Interaktion zwischen homosexuellen und heterosexuellen Mitarbeitern möglichst originalgetreu zu simulieren. Es werden Situationen des Arbeitsalltags beschrieben, die von Belästigung bis hin zu Diskriminierung reichen. Die Teilnehmer haben die Möglichkeit, das »Schauspiel« zu unterbrechen, um eigene Ideen bzw. Verhaltensweisen zur Entschärfung einzubringen. Die Workshopteilnehmer werden so gezielt in den Lernprozess integriert und erhalten die Möglichkeit, eigene Erfahrungen im Umgang mit homosexuellen Kolleginnen und Kollegen und diskriminierenden Situationen zu sammeln. Schließlich werden adäquate vorurteilsfreie Verhaltensweisen erprobt.

Diversity Management sollte sich nicht nur intern auf die Mitarbeiter sondern auch extern auf die Kunden und Lieferanten auswirken. So kann die Förderung diverser Belegschaften auch der Erschließung neuer Absatzmärkte dienen. Die Deutsche Bahn AG hat erkannt: »Unsere Kunden sind vielfältig, also muss auch unsere Belegschaft vielfältig sein«. Es liegt auf der Hand, dass die gezielte Einstellung und Unterstützung homosexueller Mitarbeiter auch beim Kunden ankommt. Das Signal »wir lieben es bunt« vermittelt homosexuellen Kunden »hier bin ich willkommen; hier kann ich so sein, wie ich bin«!

5.6.9 Handlungsfeld »sexuelle Orientierung« als strategische Positionierung

Das Handlungsfeld »sexuelle Orientierung« lässt sich mithilfe der folgenden Maßnahmen in der Unternehmensstrategie fundieren:

- Verankerung des Handlungsfeldes »sexuelle Orientierung in der Unternehmungsverfassung, im Unternehmensleitbild, dem Mission- und Vision-Statement
- Klares Bekenntnis der Geschäftsleitung zur Abwehr von Diskriminierung (Managing Diversity) und zur aktiven Förderung von Leben und Schwulen
- Verankerung des Handlungsfeldes »Sexuelle Orientierung« in einem leistungsfähigen Diversity Management Konzept
- Etablierung einer vertrauensvollen Beratungsinstanz für Schwule und Lesben
- Unterstützung des »Comming-out« von Mitarbeiterinnen und Mitarbeitern, wenn das gewünscht wird durch Beratungsangebote der AGG-Beratungsstelle und der Personalabteilung
- Veranstaltung von Events zur wertschätzenden Integration von Lesben und Schwulen
- Vermeidung von »positiver Ausgrenzung« durch Verschweigen und Vertuschen der sexuellen Orientierung
- Nutzung des Verständnisses von Schwulen und Lesben als strategischer Geschäftsvorteil

431 Vgl. Gerlach, S./Reisbeck, G. (1999).

5.6.10 Zusammenfassung sexuelle Orientierung

Die formale rechtliche Gleichstellung von Schwulen und Lesben ist in Deutschland mit dem AGG und in Europa mit entsprechenden Verordnungen gewährleistet. Die gesellschaftliche Bereitschaft, offen über Homosexualität zu sprechen, ist gewachsen. Allerdings besteht zwischen der bloßen Postulierung, man habe keine Vorurteile gegen Homosexualität und dem tatsächlichen Umgang mit Homosexuellen noch eine große Diskrepanz und viel Unsicherheit. Homosexualität ist nach wie vor für viele ein Tabu-Thema. Auch zeigt sich z. B. ganz konkret die Betroffenheit in Familien, wenn sich eine Tochter, ein Sohn als homosexuell outet. Erwartungen an die Kinder zerbrechen, Hoffnungen auf Enkel werden zerstört. Es ist nach wie vor viel leichter, über Homosexualität zu schreiben und zu diskutieren, als in der konkreten Situation der persönlichen Betroffenheit mit Homosexualität umzugehen. Insgesamt besteht hinsichtlich des Handlungsfeldes *sexuelle Orientierung* noch enormer Handlungsbedarf. So ist es bisher nur wenigen großen Unternehmen wie der Deutsche Bahn AG, der SAP AG, der Deutsche Bank, IBM, Ford und der Commerzbank AG gelungen, schwule und lesbische Mitarbeiter erfolgreich zu integrieren. Unternehmen, denen die Integration homosexueller Mitarbeiter gelingt, werden regelmäßig mit dem Max Spohr-Preis ausgezeichnet. Dieser wurde nach dem Verleger Max Spohr benannt, der sich bereits Ende des 19. Jahrhunderts für die Rechte von sexuellen Minderheiten eingesetzt hat.

5.6.11 Sexuelle Belästigung, sexuelle Gewalt und sexueller Missbrauch

5.6.11.1 Aktualität der Thematik

Die Themen sexuelle Belästigung, sexuelle Gewalt und sexueller Missbrauch liegen nach wie vor zum großen Teil im Dunkeln. Sexuelle Gewalt in Familien und partnerschaftlichen Beziehungen kommt nur in Extremfällen an die Öffentlichkeit. Es sind die unterschiedlichen Grade der Abhängigkeit, die verhindern, dass Kinder und Partner Anzeigen wegen sexueller Belästigung, sexueller Gewalt und sexuellem Missbrauch erstatten. Lediglich der sexuelle Missbrauch in Schulen, Heimen und kirchlichen Einrichtungen hat in der jüngeren Vergangenheit hohe Wellen geschlagen, und es ist eine enorme Arbeit zur Aufbereitung der Vergangenheit und zur Vermeidung von Missbrauch und sexueller Gewalt in der Zukunft geleistet worden.

5.6.11.2 Begriffsklärung

Unter sexueller Belästigung werden unerwünschte und unangemessene Annäherungen einer Person einer anderen Person oder Personengruppe gegenüber verstanden. Gesten, Zeichen, Körperkontakte, die das normale Maß einer Begegnung überschreiten, gehören in den Bereich der sexuellen Belästigung. Hinzukommen muss das subjektive Empfinden der betroffenen Person, unangemessen und gegen ihren Willen behandelt zu werden. Blome et al.[432] listen Beispiele sexueller Belästigung auf

432 Vgl. Blome, E./Efmeier, A./Gülcher, N./Smykalla, S. (2014), S. 420; Eine Sammlung einschlägiger Urteile zur sexuellen Belästigung ist zu finden bei ver.di b + b Sexuelle Belästigung am Arbeitsplatz. https:/www.verdi-bub.de, eingesehen am 28.6.2014.

- Sexistische Bemerkungen und Witze
- SMS oder MMS-Mitteilungen, Anrufe, Briefe, E-Mails oder Einträge in sozialen Netzwerken mit unerwünschtem und unangemessenem Inhalt
- Kommentare zum Aussehen einer Person, über körperliche Vorzüge oder Schwächen
- Androhung beruflicher Nachteile bei der Verweigerung und Zurückweisung von Annäherungsversuchen
- Zeigen und Verbreiten pornografischer und/oder sexistischer Texte, Bilder und Druckerzeugnisse
- Unerwünschte Körperkontakte wie Po-Kneifen und Po-Klapsen
- Unerwünschte Küsse

Sexuell unangemessenes Verhalten ist strafrechtlich bewehrt durch die Paragraphen zur Vergewaltigung (§ 177 StGB), zur sexuellen Nötigung (§ 177 StGB), zur Beleidigung (§ 185 StGB) und zur Nötigung (§ 240 StGB).[433] Das AGG greift die sexuelle Belästigung auf und definiert im § 3 wie folgt:

(4) Eine sexuelle Belästigung ist eine Benachteiligung in Bezug auf § 2 Abs. 1 Nr. 1 bis 4, wenn ein unerwünschtes, sexuell bestimmtes Verhalten, wozu auch unerwünschte sexuelle Handlungen und Aufforderungen zu diesen, sexuell bestimmte körperliche Berührungen, Bemerkungen sexuellen Inhalts sowie unerwünschtes Zeigen und sichtbares Anbringen von pornographischen Darstellungen gehören, bezweckt oder bewirkt, dass die Würde der betreffenden Person verletzt wird, insbesondere wenn ein von Einschüchterungen, Anfeindungen, Erniedrigungen, Entwürdigungen oder Beleidigungen gekennzeichnetes Umfeld geschaffen wird.

Abschnitt 4 bezieht sich auf Abschnitt 3, der Belästigungen als Benachteiligung aus unerwünschten Verhaltensweisen definiert, die geeignet sind, die Würde der betreffenden Person zu verletzen.

Sexueller Missbrauch wird definiert als jede sexuelle Handlung eines Erwachsenen, die an oder vor einem Kind stattfindet. Sexueller Missbrauch geschieht gegen den Willen des Kindes und nutzt die körperliche, psychische oder sprachliche Unterlegenheit des Kindes aus. Kinder sind vor sexuellem Missbrauch zu schützen, weil die Handlungen in eklatanter Weise gegen den Entwicklungsstand des Kindes verstoßen und es einem Kinde nicht möglich ist, sich mental und physisch gegen die Gewalt zu wehren. In vielen Fällen des sexuellen Missbrauchs stammt die Person, die sexuellen Missbrauch begeht, aus dem sozialen Umfeld des Kindes. Sexueller Missbrauch stellt somit einen schwerwiegenden Vertrauensbruch dar, der bei dem betroffenen Kind seelische Schäden hervorrufen kann.

Das Strafgesetzbuch bedroht den »schweren sexuellen Missbrauch von Kindern« (§176a StGB) mit Freiheitsstrafen nicht unter einem Jahr, wenn der Täter innerhalb der letzten fünf Jahre wegen einer solchen Straftat rechtskräftig verurteilt worden ist. Die Abschnitte 2, 3, 4 des § 176a verschärfen die Strafandrohung mit der Schwere der Straftat des Missbrauchs.

Sexueller Missbrauch wird mit sexueller Gewalt gleichgesetzt, weil stets die Überlegenheit den Missbrauch ermöglicht.

433 Vgl. dazu Strafgesetzbuch (13. Abschnitt,§§ 174–184g).

5.6.11.3 Maßnahmen gegen sexuelle Belästigung und sexuelle Gewalt

Maßnahmen kann man sinnvoll nur ergreifen, wenn die Gefahr, das Ziel und die Adressaten bekannt sind. Es sind Maßnahmen der Vorbeugung und der Ahndung zu unterscheiden. Vorbeugende Maßnahmen sollten bei den potenziellen Opfern ansetzen. So werden Kinder in Kindergärten, Horten und Schulen über die Bedrohung durch sexuelle Gewalttäter in geeigneter Form aufgeklärt.

Sexueller Belästigung kann am Arbeitsplatz vorgebeugt werden, indem potentielle Opfer, z. B. junge Frauen, lernen, die Wirkung eigener Äußerungen auf andere Menschen hinsichtlich möglicher Folgen einzuschätzen. Maßnahmen zur Prävention und zur Aufklärung dürfen allerdings nicht in den Stereotyp verfallen, wonach man selber schuld sei, wenn man aufreizende Kleidung trage, freundlich sei und Nähe zu Kollegen und Vorgesetzten praktiziere. Einfache Maßnahmen sind z. B. das Prinzip der offenen Türen, die Distanz erhaltende Ansprache »Sie« statt »Du« und die Einhaltung gebührender Nähe und Distanz.

Präventive Maßnahmen für potenzielle Täter gestalten sich als äußerst schwierig, weil häufig das Bewusstsein für den Sachverhalt der sexuellen Belästigung fehlt. Auch wird jemand, der eine sexuelle Belästigung begeht, seine Planung und sein Tun nicht öffentlich machen. Im Gegenteil, Täter werden versuchen, ihr Verhalten zu vertuschen. Die Verschleierung gilt in besonderem Maße für Menschen, die sexuellen Missbrauch begehen. Das Unrechtsbewusstsein ist in diesem Falle in aller Regel vorhanden und es wird dazu führen, dass der Täter verstärkt Aktivitäten der Vertuschung in Angriff nimmt. Tragischer Weise führt diese Strategie leider auch zum Tode von Kindern, die sexuell missbraucht wurden.

Einfacher sind Maßnahmen zur Prävention im Bereich sexueller Belästigung am Arbeitsplatz. Führungskräfte und Unternehmen haben nach § 12 Abs. 1 AGG die Pflicht, erforderliche Maßnahmen zum Schutz vor Benachteiligungen zu treffen. Zu den vorbeugenden Maßnahmen gegen sexuelle Belästigungen haben Unternehmen nach § 12, Abs. 3 AGG die primäre Pflicht, die Bestimmungen des AGG in geeigneter Form allen Beschäftigten bekannt zu machen. Abmahnungen, Versetzungen und als ultima ratio die Kündigung, sind Maßnahmen zur Vorbeugung gegen sexuelle Belästigung. Betroffene haben nach § 13, Abs. 1 AGTG das Recht, sich beim Betriebsrat, bei der AGG-Beschwerdestelle und selbstverständlich bei ihren Vorgesetzten wegen sexueller Belästigung zu beschweren.

Sexuelle Belästigung kumuliert im Sexismus. Der Begriff Sexismus bezeichnet allgemein jede Form der Diskriminierung von Menschen aufgrund ihres Geschlechts. Weil ISMEN stets die Gefahr einseitiger Überzeichnung in sich bergen, sollte sine ira et studio abgewogen werden, ob es sich bei einer unangemessenen Verhaltensweise um ein persönliches Vergehen oder um eine gesellschaftliche Form der Diskriminierung handelt. Sexismus wird aus der traditionellen Rolle der Frau heraus als Benachteiligung von Frauen gesehen, die bis in die Gegenwart als Erbe der patriarchalischen Vergangenheit nachwirke. Es ist aber nicht zu bestreiten, dass Frauen mit kämpferischem Feminismus dem Ausgleich der Geschlechter und dem diskriminierungsfreien Umgang der Geschlechter miteinander keinen sonderlich großen Gefallen tun. Druck erzeugt bekanntlich Gegendruck, und es wird möglicherweise länger dauern, bis die Gleichheit der Geschlechter allseits erreicht sein wird.[434]

---

434 Vgl. den interessanten Artikel in ZEIT ONLINE: Schlachtfeld Frau. http:/www.zeit.de/2012/11/ Feminismus-Schlachtfeld Frau; eingesehen am 28.6.2014

5.6.11.4 Zusammenfassung

Sexualität gehört als »elementare condito humana« zu Wesen des Menschen. Die sexuelle Orientierung kann man sich nicht aussuchen. Man muss damit umzugehen lernen. Die gesellschaftlichen Instanzen setzen die Grenzen zwischen legaler und nicht legaler sexueller Praxis. Managing Diversity klärt auf, schützt vor Diskriminierung und bringt die Menschen vorurteilsfrei zusammen.

Man mag es hören oder lesen, man mag es ablehnen oder begrüßen, die Geschlechter sind aufeinander verwiesen und aufeinander angewiesen. Männer begehren Frauen, Frauen begehren Männer. Werben um die gegenseitige Gunst ist kein Schulfach, Frauen und Männer finden im Leben zueinander. In der Regel geschieht das mit großer Freude, es mündet in Liebe und gegenseitige Wertschätzung, sogar die Fehler des anderen werden geliebt. Es wird folglich für alle Zeiten so bleiben, dass sich Männer und Frauen gegenseitig anziehen. Abweichungen dürfen nicht übersehen werden, Fehlverhalten ist zu ahnden, Untergangsstimmung darf aber nicht die Freude aneinander töten.

5.6.12 DIVERSITY-PRAXIS: Deutsche Bank

Katharina Paust-Bokrezion

Diversity als Unternehmensstrategie, oder: Kluge Köpfe denken anders

Die Deutsche Bank beschäftigt Mitarbeiter aus mehr als 130 Nationen in über 70 Ländern. Als international tätiges Unternehmen sieht die Deutsche Bank in der Vielfalt ihrer Mitarbeiter einen besonderen Vorteil. Die Anerkennung von Vielfalt ist Ausdruck des Werteverständnisses und unternehmerische Notwendigkeit zugleich. Für die Deutsche Bank sind gemischte Teams die erfolgreicheren Teams, da Erfolg auf der Unterschiedlichkeit von Perspektiven, Erfahrungen und Hintergründen beruht. Nur mit gelebter Diversity kann ein globales Unternehmen auf die vielfältigen Kundenanforderungen mit innovativen Lösungen erfolgreich reagieren.

Diversity ist seit Jahren integraler Bestandteil der Unternehmensphilosophie und ein wesentlicher Bestandteil der Werte der Deutschen Bank. Um die Vielfalt an Begabungen, Persönlichkeiten und Lebensformen zu achten und zu fördern, hat die Deutsche Bank weltweit eine Vielzahl an Diversity-Programmen und Aktivitäten ins Leben gerufen. Zu den angestoßenen Maßnahmen zählen beispielsweise Trainings für Führungskräfte und Mitarbeiter, in denen sie sich zum Thema Vielfalt sensibilisieren lassen können. Im Rahmen der Weiterbildung »Umgang mit unbewussten Denkmustern und Vorurteilen« diskutieren sie unter anderem die Vorteile von Alters-, Geschlechter-, und kulturell gemischten Teamstrukturen.

Im Folgenden soll zunächst das Diversity-Management der Deutschen Bank kurz dargestellt werden, um anschließend auf Ausgestaltung und Inhalte der konkreten Trainingsmaßnahmen einzugehen.

Diversity-Management – Anerkennung von Vielfalt

Bei der Deutschen Bank hat das Thema Vielfalt schon allein aufgrund der Internationalität des Konzerns einen hohen Stellenwert. Es wird Wert darauf gelegt, dass sich Teams unterschiedlich zusammensetzen. Denn die Deutsche Bank will so vielfältig sein, wie es ihre Kunden weltweit sind. Deshalb verfolgt sie einen ganzheitlichen Diversity-Ansatz, bei dem die Vielfalt der Begabungen, Persönlichkeiten und Lebensformen geachtet und gefördert wird. Die Mitarbeiterinnen und Mitarbeiter sollen ihre Talente nutzen und ihr volles Potenzial entfalten können. Als Voraussetzung hierfür engagiert sich die Deutsche Bank für ein vorurteilsfreies Arbeitsumfeld. Gelebte Diversity trägt auch zur Positionierung als attraktiver Arbeitgeber bei. Denn die Bank kann nur erfolgreich sein, wenn es ihr gelingt, die besten Talente zu gewinnen und zu halten.

Bereits seit Ende der 90er-Jahre ist Diversity Management Teil der globalen Unternehmensstrategie der Deutschen Bank. Die Umsetzung des Diversity-Managements liegt bei der Deutschen Bank in der Verantwortung eines globalen Teams, welches die zahlreichen, bereichsübergreifenden Diversity-Initiativen im Unternehmen initiiert und koordiniert. Das Diversity-Team hat beispielsweise globale Programme für Führungskräfte ins Leben gerufen, begleitet unterschiedliche HR-Prozesse und Talentprogramme und unterstützt ehrenamtlich tätige Mitarbeiter-Netzwerke – um nur einige Punkte zu nennen. Eine weitere wichtige Aufgabe des Teams ist es, die einzelnen Geschäftsbereiche fachlich zu beraten. Denn die Umsetzung von Diversity in der Praxis verläuft nur erfolgreich über die enge Zusammenarbeit mit den Unternehmensbereichen. Für alle Regionen, in denen die Bank tätig ist, wurden deshalb Diversity Councils gegründet, die sich aus Entscheidungsträgern der Geschäftsbereiche zusammensetzen und regionale Maßnahmen initiieren.

Die übergreifende Diversity-Strategie der Bank wird in jeder Region jährlich von den Geschäftsbereichen in Abstimmung mit dem Diversity-Team festgelegt und entsprechend umgesetzt.

Unbewusste Denkmuster – Sensibilisierung für Vielfalt

Galt den Philosophen der Aufklärung der Mensch noch als ein von der Ratio bestimmtes Wesen, hat sich seit Freud eine Erkenntnis durchgesetzt, die von der neueren Hirnforschung bestätigt wird: »Das Ich ist nicht Herr im eigenen Haus«. Nur ein Bruchteil der Reize, die unablässig auf unser Gehirn einströmen, wird in unserem Bewusstsein verarbeitet. Schon bevor sie dorthin gelangen, filtert und kategorisiert unser Unterbewusstsein alle äußeren Eindrücke. Es fällt die meisten Urteile vorab. Diese Vor-Urteile, Denkmuster und Stereotypen prägen unser Verhalten in erheblichem Maße.

Indem sie die Komplexität der uns umgebenden Welt reduziert und vereinfacht, dient die Filterfunktion des Gehirns einem evolutionären Zweck. Sie macht uns erst handlungsfähig, da wir nicht permanent zwischen wichtigen und unwichtigen Reizen unterscheiden müssen. Daher treten solche Automatismen insbesondere unter Stress zutage, etwa wenn ein Entscheider unter Zeitdruck steht oder einer Flut an Informationen ausgesetzt ist. Wenn rationale Entscheidungen gefragt sind, erweist sich der ursprüngliche Nutzen unbewusster Denkmuster mitunter als Nachteil.

Führungskräfte müssen sich also bewusst machen: Entscheidungen, sei es bei der Personalauswahl, bei Beförderungen, bei Projektbesetzungen oder im Umgang mit Teammitgliedern und Geschäftspartnern, können von Vorurteilen beeinflusst werden. Diese können sich an sichtbaren Merkmalen festmachen, wie dem Geschlecht, der Hautfarbe, dem Alter, der Kleidung oder einer körperlichen Behinderung des jeweiligen Gegenübers. Es sind aber gerade die nicht sichtbaren Unterschiede, beispielsweise kulturelle Prägungen, die zu Konfliktpotenzial in der Zusammenarbeit führen können.

Das Diversity-Management der Deutschen Bank will die Mitarbeiter für kulturelle Unterschiede sensibilisieren. Kulturelle Unterschiede zeigen sich etwa in der Bewertung von individuellem und kollektivem Handeln, im Verständnis von Hierarchien oder Geschlechterrollen. Ein weiterer, wichtiger Aspekt im Zusammenhang mit unbewussten Denkmustern, den es im Diversity-Management zu vermitteln gilt, ist die Erkenntnis, dass Menschen ein archaisches Bedürfnis haben, ihnen ähnlichen Gruppen anzugehören und sich – auch durch Ausgrenzungen – über diese zu definieren.

Im Arbeitsalltag können sich Vorurteile auf unterschiedliche Weise auswirken. Die Beziehungen zwischen Individuen können von unbewusst wahrgenommenen Ähnlichkeiten oder Unterschieden, Sympathien oder Antipathien geprägt sein. Bestimmte Merkmale einer Persönlichkeit können alle anderen überstrahlen und ihrem Gegenüber eine objektive Beurteilung erschweren. Unbewusste Denkmuster können auch das Gruppendenken und Klischeevorstellungen befördern.

Nur wenn sich Mitarbeiter und Führungskräfte darüber klar werden, dass solche Denkmuster existieren, können sie deren Einfluss auf Entscheidungen reduzieren.

Dies ermöglicht mehr Raum für Kreativität und innovatives Denken. Hierauf zielt das Diversity-Training der Deutschen Bank. Sie hat zu diesem Zweck ein Präsenztraining für Führungskräfte entwickelt. Der Workshop »Umgang mit unbewussten Denkmustern« wurde 2011 weltweit ausgerollt. Ergänzend bietet die Bank ein elektronisches Lernprogramm für alle Mitarbeiterinnen und Mitarbeiter an. Dieses soll dabei unterstützen, die Bedeutung von Diversity für die eigene Arbeit und das Unternehmen noch besser erkennen und nutzen zu können.

Ohne Vorbilder keine gelebte Unternehmenskultur

Die Unternehmenskultur und die damit verbundenen Werte eines Unternehmens werden wesentlich von den Führungskräften geprägt. Die Führungskräfte der Deutschen Bank werden in ihrer Vorbildrolle beim Thema »Diversity« unter anderem durch den Workshop »Umgang mit unbewussten Denkmustern« unterstützt.

Das Konzept musste der Tatsache Rechnung tragen, dass einige Geschäftsbereiche der Bank global, andere wiederum stärker regional ausgerichtet sind. Zusammen mit Spezialisten aus der Personalentwicklung formulierte das Diversity-Team folgende Ziele des Trainingsprogramms:

- Um Vorbehalte gegen das Thema Diversity abzubauen, sollen zunächst hirnphysiologische Erkenntnisse vorgestellt und den Teilnehmern gezeigt werden, dass es keine völlig vorurteilsfreien Situationen gibt.
- Das Training soll den Teilnehmern helfen, ihre Rolle bei der Gestaltung vorurteilsfreier und generationenübergreifender Arbeitsumfelder besser zu verstehen. In einem interaktiven Part werden daher unternehmensspezifische Szenarien bearbeitet und Klösungen diskutiert. Die trägt auch zu einem besseren Verständnis im Umgang mit vielfältigen Kundinnen und Kunden bei.
- Abschließend soll das Training den Führungskräften Gelegenheit bieten, den Einfluss persönlicher Ansichten und Verhaltsweisen zum Thema Diversity auf ihr Verhalten und das Arbeitsklima in ihrem Bereich zu reflektieren.

Um den Workshops vor Ort eine möglichst hohe Unterstützung und Akzeptanz zu verschaffen und mit ihren Inhalten einen möglichst starken Wiedererkennungseffekt zu erzielen, wurde das ursprünglich globale Design von Projektteams in den verschiedenen Regionen den lokalen kulturellen, sprachlichen und gesellschaftlichen Besonderheiten angepasst.

Der Rollout und die Steuerung des Programms in den Regionen wurde durch das Diversity-Team koordiniert und in enger Zusammenarbeit mit den geschäftspolitischen Entscheidungsträgern der Regionen kommuniziert. Damit sollte wiederum die strategische Notwendigkeit des Themas unterstrichen werden.

Konzeption des Workshops »Umgang mit unbewussten Denkmustern«

Der Workshop »Umgang mit unbewussten Denkmustern« gliedert sich in zwei Abschnitte:

1. Darstellung kognitiver Prozesse
2. Reflektion und nächste Schritte

Abbau von Vorbehalten durch Darstellung kognitiver Prozesse:

Der Workshop beginnt mit einer theoretischen Heranführung an die Art und Weise kognitiven Erlebens, an hirnphysiologische Prozesse und die Kraft des Unterbewusstseins.

Diese Einführung ist wichtig, um eventuelle Vorbehalte gegen das Thema Diversity abzubauen und eine gemeinsame Diskussionsgrundlage zu schaffen. Es wird veranschaulicht, dass ausnahmslos jeder Mensch von unbewusst automatisierten Denkmustern geprägt ist und dass es nicht ungewöhnlich ist, Vorurteile zu haben.

Mittels bewusster Sensibilisierung soll das Reflexionsvermögen der Teilnehmerinnen und Teilnehmer erhöht werden, um sie in die Lage zu versetzen, Entscheidungen aufgrund eigener Befangenheit in Zukunft besser zu erkennen und abzufedern. Zudem sollen sie lernen, die vielfältigen Talente aller Mitarbeiterinnen und Mitarbeiter als eine wertvolle Ressource zu nutzen.

Die Einführung wird von unterschiedlichen Fallstudien und Testverfahren begleitet und untermauert, etwa in Form von Bilddarstellungen, dem Stroop-Test (Gedächtnis-Beeinflussungs-Test zur Farb-Wort-Interferenz) und Impliziten Assoziations-Tests (Messung der Unterschiede von Assoziationsstärken zwischen verschiedenen Gruppen).

Persönliche Reflektion und Definition nächster Schritte:
Im zweiten Teil haben die Teilnehmer Zeit, die Erkenntnisse aus dem Workshop zu diskutieren. Ziel ist es hierbei, das eigene Führungsverhalten zu reflektieren und sich Zusammenhänge bewusst zu machen.

Die Teilnehmer werden gebeten, selbst nächste, praktische Schritte für ihren Arbeitsalltag zu erarbeiten, die das Gelernte berücksichtigen. Die Resonanz in diesem Teil des Trainings ist überaus positiv: Die meisten Führungskräfte sind sehr gern bereit, ihre Erkenntnisse und persönlichen nächsten Schritte mit der Gruppe zu teilen. Diesem Bedürfnis nach Austausch genügend Raum zu bieten, ist der Schlüssel zum Erfolg nicht nur des Workshops, sondern auch bei der anschließenden Umsetzung des Diversity Managements im Unternehmensalltag.

Inhalte des Workshops: Sensibilisieren, erkennen, Verhalten ändern

Der Diversity-Workshop der Deutschen Bank zielt darauf, unbewusste Denk- und Verhaltensmuster bewusst zu machen, zu erkennen und eigenes Handeln zu verändern. Welche konkreten Werte und Inhalte aber vermittelt das Training?

Hier ist vor allem eine Fähigkeit zu nennen: die Perspektive zu wechseln und anderen zu zeigen, dass sie respektiert werden. Der Workshop soll helfen, die eigene Sicht bei Bedarf zurückzustellen und andere Meinungen zu erfragen, Wertschätzung zu zeigen und die Beweggründe des jeweiligen Gegenübers besser zu verstehen.

Das Training ermutigt auch zu integrativer Führung, die auf Wertschätzung beruht. Unter anderem heißt dies, bei zu treffenden Entscheidungen allen Teammitgliedern Gelegenheit zu geben, sich einzubringen. Davon geht eine motivierende Wirkung aus, die zu mehr Kreativität anspornt.

Durch die Sensibilisierung lernen die Workshop-Teilnehmer, bewusster auf unterschiedliche Stärken und Potenziale in ihren Teams zu achten. Dabei kann es sich um Sprachkompetenzen, Bildungshintergründe oder kulturelle Prägungen ihrer Mitarbeiterinnen und Mitarbeiter handeln, aber auch um deren außerbetriebliche Kenntnisse und Fähigkeiten oder um Besonderheiten der Lebensphase, in der sie sich gerade befinden. Dies dient nicht zuletzt der Analyse des eigenen Beziehungsnetzwerks, beispielsweise zur Klärung der Frage, welches Teammitglied, wann in welche Entscheidungen einbezogen werden sollte. Eine Empfehlung des Workshops ist es daher, häufiger informelle Gesprächssituationen mit den Teammitgliedern zu suchen.

Ein weiterer, genereller Rat lautet, günstige Rahmenbedingungen zu schaffen, unter denen die Führungskräfte, aber auch die Mitglieder ihrer Teams genügend Zeit haben – und damit unter Termindruck nicht in unbewusste Denkmuster verfallen – um alle sachlichen Aspekte einer Aufgabe zu betrachten und sie einer guten Lösung zuzuführen.

Nicht zuletzt motiviert das Trainingsprogramm dazu, den Diversity-Gedanken ins eigene Team hineinzutragen. Dies sollte zum einen durch vorbildliches Verhalten geschehen und durch die Bereitschaft, Situationen einmal anders anzugehen. Zum anderen sollten die Führungskräfte die Ergebnisse des Workshops mit ihren Mitarbeitern besprechen, um auch sie für unbewusste Vorurteile zu sensibilisieren und sie zu Verhaltensänderungen zu ermuntern.

Perspektivwechsel

Um die positiven Erfahrungen aus den Führungskräfte-Workshops zu nutzen, hat die Deutsche Bank seit September 2013 schrittweise ein elektronisches Lernprogramm zum Thema »Unbewusste Denkmuster« eingeführt, das weltweit allen Mitarbeiterinnen und Mitarbeitern zur Verfügung steht. »Kluge Köpfe denken anders – Von der Bedeutung unterschiedlicher Sichtweisen« bietet den Teilnehmerinnen und Teilnehmern die Inhalte des Workshops in komprimierter Form.

Auch für diese Maßnahme wurden zunächst Ziele definiert. Das Programm soll:

- Wissen darüber vermitteln, wie unser Gehirn unbewusste Denkmuster erzeugt und aufzeigen, dass jeder Mensch Vorurteile hat,
- Einsichten schaffen und zeigen, wie Vorurteile Geschäftsentscheidungen beeinflussen,
- Verhaltensänderungen ermöglichen und dabei helfen, mögliche eigene Vorurteile zu erkennen und zu überwinden.

Die animierte, filmähnlich aufbereitete Geschichte stellt kritische Situationen aus dem Unternehmensalltag nach. Sie macht virtuell erlebbar, dass die Vielfalt von Mitarbeiterinnen und Mitarbeitern eine hohe Bedeutung im Arbeitsleben hat und zum Geschäftserfolg beiträgt. Sie handelt von einem heterogenen Team, das gemeinsam an einem Projekt arbeitet. Dieses Team erlebt verschiedene Entscheidungsszenarien, in denen Alter, Geschlecht, sexuelle Orientierung, Behinderungen oder ethnische Herkunft seiner Mitglieder eine Rolle spielen. Auch Themen wie flexibles Arbeiten kommen dabei zur Sprache. Um Handlungsalternativen in den Verlauf der Geschichte einzubringen, können die Teilnehmer in Einzelfällen selber Entscheidungen treffen. Diese Unmittelbarkeit ermöglicht es ihnen, eigene Erfahrungen in den Verlauf der Geschichte einzubringen und zu überdenken. Die Story reflektiert die Komplexität des Themas und ist global anwendbar.

Den Nutzern wird verdeutlicht, wie die unterschiedlichen Perspektiven der Teammitglieder die Entwicklung ihres Projektes beeinflussen und wie wichtig es ist, eigene Vorurteile im täglichen Geschäftsleben zu erkennen und zu bearbeiten. Ein Erzähler führt sie im Verlauf der Handlung durch ein 7-Schritte-Modell mit klaren Handlungsaufforderungen:

Schritt 1	Schritt 2	Schritt 3	Schritt 4	Schritt 5	Schritt 6	Schritt 7
Werden Sie sich Ihrer Vorurteile bewusst	Erkennen Sie den vermeintlichen Nutzen Ihrer Vorurteile	Selektieren Sie Ihre Vorurteile	Analysieren Sie Ihre Vorurteile	Finden Sie Gemeinsamkeiten	Schieben Sie Ihre Vorurteile beiseite	Achten Sie auf das Wiederaufleben von Vorurteilen

Abb. 5-153: Schritte des DIM-Trainings

Im Verlauf des Trainings »Kluge Köpfe denken anders« werden die Mitarbeiter immer wieder zu kurzen Übungen eingeladen. Anschließend werden ihnen Ressourcen und Materialien zur Verfügung gestellt, die den Wissenstransfer unterstützen. Die Teilnahme am Training ist freiwillig, wird aber allen Mitarbeiterinnen und Mitarbeitern der Deutschen Bank empfohlen. Wiederum wird dies durch die Führungskräfte der einzelnen Geschäftsbereiche kommuniziert und somit in den individuellen Kontext des unmittelbaren Arbeitsumfelds der Mitarbeiterinnen und Mitarbeiter gebracht.

Das Programm existiert in einer deutschen und einer englischen Fassung sowie in je einer Version mit Untertiteln.

Evaluation und Erfolgskontrolle

Erfahrungsgemäß lässt sich die Effektivität eines Workshops oder E-Learning-Trainings – im Zusammenhang mit dem Thema Diversity – nur bedingt exakt messen. Um die Wirksamkeit und Nachhaltigkeit der beiden Trainingsprogramme dennoch sicherzustellen, werden sie von einem Evaluationsprozess begleitet. In ihm kommen bewährte Feedback-Maßnahmen zum Einsatz, wie sie nach allen Trainingsmaßnahmen der Deutschen Bank üblich sind. Ergänzt werden diese Standardfragen durch themenspezifische Fragen, die das Ziel haben, den Lernprozess bei den Teilnehmerinnen und Teilnehmer noch weiter zu vertiefen.

Die Befragung findet mit einem gewissen zeitlichen und emotionalen Abstand zu der Trainingsmaßnahme statt. Bei den Befragungen erhielt das Diversity-Team bisher sehr positive Rückmeldungen. Der Workshop wird fast ausnahmslos als wertvolles Angebot und positiver Beitrag zu gelebter Vielfalt gesehen.

Über die Befragungen hinaus nutzt die Bank weiterführende Maßnahmen, um den Erfolg ihrer Diversity-Programme über die gesamten Geschäftsbereiche hinweg zu bewerten. Über die Fortschritte im Bereich Diversity berichtet sie jährlich, beispielsweise im Geschäftsbericht.

6 Vielfalt in Organisationen verankern

Sollen Diversity-Konzepte wirksam werden, dann müssen diese in der Organisation verankert sein. Die Verankerung in der Unternehmensverfassung erfolgt durch das Topmanagement. Grundsätze der Zusammenarbeit für Menschen mit unterschiedlichen Begabungen, Charakteren, Befähigungen und Erfahrungen sind zu formulieren und bekannt zu machen. Die erforderlichen sachlichen, personellen und finanziellen Ressourcen für das Diversity Management sind in dem entsprechenden Bereichsbudget bereitzustellen. Die Führungskräfte sind das Nadelöhr, die verantwortliche Instanz, die Wissen und Einsicht in diskriminierungsfreie Zusammenarbeit in der Unternehmungsverfassung verankert. Die Führungskräfte entscheiden auf den nachfolgenden Ebenen über die Nutzung von Vielfalt in ihrem jeweiligen Verantwortungsbereich. Die Belegschaft muss über die Vorteile der Vielfalt und die Nachteile der Diskriminierung aufgeklärt und für den Umgang mit Vielfalt geschult werden. Die Mitarbeiterinnen und Mitarbeiter müssen ihre eigene Potenziale der Vielfalt kennen, diese bei Bedarf erweitern und nutzen. Jeder sollte daran interessiert sein, seine Potenziale bestmöglich zu nutzen und sollte Wert darauf legen, dass nicht diskriminiert wird. Ziele, Inhalte und Verantwortlichkeiten des strategischen Diversity Management sind zu festzulegen, Verhaltensstandards sind einzuüben und der Erfolg diskriminierungsfreier Zusammenarbeit ist zu ermitteln.

Gerade weil Diversity Management (DIM) in vielen Organisationen ein neues strategisches Handlungsfeld ist, bedarf es zielorientierter systematischer Trainingsmaßnahmen, damit die Grundlagen, das Konzept und die Maßnahmen des Diversity Management effektiv und effizient gestaltet und genutzt werden können. Als Grundsatz des Diversity Managements gilt:

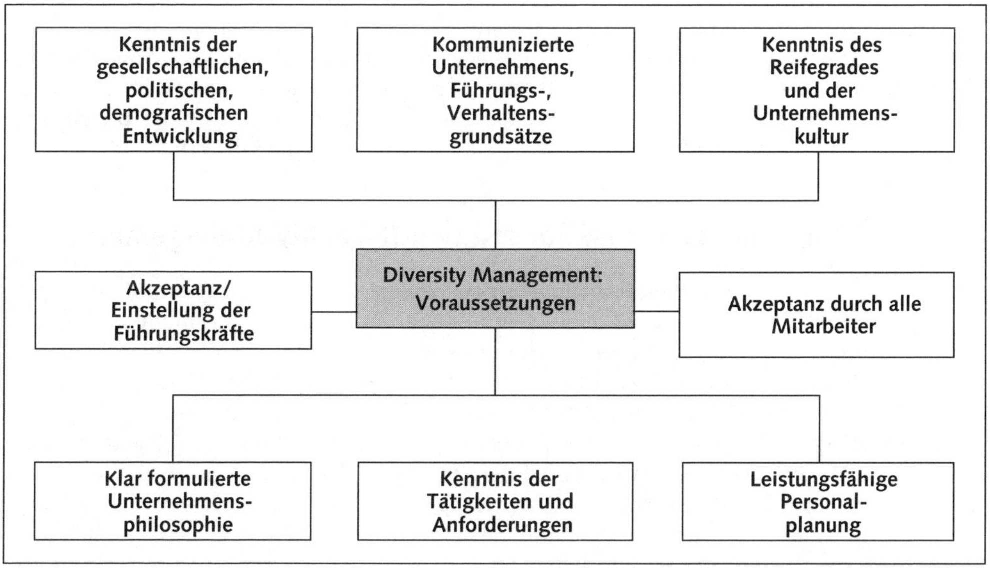

Abb. 6-1: Diversity Management – Voraussetzungen

Die Beschäftigten und die Organisation sind dort abzuholen, wo sie in ihrer persönlichen und organisationalen Vielfalt stehen. Ziel des Diversity Trainings ist die Vermittlung von Kenntnissen und die Erzeugung von Erkenntnissen zu den zentralen Aspekten des Diversity Managements.

Aus dieser Handlungsmaxime heraus ergibt sich die Notwendigkeit, die Maßnahmen des Diversity-Trainings am Reifegrad der Belegschaftsmitglieder (DIM-Motivation, DIM-Qualifikation) und am Reifegrad der Organisation (Traditionales DIM, transitionales DIM, transformiertes DIM) anzusetzen.

6.1 Ausgangslage für Diversity-Training & Development (DIM T&D)

Die Trilogie »Objectives«, »Content«, »Diversity« ist in den USA, dem »Schmelztiegel der Vielfalt«, bei der Planung personalwirtschaftlicher Aktivitäten schon gewohnte Praxis. Auch in Europa und in Deutschland bestimmt die systematische Beachtung der Vielfalt zunehmend die personalwirtschaftliche Gestaltungspraxis. Diversity-Ziele werden formuliert, Handlungsfelder festgelegt, die erforderliche Vielfalt geplant und mit Inhalten ausgestaltet. Durch geeignete DIM T&D werden die Akteure befähigt, das situativ richtige Optimum (Diversity Bliss Point) zu gestalten.

6.1.1 Verankerung von DIM T&D in der Personalabteilung

Weil Diversity Management ein personalwirtschaftliches Thema ist, sollte die Verantwortung für das Diversity-Training auch der Personalwirtschaft übertragen werden. Wenn eine separate Organisationseinheit »Personalentwicklung« existiert, dann sollte diese das Diversity-Training ebenso verantworten wie die Entwicklung der Diversity-Konzeption und die Ausgestaltung der Handlungsfelder des Diversity Managements. Hat ein Unternehmen das Diversity Management in einer eigenen Organisationseinheit zusammengefasst, dann übernimmt diese selbstverständlich das Diversity-Training & Development. Allerdings sollte der Berichtsweg (sowohl dotted-line als auch solide-line) wieder an die Personalabteilung erfolgen.

6.1.2 Auftrag der Organisationseinheit Diversity Management

Der Auftrag an die Organisationseinheit Diversity Management lautet, das für ein Unternehmen oder eine Behörde optimale Verhältnis von Einfalt und Vielfalt zu bestimmen, die erforderlichen Konzepte zu entwickeln, die Handlungsfelder festzulegen, die Verantwortlichkeiten zu bestimmen und die erforderlichen Ressourcen zu sichern. Zusätzlich ist das erforderliche DIM T&D für alle Fokusgruppen des Diversity Managements aufzubauen.

Das Diversity Management (Konzept, Handlungsfelder, Verfahren und Training) kann nur erfolgreich sein, wenn es am Reifegrad der jeweiligen Organisation ansetzt. Generische Konzepte, Vorlagen aus Best-Practice-Untersuchungen und die Erkenntnisse aus der Diversity-Forschung, sind in das konkrete Training ebenso einzubeziehen, wie die Unternehmensphilosophie, die Unternehmens- und Personalpolitik sowie die Grundsätze für Führung und Zusammenarbeit der jeweiligen Organisation.

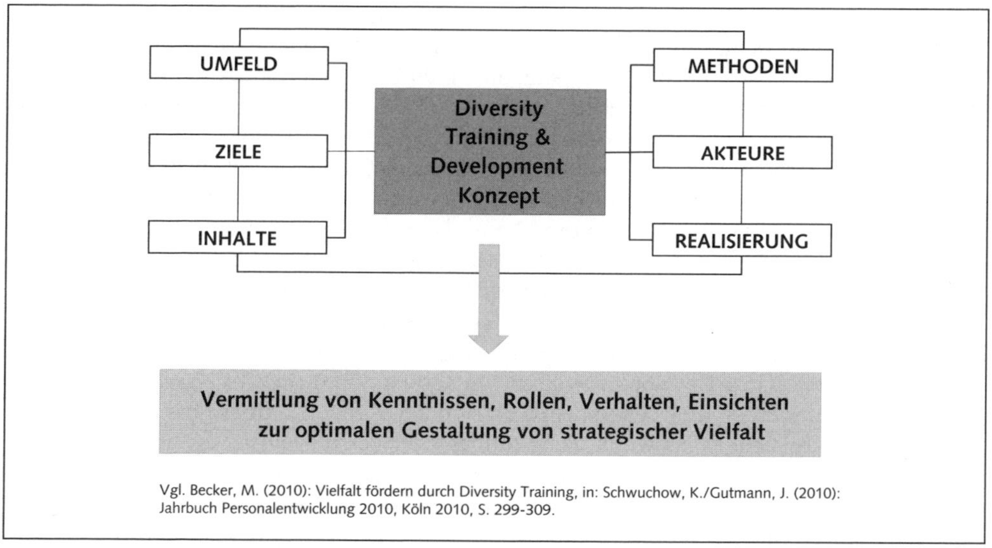

Abb. 6-2: Diversity-Training & Development Konzept
Quelle: Vgl. Becker, M. (2010).

6.2 Diversity-Taining & Development (DIM-T&D)

Aufgabe des Diversity-Training & Development (DIM-T&D) ist der Aufbau der erforderlichen Diversitybefähigung in allen Bereichen und bei allen Fokusgruppen des Diversity Managements. Die Herausbildung und Förderung der leistungsrelevanten Merkmale der Vielfalt sind Auftrag des DIM-T&D. Das Training soll den Mitarbeitern bewusst machen, über welche Stärken sie verfügen, welche Potenziale sie mit welchen Diversity-Maßnahmen ausbauen können *(»Workforce Diversity«)*.

Die *sichtbaren demografischen Merkmale der Belegschaft* wie Alter, Geschlecht, ethnische Herkunft, Religion und Bildungsstand (»*Surface-Level Diversity*«) sind insofern für DIM-T&D-Maßnahmen relevant, als es gilt, die Besonderheiten zu erkennen, zu nutzen und durch Aufklärung Diskriminierung zu vermeiden.

Die *nicht sichtbaren Merkmale* wie kulturelle Wert- und Denkhaltungen, persönliche Erfahrungen, Befürchtungen und Strebensziele (»*Deep-Level Diversity*«) bestimmen als Grundhaltung den Umgang mit anderen Menschen und sind Fundament der Persönlichkeit. Es ist Aufgabe des DIM-T&D, die Grundhaltung aus dem Unterbewusstsein in das Bewusstsein zu heben und mit den Menschen Strategien zu besprechen, wie die Grundhaltung gelebt und die Grundhaltung anderer toleriert werden kann. Der Kommunikations- und Arbeitsstil der Mitarbeiter (»*Behavioural Diversity*«) ist deshalb Auftrag des DIM-T&D, weil gerade in Kommunikationsprozessen Vorurteile, Stereotypen und Diskriminierung ihre Ursache haben können und auch am besten mit leistungsfähiger Kommunikation behoben bzw. verhindert werden können.

Der Unterschied zwischen Menschen ist entweder genetisch bedingt oder durch Bildung, Sozialisation und Personalentwicklung bewusst herbeigeführt. In einem Unternehmen wird derjenige akzeptiert (Acceptance), der die Basisanforderungen an Leistung und Verhalten erfüllt.

Diversität zeigt sich als positiver Unterschied in der Leistung, die nach Menge, Güte, Zeit und Kosten (Work Performance) bestimmt ist. Zufriedenheit und Entfaltungsmöglichkeiten (Satisfaction and Progress) sind ebenfalls Aspekte, die durch Diversity-Training & Development gefördert werden. Das individuell mögliche, das persönlich und organisatorisch angestrebte und erreichte Niveau von Wollen (Motivation), Können (Qualifikation) und Dürfen (Ordination) beschreiben die Ziele und die Ansatzpunkte des Diversity-Training & Development.

Diversity-Training & Development verhindert Diskriminierung dadurch, dass gezielte Bildung, Förderung und Organisationsentwicklung jedem Mitarbeiter in dem Maße zukommt, das er persönlich anstrebt und das organisatorisch erforderlich ist, um die gesteckten Ziele der Diskriminierung einerseits und der Nutzung der Vielfalt andererseits zu erreichen.[1]

Der Aufbau von Ressourcen verursacht Kosten, daher muss das Diversity-Training & Development nicht nur werthaltig und nachhaltig, sondern auch kostengünstig erfolgen.[2] Erfüllt das Diversity-Training & Development diesen Anspruch, dann trägt es signifikant zu einer optimalen Allokation der Mitarbeiterpotenziale (Wollen, Können, Dürfen) bei.

Andreas Becker sieht es als wesentliche Aufgabe der Personalwirtschaft, eine jeweils unternehmenstypische »Ressource Diversity« zu erzeugen, zu verändern und zu schützen. Die »Ressource Diversity« erfasst dabei das tatsächliche aktuelle Leistungsvermögen sowie die Leistungsreserven, die für die Erbringung der betrieblichen Leistung erforderlich sind.[3] Diversity-Training & Development baut ein spezielles Set von Ressourcen auf, die als »Diversity Ressource« Wettbewerbsfähigkeit und Alleinstellung erzeugen.

Diversity-Grundsätze

1. Verankerung in der Unternehmenspolitik
2. Commitment des Topmanagements
3. Absicherung in einem DIM-Konzept
4. Kooperation mit dem Kunden
5. Orientierung am Bedarf der Organisation
6. Methodische Absicherung im Funktionszyklus
7. Vermarktung intern und extern; auf Events setzen!
8. Operationalisierung des Erfolges sicherstellen
9. Forschungsergebnisse zur eigenen Profilbildung nutzen
10. Kontinuierliche Verbesserung infolge von Komplexität, Dynamik, Unsicherheit betreiben

Abb. 6-3: Diversity-Grundsätze

DIM D&T-Aktivitäten folgen den vier Handlungsfeldern »Selection & Integration«, »Education & Training«, »Placement & Promotion« sowie »Organization & Communication« (vgl. Abbildung 6-4). Die Anlehnung an die vier P des Marketing sind zu erkennen: Product, Price, Promotion, Placement. Auch für den Aufbau der Ressource Diversity gilt, die richtigen Inhalte zu finden (DIM-Product), den angemessenen Preis der Vielfalt zu bestimmen (Price), die richtige Vielfalt am richtigen Ort vorzuhalten (Placement) und schließlich auch dafür zu sorgen,

1 Vgl. Becker, M./Seidel, A. (2006); Hays-Thomas, R. (2004); Thomas, R.R. (1996); Thomas, D./Ely, R. (1996).
2 Vgl. Becker, A. (2006), S. 210 ff.
3 Vgl. Becker, A. (2006), S. 228 ff.

dass in der Organisation bekannt ist, welche Vielfalt i. S. von Spezialisierung wo zu finden ist (Promotion).

Selection & Integration	Neue Mitarbeiter, Minderheiten, Migranten, Global Management-Staffs, Lernschwache, Alte, Junge, Männer, Frauen sind Adressaten DIM-orientierter Personalentwicklung.
Education & Training	Fachliche Aus- und Weiterbildung, Sozialkompetenz, interkulturelle Kompetenz, Sprachen, Führung heterogener Teams, Stärkung des Selbstwertgefühls, Lernen im Prozess der Arbeit, Sensibilisierung für Diversity Management sind Aufgaben DIM-orientierter Personalentwicklung.
Placement & Promotion	Personaleinsatz, Potenzialanalyse, Leistungsmessung und -bewertung, Beförderung, Bezahlung und Sozialleistungen, DIM-Vermarktung sind Folgen DIM-orientierter Personalentwicklung.
Organization & Communication	Work-Life-Balance, Arbeitszeit, Arbeitsort, Arbeitsweise, Führung und Zusammenarbeit, Informations- und Kommunikationssysteme sind Rahmenbedingungen DIM-orientierter Personalentwicklung.

Abb. 6-4: DIM-T&D-Handlungsfelder

DIM-Selection & Integration folgt der Devise »Es soll zusammenfinden, was zusammen passt!« Die umworbenen Personen müssen zur Organisation passen. Die Organisation muss die Interessen und Erwartungen der in eine Organisation eintretenden Menschen erfüllen. Passen die gegenseitigen Erwartungen nicht, dann kann dieser Misfit durch DIM-T&D insoweit ausgeglichen werden, als es sich um Informations- und Qualifikationslücken handelt. Grundlegende Unterschiede der personalen Werte und der Unternehmenswerte müssen in Auswahlverfahren erkannt werden und es sollte dann entschieden werden, ob die Unterschiede unüberbrückbar oder einander angleichbar sind. Im Falle unüberbrückbarer Unterschiede und auch schon bei größeren Zweifeln sollte die Devise gelten »im Zweifel nein!« Die Integrationsarbeit umfasst zwei Säulen: die funktional-qualifizierende Säule und die sozial integrierende Säule.

Die *funktional-qualifizierende Säule* stellt sicher, dass Diskriminierung wegen fehlender Befähigung unterbleibt. Expertise schützt deshalb vor Diskriminierung, weil der neu in eine Organisation Eintretende der Arbeitsgruppe fachliche Unterstützung bei der Erledigung ihrer Arbeit bieten kann. Ist jemand exzellent qualifiziert, dann gewinnt er leicht funktionale Autorität.

Die *sozial-integrierende Säule* bewirkt, dass nicht der Zufall das Kennenlernen, die Begegnung und den Aufbau von Vertrauen und Sympathie bestimmen, sondern gezielte Maßnahmen dazu genutzt werden, den neu Eintretenden mit den Kollegen und den Führungskräften vertraut zu machen. Gemeinsame Erlebnisse, sportliche Aktivitäten, aber auch Paten, die den Neuen an die Seite gestellt werden, bewirken eine zügige Integration in die Arbeitsgruppe und verhindern den Aufbau von Vorurteilen.

DIM-Education & Training folgt der Devise: »Führe Schritt für Schritt, teile alles mit!« Sich in einer fremden Kultur zurechtzufinden, geht durch das Nadelöhr des Lernens. Sprachkurse, Integrationskurse, Familiarization Programme, Hospitationen und die Erläuterung kultureller Basics und Besonderheiten verhindern, dass sich Vorurteile und falsche Erwartungen festsetzen.

DIM Placement & Promotion folgt der Devise, »Wo man sich wohlfühlt, wächst man über sich hinaus!« Neue Mitarbeiterinnen und Mitarbeiter sollen an der Stelle des Unternehmens eingesetzt werden, an der sie eine optimale Leistung erbringen und in der sie zufrieden sind und wachsen können. Die Vielfalt der Positionen muss sich abbilden in der entsprechenden

Vielfalt der Personenprofile, die in den Positionen arbeiten. Aufgabe der DIM D&T-Aktivitäten in diesem Segment sind Potenzialanalysen, Mitarbeiterzufriedenheitsstudien, Job Rotation, Job Enlargement und Job Enrichment. Spezielle Coachings und Mentoring Programme ergänzen die Aktivitäten des DIM Placement & Promotion.

DIM-Organization & Communication folgen der Devise »Je mehr die Belange der Belegschaft Rechnung getragen wird, desto höher sind Leistung und Zufriedenheit«. Die DIM-Organisation sollte daher so dezentral wie möglich und nur so zentral wie nötig gestaltet werden. Die Freiheitsgrade der Belegschaft werden z. B. durch Home Office, Maßnahmen der Work-Life-Balance, des Arbeitszeitmanagements und der Führung aus der Distanz erhöht. Information und Kommunikation dienen der gegenseitigen Information, die mit der Dezentralisierung von Aufgaben und Verantwortung zunimmt. Eine entsprechende Meetingkultur, eine ziel- und adressaten-gerechte interne Kommunikationspolitik und Kommunikationsstrategie tragen ebenso zu einer ausreichend informierten Belegschaft bei wie die Verwirklichung der transformationalen Führung.

Die DIM D&T-Aktivitäten »Selection & Integration«, »Education & Training«, »Placement & Promotion« sowie »Organization & Communication« sind am Reifegrad der Organisation auszurichten.

6.3 Diversity-Training & Development (DIM-T&D) im Reifegradkonzept

Der jeweilige Reifegrad von Organisationen und Personen bestimmt die erforderliche Vielfalt der Ressourcen, insbesondere der Humanressourcen (vgl. Abbildung 6-5). Zu unterscheiden sind traditionale, transitionale und transformierte Reifegrade. Die Reifegrade dienen als Idealtypen der Erfassung des jeweiligen Entwicklungsstandes des Diversity Managements in Organisationen.

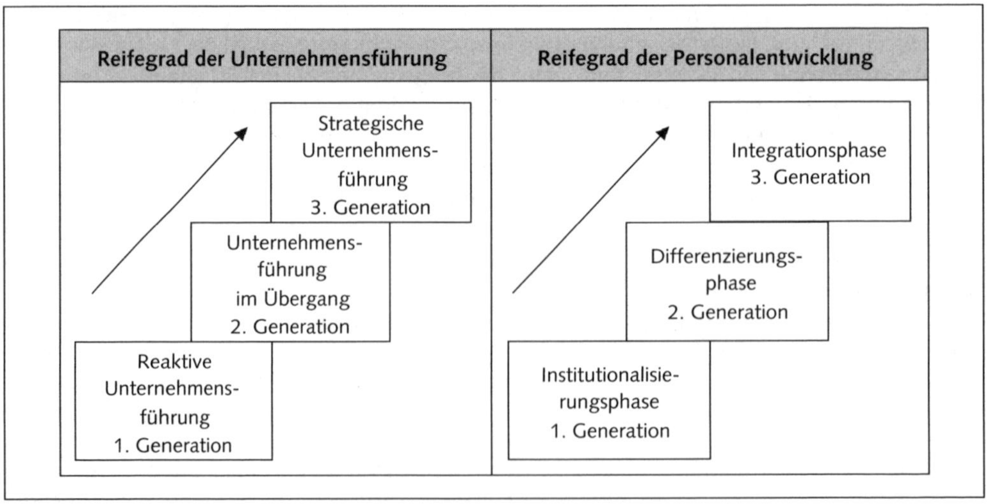

Abb. 6-5: Reifegrad-Konstrukte der Unternehmensführung und der Personalentwicklung

In *traditionalen Unternehmen* dominieren »Fairness und Antidiskriminierung« als Anliegen des Diversity Managements. Der Umgang mit Vielfalt wird durch Gebote und Verbote geregelt. Der Gleichbehandlungsgedanke dominiert die personalwirtschaftlichen Maßnahmen wie Arbeitszeiten, Arbeitsorganisation und Entlohnung. Dem Homogenitätsideal folgend, zielen traditionale Organisationen auf Gestaltung und Durchsetzung von Einfalt, nicht von Vielfalt.

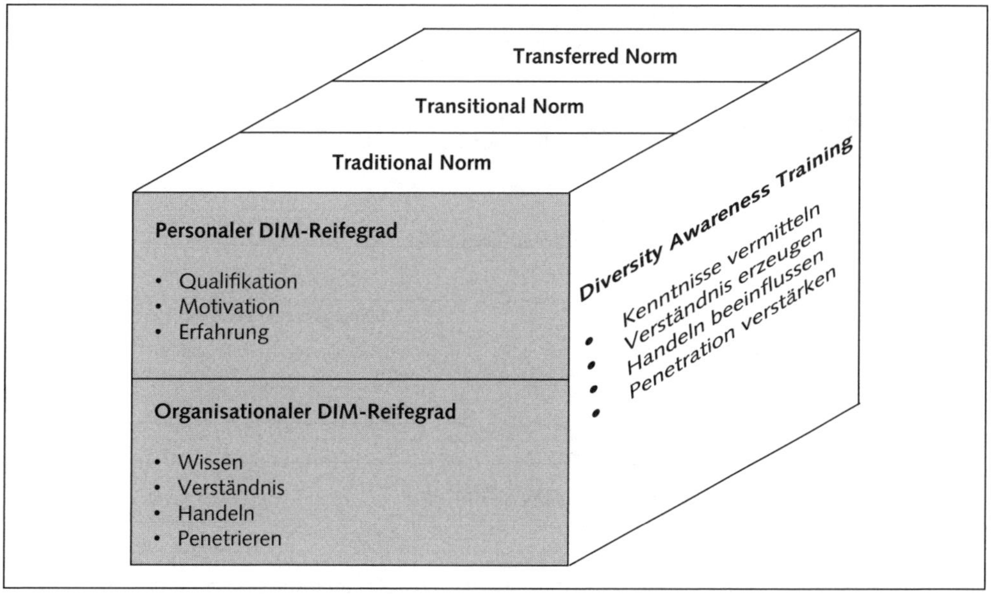

Abb. 6-6: Diversity-Awareness-Training im Drei-Generationen-Konzept

In *transitionalen Organisationen* dominiert das Bestreben nach »Beteiligung und Legitimität«. Vielfalt wird als strategische Ressource zur Erreichung der Wettbewerbsziele eingesetzt. DIM-Maßnahmen zielen auf die optimale Balance zwischen der erforderlichen personalen Heterogenität und der Beachtung vertretbarer Kosten, die der Aufbau funktionaler Heterogenität verursacht. Dem Heterogenitätsideal folgend wird in transitionalen Organisationen eine zielbezogene »Binnen-Diversität« der Tätigkeiten, Anforderungen, Qualifikationen und Potenziale angestrebt.

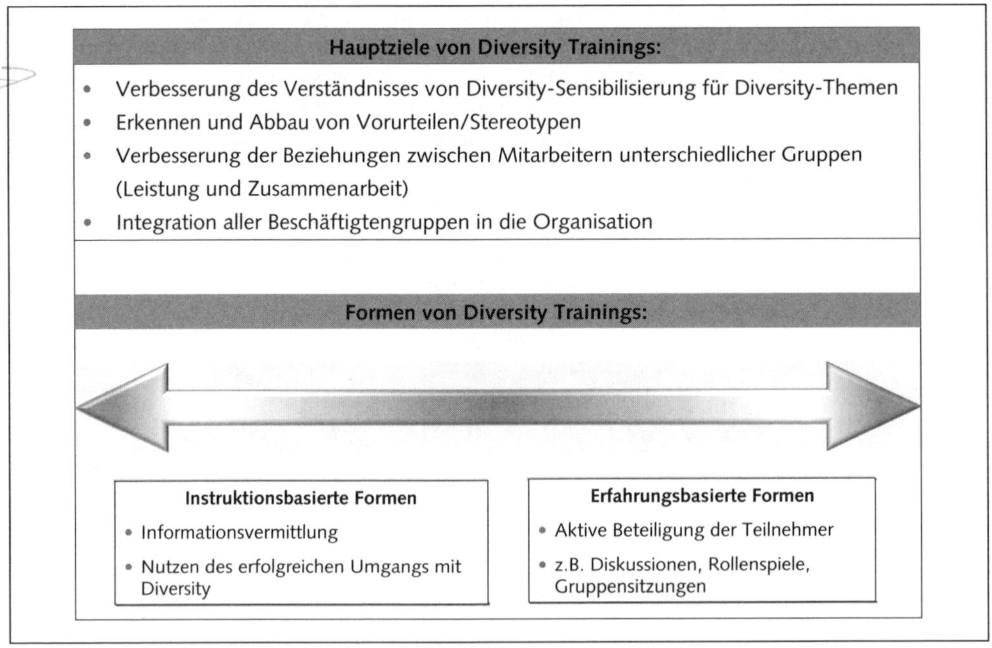

Abb. 6-7: Diversity-Trainings als Element DIM-Strategie

In *transformierten Unternehmen* steht das »Lern- und Entwicklungsparadigma« im Vordergrund des integrativen Diversity Managements. Vielfalt wird als Potenzialität, als »Good Slack« kultiviert. Der Aufbau situationsgerechter Handlungsreserven, gewissermaßen die »Bevorratung« transferfähiger Leistungs- und Verhaltensreserven (Slack-Potenziale), bestimmen das Diversity Management der transformierten Unternehmen.

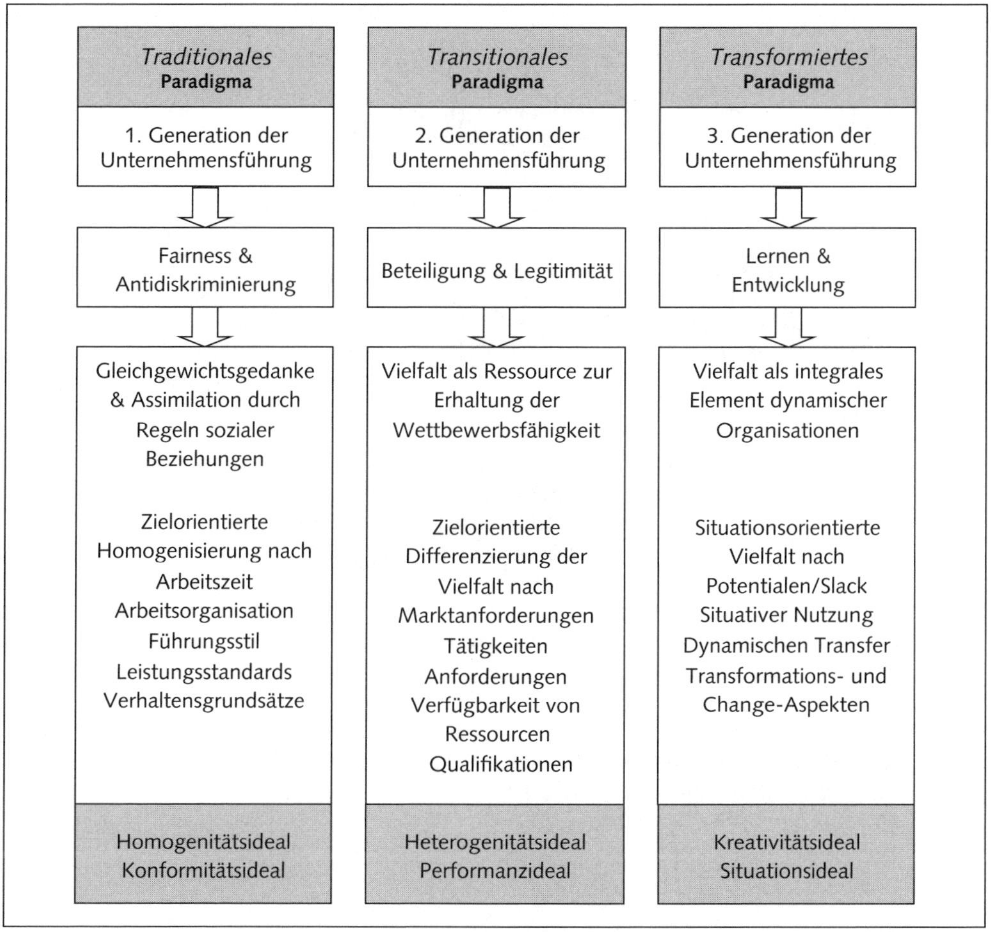

Abb. 6-8: DIM-Aktivitäten nach dem DIM-Reifegradkonzept

Die optimale Umsetzung der DIM-Maßnahmen erfordert in den drei Generationen (Reifegraden) jeweils ein auf die Generation angepasstes Diversity-Training & Development (DIM-T&D). Ziel des DIM-T&D ist zum einen das Erlernen eines sicheren Umgangs mit der gegebenen Vielfalt in der jeweiligen Generation. Zum anderen müssen die Akteure lernen, Vielfalt als normative Vorgabe (Handlungsrahmen) und als ökonomische Ressource (Handlungsspielraum) optimal zu nutzen und zu verändern.

Abb. 6-9: Aufbau von Befähigung durch DIM-T&D

Um es noch einmal hervorzuheben: Diversity Management kann wirksam werden, wenn die Ziele formuliert, der Reifegrad des Unternehmens bestimmt und geeignete DIM-Maßnahmen gezielt realisiert werden (vgl. Abbildung 6-10).

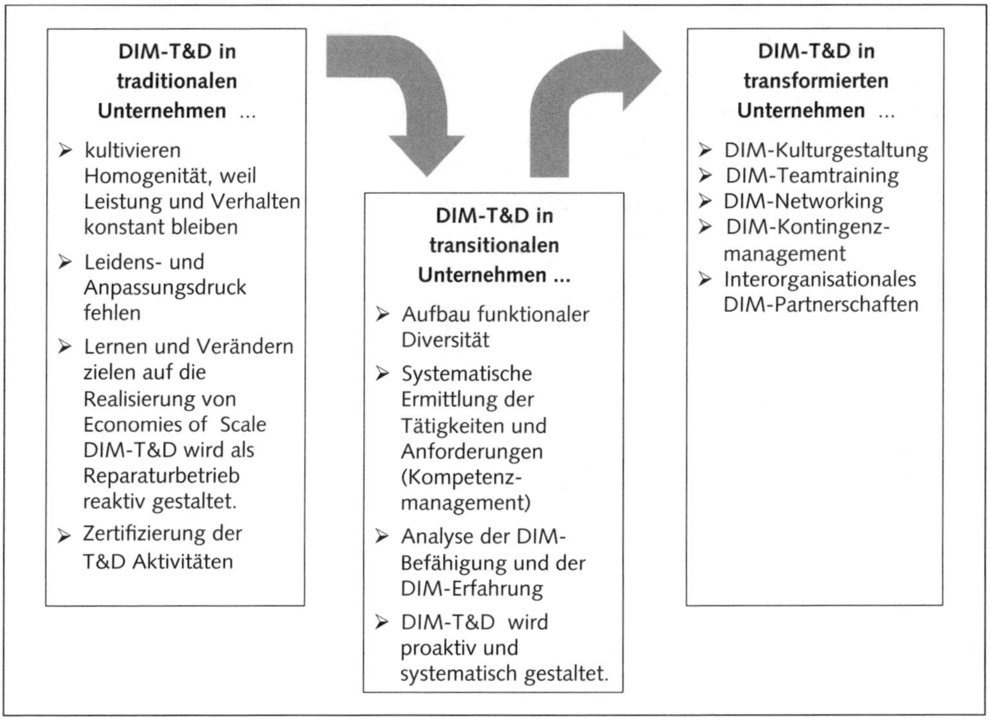

Abb. 6-10: DIM-T&D im Drei-Generationen-Konzept der Unternehmensführung

Der DIM-Reifegrad des Unternehmens bestimmt die Gestaltungsmerkmale des Diversity Managements (vgl. Abbildung 6–11). Traditionale, transitionale und transformierte Unternehmen verfolgen jeweils entwicklungstypische Normstrategien des Diversity Managements.

Reifegrad / DIM-Merkmale	Traditionale Unternehmen	Transitionale Unternehmen	Transformierte Unternehmen
DIM-Norm-Strategie	• Assimilation • Anpassung • Common Acting • Homogenität • Ignoranz kultureller Vielfalt als strategische DIM-Optionen	• Integration • Inklusion • Engagement • Kreativität • Heterogenität • Etablierung kultureller Vielfalt nach Innen als strategische DIM-Optionen	• wie transitionale Unternehmen plus • aktive Suche nach Vielfalt von Talenten, Potenzialen, Befähigungen • Aufbau einer Lernenden Organisation • Management kultureller Vielfalt intern/ extern als strategische DIM-Optionen

Reifegrad / DIM-Merkmale	Traditionale Unternehmen	Transitionale Unternehmen	Transformierte Unternehmen
DIM-PE-Fokus	• Vermittlung von Normen, Werten, Routinen • Spezialisierung der Befähigung • paternalistische Personalentwicklung	• Einführung in das kulturelle Fundament der Organisation • Kultivierung von Unterschieden, Talenten und Befähigungen • Aufbau einer Unternehmenskultur der Vielfalt	• wie transitionale Unternehmen • plus • Teamorientierung • Netzwerkbefähigung • Veränderungsfähigkeit • Ambiguitätstoleranz
DIM- Maßnahmen	• Standardisierte Auswahlverfahren • Standardisierte Pflichtseminare für Führungskräfte • Gruppenbezogene Verhaltensseminare • fachliche Anpassungsweiterbildung	• Entscheidungs- und Kreativitätstechniken • innovative fachliche Weiterbildung • Change Seminare • Projektarbeit • Coaching • Mentoring	• Teambildung • Business-Cases • Fallstudien • Lernen in fremden Welten
DIM- Maßnahmen	• Standardisierte Auswahlverfahren • Standardisierte Pflichtseminare für Führungskräfte • Gruppenbezogene Verhaltensseminare • fachliche Anpassungsweiterbildung	• Entscheidungs- und Kreativitätstechniken • innovative fachliche Weiterbildung • Change Seminare • Projektarbeit • Coaching • Mentoring	• Teambildung • Business-Cases • Fallstudien • Lernen in fremden Welten
DIM-Wirkung	• Common Acting • wenig Kreativität • ungenutzte Potenziale • hohes Konfliktpotenzial • Frustration und Abwanderung kreativer Mitarbeiter	• Offenheit, Kreativität, Toleranz • zielorientierte Spezialisierung • Optimale Allokation der Humanressourcen • transformationale Führung	• Externe Anschlussfähigkeit • Aufbau und situative Nutzung von Organizational Slack • kontinuierliche Verbesserung und Innovation • Netzwerkorganisation und situative Führung

Abb. 6-11: DIM-Reifegrade und DIM-Strategien

6.4 DIM-T&D-Maßnahmen

DIM-orientierte Personalentwicklung erfolgt in den Handlungsfeldern sowohl differenzierend (heterogenisierend) als auch integrierend (homogenisierend). Im Folgenden werden wichtige DIM-bezogene PE-Aktivitäten vorgestellt und die differenzierende und integrierende Wirkung beschrieben.

Beispiele für Inhalte	Geeignete Methoden
• Rechtliche Grundlagen • Kulturelle/soziale Kompetenzen • Aufbau/Inhalte/Handlungsfelder/Maßnahmen des Konzepts • Diskriminierungsfreies Verhalten • Konfliktmanagement • Synergien/Vorteile der Diversität • Strategische Integration • Führung/Zusammenarbeit in heterogenen Teams	• Workshops • Rollenspiele • Fallstudien • Outdoor-Training • Coaching/Mentoring • Benchmarks • Expertenbefragungen • Gruppengespräche • ...

Abb. 6-12: Diversity-Training & Development Konzept

6.4.1 Stellenbündel als Planungsgrundlage für DIM-T&D

Stellenbündel fassen gleiche und hinreichend ähnliche Stellen zu Tätigkeits- und Anforderungsbündeln zusammen. Auf jeweils unternehmertypischem Abstraktionsniveau werden die kritischen Tätigkeiten (Critical Job Elements) und die kritischen fachlichen und persönlichen Anforderungen (Critical Job Requirements) erfasst. Als differenzierende Planungsgrundlage erfassen die Stellenbündel die Vielfalt der Kernaufgaben und die unterschiedlichen Basisanforderungen, die zur Erledigung der Vielfalt der Kernaufgaben erfüllt sein müssen. Insofern sind Stellenbündel Planungsgrundlage einer auf Heterogenität angelegten Personalentwicklung. Als integrierende Planungsgrundlage erfassen Stellenbündel das Verbindende, das Gemeinsame von Tätigkeiten und Anforderungen mehrerer ähnlicher oder gleicher Stellen. Die Beschäftigten eines Stellenbündels haben gleiche oder ähnliche Aufgaben zu erledigen und an sie werden dieselben oder ähnliche Anforderungen gestellt. Stellenbündel verbinden die Vielfalt zur Einfalt homogener Tätigkeiten und Anforderungen.

Beispiele für gezielte DIM-T&D-Maßnahmen zur Herbeiführung einer gewünschten oder erforderlichen personalen Heterogenität sind adressaten-spezifisches Training, Einzelcoaching und Mentoring für spezielle Gruppen (vgl. Abbildung 6–13).

Seminare, Trainings

- Diversity-Trainings für Führungskräfte (Vermittlung von Diversitätskompetenz:
  - Wissen: Aufzeigen von Diversity-Elementen in Führungsaufgaben
  - Haltung: Fähigkeit zur Reflexion
  - Können: Fähigkeiten und Instrumente)
- Seminare für Mitarbeiter/innen zu interkultureller Kompetenz
  - Sensibilisierungs-/Awareness-Training
  - Konfliktmanagement-Training
- Sprachtrainings

Kommunikation

- Information über Diversity-Produkte und -Prozesse
- Diversity-Portale mit internen und externen Themen
- Diversity-Veranstaltungen zum Austausch zwischen Beschäftigten unterschiedlicher Herkunft

Evaluation

- Controlling mit Diversity-Kennzahlen zum Merkmal „kulturelle Vielfalt"
- Diversity-Audit mit Indikatoren zum Merkmal »kulturelle Vielfalt«

Abb. 6-13: Gestaltungsbereich »Trainings, Kommunikation, Evaluation«

6.4.2 Modulare Berufsausbildung

Die Berufsausbildung im Dualen System wurde bisher stark unter Gleichheitsaspekten organisiert. Ein verbindlicher Kanon von Ausbildungsinhalten wurde für die anerkannten Ausbildungsberufe vorgegeben. Standardisierung der Zeitintervalle und der Lernorte, ein einheitliches Qualitätsniveau sowie standardisierte Prüfungen waren kennzeichnend für die Berufsausbildung. Mit der Modularisierung der Berufsausbildung wird die Berufsausbildung individueller und heterogener gestaltet. Lernschwache werden sinnvollerweise zunächst nur ein oder zwei Module »buchen«, dann eine erste Berufstätigkeit aufnehmen und später weitere Qualifizierungsmodule hinzu wählen. Zu erwarten ist, dass die Berufsausbildung in Basismodule, Spezial- und Wahlmodule aufgeteilt wird.[4] Damit wird Diversity Management als »Vielheit in der Einheit« schon in der Berufsausbildung praktiziert.

6.4.3 Anforderungsgerechte Weiterbildung

Die berufliche und betriebliche Weiterbildung ist in besonderem Maße durch Differenzierung gekennzeichnet. Die strategische Trennung in Kerntätigkeiten und Peripherietätigkeiten fördert Heterogenität (Tableau der Kerntätigkeiten) und Homogenität (Tableau der Peripherietätigkeiten) gleichermaßen.[5]

4 Vgl. DIHK (2007)
5 Vgl. Atkinson, J./Meager, N. (1986).

Weil das Arbeitsangebot der Peripheriebeschäftigten nicht knapp ist und die Leistungen nicht zur Erzeugung und Stabilisierung der Einzigartigkeit des Unternehmens beitragen, offerieren die Unternehmen dieser Beschäftigtengruppe allenfalls Standardprogramme (Homogenes DIM-T&D). Weil das Leistungsportfolio der Kernbelegschaft knapp ist, offerieren die Unternehmen der Kernbelegschaft spezielle und maßgeschneiderte Weiterbildungsangebote (Heterogenes DIM-T&D).

Weiterbildung muss auch integrierend angelegt sein. Zusammenarbeit im Team, Beherrschung von Konflikten, Ideengenerierung in »Think Tanks« nennen Beispiele, wie ein integrierendes DIM-T&D zur Stärkung von Leistung und Zusammenarbeit in dynamisch-virtuellen Organisationen aktiv eingesetzt werden kann.

6.4.4 Führung heterogener Teams

Führung heißt gezielt Einfluss nehmen auf die Leistung und das Verhalten der unterstellten Mitarbeiter. Wenn die Belegschaften und die Arbeitsteams heterogener, d. h. stärker spezialisiert sind, dann wirkt sich das auf die Führungstätigkeit aus. Heterogene Teams zu führen, verlangt zweierlei: Zum einen wird die Fähigkeit verlangt, sich auf unterschiedliche Persönlichkeiten, Charaktere und Potenziale einzustellen. Zum anderen sinkt mit zunehmender Heterogenität der Teams die Möglichkeit zur fachlichen Beratung der Mitarbeiter durch die Führungskräfte. Die fachliche Autonomie der Spezialisten nimmt zu, die Führung muss sich auf die Förderung von Motivation, Integration, Loyalität und die Schaffung günstiger Rahmenbedingungen (Hygienefaktoren) konzentrieren. Die Führungskraft mutiert zum Animateur und zum Facilitator der Arbeitsbedingungen der Spezialisten. Zu schulen sind der Umgang mit Vielfalt, Ambiguitätstoleranz, Empathie, partnerschaftliches Verhalten und non-direktivem Führungshandeln. Nicht die transaktionale, sondern die transformationale Führung vielfältiger Teams ist Gegenstand des DIM-T&D (vgl. Abbildung 6-14).

Transaktionale Führung	Transformationale Führung
• Extrinsische Motivation: Mitarbeiter werden mittels Belohnung bzw. Vorteilen dazu veranlasst, bedeutungsvolle Ziele des Vorgesetzten zu verfolgen. • Materielle Arbeitshaltung: Führungskraft erfüllt physische und psychische Bedürfnisse des Mitarbeiters und erwartet im Gegenzug die vereinbarte Leistung. • Befehl und Gehorsam: Transaktionale Führung zielt auf direkte Beeinflussung der Unterstellten.	• Non-direktive Führung: Mitarbeiter werden mittelbar durch Arbeitsanforderungen, Verantwortung, Autonomie und Kreativität veranlasst, bedeutende Ziele des Vorgesetzten zu verfolgen. • Intrinsische Motivation: Mitarbeiter werden angeregt, sich für höhere Ziele, neue Aufgaben und Herausforderungen zu engagieren. • Explorative Arbeitshaltung: Führungskraft wirkt als Vorbild und setzt hohe moralische und inhaltliche Standards.

Abb. 6-14: Transaktionale und transformationale Führung als Gegenstand des DIM-T&D
Quelle: Bass, B. M. (1985).

6.4.5 Diversity-Awareness-Training

Der Begriff »Awareness« ist mit »Bewusstsein für...« zu übersetzen. Diversity-Awareness-Training zielt demnach auf die Erzeugung eines konstruktiven Bewusstseins für Vielfalt, den Aufbau von Toleranz, den Abbau und die Vermeidung von Diskriminierung, Vorurteilen und Stereotypen. Das Bewusstsein für Vielfalt, Andersartigkeit, unterschiedliche Talente, Befähigungen und Einschränkungen ist in allen Handlungsfeldern des Diversity Managements zu verankern. Die Akteure sollen ein faires und abgeklärtes vorurteilsfreies Bewusstsein für die Belange von Frauen und Männern, Gesunden und Kranken, Behinderten und Nichtbehinderten, von Inländern und Ausländern, von Starken und Schwachen, von Jungen und Alten erlangen.

Es ist das personale und das organisationale Bewusstsein zu unterscheiden. Das personale Diversity-Bewusstsein drückt den Grad der Kenntnisse, den Level von Verständnis, die Abwesenheit von Diskriminierung, Vorurteilen und Stereotypen ebenso aus, wie die Klugheit, Vielfalt im beruflichen und privaten Leben zielorientiert einzusetzen und zu nutzen.

Das organisationale Bewusstsein für Vielfalt drückt den Grad der Institutionalisierung von Traditionen, Regeln Normen und Sanktionsmechanismen aus, die in einer Organisation gegen Diskriminierung, Vorurteile und Stereotypen wirksam sind. Das organisationale Bewusstsein drückt ebenso den Grad der Nutzung von Vielfalt für die Erreichung der Organisationsziele aus. Der Grad der organisationalen Awareness hängt vom Reifegrad der Organisation ab. Es sind drei Awareness-Level zu unterscheiden:

- Traditional Level of organisational Diversity Awareness
- Transitional Level of organisational Diversity Awareness
- Transformed Level of organisational Diversity Awareness.

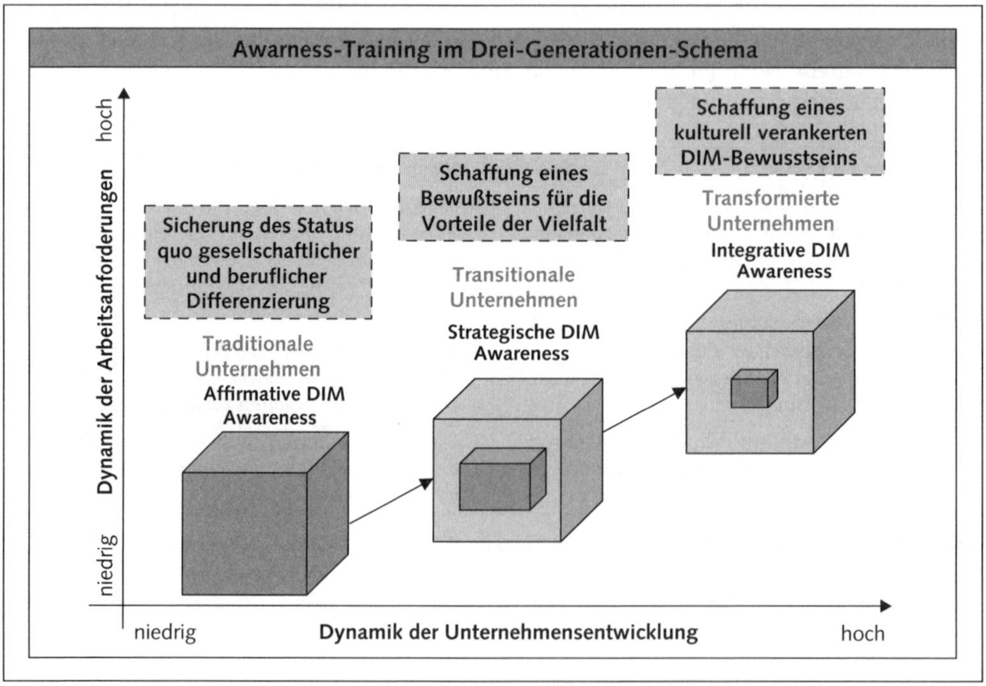

Abb. 6-15: Diversity-Awareness-Training im Drei-Generationenkonzept

Der »personale Level of Diversity Awareness« kann mit dem Reifegradkonzept von Hersey Blanchard in Verbindung mit den Diversity-Awareness-Dimensionen Wissen um Vielfalt, Verständnis für Vielfalt, Handeln im Bewusstsein von Vielfalt und Penetration von Vielfalt erfasst werden.

Dimensionen der Awareness / Dimensionen der Reife	DIM Wissen	DIM Verständnis	DIM Handeln	DIM Penetration
Qualifikation	– +	– +	– +	– +
Motivation	**– +**	**– +**	**– +**	**– +**
– Nicht vorhanden + vorhanden				

Abb. 6-16: Personaler Level of Diversity Awareness

Ziele des Diversity-Awareness-Trainings sind:
- Vermittlung relevanter Kenntnisse zu Aspekten der Vielfalt
- Erzeugung eines differenzierten Bewusstseins für Vielfalt
- Vermittlung einsichtiger und erfolgswahrscheinlicher Handlungsstrategien zur Erzeugung und zum Umgang mit Vielfalt
- Sensibilisierung für die Verbreitung von Kenntnissen, Bewusstsein und Handlungsstrategien im Umgang mit Vielfalt

Inhalte des Diversity-Awareness-Trainings
- Kenntnisvermittlung zu Aspekten der Vielfalt: historische Aspekte, wissenschaftliche Erkenntnisse, normative Standards, Verfahren und Prozesse, Handlungsfelder, Akteure und Effektivität und Effizienz von Diversity Management
- Reflexion von Selbst- und Fremdbild im Umgang mit Vielfalt, Kennen und Bewerten der Wirkung von Diskriminierung, Stereotypen, Vorurteilen, Toleranz und konstruktiver Nutzung von Vielfalt
- Einüben in Strategien des diskriminierungsfreien Umgangs mit Andersartigkeit, anderen Traditionen, Kulturen, Gewohnheiten, Lebensgewohnheiten und Strebenszielen
- Erzeugung von Begeisterung für die Verbreitung von Diversity-Ideen, Konzepten, Überzeugungen und Handlungsweisen

Methoden des Diversity-Awareness-Trainings
- Classroom Training zur Vermittlung der Diversity Basics
- Best-Practice-Beispiele und -Fallstudien zu gelungener Diversity Awareness
- Reflexionsübungen zur Analyse der personalen und der organisationalen Diversity-Reife
- Cross-Diversity Mentoring zur Erschließung anderer Denk- und Handlungstraditionen
- Auslobung von Diversity Awareness Awards zur Belohnung vorbildlicher Diversity-Penetration

Adressaten des Diversity-Awareness-Trainings
- Topmanagement zur Erzeugung des Bewusstseins für die Integration von Vielfalt in die Unternehmensverfassung (Mission- und Vision-Statement, Unternehmensgrundsätze, Führungsgrundsätze und die Verfahren im Umgang mit Mitarbeitern)
- Führungskräfte aller Ebenen zur Erzeugung der Bereitschaft, im Führungshandeln und in der Zusammenarbeit in den Teams Diskriminierung zu vermeiden und die Vorteile der Vielfalt zu nutzen

- Die Belegschaft in allen Funktionsbereichen zur Erzeugung der Bereitschaft, in der Kooperation Vielfalt, Toleranz und gegenseitige Achtung walten zu lassen
- Die Organe der Mitbestimmung und die Aufsichtsorgane zur Erzeugung von Sensibilität für die Vielfalt und die Nutzung heterogener Talente
- Fundament des Diversity-Awareness-Training
- Unternehmerische Entscheidung für die Nutzung von Vielfalt und die Vermeidung von Diskriminierung
- Diversity-Management-Konzept mit Zielen, Handlungsfeldern und Verfahrensstandards
- Professionelle und erfahrene Diversity Management Mitarbeiterinnen und Mitarbeiter
- Verfügung über die erforderlichen finanziellen, sachlichen, personellen und organisatorischen Mittel zur Durchsetzung von Diversity-Management-Philosophie und -Aktionen
- Vorhandensein leistungsfähiger Messinstrumente zur Bestimmung des Erfolges des Diversity-Awareness-Training

6.4.6 Coaching und Mentoring

Coaching und Mentoring werden zunehmend eingesetzt, weil mit diesen Führungsinstrumenten ein differenzierendes und integrierendes DIM-T&D gleichermaßen realisiert werden kann.

Unter *Coaching* versteht man die Unterstützung einzelner Mitarbeiter (Coachee) durch geschulte Berater (Coaches). Coaching zielt auf Hilfe zur Selbsthilfe, insbesondere zu Bewältigung individueller und kollektiver Krisensituationen. Es sind Einzelcoaching, Gruppencoaching und Team-Coaching zu unterscheiden.[6]

Differenzierend bzw. heterogenisierend wirkt Coaching, wenn das individuelles Verhalten und Handeln gestärkt werden soll. »Durchsetzen berechtigter eigener Interessen«, »Beharrlichkeit in Sachfragen«, »Nachhaltigkeit strategischer Optionen«, nennen Beispiele der Stärkung persönlicher und beruflicher Professionalität, die mit Coaching gefördert wird. Integrierend bzw. homogenisierend wirkt Coaching, wenn dem Coachee einsichtig vermittelt wird, dass sein persönliches Verhalten den Normvorstellungen angepasst werden muss. Konflikte aus Meinungsunterschieden, fachlichen Differenzen und fehlender Übereinstimmung, z. B. aufgrund unterschiedlicher Erwartungen der Führungskraft und des Mitarbeiters, können mit Coaching bewusst gemacht und Anpassungen eingeleitet werden.

Mentoring ist dem Coaching verwandt. Eine beratende Person (Mentor) und die zu beratende Person (Mentee) arbeiten meist in temporären Partnerschaften mit dem Ziel zusammen, dem Mentee uneigennützige, authentische und förderliche Informationen über Strukturen, Prozesse, Beziehungen, Kultur und Tabus einer Organisation zu vermitteln.[7] Zusätzlich zu diesem Erfahrungsaustausch sollten Mentor und Mentee auch die Stärken und Schwächen, die beruflichen Ziele, auch Ängste und Befürchtungen des Mentee erörtern.

Mentoring stärkt die Persönlichkeit, das Standing und die Professionalität des Mentee. Damit wirkt Mentoring heterogenisierend, fördert die personale Vielfalt. Weil der Mentor dem Mentee vermittelt, »wie der Hase in einer Organisation läuft«, wirkt Mentoring homogenisierend. Standards, Tabus, Tradition und Kultur versteht und akzeptiert der Mentee, indem der erfahrene Mentor seine eigene »Erfolgsstrategie« beispielhaft vorstellt.

6 Vgl. Becker, M. (2005a), S. 405 ff.
7 Vgl. Becker, M. (2005a), S. 410 ff.

6.4.7 DIM-orientierte Organisationsentwicklung

Organisationsentwicklung kann als Strategie des geplanten Wandels definiert werden. Zielorientiert, ganzheitlich und managementgeleitet werden Strukturen, Prozesse, Personen und Beziehungen untersucht und so gestaltet, dass die Organisation effektiv und effizient arbeitet. Organisationsentwicklung zielt im Verständnis von Diversity auf die optimale Ausstattung einer Organisation mit Humankapital, Beziehungskapital und Integrationskapital. Interventionen der Organisationsentwicklung setzen auf der Ebene der Personen, der Gruppen, der Struktur und der Beziehungen an. Organisationsentwicklung als DIM-T&D wirkt differenzierend, indem Personen und Gruppen zunächst ihre berechtigten Interessen durchzusetzen lernen. Integrierend wirkt Organisationsentwicklung, wenn die personalen, strukturalen, prozessualen und sozialen Aspekte zu einer symbiotischen integrativen Veränderung der Organisation (Change Management) zusammengefügt werden. Organisationsentwicklung wirkt kulturbildend, wenn die Elemente (Personen, Gruppen) trotz der situativen, funktionalen, personalen und sozialen Verschiedenheit (Heterogenität) eine leistungsfähige und konstruktive Einheit bilden.

Die Organisationsentwicklung gewinnt im Prozess der Virtualisierung und Dynamisierung stark an Bedeutung. Kernbelegschaften, Peripheriebelegschaften, befristet Beschäftigte, über Werk- und Dienstverträge in den Leistungsprozess eingebundene »fluide« Belegschaften sind in ihrer Vielfalt zu nutzen und zu einer leistungsfähigen Einheit zusammenzuführen. Informations- und Kommunikationsmanagement und das Netzwerkmanagement gewinnen stark an Bedeutung. Instrumente der DIM-orientierten Organisationsentwicklung sind: Teambuilding-Workshops, Kreativitätstechniken, interkulturelle Teambildung und Konfliktmanagement. Die Gestaltung der Arbeitszeit, die Wahl des Arbeitsortes, die Unterstützung der Mitarbeiter bei der Vereinbarkeit von Beruf, Kinderbetreuung und Pflege älterer Angehöriger gehören zu den Kernaufgaben der DIM-orientierten Organisationsentwicklung.

Methode

- Simulationsspiel: Teilnehmer mussten sich mit Dilemmatasituationen auseinandersetzen
- Teilnehmer: 87 Führungskräfte aus verschiedenen Organisationen

Resultate

- Teilnehmer hatten nach dem Training positivere Einstellung zu Diversity
- Teilnehmer berichteten über erhöhte Diversity-Sensibilität am Arbeitsplatz
- Simulationsspiel regte Perspektivenübernahme, selbstkritische Reflexionen, arbeitsrelevante Kompetenzen im Umgang mit Diversity an
  → diese Prozesse hängen mit Einstellungsänderung zusammen

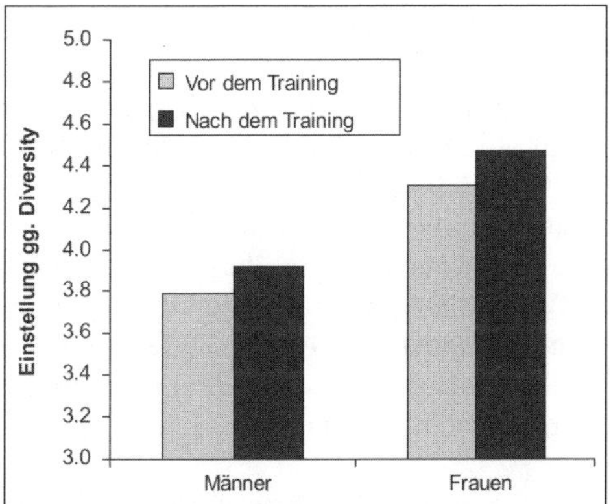

Einstellungen gegenüber Diversity-Management vor und nach dem Training

Abb. 6-17: Diversity-Trainings – Ergebnisse einer Studie
Quelle: vgl. Krings, F./Bollermann, G./Palazzo, B. (2009).

6.5 Unbewusste Diskriminierung bewusst machen

Diskriminierung vollzieht sich nicht immer als bewusste Entscheidung und Handlung, sondern als unbewusstes Agieren, dessen sich die diskriminierenden Personen in ihren Handlungen nicht bewusst sind. Gegenwärtig haben Begriffe wie »Unconscious Bias« (unbewusste Annahmen, Wertungen und Handlungen) und »Subtle Prejudice« (subtile Vorurteile) Konjunktur. Subtile, latente, versteckte und stets unbewusste Diskriminierung sei Folge der Wirkung des Unbewussten beim Handeln der Menschen. »Blatant Prejudice« (offene Vorurteile) hingegen können diskutiert und dann auch abgestellt werden. Unbewusste Bevorzugung oder Benachteiligung muss erst bewusst gemacht werden, bevor darüber gesprochen werden kann. Wie die latenten Bedürfnisse der Menschen durch Werbung in virulente Kaufwünsche transformiert werden, so müssen auch die unbewusst wirksamen Handlungsgründe der Diskriminierung bewusst gemacht werden. Offene Vorurteile und diskriminierendes Handeln unterliegen der sozialen Kontrolle, können in Workshops thematisiert und in Gesprächen erörtert werden. Es gibt einen greifbaren Gesprächsgegenstand, ein sichtbares Handeln, das verändert werden kann. Das ist bei unbewusstem Verhalten nicht unmittelbar möglich. Ein »produktiver Umweg« über Wahrnehmung, Einsicht und Änderungsbereitschaft ist zu gehen, um unbewusste Diskriminierung abzubauen. Unbewusste Diskriminierung kann grundsätzlich nicht vermieden werden, weil der Mensch im Laufe seines Lebens ein »Gedächtnislager« im Unterbewussten anlegt, aus dem seine nachfolgenden Handlungen mehr oder weniger bestimmt werden. Gerüche werden mit Ereignissen verbunden und bestimmen spätere Handlungen, wenn Geruch und Situation wieder oder vermeintlich wieder auftreten. Insofern ist das menschliche Denken und Handeln stets pfadabhängig, was meint, dass nachfolgende Handlungen stets aus vorangegangenen entstehen. Der diskriminierende »Lock In« bewirkt fortgesetzte positive oder negative Auswahlen im Handeln.

Latente Diskriminierung findet statt bzw. kann stattfinden, wenn die handelnde Person oder Institution die in ihrem Handeln praktizierte unterschiedliche Behandlung von Personen oder Personengruppen nicht erkennt. Was einer Person oder Institution nicht bewusst ist, kann nicht abgestellt werden. Vorurteile entstehen,

- wenn der Gesprächspartner, der Geschäftspartner, der Kollege, die Führungskraft eine (vermeintliche) Gefahr für die eigene Person oder Personengruppe darstellen,
- wenn die Person oder Gruppe, auf die sich das diskriminierende Handeln richtet, aus der Sicht der handelnden Person als unterlegen angesehen wird, gewissermaßen nach dem Motto »mit dieser Person oder Personengruppe kann man das machen!«,
- wenn der Kontakt zu der Person oder der Fremdgruppe reduziert oder vermieden wird und so Fakten die Vorurteile nicht oder nicht entscheiden stören können,
- wenn der Person im eigenen Interesse daran gelegen ist, dass sich an der ungleichen Beziehung (Macht der Gegenseite) deshalb nichts ändern sollte, weil ansonsten eigene Privilegien bedroht würden.[8]

Vorurteile und Verzerrungen in der Wahrnehmung und Beurteilung realer Situationen, die durch unbewusste Handlungsimpulse (Unconscious Bias) entstehen, können durch nachfolgende Maßnahmen beseitigt werden:

8 Vgl. Pettigrew, T. F./Meertens, R. W. (1995), S. 41–56.

1. Maßnahmen zur Bewusstmachung latenter Aspekte, Gefahren, Praktiken der Diskriminierung. Vom »Unbewussten zum Bewussten« verläuft der Prozess der Aufklärungsarbeit im Diversity-Awareness-Training.
2. Maßnahmen zur Einschränkung der Folgen und Nebenfolgen der (latenten) Diskriminierung. »Von der Einsicht zur diskriminierungsfreien Handlung« verläuft der Prozess der Abwandlung diskriminierender in nicht diskriminierende Handlungen. Ein wesentlicher Aspekt ist die Reflexion der Nutzenunterschiede diskriminierender zu nicht diskriminierender Handlungen. Fristentransformationen sind aufzuzeigen und die positive Wirkung von Pfadbrüchen zugunsten diskriminierungsfreien Handelns ist aufzuzeigen.
3. Maßnahmen zur Einübung in diskriminierungsfreies Denken und Handeln. Dazu eignen sich insbesondere Fallstudien, die mit Hilfe von Textanalysen, Entscheidungsmustern und der Erörterung von Handlungsfolgen beispielhaft und ganzheitlich »Best Practice« aufzeigen.
4. Maßnahmen zur Reflexion und kritischen Prüfung, wo es in den Handlungsimpulsen der Probanden subtile, latente, versteckte strukturelle Diskriminierung gibt. Textanalysen von Statements, Reden, Betriebsvereinbarungen, Unternehmensgrundsätzen und Führungsleitlinien schärfen den Blick für versteckte Elemente der Diskriminierung. Wort, Schrift, Struktur und Kultur sind zu analysieren.
5. Maßnahmen zur bewussten und konstruktiven Abwehr von Diskriminierungsimpulsen aus dem Umfeld von Personen und Organisationen. Compliance Training kann dieses »open minded« fördern. Maßnahmen zur Stärkung der Persönlichkeit, der Argumentationsfähigkeit, zur Verbesserung der Fähigkeit zur Analyse potenzieller Probleme aus diskriminierendem Verhalten können mit Rollenspielen, Streitgesprächen und Unternehmensbeispielen eingeübt werden.

Es ist daher im Diversity-Awareness-Training ein Prozess der Bewusstmachung einzuleiten, der unterschiedliches Urteilen und Handeln in denselben Situationen aufdeckt. Beginnen sollte der Prozess der Bewusstmachung virulenter Gründe der Diskriminierung mit Informationen, die an Beispielen mögliche Diskriminierung aufzeigen. Das Wissen ist dann in einem zweiten Schritt in ein Bewusstsein für das eigene Handeln zu erweitern, indem die Probanden erkennen, dass sie ohne Absicht diskriminiert haben. Rollenspiele mit einschlägiger »versteckter« Diskriminierung sind geeignet, das Bewusstsein für das eigene Handeln zu schärfen.

Alle Fokusgruppen des Diversity-Awareness-Training sind in die Sichtbarmachung diskriminierenden Verhaltens einzubeziehen. In Führungstrainings ist der Aspekt der offenen und der versteckten Diskriminierung als verpflichtendes Modul aufzunehmen.

Adressaten des Diversity-Awareness-Training sollten das Topmanagement, alle Ebenen der Führung und auch die Belegschaft insgesamt einbezogen werden. Im Topmanagement wird das Bewusstsein für den fairen Umgang mit allen Belegschaftsmitgliedern verankert und die Sensibilität erzeugt, Diskriminierung zu erkennen und zu vermeiden. Auf der nächsten Stufe sind alle Führungskräfte für das Diversity Management und die Vermeidung von Diskriminierung zu sensibilisieren. Es ist ihnen bewusst zu machen, welche Wirkung Diskriminierung auf die Leistung und die Zusammenarbeit hat und wie latente und offene Diskriminierung vermieden werden kann. Auf der Arbeitsebene lernen die Belegschaften, wie sie in der Zusammenarbeit Diskriminierung vermeiden, die Spezialisierung der Kollegen und Kolleginnen konstruktiv nutzen und wie Konflikte aus erfolgter Diskriminierung bestmöglich gelöst werden können. Ohne Vorurteile und ohne praktizierte Diskriminierung sind Organisationen längerfristig leistungsfähiger als solche, die Diskriminierung zulassen und damit die Gefahr eingehen, dass benötigte Spezialisten die Organisation verlassen.

6.6 DIM-T&D im Funktionszyklus

Diversity-Trainings müssen systematisch und bedarfsorientiert geplant, realisiert und evaluiert werden. Dazu bietet sich der Funktionszyklus an. Der Funktionszyklus – aus der PE-Arbeit übernommen – legt fest, *wie* Diversity-Training konkret zu gestalten ist.[9] Sechs Phasen sind zu unterscheiden (vgl. Abbildung 6-18).

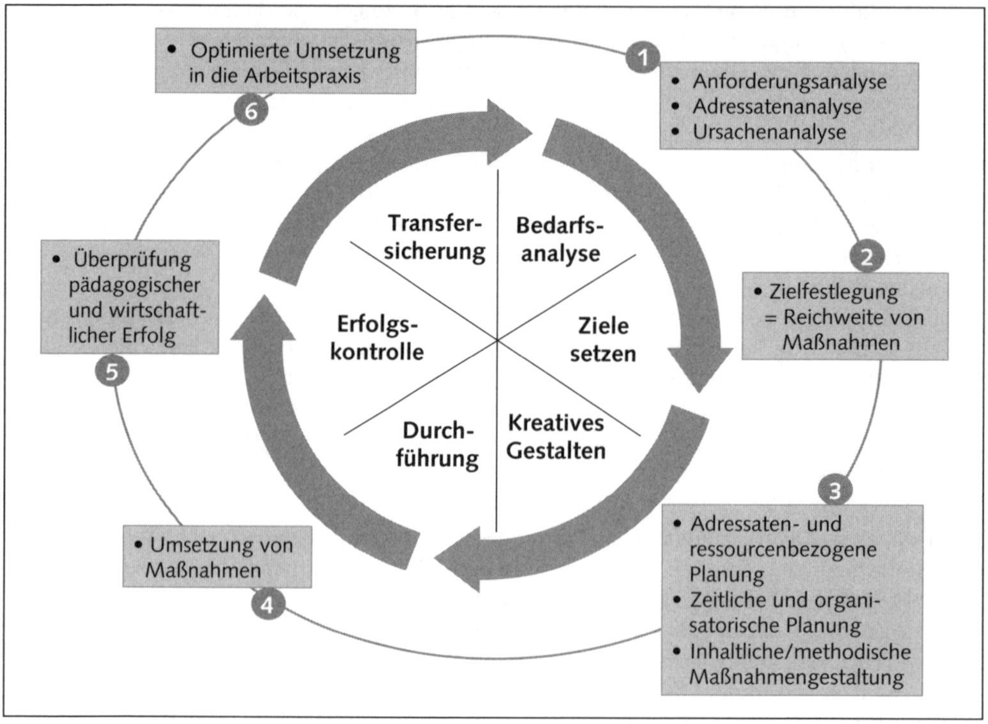

Abb. 6-18: Systematische PE im Funktionszyklus: Vom Zufall zum System

In der Phase »*Bedarfsanalyse*« ist der Trainingsbedarf zu ermitteln. Es ist darauf zu achten, dass keine therapeutischen Seminarvorschläge gesammelt werden, sondern problembezogen erhoben wird, welche Aspekte des Diversity Managements noch nicht optimal praktiziert werden. Die Bedarfsanalyse setzt bei der Unternehmensstrategie an (strategischer DIM-Bedarf), setzt sich über die Bereichsbedarfe fort (funktionaler DIM-Bedarf) und erhebt schließlich auf individueller Ebene Kenntnis- und Verhaltensdefizite (personaler DIM-Bedarf).

9 Vgl. Becker, M. (2005b).

Primäres Ziel der Maßnahmen des DiM-T&D besteht darin, Vorurteile durch Informationen zu ersetzen, die wohlstandsfördernde Wirkung von Vielfalt aufzuzeigen und die Einsicht in die Notwendigkeit von Antidiskriminierungsnormen zu vermitteln. Ängste abbauen, Vertrauen stärken, Vielfalt als Gerechtigkeit begreifen – das sind die zentralen Rahmenbedingungen für den Aufbau eines leistungsfähigen Diversity Trainings & Developments.

Rahmenbedingungen des Diversity Trainings & Developments
• Einführung in EU-Richtlinien, nationale Gesetze, Unternehmensgrundsätze, Guidelines und Betriebsvereinbarungen
• Mitarbeit an der Erarbeitung und Implementierung eines DiM-Konzeptes
• Informationen zu den DiM-T&D-Aktivitäten (Ziele, Dauer, Teilnahmebedingungen)

Abb. 6-19: Rahmenbedingungen des Diversity-Trainings & Development-Konzeptes

Die Phase »*Ziele setzen*« formuliert die konkrete Reichweite der ermittelten DIM-Bedarfe auf strategischer, funktionaler und personaler Ebene. Die DIM-Ziele bestimmen als Service-Level das Anspruchsniveau der DIM-Aktivitäten, das mit den dann zu planenden Maßnahmen erreicht werden soll.

Ziele des Diversity Trainings & Development-Konzeptes	
Managing Diversity Ziele	**Diversity Management Ziele**
Alle Gruppen und Personen werden in ihrer Art akzeptiert und sind integriert. Benachteiligungen einzelner und von Gruppen sind erkannt und soweit möglich reduziert bzw. beseitigt. Die Antidiskriminierungsvorgaben sind beachtet und Diskriminierung wird konsequent sanktioniert.	Alle Gruppen und Ebenen sind für Diversity Management sensibilisiert. Vorurteile und Stereotypen sind erkannt und werden vermieden. Stärken der Vielfalt sind erkannt und werden produktiv genutzt.

Abb. 6-20: Ziele des Diversity-Trainings & Development-Konzeptes

»*Kreatives Gestalten*« umfasst als dritte Phase des Funktionszyklus die didaktisch-methodische Feinplanung der DIM-Maßnahmen. Geplant werden die personelle, finanzielle und materielle Ausstattung der DIM-Maßnahmen. Ebenso werden die Zeitdauer, die Zeitintervalle und die Evaluierungsmaßnahmen der DIM-Maßnahmen geplant. Kreatives Gestalten kann sich auf DIM-Programme (z. B. Mentoring für Frauen) und auf Einzelmaßnahmen (z. B. Einführungsveranstaltung DIM für Auszubildende) beziehen.

Methoden Diversity Training & Development		
Wissensvermittlung	**ergänzende Maßnahmen**	**Einbezug**
• Workshops • Rollenspiele • Fallstudien • Outdoor Maßnahmen • Diskussionsrunden • Coaching • Mentoring	• Gespräche • Expertenhearings • Benchmarkanalysen	• wissenschaftlicher Veröffentlichungen • Publikationen • Newslettern • Firmenzeitungen • Checklisten • Argumentationshilfen

Abb. 6-21: Methoden des Diversity-Trainings & Development-Konzeptes

Die vierte Phase »*Durchführung*« konzentriert sich auf die Optimierung des Vermittlungsprozesses. Die geplante Durchführung und notwendige situative Anpassungen bestimmen das konkrete Geschehen vor Ort. Verlaufskontrollen gehören ebenso zur Durchführung wie die begleitende Beratung der Adressaten der DIM-Maßnahmen. Die Verankerung von Diversity-Philosophie, -Konzept und -Verhaltensweisen folgt dem Grundsatz »ohne Akzeptanz keine Relevanz«.

Ein beispielhaftes Trainingsangebot zeigt Abbildung 6-22:

Diversity – Vielfalt im Unternehmen fördern
Seminarangebot Ziel ist es, in der Belegschaft ein stärkeres Bewusstsein für Vielfalt und den damit verbundenen Chancen und Ressourcen zu entwickeln. Der Betriebsalltag und die Reflektion des Miteinanders im Unternehmen stehen im Vordergrund. Die Seminarteilnehmerinnen und Seminarteilnehmer setzen sich mit unterschiedlichen Denk- und Verhaltensmustern sowie Normen und Wertvorstellungen auseinander. Sie lernen Missverständnissen vorzubeugen und die Zusammenarbeit wirkungsvoller und produktiver zu gestalten. **Seminarinhalte** Die Seminarinhalte sind erfahrungs- und alltagsorientiert und werden auf die spezifischen Anforderungen des Unternehmens ausgerichtet. Schwerpunkte sind... • Sensibilisierung für Selbst- und Fremdwahrnehmung, • Personal- und Kundenprofil im Unternehmen, • Konfliktfelder im Betriebsalltag, • Vorurteile und Stereotype, • Kontakt- und Kommunikationsstrukturen und • Wertschätzender Umgang und Ressourcen im Unternehmen.

Nutzen für Ihr Unternehmen: Das Seminar ist ein zielgerichtetes Angebot für Ihre Mitarbeiterinnen und Mitarbeiter.
Die Wertschätzung von Vielfalt in Ihrem Unternehmen ...
• schafft eine produktive Arbeitsatmosphäre,
• verbessert die Kommunikationsstruktur der Belegschaft,
• vermeidet Diskriminierung und fördert die Chancengleichheit,
• nutzt vorhandene Potenziale der Belegschaft,
• bindet Beschäftigte und erleichtert die Suche nach geeignetem Personal und
• steigert den Umsatz und fördert die Kundengewinnung.

Abb. 6-22: DIM-Training
Quelle: Boettcher Beratung: Seminarangebot Diversity Management

Diversity-Training & Development-Aktivitäten schließen im Lernfeld mit der »*Erfolgskontrolle*« ab. Es wird überprüft, ob der Anspruch, der mit den Lernzielen gesetzt wurde, erfüllt worden ist, ob positive oder negative Abweichungen aufgetreten sind, und woran es lag, dass die Lernziele nicht erreicht wurden.

Fragen zum Diversity Training
• Sind die didaktisch-methodischen Aspekte beachtet?
• Bleibt Raum für situative Anpassungen?
• Ist das Trainingspersonal professionell ausgewählt?
• Steht eine Lernklima fördernde Infrastruktur zur Verfügung?
• Werden die Schritte des Funktionszyklus beachtet?

Abb. 6-23: Fragen zum Diversity-Training

Wieder im Arbeitsfeld setzen die Maßnahmen der Transfersicherung ein. Am Point of Doing zeigt sich, ob es gelingt, eine dauerhafte DIM-Sensibilisierung und DIM-Praxis zu etablieren. Transfersichernde Maßnahmen sind z. B. Transfervereinbarungen, Transfergespräche, Beobachtung und Befragung der Belegschaft.

Die sechs Phasen des DIM-T&D verbessern das Diversity-Training »vom Zufall zum System«, garantieren Bedarfsorientierung, Beachtung organisatorischer und persönlicher Ziele und verbessern die Kosten-Nutzen-Relation des DIM-T&D.

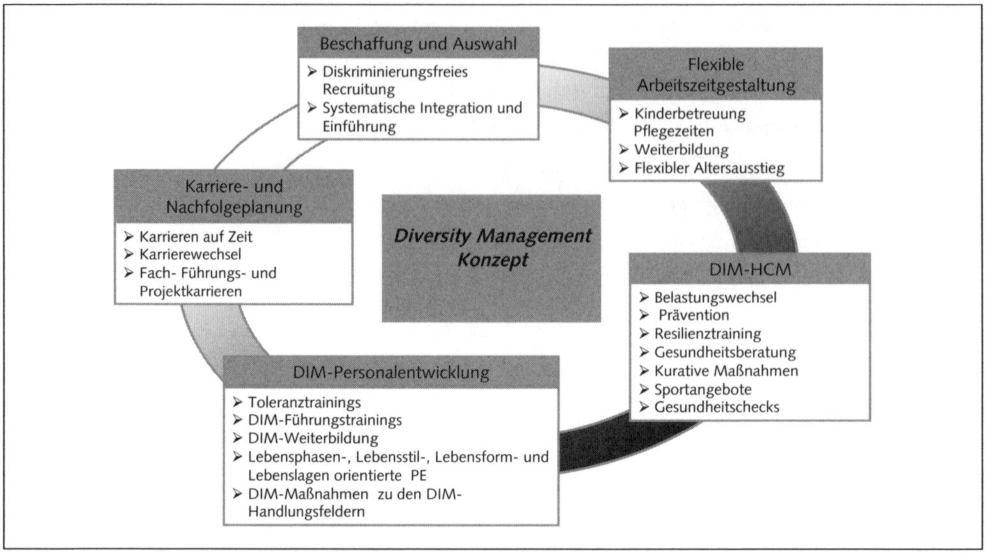

Abb. 6-24: Maßnahmen im Rahmen eines ganzheitlichen Diversity Managements

6.7 Professionalisierung der Diversity-Manager

6.7.1 Begriffsklärung

Der Begriff Profession hat eine lange Tradition.[10] Trotzdem herrscht kein einheitliches begriffliches Verständnis von »Profession« und »Professionalisierung«. »Professionalisierung« kann vom französischen Wort »professionnel« abgeleitet werden, das für beruflich, hauptamtlich oder profihaft steht. Professionalisierung kann auch vom lateinischen »professio« abgeleitet

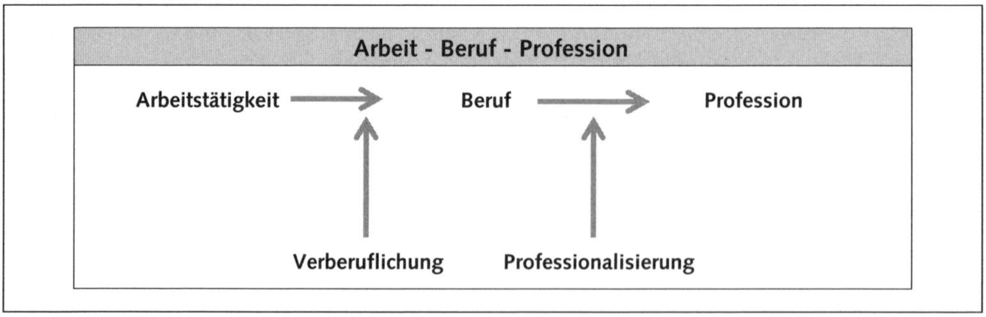

Abb. 6-25: Zusammenhang von Arbeitstätigkeit – Beruf – Profession
Quelle: Grüner, H. (2001), S. 236

10 Vgl. zur geschichtlichen Entwicklung der Berufe Becker, M. (1979), S. 41 ff.

werden. »Professio« steht für Beruf oder Bekenntnis. Die Wortdeutungen nutzen »professio« sowohl für die Unterscheidung von ehrenamtlicher und privater Tätigkeit einerseits und der als Beruf ausgeübten bezahlten Tätigkeit andererseits. Professionen bezeichnen als Plural die besondere Spezialisierung in Berufen, für die man bezahlt wird.

Profession *(keine einheitliche Definition):*
Klassische Merkmale:
• Berufsverband
• berufsethische Verpflichtung
• Dienstgesinnung und
• Autonomie
Weitere Merkmale:
• Anspruchsvolle Ausbildung
• Prüfungs- und Zulassungsverfahren zur Ausbildung
• Kontrollierter Berufszugang
• Kontrollierte inhaltliche Standards bei der Professionsausübung
• Geltung von professionellen ethischen Codes
• Unabhängigkeit von Weisungen in Fachfragen
• Materielle Privilegierung
→ Personalarbeit ist keine Profession im klassischen Sinne

Abb. 6-26: Der Begriff der Profession

Beruf kann auch als das erreichte Ergebnis der Professionalisierung angesehen werden. Allgemein manifestiert sich in der Bezeichnung Beruf die gesellschaftliche Anerkennung besonderer, von der Gesellschaft erwünschter und benötigter Qualifikationsprofile. Die Berufe sind gemäß ihrer Knappheit in der Lage, besondere Ansprüche auf Einkommen, Status und Ansehen, Autonomie und Selbstverwaltung sowie Ausübung von Macht und Einfluss durchzusetzen.

Beruf als bestimmte Form der sozialen Organisation von Arbeit:
• Freiheit der Durchführung
• Auf Dauer angelegte Tätigkeit
• Möglichst auf Eignung und Neigung basierend
• Bedarf von Erlerntem und speziellem Wissen zur Durchführung
• Gegen Entgelt entrichtete Arbeit
• Zur Befriedigung materieller oder immaterieller Bedürfnisse anderer

Abb. 6-27: Der Begriff des Berufes

Es soll der folgenden Definition von Beruf gefolgt werden:[11]

»Beruf umfasst die legitime, dauerhafte, weitgehend freiwillige Spezialisierung individueller Leistungspotenziale und deren spezifische Anwendung zur gemeinschaftlichen Wertschöpfung im Rahmen einer menschlichen Gesellschaft, verbunden mit der Chance persönlicher Nutzenmehrung.«[11]

Angehörige einer Profession, eines Berufes, orientieren ihr Verhalten an einer spezifischen professionseigenen Wertestruktur bzw. Berufsethik. Merkmale der Profession sind in Abbildung 6-28 zusammengestellt.

Ausbildung	• lange und anspruchsvolle Ausbildung • besondere Prüfungs- und Zulassungsverfahren • systematisiertes und wissenschaftlich fundiertes Wissen in einem Spezialgebiet
Berufszugang	• kontrollierter Berufszugang • staatlich gesichertes Monopol der Selbstverwaltung (z. B. Ärzte- und Rechtsanwaltskammern)
Inhalte	• kontrollierte inhaltliche Standards durch eine institutionalisierte wissenschaftliche Fachkultur und berufsständische Normen und Organisationsformen
Privilegien und Rechte	• Unabhängigkeit von Weisungen in Fachfragen • Zeugnisverweigerungsrecht • finanzielle Unabhängigkeit durch materielle Privilegierung (z. B. Verbeamtung) • Geltung professioneller ethischer Codes

Abb. 6-28: Merkmale von Professionen
Quelle: In Anlehnung an Müller, B. (2002), S. 728.

Hartmann konzentriert Professionalisierung auf die beiden Variablen Wissen und Anerkennung. Demnach erfolgt Professionalisierung, wenn das Wissen wächst und die Anerkennung zunimmt. Die beiden Variablen sind in der Generierung von Professionalität voneinander abhängig. Die einseitige Zunahme von Wissen, z. B. bei einem Privatgelehrten, ist somit noch keine hinreichende, wohl aber eine notwendige Bedingung für die Professionalisierung. Andererseits kann die gesellschaftliche Anerkennung ohne Wissensbasis bzw. Wissenszuwachs nicht als Professionalisierung bezeichnet werden.[17] Professionalisierung und Professionalität umfassen Begabung, Lernen, Erfahrung und Anerkennung (vgl. Abbildung 6-29).

11 Becker, M. (1979), S. 107.

Professionalisierungsgleichung

$$P = \underbrace{B + L + E + A}$$

Professionalität Begabung Lernen Erfahrung Anerkennung

P	*Professionalität*
B	Begabung i. S. genetischer Voraussetzung
L	Lernen i. S. erworbener Spezialkenntnisse
E	Erfahrungen i. S. der Erprobung im Einsatz von Begabung und Wissen
A	Anerkennung i. S. der gesellschaftlichen Honorierung der besonderen Bedeutung einer Tätigkeit

Abb. 6-29: Professionalisierungsgleichung
Quelle: Becker, M. (2009), S. 690.

Diversity Management verlangt intensiven Umgang mit Menschen. Es ist daher unabdingbare Voraussetzung, dass Diversity-Mitarbeiter eine positive Einstellung zu Menschen haben. Diversity-Manager sollte nur werden, wer eine philanthropische Grundhaltung mitbringt. Der Diversity-Manager leistet seine Arbeit im Spannungsfeld vielfältiger Interessen. Emphatie und die Fähigkeit, Interessen auszugleichen, sollten den Diversity-Manager auszeichnen.

Professionalisierung:

- Im engeren Sinne die Wandlung eines Berufes zu einer Profession mit eigenen Organisationen, Ausbildungswegen und Regeln bis hin zu einer Berufsethik (Dilger, A. (2010), S. 209)
- Im weiteren Sinne ein Prozess des Erwerbs von Autonomie, Qualifikation und ethischem Antrieb durch Sozialisierung, Qualifizierung und Erfahrung (Becker, M., Dokumentationsunterlagen zur 17. Personalkonferenz 2010, S. 173)

Abb. 6-30: Prozess der Professionalisierung

Die Begabung erweitert sich auf die Veranlagung, mit Ambiguität und Konflikten umgehen zu können. Schließlich sind konzeptionelle, strategische und führungsbezogene Veranlagung erforderlich, weil der Diversity-Manager sich im Machtgefüge der Organisation durchsetzen muss und dem Topmanagement den Nutzen seiner Arbeit nachweisen muss.

Professionelle Handlungsbefähigung	Bildung einer Profession
• Individuelle Beruflichkeit • Fachliches und Methodisches Können • Sozialkompetenz • Expertentum und individuelle Kernkompetenzen • Hoher sozialer Status der einzelnen Personen (Experten) • Individuelles moralisches Handeln • Offene, wettbewerbsdominierte Arbeitsmärkte	• Berufsverbände • Inhaltliche Kontrolle und Normierung der Ausbildung • Regulierung des Zugangs zum Tätigkeitsfeld • Verbindliche Verhaltensstandards • Entscheidungsautonomie • Tendenzielle Marktschließung • Hoher sozialer Status der Profession • Kollektive ethische Standards

Abb. 6-31: Personalarbeit als Profession vs. professionelle Personalarbeit
Quelle: In Anlehnung an Becker, M. (2009), S. 696.

6.7.2 Tätigkeits- und Anforderungsprofile

Die Professionalität des Diversity-Managers konkretisiert sich im Tätigkeits- und Anforderungsprofil. Im Tätigkeitsprofil werden die Kerntätigkeiten des Diversity-Managers beschrieben, das fachliche und persönliche Anforderungsprofil bestimmt, welche fachliche und persönliche Befähigung eine Person erfüllen muss, die die Diversity-Tätigkeiten professionell erfüllen soll.

6.7.2.1 Tätigkeitsprofil

Das Tätigkeitsprofil erfasst auf der Ebene von Kerntätigkeiten die gegenwärtigen und die absehbaren zukünftigen Aufgaben des Diversity-Managers. Erfolgskritische Kerntätigkeiten sind charakterisiert durch die Aspekte

- Besonderheit,
- Wichtigkeit,
- Häufigkeit

der Tätigkeiten. Die Kerntätigkeiten bringen die Bedeutung des Diversity Managements zum Ausdruck und belegen den Beitrag des Diversity-Managements für die Erreichung der jeweiligen Organisationsziele. Es sollten nicht mehr als zehn Kerntätigkeiten erfasst werden. Eine geringere Anzahl an Kerntätigkeiten erschwert die Handlungsorientierung, eine zu große Anzahl führt zur Beliebigkeit. Die Kerntätigkeiten bestimmen das fachliche und das persönliche Anforderungsprofil, das eine Person erfüllen muss, wenn die Kerntätigkeiten nach Menge, Güte, Zeit und Kosten anforderungsgerecht erledigt werden sollen.

6.7.2.2 Anforderungsprofil

Das Anforderungsprofil ist in das fachliche Anforderungsprofil und das persönliche Anforderungsprofil zu unterteilen. Das fachliche Anforderungsprofil gibt Auskunft über die Ausbildung, Studium, Berufserfahrung und Extras, über die ein Diversity-Manager verfügen sollte.

Das persönliche Anforderungsprofil erfasst die Verhaltensmerkmale, die für die Ausübung der Diversity-Tätigkeiten vorausgesetzt werden. Die Anzahl der persönlichen Anforderungsmerkmale sollte ebenfalls nicht größer sein als zehn Merkmale.

Organisatorische Einordnung

Funktionsbezeichnung:	Diversity Manager
Berichtet an:	Geschäftsleitung/Vorstand

Kernaufgaben

- Veränderungsprozesse koordinieren
- interne und externe Öffentlichkeitsarbeit
- spezifische Trainingsmaßnahmen für Führungskräfte und Beschäftigte entwickeln und anbieten
- Analyse möglicher diskriminierender Elemente
- Diversity-Projekte durchführen, Netzwerkbildung fördern

Fachliche Anforderungen

- Formale Qualifikationen
  Betriebswirtschaftliche Ausbildung mit Schwerpunkt Personalwesen, psychologisches oder sozialwissenschaftliches Studium
- Erfahrungen (Fachwissen/-können)
  - Wissen über Diversity Konzepte sowie deren Umsetzung
  - Betriebswirtschaftliche und erwachsenenpädagogische Kenntnisse
  - Berufserfahrung im Bereich Personalentwicklung

Persönliche Anforderungen

- Kommunikationsfähigkeit,
- Sensibilität,
- Belastbarkeit,
- Toleranz,
- Empathie,
- Konfliktfähigkeit
- u. a.

Abb. 6-32: Tätigkeitsbeschreibung/Anforderungsprofil Diversity-Manager

Das Anforderungsprofil spiegelt das Tätigkeitsprofil, indem gefragt wird, welche fachlichen und persönlichen Anforderungen jemand erfüllen müsste, wenn er oder sie die Bündeltätigkeiten anforderungsgerecht erledigen sollte. Die fachlichen und persönlichen Anforderungen werden personenunabhängig bestimmt, über welches Wissen und Können und über welche

Erfahrungen eine Person im Personalmanagement verfügen muss, um die Kerntätigkeiten kompetent, professionell und anforderungsgerecht auszuführen.[12]

Die Tätigkeit als Diversity-Manager setzt Spezialisierung auf die Diversity-Aufgaben, Autonomie bei der Wahrnehmung der Tätigkeiten und Autorität voraus.

6.7.3 Spezialisierung

Spezialisierung auf das Diversity Management zeigt sich in der Konzentration auf die besonderen Aufgaben in den Handlungsfeldern des Diversity Managements. Spezialisierung mündet in Professionalität, die sich als »Berufsprofession« und als »Personenprofession« manifestiert.

6.7.4 Autonomie

Autonomie erwächst aus Spezialisierung und Professionalität. Der Grad der erreichten Autonomie zeigt sich in der Weisungsfreiheit, die ein Diversity-Manager erreicht hat. Autonomie bezeichnet die formale und die tatsächliche Berechtigung und Befähigung, die Ziele, Inhalte und Maßnahmen des Diversity Managements autonom bestimmen zu können.[13] Schwierigkeiten der Professionalisierung des Diversity Managements ergeben sich aus der Tatsache, dass das Diversity Management eine Kooperationsaufgabe darstellt. Man kann sagen, viele Köche stehen am Herd der Diversity-Aktivitäten: Geschäftsleitung, Führungskräfte, Betriebs- und Personalräte, die Belegschaft, die Gleichstellungs- und Behindertenbeauftragten üben Einfluss ihren auf das Diversity-Geschehen aus. Auch wenn einzelne oder Gruppen das Themengebiet Diversity Management noch nicht richtig verinnerlicht haben, beteiligen sie sich an der Ausgestaltung des DIM-T&D.

Ein weiterer Aspekt der Autonomie besteht in der finanziellen Unabhängigkeit. Ohne Budgethoheit ist das Diversity Management von der Ressourcenzuweisung durch Einzelentscheidungen abhängig.

6.7.5 Autorität

Autorität verschafft Macht. Formale, materiale und personale Autorität sind zu unterscheiden. Formale Autorität erwächst aus dem Amt und der hierarchischen Einordnung. In Unternehmen, die dem Diversity Management wenig Bedeutung beimessen, wird das Amt des Diversity Managers kein großes Ansehen genießen. Materiale Autorität erwächst aus der Erkenntnis der Unternehmen, dass die Aufgaben und Maßnahmen des Diversity Managements einen wesentlichen Beitrag zur Erreichung der Unternehmensziele leisten. Personale Autorität ist an Eigenschaften und Verhalten der Diversity-Manager gebunden. Zielorientierung, Sachbezug, Ausdauer, Gerechtigkeit und Achtung anderer Menschen sind Kennzeichen einer solchen Persönlichkeit.

---

12 Vgl. Becker, M./Niggeloh, B. (2010), S. 10.

13 Vgl. zur Autonomie als Dimension der Professionalisierung auch Beyer, J./Metz, T. (1995), S. 189 f.

Abb. 6-33: Professionalisierung

Ob diese Tätigkeit eines Diversity-Managers im Personalbereich einer Professionalisierung des Personalentwicklers zum Diversity-Manager entspricht, soll im Folgenden geklärt werden.

6.8 Diskussion und Kritik

Die Professionalisierung soll an verschiedenen Kriterien diskutiert und bewertet werden. Nach Putz/Nöbauer sind die Wissens- und die soziale Dimension markante Punkte, die eine Professionalisierung ausmachen.[14] Sie gelten als Indikatoren.

Für die *Wissensdimension* bedeutet das, dass professionelle Personalarbeit dadurch gekennzeichnet ist, dass ihre Ausübung und ihr Erfolg durch Anwendung von Wissen gekennzeichnet ist.

Da der Diversity-Manager vom Grunde her ein Personalentwickler ist, ist festzuhalten, dass es sich hierbei um eine lange Ausbildung, meist ein Studium der Betriebswirtschaft mit dem Schwerpunkt Personalwirtschaft, handelt und damit spezifische Qualifikationen vorhanden sind.

Da Diversity ein Thema mit schnellem Entwicklungsfortschritt ist, ist jedoch die kontinuierliche Weiterbildung des Diversity-Managers über Veranstaltungen, Fachlektüre und eventuelle Universitätskontakte ein weiterer Indikator.

14 Vgl. Putz,P./Nöbauer, B. (1995), S. 57 ff.

Unter diesen Voraussetzungen ist der Diversity-Manager als jemand »der Wissen zur Problemlösung beiträgt«[15] und zur Verfügung stellt als »Professional« zu bezeichnen. Die Spezialisierung in Verbindung mit der Wissensdimension ist ein wichtiger Aspekt der Professionalisierung.

Diversity Management ist eine professionelle Tätigkeit, wenn es so speziell und funktionsstark ist, dass es das Unternehmen dahingehend stärkt, nachahmungsresistente Leistungen zu erzeugen, die Produktivität zu steigern und den Erhalt dessen zu sichern. Gerade bei großer Vielfalt in der Belegschaft muss der Diversity-Manager systemstabilisierend arbeiten.

Das heißt also, um professionell zu sein, muss Diversity Management samt ihrer Träger im Unternehmen anerkannt sein und über eine Wissensbasis bzw. einen kontinuierlichen Wissenszuwachs verfügen.

Das bringt mit sich, dass der Diversity-Manager für die erfolgreiche Erfüllung seiner Rollen – zum Beispiel Berater, Helfer, Schlichter, Organisator, Planer, Therapeut und andere – Anforderungen erfüllen muss, die über die Tätigkeit als Personalentwickler hinaus gehen.

Die zweite Dimension, nach welcher Putz/Nöbauer Professionalisierung feststellen, ist die *soziale und gesellschaftliche Dimension*. Auch in dieser spielt der oben erläuterte Fakt der Anerkennung eine Rolle. Schwerpunkt ist hierbei jedoch, dass sich in professionellem Handeln die Werte einer Gesellschaft widerspiegeln und es mithilft, diese zu verwirklichen.

Eine Profession kann Anerkennung nur erlangen, wenn sie sich nach diesen Werten richtet und die Erwartungen, die das soziale Umfeld an sie stellt auch erfüllt. Klassische Wertvorstellungen wie Gerechtigkeit, Gleichberechtigung der Geschlechter bzw. aller Menschen kommen zur Prüfung der Professionalisierung des Diversity-Managers besonders zum Tragen. Der Diversity-Manager wird diese Werte durch seine Arbeit versuchen zu verwirklichen und zum Beispiel die Achtung des Individuums, Vermeidung von Ausgrenzung und ähnliches in Bildungsmaßnahmen einbauen.[16] Wertvorstellungen und deren Umsetzung fungieren somit als ein weiteres Maß der Professionalisierung.

Die Indikatoren des spezialisierten Wissens und der sozialen und gesellschaftlichen Orientierung sind auch bei Wächter Kriterien für eine Professionalisierung.[17]

Bei mehreren Autoren, wie auch bei Becker, werden noch die Indikatoren Autonomie und Autorität ins Blickfeld der Professionalisierung genommen.

Autonomie wir dabei mit einem hohen Maß an Selbstorganisation der eigenen Arbeitsabläufe sowie der Möglichkeit, Entscheidungen zu einem großen Teil frei treffen zu können, definiert.

Die Tätigkeit des Diversity-Managers ist dahingehend autonom, dass aufgrund von mangelnder Standardisierbarkeit und Rationalisierbarkeit eine hohe individuelle Handlungsfreiheit besteht.[18] Die vielen Ausprägungen von Vielfalt, die Rolle als Vertrauensperson und die therapeutischen, beratenden und innovativen Aspekte der Arbeit zum Umgang mit Diversity sprechen gegen eine Kontrolle der Tätigkeit. Diese Autonomie existiert jedoch nur im Rahmen eines vorgegebenen Personal- und Finanzbudgets und unter Beachtung der Tatsache, dass die Personalentwicklung einer Teilfunktion der Personalabteilung entspricht. Aus diesem Grund und der Tatsache, dass die Personalentwicklung ein Kooperations- und nicht delegierbare Führungsaufgabe ist, kann bei diesem Indikator für Professionalisierung nur von einer einge-

15 Vgl. Putz, P./Nöbauer, B. (1995), S.58.
16 Vgl. Stuber, M. (2002), S. 33.
17 Vgl. Wächter, H. (1987), S.142.
18 Vgl. Beyer, J./Metz, T. (1995), S. 190.

schränkten Autonomie gesprochen werden. Autorität ist für die Aufgaben des Diversity-Managers ein durchaus gegebener Sachverhalt. Gemeint ist damit, dass er auf die Verfolgung seiner Eigeninteressen zugunsten der Klienten verzichtet und stattdessen für die Mitarbeiter und den Bestand des Unternehmens tätig ist.[19] Dieser Punkt spricht daher für Professionalisierung.

Für eine Profession sind zudem eine große Anzahl Gleichgesinnter von Nöten. Dieser Punkt wird darin bestätigt, dass viele Unternehmen in Deutschland, Europa und der USA Diversity Management praktizieren, es also eine Vielzahl von Personen in Unternehmen wie beispielsweise der Lufthansa und der Deutschen Bank gibt, die dazu inhaltsnahe Tätigkeiten erfüllen.

Unterschiedlich und damit nicht eindeutig ist die Erfüllung des Kriteriums des Handelns nach festen Regeln: Wie in der hauptamtlichen Personalentwicklung sind feste Regeln auch bei der Tätigkeit des Diversity-Managers uneinheitlich.

Der Diversity-Manager wird die Grundzüge der Personalentwicklertätigkeit beibehalten, jedoch diese um Aktivitäten und Maßnahmen des Managements von Vielfalt im Unternehmen erweitern. Er bindet den Diversitygedanken des Unternehmens in seine Tätigkeiten ein und erweitert somit sein Handlungsfeld und seine Kompetenzen. Eindeutige Regeln gibt es dafür nicht. Sie erfolgen ähnlich wie die Feststellung von Zielen aus einer Ableitung aus den Forderungen und Erwartungen, die wiederum die Gesellschaft und das Unternehmen an den Diversity-Manager stellen sowie den unterschiedlichen Unternehmensstrategien.

Ein weiteres Kriterium, das ebenso wie die Existenz von festen Regeln und das Bestehen von klaren und akzeptierten Zielen gegen eine Professionalisierung des Diversity-Managers spricht, ist die klare Zuordnung von Verantwortung für die Leistungsfähigkeit des Diversity-Managements. Diese ist aufgeteilt und wird von den Führungskräften, Mitarbeitern und dem Diversity-Manager getragen. Unter Umständen wird bei dieser Aufteilung die hauptamtlich tätige Personalentwicklung ebenfalls einbezogen.

Was jedoch für eine Professionalisierung spricht, ist der Wandel, dem das Diversity Management und somit die Tätigkeit des Diversity-Managers stets unterworfen ist. Vielfalt folgt aus der ständigen Dynamik und Wandlungsfähigkeit ist ein wesentlicher Indikator für die Professionalisierung des Diversity-Managers.

Die Diskussion über die Eigenschaft der Professionalisierung eines Diversity-Managers hat sowohl befürwortende als auch dieser widersprechende Argumente hervorgebracht.

Was die Kriterien wie eine spezialisierte Wissensbasis, Werteorientierung sowie Autorität und eine große Anzahl zu dieser Gruppe angehörigen angeht, ist tatsächlich von einer Professionalisierung auszugehen. Auch der Punkt der Wandlungsfähigkeit weist auf eine Professionalisierung hin.

Jedoch sprechen auch mehrere Indikatoren dagegen: Es besteht nur eine eingeschränkte Autonomie des Diversity-Managers, es existieren keine eindeutigen Regeln und es fehlt an einer klaren Zuordnung der Verantwortung für die Leistungsfähigkeit des Diversity Managements.

Diese Uneindeutigkeit ist zu kritisieren. Von einer eindeutigen Professionalisierung des Personalentwicklers zum Diversity-Manager ist demnach nicht auszugehen.

---

19 Vgl. Beyer, J./Metz, T. (1995), S. 186.

Kernaufgaben des DIM-Managers	Kernanforderungen des DIM-Managers
• DIM-Reifegradbestimmung der Unternehmen • kooperative DIM-Konzeptentwicklung • systematische Planung, Gestaltung und Realisierung geeigneter DIM-Maßnahmen • Erfolgskontrolle, Transfersicherung und Anpassung der DIM-Maßnahmen • internes DIM-Marketing zur Sensibilisierung der Fach- und Führungskräfte für DIM-Trendthemen	**Fachliche Anforderungen:** • wirtschaftswissenschaftliches oder sozialwissenschaftliches Studium • Erfahrung in der Personalentwicklungsarbeit und in Projekten • Beherrschung der Standardmethoden der empirischen Sozialforschung • solide Kenntnisse und Erfahrung in der Konzeptgestaltung
	Persönliche Anforderungen: • strategisches Denken • Denken in organisatorischen Zusammenhängen • Ambiguitätstoleranz als missionarische Sturheit • Teamfähigkeit • Führungsbefähigung • konzeptionelle Befähigung • Innovationsfreude

Abb. 6-34: Kernaufgaben und -anforderungen des DIM-Managers

7 Zusammenfassung und Ausblick

7.1 Modethema oder Dauerauftrag?

Modethemen und Trendthemen sind zunächst zu unterscheiden. Modethemen sind vorübergehende Erscheinungen, die Aufmerksamkeit erheischen, aber wegen fehlender Substanz oder ungeklärtem Nutzen nicht sehr lange auf der Agenda bleiben. Am Schluss dieses Buches ist festzuhalten, dass Diversity Management das Stadium des Modethemas längst überschritten hat. Diversity Management ist als substanzreiches Handlungsfeld in den dauerhaften Handlungsfundus der Unternehmen und öffentlichen Verwaltungen aufgenommen worden. Die zielbezogene Gestaltung und Nutzung von Vielfalt und Einfalt gewinnt an Bedeutung. Managing Diversityund Diversity Management sind zum Allgemeingut der unternehmerischen Aktivitäten geworden.

Das Allgemeine Gleichbehandlungsgesetz (AGG) ist dagegen eher als Modeartikel einzustufen. Das AGG regelt, gehorsam den europäischen Vorgaben folgend, Aspekte der Diskriminierung, die bereits im Grundgesetz, im BGB und in den Sozialgesetzen geregelt sind. Es ist daher nicht verwunderlich, dass die erwartete Klagewelle nach dem Inkrafttreten des AGG ausgeblieben ist. Die Alltagsvernunft hat weitgehend über die Bürokratie des AGG gesiegt. Die Beschwerdestellen in den Unternehmen und öffentlichen Verwaltungen sind nicht zu großen Abteilungen aufgewachsen. Das ist erfreulich, weil es zeigt, dass Diskriminierung in Wirtschaft und Verwaltung doch nicht so verbreitet zu sein scheint, wie es der Gesetzgeber vermutet hatte.

Das Handlungsfeld »Gender« und »Frauenförderung« hat derzeit Konjunktur. Die vielfältigen Interessengruppen würden die Bezeichnung »Modethema« sicherlich mit einigem Recht zurückweisen. Aber es wäre der Sache der Frauen sicherlich dienlich, wenn mehr Sachlichkeit die Debatte bestimmen würde und Fakten zur Kenntnis genommen würden, die entweder unabänderlich oder aber nach wie vor in der tradierten Form erwünscht sind. Wenn die Berufswahl vieler junger Frauen überwiegend in weniger gut bezahlte Berufe mündet, dann ist dieser Umstand kein Frauenthema, sondern ein Thema der Beratung und Aufklärung im Umfeld der Berufswahl. Es wäre z. B. Aufgabe der Sozialpartner, den Wert von Pflegeberufen aufzuwerten und durch Tarifverträge zu gewährleisten, dass Ansehen und Entlohnung »typischer Frauenberufe« nachhaltig verbessert werden.

Es wird in der Zukunft auch zu klären sein, was »alter Wein in neuen Schläuchen« ist und was Diversity Management tatsächlich an neuen Handlungsfeldern hervorgebracht hat bzw. noch hervorbringen wird. Es sind die Kerndimensionen Alter, Behinderung, Geschlecht, sexuelle Orientierung, ethnische Herkunft sowie Religion und Weltanschauung darauf zu überprüfen, in welchem Maße Diskriminierung bereits eingedämmt werden konnte und was noch zur Gleichbehandlung fehlt.

Schaut man sich die Kerndimensionen des Diversity Managements an, dann ist für die Kerndimension *»Alter«* die Ausweitung der Betrachtung auf alle Lebensphasen eine notwendige und richtige Entwicklung. Die Konzentration auf die Gruppe der älteren Beschäftigten greift zu kurz. Der verengte Blick auf wachsende Defizite der älteren Beschäftigten sollte um die ganzheitliche Sichtweise der Beratung und Unterstützung aller Alterskohorten erweitert werden. Es ist auch noch einmal darauf hinzuweisen, dass Alter als »einziger« Prädiktor zur Einschätzung der Unterstützungsbedarfe der arbeitenden Menschen zu kurz greift. Die Quadriga der Aspekte Lebensform, Lebensstil, Lebenslage und Lebensphase muss in allen Handlungsfeldern des Diversity Managements in Zukunft deutlich mehr Beachtung finden.

Das Handlungsfeld *»Behinderung«* wird als Kerndimension des Diversity Management dauerhaft wichtig bleiben. Behinderung wird gegenwärtig um den Aspekt Gesundheit erweitert. Gesundheitsmanagement hat Konjunktur und Konzepte präventiver und kurativer Gesundheitsmaßnahmen werden erarbeitet und implementiert. Auch hier ist es erforderlich, alle Altersstufen in die Maßnahmen des Handlungsfeldes Gesundheit und Behinderung einzubeziehen. Gesundheitsmanagement muss bei den Auszubildenden ansetzen. Es sind die präventiven Maßnahmen des Gesundheitsmanagements zu stärken, damit die kurativen Maßnahmen des Gesundheitsmanagements reduziert werden können. Es sind die noch verbliebenen Barrieren der Teilhabe Behinderter abzubauen. Organisatorisch ist in vielen Unternehmen und Verwaltungen noch nicht geklärt, ob Gesundheitsmanagement ein Handlungsfeld des Diversity Managements, eine Aufgabe der Sozialabteilung oder eine klassische Aufgabe der Personalabteilung sein sollte.

»Sexuelle Orientierung« hat in der postmodernen Gesellschaft einen Schub der Liberalisierung und das Handlungsfeld eine größere Beachtung erfahren. Allerdings wird das Handlungsfeld »sexuelle Orientierung« auch in der Zukunft eine gewisse exotische Position behalten, denn die sexuelle Orientierung und der Umgang damit werden von Tabus begleitet bleiben. Aufklärung und die Erziehung zur Toleranz müssen in den allgemeinbildenden Schulen beginnen. Die Liberalisierung der sexuellen Orientierung bedarf des Abbaus institutioneller Diskriminierung. So ist die sexuelle Orientierung nach wie vor in vielen Staaten der Welt entweder ein Tabuthema oder ein Kampfthema, mit Verfolgung derjenigen, die vom »Normalfall der Heterosexualität« abweichen. Allerdings ist vor einer Überbetonung der sexuellen Orientierung im tagtäglichen Leben zu warnen. Überbetonung sollte vermieden werden, der normale Umgang mit sexueller Vielfalt dient der Vermeidung von Diskriminierung sicherlich mehr als marktschreierisches Emanzipatiaonsgehabe.

Das Handlungsfeld *»Religion und Weltanschauung«* fristet in der aufgeklärten, säkularisierten Welt ein Schattendasein. Religion ist im Okzident Privatsache, die freie Religionsausübung hat Verfassungsrang und genießt somit den Schutz des Staates. Das ist die eine Seite der Medaille. Auf der anderen Seite erleben wir eine Radikalisierung religiöser Fanatiker in großen Teilen der Welt, die das Handlungsfeld Religion und Weltanschauung in den Fokus verstärkter Aufmerksamkeit katapultiert. Wenn Toleranz fehlt, ist die freie Religionsausübung nicht mehr gewährleistet. Wenn aus religiösem Fanatismus heraus Menschen enthauptet werden, nur weil sie zur falschen Zeit in der falschen Region, der falschen Religion angehörend, einen Wanderurlaub verbrachten, dann sind die Grenzen der Duldung religiöser Schwärmerei überschritten. Mord an Andersgläubigen ist ein Rückfall in die Barbarei. Religiöser Diskriminierung folgen die stark anschwellenden Flüchtlingsströme religiöser Gruppen, die in ihren Heimatländern diskriminiert, verfolgt, vertrieben und ermordet werden. Die Flüchtlingsströme führen auch dazu, dass die Weltreligionen stärker aufeinandertreffen, und es wird in der Zukunft weit mehr als in der Vergangenheit erforderlich werden, über Religionen und Weltanschauungen aufzuklären und mehr Bewusstsein für religiöse Toleranz zu erzeugen. Islamische Sittenwächter in deutschen Städten sind kein Beleg wachsender Toleranz.

Das Handlungsfeld *»Ethnische Herkunft«* wird in der Zukunft einen vorderen Platz auf der Skala der Wichtigkeit der Diversity-Handlungsfelder einnehmen. Es wird Aufgabe der aufnehmenden Länder sein, Parallelgesellschaften zu verhindern und sicherzustellen, dass die Integration derjenigen gelingt, die sich für einen dauerhaften Verbleib in dem Aufnahmeland entschieden haben. Eine Willkommenskultur für Einwanderer ist für alternde Gesellschaften eine Frage der Überlebensfähigkeit. Diese Aufgabe wird in der Zukunft vermehrt Kräfte im Diversity Management binden.

7.2 Institutionelle Diskriminierung als Kernthema der Zukunft

Institutionelle Diskriminierung nimmt in der Zukunft zu, weil der paternalistische Staat als betreuende Instanz viele Angelegenheiten der Menschen an sich zieht und damit mit generalisierenden Regelungen und Handlungen Diskriminierungen im Einzelfall provoziert. Der betreute Mensch in der betreuenden Gesellschaft gibt seine Einzigartigkeit und Einmaligkeit gewissermaßen beim Amt ab und erhält als Gegenleistung die normierte Unterstützung des paternalistischen Apparats. Vielfalt wird durch verordnete Einfalt ersetzt. Das »Common Acting« der fürsorglichen öffentlichen Hand schlägt die individuellen Belange nach Vielfalt über den generalisierenden Leisten der Einheitsbetreuung. Bürgerrenten wären ein Produkt aus der »Fabrik des Common Acting« des paternalistischen Staates ebenso wie die geplante gesetzliche Regelung der Tarifeinheit für Unternehmen. »Ein Unternehmen ein Tarifvertrag« würde die entstandene Vielfalt durch verordnete Einfalt der Einheitsgewerkschaft strangulieren. Toleranz gegenüber berechtigten partikularen Interessen von Gruppen und die Achtung des Verfassungsgebotes der Koalitionsfreiheit sehen anders aus. Es ist leider zu erwarten, dass die wiederbelebte »Deutschland AG« der Politiker, Gewerkschafter und der Unternehmensverbände ein gesetzliches Schlupfloch zur institutionellen Diskriminierung von Berufsgruppen finden wird.

Schwieriger zu erkennen als die offene institutionelle Diskriminierung ist die verborgene institutionelle Diskriminierung. Die Auswahl eines Mieters durch einen Vermieter, die Ablehnung eines Bewerbers durch einen Arbeitgeber, die unterschiedliche Behandlung eines Fahrgastes durch einen Schaffner, die Beauftragung eines Handwerkers durch einen Hausbauer u. v. a. Beispiele sind geeignet, versteckte Diskriminierung zu betreiben. Die tatsächlichen Gründe für oder gegen eine Person werden nicht geäußert. Die wirklichen Entscheidungsgründe entstammen stereotypen Mustern und Vorurteilen und erfüllen den Tatbestand der verborgenen Diskriminierung.

Zur Sicherung des sozialen Friedens in einer pluralistischen Gesellschaft wird es in Zukunft notwendiger werden, das Wissen und das Bewusstsein bei »Tätern« und »Opfern« institutioneller Diskriminierung zu stärken. Denjenigen, die unbewusst bzw. unerkannt diskriminieren, müssen die Nachteile ihrer Verhaltensweisen bewusst gemacht werden. Wer diskriminiert, verzichtet auf Vorteile, die er aus der Vielfalt hätte ziehen können. Die Opfer müssen in ihrer Zivilcourage gestärkt werden, Diskriminierung nicht zu akzeptieren und Gleichbehandlung einzufordern.

Eine Methode, versteckte Diskriminierung sichtbar zu machen, ist das Testing-Verfahren. Eine Testperson wird eingesetzt, die der diskriminierten Person in den relevanten Merkmalen einer Entscheidung sehr ähnlich oder gleich ist (z. B. als Bewerber um die Anmietung einer Wohnung), sich aber in einem nicht relevanten Merkmal unterscheidet (z. B. beide Personen verfügen über ein festes Arbeitseinkommen, das zur Zahlung des Mietzinses reichen würde, die eine Person hat weiße, die andere schwarze Hautfarbe). Das in diesem Buch beschriebene Awareness Training muss Wissen vermitteln, Bewusstsein schaffen und Bereitschaft erzeugen, Entscheidungen und Handlungen auf versteckte Diskriminierung zu überprüfen. Die Mitarbeiter öffentlicher Verwaltungen müssen sensibilisiert werden, ihr Verhalten auf verdeckte Diskriminierung zu überprüfen. Die Führungskräfte und die Mitarbeiter der Personalabteilungen sind herausgefordert, versteckte Diskriminierung offen zu legen und abzustellen. Das verlangt ja auch das AGG.

7.3 Megatrends des Diversity Managements

Trendthemen des Managements der Vielfalt werden in der Zukunft vor allem sein: Alters-Diversity-Management, Migrations- und Integrationsmanagement, Gesundheitsmanagement, Networking, Wissens- und Erfahrungsmanagement.

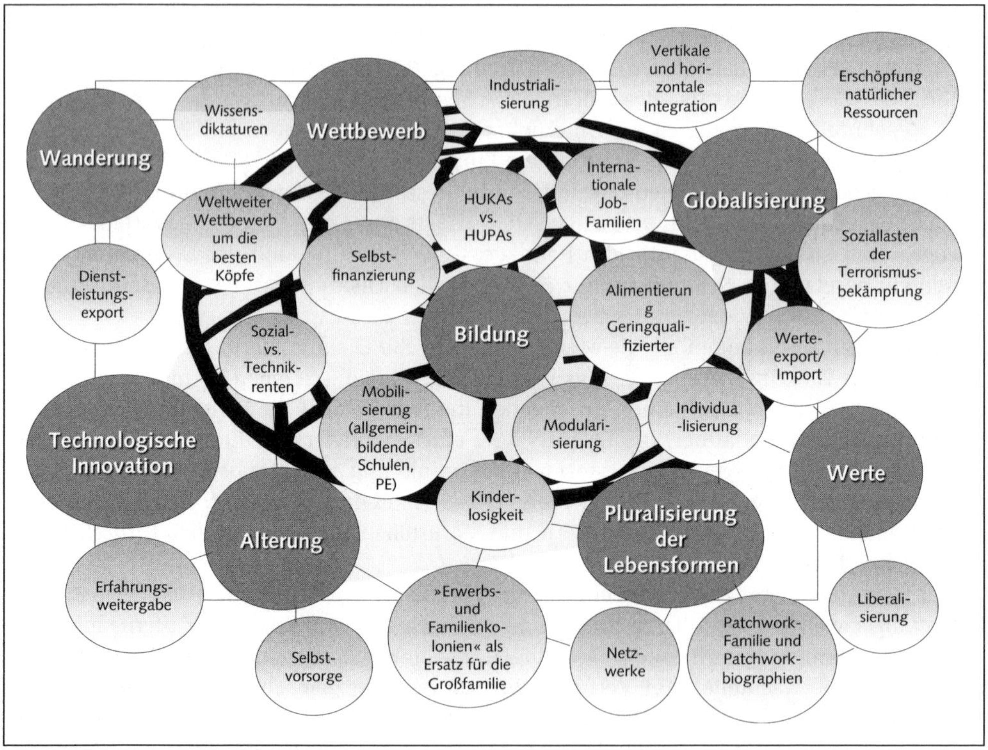

Abb. 7-1: DIM-Megatrends

Megatrends sind keine Modeerscheinungen. John Naisbitt, der als Wortschöpfer des Begriffs Megatrend gilt, formuliert dazu: »Megatrends tauchen nicht einfach auf und verschwinden dann wieder.«[1] Megatrends entwickeln sich langsam und wirken langfristig. Sie bestimmen das Leben der Menschen und die Handlungen der Institutionen. Wer mithalten will, muss die Hauptströmungen der Entwicklung erkennen. Auf die Kerndimensionen des Diversity Management bezogen sieht Naisbitt als Megatrends des 21. Jahrhunderts »Frauen erobern die Führungsetagen« und »Das Wiederaufleben der Religionen«[2]. Eine eigene Synopse der zu erwartenden Megatrends ist in Abbildung 7.1 wiedergegeben.

Die Megatrends sind miteinander verbunden, sie bedingen und beeinflussen sich gegenseitig: In diesen Megatrends zeigen sich sowohl Einflüsse der postmodernen Individualisierung als auch Tendenzen zur Rückbesinnung auf fundamentale Werte und auf den Bedeutungszuwachs der Bildung weltweit.

Trendthemen des Diversity Managements mit mittlerer Reichweite sind Alters-Diversity-Management, Migrations- und Integrationsmanagement, Gesundheitsmanagement, Wissens- und Erfahrungsmanagement, Vielfalt von und in Netzwerken sowie Empowermanagement, verstanden als die Befähigung und die Motivation, die eigenen Angelegenheiten eigenverantwortlich zu regeln (vgl. Abbildung 7-2).

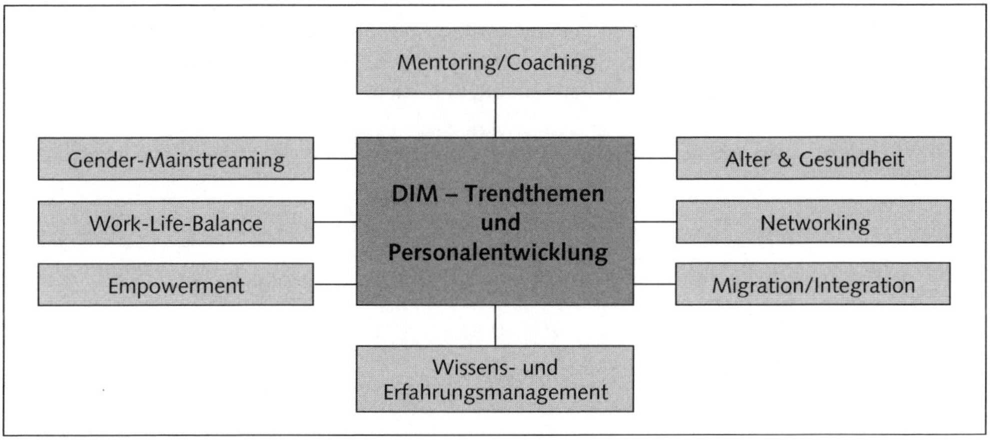

Abb. 7-2: Trendthemen des Diversity Managements

Es ist Auftrag des Diversity Managements, das jeweils relativ richtige Maß von Heterogenität und Homogenität der Belegschaft aufzubauen. Was bisher vernachlässigt wurde, ist die Analyse des Nutzens von Einfalt. Komplexe Wirtschaftssysteme und global operierende Unternehmen sind in der Zukunft mehr denn je herausgefordert, Komplexität abzubauen, Dynamik zu reduzieren und Unsicherheit zu begrenzen. Einfalt ist zu fördern, damit die Orientierung erhalten bleibt.

1 Naisbitt, J./Aburdene, P. (1990), S. 9
2 Naisbitt, J./Aburdene, P. (1990), S.12.

7.4 Das richtige Verhältnis von Einfalt und Vielfalt

Das richtige Verhältnis von Einfalt und Vielfalt betrifft die interne und die externe Vielfalt. Make-or-Buy-Entscheidungen bestimmen, was ein Unternehmen in organisatorischer Verantwortung leistet und was es als Ergänzungsleistung von Marktpartnern bezieht. Es ist jeweils abzuwägen, ob der wachsende Koordinationsaufwand der Fremdvergabe sich lohnt oder ob die Erledigung der Aufgaben unter der organisatorischen Verantwortung des Unternehmens die kostengünstigere Variante ist. Mit der Auslagerung schrumpft die interne Vielfalt, die externe Vielfalt steigt. Mit der Rücknahme des Outsourcing steigt die interne Vielfalt, die externe sinkt.

Die demografische Entwicklung und die fortschreitende internationale Arbeitsteilung verändern die Vielfalt zusätzlich. Mit der Alterung und Schrumpfung wird auch die Zahl der Unternehmen schrumpfen. Wenn man von dieser Annahme ausgeht, dann wachsen die Aufgaben der verbleibenden Unternehmen, die Anforderungen werden vielfältiger. Denkt man dieses Schrumpfungsszenario weiter, dann muss die zusätzliche »Workload« entweder durch wachsende Investitionen in technische Lösungen oder durch Verlagerung ins Ausland bewältigt werden. Technische Lösungen zur Substitution menschlicher durch artifizielle Arbeitsleistung können deshalb als wahrscheinlich angenommen werden, weil die alternden Gesellschaften über große Vermögen verfügen, die in rentable Anlagemöglichkeiten drängen. Verstärkte internationale Arbeitsteilung ist wahrscheinlich, weil z. B. in Afrika und Südamerika die wachsende Bevölkerung Arbeitsmöglichkeiten sucht.

Vielfalt ist kein Wert an sich, aber eine Realität in der globalen bunten Welt von heute und morgen.

8 Literaturverzeichnis

Abele, A. E. (2005): Ziele, Selbstkonzept und Work-Life-Balance bei der längerfristigen Lebensgestaltung: Befunde der Erlanger Längsschnittstudie BELA-E mit Akademikerinnen und Akademikern. Zeitschrift für Arbeits- und Organisationspsychologie, 49, S. 176–186.

Abele, A. E./Hoff, E./Hohner, H.-U. (Hrsg.) (2003): Frauen und Männer in akademischen Professionen. Berufsverläufe und Berufserfolg. Heidelberg.

Abels, H. (2010): Identität. Über die Entstehung des Gedanken, dass der Mensch ein Individuum ist, den nicht leicht zu verwirklichenden Anspruch auf Individualität und die Tatsache, dass Identität in Zeiten der Individualisierung von der Hand in den Mund lebt. Wiesbaden.

Adenauer, S. (2004): Die (Re-)Integration leistungsgewandelter Mitarbeiter in den Arbeitsprozess. Das Projekt FILM bei FORD Köln. In: Angewandte Arbeitswissenschaften, Nr. 181, S. 1–18.

Aditja, R. N./House, R. J. (2002): Interpersonal acumen and leadership across cultures: Pointers from the GLOBE study. In: Riggio, R. E./Murphy, S. E./Pirozollo, F. J. (Hrsg.) (2002): Multiple intelligence and leadership, NJ 2002, S. 215–241.

Agars, M. D./Kottke, J. L. (2004): Models and Practice of Diversity Management. In: Stockdale, M. S./Crosby, F. J. (Hrsg.): The Psychology and Management of Workplace Diversity. Malden/Oxford/Carlton, S. 55–77.

Ajzen, I. (1991): The Theory of Planned Behavior. In: Organizational Behavior and Human Decision Processes, H. 50, S. 179–211.

Ajzen, I./Madden, T. J. (1986): Prediction of Goal-Directed Behavior: Attitudes, Intentions and Perceived behavioral control. In: Journal of Experimental Social Psychology, H. 22, pp. 453–474.

Akademie für Führungskräfte der Wirtschaft & EWMD (2004): Wenn Frauen führen. Tendenzen und Trends aus Führungsetagen. Überlingen.

Akman, S. (2005): Migrationshintergrund und Geschlecht bei Bewerbungen. Auswahl von Fach- und Führungsnachwuchskräften. In: Personalführung, 10/2005, S. 72–75.

Albert, M. (1971): Plädoyer für den kritischen Rationalismus. München, S. 55.

Alemann, A. B. (2007): Unterrepräsentanz ohne Ende? Geschlechterungleichheit bei Führungseliten der deutschen Wirtschaft. In: WSI-Mitteilungen, 09/2007, S. 487–493.

Allen, R. S./Montgomery, K. A. (2001): Applying an Organizational Development Approach to Creating Diversity. In: Organizational Dynamics, 30, Vol., pp. 149–161.

Allen, T. D. (2001): Family-Supportive Work-Environments: The role of Organizational Perceptions. In: Journal of Vocational Behavior, 58, pp. 414–435.

Allmendinger, J./Haarbrücker, J./Fliegner, F. (2013): Lebensentwürfe heute. Wie junge Frauen und Männer in Deutschland leben wollen. Kommentierte Ergebnisse der Befragung 2012. Berlin.

Allport, G. W. (1935): Attitudes. In: A Handbook of Social Psychology, New York.

Allport, G. W. (1954): The Nature of Prejudice. Reading, MA: Addison-Wesley.

Altgeld, T. (2011): Gesundheit gemeinsam fördern – Konzepte und Strategien der Gesundheitsförderung. In: Dür, W./Felder-Puig, R. (Hrsg.): Lehrbuch schulische Gesundheitsförderung. Bern, S. 52–62.

Amann, G./Wipplinger, R. (1998): Gesundheit und Gesundheitsförderung, Modelle, Ziele und Bereiche. In: Amann, G. /Wipplinger, R. (Hrsg.) (1998): Gesundheitsförderung. Ein multidimensionales Tätigkeitsfeld. Tübingen 1998, S. 17–52.

Amelang, M./Bartussek, D. (2001): Differentielle Psychologie und Persönlichkeitsforschung. 5. Aufl., Stuttgart.

Anderson, M. Z./Croteau, J. M. et al. (2001): Developing an Assessment of Sexual Identity Management for Lesbian and Gay Workers. In: Journal of Career Assessment 9, 3, pp. 243–260.

AOK – Die Gesundheitskasse in Hessen (2012/2013): Personalbericht – Gesundheit in besten Händen, S. 10. www.aok.de/hessen/die-aok/wir-ueber-uns-satzung-geschaeftsbericht-24173.php, eingesehen am 15.13.2013.

Arbeitsagentur: http://statistik.arbeitsagentur.de/Navigation/Statistik/Arbeitsmarktberichte/Personengruppen/Personengruppen-Nav.html, eingesehen am 15.12.2014.
Aretz, H.-J./Hansen, K. (2002): Diversity und Diversity Management im Unternehmen – Eine Analyse aus systemtheoretischer Sicht. Münster.
Aretz, J./Hansen, K. (2003): Erfolgreiches Management von Diversity. Die multikulturelle Organisation als Strategie zur Verbesserung einer nachhaltigen Wettbewerbsfähigkeit. In: Zeitschrift für Personalforschung, 1/17, S. 9–36.
Arthur, M. M./Cook, A. (2004): Taking Stock of Work-Family Initiatives. How Announcements of »Family Friendly« Human Resource Decisions Affect Shareholder Value. In: Ind. Labor Relat. Rev, 57, 4, pp. 599–613.
Asch, S. E. (1951): Effects of Group Pressure upon the Modification and Distortion of Jugdment, In: Guetzkow, H. (Hrsg.): Groups, Leaderships and men. Pittsburgh.
Ashforth, B. E./Kreiner, G. E./Fugate, M. (2000): All in a Day's Work: Boundaries and Micro Role Transitions. Academy of Management Review, *25*(3), pp. 472–491.
Atkinson, J./Meager, N. (1986): Changing Work Patterns: How Companies Achieve Flexibility to Meet New Needs. London.
AufenthV (Aufenthaltsverordnung) (2004): §44, Gebühren für die Niederlassungserlaubnis. http://www.gesetze-im-internet.de/aufenthv/BJNR294510004.html, eingesehen am 6.5.2014.
Badura, B./Greiner, W./Rixgens, P. et al. (2008): Sozialkapital. Grundlagen von Gesundheit und Unternehmenserfolg. Berlin.
Baltes, B./Briggs, T. E./Huff, J. W./Wright, J. A./Neuman, G. A. (1999): Flexible and Compressed Work-Week Schedules. Meta-Analysis of their Effects on Work-Related Criteria. In: Journal of Applied Psychology, 84, 4, pp. 496–913.
Baltes, P. B. (1990): Entwicklungspsychologie der Lebensspanne: Theoretische Leitsätze. In: Psychologische Rundschau, Vol. 41, S. 1–24.
Baltes, P. B./Baltes, M. M. (1992): Gerontologie: Begriff, Herausforderung und Brennpunkte. In: Baltes, P. B./Mittelstraß, J. (Hrsg.): Zukunft des Alterns und gesellschaftliche Entwicklung, Berlin, S. 2–34.
Bamberg, E./Busch, C. (2006): Stressbezogene Interventionen in der Arbeitswelt. In: Zeitschrift für Arbeits- & Organisationspsychologie, 50, 4, S. 215–226.
BAMF (2012) (Hrsg.): Bundesamt für Migration und Flüchtlinge. Das Bundesamt in Zahlen 2012. Asyl. Nürnberg.
BAMF (2013)(Hrsg.): Bundesamt für Migration und Flüchtlinge. Das Bundesamt in Zahlen 2013. Asyl, Migration und Integration. Nürnberg.
Barmeyer, C./Davoine, E./Güsewall, A. (2008): Interkulturelle Integration entscheidet. In: Personal, 10/2008, S. 6–9.
Bass, B. M. (1985): Leadership and Performance beyond Expectation. New York.
Baugh, S. G./Lankau, M. J./Scandura, T. A. (1996): An Investigation of the Effects of Protégé Gender on Responses to Mentoring. In: Journal of Vocational Behavior, 49, pp. 309–323.
Beblo, M./Gather, C./Janke, M./Maier, M./Mertens, A. (Hrsg.) (2011): Gay, Lesbian, Bisexual, Transgender-Diversity als Beitrag zum Unternehmenserfolg am Beispiel von IBM Deutschland. Discussion Paper 14, 04/2011, Berlin.
Beblo, M./Ortlieb, R. (2005): Der Einfluss von Arbeitsbedingungen und Haushaltskontext auf krankheitsbedingte Fehlzeiten. Eine geschlechterbezogene Analyse auf Basis der sozio-ökonomischen Panels. In: Zeitschrift für Arbeits- und Organisationspsychologie, 49, 4, S. 187–195.
Beck, U. (1986): Risikogesellschaft. Auf dem Weg in eine andere Moderne. Frankfurt a. M.
Becker, A. (2006): Diversity Management aus der Perspektive betriebswirtschaftlicher Theorien. Eine reifegradbezogene Analyse auf der Grundlage des Resource based view Ansatzes und der Transaktionskostentheorie. In: Becker, M./Seidel, A. (Hrsg.): Diversity Management. Unternehmens- und Personalpolitik der Vielfalt. Stuttgart, S. 207–239.
Becker, C. (2015): Vom Gleichheitsgrundsatz zum arbeitsrechtlichen Diskriminierungsverbot, insbesondere »Altersbezogene Ungleichbehandlung im Rahmen befristeter Arbeitsverhältnisse.« Berlin.
Becker, F. G./Bobrichtchev, R./Henseler, N. (2006): Ältere Arbeitnehmer und alternde Belegschaften. Eine empirische Studie bei den 100 größten deutschen Unternehmungen. In: Zeitschrift für Management, 1. Jg., H. 1, S. 70–89.

Becker, G.S. (1974): A Theory of Marriage. In: Journal of Political Economy, Part I (1973) pp. 813–846 and Part II (1974) pp. 11–26.

Becker, M. (1979): Berufswahlvorbereitung. Ein Beitrag zur theoretischen Grundlegung der Berufswahl. Diss. Mainz.

Becker, M. (2005a): Personalentwicklung. Bildung, Förderung und Organisationsentwicklung in Theorie und Praxis, 4. überarb. u. erw. Aufl., Stuttgart.

Becker, M. (2005b): Systematische Personalentwicklung. Planung, Steuerung und Kontrolle im Funktionszyklus. Stuttgart.

Becker, M. (2007): Das Allgemeine Gleichbehandlungsgesetz (AGG) erzwingt Diversity Management. Eine Analyse des AGG und personalwirtschaftliche Gestaltungshinweise. Betriebswirtschaftlicher Diskussionsbeitrag, Nr. 61/2007, Halle/Saale.

Becker, M. (2007): Lexikon der Personalentwicklung. Stuttgart.

Becker, M. (2009): Personalentwicklung. Bildung, Förderung und Organisationsentwicklung in Theorie und Praxis. 5. Aufl., Stuttgart.

Becker, M. (2010): Vielfalt fördern durch Diversity-Training. In: Schwuchow, K./Gutmann, J. (Hrsg.): Jahrbuch Personalentwicklung 2010, Köln, S. 299–309.

Becker, M unter Mitarbeit von Anja Beck (2012): Die Quadriga der Postmoderne und ihre Folgen für Wirtschaft und Gesellschaft. Eine empirische Studie zur Entwicklung und Steuerung von Individualisierung, Fragmentierung, Temporalisierung und Ästhetisierung. (Eo ipso Bücher Shop) Mainz.

Becker, M. (2013): Personalentwicklung. Bildung, Förderung und Organisationsentwicklung in Theorie und Praxis. 6. aktualis. u. erw. Aufl., Stuttgart.

Becker, M./Beck, A. (2014): Die Quatriga der postmodernen Beliebigkeit und ihre Folgen für Wirtschaft und Gesellschaft. München/Mehring.

Becker, M./Kirchner, M./Labucay, I. (2010): Altersgerechte Weiterbildung in Unternehmen »Wer aufhört, fällt zurück. Betriebswirtschaftliche Diskussionsbeiträge der Martin-Luther-Universität Halle-Wittenberg, Nr.82/2010, Halle/Saale.

Becker, M./Labucay, I./Kownatka, C. (2008): Optimistisch altern. Theoretische Grundlagen und empirische Befunde demographiefester Personalarbeit für altersgemischte Belegschaften. München/Mering.

Becker, M./Niggeloh, B. (2010): Leistungsfähige Entlohnung auf der Grundlage von Stellenbündeln. Betriebswirtschaftliche Diskussionsbeiträge, Beitrags-Nr. 82/2010, Halle/Saale.

Becker, M./Seidel, A. (2006) (Hrsg.): Diversity Management: Unternehmens- und Personalpolitik der Vielfalt. Stuttgart.

Beicht, U. (2011): Junge Menschen mit Migrationshintergrund: Trotz intensiver Ausbildungsstellensuche geringere Erfolgsaussichten, BIBB REPORT (16), Bonn.

Bell., D. (1975):Die nachindustrielle Gesellschaft. Frankfurt und New York.

Bellinger, L./Hillman, A.J. (2000): Does Tolerance Lead to Better Partnering? The Relationship between Diversity Management and M and A Success. In: Business and Society, Vol. 39, pp. 323–337.

Benschop, Y. (2011): The Dubios Power of Diversity Management. In: S. Göschl, S. (Hrsg.): Diversity in the Workplace. Multi-Disciplinary and International Perspectives. Farnham Surrey.

Berthel, J./Becker, F.G. (2010): Personalmanagement. Grundzüge für Konzeptionen betrieblicher Personalarbeit, 9. vollständig überarbeitete Aufl., Stuttgart.

Beruf und Familie (2013): Audit berufundfamilie. www.beruf-und-familie.de/?c=21, eingesehen am 12.12.2013.

Bessing, N./Walther, K.M. (2011): Work-Life-Balance: Vorteile für Beschäftigte und Organisationen. In: Krell, G./Ortlieb, R./Sieben, B. (Hrsg.): Chancengleichheit durch Personalpolitik. Gleichstellung von Frauen und Männern in Unternehmen und Verwaltungen. 6. Aufl., Wiesbaden, S. 497–510.

Beyer, J., Metz/T. (1995): Professionalisierungspfade des Personalwesens. In: Wächter, H., Metz, T.(Hrsg.): Professionalisierte Personalarbeit? Perspektiven der Professionalisierung des Personalwesens. München/Mering, S. 185–206.

Bischoff, S. (2010): Wer führt (in) die Zukunft? Männer und Frauen in Führungspositionen der Wirtschaft in Deutschland – die 5. Studie. Düsseldorf.

Black, J.S./Gregersen, H.B. (1999): The right way to manage expats. In: Haravard Business Review, Vol. 77, No. 2, S. 52–59.

Blickle, G./Boujataoui, M. (2005): Mentoren, Karriere und Geschlecht: Eine Feldstudie mit Führungskräften aus dem Personalbereich. In: Zeitschrift für Arbeits- und Organisationspsychologie, 49, S. 1–12.
Blome, E./Efmeier, A./Gülcher, N./Smykalla, S. (2014): Handbuch zur Gleichstellungspolitik an Hochschulen. Von der Frauenförderung zum Diversity Management. 2., vollst. überarb. u. erw. Aufl., Wiesbaden.
Bloom, N./Kretschmer, T./Van Reenen, J. (2006): Work-life Balance, Management Practices and Productivity. Open Access Publications from London School of Economics and Political Science.
BMFSFJ (Hrsg.) (2004): Erwartungen an einen familienfreundlichen Betrieb. Erste Auswertung einer repräsentativen Befragung von Arbeitnehmerinnen und Arbeitnehmern mit Kindern oder Pflegeaufgaben, Berlin.
Bohner, G./Stahlberg, D./Frey, D. (1999): Soziale Einstellungen. In: Graf Hoyos, C./Frey, D. (Hrsg.): Arbeits- und Organisationspsychologie. Weinheim.
Böhnke, E. (2006): Standards für das Gesundheitsmanagement in der Praxis. Konsequenzen des gesetzlichen Präventionsauftrags für Unternehmen und den Arbeits- und Gesundheitsschutz. Wiesbaden 2006.
Bolick, C./Nesterloh, S. (1988): Advancement Opportunity Issues for Persons with Disabilities. Zit. nach Jones, G.E. (1997) In: Human Resource Management Review, Vol. 7, pp. 55–76, Madison.
Bonitz, D./Eberle, G./Lück, P. (2007): Wirtschaftlicher Nutzen von betrieblicher Gesundheitsförderung aus der Sicht der Unternehmen. Ergebnisse einer Managementbefragung. AOK Bundesverband, Bonn.
Bork, N. (2003): Selbstbestimmung bei Menschen mit geistiger Behinderung. Eine Studie über Möglichkeiten und Grenzen dieses Handlungsansatzes mit Hinblick auf die Familie. München.
Bourdieu, P. (1992): Die verborgenen Mechanismen der Macht. In: Steinrücke, M. (Hrsg.): Schriften zu Politik & Kultur. Hamburg.
Bourdieu, P. (2005): Die männliche Herrschaft (Original von 1990). 1. Aufl., Frankfurt a. M.
Braddock, D./Bachelder, L. (1994): The Glass Ceiling and Persons With Disabilities, Washington 1994.
Brader, D./Lewerenz, J. (2006): Frauen in Führungspositionen. An der Spitze ist die Luft dünn. IAB-Kurzbericht 2/2006, Nürnberg, S. 1–4.
Brandenburg, U./Nieder, P. (2009):Betriebliches Fehlzeiten-Management. Instrumente und Praxisbeispiele für erfolgreiches Anwesenheits- und Vertrauensmanagement. 2., überarb. u. erw. Aufl., Frankfurt.
Brodbeck, F.C./Greitemeyer, T. (2000): A Dynamic Model of Group Performance: Can Groups Using their Member's Capacity to Learn Surpass their Potential Productivity? Group Processes and Intergroup Relations, 3, pp. 159–182.
Brühler, C. (1933): Der menschliche Lebenslauf als psychologisches Problem. Leipzig.
Bundesagentur für Arbeit (2013): Der Arbeitsmarkt in Deutschland – Kurzinformation: Der Arbeitsmarkt für schwerbehinderte Menschen. Datenstand: Oktober 2014
Bundesamt für Berufsbildung und Technologie BBT (2005): Case Management Berufsbildung. Grundsätze und Umsetzung in den Kantonen. Bern.
Bundesamt für Migration und Flüchtlinge (2011) (Hrsg.): Migrationsbericht 2009, Nürnberg.
Bundesamt für Migration und Flüchtlinge (2013): Blaue Karte EU. http://www.bamf.de/DE/Migration/Arbeiten/BlaueKarte/blaue-karte-node.html, eingesehen am 27.02.2013.
Bundesarbeitsgericht (2007): Urteil vom 3. April 2007 – 9 AZR 823/06. Diskriminierungsverbot wegen Behinderung vor Inkrafttreten des AGG. http://www.gdp.de/gdp/gdpmp.nsf/id/FB2A6F82F1FD4929C12572B20069EFFB?open&l= DE&ccm=150010, eingesehen am 15.11.2014.
Bundesinstitut für Bevölkerungsforschung (Hrsg.) (Keine) Lust auf Kinder?, 12/2012, www.bib-demografie.de.
Bundesministerium des Innern (2013): Migrationsbericht des Bundesamtes für Migration und Flüchtlinge im Auftrag der Bundesregierung. Berlin.
Bundesministerium für Arbeit und Soziales (2013): Beschäftigung ausländischer Arbeitnehmer aus EU-Mitgliedsstaaten und Drittstaaten, http://www.bmas.de/DE/Themen/Arbeitsmarkt/Auslaenderbeschaeftigung/auslaenderbeschaeftigung.html, eingesehen am 16.10.2013.
Bundesministerium für Familie, Senioren, Frauen und Jugend (2005): Gender- Datenreport. 1. Datenreport zur Gleichstellung von Frauen und Männern in der Bundesrepublik Deutschland. http://

www.bmfsfj.de/doku/Publikationen/genderreport/01- Redaktion/PDF- Anlagen/gesamtdokument %2cproperty %3dpdf %2cbereich %3dgenderreport %2csprache % 3dde %2crwb %3dtrue. pdf, eingesehen am 20.11.2013.
Bundesministerium für Familie, Jugend, Senioren (2014): Strategie »Gender Mainstreaming«. http://www.bmfsfj.de/BMFSFJ/gleichstellung,did = 192702.html, eingesehen am 5.01.2015.
Bundesministerium für Frauen, Senioren und Jugend (2012): Flexi-Quote und Stufenplan »Frauen und Männer in Führungspositionen«, http://www.bmfsfj.de/BMFSFJ/Service/themenlotse,did = 172756.html, eingesehen am 18.03.2013.
Bundesministerium für Wirtschaft und Technologie (2013): Internationale Fachkräfte integrieren, Wirtschaft und Verwaltung im Dialog, Fachforum am 21. Februar 2013, Berlin.
Bundessozialhilfegesetz (1961): BSHG § 1 Inhalt und Aufgabe der Sozialhilfe. http://www.gesetze-im-internet.de/bundesrecht/bshg/gesamt.pdf, eingesehen am 30.11.2013.
Bundesverband der Personalmanager (2013): Personalmanagement Award. http://www.bpm.de/themen/personalmanagement-award, eingesehen am 12.12.2013.
Bundesverband Informationswirtschaft, Telekommunikation und neue Medien e. V. (2013): 10 Jahre Greencard für IT-Experten. http://www.bitkom.org/files/documents/Microsoft_Word_-_BITKOM_Presseinfo_10_Jahre_Greencard_05_03_2010_final2.pdf, eingesehen am 27.02.2013.
Bundesvereinigung der Deutschen Arbeitgeberverbände (2007): Neue Strukturen in der dualen Ausbildung. Beschluss des BDA-Ausschusses Bildung/Berufliche Bildung. Berlin.
Bundesverfassungsgericht (2013): Beschluss vom 07. Mai 2013 – 2 BvR 1981/06. http://www.bundesverfassungsgericht.de/SharedDocs/Entscheidungen/DE/2013/05/rs20130507_2bvr090906.html, eingesehen am 20.10.2013.
Bundeszentrale für politische Bildung (2013): Gleichstellung in Deutschland im europäischen Vergleich, http://www.bpb.de/apuz/33138/gleichstellung-in-deutschland-im-europaeischen-vergleich?p = all, eingesehen am 18.03.2013.
Bundeszentrale für politische Bildung (2013a): Wer macht was? Akteure der europäischen Migrationspolitik, http://www.bpb.de/gesellschaft/migration/dossier-igration/56534/akteure, eingesehen am 27.02.2013.
Bundeszentrale für politische Bildung (2013b): Die Reform des Staatsangehörigkeitsrechts und das neue Einbürgerungsrecht, http://www.bpb.de/gesellschaft/migration/dossier-migration/56483/einbuergerung?p = all, eingesehen am 27.02.2013.
Bundeszentrale für politische Bildung (2013c): Rückblick: Zuwanderungsgesetz 2005, http://www.bpb.de/gesellschaft/migration/dossier-migration/56351/zuwanderungsgesetz–2005?p = all, eingesehen am 27.02.2013.
Bundeszentrale für politische Bildung (2013d): Neue Zuwanderungs- und Integrationspolitik seit 2005, http://www.bpb.de/gesellschaft/migration/dossier-migration/56340/neue-migrationspolitik, eingesehen am 27.02.2013.
Caines, R. (2003): Diversity Management at MIT. In: Belinszki, E./Hansen, K./Müller, U. (Hrsg.): Managing Diversity Bd. 2. Diversity Management. Best Practices im internationalen Feld. Münster, S. 255–277.
Carter, D. A./Simkins, B. J./Simpson, W. G. (2003): Corporate Governance, Board Diversity, and Firm Value. In: Financial Review, 38, pp. 33–53.
Casper, W. J./Buffardi, L. C. (2004): The Impact of Work/Life Benefits and Perceived Organizational Support on Job Pursuit Intentions. In: Journal of Vocational Behavior, 65, pp. 391–410.
Chan, C. Y./Drasgow, F. (2001): Toward a theory of individual differences and leadership: Understanding the motivation to lead. In: Journal of Applied Psychology, *86*, pp. 481–498.
Chang, S./Thorenau, M. P. (2004): Competencies needed for Managing in Multicultural Workplace. In: Asia Pacific Journal of Human Resources Management, Vol. 42, No. 1, S. 57–74.
Charta der Vielfalt (2011): Diversity. www.charta-der-vielfalt.de/, eingesehen am 12.12.2013
Chatman, J./O'Reilly, C. A. (2004): Asymmetric Reactions to Work Group Sex Diversity among Men and Women. In: Academy of Management Journal, 2, S. 193–208.
CHE Consult (2013): Diversity Management für Hochschulen. http://www.che-consult.de/cms/?getObject = 748&getLang = de, eingesehen am 12.12.2013.
Choi, N./Dinse, J. (1998): Challenges and Opportunities of the Aging Population: Socialwork Education and Practices for Productive Aging. In: Educational Gerontology, Vol. 24, pp. 159–173.
Clark, B. D./Matze, M. G. (1999): A core of global leadership: relational competence. In: Advances in Global Leadership, Vol. 1, S. 127–161.

Clark, S. C. (2000): Work/family border Theory: A New Theory of Work/Family Balance. Human Relations, 53(6), pp. 747–770.

Clutterbuck, D. (2002): Establishing and Sustaining a Formal Mentoring Programme for Working with Diversified Groups. In: Clutterbuck, D./Ragins, B.R. (Hrsg.) Mentoring and Diversity. An International Perspective, pp. 54–86.

Comfort, D./Johnson, K./Wallace, D. (2003): Part-Time Work and Family Friendly Practices in Canadian Workplaces. Statistics Canada, Human Resources Development Canada.

Commerzbank Arco: – Das GLBT-Netzwerk der Commerzbank. » ARCO ist das Netzwerk für Lesben, Schwule, Bi- und Transsexuelle (GLBT) im Commerzbank Konzern«. Frankfurt a.M.. http://hauslinks.de/anbieter-arco-coba.de, eingesehen am 05.01.2015.

Cox, T. (1991): The multicultural organization. In: Academy of Management Executive. No. 02, pp. 34–47.

Cox, T.H. (1993): Cultural Diversity in Organizations: Theory, Research and Practise. San-Francisco.

Cox, T.Jr./Cox, T.H./O'Neill, P. (2001): Creating the Multicultural Organization: A Strategy for Capturing the Power of Diversity. Business School Management Series. Michigan.

Cox/Taylor (1991): The multicultural organization. In: The Academy of Management Executive, Jg. 5, Nr. 2, S. 334ff. (S. 34–47).

Cox/Taylor (Hrsg.) (1993): Cultural diversity in organizations. Theory, research & practice. San Francisco, S. 229.

Cumming, E./Henry, W.E. (1961): Growing Old, New York.

Daimler (2013): Richtlinie für integres Verhalten. http://www.daimler.com/Projects/c2c/channel/documents/1031143_Daimler_Richtlinie_fuer_integres_Verhalten.pdf, eingesehen am 14.12.2013.

Dakwart, S./David, A./Hamburg, I./Pöltl, A. (2010): Diversität durch Migration – Eine Chance für die Wirtschaft, Institut Arbeit und Technik, Forschung Aktuell 06/2010, Gelsenkirchen.

Day, N.E./Schoenrade, P. (2000): The Relationship among Reported Disclosure of Sexual Orientation, Anti-discrimination Policies, Top Management Support and Work Attitudes of Gay and Lesbian Employees. In: Personnel Review, 29, 3, pp. 346–363.

De Dreu, C.K.W./Van de Vliert, E. (1997): Using Conflict in Organizations. London.

De Graaf, R./Sandfort, T.G./ten Have, M. (2006): Suicidality and Sexual Orientation: Differences between Men and Women in a General Population-based Sample from the Netherlands. In: Archives of Sexual Behavior, 35, pp. 253–26.

Deal, J.J./Stevenson, M.A. (1998): Perceptions of Female and Male Managers in the 1990s. Sex Roles, 38, p. 287–300.

Demokratiezentrum Wien (2013): Migration – Migrationsgeschichte und Einwanderungspolitik in Österreich und im europäischen Kontext, Migration – Migrationsgeschichte und Einwanderungspolitik in Österreich und im europäischen Kontext, http://www.demokratiezentrum.org/bildung/lernmodule/migration.html, eingesehen am 24.10.2013.

Desvaux, G./Devillard, S./Sancier-Sultan, S. (2010): Women Matter 2010: Women at the Top of Corporations: Making it Happen. McKinsey & Company.

Desvaux, G./Devillard-Hoellinger, S./Baumgarten, P. (2007): Women Matter: Gender Diversity, a Corporate Performance Driver. New York.

Deutsche Bank (2013): Vision und Marke. www.deutsche-bank.de/de/content/company/Vision-und-Marke.htm, eingesehen am 14.12.2013.

Deutsche Gesellschaft für Diversity Management (DGDM): Managing Diversity: Primär- und Sekundärdimensionen. http://www.diversity-gesellschaft.de/diversity.html, eingesehen am 20.05.2013.

Deutsche Telekom (2013): Die fünf Leitlinien der Deutschen Telekom. http://www.telekom.com/konzern/konzernprofil/code-of-conduct/10888, eingesehen am 15.12.2013.

Deutscher Diversity Preis (2013): Vielfalt leben. http://diversity-preis.de/, eingesehen am 12.12.2013

DGB (2012): DGB Bundesvorstand (Hrsg.): Generationen abgehängt- Was verbirgt sich hinter den mehr als 2,2 Millionen jungen Menschen ohne Berufsabschluss. Berlin.

Dick, P. (2003): Organizational Efforts to Manage Diversity: Do they Really Work? In: Davidson, M.J./Fielden, S.L. (Edt.): Individual Diversity and Psychology in Organizations. Chichester, pp. 131–148.

Diehl, C./Friedrich, M./Hall, A. (2009): Jugendliche ausländischer Herkunft beim Übergang in die Berufsausbildung: Vom Wollen, Können und Dürfen. In: Zeitschrift für Soziologie, Jg. 38, H. 1, S. 48–67.

Dietz, J./Petersen, L.-E. (2005): Diversity Management. In: Björkmann, I./Stahl, G. (Hrsg..): Handbook of Research in International Human Resource Management. Camberly, pp. 223–243.

DIHK – Deutscher Industrie- und Handelskammertag (2007): »Dual mit Wahl«. Ein Modell der IHK Organisation zur Reform der betrieblichen Ausbildung (Stand: 22. Februar 2007).

Dilger, A./Gerlach, I./Schneider, H. (2006): Thesenpapier. Ergebnisse der Befragung Betriebswirtschaftliche Effekte familienbewusster Maßnahmen. Forschungszentrum Familienbewusste Personalpolitik. Münster.

Dilger, A./König, H. (2007): Betriebswirtschaftliche Effekte familienbewusster Personalpolitik. Eine empirische Analyse familienfreundlicher Betriebe. In: Betriebswirtschaftliche Forschung und Praxis, 59, 1, S. 77–89.

Dillerup, R./Stoi, R. (2006): Unternehmensführung. München.

Dipelou, A./Reardon, R./Sampson, J./Burkhead, J. (2002): The Relationship between Dysfunctional Career Thaughts and Adjustment to Disability in College Students with Learning Disabilities. In: Journal of Career Assessment, Vol. 76, pp. 81–98.

Dirsmith, M. W./Covaleski, M. A. (1985): Informal communication, Nonformal Communication and mMntoring in Public Accounting Firms. In: Accounting. Organizations and Society, 10, S. 149–169.

DiTomaso, N./Hooijberg, R. (1996): Diversity and the demands of leadership. In: Leadership Quarterly, Vol. 7, No. 2, S. 1673–187.

Diversity Works (2013): Diversity und Diversity Management. www.diversity-works.de, eingesehen am 12.12.2013

Dohrn, S./Hasebrook, J. P. (2011): Innovationsmanagement und Diversity Management in der Wissensökonomie. Untersuchung aus Sicht eines integrierten Kompetenzmanagement. Lahr.

Dolff, M./Hansen, K. (2002): Mentoring – Internationale Erfahrungen und Ansätze in der Praxis, Ergebnisse einer Literaturanalyse zum Mentoring im Auftrag des Ministeriums für Frauen, Jugend, Familie und Gesundheit des Landes Nordrhein-Westfalen.

Domsch, M. E. (2005): Auslandseinsatz von weiblichen Fach und Führungskräften. Präsentation eines Fallbeispiels. In: Krell, G. (Hrsg.): Betriebswirtschaftslehre und Gender Studies. Wiesbaden, S. 205–228.

Dreher, G. F./Ash, R. A. (1990): A Comparative Study of Mentoring among Men and Women in Managerial, Professional and Technical positions. In: Journal of Applied Psychology, 75, pp. 539–546.

Dreher, G. F./Cox, T. H., Jr. (1996): Race, Gender and Opportunity: A Study of Compensation Attainment and the Establishment of Mentoring Relationships. In: Journal of Applied Psychology, 81, pp. 279–308.

Drew, E./Humphreys, P. C./Murphy, C. (2003): Off the Treadmill. Achieving Work/Life Balance. National Framework Committee for Family Friendly Policies, Dublin.

Dubois, D. D./Rothwell, W. J. (2004): Competency-Based Human Resource Management. Palo Alto.

Durante, F./Volpato, C./Fiske, S. T. (2009): Using the Stereotype Content Model to Examine Group Depictions in Fascism: An Archival Approach. In: European Journal of Social Psychology 40 (3), pp. 465–483.

Dvir, T./Eden, D./Lang, M. (1995): Self-Fulfilling Prophecy and Gender: Can Women Be Pygmalion and Galatea? Journal of Applied Psychology, 80, pp. 253–270.

Eagly, A. H./Chaiken, S. (1993): The Psychology of Attitudes. Fort Worth, TX: Harcourt Brace. Jovanovich.

Eagly, A. H./Karau, S. J. (2002): Role Congruity Theory of Prejudice Toward Female Leaders. In: Psychological Review, 109, S. 573–598.

Eagly, A. H./Karau, S. J./Miner, J. B./Johnson, B. T. (1994): Gender and Motivation to Manage in Hierarchic Organizations: A Meta-Analysis. In: Leadership Quarterly, 5, pp. 135–159.

Eagly, A. H./Makhijani, M. G./Klonsky, B. G. (1992): Gender and the Evaluation of Leaders: A Meta-Analysis. In: Psychological Bulletin, 111, pp. 3–22.

East, V./Evans, L. (2009): Von A wie ADAS bis Z wie Zerebralparese. Ein schneller Überblick mit Musterförderplänen, 3. Aufl., Buxtehude.

Eaton, S. (2001): If You Can Use Them. Flexibility Policies, Organizational Commitment and Perceived Performance. Kennedy School of Government, Harvard.
Eckardstein, D. v. (2004): Demographische Verschiebungen und ihre Bedeutung für das Personalmanagement. In: Zeitschrift Führung und Organisation, H. 03, S. 128–135.
Eichenberg, T. (2007): Distance Leadership: Modellentwicklung, empirische Überprüfung und Gestaltungsempfehlungen. Wiesbaden.
Elprana, G./Gatzka, M./Stiehl, S./Felfe, J. (2011): Führungsmotivation im Geschlechtervergleich. Aktuelle Ergebnisse aus dem Forschungsprojekt Mai 2009 bis Februar 2011. Hamburg.
Ely, R. J./Thomas, D. A. (2001): Cultural Diversity at work: The effects of diversity perspectives on work group process and outcomes. In: Administrative Science Quarterly, No. 02, pp. 229–273.
Engel, R. (2007): Die Vielfalt der Diversity Management Ansätze. Geschichte, praktische Anwendungen in Organisationen und zukünftige Herausforderungen in Europa. In: Koall, I./Bruchhagen, V./Höher, F. (Hrsg.): Diversity Outlooks. Managing Diversity zwischen Ethik, Profit und Antidiskriminierung. Münster, S. 97–110.
Engelen, P. (2013): Gesundheit & Diversity, https://www.tui-group.com/dms/jobkarriere/arbeitgeber/TUI_Gesundheit_Diversity_Flyer/TUI_Gesundheit_Diversity_Flyer_.pdf., eingesehen am 04.09.2013.
EON (2013): Unser Verhalten – Unternehmenskultur. www.eon.com/de/ueber-uns/unternehmenskultur/verhalten.html, eingesehen am 15.12.2013.
Erhardt, L. N./Werbel, J. D./Shrader, C. B. (2003): Board of Director Diversity and Firm Financial Performance. In: Corporate Governance: An International Review, 11, S. 102–110.
Esser, H. (2001): Integration und ethnische Schichtung. Arbeitspapier Nr. 40, Zentrum für Europäische Sozialforschung. Mannheim, S. 8–15.Working papers.
Europäische Kommission (2010): MITTEILUNG DER KOMMISSION. EUROPA 2020. Eine Strategie für intelligentes, nachhaltiges und integratives Wachstum, http://www.esf.de/portal/generator/15418/property=data/2011__01__04__europa__2020-strategie.pdf, eingesehen am 18.03.2013.
European Diversity & Research Consulting (2012): Diversity and Inclusion. The Propelling Potation Principle Activity Resources – Facilitating Change. http://www.diversity- consulting.eu/, eingesehen am 15. 03.2013.
European Diversity Award (2013): celebrating excellence and achievement in diversity and inclusion. http://www.europeandiversityawards.com/index.html, eingesehen am 12.12.2013.
Evans, J. M. (2001): Firms´Contribution to the Reconciliation between Work and Family Life. Labour Market and Social Policy Occasional Papers, 48, OECD, Paris.
Fagenson, E. A. (1988): The Power of a Mentor: Protégés and Nonprotégés, Perceptions of their own Power in Organizations. In: Group and Organizational Studies, 13, pp. 182–194.
Festing, M. (2013): Die Entwicklung von interkultureller Kompetenz und Global Leadership durch internationales Personalmanagement, in: Charta der Vielfalt e. V. (Hrsg.): Weltoffen = Zukunftsfähig?! Diversity Management und Internationalität, Online-Dossier, Berlin. http://www.charta-der-vielfalt.de/service/publikationen/weltoffen-zukunftsfaehig.html, eingesehen am 3.3.2015.
Festinger, L. (1954): A Theory of Social Comparison Processes. In: Human Relations, Nr. 7, pp. 117–140.
Fiori, K. L./Antonucci, T. C/Cortina, K. S. (2006): Social Network Typologies and Mental Health among Older Adults: A Replication. Journal of Gerontology: Psychological Sciences, 61B, pp. 25–32.
Fishbein, M./Ajzen, I. (1975): Belief, Attitude, Intention and Behavior: An Introduction to Theory and Research, Reading MA.
Fiske, S. T./Neuberg, S. L. (1990): A Continuum of Impression Formation, from Category-Based to Individuating Processes: Influences of Information and Motivation on Attention and Interpretation. In: M. P. Zanna (Ed.): Advances in Experimental Social Psychology, Vol. 23, pp. 1–74, New York.
Fiske, S. T./Cuddy, A. J./Glick, P./Xu, J. (2002): A Model of (Often Mixed) Stereotype Content: Competence and Warmth Respectively Follow from perceived Status and Competition. In: Journal of Personality and Social Psychology, Vol. 82, pp. 878–902.
Ford Werke: Diversity. Vielfalt als Stärke. Internetrecherche. http://www.vielfalt-nrw.de/data/ford_20diversity_20brosch__re.pdf, eingesehen am 05.01.2015.

Forschungsgruppe Weltanschauungen in Deutschland (2012): Religionszugehörigkeit, Deutschland, Bevölkerung 1970–2011, Fassung vom 29.03.2012. https://www.google.de/search?sourceid=navclient&hl=de&ie=UTF-8&rlz=1T4WQIB_dcDE520DE524&q=Forschungsgruppe+Weltanschauungen+in+Deutsch land%3a+Religionszugeh%c3%b6rigkeit%2c+Deutschland%2c+Bev%c3%b6lkerung+1970-2011%2c+Fassung+vom+29.03.2012, eingesehen am 17.07.2013.

Forschungsinstitut Betriebliche Bildung (f-bb) gGmbH (2008): Vorschläge zur Modularisierung der Berufsausbildung, S. 131–192.

Forst, M./Hoehner, M. A. W. (2003): Strategien einer familienbewussten Unternehmenspolitik. Herausgegeben von Gemeinnützige Hertie-Stiftung. Europressedienst.

Forsyth, S./Polzer-Debruyne, A. (2007): The Organizational Pay-Offs for Perceived WLB Support. In: Asia Pacific Journal of Human Resources, 45, 1, pp. 113–123.

Frank, K./Karst, R./Boles, C. (1989): After Graduation: The Quest for Employment by Disabled Graduates. In: Journal of Applied Rehabilitation Counseling, Vol. 20, pp. 3–7.

Franken, S. (2010): Verhaltensorientierte Führung. Handeln, Lernen und Divesity in Unternehmen, 3. überarb. u. erweitert. Aufl., Wiesbaden 2010.

Frankfurter Allgemeine Sonntagszeitung (FAS)(2012): Amann, M./Nierhaus, L.: Rushhour des Lebens. Zwischen 30 und 40 muss alles passieren. FAS v. 23. September 2012.

Franzkowiak, P. (2003): Krankheit. In: Bundeszentrale für gesundheitliche Aufklärung (BZgA) (Hrsg.) (2003): Leitbegriffe der Gesundheitsförderung. Glossar zu Konzepten, Strategien und Methoden in der Gesundheitsförderung, 4. erw. u. überarb. Aufl., Mainz.

Fredrickson, B. L./Carstensen L. (1990): Choosing Social Partners: How Old Age and Anticipated Endings Make Us More Selective. In: Psychology and Aging, Vol. 5, pp. 335–347.

Frohn, D. (2007): Out im Office!? Sexuelle Identität, (Anti-) Diskriminierung und Diversity am Arbeitsplatz. Reihe des schwulen Netzwerks NRW e. V. – Alltagswelten – Expertenwelten Band 13. Köln.

Frone, M. R./Russell, M./Cooper, L. (1997): Relation of Work–Family Conflict to Health Outcomes: A Four-Year Longitudinal Study of Employed Parents. In: Journal of Occupational and Organizational Psychology, 70, 4, pp. 325–335.

Galinsky, E./Bond, J. T. (1998): The 1998 Business Work-Life-Study. A Sourcebook. Families and Work Institute, New York.

Garsoffky, S./Sembach, B.(2014): Alles ist möglich-Lüge: Wieso Familie und Beruf nicht zu vereinbaren sind. München.

Gaugler, E./Gille, G./Herwig, P. (1981): Teilzeitarbeit. Forschungsbericht über die wissenschaftliche Begleituntersuchung zum Modellversuch »Teilzeitbeschäftigung«. Mannheim.

Gelfand, M. J./Nishii, L. H./Raver, J. L./Schneider, B. (2007): Discrimination In Organizations: An Organizational-Level System Perspective, Center of Advanced Human Resources Studies, Working Paper, Cornell.

Gerlach, S./Reisbeck, G. (1999): Das Anti-Homophobie-Training in Wirtschaft und Verwaltung. In: Dt. Aids-Hilfe (Hrsg.): Lesben und Schwule in der Arbeitswelt. Berlin, S. 96–101.

Gesetzesvorlage 1266 des Gouverneurs von Kalifornien (Assembly Bill No. 1266) v. 12. August 2013. http://leginfo.legislature.ca.gov/faces/billNavClient.xhtml?bill_id=201320140AB1266, eingesehen am 18.11.2014.

Gilbride, D./Stensrud, R./Ehlers, C./Evans, E./Peterson, C. (2000): Employers' Attitudes towards Hiring Persons with Disabilities and Vocational Rehabilitation Services. In: Journal of Rehabilitation, Vol. 66, No. 4, pp. 17–23.

Giuseffi, D. L./Bedrosian, R. C./Schwartz, S. M./Wildenhaus, K. J./Wang, C./Yu, A./Wiegand, B. (2011): Women Using a Web-based Digital Health Coaching Programme for Stress Management: Stress Sources, Symptoms and Coping Strategies. In: Stress and Health, 27, pp. 269–281.

Glatz, A. (2012): Die Eingliederung von Mitarbeitern mit Multiple Sklerose bei der Novartis Pharma AG, Standort Basel via Case-Management und IMBA-Profilvergleich, http://forschung.deutsche-rentenversicherung.de/ForschPortalWeb/ressource?key=Glatz_SaalB_Di_1400_3.pdf, eingesehen am 23.08.2013.

Göckejan, G. (2000): Das Alter würdigen – Altersbilder und Bedeutungswandel des Alters, Frankfurt a. M.

Goethe, J. W. (1932): Wilhelm Meisters Wanderjahre. Friedenthal, R. (Hrsg.): Erweitert. Neuaufl. München.

Göschl, S. (Hrsg.)(2011): Diversity in the Workplace. Multi-Disciplinary and International Perspectives. Farnham Surrey.

Graf, A. (2002): Lebenszyclusorientierte Personalentwicklung. Ein Ansatz für die Erhaltung und Förderung von Leistungsfähigkeit und -bereitschaft während des gesamten betrieblichen Lebenszyclus. Bern/Stuttgart/Wien.

Granato, M. (2007): Berufliche Ausbildung und Lehrstellenmarkt: Chancengerechtigkeit für Jugendliche mit Migrationshintergrund verwirklichen. In: Friedrich-Ebert-Stiftung (Hrsg.): Wirtschafts- und Sozialpolitik. Bonn.

Granato, M. (2012): Bildungsbeteiligung junger Menschen mit Migrationshintergrund an beruflicher Bildung. In: DGS Sektion Migration und ethische Herausforderungen. Friedrich-Ebert-Stiftung (Hrsg.): Soziale Ungleichheit in der Einwanderungsgesellschaft. Kategorien, Konzepte, Einflussfaktoren. Düsseldorf, S. 85–96.

Gray, H. (2001): Family-Friendly Working: what a Performance! An Analysis of the Relationship between the Ability of Family-Friendly Working: what a Performance! An Analysis of the Relationship between the Ability of Family-Friendly and Establishment Performance. Centre of Economic Performance, London School of Economics and Political Science.

Greef, M. de/Broek, K. Van Den (2004): Making the case of workplace health promotion. Analysis of the effects of WHP. European Network for Workplace Health Promotion, Belgium.

Gregersen, H. B./Morrison, A. J./Black, J. S. (1998): Developing leaders for the global frontier. In: Sloan Management Review, Vol. 40, No. 1, S. 21–33.

Gröschke, D. (2009): Interkulturelle Kompeten für eine globalisierte Arbeitswelt. In: K. Draheim,K./Liebetanz, F./Vogler-Lipp, S. (Hrsg.): Schreiben(d) lernen im Team – Ein Seminarkonzept für innovative Hochschullehre. Wiesbaden, S. 139–155. link.springer.com/content/pdf/10.1007 %2F978-3-531-19129-4_9, eingesehen am 17. 11 2014.

Gröschl, S. (2007): An Exploration of HR Policies and Practices Affecting the Integration of Persons with Disabilities in the Hotel Industry in Major Canadian Tourism Destinations. In: Hospitality Management, Vol. 26, pp. 666–686.

Gudykunst, W./Hammer, M. (1983): Basic Training Design. Approaches to Intercultural Training. In: Landis, D./Brislin, R. (Hrsg.): Handbook of Intercultural Training. Issues in Theory and Design. Vol. 1, New York.

Gudykunst, W./Guzley, R. M./Hammer, M. (1996): Designing Intercultural Training. In: Landis, D./Baghat, R. S. (Hrsg.): Handbook of Intercultural Training (2nd ed.),Thousad Oaks, pp. 61–80.

Haar, J. M./Spell, C. S. (2004): Programme Knowledge and Value of Work-Family Practices and Organizational Commitment. In: International Journal of Human Resource Management, 15, 6, pp. 1040–1055.

Haberleitner, E.(2007): Führen, Fördern, Coachen. München.

Häcker, H./Stapf, K.(1998): Individualisierung. In: Dorsch, F.: Psychologisches Wörterbuch. Bern.

Hall, E. T. (1966): The hidden dimension. New York.

Hämmig, O./Bauer, G. (2004): »Ursachen und gesundheitliche Auswirkungen mangelnder Work-Life-Balance bei der Schweizer Erwerbsbevölkerung«, in: GfA (Hrsg.): Arbeit + Gesundheit in effizienten Arbeitssystemen. Bericht zum 50. Kongress der Gesellschaft für Arbeitswissenschaft vom 24.–26- März 2004. Dortmund, S. 117–123.

Hansen, K. (2006): Umgang mit personeller Vielfalt. In: Becker, M./Seidel, A., a. a. O, S. 339–343.

Hansen, K. (2003): »Diversity«-ein Fremdwort in deutschen Arbeits- und Bildungsorganisationen? In: Belinszki, E./Hansen, K. /Müller, U. (Hrsg): Diversity Management. Best Practices im internationalen Feld. Münster, S. 155–2015.

Hansen, K./Müller, U. (2003):Diversity in Arbeits- und Bildungsorganisationen. Aspekte von Globalisierung, Geschlecht und Organisationsreform. In: Belinszki, E./Hansen, K./Müller, U. (Hrsg.): Diversity Management. Best Practices im internationalen Feld. Münster, S. 9–60.

Hansman, C. A. (1998): Mentoring and Women´s Career Development. In: New Direction for Adult and Continuing Education, 80, pp. 63–71.

Hansman, C./Garofolo, P. (1995): Toward a Level Playing Field: The Roles of Mentors and Critical Friendship in the Lives of Woman Doctoral Studients. In: Proceedings of the 34th Annual Adult Education Research Conference. Alberta.

Harrison, D./Price, K./Bell, M. P. (1998): Beyond Relational Demography: Time and the Effects of Surface- and Deep-Level Diversity on Work Group Cohesion. In: Academy of Management Journal, 41, Vol., pp. 96–107.

Hartmann, H. (1968): Arbeit, Beruf, Profession. In: Soziale Welt, 19, H 19, S. 193–216.

Haslam, S. A. (2001): Psychology in Organizations: The Social Identity Approach. London.

Hauer, A./Piroth, M./Wilkens, S. (2007): Mit Coaching zum Erfolg. Evaluation eines Förderprojektes des Landesarbeitskreises der Kontaktstellen Frau und Beruf Baden-Württemberg. Mannheim.

Hayles, V.R. (1996): Diversity Training and Development. In: Craig, R.L. (Hrsg.): The ASTD Training and Development Handbook. New York, pp. 104–123.

Hays-Thomas, R. (2004): Why now? The Contemporary Focus on Managing Diversity. In: Stockdale, M.S./Crosby, F.J. (Hrsg.): The Psychology and Management of Workplace Diversity. Malden/Oxford/Carlton, pp. 03–30.

Heilman, M.E./Wallen, A.S./Fuchs, D./Tamkins, M.M. (2004): Penalties for Success: Reactions to Women who Succeed at Male Gender-Typed Tasks. In: Journal of Applied Psychology, 89, pp. 416–427.

Heilman, M.E. (1983): Sex Bias in Work Settings. The Lack of Fit Model. In: Cummings, L.L./Staw, B.M. (Hrsg.): Research in Organisational Behavior, Vol. 5, pp. 269–298, Greenwhich CT.

Heinrich-Böll-Stiftung (2012): Krise und Migration. Die neue griechische Migration nach Deutschland, Berlin.

Helmenstein, C./Hofmacher, M./Kleinssner, A./Riedel, M./Röhrling, G./Schnabl, A. (2004): Ökonomischer Nutzen betrieblicher Gesundheitsförderung. Endbericht; Studie im Auftrag des Bundeskanzleramts, Sektion Sport, Institut für höhere Studien, Wien.

Henkel (2013): Leitlinien der Führung und Zusammenarbeit. www.henkel.de/de/content_data/208776_Code_of_Teamwork_and_Leadership.pdf, eingesehen am 15.12.2013

Henschel, A. (2001): Communities of Pratice: Plattform für organisationales Lernen und den Wissenstransfer. Wiesbaden.

Herder, J.G. (1971): Ideen zur Philosophie der Geschichte der Menschheit. Wiesbaden.

Herek, G.M./Chopp, R./Strohl, D. (2007): Sexual Stigma: Putting Sexual Minorities Health Issues in Context. In: Meyer, I./Northridge, M. (Hrsg.): The Health of Sexual Minorities: Public Health Perspectives on Lesbian, Gay, Bisexual, and Transgender Populations. New York, pp. 171–208.

Heusinger von Waldegge, S. (2013): Interkulturelle Kompetenz und ihre Bedeutung in der Geschäftswelt. In: Kersten, W./Wittmann, J. (Hrsg.): Kompetenz, Interdisziplinarität und Komplexität in der Betriebswirtschaftslehre. Festgabe für Klaus Bellmann zum 70. Geburtstag. Wiesbaden, S. 71–86.

Hinz, A. (2007): Inklusion – Vision und Realität! Herausforderungen in Deutschland und Praxis in Kanada. In: Katzenbach, D. (Hrsg.): Vielfalt braucht Struktur. Heterogenität als Herausforderung für die Unterrichts- und Schulentwicklung. Frankfurt a.M.: Goethe-Universität, S. 81–98.

Hite, L. (1998): Race, Gender and Mentoring Patterns. In: 1998 Proceedings of the Academy of Human Resource Development Conference. Oak Brook.

Hoff, E.-H./Grote, St./Dettmer, S./Hohner, H.-U./Olos, L. (2005): Work-Life-Balance: Berufliche und private Lebensgestaltung von Frauen und Männern in hoch qualifizierten Berufen. In: Zeitschrift für Arbeits- und Organisationspsychologie, 49/4, S. 196–207.

Hoffman, H. (2013): Was mach Supported Employment überlegen? In: Die Psychatrie, 02/2013, S. 101.

Hoffmann, H./Jäckel, D. (2007): Nachhaltige Integration psychisch Kranker in die freie Wirtschaft. In: Managed Care, 07/08/2007, S. 9–12.

Hofman-Lun, I./Schönfeld, S./Tschirner, N. (1998): Mentoring für Frauen – Eine Evaluation verschiedener Mentoring-Programme. Ein Ergebnisbericht. Deutsches Jugendinstitut e.V.

Holtzman, M./Glass, J. (1999): Explaining Changes in Mother´s Job Satisfaction after Childbirth. In: Work and Occupations, 26, pp. 365–404.

Hornberger, S. (2006): Individualisierung in der Arbeitswelt aus arbeitswissenschaftlicher Sicht. Frankfurt.

Hossiep, R./Paschen, M. (1998): Das Bochumer Inventar zur berufsbezogenen Persönlichkeitsbeschreibung (BIP). Göttingen.

House, R.J./Hanges, P.J./Ruiz-Quintanilla, S.A./Dorman, B.W./Javidan, M./Dickson, M.W./Gupta, V./Weibler, J./Wunderer, R. et al. (1999): Cultural Influences on Leadership and Organizations: Projekt GLOBE. In: Mobley, W.H./Gessner, N./Arnold, V. (Hrsg.): Advances in Global Leadership. Stanford, pp. 171–233.

Hryniewicz, J./Jalowiecki, B./Mync, A. (1992): The brain drain in Poland. Institut européen de développement régional et local, Etudes régionales et locales 9, Université de Varsovie.

Huang, W.C. (1987): A pooled cross-section and time series study of professional indirect migration to the United States. In: Southern economic journal, 54/1987, S. 95–109.

Hubbard, E.E. (2004): The Diversity Scorecard. Evaluating the Impact of Diversity on Organizational Performance. Burlington/Oxford.

Icano, T./Tracy, J. /Keating, J./Brown, T. (2009): The Interaction with Disabled Persons Scale: Revisiting its Internal Consistency and Factor Structure, and Examining Item-level Properties. In: Research in Developmental Disabilities, 30, pp. 1490- 1501.

Ilmarinen, J. (2007), Towards a Better and Bonger Work Life for Older Workers. Dokumentation der Tagung: Vom Defizit- zum Kompetenzmodell – Stärken älterer Arbeitnehmer erkennen und fördern. Bonn.

Ilmarinen, J./Tempel, J./Giesert, M. (2002): Arbeitsfähigkeit 2010. Was können wir tun, damit Sie gesund bleiben? Deutscher Gewerkschaftsbund, Hamburg.

Initiative Gesundheit & Arbeit (2013): Alle anders – alle gleich – alle gesund im Betrieb: Das interkulturelle Betriebliche Gesundheitsmanagement, http://www.iga-info.de/fileadmin/Veroeffentlichungen/Einzelveroeffentlichungen/Interkulturelles_Betriebliches_Gesundheitsmanagement_Broschuere_2011.pdf, eingesehen am 04.09.2013.

Institut der Deutschen Wirtschaft Köln (2013): Eine Chance für Behinderte. In: iw-Dienst, Nr.2, S. 8.

Institut Mensch, Ethik und Wissenschaft (IMEW) (2013): Klassifizierung von Behinderung, http://www.imew.de/index.php?id = 543, eingesehen am 29.08.2013.

Jahn, H.-P. (2001): Zit. n. Adenauer, S. (2004): Die (Re-)Integration leistungsgewandelter Mitarbeiter in den Arbeitsprozess. Das Projekt FILM bei FORD Köln. In: Angewandte Arbeitswissenschaften, Nr. 181, S. 1–18.

Janis, I.L. (1982): Groupthink: Psychological Studies of Policy Decisions and Fiascos. Boston.

Janis, I.L./Mann, L. (1977): Decision Making. New York.

Jarzabkowski, P./Searle, R.H. (2004): Harnessing Diversity and Collective Action in the Top Management Team. In: Long Range Planning, No. 05, pp. 399–419.

Jonas, K.J./Reese, G./Steffens, M. (2007): Who is a Man? Outgroup Marginalisation, not Ingroup Projection, is Related to Negative Attitudes towards the Minority.

Jones, G.E. (1997): Advancement Opportunity Issues for Persons with Disabilities. In: Human Resource Management Review. Vol. 7, 1, pp. 55–76, Madison.

Kahlen, R. (2007): Generation CE (Frau). In: Capital, 11, S. 160–169.

Kant, I. (1982): Mutmaßlicher Anfang der Menschengeschichte. Mutmaßlicher Anfang der Menschheitsgeschichte. In: Weischedel (1982). Werkausgabe: in 12 Bd. Frankfurt a.M.

Kanter, R.M. (1977): Men and Women of the Corporation. New York.

Kaplan, S.N./Klebanov, M.M./Sorensen, M. (2008): Which CEO Characteristics and Abilities Matter? Paper Presented at the Annual Meeting of the American Financial Association, New Orleans, LA.

Kay, R. (2007): Auf dem Weg in die Chefetage. Betriebliche Entscheidungsprozesse bei der Besetzung von Führungspositionen. Untersuchung im Auftrag des Ministeriums für Generationen, Familie, Frauen und Integration des Landes Nordrhein-Westfalen, IfM-Materialien Nr. 170, Bonn.

Kerr, S./Jermier, J.M. (1978): Substitutes for Leadership; their Meaning and Measurement. In: Organizational Behavior and Human Performance, 22, pp. 375–403.

Kerschensteiner, G.(1926): Theorie der Bildung. Berlin.

Kets de Vries, M./Mead, C. (1992): The Development of the Global Leader Within the Multinational Corporation. In: Pucik, V./Tichy, N.M./Barnetts, C.K. (Hrsg.) (1992): Globalizing Management: Creating and Leading the Competitive Organization, New York, S. 187–205.

Keuchel, J. (1983): Theorien zum Alternsprozess. In: Oswald, W.D./Fleischmann, U.M. (Hrsg.): Gerontopsychologie: Psychologie des alten Menschen. Stuttgart 1983, S. 23–48.

Kleiber, D.A./Hutchinson, S.L. /Williams, R. (2002): Leisure as a Resource in Transcending Negative Life Events: Self-Protection, Self-Restoration and Personal Transformation. In: Leisure Sciences, Vol. 24, No. 2, pp. 219–235.

Kleist, H.v. (o.J.): Pentheselia. In: Reinking, K.F. (Hrsg): Heinrich von Kleist. Sämtliche Werke. Wiesbaden, S. 301–404.

Klenner, C. (2007): Gleichstellungspolitik von alten und neuen Herausforderungen – Welchen Beitrag leistet die Familienpolitik? In: WSI-Mitteilungen, 10, S. 523–529.

Klocke, U.(2013): Schwul geht flott über die Lippen« (Interview). In: Süddeutsche Zeitung v. 4. März 2013, S. 13.

Knight, D. et al. (1999) : Top Management Team Diversity, Group Process, and Strategic Consensus. In: Strategic Management Journal, No. 05, pp. 445–465.

Knoll, C./Erdinger, M./Reisbeck, G. (1997): Grenzgänge. Schwule und Lesben in der Arbeitswelt. München /Wien.
Koberg, C.S./Boss, R.W./Chappell, D./Ringer, R.C. (1994): Correlates and consequences of protégé mentoring in a large hospital. In: Group and Organization Management, 19, pp. 219–339.
Kochan, T. et al. (2003): The Effects of Diversity on Business Performance: Report of the Diversity Research Network. In: Human Resource Management, No. 01, pp. 3–21.
Köcher, R. (2014): Mehr Gelassenheit gegenüber Zuwanderung. Allensbachstudie. In: FAZ, Nr. 43, v. 20.2.2014, S.8.
Kohaut, S./Möller, I. (2010): Frauen kommen auf den Chefetagen nicht voran. In: IAB Kurzbericht, Nr. 6, S. 1–6.
Kohn, S./Breisig, T. (1999): Teilzeitarbeit für Führungskräfte? Erkenntnisse aus einer Fallstudie. In: Arbeit, 2, 8, S. 162–178.
Köllen, T. (2008): Diversity Management, Diversity Klima und Identitätsentwürfe von Lesben und Schwulen am Arbeitsplatz. Erste Ergebnisse der Studie 2008. Frankfurt a.M.
Köllen, T. (2010): Bemerkenswerte Vielfalt: Homosexualität und Diversity Management. Betriebswirtschaftliche und sozialpsychologische Aspekte der Diversity-Dimension sexuale Orientierung. München/Mering.
Koller, B./Gruber, H. (2001):Ältere Arbeitnehmer im Betrieb und als Stellenbewerber aus der Sicht der Personalverantwortlichen. Sonderdruck aus: Mitteilungen aus der Arbeitsmarkt- und Berufsforschung MittAB Jb.24/2001. http.:doku.iab.de/mittab/2001/2001_4_mittab_koller_gruber.pdf
Konrad, A.M./Mangel, R. (2000): The Impact of Work-Life Programs on Firm Productivity. In: Strategic Management Journal, 21, 12, pp. 1225–1237.
Korac-Kakabadse, N./Kouzmin, A./Korac-Kakabadse, A. (2003): Cultural Diversity in the IT-Globalizing Workplace: Conundra and Future Research. In: Davidson, M.J./Fielden, S.L. (Edt.): Individual Diversity and Psychology in Organizations. Chichester, pp. 365–383.
Kossek, E.E./Lautsch, B.A./Eaton, S.C. (2006): Telecommuting, Control, and Boundary Management: Correlates of Policy Use and Practice, Job Control, and Work-Familiy effectiveness. Journal of Vocational Behavior, 68 (2), pp. 347–367.
Kossek, E.E./Ozeki, C. (1999): Bridging the Work-Family Policy and Productivity Gap: A Literature Review. In: Community, Work & Family, 2, 1, pp. 7–32.
Kotiranta, A./Kovalainen, A./Rouvinen, P. (2007): Female Leadership and Firm Profitability. EVA Analysis, No.4.
Kouzminov V. (1993): Brain drain issues in Europe. UNESCO project on intellectual migration, International seminar on skilled and highly-skilled migration. Latina.
Kraus, J. (2013): Das Ziel ist richtig, doch als Weg kann Inklusion falsch sein. In: FAZ, 12. April 2013, S. 7.
Kraus, J. (2013): Helikopter-Eltern. Schluss mit Förderwahn und Verwöhnung. 2. Aufl., Reinbeck.
Kreis, J./Bödeker, W. (2003): Gesundheitlicher und ökonomischer Nutzen betrieblicher Gesundheitsförderung und Prävention. Zusammenstellung der wissenschaftlichen Evidenz. BKK Bundesverband und Hauptverband der Gewerblichen Berufsgenossenschaft (IGA-Report, 3), Essen.
Krell, G. (1998): Chancengleichheit: Von der Entwicklungshilfe zum Erfolgsfaktor. In: Krell, G. (Hrsg.): Chancengleichheit durch Personalpolitik. Gleichstellung von Frauen und Männern in Unternehmen und Verwaltungen. Rechtliche Regelungen – Problemanalysen – Lösungen. 2., aktualis. u. erw. Aufl., Wiesbaden, S. 13–28.
Krell, G. (2011): Geschlechtsgleichheiten in Führungspositionen. In: Krell, G. (Hrsg.): Chancengleichheit durch Personalpolitik. Gleichstellung von Frauen und Männern in Unternehmen und Verwaltungen. 6. Aufl., Wiesbaden, S. 403–422.
Krell, G./Sieben, B.: Diversity Management: Chancengleichheit für alle und auch als Wettbewerbsvorteil. In: G. Krell, Ortlieb, B. Sieben, G. (Hrsg.): Chancengleichheit durch Personalpolitik. Gleichstellung von Frauen und Männern in Unternehmen und Verwaltungen. 6. Aufl., Wiesbaden 2011.
Krings F./Bollermann, G./Palazzo, B. (2009): Diversity »spielerisch« trainieren: Auswirkungen auf Einstellungen und Sensibilität gegenüber Diversity bei Führungskräften. In: Zeitschrift für Arbeits- und Organisationspsychologie 53 (N.F. 27) 1, S. 33–38.
Krings, F./Kluge, A. (2008): Altersvorurteile. In: L.-E. Petersen, L.E./Six, B. (Hrsg.): Stereotype, Vorurteile und soziale Diskriminierung. Theorien, Befunde und Interventionen. Weinheim/Basel, S. 131–139.

Kröhnert, S. (2012): Migration – eine Einführung, http://www.berlin-institut.org/fileadmin/user_upload/handbuch_texte/pdf_Kroehnert_ Migration_Einfuehrung.pdf, eingesehen am 23.10.2013.
Kulkarni, M./Valk, R. (2010): Don't Ask, don't Tell: To Views on Human Resources Practices for People with Disabilities. In: IIMB Management Review, Vol. 22, pp. 137 -146.
Ladwig, D.H./Boie, S./Kutscher, M. (2006): Age Diversity Management in der Praxis. Chancen in Altersbelegschaften nutzen. In: Personalführung 3/2006, S. 38–44.
Ladwig, D.H. (2003): Team-Diversity – Die Führung gemischter Teams. In: Rosenstiel, L.v./Regnet, E./Domsch, M.E. (Hrsg.): Führung von Mitarbeitern. 5. Aufl., Stuttgart, S. 448–459.
Lankau, M.J./Scandura, T.A. (1997): Mentoring as a Learning Forum: An Examination of Mentoring Functions, Socialization, Personal Learning, and Job Attitudes. Presented at the National Academy of Management Annual Meeting, Boston.
Lee, B.A./Newman, K.A. (1995): Employer Responses to Disability: Preliminary Evidence and Research Agenda. In: Employee Responsibilities and Rights Journal, Vol. 8, pp. 209–229.
Lee, Everett S. (1972): Eine Theorie der Wanderung. In: Széll, G. (Hrsg.): Regionale Mobilität. Nymphenburger Verlagshandlung, München, S. 117–129.
Lehr, U./Thomae, H. (1987)(Hrsg.): Formen seelischen Alterns. Stuttgart, S. 228–249.
Lehr, U. (2003): Psychologie des Alterns, 10. Aufl., Wiebelsheim.
Leitl, M. (2003): Amerikanische Ratingagenturen beachten Diversity Management inzwischen bei ihren Anlageempfehlungen. In: Harvard Business Manager 12/2003
Lemon, B.W./Bengston, V.L./Peterson, J.A. (1972): An Exploration of the Activity Theory of Aging: Activity Types and Life Satisfaction Among In-Movers to a Retirement Community: In Journals of Gerontology 27, pp. 511–523.
Lengnick-Hall, M.L./Gaunt, P.M./Kulkarni, M. (2008): Overlooked and Underutilized: People with Disabilities are an Untapped Human Resource. In: Human Resource Management, Vol. 47, No. 2, pp. 255–273.
Lewis, R.J./Derlega, V.J./Griffin, J.L./Krowinski, A.C. (2003): Stressors for Gay Men and Lesbians: Life Stress, Gay-related Stress, Stigma Conciousness, and Depressive Symptoms. In: Journal of Social and Clinical Psychology, 22, pp. 716–729.
Littmann-Wernli, S./Schubert, R. (2001): Frauen in Führungspositionen – ist die »gläserne Decke« diskriminierend? Arbeit, 10, S. 135–148.
Locke, E.A./Latham, G.P. (1990): A Theory of Goal-Setting and Task Performance. Englewood Cliffs, NJ.
Lockwood, N.R. (2003): Work/Life Balance: Challenges and Solutions. In: HR Magazine, 48, 6, pp. 2–10.
Locwood, N.R. (2005):Workplace Diversity: Leveraging the Power of Difference for Competitive Advantage. http://www.shrm.org/research /quaterly/2005/0605rquart_essay.asp, eingesehen am 10.07.2013.
Loden, M./Rosener, J.B., (1991): Workforce America – Managing Employee Diversity as a Vital Resource. Business One Irwin. Homewood.
Loo, R. (2002): Attitudes of Management Undergratuates toward Persons with Disabilities: A need for change. In: Rehabilitation psychology, Vol. 46, pp. 288–295.
Loo, R. (2004): Attitudes Toward Employing Persons with Disabilities: A Test of the Sympathy-Discomfort Categories. In: Journal of Applied Psychology, Vol. 34, No. 10, pp. 2200–2214.
Losert, A. (2010): Die Dimension »sexuelle Orientierung« im Kontext von (Anti-) Diskriminierung, Diversity und betrieblicher Gesundheitspolitik. In: Fehlzeitenreport 2010, S. 235–242.
Lowry, I. (1966): Migration and Metropolitan Growth: two Analytical Models. San Francisco.
Lukoschat, H./Kletzing, U. (2006): Mentoring Revisited – Ziele, Effekte und künftige Herausforderungen. In: Peters, S./Genge, F../Willenius, Y. (Hrsg.): Flankierende Personalentwicklung durch Mentoring II. München/Mering, S. 87–101.
Lustig, D.C./Strauser, D.R. (2003): An Empirical Typologie of Career Thaughts of Individuals of Disabilities. In: Rehabilitation Counseling Bulletin, Vol. 46, pp. 98 -107.
Lyotard, J.-F. (1998): Postmoderne Moralitäten. Wien.
Maas, J. (1999): Identität und Stigma-Management von homosexuellen Führungskräften. Wiesbaden.
Macharzina, K./Wolf, J. (2005/2008): Unternehmensführung. Das internationale Managementwissen. Konzepte – Methoden – Praxis. 5./6., grundl. überarb. Aufl., Wiesbaden.

Maddox, G.L. (1964): Disengagement Theory: A Critical Evaluation. In: Gerontologist, Vol. 6, S. 80–82.
Mahmood, T./Schömann, K. (2002): Die Determinanten der Migrationsentscheidung von IT-Hochschulabsolventen aus Pakistan – Empirische Befunde zum Design einer deutschen Green Card. Discussion Paper FS IV 02–03. Wissenschaftszentrum Berlin.
Mak, W.W.S./Poon, C.Y.M./Pun, L.Y.K./Cheung, S.F. (2007): Meta-analysis of Stigma and Mental Health. In: Social Science & Medicine, 65, pp. 245–261.
Malwitz-Schütte M.(2006): Lebenslanges Lernen (auch) im Alter? Bildungsforschung 2006; 3, S. 1–25. http://www.bildungsforschung.org/index.php/bildungsforschung/article/view/32/30 Stand 27.11.2012
Manning, T.S. (2001): Love and work revisited: Attachment style, work attiudes and trasformational leadership. Presentation at the Annual Meeting of the Society for Personality and Social Psychology, San Antonio 2001.
Marcuse, H. (1965): Über den affirmativen Charakter der Kultur. In: Derselbe: Kultur und Gesellschaft. Bd.1., Frankfurt a.M., S. 56–101 (1937).
Marcuse, H. (1980): Triebstruktur und Gesellschaft. Frankfurt a.M.
Marcuse, H. (1937): Philosophie und kritische Theorie. In: ders.: Kultur und Gesellschaft. Bd.1, Frankfurt/M 197311, 102–127
Marcuse, H. (1937): Über den affirmativen Charakter der Kultur. In: Horkheimer, Max (Hrsg.): Zeitschrift für Sozialforschung. Jahrgang 6, (1937), München 1980 (Reprint), S. 54 (54–94); Vgl. auch: Herbert Marcuse: Über den affirmativen Charakter der Kultur. In: Ders.: Kultur und Gesellschaft I., Frankfurt a. Main 1965, S. 56–101,
Marcuse, H. (1937): Über den affirmativen Charakter der Kultur. In: Zeitschrift für Sozialforschung, 6. Jg. (1980), S. 54–94. Photomechanischer Nachdruck mit Genehmigung des Herausgebers.
Marks, M.A./Mathieu, J.E./Taccaro, S.J. (2001): A Temporally Based Framework and Taxonomoy of Team Processes. In: Academy of Management Review, No. 03, pp. 356–376.
Marsden, P.V. (1987): Core Discussions Networks of Americans. In: American Sociological Review, Vol. 52, pp. 122–131.
Martin, M./Kliegel, M. (2008): Psycholgische Grundlagen der Gerontologie. 2. Aufl., Stuttgart.
Marx, K. (1844): Einleitung zu »Zur Kritik der Hegelschen Rechtsphilosophie. In: Deutsch- Französische Jahrbücher 1844, S. 71f. zitiert nach wikipedia.org./Opium des Volkes.
Marx, K. (1984): Das Kapital. Kritik der Politischen Ökonomie. 2. Aufl., Hamburg.
Matjan, G. (1998): Auseinandersetzung mit der Vielfalt. Politische Kultur und Lebensstile in pluralistischen Gesellschaften. Frankfurt a.M./New York.
McDonald, F./Potton, M. (1997): The Nascent European Policy towards Older orkers: Can the European Union Help the Older Worker? In: Personell Review, 26 (4), S. 293–306.
McKinsey & Company (Hrsg.) (2010): Women Matter 4. Women at the Top of Corporations. Making it Happen. Paris.
McPherson, M./Smith-Lovin, L./Brashears, M.E. (2006): Social Isolation in America: Changes in Core Discussion Networks over Two Decades. In: American Sociological Review, Vol. 71, pp. 353–375.
Medizinischer Dienst der Krankenkassen (MDK) (2013): Internationale Klassifikation der Funktionsfähigkeit, Behinderung und Gesundheit (ICF). Erläuterungen und Begriffsbestimmungen, http://www.mdk.de/media/pdf/Reha-Richtlinien_Anl._3_ICF_-_Erlaeuterungen_und_Begriffsbestimmungen.pdf, eingesehen am 29.08.2013.
Mehrhoff, F./Schian, H.-M. (2009): Allgemeine Leitgedanken. In: Mehrhoff, F./Schian, H.-M. (2009) (Hrsg.): Zurück in den Beruf. Betriebliche Eingliederung richtig managen. Berlin, S. 23–42.
Meijman, T.F./Mulder, G. (1998): Psychological Aspects of Workload. In: Drenth, P.J.D./Thierry, H. (Hrsg.): Handbook of Work and Organizational Psychology. Work Psychology (2. Aufl.), Hove, S. 5–33.
Meyer, I.H. (1995): Prejudice, Social stress, and Mental Health in Lesbian, Gay, and Bisexual Populations: Conceptual Issues and Research Evidence. In: Psychological Bulletin, 129, pp. 674–697.
Meyer, I.H. (2007): Prejudice and Discrimination as Social Stressors. In: Meyer, I./Northridge, M. (Hrsg.): The Health of Sexual Minorities: Public Health Perspectives on Lesbian, Gay, Bisexual, and Transgender Populations. New York, pp. 242–267.
Michael Leitl: Was ist ... Diversity Management? In Harvard Business Manager, Heft 12/2003 S. 20f.

Miner, J. B. (1978): The Miner Sentence Completion Scale. In: Academy of Management Journal, 21 (2), pp. 283–294.
Mohammed, S./Angell, L. C. (2004): Surface- and Deep-Level Diversity in Workgroups: Examining the Moderating Effects of Team Orientation and Team Process on Relationship Conflict. In: Journal of Organizational Behavior, 25. Vol., pp. 1015–1039.
Mondeléz International (2013): Dafür stehen wir. www.mondelezinternational.de/about-us/our-manifesto, eingesehen am 14.12.2013.
Montessori, M. (1994): Die Entdeckung des Kindes. 11. Aufl., Freiburg.
Moore, T. J./Crimando, W. (1995): Attitudes Toward Title of the Americans with Disabilities Act. In: Rehabilitation Counseling Bulletin, Vol. 38, No. 3, pp. 232–247.
Mor Barak, M. (2005): Managing Diversity. Toward a Globally Inclusive Workplace. In: SagePublications. Thousand Oaks/London/New Delhi, pp. 17–52.
Mor Barak, Michàlle (Ed.) (2005): Managing Diversity. Toward a Globally Inclusive Workforce. Sage Publications, Thousand Oaks, London, Neu Delhi, p. 13.
Morrison, A./White, R./Van Velsor, E. (1987): Breaking the Glass Ceiling. Can Women Reach the Top of America's Largest Corporations? Bonn.
Müller, B. (2002): Professionalisierung. In: Thole, W. (Hrsg.): Grundriss soziale Arbeit: Ein einführendes Handbuch. Opladen, S. 725–744.
Müller-Jung, J. (2014): Wegschieben geht nicht mehr. In: FAZ vom 20.3.2014, S. 9.
Mummenday, A./Wenzel, M. (1999): Social Discrimination and Tolerance in Intergroup Relations: Reactions to Intergroup Difference. In: Personality and Social Psychology Review, 3, pp. 158–174.
Naisbitt, J./Aburdene, P. (1990): Megatrends 2000. Zehn Perspektiven für den Weg ins nächste Jahrtausend. Düsseldorf u. a.
Napier, B. J./Ferris, G. R. (1993): Distance in Organizations. In: Human Resource Management Review, 3, pp. 321–357.
Nelson, D. L./Quick, J. C. (1985): Professional Women: Are Distress and Disease Inevitable? In: Academy of Management Review, 10, pp. 206–218.
Neubach, B./Roth, C./Wegge, J./Schmidt, K.-H. (2006): Alt und Jung in einem Team – wie wirkt sich Altersdiversität auf die Arbeitsleistung aus? In: Wirtschaftspsychologie aktuell, 13, S. 37–40.
Oberender, P./Da-Cruz, P./Schwegel, P. (2012): Demand Management. Ein strategisches Management für Krankenkassen im Lichte steigender Bonitätsforderungen. In: Adolph, T./Everling, O./ Metzler, M. (Hrsg.): Krankenversicherung im Rating. Leistungsbewertungen und Management als Schlüsselfaktoren. Wiesbaden, S. 239–250.
OECD – Organisation for Economic Co-operation and Development (OECD) (2005): Ageing Populations: High Time for Action. Background Paper. Meeting of G 8 Employment and Labour Ministers, 10.–11. March 2005, London.
OECD – Organisation for Economic Co-operation and Development (2007): Internationaler Migrationsausblick, in: http://www.oecd.org/document/54/0,3343,de_34968570_35008930_38835062_1_1_1_1,00.html, eingesehen am 23. Juni 2009.
OECD (2013): How is the global talent pool changing? http://www.oecd-ilibrary.org/docserver/download/5k97krns40d4.pdf?expires = 1361976150&id = id&accname = guest&checksum = BD639B13E86683C9EFFFD7CAFDAF2041, eingesehen am 27.02.2013.
OECD (2013): Zuwanderung ausländischer Arbeitskräfte: Deutschland, http://dx.doi.org/10.1787/9789264191747-de, eingesehen am 17.10.2013.
Ortlieb, R./Sieben, B. (2008): Diversity Stategies focused on Employees with a Migration Background: An Empirical Investigation Based on Resource Dependence Theory. In: Management Review, Volume 19, Issue 1 + 2, S. 70–93.
Ortlieb, R./Sieben, B. (2010): Beschäftigte mit Migrationshintergrund in der Berliner Wirtschaft: Empirische Befunde zu Personalstrukturen, -praktiken und -strategien. In: Badura, B./Schröder, H./Klose, J./Macco, K. (Hrsg.): Fehlzeitenreport 2010. Vielfalt managen: Gesundheit fördern – Potenziale nutzen. Zahlen, Daten, Analysen aus allen Branchen der Wirtschaft. Heidelberg, S. 121–128.
Osterloh, M./Littmann-Wernli, S. (2002): Die »gläserne Decke«: Realität und Widersprüche. In: Peters/Bichsel (Hrsg.): Frauen und Männer im Management, Frankfurt/Main.
Pachankis, J. E. (2007): The Psychological Implications of Concealing a Stigma: A Cognitive-affective-behavioral Model. In: Psychological Bulletin, 133, pp. 328–345.

Palmore, E. (2001): The Ageism Survey: First Findings. In: The Gerontologist, 41 (5), pp. 572–575.
Pati, G. C./Bailey, E. K. (1996): Empowering People with Disabilities: Strategy and Human Resource Issues in Implementing the ADA. In: Organizational Dynamics, Vol. 23, No. 3, pp. 52–69.
Pelled, L. H./Eisenhardt, K. M./Xin, K. R. (1999): Exploring the Black Box: An Analysis of Work Group Diversity, Conflict, and Performance. In: Administrative Science Quarterly, 44. Vol., pp. 1–28.
Perdue, C. W./Gurtman, M. B. (1990): Evidence for the Automaticity of Ageism. In: Journal of Experimental Social Psychology, 26, pp. 199–216.
Perry, D. C. /Apostal, R. A. (1986): Modifying Attitudes of Business Leaders Toward Disabled Persons. In: Journal of Rehabilitation, Vol. 52, No. 4, S. 35–38.
Perry-Smith, J. E./Blum, T. C. (2000): Work-Family Human Resource Bundles and Perceived Organizational Performance. In: Academic Management Journal, 43, 6, pp. 1107–1117.
Petersen, L.-E./Dietz, J. (2005): Prejudice and Enforcement of Workforce Homogeneity as Explanations for Employment Discrimination. In: Journal of Applied Social Psychology, 35, Vol., pp. 144–159.
Pettigrew, T. F./Meertens, R. W. (1995): Subtle and Blatant Prejudice in Western Europe. European Journal of Social Psychology, 25, pp. 57–75.
Plöderl, M./Tremblay, P./Fartacek, R. (2007): Violance in Relation to Sexual Orientation and Mental Health, and its Reporting to the Policy by the Austrian Adults. Zur Veröffentlichung eingereichtes Manuskript. Institut für Psychology der Universität Salzburg.
Powell, G. N./Butterfield, D. A./Parent, J. D. (2002): Gender and Managerial Stereotypes: Have the Times Changed? In: Journal of Management, 28, pp. 177–193.
Prognos AG (Hrsg.) (2003): Betriebswirtschaftliche Effekte familienfreundlicher Maßnahmen. Kosten-Nutzen-Analyse. Bundesministerium für Familie, Senioren, Frauen und Jugend. European Social Fund.
Prognos AG (Hrsg.) (2005): Familienfreundliche Unternehmenspolitik. Eine Kosten-Nutzen-Analyse für die Wirtschaftsregion Basel. Gleichstellungsbüro. Basel.
Putz, P./Nöbauer, B. (1995): Personalleiter in Oberösterreich. Eine empirische Untersuchung zur Professionalisierung der Personalverantwortlichen. In: Wächter, H./Metz, T. (Hrsg.): Professionalisierte Personalarbeit? Perspektiven der Professionalisierung des Personalwesens München/Mehring, S. 55–84.
Reichsstrafgesetzbuch (1871): § 175 StGB. http://www.homowiki.de/Paragraf_175S eingesehen am 17.07.2013.
Ren, L. R./Paetzold, R. L./Colella, A. (2008): A Meta-Analysis of Experimental Studies on the Effects of Disability on Human Resources Judgements. In: Human Resource Management Review, Vol. 18, pp. 191–203.
Roberson, L. (2003): Chances and Risks of Diversity. In: Belinszki, E./Hansen, K./Müller, U. (Hrsg.): Diversity Management. Best Practices im internationalen Feld. Münster, S. 238–254.
Robert Bosch GmbH (2013): Unsere Werte für Wandel und Kultur. www.bosch.de/de/de/sustainability_innovation_1/values_1/values-landingpage.html, eingesehen am 15.12.2013.
Roessler, R./Sumner, G. (1997): Employer Opinions about Accommodating Employees with Chronic Illness. In: Journal of Applied Rehabilitation Counseling, Vol. 28, No. 3, pp. 29–34.
Rogers, C. R. (1977): Therapeut und Klient – Grundlagen der Gesprächspsychotherapie. München.
Römer, J. (2012): Eine Chance für alle. Studie über anonyme Bewerbungen. Spiegel online. http://www.spiegel.de/karriere/berufsstart/anonyme-bewerbungen-als-chance-fuer-alle-a-828001.html, eingesehen am 17.04.2012.
Rosen, B./Jerdee, T. H. (1976): The Influence of Age Stereotypes on Managerial Decisions. In: Journal of Applied Psychology, Vol. 61, pp. 428–432.
Rosenberg, M. J./Hovland, C. I. (1960): Cognitive, Affective and Behavioral Components of Attitudes. In: Hovland, C. I./Rosenberg, M. J. (Hrsg): Attitude Organization and Change. New Haven, pp. 1–14.
Rosenstiel, L. v. (2003): Grundlagen der Führung. In: Rosenstiel, L. v./Regnet, E./Domsch, M. (Hrsg.) (2003): Führung von Mitarbeitern, 5. überarbeitete. Aufl., Stuttgart 2005, S. 3–26.
Rosenthal, R./Jacobson, L. (1968): Pygmalion in the Classroom: Teacher Expectation and Pupils' Intellectual Development. New York.
Rössler, W./Bärtsch, B. (2013): Supported Employment – ein neuer beurfsintegrierender Ansatz, http://upload.sitesystem.ch/B2DBB48B7E/684C6E7C52/19F855ACD1.pdf, eingesehen am 22.08.2013.

Rothausen, T.J./Gonzales, J../Clarke, N.E./O'Dell, LL. (1998): Family-Friendly Blacklash-Fact or Fiction? The Case of Organizations On-Site Chiled Care Centers. In: Journal of Personnel Psychology, 51, 3, pp. 685–706.

Rott, C. (1993): Drei Komponenten-Modell der Intelligenzentwicklung im Alter. In: Zeitschrift für Gerontologie, H. 26, S. 184–190.

Roux, P./Gobet, P./Clémence, A./Höpflinger, F. (1996): Generationenbeziehungenund Altersbilder. Ergebnisse einer empirischen Studie. Schweizerischer Nationalfonds, Nationales Forschungsprogramm 32. Lausanne.

Rudow, B. (2011): Die gesunde Arbeit. Arbeitsgestaltung, Arbeitsorganisation und Personalführung, 2. Aufl., München.

Rukwid, R. (2012): Unterwertige Beschäftigung–Beleuchtung eines am Arbeitsmarkt vernachlässigten Problems. DGB Abteilung Arbeitsmarktpolitik Nr. 02 /Januar. www.dgb.de/themen/++co++e2edec04-89c0-11e3-83a7-52540023ef1a, eingesehen am 15.02.2013.

Rüling, A. (2007): Vereinbarkeit von Familie und Beruf und die Gleichstellung der Geschlechter im europäischen Vergleich. In: WSI Mitteilungen, 10/2007, S. 538–545.

Rump, J. (2012): Lebensphasenorientierte Personalpolitik. Schlüssel für Produktivität. Vortrag. Speyer. http://isb.rlp.de/fileadmin/Resourcen/News/Dateien/201201203_VortragLOP_Branchenforum_web.pdf eingesehen am 20.10.2014.

Rupprecht, R. (2008): Psychologische Theorien zum Alternsprozess. In: Oswald, W.D./Gatterer, G./Fleischmann, U.M. (2008): Gerontopsychologie. Grundlagen und klinische Aspekte zur Psychologie des Alterns, 2. aktual. u. erweitert. Aufl., Wien/New York.

Rüst, T./Debrunner, A. (2004): »Supported Employment«, Modelle unterstützter Beschäftigung in der Schweiz. Teil A: Von »beschützenden Arbeitsplätzen« zu Supported Employment? Aktive Vermittlung und Begleitung am Arbeitsplatz bei psychischer Beeinträchtigung durch Fachstellen in der Deutschschweiz, http://upload.sitesystem.ch/B2DBB48B7E/684C6E7C52/754F5FBD53.pdf, eingeshen am 22.08.2013.

Ryan, M.K./Haslam, S.A. (2005): The Glass Cliff: Evidence that Women are Over-Represented in Precarious Leadership Positions. In: British Journal of Management, 16, 2, pp. 81–90.

Sackmann, S./Bissels, S./Bissels, T. (2002): Kulturelle Vielfalt in Organisationen: Ansätze zum Umgang mit einem vernachlässigten Thema der Organisationswissenschaften. In: Die Betriebswirtschaft, H. 01, S. 43–58.

Saunders, J.L./Leahy, M.J./Frank, K.A. (2000): Improving the Employment Self-Concept of Persons with Disabilities: A Field-Based Experiment. In: Rehabilitation Counseling Bulletin, Vol. 43, pp. 142–149.

Scandura, T.A./Viator, R. (1994): Mentoring in Public Accounting Firms: An Analysis of Mentor-Protégé Relationships, Mentorship Functions and Protégé Turnover Intention. In: Accounting. Organizations and Society, 19, pp. 717–734.

Schaaf, Julia (2013): Die Vereinbarkeitslüge. Wir kriegen Kind und Karriere nicht unter einen Hut und denken noch, wir wären selbst schuld. Ein Gruß zum Muttertag. In: Frankfurter Allgemeine Sonntagszeitung v. 12.05.2013.

Schaie, K.W. (2005): Developmental Influences on Adult Intelligence: The Seattle Longitudinal Study. Oxford.

Schapfel-Kaiser, F.(2005):Klassifizierungssystem der beruflichen Bildung. Entwicklung, Umsetzung und Erläuterung. Schriftenreihe der Arbeitsgemeinschaft Berufsbildungsforschungsnetz. Bd. 1, Bonn.

Schein, V.E. (1973): The Relationship between Sex Role Stereotypes and Requisite Management Characteristics. In: Journal of Applied Psychology, 57,pp. 95–100.

Schein, V.E. (2001): A Global Look at Psychological Barriers to Women's Progress in Management. In: Journal of Social Issues, 57, pp. 675–688.

Schelling, H.R. (2005): Der Alltag älterer Menschen. In: Boothe, B./Ugolini, B. (Hrsg.): Lebenshorizont Alter. 2. unverändert. Aufl., Zürich, S. 47–68.

Schelsky, H. (1972): Die Bedeutung des Berufs in der modernen Gesellschaft. In: Luckmann, T./Sprondel, W.M. (Hrsg.): Berufssoziologie. Köln, S. 34–43.

Schian, H.-M./Schmidt, C. (2007): Berufliche Rehabilitation im Umbruch. Eine Situationsanalyse. In: Deimel, H./Huber, G./Pfeifer, K./Schüle, K. (2007) (Hrsg.): Neue aktive Wege in Prävention und Rehabilitation. Köln, S. 3–24.

Schießleder, E. (2013): Frauen sind anders, Männer auch! Eine unendliche Geschichte. In: Politische Studien, Orientierung durch Information und Dialog, 2/2013, S. 91–102.
Schirrmacher, F. (2004): Das Methusalem-Komplott. Die Menschheit altert in unvorstellbarem Ausmaß, Wir müssen das Problem unseres eigenen Alterns lösen, um das Problem der Welt zu lösen. München.
Schmidt, M. (2012): Schlachtfeld Frau. In: Zeit Online, Die Zeit Archiv, Jg. 2012, Ausgabe 11. http:/ www.zeit.de/2012/11/Feminismus-Schlachtfeld Frau, eingesehen am 28.6.2014.
Schneeberger, A./Rauchfleisch, U./Battegay, R. (2002): Psychosomatische Folgen und Begleitphänomene der Diskriminierung am Arbeitsplatz bei homosexuellen Menschen. In: Schweizer Archiv für Neurologie und Psychiatrie, 3, S. 137–143.
Schneider, W. /Shiffrin, R. M. (1977): Controlled and Automatic Human Information Processing: I. Detection, Search, and Attention. In: Psychological Review, pp. 84, 1–66.
Schnelle, J./Brandstätter-Morawitz, V./Moser, B. (2009): Zielkonflikt zwischen Beruf und Familie. Aspekte der Work-Life-Balance aus motivationspsychologischer Perspektive. In: Personalführung, 2, S. 46–54.
Schnittker, J. (2007): Look (closely) at all the Lonely People: Age and the Social Psychology of Support. In: Journal of Aging and Health, Vol. 19, No. 4, pp. 659–682.
Schroeter, K. R./Künemund, H. (2010): »Alter« als soziale Konstruktion – eine soziologische Einführung. In: Aner, K. (Hrsg.): Handbuch soziale Arbeit und Alter, 1. Aufl., Wiesbaden 2010, S. 393–401.
Schwarz-Wölzl, M./Maad, C. (2003/2004): Diversity und Managing Diversity Teil I: Theoretische Grundlagen. Modul I. Wien.
Sczesny, S. (2003): A Closer Look Beneath the Surface: Various Facts of the Think-Manager-Think-Male stereotype. Sex Roles, 49, pp. 353–363.
Settelmeyer, A./Erbe, J. (2010): Migrationshintergrund. Zur Operationalisierung des Begriffs in der Berufsbildungsforschung. Wissenschaftliche Diskussionspapiere des Bundesinstituts für Berufsbildung (BIBB) (Hrsg.): 112, Bonn.
Shahbasarian, M. (2001): Career Rehabilitation: Integration of Vocational Rehabilitation and Career Development in the Twenty-First Century. In: Career Development Quarterly, Vol. 49, pp. 275–285.
Shiffrin, R. M./Schneider, W. (1977): Controlled and Automatic Human Information Processing. Psychological Review, 84, pp. 1–66.
Simmel, G. (1989): Philosophie des Geldes (1900): Georg Simmel. Gesamtausgabe, Bd. 6., Frankfurt a. M.
Singer, M. L./Anglin, T. M./Song, L. Y./Lunghofer, L. (1995): Adolescents' Exposure to Violence and Associated Symptoms of Psychological Trauma. In: Journal of the American Medical Association (Jama), 273, 6, pp. 477–482.
Singh, V./Point, S. (2004): Strategic Responses by European Companies to the Diversity Challenge: An online Comparison. In: Long Range Planning, No. 04, pp. 295–318.
Sjaastad L. A. (1962): The Costs and Returns of Human Migrationl. In: Journal of Political Economy 70, S. 83.
Smith, A. (1776): An Inquiry into the Nature and Causes of the Wealth of Nations. Bd. 1, Nachdruck von 1981, Indianapolis, S.14f.
Smith, E.R/Mackie, D. M. (2000): Social Psychology. Philadephia/Hove.
Smith, N./Smith, V./Verner, M. (2006): Do Women in Top Management Affect Firm Performance? A Panel Study of 2500 Danish Firms. In: International Journal of Productivity & Performance Management, 55, pp. 569–593.
Snyder, M./Miene, P. (1994): Stereotyping the Elderly: A functional Approach. In: British Journal of Social Psychology, 33, pp. 63–82.
Sonntag, K./Schaper, N. (1999): Förderung beruflicher Handlungskompetenz. In: Sonntag, K. (Hrsg.): Personalentwicklung in Organisationen. Göttingen, S. 211–244.
Sozialgesetzbuch, SGB IX § 81: Besondere Regelungen zur Teilhabe schwerbehinderter Menschen (Schwerbehindertenrecht) (§§ 68–160), http://dejure.org/gesetze/SGB_IX/68.html, eingesehen am 17.12.2013.
Spencer, S. J./Steele, C. M./Quinn, D. M. (1999): Stereotype Threat and Women's Math Performance. In: Journal of Experimental Social Psychology, 35, S. 4–28.

Spranger, E. (1924): Lebensformen. Geisteswissenschaftliche Psychologie und Ethik der Persönlichkeit. Halle.

Spreitzer, G.M./McCall, M.W./Mahoney, J.D. (1997): Early identification of international executive potential. In: Journal of Applied Psychology, Vol. 82, No. 1, S. 6–29.

Stasson, M.F./Bradshow, S.D. (1995): Explanations of Individual-Group Performance Differences. What Sort of »Bonus« Can Be Gained through Group Interaction? In: Small Group Research, 26, S. 296–308.

Statistisches Bundesamt (2013a): Anzahl der Zuwanderer nach Deutschland von 1991 bis zum 1. Halbjahr 2012, http://de.statista.com/statistik/daten/studie/28347/umfrage/zuwanderung-nach-deutschland/, eingesehen am 28.02.2013.

Statistisches Bundesamt (2013b): Zuwanderung nach Deutschland steigt im 1. Halbjahr 2012 um 15%, https://www.destatis.de/DE/PresseService/Presse/Pressemitteilungen/2012/11/PD12_397_12711pdf.pdf?__blob=publicationFile, eingesehen am 28.02.2013.

Statistisches Bundesamt (2014): Bevölkerung und Erwerbstätigkeit. Bevölkerung mit Migrationshintergrund. Ergebnisse des Mikrozensus 2013.

Statistisches Bundesamt (Hrsg.) (2010): Fachserie 1. Bevölkerung und Erwerbstätigkeit. Reihe 4.1.1. Stand und Entwicklung der Erwerbstätigkeit (Ergebnisse des Mikrozensus). Wiesbaden.

Statistisches Bundesamt: Frauen und Männer in verschiedenen Lebensphasen (2010): Statistisches Bundesamt (Hrsg.) https://www.destatis.de/.../BroschuereFrauenMaenner0010013109001, eingesehen am 20.05.2013.

Steffens, M.C./Wagner, C. (2004): Attitudes towards Lesbians, Gay Men, Bisexual Woman, and Bisexual Men in Germany. In: Journal of Sex Research, 41, pp. 137–149.

Steffens, M.C./Wagner, C. (2009): Diskriminierung von Lesben, Schwulen und Bisexuellen. In: Beelmann, A./Jonas, K.J. (Hrsg.): Diskriminierung und Toleranz. Psychologische Grundlagen und Anwendungsperspektiven, Wiesbaden, S. 241–262.

Stein, M.A. (2000): Labor Markets, Rationality, and Workers with Disabilities. In: Berkley Journal of Employment and Labor Law, Vol. 21, pp. 314–334.

Steinhage, R. (2006): Erfolge durch personenzentriertes Coaching – keine Zauberei mit geschickten Tricks. Wendepunkte im Berufsleben von Frauen. Wiesbaden.

Steinmann, G. 2007): Kindermangel in Deutschland. Insbesondere Kapitel 3 »Die Individuelle Rationalität: Die Kinderentscheidungen« S. 27–36 und Kapitel 4 »Die kollektive Rationalität, S. 37–61. Frankfurt a.M.

Steppan, R. (1999): »Diversity Makes Good Business Sense«. In: Personalführung, H. 05, S. 28–32.

Stifterverband für die Deutsche Wirtschaft (2013): Vielfalt gestalten. Kernelemente des Diversity Audits für Hochschulen. http://www.stifterverband.info/publikationen_und_podcasts/positionen_dokumentationen/vielfalt_gestalten/index.html, eingesehen am 02.12.2013.

Stock-Homburg, R. (2010): Personalmanagement: Theorien – Konzepte – Instrumente. 2. Aufl., Wiesbaden.

Stone, D.L./Collela, A. (1996): A Model of Factors Affecting the Treatment of Disabled Individuals in Organizations. In: Academy of Management Review, Vol. 21, No. 2, pp. 352–401.

Stone, E.F./Stone, D.L./Dipboye, R.L. (1992): Stigmas in Organizations: Race, Handicaps, and Physical Unattractiveness. In: Kelley, K. (Hrsg.): Issues, Theory, and Research in Industrial/Organizational Psychology Albany NY 1992, pp. 385–457.

Storvik, A./Teigen, M. (2010): Das norwegische Experiment – eine Frauenquote für Aufsichtsräte. Friedrich Ebert Stiftung. Bonn.

Strafgesetzbuch (Abschnitt13, §§174–184g): Straftaten gegen die sexuelle Selbstbestimmung. http://dejure.org/gesetze/StGB/174.html, eingesehen am 15.07.2013.

Strunk, G./Steyrer, J. (2005): Dem Tüchtigen ist die Welt nicht stumm – es ist alles eine Frage der Persönlichkeit. In W. Mayrhofer/Meyer, M./Steyrer, J. (Hrsg.):Macht? Erfolg? Reich? Glücklich? Einflussfaktoren auf Karrieren. Wien, S. 51–74.

Stuber, M. (2002): Diversity als Strategie. In: Personalwirtschaft 1/2002, S. 28–33.

Stuber, M. (2004): Diversity. Das Potenzial von Vielfalt nutzen – den Erfolg durch Offenheit steigern. München.

Stumpf, S./Thomas, A. (1999): Management von Heterogenität und Homogenität in Gruppen. In: Personalführung, H. 05, S. 36–44.

Süddeutsche Zeitung (2009): Streiflicht. In: Süddeutscher Zeitung vom 17.11.2009, S.1.

Tajfel, H. (1969): Cognitive aspects of prejudice. Journal of Social Issues, *25*, 79–97.
Tempest, S./Barnatt, C./Coupland, C. (2002): Grey Advantage. New Strategies for the Old. In: Long Range Planning, No. 04, pp. 475–492.
Thomae, H./Lehr, U. (1973): Berufliche Leistungsfähigkeit im mittleren und höheren Erwachsenenalter: eine Analyse des Forschungsstandes. Göttingen.
Thomas, A./Hagemann, K./Stumpf, S. (2003): Training interkultureller Kompetenz. In: Bergemann, N./Sourisseaux, A. L. J. (Hrsg.) (2003): Interkulturelles Management, 3. überarb. u. erweitert. Aufl., Heidelberg u. a., S. 237–272.
Thomas, D./Ely, R. (1996): Making Differences Matter: A New Paradigm for Managing Diversity. In: Harvard Business Review, 74. Jg., H. 5, Sept.-Oct., pp. 79–91.
Thomas, K. M./Mack, D. A./Montagliani, A. (2004): The Arguments against Diversity: are they Valid? In: Stockdale, M. S./Crosby, F. J. (Edt.): The Psychology and Management of Workplace Diversity. Malden/Oxford/Carlton, pp. 31–51.
Thomas, R. R. (2001): Management of Diversity. Neue Personalstrategien für Unternehmen. Wiesbaden.
Thomas, R. R. (1996): Redefining Diversity. New York.
Thomas, R. R. (2001): Management of Diversity. Neue Personalstrategien für Unternehmen. Wie passen Giraffe und Elefant in ein Haus? Wiesbaden.
Thomas, W. I./Znaniecki, F. (1918): The Polish Peasant in Europe and America. Monograph of an Immigrant Group. Chicago.
Thompson, C. A./Beauvais, L. L./Lyness, K. S. (1999): When Work-Familiy Benefits are not Enough: The Influence of Work-Family Culture on Benefit Utilization, Organizational Attachment and Work-family conflict. In: Journal of Vocational Behavior, 54, 3, pp. 392–415.
Tindale, R. S. (1993): Decision Errors Made by Individuals and Groups. In: Castellan, Jr. (Hrsg.): Individual and Group Decision Making Current Issues. Hillsdale, pp. 109–124.
Tippelt, R./Hippel, A. von (2005): Lebenslagen – Lebensphasen – Lebensstile. Entgrenzungen der Teilnehmerschaft. In: DIE Zeitschrift für Erwachsenenbildung.
Tokar, D. M./Fischer, A. R./Subich, L. M. (1998): Personality and Vocational Behavior: A Selective Review of the Literature, 1993–1997. In: Journal of Vocational Behavior, 53, pp. 115–153.
Tondorf, K./Jochmann-Döll, A. (2011): Diskriminierungsfreie Betriebs- und Dienstvereinbarungen zum Thema Beschäftigungssicherung und Sozialplan, hrsg. von der Hans Böckler Stiftung, Düsseldorf, S. 8.
Townsend, B. (1996): Room at the Top for Women. American Demographics and Consumer Trends, S. 28–37.
Treibel, A. (2004): Einführung in soziologische Theorien der Gegenwart. Wiesbaden.
Ulich, E. (2005): Arbeitspsychologie. 6. überarb. und erweitert. Aufl. Zürich/Stuttgart.
Van Dick, R. (2003): Identifikation und Commitment in Organisationen. Göttingen.
Vaupel, J. W./Loichinger, E. (2006): Redistributing Work in Aging Europe. In: Science, Vol. 312, No. 5782, S. 1911–1913.
Vedder, G. (2006): Die historische Entwicklung von Diversity Management in den USA und in Deutschland. In: Krell, G./Wächter, H. (Hrsg.): Diversity Management – Impulse aus der Personalforschung. München/Mering, S. 1–23.
Vedder, G./Haunschild, A. (2011): Forschungsskizze – Work-Life-Learn-Balance von IT-Wissensarbeitenden. In: Krell, G./Ortlieb, R./Sieben, B. (Hrsg.): Chancengleichheit durch Personalpolitik. 6. Aufl., Wiesbaden, S. 511–516.
ver.di b + b: Sexuelle Belästigung am Arbeitsplatz. https:/www.verdi-bub.de, eingesehen am 28.6.2014.
Verdi Bundesarbeitskreis Lesben, Schwule, Bisexuelle, Transgender und Intersexuelle. https://www.google.de/search?sourceid = navclient&hl = de&ie = UTF-8&rlz = 1T4WQIB_deDE520DE524&q = Verdi + Bundesarbeitskreis + Lesben %2c + Schwule %2c + Bisexuelle %2c + Transgender + und + Intersexuelle + Quelle + + ver.di + Internetrecherche, eingesehen am 19.08.2013.
Voigt, B. (2001): Wahrnehmbare Erscheinungsformen. In: Sanders, K./Bock, M.(Hrsg): Kundenorientierung – Partizipation – Respekt: Neue Ansätze in der Sozialen Arbeit. Wiesbaden, S. 53.
Wächter, Hartmut (1987): Professionalisierung im Personalbereich. In: DBW, 47. Jg., Nr. 2/1987, S. 141–150.
Wagner, D./Sepehri, P. (2000): Managing Diversity – Wahrnehmung und Verständnis im Internationalen Management. In: Personal, H. 09, S. 456–461.

Walter, S. (2008): Autismus. Erscheinungsbild, Ursachen und Behandlungsmöglichkeiten, 4. Aufl., Buxtehude.

Walther, K./Lukoschat, H. (2008): Kinder und Karrieren: Die neuen Paare. Gütersloh.

Weber, M. (1980): Wirtschaft und Gesellschaft: Grundriss der verstehenden Soziologie. 5. rev. Aufl., Tübingen.

Wegge, J. (2004): Führung von Arbeitsgruppen. Göttingen.

Wellman, B./Wortley, S. (1990): Different Strokes from Different Folks: Community Ties and Social Support. In: American Journal of Sociology, 96, 3, pp. 558–588.

Werneburg, B.L./Herman, L.L./Preston, H.R./Rausch, S.M./Warren, B.A./Olsen, K.D./Clark, M.M. (2011): Effectiveness of a Multidisciplinary Worksite Stress Reduction Program for Women. In: Stress and Health, 27, pp. 356–364.

Wetterer, A. (2003): Rhetorische Modernisierung: Das Verschwinden der Ungleichheit aus dem zeitgenössischen Differenzwissen. In: Knapp, G.-A./Wetterer, A. (Hrsg.): Achsen der Differenz. Gesellschaftstheorie und feministische Kritik II. Münster, S. 286–319.

Wheeler, M.L. (2003): Managing Diversity: Developing a Strategy for Measuring Organizational Effectiveness. In: Davidson, M.J./Fielden, S.L. (Hrsg.): Individual Diversity and Psychology in Organizations. Chichester, pp. 57–7.

White, M./Hill, S./McGovern, P./Mills, C./Smeaton, D. (2003): High-Performance Management Practices, Working Hours and Work-Life Balance. In: British Journal of Industrial Relations, 41, 2, pp. 175–195.

WHO (2013): The WHO Familiy of International Classifications, http://www.who.int/classifications/en/, eingesehen am 29.08.2013.

Wiese, B. (2005): Berufliche und familiäre Zielstrukturen. Münster.

Wiese, B.S./Freund, A.M./Baltes, P.B. (2000): Selection, Optimization, and Compensation: An Action-Related Approach to Work and Partnership. In: Journal of Vocational Behavior, 57, pp. 273–300.

Wilgosh, L./Mueller, H.H. (1989): Employer Attitudes Toward Hiring Individuals with Mental Disabilities. In: Canadian Journal of Rehabilitation, Vol. 3, No. 1, pp. 43–47.

Wilkening, K. (1999): Schreiben als heilsame Erfahrung – ein intergenerativer Lyrikworkshop. SGG/Arbeitsgruppe Kirche und Gesellschaft (Hrsg): Praxishandbuch Altersarbeit. Bern, SGG, S. 57–64.

Wilkoszewski, H. (2007): Demografischer Wandel. In: Deutscher Verein für Öffentliche und Private Fürsorge (Hrsg.): Fachlexikon der Sozialen Arbeit, S. 172–173.

Wocken, H. (2009): Inklusion & Integration. Ein Versuch, die Integration vor der Abwertung und die Inklusion vor Träumereien zu bewahren. Manuskript seines Beitrages bei der Integrationsforscher/innen-Tagung in Frankfurt; http://www.hans-wocken.de/aktuell.htm, eingesehen am 22. 07. 2009.

Woodland, S./Simmonds, N./Thorby, M./Fitzgerald, R./McGee, A. (2003): The Second WLB Study. Results from the Employers´Survey-Executive Summary. National Center of Social Research.

Woolley, A.W./Chabris, C.F./Pentland, A./Hashmi, N./Malone, T.W. (2010): Evidence for a Collective Intelligence Factor in the Performance of Human Groups. In: Science, 330, pp. 686–688.

Worchel, S./Rothgerber, H./Day, E.A./Hart, D./Butemeyer, J. (1998): Social Identity and Individual Productivity within Groups. British Journal of Social Psychology, 37, p. 389–413.

Yerkes, R.M. (1921): Psychological Examening in the United States Army: Memoirs of the National Academy of Science, Vol. XV, Washington.

Zakalik, R.A./Wei, M. (2006): Adult Attachment, Perceived Discrimination Based on Sexual Orientation, and Depression in Gay Males: Examining the Mediation and Moderation Effects. In: Journal of Counseling Psychology, 53, pp. 302–313.

ZAV – Zentrale Auslands- und Fachvermittlung der Arbeitsagentur (2013): Perspektiven in Deutschland für Fachkräfte und Auszubildende aus Europa. Über uns. http://www.arbeitsagentur.de/web/content/DE/service/Ueberuns/index.htm, eingesehen am 23. 10.2013

Zeit Online (2013): Russlands Nationalisten machen Jagd auf Schwule. Neues Gesetz gegen »Homosexuellen-Propaganda«. Die Zeit v. 30.07.2013, http://www.zeit.de/gesellschaft/zeitgeschehen/2013- 07/russland-homosexuelle- video/seite–2, eingesehen am 15.01.2015.

Zey, M.G. (1984): The Mentor Connection. Homewood.

Zola, I.K. (1988): Aging and Disability: Toward unifying Agenda. In: Educational Gerontology, Vol. 14, No. 5, pp. 365–387.

9 Stichwort- und Autorenverzeichnis

Zum Autor

Becker, Manfred, Univ.-Prof. em. Dr. rer. pol. habil., Jg. 1946, hat an der Johannes Gutenberg-Universität Mainz Wirtschaftspädagogik studiert, wurde dort promoviert und hat sich mit einer Arbeit zur industriellen Arbeit und Bildung habilitiert. Von 1980 bis 1990 war er in leitenden Funktionen der Personalentwicklung der Adam Opel AG Rüsselsheim und bei General Motors Europe tätig. Von 1990 bis 1993 war er als Universitätsprofessor für BWL, insbesondere Personalwirtschaft, an der Gerhard-Mercator-Universität Duisburg tätig. Von 1993-2011leitete Professor Becker den Lehrstuhl für BWL, insbesondere Organisation und Personalwirtschaft an der Martin-Luther-Universität Halle-Wittenberg. Von 2003–2006 war Professor Becker Dekan der Wirtschaftswissenschaftlichen Fakultät. Der Aufbau und die Betreuung des Masterstudiengangs »Human Resources Management« an der Martin-Luther-Universität Halle-Wittenberg gehört zu den Pionierleistungen der Bologna-Reform. Die vom Autor aufgebaute und geleitete Forschungsgruppe Human Resources Diversity Management (HRDM) hat zahlreiche Forschungsarbeiten zum Thema Diversity Management, insbesondere Age-Diversity, vorgelegt.

Die aktuellen Forschungs- und Arbeitsschwerpunkte sind: Grundlagen und Konzeption der Personalentwicklung, Führungskräfteentwicklung, Diversity-Management, insbesondere Alters-Diversity-Management (ADM), Reorganisation der Personalarbeit, Professionalisierung der Personalmitarbeiter und die Entwicklung flexibler Entgeltkonzepte.

Professor Becker ist Wissenschaftlicher Leiter der eo ipso personal- und organisationsberatung in Mainz.

Kontakt: manfred.becker@eoipso-beratung.de